开源.NET 生态软件开发

WPF 编程宝典

——使用 C# 2012 和.NET 4.5(第 4 版)

[美]　Matthew MacDonald　著
王德才　译

清華大學出版社
北　京

Matthew MacDonald
Pro WPF in C# 2012: Windows Presentation Foundation in .NET 4.5
EISBN：978-1-4302-4365-6

北京市版权局著作权合同登记号 图字：01-2013-5009

图书在版编目(CIP)数据

WPF编程宝典——使用 C# 2012 和.NET 4.5(第 4 版) / (美)麦克唐纳(MacDonald, M.) 著；王德才 译. —北京：清华大学出版社，2013.8（2024.4 重印）
(开源.NET 生态软件开发)
书名原文：Pro WPF in C# 2012: Windows Presentation Foundation in .NET 4.5

ISBN 978-7-302-32773-8

Ⅰ. ①W… Ⅱ. ①麦… ②王… Ⅲ. ①Windows 操作系统—程序设计 ②C 语言—程序设计 Ⅳ. ①TP316.7 ②TP312

中国版本图书馆 CIP 数据核字(2013)第 136208 号

责任编辑： 王 军 李维杰
装帧设计： 牛艳敏
责任校对： 成凤进
责任印制： 刘海龙

出版发行： 清华大学出版社
网 址： https://www.tup.com.cn，https://www.wqxuetang.com
地 址： 北京清华大学学研大厦 A 座 **邮 编：** 100084
社 总 机： 010-83470000 **邮 购：** 010-62786544
投稿与读者服务： 010-62776969，c-service@tup.tsinghua.edu.cn
质 量 反 馈： 010-62772015，zhiliang@tup.tsinghua.edu.cn
印 装 者： 三河市铭诚印务有限公司
经 销： 全国新华书店
开 本： 185mm×260mm **印 张：** 59.5 **字 数：** 1600 千字
版 次： 2009 年 8 月第 1 版 2013 年 8 月第 4 版 **印 次：** 2024 年 4 月第 12 次印刷
定 价： 229.00 元

产品编号：052335-03

作者简介

Matthew MacDonald 是一位作家、教育家，曾三次荣膺微软 MVP。他迄今已经撰写了十多本有关.NET 编程的书籍，包括 *Pro Silverlight 5 in C#*(由 Apress 于 2012 年出版)和 *Beginning ASP.NET 4.5 in C#*(由 Apress 于 2012 年出版) 。他还曾撰写 *Your Brain: The Missing Manual*(由 O'Reilly Media 于 2008 年出版)一书，该书讲述如何最大限度地激发大脑潜能，出版后受到广大读者的热烈欢迎。Matthew 目前与妻子和两个女儿居住在多伦多。

技术编辑简介

Fabio Claudio Ferracchiati 是一位前沿技术领域的多产作家。他已经撰写了十几本有关.NET、C#、Visual Basic 以及 ASP.NET 的编程书籍。他是.NET 领域微软认证的解决方案开发专家(MCSD)，现居意大利罗马。可以访问他的博客 Ferracchiati.com。

致　谢

如果没有他人相助，没有哪位作者能凭一己之力完成一本书籍。在撰写本书时，我极大地受惠于整个 Apress 团队，包括 Mark Powers，他全程负责本书的编辑工作；还有 Sharon Wilkey 和 Linda Seifert，他们加紧完成了审稿工作；还要感谢多位默默奉献的幕后工作者，他们负责编写索引页面、绘图以及最后的校对工作。

Fabio Claudio Ferracchiati 为本书提供了颇有见地且合乎时宜的技术分析评论，在此向他表达最诚挚的感谢。本书也吸收了来自各个 WPF 团队的众多博客的部分精髓，这些团队一直热衷于挖掘 WPF 最深层次的技术。我鼓励所有希望学习 WPF 未来版本的读者向他们学习。最后衷心感谢爱妻以及 Nora、Razia、Paul 和 Hamid，你们的支持给了我笔耕不辍的动力。感谢所有为本书作出贡献的人士！

前　　言

.NET 问世之初便引入了一些重要的新技术，包括编写 Web 应用程序的全新方法(ASP.NET)、连接数据库的全新方法(ADO.NET)、新的类型安全的语言(C#和 VB.NET)以及托管的运行时(CLR)。在这些新技术中，其中一项重要技术是 Windows 窗体，它是用于构建 Windows 应用程序的类库。

尽管 Windows 窗体是一个功能完备的工具包，但它绑定到旧式的核心 Windows 技术。最重要的是，Windows 窗体依靠 Windows API 创建标准用户界面元素的可视化外观，如按钮、文本框和复选框等。所以这些要素在本质上是不可定制的。例如，如果希望创建时髦的光晕按钮，就需要创建自定义控件，并使用低级的绘图模型为按钮(各种不同的状态)绘制各个方面的细节。更糟的是，普通窗口被切割成不同的区域，每个控件完全拥有自己的区域。所以没有较好的绘制方法可将一个控件的内容(如按钮背后的辉光效果)延伸到其他控件所占的区域中。更不要指望实现动画效果，如旋转文本、闪烁按钮、收缩窗口以及实时预览等，因为对于这些效果必须手工绘制每个细节。

WPF(Windows Presentation Foundation)通过引入一个使用完全不同技术的新模型改变了所有这一切。尽管 WPF 也提供了大家熟悉的标准控件，但它“自行”绘制每个文本、边框和背景填充。所以 WPF 的功能更强大，可以改变渲染屏幕上所有内容的方式。使用这些特性，可重新设置常见控件的样式(如按钮)，并且通常不需要编写任何代码。同样，可使用变换对象旋转、拉伸、缩放以及扭曲用户界面中的所有内容，甚至可使用 WPF 动画系统对用户界面中的内容进行变换。并且因为 WPF 引擎将在窗口上渲染的内容作为单独操作的一部分，所以能处理任意多层相互重叠的控件，即使这些控件具有不规则的形状且是半透明的也同样如此。

在 WPF 这些新特性的背后是基于 DirectX 的功能强大的基础结构，DirectX 是一套硬件加速的图形 API，通常用于开发最前沿的计算机游戏。这意味着可使用丰富的图形效果，而不会损失性能，而使用 Windows 窗体实现此类效果会严重影响程序运行的性能。实际上，甚至可使用更高级特性，例如对视频文件和 3D 内容的支持。使用这些特性以及优秀的设计工具，可创建出令人赏心悦目的用户界面和可视化效果，而使用 Windows 窗体技术是无法实现这些效果的。

还有必要指出，可使用 WPF 的标准控件和简单的可视化外观来构建普通 Windows 应用程序。实际上，在 WPF 中，可以像在旧式 Windows 窗体模型中那样方便地使用通用控件。更值得一提的是，WPF 增强了商业开发人员所需要的特性，包括大幅改进的数据绑定模型、一套用于打印以及管理打印队列的新类，以及用于显示大量格式化文本的文档特性。甚至提供了用于构建基于页面的应用程序的模型，这种应用程序可在 Internet Explorer 中流畅运行，并能从 Web 站点启动，所有这些操作都不会出现常见的安全警告和令人讨厌的安装提示。总之，WPF 将以前 Windows 开发领域中的精华与当今的创新技术融为一体，得以构建现代化的富图形用户界面。

关于本书

本书深刻地介绍 WPF 技术，面向了解.NET 平台、C#语言以及 Visual Studio 开发环境的专业开发人员。在学习本书前，不需要具备使用以前版本 WPF 的经验，而使用过 WPF 的开发人员可以通过阅读每章开头的“新增功能”来了解 WPF 新特性。

本书全面描述 WPF 的所有主要特性，从 XAML(用于定义 WPF 用户界面的标记语言)到 3D 绘图和动画。本书个别之处会编写涉及.NET Framework 其他特性的代码，如用于查询数据库的 ADO.NET 类。本书中不讨论这些内容。但如果需要了解有关.NET(而非特定于 WPF)的特性的更多信息，请参阅 Apress 出版的许多专门介绍.NET 的书籍。

内容概览

本书共包括 33 章。如果刚开始学习 WPF，将发现按照章节顺序阅读本书是最容易的方法，因为后续章节常用到前面章节中演示的技术。

下面是本书每一章的主要内容：

第 1 章：WPF 概述 介绍 WPF 的体系结构，WPF 的 DirectX 基础设施，以及新的能自动改变用户界面尺寸的设备无关度量系统。

第 2 章：XAML 介绍用于定义用户界面的 XAML 标准。该章将讨论为什么创建 XAML 以及 XAML 的工作原理，并将用不同的编码方法创建基本的 WPF 窗口。

第 3 章：布局 深入研究在 WPF 窗口中用于组织元素的布局面板。该章将分析不同布局策略，并将构建一些普通类型的窗口。

第 4 章：依赖项属性 介绍 WPF 如何使用依赖项属性来支持重要特性，如数据绑定和动画。

第 5 章：路由事件 介绍 WPF 如何使用事件路由在用户界面元素中发送冒泡路由事件或隧道路由事件，还介绍所有 WPF 元素都支持的一组基本鼠标、键盘以及多点触控事件。

第 6 章：控件 分析所有 Windows 开发人员都十分熟悉的控件，如按钮、文本框和标签，还讨论它们在 WPF 中的区别。

第 7 章：Application 类 介绍 WPF 应用程序模型。在该章中您将看到如何创建单实例和基于文档的 WPF 应用程序。

第 8 章：元素绑定 介绍 WPF 数据绑定。在该章中您将看到如何将任意类型的对象绑定到用户界面。

第 9 章：命令 介绍 WPF 命令模型，使用 WPF 命令模型可将多个控件连接到同一个逻辑操作。

第 10 章：资源 介绍如何使用资源在程序集中嵌入二进制文件，以及如何在整个用户界面中重用重要的对象。

第 11 章：样式和行为　解释 WPF 样式系统，使用 WPF 样式可为一整组控件应用一套通用属性值。

第 12 章：形状、画刷和变换　介绍 WPF 中的 2D 绘图模型。在该章中您将学习如何创建形状、使用变换改变元素，以及使用渐变画刷、图像画刷和平铺图像画刷绘制特殊效果。

第 13 章：几何形状和图画　深入分析 2D 绘图。在该章中您将学习如何创建包含弧线和曲线的复杂路径，以及如何高效地使用复杂图形。

第 14 章：效果和可视化对象　介绍低级图形编程。在该章中您将使用像素着色器应用 Photoshop 风格的效果，手动构建位图，并为了优化绘图性能而使用 WPF 的可视化层。

第 15 章：动画基础　研究 WPF 的动画框架，通过 WPF 动画框架可使用简单的声明式标记将动态效果集成到应用程序中。

第 16 章：高级动画　研究更高级的动画技术，如关键帧动画、基于路径的动画以及基于帧的动画。该章还将列举一个详细示例，展示如何使用代码创建和管理动态的动画。

第 17 章：控件模板　介绍如何通过插入定制的模板来为任意 WPF 控件提供动态的新外观(以及新行为)，您还将看到如何使用模板构建能够换肤的应用程序。

第 18 章：自定义元素　研究如何扩展现有的 WPF 控件，以及如何创建自己的控件。在该章中您将看到几个示例，包括基于模板的颜色拾取器、可翻转的面板、自定义的布局容器，以及执行自定义绘图的装饰元素。

第 19 章：数据绑定　展示如何从数据库获取信息，将获取的信息插入到自定义的数据对象中，并将这些数据对象绑定到 WPF 控件。您还将学习如何借助虚拟化技术提高大型数据绑定列表的性能，以及如何使用验证方法捕获编辑错误。

第 20 章：格式化绑定的数据　展示将原始数据转换为包含图片、控件以及选择效果的富数据显示的一些技巧。

第 21 章：数据视图　分析如何在数据绑定窗口中使用视图在数据项列表中导航，以及应用过滤、分类和分组。

第 22 章：列表、树和网格　带您浏览 WPF 中的富数据控件，包括 ListView、TreeView 和 DataGrid。

第 23 章：窗口　分析 WPF 中窗口的工作原理。在该章中您还将学习如何创建不规则形状的窗口，以及如何使用 Vista 玻璃效果，您还将通过定制任务栏跳转列表、缩略图以及图标重叠实现大部分 Windows 7 特性。

第 24 章：页面和导航　介绍如何使用 WPF 构建页面，以及保持跟踪导航历史。该章还将介绍如何构建驻留于浏览器中的 WPF 应用程序，这种应用程序可从 Web 站点启动。

第 25 章：菜单、工具栏和功能区　分析面向命令的控件，如菜单和工具栏。在该章还将使用可免费下载的 Ribbon 控件尝试更富有现代气息的用户界面。

第 26 章：声音和视频　介绍 WPF 媒体支持。在该章中您将看到如何控制声音和视频的播放，以及如何合成动画和生动鲜活的效果。

第 27 章：3D 绘图　研究 WPF 中对绘制 3D 图形的支持。在该章将学习如何创建和变换 3D 对象，以及如何为 3D 对象应用动画效果，甚至还会看到如何在 3D 表面上放置可交互的 2D 控件。

第 28 章：文档　介绍 WPF 的富文档支持。在该章中您将学习如何使用流文档以尽可能便于阅读的方式呈现大量文本，并将学习如何用固定文档显示准备打印的页面，甚至还将学习如何使用 RichTextBox 控件提供文档编辑功能。

第 29 章：打印 演示 WPF 的打印模型，可通过打印模型在打印文档中绘制文本和图形。在该章中您还将学习如何管理页面设置和打印队列。

第 30 章：与 Windows 窗体进行交互 分析如何在同一个应用程序——甚至在同一个窗口中，结合使用 WPF 和 Windows 窗体内容。

第 31 章：多线程 介绍如何创建具有良好响应能力，在后台执行耗时任务的 WPF 应用程序。

第 32 章：插件模型 展示如何创建可扩展的、能动态发现和加载独立组件的应用程序。

第 33 章：ClickOnce 部署 展示如何使用 ClickOnce 安装模型部署 WPF 应用程序。

使用本书的前提条件

为运行 WPF 4.5 应用程序，计算机必须安装 Windows 7、Windows 8 或带有 Service Pack 2 的 Windows Vista，还需要.NET Framework 4.5。为创建 WPF 4.5 应用程序(并打开本书中提供的示例项目)，需要安装 Visual Studio 2012，Visual Studio 2012 中包含了.NET Framework 4.5。

还有一种选择。不使用任何版本的 Visual Studio，可使用 Expression Blend(一种面向图形的设计工具)来构建和测试 WPF 应用程序。总体而言，Expression Blend 是面向图形设计人员的工具，他们使用该工具创建绚丽夺目的内容；而对于编写大量代码的编程人员来说，Visual Studio 则是理想工具。本书假定使用的是 Visual Studio。如果准备使用 Expression Blend，务必选用明确支持 WPF 的版本(与某些 Visual Studio 版本绑定在一起的版本仅用于 Metro 开发，不支持 WPF)。到撰写本书时为止，支持 WPF 的 Expression Blend 版本是称为 Blend + Sketchflow Preview for Visual Studio 2012 的预览版本，网址是 http://tinyurl.com/cgar5lz。

代码示例和 URL

查看 Apress 网站或 www.prosetech.com 以下载最新的示例代码是个好主意。测试在本书中介绍的大部分更复杂的示例需要用到这些代码示例，因为在本书示例中那些较次要的细节通常被忽略了。本书关注最重要的部分，以免为阐明概念而无谓地占用过多篇幅。

为下载本书的源代码，可访问 Web 站点 http://www.prosetech.com 查找本书的页面，也可从 http://www.tupwk.com.cn/downpage 下载本书的源代码。您将发现在本书中提及的链接的列表，从而不需要键入任何内容就可以找到重要工具和例子。

反馈

本书力争成为 WPF 编程爱好者的最佳辅导和参考资料。为达到该目标，您的评论和建议对我们来说是非常有帮助的。您可将本书的缺点、优点及其他反馈信息直接发送到邮箱 wkservice@vip.163.com，我们将不胜感激。

目　　录

第Ⅰ部分　基础知识

第Ⅲ部分 图画和动画

第Ⅵ　窗口、页面和富控件

第 I 部分

基础知识

第 1 章

WPF 概 述

WPF(Windows Presentation Foundation)是用于 Windows 的现代图形显示系统。与之前出现的其他技术相比，WPF 发生了根本性变化，引入了“内置硬件加速”和“分辨率无关”等创新功能；本章将介绍这两项功能。

如要构建运行在 Windows Vista、Windows 7 和 Windows 8 桌面模式(以及对应的 Windows Server 版本)下的富桌面应用程序，WPF 无疑是最适用的工具包。事实上，WPF 是针对这些 Windows 版本的唯一通用工具包。比较起来，Microsoft 新推出的 Metro 工具包虽然令人感到激动，但 Metro 的使用范围仅限于 Windows 8 系统。WPF 的应用范围却广泛得多，它甚至可运行在仍在很多企业中使用的已经过时的 Windows XP 计算机上；唯一的局限性在于您必须对 Visual Studio 进行配置，使其将较为陈旧的.NET 4.0 Framework(而非.NET 4.5)作为目标。

本章将首先介绍 WPF 的体系结构，然后讨论 WPF 如何处理可变屏幕分辨率，将概述 WPF 的核心程序集和类，并将介绍 WPF 如何从初始版本演变为 WPF 4.5。

1.1 Windows 图形演化

在 WPF 问世之前的近 15 个年头，Windows 开发人员一直在使用本质上相同的显示技术。究其原因，是由于此前的每个传统 Windows 应用程序都依靠 Windows 操作系统的如下两个由来已久的部分来创建用户界面：

- User32：该部分为许多元素(如窗口、按钮和文本框等)提供了熟悉的 Windows 外观。
- GDI/GDI+：该部分为渲染简单形状、文本以及图像提供了绘图支持，但增加了复杂程度(而且通常性能较差)。

历经多年发展，这两种技术都得到了改进，而且开发人员使用的与其交互的 API 也已发生了巨大变化。但在构建应用程序时，不管使用.NET 和 Windows 窗体，还是使用过去的 Visual Basic 6 或基于 MFC 的 C++代码，底层都是使用 Windows 操作系统的相同部分来工作的。不同框架工具只是为与 User32 和 GDI/GDI+进行交互提供了不同的封装器而已。这些框架工具能提高效率，降低复杂性，并提供了更多预置特性，从而使开发人员不必再自行编写底层代码，但这些框架工具不可能消除在 10 多年前设计的系统组件的基本限制。

注意：

在超过 15 年前，在 Windows 3.0 中完备地建立了 User32 和 GDI/GDI+的基本分工。当然，User32 在那时简化了用户操作，因为那时软件尚未进入 32 位的世界。

1.1.1 DirectX：新的图形引擎

Microsoft 曾针对 User32 和 GDI/GDI+库的限制提供了一个解决方案：DirectX。DirectX 起初是一个易于出错的组合性质的工具包，用于在 Windows 平台上开发游戏。DirectX 在设计上关注的重点是速度，为此，Microsoft 和显卡供应商密切合作，以便为 DirectX 提供复杂的纹理映射、特殊效果(如半透明)以及三维图形所需的硬件加速功能。

在首次发布 DirectX(在 Windows 95 发布后不久发布)后历经数年的发展，DirectX 已趋成熟。现在的 DirectX 已成为 Windows 的基本组成部分，可支持所有现代显卡。然而，DirectX 编程 API 一直未背离其设计初衷，仍主要作为游戏开发人员的工具包。因为 DirectX 固有的复杂性，它几乎从未用于开发传统类型的 Windows 应用程序(如商业软件)。

WPF 彻底扭转了这种局面。在 WPF 中，底层的图形技术不再是 GDI/GDI+，而是 DirectX。事实上，不管创建哪种用户界面，WPF 应用程序在底层都是使用 DirectX。这意味着，无论设计复杂的三维图形(这是 DirectX 的特长)，还是仅绘制几个按钮和纯文本，所有绘图工作都是通过 DirectX 管线完成的。因此，即使是最普通的商业应用程序也能使用丰富的效果，如半透明和反锯齿。在硬件加速方面也带来了好处，DirectX 在渲染图形时会将尽可能多的工作递交给图形处理单元(GPU)去处理，GPU 是显卡专用的处理器。

注意：

因为 DirectX 能理解可由显卡直接渲染的高层元素，如纹理和渐变，所以 DirectX 效率更高。而 GDI/GDI+不理解这些高层元素，因此必须将它们转换成逐像素指令，而通过现代显卡渲染这些指令更慢。

不过，仍有一个 User32 组件得以保留，该组件只用于有限的范围。因为对于特定服务，WPF 仍依赖于 User32，如处理和路由输入信息以及区分哪个应用程序实际拥有屏幕的哪一部分。但所有绘图操作都是由 DirectX 完成的。

1.1.2 硬件加速与 WPF

显卡在支持特定渲染特性和优化方面是有区别的。令人感到庆幸的是，这并不是什么问题，原因有两点。首先，当今大多数计算机配备的显卡硬件都足以支持 3D 绘图和动画等 WPF 功能。即使是使用集成图形处理器(图形处理器集成到主板中，而非独立的卡)的便携式电脑和桌面计算机也同样如此。其次，WPF 为要完成的所有工作都预备了软件处理方式。这意味着，WPF 的智能程度足够高，会尽量采用硬件优化方式，但如有必要，它也可采用软件计算方式来完成同样的工作。因此，如果在配备旧式显卡的计算机上运行 WPF 应用程序，界面仍将按其设计方式显示。当然，采用软件计算方式时，速度自然会慢很多，而且配备旧式显卡的计算机不能十分顺畅地运行富 WPF 应用程序。如果富 WPF 应用程序包含复杂动画或其他密集图形效果，这表现得尤为明显。

1.2 WPF：高级 API

如果 WPF 仅通过 DirectX 提供硬件加速功能，那么它只能算是一项重要改进，而不是革命性的变化。实际上，WPF 包含了一整套面向应用程序编程人员的高级服务。

下面列出 WPF 引入到 Windows 编程领域中的一些最重要变化：

- **类似 Web 的布局模型**。与通过特定的坐标将控件固定在具体位置不同，WPF 十分注重灵活的流式布局，根据控件的内容灵活地排列控件，从而使用户界面能适应变化幅度大的内容以及不同的语言。
- **丰富的绘图模型**。与逐像素进行绘制不同，在 WPF 中可直接处理图元——基本形状、文本块以及其他图形元素。也可使用其他新特性，如真正的透明控件、放置多层并具有不同透明度内容的功能以及本地 3D 支持。
- **丰富的文本模型**。WPF 为 Windows 应用程序提供了在用户界面的任何位置显示丰富的样式化文本的功能。甚至可将文本和列表、浮动的图形以及其他用户界面元素结合起来。并且如果需要显示大量文本，还可使用高级的文档显示特性，例如换行、分列和对齐，以提高可读性。
- **作为首要编程概念的动画**。在 WPF 中，不必再用计时器来强制窗体重绘自身。与此相反，动画成为 WPF 框架的固有部分。在 WPF 中可使用声明式标签定义动画，WPF 会自动让它们运动起来。
- **支持音频和视频媒体**。以前的用户界面开发工具包(如 Windows 窗体)对多媒体的处理有很大的限制。但 WPF 支持播放任何 Windows 媒体播放器所支持的音频和视频文件，并允许同时播放多个媒体文件。更引人注目的是，WPF 提供了允许在用户界面的其他部分集成视频内容的工具，还允许添加特效技巧，比如在一个旋转的 3D 立方体上放置视频窗口。
- **样式和模板**。通过样式可实现显示格式的标准化，并可在整个应用程序中反复使用。通过模板可改变元素的渲染方式，甚至改变核心控件(如按钮)的渲染方式。在创建现代的具有皮肤的用户界面时，从来都不像现在这样方便。
- **命令**。大多数用户已认识到，通过菜单或工具栏触发 Open 命令并没什么区别，最终结果是相同的。现在通过代码抽象，可在特定位置定义应用程序命令并将其链接到多个控件上。
- **声明式用户界面**。尽管可编写代码来创建 WPF 窗口，但 Visual Studio 提供了另一种方式。它将每个窗口的内容串行化到 XAML 文档中的一组 XML 标签中。其优点是用户界面和代码完全分离，并且图形设计人员可使用专业工具编辑 XAML 文件，并最终润色应用程序的前端界面。XAML 是 Extensible Application Markup Language(可扩展应用程序标记语言)的缩写，第 2 章将详细介绍 XAML 的相关内容。
- **基于页面的应用程序**。可使用 WPF 创建类似于浏览器的应用程序，此类应用程序可通过“前进”和“后退”导航按钮在一组页面中移动。由 WPF 来处理那些纷繁的细节，如页面历史。甚至可将项目部署为运行于 IE 中的基于浏览器的应用程序。

1.3 分辨率无关性

传统的 Windows 应用程序都会受特定的假定屏幕分辨率的限制。在设计窗口时，开发人员通常假定标准的显示器分辨率(如 1366×768 像素)，并针对更小或更大的分辨率尽量保证窗口能够合理地改变尺寸。

问题是传统 Windows 应用程序的用户界面是不可伸缩的。因此，如果使用更高的显示器分辨率，将会更紧密地排列像素，应用程序窗口将变得更小并更难以阅读。特别是对于使用像素排列更加紧密的新式显示器，当以较高分辨率运行时，问题更趋严重。例如，通常可发现用户使用的某些显示器(特别是便携式电脑的显示器)的像素排列密度是120 dpi(dot per inch，每英寸像素点数)或144 dpi，超过更常见的96 dpi。当这些显示器使用它们默认的分辨率时，像素会以更紧密的方式显示，使控件和文本变得更小。

理想情况下，应用程序应使用更高的像素密度显示更多细节。例如，高分辨率显示器可显示相同大小的工具栏图标，但使用更多像素显示更清晰的图形。这样可保持相同的基本布局，但增加了清晰度和细节。出于多种原因，这种解决方法在过去是无法实现的。尽管可改变用GDI/GDI+绘制的图形内容的大小，但User32(负责为通用控件生成可视化外观)不支持真正的缩放。

这个问题在WPF中不复存在，因为WPF自行渲染所有用户界面元素，从简单的形状到通用控件(如按钮)。所以，如果在计算机显示器上创建一个1英寸宽的按钮，在更高分辨率的显示器上它仍能保持1英寸的宽度——WPF只是使用更多像素更详细地渲染这个按钮罢了。

这里做了总体性描述，并通过几个细节进行了解释。最重要的是要认识到WPF根据系统DPI设置进行缩放，并不根据物理显示设备的DPI进行缩放。这是十分合理的——毕竟在100英寸的投影仪上显示应用程序，您可能会站在投影仪后面几步远的地方，并希望看到特大版本的窗口。不希望WPF骤然间将应用程序缩至“正常”大小。同样，如果使用具有更高分辨率显示器的便携式电脑，您可能希望窗口稍小些——这是在更小屏幕上显示信息必须付出的代价。更进一步讲，不同用户有不同的偏好。有些用户可能希望显示更丰富的细节，而另一些用户可能希望显示更多内容。

那么WPF如何确定应用程序窗口的大小呢？简单来讲，就是当WPF计算窗口尺寸时使用系统DPI设置。但要想理解底层工作原理，进一步探讨WPF度量系统是很有帮助的。

1.3.1 WPF单位

WPF窗口以及其中的所有元素都使用与设备无关的单位进行度量。一个与设备无关的单位被定义为1/96英寸。为了理解其实际含义，下面将分析一个例子。

设想用WPF创建一个尺寸为96×96单位的小按钮。如果使用标准的Windows DPI设置(96 dpi)，每个设备无关单位实际上对应一个物理像素。因为对于这种情况，WPF用以下公式进行计算：

$$
\begin{aligned}
[\text{物理单位尺寸}] &= [\text{设备无关单位尺寸}] \times [\text{系统 DPI}] \\
&= 1/96\ \text{英寸} \times 96\ \text{dpi} \\
&= 1\ \text{像素}
\end{aligned}
$$

本质上，WPF假定使用96个像素构成1英寸，因为这是Windows操作系统通过系统DPI设置告诉WPF的。但实际上依赖于显示设备。

例如，考虑一个最大分辨率为1600×1200像素的19英寸LCD显示器。可用勾股定理算出这个显示器的像素密度，如下所示：

$$
\begin{aligned}
[\text{屏幕DPI}] &= \frac{\sqrt{1600^2 + 1200^2}\ \text{像素}}{19\ \text{英寸}} \\
&= 100\ \text{dpi}
\end{aligned}
$$

在这种情况下，像素密度达到 100 dpi，稍高于 Windows 假定的数值。因此在该显示器上，一个 96×96 像素的按钮将略小于 1 英寸。

另一方面，考虑分辨率为 1024×768 像素的 15 英寸 LCD 显示器。对于这种情况，像素密度降至约 85 dpi，因此 96×96 像素的按钮看起来比 1 英寸稍大。

在这两种情况下，如果减小屏幕尺寸(比如将分辨率切换到 800×600 像素)，那么按钮(以及屏幕上的其他内容)将相应放大。这是因为系统 DPI 仍使用 96 dpi。换句话说，Windows 仍假定 96 像素代表 1 英寸，尽管在更低的分辨率下像素更少。

提示：

正如您了解的，LCD 显示器被设计成在特定分辨率下的效果最佳，该分辨率称为自然分辨率(native resolution)。如果降低分辨率，显示器必须使用插值来填充额外像素(这会导致模糊)。为获得最佳显示效果，最好始终使用自然分辨率。如果希望显示出更大的窗口、按钮和文本，应考虑修改系统 DPI 设置。

1.3.2 系统 DPI

到目前为止，WPF 按钮示例和其他类型 Windows 应用程序中的其他任意用户界面元素完全相同。如果改变系统 DPI 设置，结果就不同了。在上一代 Windows 中，该特性有时称为大字体。因为那时系统 DPI 会影响系统字体的大小，但其他细节通常不变。

注意：

许多 Windows 应用程序不完全支持更高的 DPI 设置。在最糟糕的情形下，增加系统 DPI 可能会使窗口中的一些内容被缩放，但其他内容则未被缩放，这可能导致有些内容被隐藏起来，甚至窗口无法使用。

这正是 WPF 的不同之处。WPF 本身就可以十分轻松地支持系统 DPI 设置。例如，将系统 DPI 设置改为 120 dpi(高分辨率显示器的用户常选择这么做)，WPF 假定需要 120 个像素来填满 1 英寸的空间。WPF 使用以下公式计算如何将逻辑单位变换为物理设备像素：

```
[物理单位尺寸]= [设备无关单位尺寸]×[系统 DPI]
              = 1/96 英寸×120 dpi
              = 1.25 像素
```

换句话说，将系统 DPI 设为 120 dpi 时，WPF 渲染引擎假定设备无关单位等于 1.25 个像素。如果显示 96×96 像素大小的按钮，那么物理尺寸实际为 120×120 像素(因为 96×1.25=120)。这正是你所期望的结果—— 在标准显示器上大小为 1 英寸的按钮，在像素密度更高的显示器上仍保持 1 英寸的大小。

如果只用于按钮，这种自动缩放的意义不大。但 WPF 对它所显示的任何内容都使用设备无关单位，包括形状、控件、文本以及其他放在窗口中的内容。所以可将系统 DPI 改为任何所希望的数值，WPF 将无缝地调整应用程序的尺寸。

注意：

根据系统 DPI 计算出的像素尺寸可能是小数。可假定 WPF 简单地将度量尺寸舍入为最接近的像素。然而，默认情况下，WPF 的处理方式与此不同。如果元素的一条边落在两个像素之间，WPF 将使用反锯齿特性将这条边混合到相邻的像素。这看起来可能是多余的选择，但的确可改进视觉效果。如果为给控件增加皮肤效果而使用自定义绘制图形，那么就未必会整齐、清晰地定义边缘，从而需要进行一定程度的反锯齿处理。

调整系统 DPI 的步骤取决于操作系统。下面解释如何根据使用的操作系统调整系统 DPI。

Windows Vista

(1) 右击桌面并从上下文菜单中选择 Personalize 菜单项。

(2) 在左边的链接列表中，选择 Adjust Font Size (DPI)。

(3) 选择 96 或 120 dpi。或单击 Custom DPI 按钮，从而使用自定义的 DPI 设置。还可指定一个百分比值，如图 1-1 所示(例如，175%会将标准的 96 dpi 放大为 168 dpi)。此外，当使用自定义 DPI 设置时，还可使用 Use Windows XP style DPI scaling 选项，后面的“DPI 缩放”补充说明将对该选项进行说明。

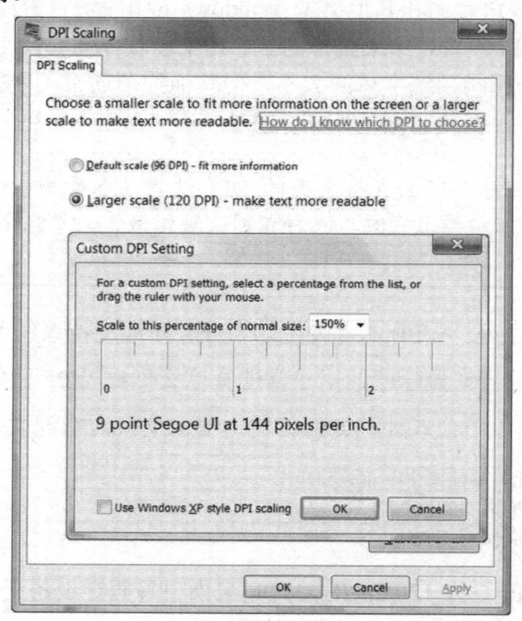

图 1-1　改变系统 DPI

Windows 7 和 Windows 8

(1) 右击桌面并从上下文菜单中选择 Personalize 菜单项。

(2) 在窗口左下角的链接列表中，选择 Dispaly。

(3) 在 Smaller(默认选项)、Medium 以及 Larger 选项之间进行选择。尽管这些选项用缩放百分比(100%、125%以及 150%)加以描述，但它们实际上对应于 DPI 值 96、120 和 144。您可能注意到前两个选项与 Windows Vista 和 Windows XP 中的标准设置是相同的，而第三个选项更大些。此外，为使用自定义的 DPI 百分比，可单击 Set Custom Text Size，如图 1-1 所示(例如，175%

将标准的 96 dpi 放大为 168 dpi)。当使用自定义 DPI 设置时，还可使用 Use Windows XP style DPI scaling 选项，下面的“DPI 缩放”补充说明描述了这个选项。

DPI 缩放

众所周知，旧式应用程序不支持较高的 DPI 设置。为此，Windows Vista 引入了一种称为位图缩放的新技术。Windows 较新版本也支持该特性。

通过缩放位图，当运行不支持高 DPI 设置的应用程序时，Windows 会改变其尺寸，就像它是一幅图像一样。该方法的优点在于应用程序仍认为它运行在标准的 96 dpi 设置下。Windows 无缝地变换输入(如鼠标单击)，并将输入传递到应用程序的“真正”坐标系统下的正确位置。

Windows 使用的是一种极好的缩放算法——该算法会考虑像素边界以避免模糊边缘，并尽可能使用显卡硬件来提高速度——但该方法不可避免地会导致一定的显示模糊。它也存在严重的局限性，因为 Windows 不能识别其实支持较高 DPI 设置的旧式应用程序。这是因为应用程序需要包含清单(manifest)或调用 SetProcessDPIAware(在 User32 中)来公布它们对高 DPI 设置的支持。尽管 WPF 应用程序正确地处理了该步骤，但在 Windows Vista 之前创建的应用程序没有使用任何方法，从而即使它们支持更高的 DPI 设置，也不能使用位图缩放。

有两个可能的解决方案。如果有少数几个特定的应用程序支持高 DPI 设置，但并不明确，那么可以手动进行详细配置。为此，在 Start 菜单中右击启动应用程序的快捷方式，从上下文菜单中选择 Properties 菜单项。在 Compatibility 选项卡中选择 Disable Display Scaling on High DPI Settings 选项。如果有许多应用程序需要配置，那么很快就会令人感到厌烦。

另一个可能的解决方法是完全禁用位图缩放。为此，在图 1-1 中显示的 Custom DPI Setting 对话框中选中 Use Windows XP style DPI scaling 复选框。该方法的唯一限制是在高 DPI 设置下，可能有些应用程序不能正确地显示(并且可能不能使用)。默认情况下，当 DPI 设置为 120 dpi 或更小时，选中 Use Windows XP style DPI scaling 复选框；当 DPI 设置大于 120 dpi 时，不选中 Use Windows XP style DPI scaling。

1.3.3　位图和矢量图形

当使用普通控件时，自然可利用 WPF 的分辨率无关性。WPF 会负责确保任何显示内容都能自动地具有正确的尺寸。但是，如果准备在应用程序中包含图像，偶尔可能出现问题。例如，在传统 Windows 应用程序中，开发人员为工具栏命令按钮使用非常小的位图，但在 WPF 应用程序中这并非一种理想方法，因为当根据系统 DPI 进行放大或缩小时，位图可能出现伪影(变得模糊)。反而，当设计 WPF 用户界面时，即使是最小的图标，通常也使用矢量图形来实现。矢量图形被定义为一系列的形状，并且它们能够很容易地缩放为任何尺寸。

注意：

当然，相对于绘制一幅基本的位图，绘制矢量图形需要耗费更长的时间，但 WPF 包含可减少开销的优化措施，以确保性能始终处于合理范围之内。

分辨率无关性的重要性无论如何强调都不过分。因为乍一看，对于这个由来已久的问题(该问题确实如此)，它看起来像是简单的、优美的解决方法。但为了设计完全可缩放的用户界面，开发人员需要接受一种新的思想。

1.4 WPF 体系结构

WPF 使用多层体系结构。在顶层，应用程序与完全由托管 C#代码编写的一组高层服务进行交互。至于将.NET 对象转换为 Direct3D 纹理和三角形的实际工作，是在后台由一个名为 milcore.dll 的低级非托管组件完成的。milcore.dll 是使用非托管代码实现的，因为它需要和 Direct3D 紧密集成，并且它对性能极其敏感。

图 1-2 显示了 WPF 应用程序中各层的工作情况。

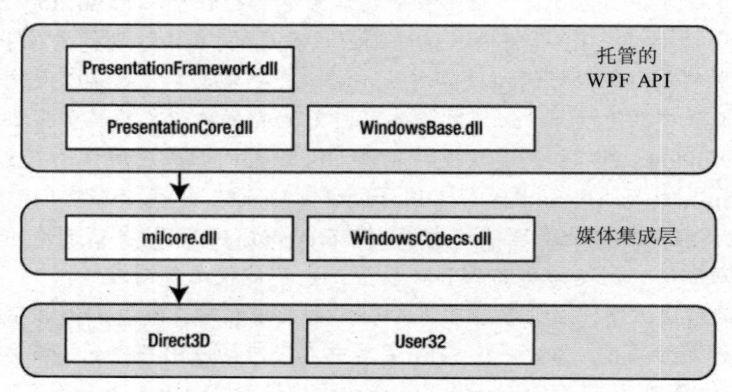

图 1-2 WPF 体系结构

以下列出图 1-2 中包含的一些重要组件：

- PresentationFramework.dll 包含 WPF 顶层的类型，包括那些表示窗口、面板以及其他类型控件的类型。它还实现了高层编程抽象，如样式。开发人员直接使用的大部分类都来自这个程序集。
- PresentationCore.dll 包含了基础类型，如 UIElement 类和 Visual 类，所有形状类和控件类都继承自这两个类。如果不需要窗口和控件抽象层的全部特征，可使用这一层，而且仍能利用 WPF 的渲染引擎。
- WindowsBase.dll 包含了更多基本要素，这些要素具有在 WPF 之外重用的潜能，如 DispatcherObject 类和 DependencyObject 类，这两个类引入了依赖项属性(详见第 4 章)。
- milcore.dll 是 WPF 渲染系统的核心，也是媒体集成层(Media Integration Layer，MIL)的基础。其合成引擎将可视化元素转换为 Direct3D 所期望的三角形和纹理。尽管将 milcore.dll 视为 WPF 的一部分，但它也是 Windows Vista 和 Windows 7 的核心系统组件之一。实际上，桌面窗口管理器(Desktop Window Manager，DWM)使用 milcore.dll 渲染桌面。
- WindowsCodecs.dll 是一套提供图像支持的低级 API(例如处理、显示以及缩放位图和 JPEG 图像)。
- Direct3D 是一套低级 API，WPF 应用程序中的所有图形都由它进行渲染。
- User32 用于决定哪些程序实际占有桌面的哪一部分。所以它仍被包含在 WPF 中，但不再负责渲染通用控件。

注意：

milcore.dll 有时称为“托管图形”引擎。与公共语言运行库(CLR)管理.NET 应用程序的生命期非常类似，milcore.dll 管理显示状态。而且正如有了 CLR，开发人员不再为释放对象和回收内存而感到烦恼一样，milcore.dll 让开发人员不必再考虑使窗口无效和重绘窗口。只需使用希望显示的内容创建对象即可，当拖动窗口、窗口被覆盖和显露、最小化窗口和还原窗口时，由 milcore.dll 负责绘制窗口的恰当部分。

需要认识到的最重要事实是，在 WPF 中所有绘图内容都由 Direct3D 渲染。不管使用普通显卡还是使用功能更强大的显卡，不管使用基本控件还是绘制更复杂的内容，也不管是在 Windows XP、Windows Vista 还是在 Windows 7 上运行应用程序，情况都是如此。甚至二维图形和普通文本也被转换为三角形并被传送到 Direct3D 管线，而不使用 GDI+或 User32 渲染图形。

类层次结构

本书将占用大量篇幅讲述 WPF 的名称空间和类。但在此之前，首先分析一下构成 WPF 基本控件集合的类的层次结构是很有帮助的。

图 1-3 简要显示了类层次结构中的几个重要分支。本书将详细深入地分析这些类以及它们之间的关系。

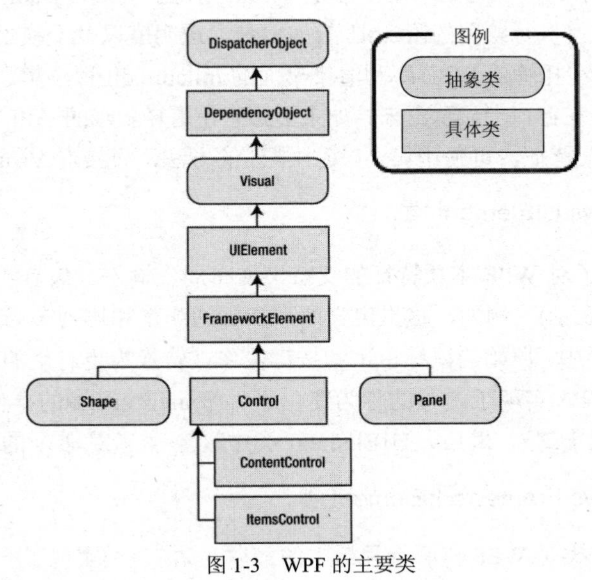

图 1-3　WPF 的主要类

下面将简要介绍图 1-3 中呈现的核心类。这些类中的许多类构成了完整的元素分支(如形状、面板以及控件)。

注意：

WPF 核心名称空间以 System.Windows 开头(如 System.Windows、System.Windows.Controls 以及 System.Windows.Media)。唯一例外是由 System.Windows.Forms 开头的名称空间，它们是 Windows 窗体工具包的一部分。

1. System.Threading.DispatcherObject 类

WPF 应用程序使用为人熟知的单线程亲和(Single-Thread Affinity，STA)模型，这意味着整个用户界面由单个线程拥有。从另一个线程与用户界面元素进行交互是不安全的。为方便使用此模型，每个 WPF 应用程序由协调消息(键盘输入、鼠标移动乃至框架处理，如布局)的调度程序管理。通过继承自 DispatcherObject 类，用户界面中的每个元素都可以检查代码是否在正确的线程上运行，并能通过访问调度程序为用户界面线程封送代码。在第 31 章将介绍有关 WPF 线程模型的更多内容。

2. System.Windows.DependencyObject 类

在 WPF 中，主要通过属性与屏幕上的元素进行交互。在早期设计阶段，WPF 的设计者决定创建一个更加强大的属性模型，该模型支持许多特性，例如更改通知、默认值继承以及减少属性存储空间。最终结果就是依赖项属性(dependency property)特性，第 4 章将分析该特性。通过继承自 DependencyObject 类，WPF 类可获得对依赖项属性的支持。

3. System.Windows.Media.Visual 类

在 WPF 窗口中显示的每个元素本质上都是 Visual 对象。可将 Visual 类视为绘图对象，其中封装了绘图指令、如何执行绘图的附加细节(如剪裁、透明度以及变换设置)以及基本功能(如命中测试)。Visual 类还在托管的 WPF 库和渲染桌面的 milcore.dll 程序集之间提供了链接。任何继承自 Visual 的类都能在窗口上显示出来。如果更愿意使用轻量级的 API 创建用户界面，而不想使用 WPF 的高级框架特征，可使用第 14 章中描述的方法，直接对 Visual 对象进行编程。

4. System.Windows.UIElement 类

UIElement 类增加了对 WPF 本质特征的支持，如布局、输入、焦点和事件(WPF 团队使用首字母缩写词 LIFE 来表示)。例如，这里定义两个步骤的测量和排列布局过程，这些内容将在第 18 章中介绍。在该类中，原始的鼠标单击和按键操作被转换为更有用的事件，如 MouseEnter 事件。与属性类似，WPF 实现了增强的称为路由事件(routed event)的事件路由系统。第 5 章将讲述路由事件的工作原理。最后，UIElement 类中还添加了对命令的支持(详见第 9 章)。

5. System.Windows.FrameworkElement 类

FrameworkElement 类是 WPF 核心继承树中的最后一站。该类实现了一些全部由 UIElement 类定义的成员。例如，UIElement 类为 WPF 布局系统设置了基础，但 FrameworkElement 类提供了支持它的重要属性(如 HorizontalAlignment 和 Margin 属性)。UIElement 类还添加了对数据绑定、动画以及样式等核心特性的支持。

6. System.Windows.Shapes.Shape 类

基本的形状类(如 Rectangle 类、Polygon 类、Ellipse 类、Line 类以及 Path 类)都继承自该类。可将这些形状类与更传统的 Windows 小组件(如按钮和文本框)结合使用。在第 12 章将开始介绍如何构建形状。

7. System.Windows.Controls.Control 类

控件(control)是可与用户进行交互的元素。控件显然包括 TextBox 类、Button 类和 ListBox 类等。Control 类为设置字体以及前景色与背景色提供了附加属性。但最令人感兴趣的细节是模板支持，通过模板支持，可使用自定义风格的绘图替换控件的标准外观。第 17 章将介绍控件模板。

注意：
在 Windows 窗体编程中，窗体中的每个可视化项都称为控件。在 WPF 中，情况不再如此。可视化内容被称为元素(element)，只有部分元素是控件(控件是那些能够接收焦点并能与用户进行交互的元素)。更令人费解之处在于，许多元素是在 System.Windows.Controls 名称空间中定义的，但它们不是继承自 System.Windows.Controls.Control 类，并且不被认为是控件。Panel 类便是其中一例。

---

8. System.Windows.Controls.ContentControl 类

ContentControl 类是所有具有单一内容的控件的基类，包括简单的标签乃至窗口的所有内容。该模型给人印象最深刻的部分是：控件中的单一内容可以是普通字符串乃至具有其他形状和控件组合的布局面板(详见第 6 章)。

9. System.Windows.Controls.ItemsControl 类

ItemsControl 类是所有显示选项集合的控件的基类，如 ListBox 和 TreeView 控件。列表控件十分灵活——例如，使用 ItemsControl 类的内置特征，可将简单的 ListBox 控件变换成单选按钮列表、复选框控件列表、平铺的图像或是您所选择的完全不同的元素的组合。实际上，WPF 中的菜单、工具栏以及状态栏都是特定的列表，并且实现它们的类都继承自 ItemsContorl 类。在第 19 章中学习数据绑定时，将开始使用列表控件。在第 20 章中将进一步学习列表控件，第 22 章将介绍最专业的列表控件。

10. System.Windows.Controls.Panel 类

Panel 类是所有布局容器的基类，布局容器是可包含一个或多个子元素、并按特定规则对子元素进行排列的元素。这些容器是 WPF 布局系统的基础，要以最富有吸引力、最灵活的方式安排内容，使用这些容器是关键所在。在第 3 章将详述 WPF 布局系统。

1.5 WPF 4.5

WPF 是一种成熟的技术。它是几个已经发布的.NET 平台的一部分，并通过以下版本不断地进行完善：

- WPF 3.0。这是 WPF 的第一个版本，它与另两种新技术一并发布：WCF(Windows Communication Foundation)和 Windows WF(Workflow Foundation)。这三种新技术合称为.NET Framework 3.0。

- WPF 3.5。一年后，一个新的 WPF 版本作为.NET Framework 3.5 的一部分发布。新版本 WPF 的新特性主要是一些小的改进，包括错误修复和性能改进。
- WPF 3.5 SP1。当发布.NET Framework Service Pack 1(SP1)时，WPF 设计人员抓住这个机会增添了一些新功能，例如平滑图形效果(通过像素着色器实现)以及高级的 DataGrid 控件。
- WPF 4。该 WPF 版本做了大量改进，包括更好地渲染文本、动画更自然流畅以及支持多点触控。
- WPF 4.5。相对于上述版本更新，迄今为止，这一最新 WPF 版本对 WPF 4 所做的更新是最少的，这也表明 WPF 技术已经走向成熟。除纠正一些一般性错误并对性能做了调整外，WPF 4.5 还对数据绑定系统做了大量完善工作，比如完善了数据绑定表达式、可视化，并可以支持 INotifyDataError 接口以及数据视图同步。第 8 章、第 19 章和第 22 章将介绍这些功能。

1.5.1 WPF 工具包

在将新控件集成到.NET 平台的 WPF 库之前，通常首先将新控件放入被称为 WPF 工具包(WPF Toolkit)的 Microsoft 下载中。WPF 工具包不仅是预览 WPF 未来方向的场所，还是非常好的实用组件和控件的源，使得在正常的 WPF 发布周期外可使用这些控件和组件。例如，WPF 没有提供任何类型的制图工具，但 WPF 工具包提供了一套控件用于创建柱状图、饼图、气泡图、散点图以及线图。

本书偶尔会引用 WPF 工具包，以指出在核心.NET 运行库中未提供但非常有用的部分功能。为下载 WPF 工具包、查看其代码或阅读其文档，可导航到 http://wpf.codeplex.com。还可以在那里找到指向由 Micorsoft 托管的其他 WPF 项目的链接，包括 WPF Futures(该项目提供了更多实验性 WPF 特性)和 WPF 测试工具。

1.5.2 Visual Studio 2012

尽管可以手工或使用面向图形设计的工具 Expression Blend 构建 WPF 用户界面，但大多数开发人员将首先使用 Visual Studio 进行开发，而且大部分(或全部)时间用于使用 Visual Studio 进行开发。本书假定您使用 Visual Studio，并且偶尔会介绍如何使用 Visual Studio 用户界面执行一项重要任务，如添加资源、配置项目属性以及创建控件库程序集。但不会花费大量时间研究 Visual Studio 的设计时技巧，而是重点研究创建专业应用程序所需的底层标记和代码。

注意：

您可能已经知道了如何使用 Visual Studio 创建 WPF 项目，但这里仍要简单概括一下。首先选择 File | New | TRA Project。然后在左边的树中选择 Visual C# | Windows 组，在右边的列表中选择 WPF Application 模板。第 24 章将介绍更专用的 WPF Browser Application 模板。一旦选择好路径，就输入项目名，并单击 OK 按钮，最终将得到 WPF 应用程序的基本框架。

---

1. 多目标

在过去，Visual Studio 的每个版本和特定版本的.NET 紧密耦合在一起。Visual Studio 2012 没有这一限制，允许您设计针对 2.0 到 4.5 之间的任何.NET 版本的应用程序。

显然，并不能使用.NET 2.0 创建 WPF 应用程序，但所有更新版本都支持 WPF。为了获得最广泛的兼容性，可选择将较旧版本(如.NET 3.5 或.NET 4)作为目标。例如，.NET 3.5 应用程序可运行于.NET 3.5、4 以及 4.5 运行库上。或者，也可选择.NET 4.5 作为目标，以使用 WPF 或.NET 平台中的更新特性。但是，如果需要支持旧式 Windows XP 计算机，那么无法将.NET 4 作为目标，因为这是支持 Windows XP 的最新.NET 版本。

当使用 Visual Studio 创建新项目时，可在 New Project 对话框，从项目模板列表上方的位于顶部的下拉列表中选择.NET Framework 的目标版本，如图 1-4 所示。

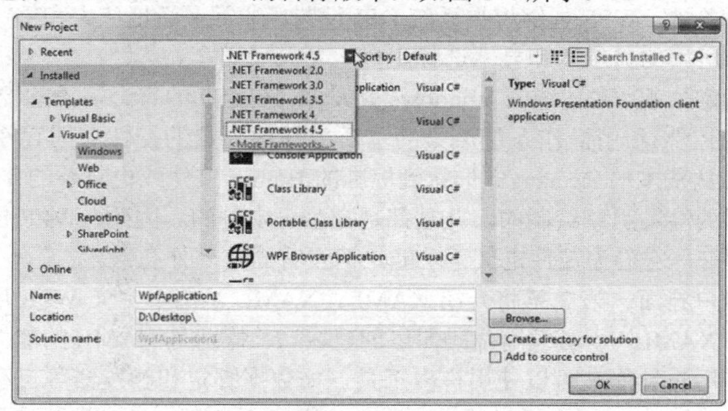

图 1-4　选择.NET Framework 的目标版本

以后还可以随时通过在 Solution Explorer 中双击 Properties 节点，并改变 Target Framework 列表中的选项来改变目标版本。

为提供准确的多目标特征，Visual Studio 为每个.NET 版本提供了参考程序集。这些程序集包括所有类型的元数据，但不包括需要的实现代码。这意味着 Visual Studio 可使用参考程序集修补智能感知和错误检查，确保您不能使用在设定的.NET 版本中未提供的控件、类以及成员。Visual Studio 还使用元数据确定在工具箱中应当显示哪些控件、在 Properties 窗口和 Object Browser 中应当显示哪些成员等，保证整个 IDE 被限制于您选择的版本。

2. Visual Studio 设计器

Visual Studio 提供了功能丰富的设计器用于创建 WPF 用户界面。虽然 Visual Studio 2012 允许拖放 WPF 窗口，但这并不意味着应当立即(或完全)使用 Visual Studio 创建用户界面。正如第 3 章中介绍的，WPF 使用灵活的、具有细微差别的布局模型，从而允许您在用户界面中为确定元素的尺寸和位置使用不同的策略。为得到需要的结果，需要选择恰当的布局容器组合，对其进行合理安排，并配置属性。Visual Studio 可帮您完成该任务，但如果首先学习基本的 XAML 标记以及 WPF 布局，该任务会变得更容易。此后就能查看 Visual Studio 可视化设计器生成的标记，并酌情手动修改这些标记。

一旦熟练掌握了 XAML 语法(详见第 2 章)，并学习了 WPF 的布局控件系列(详见第 3 章)，对于选择如何创建窗口就足够了。有些专业开发人员使用 Visual Studio，有些使用 Expression Blend，有些手动编写 XAML，而有些组合使用这些方法(例如手动创建基本布局结构，然后使用 Visual Studio 设计器以对其进行配置)。

1.6 小结

本章简要介绍了 WPF 及其作用，分析了 WPF 的底层体系结构，并简要介绍了核心类。

显然，WPF 引入了许多重要变化。然而，有 5 条重要的准则更加突出，因为它们和以前的 Windows 用户界面工具包(如 Windows 窗体)的区别很大。这些准则如下：

- **硬件加速**。通过 DirectX 执行所有 WPF 绘图操作，以便充分利用现代显卡的最新功能。
- **分辨率无关性**。WPF 能够根据系统 DPI 设置，非常灵活地放大和缩小显示的内容，以使其适合所用的显示器和显示选择。
- **控件无固定外观**。在传统的 Windows 开发中，在定制的符合需求的控件(此类控件是指自绘制的控件)和由操作系统渲染的本质上外观固定的控件之间存在很大的差别。在 WPF 中，从基本的 Rectangle 形状到标准的 Button 控件或更复杂的 Toolbar 控件，都是使用相同的渲染引擎绘制的，并且都是完全可定制的。因此，WPF 控件经常被称为无外观控件——它们为控件定义了功能，但没有固定“外观”。
- **声明式用户界面**。第 2 章将介绍 XAML，XAML 是用于定义 WPF 用户界面的标记标准。通过 XAML，不必编写代码即可创建窗口。特别是 XAML 的能力不局限于创建一成不变的用户界面。可以使用许多工具，如数据绑定和触发器等自动运行基本的用户界面行为(例如，当页面通过记录源时文本框更新自身，当鼠标移动到标签上时标签变亮)，所有这些都不需要编写 C#代码。
- **基于对象的绘图**。即使准备在更低级的可视化层(而非高级元素层)上工作，也不需要使用绘图和像素进行工作，而是创建图形对象并让 WPF 尽可能最优化地显示出来。

全书都会运用这些原则。但在进一步分析这些原则之前，应当首先学习相关的补充标准。下一章将介绍用于定义 WPF 用户界面的标记语言 XAML。

第 2 章

XAML

XAML(Extensible Application Markup Language 的简写，发音为“zammel”)是用于实例化.NET 对象的标记语言。尽管 XAML 是一种可应用于诸多不同问题领域的技术，但其主要作用是构造 WPF 用户界面。换言之，XAML 文档定义了在 WPF 应用程序中组成窗口的面板、按钮以及各种控件的布局。

不必再手动编写 XAML，您将使用工具生成所需的 XAML。如果您是一位图形设计人员，该工具可能是图形设计程序，如 Expression Blend。如果您是一名开发人员，您开始时可能使用 Microsoft Visual Studio。这两个工具在生成 XAML 时本质上是相同的，因此可使用 Visual Studio 创建一个基本用户界面，然后将该界面移交给一个出色的设计团队，由设计团队在 Expression Blend 中使用自定义图形润色这个界面。实际上，将开发人员和设计人员的工作流程集成起来的能力，是 Microsoft 推出 XAML 的重要原因之一。

本章将详细介绍 XAML，分析 XAML 的作用、宏观体系结构以及语法。一旦理解了 XAML 的一般性规则，就可以了解在 WPF 用户界面中什么是可能的、什么是不可能的，并了解在必要时如何手动修改用户界面。更重要的是，通过分析 WPF XAML 文档中的标签，可学习一些支持 WPF 用户界面的对象模型，从而为进一步深入分析 WPF 用户界面做好准备。

新增功能：

WPF 4.5 并未为 XAML 标准添加新内容。事实上，即使是 XAML 2009 较小的完善之处也未得到完全实现。只在松散的 XAML 文件中支持它们，在编译的 XAML 资源(几乎每个 WPF 应用程序都使用这些资源)却不可以。实际上，XAML 2009 可能永远都不会成为完全集成到 WPF 中的一部分，原因是 XAML 2009 的改进没那么重要，而且对 XAML 编译器的任何更改都会引起安全和性能问题。因此，本书不会介绍 XAML 2009。

2.1 理解 XAML

开发人员很久前就已经意识到，要处理图形丰富的复杂应用程序，最有效的方式是将图形部分从底层的代码中分离出来。这样一来，美工人员可独立地设计图形，而开发人员可独立地编写代码。这两部分工作可单独地进行设计和修改，而不会有任何版本问题。

2.1.1 WPF 之前的图形用户界面

使用传统的显示技术，从代码中分离出图形内容并不容易。对于 Windows 窗体应用程序而言，关键问题是创建的每个窗体完全都是由 C#代码定义的。在将控件拖动到设计视图上并配置控件时，Visual Studio 将在相应的窗体类中自动调整代码。但图形设计人员没有任何可以使用 C#代码的工具。

相反，美工人员必须将他们的工作内容导出为位图。然后可使用这些位图确定窗体、按钮以及其他控件的外观。对于简单的固定用户界面而言，这种方法效果不错，但在其他一些情况下会受到很大的限制。这种方法存在以下几个问题：

- 每个图形元素(背景和按钮等)需要导出为单独的位图。这限制了组合位图的能力和使用动态效果的能力，如反锯齿、透明和阴影效果。
- 相当多的用户界面逻辑都需要开发人员嵌入到代码中，包括按钮的大小、位置、鼠标悬停效果以及动画。图形设计人员无法控制其中的任何细节。
- 在不同的图形元素之间没有固有的连接，所以最后经常会使用不匹配的图像集合。跟踪所有这些项会增加复杂性。
- 在调整图形大小时必然会损失质量。因此，一个基于位图的用户界面是依赖于分辨率的。这意味着它不能适应大显示器以及高分辨率显示设置，而这严重背离了 WPF 的设计初衷。

如果曾经有过在一个团队中使用自定义图形来设计 Windows 窗体应用程序的经历，肯定遇到过不少挫折。即使用户界面是由图形设计人员从头开始设计的，也需要使用 C#代码重新创建它。通常，图形设计人员只是准备一个模拟界面，然后需要开发人员再不辞辛劳地将它转换到应用程序中。

WPF 通过 XAML 解决了该问题。当在 Visual Studio 中设计 WPF 应用程序时，当前设计的窗口不被转换为代码。相反，它被串行化到一系列 XAML 标签中。当运行应用程序时，这些标签用于生成构成用户界面的对象。

注意：

XAML 对于 WPF 不是必需的，理解这一点是很重要的。Visual Studio 当然可使用 Windows 窗体方法，通过语句代码来构造 WPF 窗口。但如果这样的话，窗口将被限制在 Visual Studio 开发环境之内，只能由编程人员使用。

换句话说，WPF 不见得使用 XAML。但 XAML 为协作提供了可能，因为其他设计工具理解 XAML 格式。例如，聪明的设计人员可使用 Microsoft Expression Design 等工具精细修改 WPF 应用程序的图形界面，或使用 Expression Blend 等工具为 WPF 应用程序构建精美动画。当学完本章后，您可能希望阅读位于 http://windowsclient.net/wpf/white-papers/thenewiteration.aspx 的 Microsoft 白皮书，该白皮书对 XAML 进行了评论，并且分析了开发人员和设计人员协作开发 WPF 应用程序的一些方法。

提示：

XAML 在 Windows 应用程序中扮演的角色，与控件标签在 ASP.NET Web 应用程序中扮演的角色类似。区别是 ASP.NET 标签语法设计得看起来像 HTML，所以设计人员能使用普通的 Web 设计应用程序设计 Web 页面，如 Microsoft Expression 和 Adobe Dreamweaver。与 WPF 一样，为便于设计，用于 ASP.NET Web 页面的实际代码通常单独放在一个文件中。

2.1.2　XAML 变体

实际上术语“XAML”有多种含义。到目前为止，我们使用 XAML 表示整个 XAML 语言，它是一种基于通用 XML 语法、专门用于表示一棵.NET 对象树的语言(这些对象可以是窗口中的按钮、文本框，或是您已经定义好的自定义类。实际上，XAML 甚至可用于其他平台来表示非.NET 对象)。

XAML 还包含如下几个子集：

- WPF XAML 包含描述 WPF 内容的元素，如矢量图形、控件以及文档。目前，它是最重要的 XAML 应用，也是本书将要分析的一个子集。
- XPS XAML 是 WPF XAML 的一部分，它为格式化的电子文档定义了一种 XML 表示方式。XPS XAML 已作为单独的 XML 页面规范(XML Paper Specification，XPS)标准发布。第 28 章将分析 XPS。
- Silverlight XAML 是一个用于 Microsoft Silverlight 应用程序的 WPF XAML 子集。Silverlight 是一个跨平台的浏览器插件，通过它可创建具有二维图形、动画、音频和视频的富 Web 内容。第 1 章介绍了关于 Silverlight 的更多内容，您也可以访问 http://silverlight.net 来了解详情。
- WF XAML 包括描述 WF(Work Flow，工作流)内容的元素，可访问 http://tinyurl.com/d9xr2nv 来了解有关 WF 的更多内容。

2.1.3　XAML 编译

WPF 的创建者知道，XAML 不仅要能够解决设计协作问题，它还需要快速运行。尽管基于 XML 的格式(如 XAML)可以很灵活并且很容易地迁移到其他工具和平台，但它们未必是最有效的选择。XML 的设计目标是具有逻辑性、易读而且简单，没有被压缩。

WPF 使用 BAML(Binary Application Markup Language，二进制应用程序标记语言)来克服这个缺点。BAML 并非新事物，它实际上就是 XAML 的二进制表示。当在 Visual Studio 中编译 WPF 应用程序时，所有 XAML 文件都被转换为 BAML，这些 BAML 然后作为资源被嵌入到最终的 DLL 或 EXE 程序集中。BAML 是标记化的，这意味着较长的 XAML 被较短的标记替代。BAML 不仅明显小一些，还对其进行了优化，从而使它在运行时能够更快地解析。

大多数开发人员不必考虑 XAML 向 BAML 的转换，因为编译器会在后台执行这项工作。但也可以使用未经编译的 XAML，这对于需要即时提供一些用户界面的情况可能是有意义的(例如，将从某个数据库中提取的内容作为一块 XAML 标签)。本章稍后的 2.5 节“加载和编译 XAML”将介绍工作原理。

使用 Visual Studio 创建 XAML

本章将介绍 XAML 标记的所有细节。当然，在设计应用程序时，不必手动编写所有 XAML。反而，将使用一个能够拖放用户界面元素的工具，例如 Visual Studio。鉴于这种情况，您可能会好奇是否值得花费大量时间来学习 XAML 语法。

答案是肯定的。理解 XAML 对于设计 WPF 应用程序是至关重要的。这将有助于学习 WPF 的重要概念，例如附加属性(本章)、布局(第 3 章)、路由事件(第 4 章)和内容模型(第 6 章)等。更重要的是，有许多任务只能通过手动编写 XAML 来完成，或者通过手动编写 XAML 来完成更加容易。

大多数 WPF 开发人员会结合使用多种技术，使用设计工具(Visual Studio 或 Expression Blend)设置用户界面的布局，然后通过手动编辑 XAML 标记对其进行精细调整。不过，您可能会发现在第 3 章学习布局容器之前，手动编写所有的 XAML 是最容易的，这是因为需要使用布局容器在窗口中合理地布置多个控件。

2.2 XAML 基础

一旦理解了一些基本规则，XAML 标准是非常简单的：

- XAML 文档中的每个元素都映射为.NET 类的一个实例。元素的名称也完全对应于类名。例如，元素<Button>指示 WPF 创建 Button 对象。
- 与所有 XML 文档一样，可在一个元素中嵌套另一个元素。您在后面将看到，XAML 让每个类灵活地决定如何处理嵌套。但嵌套通常是一种表示“包含”的方法——换句话说，如果在一个 Grid 元素中发现一个 Button 元素，那么用户界面可能包括一个在其内部包含一个 Button 元素的 Grid 元素。
- 可通过特性(attribute)设置每个类的属性(property)。但在某些情况下，特性不足以完成这项工作。对于此类情况，需要通过特殊的语法使用嵌套的标签(tag)。

提示：

如果对 XML 一无所知，那么有必要在处理 XAML 之前学习 XML 基础知识。为了快速了解 XML，可参阅 http://www.w3schools.com/xml 网址上的基于 Web 的免费辅导。

在继续学习前，先看一看下面的 XAML 文档基本框架，该文档表示一个新的空白窗口(与使用 Visual Studio 创建的一样)。为了便于说明，对每行代码都使用数字进行了编号：

```
1 <Window x:Class="WindowsApplication1.Window1"
2     xmlns="http://schemas.microsoft.com/winfx/2006/xaml/presentation"
3     xmlns:x="http://schemas.microsoft.com/winfx/2006/xaml"
4     Title="Window1" Height="300" Width="300">
5
6     <Grid>
7     </Grid>
8 </Window>
```

该文档仅含两个元素——顶级的 Window 元素以及一个 Grid 元素，Window 元素代表整个窗口，在 Grid 元素中可以放置所有控件。尽管可使用任何顶级元素，但是 WPF 应用程序只使用以下几个元素作为顶级元素：

- Window 元素
- Page 元素(该元素和 Window 元素类似，但它用于可导航的应用程序)
- Application 元素(该元素定义应用程序资源和启动设置)

与在所有 XML 文档中一样，在 XAML 文档中只能有一个顶级元素。在上例中，这意味着只要使用</Window>标签关闭了 Window 元素，文档就结束了。在后面不能再有任何内容了。

查看 Window 元素的开始标签，将发现几个有趣的特性，包括一个类名和两个 XML 名称空间(将在 2.2.1 节介绍)。还会发现三个属性，如下所示：

```
4  Title="Window1" Height="300" Width="300">
```

每个特性对应 Window 类的一个单独属性。总之，这告诉 WPF 创建标题为“Window1”的窗口，并使窗口的大小为 300×300 单位。

注意：

第 1 章已经提到，WPF 使用相对度量系统，这不是大多数 Windows 开发人员所期望的。WPF 不是使用物理像素设置尺寸，而是使用可进行缩放以适应不同显示器分辨率的设备无关单位，设备无关单位被定义为 1/96 英寸。这意味着，如果系统 DPI 设置为标准的 96 dpi，那么在上例中，300×300 单位大小的窗口将被渲染为 300×300 像素大小。但在一个使用更高系统 DPI 设置的系统中，将使用更多的像素来渲染这个窗口。在第 1 章中已对此进行了完整介绍。

2.2.1　XAML 名称空间

显然，只提供类名是不够的。XAML 解析器还需要知道类位于哪个.NET 名称空间。例如，在许多名称空间中可能都有 Window 类——Window 类可能是指 System.Windows.Window 类，也可能是指位于第三方组件中的 Window 类，或您自己在应用程序中定义的 Window 类等。为了弄清实际上希望使用哪个类，XAML 解析器会检查应用于元素的 XML 名称空间。

下面是该机制的工作原理。上面显示的示例文档定义了两个名称空间：

```
2  xmlns="http://schemas.microsoft.com/winfx/2006/xaml/presentation"
3  xmlns:x="http://schemas.microsoft.com/winfx/2006/xaml"
```

注意：

使用特性声明 XML 名称空间。这些特性能被放入任何元素的开始标签中。但约定要求，在文档中需要使用的所有名称空间应在第一个标签中声明，正如在这个示例中所做的那样。一旦声明一个名称空间，在文档中的任何地方都可以使用该名称空间。

---

xmlns 特性是 XML 中的一个特殊特性，它专门用来声明名称空间。这段标记声明了两个名称空间，在创建的所有 WPF XAML 文档中都会使用这两个名称空间：

- http://schemas.microsoft.com/winfx/2006/xaml/presentation 是 WPF 核心名称空间。它包含了所有 WPF 类，包括用来构建用户界面的控件。在该例中，该名称空间的声明没有使用名称空间前缀，所以它成为整个文档的默认名称空间。换句话说，除非另行指明，每个元素自动位于这个名称空间。
- http://schemas.microsoft.com/winfx/2006/xaml 是 XAML 名称空间。它包含各种 XAML 实用特性，这些特性可影响文档的解释方式。该名称空间被映射为前缀 x。这意味着可通过在元素名称之前放置名称空间前缀 x 来使用该名称空间(例如<x:ElementName>)。

正如在前面看到的，XML 名称空间的名称和任何特定的.NET 名称空间都不匹配。XAML 的创建者选择这种设计的原因有两个。按照约定，XML 名称空间通常是 URI(如上面所示)。这些 URI 看起来像是在指明 Web 上的位置，但实际上不是。通过使用 URI 格式的名称空间，不同组织就基本不会无意中使用相同的名称空间创建不同的基于 XML 的语言。因为 schemas.com 域归 Microsoft 所有，只有 Microsoft 会在 XML 名称空间的名称中使用它。

另一个原因是 XAML 中使用的 XML 名称空间和.NET 名称空间不是一一对应的，如果一一对应的话，会显著增加 XAML 文档的复杂程度。此处的问题在于，WPF 包含了十几种名称空间(所有这些名称空间都以 System.Windows 开头)。如果每个.NET 名称空间都有不同的 XML 名称空间，那就需要为使用的每个控件指定确切的 XML 名称空间，这很快就会使 XAML 文档变得混乱不堪。所以，WPF 创建人员选择了这种方法，将所有这些.NET 名称空间组合到单个 XML 名称空间中。因为在不同的.NET 名称空间中都有一部分 WPF 类，并且所有这些类的名称都不相同，所以这种设计是可行的。

名称空间信息使得 XAML 解析器可找到正确的类。例如，当查找 Window 和 Grid 元素时，首先会查找默认情况下它们所在的 WPF 名称空间，然后查找相应的.NET 名称空间，直至找到 System.Windows.Window 类和 System.Windows.Controls.Grid 类。

2.2.2 代码隐藏类

可通过 XAML 构造用户界面，但为了使应用程序具有一定的功能，就需要用于连接包含应用程序代码的事件处理程序的方法。XAML 通过使用如下所示的 Class 特性简化了这个问题：

```
1 <Window x:Class="WindowsApplication1.Window1"
```

在 XAML 名称空间的 Class 特性之前放置了名称空间前缀 x，这意味着这是 XAML 语言中更通用的部分。实际上，Class 特性告诉 XAML 解析器用指定的名称生成一个新类。该类继承自由 XML 元素命名的类。换句话说，该例创建了一个名为 Window1 的新类，该类继承自 Window 基类。

Window1 类是编译时自动生成的。这正是令人感兴趣之处。您可以提供 Window1 的部分类，该部分类会与自动生成的那部分合并在一起。您提供的部分类正是包含事件处理程序代码的理想容器。

注意：

这个过程是使用 C#语言的部分类(partial class)特征实现的。部分类允许在开发阶段把一个类分成两个或更多独立的部分，并在编译过的程序集中把这些独立的部分融合到一起。部分类可用于各种代码管理情形，但在此类情况下是最有用的，在此编写的代码需要和设计工具生成的文件融合到一起。

Visual Studio 会自动帮助您创建可以放置事件处理代码的部分类。例如，如果创建一个名为 WindowsApplication1 的应用程序，该应用程序包含名为 Window1 的窗口(就像上面的示例那样)，Visual Studio 将首先提供基本的类框架：

```
namespace WindowsApplication1
{
   /// <summary>
   /// Interaction logic for Window1.xaml
   /// </summary>
   public partial class Window1 : Window
   {
      public Window1()
      {
         InitializeComponent();
      }
```

```
    }
}
```

在编译应用程序时，定义用户界面的 XAML(如 Window1.xaml)被转换为 CLR 类型声明，这些类型声明与代码隐藏类文件(如 Window1.xaml.cs)中的逻辑代码融合到一起，形成单一的单元。

1. InitializeComponent( )方法

现在，Window1 类尚不具有任何真正的功能。然而，它确实包含了一个非常重要的细节——默认构造函数，当创建类的一个实例时，该构造函数调用 InitializeComponent( )方法。

注意：

InitializeComponent( )方法在 WPF 应用程序中扮演着重要角色。因此，永远不要删除窗口构造函数中的 InitializeComponent( )调用。同样，如果为窗口类添加另一个构造函数，也要确保调用 InitializeComponent( )方法。

InitializeComponent( )方法在源代码中不可见，因为它是在编译应用程序时自动生成的。本质上，InitializeComponent( )方法的所有工作就是调用 System.Windows.Application 类的 LoadComponent( )方法。LoadComponent( )方法从程序集中提取 BAML(编译过的 XAML)，并用它来构建用户界面。当解析 BAML 时，它会创建每个控件对象，设置其属性，并关联所有事件处理程序。

注意：

如果仍然不甚明了，可跳过前面的部分转到本章的结尾。在 2.5.3 节“使用代码和编译过的 XAML”中，可看到自动为 InitializeComponent( )方法生成的代码。

---

2. 命名元素

还有一个需要考虑的细节。在代码隐藏类中，经常希望通过代码来操作控件。例如，可能需要读取或修改属性，或自由地关联以及断开事件处理程序。为达到此目的，控件必须包含 XAML Name 特性。在上面的示例中，Grid 控件没有包含 Name 特性，所以不能在代码隐藏文件中对其进行操作。

下面的标记演示了如何为 Grid 控件关联名称：

```
6    <Grid x:Name="grid1">
7    </Grid>
```

可在 XAML 文档中手动执行这个修改，也可在 Visual Studio 设计器中选择该网格，并通过 Properties 窗口设置其 Name 属性。

无论使用哪种方法，Name 特性都会告诉 XAML 解析器将这样一个字段添加到为 Window1 类自动生成的部分：

```
private System.Windows.Controls.Grid grid1;
```

现在可以在 Window1 类的代码中，通过 grid1 名称与网格元素进行交互了：

```
MessageBox.Show(String.Format("The grid is {0}x{1} units in size.",
```

```
    grid1.ActualWidth, grid1.ActualHeight));
```

该技术没有为这个简单的网格示例添加更多内容，但当需要从输入控件(如文本框和列表框)中读取数值时它将变得更重要。

上面显示的 Name 属性是 XAML 语言的一部分，用于帮助集成代码隐藏类。让人感到有些困惑的是，许多类定义了自己的 Name 属性(FrameworkElement 基类就是一例，所有 WPF 元素都继承自该类)。XAML 解析器使用一种更聪明的方法来处理这一问题。可设置 XAML Name 属性(使用 x:前缀)，也可设置属于实际元素的 Name 属性(通过删除前缀)。对于这两种方式，结果都是相同的——指定的名称在自动生成的代码文件中使用，并且用于设置 Name 属性。

这意味着下面的标记和前面的标记是等价的：

```
<Grid Name="grid1">
</Grid>
```

只有当包含 Name 属性的类使用 RuntimeNameProperty 特性修饰之后，这才是可行的。RuntimeNameProperty 特性指示哪个属性的值将作为该类型的实例的名称(显然，通常是使用 Name 属性)。FrameworkElement 类使用 RuntimeNameProperty 特性进行了修饰，所以上面的标记是没有问题的。

提示：

在传统的 Windows 窗体应用程序中，每个控件都有名称。而在 WPF 应用程序中，没有这一要求。在本书的示例中，当不需要元素名称时通常会省略，这样可以使标记更加简洁。

到现在为止，应当对如何解释定义窗口的 XAML 文档，以及 XAML 文档是如何被转换为最终编译过的类(包括编写的其他所有代码)有了基本的理解。下一节将介绍有关属性语法的更多细节，并将学习如何关联事件处理程序。

2.3 XAML 中的属性和事件

到目前为止，只考虑了一个较为单调乏味的示例——包含一个空 Grid 控件的空白窗口。在继续学习之前，有必要首先介绍一个更贴近实际的包含几个控件的窗口。图 2-1 显示了这样一个具有自动问答功能的示例。

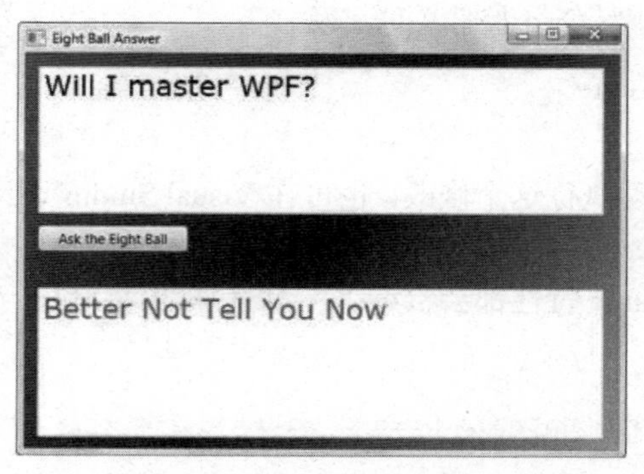

图 2-1　提出一个问题并且会显示答案

图 2-1 中显示的 Eight Ball Answer 窗口包含 4 个控件：一个 Grid 控件(在 WPF 中最常见的用于安排布局的工具)、两个 TextBox 控件和一个 Button 控件。安排和配置这些控件所需的标记比前面例子中的标记长得多。下面简要列出这些标记，其中一些细节用省略号(...))代替，以便于描述整个结构：

```
<Window x:Class="EightBall.Window1"
    xmlns="http://schemas.microsoft.com/winfx/2006/xaml/presentation"
    xmlns:x="http://schemas.microsoft.com/winfx/2006/xaml"
    Title="Eight Ball Answer" Height="328" Width="412">
  <Grid Name="grid1">
    <Grid.Background>
      ...
    </Grid.Background>
    <Grid.RowDefinitions>
      ...
    </Grid.RowDefinitions>
    <TextBox Name="txtQuestion" ... >
      ...
    </TextBox>
    <Button Name="cmdAnswer" ... >
      ...
    </Button>

    <TextBox Name="txtAnswer" ... >
      ...
    </TextBox>
  </Grid>
</Window>
```

后面几节将分析该文档中的各个部分，并学习 XAML 的语法。

注意：

XAML 并不局限于只能用于属于 WPF 部分的那些类。只要符合几条基本规则，就可以使用 XAML 创建任何类的实例。本章后面将介绍如何使用 XAML 创建自定义类。

2.3.1　简单属性与类型转换器

前面已经介绍过，元素的特性设置相应对象的属性。例如，我们为上面示例中的文本框设置了对齐方式、页边距和字体：

```
<TextBox Name="txtQuestion"
  VerticalAlignment="Stretch" HorizontalAlignment="Stretch"
  FontFamily="Verdana" FontSize="24" Foreground="Green" ... >
```

为使上面的设置起作用，System.Windows.Controls.TextBox 类必须提供以下属性：VerticalAlignment、HorizontalAlignment、FontFamily、FontSize 和 Foreground。后面几章将介绍这些属性的具体含义。

为使这个系统能够工作，XAML 解析器需要执行比表面上看起来更多的工作。XML 特性中的值总是纯文本字符串。但对象的属性可以是任何.NET 类型。在上面的示例中，有两个属性为枚举类型(VerticalAlignment 属性和 HorizontalAlignment 属性)、一个为字符串类型(FontFamily 属性)、一个为整型(FontSize 属性)，还有一个为 Brush 对象(Foreground 属性)。

为了关联字符串值和非字符串属性，XAML 解析器需要执行转换。由类型转换器执行转换，类型转换器是从.NET 1.0 起就已经引入的.NET 基础结构的一个基本组成部分。

实际上，类型转换器在这个过程中扮演着重要角色—— 提供了实用的方法，这些方法可将特定的.NET 数据类型转换为任何其他.NET 类型，或将其他任何.NET 类型转换为特定的数据类型，比如这种情况下的字符串类型。XAML 解析器通过以下两个步骤来查找类型转换器：

(1) 检查属性声明，查找 TypeConverter 特性(如果提供了 TypeConverter 特性，该特性将指定哪个类可执行转换)。例如，当使用诸如 Foreground 这样的属性时，.NET 将检查 Foreground 属性的声明。

(2) 如果在属性声明中没有 TypeConverter 特性，XAML 解析器将检查对应数据类型的类声明。例如，Foreground 属性使用一个 Brush 对象。由于 Brush 类使用 TypeConverter(typeof(BrushConverter)) 特性声明进行了修饰，因此 Brush 类及其子类使用 BrushConverter 类型转换器。

如果属性声明或类声明都没有与其关联的类型转换器，XAML 解析器会生成错误。

这个系统简单灵活。如果在类层次上设置一个类型转换器，该转换器将应用到所有使用这个类的属性上。另一方面，如果希望为某个特定属性微调类型转换方式，那么可以在属性声明中改用 TypeConverter 特性。

在代码中使用类型转换器从技术角度看也是可行的，但语法有些复杂。直接设置属性几乎总是更好一些——不仅速度更快，而且可以避免一些因为键入非法字符串而产生的错误，这些错误只有在运行时才会被发现(这个问题不影响 XAML，因为 XAML 是在编译期间进行解析和验证的)。当然，在为 WPF 元素设置属性前，需要了解更多关于基本的 WPF 属性和数据类型方面的内容——这些内容将在后续几章中逐渐学习。

注意：

与所有基于 XML 的语言一样，XAML 也区分大小写。这意味着不能用<button>替代<Button>。然而，类型转换器通常不区分大小写，这意味着 Foreground="White" 和 Foreground="white"具有相同的效果。

2.3.2 复杂属性

虽然类型转换器便于使用，但它们不能解决所有的实际问题。例如，有些属性是完备的对象，这些对象具有自己的一组属性。尽管创建供类型转换器使用的字符串表示形式是可能的，但使用这种方法时语法可能十分复杂，并且容易出错。

幸运的是，XAML 提供了另一种选择：属性元素语法(property-element syntax)。使用属性元素语法，可添加名称形式为 Parent.PropertyName 的子元素。例如，Grid 控件有一个 Background 属性，该属性允许提供用于绘制控件背景区域的画刷。如果希望使用更复杂的画刷——比单一固定颜色填充更高级的画刷——就需要添加名为 Grid.Background 的子标签，如下所示：

```
<Grid Name="grid1">
  <Grid.Background>
    ...
  </Grid.Background>
  ...
```

```
</Grid>
```

真正起作用的重要细节是元素名中的句点(.)。这个句点把该属性和其他类型的嵌套内容区分开来。

还有一个细节，即一旦识别出想要配置的复杂属性，该如何设置呢？这里有一个技巧：可在嵌套元素内部添加其他标签来实例化特定的类。在 Eight Ball Answer 示例中(如图 2-1 所示)，用渐变颜色填充背景。为了定义所需的渐变颜色，需要创建 LinearGradientBrush 对象。

根据 XAML 规则，可使用名为 LinearGradientBrush 的元素创建 LinearGradientBrush 对象：

```
<Grid Name="grid1">
  <Grid.Background>
    <LinearGradientBrush>
    </LinearGradientBrush>
  </Grid.Background>
  ...
</Grid>
```

LinearGradientBrush 类是 WPF 名称空间集合中的一部分，所以可为标签继续使用默认的 XML 名称空间。

但是，只是创建 LinearGradientBrush 对象还不够——还需要为其指定渐变的颜色。通过使用 GradientStop 对象的集合填充 LinearGradientBrush.GradientStops 属性可完成这一工作。同样，由于 GradientStops 属性太复杂，因此不能通过一个简单的特性值设置该属性。需要改用属性元素语法：

```
<Grid Name="grid1">
  <Grid.Background>
    <LinearGradientBrush>
      <LinearGradientBrush.GradientStops>
      </LinearGradientBrush.GradientStops>
    </LinearGradientBrush>
  </Grid.Background>
  ...
</Grid>
```

最后，可使用一系列 GradientStop 对象填充 GradientStops 集合。每个 GradientStop 对象都有 Offset 和 Color 属性。可使用普通的属性-特性语法提供这两个值：

```
<Grid Name="grid1">
  <Grid.Background>
    <LinearGradientBrush>
      <LinearGradientBrush.GradientStops>
        <GradientStop Offset="0.00" Color="Red" />
        <GradientStop Offset="0.50" Color="Indigo" />
        <GradientStop Offset="1.00" Color="Violet" />
      </LinearGradientBrush.GradientStops>
    </LinearGradientBrush>
  </Grid.Background>
  ...
</Grid>
```

注意：

可为任何属性使用属性元素语法。但如果属性具有合适的类型转换器，通常使用更简单的属性-特性方式，这样代码会更加简洁。

任何 XAML 标签集合都可以用一系列执行相同任务的代码语句代替。上面显示的使用所选的渐变颜色填充背景的标签，与以下代码是等价的：

```
LinearGradientBrush brush = new LinearGradientBrush();

GradientStop gradientStop1 = new GradientStop();
gradientStop1.Offset = 0;
gradientStop1.Color = Colors.Red;
brush.GradientStops.Add(gradientStop1);

GradientStop gradientStop2 = new GradientStop();
gradientStop2.Offset = 0.5;
gradientStop2.Color = Colors.Indigo;
brush.GradientStops.Add(gradientStop2);

GradientStop gradientStop3 = new GradientStop();
gradientStop3.Offset = 1;
gradientStop3.Color = Colors.Violet;
brush.GradientStops.Add(gradientStop3);

grid1.Background = brush;
```

2.3.3 标记扩展

对大多数属性而言，XAML 属性语法可以工作得非常好。但有些情况下，不可能硬编码属性值。例如，可能希望将属性值设置为一个已经存在的对象，或者可能希望通过将一个属性绑定到另一个控件来动态地设置属性值。这两种情况都需要使用标记扩展——一种以非常规的方式设置属性的专门语法。

标记扩展可用于嵌套标签或 XML 特性中(用于 XML 特性的情况更常见)。当用在特性中时，它们总是被花括号{}包围起来。例如，下面的标记演示了如何使用标记扩展，它允许引用另一个类中的静态属性：

```
<Button ... Foreground="{x:Static SystemColors.ActiveCaptionBrush}" >
```

标记扩展使用{标记扩展类 参数}语法。在上面的示例中，标记扩展是 StaticExtension 类(根据约定，在引用扩展类时可以省略最后一个单词 Extension)。x 前缀指示在 XAML 名称空间中查找 StaticExtension 类。还有一些标记扩展是 WPF 名称空间的一部分，它们不需要 x 前缀。

所有标记扩展都由继承自 System.Windows.Markup.MarkupExtension 基类的类实现。MarkupExtension 基类十分简单——它提供了一个简单的 ProvideValue( )方法来获取所期望的数值。换句话说，当 XAML 解析器遇到上述语句时，它将创建 StaticExtension 类的一个实例(传递字符串 SystemColors.ActiveCaptionBrush 作为构造函数的参数)，然后调用 ProvideValue( )方法获取

SystemColors.ActiveCaption.Brush 静态属性返回的对象。最后使用检索的对象设置 cmdAnswer 按钮的 Foreground 属性。

这段 XAML 的最终结果与下面的相同：

```
cmdAnswer.Foreground = SystemColors.ActiveCaptionBrush;
```

因为标记扩展映射为类，所以它们也可用作嵌套属性，与上一节中学过的一样。例如，可以像下面这样为 Button.Foreground 属性使用 StaticExtension 标记扩展：

```
<Button ... >
  <Button.Foreground>
    <x:Static Member="SystemColors.ActiveCaptionBrush"></x:Static>
  </Button.Foreground>
</Button>
```

根据标记扩展的复杂程度，以及想要设置的属性数量，这种语法有时更简单。

和大多数标记扩展一样，StaticExtension 需要在运行时赋值，因为只有在运行时才能确定当前的系统颜色。一些标记扩展可在编译时评估。这些扩展包括 NullExtension(该扩展构造表示.NET 类型的对象)。在本书中，您将看到许多使用标记扩展的例子，特别是在使用资源和数据绑定时。

2.3.4　附加属性

除普通属性外，XAML 还包括附加属性(attached property)的概念——附加属性是可用于多个控件但在另一个类中定义的属性。在 WPF 中，附加属性常用于控件布局。

下面解释附加属性的工作原理。每个控件都有各自固有的属性(例如，文本框有其特定的字体、文本颜色和文本内容，这些是通过 Fontfamily、Foreground 和 Text 属性指定的)。当在容器中放置控件时，根据容器的类型控件会获得额外特征(例如，如果在网格中放置一个文本框，就需要选择文本框放在网格控件中的哪个单元格中)。使用附加属性设置这些附加的细节。

附加属性始终使用包含两个部分的命名形式：定义类型.属性名。这种包含两个部分的命名语法使 XAML 解析器能够区分开普通属性和附加属性。

在 Eight Ball Answer 示例中，通过附加属性在(不可见)网格的每一行中放置各个控件：

```
<TextBox ... Grid.Row="0">
  [Place question here.]
</TextBox>

<Button ... Grid.Row="1">
   Ask the Eight Ball
</Button>

<TextBox ... Grid.Row="2">
  [Answer will appear here.]
</TextBox>
```

附加属性根本不是真正的属性。它们实际上被转换为方法调用。XAML 解析器采用以下形式调用静态方法：*DefiningType*.Set*PropertyName*( )。例如，在上面的 XAML 代码段中，定义类型是 Grid 类，并且属性是 Row，所以解析器调用 Grid.SetRow( )方法。

当调用 SetPropertyName( )方法时，解析器传递两个参数：被修改的对象以及指定的属性值。

例如，当为 TextBox 控件设置 Grid.Row 属性时，XAML 解析器执行以下代码：

```
Grid.SetRow(txtQuestion, 0);
```

这种方式(调用定义类型的一个静态方法)隐藏了实际发生的操作，使用起来非常方便。乍一看，这些代码好像将行号保存在 Grid 对象中。但行号实际上保存在应用它的对象中——对于上面的示例，就是 TextBox 对象。

这种技巧之所以能够奏效，是因为与其他所有 WPF 控件一样，TextBox 控件继承自 DependencyObject 基类。从第 4 章将可以了解到，DependencyObject 类旨在存储实际上没有限制的依赖项属性的集合(前面讨论的附加属性是特殊类型的依赖项属性)。

实际上，Grid.SetRow( )方法是和 DependencyObject.SetValue( )方法调用等价的简化操作，如下所示：

```
txtQuestion.SetValue(Grid.Rowproperty, 0);
```

附加属性是 WPF 的核心要素。它们充当通用的可扩展系统。例如，通过将 Row 属性定义为附加属性，可确保任何控件都可以使用它。另一个选择是将该属性作为基类的一部分，例如，作为 FrameworkElement 类的一部分，但这样做很复杂。因为只有在特定情况下(在这个示例中，是当在 Grid 内部使用元素的时候)有些属性才有意义，如果将它们作为基类的一部分，不仅会使公共接口变得十分杂乱，而且也不能添加需要新属性的新类型的容器。

2.3.5 嵌套元素

正如您所看到的，XAML 文档被排列成一棵巨大的嵌套的元素树。在当前示例中，Window 元素包含 Grid 元素，Grid 元素又包含 TextBox 元素和 Button 元素。

XAML 让每个元素决定如何处理嵌套的元素。这种交互使用下面三种机制中的一种进行中转，而且求值的顺序也是下面列出这三种机制的顺序：

- 如果父元素实现了 IList 接口，解析器将调用 IList.Add( )方法，并且为该方法传入子元素作为参数。
- 如果父元素实现了 IDictionary 接口，解析器将调用 IDictionary.Add( )方法，并且为该方法传递子元素作为参数。当使用字典集合时，还必须设置 x:Key 特性以便为每个条目指定键名。
- 如果父元素使用 ContentProperty 特性进行修饰，解析器将使用子元素设置对应的属性。

例如，您已经在本章前面的示例中看到过 LinearGradientBrush 画刷如何使用如下所示的语法，从而包含 GradientStop 对象集合：

```
<LinearGradientBrush>
  <LinearGradientBrush.GradientStops>
    <GradientStop Offset="0.00" Color="Red" />
    <GradientStop Offset="0.50" Color="Indigo" />
    <GradientStop Offset="1.00" Color="Violet" />
  </LinearGradientBrush.GradientStops>
</LinearGradientBrush>
```

因为包含一个句点，所以 XAML 解析器知道 LinearGradientBrush.GradientStops 是复杂属性。但它需要以稍有不同的方式处理内部的标签(即三个 GradientStop 元素)。在这个示例中，解析器知道 GradientStops 属性返回一个 GradientStopCollection 对象，而且 GradientStopCollection 类实现了 IList 接口。因此，解析器假定(也正是如此)应当使用 IList.Add( )方法将每个 GradientStop 对象添加到集合中：

```
GradientStop gradientStop1 = new GradientStop();
gradientStop1.Offset = 0;
gradientStop1.Color = Colors.Red;
IList list = brush.GradientStops;
list.Add(gradientStop1);
```

有些属性可支持多种类型的集合。在这种情况下，需要添加一个标签来指定集合类，如下所示：

```
<LinearGradientBrush>
  <LinearGradientBrush.GradientStops>
    <GradientStopCollection>
      <GradientStop Offset="0.00" Color="Red" />
      <GradientStop Offset="0.50" Color="Indigo" />
      <GradientStop Offset="1.00" Color="Violet" />
    </GradientStopCollection>
  </LinearGradientBrush.GradientStops>
</LinearGradientBrush>
```

注意：

如果集合默认为 null，那么需要包含用于指定集合类的标签，以便创建集合对象。如果有一个默认的集合实例而且只需要为它填充元素，那么可以忽略这一部分。

嵌套的内容并非总是指定为集合。例如，分析以下包含其他几个控件的 Grid 元素：

```
<Grid Name="grid1">
  ...
  <TextBox Name="txtQuestion" ... >
    ...
  </TextBox>
  <Button Name="cmdAnswer" ... >
    ...
  </Button>
  <TextBox Name="txtAnswer" ... >
    ...
  </TextBox>
</Grid>
```

这些嵌套的标签没有包含句点，因此并未对应于复杂属性。而且，Grid 控件也不是集合，所以它也就没有实现 IList 或 IDictionary 接口。Grid 控件支持 ContentProperty 特性，该特性指出应当接收任意嵌套内容的属性。从技术角度看，ContentProperty 特性被应用于 Panel 类，而 Grid 类继承自 Panel 类，如下所示：

```
[ContentPropertyAttribute("Children")]
public abstract class Panel
```

这表明应使用任何嵌套元素来设置 Children 属性。XAML 解析器根据是否是集合属性(集合属性实现了 IList 或 IDictionary 接口)，采用不同方式处理内容属性。因为 Panel.Children 属性返回一个 UIElementCollection 对象，而且 UIElementCollection 类实现了 IList 接口，所以解析器使用 IList.Add( )方法将嵌套的内容添加到网格中。

换句话说，当 XAML 解析器遇到上面的标记时，会为每个嵌套的元素创建实例，并使用 Grid.Children.Add( )方法将创建的实例传递给 Grid 控件。

```
txtQuestion = new TextBox();
...
grid1.Children.Add(txtQuestion);

cmdAnswer = new Button();
...
grid1.Children.Add(cmdAnswer);

txtAnswer = new TextBox();
...
grid1.Children.Add(txtAnswer);
```

下一步的具体操作完全取决于控件实现内容属性的方式。Grid 控件在不可见的行和列布局中显示它所包含的所有控件，详见第 3 章。

WPF 中经常使用 ContentProperty 特性。该特性不仅用于容器控件(如 Grid 控件)和那些包含可视化条目集合的控件(如 ListBox 和 TreeView 控件)，也用于包含单一内容的控件。例如，TextBox 和 Button 控件只能包含一个元素或一段文本，但它们都使用内容属性来处理嵌套的内容，如下所示：

```
<TextBox Name="txtQuestion" ... >
  [Place question here.]
</TextBox>
<Button Name="cmdAnswer" ... >
  Ask the Eight Ball
</Button>
<TextBox Name="txtAnswer" ... >
  [Answer will appear here.]
</TextBox>
```

TextBox 类使用 ContentProperty 特性来标识 TextBox.Text 属性。Button 类使用 ContentProperty 特性来标识 Button.Content 属性。XAML 解析器使用提供的文本来设置这些属性。

TextBox.Text 属性只接受字符串。但 Button.Content 属性可使用更多有趣的内容。正如第 6 章中介绍的那样，Content 属性可接受任何元素。例如，下面的按钮包含一个图形对象：

```
<Button Name="cmdAnswer" ... >
  <Rectangle Fill="Blue" Height="10" Width="100" />
</Button>
```

Text 和 Content 属性没有使用集合，因此只能包含一段内容。例如，如果试图在一个按钮中嵌套多个元素，XAML 解析器将抛出异常。如果提供非文本内容(比如一个 Rectangle 对象)，解析器也会抛出异常。

注意：

作为一条经验法则，所有继承自 ContentControl 类的控件只允许包含单一的嵌套元素。所有继承自 ItemsControl 类的控件都允许包含一个条目集合，该集合映射到控件的某些部分(例如条目列表或节点树)。所有继承自 Panel 类的控件都是用来组织多组控件的容器。ContentControl、ItemsControl 和 Panel 基类都使用 ContentProperty 特性。

2.3.6 特殊字符与空白

XAML 受到 XML 规则的限制。例如，XML 特别关注一些特殊字符，如&、<和>。如果试图使用这些字符设置元素的内容，将遇到麻烦，因为 XAML 解析器认为您正在处理其他事情——例如，创建嵌套的元素。

例如，假设需要创建一个包含<Click Me>文本的按钮。下面的标记是无法奏效的：

```
<Button ... >
 <Click Me>
</Button>
```

此处的问题在于，上面的标记看起来像正在试图创建一个名为 Click，并且带有<Click>文本的元素。解决问题的方法是用实体引用代替那些特殊字符，实体引用是 XAML 解析器能够正确解释的特定字符编码。表 2-1 列出了可能选用的字符实体。注意，只有当使用特性设置属性值时，才需要使用引号字符实体，因为引号用于指示特性值的开始和结束。

表 2-1　XAML 字符实体

特 殊 字 符	字 符 实 体
小于号(<)	<
大于号(>)	>
&符号(&)	&
引号(")	"

下面是使用恰当字符实体的正确标记：

```
<Button ... >
 &lt;Click Me&gt;
</Button>
```

当 XAML 解析器遇到这些标记时，它能正确地理解到您希望添加<Click Me>文本，而且解析器为 Button.Content 属性传递具有相应内容的字符串，字符串内容将包含完整的尖括号。

注意：

这一限制只是 XAML 的细节，如果希望在代码中设置 Button.Content 属性，那么不受影响。当然，C#有它自己的特殊字符(反斜杠)，因为相同的原因，在字符串字面量中该特殊字符必须被转义。

特殊字符并非使用 XAML 的唯一障碍。另一个问题是空白的处理。默认情况下，XAML 折叠所有空白，这意味着包含空格、Tab 键以及硬回车的长字符串将被转换为单个空格。而且，如果在元素内容之前或之后添加空白，将完全忽略这个空格。在 Eight Ball Answer 示例中您将看到这种情形。在按钮和两个文本框中的文本，使用硬回车字符从 XAML 标签中分离出来，并使用 Tab 字符使标记更加清晰易读。但多余的空格不会再显示在用户界面中。

有时这并不是所期望的结果。例如，可能希望在按钮文本中包含一系列空格。在这种情况下，需要为元素使用 xml:space="preserve"特性。

xml:space 特性是 XML 标准的一部分，是一个要么包括全部、要么什么都不包括的设置。一旦使用了该设置，元素内的所有空白字符都将被保留。比如下面的标记：

```
<TextBox Name="txtQuestion" xml:space="preserve" ...>
      [There is a lot of space inside these quotation marks "       ".]
```

```
</TextBox>
```

在这个示例中，文本框中的文本在实际文本之前将包含硬回车和 Tab 字符等。在显示的文本中也将包含一系列空格并且在文本之后还跟有一个硬回车字符。

如果只想保留内部的空格，那么需要使用不很清晰的标记：

```
<TextBox Name="txtQuestion" xml:space="preserve" ...
  >[There is a lot of space inside these quotation marks "        ".]</TextBox>
```

上面这个技巧是为了确保在开始符号>和具体内容之间，以及具体内容和结束符号<之间没有空白。

同样，该问题只存在于 XAML 标记中。如果通过代码设置文本框中的文本，所有空格都将被使用。

2.3.7 事件

到目前为止介绍的所有特性都被映射为属性。然而，特性也可用于关联事件处理程序。用于关联事件处理程序的语法为：事件名="事件处理程序方法名"。

例如，Button 控件提供了 Click 事件。可使用如下所示的标记关联事件处理程序：

```
<Button ... Click="cmdAnswer_Click">
```

上面的标记假定在代码隐藏类中有名为 cmdAnswer_Click 的方法。事件处理程序必须具有正确的签名(也就是说，必须匹配 Click 事件的委托)。下面是一个符合要求的方法：

```
private void cmdAnswer_Click(object sender, RoutedEventArgs e)
{
     this.Cursor = Cursors.Wait;

     // Dramatic delay...
     System.Threading.Thread.Sleep(TimeSpan.FromSeconds(3));

     AnswerGenerator generator = new AnswerGenerator();
     txtAnswer.Text = generator.GetRandomAnswer(txtQuestion.Text);
     this.Cursor = null;
}
```

WPF 中的事件模型和其他类型的.NET 应用程序的事件模型不同。WPF 事件模型依赖于事件。详见第 5 章。

许多情况下，将使用特性为同一元素设置属性和关联事件处理程序。WPF 总是遵循以下顺序：首先设置 Name 属性(如果设置的话)，然后关联任意事件处理程序，最后设置其他属性。这意味着，所有对属性变化做出响应的事件处理程序在第一次设置属性时都会被触发。

注意：

也可以使用 Code 元素直接在 XAML 文档中嵌入代码(如事件处理程序)。然而，这是一项令人灰心的技术，在任何实际的 WPF 应用程序中不需要使用这种技术。Visual Studio 不支持该技术，在本书中也不对其予以讨论。

当添加事件处理程序特性时，Visual Studio 的智能感知功能可提供极大的帮助。一旦输入

等号(例如，在<Button>元素中输入“Click=”之后)，Visual Studio 会显示一个包含在代码隐藏类中的所有合适的事件处理程序的下拉列表，如图 2-2 所示。如果需要创建一个新的事件处理程序来处理这一事件，只需从列表顶部选择<New Event Handler>选项。此外，也可以使用 Properties 窗口的 Events 选项卡来关联和创建事件处理程序。

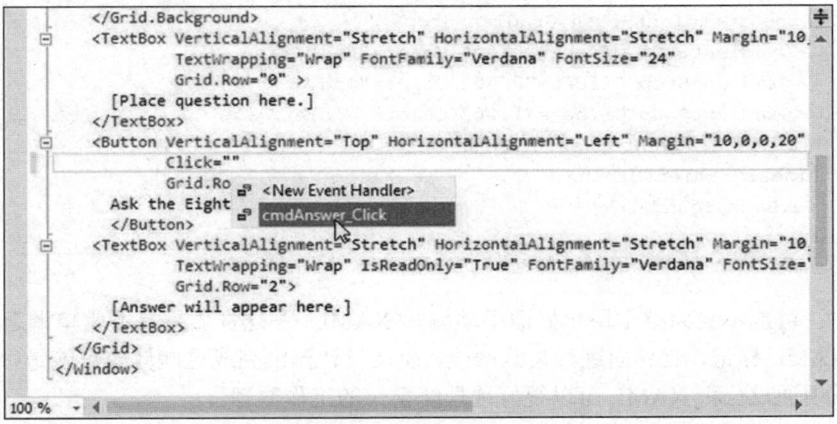

```
    </Grid.Background>
    <TextBox VerticalAlignment="Stretch" HorizontalAlignment="Stretch" Margin="10
             TextWrapping="Wrap" FontFamily="Verdana" FontSize="24"
             Grid.Row="0" >
      [Place question here.]
    </TextBox>
    <Button VerticalAlignment="Top" HorizontalAlignment="Left" Margin="10,0,0,20"
            Click=""
            Grid.Ro  <New Event Handler>
      Ask the Eight  cmdAnswer_Click
      </Button>
    <TextBox VerticalAlignment="Stretch" HorizontalAlignment="Stretch" Margin="10
             TextWrapping="Wrap" IsReadOnly="True" FontFamily="Verdana" FontSize='
             Grid.Row="2">
      [Answer will appear here.]
    </TextBox>
  </Grid>
</Window>
100 %
```

图 2-2 使用 Visual Studio 的智能感知功能关联事件

2.3.8 完整的 Eight Ball Answer 示例

现在已经学习了 XAML 的基本内容，应该可以完全理解在图 2-1 中显示的窗口的定义。下面是完整的 XAML 标记：

```
<Window x:Class="EightBall.Window1"
 xmlns="http://schemas.microsoft.com/winfx/2006/xaml/presentation"
 xmlns:x="http://schemas.microsoft.com/winfx/2006/xaml"
 Title="Eight Ball Answer" Height="328" Width="412" >
 <Grid Name="grid1">
   <Grid.RowDefinitions>
     <RowDefinition Height="*" />
     <RowDefinition Height="Auto" />
     <RowDefinition Height="*" />
   </Grid.RowDefinitions>
   <TextBox VerticalAlignment="Stretch" HorizontalAlignment="Stretch"
     Margin="10,10,13,10" Name="txtQuestion"
     TextWrapping="Wrap" FontFamily="Verdana" FontSize="24"
     Grid.Row="0">
     [Place question here.]
   </TextBox>
   <Button VerticalAlignment="Top" HorizontalAlignment="Left"
     Margin="10,0,0,20" Width="127" Height="23" Name="cmdAnswer"
     Click="cmdAnswer_Click" Grid.Row="1">
     Ask the Eight Ball
   </Button>
   <TextBox VerticalAlignment="Stretch" HorizontalAlignment="Stretch"
     Margin="10,10,13,10" Name="txtAnswer" TextWrapping="Wrap"
     IsReadOnly="True" FontFamily="Verdana" FontSize="24" Foreground="Green"
     Grid.Row="2">
```

```
      [Answer will appear here.]
    </TextBox>

    <Grid.Background>
      <LinearGradientBrush>
        <LinearGradientBrush.GradientStops>
          <GradientStop Offset="0.00" Color="Red" />
          <GradientStop Offset="0.50" Color="Indigo" />
          <GradientStop Offset="1.00" Color="Violet" />
        </LinearGradientBrush.GradientStops>
      </LinearGradientBrush>
    </Grid.Background>
  </Grid>
</Window>
```

请记住，可能不会为整个用户界面手动编写 XAML——这样做将是非常单调乏味的。但可能会编辑 XAML 标记，对界面进行某些修改，而在设计器中完成这些修改可能是很笨拙的。您可能还会发现通过分析 XAML 可以很好地理解窗口的工作原理。

2.4 使用其他名称空间中的类型

前面已经介绍了如何在 XAML 中使用 WPF 中的类来创建基本的用户界面。但 XAML 是实例化.NET 对象的通用方法，包括那些位于其他非 WPF 名称空间以及自己创建的名称空间中的对象。

创建那些不是用于在 XAML 窗口中显示的对象听起来像是多余的，但在很多情况下这是需要的。一个例子是，当使用数据绑定并希望在某个控件上显示从其他对象提取的信息时。另一个例子是希望使用非 WPF 对象为 WPF 对象设置属性时。

例如，可使用数据对象填充 WPF 的 ListBox 控件。ListBox 控件将调用 ToString( )方法来获取文本，以便在列表中显示每个条目(或者使用更好的列表，可创建数据模板来提取多段信息，并将它们设置成合适的格式。这一技术将在第 20 章中介绍)。

为使用未在 WPF 名称空间中定义的类，需要将.NET 名称空间映射到 XML 名称空间。XAML 有一种特殊的语法可用于完成这一工作，该语法如下所示：

```
xmlns:Prefix="clr-namespace:Namespace;assembly=AssemblyName"
```

通常，在 XAML 文档的根元素中，在紧随声明 WPF 和 XAML 名称空间的特性之后放置这个名称空间。还需要使用适当的信息填充三个斜体部分，这三部分的含义如下：

- Prefix 是希望在 XAML 标记中用于指示名称空间的 XML 前缀。例如，XAML 语言使用 x 前缀。
- Namespace 是完全限定的.NET 名称空间的名称。
- AssemblyName 是声明类型的程序集，没有.dll 扩展名。这个程序集必须在项目中引用。如果希望使用项目程序集，可忽略这一部分。

例如，下面的标记演示了如何访问 System 名称空间中的基本类型，并将其映射为前缀 sys：

```
xmlns:sys="clr-namespace:System;assembly=mscorlib"
```

下面的标记演示了如何访问当前项目在 MyProject 名称空间中声明的类型，并将它们映射为前缀 local：

```
xmlns:local="clr-namespace:MyNamespace"
```

现在，为了创建其中一个名称空间中的类的实例，可使用名称空间前缀：

```
<local:MyObject ...></local:MyObject>
```

提示：

请记住，可使用任何想要使用的名称空间前缀，只要在整个 XAML 文档中保持一致即可。但 sys 和 local 前缀通常在导入 System 名称空间和当前项目的名称空间时使用。您可以在本书中看到使用这两个前缀的情形。

理想情况是，希望在 XAML 中使用的每个类都有无参构造函数。如果具有无参构造函数，XAML 解析器就可创建对应的对象，设置其属性，并关联所提供的任何事件处理程序。XAML 不支持有参构造函数，而且 WPF 中的所有元素都包含无参构造函数。此外，需要能够使用公共属性设置您所期望的所有细节。XAML 不允许设置公共字段或调用方法。

如果想要使用的类没有无参构造函数，就有一些限制。如果试图创建简单的基本类型(如字符串、日期或数字类型)，可提供数据的字符串表示形式作为标签中的内容。XAML 解析器接着将使用类型转换器将字符串转换为合适的对象。下面列举一个使用 DataTime 结构的例子：

```
<sys:DateTime>10/30/2010 4:30 PM</sys:DateTime>
```

因为 DateTime 类使用 TypeConverter 特性将自身关联到 DateTimeConverter 类，所以上面的标记可以奏效。DateTimeConverter 类知道这个字符串是合法的 DateTime 对象，并对其进行转换。当使用该技术时，不能使用特性为您的对象设置任何属性。

如果想创建没有无参构造函数的类，但没有可供使用的适当类型转换器，那将是很不幸的。

注意：

一些开发人员通过创建自定义的封装器类来克服这些限制。例如，FileStream 类没有包含无参构造函数。然而，您可以创建具有无参构造函数的封装器类。封装器类在其构造函数中创建所期望的 FileStream 对象，检索所需的信息，然后关闭 FileStream 对象。此类解决方案通常并不理想，因为是在类的构造函数中硬编码信息，并使异常处理变得复杂。在大多数情况下，更好的方法是使用少许事件处理代码来控制对象，而完全不使用 XAML。

下面的示例将所有这些概念融合在一起。将 sys 前缀映射到 System 名称空间，并使用 System 名称空间创建三个 DateTime 对象，然后用这三个 DataTime 对象填充一个列表：

```
<Window x:Class="WindowsApplication1.Window1"
    xmlns="http://schemas.microsoft.com/winfx/2006/xaml/presentation"
    xmlns:x="http://schemas.microsoft.com/winfx/2006/xaml"
    xmlns:sys="clr-namespace:System;assembly=mscorlib"
    Width="300" Height="300"
    >
```

```
  <ListBox>
    <ListBoxItem>
      <sys:DateTime>10/13/2013 4:30 PM</sys:DateTime>
    </ListBoxItem>
    <ListBoxItem>
      <sys:DateTime>10/29/2013 12:30 PM</sys:DateTime>
</ListBoxItem>
    <ListBoxItem>
      <sys:DateTime>10/30/2013 2:30 PM</sys:DateTime>
    </ListBoxItem>
  </ListBox>
</Window>
```

2.5 加载和编译 XAML

前面已经介绍过，尽管 XAML 和 WPF 这两种技术具有相互补充的作用，但它们也是相互独立的。因此，完全可以创建不使用 XAML 的 WPF 应用程序。

总之，可使用三种不同的编码方式来创建 WPF 应用程序：

- **只使用代码**。这是在 Visual Studio 中为 Windows 窗体应用程序使用的传统方法。它通过代码语句生成用户界面。
- **使用代码和未经编译的标记(XAML)**。这种具体方式对于某些特殊情况是很有意义的，例如创建高度动态化的用户界面。这种方式在运行时使用 System.Windows.Markup 名称空间中的 XamlReader 类，从 XAML 文件中加载部分用户界面。
- **使用代码和编译过的标记(BAML)**。对于 WPF 而言这是一种更好的方式，也是 Visual Studio 支持的一种方式。这种方式为每个窗口创建一个 XAML 模板，这个 XAML 模板被编译为 BAML，并嵌入到最终的程序集中。编译过的 BAML 在运行时被提取出来，用于重新生成用户界面。

接下来的几节将深入分析这三种方式及其工作原理。您将看到如何在浏览器中打开松散的、没有使用任何代码的 XAML 文件。

2.5.1 只使用代码

对于编写 WPF 应用程序，只使用代码进行开发而不使用任何 XAML 的做法并不常见(但是仍然完全支持)。只使用代码进行开发的明显缺点在于，可能会使编写 WPF 应用程序成为极端乏味的工作。WPF 控件没有包含参数化的构造函数，因此即使为窗口添加一个简单按钮也需要编写几行代码。

只使用代码进行开发的一个潜在的优点是可以随意定制应用程序。例如，可根据数据库记录中的信息生成充满输入控件的窗体，或可根据当前的用户酌情添加或替换控件。需要的所有内容只不过是少量的条件逻辑。相比之下，如果使用 XAML 文档，它们只能作为固定不变的资源嵌入到程序集中。

注意：

尽管不太可能创建只使用代码的 WPF 应用程序，但当需要一个自适应的用户界面模块时，您可能会通过只使用代码的方式来创建 WPF 控件。

以下代码用于生成一个普通窗口，该窗口包含一个按钮和一个事件处理程序(见图 2-3)。在创建窗口时，构造函数调用 InitializeComponent( )方法，该方法实例化并配置这个按钮和窗体，并连接(hook up)事件处理程序。

图 2-3　包含一个按钮的窗口

注意：

要创建该示例，必须从头编写 Window1 类(右击 Solution Explorer 中的项目，然后从上下文菜单中选择 Add | Class 菜单项)。不能选择 Add | Window 菜单项，因为这将为窗口添加一个代码文件和一个 XAML 模板，并带有自动生成的 InitializeComponent( )方法。

```
using System.Windows;
using System.Windows.Controls;
using System.Windows.Markup;

public class Window1 : Window
{
    private Button button1;

    public Window1()
    {
        InitializeComponent();
    }

    private void InitializeComponent()
    {
        // Configure the form.
        this.Width = this.Height = 285;
        this.Left = this.Top = 100;
        this.Title = "Code-Only Window";

        // Create a container to hold a button.
        DockPanel panel = new DockPanel();

        // Create the button.
        button1 = new Button();
```

```
            button1.Content = "Please click me.";
            button1.Margin = new Thickness(30);

            // Attach the event handler.
            button1.Click += button1_Click;

            // Place the button in the panel.
            IAddChild container = panel;
            container.AddChild(button1);

            // Place the panel in the form.
            container = this;
            container.AddChild(panel);
        }

        private void button1_Click(object sender, RoutedEventArgs e)
        {
            button1.Content = "Thank you.";
        }
    }
```

从概念上讲，本例中的 Window1 类更像传统的 Windows 窗体应用程序中的窗体。它继承自 Window 基类，并为每个控件添加一个私有成员变量。为清晰起见，该类在专门的 InitializeComponent( )方法中执行初始化操作。

为启动该应用程序，可在 Main( )方法中添加如下代码：

```
public class Program : Application
{
    [STAThread()]
    static void Main()
    {
        Program app = new Program();
        app.MainWindow = new Window1();
        app.MainWindow.ShowDialog();
    }
}
```

2.5.2 使用代码和未经编译的 XAML

使用 XAML 最有趣的方式之一是使用 XamlReader 类随时解析它。例如，假设开始时在一个名为 Window1.xaml 的文件中使用下面的 XAML 内容：

```
<DockPanel xmlns="http://schemas.microsoft.com/winfx/2006/xaml/presentation">
    <Button Name="button1" Margin="30">Please click me.</Button>
</DockPanel>
```

在运行时，可将上面的内容加载到一个已经存在的窗口中，以便创建一个与图 2-3 中显示的窗口相同的窗口。下面是完成这一工作的代码：

```
using System.Windows;
using System.Windows.Controls;
using System.Windows.Markup;
```

```
using System.IO;

public class Window1 : Window
{
    private Button button1;

    public Window1()
    {
        InitializeComponent();
    }

    public Window1(string xamlFile)
    {
        // Configure the form.
        this.Width = this.Height = 285;
        this.Left = this.Top = 100;
        this.Title = "Dynamically Loaded XAML";

        // Get the XAML content from an external file.
        DependencyObject rootElement;
        using (FileStream fs = new FileStream(xamlFile, FileMode.Open))
        {
            rootElement = (DependencyObject)XamlReader.Load(fs);
        }

        // Insert the markup into this window.
        this.Content = rootElement;

        // Find the control with the appropriate name.
        button1 = (Button)LogicalTreeHelper.FindLogicalNode(rootElement, "button1");

        // Wire up the event handler.
        button1.Click += button1_Click;
    }

    private void button1_Click(object sender, RoutedEventArgs e)
    {
        button1.Content = "Thank you.";
    }
}
```

在此，构造函数接收 XAML 文件名作为参数(在这个示例中是 Window1.xaml)。然后构造函数打开一个 FileStream 对象，并使用 XamlReader.Load( )方法将这个文件中的内容转换成 DependencyObject 对象，DependencyObject 是所有 WPF 控件继承的基类。DependencyObject 对象可放在任意类型的容器中(如面板)，但在这个示例中它被用作整个窗口的内容。

注意：

在这个示例中，从 XAML 文件中加载了一个元素——DockPanel 对象。同样可加载整个 XAML 窗口。在这种情况下，必须将 XamlReader.Load( )方法返回的对象转换为 Window 类型，然后为了显示加载的窗口，调用它的 Show( )方法或 ShowDialog( )方法。

为操纵元素——如 Windows1.xaml 文件中的按钮，需要在动态加载的内容中查找相应的控件对象。LogicalTreeHelper 类可达到该目的，因为它具有查找一棵完整控件对象树的能力，它可以查找所需的许多层，直至找到具有指定名称的对象。然后将一个事件处理程序关联到 Button.Click 事件。

另一种方法是使用 FrameworkElement.FindName( )方法。在这个示例中，根元素是 DockPanel 对象。与 WPF 窗口中的所有控件一样，DockPanel 类继承自 FrameworkElement 类，这意味着可使用如下等效的方法：

```
FrameworkElement frameworkElement = (FrameworkElement)rootElement;
button1 = (Button)frameworkElement.FindName("button1");
```

代替下面这行代码：

```
button1 = (Button)LogicalTreeHelper.FindLogicalNode(rootElement, "button1");
```

在这个示例中，Window1.xaml 文件和可执行的应用程序位于同一文件夹中，并一同发布。然而，尽管该文件没有被编译为应用程序的一部分，但仍可以将其添加到 Visual Studio 项目中。这样可以更方便地管理文件，并使用 Visual Studio 设计用户界面(假定使用.xaml 文件扩展名，从而使 Visual Studio 能够识别出该文档是 XAML 文档)。

如果使用这种方法，确保松散的 XAML 文件不会像传统的 XAML 文件那样被编译或嵌入到项目中。将文件添加到项目后，在 Solution Explorer 中选中该文件，然后使用 Properties 窗口将 Build Action 设置为 None，并将 Copy to Output Directory 设置为 Copy Always。

显然，先将 XAML 编译为 BAML，再在运行时加载 BAML，比动态加载 XAML 的效率高，当用户界面比较复杂时尤其如此。然而，这种编码模式为构建动态的用户界面提供了多种可能。例如，可创建通用的检测应用程序，从 Web 服务中读取窗体文件，然后显示相应的检测控件(标签、文本框和复选框等)。窗体文件可以是具有 WPF 标签的普通 XML 文档，使用 XamlReader 类将该文档加载到一个已经存在的窗体中。检测之后，为了收集结果，只需要枚举所有输入控件并提取它们的内容即可。

2.5.3 使用代码和编译过的 XAML

通过在图 2-1 中显示的 Eight Ball Answer 示例，您已经看到了 XAML 的最常用方式，并在本章中通篇进行了分析。这是 Visual Studio 使用的方法，它具有几个在本章中已经介绍过的优点：

- 有些内容可以自动生成。不必使用 LogicalTreeHelper 类进行 ID 查找，也不需要在代码中关联事件处理程序。
- 在运行时读取 BAML 比读取 XAML 的速度要快。
- 部署更简单。因为 BAML 作为一个或多个资源嵌入到程序集中，不会丢失。
- 可在其他程序中编辑 XAML 文件，例如设计工具。这为程序编程人员和设计人员之间更好地开展协作提供了可能(当使用未编译的 XAML 时，也能获得这个好处，如上一节所述)。

当编译 WPF 应用程序时，Visual Studio 使用分为两个阶段的编译处理过程。第一阶段将 XAML 文件编译为 BAML。例如，如果项目中包含名为 Window1.xaml 的文件，编译器将创建名为 Window1.baml 的临时文件，并将该文件放在项目文件夹的 obj/Debug 子文件夹中。同时，使用选择的语言为窗口创建部分类。例如，如果使用 C#语言，编译器将在 obj\Debug 文件夹中创建名为 Window1.g.cs 的文件。g 代表生成的(generated)。

部分类包括如下三部分内容：

- 窗口中所有控件的字段。
- 从程序集中加载 BAML 的代码，由此创建对象树。当构造函数调用 InitializeComponent( )方法时将发生这种情况。
- 将恰当的控件对象指定给各个字段以及连接所有事件处理程序的代码。该过程是在名为 Connect( )的方法中完成的，BAML 解析器在每次发现一个已经命名的对象时调用该方法一次。

部分类不包含实例化和初始化控件的代码，因为这项任务由 WPF 引擎在使用 Application.LoadComponent( )方法处理 BAML 时执行。

注意：

在 XAML 编译期间，XAML 编译器需要创建部分类。只有当使用的编程语言支持.NET CodeDOM 模型时，才可能出现这个过程。C#和 VB 支持 CodeDOM 模型，但如果使用一种第三方语言，那么在创建编译的 XAML 应用程序之前需确保该语言支持 CodeDOM 模型。

下面的 Window1.g.cs 文件(稍有删减)来自图 2-1 中显示的 Eight Ball Answer 示例：

```
public partial class Window1 : System.Windows.Window,
  System.Windows.Markup.IComponentConnector
{
    // The control fields.
    internal System.Windows.Controls.TextBox txtQuestion;
    internal System.Windows.Controls.Button cmdAnswer;
    internal System.Windows.Controls.TextBox txtAnswer;

    private bool _contentLoaded;

    // Load the BAML.
    public void InitializeComponent()
    {
        if (_contentLoaded) {
            return;
        }
        _contentLoaded = true;

        System.Uri resourceLocater = new System.Uri("window1.baml",
          System.UriKind.RelativeOrAbsolute);
        System.Windows.Application.LoadComponent(this, resourceLocater);
    }

    // Hook up each control.
    void System.Windows.Markup.IComponentConnector.Connect(int connectionId,
      object target)
    {
        switch (connectionId)
```

```
    {
      case 1:
          txtQuestion = ((System.Windows.Controls.TextBox)(target));
          return;
      case 2:
          cmdAnswer = ((System.Windows.Controls.Button)(target));
          cmdAnswer.Click += new System.Windows.RoutedEventHandler(
            cmdAnswer_Click);
          return;
      case 3:
          txtAnswer = ((System.Windows.Controls.TextBox)(target));
          return;
    }
    this._contentLoaded = true;
  }

}
```

当“从 XAML 到 BAML”的编译阶段结束后，Visual Studio 使用合适的语言编译器来编译代码和生成的部分类文件。对于 C#应用程序而言，使用 csc.exe 编译器处理这一任务。编译过的代码会变成单个程序集(对于 Eight Ball Answer 示例，是 EightBall.exe 程序集)，而且每个窗口的 BAML 都作为独立资源被嵌入到程序集中。

2.5.4 只使用 XAML

前几节介绍了如何在基于代码的应用程序中使用 XAML。.NET 开发人员的大部分工作时间都将花费在这个方面。但也可能使用 XAML 文件而不创建任何代码，这称为松散的 XAML 文件。可直接在 Internet Explorer 浏览器中打开松散的 XAML 文件。

注意：

如果 XAML 文件使用了代码，就不能在 Internet Explorer 浏览器中打开它。但可以通过构建称为 XBAP 的基于浏览器的应用程序来突破这一限制。第 24 章将介绍如何创建基于浏览器的应用程序。

到目前为止，创建松散的 XAML 看起来好像没什么用处——毕竟，没有代码驱动的用户界面并无意义。但当浏览 XAML 时将发现几个完全声明的特性。这些特性包括动画、触发器、数据绑定和链接(链接可指向其他松散的 XAML 文件)等。使用这些特性，可构建一些非常简单的没有代码的 XAML 文件。它们看起来不像完整的应用程序，但可以完成比静态的 HTML 页面更多的工作。

为了测试松散的 XAML 页面，对.xaml 文件做如下修改：

- 删除根元素的 Class 特性。
- 删除关联事件处理程序的任意特性(如 Button.Click 特性)。
- 将打开和关闭标签的名称由 Window 改为 Page。IE 只能显示驻留的页面，不能显示单独窗口。

此后可双击 XAML 文件在 Internet Explorer 浏览器中加载。图 2-4 显示了一个修改过的 EightBall.xaml 页面，本章的下载代码中包含了该页面。可在顶部的文本框中输入内容，但由于应用程序缺少代码隐藏文件，因此当单击按钮时什么也不会发生。如果希望创建功能更强大的、可包含代码的基于浏览器的应用程序，就需要使用将在第 24 章介绍的 XBAP 模型。

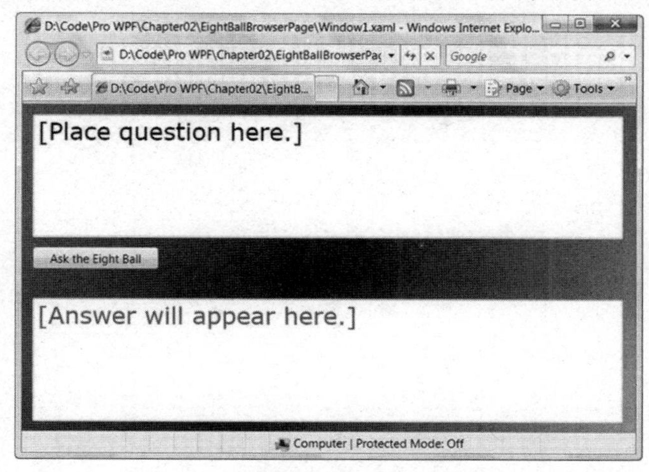

图 2-4　浏览器中的 XAML 页面

2.6　小结

本章分析了一个简单的 XAML 文件，同时分析了 XAML 的语法。下面列出本章中介绍的内容：

- 介绍了 XAML 的主要组成部分，如类型转换器、标记扩展和附加属性。
- 学习了如何连接可以处理由控件触发的事件的代码隐藏类。
- 介绍了将标准的 WPF 应用程序编译成可执行文件的编译过程，同时介绍了其他三种方式：只使用代码创建 WPF 应用程序、只使用 XAML 创建 WPF 页面以及在运行时手动加载 XAML。

尽管本章未能涵盖 XAML 标记的所有细节，但通过已经介绍的内容您足以理解 XAML 的所有优点。现在，请把注意力转移到 WPF 技术本身上，WPF 技术包含一些非常有趣而且令人惊奇的内容。下一章将介绍如何使用 WPF 布局面板将控件布置到真实的窗口中。

第 3 章

布　　局

在任意用户界面设计中，有一半的工作是以富有吸引力、灵活实用的方式组织内容。但真正的挑战是确保界面布局能够恰到好处地适应不同的窗口尺寸。

WPF 用不同的容器(container)安排布局。每个容器有各自的布局逻辑——有些容器以堆栈方式布置元素，另一些容器在网格中不可见的单元格中排列元素，等等。在 WPF 中非常抵制基于坐标的布局，而是注重创建更灵活的布局，使布局能够适应内容的变化、不同的语言以及各种窗口尺寸。迁移到 WPF 的许多开发人员会觉得新布局系统令自己倍感惊奇—— 这也是开发人员面临的第一个真正挑战。

本章将介绍 WPF 布局模型的工作原理，并且将开始使用基本的布局容器。为了学习 WPF 布局的基础知识，本章还将介绍几个通用的布局示例——从基本的对话框乃至可改变尺寸的拆分窗口。

3.1　理解 WPF 中的布局

在 Windows 开发人员设计用户界面的方式上，WPF 布局模型是一个重大改进。在 WPF 问世之前，Windows 开发人员使用刻板的基于坐标的布局将控件放到正确位置。在 WPF 中，这种方式虽然可行，但已经极少使用。大多数应用程序将使用类似于 Web 的流(flow)布局；在使用流布局模型时，控件可以扩大，并将其他控件挤到其他位置，开发人员能创建与显示分辨率和窗口大小无关的、在不同的显示器上正确缩放的用户界面；当窗口内容发生变化时，界面可调整自身，并且可以自如地处理语言的切换。要利用该系统的优势，首先需要进一步理解 WPF 布局模型的基本概念和假设。

3.1.1　WPF 布局原则

WPF 窗口只能包含单个元素。为在 WPF 窗口中放置多个元素并创建更贴近实用的用户界面，需要在窗口上放置一个容器，然后在这个容器中添加其他元素。

注意：

造成这一限制的原因是 Window 类继承自 ContentControl 类，在第 6 章中将进一步分析 ContentControl 类。

在 WPF 中，布局由您使用的容器来确定。尽管有多个容器可供选择，但“理想的”WPF 窗口需要遵循以下几条重要原则：

- **不应显式设定元素(如控件)的尺寸**。元素应当可以改变尺寸以适合它们的内容。例如，当添加更多的文本时按钮应当能够扩展。可通过设置最大和最小尺寸来限制可以接受的控件尺寸范围。
- **不应使用屏幕坐标指定元素的位置**。元素应当由它们的容器根据它们的尺寸、顺序以及(可选的)其他特定于具体布局容器的信息进行排列。如果需要在元素之间添加空白空间，可使用 Margin 属性。

提示：

以硬编码方式设定尺寸和位置是极其不当的处理方式，因为这会限制本地化界面的能力，并且会使界面更难处理动态内容。

- **布局容器的子元素“共享”可用的空间**。如果空间允许，布局容器会根据每个元素的内容尽可能为元素设置更合理的尺寸。它们还会向一个或多个子元素分配多余的空间。
- **可嵌套的布局容器**。典型的用户界面使用 Grid 面板作为开始，Grid 面板是 WPF 中功能最强大的容器，Grid 面板可包含其他布局容器，包含的这些容器以更小的分组排列元素，比如带有标题的文本框、列表框中的项、工具栏上的图标以及一列按钮等。

尽管对于这几条原则而言也有一些例外，但它们反映了 WPF 的总体设计目标。换句话说，如果创建 WPF 应用程序时遵循了这些原则，将会创建出更好的、更灵活的用户界面。如果不遵循这些原则，最终将得到不是很适合 WPF 的并且难以维护的用户界面。

3.1.2 布局过程

WPF 布局包括两个阶段：测量(measure)阶段和排列(arrange)阶段。在测量阶段，容器遍历所有子元素，并询问子元素它们所期望的尺寸。在排列阶段，容器在合适的位置放置子元素。

当然，元素未必总能得到最合适的尺寸——有时容器没有足够大的空间以适应所含的元素。在这种情况下，容器为了适应可视化区域的尺寸，就必须剪裁不能满足要求的元素。在后面可以看到，通常可通过设置最小窗口尺寸来避免这种情况。

注意：

布局容器不能提供任何滚动支持。相反，滚动是由特定的内容控件——ScrollViewer——提供的，ScrollViewer 控件几乎可用于任何地方。在第 6 章中将学习 ScrollViewer 控件的相关内容。

3.1.3 布局容器

所有 WPF 布局容器都是派生自 System.Windows.Controls.Panel 抽象类的面板(见图 3-1)。Panel 类添加了少量成员，包括三个公有属性，表 3-1 列出了这三个公有属性的详情。

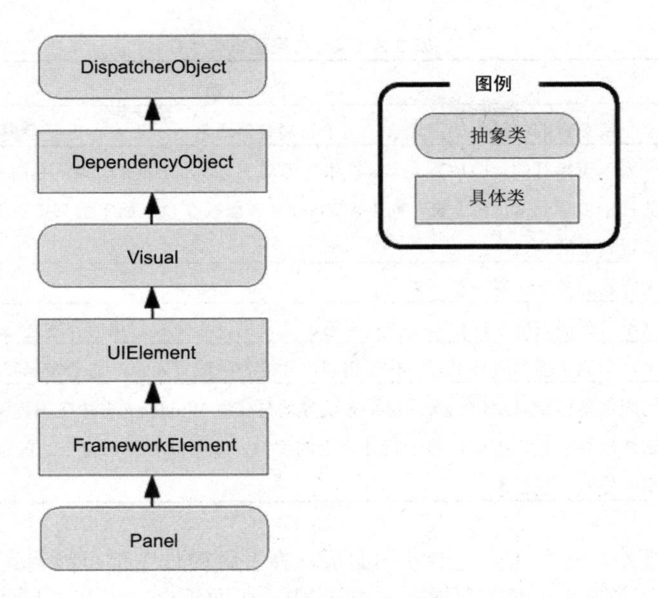

图 3-1　Panel 类的层次结构

表 3-1　Panel 类的公有属性

名　称	说　明
Background	该属性是用于为面板背景着色的画刷。如果想接收鼠标事件，就必须将该属性设置为非空值(如果想接收鼠标事件，又不希望显示固定颜色的背景，那么只需要将背景色设置为透明即可)。在第 6 章中将学习基本画刷的更多内容(并将在第 12 章中学习更多高级的画刷)
Children	该属性是在面板中存储的条目集合。这是第一级条目——换句话说，这些条目自身也可以包含更多的条目
IsItemsHost	该属性是一个布尔值，如果面板用于显示与 ItemsControl 控件关联的项(例如，TreeView 控件中的节点或列表框中的列表项)，该属性值为 true。在大多数情况下，甚至不需要知道列表控件使用后台面板来管理它所包含的条目的布局。但如果希望创建自定义的列表，以不同方式放置子元素(例如，以平铺方式显示图像的 ListBox 控件)，该细节就变得很重要了。在第 20 章中将使用这种技术

注意：

Panel 类还包含几个内部属性，如果希望创建自己的容器，就可以使用它们。最特别的是，可重写继承自 FrameworkElement 类的 MeasureOverride( )和 ArrangeOverride( )方法，以修改当组织子元素时面板处理测量阶段和排列阶段的方式。第 18 章将介绍如何创建自定义面板。

就 Panel 基类本身而言没有什么特别的，但它是其他更多特殊类的起点。WPF 提供了大量可用于安排布局的继承自 Panel 的类，表 3-2 中列出了其中几个最基本的类。与所有 WPF 控件和大多数可视化元素一样，这些类位于 System.Windows.Controls 名称空间中。

表 3-2　核心布局面板

名　　称	说　　明
StackPanel	在水平或垂直的堆栈中放置元素。这个布局容器通常用于更大、更复杂窗口中的一些小区域
WrapPanel	在一系列可换行的行中放置元素。在水平方向上，WrapPanel 面板从左向右放置条目，然后在随后的行中放置元素。在垂直方向上，WrapPanel 面板在自上而下的列中放置元素，并使用附加的列放置剩余的条目
DockPanel	根据容器的整个边界调整元素
Grid	根据不可见的表格在行和列中排列元素，这是最灵活、最常用的容器之一
UniformGrid	在不可见但是强制所有单元格具有相同尺寸的表中放置元素，这个布局容器不常用
Canvas	使用固定坐标绝对定位元素。这个布局容器与传统 Windows 窗体应用程序最相似，但没有提供锚定或停靠功能。因此，对于尺寸可变的窗口，该布局容器不是合适的选择。如果选择的话，需要另外做一些工作

除这些核心容器外，还有几个更专业的面板，在各种控件中都可能遇到它们。这些容器包括专门用于包含特定控件子元素的面板——如 TabPanel 面板(在 TabPanel 面板中包含多个选项卡)、ToolbarPanel 面板(工具栏中的多个按钮)以及 ToolbarOverflowPanel 面板(Toolbar 控件的溢出菜单中的多个命令)。还有 VirtualizingStackPanel 面板，数据绑定列表控件使用该面板以大幅降低开销；还有 InkCanvas 控件，该控件和 Canvas 控件类似，但该控件支持处理平板电脑(TabletPC)上的手写笔(stylus)输入(例如，根据选择的模式，InkCanvas 控件支持使用指针绘制范围，以选择屏幕上的元素。也可通过普通计算机和鼠标使用 InkCanvas 控件，尽管这有点违反直觉)。本章将介绍 InkCanvas，第 19 章将详细介绍 VirtualizingStackPanel，在本书其他地方谈到相关控件时，将介绍其他专门的面板。

3.2　使用 StackPanel 面板进行简单布局

StackPanel 面板是最简单的布局容器之一。该面板简单地在单行或单列中以堆栈形式放置其子元素。

例如，分析下面的窗口，该窗口包含 4 个按钮：

```
<Window x:Class="Layout.SimpleStack"
    xmlns="http://schemas.microsoft.com/winfx/2006/xaml/presentation"
    xmlns:x="http://schemas.microsoft.com/winfx/2006/xaml"
    Title="Layout" Height="223" Width="354"
    >
  <StackPanel>
    <Label>A Button Stack</Label>
    <Button>Button 1</Button>
    <Button>Button 2</Button>
    <Button>Button 3</Button>
    <Button>Button 4</Button>
  </StackPanel>
</Window>
```

图 3-2 显示了最终得到的窗口。

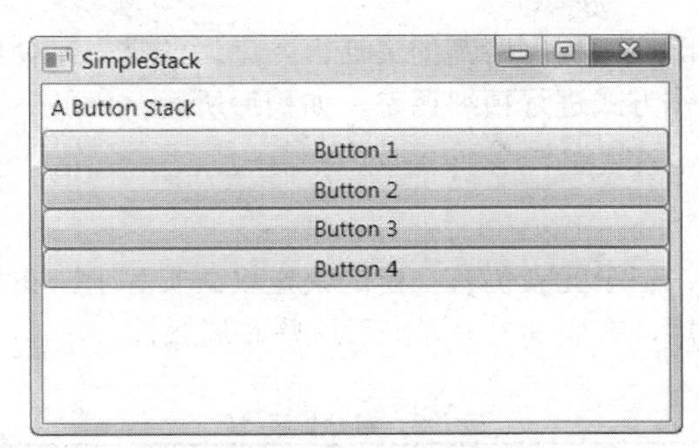

图 3-2 使用 StackPanel 面板

在 Visual Studio 中添加布局容器

在 Visual Studio 中使用设计器创建这个示例要比较容易。首先删除 Grid 根元素(如果有的话)。然后将一个 StackPanel 面板拖动到窗口上。接下来将其他元素以所希望的自上而下的顺序(标签和 4 个按钮)拖放到窗口上。如果想重新排列 StackPanel 面板中的元素，可以简单地将它们拖动到新的位置。

虽然本书不会占用大量篇幅来讨论 Visual Studio 的设计时支持特性，但实际上，自从推出首个 WPF 版本以来，Visual Studio 已经做了很大的改进。例如，Visual Studio 不再为添加到设计器中的每个新控件指定名称；而且除非您手动调整控件大小，Visual Studio 不再添加硬编码的 Width 值和 Height 值。

默认情况下，StackPanel 面板按自上而下的顺序排列元素，使每个元素的高度适合它的内容。在这个示例中，这意味着标签和按钮的大小刚好足够适应它们内部包含的文本。所有元素都被拉伸到 StackPanel 面板的整个宽度，这也是窗口的宽度。如果加宽窗口，StackPanel 面板也会变宽，并且按钮也会拉伸自身以适应变化。

通过设置 Orientation 属性，StackPanel 面板也可用于水平排列元素：

```
<StackPanel Orientation="Horizontal">
```

现在，元素指定它们的最小宽度(足以适合它们所包含的文本)并拉伸至容器面板的整个高度。根据窗口的当前大小，这可能导致一些元素不适应，如图 3-3 所示。

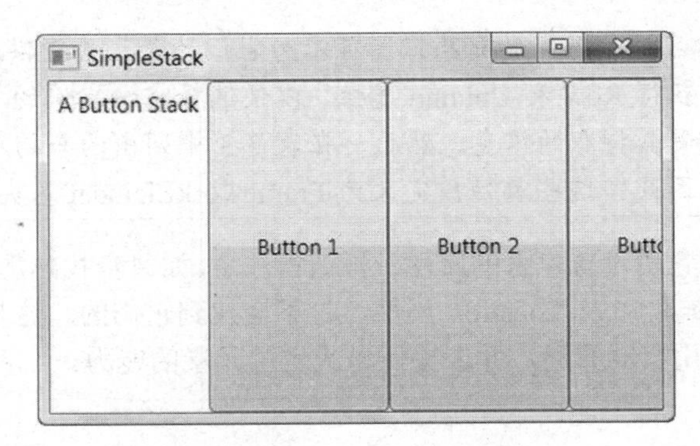

图 3-3 水平方向的 StackPanel 面板

显然，这并未提供实际应用程序所需的灵活性。幸运的是，可使用布局属性对 StackPanel 面板和其他布局容器的工作方式进行精细调整，如稍后所述。

3.2.1 布局属性

尽管布局由容器决定，但子元素仍有一定的决定权。实际上，布局面板支持一小组布局属性，以便与子元素结合使用，在表 3-3 中列出了这些布局属性。

表 3-3 布 局 属 性

名　　称	说　　明
HorizontalAlignment	当水平方向上有额外的空间时，该属性决定了子元素在布局容器中如何定位。可选用 Center、Left、Right 或 Stretch 等属性值
VerticalAlignment	当垂直方向上有额外的空间时，该属性决定了子元素在布局容器控件中如何定位。可选用 Center、Top、Bottom 或 Stretch 等属性值
Margin	该属性用于在元素的周围添加一定的空间。Margin 属性是 System.Windows.Thickness 结构的一个实例，该结构具有分别用于为顶部、底部、左边和右边添加空间的独立组件
MinWidth 和 MinHeight	这两个属性用于设置元素的最小尺寸。如果一个元素对于其他布局容器来说太大，该元素将被剪裁以适合容器
MaxWidth 和 MaxHeight	这两个属性用于设置元素的最大尺寸。如果有更多可以使用的空间，那么在扩展子元素时就不会超出这一限制，即使将 HorizontalAlignment 和 VerticalAlignment 属性设置为 Stretch 也同样如此
Width 和 Height	这两个属性用于显式地设置元素的尺寸。这一设置会重写为 HorizontalAlignment 和 VerticalAlignment 属性设置的 Stretch 值。但不能超出 MinWidth、MinHeight、MaxWidth 和 MaxHeight 属性设置的范围

所有这些属性都从 FrameworkElement 基类继承而来，所以在 WPF 窗口中可使用的所有图形小组件都支持这些属性。

注意：

您在第 2 章中已学习过，不同的布局容器可以为它们的子元素提供附加属性。例如，Grid 对象的所有子元素可以获得 Row 和 Column 属性，以便选择容纳它们的单元格。通过附加属性可为特定的布局容器设置其特有的信息。然而，在表 3-3 中列出的布局属性是可以应用于许多布局面板的通用属性。因此，这些属性被定义为 FrameworkElement 基类的一部分。

这个属性列表就像它所没有包含的属性一样值得注意。如果查找熟悉的与位置相关的属性，例如 Top 属性、Right 属性以及 Location 属性，是不会找到它们的。这是因为大多数布局容器(Canvas 控件除外)都使用自动布局，并未提供显式定位元素的能力。

3.2.2 对齐方式

为理解这些属性的工作原理，可进一步分析图 3-2 中显示的简单 StackPanel 面板。在这个示例中——有一个垂直方向的 StackPanel 面板——VerticalAlignment 属性不起作用，因为所有元素的高度都自动地调整为刚好满足各自需要。但 HorizontalAlignment 属性非常重要，它决定了各个元素在行的什么位置。

通常，对于 Label 控件，HorizontalAlignment 属性的值默认为 Left；对于 Button 控件，HorizontalAlignment 属性的值默认为 Stretch。这也是为什么每个按钮的宽度被调整为整列的宽度的原因所在。但可以改变这些细节：

```
<StackPanel>
   <Label HorizontalAlignment="Center">A Button Stack</Label>
   <Button HorizontalAlignment="Left">Button 1</Button>
   <Button HorizontalAlignment="Right">Button 2</Button>
   <Button>Button 3</Button>
   <Button>Button 4</Button>
</StackPanel>
```

图 3-4 显示了最终结果。现在前两个按钮的尺寸是它们应当具有的最小尺寸，并进行了对齐，而底部两个按钮被拉伸至整个 StackPanel 面板的宽度。如果改变窗口的尺寸，就会发现标签保持在中间位置，而前两个按钮分别被粘贴到两边。

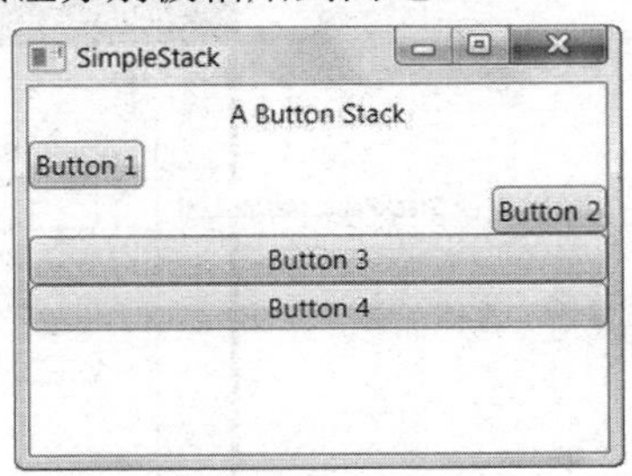

图 3-4 包含对齐按钮的 StackPanel 面板

注意：

StackPanel 面板也有自己的 HorizontalAlignment 和 VerticalAlignment 属性。这两个属性默认都被设置为 Stretch，所以 StackPanel 面板完全充满它的容器。在这个示例中，这意味着 StackPanel 面板充满整个窗口。如果使用不同设置，StackPanel 面板的尺寸将足够宽以容纳最宽的控件。

3.2.3 边距

在 StackPanel 示例中，在当前情况下存在一个明显的问题。设计良好的窗口不只是包含元素——还应当在元素之间包含一定的额外空间。为了添加额外的空间并使 StackPanel 面板示例中的按钮不那么紧密，可为控件设置边距。

当设置边距时，可为所有边设置相同的宽度，如下所示：

```
<Button Margin="5">Button 3</Button>
```

相应地，也可为控件的每个边以左、上、右、下的顺序设置不同的边距：

```
<Button Margin="5,10,5,10">Button 3</Button>
```

在代码中，使用 Thickness 结构来设置边距：

```
cmd.Margin = new Thickness(5);
```

为得到正确的控件边距，需要采用一些艺术手段，因为需要考虑相邻控件边距设置的相互影响。例如，如果两个按钮堆在一起，位于最高处的按钮的底部边距设置为 5，而下面按钮的顶部边距也设置为 5，那么在这两个按钮之间就有 10 个单位的空间。

理想情况是，能尽可能始终如一地保持不同的边距设置，避免为不同的边设置不同的值。例如，在 StackPanel 示例中，为按钮和面板本身使用相同的边距是比较合适的，如下所示：

```
<StackPanel Margin="3">
  <Label Margin="3" HorizontalAlignment="Center">
   A Button Stack</Label>
  <Button Margin="3" HorizontalAlignment="Left">Button 1</Button>
  <Button Margin="3" HorizontalAlignment="Right">Button 2</Button>
  <Button Margin="3">Button 3</Button>
  <Button Margin="3">Button 4</Button>
</StackPanel>
```

这种设置使得两个按钮之间的总空间(两个按钮的边距之和)和按钮与窗口之间的总空间(按钮边距和 StackPanel 边距之和)是相同的。图 3-5 显示了这个更合理的窗口，图 3-6 是边距设置的分解图。

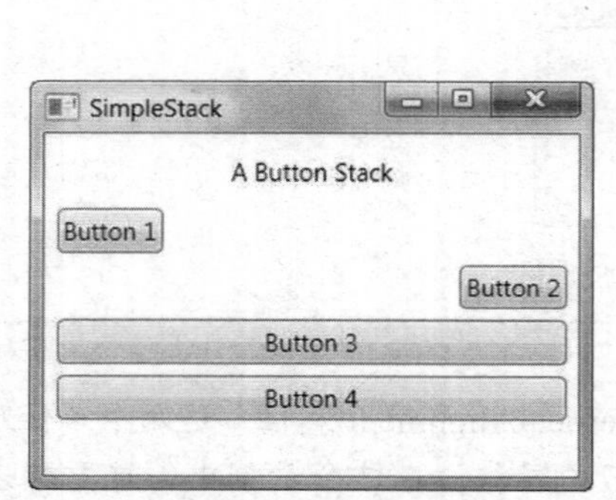

图 3-5 在元素之间添加边距

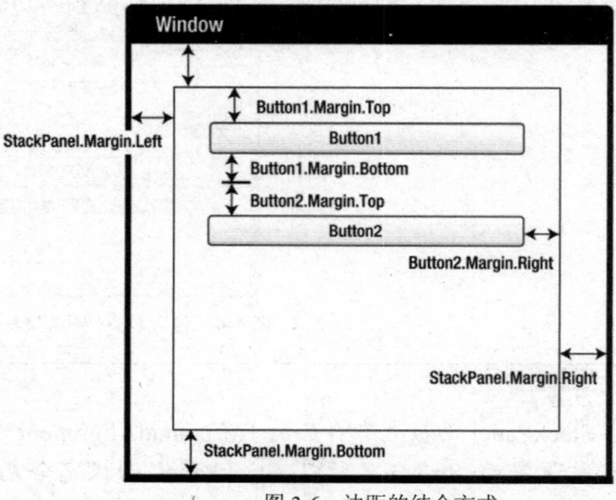

图 3-6 边距的结合方式

3.2.4 最小尺寸、最大尺寸以及显式地设置尺寸

最后，每个元素都提供了 Height 和 Width 属性，用于显式地指定元素大小。但这种设置一般不是一个好主意。相反，如有必要，应当使用最大尺寸和最小尺寸属性，将控件限制在正确范围内。

提示：

在 WPF 中显式地设置尺寸之前一定要三思。在良好的布局设计中，不必显式地设置尺寸。如果确实添加了尺寸信息，那就冒险创建了一种更不稳定的布局，这种布局不能适应变化(例如，不能适应不同的语言和不同的窗口尺寸)，而且可能剪裁您的内容。

例如，您可能决定拉伸 StackPanel 容器中的按钮，使其适合 StackPanel，但其宽度不能超过 200 单位，也不能小于 100 单位(默认情况下，最初按钮的最小宽度是 75 单位)。下面是所需

的标记：

```
<StackPanel Margin="3">
  <Label Margin="3" HorizontalAlignment="Center">
   A Button Stack</Label>
  <Button Margin="3" MaxWidth="200" MinWidth="100">Button 1</Button>
  <Button Margin="3" MaxWidth="200" MinWidth="100">Button 2</Button>
  <Button Margin="3" MaxWidth="200" MinWidth="100">Button 3</Button>
  <Button Margin="3" MaxWidth="200" MinWidth="100">Button 4</Button>
</StackPanel>
```

提示：

现在，您可能会好奇是否有更简便的方法设置那些在多个元素中是标准化的属性，如这个示例中的按钮边距。答案是使用样式——一种允许重复使用(甚至自动应用)属性设置的特性。第 11 章将介绍样式的相关内容。

当 StackPanel 调整按钮的尺寸时，需要考虑以下几部分信息：

- **最小尺寸**。每个按钮的尺寸始终不能小于最小尺寸。
- **最大尺寸**。每个按钮的尺寸始终不能超过最大尺寸(除非执行错误操作，使最大尺寸比最小尺寸还小)。
- **内容**。如果按钮中的内容需要更大的宽度，StackPanel 容器会尝试扩展按钮(可以通过检查 DesiredSized 属性确定所需的按钮大小，该属性返回最小宽度或内容的宽度，返回两者中较大的那个)。
- **容器尺寸**。如果最小宽度大于 StackPanel 面板的宽度，按钮的一部分将被剪裁掉。否则，不允许按钮比 StackPanel 面板更宽，即使不能适合按钮表面的所有文本也同样如此。
- **水平对齐方式**。因为默认情况下按钮的 HorizontalAlignment 属性值设置为 Stretch，所以 StackPanel 面板将尝试放大按钮以占满 StackPanel 面板的整个宽度。

理解这个过程的关键在于，要认识到最小尺寸和最大尺寸设置了绝对界限。在这些界限内，StackPanel 面板尝试反映按钮所期望的尺寸(以适合其内容)以及对齐方式的设置。

图 3-7 显示了 StackPanel 面板工作方式的几个例子。在左图中，窗口的尺寸缩到最小。每个按钮是 100 单位宽，窗口不能变得更窄。如果再收缩窗口，每个按钮的右边将被剪裁掉(可通过设置窗口本身的 MinWidth 属性，使窗口不能小于最小宽度，以免发生这种情况)。

当放大窗口时，会增加按钮的宽度直到它们达到 200 单位的宽度上限。此时如果继续放大窗口，会在按钮的两边添加额外空间(如图 3-7 中右图所示)。

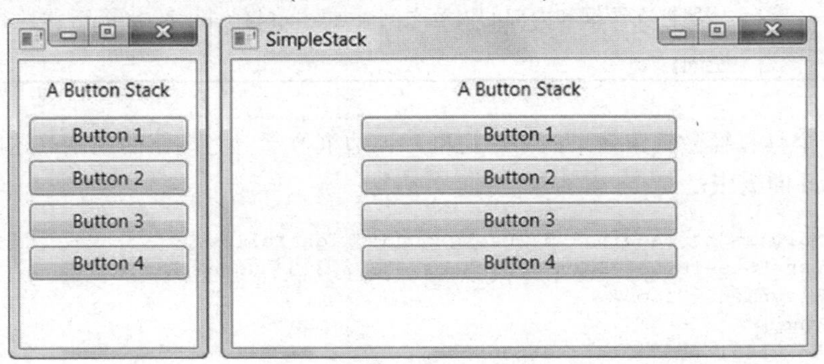

图 3-7　限制按钮尺寸的变化

注意：

某些情况下，可能希望使用代码检查窗口中某个元素的尺寸。这时使用 Height 和 Width 属性是没有用的，因为这两个属性指示的是您所期望的尺寸设置，可能和实际的渲染尺寸不同。在理想情况下，应让元素的尺寸适应它们的内容，根本不用设置 Height 和 Width 属性。但是，可以通过读取 ActualHeight 和 ActualWidth 属性得到用于渲染元素的实际尺寸。需要记住的是，当窗口大小发生变化或其中的内容改变时，这些值可能会改变。

自动改变大小的窗口

在本例中，还有一个元素具有硬编码的尺寸：包含 StackPanel 面板(以及该面板中的所有内容)的顶级窗口。出于很多原由，可认为使用硬编码的窗口尺寸仍然有意义。

但可以自动改变窗口大小，如果使用动态内容构造简单窗口，这还是有意义的。为使窗口能自动改变大小，需要删除 Height 和 Width 属性，并将 Window.SizeToContent 属性设置为 WidthAndHeight。这时窗口就会扩大自身的尺寸，从而足以容纳包含的所有内容。通过将 SizeToContent 属性设置为 Width 或 Height，还可使窗口只能在一个方向上改变自身的尺寸。

3.2.5 Border 控件

Border 控件不是布局面板，而是非常便于使用的元素，经常与布局面板一起使用。所以，在继续介绍其他布局面板之前，现在先介绍一下 Border 控件是有意义的。

Border 类非常简单。它只能包含一段嵌套内容(通常是布局面板)，并为其添加背景或在其周围添加边框。为了深入地理解 Border 控件，只需要掌握表 3-4 中列出的属性就可以了。

表 3-4 Border 类的属性

名　　称	说　　明
Background	使用 Brush 对象设置边框中所有内容后面的背景。可使用固定颜色背景，也可使用其他更特殊的背景
BorderBrush 和 BroderThickness	使用 Brush 对象设置位于 Border 对象边缘的边框的颜色，并设置边框的宽度。为显示边框，必须设置这两个属性
CornerRadius	该属性可使边框具有雅致的圆角。CornerRadius 的值越大，圆角效果就越明显
Padding	该属性在边框和内部的内容之间添加空间(与此相对，Margin 属性在边框之外添加空间)

下面是一个具有轻微圆角效果的简单边框，该边框位于一组按钮的周围，这组按钮包含在一个 StackPanel 面板中：

```
<Border Margin="5" Padding="5" Background="LightYellow"
BorderBrush="SteelBlue" BorderThickness="3,5,3,5" CornerRadius="3"
VerticalAlignment="Top">
  <StackPanel>
    <Button Margin="3">One</Button>
    <Button Margin="3">Two</Button>
    <Button Margin="3">Three</Button>
```

```
  </StackPanel>
</Border>
```

图3-8显示了该例的结果。

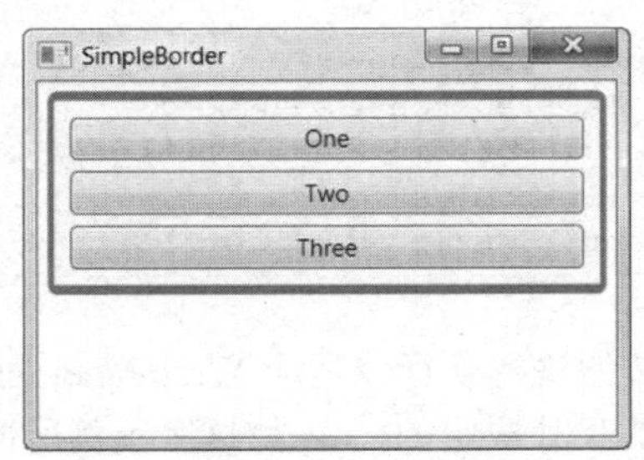

图3-8 基本边框

第6章将介绍有关画刷和颜色的详情，它们可用于设置BorderBrush和Background属性。

注意：

从技术角度看，Border是装饰元素(decorator)，装饰元素是特定类型的元素，通常用于在对象周围添加某些种类的图形装饰。所有装饰元素都继承自System.Windows.Controls.Decorator类。大多数装饰元素设计用于特定控件。例如，Button控件使用ButtonChrome装饰元素，以获取其特有的圆角和阴影背景效果；而ListBox控件使用ListBoxChrome装饰元素。还有两个更通用的装饰元素，当构造用户界面时它们非常有用：在此讨论的Border元素以及将在第12章中研究的Viewbox元素。

3.3 WrapPanel和DockPanel面板

显然，只使用StackPanel面板还不能帮助您创建出实用的用户界面。要设计出最终使用的用户界面，StackPanel面板还需要与其他更强大的布局容器协作。只有这样才能组装成完整的窗口。

最复杂的布局容器是Grid面板，稍后将分析该面板。在介绍Grid面板之前，有必要首先看一下WrapPanel和DockPanel面板，它们是WPF提供的两个更简单的布局容器。这两个布局容器通过不同的布局行为对StackPanel面板进行补充。

3.3.1 WrapPanel面板

WrapPanel面板在可能的空间中，以一次一行或一列的方式布置控件。默认情况下，WrapPanel.Orientation属性设置为Horizontal；控件从左向右进行排列，再在下一行中排列。但可将WrapPanel.Orientation属性设置为Vertical，从而在多个列中放置元素。

提示：

与StackPanel面板类似，WrapPanel面板实际上主要用来控制用户界面中一小部分的布局细节，并非用于控制整个窗口布局。例如，可能使用WrapPanel面板以类似工具栏控件的方式将所有按钮保持在一起。

下面的示例中定义了一系列具有不同对齐方式的按钮，并将这些按钮放到一个 WrapPanel 面板中：

```
<WrapPanel Margin="3">
  <Button VerticalAlignment="Top">Top Button</Button>
  <Button MinHeight="60">Tall Button 2</Button>
  <Button VerticalAlignment="Bottom">Bottom Button</Button>
  <Button>Stretch Button</Button>
  <Button VerticalAlignment="Center">Centered Button</Button>
</WrapPanel>
```

图 3-9 显示了如何对这些按钮进行换行以适应 WrapPanel 面板的当前尺寸(WrapPanel 面板的当前尺寸是由包含它的窗口的尺寸决定的)。正如这个示例所演示的，WrapPanel 面板水平地创建了一系列假想的行，每一行的高度都被设置为所包含元素中最高元素的高度。其他控件可能被拉伸以适应这一高度，或根据 VerticalAlignment 属性的设置进行对齐。在图 3-9 的左图中，所有按钮都在位于较高的行中，并被拉伸或对齐以适应该行的高度。在右图中，有几个按钮被挤到第二行中。因为第二行没有包含特别高的按钮，所以第二行的高度保持为最小按钮的高度。因此，在该行中不必关心各按钮的 VerticalAlignment 属性的设置。

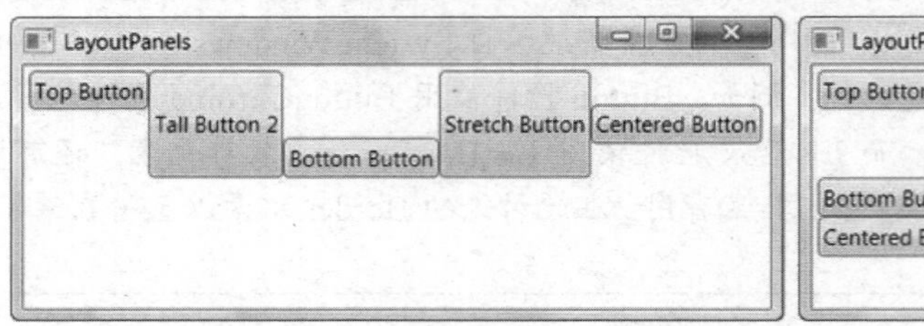

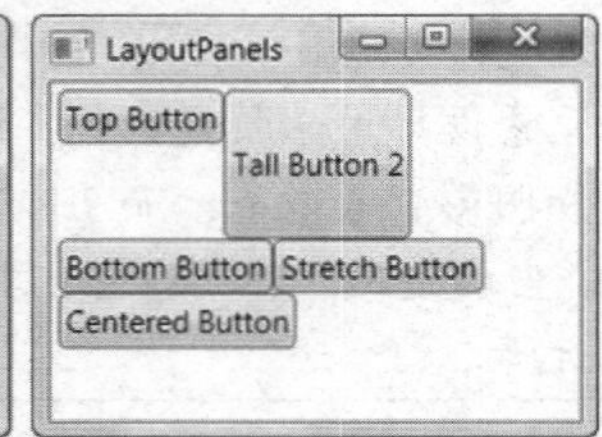

图 3-9　对按钮进行换行

注意：

WrapPanel 面板是唯一一个不能通过灵活使用 Grid 面板代替的面板。

3.3.2　DockPanel 面板

DockPanel 面板是更有趣的布局选项。它沿着一条外边缘来拉伸所包含的控件。理解该面板最简便的方法是，考虑一下位于许多 Windows 应用程序窗口顶部的工具栏。这些工具栏停靠到窗口顶部。与 StackPanel 面板类似，被停靠的元素选择它们布局的一个方面。例如，如果将一个按钮停靠在 DockPanel 面板的顶部，该按钮会被拉伸至 DockPanel 面板的整个宽度，但根据内容和 MinHeight 属性为其设置所需的高度。而如果将一个按钮停靠到容器左边，该按钮的高度将被拉伸以适应容器的高度，而其宽度可以根据需要自由增加。

这里很明显的问题是：子元素如何选择停靠的边？答案是通过 Dock 附加属性，可将该属性设置为 Left、Right、Top 或 Bottom。放在 DockPanel 面板中的每个元素都会自动捕获该属性。

下面的示例在 DockPanel 面板的每条边上都停靠一个按钮：

```
<DockPanel LastChildFill="True">
  <Button DockPanel.Dock="Top">Top Button</Button>
  <Button DockPanel.Dock="Bottom">Bottom Button</Button>
  <Button DockPanel.Dock="Left">Left Button</Button>
  <Button DockPanel.Dock="Right">Right Button</Button>
  <Button>Remaining Space</Button>
```

```
</DockPanel>
```

该例还将 DockPanel 面板的 LastChildFill 属性设置为 true，该设置告诉 DockPanel 面板使最后一个元素占满剩余空间。图 3-10 显示了结果。

显然，当停靠控件时，停靠顺序很重要。在这个示例中，顶部和底部按钮充满了 DockPanel 面板的整个边缘，这是因为这两个按钮首先被停靠。接着停靠左边和右边的按钮时，这两个按钮将位于顶部按钮和底部按钮之间。如果改变这一顺序，那么左边和右边的按钮将充满整个面板的边缘，而顶部和底部的按钮则变窄一些，因为它们将在左边和右边的两个按钮之间进行停靠。

可将多个元素停靠到同一边缘。这种情况下，元素按标记中声明的顺序停靠到边缘。而且，如果不喜欢空间分割或拉伸行为，可修改 Margin 属性、HorizontalAlignment 属性以及 VerticalAlignment 属性，就像使用 StackPanel 面板进行布局时所介绍的那样。下面是前面演示的程序的修改版本：

```
<DockPanel LastChildFill="True">
  <Button DockPanel.Dock="Top">A Stretched Top Button</Button>
  <Button DockPanel.Dock="Top" HorizontalAlignment="Center">
   A Centered Top Button</Button>
  <Button DockPanel.Dock="Top" HorizontalAlignment="Left">
   A Left-Aligned Top Button</Button>
  <Button DockPanel.Dock="Bottom">Bottom Button</Button>
  <Button DockPanel.Dock="Left">Left Button</Button>
  <Button DockPanel.Dock="Right">Right Button</Button>
  <Button>Remaining Space</Button>
</DockPanel>
```

停靠行为保持不变。首先停靠顶部按钮，然后是底部按钮，顶部和底部按钮之间剩余的空间会被分割，并且最后一个按钮在中间。图 3-11 显示了最终窗口。

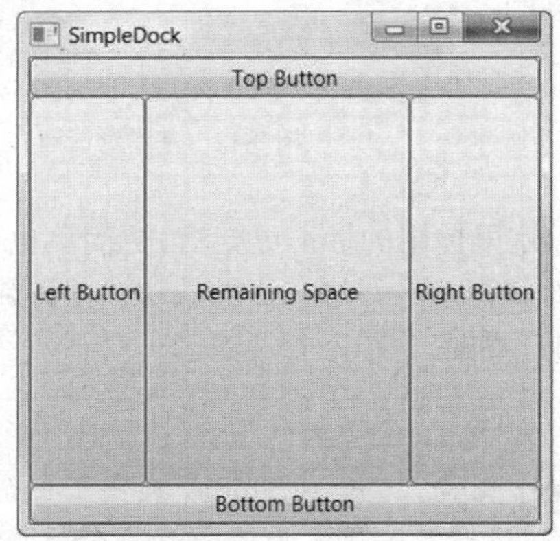

图 3-10　停靠到每个边缘

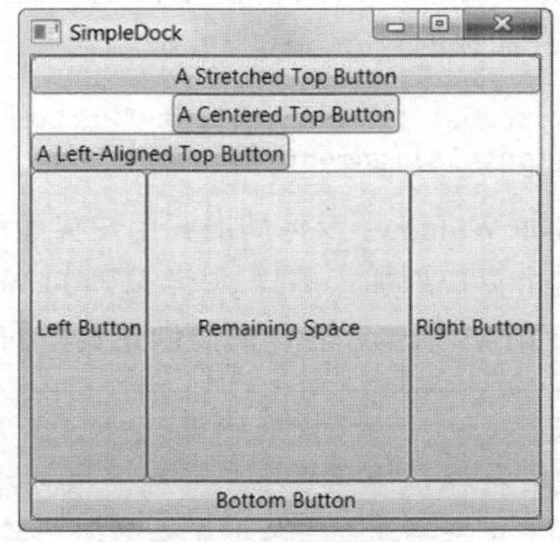

图 3-11　在顶部停靠多个元素

3.3.3　嵌套布局容器

很少单独使用 StackPanel、WrapPanel 和 DockPanel 面板。相反，它们通常用来设置一部分用户界面的布局。例如，可使用 DockPanel 面板在窗口的合适区域放置不同的 StackPanel 和 WrapPanel 面板容器。

例如，假设希望创建一个标准对话框，在其右下角具有 OK 按钮和 Cancel 按钮，并且在窗口的剩余部分是一块较大的内容区域。在 WPF 中可采用几种方法完成这一布局，但最简单的方法如下，该方法使用前面介绍过的各种面板：

(1) 创建水平 StackPanel 面板，用于将 OK 按钮和 Cancel 按钮放置在一起。

(2) 在 DockPanel 面板中放置 StackPanel 面板，将其停靠到窗口底部。

(3) 将 DockPanel.LastChildFill 属性设置为 true，以使用窗口剩余的部分填充其他内容。在此可以添加另一个布局控件，或者只添加一个普通的 TextBox 控件(本例中使用的是 TextBox 控件)。

(4) 设置边距属性，提供一定的空白空间。

下面是最终的标记：

```
<DockPanel LastChildFill="True">
  <StackPanel DockPanel.Dock="Bottom" HorizontalAlignment="Right"
   Orientation="Horizontal">
    <Button Margin="10,10,2,10" Padding="3">OK</Button>
    <Button Margin="2,10,10,10" Padding="3">Cancel</Button>
  </StackPanel>
 <TextBox DockPanel.Dock="Top" Margin="10">This is a test.</TextBox>
</DockPanel>
```

在这个示例中，Padding 属性在按钮边框与内部的内容(单词 OK 或 Cancel)之间添加了尽量少的空间。图 3-12 显示了这个示例创建的相对流行的对话框。

乍一看，相对于使用坐标精确地放置控件而言，这有些多余。在许多情况下，确实如此。不过，设置时间固然较长，但这样做的好处是在将来可以很方便地修改用户界面。例如，如果决定让 OK 按钮和 Cancel 按钮位于窗口底部的中间，只需要修改包含这两个按钮的 StackPanel 面板的对齐方式即可：

图 3-12　基本对话框

```
<StackPanel DockPanel.Dock="Bottom"
HorizontalAlignment="Center" ... >
```

与诸如 Windows 窗体的旧式用户界面框架相比，这里使用的标记更整洁、更简单也更紧凑。如果为这个窗口添加一些样式(详见第 11 章)，还可对该窗口进行进一步的改进，并移除其他不必要的细节(如边距设置)，从而创建真正的自适应用户界面。

提示：

如果有一棵茂密的嵌套元素树，很可能看不到整个结构。Visual Studio 提供了一个方便的功能，用于显示一棵表示各个元素的树，并允许您通过逐步单击进入希望查看(或修改)的元素。这一功能是指 Document Outline 窗口，可通过选择 View | Other Windows | Document Outline 菜单项来显示该窗口。

3.4 Grid 面板

Grid 面板是 WPF 中功能最强大的布局容器。很多使用其他布局控件能完成的功能，用 Grid 面板也能实现。Grid 面板也是将窗口分割成(可使用其他面板进行管理的)更小区域的理想工具。实际上，由于 Grid 面板十分有用，因此在 Visual Studio 中为窗口添加新的 XAML 文档时，会自动添加 Grid 标签作为顶级容器，并嵌套在 Window 根元素中。

Grid 面板将元素分隔到不可见的行列网格中。尽管可在一个单元格中放置多个元素(这时这些元素会相互重叠)，但在每个单元格中只放置一个元素通常更合理。当然，在 Grid 单元格中的元素本身也可能是另一个容器，该容器组织它所包含的一组控件。

提示：

尽管 Grid 面板被设计成不可见的，但可将 Grid.ShowGridLines 属性设置为 true，从而更清晰地观察 Gird 面板。这一特性并不是真正试图美化窗口，反而是为了方便调试，设计该特性旨在帮助理解 Grid 面板如何将其自身分割成多个较小的区域。这一特性十分重要，因为通过该特性可准确控制 Grid 面板如何选择列宽和行高。

需要两个步骤来创建基于 Grid 面板的布局。首先，选择希望使用的行和列的数量。然后，为每个包含的元素指定恰当的行和列，从而在合适的位置放置元素。

Grid 面板通过使用对象填充 Grid.ColumnDefinitions 和 Grid.RowDefinitions 集合来创建网格和行。例如，如果确定需要两行和三列，可添加以下标签：

```
<Grid ShowGridLines="True">
  <Grid.RowDefinitions>
    <RowDefinition></RowDefinition>
    <RowDefinition></RowDefinition>
  </Grid.RowDefinitions>
  <Grid.ColumnDefinitions>
    <ColumnDefinition></ColumnDefinition>
    <ColumnDefinition></ColumnDefinition>
    <ColumnDefinition></ColumnDefinition>
  </Grid.ColumnDefinitions>

  ...
</Grid>
```

正如本例所演示的，在 RowDefinition 或 ColumnDefinition 元素中不必提供任何信息。如果保持它们为空(本例正是如此)，Grid 面板将在所有行和列之间平均分配空间。在本例中，每个单元格的尺寸完全相同，具体取决于包含窗口的尺寸。

为在单元格中放置各个元素，需要使用 Row 和 Column 附加属性。这两个属性的值都是从 0 开始的索引数。例如，以下标记演示了如何创建 Grid 面板，并使用按钮填充 Grid 面板的部分单元格。

```
<Grid ShowGridLines="True">
  ...

  <Button Grid.Row="0" Grid.Column="0">Top Left</Button>
  <Button Grid.Row="0" Grid.Column="1">Middle Left</Button>
  <Button Grid.Row="1" Grid.Column="2">Bottom Right</Button>
  <Button Grid.Row="1" Grid.Column="1">Bottom Middle</Button>
</Grid>
```

每个元素必须被明确地放在对应的单元格中。可在单元格中放置多个元素(通常这没什么意义)，或让单元格保持为空(这通常是有用的)。也可以不按顺序声明元素，正如本例中的最后两个按钮那样。但如果逐行(并在每行中按从左向右的顺序)定义控件，可使标记更清晰。

此处存在例外情况。如果不指定 Grid.Row 属性，Grid 面板会假定该属性的值为 0。对于 Grid.Column 属性也是如此。因此，在 Grid 面板的第一个单元格中放置元素时可不指定这两个属性。

注意：

Grid 面板在预定义的行和列中放置元素。这与 WrapPanel 和 StackPanel 面板(当它们布置子元素时，会隐式地创建行或列)等布局容器不同。如果希望创建具有多行和多列的网格，就必须使用 RowDefinitions 和 ColumnDefinitions 对象显式地定义行和列。

图 3-13 显示了这个简单网格在两种不同尺寸的情形下是如何显示的。注意，ShowGridLines 属性被设置为 true，从而可以看到每列和每行之间的分割线。

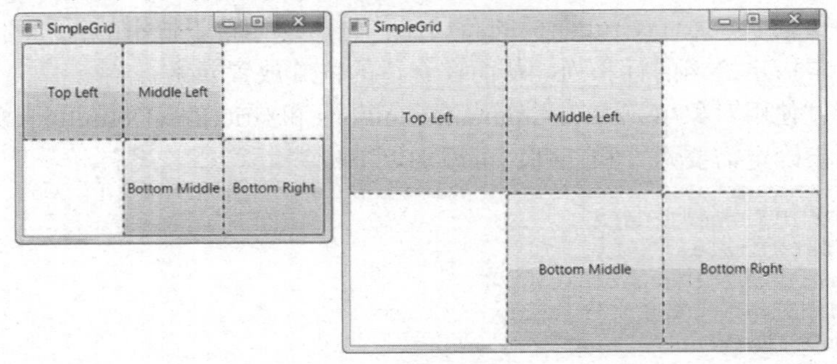

图 3-13 简单的网格

正如您所期望的，Grid 面板具有在表 3-3 中列出的基本布局属性集。这意味着可在单元格内容的周围添加边距，从而改变元素尺寸的变化方式，使其不充满整个单元格，并且可以沿着单元格的一条边缘对齐元素。如果强制一个元素的尺寸大于单元格允许的范围，那么这个元素的部分内容会被剪裁掉。

在 Visual Studio 中使用 Grid 面板

在 Visual Studio 设计视图中使用 Grid 面板时，将发现它和其他布局容器有些不同。当把一个元素拖动到 Grid 面板中时，Visual Studio 允许将该元素放置到精确位置。Visual Studio 通过设置元素的 Margin 属性完成这一工作。

在设置边距时，Visual Studio 使用最近的角。例如，如果元素距离网格的左上角最近，那么 Visual Studio 通过上边和左边的边距来定位元素(并且右边和下边的边距保持为 0)。如果拖动元素使其距左下角较近，那么 Visual Studio 设置下边和左边的边距，并将 VerticalAlignment 属性设置为 Bottom。当网格大小发生变化时，这显然会影响元素的移动方式。

Visual Studio 中的边距设置过程看起来非常直接，但在大多数情况下得不到所期望的结果。您通常希望得到更灵活的流式布局，以允许一些元素可动态扩展，并将其他元素推挤到其他位置。在这种情形下，将发现通过 Margin 属性的硬编码定位是非常不灵活的。当添加多个元素时问题会更加严重，因为 Visual Studio 不能自动地添加新的单元格。因此，所有元素将被放到同一单元格中。不同元素可与 Grid 面板的不同拐角对齐，当窗口大小发生变化时，又会导致这些元素彼此之间相对移动(甚至互相重叠)。

一旦理解 Grid 面板的工作原理，就可以正确地解决这些问题。第一个技巧是在添加元素之前定义 Grid 面板的行和列(可通过 Properties 窗口编辑 RowDefinitions 和 ColumnDefinitions 集合)

并对Grid面板进行配置。一旦设置好Grid面板，即可将元素拖放到Grid面板中，并使用Properties窗口或通过手动编辑XAML来配置它们的边距和对齐方式设置。

3.4.1 调整行和列

如果Grid面板只是按比例分配尺寸的行和列的集合，它也就没什么用处了。幸运的是，情况并非如此。为了充分发挥Grid面板的潜能，可更改每一行和每一列的尺寸设置方式。

Grid面板支持以下三种设置尺寸的方式：

- **绝对设置尺寸方式**。使用设备无关单位准确地设置尺寸。这是最无用的策略，因为这种策略不够灵活，难以适应内容大小和容器大小的改变，而且难以处理本地化。
- **自动设置尺寸方式**。每行和每列的尺寸刚好满足需要。这是最有用的尺寸设置方式。
- **按比例设置尺寸方式**。按比例将空间分割到一组行和列中。这是对所有行和列的标准设置。例如，从图3-13中可看到当扩展Grid面板时，所有单元格都按比例增加尺寸。

为了获得最大的灵活性，可混合使用这三种尺寸设置方式。例如，创建几个自动设置尺寸的行，然后通过按比例设置尺寸的方式让最后的一行或两行充满剩余的空间，这通常是很有用的。

可通过将ColumnDefinition对象的Width属性或RowDefinition对象的Height属性设置为数值来确定尺寸设置方式。例如，下面的代码显示了如何设置100设备无关单位的绝对宽度：

```
<ColumnDefinition Width="100"></ColumnDefinition>
```

为使用自动尺寸设置方式，可使用Auto值：

```
<ColumnDefinition Width="Auto"></ColumnDefinition>
```

最后，为了使用按比例尺寸设置方式，需要使用星号(*)：

```
<ColumnDefinition Width="*"></ColumnDefinition>
```

如果混合使用按比例尺寸设置方式和其他尺寸设置方式，就可以在剩余的任意空间按比例改变行或列的尺寸。

如果希望不均匀地分割剩余空间，可指定权重，权重必须放在星号之前。例如，如果有两行是按比例设置尺寸，并希望第一行的高度是第二行高度的一半，那么可以使用如下设置来分配剩余空间：

```
<RowDefinition Height="*"></RowDefinition>
<RowDefinition Height="2*"></RowDefinition>
```

上面的代码告诉Grid面板，第二行的高度应是第一行高度的两倍。可使用您喜欢的任何数字来划分剩余空间。

注意：

通过代码可以很方便地与ColumnDefinition和RowDefinition对象进行交互。只需要知道Width和Height属性是GridLength类型的对象即可。为创建表示特定尺寸的GridLength对象，只需要为GridLength类的构造函数传递一个合适的数值即可。为了创建一个表示按比例设置尺寸(*)的GridLength对象，可为GridLength类的构造函数传递数值作为第一个参数，并传递GridUnitType.Star作为第二个参数。要指定使用自动设置尺寸方式，可使用静态属性GridLength.Auto。

使用这些尺寸设置方式，可重现图 3-12 中所示的简单示例对话框。使用顶级的 Grid 容器将窗口分成两行，而不是使用 DockPanel 面板。下面是所需要的标记：

```
<Grid ShowGridLines="True">
  <Grid.RowDefinitions>
    <RowDefinition Height="*"></RowDefinition>
    <RowDefinition Height="Auto"></RowDefinition>
  </Grid.RowDefinitions>
  <TextBox Margin="10" Grid.Row="0">This is a test.</TextBox>
  <StackPanel Grid.Row="1" HorizontalAlignment="Right" Orientation="Horizontal">
    <Button Margin="10,10,2,10" Padding="3">OK</Button>
    <Button Margin="2,10,10,10" Padding="3">Cancel</Button>
  </StackPanel>
</Grid>
```

提示：

这个 Grid 面板未声明任何列，如果 Grid 面板只有一列并且该列是按比例设置尺寸的(从而该列充满整个 Grid 面板的宽度)，那么这是一种可使用的快捷方式。

上面的标记稍长些，但按显示顺序声明控件具有一项优点，可使标记更容易理解。在该例中使用的方法仅仅是一种选择，如果愿意，也可使用一行两列的 Grid 面板来代替嵌套的 StackPanel 面板。

注意：

使用嵌套的 Grid 面板容器，几乎可以创建任何用户界面(例外是使用 WrapPanel 面板换行或换列)。但当处理用户界面中的一小部分或布置少量元素时，通常使用更特殊的 StackPanel 和 DockPanel 面板容器以便简化操作。

3.4.2 布局舍入

如第 1 章所述，WPF 使用分辨率无关的测量系统。尽管该测量系统为使用各种不同的硬件提供了灵活性，但有时也会引入一些问题。其中一个问题是元素可能被对齐到子像素(subpixel)边界——换句话说，使用没有和物理像素准确对齐的小数坐标定位元素。可通过为相邻的布局容器提供非整数尺寸强制发生这个问题。但是当不希望发生这个问题时，在某些情况下该问题也可能会出现，例如当创建按比例设置尺寸的 Grid 面板时就可能会发生该问题。

例如，假设使用一个包含两列且具有 200 像素的 Grid 面板。如果将该面板均匀分成两个按比例设置尺寸的列，那么意味着每列为 100 像素宽。但是如果这个 Grid 面板的宽度为 175 像素，就不能很清晰地分割成两列，并且每列为 87.5 像素。这意味着第二列会和原始的像素边界稍有些错位。这通常不是问题，但是如果该列包含一个形状元素、一个边框或一幅图像，那么该内容的显示可能是模糊的，因为 WPF 会使用反锯齿功能“混合”原本清晰的像素边界边缘。图 3-14 显示了这一问题。该图放大了窗口的一部分，该窗口包含两个 Grid 面板容器。最上面的 Grid 面板没有使用布局舍入(layout rounding)，所以矩形的清晰边缘在特定的窗口尺寸下变得模糊了。

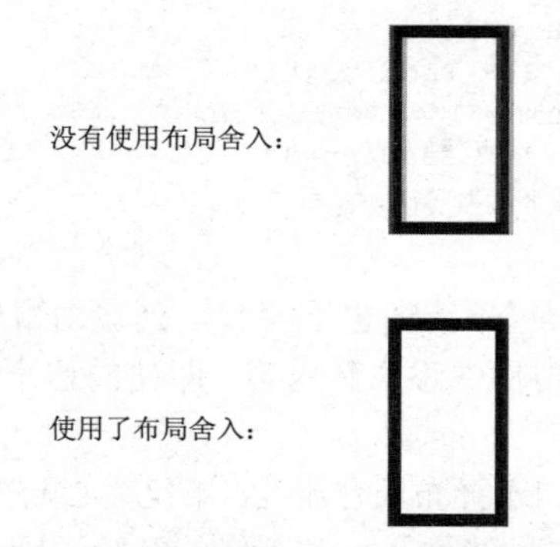

图 3-14 按比例设置尺寸导致的模糊问题

如果这个问题影响到布局，可以采用一种方法很方便地解决该问题。只需要将布局容器的 UseLayoutRounding 属性设置为 true：

```
<Grid UseLayoutRounding="True">
```

现在，WPF 会确保布局容器中的所有内容对齐到最近的像素边界，从而消除了所有模糊问题。

3.4.3 跨越行和列

您已经看到如何使用 Row 和 Column 附加属性在单元格中放置元素。还可以使用另外两个附加属性使元素跨越多个单元格，这两个附加属性是 RowSpan 和 ColumnSpan。这两个属性使用元素将会占有的行数和列数进行设置。

例如，下面的按钮将占据第一列中的第一个和第二个单元格的所有空间：

```
<Button Grid.Row="0" Grid.Column="0" Grid.RowSpan="2">Span Button</Button>
```

下面的代码通过跨越两列和两行，拉伸按钮使其占据所有 4 个单元格：

```
<Button Grid.Row="0" Grid.Column="0" Grid.RowSpan="2" Grid.ColumnSpan="2">
 Span Button</Button>
```

通过跨越行和列可得到更有趣的效果，当需要在由分割器或更长的内容区域分开的表格结构中放置元素时，这是非常方便的。

使用列跨越特征，可以只使用 Grid 面板重新编写图 3-12 中的简单示例对话框。Grid 面板将窗口分割成三列，展开文本框使其占据所有的三列，并使用最后两列对齐 OK 按钮和 Cancel 按钮：

```
<Grid ShowGridLines="True">
  <Grid.RowDefinitions>
    <RowDefinition Height="*"></RowDefinition>
    <RowDefinition Height="Auto"></RowDefinition>
  </Grid.RowDefinitions>
  <Grid.ColumnDefinitions>
    <ColumnDefinition Width="*"></ColumnDefinition>
    <ColumnDefinition Width="Auto"></ColumnDefinition>
    <ColumnDefinition Width="Auto"></ColumnDefinition>
  </Grid.ColumnDefinitions>
  <TextBox Margin="10" Grid.Row="0" Grid.Column="0" Grid.ColumnSpan="3">
```

```
    This is a test.</TextBox>
  <Button Margin="10,10,2,10" Padding="3"
    Grid.Row="1" Grid.Column="1">OK</Button>
  <Button Margin="2,10,10,10" Padding="3"
    Grid.Row="1" Grid.Column="2">Cancel</Button>
</Grid>
```

大多数开发人员认为这种布局不清晰也不明智。列宽由窗口底部的两个按钮的尺寸决定，这使得难以向已经存在的 Grid 结构中添加新内容。即使向这个窗口增加很少的内容，也必须创建新的列集合。

正如上面所显示的，当为窗口选择布局容器时，不仅关心能否得到正确的布局行为——还希望构建便于在未来维护和增强的布局结构。一条正确的经验法则是，对于一次性的布局任务，例如排列一组按钮，使用更小的布局容器(如 StackPanel)。但如果需要为窗口中的多个区域使用一致的结构(比如稍后在图 3-22 中演示的一列文本框)，对于标准化布局而言，Grid 面板是必不可少的工具。

3.4.4 分割窗口

每个 Windows 用户都见过分割条——能将窗口的一部分与另一部分分离的可拖动分割器。例如，当使用 Windows 资源管理器时，会看到一系列文件夹(在左边)和一系列文件(在右边)。可拖动它们之间的分割条来确定每部分占据窗口的比例。

在 WPF 中，分割条由 GridSplitter 类表示，它是 Grid 面板的功能之一。通过为 Grid 面板添加 GridSplitter 对象，用户就可以改变行和列的尺寸。图 3-15 显示了一个窗口，在该窗口中有一个 GridSplitter 对象，它位于 Grid 面板的两列之间。通过拖动分割条，用户可以改变两列的相对宽度。

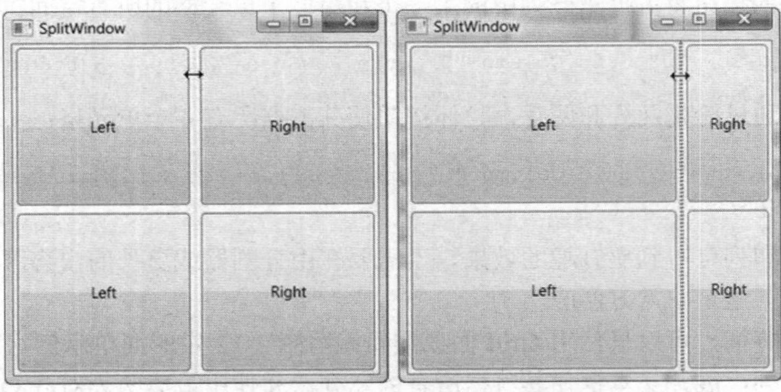

图 3-15　移动分割条

大多数开发人员认为 WPF 中的 GridSplitter 类不是最直观的。理解如何使用 GridSplitter 类，从而得到所期望的效果需要一定的经验。下面列出几条指导原则：

- GridSplitter 对象必须放在 Grid 单元格中。可与已经存在的内容一并放到单元格中，这时需要调整边距设置，使它们不相互重叠。更好的方法是预留一列或一行专门用于放置 GridSplitter 对象，并将预留行或列的 Height 或 Width 属性的值设置为 Auto。
- GridSplitter 对象总是改变整行或整列的尺寸(而非改变单个单元格的尺寸)。为使 GridSplitter 对象的外观和行为保持一致，需要拉伸 GridSplitter 对象使其穿越整行或整列，而不是将其限制在单元格中。为此，可使用前面介绍过的 RowSpan 或 ColumnSpan

属性。例如，图3-15中GridSplitter对象的RowSpan属性被设置为2，因此被拉伸充满整列。如果不使用该设置，GridSplitter对象会显示在顶行(放置它的行)中，即使这样，拖动分割条时也会改变整列的尺寸。

- 最初，GridSplitter 对象很小不易看见。为了使其更可用，需要为其设置最小尺寸。对于竖直分割条(图 3-15 中显示的分割条)，需要将 VerticalAlignment 属性设置为Stretch(使分割条填满区域的整个高度)，并将Width设置为固定值(如10个设备无关单位)。对于水平分割条，需要设置HorizontalAlignment属性来拉伸，并将Height属性设置为固定值。
- GridSplitter 对齐方式还决定了分割条是水平的(用于改变行的尺寸)还是竖直的(用于改变列的尺寸)。对于水平分割条，需要将VerticalAlignment属性设置为Center (这也是默认值)，以指明拖动分割条改变上面行和下面行的尺寸。对于竖直分割条(图 3-15 中显示的分割条)，需要将HorizontalAlignment属性设置为Center，以改变分割条两侧列的尺寸。

注意：

可使用GridSplitter对象的ResizeDirection和ResizeBehavior属性修改其尺寸调整行为。然而，使这一行为完全取决于对齐方式将更简单，这也是默认设置。

您是不是觉得茫然了？为了进一步强化这些规则，分析一下在图3-15中所演示程序的实际标记是有帮助的。下面的程序清单以加粗形式显示了GridSplitter对象的细节：

```
<Grid>
  <Grid.RowDefinitions>
    <RowDefinition></RowDefinition>
    <RowDefinition></RowDefinition>
  </Grid.RowDefinitions>
  <Grid.ColumnDefinitions>
    <ColumnDefinition MinWidth="100"></ColumnDefinition>
    <ColumnDefinition Width="Auto"></ColumnDefinition>
    <ColumnDefinition MinWidth="50"></ColumnDefinition>
  </Grid.ColumnDefinitions>

  <Button Grid.Row="0" Grid.Column="0" Margin="3">Left</Button>
  <Button Grid.Row="0" Grid.Column="2" Margin="3">Right</Button>
  <Button Grid.Row="1" Grid.Column="0" Margin="3">Left</Button>
  <Button Grid.Row="1" Grid.Column="2" Margin="3">Right</Button>

  <GridSplitter Grid.Row="0" Grid.Column="1" Grid.RowSpan="2"
    Width="3" VerticalAlignment="Stretch" HorizontalAlignment="Center"
    ShowsPreview="False"></GridSplitter>
</Grid>
```

提示：

为了成功地创建GridSplitter对象，务必为VerticalAlignment、HorizontalAlignment以及Width属性(或Height属性)提供相应的属性值。

上面的标记还包含了一处额外的细节。在声明GridSplitter对象时，将ShowsPreview属性

设置为 false。因此，当把分割条从一边拖到另一边时，会立即改变列的尺寸。但是如果将 ShowsPreview 属性设置为 true，当拖动分割条时就会看到一个灰色的阴影跟随鼠标指针，用于显示将在何处进行分割。并且直到释放了鼠标键之后列的尺寸才改变。如果 GridSplitter 对象获得了焦点，也可以使用箭头键改变相应的尺寸。

ShowsPreview 不是唯一可设置的 GridSplitter 属性。如果希望分割条以更大的幅度(如每次 10 个单位)进行移动，可调整 DragIncrement 属性。如果希望控制列的最大尺寸和最小尺寸，只需要在 ColumnDefinitions 部分设置合适的属性，如上面的示例所演示的那样。

提示：

可以改变 GridSplitter 对象的填充方式，使其不只是具有阴影的灰色矩形。技巧是使用 Background 属性应用填充，该属性接受简单的颜色或更复杂的画刷。

Grid 面板通常包含多个 GridSplitter 对象。然而，可以在一个 Grid 面板中嵌套另一个 Grid 面板；而且，如果确实在 Grid 面板中嵌套了 Grid 面板，那么每个 Grid 面板可以有自己的 GridSplitter 对象。这样就可以创建被分割成两部分(如左边窗格和右边窗格)的窗口，然后将这些区域(如右边的窗格)进一步分成更多的部分(例如，可调整大小的上下两部分)。图 3-16 演示了这个示例。

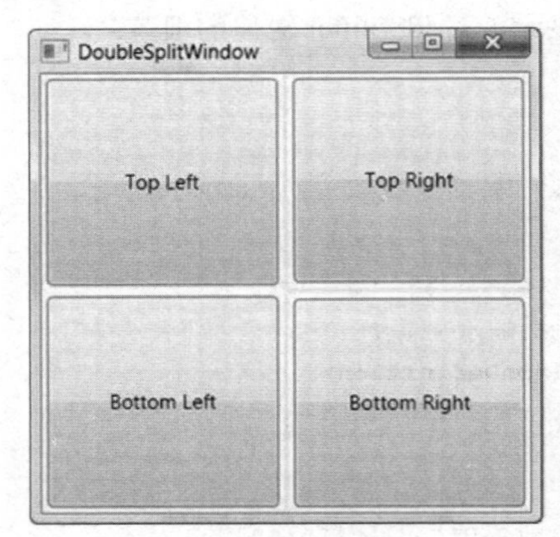

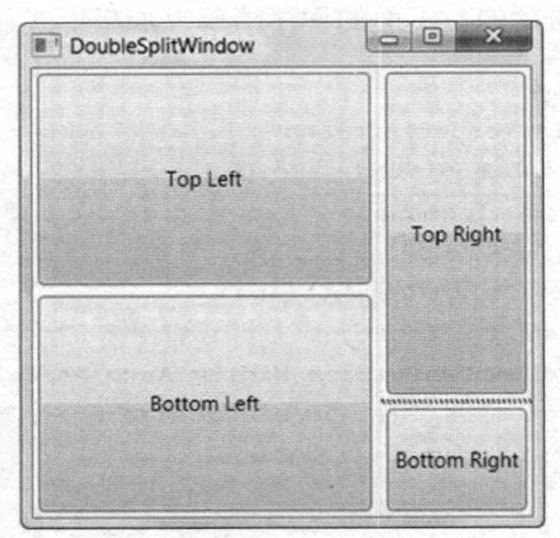

图 3-16 使用两个分割条调整窗口大小

这个窗口创建起来非常简单，尽管为了保持跟踪涉及的三个 Grid 容器有些繁杂：整体 Grid 面板、在左边嵌套的 Grid 面板和在右边嵌套的 Grid 面板。唯一的技巧是确保将 GridSplitter 放到正确的单元格中，并设置正确的对齐方式。下面是完整的标记：

```
<!-- This is the Grid for the entire window. -->
<Grid>
  <Grid.ColumnDefinitions>
    <ColumnDefinition></ColumnDefinition>
    <ColumnDefinition Width="Auto"></ColumnDefinition>
    <ColumnDefinition></ColumnDefinition>
  </Grid.ColumnDefinitions>

  <!-- This is the nested Grid on the left.
```

```
        It isn't subdivided further with a splitter. -->
  <Grid Grid.Column="0" VerticalAlignment="Stretch">
    <Grid.RowDefinitions>
    <RowDefinition></RowDefinition>
    <RowDefinition></RowDefinition>
  </Grid.RowDefinitions>
  <Button Margin="3" Grid.Row="0">Top Left</Button>
  <Button Margin="3" Grid.Row="1">Bottom Left</Button>
</Grid>

<!-- This is the vertical splitter that sits between the two nested
      (left and right) grids. -->
<GridSplitter Grid.Column="1"
  Width="3" HorizontalAlignment="Center" VerticalAlignment="Stretch"
  ShowsPreview="False"></GridSplitter>

<!-- This is the nested Grid on the right. -->
<Grid Grid.Column="2">
  <Grid.RowDefinitions>
    <RowDefinition></RowDefinition>
    <RowDefinition Height="Auto"></RowDefinition>
    <RowDefinition></RowDefinition>
  </Grid.RowDefinitions>

  <Button Grid.Row="0" Margin="3">Top Right</Button>
  <Button Grid.Row="2" Margin="3">Bottom Right</Button>

  <!-- This is the horizontal splitter that subdivides it into
        a top and bottom region.. -->
  <GridSplitter Grid.Row="1"
    Height="3" VerticalAlignment="Center" HorizontalAlignment="Stretch"
    ShowsPreview="False"></GridSplitter>
  </Grid>
</Grid>
```

提示：

请记住，如果 Grid 面板只有一行或一列，可忽略 RowDefinitions 部分。而且，对于没有明确设置行位置的元素，假定其 Grid.Row 属性值为 0，并被放到第一行中。没有提供 Grid.Column 属性值的元素被放置到第一列中。

3.4.5　共享尺寸组

正如在前面看到的，Grid 面板包含一个行列集合，可以明确地按比例确定行和列的尺寸，或根据其子元素的尺寸确定行和列的尺寸。还有另一种确定一行或一列尺寸的方法——与其他行或列的尺寸相匹配。这是通过称为“共享尺寸组”(shared size groups)的特性实现的。

共享尺寸组的目标是保持用户界面独立部分的一致性。例如，可能希望改变一列的尺寸以适应其内容，并改变另一列的尺寸使其与前面一列改变后的尺寸相匹配。然而，共享尺寸组的真正优点是使独立的 Grid 控件具有相同的比例。

为了理解共享尺寸组的工作原理，分析一下图 3-17 所演示的示例。该窗口具有两个 Grid 对象——一个位于窗口顶部(有三列)，另一个位于窗口底部(有两列)。第一个 Grid 面板的最左边一列按比例地改变其尺寸，以适应其包含的内容(一个较长的文本字符串)。第二个 Grid 面板的最左边一列和第一个 Gird 面板的最左边一列的宽度完全相同，但包含的内容较少。这是因为它们共享相同的尺寸分组。不管在第一个 Grid 面板的第一列中放置了多少内容，第二个 Grid 面板中的第一列总是和第一个 Gird 面板中的第一列保持同步。

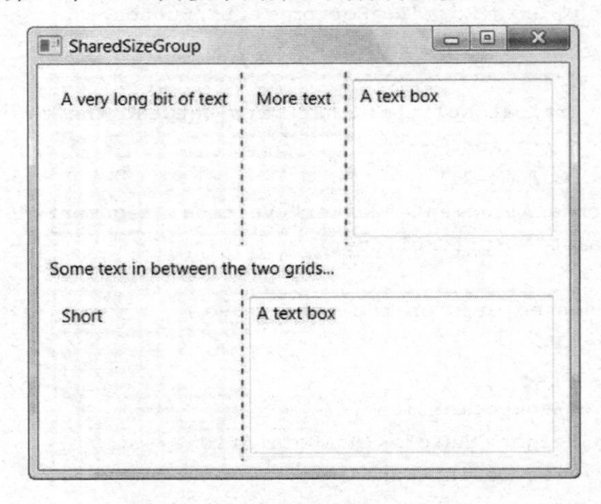

图 3-17 两个网格共享同一列定义

正如本例所演示的，共享的列可用于不同的网格中。在这个示例中，顶部的 Grid 面板有一个特别的列，从而剩余的空间以不同方式进行分割。同样，共享的列可占据不同的位置，从而可以在一个 Grid 面板中的第一列和另一个 Grid 面板中的第二列之间创建一种联系。显然，这些列可包含完全不同的内容。

当使用共享尺寸组时，就像创建了一列(或一行)的定义，列定义(或行定义)在多个地方被重复使用。这不是简单地将一列(或一行)复制到另外一个地方。可以使用前面的示例，通过改变第二个 Grid 面板中共享列的内容来对此进行测试。现在，第一个 Grid 面板中的列会被拉长以进行匹配(见图 3-18)。

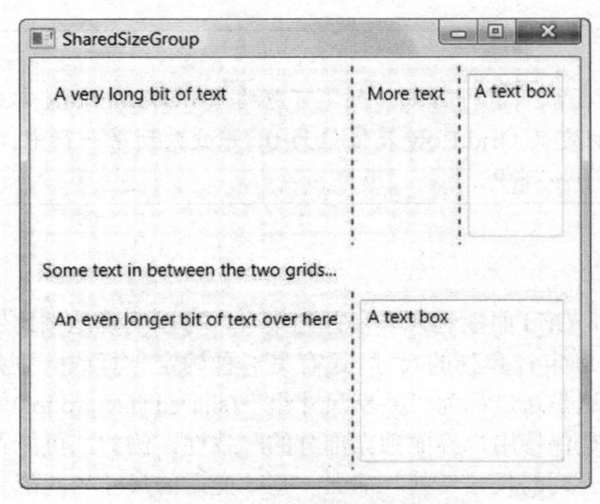

图 3-18 共享尺寸的列保持同步

甚至可为其中一个 Grid 对象添加 GridSplitter。当用户改变一个 Grid 面板中列的尺寸时，另一个 Grid 面板中的共享列会同时相应地改变尺寸。

可轻而易举地创建共享组。只需要使用对应的字符串设置两列的 SharedSizeGroup 属性即可。在当前示例中，两列都使用了名为 TextLabel 的分组：

```
<Grid Margin="3" Background="LightYellow" ShowGridLines="True">
  <Grid.ColumnDefinitions>
    <ColumnDefinition Width="Auto" SharedSizeGroup="TextLabel"></ColumnDefinition>
    <ColumnDefinition Width="Auto"></ColumnDefinition>
    <ColumnDefinition></ColumnDefinition>
  </Grid.ColumnDefinitions>

  <Label Margin="5">A very long bit of text</Label>
  <Label Grid.Column="1" Margin="5">More text</Label>
  <TextBox Grid.Column="2" Margin="5">A text box</TextBox>
</Grid>
...
<Grid Margin="3" Background="LightYellow" ShowGridLines="True">
  <Grid.ColumnDefinitions>
    <ColumnDefinition Width="Auto" SharedSizeGroup="TextLabel"></ColumnDefinition>
    <ColumnDefinition></ColumnDefinition>
  </Grid.ColumnDefinitions>

  <Label Margin="5">Short</Label>
  <TextBox Grid.Column="1" Margin="5">A text box</TextBox>
</Grid>
```

还有一个细节，对于整个应用程序来说，共享尺寸组并不是全局的，因为多个窗口可能在无意间使用相同名称。可以假定共享尺寸组被限制在当前窗口，但是 WPF 甚至更加严格。为了共享一个组，需要在包含具有共享列的 Grid 对象的容器中，在包含 Grid 对象之前明确地将 Grid.IsSharedSizeScope 附加属性设置为 true。为了实现该目标，在当前这个示例中，将顶部和底部的 Grid 面板包含在另一个 Grid 面板中。当然，也可以很方便地使用不同的容器，如 DockPanel 或 StackPanel。

下面是顶级 Grid 面板的标记：

```
<Grid Grid.IsSharedSizeScope="True" Margin="3">
  <Grid.RowDefinitions>
    <RowDefinition></RowDefinition>
    <RowDefinition Height="Auto"></RowDefinition>
    <RowDefinition></RowDefinition>
  </Grid.RowDefinitions>

  <Grid Grid.Row="0" Margin="3" Background="LightYellow" ShowGridLines="True">
    ...
  </Grid>
  <Label Grid.Row="1" >Some text in between the two grids...</Label>
  <Grid Grid.Row="2" Margin="3" Background="LightYellow" ShowGridLines="True">
    ...
  </Grid>
```

```
</Grid>
```

提示：

可使用共享尺寸组来同步具有列标题的不同网格。每列的宽度可由列中的内容决定，列标题将共享这一宽度。甚至可在列标题中放置一个 GridSplitter 对象，用户可通过拖动该 GridSplitter 对象来改变列标题以及列标题下的整个列。

3.4.6 UniformGrid 面板

有一种网格不遵循前面讨论的所有原则——UniformGrid 面板。与 Grid 面板不同，UniformGrid 面板不需要(甚至不支持)预先定义的列和行。相反，通过简单地设置 Rows 和 Columns 属性来设置其尺寸。每个单元格始终具有相同的大小，因为可用的空间被均分。最后，元素根据定义的顺序被放置到适当的单元格中。UniformGrid 面板中没有 Row 和 Column 附加属性，也没有空白单元格。

下面列举一个示例，该例使用 4 个按钮填充 UniformGrid 面板：

```
<UniformGrid Rows="2" Columns="2">
  <Button>Top Left</Button>
  <Button>Top Right</Button>
  <Button>Bottom Left</Button>
  <Button>Bottom Right</Button>
</UniformGrid>
```

与 Grid 面板相比，UniformGrid 面板很少使用。Grid 面板是用于创建简单乃至复杂窗口布局的通用工具。UniformGrid 面板是一种更特殊的布局容器，主要用于在刻板的网格中快速地布局元素(例如，为特定游戏构建播放面板)。许多 WPF 开发人员可能永远不会使用 UniformGrid 面板。

3.5 使用 Canvas 面板进行基于坐标的布局

到目前为止唯一尚未介绍的布局容器是 Canvas 面板。Canvas 面板允许使用精确的坐标放置元素，如果设计数据驱动的富窗体和标准对话框，这并非好的选择；但如果需要构建其他一些不同的内容(例如，为图形工具创建绘图表面)，Canvas 面板可能是个有用的工具。Canvas 面板还是最轻量级的布局容器。这是因为 Canvas 面板没有包含任何复杂的布局逻辑，用以改变其子元素的首选尺寸。Canvas 面板只是在指定的位置放置其子元素，并且其子元素具有所希望的精确尺寸。

为在 Canvas 面板中定位元素，需要设置 Canvas.Left 和 Canvas.Top 附加属性。Canvas.Left 属性设置元素左边和 Canvas 面板左边之间的单位数，Canvas.Top 属性设置子元素顶边和 Canvas 面板顶边之间的单位数。同样，这些数值也是以设备无关单位设置的，当将系统 DPI 设置为 96 dpi 时，设备无关单位恰好等于通常的像素。

注意：

另外，可使用 Canvas.Right 属性而不是 Canvas.Left 属性来确定元素和 Canvas 面板右边缘间的距离；可使用 Canvas.Bottom 属性而不是 Canvas.Top 属性来确定元素和 Canvas 面板底部边缘的距离。不能同时使用 Canvas.Right 和 Canvas.Left 属性，也不能同时使用 Canvas.Top 和 Canvas.Bottom 属性。

可使用 Width 和 Height 属性明确设置子元素的尺寸。与使用其他面板相比，使用 Canvas 面板时这种设置更普遍，因为 Canvas 面板没有自己的布局逻辑(并且当需要精确控制组合元素如何排列时，经常会使用 Canvas 面板)。如果没有设置 Width 和 Height 属性，元素会获取它所期望的尺寸——换句话说，它将变得足够大以适应其内容。

下面是一个包含 4 个按钮的简单 Canvas 面板示例：

```
<Canvas>
 <Button Canvas.Left="10" Canvas.Top="10">(10,10)</Button>
 <Button Canvas.Left="120" Canvas.Top="30">(120,30)</Button>
 <Button Canvas.Left="60" Canvas.Top="80" Width="50" Height="50">
   (60,80)</Button>
 <Button Canvas.Left="70" Canvas.Top="120" Width="100" Height="50">
   (70,120)</Button>
</Canvas>
```

图 3-19 显示了结果。

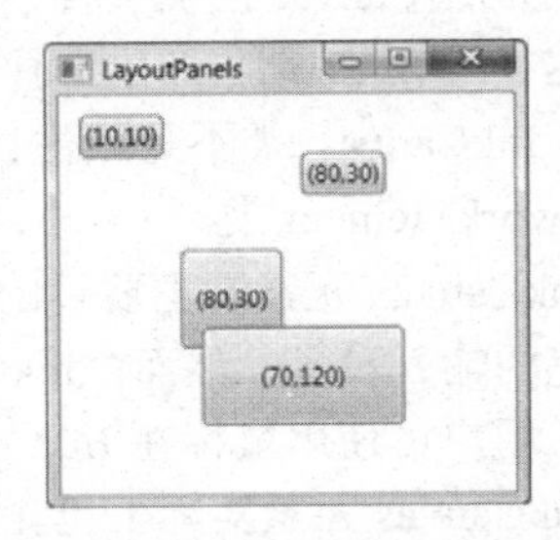

图 3-19 在 Canvas 面板中明确地定位按钮

如果改变窗口的大小，Canvas 面板就会拉伸以填满可用空间，但 Canvas 面板上的控件不会改变其尺寸和位置。Canvas 面板不包含任何锚定和停靠功能，这两个功能是在 Windows 窗体中使用坐标布局提供的。造成该问题的部分原因是为了保持 Canvas 面板的轻量级，另一个原因是为了防止以不当目的使用 Canvas 面板(例如，确定标准用户界面的布局)。

与其他所有布局容器一样，可在用户界面中嵌套 Canvas 面板。这意味着可使用 Canvas 面板在窗口的一部分绘制一些细节内容，而在窗口的其余部分使用更合乎标准的 WPF 面板。

提示：

如果与其他元素一起使用 Canvas 面板，可能希望将它的 ClipToBounds 属性设置为 true。这样，如果 Canvas 面板中的元素被拉伸超出 Canvas 面板的边界，将在 Canvas 面板的边缘处剪裁这些子元素(这样可以阻止它们与窗口中的其他元素重叠)。其他所有布局容器总是剪裁它们的子元素以适应其尺寸，而不考虑 ClipToBounds 的设置。

3.5.1 Z 顺序

如果 Canvas 面板中有多个互相重叠的元素，可通过设置 Canvas.ZIndex 附加属性来控制它们的层叠方式。

添加的所有元素通常都具有相同的 ZIndex 值——0。如果元素具有相同的 ZIndex 值，就按它们在 Canvas.Children 集合中的顺序进行显示，这个顺序依赖于元素在 XAML 标记中定义的顺序。在标记中靠后位置声明的元素(如按钮(70, 120))会显示在前面声明的元素(如按钮(120, 30))的上面。

然而，可通过增加任何子元素的 ZIndex 值来提高层次级别。因为具有更高 ZIndex 值的元素始终显示在较低 ZIndex 值的元素的上面。使用这一技术，可改变前一示例中的分层情况：

```
<Button Canvas.Left="60" Canvas.Top="80" Canvas.ZIndex="1" Width="50" Height="50">
  (60,80)</Button>
<Button Canvas.Left="70" Canvas.Top="120" Width="100" Height="50">
  (70,120)</Button>
```

注意：

应用于 Canvas.ZIndex 属性的实际值并无意义。重要细节的是一个元素的 ZIndex 值和另一个元素的 ZIndex 值相比较如何。可将 ZIndex 属性设置为任何正整数或负整数。

如果需要通过代码来改变元素的位置，ZIndex 属性是非常有用的。只需要调用 Canvas.SetZIndex( )方法，并传递希望修改的元素和希望使用的新 ZIndex 值即可。遗憾的是，并不存在 BringToFront( )或 SendToBack( )方法——要实现这一行为，需要跟踪最高和最低的 ZIndex 值。

3.5.2 InkCanvas 元素

WPF 还提供了 InkCanvas 元素，它与 Canvas 面板在某些方面是类似的(而在其他方面却完全不同)。和 Canvas 面板一样，InkCanvas 元素定义了 4 个附加属性(Top、Left、Bottom 和 Right)，可将这 4 个附加属性应用于子元素，以根据坐标进行定位。然而，基本的内容区别很大——实际上，InkCanvas 类不是派生自 Canvas 类，甚至也不是派生自 Panel 基类，而是直接派生自 FrameworkElement 类。

InkCanvas 元素的主要目的是用于接收手写笔输入。手写笔是一种在平板 PC 中使用的类似于钢笔的输入设备，然而，InkCanvas 元素同时也可使用鼠标进行工作，就像使用手写笔一样。因此，用户可使用鼠标在 InkCanvas 元素上绘制线条，或者选择以及操作 InkCanvas 中的元素。

InkCanvas 元素实际上包含两个子内容集合。一个是为人熟知的 Children 集合，它保存任意元素，就像 Canvas 面板一样。每个子元素可根据 Top、Left、Bottom 和 Right 属性进行定位。另一个是 Strokes 集合，它保存 System.Windows.Ink.Stroke 对象，该对象表示用户在 InkCanvas 元素上绘制的图形输入。用户绘制的每条直线或曲线都变成独立的 Stroke 对象。得益于这两个集合，可使用 InkCanvas 让用户使用存储在 Strokes 集合中的笔画(stroke)为保存在 Children 集合中的内容添加注释。

例如，图 3-20 显示了包含一幅图片的 InkCanvas 元素，这幅图片已经使用附加的笔画注释过。下面是这个示例中定义 InkCanvas 的标记，这些标记定义了图像。

图 3-20 在 InkCanvas 元素中添加笔画

```
<InkCanvas Name="inkCanvas" Background="LightYellow"
 EditingMode="Ink">
```

```
  <Image Source="office.jpg" InkCanvas.Top="10" InkCanvas.Left="10"
   Width="287" Height="319"></Image>
</InkCanvas>
```

笔画是用户在运行时绘制的。

根据为 InkCanvas.EditingMode 属性设置的值，可以采用截然不同的方式使用 InkCanvas 元素。表 3-5 列出了所有选项。

表 3-5 InkCanvasEditingMode 枚举值

名　称	说　明
Ink	InkCanvas 元素允许用户绘制批注，这是默认模式。当用户用鼠标或手写笔绘图时，会绘制笔画
GestureOnly	InkCanvas 元素不允许用户绘制笔画批注，但会关注预先定义的特定姿势(例如在某个方向拖动手写笔或涂画内容)。能识别的姿势的完整列表由 System.Windows. Ink.ApplicationGesture 枚举给出
InkAndGesture	InkCanvas 元素允许用户绘制笔画批注，也可以识别预先定义的姿势
EraseByStroke	当单击笔画时，InkCanvas 元素会擦除笔画。如果用户使用手写笔，可使用手写笔的底端切换到该模式(可使用只读的 ActiveEditingMode 属性确定当前编辑模式，也可通过改变 EditingModelInverted 属性来改变手写笔的底端使用的工作模式)
EraseByPoint	当单击笔画时，InkCanvas 元素会擦除笔画中被单击的部分(笔画上的一个点)
Select	InkCanvas 面板允许用户选择保存在 Children 集合中的元素。要选择一个元素，用户必须单击该元素或拖动“套索”选择该元素。一旦选择一个元素，就可以移动该元素、改变其尺寸或将其删除
None	InkCanvas 元素忽略鼠标和手写笔输入

InkCanvas 元素会引发多种事件，当编辑模式改变时会引发 ActiveEditingModeChanged 事件，在 GestureOnly 或 InkAndGesture 模式下删除姿势时会引发 Gesture 事件，绘制完笔画时会引发 StrokeCollected 事件，擦除笔画时会引发 StrokeErasing 事件和 StrokeErased 事件，在 Select 模式下选择元素或改变元素时会引发 SelectionChanging 事件、SelectionChanged 事件、SelectionMoving 事件、SelectionMoved 事件、SelectionResizing 事件和 SelectionResized 事件。其中，名称以“ing”结尾的事件表示动作将要发生，但可以通过设置 EventArgs 对象的 Cancel 属性取消事件。

在 Select 模式下，InkCanvas 元素可为拖动以及操作内容提供功能强大的设计界面。图 3-21 显示了 InkCanvas 元素中的一个按钮控件，左图中显示的是该按钮被选中的情况，而右图中显示的是选中该按钮后，改变其位置和尺寸的情况。

虽然 Select 模式十分有趣，但并不适合用于构建绘图工具。第 14 章将列举创建自定义绘图界面的更好示例。

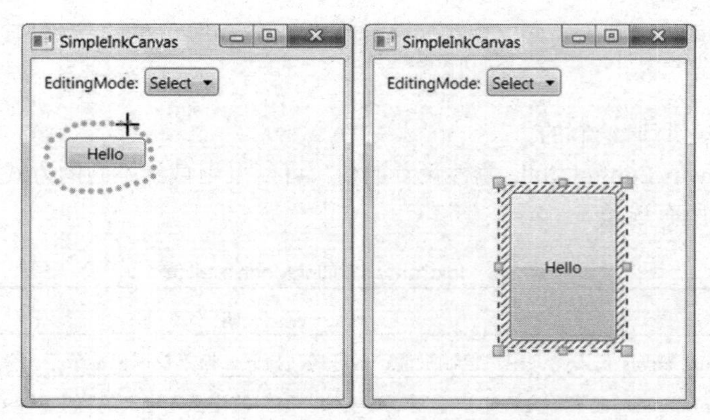

图 3-21 在 InkCanvas 中移动元素并调整其尺寸

3.6 布局示例

前面已经占用了相当大的篇幅研究有关 WPF 布局容器的复杂内容。在掌握了这些基础知识后，就可以研究几个完整的布局示例了。通过研究完整的布局示例，可更好地理解各种 WPF 布局概念(例如，根据内容改变尺寸、拉伸以及嵌套等)在实际窗口中的工作方式。

3.6.1 列设置

布局容器(如 Grid 面板)使得为窗口创建整个布局结构变得非常容易。例如，分析图 3-22 中显示的窗口及设置。该窗口在一个表格结构中排列各个组件——标签、文本框以及按钮。

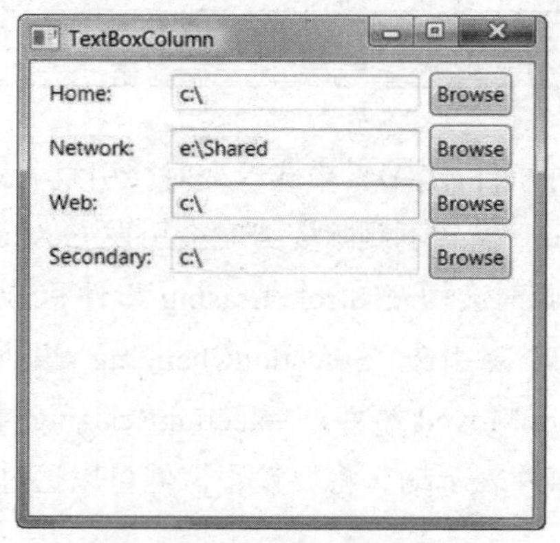

图 3-22 列中的文件夹设置

为创建这一表格，首先定义网格的行和列。行定义足够简单——只需要将每行的尺寸设置为所含内容的高度。这意味着所有行都将使用最大元素的高度，在该例中，最大的元素是第三列中的 Browse 按钮。

```
<Grid Margin="3,3,10,3">
     <Grid.RowDefinitions>
       <RowDefinition Height="Auto"></RowDefinition>
       <RowDefinition Height="Auto"></RowDefinition>
       <RowDefinition Height="Auto"></RowDefinition>
       <RowDefinition Height="Auto"></RowDefinition>
```

```
    </Grid.RowDefinitions>
...
```

接下来需要创建列。第一列和最后一列的尺寸要适合其内容(分别是标签文本和 Browse 按钮)。中间列占用所有剩余空间，这意味着当窗口变大时，该列的尺寸会增加，这样可有更大的空间显示选择的文件夹(如果希望拉伸不超过一定的最大宽度，在定义列时可使用 MaxWidth 属性，就像对单个元素使用 MaxWidth 属性一样)。

```
...
<Grid.ColumnDefinitions>
  <ColumnDefinition Width="Auto"></ColumnDefinition>
  <ColumnDefinition Width="*"></ColumnDefinition>
  <ColumnDefinition Width="Auto"></ColumnDefinition>
</Grid.ColumnDefinitions>
...
```

提示：

Grid 面板需要一定的最小空间——要足以容纳整个标签文本、浏览按钮以及在中间列中有一定的像素以显示文本框。如果缩小包含窗口使其小于这一最小空间，就会将一些内容剪裁掉。与通常的情形一样，使用窗口的 MinWidth 和 MinHeight 属性防止这种情况的发生是有意义的。

现在已经具备了基本结构，接下来只需要在恰当的单元格中放置元素。然而，还需要仔细考虑边距和对齐方式。每个元素需要基本的边距(3 个单位较恰当)以在其周围添加一些空间。此外，标签和文本框在垂直方向上需要居中，因为它们没有 Browse 按钮高。最后，文本框需要使用自动设置尺寸模式，这样它会被拉伸以充满整列。

下面是定义网格的第一行所需要的标记：

```
  ...
  <Label Grid.Row="0" Grid.Column="0" Margin="3"
    VerticalAlignment="Center">Home:</Label>
  <TextBox Grid.Row="0" Grid.Column="1" Margin="3"
    Height="Auto" VerticalAlignment="Center"></TextBox>
  <Button Grid.Row="0" Grid.Column="2" Margin="3" Padding="2">Browse</Button>
  ...
</Grid>
```

可重复上面的标记，并简单地递增 Grid.Row 特性的值来添加所有行。

一个不是非常明显的事实是，因为使用了 Grid 控件，所以该窗口是非常灵活的。没有任何一个元素——标签、文本框以及按钮——是通过硬编码来定位和设置尺寸的。因此，可通过简单地修改 ColumnDefinition 元素来快速改变整个网格。甚至，如果添加了包含更长标签文本的行(迫使第一列更宽)，就会调整整个网格使其保持一致，包括已经添加的行。如果希望在两行之间添加元素——例如，添加分割线以区分窗口的不同部分——可保持网格的列定义不变，但使用 ColumnSpan 属性拉伸某个元素，使其覆盖更大的区域。

3.6.2 动态内容

与上面演示的列设置一样，当修订应用程序时，可方便地修改使用 WPF 布局容器的窗口，并且可以很容易地使窗口适应对应用程序的修订。这样的灵活性不仅能使开发人员在设计时受益，而且如果需要显示在运行时变化很大的内容，这也是非常有用的。

一个例子是本地化文本——对于不同的地域，在用户界面中显示的文本需要翻译成不同的语言。在老式的基于坐标的应用程序中，改变窗口中的文本会造成混乱，部分原因是少量英语文本翻译成许多语言后会变得特别大。尽管允许改变元素的尺寸以适应更大的文本，但这样做经常使整个窗口失去平衡。

图 3-23 演示了 WPF 布局控件是如何聪明地解决这一问题的。在这个示例中，用户界面可选择短文本和长文本。当使用长文本时，包含文本的按钮会自动改变其尺寸，而其他内容也会相应地调整位置。并且因为改变了尺寸的按钮共享同一布局容器(在该例中是一个表格列)，所以整个用户界面都会改变尺寸。最终结果是所有按钮保持一致的尺寸——最大按钮的尺寸。

为实现这个效果，窗口使用一个具有两行两列的表格进行分割。左边的列包含可改变大小的按钮，而右边的列包含文本框。底行用于放置 Close 按钮，底行和顶行位于同一表格中，从而可以根据顶行改变尺寸。

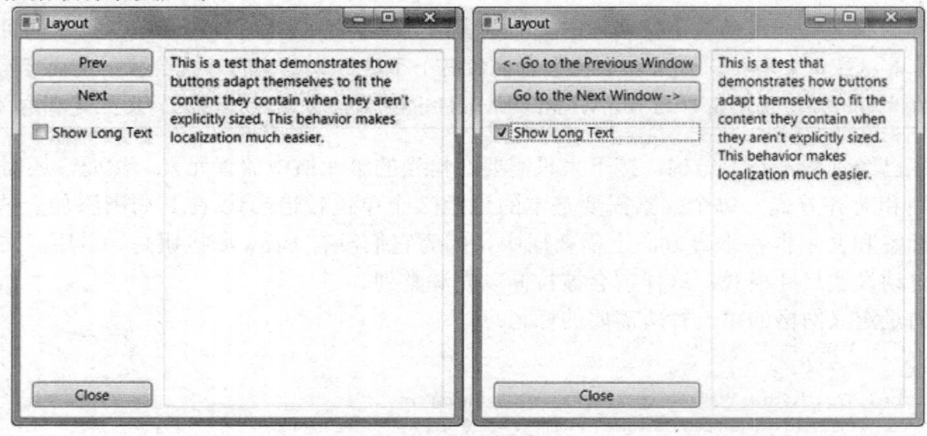

图 3-23　自适应窗口

下面是完整的标记：

```
<Grid>
  <Grid.RowDefinitions>
    <RowDefinition Height="*"></RowDefinition>
    <RowDefinition Height="Auto"></RowDefinition>
  </Grid.RowDefinitions>
  <Grid.ColumnDefinitions>
    <ColumnDefinition Width="Auto"></ColumnDefinition>
    <ColumnDefinition Width="*"></ColumnDefinition>
  </Grid.ColumnDefinitions>

  <StackPanel Grid.Row="0" Grid.Column="0">
    <Button Name="cmdPrev" Margin="10,10,10,3">Prev</Button>
    <Button Name="cmdNext" Margin="10,3,10,3">Next</Button>
    <CheckBox Name="chkLongText" Margin="10,10,10,10"
      Checked="chkLongText_Checked" Unchecked="chkLongText_Unchecked">
      Show Long Text</CheckBox>
    </StackPanel>
```

```
    <TextBox Grid.Row="0" Grid.Column="1" Margin="0,10,10,10"
      TextWrapping="WrapWithOverflow" Grid.RowSpan="2">This is a test that
      demonstrates
      how buttons adapt themselves to fit the content they contain when they aren't
      explicitly sized. This behavior makes localization much easier.</TextBox>
    <Button Grid.Row="1" Grid.Column="0" Name="cmdClose"
      Margin="10,3,10,10">Close</Button>
</Grid>
```

此处没有给出 CheckBox 控件的事件处理程序，它们只是改变两个按钮中的文本。

3.6.3　组合式用户界面

许多布局容器(如 StackPanel 面板、DockPanel 面板以及 WrapPanel 面板)可以采用灵活多变的柔性方式非常得体地将内容安排到可用窗口空间中。该方法的优点是，它允许创建真正的组合式界面。换句话说，可在用户界面中希望显示的恰当部分插入不同的面板，而保留用户界面的其他部分。整个应用程序本身可以相应地改变界面，这与 Web 门户站点有类似之处。

图 3-24 演示了一个组合式用户界面。在一个 WrapPanel 面板中放置几个独立的面板。用户可以通过窗口顶部的复选框，选择显示这些面板中的哪些面板。

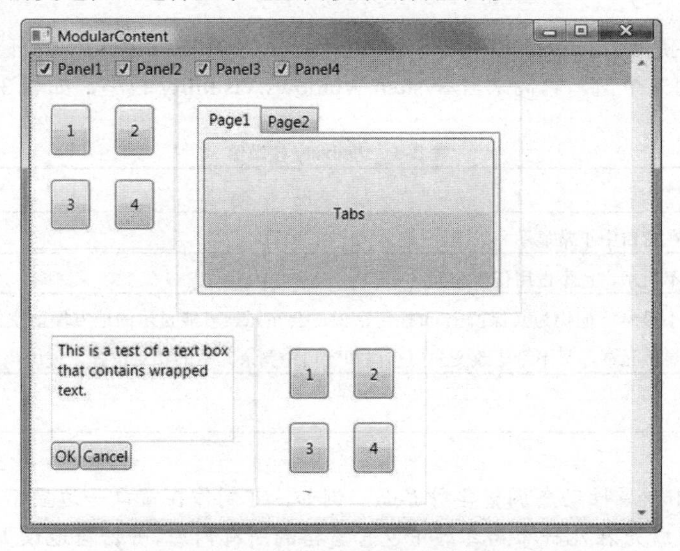

图 3-24　位于 WrapPanel 面板中的一系列面板

注意：

尽管可以设置布局面板的背景色，但不能在其周围设置边框。该例通过使用 Border 元素包含每个面板来突破这一限制，Border 元素恰好描述了面板的范围。

隐藏不同的面板后，剩余面板会重新改变自身以适应可用空间(以及声明它们的顺序)。图 3-25 显示了面板的不同排列方式。

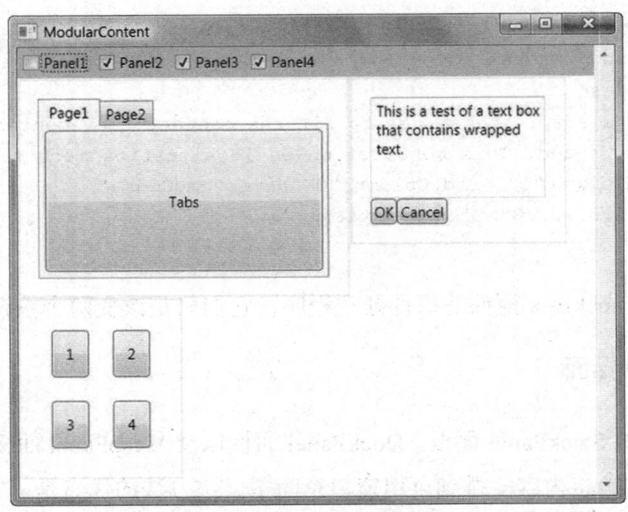

图 3-25　隐藏几个面板

为了隐藏和显示单个面板，需要使用一些代码处理复选框的单击事件。尽管尚未考虑 WPF 事件处理模型的任何细节(在第 5 章将完整介绍这些内容)，技巧是设置 Visibility 属性：

```
panel.Visibility = Visibility.Collapsed;
```

Visibility 属性是 UIElement 基类的一部分，因此放置于 WPF 窗口中的任何内容都支持该属性。该属性可使用三个值，它们来自 System.Windows.Visibility 枚举，如表 3-6 所示。

表 3-6　Visibility 枚举值

值	说　明
Visible	元素在窗口中正常显示
Collapsed	元素不显示，也不占用任何空间
Hidden	元素不显示，但仍为其保留空间(换句话说，会在元素可能显示的地方保留空白空间)。如果需要隐藏和显示元素，又不希望改变窗口布局和窗口中剩余元素的相对位置，使用该设置是非常方便的

提示：

可使用 Visibility 属性动态调整各种界面。例如，可制作在窗口一边显示的可折叠窗格。需要完成的全部工作就是在几种布局容器中包含窗格的所有内容，并恰当地设置其 Visibility 属性。剩余的内容会重新排列以适应余下的空间。

3.7　小结

本章详细介绍了 WPF 布局模型，并讨论了如何以堆栈、网格以及其他排列方式放置元素。可使用嵌套的布局容器组合创建更复杂的布局，可结合使用 GridSplitter 对象创建可变的分割窗口。本章一直非常关注这一巨大变化的原因——WPF 布局模型在保持、加强以及本地化用户界面方面所具有的优点。

布局内容远不止这些。接下来的几章还将列举更多使用布局容器组织元素分组的示例，还将学习允许在窗口中排列内容的几个附加功能：

- **特殊容器**。可以使用 ScrollViewer、TabItem 以及 Expander 控件滚动内容、将内容放到单独的选项卡中以及折叠内容。与布局面板不同，这些容器只能包含单一内容。不过，可以很容易地组合使用这些容器和布局面板，以便准确实现所需的效果。第 6 章将尝试使用这些容器。
- **Viewbox**。需要一种方法来改变图形内容(如图像和矢量图形)的尺寸吗？Viewbox 是另一种特殊容器，可帮助您解决这一问题，而且 Viewbox 控件内置了缩放功能。在第 12 章中，您将首次接触到 Viewbox 容器。
- **文本布局**。WPF 新增了用于确定大块格式化文本布局的新工具。可使用浮动图形和列表，并且可以使用分页、分列以及更复杂、更智能的换行功能来获得非常完美的结果。第 28 章将介绍文本布局的方式。

第 4 章

依赖项属性

属性和事件是.NET 抽象模型的核心部分，是每位.NET 编程人员都十分熟悉的主题。几乎没有人料到 WPF(一种用户界面技术)会改变这些基础中的任何一个。但令人非常惊奇的是，WPF 确实改变了这些基础。

本章将学习 WPF 如何使用更高级的依赖项属性(dependency property)功能替换原来的.NET 属性。依赖项属性使用效率更高的保存机制，并支持附加功能，如更改通知(change notification)以及属性值继承(在元素树中向下传播默认属性值的能力)。依赖项属性也是 WPF 许多重要功能的基础，包括动画、数据绑定以及样式。幸运的是，尽管改变了这些基础，但在代码中仍可以使用与读取和设置传统的.NET 属性相同的方式来读取和设置依赖项属性。

接下来将详细分析依赖项属性。将讨论如何定义、注册以及使用依赖项属性。还将介绍依赖项属性支持的功能，以及它们能解决哪些问题。

注意：

为了理解依赖项属性，您需要掌握许多理论知识，但您可能不希望深入研究这些理论。如果您现在就需要开始构建应用程序，完全可以跳过本章然后阅读后续章节，当需要深入理解 WPF 的工作原理以及希望构建自己的依赖性属性时，再返回到本章。

4.1 理解依赖项属性

依赖项属性是标准.NET 属性的全新实现—— 具有大量新增价值。在 WPF 的核心特性(如动画、数据绑定以及样式)中需要嵌入依赖项属性。WPF 元素提供的大多数属性都是依赖项属性。到目前为止您所见到的所有示例都用到了依赖项属性，但您可能还没有意识到这一点。这是因为依赖项属性的用法和普通属性是相同的。

然而，依赖项属性并非普通属性。您可能乐意认为依赖项属性是添加了一套 WPF 功能的常规属性(采用典型的.NET 方式进行定义)。从概念上讲，依赖项属性确实以这种方式工作，但它们在背后的实现方式并非如此。原因十分简单：出于性能方面的考虑。如果 WPF 设计者只是在.NET 属性系统上添加额外功能，就需要为编写代码创建一个复杂庞大的层次。如果不承受这一额外的负担，普通属性就不能支持这些依赖项属性的所有功能。

依赖项属性是专门针对 WPF 创建的。但 WPF 库中的依赖项属性都使用普通的.NET 属性过程(property procedure)进行了封装。这样便可以通过常规方式使用它们，即使使用它们的代码不理解 WPF 依赖项属性系统也同样如此。用旧技术封装新技术看起来有些奇怪，但这正是 WPF

能够改变基础组成部分(如属性)，而不会扰乱.NET 领域中其他部分的原因。

4.1.1 定义依赖项属性

相对于创建依赖项属性，大多数情况下只是使用它们。但是，仍然有许多原因需要创建自己的依赖项属性。显然，如果正在设计自定义的 WPF 元素，它们肯定是关键部分。然而，当希望为原本不支持数据绑定、动画或其他 WPF 功能的部分代码添加这些功能时，也需要创建依赖项属性。创建依赖项属性并不难，但需要使用一些特殊语法。这与创建普通的.NET 属性完全不同。

注意：

只能为依赖对象(继承自 DependencyObject 的类)添加依赖项属性。幸运的是，WPF 基础结构的关键部分中的大部分都间接继承自 DependencyObject 类，最明显的例子就是元素。

第一步是定义表示属性的对象，它是 DependencyProperty 类的实例。属性信息应该始终保持可用，甚至可能需要在多个类之间共享这些信息(在 WPF 元素中这是十分普遍的)。因此，必须将 DependencyProperty 对象定义为与其相关联的类的静态字段。

例如，FrameworkElement 类定义了 Margin 属性，所有元素都共享该属性。Margin 属性是依赖项属性，这没有什么可奇怪的。这意味着，在 FrameworkElement 类中需要使用类似下面的代码来定义 Margin 属性：

```
public class FrameworkElement: UIElement, ...
{
   public static readonly DependencyProperty MarginProperty;
   ...
}
```

根据约定，定义依赖项属性的字段的名称是在普通属性的末尾处加上单词“Property”。根据这种命名方式，可从实际属性的名称中区分出依赖项属性的定义。字段的定义使用了 readonly 关键字，这意味着只能在 FrameworkElement 类的静态构造函数中对其进行设置，这是接下来将完成的任务。

4.1.2 注册依赖项属性

定义 DependencyProperty 对象只是第一步而已。为了使用依赖项属性，还需要使用 WPF 注册创建的依赖项属性。这一步骤需要在任何使用属性的代码之前完成，因此必须在与其关联的类的静态构造函数中进行。

WPF 确保 DependencyProperty 对象不能被直接实例化，因为 DependencyProperty 类没有公有的构造函数。相反，只能使用静态的 DependencyProperty.Register()方法创建 DependencyProperty 实例。WPF 还确保在创建 DependencyProperty 对象后不能改变该对象，因为所有 DependencyProperty 成员都是只读的。它们的值必须作为 Register()方法的参数来提供。

下面的代码显示了如何创建 DependencyProperty 对象。在此，FrameworkElement 类使用静态构造函数来初始化 MarginProperty：

```
static FrameworkElement()
{
```

```
    FrameworkPropertyMetadata metadata = new FrameworkPropertyMetadata(
      new Thickness(), FrameworkPropertyMetadataOptions.AffectsMeasure);

    MarginProperty = DependencyProperty.Register("Margin",
      typeof(Thickness), typeof(FrameworkElement), metadata,
      new ValidateValueCallback(FrameworkElement.IsMarginValid));
    ...
}
```

注册依赖项属性需要经历两个步骤。首先创建 FrameworkPropertyMetadata 对象，该对象指示希望通过依赖项属性使用什么服务(如支持数据绑定、动画以及日志)。接下来通过调用 DependencyProperty.Register()静态方法注册属性。在这一步骤中，您负责提供以下几个要素：

- 属性名(在该例中为 Margin)
- 属性使用的数据类型(在该例中为 Thickness 结构)
- 拥有该属性的类型(在该例中为 FrameworkElement 类)
- 一个具有附加属性设置的 FrameworkPropertyMetadata 对象，该要素是可选的
- 一个用于验证属性的回调函数，该要素是可选的

前三个要素都很直观。FrameworkPropertyMetadata 对象和属性验证回调函数更有趣一些。

使用 FrameworkPropertyMetadata 对象配置创建的依赖项属性的附加功能。FrameworkPropertyMetadata 类的大多数属性是简单的 Boolean 标志，通过设置这些属性来翻转某项功能(每个 Boolean 标志的默认值为 false)。只有少数几个是指向用于执行特定任务的自定义方法的回调函数，其中一个是 FrameworkPropertyMetadata.DefaultValue，用于设置在第一次初始化属性时 WPF 将要应用的默认值。表 4-1 列出了 FrameworkPropertyMetadata 类的所有属性。

表 4-1　FrameworkPropertyMetadata 类的属性

名　称	说　明
AffectsArrange、AffectsMeasure、AffectsParentArrange 和 AffectsParentMeasure	如果为 true，依赖项属性会影响在布局操作的测量过程和排列过程中如何放置相邻的元素或父元素。例如，Margin 依赖项属性将 AffectsMeasure 属性设置为 true，表明如果一个元素的边距发生变化，那么布局容器需要重新执行测量步骤以确定元素新的布局
AffectsRender	如果为 true，依赖项属性会对元素的绘制方式造成一定的影响，要求重新绘制元素
BindsTwoWayByDefault	如果为 true，默认情况下，依赖项属性将使用双向数据绑定而不是单向数据绑定。不过，当创建数据绑定时，可以明确指定所需的绑定行为
Inherits	如果为 true，就通过元素树传播该依赖项属性值，并且可以被嵌套的元素继承。例如，Font 属性是可继承的依赖项属性——如果在更高层次的元素中为 Font 属性设置了值，那么该属性值就会被嵌套的元素继承(除非使用自己的字体设置明确地覆盖继承而来的值)
IsAnimationProhibited	如果为 true，就不能将依赖项属性用于动画
IsNotDataBindable	如果为 true，就不能使用绑定表达式设置依赖项属性
Journal	如果为 true，在基于页面的应用程序中，依赖项属性将被保存到日志(浏览过的页面的历史记录)中

(续表)

名　称	说　明
SubPropertiesDoNotAffectRender	如果为 true，并且对象的某个子属性(属性的属性)发生了变化，WPF 将不会重新渲染该对象
DefaultUpdateSourceTrigger	当该属性用于绑定表达式时，该属性用于为 Binding.UpdateSourceTrigger 属性设置默认值。UpdateSourceTrigger 属性决定了数据绑定值在何时应用自身的变化。当创建绑定时，可以手动设置 UpdateSourceTrigger 属性
DefaultValue	该属性用于为依赖项属性设置默认值
CoerceValueCallback	该属性提供了一个回调函数，用于在验证依赖项属性之前尝试"纠正"属性值
PropertyChangedCallback	该属性提供了一个回调函数，当依赖项属性的值发生变化时调用该回调函数

下面几节将详细分析验证回调以及一些元数据选项。本书后面还将列举使用它们的更多示例。但首先需要理解如何确保能够像访问传统的.NET 属性那样访问每个依赖项属性。

4.1.3 添加属性包装器

创建依赖项属性的最后一个步骤是使用传统的.NET 属性封装 WPF 依赖项属性。但典型的属性过程是检索或设置某个私有字段的值，而 WPF 属性的属性过程是使用在 DependencyObject 基类中定义的 GetValue( )和 SetValue( )方法。下面列举一个示例：

```
public Thickness Margin
{
    set { SetValue(MarginProperty, value); }
    get { return (Thickness)GetValue(MarginProperty); }
}
```

当创建属性封装器时，应当只包含对 SetValue( )和 GetValue( )方法的调用，如上面的示例所示。不应当添加任何验证属性值的额外代码、引发事件的代码等。这是因为 WPF 中的其他功能可能会忽略属性封装器，并直接调用 SetValue( )和 GetValue( )方法(一个例子是，在运行时解析编译过的 XAML 文件)。SetValue( )和 GetValue( )方法都是公有的。

注意：

属性封装器不是验证数据或引发事件的正确位置。不过，WPF 的确提供了用于进行这些工作的地方—— 技巧是使用依赖项属性回调函数。应当通过前面介绍的 DependencyProperty.ValidateValueCallback 回调函数进行验证操作，而事件的触发应当在 4.1.4 节中将要介绍的 FrameworkPropertyMetadata.PropertyChangedCallback 回调函数中进行。

现在已经拥有了一个功能完备的依赖项属性，可以使用属性封装器像设置其他任何.NET 属性那样设置该依赖项属性了：

```
myElement.Margin = new Thickness(5);
```

还有一个额外的细节。依赖项属性遵循严格的优先规则来确定它们的当前值。即使您没有直接设置依赖项属性，它也可能已经有了数值——该数值可能是由数据绑定、样式或动画提供的，也可能是通过元素树继承来的(4.1.4 节“WPF 使用依赖项属性的方式”将介绍有关这些优先规则的更多内容)。不过，只要直接设置了属性值，设置的属性值就会覆盖所有其他的影响。

以后，可能希望删除本地值设置，并像从来没有设置过那样确定属性值。显然，这不能通过设置一个新值来实现。反而需要使用另一个继承自 DependencyObject 类的方法：ClearValue( )。下面是该方法的用法：

```
myElement.ClearValue(FrameworkElement.MarginProperty);
```

4.1.4 WPF 使用依赖项属性的方式

通过学习本书将可以发现，WPF 的许多功能都需要使用依赖项属性。但是，所有这些功能都是通过每个依赖项属性都支持的两个关键行为进行工作的——更改通知和动态值识别。

可能与您所期望的相反，当属性值发生变化时，依赖项属性不会自动引发事件以通知属性值发生了变化。相反，它们会触发受保护的名为 OnPropertyChangedCallback( )的方法。该方法通过两个 WPF 服务(数据绑定和触发器)传递信息，并调用 PropertyChangedCallback 回调函数(如果已经定义了该函数)。

换句话说，当属性变化时，如果希望进行响应，有两种选择—— 可以使用属性值创建绑定(详见第 8 章)，也可以编写能够自动改变其他属性或开始动画的触发器(详见第 11 章)。但依赖项属性没有提供一种通用的方法以触发一些代码，从而对属性的变化进行响应。

注意：

如果正在处理一个已经创建的控件，可使用属性回调机制来响应属性值的变化，甚至可以引发一个事件。许多通用控件为与用户提供的信息相对应的属性使用了该技术。例如，TextBox 控件提供了 TextChanged 事件，ScrollBar 控件提供了 ValueChanged 事件。控件可使用 PropertyChangedCallback 实现类似的功能，但出于性能方面的考虑，依赖项属性没有以通用的方式提供这一功能。

对于依赖项属性工作很重要的第二个功能是动态值识别。这意味着当从依赖项属性检索值时，WPF 需要考虑多个方面。

依赖项属性因该行为得名——本质上，依赖项属性依赖于多个属性提供者，每个提供者都有各自的优先级。当从属性检索值时，WPF 属性系统会通过一系列步骤获取最终值。首先通过考虑以下因素(按优先级从低到高的顺序排列)来决定基本值(base value)：

(1) 默认值(由 FrameworkPropertyMetadata 对象设置的值)。

(2) 继承而来的值(假设设置了 FrameworkPropertyMetadata.Inherits 标志，并为包含层次中的某个元素提供了值)。

(3) 来自主题样式的值(将在第 18 章讨论)。

(4) 来自项目样式的值(将在第 11 章讨论)。

(5) 本地值(使用代码或 XAML 直接为对象设置的值)。

如上面的列表所示，可通过直接应用一个值来覆盖整个层次。如果不这么做，属性值可由上面列表中的下一个可用项确定。

注意：

该系统的一个优点是它占用的资源较少。如果没有为属性设置本地值，WPF 将从样式、其他元素或默认值中检索值。这时，就不需要内存来保存值。如果为窗体添加了几个按钮，立刻就可以注意到对内存的节省。每个按钮都有很多属性，如果它们都通过这些机制中的某个机制进行设置，那么根本就不需要占用内存。

WPF 按照上面的列表确定依赖项属性的基本值。但基本值未必就是最后从属性中检索到的值。这是因为 WPF 还需要考虑其他几个可能改变属性值的提供者。

下面列出 WPF 决定属性值的四步骤过程：

(1) 确定基本值(如上所述)。

(2) 如果属性是使用表达式设置的，就对表达式进行求值。当前，WPF 支持两类表达式：数据绑定(详见第 8 章)和资源(详见第 10 章)。

(3) 如果属性是动画的目标，就应用动画。

(4) 运行 CoerceValueCallback 回调函数来修正属性值(后面的 4.2 节“属性验证”将介绍如何使用该技术)。

本质上，依赖项属性被硬编码连接到一小部分 WPF 服务中。如果并非用于这个基础结构，这些功能就会无谓地增加复杂性并带来沉重负担。

提示：

在 WPF 的未来版本中，为了包含附加的服务，可能扩展依赖项属性管道。当设计自定义元素时(第 18 章将介绍这一主题)，可能需要为它们的大多数(甚至全部)公有属性使用依赖项属性。

4.1.5 共享的依赖项属性

尽管一些类具有不同的继承层次，但它们会共享同一依赖项属性。例如，TextBlock.FontFamily 属性和 Control.FontFamily 属性指向同一个静态的依赖项属性，该属性实际上是在 TextElement 类中定义的 TextElement.FontFamilyProperty 依赖项属性。TextElement 类的静态构造函数注册该属性，而 TextBlock 类和 Control 类的静态构造函数只是通过调用 DependencyProperty.AddOwner( ) 方法重用该属性：

```
TextBlock.FontFamilyProperty =
  TextElement.FontFmamilyProperty.AddOwner(typeof(TextBlock));
```

可以使用相同的技术来创建自己的自定义类(假定在所继承的父类中还没有提供属性，否则直接重用即可)。还可以使用重载的 AddOwner( )方法来提供验证回调函数以及仅应用于依赖项属性新用法的新 FrameworkPropertyMetadata 对象。

在 WPF 中重用依赖项属性可得到一些奇异的效果，最有名的是样式。例如，如果使用样式自动设置 TextBlock.FontFamily 属性，样式也会影响 Control.FontFamily 属性，因为在后台这两个类使用同一个依赖项属性。在第 11 章您将看到这一现象。

4.1.6 附加的依赖项属性

第 2 章介绍了一类特殊的依赖项属性，称为附加属性。附加属性是一种依赖项属性，由 WPF 属性系统管理。不同之处在于附加属性被应用到的类并非定义附加属性的那个类。

第 3 章介绍的布局容器中列举了最常见的附加属性例子。例如，Grid 类定义了 Row 和 Column 附加属性，这两个属性被用于设置 Grid 面板包含的元素，以指明这些元素应被放到哪个单元格中。类似地，DockPanel 类定义了 Dock 附加属性，而 Canvas 类定义了 Left、Right、Top 和 Bottom 附加属性。

为了定义附加属性，需要使用 RegisterAttached( )方法，而不是使用 Register( )方法。下面列举了一个注册 Grid.Row 属性的例子：

```
FrameworkPropertyMetadata metadata = new FrameworkPropertyMetadata(
  0, new PropertyChangedCallback(Grid.OnCellAttachedPropertyChanged));

Grid.RowProperty = DependencyProperty.RegisterAttached("Row", typeof(int),
  typeof(Grid), metadata, new ValidateValueCallback(Grid.IsIntValueNotNegative));
```

与普通的依赖项属性一样，可提供 FrameworkPropertyMetadata 对象和 ValidateValueCallback 回调函数。

当创建附加属性时，不必定义.NET 属性封装器。这是因为附加属性可以被用于任何依赖对象。例如，Grid.Row 属性可能被用于 Grid 对象(如果在 Grid 控件中嵌套了另一个 Grid 控件)，也可能被用于其他元素。实际上，Grid.Row 属性甚至可以被用于并不位于 Grid 控件中的元素——甚至在元素树中根本就不存在 Grid 对象。

不是使用.NET 属性封装器，反而附加属性需要调用两个静态方法来设置和获取属性值，这两个方法使用为人熟知的 SetValue( )和 GetValue( )方法(继承自 DependencyObject 类)。这两个静态方法应当命名为 Set*PropertyName*( )和 Get*PropertyName*( )。

下面是实现 Grid.Row 附加属性的静态方法：

```
public static int GetRow(UIElement element)
{
    if (element == null)
    {
        throw new ArgumentNullException(...);
    }
    return (int)element.GetValue(Grid.RowProperty);
}

public static void SetRow(UIElement element, int value)
{
    if (element == null)
    {
        throw new ArgumentNullException(...);
    }
    element.SetValue(Grid.RowProperty, value);
}
```

下面的示例使用代码将元素放到 Grid 控件中的第一行：

```
Grid.SetRow(txtElement, 0);
```

也可直接调用 SetValue( )或 GetValue( )方法，从而绕过这两个静态方法：

```
txtElement.SetValue(Grid.RowProperty, 0);
```

显然，使用 SetValue( )方法设置附加属性的过程不符合一般人的思维习惯。尽管 XAML 不允许，但可在代码中使用重载版本的 SetValue( )方法，为任何依赖项属性附加一个值，即使该属性没有被定义为附加属性也同样如此。例如，下面的代码是完全合法的：

```
ComboBox comboBox = new ComboBox();
...
comboBox.SetValue(PasswordBox.PasswordCharProperty, "*");
```

这里为 ComboBox 对象设置了 PasswordBox.PasswordChar 属性值，尽管 Password Box. PasswordCharProperty 属性被注册为普通的依赖项属性而不是附加属性。该操作不会改变 ComboBox 的工作方式——毕竟，ComboBox 的内部代码不会去查找它并不知道的属性的值——但在您自己的代码中可以对 PasswordChar 值进行操作。

尽管很少使用，但该技巧提供了 WPF 属性系统内部工作方式的更多细节，还演示了其非凡的可扩展性。它还表明，尽管使用不同的方法注册附加属性和常规的依赖项属性，但对于 WPF 而言它们没有实质性区别。唯一的区别是 XAML 解析器是否允许。除非将属性注册为附加属性，否则在标记的其他元素中无法设置。

4.2 属性验证

在定义任何类型的属性时，都需要面对错误设置属性的可能性。对于传统的.NET 属性，可尝试在属性设置器中捕获这类问题。但对于依赖项属性而言，这种方法不合适，因为可能通过 WPF 属性系统使用 SetValue()方法直接设置属性。

作为代替，WPF 提供了两种方法来阻止非法值：

- ValidateValueCallback：该回调函数可接受或拒绝新值。通常，该回调函数用于捕获违反属性约束的明显错误。可作为 DependencyProperty.Register( )方法的一个参数提供该回调函数。
- CoerceValueCallback：该回调函数可将新值修改为更能被接受的值。该回调函数通常用于处理为相同对象设置的依赖项属性值相互冲突的问题。这些值本身可能是合法的，但当同时应用时它们是不相容的。为了使用这个回调函数，当创建 Framework-PropertyMetadata 对象时(然后该对象将被传递到 DependencyProperty.Register( )方法)，作为构造函数的一个参数提供该回调函数。

下面是当应用程序试图设置依赖项属性时，所有这些内容的作用过程：

(1) 首先，CoerceValueCallback 方法有机会修改提供的值(通常，使提供的值和其他属性相容)，或者返回 DependencyProperty.UnsetValue，这会完全拒绝修改。

(2) 接下来激活 ValidateValueCallback 方法。该方法返回 true 以接受一个值作为合法值，或者返回 false 拒绝值。与 CoerceValueCallback 方法不同，ValidateValueCallback 方法不能访问设置属性的实际对象，这意味着您不能检查其他属性值。

(3) 最后，如果前两个阶段都获得成功，就会触发 PropertyChangedCallback 方法。此时，如果希望为其他类提供通知，可以引发更改事件。

4.2.1 验证回调

正如您在前面所看到的，DependencyProperty.Register( )方法接受可选的验证回调函数：

```
MarginProperty = DependencyProperty.Register("Margin",
  typeof(Thickness), typeof(FrameworkElement), metadata,
  new ValidateValueCallback(FrameworkElement.IsMarginValid));
```

可使用这个回调函数加强验证，验证通常应被添加到属性过程的设置部分。提供的回调函数必须指向一个接受对象参数并返回 Boolean 值的方法。返回 true 以接受对象是合法的，返回 false 拒绝对象。

对 FrameworkElement.Margin 属性的验证十分枯燥乏味，因为它依赖于内部的 Thickness.IsValid( )方法。该方法确保当前使用的 Thickness 对象(表示边距)是合法的。例如，可能构造了一个完全可以接受的 Thickness 对象(却不适于设置边距)。一个例子是 Thickness 对象使用了负值。如果提供的 Thickness 对象对于边距是不合法的，IsMarginValid 方法将返回 false：

```
private static bool IsMarginValid(object value)
{
   Thickness thickness1 = (Thickness) value;
   return thickness1.IsValid(true, false, true, false);
}
```

对于验证回调函数有一个限制：它们必须是静态方法而且无权访问正在被验证的对象。所有能够获得的信息只有刚刚应用的数值。尽管这样更便于重用属性，但可能无法创建考虑其他属性的验证例程。典型的例子是具有 Maximum 和 Minimum 属性的元素。显然，为 Maximum 属性设置的值不能小于为 Minimum 属性设置的值。但是，不能使用验证回调函数来实施这一逻辑，因为一次只能访问一个属性。

注意：

解决这一问题更好的方法是使用数值强制(coercion)。强制是在验证之前发生的一个步骤，它允许修改数值，使其更加容易被接受(例如，增大 Maximum 属性值使其至少等于 Minimum 属性值)或者根本就不允许改变。强制步骤是通过另一个回调函数进行的，但这个回调函数是关联到 FrameworkPropertyMetadata 对象的方法(见 4.2.2 节的讨论)。

4.2.2　强制回调

通过 FrameworkPropertyMetadata 对象使用 CoerceValueCallback 回调函数。下面是示例：

```
FrameworkPropertyMetadata metadata = new FrameworkPropertyMetadata();
metadata.CoerceValueCallback = new CoerceValueCallback(CoerceMaximum);

DependencyProperty.Register("Maximum", typeof(double),
  typeof(RangeBase), metadata);
```

可以通过 CoerceValueCallback 回调函数处理相互关联的属性。例如，ScrollBar 控件提供了 Maximum、Minimum 和 Value 属性，这些属性都继承自 RangeBase 类。保持对这些属性进行调整的一种方法是使用属性强制。

例如，当设置 Maximum 属性时，必须使用强制以确保不能小于 Minimum 属性的值：

```
private static object CoerceMaximum(DependencyObject d, object value)
{
   RangeBase base1 = (RangeBase)d;
   if (((double) value) < base1.Minimum)
```

```
    {
      return base1.Minimum;
    }
    return value;
}
```

换句话说，如果应用于 Maximum 属性的值小于 Minimum 属性的值，就用 Minimum 属性的值设置 Maximum 属性。注意，CoerceValueCallback 传递两个参数——准备使用的数值和该数值将要应用到的对象。

当设置 Value 属性时，会发生类似的强制过程。对 Value 属性进行强制，确保不会超出由 Minimum 和 Maximum 属性定义的范围，使用下面的代码：

```
internal static object ConstrainToRange(DependencyObject d, object value)
{
   double newValue = (double)value;
   RangeBase base1 = (RangeBase)d;

   double minimum = base1.Minimum;
   if (newValue < minimum)
   {
      return minimum;
   }
   double maximum = base1.Maximum;
   if (newValue > maximum)
   {
      return maximum;
   }
   return newValue;
}
```

Minimum 属性根本不使用值强制。相反，一旦值发生变化，就触发 PropertyChangedCallback，然后通过手动触发 Maximum 和 Value 属性的强制过程，使它们适应 Minimum 属性值的变化：

```
private static void OnMinimumChanged(DependencyObject d,
 DependencyPropertyChangedEventArgs e)
{
   RangeBase base1 = (RangeBase)d;
   ...
   base1.CoerceValue(RangeBase.MaximumProperty);
   base1.CoerceValue(RangeBase.ValueProperty);
}
```

类似地，一旦设置或强制 Maximum 属性的值，那么也会手动强制 Value 属性以适应 Maximum 属性值的变化：

```
private static void OnMaximumChanged(DependencyObject d,
   DependencyPropertyChangedEventArgs e)
{
   RangeBase base1 = (RangeBase)d;
   ...
   base1.CoerceValue(RangeBase.ValueProperty);
   base1.OnMaximumChanged((double) e.OldValue, (double)e.NewValue);
}
```

如果设置的值相互冲突，最终结果是 Minimum 属性具有优先权，其次是 Maximum 属性(并且可能会被 Minimum 属性强制)，最后是 Value 属性(并且可能会被 Maximum 和 Minimum 属性强制)。

步骤序列令人感到有些困惑，它的目的是确保当以不同的顺序设置 ScrollBar 控件的属性时不会出错。这是一个重要的初始化考虑事项，例如，当为 XAML 文档创建窗口时。所有 WPF 控件保证它们的属性可按任何顺序进行设置，而不会引起任何行为变化。

如果仔细分析上面进行属性强制的代码，就会发现问题。例如，考虑下面的代码：

```
ScrollBar bar = new ScrollBar();
bar.Value = 100;
bar.Minimum = 1;
bar.Maximum = 200;
```

首次创建 ScrollBar 控件时，Value 属性的值为 0，Minimum 属性的值为 0，而 Maximum 属性的值为 1。

执行完上面代码中的第 2 行后，Value 属性被强制为 1(因为最初 Maximum 属性被设置为默认值 1)。但是当到达第 4 行代码时，会发生一些值得注意的事情。当 Maximum 属性被改变后，它会触发对 Minimum 和 Value 属性的强制。这一强制作用于最初设定的值。换句话说，WPF 依赖项属性系统仍然保存了本地值 100，并且现在该数值是可以接受的，它可以被应用到 Value 属性。因此执行完第 4 行后，两个属性都发生了变化。下面是具体的变化过程：

```
ScrollBar bar = new ScrollBar();
bar.Value = 100;
// (Right now bar.Value returns 1.)
bar.Minimum = 1;
// (bar.Value still returns 1.)
bar.Maximum = 200;
// (Now now bar.Value returns 100.)
```

该行为与何时设置 Maximum 属性无关。例如，如果加载窗口时将 Value 属性设置为 100，并在后面当用户单击按钮时设置 Maximum 属性，此时 Value 属性仍然会恢复为合法的值 100(为阻止这一行为的发生，唯一方法是设置不同的值，或使用继承自 DependencyObject 类的 ClearValue( )方法删除应用过的本地值)。

该行为是由 WPF 的属性识别系统造成的，在前面学习过该系统。尽管 WPF 在内部保存曾经设置的精确本地值，但当读取属性时会(通过强制以及其他几方面的考虑)评估应当是哪个属性。

4.3　小结

本章深入分析了 WPF 依赖项属性。首先介绍如何定义和注册依赖项属性，接下来介绍了如何将它们插入到其他 WPF 服务中，以及它们如何支持验证和强制。下一章将研究另一个对传统的.NET 基础结构的核心部分进行扩展的 WPF 功能：路由事件。

提示：

学习更多 WPF 内部运行原理的最好方法之一是查看 WPF 基本元素的代码，如 Button 类、UIElement 类以及 FrameworkElement 类。浏览这些代码最好的工具之一是 Reflector，可以在 www.reflector.net 上找到该工具。使用 Reflector，可查看依赖项属性的定义，浏览初始化它们的静态构造函数代码，甚至可以分析在类代码中使用它们的方式。您还可以得到类似的与路由事件相关的低级信息，下一章将介绍路由事件。

第 5 章

路由事件

由上一章可知，WPF 创建了一个新的依赖项属性系统，重写了传统的.NET 属性以提高性能并集成新功能(例如数据绑定和动画)。本章将介绍另一个变化：用更高级的路由事件功能替换普通的.NET 事件。

路由事件是具有更强传播能力的事件——它们可在元素树中向上冒泡和向下隧道传播，并且沿着传播路径被事件处理程序处理。路由事件允许事件在某个元素上被处理(如标签)，即使该事件源自另一个元素(如标签内部的一幅图像)也是如此。与依赖项属性一样，可通过传统的方式使用路由事件——通过关联具有正确签名的事件处理程序——但为了使用路由事件的所有功能，需要理解其工作原理。

本章将探讨 WPF 事件系统，并将学习如何触发和处理路由事件。一旦学习了基本知识，就将考虑 WPF 元素提供的事件家族，包括用于处理初始化的事件、用于鼠标和键盘输入的事件以及用于多点触控(multi-touch)设备的事件。

5.1 理解路由事件

每个.NET 开发人员都熟悉“事件”的思想——当有意义的事情发生时，由对象(如 WPF 元素)发送的用于通知代码的消息。WPF 通过事件路由(event routing)的概念增强了.NET 事件模型。事件路由允许源自某个元素的事件由另一个元素引发。例如，使用事件路由，来自工具栏按钮的单击事件可在被代码处理之前上传到工具栏，然后上传到包含工具栏的窗口。

事件路由为在最合适的位置编写紧凑的、组织良好的用于处理事件的代码提供了灵活性。要使用 WPF 内容模型，事件路由也是必需的，内容模型允许使用许多不同的元素构建简单元素(如按钮)，并且这些元素都拥有自己独立的事件集合。

5.1.1 定义、注册和封装路由事件

WPF 事件模型和 WPF 属性模型非常类似。与依赖项属性一样，路由事件由只读的静态字段表示，在静态构造函数中注册，并通过标准的.NET 事件定义进行封装。

例如，WPF 的 Button 类提供了大家熟悉的 Click 事件，该事件继承自抽象的 ButtonBase 基类。下面的代码说明了该事件是如何被定义和注册的：

```
public abstract class ButtonBase : ContentControl, ...
{
    // The event definition.
    public static readonly RoutedEvent ClickEvent;
```

```
    // The event registration.
    static ButtonBase()
    {
      ButtonBase.ClickEvent = EventManager.RegisterRoutedEvent(
        "Click", RoutingStrategy.Bubble,
        typeof(RoutedEventHandler), typeof(ButtonBase));
      ...
    }

    // The traditional event wrapper.
    public event RoutedEventHandler Click
    {
        add
        {
            base.AddHandler(ButtonBase.ClickEvent, value);
        }
        remove
        {
          base.RemoveHandler(ButtonBase.ClickEvent, value);
        }
    }
    ...
}
```

依赖项属性是使用 DependencyProperty.Register( )方法注册的，而路由事件是使用 EventManager.RegisterRoutedEvent( )方法注册的。当注册事件时，需要指定事件的名称、路由类型(稍后介绍与路由类型相关的更多细节)、定义事件处理程序语法的委托(在该例中是 RoutedEventHandler)以及拥有事件的类(在该例中是 ButtonBase 类)。

通常，路由事件通过普通的.NET 事件进行封装，从而使所有.NET 语言都能访问它们。事件封装器可使用 AddHandler( )和 RemoveHandler( )方法添加和删除已注册的调用程序，这两个方法都在 FrameworkElement 基类中定义，并被每个 WPF 元素继承。

5.1.2 共享路由事件

与依赖项属性一样，可在类之间共享路由事件的定义。例如，UIElement(该类是所有普通 WPF 元素的起点)和 ContentElement(该类是所有内容元素的起点，内容元素是可以被放入流文档中的单独内容片段)这两个基类都使用了 MouseUp 事件。MouseUp 事件是由 System. Windows.Input.Mouse 类定义的。UIElement 类和 ContentElement 类只通过 Routed- Event.AddOwner( )方法重用 MouseUp 事件：

```
UIElement.MouseUpEvent = Mouse.MouseUpEvent.AddOwner(typeof(UIElement));
```

5.1.3 引发路由事件

当然，与所有事件类似，定义类需要在一些情况下引发事件。到底在哪里发生是实现细节。然而，重要的细节是事件不是通过传统的.NET 事件封装器引发的，而是使用 RaiseEvent( )方法引发事件，所有元素都从 UIElement 类继承了该方法。下面是来自 ButtonBase 类深层的代码：

```
RoutedEventArgs e = new RoutedEventArgs(ButtonBase.ClickEvent, this);
base.RaiseEvent(e);
```

RaiseEvent( )方法负责为每个已经通过 AddHandler( )方法注册的调用程序引发事件。因为 AddHandler( )方法是公有的，所以调用程序可访问该方法——它们能够通过直接调用 AddHandler( )方法注册它们自己，也可以使用事件封装器(5.1.4 节将演示这两种方法)。无论使用哪种方法，当调用 RaiseEvent( )方法时都会通知它们。

所有 WPF 事件都为事件签名使用熟悉的.NET 约定。每个事件处理程序的第一个参数(sender 参数)都提供引发该事件的对象的引用。第二个参数是 EventArgs 对象，该对象与其他所有可能很重要的附加细节绑定在一起。例如，MouseUp 事件提供了一个 MouseEventAgrs 对象，用于指示当事件发生时按下了哪些鼠标键：

```
private void img_MouseUp(object sender, MouseButtonEventArgs e)
{
}
```

在 WPF 中，如果事件不需要传递任何额外细节，可使用 RoutedEventArgs 类，该类包含了有关如何传递事件的一些细节。如果事件确实需要传递额外的信息，那么需要使用更特殊的继承自 RoutedEventArgs 的对象(如上面示例中的 MouseButtonEventArgs)。因为每个 WPF 事件参数类都继承自 RoutedEventArgs 类，所以每个 WPF 事件处理程序都可访问与事件路由相关的信息。

5.1.4 处理路由事件

正如第 2 章所述，可使用多种方法关联事件处理程序。最常用的方法是为 XAML 标记添加事件特性。事件特性按照想要处理的事件命名，它的值就是事件处理程序方法的名称。下面的示例使用这一语法将 Image 对象的 MouseUp 事件连接到名为 img_MouseUp 的事件处理程序：

```
<Image Source="happyface.jpg" Stretch="None"
 Name="img" MouseUp="img_MouseUp" />
```

通常约定以“元素名_事件名”的形式命名事件处理程序方法，但这不是必需的。如果没有为元素定义名称(可能是因为不需要在代码的任何地方与元素进行交互)，可考虑使用以下形式的事件名称：

```
<Button Click="cmdOK_Click">OK</Button>
```

提示：

您可能希望把事件关联到某个执行任务的高级方法上，但如果保持额外的事件处理代码层，将会有更大的灵活性。例如，当单击名为 cmdUpdate 的按钮时，不应当直接触发名为 UpdateDatabase( )的方法。相反，应当调用类似 cmdUpdate_Click( )这样的事件处理程序，然后调用执行实际工作的 UpdateDatabase( )方法。通过这一模式，可为改变数据库代码的位置提供灵活性，使用不同的控件代替更新按钮，以及把几个控件连接到同一个处理过程，所有这些都不会限制以后改变用户界面。如果希望以更简单的方式处理可能由用户界面中的不同位置(如工具栏按钮、菜单命令等)触发的动作，可能需要添加 WPF 命令特性，该特性将在第 9 章中介绍。

也可以使用代码连接事件。下面的代码和上面给出的 XAML 标记具有相同的效果:

```
img.MouseUp += new MouseButtonEventHandler(img_MouseUp);
```

上面的代码创建了一个针对该事件具有正确签名的委托对象(在该例中,是 MouseButtonEventHandler 委托的实例),并将该委托指向 img_MouseUp( )方法。然后将该委托添加到 img.MouseUp 事件的已注册的事件处理程序列表中。

C#还允许使用更精简的语法,隐式地创建合适的委托对象:

```
img.MouseUp += img_MouseUp;
```

如果需要动态创建控件,并在窗口生命周期的某一时刻关联事件处理程序,代码方法是非常有用的。相比而言,在 XAML 中关联的事件总在窗口对象第一次实例化时就被关联到相应的事件处理程序。代码方法使 XAML 更简单,更精练,如果计划与非编程人员(如艺术设计人员)合作,这是非常好的。缺点是大量的样板代码会使代码文件变得杂乱无章。

上面的代码方法依赖于事件封装器,事件封装器调用 UIElement.AddHandler( )方法,如 5.1.3 节所述。也可以自行通过调用 UIElement.AddHandler( )方法直接连接事件。下面是一个示例:

```
img.AddHandler(Image.MouseUpEvent,
 new MouseButtonEventHandler(img_MouseUp));
```

当使用这种方法时,始终需要创建合适的委托类型(如 MouseButtonEventHandler),而不能隐式地创建委托对象(这与通过属性封装器关联事件时不同)。这是因为 UIElement.AddHandler( )方法支持所有 WPF 事件,并且它不知道您想使用的委托类型。

有些开发人员更喜欢使用定义事件的类的名称,而不是引发事件的类的名称。例如下面的等效语法使得 MouseUp 事件在 UIElement 中定义的这一事实更加清晰:

```
img.AddHandler(UIElement.MouseUpEvent,
 new MouseButtonEventHandler(img_MouseUp));
```

注意:

使用哪种方法基本上取决于个人喜好。但第二种方法的缺点在于,它不能很明确地指明 MouseUpEvent 事件是由 Image 类提供的。假设想在某个嵌套的元素中关联事件处理程序以处理 MouseUpEvent 事件,第二种方法可能会使代码变得非常难以理解。本章后面的 5.2.4 节“附加事件”将介绍有关这一技术的更多内容。

如想断开事件处理程序,那么只能使用代码。可使用-=运算符,如下所示:

```
img.MouseUp -= img_MouseUp;
```

或者使用 UIElement.RemoveHandler( )方法:

```
img.RemoveHandler(Image.MouseUpEvent,
 new MouseButtonEventHandler(img_MouseUp));
```

为同一事件多次连接相同的事件处理程序,在技术角度看是可行的。这通常是编码错误的结果(这种情况下,事件处理程序会被触发多次)。如果试图删除已经连接了两次的事件处理程序,事件仍会触发事件处理程序,但只触发一次。

5.2 事件路由

由上一章可知，WPF 中的许多控件都是内容控件，而内容控件可包含任何类型以及大量的嵌套内容。例如，可构建包含图形的按钮，创建混合了文本和图片内容的标签，或者为了实现滚动或折叠的显示效果而在特定容器中放置内容。甚至可以多次重复嵌套，直至达到您所希望的层次深度。

这种可以任意嵌套的能力也带来了一个有趣问题。例如，假设有如下标签，其中包含一个 StackPanel 面板，该面板又包含了两块文本和一幅图像：

```
<Label BorderBrush="Black" BorderThickness="1">
  <StackPanel>
    <TextBlock Margin="3">
     Image and text label</TextBlock>
    <Image Source="happyface.jpg" Stretch="None" />
    <TextBlock Margin="3">
     Courtesy of the StackPanel</TextBlock>
  </StackPanel>
</Label>
```

正如您已经知道的，放在 WPF 窗口中的所有要素都在一定层次上继承自 UIElement 类，包括 Label、StackPanel、TextBlock 和 Image。UIElement 定义了一些核心事件。例如，每个继承自 UIElement 的类都提供 MouseDown 事件和 MouseUp 事件。

但当单击上面这个特殊标签中的图像部分时，想一想会发生什么事情。很明显，引发 Image.MouseDown 事件和 Image.MouseUp 事件是合情合理的。但如果希望采用相同的方式来处理标签上的所有单击事件，该怎么办呢？此时，不管用户单击了图像、某块文本还是标签内的空白处，都应当使用相同的代码进行响应。

显然，可为每个元素的 MouseDown 或 MouseUp 事件关联同一个事件处理程序，但这样会使标记变得杂乱无章且难以维护。WPF 使用路由事件模型提供了一个更好的解决方案。

路由事件实际上以下列三种方式出现：

- 与普通.NET 事件类似的直接路由事件(direct event)。它们源于一个元素，不传递给其他元素。例如，MouseEnter 事件(当鼠标指针移到元素上时发生)是直接路由事件。
- 在包含层次中向上传递的冒泡路由事件(bubbling event)。例如，MouseDown 事件就是冒泡路由事件。该事件首先由被单击的元素引发，接下来被该元素的父元素引发，然后被父元素的父元素引发，依此类推，直到 WPF 到达元素树的顶部为止。
- 在包含层次中向下传递的隧道路由事件(tunneling event)。隧道路由事件在事件到达恰当的控件之前为预览事件(甚至终止事件)提供了机会。例如，通过 PreviewKeyDown 事件可截获是否按下了某个键。首先在窗口级别上，然后是更具体的容器，直至到达当按下键时具有焦点的元素。

当使用 EventManager.RegisterEvent( )方法注册路由事件时，需要传递一个 RoutingStrategy 枚举值，该值用于指示希望应用于事件的事件行为。

MouseUp 事件和 MouseDown 事件都是冒泡路由事件，因此现在可以确定在上面特殊的标签示例中会发生什么事情。当单击标签上的图像部分时，按以下顺序触发 MouseDown 事件：

(1) Image.MouseDown 事件

(2) StackPanel.MouseDown 事件

(3) Label.MouseDown 事件

为标签引发了 MouseDown 事件后，该事件会传递到下一个控件(在本例中是位于窗口中的 Grid 控件)，然后传递到 Grid 控件的父元素(窗口)。窗口是整个层次中的顶级元素，并且是事件冒泡顺序的最后一站，它是处理冒泡路由事件(如 MouseDown 事件)的最后机会。如果用户释放了鼠标按键，就会按相同的顺序触发 MouseUp 事件。

注意：

第 24 章将介绍如何创建基于页面的 WPF 应用程序。在基于页面的 WPF 应用程序中，顶级容器不是窗口，而是 Page 类的一个实例。

没有限制要在某个位置处理冒泡路由事件。实际上，完全可在任意层次上处理 MouseDown 事件或 MouseUp 事件。但通常选择最合适的事件路由层次完成这一任务。

5.2.1 RoutedEventArgs 类

在处理冒泡路由事件时，sender 参数提供了对整个链条上最后那个链接的引用。例如，在上面的示例中，如果事件在处理之前，从图像向上冒泡到标签，sender 参数就会引用标签对象。

有些情况下，可能希望确定事件最初发生的位置。可从 RoutedEventArgs 类的属性(如表 5-1 所示)获得这一信息以及其他细节。由于所有 WPF 事件参数类继承自 RoutedEventArgs，因此任何事件处理程序都可以使用这些属性。

表 5-1 RoutedEventArgs 类的属性

名　称	说　明
Source	指示引发了事件的对象。对于键盘事件，是当事件发生时(比如按下键盘上的键)具有焦点的控件对于鼠标事件，是当事件发生时(如单击鼠标按钮)鼠标指针下面所有元素中最靠上的元素
OriginalSource	指示最初是什么对象引发了事件。OriginalSource 属性值通常与 Source 属性值相同。但在某些情况下，OriginalSource 属性指向对象树中更深的层次，以获得作为更高一级元素一部分的后台元素。例如，如果单击窗口边框上的关闭按钮，事件源为 Window 对象，但事件最原始的源是 Border 对象。这是因为 Window 对象是由多个单独的、更小的部分构成的。第 17 章讨论控件模板时，将进一步介绍这个组成模型(并将学习如何改变该组成模型)
RoutedEvent	通过事件处理程序为触发的事件提供 RoutedEvent 对象(如静态的 UIElement.MouseUpEvent 对象)。如果用同一个事件处理程序处理不同的事件，这一信息是非常有用的
Handled	该属性允许终止事件的冒泡或隧道过程。如果控件将 Handled 属性设为 true，那么事件就不会继续传递，也不会再为其他任何元素引发该事件(在 5.2.3 节“处理挂起的事件”中您将看到这种情形，其中提供了克服这一局限性的方法)

5.2.2 冒泡路由事件

图 5-1 显示了一个简单窗口，该窗口演示了事件的冒泡过程。当单击标签中的一部分时，在列表框中显示事件发生的顺序。图 5-1 显示单击了标签中的图像之后窗口的情况。MouseUp 事件传递了 5 级，在自定义的 BubbledLabelClick 窗体中停止向上传递。

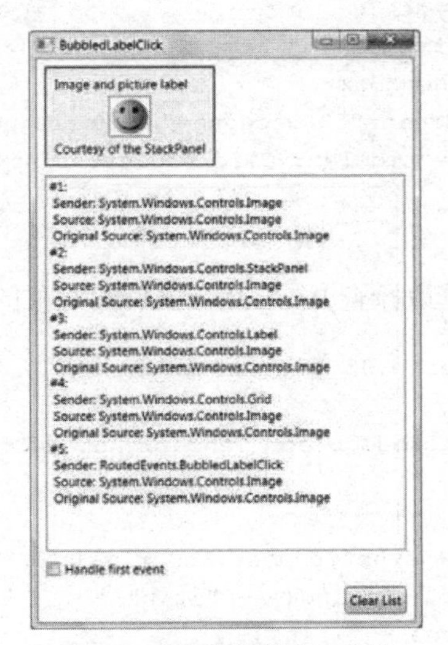

图 5-1 冒泡的图像单击事件

要创建该测试窗口，将元素层次结构中的图像以及它上面的每个元素都关联到同一个事件处理程序——名为 SomethingClicked( )的方法。下面是所需的 XAML 标记：

```
<Window x:Class="RoutedEvents.BubbledLabelClick"
xmlns="http://schemas.microsoft.com/winfx/2006/xaml/presentation"
xmlns:x="http://schemas.microsoft.com/winfx/2006/xaml"
Title="BubbledLabelClick" Height="359" Width="329"
MouseUp="SomethingClicked">
  <Grid Margin="3" MouseUp="SomethingClicked">
    <Grid.RowDefinitions>
      <RowDefinition Height="Auto"></RowDefinition>
      <RowDefinition Height="*"></RowDefinition>
      <RowDefinition Height="Auto"></RowDefinition>
      <RowDefinition Height="Auto"></RowDefinition>
    </Grid.RowDefinitions>

    <Label Margin="5" Grid.Row="0" HorizontalAlignment="Left"
    Background="AliceBlue" BorderBrush="Black" BorderThickness="1"
    MouseUp="SomethingClicked">
    <StackPanel MouseUp="SomethingClicked">
      <TextBlock Margin="3"
        MouseUp="SomethingClicked">
        Image and text label</TextBlock>
      <Image Source="happyface.jpg" Stretch="None"
      MouseUp="SomethingClicked" />
      <TextBlock Margin="3"
      MouseUp="SomethingClicked">
      Courtesy of the StackPanel</TextBlock>
    </StackPanel>
  </Label>

  <ListBox Grid.Row="1" Margin="5" Name="lstMessages"></ListBox>
```

```
  <CheckBox Grid.Row="2" Margin="5" Name="chkHandle">
    Handle first event</CheckBox>
  <Button Grid.Row="3" Margin="5" Padding="3" HorizontalAlignment="Right"
    Name="cmdClear" Click="cmdClear_Click">Clear List</Button>
  </Grid>
</Window>
```

SomethingClicked()方法简单地检查 RoutedEventArgs 对象的属性，并且给列表框添加消息：

```
protected int eventCounter = 0;

private void SomethingClicked(object sender, RoutedEventArgs e)
{
    eventCounter++;
    string message = "#" + eventCounter.ToString() + ":\r\n" +
      " Sender: " + sender.ToString() + "\r\n" +
      " Source: " + e.Source + "\r\n" +
      " Original Source: " + e.OriginalSource;
    lstMessages.Items.Add(message);
    e.Handled = (bool)chkHandle.IsChecked;
}
```

注意：

从技术角度看，MouseUp 事件提供了一个 MouseButtonEventArgs 对象，该对象具有在事件发生时有关鼠标状态的附加信息。但 MouseButtonEventArgs 对象继承自 MouseEventArgs 类，而 MouseEventArgs 类又继承自 RoutedEventArgs 类。所以，如果不需要与鼠标相关的附加信息，在声明事件处理程序时可使用 RoutedEventArgs 类(例如，本例就是使用该类)。

在本例中还有一个细节。如果选中 chkHandle 复选框，SomethingClicked( )方法就将 RoutedEventArgs.Handled 属性设为 true，从而在事件第一次发生时就终止事件的冒泡过程。因此，这时在列表框中就只能看到第一个事件，如图 5-2 所示。

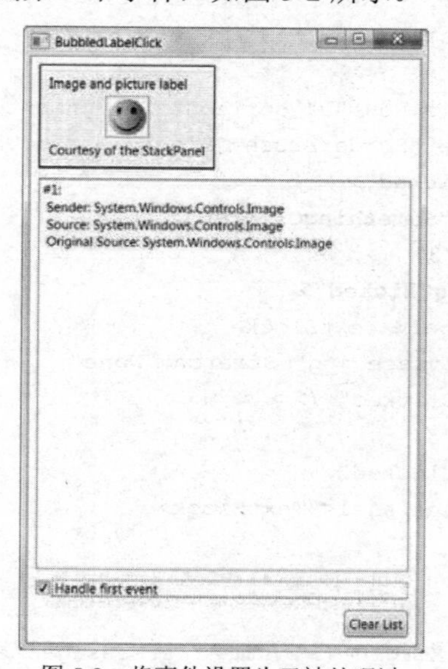

图 5-2　将事件设置为已被处理过

注意：

在此需要一次额外的强制转换，因为 CheckBox.IsChecked 属性是可空的 Boolean 值。空值表示复选框的当前状态尚未确定，这意味着既不是选中状态也不是未选中状态。该例中未使用这一特性，所以使用简单的强制转换来解决这一问题。

因为 SomethingClicked( )方法处理由 Window 对象引发的 MouseUp 事件，所以也能截获在列表框和窗口表面空白处的鼠标单击事件。但当单击 Clear 按钮时(这会删除所有列表框条目)不会引发 MouseUp 事件，这是因为按钮包含了一些有趣的代码，这些代码会挂起 MouseUp 事件，并引发更高级的 Click 事件。同时，Handled 标志被设置为 true，从而会阻止 MouseUp 事件继续传递。

提示：

大多数 WPF 元素没有提供 Click 事件，而是提供了更直接的 MouseDown 和 MouseUp 事件。Click 事件专用于基于按钮的控件。

5.2.3 处理挂起的事件

有趣的是，有一种方法可接收被标记为处理过的事件。不是通过 XAML 关联事件处理程序，而是必须使用前面介绍的 AddHandler( )方法。AddHandler( )方法提供了一个重载版本，该版本可以接收一个 Boolean 值作为它的第三个参数。如果将该参数设置为 true，那么即使设置了 Handled 标志，也将接收到事件：

```
cmdClear.AddHander(UIElement.MouseUpEvent,
 new MouseButtonEventHandler(cmdClear_MouseUp), true);
```

这通常并不是正确的设计决策。为防止可能造成的困惑，按钮被设计为会挂起 MouseUp 事件。毕竟，可采用多种方式使用键盘“单击”按钮，这是 Windows 中非常普遍的约定。如果为按钮错误地处理了 MouseUp 事件，而没有处理 Click 事件，那么事件处理代码就只能对鼠标单击做出响应，而不能对相应的键盘操作做出响应。

5.2.4 附加事件

上面这个有趣的标签示例是一个非常简单的事件冒泡示例，因为所有元素都支持 MouseUp 事件。然而，许多控件有各自的更特殊事件。按钮便是一个例子——它添加了 Click 事件，而其他任何基类都没有定义该事件。

这导致两难的境地。假设在 StackPanel 面板中封装了一堆按钮，并希望在一个事件处理程序中处理所有这些按钮的单击事件。粗略的方法是将每个按钮的 Click 事件关联到同一个事件处理程序。但 Click 事件支持事件冒泡，从而提供了一种更好的选择。可通过处理更高层次元素的 Click 事件(如包含按钮的 StackPanel 面板)来处理所有按钮的 Click 事件。

但看似浅显的代码却不能工作：

```
<StackPanel Click="DoSomething" Margin="5">
  <Button Name="cmd1">Command 1</Button>
  <Button Name="cmd2">Command 2</Button>
  <Button Name="cmd3">Command 3</Button>
  ...
```

```
</StackPanel>
```

问题在于 StackPanel 面板没有 Click 事件，所以 XAML 解析器会将其解释成错误。解决方案是以“类名.事件名”的形式使用不同的关联事件语法。下面是更正后的示例：

```
<StackPanel Button.Click="DoSomething" Margin="5">
  <Button Name="cmd1">Command 1</Button>
  <Button Name="cmd2">Command 2</Button>
  <Button Name="cmd3">Command 3</Button>
  ...
</StackPanel>
```

现在，事件处理程序可以接收到 StackPanel 面板包含的所有按钮的单击事件了。

注意：

Click 事件实际是在 ButtonBase 类中定义的，而 Button 类继承了该事件。如果为 ButtonBase.Click 事件关联事件处理程序，那么当单击任何继承自 ButtonBase 的控件(包括 Button 类、RadioButton 类以及 CheckBox 类)时，都会调用该事件处理程序。如果为 Button.Click 事件关联事件处理程序，事件处理程序就只能被 Button 对象使用。

可在代码中关联附加事件，但需要使用 UIElement.AddHandler( )方法，而不能使用+=运算符语法。下面是一个示例(该例假定 StackPanel 面板已被命名为 pnlButtons)：

```
pnlButtons.AddHandler(Button.Click, new RoutedEventHandler(DoSomething));
```

在 DoSomething( )事件处理程序中，可使用多种方法确定是哪个按钮引发了事件。可以比较按钮的文本(对于本地化这可能会引起问题)，也可以比较按钮的名称(这是脆弱的方法，因为当构建应用程序时无法捕获输入错误的名称)。最好确保每个按钮在 XAML 中都有 Name 属性设置，从而可以通过窗口类的一个字段访问相应的对象，并使用事件发送者比较引用。下面列举一个示例：

```
private void DoSomething(object sender, RoutedEventArgs e)
{
    if (sender == cmd1)
    { ... }
    else if (sender == cmd2)
    { ... }
    else if (sender == cmd3)
    { ... }
}
```

另一种选择是简单地随按钮传递一段可在代码中使用的信息。例如，可为每个按钮设置 Tag 属性，如下所示：

```
<StackPanel Click="DoSomething" Margin="5">
  <Button Name="cmd1" Tag="The first button.">Command 1</Button>
  <Button Name="cmd2" Tag="The second button.">Command 2</Button>
  <Button Name="cmd3" Tag="The third button.">Command 3</Button>
  ...
</StackPanel>
```

然后就可以在代码中访问 Tag 属性了：

```
private void DoSomething(object sender, RoutedEventArgs e)
```

```
{
    object tag = ((FrameworkElement)sender).Tag;
    MessageBox.Show((string)tag);
}
```

5.2.5 隧道路由事件

隧道路由事件的工作方式和冒泡路由事件相同，但方向相反。例如，如果MouseUp事件是隧道路由事件(实际上不是)，在特殊的标签示例中单击图形将导致MouseUp事件首先在窗口中被引发，然后在Grid控件中被引发，接下来在StackPanle面板中被引发，依此类推，直至到达实际源头，即标签中的图像为止。

隧道路由事件易于识别，它们都以单词Preview开头。而且，WPF通常成对地定义冒泡路由事件和隧道路由事件。这意味着如果发现冒泡的MouseUp事件，就还可以找到PreviewMouseUp隧道事件。隧道路由事件总在冒泡路由事件之前被触发，如图5-3所示。

更有趣的是，如果将隧道路由事件标记为已处理过，那就不会发生冒泡路由事件。这是因为两个事件共享RoutedEventArgs类的同一个实例。

如果需要执行一些预处理(根据键盘上特定的键执行动作或过滤掉特定的鼠标动作)，隧道路由事件是非常有用的。图5-4显示了一个示例，该例测试PreviewKeyDown事件的隧道过程。当在文本框中按下一个键时，事件首先在窗口触发，然后在整个层次结构中向下传递。如果在任意位置将PreviewKeyDown事件标记为已处理过，就不会发生冒泡的KeyDown事件。

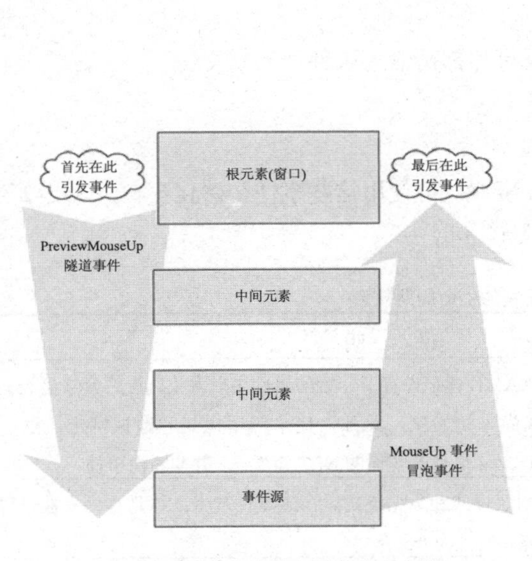

图5-3 隧道路由事件和冒泡路由事件

图5-4 隧道的按键事件

提示：

如果准备将隧道路由事件标记为处理过，务必要谨慎从事。根据编写控件的方式，这有可能阻止控件处理自己的事件(相关的冒泡路由事件)，从而阻止执行某些任务或阻止更新控件自身的状态。

识别事件的路由策略

显然，不同的事件路由策略会影响事件的使用方式。但如何确定特定事件正在使用的路由类型呢？

隧道路由事件非常简单。根据.NET 约定，隧道路由事件总是以单词 Preview 开头(如 PreviewKeyDown)。但没有类似的机制从直接路由事件中区分出冒泡路由事件。对于使用 WPF 的开发人员，最简单的方法是在 Visual Studio 的帮助文档中查找事件。您将看到路由事件的信息，这些信息指明了定义事件的静态字段、路由类型以及事件签名等。

可通过分析事件的静态字段以编程方式获得相同的信息。例如，ButtonBase. ClickEvent.RoutingStrategy 属性提供了用于指示 Click 事件使用的路由类型的枚举值。

5.3 WPF 事件

我们已经学习了 WPF 事件的工作原理，现在分析一下在代码中可以处理的各类事件。尽管每个元素都提供了许多事件，但最重要的事件通常包括以下 5 类：

- **生命周期事件**：在元素被初始化、加载或卸载时发生这些事件。
- **鼠标事件**：这些事件是鼠标动作的结果。
- **键盘事件**：这些事件是键盘动作(如按下键盘上的键)的结果。
- **手写笔事件**：这些事件是使用类似钢笔的手写笔的结果，在平板电脑上用手写笔代替鼠标。
- **多点触控事件**：这些事件是一根或多根手指在多点触控屏幕上触摸的结果。仅在 Windows 7 中支持这些事件。

总之，鼠标、键盘、手写笔以及多点触控事件都是输入事件。

5.3.1 生命周期事件

当首次创建以及释放所有元素时都会引发事件，可使用这些事件初始化窗口。表 5-2 列出了这些事件，它们是在 FrameworkElement 类中定义的。

表 5-2 所有元素的生命周期事件

名 称	说 明
Initialized	当元素被实例化，并已根据 XAML 标记设置了元素的属性之后发生。这时元素已经初始化，但窗口的其他部分可能尚未初始化。此外，尚未应用样式和数据绑定。这时，IsInitialized 属性为 true。Initialized 事件是普通的.NET 事件——并非路由事件
Loaded	当整个窗口已经初始化并应用了样式和数据绑定时，该事件发生。这是在元素被呈现之前的最后一站。这时，IsLoaded 属性为 true
Unloaded	当元素被释放时，该事件发生，原因是包含元素的窗口被关闭或特定的元素被从窗口中删除

为了弄清 Initialized 事件和 Loaded 事件之间的关系，分析一下呈现过程是有帮助的。FrameworkElement 类实现了 ISupportInitialize 接口，该接口提供了两个用于控制初始化过程的

方法。第一个方法是 BeginInit( )，在实例化元素后会立即调用该方法。调用 BeginInit( )方法后，XAML 解析器设置所有元素的属性(并添加内容)。第二个方法是 EndInit( )，完成初始化后，将调用该方法，此时引发 Initialized 事件。

注意：

上面的解释实际上进行了一些简化。XAML 解析器负责调用 BeginInit( )和 EndInit( )方法，这也是它应该做的。但是，如果手动创建一个元素并将它添加到窗口中，就未必使用这个接口。对于这种情况，一旦将元素添加到窗口，就会在 Loaded 事件之前引发 Initialized 事件。

当创建窗口时，会自下而上地初始化每个元素分支。这意味着，位于深层的嵌套元素在它们的容器之前被初始化。当引发初始化事件时，可确保元素树中当前元素以下的元素已经全部完成了初始化。但是，包含当前元素的元素可能还没有初始化，并且不能假定窗口的任何其他部分已经初始化。

在每个元素都完成初始化后，还需要在它们的容器中进行布局、应用样式。如果需要的话，还会绑定到数据源。当引发窗口的 Initialized 事件后，就可以进入下一阶段了。

一旦完成初始化过程，就会引发 Loaded 事件。Loaded 事件和 Initialized 事件的发生过程相反——换句话说，包含其他所有元素的窗口首先引发 Loaded 事件，然后才是更深层的嵌套元素。为所有元素都引发了 Loaded 事件后，窗口就变得可见了，并且元素都已被呈现。

表 5-2 中只列出了部分生命周期事件。包含窗口还有它自己更特殊的生命周期事件，表 5-3 列出了这些事件。

表 5-3 Window 类的生命周期事件

名　称	说　明
SourceInitialized	当取得窗口的 HwndSource 属性时(但在窗口可见之前)发生。HwndSource 是窗口句柄，如果调用 Win32 API 中的遗留函数，就可能需要使用该句柄
ContentRendered	在窗口首次呈现后立即发生。对于执行任何可能会影响窗口可视外观的更改操作，这不是一个好位置，否则将会强制进行第二次呈现(改用 Loaded 事件)。然而，ContentRendered 事件表明窗口已经完全可见，并且已经准备好接收输入
Activated	当用户切换到该窗口时发生(例如，从应用程序的其他窗口或从其他应用程序切换到该窗口)。当窗口第一次加载时也会引发 Activated 事件。从概念上讲，窗口的 Activated 事件相当于控件的 GotFocus 事件
Deactivated	当用户从该窗口切换到其他窗口时发生(例如，切换到应用程序的其他窗口或切换到其他应用程序)。当用户关闭窗口时也会发生该事件，该事件在 Closing 事件之后，但在 Closed 事件之前发生。从概念上讲，窗口的 Deactivated 事件相当于控件的 LostFocus 事件
Closing	当关闭窗口时发生，不管是用户关闭窗口还是通过代码调用 Window.Close( )或 Application.Shutdown( )方法关闭窗口。Closing 事件提供了取消操作并保持打开状态的机会，具体通过将 CancelEventArgs.Cancel 属性设置为 true 实现该目标。但是，如果是因为用户关闭或注销计算机而导致应用程序被关闭，就不能接收到 Closing 事件。为应对这种情况，需要处理将在第 7 章中描述的 Application.SessionEnding 事件
Closed	当窗口已经关闭后发生。但是，此时仍可以访问元素对象，当然是在 Unloaded 事件尚未发生之前。在此，可以执行一些清理工作，向永久存储位置(如配置文件或 Windows 注册表)写入设置信息等

如果只对执行控件的第一次初始化感兴趣，完成这项任务的最好时机是在触发 Loaded 事件时。通常可在同一位置进行所有初始化，这个位置一般是 Window.Loaded 事件的事件处理程序。

提示：

也可以使用窗口构造函数进行初始化(在紧跟 InitializeComponent( )调用之后，添加自己的代码)。但使用 Loaded 事件总是更好的选择。这是因为如果在 Window 类的构造函数中发生异常，就会在 XAML 解析器解析页面时抛出该异常。因此，该异常将与 InnerException 属性中的原始异常一起被封装到一个没有用处的 XamlParseException 对象中。

5.3.2 输入事件

输入事件是当用户使用某些种类的外设硬件进行交互时发生的事件，例如鼠标、键盘、手写笔或多点触控屏。输入事件可通过继承自 InputEventArgs 的自定义事件参数类传递额外的信息。图 5-5 显示了继承层次。

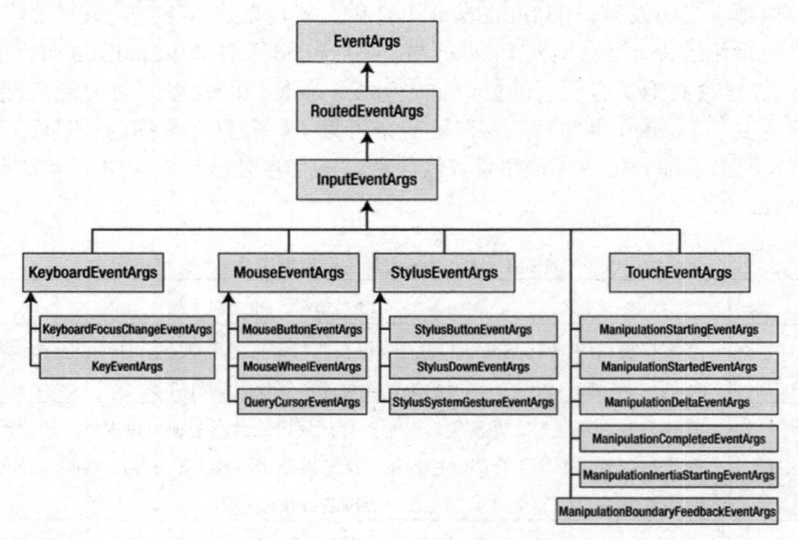

图 5-5 输入事件的 EventArgs 类

InputEventArgs 类只增加了两个属性：Timestamp 和 Device。Timestamp 属性提供了一个整数，指示事件何时发生的毫秒数(它所代表的实际时间并不重要，但可比较不同的时间戳值以确定哪个事件先发生。时间戳值大的事件是在更近发生的)。Device 属性返回一个对象，该对象提供与触发事件的设备相关的更多信息，设备可以是鼠标、键盘或手写笔。这三种可能的设备由不同的类表示，所有这些类都继承自抽象类 System.Windows.Input.InputDevice。

接下来的几节将进一步分析在 WPF 应用程序中如何处理鼠标、键盘以及多点触控动作。

5.4 键盘输入

当用户按下键盘上的一个键时，就会发生一系列事件。表 5-4 根据它们发生的顺序列出了这些事件。

表 5-4　所有元素的键盘事件(按顺序)

名　　称	路由类型	说　　明
PreviewKeyDown	隧道	当按下一个键时发生
KeyDown	冒泡	当按下一个键时发生
PreviewTextInput	隧道	当按键完成并且元素正在接收文本输入时发生。对于那些不会产生文本“输入”的按键(如 Ctrl 键、Shift 键、Backspace 键、方向键和功能键等)，不会引发该事件
TextInput	冒泡	当按键完成并且元素正在接收文本输入时发生。对于那些不会产生文本的按键，不会引发该事件
PreviewKeyUp	隧道	当释放一个按键时发生
KeyUp	冒泡	当释放一个按键时发生

键盘处理永远不会像上面看到的这么简单。一些控件可能会挂起这些事件中的某些事件，从而可执行自己更特殊的键盘处理。最明显的例子是 TextBox 控件，它挂起了 TextInput 事件。对于一些按键，TextBox 控件还挂起了 KeyDown 事件，如方向键。对于此类情形，通常仍可使用隧道路由事件(PreviewTextInput 和 PreviewKeyDown 事件)。

TextBox 控件还添加了名为 TextChanged 的新事件。在按键导致文本框中的文本发生改变之后会立即引发该事件。这时，在文本框中已经可以看到新的文本，所以阻止不需要的按键已为时太晚。

5.4.1　处理按键事件

理解键盘事件的最好方式是使用简单的示例程序，如图 5-6 所示。该例在一个文本框中监视所有可能的键盘事件，并在发生时给出报告。图 5-6 显示了在文本框中输入大写 S 键时的结果。

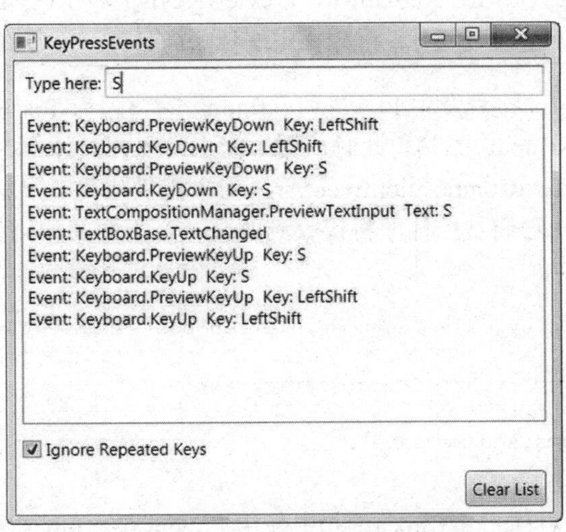

图 5-6　监视键盘事件

该例演示了非常重要的一点。每次按下一个键时，都会触发 PreviewKeyDown 和

PreviewKeyUp 事件。但只有当字符可以“输入”到元素中时，才会触发 TextInput 事件。这一动作实际上可能涉及多个按键操作。在图 5-6 中，为得到大写字母 S，需要按下两个键。首先，按下 Shift 键，接着按下 S 键。因此，分别看到了两个 KeyDown 和 KeyUp 事件，但只有一个 TextInput 事件。

PreviewKeyDown、KeyDown、PreviewKeyUp 和 KeyUp 事件都通过 KeyEventArgs 对象提供了相同的信息。最重要的信息是 Key 属性，该属性返回一个 System.Windows.Input.Key 枚举值，该枚举值标识了按下或释放的键。下面是图 5-6 中处理键盘事件的事件处理程序：

```
private void KeyEvent(object sender, KeyEventArgs e)
{
    string message = "Event: " + e.RoutedEvent + " " +
      " Key: " + e.Key;
    lstMessages.Items.Add(message);
}
```

Key 值没有考虑任何其他键的状态。例如，当按下 S 键时不必关心当前是否按下了 Shift 键，不管是否按下了 Shift 键都会得到相同的 Key 值(Key.S)。

这里还存在一个问题。根据 Windows 键盘的设置，持续按下一个键一段时间，会重复引发按键事件。例如，保持按下 S 键，显然会在文本框中输入一系列 S 字符。同样，按下 Shift 键一段时间也会得到多个按键和一系列 KeyDown 事件。按下 Shift+S 键进行测试的真实情况是，文本框实际上会为 Shift 键引发一系列 KeyDown 事件，然后为 S 键引发 KeyDown 事件，随后是 TextInput 事件(对于文本框，是 TextChanged 事件)，最后是为 Shift 键和 S 键引发 KeyUp 事件。如果希望忽略这些重复的 Shift 键，可以通过检查 KeyEventArgs.IsRepeat 属性，确定按键是不是因为按住键导致的结果，如下所示：

```
if ((bool)chkIgnoreRepeat.IsChecked && e.IsRepeat) return;
```

提示：

最好使用 PreviewKeyDown、KeyDown、PreviewKeyUp 和 KeyUp 事件编写低级的键盘处理逻辑(除了自定义控件外很少需要)，并用于处理特殊的按键，如功能键。

KeyDown 事件发生后，接着发生 PreviewTextInput 事件(因为 TextBox 控件挂起了 TextInput 事件，所以不会发生 TextInput 事件)。此时，文本尚未出现在控件中。

TextInput 事件使用 TextCompositionEventArgs 对象提供代码。该对象包含 Text 属性，该属性提供了处理过的文本，它们是控件即将接收到的文本。下面的代码将这些文本添加到图 5-6 所示的列表中：

```
private void TextInput(object sender, TextCompositionEventArgs e)
{
    string message = "Event: " + e.RoutedEvent + " " +
      " Text: " + e.Text;
    lstMessages.Items.Add(message);
}
```

理想情况下，可在控件(如 TextBox 控件)中使用 PreviewTextInput 事件执行验证工作。例如，如果构建只能输入数字的文本框，可确保当前按键不是字母，如果是就设置 Handled 标志。可惜，对于某些可能希望处理的键不会触发 PreviewTextInput 事件。例如，如果在文本框中按下了空格键，将直接绕过 PreviewTextInput 事件，这意味着还需要处理 PreviewKeyDown 事件。

但在 PreviewKeyDown 事件处理程序中编写出可靠的验证逻辑是比较困难的，因为在此只知道 Key 值，这是级别很低的信息。例如，Key 枚举区分数字键盘和普通键盘字母以上的数字键。这意味着根据按下数字 9 的方式，可能得到值 Key.D9 或 Key.NumPad9。验证所有这些允许使用的键值至少可以说是非常枯燥的。

一种选择是使用 KeyConverter 类将 Key 值转换为更有用的字符串。例如，使用 KeyConverter.ConverterToString( )方法，Key.D9 和 Dey.NumPad9 都返回字符串“9”。如果只使用 Key.ToString( )方法，将得到不那么有用的枚举名称(D9 或 NumPad9)：

```
KeyConverter converter = new KeyConverter();
string key = converter.ConvertToString(e.Key);
```

然而，即使使用 KeyConverter 类也仍存在缺陷，因为对于不会产生文本输入的按键，会得到更长一点的文本(如 Backspace)。

最好同时处理 PreviewTextInput 事件(该事件负责大多数验证)和 PreviewKeyDown 事件，PreviewKeyDown 用于那些在文本框中不会引发 PreviewTextInput 事件的按键(例如空格键)。下面是完成这一工作的简单解决方案：

```
private void pnl_PreviewTextInput(object sender, TextCompositionEventArgs e)
{
    short val;
    if (!Int16.TryParse(e.Text, out val))
    {
        // Disallow non-numeric key presses.
        e.Handled = true;
    }
}

private void pnl_PreviewKeyDown(object sender, KeyEventArgs e)
{
    if (e.Key == Key.Space)
    {
        // Disallow the space key, which doesn't raise a PreviewTextInput event.
        e.Handled = true;
    }
}
```

可将这些事件处理程序关联到单个文本框，或在更高层次的容器(例如，包含几个只允许输入数字的文本框的 StackPanel 面板)中关联它们，这样做效率更高。

注意：

这一按键处理行为看起来比较笨拙(确实很笨拙)。一个原因是 TextBox 控件没有提供更好的按键处理，因为 WPF 关注的是数据绑定，通过该特性可将控件(如 TextBox 控件)绑定到自定义对象。当使用这种方法时，通常由绑定对象提供验证，通过异常标识错误，并且非法数据会触发在用户界面中的某个位置显示的错误消息。但是，目前没有比较容易的方法将这些有用的、高级的数据绑定特性应用于低级的防止用户输入非法字符的键盘处理中。

5.4.2 焦点

在 Windows 世界中，用户每次只能使用一个控件。当前接收用户按键的控件是具有焦点的控件。有时，有焦点的控件的外观有些不同。例如，WPF 按钮使用蓝色阴影显示它具有焦点。

为让控件能接受焦点，必须将 Focusable 属性设置为 true，这是所有控件的默认值。

有趣的是，Focusable 属性是在 UIElement 类中定义的，这意味着其他非控件元素也可以获得焦点。通常，对于非控件类，Focusable 属性默认设置为 false，但也可以设置为 true。例如，使用布局容器(如 StackPanel 面板)测试这一点——当它获得焦点时，会在面板边缘的周围显示一条点划线边框。

为将焦点从一个元素移到另一个元素，用户可单击鼠标或使用 Tab 键和方向键。以前的开发框架强制编程人员确保 Tab 键以合理方式移动焦点(通常是从左向右，然后从上到下)，并且确保在窗口第一次显示时正确的控件获得焦点。在 WPF 中，不必再完成这些额外工作，因为 WPF 使用层次结构的元素布局实现了 Tab 键切换焦点的顺序。本质上，按下 Tab 键时会将焦点移到当前元素的第一个子元素，如果当前元素没有子元素，会将焦点移到同级的下一个子元素。例如，如果在具有两个 StackPanel 面板容器的窗口中使用 Tab 键转移焦点，焦点首先会通过第一个 StackPanel 面板中的所有控件，然后通过第二个 StackPanel 面板中的所有控件。

如果希望获得控制使用 Tab 键转移焦点顺序的功能，可按数字顺序设置每个控件的 TabIndex 属性。TabIndex 属性为 0 的控件首先获得焦点，然后是次高的 TabIndex 值(例如首先是 1，然后是 2、3，等等)。如果多个元素具有相同的 TabIndex 值，WPF 就使用自动 Tab 顺序，这意味着会跳过随后最靠近的元素。

提示：

默认情况下，所有控件的 TabIndex 属性都被设置为 Int32.MaxValue。这意味着可通过将某个特定控件的 TabIndex 属性设置为 0，让该控件作为窗口的开始点，并且依赖于自动导航指导用户从这个开始点开始，根据元素的定义顺序转移焦点并通过窗口的剩余部分。

TabIndex 属性是在 Control 类中定义的，在该类中还定义了 IsTabStop 属性。可通过将 IsTabStop 属性设置为 false 来阻止控件被包含进 Tab 键焦点顺序。IsTabSop 属性和 Focusable 属性之间的区别在于，如果控件的 IsTabSop 属性被设置为 false，控件仍可通过其他方式获得焦点——通过编程(使用代码调用 Focus()方法)或通过鼠标单击。

不可见或禁用的控件(“变灰的控件”)通常会忽略 Tab 键焦点顺序，并且不能被激活，不管 TabIndex 属性、IsTapStop 属性以及 Focusable 属性如何设置。为了隐藏或禁用某个控件，可分别设置 Visibility 属性和 IsEnabled 属性。

5.4.3 获取键盘状态

当发生按键事件时，经常需要知道更多信息，而不仅要知道按下的是哪个键。而且确定其他键是否同时被按下了也非常重要。这意味着可能需要检查其他键的状态，特别是 Shift、Ctrl 和 Alt 等修饰键。

对于键盘事件(PreviewKeyDown、KeyDown、PreviewKeyUp 和 KeyUp)，获取这些信息比较容易。首先，KeyEventArgs 对象包含 KeyStates 属性，该属性反映触发事件的键的属性。更有用的是，KeyboardDevice 属性为键盘上的所有键提供了相同的信息。

自然，KeyboardDevice 属性提供了 KeyboardDevice 类的一个实例。它的属性包括当前是哪个元素具有焦点(FocusedElement)以及当事件发生时按下了哪些修饰键。修饰键包括 Shift、Ctrl 和 Alt 键，并且可使用位逻辑来检查它们的状态，如下所示：

```
if ((e.KeyboardDevice.Modifiers & ModifierKeys.Control) == ModifierKeys.Control)
{
   lblInfo.Text = "You held the Control key.";
}
```

KeyboardDevice 属性还提供了几个简便方法，这些方法在表 5-5 中列出。对于这些方法中的每个方法，需要传递一个 Key 枚举值。

表 5-5　KeyboardDevice 属性提供的方法

名　称	说　明
IsKeyDown()	当事件发生时，通知是否按下了该键
IsKeyUp()	当事件发生时，通知是否释放了该键
IsKeyToggled()	当事件发生时，通知该键是否处于“打开”状态。该方法只对那些能够打开、关闭的键有意义，如 Caps Lock 键、Scroll Lock 键以及 Num Lock 键
GetKeyStates()	返回一个或多个 KeyStates 枚举值，指明该键当前是否被释放了、按下了或处于切换状态。该方法本质上和为同一个键同时调用 IsKeyDown( )方法和 IsKeyToggled( )方法相同

当使用 KeyEventArgs.KeyboardDevice 属性时，代码获取虚拟键状态(virtual key state)。这意味着获取在事件发生时键盘的状态，这些状态和键盘的当前状态未必相同。例如，分析一下当用户输入速度超出代码执行速度时会发生什么情况？每次引发 KeyPress 事件时，都将访问触发事件的按键，而不是刚输入的字符。这几乎总是您想得到的行为。

然而，没有限制在键盘事件中获取键的信息，也可以随时获取键盘状态信息。技巧是使用 KeyBoard 类，该类和 KeyboardDevice 类非常类似，只是 Keyboard 类由静态成员构成。下面的例子使用 Keyboard 类检查键盘左边 Shift 键的当前状态：

```
if (Keyboard.IsKeyDown(Key.LeftShift))
{
   lblInfo.Text = "The left Shift is held down.";
}
```

注意：

Keyboard 类也提供了几个方法，通过这些方法可关联应用程序范围内的键盘事件处理程序，如 AddKeyDownHandler( )和 AddKeyUpHandler( )方法。然而，建议您不要使用这些方法。实现应用程序范围内功能的较好方法是使用 WPF 命令系统，这些内容将在第 9 章中介绍。

5.5　鼠标输入

鼠标事件执行几个关联的任务。当鼠标移到某个元素上时，可通过最基本的鼠标事件进行响应。这些事件是 MouseEnter(当鼠标指针移到元素上时引发该事件)和 MoseLeave(当鼠标指针离开元素时引发该事件)。这两个事件都是直接事件，这意味着它们不使用冒泡和隧道过程，而是源自一个元素并且只被该元素引发。考虑到控件嵌入到 WPF 窗口的方式，这是合理的。

例如，如果有一个包含按钮的 StackPanel 面板，并将鼠标指针移到按钮上，那么首先会为这个 StackPanel 面板引发 MouseEnter 事件(当鼠标指针进入 StackPanel 面板的边界时)，然后为按钮引发 MouseEnter 事件(当鼠标指针移到按钮上时)。将鼠标指针移开时，首先为按钮，然后为 StackPanel 面板引发 MouseLeave 事件。

还可响应 PreviewMouseMove 事件(隧道路由事件)和 MouseMove 事件(冒泡路由事件)，只要移动鼠标就会引发这两个事件。所有这些事件都为代码提供了相同的信息：MouseEventArgs 对象。MouseEventArgs 对象包含当事件发生时标识鼠标键状态的属性，以及 GetPosition( )方法，该方法返回相对于所选元素的鼠标坐标。下面列举一个示例，该例以设备无关的像素显示鼠标指针在窗体中的位置：

```
private void MouseMoved(object sender, MouseEventArgs e)
{
    Point pt = e.GetPosition(this);
    lblInfo.Text =
      String.Format("You are at ({0},{1}) in window coordinates",
      pt.X, pt.Y);
}
```

在该例中，从客户区(标题栏的下面)的左上角开始测量坐标。图 5-7 显示了上述代码的运行情况。

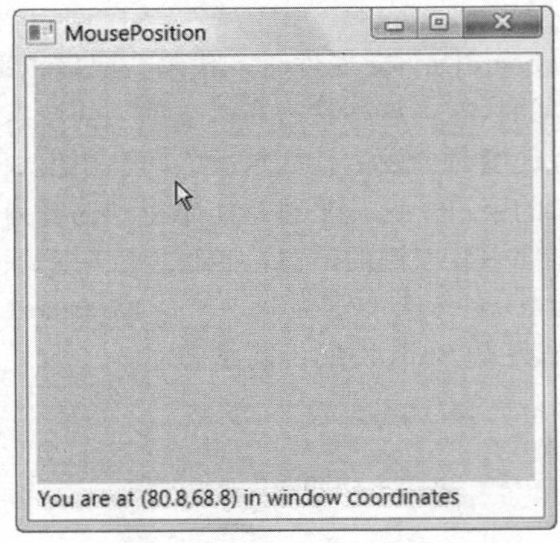

图 5-7 监视鼠标

您可能已经注意到，该例中显示的鼠标坐标并非整数。这是因为该屏幕抓图来自系统 DPI 被设置为 120 dpi(而不是标准的 96 dpi)的系统。第 1 章中解释过，WPF 自动缩放其单位，使用更多的物理像素进行补偿。因为屏幕像素的大小不再和 WPF 单位系统的尺寸匹配，所以鼠标的物理位置可能被转换成小数形式的 WPF 单位，正如在此处显示的结果。

提示：

UIElement 类还包含两个有用的属性，这两个属性能帮助进行鼠标命中测试。可使用 IsMouseOver 属性确定当前鼠标是否位于某个元素及其子元素上面，还可以使用 IsMouseDirectlyOver 属性检查鼠标是否位于某个元素上面，但未位于其子元素上面。通常不会在代码中读取和使用这些值，反而会使用它们构建样式触发器，从而当鼠标移到元素上时，自动修改元素。第 11 章将演示这一技术。

5.5.1 鼠标单击

鼠标单击事件的引发方式和按键事件的引发方式有类似之处。区别是对于鼠标左键和鼠标右键引发不同的事件。表 5-6 根据它们的发生顺序列出了这些事件。除这些事件外，还有两个响应鼠标滚轮动作的事件：PreviewMouseWheel 和 MouseWheel。

表 5-6 所有元素的鼠标单击事件(按顺序排列)

名　称	路由类型	说　明
PreviewMouseLeftButtonDown PreviewMouseRightButtonDown	隧道	当按下鼠标键时发生
MouseLeftButtonDown MouseRightButtonDown	冒泡	当按下鼠标键时发生
PreviewMouseLeftButtonUp PreviewMouseRightButtonUp	隧道	当释放鼠标键时发生
MouseLeftButtonUp MouseRightButtonUp	冒泡	当释放鼠标键时发生

所有鼠标事件都提供 MouseButtonEventArgs 对象。MouseButtonEventArgs 类继承自 MouseEventArgs 类(这意味着该类包含相同的坐标和按钮状态信息)，并添加了几个成员。这些成员中相对不重要的是 MouseButton(该成员用于通知是哪个鼠标键引发的事件)和 ButtonState(该成员用于通知当事件发生时鼠标键是处于按下状态还是释放状态)。ClickCount 属性更有趣，该属性用于通知鼠标键被单击了多少次，从而可以区分是单击(ClickCount 的值为 1)还是双击(ClickCount 的值为 2)。

提示：

通常，当单击鼠标时，Windows 应用程序对鼠标键的释放事件进行响应(对“up”事件而非“down”事件进行响应)。

某些元素添加了更高级的鼠标事件。例如，Control 类添加了 PreviewMouseDoubleClick 事件和 MouseDoubleClick 事件，这两个事件代替了 MouseLeftButtonUp 事件。与此类似，对于 Button 类，通过鼠标或键盘可触发 Click 事件。

注意：

与键盘按键事件一样，当发生鼠标事件时，这些事件提供了有关鼠标位置和哪个鼠标键被按下的信息。为获得当前鼠标位置和按键状态，可使用 Mouse 类的静态成员，它们和 MouseButtonEventArgs 类的成员类似。

5.5.2 捕获鼠标

通常，元素每次接收到鼠标键“按下”事件后，不久后就会接收到对应的鼠标键“释放”事件。但情况不见得总是如此。例如，如果单击一个元素，保持按下鼠标键，然后移动鼠标指针离开该元素，这时该元素就不会接收到鼠标键释放事件。

某些情况下，可能希望通知鼠标键释放事件，即使鼠标键释放事件是在鼠标已经离开了原来的元素之后发生的。为此，需要调用 Mouse.Capture( )方法并传递恰当的元素以捕获鼠标。此后，就会接收到鼠标键按下事件和释放事件，直到再次调用 Mouse.Capture( )方法并传递空引用为止。当鼠标被一个元素捕获后，其他元素就不会接收到鼠标事件。这意味着用户不能单击窗口中其他位置的按钮，不能单击文本框的内部。鼠标捕获有时用于可以被拖放并可以改变尺寸的元素。第 23 章将列举这方面的一个例子，该例使用可改变尺寸的自定义绘制窗口。

提示：

当调用 Mouse.Capture( )方法时，可传递可选的 CaptureMode 值作为第二个参数。通常，当调用 Mouse.Capture( )方法时，使用 CaptureMode.Element 值，这表示元素总是接收鼠标事件。然而，如果使用 CaptureMode.SubTree，鼠标事件就可以经过已单击的元素(假定这个元素是执行捕获的元素的子元素)。如果在子元素中已经使用了事件冒泡或隧道特性来监视鼠标事件，这是非常合理的。

有些情况下，可能由于其他原因(不是您的错)丢失鼠标捕获。例如，如果需要显示系统对话框，Windows 可能会释放鼠标捕获。如果当鼠标键释放事件发生后没有释放鼠标，并且用户单击了另一个应用程序中的窗口，也可能丢失鼠标捕获。无论哪种情况，都可以通过处理元素的 LostMouseCapture 事件来响应鼠标捕获的丢失。

当鼠标被一个元素捕获时，就不能与其他元素进行交互(例如，不能单击窗口中的其他元素)。鼠标捕获通常用于短时间的操作，如拖放。

注意：

不是使用 Mouse.Capture( )方法，而是改用 UIElement 类提供的两个方法：CaptureMouse( )和 ReleaseMouseCapture( )。只在合适的元素上调用这些方法。这种方法的唯一限制是不允许使用 CaptureMode.SubTree 选项。

5.5.3 鼠标拖放

拖放操作(是一种拖动信息使其离开窗口中的某个位置，然后将其放到其他位置的技术)和前几年相比现在不是非常普遍。编程人员已经逐渐地使用其他方法复制信息，从而不再需要按住鼠标键(许多用户发现掌握这一技术比较困难)。支持鼠标拖放功能的程序通常将它用作为高级用户提供的一种快捷方式，而不是一种标准的工作方式。

本质上，拖放操作通过以下三个步骤进行：

(1) 用户单击元素(或选择元素中的一块特定区域)，并保持鼠标键为按下状态。这时，某些信息被搁置起来，并且拖放操作开始。

(2) 用户将鼠标移到其他元素上。如果该元素可接受正在拖动的内容的类型(例如一幅位图或一块文本)，鼠标指针会变成拖放图标，否则鼠标指针会变成内部有一条线的圆形。

(3) 当用户释放鼠标键时，元素接收信息并决定如何处理接收到的信息。在没有释放鼠标键时，可按下 Esc 键取消该操作。

可在窗口中添加两个文本框来尝试拖放操作支持的工作方式，因为 TextBox 控件提供了支持拖放的内置逻辑。如果选中文本框中的一些文本，就可以将这些文本拖动到另一个文本框中。当释放鼠标键时，这些文本将移动位置。同一技术在两个应用程序之间也可以工作——例如，可从 Word 文档中拖动一些文本，并放入到 WPF 应用程序的 TextBox 对象中，也可将文本从

WPF应用程序的TextBox对象拖动到Word文档中。

有时，可能希望在两个未提供内置拖放功能的元素之间进行拖放。例如，可能希望允许用户将内容从文本框拖放到标签中；或者可能希望创建如图5-8所示的示例，该例允许用户从Label对象或TextBox对象拖动文本，并放到另一个标签中。对于这种情况，需要处理拖放事件。

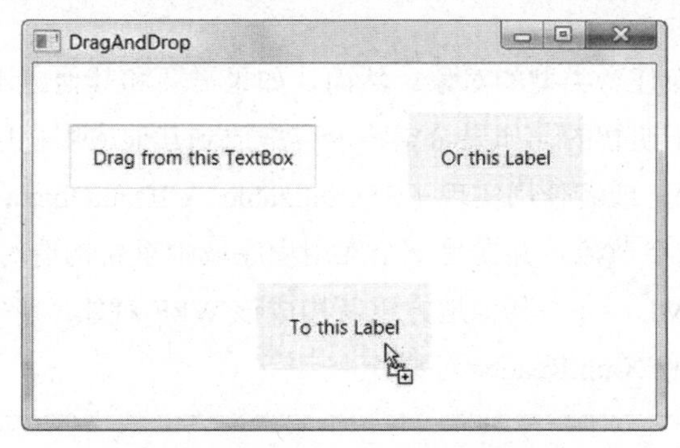

图5-8　从一个元素向另一个元素拖放内容

注意：

用于拖放操作的方法和事件都集中在System.Windows.DragDrop类中。通过使用该类，任何元素都可以参与拖放操作。

拖放操作有两个方面：源和目标。为了创建拖放源，需要在某个位置调用DragDrop.DoDragDrop( )方法来初始化拖放操作。此时确定拖动操作的源，搁置希望移动的内容，并指明允许什么样的拖放效果(复制、移动等)。

通常，在响应MouseDown或PreviewMouseDown事件时调用DoDragDrop( )方法。下面是一个示例，当单击标签时该例初始化拖放操作。标签中的文本内容用于拖放操作：

```
private void lblSource_MouseDown(object sender, MouseButtonEventArgs e)
{
    Label lbl = (Label)sender;
    DragDrop.DoDragDrop(lbl, lbl.Content, DragDropEffects.Copy);
}
```

接收数据的元素需要将它的AllowDrop属性设置为true。此外，它还需要通过处理Drop事件来处理数据：

```
<Label Grid.Row="1" AllowDrop="True" Drop="lblTarget_Drop">To Here</Label>
```

将AllowDrop属性设置为true时，就将元素配置为允许任何类型的信息。如果希望有选择地接收内容，可处理DragEnter事件。这时，可以检查正在拖动的内容的数据类型，然后确定所允许的操作类型。下面的示例只允许文本内容——如果拖动的内容不能被转换成文本，就不允许执行拖放操作，鼠标指针会变成内部具有一条线的圆形光标，表示禁止操作：

```
private void lblTarget_DragEnter(object sender, DragEventArgs e)
{
    if (e.Data.GetDataPresent(DataFormats.Text))
      e.Effects = DragDropEffects.Copy;
    else
      e.Effects = DragDropEffects.None;
}
```

最后，当完成操作后就可以检索并处理数据了。下面的代码将拖放的文本插入标签中：

```
private void lblTarget_Drop(object sender, DragEventArgs e)
{
    ((Label)sender).Content = e.Data.GetData(DataFormats.Text);
}
```

可通过拖放操作交换任意类型的对象。然而，如果需要和其他应用程序通信，这种自由的方法尽管很完美，却是不明智的。如果希望将内容拖放到其他应用程序中，应当使用基本数据类型(如字符串、整型等)，或者使用实现了 ISerializable 或 IDataObject 接口的对象(这两个接口允许.NET 将对象转换成字节流，并在另一个应用程序域中重新构造对象)。一个有趣的技巧是将 WPF 对象转换成 XAML，并在其他地方重新构成该 WPF 对象。所需要的所有对象就是第 2 章中介绍的 XamlWriter 和 XamlReader 对象。

注意：

如果希望在两个应用程序之间传递数据，那么务必检查 System.Windows.Clipboard 类，该类提供了静态方法，用于在 Windows 剪贴板中放置数据，并以各种不同的格式检索剪贴板中的数据。

5.6 多点触控输入

多点触控(multi-touch)是通过触摸屏幕与应用程序进行交互的一种方式。多点触控输入和更传统的基于笔(pen-based)的输入的区别是多点触控识别手势(gesture)——用户可移动多根手指以执行常见操作的特殊方式。例如，在触摸屏上放置两根手指并同时移动它们，这通常意味着“放大”，而以一根手指为支点转动另一根手指意味着“旋转”。并且因为用户直接在应用程序窗口中进行这些手势，所以每个手势自然会被连接到某个特定的对象。例如，简单的具有多点触控功能的应用程序，可能会在虚拟桌面上显示多幅图片，并且允许用户拖动、缩放以及旋转每幅图片，进而创建新的排列方式。

提示：

要获得 Windows 7 能够识别的标准多点触控手势列表，请参阅 http://tinyurl.com/yawwhw2。

在智能手机和平板电脑上，多点触控屏幕几乎无处不在。但在普通计算机上，多点触控屏幕较少见。尽管硬件制造商已经生产了触摸屏笔记本电脑和 LCD 显示器，但传统的笔记本电脑和显示器仍占据主导地位。

这对于希望实验多点触控应用程序的开发人员是一个挑战。到目前为止，最好的方法是投资购买基本的多点触控笔记本电脑。然而，通过多做一点工作，可使用仿真器模拟多点触控输入。基本做法是为计算机连接多个鼠标并安装来自 Multi-Touch Vista 开源项目(对于 Windows 7 该项目也能工作)的驱动程序。首先浏览到 http://multitouchvista.codeplex.com。但需要注意，由于安装过程有些复杂，可能需要按照辅导视频以确保正确安装；另外，在有些系统上，这可能行不通。

注意：
尽管有些应用程序在 Windows Vista 系统上可能支持多点触控，但对于内置到 WPF 的支持则需要 Windows 7 或 Windows 8，不管是具有支持多点触控的硬件还是使用仿真器都是如此。

5.6.1 多点触控的输入层次

正如您在上面了解到的，WPF 允许使用键盘和鼠标的高层次输入(例如单击和文本改变)和低层次输入(鼠标事件以及按键事件)。这很重要，因为有些应用程序需要加以更精细的控制。多点触控输入同样应用了这种多层次的输入方式，并且对于多点触控支持，WPF 提供了三个独立的层次：

- **原始触控(raw touch)**：这是最低级的支持，可访问用户执行的每个触控。缺点是由您的应用程序负责将单独的触控消息组合到一起，并对它们进行解释。如果不准备识别标准触摸手势，反而希望创建以独特方式响应多点触控输入的应用程序，使用原始触控是合理的。一个例子是绘图程序，例如 Windows 7 画图程序，该程序允许用户同时使用多根手指在触摸屏上绘图。
- **操作(manipulation)**：这是一个简便的抽象层，该层将原始的多点触控输入转换成更有意义的手势，与 WPF 控件将一系列 MouseDown 和 MouseUp 事件解释为更高级的 MouseDoubleClick 事件很相似。WPF 支持的通用手势包括移动(pan)、缩放(zoom)、旋转(rotate)以及轻按(tap)。
- **内置的元素支持(built-in element support)**：有些元素已对多点触控事件提供了内置支持，从而不需要再编写代码。例如，可滚动的控件支持触控移动，如 ListBox、ListView、DataGrid、TextBox 以及 ScrollViewer。

接了来的几节列举了原始触控以及使用手势的操作示例。

5.6.2 原始触控

与基本的鼠标和键盘事件一样，触控事件被内置到低级的 UIElement 以及 ContentElement 类。表 5-7 列出了所有触控事件。

表 5-7 所有元素的原始触控事件

名　称	路由类型	说　明
PreviewTouchDown	隧道	当用户触摸元素时发生
TouchDown	冒泡	当用户触摸元素时发生
PreviewTouchMove	隧道	当用户移动放到触摸屏上的手指时发生
TouchMove	冒泡	当用户移动放到触摸屏上的手指时发生
PreviewTouchUp	隧道	当用户移开手指，结束触摸时发生
TouchUp	冒泡	当用户移开手指，结束触摸时发生
TouchEnter	无	当触点从元素外进入元素内时发生
TouchLeave	无	当触点离开元素时发生

所有这些事件都提供了一个 TouchEventArgs 对象，该对象提供了两个重要成员。第一个是

GetTouchPoint( )方法，该方法返回触控事件发生位置的屏幕坐标(还有一些不怎么常用的数据，例如触点的大小)。第二个是 TouchDevice 属性，该属性返回一个 TouchDevice 对象。这里的技巧是将每个触点都视为单独设备。因此，如果用户在不同的位置按下了两根手指(同时按下或者先按下一根再按下另一根)，WPF 将它们作为两个触控设备，并为每个触控设备指定唯一的 ID。当用户移动这些手指，并且触控事件发生时，代码可以通过 TouchDevice.Id 属性区分两个触点。

下面的示例演示了一个简单的原始触控程序(见图 5-9)，帮助您理解该过程的工作原理。当用户在 Canvas 控件上触摸时，应用程序添加一个小的椭圆元素以显示触点。然后，当用户移动手指时，代码移动椭圆从而使其跟随手指移动。

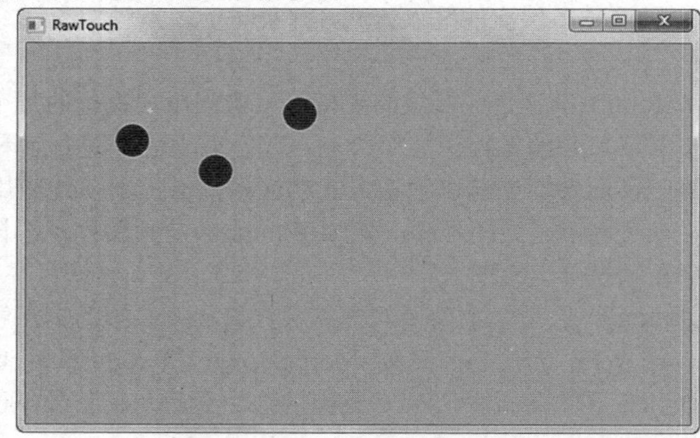

图 5-9　使用多点触控拖动椭圆

该例与类似的鼠标事件测试示例之间的区别在于，在该例中用户能够同时使用多根手指进行触摸，从而导致显示多个椭圆，每个椭圆可以被分别拖动。

为了创建这个示例，需要处理 TouchDown、TouchUp 以及 TouchMove 事件：

```
<Canvas x:Name="canvas" Background="LightSkyBlue"
  TouchDown="canvas_TouchDown" TouchUp="canvas_TouchUp"
  TouchMove="canvas_TouchMove">
</Canvas>
```

为了跟踪所有触点，需要作为窗口成员变量存储一个集合。最简洁的方法是存储 UIElement 对象的集合(为每个激活的椭圆存储一个 UIElement 对象)，使用触控设备的 ID(该 ID 是整数)编写索引：

```
private Dictionary<int, UIElement> movingEllipses =
  new Dictionary<int, UIElement>();
```

当用户按下一根手指时，代码创建并配置一个新的椭圆元素(该元素看起来像个小圆)。使用触点在恰当的坐标放置椭圆，并将椭圆元素添加到集合中(根据触控设备的 ID 编写索引)，然后在 Canvas 面板上显示该椭圆元素：

```
private void canvas_TouchDown(object sender, TouchEventArgs e)
{
    // Create an ellipse to draw at the new contact point.
    Ellipse ellipse = new Ellipse();
    ellipse.Width = 30;
    ellipse.Height = 30;
    ellipse.Stroke = Brushes.White;
```

```
    ellipse.Fill = Brushes.Green;

    // Position the ellipse at the contact point.
    TouchPoint touchPoint = e.GetTouchPoint(canvas);
    Canvas.SetTop(ellipse, touchPoint.Bounds.Top);
    Canvas.SetLeft(ellipse, touchPoint.Bounds.Left);

    // Store the ellipse in the active collection.
    movingEllipses[e.TouchDevice.Id] = ellipse;

    // Add the ellipse to the Canvas.
    canvas.Children.Add(ellipse);
}
```

当用户移动按下的手指时，将触发 TouchMove 事件。此时，可使用触控设备的 ID 确定哪个点正在移动。代码需要做的全部工作就是查找对应的椭圆并更新其坐标：

```
private void canvas_TouchMove(object sender, TouchEventArgs e)
{
    // Get the ellipse that corresponds to the current contact point.
    UIElement element = movingEllipses[e.TouchDevice.Id];

    // Move it to the new contact point.
    TouchPoint touchPoint = e.GetTouchPoint(canvas);
    Canvas.SetTop(ellipse, touchPoint.Bounds.Top);
    Canvas.SetLeft(ellipse, touchPoint.Bounds.Left);
}
```

最后，当用户抬起手指时，从跟踪集合中移除椭圆。作为一种选择，您可能也希望从 Canvas 面板中移除椭圆：

```
private void canvas_TouchUp(object sender, TouchEventArgs e)
{
    // Remove the ellipse from the Canvas.
    UIElement element = movingEllipses[e.TouchDevice.Id];
    canvas.Children.Remove(element);

    // Remove the ellipse from the tracking collection.
    movingEllipses.Remove(e.TouchDevice.Id);
}
```

注意：

UIElement 还添加了 CaptureTouch()和 ReleaseTouchCapture()方法，这两个方法与 CaptureMouse()和 ReleaseMouseCapture()方法类似。当一个元素捕获触控输入后，该元素会接收来自被捕获的触控设备的所有触控事件，即使触控事件是在窗口的其他地方发生的也是如此。但因为可能有多个触控设备，所以多个元素可能同时捕获触控输入，只要每一个捕获来自不同设备的输入即可。

5.6.3 操作

对于那些以简明直接的方式使用触控事件的应用程序，例如上面介绍的拖动椭圆示例或画图程序，原始触控是非常好的。但是，如果希望支持标准的触控手势，原始触控不会简化该工作。例如，为了支持旋转，需要探测在同一个元素上的两个触点，跟踪这两个触点的移动情况，并使用一些运算确定一个触点绕另一个触点的转动情况。甚至，此后还需要添加实际应用相应旋转效果的代码。

幸运的是，WPF 未将这些工作完全留给您。WPF 为手势提供了更高级别的支持，称为触控操作(manipulation)。通过将元素的 IsManipulationEnabled 属性设为 True，将元素配置为接受触控操作。然后可响应 4 个操作事件：ManipulationStarting、ManipulationStarted、ManipulationDelta 以及 ManipulationCompleted。

图 5-10 显示了一个操作示例。该例使用基本的安排在 Canvas 面板上显示三幅图像。此后用户可使用移动、旋转以及缩放手势来移动、转动、缩小或放大图像。

图 5-10　三幅图像以及使用多点触控操作后的效果

创建这个示例的第一步是定义 Canvas 面板并放置三个 Image 元素。为简化实现，当 ManipulationStarting 和 ManipulationDelta 事件从适当的 Image 元素内部向上冒泡后，在 Canvas 面板中处理这两个事件：

```
<Canvas x:Name="canvas" ManipulationStarting="image_ManipulationStarting"
 ManipulationDelta="image_ManipulationDelta">
   <Image Canvas.Top="10" Canvas.Left="10" Width="200"
   IsManipulationEnabled="True" Source="koala.jpg">
     <Image.RenderTransform>
```

```
        <MatrixTransform></MatrixTransform>
      </Image.RenderTransform>
    </Image>
    <Image Canvas.Top="30" Canvas.Left="350" Width="200"
    IsManipulationEnabled="True" Source="penguins.jpg">
      <Image.RenderTransform>
        <MatrixTransform></MatrixTransform>
      </Image.RenderTransform>
    </Image>
    <Image Canvas.Top="100" Canvas.Left="200" Width="200"
      IsManipulationEnabled="True" Source="tulips.jpg">
        <Image.RenderTransform>
      <MatrixTransform></MatrixTransform>
    </Image.RenderTransform>
  </Image>
</Canvas>
```

上面的标记中有一个新的细节。每个图像包含一个 MatrixTransform 对象，该对象为代码应用移动、旋转以及缩放操作的组合提供了一种简易方式。当前，MatrixTransform 对象未执行任何操作，但当操作事件发生时，将使用代码改变它们(第 12 章将全面详细地介绍变换的工作原理)。

当用户触摸一幅图像时，将触发 ManipulationStarting 事件。这时，需要设置操作容器，它是在后面将获得的所有操作坐标的参考点。在该例中，包含图像的 Canvas 面板是自然之选。还可根据需要选择允许的操作类型。如果不选择操作类型，WPF 将监视它识别的所有手势：移动、缩放以及旋转。

```
private void image_ManipulationStarting(object sender,
  ManipulationStartingEventArgs e)
{
    // Set the container (used for coordinates.)
    e.ManipulationContainer = canvas;

    // Choose what manipulations to allow.
    e.Mode = ManipulationModes.All;
}
```

当发生操作时(但操作未必结束)，触发 ManipulationDelta 事件。例如，如果用户开始旋转一幅图像，将不断触发 ManipulationDelta 事件，直到用户旋转结束并且用户抬起按下的手指为止。

通过使用 ManipulationDelta 对象将手势的当前状态记录下来，该对象是通过 Manipulation-DeltaEventArgs.DeltaManipulation 属性提供的。本质上，ManipulationDelta 对象记录了应当应用到对象的缩放、旋转以及移动的量，这些信息是通过三个简单的属性提供的：Scale、Rotation 以及 Translation。使用这一信息的技巧是在用户界面中调整元素。

理论上，可通过改变元素的大小和位置来处理缩放和移动细节。但这仍不能应用旋转(而且代码有些凌乱)。更好的方法是使用变换——通过变换对象可采用数学方法改变任何 WPF 元素的外观。基本思路是获取由 ManipulationDelta 对象提供的信息，并使用这些信息配置 MatrixTransform。尽管这听起来很复杂，但需要使用的代码在使用该特性的每个应用程序中本质上是相同的。看起来如下所示：

```
private void image_ManipulationDelta(object sender, ManipulationDeltaEventArgs e)
{
// Get the image that's being manipulated.
UIElement element = (UIElement)e.Source;

// Use the matrix of the transform to manipulate the element's appearance.
Matrix matrix = ((MatrixTransform)element.RenderTransform).Matrix;

// Get the ManipulationDelta object.
ManipulationDelta deltaManipulation = e.DeltaManipulation;

// Find the old center, and apply any previous manipulations.
Point center = new Point(element.ActualWidth / 2, element.ActualHeight / 2);
center = matrix.Transform(center);

// Apply new zoom manipulation (if it exists).
matrix.ScaleAt(deltaManipulation.Scale.X, deltaManipulation.Scale.Y,
  center.X, center.Y);

// Apply new rotation manipulation (if it exists).
matrix.RotateAt(e.DeltaManipulation.Rotation, center.X, center.Y);

// Apply new panning manipulation (if it exists).
matrix.Translate(e.DeltaManipulation.Translation.X,
e.DeltaManipulation.Translation.Y);

// Set the final matrix.
((MatrixTransform)element.RenderTransform).Matrix = matrix;
}
```

可使用上面的代码操作所有图像，如图 5-10 所示。

5.6.4 惯性

WPF 还有一层构建在基本操作支持之上的特性，称为惯性(intertia)。本质上，通过惯性可以更逼真、更流畅地操作元素。

现在，如果用户用移动手势拖动图 5-10 中的一幅图像，当手指从触摸屏上抬起时图像会立即停止移动。但如果启用了惯性特征，那么图像会继续移动非常短的一段时间，正常地减速。该特性为操作提供了势头的效果和感觉。当将元素拖动进它们不能穿过的边界时，惯性还会使元素被弹回，从而使它们的行为像是真实的物理对象。

为给上一个示例添加惯性特性，只需处理 ManipulationInertiaStarting 事件。与其他操作事件一样，该事件从一幅图像开始并冒泡至 Canvas 面板。当用户结束手势并抬起手指释放元素时，触发 ManipulationInertiaStarting 事件。这时，可使用 ManipulationInertiaStartingEventsArgs 对象确定当前速度——当操作结束时元素的移动速度——并设置希望的减速度。下面的示例为移动、缩放以及旋转手势添加了惯性：

```
private void image_ManipulationInertiaStarting(object sender,
  ManipulationInertiaStartingEventArgs e)
{
    // If the object is moving, decrease its speed by
    // 10 inches per second every second.
    // deceleration = 10 inches * 96 units per inch / (1000 milliseconds)^2
    e.TranslationBehavior = new InertiaTranslationBehavior();
    e.TranslationBehavior.InitialVelocity = e.InitialVelocities.LinearVelocity;
    e.TranslationBehavior.DesiredDeceleration = 10.0 * 96.0 / (1000.0 * 1000.0);

    // Decrease the speed of zooming by 0.1 inches per second every second.
    // deceleration = 0.1 inches * 96 units per inch / (1000 milliseconds)^2
    e.ExpansionBehavior = new InertiaExpansionBehavior();
    e.ExpansionBehavior.InitialVelocity = e.InitialVelocities.ExpansionVelocity;
    e.ExpansionBehavior. DesiredDeceleration = 0.1 * 96 / 1000.0 * 1000.0;

    // Decrease the rotation rate by 2 rotations per second every second.
    // deceleration = 2 * 360 degrees / (1000 milliseconds)^2
    e.RotationBehavior = new InertiaRotationBehavior();
    e.RotationBehavior.InitialVelocity = e.InitialVelocities.AngularVelocity;
    e.RotationBehavior. DesiredDeceleration = 720 / (1000.0 * 1000.0);
}
```

为使元素从障碍物自然地被弹回，需要在ManipulationDelta事件中检查是否将元素拖到了错误的位置。如果穿过了一条边界，那么由您负责通过调用ManipulationDeltaEventArgs.ReportBoundaryFeedback( )方法进行报告。

现在，您可能会好奇，假如这是所有多点触控开发人员需要的标准操作，为什么需要编写如此多的操作代码。一个明显的优点是，允许您很方便地修改一些细节(例如惯性设置中的减速量)。然而在许多情况下，通过预先构建的操作支持，可能获得正是您所需要的功能，为此，应当参阅http://multitouch.codeplex.com上的WPF Multi-Touch项目。该项目提供了两种方便的方式，通过这两种方式可以为容器添加操作支持，而不需要自己编写代码——使用会自动应用的行为(见第11章)或使用具有硬编码逻辑的自定义控件(见第18章)。最为幸运的是，该项目是免费下载的，并且提供了可供修改的源代码。

5.7 小结

本章深入分析了路由事件。首先研究了路由事件，并看到了它们是如何使开发人员能够在不同层次上处理事件的——直接在源中处理事件或在包含元素中处理事件。接下来，本章介绍了为能够处理键盘、鼠标以及多点触控输入，这些路由策略在WPF元素中的实现方式。

您可能试图开始编写事件处理程序对普通事件(如鼠标移动)进行响应，以应用简单的图形效果而不只是更新用户界面。但是不要开始编写这种逻辑，现在还为时尚早。正如将在第11章中看到的，可以通过WPF样式和触发器使用声明式标记自动实现许多简单的编程操作。但是在进入这个主题之前，下一章将首先介绍如何在WPF中使用许多最基本的控件(如按钮、标签和文本框)。

第Ⅱ部分

进一步研究 WPF

第 6 章

■■■

控　　件

现在已经学习了 WPF 布局、内容以及事件处理的基本内容，从而为进一步学习 WPF 提供的一系列元素做好了准备。本章将介绍控件——继承自 System.Windows.Control 类的元素。首先分析 Control 基类，讨论该类支持画刷和字体的原理，然后研究 WPF 控件的完整类别，包括以下控件：

- **内容控件**：这些控件可包含嵌套的元素，为它们提供近乎无限的显示能力。内容控件包括 Label、Button、ToolTip 和 ScrollViewer 类。
- **带有标题的内容控件**：这些控件是允许添加主要内容部分以及单独标题部分的内容控件。它们通常用于封装更大的用户界面块。此类控件包括 TabItem、GroupBox 以及 Expander 类。
- **文本控件**：文本控件较少，它们允许用户输入文本。文本控件支持普通文本(Textbox)、密码(PasswordBox)以及格式化文本(RichTextBox，第 28 章将讨论该控件)。
- **列表控件**：这些控件在列表中显示项的集合。列表控件包括 ListBox 和 ComboBox 类。
- **基于范围的控件**：这些控件通常只有共同的属性 Value，可使用预先规定范围内的任何数字设置该属性。这类控件包括 Slider 以及 ProgressBar 类。
- **日期控件**：此类控件包含两个允许用户选择日期的控件——Calendar 和 DatePicker。

还有几种类型的控件在本章没有介绍，包括用于创建菜单、工具栏以及功能区的控件；用于显示绑定数据的网格控件和树控件；以及允许查看和编辑富文档的控件。在整本书中，当研究相关 WPF 特性时，将介绍这些较高级的控件。

6.1 控件类

WPF 窗口充满了各种元素，但这些元素中只有一部分是控件。在 WPF 领域，控件通常被描述为与用户交互的元素——能接收焦点并接受键盘或鼠标输入的元素。明显的例子包括文本框和按钮。然而，这个区别有时有些模糊。将工具提示视为控件，因为它根据用户鼠标的移动显示或消失。将标签视为控件，因为它支持记忆码(mnemonics，将焦点转移到相关控件的快捷键)。

所有控件都继承自 System.Windows.Control 类，该类添加了一小部分基本的基础结构：

- 设置控件内容对齐方式的能力
- 设置 Tab 键顺序的能力
- 支持绘制背景、前景和边框
- 支持格式化文本内容的尺寸和字体

6.1.1　背景画刷和前景画刷

所有控件都包含背景和前景概念。通常，背景是控件的表面(考虑一下按钮边框内部的白色或灰色区域)，而前景是文本。在 WPF 中，分别使用 Background 和 Foreground 属性设置这两个区域(但非内容)的颜色。

自然会认为 Background 和 Foreground 属性使用颜色对象。然而，这些属性实际上使用的是更强大的对象：Brush 对象。该对象为填充背景和前景内容提供了灵活性，可使用单一颜色(使用 SolidColorBrush 画刷)或更特殊的颜色(如使用 LinearGradientBrush 或 TileBrush 画刷)填充背景和前景。本章将只使用简单的 SolidColorBrush 画刷，但第 12 章将尝试更特殊的画刷。

1. 用代码设置颜色

假设希望在名为 cmd 的按钮内部设置蓝色表面区域。下面是执行这一操作的代码：

```
cmd.Background = new SolidColorBrush(Colors.AliceBlue);
```

这行代码使用由简便类 Colors 的静态属性预定义的颜色，创建了一个新的 SolidColorBrush 画刷(属性的名称源自大多数 Web 浏览器支持的颜色名称)。然后将该画刷设置为按钮的背景画刷，从而使按钮的背景被绘制成带有轻微阴影的蓝色。

注意：

这种设置按钮样式的方法不尽如人意。如果使用这种方法，就会发现当按钮处于正常状态时(未被按下)会为该按钮设置背景色，但当按下按钮时就不会改变按钮显示的颜色(暗灰色)。为了真正地自定义按钮外观的每个方面，需要使用模板。第 17 章将讨论模板的相关内容。

也可以根据用户的喜好从 System.Windows.SystemColors 枚举中获取系统颜色。下面是一个示例：

```
cmd.Background = new SolidColorBrush(SystemColors.ControlColor);
```

因为经常使用系统画刷，所以 SystemColors 类还提供了预定义的返回 SolidColorBrush 对象的属性。下面显示了如何使用这些属性：

```
cmd.Background = SystemColors.ControlBrush;
```

正如文档所记录的，这两个示例都存在一个小问题。如果系统颜色在运行这段代码后发生了变化，不会使用新的颜色更新按钮。本质上，代码获取的是当前颜色或画刷的快照。为确保程序能够根据配置的变化进行更新，需要使用动态资源，如第 10 章所述。

Colors 和 SystemColors 类提供了便捷方法，但这并非设置颜色的唯一方法。也可通过提供 R、G、B 值(红、绿和蓝)创建 Color 对象。这三个值中的每一个都是 0 到 255 之间的数字：

```
int red = 0; int green = 255; int blue = 0;
cmd.Foreground = new SolidColorBrush(Color.FromRgb(red, green, blue));
```

也可通过提供 Alpha 值，并调用 Color.FromArgb( )方法来创建部分透明的颜色。Alpha 值 255 表示完全不透明，而 0 表示完全透明。

RGB 与 scRGB

RGB 标准十分有用，因为它被用于许多程序——例如，在画图程序中可从一幅图形上获取颜色的 RGB 值，并在 WPF 应用程序中使用相同颜色。然而，其他设备(如打印机)可能支持更广泛范围的颜色。因此又创建了 scRGB 标准，该标准使用 64 位值表示每个颜色成分(Alpha、红、绿和蓝)。

WPF 颜色结构支持这两个标准。它包含一套标准的 RGB 属性(A、R、G 和 B)和一套用于 scRGB 标准的属性(ScA、ScR、ScG 和 ScB)。这些属性相互关联，因此如果设置了 R 属性，就会相应地改变 ScR 属性。

RGB 值和 scRGB 值之间不呈现线性关系。在 RGB 系统中，数值 0 是 scRGB 中的 0，而 RGB 系统中的数值 255 在 scRGB 中变为 1，并且 RGB 系统中所有 0 到 255 之间的数值，在 scRGB 中都被表示成 0 和 1 之间的小数值。

2. 在 XAML 中设置颜色

在 XAML 中设置背景色和前景色时，可使用一种非常有用的快捷方式。不是定义 Brush 对象，而是提供颜色名或颜色值。WPF 解析器将使用指定的颜色自动创建 SolidColorBrush 对象，并为前景或背景使用该画刷对象。下面是一个使用颜色名的示例：

```
<Button Background="Red">A Button</Button>
```

上面的标记和下面更繁琐的语法是等同的：

```
<Button>A Button
  <Button.Background>
    <SolidColorBrush Color="Red" />
  </Button.Background>
</Button>
```

如果想创建不同类型的画刷(如 LinearGradientBrush 画刷)，并使用该画刷绘制背景，那么需要使用较长的格式。

如果希望使用颜色代码，需要使用稍难一点的语法，以十六进制形式设置 R、G 和 B 的值。可使用两种格式中的任意一种——#rrggbb 或#aarrggbb(它们之间的区别是后一种格式包含了 alpha 值)。因为使用的是十六进制方式，所以只需使用两位数字提供 A、R、G 和 B 的值。下面的示例使用#aarrggbb 方式创建与上面代码片段相同的颜色：

```
<Button Background="#FFFF0000">A Button</Button>
```

这里，alpha 值是 FF(255)，红色值是 FF(255)，而绿色值和蓝色值是 0。

注意：

画刷支持自动更改通知。换句话说，如果将画刷关联到某个控件并改变画刷，控件将相应地更新自身。这之所以能够工作，是因为画刷继承自 System.Windows.Freezable 类。名称源于这样一个事实：所有可冻结的对象都有两种状态——可读状态和只读状态(或冻结状态)。

使用画刷不仅可设置 Background 和 Foreground 属性，还可使用 BorderBrush 和 BorderThickness 属性在控件(以及其他元素，如 Border 元素)周围绘制一条边框。BorderBrush 属性使用所选的画刷，而 BorderThickness 属性使用设备无关单位的边框宽度值。在显示边框前需要设置这两个属性。

注意：

有些控件不支持 BorderBrush 和 BorderThickness 属性。Button 对象就将完全忽略它们，因为 Button 对象使用 ButtonChrome 装饰元素定义自己的背景和边框。然而，可使用模板为按钮设置新的外观(使用所选的边框)，如第 17 章所述。

6.1.2　字体

Control 类定义了一小部分与字体相关的属性，这些属性确定文本在控件中的显示方式。表 6-1 中列出了这些属性。

表 6-1　Control 类中与字体有关的属性

名　称	说　明
FontFamily	希望使用的字体的名称
FontSize	字体的设备无关单位尺寸(每单位表示 1/96 英寸)。为了支持新的 WPF 分辨率无关呈现模型，WPF 中的字体尺寸和传统的字体尺寸有些不同。通常的 Windows 应用程序使用点数度量字体，在标准 PC 监视器上假定一点等于 1/72 英寸。如果想将 WPF 字体尺寸转换为自己更熟悉的点尺寸，可使用一个简便技巧——乘以 3/4。例如，传统的 38 点字体等于 WPF 中 48 单位的尺寸
FontStyle	由 FontStyle 对象表示的文本角度。可从 FontStyles 类的静态属性中获取需要的预定义 FontStyle 对象，包括 Normal、Italic 或 Oblique 字母(Oblique 是一种在没有所需斜体的计算机上创建斜体字的“艺术”方式。字母来自正常字体，并使用变换进行倾斜。这样得到的结果通常并不理想)
FontWeight	由 FontWeight 对象表示的文本粗细。可从 FontWeights 类的静态属性中获取需要的预定义 FontWeight 对象。Bold 是这些属性中最明显的一个，但有些字体还提供了其他变种，如 Heavy、Light 和 ExtraBold 等
FontStretch	字体的拉伸或压缩程度，由 FontStretch 对象表示。可从 FontStrectchs 类的静态属性中获取需要的预定义 FontStretch 对象。例如，UltraCondensed 将字体减至正常宽度的 50%，而 UltraExpanded 将它们扩展到原来的 200%。字体拉伸是一个 OpenType 特性，很多字体都不支持该特性(要测试该属性，可尝试使用确实支持它的 Rockwell 字体)

注意：

Control 类中没有定义任何使用字体的属性，虽然许多控件包含未在 Control 基类中定义的属性(如 Text 属性)。显然，除非字体属性被用于 Control 类的继承类，否则没有任何意义。

1. 字体家族

字体家族(font family)是相关字体的集合——例如，Arial Regular、Arial Bold、Arial Italic 以及 Arial Bold Italic 字体都是 Arial 字体家族的一部分。尽管每种变体分别定义排版规则和字符，但操作系统仍能识别出它们是相关的。因此，可使用 Arial Regular 字体配置元素，将 FontWeight 属性设置为 Bold，但一定要使 WPF 将其转换为 Arial Bold 字体。

当选择字体时，必须提供完整的字体家族名称，如下所示：

```
<Button Name="cmd" FontFamily="Times New Roman" FontSize="18">A Button </Button>
```

也可以使用代码：

```
cmd.FontFamily = "Times New Roman";
cmd.FontSize = "18";
```

当确定 FontFamily 时，不能使用缩写的字符串。这意味着不能使用 Times 或 Times New 代替全名 Times New Roman。

还可以用字体的全名得到斜体或粗体，如下所示：

```
<Button FontFamily="Times New Roman Bold">A Button</Button>
```

然而，仅使用字体家族名并设置其他属性(如 FontStyle 和 FontWeight 属性)得到所需的变体更清晰，也更灵活。例如，下面的标记将 FontFamily 属性设置为 Times New Roman，并将 FontWeight 属性设置为 FontWeights.Bold：

```
<Button FontFamily="Times New Roman" FontWeight="Bold">A Button</Button>
```

2. 文本装饰和排版

有些元素还可以通过 TextDecorations 和 Typography 属性，支持更高级的文本控制。这些属性可以修饰文本。例如，可使用 TextDecorations 类中的静态属性设置 TextDecorations 属性。该类仅提供 4 种修饰，每种修饰都可以为文本添加几类线，包括 Baseline、OverLine、Strikethrough 和 Underline。Typography 属性更高级，通过该属性可以访问只有某些字体才会提供的特殊字体变种。这方面的例子包括不同的数字对齐方式、连字(在相邻字母之间的连接)和小音标(caps)。

对于大多数情况，TextDecorations 和 Typography 特征只用于流文档内容——用于创建丰富的可读文档(第 28 章将详细介绍文档的内容)。然而，这些属性也可以用于 TextBox 类。此外，TextBlock 元素也支持它们，TextBlock 元素是 Label 控件的轻量级版本，对于显示少量可换行的文本内容，TextBlock 元素是非常完美的。尽管您可能不喜欢对 TextBox 控件使用文本修饰或改变它的排版，但可能希望在 TextBlock 元素中使用下划线，如下所示：

```
<TextBlock TextDecorations="Underline">Underlined text</TextBlock>
```

如果准备在窗口中布置大量文本内容，而且希望设置不同部分的文本的格式(例如，使重要单词具有下划线)，可参阅第 28 章，在该章中将介绍更多流元素。尽管流元素主要被设计用于文档，但也可以直接将它们嵌入到 TextBlock 元素中。

3. 字体继承

当设置任何字体属性时，属性值都会流经嵌套的对象。例如，如果为顶级窗口设置 FontFamily 属性，窗口中的所有控件都会得到相同的 FontFamily 属性值(除非为控件明确设置了不同的字体)。这种做法之所以可行，是因为字体属性是依赖项属性，并且依赖项属性能够提供的特性之一就是属性值继承——这是在嵌套的控件中传递字体设置的魔力所在。

有必要指出，属性值继承能够流经那些根本就不支持相应属性的元素。例如，设想创建包含 StackPanel 面板的窗口，在 StackPanel 面板中有三个 Label 控件。可为窗口设置 FontSize 属性，因为 Window 类继承自 Control 类。但不能为 StackPanel 面板设置 FontSize 属性，因为它不是控件。但如果设置了窗口的 FontSize 属性，属性值仍然会“经过”StackPanel 面板，到达其内部的标签，并改变标签的字体尺寸。

与字体设置一样，其他几个基本属性也使用属性值继承。在 Control 类中，Foreground 属性使用继承。Background 属性不使用(然而，默认背景是空引用，大多数控件将其呈现为透明背景。

这意味着仍会显示父元素的背景)。在 UIElement 类中，AllowDrop、IsEnabled 以及 IsVisible 属性都使用属性继承。在 FrameworkElement 中，CultureInfo 和 FlowDirection 属性也使用属性值继承。

注意：

只有在将 FrameworkPropertyMetadata.Inherits 标志设置为 true 时(这并非是默认设置)，依赖项属性才支持属性值继承。第 4 章详细讨论了 FrameworkPropertyMetadata 类和属性注册。

---

4. 字体替换

设置字体时务必要谨慎，确保选择的字体在用户计算机上已经存在。然而，WPF 没有通过字体回调系统提供一点灵活性。可将 FontFamily 属性设置为由逗号分隔的字体选项列表。WPF 将按顺序遍历该列表，尝试查找在列表中指定的一种字体。

下面列举一个示例，该例试图使用 Technical Italic 字体，但如果该字体不存在，就使用 Comic Sans MS 或 Arial 字体：

```
<Button FontFamily="Technical Italic, Comic Sans MS, Arial">A Button </Button>
```

如果某个字体家族的名称中确实包含一个逗号，那么需要通过在一行中将其包含两次来转义该逗号。

顺便提一下，使用 System.Windows.Media.Fonts 类的静态 SystemFontFamilies 集合，可获得在当前计算机上已安装的所有字体的列表。下面的示例使用该集合向一个列表框中添加字体：

```
foreach (FontFamily fontFamily in Fonts.SystemFontFamilies)
{
    lstFonts.Items.Add(fontFamily.Source);
}
```

FontFamily 对象还允许检查其他细节，如行间距和关联的字体。

注意：

WPF 未提供的要素之一是字体选择对话框。WPF 的 Text 团队曾经推出过两个更富有吸引力的 WPF 字体选择器，包括使用数据绑定的无代码版本(http:// blogs.msdn.com/text/archive/2006/06/20/592777.aspx)和支持可选排版特性(某些 OpenType 字体支持该特性)的更高级版本(http://blogs.msdn.com/text/ archive/2006/11/01/sample-font-chooser.aspx)。

---

5. 字体嵌入

处理不常见字体的另一种选择是在应用程序中嵌入字体。通过嵌入字体，应用程序就永远不会出现查找所需字体这一问题。

嵌入过程非常简单。首先向应用程序添加字体文件(通常是具有.ttf 扩展名的文件)，并将 Build Action 选项设置为 Resource(为设置该属性，可在 Visual Studio 的 Solution Explorer 中选择字体文件，并在 Properties 窗口中改变它的 Build Action 属性)。

接下来，当使用字体时，需要在字体家族名称之前添加字符序列“./#”，如下所示：

```
<Label FontFamily="./#Bayern" FontSize="20">This is an embedded font </Label>
```

WPF 将“./”字符解释为“当前文件夹”。为理解该字符序列的含义，需要进一步了解与XAML 打包系统相关的内容。

如第 2 章所述，可直接在浏览器中运行单独的未编译的(称为松散的)XAML 文件。唯一的限制是 XAML 文件不能使用代码隐藏文件。在这种情况下，当前文件夹就是 XAML 所在的文件夹，并且 WPF 在保存 XAML 文件的同一目录下查找字体文件，从而可以在应用程序中使用它们。

更普遍的情形是，在运行前把 WPF 应用程序编译为.NET 程序集。对于这种情况，当前文件夹仍然是 XAML 文档所在的位置，只是文档已被编译过并已嵌入到程序集中。WPF 使用特定的 URI 语法来引用编译过的资源，URI 语法将在第 7 章讨论。所有应用程序的 URI 都以 pack://application 开头。如果创建了名为 ClassicControls 的项目，并添加了名为 EmbeddedFont.xaml 的窗口，该窗口的 URI 如下：

```
pack://application:,,,/ClassicControls/embeddedfont.xaml
```

可在几个地方使用该 URI，包括通过 FontFamily.BaseUri 属性加以使用。WPF 使用该 URI 作为查找字体的基础。因此，当在编译过的应用程序中使用“./”语法时，WPF 会查找作为资源嵌入到程序集中的字体，它们是和编译过的 XAML 文件一起被嵌入到程序集中的。

可以在“./”字符序列之后提供文件名称，但通常添加数字记号(#)和字体的实际家族名。在上面的示例中，嵌入的字体名为 Bayern。

注意：

设置嵌入的字体需要一点技巧。需要确保十分准确地获取字体家族名，并为字体文件选择正确的生成操作。要查看正确安装字体的例子，可参考本章的示例代码。

显然，嵌入字体需要考虑许可问题。遗憾的是，大多数字体销售商允许它们的字体被嵌入到文档中(如 PDF 文件)，但不允许嵌入到应用程序中(如 WPF 程序集)，即使最终用户不直接访问嵌入的 WPF 字体也同样如此。WPF 并未强制使用字体许可，但开发人员在重新分发字体前，应当确保具有合法的许可。

可使用 Microsoft 提供的免费字体属性扩展实用工具来检查字体的嵌入权限，可以从 http://www.microsoft.com/typography/TrueTypeProperty21.mspx 网址获得该工具。一旦安装该实用工具，就可右击任意字体文件，选择 Properties 菜单项以查看与其相关的更多细节信息。确切地讲，可以通过检查 Embedding 选项卡来查看当前字体是否允许嵌入的更详细信息。使用 Installed Embedding Allowed 标识的字体可嵌入到 WPF 应用程序中，而使用 Editable Embedding Allowed 标识的字体不能嵌入到 WPF 应用程序中。对于特定字体的许可信息，可从其销售商处咨询。

6. 文本格式化模式

WPF 中的文本渲染和旧式的基于 GDI 的应用程序的文本渲染有很大区别。很大一部分区别是由于 WPF 的设备无关显示系统造成的，但 WPF 中的文本渲染也得到了显著增强，能更清晰地显示文本，在 LCD 监视器上尤其如此。

然而，WPF 文本渲染具有一个众所周知的缺点。当使用较小的文本尺寸时，文本会变得模糊，并会显示一些令人讨厌的问题(例如边缘周围的颜色干扰)。使用 GDI 文本显示时不会发生这些问题，原因是 GDI 使用很多技巧来优化小文本的清晰度。例如，GDI 能够修改小字母的形状，调整它们的位置，并在像素边界对齐所有内容。这些步骤导致字体失去了其特殊的性质，但当处理极小的文本时，可在屏幕上得到更好的阅读体验。

那么如何修复 WPF 的小文本显示问题呢？最好增大文本(在 96 dpi 的监视器上，使用大约 15 设备无关单位的文本尺寸，这个问题就会消失)，或使用具有足够的分辨率，从而能够清晰显示任何尺寸文本的高 dpi 显示器。但是因为这些选择往往脱离了实际，所以 WPF 还具有选择使用与 GDI 类似的文本渲染能力。

为了使用 GDI 风格的文本渲染，为显示文本的元素(例如 TextBlock 或 Label)增加了 TextOptions.TextFormattingMode 附加属性，并将其设置为 Display(而不是标准值 Ideal)。下面是一个例子：

```
<TextBlock FontSize="12" Margin="5">
 This is a Test. Ideal text is blurry at small sizes.
</TextBlock>
<TextBlock FontSize="12" Margin="5" TextOptions.TextFormattingMode="Display">
 This is a Test. Display text is crisp at small sizes.
</TextBlock>
```

TextFormattingMode 属性仅仅是针对小尺寸文本的解决方案，记住这一点很重要。如果为更大的文本(超过 15 点的文本)使用该属性，文本将不会同样清晰，间隔将不会同样均衡，并且字体将不会被同样准确呈现。而且如果结合旋转、缩放或改变外观的变换(将在第 12 章中讨论变换)使用文本，应当总是使用 WPF 的标准文本显示模式。因为针对显示文本的 GDI 风格的优化是在所有变换之前应用的。一旦应用变换，结果将不再对齐到像素边界，文本的显示将变得模糊不清。

6.1.3　鼠标光标

对于任何应用程序而言，一个常见任务是调整鼠标光标以指示当前应用程序正处于繁忙状态或指示不同控件的工作方式。可为任何元素使用 Cursor 属性以设置鼠标指针，该属性继承自 FrameworkElement 类。

可以通过 System.Windows.Input.Cursor 对象来表示每个光标。获取 Cursor 对象的最简易方法是使用 Cursors 类(位于 System.Windows.Input 名称空间)的静态属性，它们包含了所有标准的 Windows 鼠标光标，如沙漏光标、手状光标、调整尺寸的箭头光标等。下面的示例将当前窗口的鼠标光标设置为沙漏光标：

```
this.Cursor = Cursors.Wait;
```

现在，将鼠标移到当前窗口上时，鼠标指针会变成大家熟悉的沙漏图标。

注意：

Cursors 类的属性获取在计算机上定义的鼠标光标。如果用户使用一套自定义的标准鼠标光标，那么所创建的应用程序将使用这些自定义的鼠标光标。

如果使用 XAML 设置鼠标光标，就不需要直接使用 Cursors 类。这是因为 Cursor 属性的

类型转换器能识别属性名称，并从 Cursors 类中检索对应的鼠标光标。这意味着当鼠标位于某个按钮上时，为了显示“帮助”光标(箭头和问号的组合)，可按如下方式编写标记：

```
<Button Cursor="Help">Help</Button>
```

有时可能设置相互重叠的光标。对于这种情况，会使用最特殊的光标。例如，可为一个按钮和包含该按钮的窗口设置不同的光标。当鼠标移到按钮上时，将显示为按钮设置的光标，而对于窗口中的其他区域则显示为窗口设置的光标。

但有一个例外。通过使用 ForceCursor 属性，父元素可覆盖子元素的光标设置。将该属性设置为 true 时，会忽略子元素的 Cursor 属性，父元素的光标会被应用到内部的所有内容。

如果希望为应用程序每个窗口中的每个元素应用光标设置，使用 Framework Element.Cursor 属性将不起作用。相反，需要使用静态的 Mouse.OverrideCursor 属性，该属性覆盖每个元素的 Cursor 属性：

```
Mouse.OverrideCursor = Cursors.Wait;
```

为了移除应用程序范围的光标覆盖设置，需要将 Mouse.OverrideCursor 属性设为 null。

最后，WPF 完全支持自定义光标。可使用普通的.cur 光标文件(本质上是一幅小位图)，也可使用.ani 动画光标文件。要使用自定义的光标，需要为 Cursor 对象的构造函数传递光标文件的文件名或包含光标数据的流：

```
Cursor customCursor = new Cursor(Path.Combine(applicationDir, "stopwatch.ani"));
this.Cursor = customCursor;
```

Cursor 对象不直接支持 URI 资源语法，通过该语法，其他 WPF 元素(如 Image 对象)可使用保存在编译过的程序集中的文件。然而，可方便地为应用程序添加光标文件作为资源，然后作为可用于构造 Cursor 对象的数据流检索该资源。诀窍是使用 Application.GetResourceStream( ) 方法：

```
StreamResourceInfo sri = Application.GetResourceStream(
  new Uri("stopwatch.ani", UriKind.Relative));
Cursor customCursor = new Cursor(sri.Stream);
this.Cursor = customCursor;
```

上面的代码假定为项目添加了名为 stopwatch.ani 的文件，并将它的 Build Action 设置为 Resource。第 7 章将详细介绍 GetResourceStream()方法。

6.2 内容控件

内容控件(content control)是更特殊的控件类型，它们可包含并显示一块内容。从技术角度看，内容控件是可以包含单个嵌套元素的控件。与布局容器不同的是，内容控件只能包含一个子元素，而布局容器只要愿意可以包含任意多个嵌套元素。

提示：

当然，仍可在单个内容控件中放置大量内容——诀窍是使用单个容器，比如使用 StackPanel 或 Grid 面板来封装所有内容。例如，Window 类本身是内容控件。显然，窗口经常包含大量内容，但所有内容都封装到顶级容器中(该容器通常是 Grid 面板)。

正如在第 3 章中所介绍的，所有 WPF 布局容器都继承自抽象类 Panel，该类提供了对包含多个元素的支持。类似地，所有内容控件都继承自抽象类 ContentControl。图 6-1 显示了 ContentControl 类的层次结构。

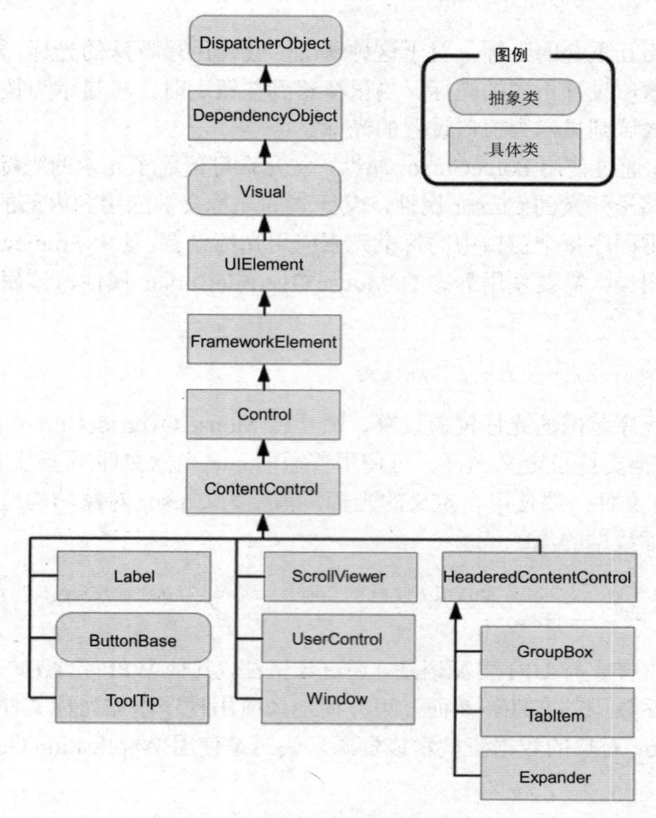

图 6-1　ContentControl 类的层次结构

如图 6-1 所示，几个常见的控件实际上都是内容控件，包括 Label 控件以及 ToolTip 控件。此外，所有类型的按钮都是内容控件，包括众所周知的 Button 控件、RadioButton 控件以及 CheckBox 控件。还有几个更特殊的内容控件，如 ScrollViewer 控件(可使用该控件创建能够滚动的面板)和 UserControl 类(该类允许重用一组自定义控件)。用于在应用程序中表示每个窗口的 Window 类本身也是内容控件。

最后，还有继承自 HeaderedContentControl 类的内容控件子集。这些控件同时具有内容区域和标题区域两部分，标题区域用于显示一些标题。这些控件包括 GroupBox 控件、TabItem 控件(位于 TabControl 控件中的一页)以及 Expander 控件。

注意：

还有几个元素未在图 6-1 中显示出来。没有显示用于内容导航的 Frame 元素(见第 24 章)，也没有显示用于其他控件内部的几个元素(如列表框和状态栏中的项)。

6.2.1　Content 属性

与 Panel 类提供 Children 集合来保存嵌套的元素不同，Control 类添加了 Content 属性，该属性只接受单一对象。Content 属性支持任何类型的对象，但可将该属性支持的对象分为两大类，针对每一类进行不同的处理：

- **未继承自 UIElement 类的对象**：内容控件调用这些控件的 ToString( )方法获取文本，然后显示该文本。
- **继承自 UIElement 类的对象**：这些对象(包括所有可视化元素，它们是 WPF 的组成部分)使用 UIElement.OnRender( )方法在内容控件的内部进行显示。

注意：

从技术角度看，OnRender( )方法并不立即绘制对象—— 只是生成 WPF 在屏幕上绘图所需要的图形表示。

为理解 Content 属性的工作原理，考虑简单的按钮。到目前为止，所看到的所有包含按钮的示例都简单地提供了一个字符串：

```
<Button Margin="3">Text content</Button>
```

该字符串被设置为按钮的内容，并在按钮上显示该内容。然而，可通过在按钮上放置任何其他元素来获取更有趣的内容。例如，可使用 Image 类在按钮上放置一幅图像：

```
<Button Margin="3">
  <Image Source="happyface.jpg" Stretch="None" />
</Button>
```

还可在布局容器(如 StackPanel 面板)中组合文本和图像：

```
<Button Margin="3">
  <StackPanel>
    <TextBlock Margin="3">Image and text button</TextBlock>
    <Image Source="happyface.jpg" Stretch="None" />
    <TextBlock Margin="3">Courtesy of the StackPanel</TextBlock>
  </StackPanel>
</Button>
```

注意：

可在内容控件中放置文本内容，因为 XAML 解析器会将其转换为字符串对象，并使用字符串对象来设置 Content 属性。但不能直接在布局容器中放置字符串内容。相反，需要使用继承自 UIElement 的类对字符串进行封装，如 TextBlock 或 Label 类。

如果希望创建一个真正意义上的极具特色的按钮，甚至可在该按钮中放置其他内容控件，如文本框和按钮(还可以在这些元素内部继续嵌套元素)，您可能会怀疑这样一个界面的实际意义，但这种情况是可以实现的。图 6-2 显示了几个示例按钮。

这与窗口使用的内容模型相同。与 Button 类相似，Window 类也只能包含单一嵌套元素，可以是一块文本、一个任意对象或一个元素。

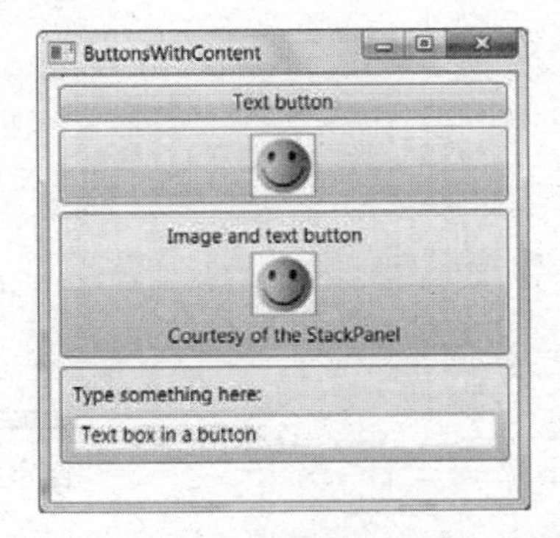

图 6-2　具有不同类型的嵌套内容的按钮

注意：

有一个元素不允许放置到内容控件中，就是 Window 元素。当创建 Window 元素时，它会进行检查以确认它是否是顶级容器。如果被放入到另一个元素中，Window 元素会抛出异常。

除 Content 属性外，ContentControl 类没有增加多少其他属性。它包含 HasContent 属性，如果在控件中有内容，该属性返回 true。还有 ContentTemplate 属性，通过该属性可创建一个模板，用于告诉控件如何显示它无法识别的对象。使用 ContentTemplate 模板，可更加智能地显示非继承自 UIElement 的对象。不是仅调用 ToString()方法获取字符串，而是可以使用各种属性值，将它们布置到更复杂的标记中。第 20 章将介绍有关数据模板的更多内容。

6.2.2　对齐内容

第 3 章介绍了如何使用在 FrameworkElement 基类中定义的 HorizontalAlignment 和 VerticalAlignment 属性，在容器中对齐不同的控件。然而，一旦控件包含了内容，就需要考虑另一个组织级别。需要决定内容控件中的内容如何和边框对齐，这是通过使用 HorizontalContentAlignment 和 VerticalContentAlignment 属性实现的。

HorizontalContentAlignment 和 VerticalContentAlignment 属性与 HorizontalAlignment 和 VerticalAlignment 属性支持相同的值。这意味着可将内容对齐到控件的任意边缘(使用 Top、Bottom、Left 或 Right 值)，可以居中(使用 Center 值)，也可以拉伸内容使其充满可用空间(使用 Stretch 值)。这些设置直接应用于嵌套的内容元素，但您可以使用多层嵌套创建复杂布局。例如，如果在 Label 元素中嵌套 StackPanel 面板，Label.HorizontalContentAlignment 属性决定了 StackPanel 面板被放置在 Label 控件中的何处，但 StackPanel 面板及其子元素的对齐方式和尺寸选项则会决定其余的布局。

在第 3 章中，您还学习了 Margin 属性，通过该属性可在相邻元素之间添加空间。内容控件使用和 Margin 属性互补的 Padding 属性，该属性在控件边缘和内容边缘之间插入空间。比较下面两个按钮，观察它们之间的区别：

```
<Button>Absolutely No Padding</Button>
<Button Padding="3">Well Padded</Button>
```

对于没有内边距(padding)的按钮(默认)，其文本和按钮边缘拥挤到一起。每条边都具有 3 个单位内边距的按钮则具有更合理的空白空间。图 6-3 强调了这一区别。

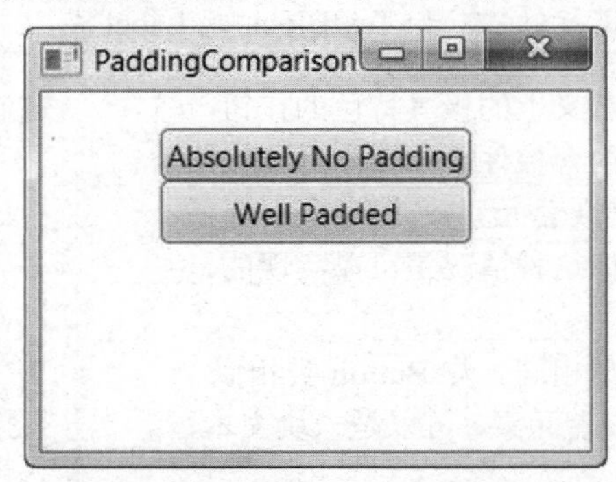

图 6-3　在按钮边界和内容之间添加内边距

注意：

HorizontalContentAlignment、VerticalContentAlignment以及Padding属性都是在Control类中定义的，而并非是在更特殊的ContentControl类中定义的。这是因为可能有些控件不是内容控件，但也需要包含某些类型的内容。比如TextBox控件——通过使用对齐方式和内边距设置(正如已经使用过的那样)来调整它所包含的文本(存储在Text属性中)。

6.2.3 WPF内容原则

现在，您可能会怀疑WPF内容模型设计得这么复杂是否值得。毕竟，可选择在按钮上放置一幅图像，但是未必需要将图像嵌入到其他控件或整个布局面板中。然而，有几个非常重要的原因促进了观念转变。

考虑图6-2中显示的示例，该例包含一个简单的图像按钮，在Button控件中放置了一个Image元素。这种方法不是非常理想，因为位图不是分辨率无关的。在高dpi显示器上，位图显示可能会变得模糊，因为WPF必须通过插值添加更多的像素，以确保图像保持正确的大小。更完善的WPF界面应避免使用位图，而应当使用矢量图形的组合来创建自定义绘图按钮以及其他图形修饰(请参阅第12章)。

这种方法可与内容控件模型很好地集成在一起。因为Button类是内容控件，所以可以自由地使用一幅固定的位图对其进行填充——相反，可以包含其他内容。例如，可使用System.Windows.Shapes名称空间中的类，在按钮中绘制一幅矢量图像。下面的示例创建了一个具有两个菱形的按钮，如图6-4所示：

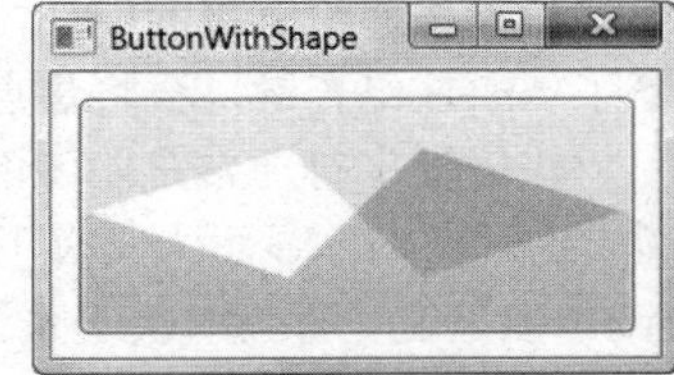

图6-4 具有形状内容的按钮

```
<Button Margin="3">
  <Grid>
    <Polygon Points="100,25 125,0 200,25 125,50"
    Fill="LightSteelBlue" />
    <Polygon Points="100,25 75,0 0,25 75,50"
    Fill="White"/>
  </Grid>
</Button>
```

显然，在这个示例中使用嵌套的内容模型比为Button类添加额外的属性以支持不同类型的内容要简单。嵌套内容模型不仅更灵活，还允许Button类提供更简单的接口。因为所有内容控件都支持以相同的方式嵌套内容，所以不必为多个类添加不同的内容属性。

实际上，使用嵌套内容模型需要进行折中。它简化了元素的类模型，因为不需要使用额外的继承层次，以便为支持不同类型的内容添加属性。然而，需要使用稍复杂的对象模型——元素可以由其他嵌套的元素构成。

注意：

通过改变控件的内容未必总能获得期望的效果。例如，尽管可在按钮中放置任何内容，但有些细节永远不会改变，如按钮中具有阴影的背景、圆角边框以及当把鼠标指针移到按钮上时的突出显示效果。然而，可使用另一种方法来改变这些内置的细节——应用新的控件模板。第17章将介绍如何使用控件模板改变控件外观感觉的所有方面。

6.2.4　标签

在所有内容控件中，最简单的是 Label 控件。与其他任意内容控件类似，Label 控件接受希望放入其中的单一内容。但不同的是 Label 控件支持记忆符(mnemonics)——本质上，记忆符是能够为链接的控件设置焦点的快捷键。

为支持此功能，Label 控件添加了 Target 属性。为了设置 Target 属性，需要使用指向另一个控件的绑定表达式。下面是必须遵循的语法：

```
<Label Target="{Binding ElementName=txtA}">Choose _A</Label>
<TextBox Name="txtA"></TextBox>
<Label Target="{Binding
ElementName=txtB}">Choose _B</Label>
<TextBox Name="txtB"></TextBox>
```

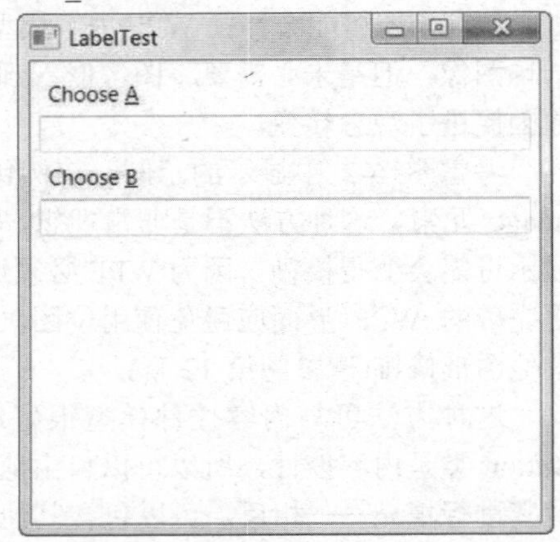

图 6-5　标签中的快捷键

标签文本中的下划线指示快捷键(如果确实需要在标签中显示下划线，必须添加两个下划线)。所有记忆符都使用 Alt 键和已经确定的快捷键工作。例如在该例中，如果用户按下了 Alt+A 组合键，第一个标签会将焦点传递给链接的控件，即 txtA。同样，如果按下了 Alt+B 组合键，会将焦点传递给 txtB 文本框。

快捷键字符通常是隐藏的，直到用户按下了 Alt 键，这时它们才显示为具有下划线的字母(如图 6-5 所示)。但是这一行为取决于系统设置。

提示：

如果需要显示不支持记忆符的内容，可能更愿意使用量级更轻的 TextBlock 元素。与 Label 控件不同，TextBlock 元素还通过它的 TextWrapping 属性支持换行。

6.2.5　按钮

WPF 提供了三种类型的按钮控件：熟悉的 Button 控件、CheckBox 控件和 RadioButton 控件。所有这些控件都是继承自 ButtonBase 类的内容控件。

ButtonBase 类增加了几个成员。定义了 Click 事件并添加了对命令的支持，从而允许为更高层的应用程序任务触发按钮(第 9 章将将介绍该技术)。最后，ButtonBase 类添加了 ClickMode 属性，该属性决定何时引发 Click 事件以响应鼠标动作。默认值是 ClickMode.Release，这意味着当单击和释放鼠标键时引发 Click 事件。然而，也可选择当鼠标第一次按下时引发 Click 事件(ClickMode.Press)。更奇特的是，只要将鼠标移动到按钮上并在按钮上悬停一会儿就会引发 Click 事件(ClickMode.Hover)。

注意：

所有按钮控件都支持访问键，访问键和 Label 控件中的记忆符类似。添加下划线字符来标识访问键。如果用户按下了 Alt 键和访问键，就会触发按钮单击事件。

---

1. Button 控件

Button 类表示一直使用的 Windows 下压按钮。它添加了两个可写属性：IsCancel 和 IsDefault。

- 如果将 IsCancel 属性设置为 true，按钮就成为窗口的取消按钮。在当前窗口的任何位置如果按下 Esc 键，就会触发该按钮。
- 如果将 IsDefault 属性设置为 true，按钮就成为默认按钮(也就是接受按钮)。其行为取决于焦点在窗口中的当前位置。如果焦点位于某个非按钮控件上(如 TextBox 控件、RadioButton 控件和 CheckBox 控件等)，默认按钮具有蓝色阴影，几乎像是具有焦点。如果按下 Enter 键，就会触发默认按钮。但如果焦点位于另一个按钮控件上，当前有焦点的按钮就具有蓝色阴影，而且按下 Enter 键会触发当前按钮而不是默认按钮。

许多用户依赖于这些快捷方式(特别是使用 Esc 键来关闭不需要的对话框)，所以花一些时间在创建的每个窗口中定义这些细节是有意义的。仍需为取消按钮和默认按钮编写事件处理代码，因为 WPF 没有提供这一行为。

某些情况下，将窗口中的同一个按钮既设置为取消按钮，又设置为默认按钮也是有意义的。一个例子是 About 对话框中的 OK 按钮。不过，窗口中只能有一个取消按钮和一个默认按钮。如果指定多个取消按钮，按下 Esc 键将把焦点移到下一个默认按钮，而不是触发它。如果设置多个默认按钮，按下 Enter 键后的行为更混乱。如果焦点在某个非按钮控件上，按下 Enter 键会把焦点移到下一个默认按钮。如果焦点位于一个 Button 控件上，按下 Enter 键就会触发该 Button 控件。

IsDefault 属性和 IsDefaulted 属性

Button 类还包含令人迷惑的 IsDefaulted 属性，该属性是只读的。如果另一个控件具有焦点并且该控件不接受 Enter 键输入，那么对于默认按钮，IsDefaulted 属性会返回 true。这种情况下，按下 Enter 键会触发该按钮。

例如，除非将 TextBox.AcceptsReturn 属性设置为 true，否则 TextBox 控件不接受 Enter 键输入。当 AcceptsReturn 属性被设置为 true 的 TextBox 控件具有焦点时，默认按钮的 IsDefaulted 属性为 false。当 AcceptsReturn 属性被设置为 false 的 TextBox 控件具有焦点时，默认按钮的 IsDefaulted 属性为 true。还有更容易令人困惑的情况，当按钮本身具有焦点时，IsDefaulted 属性返回 false，尽管这时按下 Enter 键会触发该按钮。

尽管未必希望使用 IsDefaulted 属性，但使用该属性确实可以编写出特定类型的样式触发器，正如将在第 11 章中看到的那样。如果不使用 IsDefaulted 属性，只是将它添加到普通的 WPF 列表中，这样常会使您的同事感到困惑。

2. ToggleButton 控件和 RepeatButton 控件

除 Button 类之外，还有三个类继承自 ButtonBase 类。这些类包括：

- GridViewColumnHeader 类，当使用基于网格的 ListView 控件时，该类表示一列可以单击的标题。将在第 22 章介绍 ListView 控件。
- RepeatButton 类，只要按钮保持按下状态，该类就不断地触发 Click 事件。对于普通按钮，用户每次单击只触发一个 Click 事件。
- ToggleButton 类，该类表示具有两个状态(按下状态和未按下状态)的按钮。当单击 ToggleButton 按钮时，它会保持按下状态，直到再次单击该按钮以释放它为止。这有时称为“粘贴单击”(sticky click)行为。

RepeatButton 和 ToggleButton 类都是在 System.Windows.Controls.Primitives 名称空间中定义

的，这表明它们通常不单独使用。相反，它们通常通过组合来构建更复杂的控件，或通过继承扩展其功能。例如，RepeatButton 类常用于构建高级的 ScrollBar 控件(最终，甚至 ScrollBar 控件都是更高级的 ScrollViewer 控件的一部分)。RepeatButton 类使滚动条两端的箭头按钮具有它们所特有的行为——只要按住箭头按钮不释放就会一直滚动。类似地，ToggleButton 控件通常也用于派生出更有用的 CheckBox 类和 RadioButton 类，后面将介绍这两个类。

然而，RepeatButton 类和 ToggleButton 类都不是抽象类，所以可在用户界面中直接使用它们。ToggleButton 控件在工具栏中非常有用，在第 25 章将使用工具栏。

3. CheckBox 控件

CheckBox 控件和 RadioButton 控件是不同类型的按钮。它们继承自 ToggleButton 类，这意味着用户可切换它们的开关状态，即它们的“开关”行为。对于 CheckBox 控件，切换到控件的“开”状态，意味着在其中放置复选标记。

CheckBox 类没有添加任何成员，所以 CheckBox 类的基本接口是在 ToggleButton 类中定义的。最重要的是，ToggleButton 类添加了 IsChecked 属性。IsChecked 属性是可空的 Boolean 类型，这意味着该属性可以设置为 true、false 或 null。显然，true 表示选中的复选框，而 false 表示空的复选框。null 值使用起来较为棘手——表示不确定状态，显示为具有阴影的复选框。不确定状态通常用于表示尚未设置的值，或存在一些差异的区域。例如，在文本应用程序中通常有用于加粗文本字体的复选框，并且如果当前选择的文本既包含粗体文本又包含正常文本，这时可将复选框设置为 null，表示一种不确定状态。

为在 WPF 标记中指定 null 值，需要使用 null 标记扩展，如下所示：

```
<CheckBox IsChecked="{x:Null}">A check box in indeterminate state </CheckBox>
```

除了 IsChecked 属性外，ToggleButton 类还添加了 IsThreeState 属性，该属性决定了用户是否能将复选框设置为不确定状态。如果 IsThreeState 属性被设置为 false(默认值)，单击复选框时，其状态会在选中和未选中两种状态之间切换，并且这时只能通过代码将复选框设置为不确定状态。如果 IsTreeState 属性被设置为 true，单击复选框时，就会在所有可能的三种状态之间循环切换。

ToggleButton 类还定义了当复选框进入特定状态时会触发的三个事件：Checked、UnChecked 和 Indeterminate。大多数情况下，可以很容易地通过处理继承自 ButtonBase 类的 Click 事件，将这一逻辑合并为单个事件处理程序。无论何时改变按钮的状态都会触发 Click 事件。

4. RadioButton 控件

RadioButton 类也继承自 ToggleButton 类，并使用相同的 IsChecked 属性和相同的 Checked、Unchecked 以及 Indeterminate 事件。此外，RadioButton 类还增加了 GroupName 属性，该属性用于控制如何对单选按钮进行分组。

单选按钮通常由它们的容器进行分组。这意味着，如果在 StackPanel 面板中放置三个单选按钮，那么这三个单选按钮就形成了一组，而且只能选择这三个单选按钮中的一个。另一方面，如果在两个独立的 StackPanel 控件中放置一组单选按钮，就有了两组相互独立的单选按钮。

可以使用 GroupName 属性覆盖这一默认行为。可使用该属性在同一个容器中创建多个组，或将包含在多个容器中的单选按钮创建为一组。对于这两种情况，技巧很简单——只需为所有属于同一组的单选按钮提供相同的组名即可。

分析下面这个示例：

```
<StackPanel>
  <GroupBox Margin="5">
    <StackPanel>
      <RadioButton>Group 1</RadioButton>
      <RadioButton>Group 1</RadioButton>
      <RadioButton>Group 1</RadioButton>
      <RadioButton Margin="0,10,0,0" GroupName="Group2">Group 2</RadioButton>
    </StackPanel>
  </GroupBox>
  <GroupBox Margin="5">
    <StackPanel>
      <RadioButton>Group 3</RadioButton>
      <RadioButton>Group 3</RadioButton>
      <RadioButton>Group 3</RadioButton>
      <RadioButton Margin="0,10,0,0" GroupName="Group2">Group 2</RadioButton>
    </StackPanel>
  </GroupBox>
</StackPanel>
```

这个示例中有两个包含单选按钮的容器，但有三组单选按钮。在每个分组框底部的最后一个单选按钮属于第三组。这个示例中的设计有些令人困惑，但有些情况下，可能希望以微妙的方式从包中分离出一个特定的单选按钮，而又不会导致该按钮离开原来的分组。

提示：

并非一定使用 GroupBox 容器封装单选按钮，但通常约定这么做。GroupBox 控件显示一条边框和一个可应用于按钮组的标题。

6.2.6 工具提示

WPF 为工具提示(当在一些感兴趣的内容上悬停鼠标时，就会弹出的那些臭名昭著的黄色方框)提供了一个灵活模型。因为在 WPF 中工具提示是内容控件，所以可在工具提示中放置任何可视化元素。还可改变各种时间设置来控制工具提示的显示和隐藏速度。

直接使用 ToolTip 类不是显示工具提示的最简单方法。相反，可为元素简单地设置 ToolTip 属性。ToolTip 属性是在 FrameworkElement 类中定义的，所以所有能放到 WPF 窗口上的元素都可以使用该属性。

例如，下面的按钮具有基本的工具提示：

```
<Button ToolTip="This is my tooltip">I have a tooltip</Button>
```

当在该按钮上悬停鼠标时，就会在熟悉的黄色方框中显示“This is my tooltip”文本。

如果希望提供更复杂的工具提示内容，如组合的嵌套元素，就需要将 ToolTip 属性分为单独的元素。下面的示例使用更复杂的嵌套内容设置按钮的 ToolTip 属性：

```
<Button>
  <Button.ToolTip>
    <StackPanel>
      <TextBlock Margin="3" >Image and text</TextBlock>
```

```
      <Image Source="happyface.jpg" Stretch="None" />
      <TextBlock Margin="3" >Image and text</TextBlock>
    </StackPanel>
  </Button.ToolTip>
  <Button.Content>I have a fancy tooltip</Button.Content>
</Button>
```

在上面的示例中，WPF 隐式创建了一个 ToolTip 对象。不同之处在于，这个 ToolTip 对象包含 StackPanel 面板而不是简单字符串。图 6-6 显示了结果。

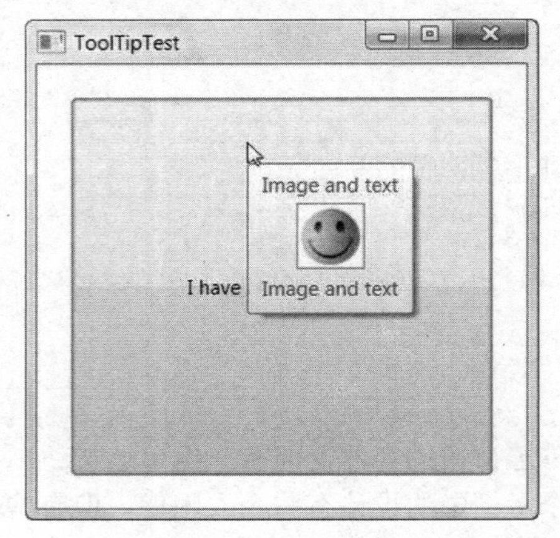

图 6-6　有趣的工具提示

如果多个工具提示相互重叠，将显示最特殊的那个工具提示。例如，在上面的示例中，如果为 StackPanel 容器添加工具提示，那么当在面板的空白地方或其他没有自己工具提示的控件上悬停鼠标时，就会显示该工具提示。

注意：

不要在工具提示中放置与用户进行交互的控件，因为 ToolTip 窗口不能接收焦点。例如，如果在 ToolTip 控件中放置一个按钮，虽然会显示该按钮，但不能单击它(如果试图单击该按钮，鼠标单击就会被传递到下层窗口中)。如果希望创建能包含其他控件，并与工具提示类似的窗口，可考虑改用 Popup 控件，稍后的“3. Popup 控件”部分将讨论该控件。

---

1. 设置 ToolTip 对象的属性

上面的示例显示了如何自定义工具提示的内容，但如果希望配置其他与 ToolTip 相关的设置，该怎么做呢？实际上有两种选择。可使用的第一种技术是显式地定义 ToolTip 对象，从而为直接设置 ToolTip 对象的各种属性提供机会。

ToolTip 是内容控件，因此可调整它的标准属性，如 Background 属性(从而不再是黄色的方框)、Padding 属性以及 Font 属性。还可修改在 ToolTip 类中定义的成员(表 6-2 中列出了这些成员)。这些属性中的大部分都用于帮助将工具提示放到所期望的位置。

表 6-2　ToolTip 对象的属性

名　称	说　明
HasDropShadow	决定工具提示是否具有扩散的黑色阴影，使其和背后的窗口区别开来
Placement	使用 PlacementMode 枚举值决定如何放置工具提示。默认值是 Mouse，表示工具提示方框的左上角与当前鼠标的位置相关(根据 HorizontalOffset 和 VerticalOffset 属性的值，工具提示的实际位置可能会偏离这个起始点)。其他枚举值使用绝对屏幕坐标来设置工具提示的位置，或相对于其他元素(通过使用 PlacementTarget 属性指定该元素)设置工具提示的位置
HorizontalOffset VerticalOffset	将工具提示微调到所希望的准确位置。可使用正值或负值
PlacementTarget	允许相对于另一个元素定位工具提示。为使用该属性，Placement 属性必须设置为 Left、Right、Top、Bottom 或 Center(这些值指定了工具提示和指定元素的哪个边缘对齐)
PlacementRectangle	用于偏移工具提示的位置。该属性的工作方式与 HorizontalOffset 和 VerticalOffset 属性相同。如果 Placement 属性被设置为 Mouse，该属性无效
CustomPopupPlacementCallback	允许使用代码动态地定位工具提示。如果 Placement 属性被设置为 Custom，此属性确定由 ToolTip 调用来获取 ToolTip 对象放置位置的方法。回调方法接收三部分信息——popupSize(ToolTip 的大小)、targetSize (PlacementTarget 的大小，如果使用的话)和 offset(根据 HorizontalOffset 和 VerticalOffset 属性创建的一个点)。该方法返回一个 CustomPopupPlacement 对象，该对象告诉 WPF 将工具提示放在哪个位置
StaysOpen	该属性实际上不起作用。它的目的是让您创建一直保持打开状态的工具提示，直到用户在其他地方单击鼠标才关闭该提示。然而，ToolTipService.ShowDuration 属性重写了 StaysOpen 属性。因此，在经历了设置的时间之后(通常约 5 秒)或当用户移开鼠标时，工具提示总是会消失。如果希望创建始终保持打开状态的类似工具提示的窗口，最简单的方法是使用 Popup 控件
IsEnabled IsOpen	允许使用代码控制工具提示。通过 IsEnabled 属性可暂时禁用工具提示，而通过 IsOpen 属性可使用代码显示或隐藏工具提示(或者只是检查是否打开了工具提示)

下面的标记使用 ToolTip 属性创建了一个工具提示，该工具提示窗口没有阴影效果，但使用了透明的红色背景，从而可透过该工具提示看到底层的窗口和控件：

```
<Button>
  <Button.ToolTip>
    <ToolTip Background="#60AA4030" Foreground="White"
      HasDropShadow="False" >
      <StackPanel>
        <TextBlock Margin="3" >Image and text</TextBlock>
        <Image Source="happyface.jpg" Stretch="None" />
        <TextBlock Margin="3" >Image and text</TextBlock>
```

```
      </StackPanel>
    </ToolTip>
  </Button.ToolTip>
  <Button.Content>I have a fancy tooltip</Button.Content>
</Button>
```

大多数情况下，使用标准的工具提示位置便足以满足要求了，这时工具提示窗口位于当前鼠标位置。然而，ToolTip 的各种属性提供了更多的选择。下面列出一些可用于放置工具提示的策略：

- **根据鼠标的当前位置**。这是标准行为，该行为依赖于将 Placement 属性设置为 Mouse。工具提示框的左上角和包围鼠标指针的不可见“边界框”的左下角对齐。
- **根据悬停鼠标的元素的位置**。根据希望使用的元素边缘，将 Placement 属性设置为 Left、Right、Top、Bottom 或 Center。工具提示框的左上角与边缘对齐。
- **根据另一个元素(或窗口)的位置**。使用将工具提示和当前元素对齐的相同方式设置 Placement 属性(使用 Left、Right、Top、Bottom 或 Center 值)。然后通过设置 PlacementTarget 属性选择元素。请记住，需要使用“{绑定元素名=名称}”语法来确定想要使用的元素。
- **使用偏移**。使用上述任意一种策略，并设置 HorizontalOffset 和 VerticalOffset 属性来添加一定的额外空间。
- **使用绝对坐标**。将 Placement 属性设置为 Absolute，并使用 HorizontalOffset 和 VerticalOffset 属性(或使用 PlacementRectangle 属性)在工具提示和窗口左上角之间设置一些空间。
- **使用运行时的计算结果**。将 Placement 属性设置为 Custom。设置 CustomPopupPlacementCallback 属性指向一个已经创建的方法。

图 6-7 显示了不同位置属性之间的区别。注意，当沿着工具提示的底边或右边，将工具提示与元素对齐时，在工具提示和元素之间有一些额外空间。这是由 ToolTip 度量其内容的方式造成的。

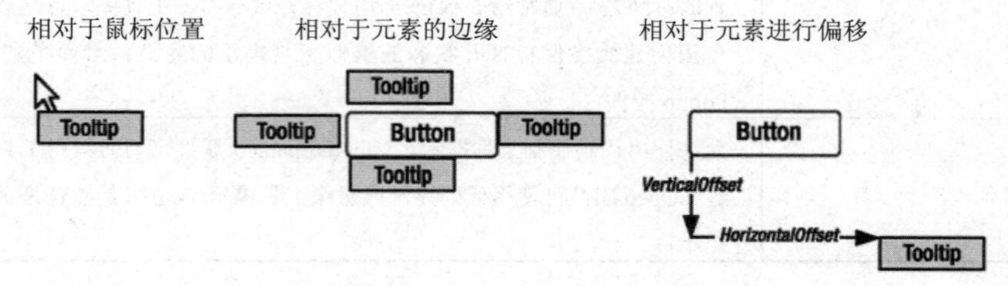

图 6-7　明确放置工具提示

2. 设置 ToolTipService 属性

有几个工具提示属性不能通过 ToolTip 类的属性进行配置。在这种情况下，需要使用另一个类，即 ToolTipService 类。使用 ToolTipService 类可以配置显示工具提示的相关延迟时间。ToolTipService 类的所有属性都是附加属性，所以可在控件标签中直接设置它们，如下所示：

```
<Button ToolTipService.InitialShowDelay="1">
  ...
</Button>
```

ToolTipService 类定义了许多与ToolTip 相同的属性，从而当处理只有文本的工具提示时可使用更简单的语法。不是添加嵌套的 ToolTip 元素，可使用特性设置所有内容：

```
<Button ToolTip="This tooltip is aligned with the bottom edge"
  ToolTipService.Placement="Bottom">I have a tooltip</Button>
```

表 6-3 列出了 ToolTipService 类的属性。ToolTipService 类还提供了两个路由事件：ToolTipOpening 和 ToolTipClosing。可响应这些事件，使用即时内容填充工具提示，或重写工具提示的工作方式。例如，如果在这两个事件中设置已经处理过的标志，将不再自动显示或隐藏工具提示。反而，需要通过设置 IsOpen 属性来手动显示和隐藏工具提示。

提示：
为几个控件复制相同的工具提示设置几乎没有任何意义。如果准备对整个应用程序中的工具提示的处理方式进行调整，可通过使用样式自动应用设置，如第 11 章所述。但 ToolTipService 属性值是不能继承的，这意味着如果在窗口和容器级别上设置了属性值，它们不能到达嵌套的元素。

表 6-3 ToolTipService 类的属性

名 称	说 明
InitialShowDelay	设置当鼠标悬停在元素上时，工具提示显示之前的延迟时间(单位为毫秒)
ShowDuration	设置如果用户不移动鼠标，在工具提示消失之前显示的时间(单位为毫秒)
BetweenShowDelay	设置时间间隔(单位为毫秒)，在该期间用户可以在工具提示之间移动而不用经历 InitialShowDelay 属性设置的延迟时间。例如，如果 BetweenShowDelay 属性设置为 5000 毫秒，用户就具有 5 秒的时间移到另一个具有工具提示的控件。如果用户在此期间移到另一个控件，新的工具提示就会立即显示。如果用户超出了这一期间，BetweenShowDelay 属性将失去作用，并且会使用 InitialShowDelay 属性。在这种情况下，直到经历了 InitialShowDelay 属性设置的时间后，才会显示第二个工具提示
ToolTip	为工具提示设置内容。设置 ToolTipService.ToolTip 属性相当于设置元素的 FrameworkElement.ToolTip 属性
HasDropShadow	确定工具提示是否具有扩散的黑色阴影，从而使其与背后的窗口区别开来
ShowOnDisabled	确定当相关联的元素被禁用后是否显示工具提示。如果该属性为 true，将为禁用的元素(元素的 IsEnabled 属性被设置为 false)显示工具提示。默认值为 false，即只有启用了相关联的元素后才会显示工具提示
Placement、PlacementTarget、PlacementRectangle 以及 VerticalOffset	这些属性用来控制工具提示的位置。这些属性和 ToolTipHorizontalOffset 类的对应属性的工作方式相同

3. Popup 控件

Popup 控件在许多方面与 ToolTip 控件相同，尽管它们之间没有相互继承的关系。与 ToolTip 类似，Popup 也只能包含单一内容，该单一内容可以包含任何 WPF 元素(该内容存储在 Popup.Child 属性中，而不像 ToolTip 内容那样存储在 ToolTip.Content 属性中)。另外，与 ToolTip 控件一样，Popup 控件也可延伸出窗口的边界。最后，可使用相同的布局属性放置 Popup 控件，并且可使用相同的 IsOpen 属性显示或隐藏 Popup 控件。

Popup 控件和 ToolTop 控件之间的区别更重要。这些区别包括:

- Popup 控件永远不会自动显示。为显示 Popup 控件，必须设置 IsOpen 属性。
- 默认情况下，Popup.StaysOpen 属性被设置为 true，并且 Popup 控件会一直显示，直到明确地将 IsOpen 属性设置为 false 为止。如果将 Popup.StaysOpen 属性设置为 false，那么当用户在其他地方单击鼠标时，Popup 控件将消失。

注意:

处于打开状态的 Popup 控件有点突兀，因为它的行为像是独立的窗口。如果移动它后面的窗口，Popup 控件仍固定在原位置。对于 ToolTip 控件或将 Popup 控件的 StaysOpen 属性设置为 false，就不会看到这一现象，因为这时一旦单击鼠标移动窗口，工具提示或弹出窗口就会消失。

- Popup 控件提供了 PopupAnimation 属性，当把 IsOpen 属性设置为 true 时，通过该属性可控制 Popup 控件进入视野的方式。可以选择 None(默认值)、Fade(弹出窗口的透明度逐渐增加)、Scroll(如果空间允许，弹出窗口将从窗口的左上角滑入)以及 Slide(如果空间允许，弹出窗口将从上向下滑进其位置)。为使用这些动画中的任意一个，还必须将 AllowsTransparency 属性设置为 true。
- Popup 控件可接收焦点。因此，可在其内部放置与用户交互的控件，如按钮。该功能是使用 Popup 控件(而不使用 ToolTip 控件)的主要原因之一。
- Popup 控件在 System.Windows.Controls.Primitive 名称空间中定义，因为它的最常见用法是用作更复杂控件的构件。在外观修饰方面可发现 Popup 控件和其他控件的区别很大。特别是，如果希望看到内容，就必须设置 Background 属性，因为 Popup 控件不会从包含它的窗口继承背景设置，而且您需要自行添加边框(对于这个目的，Border 元素的效果堪称完美)。

因为必须手动显示 Popup 控件，所以您可能完全通过代码创建它。但也可以使用 XAML 标记定义 Popup 控件——但务必包含 Name 属性，从而可以用代码操作该控件。

图 6-8 显示了一个示例。在该例中，当用户将鼠标移到某个具有下划线的单词上时，会显示一个具有更多信息的弹出窗口，并且在弹出窗口中还有一个能够打开外部 Web 浏览器窗口的链接。

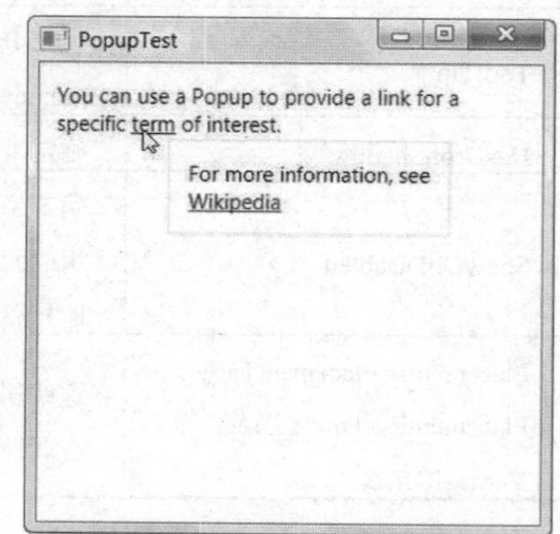

图 6-8 具有超链接的弹出窗口

为创建该窗口，需要包含具有原始文本的 TextBlock 控件，以及具有附加内容、并当用户将鼠标移到正确位置时就会出现的 Popup 控件。从技术角度看，在哪里定义 Popup 标签都无关紧要，因为这不与任何特定控件相关联。相反，为将 Popup 控件定位到恰当位置，需要由您来设置布局属性。在该例中，在鼠标的当前位置显示 Popup 控件，这是最简单的选项。

```
<TextBlock TextWrapping="Wrap">You can use a Popup to provide a link for a
  specific <Run TextDecorations="Underline" MouseEnter="run_MouseEnter">term</Run>
  of interest.</TextBlock>
```

```
<Popup Name="popLink" StaysOpen="False" Placement="Mouse" MaxWidth="200"
  PopupAnimation="Slide" AllowsTransparency="True">
    <Border BorderBrush="Beige" BorderThickness="2" Background="White">
      <TextBlock Margin="10" TextWrapping="Wrap">
        For more information, see
        <Hyperlink NavigateUri="http://en.wikipedia.org/wiki/Term"
        Click="lnk_Click">Wikipedia</Hyperlink>
      </TextBlock>
    </Border>
</Popup>
```

该例中使用了两个您以前可能未曾见过的元素。Run 元素用于格式化 TextBlock 控件中的特定部分——一块流内容，当在第 28 章中研究文档时将介绍与 Run 元素相关的内容。通过 Hyperlink 元素提供一块可单击的文本。当在第 24 章中研究基于页面的应用程序时，将进一步介绍该元素。

剩下的唯一细节是较为平常的代码，包括当鼠标移到正确的单词上时，用于显示 Popup 控件的代码，以及当单击链接时，用于启动 Web 浏览器的代码：

```
private void run_MouseEnter(object sender, MouseEventArgs e)
{
    popLink.IsOpen = true;
}
private void lnk_Click(object sender, RoutedEventArgs e)
{
    Process.Start(((Hyperlink)sender).NavigateUri.ToString());
}
```

注意：

可使用触发器显示和隐藏 Popup 控件——触发器是当特定属性遇到特定值时会自动发生的动作。只需创建当 Popup.IsMouseOver 属性值为 true，并且 Popup.IsOpen 属性也设置为 true 时进行响应的触发器。第 11 章将详细介绍触发器。

6.3 特殊容器

内容控件不仅包括基本控件，如标签、按钮以及工具提示；它们还包含特殊容器，这些容器可用于构造用户界面中比较大的部分区域。

下面几节将介绍几个更复杂的内容控件。首先介绍 ScrollViewer 控件，该控件直接继承自 ContentControl 类，提供了虚拟界面，允许用户围绕更大的元素滚动。与所有内容控件一样，ScrollViewer 只能包含单个元素，虽然如此，您仍可在内部放置布局容器来保存自己需要的任意类型的元素。

此后将分析附加继承层中的另外三个控件：GroupBox、TabItem 以及 Expander。所有这些控件都继承自 HeaderedContentControl 类，HeaderedContentControl 又继承自 ContentControl 类。HeaderedContentControl 类的作用十分简单，它表示包含单一元素内容(存储在 Content 属性中)和单一元素标题(存储在 Header 属性中)的容器。正是由于添加了标题，才使 HeaderedContentControl 与前面介绍的内容控件区别开来。重申一次，可使用标题和/或内容的布局容器，将内容封装在 HeaderedContentControl 中。

6.3.1　ScrollViewer

如果希望让大量内容适应有限的空间，滚动是重要特性之一。在 WPF 中为了获得滚动支持，需要在 ScrollViewer 控件中封装希望滚动的内容。

尽管 ScrollViewer 控件可以包含任何内容，但通常用来封装布局容器。例如，您在第 3 章曾遇到这样一个示例，该例使用 Grid 元素创建三列，用于显示文本、文本框和按钮。为使这个 Grid 面板能够滚动，只需将 Grid 面板封装到 ScrollViewer 控件中，如下面的标记所示(略有删减)：

```
<ScrollViewer>
  <Grid Margin="3,3,10,3">
    <Grid.RowDefinitions>
      ...
    </Grid.RowDefinitions>
    <Grid.ColumnDefinitions>
      ...
    </Grid.ColumnDefinitions>

    <Label Grid.Row="0" Grid.Column="0" Margin="3"
      VerticalAlignment="Center">Home:</Label>
    <TextBox Grid.Row="0" Grid.Column="1" Margin="3"
      Height="Auto" VerticalAlignment="Center"></TextBox>
    <Button Grid.Row="0" Grid.Column="2" Margin="3" Padding="2">
      Browse</Button>
    ...

  </Grid>
</ScrollViewer>
```

结果如图 6-9 所示。

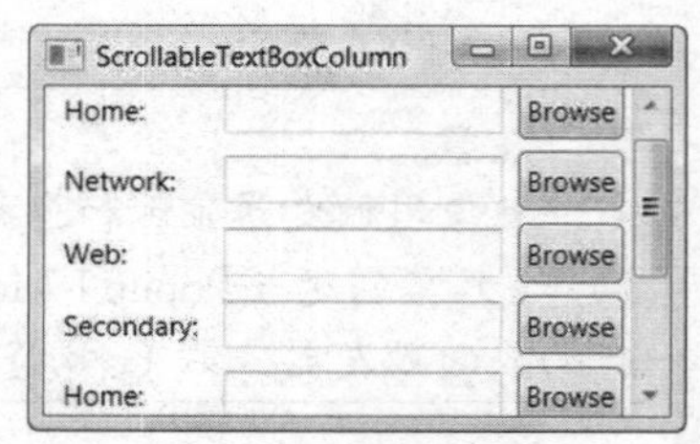

图 6-9　能够滚动的窗口

在该例中，如果改变窗口的尺寸以使窗口足以容纳所有内容，将会禁用滚动条。但仍会显示滚动条。可通过设置 VerticalScrollBarVisibility 属性来控制这一行为，该属性使用 ScrollBarVisibility 枚举值。默认值 Visible 确保总是提供垂直滚动条。如果希望当需要时显示滚动条而当不需要时不显示，可将该属性设置为 Auto。如果根本就不希望显示滚动条，可将该属性设置为 Disable。

注意：

还可使用 Hidden，它与 Disable 类似，但与 Disable 存在一些微妙的差别。首先，具有隐藏滚动条的内容仍是可滚动的(例如，可使用方向键滚动内容)。其次，在 ScrollViewer 控件中内容的放置是不同的。如果使用 Disable，那么 ScrollViewer 控件中的内容只能占据 ScrollViewer 控件本身具有的空间。另一方面，如果使用 Hidden，那么 ScrollViewer 控件中的内容可以使用无限的空间。这意味着控件中的内容可溢出并被拉伸到能够滚动的区域中。通常，如果计划使用另外的机制进行滚动(例如，将在后面介绍的自定义滚动按钮)，将仅使用 Hidden 值。如果希望临时阻止 ScrollViewer 控件执行任何操作，那么只能使用 Disabled。

ScrollViewer 控件也支持水平滚动功能。但默认情况下，HorizontalScrollBarVisibility 属性设置为 Hidden。为了使用水平滚动功能，需要将该属性值改成 Visible 或 Auto。

1. 通过代码进行滚动

为滚动图 6-9 中显示的窗口，可使用鼠标单击滚动条，将鼠标移到网格上并使用鼠标滚轮进行滚动，也可使用 Tab 键查看控件，或单击网格控件的空白处并使用向上或向下的方向键进行滚动。如果这些还不够灵活，还可使用 ScrollViewer 类提供的方法，通过代码来滚动内容：

- 最明显的方法是 LineUp( )和 LineDown( )，这两个方法向上和向下移动的效果相当于单击一次垂直滚动条两端的箭头按钮。
- 还可使用 PageUp( )和 PageDown( )方法，这两个方法向上或向下滚动一整屏，相当于在滚动滑块的上面或下面单击滚动条。
- 用于水平滚动的类似方法，包括 LineLeft( )、LineRight( )、PageLeft( )和 PageRight( )。
- 最后，还可使用 ScrollTo*Xxx*( )这一类方法，从而滚动到任何特定位置。对于垂直滚动，包括 ScrollToEnd( )和 ScrollToHome( )，这两个方法可以滚动到内容的顶部和底部。还有 ScrollToVerticalOffset( )，该方法可滚动到特定位置。对于水平滚动也有类似的方法，包括 ScrollToLeftEnd()、ScrollToRightEnd( )和 ScrollToHorizontalOffset( )。

图 6-10 显示了一个示例，在该例中有几个自定义按钮，通过这几个按钮可滚动 ScrollViewer 控件。每个按钮都触发一个使用上面列出的其中一个方法的简单事件处理程序。

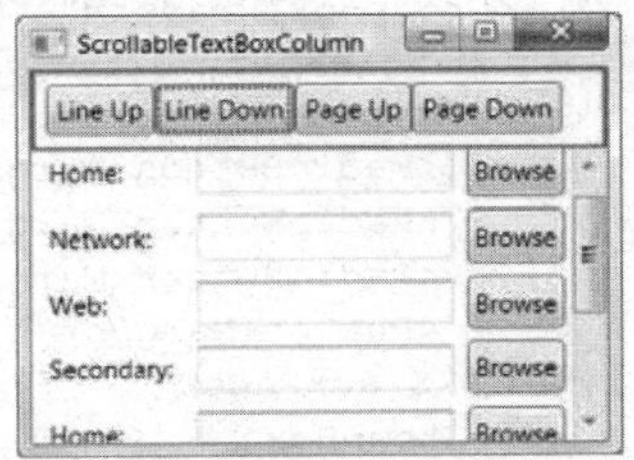

图 6-10　通过编程实现滚动

2. 自定义滚动

ScrollViewer 控件内置的滚动功能是很有用的。该功能允许缓慢滚动任何内容，从复杂的矢量图形乃至元素网格。不过，ScrollViewer 控件最奇特的特征是允许其包含的内容参与滚动过程。下面是工作原理：

(1) 在 ScrollViewer 控件中放置能够滚动的元素，可以是实现了 IScrollInfo 接口的任意元素。

(2) 通过将 ScrollViewer.CanContentScroll 属性设置为 true，告诉 ScrollViewer 控件其内容知道如何进行滚动。

(3) 当和 ScrollViewer 控件进行交互时(通过使用滚动条、鼠标轮和滚动方法等)，ScrollViewer 控件通过 IScrollInfo 接口来调用元素的恰当方法。元素接着执行它自己的自定义滚动功能。

注意：

IScrollInfo 接口定义了一套方法，这套方法响应不同的滚动动作。例如，它包含了 ScrollViewer 控件提供的许多滚动方法，如 LineUp( )、LineDown( )、PageUp( )以及 PageDown( )。它还定义了一些处理鼠标滚轮的方法。

实现了 IScrollInfo 接口的元素极少，其中一个元素是 StackPanel 面板容器。StackPanel 类对 IScrollInfo 接口的实现使用逻辑滚动，从元素滚动到元素，而不是逐行滚动。

如果在 ScrollViewer 控件中放置 StackPanel 面板，而且不设置 CanContentScroll 属性，将得到普通的滚动行为。一次可向上或向下滚动几个像素。但如果将 CanContentScroll 属性设为 true，那么每次单击时会滚动到下一个元素的开头：

```
<ScrollViewer CanContentScroll="True">
  <StackPanel>
    <Button Height="100">1</Button>
    <Button Height="100">2</Button>
    <Button Height="100">3</Button>
    <Button Height="100">4</Button>
  </StackPanel>
</ScrollViewer>
```

StackPanel 面板的逻辑滚动系统对您的应用程序可能有用也可能没用。但是，如果要创建具有特殊滚动行为的自定义面板，它是必不可少的。

6.3.2　GroupBox

GroupBox 是这三个继承自 HeaderedContentControl 类的控件中最简单的一个。它显示为具有圆角和标题的方框。下面是一个示例，如图 6-11 所示：

```
<GroupBox Header="A GroupBox Test" Padding="5"
 Margin="5" VerticalAlignment="Top">
  <StackPanel>
    <RadioButton Margin="3">One</RadioButton>
    <RadioButton Margin="3">Two</RadioButton>
    <RadioButton Margin="3">Three</RadioButton>
    <Button Margin="3">Save</Button>
  </StackPanel>
</GroupBox>
```

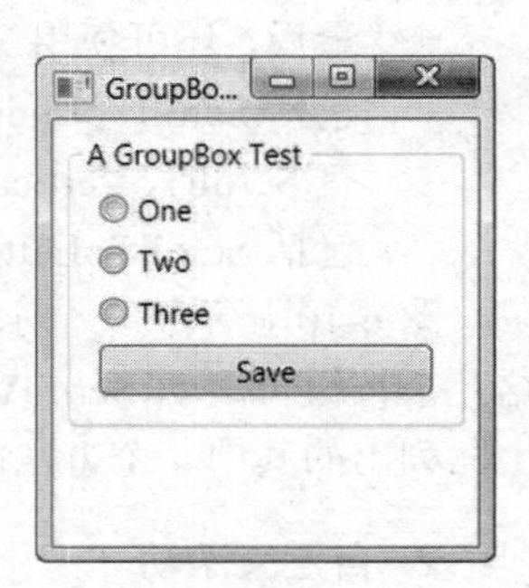

图 6-11　基本的分组框

注意，GroupBox 仍需要布局容器(如 StackPanel 面板)来布置内容。GroupBox 控件经常用来对数量不多的相关控件进行分组，如几个单选按钮。但 GroupBox 控件没有提供内置功能，因而可以随意使用(可通过将 RadioButton 对象放置到任何面板中对其进行分组，而不需要使用 GroupBox 控件，除非希望使用具有圆角和标题的边框)。

6.3.3　TabItem

TabItem 表示 TabControl 控件中的一页。TabItem 类添加的唯一有意义的属性是 IsSelected，该属性指示选项卡(tab)当前是否显示在 TabControl 控件中。下面是创建图 6-12 所示的简单示例所需的标记：

```
<TabControl Margin="5">
  <TabItem Header="Tab One">
    <StackPanel Margin="3">
      <CheckBox Margin="3">Setting One</CheckBox>
      <CheckBox Margin="3">Setting Two</CheckBox>
      <CheckBox Margin="3">Setting Three</CheckBox>
    </StackPanel>
  </TabItem>
  <TabItem Header="Tab Two">
    ...
```

```
    </TabItem>
</TabControl>
```

提示：

可使用 TabStripPlacement 属性，使各个选项卡在选项卡控件的侧边显示，而不是在正常的顶部位置显示。

与 Content 属性一样，Header 属性也可接受任何类型的对象。继承自 UIElement 的类通过渲染来显示，对于内联文本以及其他所有对象则使用 ToString( )方法。这意味着可以创建组合框或选项卡，在它们的标题中包含图形内容或任意元素。下面是一个示例：

```
<TabControl Margin="5">
  <TabItem>
    <TabItem.Header>
      <StackPanel>
        <TextBlock Margin="3" >Image and Text Tab Title</TextBlock>
        <Image Source="happyface.jpg" Stretch="None" />
      </StackPanel>
    </TabItem.Header>

    <StackPanel Margin="3">
      <CheckBox Margin="3">Setting One</CheckBox>
      <CheckBox Margin="3">Setting Two</CheckBox>
      <CheckBox Margin="3">Setting Three</CheckBox>
    </StackPanel>
  </TabItem>

  <TabItem Header="Tab Two"></TabItem>
</TabControl>
```

图 6-13 显示了最终结果，该结果会给人留下华而不实的印象。

图 6-12 一套选项卡

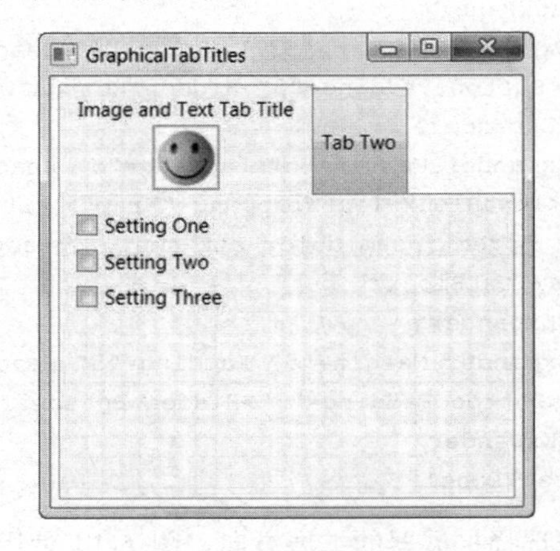

图 6-13 特殊的选项卡标题

6.3.4 Expander

最奇特的具有标题的内容控件是 Expander 控件。它封装了一块内容，通过单击小箭头按钮可显示或隐藏所包含的内容。在线帮助以及 Web 页面经常使用这种技术，这样既可以包含大量内容，又不会让用户面对大量的多余信息而感到无所适从。

图 6-14 显示了一个具有三个扩展器的窗口的两个视图。在左边的视图中，所有三个扩展器都被折叠起来。在右边的视图中，所有区域都展开了(当然，用户可自由地单独展开或折叠其中的任何一组扩展器)。

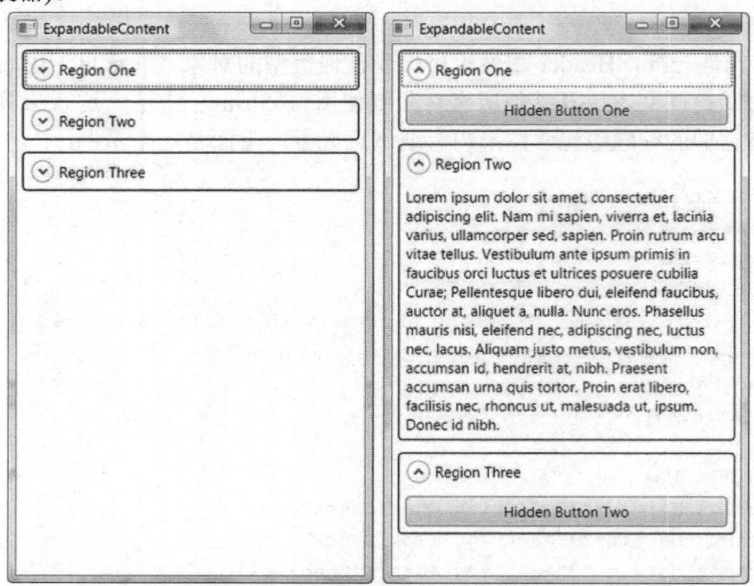

图 6-14　使用可扩展区域的隐藏内容

使用 Expander 控件是十分简单的——只需在该控件内部包装希望使其能够折叠的内容。通常，每个 Expander 控件开始时都是折叠的，但可在标记中(或代码中)通过设置 IsExpanded 属性来改变这种行为。下面是创建图 6-14 中所示的示例的标记：

```
<StackPanel>
  <Expander Margin="5" Padding="5" Header="Region One">
    <Button Padding="3">Hidden Button One</Button>
  </Expander>
  <Expander Margin="5" Padding="5" Header="Region Two" >
    <TextBlock TextWrapping="Wrap">
      Lorem ipsum dolor sit amet, consectetuer adipiscing elit ...
    </TextBlock>
  </Expander>
  <Expander Margin="5" Padding="5" Header="Region Three">
    <Button Padding="3">Hidden Button Two</Button>
  </Expander>
</StackPanel>
```

还可选择扩展器的扩展方向。图 6-14 使用的是标准值(Down)，但也可将 ExpandDirection 属性设置为 Up、Left 或 Right。当折叠 Expander 时，箭头始终指向将要展开的方向。

当使用不同的 ExpandDirection 值时，情况就比较有趣了，因为对用户界面其他部分的影响取决于容器的类型。有些容器(如 WrapPanel 面板)只是挤压其他元素使其离开原来的位置。其他容器，如 Grid 面板，可以选择按比例或自动改变尺寸。图 6-15 显示了一个示例的不同展开程度，该示例有一个具有4个单元格的网格。每个单元格中都包含一个具有不同展开方向的扩展器。列按比例改变其尺寸，从而强制 Expander 控件中的文本进行换行(自动改变尺寸的列会简单地被拉伸以适应文本，使它比窗口还大)。行被设置为自动改变尺寸，所以它们会扩展以容纳附加的内容。

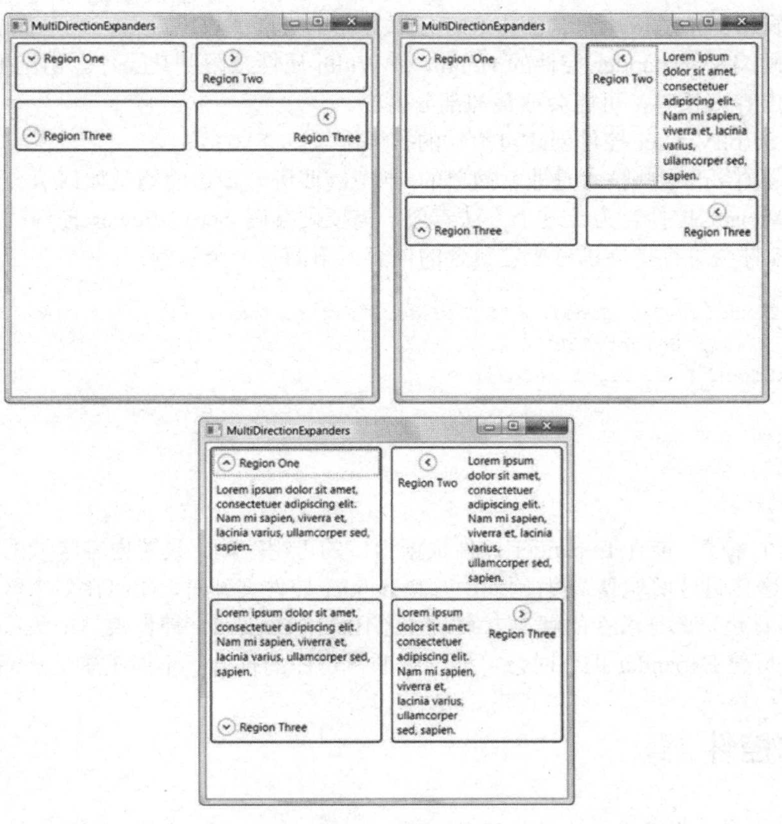

图 6-15 在不同方向上展开

在 WPF 程序中使用 Expander 控件是非常合适的，因为 WPF 鼓励使用流式布局模型，从而可以很方便地处理会大幅增大或缩小的内容区域。

如果要使其他控件与 Expander 同步，可处理 Expanded 和 Collapsed 事件。这些事件的名称并未表明其含义，这些事件正好在显示或隐藏内容前触发。这两个事件为实现延迟加载提供一种有用的方式。例如，如果创建 Expander 控件中的内容非常耗时，可能会直到要显示时才检索这些内容。或者可能希望在显示之前更新内容。无论哪种情况，都可以通过响应 Expanded 事件来执行相应的工作。

注意：

如果喜欢 Expander 控件的功能，但不喜欢它内置的外观，请不要着急。使用 WPF 中的模板系统，可完全自定义扩展和折叠箭头，使它们与应用程序其余部分的风格相匹配。第 17 章将介绍这些内容。

通常，当展开 Expander 时，它会增大以适应所包含的内容。当展开所有内容后，如果窗口不足以显示所有内容，这可能会带来问题。下面是处理该问题的几种策略：

- 为窗口设置最小尺寸(使用 MinWidth 和 MinHeight 属性)，确保窗口在最小时也可以容纳所有内容。
- 设置窗口的 SizeToContent 属性，从而当打开或关闭 Expander 控件时，使窗口自动扩展为所需的大小。通常将 SizeToContent 属性设置为 Manual，但也可以使用 Width 或 Height，以使窗口为了适应所包含的内容在任意方向上扩展或收缩。
- 通过硬编码 Expander 控件的 Height 和 Width 属性来限制其尺寸。但当 Expander 控件中的内容太长时，可能会剪裁掉部分内容。
- 使用 ScrollViewer 控件创建可滚动的扩展区域。

对于大多数情况，这些技术是非常简单的。唯一需要进一步说明的是如何组合使用 Expander 控件和 ScrollViewer 控件。为让这个方法奏效，需要硬编码 ScrollViewer 控件的尺寸。否则，ScrollViewer 控件会进行扩展以适应它包含的内容。下面是一个示例：

```
<Expander Margin="5" Padding="5" Header="Region Two">
  <ScrollViewer Height="50">
    <TextBlock TextWrapping="Wrap">
    ...
    </TextBlock>
  </ScrollViewer>
</Expander>
```

如果有一个系统，能让 Expander 控件根据窗口的可用空间，设置内容区域的尺寸，那将是非常好的。但这会明显增加复杂度(例如，当 Expander 控件展开时，如何在多个区域共享空间)。Grid 布局容器看起来像是潜在的解决方案，但它不能和 Expander 控件很好地集成。如果尝试这样做的话，当折叠 Expander 控件时，可能导致非常奇怪的行为，不能正确地更新网格的行高。

6.4　文本控件

WPF 提供了三个用于输入文本的控件：TextBox、RichTextBox 和 PasswordBox。PasswordBox 控件直接继承自 Control 类。TextBox 和 RichTextBox 控件间接继承自 TextBoxBase 类。

与前面看到的内容控件不同，文本框能够包含的内容类型是有限的。TextBox 控件总是存储字符串(由 Text 属性提供)。PasswordBox 控件也处理字符串内容(由 Password 属性提供)，尽管为了减轻特定类型的攻击，它在内部使用 SecureString 属性。只有 RichTextBox 控件可存储更复杂的内容：可包含复杂元素组合的 FlowDocument 对象。

接下来的几节将分析 TextBox 控件的核心特性。最后将简要介绍 PasswordBox 的安全特性。

注意：

RichTextBox 控件是用于显示 FlowDocument 对象的高级控件。在第 28 章中介绍文档时，将讨论如何使用该控件。

6.4.1　多行文本

TextBox 控件通常存储单行文本(可通过设置 MaxLength 属性来限制字符的数量)。然而，在许多情况下需要处理大量内容，从而会希望创建多行文本框。对于这种情况，可将

TextWrapping 属性设置为 Wrap 或 WrapWithOverflow。如果将 TextWrapping 属性设置为 Wrap，那么总是会在控件的边缘换行，甚至将一个特别长的单词放在两行中。如果将 TextWrapping 属性设置为 WrapWithOverflow，这时如果换行算法没有发现合适的位置(如空格或连字符)进行换行，就允许拉伸某些行使其超出右边缘。

为了能自动在文本框中看到多行文本，需将其尺寸设置得足够大。不应当设置硬编码的高度(这样不能适应不同的字体大小，而且可能导致布局问题)，可使用方便的 MinLines 和 MaxLines 属性。MinLines 属性是在文本框中必须显示的最小行数。例如，如果 MinLines 属性值为 2，文本框的高度就会增大到至少两行的高度。如果容器的空间不足，部分文本框可能会被剪裁掉。MaxLines 属性设置文本框能够显示的最大行数。即使扩展文本框使其适合容器(例如，按比例改变尺寸的 Grid 控件的行或 DockPanel 面板中的最后一个元素)，也不会超过这一限制。

注意：

MinLines 和 MaxLines 属性不影响放置到文本框中的内容数量，它们只是帮助改变文本框的尺寸。在代码中，可检查 LineCount 属性准确地获取文本框中共有多少行。

如果文本框支持换行，用户可输入更多能够立即在可视行中显示的文本。因此，通过将 VerticalScrollBarVisibility 属性设置为 Visible 或 Auto，添加始终显示或按需显示的滚动条是有意义的(也可设置 HorizontalScrollBarVisibility 属性来显示不常见的水平滚动条)。

可能希望允许用户在多行文本框中通过按下 Enter 键输入硬回车(通常，在文本框中按下 Enter 键将触发默认按钮)。为确保文本框支持 Enter 键，需要将 AcceptsReturn 属性设置为 true。也可设置 AcceptsTabs 属性，从而允许用户插入 Tab 键。否则，Tab 键会根据 Tab 键焦点顺序将焦点移到下一个可得到焦点的控件上。

提示：

TexBox 类还提供了几个方法，通过这些方法可使用代码以较小或较大的步长在文本内容中移动。这些方法包括 LineUp( )、LineDown( )、PageUp( )、PageDown( )、ScrollToHome( )、ScrollToEnd( )以及 ScrollToLine( )。

有时，可能会创建纯粹为了显示文本的文本框。这时，可将 IsReadOnly 属性设置为 true 以阻止编辑文本。最好通过将 IsEnabled 属性设置为 false 来禁用文本框，因为禁用的文本框会显示变灰的文本(更加难以阅读)，不支持文本选择(也不支持复制到剪贴板)，并且不支持滚动。

6.4.2 选择文本

正如您已经了解到的，在任何文本框中都可以通过单击并拖动鼠标，或按住 Shift 键并使用方向键在文本中移动来选择文本。TextBox 类还提供了使用 SelectionStart、SelectionLength 以及 SelectedText 属性，通过编程决定选择哪些文本或改变当前所选文本的能力。

SelectionStart 属性确定所选文本的开始位置，该位置是从 0 开始的。例如，如果将该属性设置为 10，选择的第一个字符是文本框中的第 11 个字符。SelectionLength 属性指示选中的字符的总数量(0 表示没有选中字符)。最后，使用 SelectedText 属性可快速检查或改变在文本框中选中的文本。可通过处理 SelectionChanged 事件对文本选择变化加以响应。图 6-16 显示了一个响应该事件的例子，该例显示当前所选文本的信息。

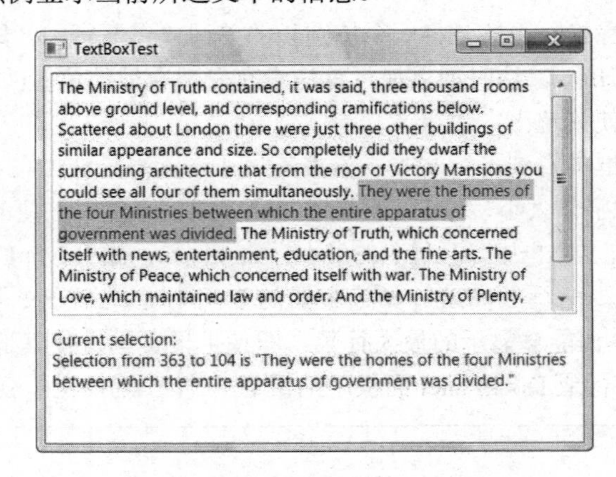

图 6-16　选择文本

TextBox 类还提供了可控制文本选择行为的属性 AutoWordSelection。如果将该属性设为 true，那么当在文本中拖动鼠标时文本框每次会选择整个单词。

TextBox 控件的另一个有用功能是 Undo，该功能允许用户撤销最近的操作。只要未将 CanUndo 属性设置成 false，就可通过代码获得 Undo 功能(调用 Undo( )方法)，并使用 Ctrl+Z 快捷键获得该功能。

提示：

当通过代码操作文本框中的文本时，可使用 BeginChange( )和 EndChange( )方法将一系列动作合并起来，TextBox 会将其作为单独的更改“块”进行处理。可在单个步骤中将这些操作撤销。

6.4.3　拼写检查

TextBox 提供了一个更特殊的功能——集成的拼写检查，该功能会在文本中无法识别的单词下面添加红色波浪下划线。用户可右击不能识别的单词，并从可能正确的单词列表中进行选择，如图 6-17 所示。

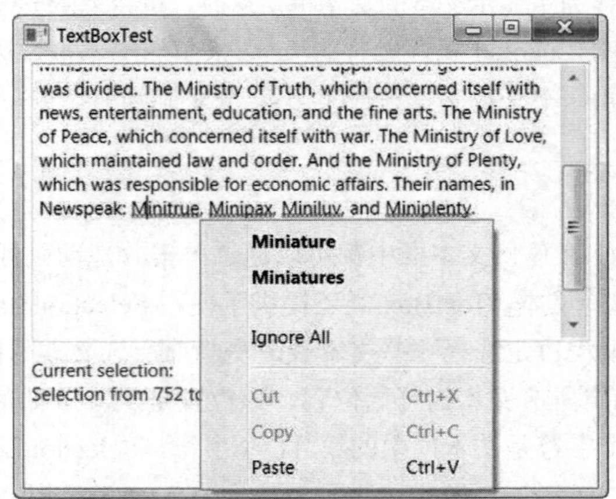

图 6-17　对文本框进行拼写检查

要为 TextBox 控件启用拼写检查功能，只需设置 SpellCheck.IsEnabled 依赖项属性即可，如下所示：

```
<TextBox SpellCheck.IsEnabled="True">...</TextBox>
```

拼写检查是 WPF 的特有功能，该功能不依赖于其他软件(如 Office)。拼写检查根据为键盘配置的输入语言来决定使用哪个词典。可通过 TextBox 控件的 Language 属性重写默认设置，该属性继承自 FrameworkElement 类，也可在<TextBox>元素中设置 xml:lang 特性。然而，WPF 拼写检查目前只局限于 4 种语言：英语、西班牙语、法语和德语。可使用 SpellingReform 属性设置是否将 1990 年之后对拼写规则的修改应用于法语和德语中。

WPF 允许您添加一系列被认为没有拼写错误的单词(并将在适当的时候用作右击建议)来自定义字典。为此，必须首先创建词典文件，词典文件不过是具有.lex 扩展名的文本文件。在词典文件中添加单词列表。在单独的行中放置每个单词，单词的顺序没有关系，如下所示：

```
acantholysis
atypia
bulla
chromonychia
dermatoscopy
desquamation
...
```

在这个示例中，无论当前使用的是哪种语言，都会使用这些单词。然而，可通过添加地区 ID 指定词典只能用于某种特定的语言。下面的示例显示了如何指定只有当语言是英语时才应当使用的自定义单词：

```
#LID 1033
acantholysis
atypia
bulla
chromonychia
dermatoscopy
desquamation
...
```

支持的其他地区 ID 是 3082(西班牙语)、1036(法语)以及 1031(德语)。

注意：

自定义词典功能没有被设计用于使用其他语言。相反，该功能只使用您提供的单词来扩充已经支持的语言(如英语)。例如，可使用自定义的词典以识别正确的姓名或在医学应用程序中允许使用的医学术语。

一旦创建词典文件，确保将 TextBox 控件的 SpellCheck.IsEnabled 属性设置为 true。最后使用 SpellCheck.CustomDictionaries 属性关联指向自定义词典的 Uri 对象。如果选择在 XAML 中指定 Uri 对象，那么首先必须导入 System 名称空间，如下面的示例所示，从而可以使用标记声明 Uri 对象：

```
<Window xmlns:sys="clr-namespace:System;assembly=system" ... >
```

可一次使用多个自定义词典，只需为每个词典添加一个 Uri 对象即可。每个 Uri 对象可使用硬编码路径指向本地磁盘或网络共享上的文件。但最可靠的方法是使用应用程序资源。例如，如果已将 CustomWords.lex 文件添加到名为 SpellTest 的项目中，并且已使用 Solution Explorer 将该文件的 Build Action 设置为 Resource，那么可以使用如下所示的标记：

```
<TextBox TextWrapping="Wrap" SpellCheck.IsEnabled="True"
  Text="Now the spell checker recognizes acantholysis and offers the right correction
for acantholysi">
  <SpellCheck.CustomDictionaries>
    <sys:Uri>pack://application:,,,/SpellTest;component/CustomWords.lex</sys:Uri>
  </SpellCheck.CustomDictionaries>
</TextBox>
```

位于 URI 开头的奇怪的 pack://application:,,,/部分是 WPF 用于引用程序集资源的 pack URI 语法。第 7 章在详细介绍资源时还会进一步分析该语法。

如果需要从应用程序目录加载词典文件，最简单的选择是使用代码创建所需的 URI，并且当窗口初始化时将其添加到 SpellCheck.CustomDictionaries 集合中。

6.4.4 PasswordBox

PasswordBox 看起来与 TextBox 类似，但它通过显示圆圈符号字符串来屏蔽实际字符(可通过设置 PasswordChar 属性选择不同的屏蔽字符)。此外，PasswordBox 控件不支持剪贴板，从而不能复制内部的文本。

与 TextBox 类相比，PasswordBox 的用户界面更加精简。与 TextBox 类非常相似，它提供了 MaxLength 属性；Clear( )、Paste( )以及 SelectAll( )方法；并且提供了当文本发生变化时触发的事件(PasswordChanged 事件)。TextBox 类和 PasswordBox 类最重要的区别在于内部的工作方式。尽管可使用 Password 属性作为普通字符串读取和设置文本，但在内部 PasswordBox 类只使用 System.Security.SecureString 对象。

与普通文本非常类似，SecureString 是纯文本对象。区别是在内存中的存储方式。SecureString 以加密方式在内存中保存。用于加密字符串的密钥是随机生成的，存储在一块从来不会写入到磁盘的内存中。最终的结果是即使计算机崩溃，恶意用户也不可能通过检查页面文件来检索密码数据。即使找到，也只能找到加密版本。

SecureString 类还提供了根据需要丢弃内容的功能。当调用 SecureString.Dispose( )方法时，内存中的密码数据就会被改写。这样可保证所有密码信息从内存中被改写擦除，并且不能再以任何方式使用。正如所期望的，当控件被销毁时，PasswordBox 控件会自动为保存在内存中的 SecureString 对象调用 Dispose( )方法。

6.5 列表控件

WPF 提供了许多封装项的集合的控件，包括将在本节介绍的简单 ListBox 和 ComboBox 控件，乃至更特殊的控件，如 ListView、TreeView 和 ToolBar 控件，这些控件将在后续章节中介绍。所有这些控件都继承自 ItemsControl 类(ItemsControl 类本身又继承自 Control 类)。

ItemsControl 类添加了所有基于列表的控件都使用的基本功能。最显著的是，它提供了填充列表项的两种方式。最直接的方法是使用代码或XAML将列表项直接添加到Items集合中。然而，在WPF中使用数据绑定的方法更普遍。使用数据绑定方法，需将ItemsSource属性设置为希望显示的具有数据项集合的对象(第19章将介绍与列表数据绑定相关的更多内容)。

ItemsControl类之后的继承层次有些混乱。一个主要分支是选择器(selector)，包括ListBox、ComboBox以及TabControl。这些控件都继承自Selector类，并且都具有跟踪当前选择项(SelectedItem)或其位置(SelectedIndex)的属性。封装列表项的控件是另一个分支，以不同方式选择列表项。该分支包括用于菜单、工具栏以及树的类——所有这些类都属于ItemsControl，但不是选择器。

为了充分发挥所有ItemsControl控件的功能，需要使用数据绑定。即使不从数据库甚至外部数据源获取数据，也同样如此。WPF数据绑定非常普遍，可使用各种数据，包括自定义的数据对象和集合。但现在还不需要考虑数据绑定的细节。现在，先快速浏览一下ListBox控件和ComboBox控件。

6.5.1 ListBox

ListBox类代表了一种最常用的Windows设计——允许用户从长度可变的列表中选择一项。

注意：

如果将SelectionMode属性设置为Multiple或Extended，ListBox类还允许选择多项。在Multiple模式下，可通过单击项进行选择或取消选择。在Extended模式下，需要按下Ctrl键选择其他项，或按下Shift键选择某个选项范围。在这两种多选模式下，可用SelectedItems集合替代SelectedItem属性来获取所有选择的项。

为向ListBox控件中添加项，可在ListBox元素中嵌套ListBoxItem元素。例如，下面是一个包含颜色列表的ListBox：

```
<ListBox>
  <ListBoxItem>Green</ListBoxItem>
  <ListBoxItem>Blue</ListBoxItem>
  <ListBoxItem>Yellow</ListBoxItem>
  <ListBoxItem>Red</ListBoxItem>
</ListBox>
```

在第2章中提到过，不同控件采用不同方式处理嵌套的内容。ListBox控件在它的Items集合中存储每个嵌套的对象。

ListBox控件是一个非常灵活的控件。它不仅可以包含ListBoxItem对象，也可以驻留其他任意元素。这是因为ListBoxItem类继承自ContentControl类，从而ListBoxItem能够包含一段嵌套的内容。如果该内容继承自UIElememt类，它将在ListBox控件中呈现出来。如果是其他类型的对象，ListBoxItem对象会调用ToString( )方法并显示最终的文本。

例如，如果决定创建一个包含图像的列表，可使用如下标记：

```
<ListBox>
  <ListBoxItem>
    <Image Source="happyface.jpg"></Image>
  </ListBoxItem>
```

```
  <ListBoxItem>
    <Image Source="happyface.jpg"></Image>
  </ListBoxItem>
</ListBox>
```

实际上 ListBox 控件足够智能，它能隐式地创建所需的 ListBoxItem 对象。这意味着可直接在 ListBox 元素中放置对象。下面是一个更复杂的示例，该例使用嵌套的 StackPanel 对象组合文本和图像内容：

```
<ListBox>
  <StackPanel Orientation="Horizontal">
    <Image Source="happyface.jpg" Width="30" Height="30"></Image>
    <Label VerticalContentAlignment="Center">A happy face</Label>
  </StackPanel>
  <StackPanel Orientation="Horizontal">
    <Image Source="redx.jpg" Width="30" Height="30"></Image>
    <Label VerticalContentAlignment="Center">A warning sign</Label>
  </StackPanel>
  <StackPanel Orientation="Horizontal">
    <Image Source="happyface.jpg" Width="30" Height="30"></Image>
    <Label VerticalContentAlignment="Center">A happy face</Label>
  </StackPanel>
</ListBox>
```

在该例中，StackPanel 面板变成被 ListBoxItem 封装的项。该标记创建的富列表如图 6-18 所示。

图 6-18　图像列表

注意：

在目前的设计中，一个缺点是当列表项被选中时文本颜色不能随之改变。这确实有些不理想，因为阅读有蓝色背景的黑色文本比较困难。为解决这一问题，需要使用数据模板，如第 20 章所述。

利用在列表框中能嵌套任意元素的能力，可创建出各种基于列表的控件，而不必使用其他类。例如，Windows 窗体的工具箱中有 CheckedListBox 类，该类显示在每个项的旁边都具有复选框的列表。在 WPF 中不需要这一特殊类，因为完全可使用标准的 ListBox 控件快速构建相同的效果：

```
<ListBox Name="lst" SelectionChanged="lst_SelectionChanged"
  CheckBox.Click="lst_SelectionChanged">
  <CheckBox Margin="3">Option 1</CheckBox>
  <CheckBox Margin="3">Option 2</CheckBox>
</ListBox>
```

当在列表内部使用不同元素时需要注意一点。当读取 SelectedItem 值时(以及 SelectedItems 和 Items 集合)，看不到 ListBoxItem 对象——反而将看到放入到列表中的对象。在 CheckedListBox 示例中，这意味着 SelectedItem 提供了 CheckBox 对象。

例如，下面是一些响应 SelectionChanged 事件触发的代码。这段代码获取当前选中的 CheckBox 对象并显示该项是否被选中：

```
private void lst_SelectionChanged(object sender, SelectionChangedEventArgs e)
{
    if (lst.SelectedItem == null) return;
    txtSelection.Text = String.Format(
      "You chose item at position {0}.\r\nChecked state is {1}.",
      lst.SelectedIndex,
      ((CheckBox)lst.SelectedItem).IsChecked);

}
```

提示：

如果希望查找当前选择的项，可直接从 SelectedItem 或 SelectedItems 属性中读取，如本例所示。如果希望确定哪些项(如果存在的话)被取消选中，可使用 SelectionChangedEventArgs 对象的 RemovedItems 属性。类似地，可通过 AddedItems 属性了解哪些项被添加到了选中的项中。在单项选择模式下，无论何时选项发生变化，总有一项被选中并总有一项被取消选中。在多项选择或扩展选择模式下，情况就未必如此了。

在下面的代码片段中，类似的代码遍历选项集合以确定哪一项被选中了(对于使用复选框的多项选择列表，可以编写类似的代码来遍历选中项的集合)：

```
private void cmd_ExamineAllItems(object sender, RoutedEventArgs e)
{
    StringBuilder sb = new StringBuilder();
    foreach (CheckBox item in lst.Items)
    {
        if (item.IsChecked == true)
        {
            sb.Append(item.Content);
            sb.Append(" is checked.");
            sb.Append("\r\n");
        }
    }
    txtSelection.Text = sb.ToString();
}
```

图 6-19 显示了使用这一代码的列表框。

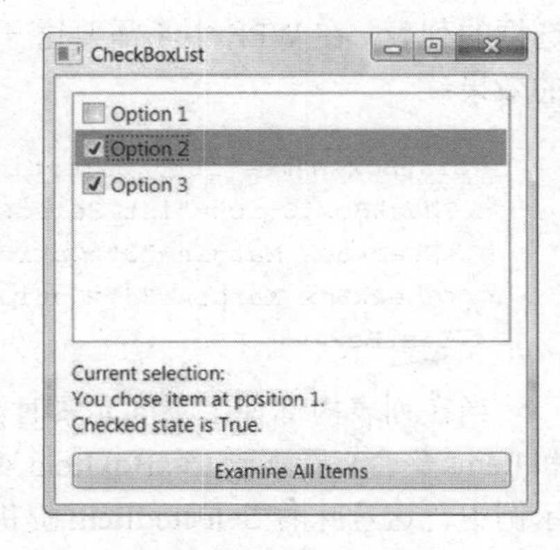

图 6-19　复选框列表

在列表框中手动放置项时，由您决定是希望直接插入项还是在 ListBoxItem 对象中明确地包含每项。第二种方法通常更清晰，也更繁琐。最重要的考虑事项是一致性。例如，如果在列表中放置 StackPanel 对象，ListBox.SelectedItem 对象将是 StackPanel。如果放置由 ListBoxItem 对象封装的 StackPanel 对象，ListBox.SelectedItem 对象将是 ListBoxItem，所以可进行相应编码。

ListBoxItem 提供了少许额外功能，通过这些功能可得到直接嵌套的对象。换言之，ListBoxItem 定义了可以读取(或设置)的 IsSelected 属性，以及用于通知何时选中的 Selected 和 Unselected 事件。然而，可使用 ListBox 类的成员得到类似功能，如 SelectedItem 属性(或 SelectedItems 属性)以及 SelectionChanged 事件。

有趣的是，当使用嵌套对象方法时，有一项技术可为特定的对象检索 ListBoxItem 封装器。技巧是使用常被忽视的 ContainerFromElement( )方法。下面的代码使用该技术检查列表中的第一个条目是否被选中：

```
ListBoxItem item = (ListBoxItem)lst.ContainerFromElement(
  (DependencyObject)lst.SelectedItems[0]);
MessageBox.Show("IsSelected: " + item.IsSelected.ToString());
```

6.5.2　ComboBox

ComboBox 控件和 ListBox 控件类似。该控件包含 ComboBoxItem 对象的集合，既可以显式地也可以隐式地创建该集合。与 ListBoxItem 类似，ComboBoxItem 也是可以包含任意嵌套元素的内容控件。

ComboBox 类和 ListBox 类之间的重要区别是它们在窗口中呈现自身的方式。ComboBox 控件使用下拉列表，这意味着一次只能选择一项。

如果希望允许用户在组合框中通过输入文本选择一项，就必须将 IsEditable 属性设置为 true，并且必须确保选项集合中存储的是普通的纯文本的 ComboBoxItem 对象，或是提供了有意义的 ToString( )表示的对象。例如，如果使用 Image 对象填充可编辑的组合框，那么在上面显示的文本将只是 Image 类的全名，这用处不大。

ComboBox 控件的局限之一在于当使用自动改变尺寸功能时该控件改变自身尺寸的方式。ComboBox 控件加宽自身以适应它的内容，这意味着当从一项移到另一项时它会改变自身大小。但没有简便的方法告诉 ComboBox 控件使用所包含项的最大尺寸。相反，需要为 Width 属性提供硬编码的值，而这并不理想。

6.6　基于范围的控件

WPF 提供了三个使用范围概念的控件。这些控件使用在特定最小值和最大值之间的数值。这些控件——ScrollBar、ProgressBar 以及 Slider——都继承自 RangeBase 类(该类又继承自 Control 类)。尽管它们使用相同的抽象概念(范围)，但工作方式却有很大的区别。

表6-4显示了RangeBase类定义的属性。

表6-4　RangeBase类的属性

名　称	说　明
Value	控件的当前值(必须在最大值和最小值之间)。默认情况下从0开始。与您可能期望的不同，Value属性值不是整数——而是双精度浮点数，所以能接受小数值。当Value属性值发生变化时如果希望得到通知，可响应ValueChanged事件
Maximum	上限(允许的最大值)
Minimum	下限(允许的最小值)
SmallChange	Value属性为“小变化”向上或向下调整的数量。小变化的含义与控件相关(而且有的控件可能根本不使用小变化)。对于ScrollBar和Slider控件，这是当使用箭头键时值改变的量。对于ScrollBar控件，还可以使用滚动条两端的箭头按钮
LargeChange	Value属性为“大变化”向上或向下调整的数量。大变化的含义与控件相关(而且有的控件可能根本不使用大变化)。对于ScrollBar和Slider控件，这是使用PageUp和PageDown键或单击滑块(滑块指示当前位置)两侧时值改变的量

通常不必直接使用ScrollBar控件。更高级的ScrollViewer控件(封装了两个ScrollBar控件)通常更有用。Slider和ProgressBar控件更实用，它们经常单独使用。

6.6.1　Slider

Slider控件是偶尔用到的特殊控件——例如，当数字本身不是特别重要时可使用该控件设置数值。再比如，通过在滑动条上从一边向另一边拖动滑块设置媒体播放器的音量是非常合理的。滑块的大致位置指示相对音量(正常、小音量、大音量)，但对于用户来说背后的数字没有意义。

Slider控件的重要属性是在RangeBase类中定义的。除这些属性外，还可使用表6-5中列出的所有属性。

表6-5　Slider类的附加属性

名　称	说　明
Orientation	在竖直滑动条和水平滑动条之间切换
Delay Interval	当单击并按下滑动条的两侧时，控制滑块沿轨迹移动的速度。这两个属性都是毫秒值。Delay是单击后在滑块移动一个单位(小变化)之前的时间，而Interval是当继续按住鼠标键时滑块再次移动之前的时间
TickPlacement	决定刻度显示的位置(刻度是在滑动条附近用于帮助观察数值的刻痕记号)。默认情况下，TickPlacement属性被设置为None，并且不显示刻度标记。如果是水平滑动条，可在上面放置刻度标记(TopLeft)或在下面放置刻度标记(BottomRight)。对于竖直滑动条，可在左边(TopLeft)和右边(BottomRight)放置刻度标记(TickPlacement的名称有些令人迷惑，因为根据滑动条的方向，两个值包含了4种可能)
TickFrequency	设置刻度之间的间隔，决定了显示多少刻度。例如，可每隔5个单位放置一个刻度，每隔10个单位放置一个刻度等

(续表)

名　称	说　明
Ticks	如果希望在特定的不规则位置放置刻度，可使用 Ticks 集合。简单地为每个刻度标记向该集合添加一个数值(双精度浮点数)。例如，可通过添加相应的数值，在 1、1.5、2 和 10 刻度位置放置刻度记号
IsSnapToTickEnabled	如果该属性为 true，当移动滑动条时，会自动跳转到合适的位置——最近的刻度标记。默认值是 false
IsSelectionRangeEnabled	如果为 true，可使用选择范围使滑动条的一部分显示阴影。使用 SelectionStart 和 SelectionEnd 属性设置位置选择范围。选择范围没有固有的含义，但可以因为任何有意义的目的而使用。例如，媒体播放器有时使用阴影背景工具条指示媒体文件的下载进度

图 6-20 比较了使用不同刻度设置的 Slider 控件。

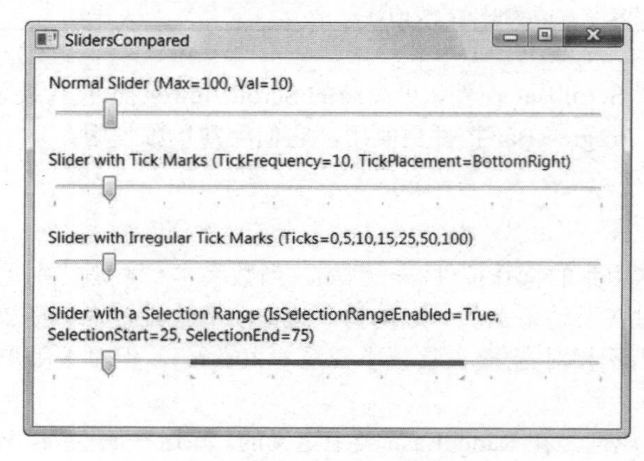

图 6-20　为滑动条添加刻度

6.6.2 ProgressBar

ProgressBar 控件指示长时间运行任务的进度。与 Slider 控件不同，ProgressBar 控件不能与用户进行交互。反而，需要由代码递增 Value 属性值(从技术角度看，WPF 规则建议不将 ProgressBar 作为控件，因为它无法响应鼠标动作和键盘输入)。ProgressBar 控件具有 4 个设备无关单位的最小高度。如果希望看到更大、更传统的进度条，需要设置 Height 属性(或将它放入具有适当固定尺寸的容器中)。

使用 ProgressBar 控件的通常方式是将它作为长时间运行的状态指示器，甚至可能不知道该任务需要执行多长时间。有趣的是(也很奇特)，可通过将 IsIndeterminate 属性设置为 true 来完成这一工作：

```
<ProgressBar Height="18" Width="200" IsIndeterminate="True"></ProgressBar>
```

当设置 IsIndeterminate 属性时，不再使用 Minimum、Maximum 和 Value 属性。ProgressBar 控件会周期性地显示从左向右跳动的绿色脉冲，这是通用的 Windows 约定，表示工作正在进行中。在应用程序的状态栏中，这种指示器非常合理。例如，可使用它指示正在连接远程服务器以便获取信息。

6.7　日期控件

WPF 包含两个日期控件：Calendar 和 DatePicker。这两个控件都被设计为允许用户选择日期。

Calendar 控件显示日历，与在 Windows 操作系统中看到的日历(例如，当配置系统日期时看到的日历)相似。该控件每次显示一个月份，允许从一个月份跳到另一个月份(通过单击箭头按钮)，或跳到某个特定的月份(通过单击月份的标题头查看一年中的月份，然后单击月份)。

DatePicker 控件需要的空间更少。它模仿简单的文本框，该文本框以长日期格式或短日期格式保存日期字符串。DatePicker 控件提供了一个下拉箭头，当单击时，会弹出完整的日历视图，该视图和 Calendar 控件显示的视图相同。这个弹出视图显示在其他任何内容的上面，就像是下拉组合框。

图 6-21 显示了 Calendar 控件支持的两种显示模式，以及 DatePicker 支持的两种日期格式。

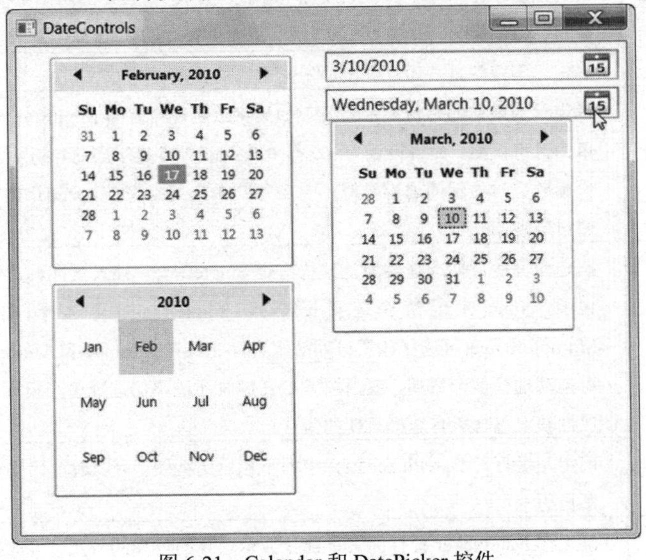

图 6-21　Calendar 和 DatePicker 控件

Calendar 和 DatePicker 控件提供的属性允许您确定显示哪些日期以及哪些日期是可供选择的(以连续的范围提供这些日期)。表 6-6 列出了可供使用的属性。

表 6-6　Calendar 和 DatePicker 类的属性

名　称	说　明
DisplayDateStart DisplayDateEnd	设置在日历视图中显示的日期范围，从第一个最早的日期(DisplayDateStart)到最后最近的日期(DisplayDateEnd)。用户不能导航到未包含能够显示的日期的月份。为显示所有日期，可将 DisplayDateStart 属性设置为 DateTime.MinValue，并将 DisplayDateEnd 属性设置为 DateTime.MaxValue

(续表)

名　　称	说　　明
BlackoutDates	保存在日历中将被禁用或不能选择的日期集合。如果这些日期不在可显示的日期范围内，或者如果已经选择了这些日期中的某个日期，那么将接收到异常。为阻止选择过去的任何日期，可调用 BlackoutDates.AddDatesInPast( )方法
SelectedDate	作为 DateTime 对象提供选择的日期(或者在没有日期被选中时使用 null 值)。可以通过代码、通过单击日历中的日期或通过用户键入日期字符串(在 DatePicker 控件中)设置该属性。在日历视图中，选择的日期使用具有阴影的方框标识，只有当日期控件具有焦点时才会显示该方框
SelectedDates	作为 DateTime 对象的集合提供选择的日期。Calendar 控件支持该属性，并且只有当修改了 SelectionMode 属性以允许选择多个日期时，该属性才有用
DisplayDate	使用 DateTime 对象确定在日历视图中最初显示的日期。如果该属性为空，将显示 SelectedDate 属性的值。如果 DisplayDate 和 SelectedDate 属性均为空，那么使用当前日期。显示的日期决定了日历视图中最初的月份页面。当日期控件具有焦点时，在该月份中恰当的某天周围显示方形边框(该方形边框和用于当前选择日期的阴影方框是有区别的)
FirstDayOfWeek	确定在日历中每行的开始位置(最左边的位置)显示一星期中的哪一天
IsTodayHighlighted	确定日历视图是否通过突出显示指出当前日期
DisplayMode(只用于Calendar 控件)	确定日历最初的月份显示模式。如果将该属性设置为 Month，Calendar 控件显示标准的单一月份视图。如果设置为 Year，Calendar 控件显示当前年份中的月份(与当用户单击月份标题头时显示的内容类似)。一旦用户单击某月份，Calendar 控件就会显示该月份的完整日历视图
SelectionMode(只用于Calendar 控件)	确定允许的日期选择类型。默认值是 SingleDate，该设置允许选择单个日期。其他选项包括 None(完全禁止选择日期)、SingleRange(可选择一组连续的日期)以及 MultipleRange(可选择任意日期的组合)。在 SingleRange 和 MultipleRange 模式下，用户可拖动选择多个日期，或当按下 Ctrl 键时通过单击选择多个日期。可使用 SelectedDates 属性获取包含所有选择日期的集合
IsDropDownOpen(只用于 DatePicker 控件)	确定是否打开 DatePicker 控件中的下拉日历视图。可以通过代码设置该属性以显示或隐藏日历
SelectedDateFormat(只用于 DatePicker 控件)	确定在 DatePicker 控件的文本部分显示选择的日期的方式。可选择 Short 或 Long。实际的显示格式取决于客户计算机的区域设置。例如，如果使用 Short，可能以 yyyy/mm/dd 或 dd/mm/yyyy 格式显示日期。长日期通常包含月份和天的名称

日期控件还提供了几个不同事件。最有用的事件是 DatePicker 控件中的 SelectedDateChanged 事件，或 Calendar 控件中类似的 SelectedDatesChanged 事件，该事件添加了对多个日期选择的支持。可响应这些事件以拒绝特定的日期选择，例如周末的日期：

```
private void Calendar_SelectedDatesChanged (object sender,
  CalendarDateChangedEventArgs e)
{
    // Check all the newly added items.
    foreach (DateTime selectedDate in e.AddedItems)
```

```
        {
            if ((selectedDate.DayOfWeek == DayOfWeek.Saturday) ||
                (selectedDate.DayOfWeek == DayOfWeek.Sunday))
            {
                lblError.Text = "Weekends are not allowed";

                // Remove the selected date.
                ((Calendar)sender).SelectedDates.Remove(selectedDate);
            }
        }
    }
```

可使用支持单个或多个日期选择的Calendar事件加以测试。如果支持多个选择，那么尝试在整个星期的日期上拖动鼠标。除不允许的周末日期外，其他所有日期将保持突出显示，而周末日期将被自动取消选择。

Calendar 控件还添加了 DisplayDateChanged 事件(当用户浏览到新的月份时触发该事件)。DatePicker控件添加了CalenderOpened和CalendarClosed事件(当下拉日历显示和关闭时触发这两个事件)，以及DateValidationError事件(当用户在文本输入部分输入不能被解释为合法时间的值时触发该事件)。通常，当用户打开日历视图时会丢弃非法值，但可以选择填充一些文本以向用户通知发生了问题：

```
private void DatePicker_DateValidationError(object sender,
    DatePickerDateValidationErrorEventArgs e)
{
    lblError.Text = "'" + e.Text +
      "' is not a valid value because " + e.Exception.Message;
}
```

6.8 小结

本章介绍了WPF的基本控件，包括基本元素，如标签、按钮、文本框以及列表。此外，还讨论了与控件模型背后的一些WPF重要概念相关的内容，如画刷、字体以及内容模型。尽管大多数WPF控件很容易使用，然而通过理解这些概念，并理解WPF元素的不同分支如何结合在一起，将能更加容易地创建设计良好的窗口。

第 7 章

Application 类

每个运行中的 WPF 应用程序都由 System.Windows.Application 类的一个实例来表示。该类跟踪在应用程序中打开的所有窗口，决定何时关闭应用程序，并引发可执行初始化和清除操作的应用程序事件。

本章将详细分析 Application 类，讨论如何使用该类执行类似捕获未处理的错误、显示初始屏幕以及检索命令行参数等任务，甚至还将列举一个富有挑战性的例子，该例使用了实例处理以及注册的文件类型，使应用程序能在同一个地方管理任意数量的文档。

带您理解了 Application 类的基础结构后，本章将介绍如何创建和使用程序集资源(assembly resources)。每个资源是一块可嵌入到编译过的应用程序中的二进制数据。您将看到，这使得资源成为非常好的存储库，可用于存储图片、声音甚至是使用多种语言的本地化数据。

7.1 应用程序的生命周期

在 WPF 中，应用程序会经历简单的生命周期。在应用程序启动后，将立即创建应用程序对象。在应用程序运行时触发各种应用程序事件，您可以选择监视其中的某些事件。最后，当释放应用程序对象时，应用程序将结束。

注意：

WPF 允许创建感觉像在 Web 浏览器中运行的功能完备的应用程序。这些应用程序称为 XBAP(XAML Browser Application)，第 24 章将介绍如何创建 XBAP 以及如何利用浏览器的基于页面的导航系统。然而值得注意的是，XBAP 使用相同的 Application 类，引发相同的生命周期事件，并采用与基于窗口的标准 WPF 应用程序相同的方式使用程序集资源。

7.1.1 创建 Application 对象

使用 Application 类的最简单方式是手动创建它。下面的示例演示了最小的程序：在应用程序入口(Main()方法)处创建名为 Window1 的窗口，并启动一个新的应用程序：

```
using System;
using System.Windows;

public class Startup
```

```
{
    [STAThread()]
    static void Main()
    {
        // Create the application.
        Application app = new Application();

        // Create the main window.
        Window1 win = new Window1();

        // Launch the application and show the main window.
        app.Run(win);
    }
}
```

当向 Application.Run()方法传递一个窗口时，该窗口就被设置为主窗口；可通过 Application.MainWindow 属性在整个应用程序中访问这个窗口。然后使用 Run( )方法触发 Application.Startup 事件并显示主窗口。

可使用更长更复杂的代码获得相同的效果：

```
// Create the application.
Application app = new Application();

// Create, assign, and show the main window.
Window1 win = new Window1();
app.MainWindow = win;
win.Show();

// Keep the application alive.
app.Run();
```

这两种方法都给予了应用程序需要的所有动力。以这种方式开始后，应用程序继续运行，直到主窗口和所有其他窗口关闭为止。这时 Run()方法返回，并在应用程序关闭之前，执行 Main()方法中的其他所有代码。

注意：

如果希望使用 Main()方法启动应用程序，需要在 Visual Studio 中指定一个包含 Main()方法的类作为启动对象。为此，在 Solution Explorer 中双击 Properties 节点，并在 Startup Object 列表中改变选择。通常不需要执行这个步骤，因为 Visual Studio 会根据 XAML 应用程序模板创建 Main()方法。7.1.2 节将介绍有关应用程序模板的内容。

7.1.2　派生自定义的 Application 类

尽管 7.1.1 节中给出的方法(实例化 Application 基类并调用 Run()方法)可以很好地工作，但当创建新的 WPF 应用程序时，Visual Studio 并不使用这个模式。

相反，Visual Studio 从 Application 类派生自定义类。在简单应用程序中，这种方法没什么有意义的效果。但如果计划处理应用程序事件，这种方法就可以提供一个更整洁的模型，因为可在派生自 Application 的类中放置所有事件处理代码。

本质上，Visual Studio 为 Application 类使用的模型与用于窗口的模型相同。起点是 XAML 模板，默认情况下该模板被命名为 App.xaml，它看起来如下所示(没有资源部分，资源将在第 10 章中介绍)：

```
<Application x:Class="TestApplication.App"
    xmlns="http://schemas.microsoft.com/winfx/2006/xaml/presentation"
    xmlns:x="http://schemas.microsoft.com/winfx/2006/xaml"
    StartupUri="Window1.xaml"
    >
</Application>
```

在第 2 章中已介绍过，在 XAML 中使用 Class 特性创建派生自元素的类。因此，该类创建派生自 Application 的类，类名为 TestApplication.App(TestApplication 是项目名称，也是在其中定义类的名称空间，App 是 Visual Studio 为派生自 Application 的自定义类使用的名称。如果愿意，可将类名改为任何更有趣的内容)。

Application 标签不仅创建自定义的应用程序类，还设置 StartupUri 属性来确定代表主窗口的 XAML 文档。因此，不需要使用代码显式地实例化这个窗口——XAML 解析器将自动完成这项工作。

与窗口一样，应用程序类也在两个独立部分中进行定义，在编译时融合到一起。自动生成的部分在项目中是不可见的，但该部分包含 Main()入口处以及启动应用程序的代码。该部分看起来如下所示：

```
using System;
using System.Windows;

public partial class App : Application
{
    [STAThread()]
    public static void Main()
    {
        TestApplication.App app = new TestApplication.App();
        app.InitializeComponent();
        app.Run();
    }

    public void InitializeComponent()
    {
        this.StartupUri = new Uri("Window1.xaml", System.UriKind.Relative);
    }
}
```

如果确实对查看 XAML 模板创建的自定义应用程序类感兴趣，可查找位于项目目录中的 obj\Debug 文件夹中的 App.g.cs 文件。

这里给出的自动生成的代码和手工编写的自定义应用程序类代码之间唯一的区别是，自动生成的类使用 StartupUri 属性，而不是设置 MainWindow 属性或把主窗口作为参数传递给 Run() 方法。只要使用相同的 URI 格式，就可以自由地使用这种方法创建自定义应用程序类。需要创建相对 Uri 对象，用于命名项目中的 XAML 文档(该 XAML 文档是编译过的，并作为 BAML 资源被嵌入到应用程序的程序集中。该资源的名称就是原来 XAML 文件的名称。在上面的示例中，应用程序包含名为 Window1.xaml 的资源，该资源包含已编译过的 XAML 文档)。

注意：

在此看到的 URI 系统是在应用程序中引用资源的通用方法。稍后的 7.3.3 节“pack URI”将介绍有关 URI 工作原理的更多内容。

自定义应用程序类的第二部分存储在项目中诸如 App.xaml.cs 的文件中。该部分包含开发人员添加的处理事件的代码，最初是空的：

```
public partial class App : Application
{
}
```

这个文件通过部分类技术和自动生成的应用程序代码融合到一起。

7.1.3　应用程序的关闭方式

通常，只要还有窗口尚未关闭，Application 类就保持应用程序处于有效状态。如果这不是期望的行为，可调整 Application.ShutdownMode 属性。如果手动实例化 Application 对象，就需要在调用 Run()方法之前设置 ShutdownMode 属性。如果使用 App.xaml 文件，那么可在 XAML 文件中简单地设置 ShutdownMode 属性。

对于关闭模式有三种选择，如表 7-1 所示。

表 7-1　ShutdownMode 枚举值

名　称	说　明
OnLastWindowClose	这是默认行为——只要至少还有一个窗口存在，应用程序就保持运行状态。如果关闭了主窗口，Application.MainWindow 属性仍引用代表已关闭窗口的对象(也可以根据情况，使用代码将 MainWindow 属性重新指向另一个不同的窗口)
OnMainWindowClose	这是传统方式——只要主窗口还处于打开状态，应用程序就保持运行状态
OnExplicitShutdown	除非调用 Application.Shutdown( )方法，否则应用程序不会结束(即使所有窗口都已经关闭)。如果应用程序是长期运行的后台任务的前端，或者只是希望使用更复杂的逻辑来决定应用程序应当何时关闭，使用这种方法可能会有意义(这时将调用 Application.Shutdown()方法)

例如，如果希望使用 OnMainWindowClose 方式，并且正在使用 App.xaml 文件，那么需要添加以下内容：

```
<Application x:Class="TestApplication.App"
   xmlns="http://schemas.microsoft.com/winfx/2006/xaml/presentation"
   xmlns:x="http://schemas.microsoft.com/winfx/2006/xaml"
   StartupUri="Window1.xaml" ShutdownMode="OnMainWindowClose"
   >
</Application>
```

不管选择哪种关闭方法，总是可以使用 Application.Shutdown()方法立即终止应用程序(当然，当调用 Shutdown()方法时，应用程序未必立刻停止运行。调用 Application.Shutdown()方法会导致 Application.Run()方法立即返回，但仍可继续运行 Main()方法中的其他代码或者响应 Application.Exit 事件)。

注意：

如果将 ShutdownMode 属性设置为 OnMainWindowClose，并且关闭了主窗口，那么 Application 对象将在 Run()方法返回之前自动关闭其他所有窗口。如果调用 Application.Shutdown()方法，情形同样如此。这是非常重要的，因为这些窗口可能具有当关闭时会引发的事件处理代码。

7.1.4　应用程序事件

最初，App.xaml.cs 文件不包含任何代码。尽管不需要代码，但可添加代码来处理应用程序事件。Application 类提供了为数不多的非常有用的事件。表 7-2 给出了其中最重要的几个。其余的几个事件只用于导航应用程序(见第 24 章)。

表 7-2　应用程序事件

名　称	说　明
Startup	该事件在调用 Application.Run()方法之后，并且在主窗口显示之前(如果把主窗口传递给 Run()方法)发生。可使用该事件检查所有命令行参数，命令行参数是通过 StartupEventArg.Args 属性作为数组提供的。还可使用该事件创建和显示主窗口(而不是使用 App.xaml 文件中的 StartUri 属性)
Exit	该事件在应用程序关闭时(不管是因为什么原因)，并在 Run()方法即将返回之前发生。此时不能取消关闭，但可以通过代码在 Main()方法中重新启动应用程序。可使用 Exit 事件设置从 Run()方法返回的整数类型的退出代码
SessionEnding	该事件在 Windows 对话结束时发生——例如，当用户注销或关闭计算机时(通过检查 SessionEndingCancelEventArgs.ReasonSessionEnding 属性可以确定原因)。也可通过将 SessionEndingEventArgs.Cancel 属性设置为 true 来取消关闭应用程序。否则，当事件处理程序结束时，WPF 将调用 Application.Shutdown()方法
Activated	当激活应用程序中的窗口时发生该事件。当从另一个 Windows 程序切换到该应用程序时会发生该事件。当第一次显示窗口时也会发生该事件
Deactivated	当取消激活应用程序中的窗口时发生该事件。当切换到另一个 Windows 程序时也会发生该事件
DispatcherUnhandledException	在应用程序(主应用程序线程)中的任何位置，只要发生未处理的异常，就会发生该事件(应用程序调度程序会捕获这些异常)。通过响应该事件，可记录重要错误，甚至可选择不处理这些异常，并通过将 DispatcherUnhandledException-EventArgs.Handled 属性设置为 true 继续运行应用程序。只有当可以确保应用程序仍然处于合法状态并且可以继续运行时，才可以这样处理

处理事件时有两种选择：关联事件处理程序或重写相应的受保护方法。如果选择处理应用程序事件，不需要使用委托代码来关联事件处理程序，而是可以使用 App.xaml 文件中的某个特性来关联事件处理程序。例如，如果有如下事件处理程序：

```
private void App_DispatcherUnhandledException(object sender,
```

```
  DispatcherUnhandledExceptionEventArgs e)
{
    MessageBox.Show("An unhandled " + e.Exception.GetType().ToString() +
      " exception was caught and ignored.");
    e.Handled = true;
}
```

可使用下面的 XAML 来连接上面的事件处理程序：

```
<Application x:Class="PreventSessionEnd.App"
    xmlns="http://schemas.microsoft.com/winfx/2006/xaml/presentation"
    xmlns:x="http://schemas.microsoft.com/winfx/2006/xaml"
    StartupUri="Window1.xaml"
    DispatcherUnhandledException="App_DispatcherUnhandledException"
    >
</Application>
```

对于每个应用程序事件(如表 7-2 所示)，可调用相应的方法来引发该事件。这个方法的名称就是事件的名称，只是在前面加上了前缀 On，因此 Startup 变成了 OnStartup()，Exit 变成了 OnExit()，等等。这种方式在.NET 中是十分常见的。唯一的例外是 DispatcherExceptionUnhandled 事件——该事件没有相应的 OnDispatcherExceptionUnhandled()方法，所以始终需要使用事件处理程序。

下面是一个自定义的应用程序类，它重写了 OnSessionEnding()方法，并且如果设置了相应的标志，该方法会阻止关闭系统和应用程序自身：

```
public partial class App : Application
{
    private bool unsavedData = false;
    public bool UnsavedData
    {
        get { return unsavedData; }
        set { unsavedData = value; }
    }

    protected override void OnStartup(StartupEventArgs e)
    {
        base.OnStartup(e);
        UnsavedData = true;
    }

    protected override void OnSessionEnding(SessionEndingCancelEventArgs e)
    {
        base.OnSessionEnding(e);

        if (UnsavedData)
        {
            e.Cancel = true;
            MessageBox.Show(
              "The application attempted to be closed as a result of " +
            e.ReasonSessionEnding.ToString() +
```

```
            ". This is not allowed, as you have unsaved data.");
        }
    }
}
```

当重写应用程序方法时，最好首先调用基类的实现。通常，基类的实现只是引发相应的应用程序事件。

显然，实现这一技术的更精妙方法是：不使用消息框，而应显示几个确认对话框，让用户选择是继续(退出应用程序和 Windows 系统)还是取消关闭。

7.2 Application 类的任务

现在您已经理解了在 WPF 应用程序中使用 Application 对象的方式，接下来看一下如何使用 Application 对象来处理一些更普通的情况。接下来的几节将介绍如何显示初始界面、如何处理命令行参数、如何支持窗口之间的交互、如何添加跟踪文档以及如何创建单实例应用程序。

注意：

对于普通的基于窗口的 WPF 应用程序而言，接下来的几节介绍的技术工作得很好，但这些技术不能用于基于浏览器的 WPF 应用程序(XBAP)，XBAP 将在第 24 章进行讨论。XBAP 具有内置的浏览器初始界面，不能检索命令行参数，不能使用多个窗口，而且作为单实例应用程序是没有意义的。

7.2.1 显示初始界面

WPF 应用程序的运行速度快，但并不能在瞬间启动。当第一次启动应用程序时，会有一些延迟，因为公共语言运行时(Common Language Runtime，CLR)首先需要初始化.NET 环境，然后启动应用程序。

这一延迟未必成为问题。通常，只需要经历很短的时间，就会出现第一个窗口。但如果具有更耗时的初始化步骤，或者如果只是希望通过显示打开的图形使应用程序显得更加专业，这时可使用 WPF 提供的简单初始界面特性。

下面是添加初始界面的方法：

(1) 为项目添加图像文件(通常是.bmp、.png 或.jpg 文件)。

(2) 在 Solution Explorer 中选择图像文件。

(3) 将 Build Action 修改为 SplashScreen。

下次运行应用程序时，图像会立即在屏幕中央显示出来。一旦准备好运行时环境，而且 Application_Startup 方法执行完毕，应用程序的第一个窗口就将显示出来，这时初始界面图形会很快消失(约需 300 毫秒)。

该特性听起来很简单，事实上也确实如此。只需要记住显示的初始界面没有任何装饰，在它周围没有窗口边框，所以由您决定是否为初始界面图形添加边框。也无法通过显示一系列的多幅图像或动画让初始界面图形得到更富有想象力的效果。如果希望得到这种效果，需要采用传统方法：创建在运行初始化代码的同时显示您所希望的图形界面的启动窗口。

顺便提一下，当添加初始界面时，WPF 编译器为自动生成的 App.g.cs 文件添加与下面类似的代码：

```
SplashScreen splashScreen = new SplashScreen("splashScreenImage.png");

// Show the splash screen.
// The true parameter sets the splashScreen to fade away automatically
// after the first window appears.
splashScreen.Show(true);

// Start the application.
MyApplication.App app = new MyApplication.App();
app.InitializeComponent();
app.Run();
// The splash screen begins its automatic fade-out now.
```

也可自行编写这一简短逻辑，而不是使用 SplashScreen 生成操作。但有一点需要指出，可以改变的唯一细节是初始界面褪去的速度。为此，需要向 SplashScreen.Show( )方法传递 false (从而使 WPF 不会自动淡入初始界面)。然后由您负责通过调用 SplashScreen.Close( )方法在恰当的时机隐藏初始界面，并提供 TimeSpan 值来指示经过多长时间淡出初始界面。

7.2.2　处理命令行参数

为处理命令行参数，需要响应 Application.Startup 事件。命令行参数是通过 StartupEventArgs.Args 属性作为字符串数组提供的。

例如，假定希望加载文档，文档名作为命令行参数传递。在这种情况下，有必要读取命令行参数并执行所需的一些额外初始化操作。在下面的示例中，通过响应 Application.Startup 事件实现了这一模式。在该例中，没有在任何地方设置 Application.StartupUri 属性——而是使用代码实例化主窗口。

```
public partial class App : Application
{
    private static void App_Startup(object sender, StartupEventArgs e)
    {
        // Create, but don't show the main window.
        FileViewer win = new FileViewer();

        if (e.Args.Length > 0)
        {
            string file = e.Args[0];
            if (System.IO.File.Exists(file))
            {
                // Configure the main window.
                win.LoadFile(file);
            }
        }
        else
        {
            // (Perform alternate initialization here when
            // no command-line arguments are supplied.)
```

```
        }

        // This window will automatically be set as the Application.MainWindow.
        win.Show();
    }
}
```

上面的方法初始化主窗口，然后当 App_Startup( )方法结束时显示主窗口。上面的代码假定 FileViewer 类有名为 LoadFile()的公有方法(这是自己添加的)。这只是一个示例，它只读取并显示指定文件中的文本：

```
public partial class FileViewer : Window
{
    ...

    public void LoadFile(string path)
    {
        this.Content = File.ReadAllText(path);
        this.Title = path;
    }
}
```

可使用本章的示例代码对该技术进行测试。

注意：

LoadFile( )方法中的代码初看起来有些奇怪。上面的代码设置当前 Window 对象的 Content 属性，该属性决定在窗口的客户区域显示什么内容。更有趣之处是，WPF 窗口实际上是一种内容控件(这意味着它们继承自 ContentControl 类)。因此，它们可包含和显示单个对象。这个对象可以是字符串、控件或可包含多个控件的更有用的面板，这都由您决定。

7.2.3　访问当前 Application 对象

通过静态的 Application.Current 属性，可在应用程序的任何位置获取当前应用程序实例，从而在窗口之间进行基本交互，因为任何窗口都可以访问当前 Application 对象，并通过 Application 对象获取主窗口的引用：

```
Window main = Application.Current.MainWindow;
MessageBox.Show("The main window is " + main.Title);
```

当然，如果希望访问在自定义主窗口类中添加的任意方法、属性或事件，需要将窗口对象转换为正确类型。如果主窗口是自定义类 MainWindow 的实例，可使用与下面类似的代码：

```
MainWindow main = (MainWindow)Application.Current.MainWindow;
main.DoSomething();
```

在窗口中还可以检查 Application.Windows 集合的内容，该集合提供了所有当前打开窗口的引用：

```
foreach (Window window in Application.Current.Windows)
{
```

```
    MessageBox.Show(window.Title + " is open.");
}
```

实际上，大多数应用程序通常使用一种更具结构化特点的方式在窗口之间进行交互。如果有几个长时间运行的窗口同时打开，并且它们之间需要以某种方式进行通信，在自定义应用程序类中保存这些窗口的引用可能更有意义。这样，总可以找到所需的窗口。与此类似，如果有基于文档的应用程序，那么可选择创建跟踪文档窗口的集合，而不跟踪其他内容。7.2.4 节将介绍这项技术。

注意：

当窗口(包括主窗口)显示时，会将它们添加到 Windows 集合中；而当窗口关闭时，会从 Windows 集合中移除相应的窗口。因此，窗口在集合中的位置可能改变，您不能假定在某个特定位置可以找到特定窗口对象。

7.2.4　在窗口之间进行交互

正如在前面已经看到的，自定义应用程序类是放置响应不同应用程序事件的代码的好地方。应用程序类还可以很好地达到另一个目的：保存重要窗口的引用，使一个窗口可访问另一个窗口。

提示：

当有非模态窗口存在很长一段时间并可在其他不同的类(不仅是创建窗口的类)中被访问时，这一技术很有用。如果只是显示模态对话框作为应用程序的一部分，使用这种技术显得有些小题大做。在这种情况下，窗口不会存在很长时间，而且创建窗口的代码也是唯一需要访问这一窗口的代码(需要了解模态窗口和非模态窗口之间的区别，模态窗口会中断应用程序流，直到窗口关闭为止，非模态窗口则不中断应用程序流，具体内容请参阅第 23 章)。

例如，假设希望跟踪应用程序使用的所有文档窗口。为此，可在自定义应用程序类中创建专门的集合。下面是使用泛型列表集合保存一组自定义窗口对象的示例。在这个示例中，每个文档窗口由名为 Document 的类的实例表示：

```
public partial class App : Application
{
    private List<Document> documents = new List<Document>();

    public List<Document> Documents
    {
        get { return documents; }
        set { documents = value; }
    }
}
```

现在，当创建新文档时，只需要记住将其添加到 Documents 集合中即可。下面是响应按钮单击事件的事件处理程序，该事件处理程序完成了所需的工作：

```
private void cmdCreate_Click(object sender, RoutedEventArgs e)
{
    Document doc = new Document();
```

```
        doc.Owner = this;
        doc.Show();
        ((App)Application.Current).Documents.Add(doc);
    }
```

同样，也可在 Document 类中响应 Window.Loaded 这类事件，以确保当创建文档对象时，总会在 Documents 集合中注册该文档对象。

注意：

这段代码还设置了 Window.Owner 属性，使所有文档窗口都在创建它们的主窗口上显示。在第 23 章介绍窗口的相关细节时，将学习有关 Owner 属性的更多内容。

现在，可在代码的其他任何地方使用集合来遍历所有文档，并使用公有成员。在该例中，Document 类包含用于更新显示的自定义方法 SetContent( )：

```
private void cmdUpdate_Click(object sender, RoutedEventArgs e)
{
    foreach (Document doc in ((App)Application.Current).Documents)
    {
        doc.SetContent("Refreshed at"+DateTime.Now.ToLongTimeString()+".");
    }
}
```

图 7-1 演示了此应用程序。最终结果谈不上华美，但这种交互方式是值得注意的——演示了一种通过自定义应用程序类在窗口之间进行交互的安全规范的方式。这种方式比使用 Windows 属性要好，因为是强类型，只包含 Document 窗口(而不是包含应用程序中所有窗口的集合)。通过这种方式还可使用另一种更有用的方式对窗口进行分类。例如，可使用字典集合，通过键名更方便地查找文档。在基于文档的应用程序中，可通过文件名来索引集合中的窗口。

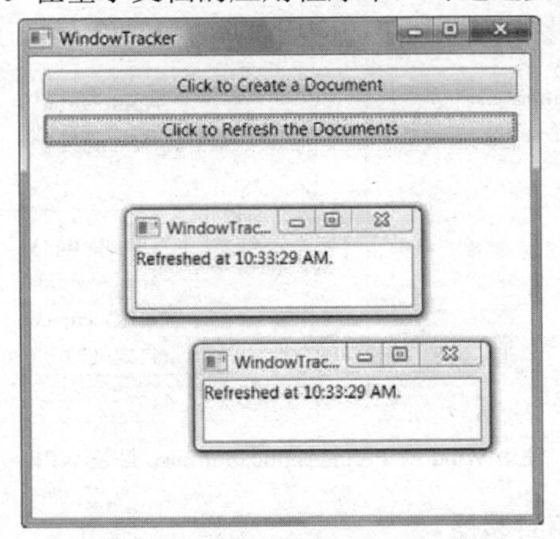

图 7-1　允许在窗口之间进行交互

注意：

当在窗口之间进行交互时，不要忘记面向对象的特点。始终使用为窗口类添加的自定义方法、属性和事件层。永远不要直接向代码的其他部分公开窗体的字段或控件。如果这么做，那么很快就会受到紧耦合接口的困扰，在紧耦合接口中，一个窗口会直接深入到另一个窗口的内部工作，如果不消除它们之间这种晦涩的相互依赖关系，将无法增强任何一个类的功能。

7.2.5　单实例应用程序

通常，只要愿意就可以加载 WPF 应用程序的任意多个副本。某些情况下，这种设计是非常合理的。但在另外一些情况下，这可能会成为问题，当构建基于文档的应用程序时更是如此。

例如，对于 Microsoft Word，不管打开多少个文档(也不管它们是如何打开的)，一次只能加载 winword.exe 的一个实例。当打开新文档时，它们虽然在新窗口中显示，但只有一个应用程序控制所有文档窗口。如果希望降低应用程序开销、集中某些特性(例如，创建单独的打印队列管理器)或集成不同窗口(例如，提供平铺所有当前打开的彼此相邻的文档窗口的特性)，这种设计就是最佳选择。

对于单实例应用程序，WPF 本身并未提供自带的解决方法，但可使用几种变通方法。基本技术是当触发 Application.Startup 事件时，检查另一个应用程序实例是否已在运行。最简单的方法是使用全局的 mutex 对象(mutex 对象是操作系统提供的用于进程间通信的同步对象)。这种方法很简单，但功能有限。最重要的是，应用程序的新实例无法与已经存在的实例进行通信。对于基于文档的应用程序而言这确实是一个问题，因为新实例可能需要告诉已经存在的应用程序实例打开某个特定的文档(如果该文档是通过命令行参数传递的)；例如，当在 Windows Explorer 中双击某个.doc 文件，而且 Word 已经在运行时，希望 Word 加载所请求的文档。这种通信方式更复杂，并且通常通过远程或 WCF 进行通信。一种恰当的实现需要能够发现远程服务器，并使用它来传递命令行参数。

但最简单同时也是 WPF 团队当前推荐的方法是：使用 Windows 窗体提供的内置支持，这一内置支持最初是用于 Visual Basic 应用程序的。这种方法在后台处理杂乱的问题。

那么，如何使用为 Windows 窗体和 Visual Basic 设计的这一特性，管理使用 C#开发的 WPF 应用程序呢？本质上，旧式应用程序类充当了 WPF 应用程序类的封装器。当启动应用程序时，将创建旧式应用程序类，旧式应用程序类接着创建 WPF 应用程序类。旧式应用程序类处理实例管理问题，而 WPF 应用程序类处理真正的应用程序。图 7-2 显示了这几部分的交互方式。

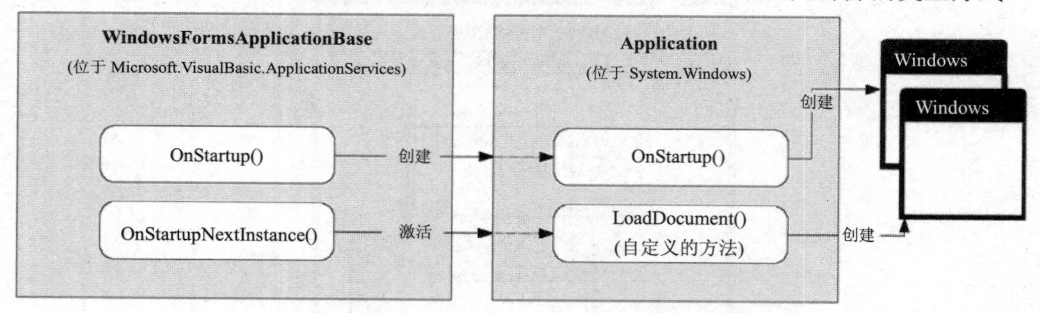

图 7-2　使用 WindowsFormsApplicationBase 封装 WPF 应用程序

1. 创建单实例应用程序封装器

使用这种方法的第一步是添加对 Microsoft.VisualBasic.dll 程序集的引用，并从 Microsoft.VisualBasic.ApplicationServices.WindowsFormsApplicationBase 类继承自定义类。自定义类提供了三个用于管理实例的重要成员：

- IsSingleInstance 属性启用单实例应用程序。在构造函数中将该属性设置为 true。
- 当应用程序启动时触发的 OnStartup( )方法。此时重写该方法并创建 WPF 应用程序对象。

- 当另一个应用程序实例启动时触发的 OnStartupNextInstance( )方法。该方法提供了访问命令行参数的功能。此时，可调用 WPF 应用程序类中的方法来显示新的窗口，但不创建另一个应用程序对象。

下面是派生自 WindowsFormsApplicationBase 类的自定义类的代码：

```
public class SingleInstanceApplicationWrapper :
 Microsoft.VisualBasic.ApplicationServices.WindowsFormsApplicationBase
{
    public SingleInstanceApplicationWrapper()
    {
        // Enable single-instance mode.
        this.IsSingleInstance = true;
    }

    // Create the WPF application class.
    private WpfApp app;
    protected override bool OnStartup(
      Microsoft.VisualBasic.ApplicationServices.StartupEventArgs e)
    {
        app = new WpfApp();
        app.Run();

        return false;
    }

    // Direct multiple instances.
    protected override void OnStartupNextInstance(
      Microsoft.VisualBasic.ApplicationServices.StartupNextInstanceEventArgs e)
    {
        if (e.CommandLine.Count > 0)
        {
            app.ShowDocument(e.CommandLine[0]);
        }
    }
}
```

当应用程序启动时，该类创建 WpfApp 类的一个实例，WpfApp 是自定义的 WPF 应用程序类(派生自 System.Windows.Application)。WpfApp 类包含一些启动逻辑，包括显示主窗口、使用自定义的 ShowDocument()方法为指定的文件加载文档窗口。每次文件名通过命令行参数传给 SingleInstanceApplicationWrapper 类时，SingleInstanceApplicationWrapper 类调用 WpfApp.ShowDocument( )方法。

下面是 WpfApp 类的代码：

```
public class WpfApp : System.Windows.Application
{
    protected override void OnStartup(System.Windows.StartupEventArgs e)
    {
        base.OnStartup(e);
        WpfApp.current = this;
```

```
            // Load the main window.
            DocumentList list = new DocumentList();
            this.MainWindow = list;
            list.Show();

            // Load the document that was specified as an argument.
            if (e.Args.Length > 0) ShowDocument(e.Args[0]);
        }

        public void ShowDocument(string filename)
        {
            try
            {
                Document doc = new Document();
                doc.LoadFile(filename);
                doc.Owner = this.MainWindow;
                doc.Show();

                // If the application is already loaded, it may not be visible.
                // This attempts to give focus to the new window.
                doc.Activate();
            }
            catch
            {
                MessageBox.Show("Could not load document.");
            }
        }
    }
```

除了 DocumentList 和 Document 窗口，当前唯一尚未提到的细节是应用程序的入口。因为应用程序需要在 App 类之前创建 SingleInstanceApplicationWrapper 类，所以应用程序必须使用传统的 Main()方法来启动，而不能使用 App.xaml 文件。下面是所需要的代码：

```
public class Startup
{
    [STAThread]
    public static void Main(string[] args)
    {
        SingleInstanceApplicationWrapper wrapper =
          new SingleInstanceApplicationWrapper();
        wrapper.Run(args);
    }
}
```

这三个类——SingleInstanceApplicationWraper 类、WpfApp 类和 Startup 类——构成了单实例 WPF 应用程序的基础。使用这一基本框架模型可创建出更完善的示例。例如，在本章的下载代码中对 WpfApp 类进行了修改，使该类可为打开的文档维护一个列表(正如前面演示的那样)。通过结合使用 WPF 数据绑定和列表(第 19 章将介绍这一特性)，DocumentList 窗口显示了当前打开的文档。图 7-3 显示了打开三个文档时的情况。

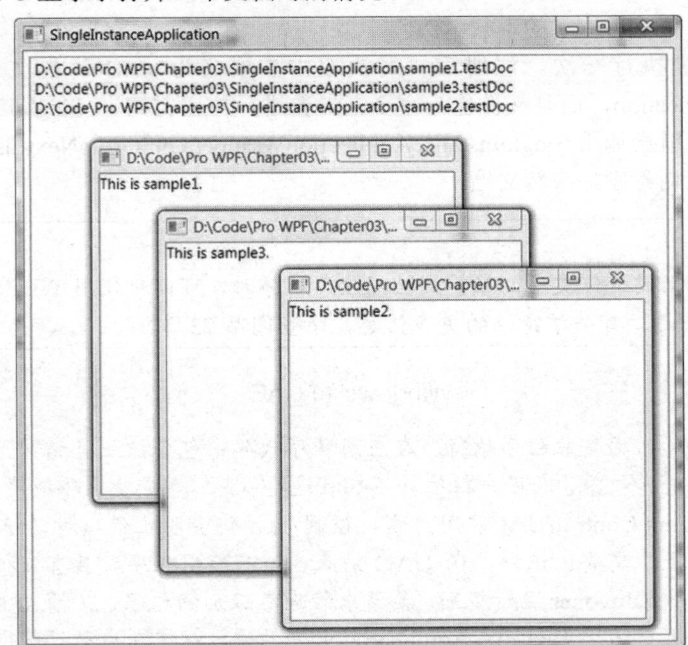

图 7-3　具有中心窗口的单实例应用程序

注意：

WPF 的未来版本最终会支持单实例应用程序。目前，这种变通方法提供了相同的功能，只不过需要做的工作稍微多一些。

---

2. 注册文件类型

为测试单实例应用程序，需要使用 Windows 注册文件扩展名(.testDoc)，并将其与应用程序相关联。这样，当单击.testDoc 文件时，应用程序将立即启动。

创建文件类型注册的一种方法是使用 Windows 资源管理器手动注册：

(1) 右击.testDoc 文件，然后选择 Open With | Choose Default Program 菜单项。

(2) 在 Open With 对话框中单击 Browse 按钮，找到应用程序的.exe 文件并双击。

(3) 如果不希望使应用程序默认处理这种文件类型，务必在 Open With 对话框中取消选中 Always use the selected program to open this type file 选项。在这种情况下，不能通过双击文件启动应用程序。然而，可通过右击文件，选择 Open With 菜单项，并从列表中选择应用程序来打开。

(4) 单击 OK 按钮。

创建文件类型注册的另一种方法是运行一些编辑注册表的代码。SingleInstanceApplication 示例包含 FileRegistrationHelper 类，该类负责完成这一功能：

```
string extension = ".testDoc";
string title = "SingleInstanceApplication";
string extensionDescription = "A Test Document";
FileRegistrationHelper.SetFileAssociation(
  extension, title + "." + extensionDescription);
```

FileRegistrationHelper 类使用 Microsoft.Win32 名称空间中的类注册.testDoc 文件扩展名。要查看完整的代码，请参考本章的下载示例。

注册过程只需执行一次。注册后，每次双击扩展名为.testDoc 的文件时，就会启动 SingleInstanceApplication，而且文件作为命令行参数进行传递。如果 SingleInstanceApplication 程序已开始运行，就会调用 SingleInstanceApplicationWrapper.OnStartupNextInstance( )方法，并通过已经运行的应用程序加载新文档。

提示：

当创建使用注册的文件类型的基于文档的应用程序时，可能对使用 Windows 7 的跳转列表(jump list)特性感兴趣。有关该特性的更多信息，请查阅第 23 章。

Windows 和 UAC

文件注册任务通常由安装程序执行。在应用程序代码中包含该任务的常见问题是，运行应用程序的用户需要提升权限，而用户往往并不拥有这些权限。事实上，即使用户拥有这些权限，Windows User Account Control(UAC，用户账户控制)特性仍会阻止代码对其进行访问。

为了理解这一点，需要认识到，在 UAC 看来，所有应用程序都具有三种运行级别之一。通常，应用程序使用 asInvoker 运行级别。要请求管理员级别的权限，必须右击应用程序的可执行文件，从弹出菜单中选择 Run As Administrator 菜单项，以便在启动时获得该权限。当使用 Visual Studio 测试应用程序时，为了获得管理员权限，必须右击 Visual Studio 快捷方式并选择 Run As Administrator 菜单项。

如果应用程序需要管理员权限，可通过使用 requireAdministrator 运行级别要求它们，或者使用 highestAvailabe 运行级别请求管理员权限。对于任何一种方法，都需要创建应用程序清单文件——清单文件包含可嵌入到编译过的程序集中的 XML 块。为添加应用程序清单文件，在 Solution Explorer 中右击项目，在弹出菜单中选择 Add | New Item 菜单项，选择 Application Manifest File 模板，然后单击 Add 按钮。

应用程序清单文件的内容是较简单的 XML 块，如下所示：

```
<?xml version="1.0" encoding="utf-8"?>
<asmv1:assembly manifestVersion="1.0"
xmlns="urn:schemas-microsoft-com:asm.v1"
xmlns:asmv1="urn:schemas-microsoft-com:asm.v1"
xmlns:asmv2="urn:schemas-microsoft-com:asm.v2">
  <assemblyIdentity version="1.0.0.0" name="MyApplication.app"/>
  <trustInfo xmlns="urn:schemas-microsoft-com:asm.v2">
    <security>
      <requestedPrivileges xmlns="urn:schemas-microsoft-com:asm.v3">
        <requestedExecutionLevel level="asInvoker" />
      </requestedPrivileges>
    </security>
  </trustInfo>
</asmv1:assembly>
```

要改变运行级别，只需要修改<requestedExecutionLevel>元素的级别特性。有效值为 asInvoker、requireAdministrator 以及 highestAvailable。

在有些情况下，可能希望在特定情形下请求管理员权限。在文件注册示例中，仅当应用程序第一次运行并且需要创建注册时，才选择请求管理员权限，从而避免不必要的 UAC 警告。实现该模式的最简单方法是在单独的可执行程序中放置需要更高权限的代码，然后在需要时调用这个可执行程序。

7.3　程序集资源

WPF 应用程序中的程序集资源与其他.NET 应用程序中的程序集资源在本质上是相同的。基本概念是为项目添加文件，从而 Visual Studio 可将其嵌入到编译过的应用程序的 EXE 或 DLL 文件中。WPF 程序集资源与其他应用程序中的程序集资源之间的重要区别是引用它们的寻址系统不同。

注意：

程序集资源又称为二进制资源，因为它们作为不透明的二进制数据被嵌入到已编译的程序集中。

第 2 章已讨论过程序集资源的工作原理。因为每次编译应用程序时，项目中的每个 XAML 文件都转换为解析效率更高的 BAML 文件。这些 BAML 文件作为独立资源嵌入到程序集中。添加自己的资源同样很容易。

7.3.1　添加资源

可通过向项目添加文件，并在 Properties 窗口中将其 Build Action 属性设置为 Resource 来添加自己的资源。这就是需要完成的全部工作—— 这确实是个好消息。

为更加合理地组织资源，可在项目中创建子文件夹(在 Solution Explorer 中右击项目名称，然后选择 Add | New Folder 菜单项)，然后使用这些子文件夹组织不同类型的资源。图 7-4 显示了一个示例，该例在名为 Images 的文件夹中包含了几个图像资源，并在名为 Sounds 的文件夹中包含了两个音频资源。

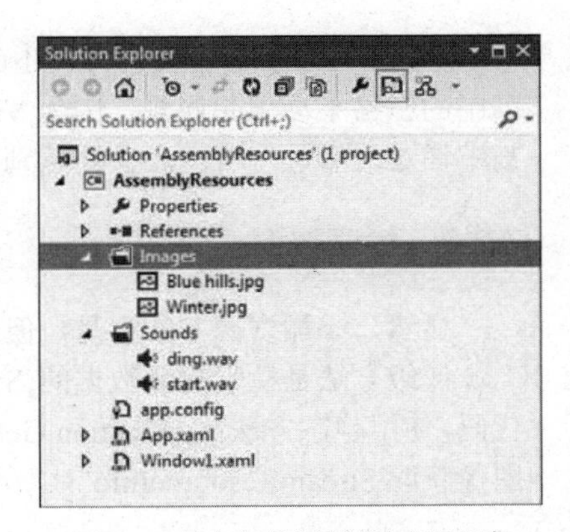

图 7-4　具有程序集资源的应用程序

以这种方式添加的资源易于更新。只需要替换文件并重新编译应用程序即可。例如，如果创建了如图 7-4 所示的项目，可在 Windows 浏览器中将所有新文件复制到 Images 文件夹中。只要替换在项目中包含的文件的内容，就不必在 Visual Studio 中再采取任何其他特殊步骤了(除了实际编译应用程序之外)。

为成功地使用程序集资源，务必注意以下两点：

- 不能将 Build Action 属性错误地设置为 Embedded Resource。尽管所有程序集资源都被定义为嵌入的资源，但 Embedded Resource 生成操作会在另一个更难访问的位置放置二进制数据。在 WPF 应用程序中，假定总是使用 Resource 生成类型。
- 不要在 Project Properties 窗口中使用 Resource 选项卡。WPF 不支持这种类型的资源 URI。

好奇的编程人员自然希望了解嵌入到程序集中的资源到底发生了什么变化。WPF 将它们和其他 BAML 资源合并到单独的流中。单独的资源流使用以下格式命名：*AssemblyName*.g.resources。在图 7-5 中，应用程序被命名为 AssemblyResources，并且资源流被命名为 AssemblyResources.g.resources。

如果想要实际查看在编译过的程序集中嵌入的资源，可使用反编译工具。但主要的.NET 工具——ildasm——不支持该功能。然而，可使用诸如 Reflector(http://reflector.net)的更出色工具来深入挖掘资源。图 7-5 利用.NET Reflector 工具显示了图 7-4 所示项目中的资源。

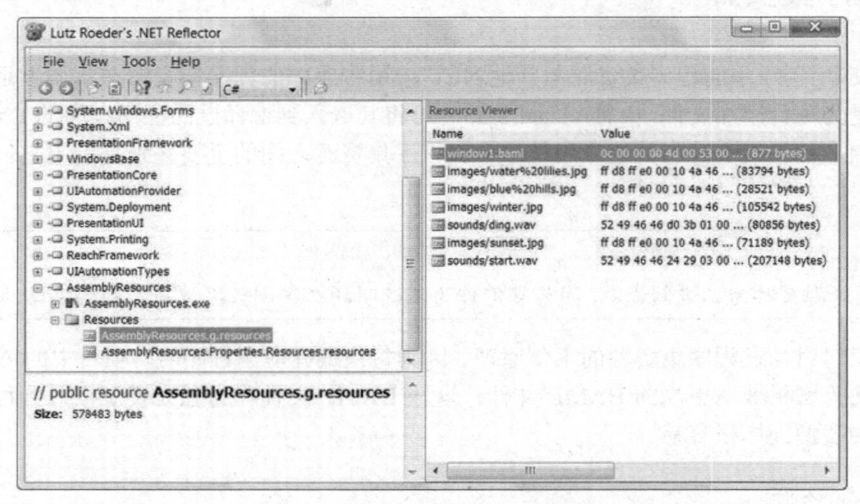

图 7-5　.NET Reflector 中的程序集资源

除所有图像和音频文件外，还可看到用于应用程序中窗口的 BAML 资源。在 WPF 中，文件名中的空格不会引起问题，因为 Visual Studio 足够智能，它能够正确地略过它们。当应用程序被编译过之后，您可能还会注意到文件名变成了小写形式。

7.3.2　检索资源

显然，添加资源非常容易，但到底如何使用它们呢？可以采用多种方法来使用资源。

低级方法是检索封装数据的 StreamResourceInfo 对象，然后决定如何使用该对象。可通过代码，使用静态方法 Application.GetResourceStream( )完成该工作。例如，下面的代码为 winter.jpg 图像获取 StreamResourceInfo 对象：

```
StreamResourceInfo sri = Application.GetResourceStream(
  new Uri("images/winter.jpg", UriKind.Relative));
```

一旦得到 StreamResourceInfo 对象，就可以得到两部分信息。ContentType 属性返回一个描述数据类型的字符串——在该例中是 image/jpg。Stream 属性返回一个 UnmanagedMemoryStream 对象，可使用该对象读取数据，一次读取一个字节。

GetResourceStream( )的确是一个很有用的辅助方法，它封装了 ResourceManager 类和 ResourceSet 类。这些类是.NET Framework 资源系统的核心，自从.NET 1.0 开始就提供了这些类。如果不使用 GetResourceStream()方法，就需要具体访问 AssemblyName.g.resources 资源流(这是存储所有 WPF 资源的地方)，并查找所需的对象。下面是完成这一操作的非常简单的代码：

```
Assembly assembly = Assembly.GetAssembly(this.GetType());
```

```
string resourceName = assembly.GetName().Name + ".g";
ResourceManager rm = new ResourceManager(resourceName, assembly);

using (ResourceSet set =
  rm.GetResourceSet(CultureInfo.CurrentCulture, true, true))
{
    UnmanagedMemoryStream s;

    // The second parameter (true) performs a case-insensitive resource lookup.
    s = (UnmanagedMemoryStream)set.GetObject("images/winter.jpg", true);
    ...
}
```

通过 ResourceManager 类和 ResourceSet 类还可完成其他一些 Application 类自身不能完成的工作。例如，下面的代码片段会向您显示在 AssemblyName.g.resources 资源流中所有嵌入资源的名称：

```
Assembly assembly = Assembly.GetAssembly(this.GetType());
string resourceName = assembly.GetName().Name + ".g";
ResourceManager rm = new ResourceManager(resourceName, assembly);

using (ResourceSet set =
  rm.GetResourceSet(CultureInfo.CurrentCulture, true, true))
{
    foreach (DictionaryEntry res in set)
    {
        MessageBox.Show(res.Key.ToString());
    }
}
```

能够理解资源的类

虽然 GetResourceStream( )方法可提供帮助，但直接检索资源还可能会遇到麻烦。问题是使用该方法得到的是相对低级的 UnmanagedMemoryStream 对象，该对象本身没有什么用处，需要将它转换成一些更有意义的数据，例如具有属性和方法的高级对象。

WPF 提供了几个专门使用资源的类。这些类不要求提取资源(这非常混乱且不是类型安全的)，它们使用资源的名称访问资源。例如，如果希望在 WPF 的 Image 元素中显示 Blue hills.jpg 图像，可使用下面的标记：

```
<Image Source="Images/Blue hills.jpg"></Image>
```

注意反斜杠变成了正斜杠，因为这是 WPF 使用 URI 的约定(实际上这两种方式都可行，但为了连贯起见，建议使用正斜杠)。

可使用代码完成相同的工作。对于 Image 元素，只需要将 Source 属性设置为 BitmapImage 对象，该对象使用 URI 确定希望显示的图像的位置。可以像下面这样指定完全限定的文件路径：

```
img.Source = new BitmapImage(new Uri(@"d:\Photo\Backgrounds\arch.jpg"));
```

但如果使用相对 URI，就可从程序集中提取不同资源，并将它们传递给图像，而且不需要使用 UnmanagedMemoryStream 对象：

```
img.Source = new BitmapImage(new Uri("images/winter.jpg", UriKind.Relative));
```

该技术通过在基本应用程序 URI 的末尾处加上 images/winter.jpg 构造了 URI。大多数情况下不需要考虑 URI 语法——只要遵循相对 URI，剩下的工作就由程序集负责了。然而有些情况下，更详细地理解 URI 系统是非常重要的，当希望访问嵌入到另一个程序集中的资源时更是如此。7.3.3 节将深入分析 WPF 的 URI 语法。

7.3.3　pack URI

WPF 使用 pack URI 语法寻址编译过的资源(比如用于页面的 BAML)。7.3.2 节的 Image 对象和标签使用相对 URI 来引用资源，如下所示：

```
images/winter.jpg
```

这与下面更繁琐的绝对 URI 是等效的：

```
pack://application:,,,/images/winter.jpg
```

当为一幅图像设置源时可使用这种绝对 URI，尽管这种方法没有任何优点：

```
img.Source = new BitmapImage(new Uri("pack://application:,,,/images/winter.jpg"));
```

提示：

当使用绝对 URI 时，可使用指向程序集资源的文件路径、用于网络共享的 UNC 路径、Web 站点 URL 以及 pack URI。如果应用程序不能从期望的位置检索到资源，就会产生异常。如果 URI 是使用 XAML 设置的，那么会在创建页面时产生异常。

---

pack URI 语法来自 XPS(XML Paper Specification，XML 页面规范)标准。它看起来非常奇怪，因为它在一个 URI 中嵌入了另一个 URI。三个逗号实际上是三个转义的斜杠。换句话说，上面显示的包含应用程序 URI 的 pack URI 是以 application:///开头的。

位于其他程序集中的资源

使用 pack URI 还可检索嵌入到另一个库中的资源(换句话说，在应用程序中使用的 DLL 程序集中的资源)。这种情况下需要使用以下语法：

```
pack://application:,,,/AssemblyName;component/ResourceName
```

例如，如果图像被嵌入到引用的名为 ImageLibrary 的程序集中，将需要使用如下 URI：

```
img.Source = new BitmapImage(
  new Uri("pack://application:,,,/ImageLibrary;component/images/winter.jpg"));
```

或从更实用的角度看，可使用等价的相对 URI：

```
img.Source = new BitmapImage(
  new Uri("ImageLibrary;component/images/winter.jpg", UriKind.Relative));
```

如果使用强命名的程序集，可使用包含版本和/或公钥标记的限定程序集引用代替程序集的名称。使用分号隔离每段信息，并在版本号数字之前添加字母 v。下面是一个使用版本号的示例：

```
img.Source = new BitmapImage(
  new Uri("ImageLibrary;v1.25;component/images/winter.jpg",
```

```
  UriKind.Relative));
```

下面的示例同时使用了版本号和公钥标记：

```
img.Source = new BitmapImage(
new Uri("ImageLibrary;v1.25;dc642a7f5bd64912;component/images/winter.jpg",
  UriKind.Relative));
```

7.3.4　内容文件

当嵌入文件作为资源时，会将文件放到编译过的程序集中，并且可以确保文件总是可用的。对于部署而言这是理想选择，并且可避免可能存在的问题。然而在有些情况下，使用这种方法并不方便：

- 希望改变资源文件，又不想重新编译应用程序。
- 资源文件非常大。
- 资源文件是可选的，并且可以不随程序集一起部署。
- 资源是声音文件。

注意：
在第 26 章将会看到，WPF 声音类不支持程序集资源。因此，无法从资源流中析取音频文件并播放它们——至少，如果没有首先保存音频文件，就不能播放它们。这一局限是由于这些类使用的技术基础(Win32 API 和媒体播放器)造成的。

显然，可使用应用程序部署文件，并为应用程序添加代码，进而从硬盘驱动器中读取这些文件来解决该问题。然而，WPF 还有更方便的选择，使这一过程更加容易管理。可将这些未编译的文件专门标记为内容文件。

不能将内容文件嵌入到程序集中。然而，WPF 为程序集添加了 AssemblyAssociated-ContentFile 特性，公告每个内容文件的存在。该特性还记录了每个内容文件相对于可执行文件的位置(指示内容文件是否和可执行文件位于同一个文件夹中，或者位于某个子文件夹中)。最方便的是，当为能够理解资源的元素(如 Image 类)使用内容文件时，可使用相同的 URI 系统。

为测试该技术，为项目添加声音文件，在 Solution Explorer 中选择该文件，并在 Properties 窗口中将 Build Action 属性改为 Content。确保将 Copy to Output Directory 属性设置为 Copy Always，以保证当生成项目时将声音文件复制到输出目录中。

现在可使用相对 URI，将 MediaElement 元素指向内容文件：

```
<MediaElement Name="Sound" Source="Sounds/start.wav"
 LoadedBehavior="Manual"></MediaElement>
```

要查看同时使用应用程序资源和内容文件的应用程序，可参阅本章的下载代码。

7.4　本地化

当需要本地化窗口时，程序集资源也可以提供方便。使用资源，可根据 Windows 操作系统的当前文化设置改变控件。对于需要翻译为不同语言的文本标签和图像，这尤其有用。

在一些框架中，通过提供用户界面细节的多份副本进行本地化，如字符串表和图像。在

WPF 中，本地化的划分并不细致，而将 XAML 文件作为本地化单元(从技术角度看，是嵌入到应用程序中的编译过的 BAML 资源)。如果希望支持三种不同的语言，需要包含三个 BAML 资源。WPF 会根据执行应用程序的计算机的当前文化设置，选择正确的资源(从技术角度看，WPF 是根据驻留用户界面的线程的 CurrentUICulture 属性做出决定的)。

当然，如果需要创建和部署具有全部本地化资源的程序集，这个过程的意义不大。这不比为每种语言创建单独的应用程序版本更好，因为每次希望为新的文化添加支持时(或者当需要修改某个已经存在的资源中的文本时)，都需要重新生成整个应用程序。幸运的是，.NET 使用附属程序集(satellite assemblies)——和应用程序一起工作但保存在单独的子文件夹中的程序集——解决了这一问题。当创建本地化的 WPF 应用程序时，在单独的附属程序集中放置每个本地化了的 BAML 资源。为让应用程序能使用该程序集，需将它们放在主应用程序文件夹的子文件夹中，例如，fr-FR 文件夹用于法语。然后，应用程序可使用探测(probing)技术，自动绑定到附属程序集，自从.NET Framework 1.0 版开始就提供了该技术。

本地化应用程序的挑战在于整个工作过程——换句话说，是指如何从项目中提取 XAML 文件，如何本地化这些 XAML 文件，如何将它们编译进附属程序集中，然后如何在应用程中使用本地化的资源。这是 WPF 本地化过程中最不稳定的部分，因为诸如 Visual Studio 的工具本身支持本地化。这意味着您需要多做一些工作，并且可能需要自己创建本地化工具。

7.4.1　构建能够本地化的用户界面

在开始翻译任何内容前，首先需要考虑应用程序会如何响应内容变化。例如，如果用户界面中所有文本的长度都变为原来的两倍，如何调整整个窗口的布局？如果已经构建了真正自适应的布局(如第 3 章所述)，这就不成问题。用户界面应当能够调整自身以适应动态的内容。下面列出建议采用的一些原则：

- 不使用硬编码的宽度或高度(或至少对那些包含不能滚动的文本内容的元素不使用硬编码的宽度和高度)。
- 将 Window.SizeToContent 属性设置为 Width、Height 或 WidthAndHeight，使窗口尺寸能够根据需要扩大(根据窗口结构的不同，并不总是需要这样，但有时是很有用的)。
- 使用 ScrollViewer 控件封装大量文本。

本地化的其他考虑事项

根据本地化应用程序的语言，还需要考虑其他一些问题。讨论不同语言的用户界面布局超出了本书的范围。

本地化是一个复杂主题。WPF 有一种可行解决方案，但尚不完善。掌握了本地化基础知识后，您可能希望看一看 Microsoft 的稍显过时但仍有用的 WPF 本地化白皮书，该白皮书共 66 页，可从 http://wpflocalization.codeplex.com 获取该白皮书以及示例代码。

7.4.2　使应用程序为本地化做好准备

下一步是让项目支持本地化。为此只需要进行一处修改——需要为项目的.csproj 文件，在第一个<PropertyGroup>元素中的任意地方添加以下元素：

```
<UICulture>en-US</UICulture>
```

上面的标记告诉编译器，应用程序的默认文化是美式英语(显然，也可选择其他合适的文化)。一旦进行了这一修改，生成过程就会发生变化。下次编译应用程序时，最后会生成名为 en-US 的子文件夹。在该文件夹中包含的是附属程序集，附属程序集与应用程序同名，而且扩展名为.resources.dll(如 LocalizableApplication.resources.dll)。附属程序集包含了应用程序的所有编译过的 BAML 资源，以前这些资源保存在主应用程序的程序集中。

理 解 文 化

从技术角度看，不是针对特定语言本地化应用程序，而是针对文化，文化考虑了语言的地区变种。文化由使用连字符分隔的两个标识符标识。第一部分标识语言，第二部分标识国家。因此，fr-CA 代表加拿大法语，而 fr-FR 代表法国法语。有关文化名称及其包含的两部分标识符的完整列表，可参考 MSDN 帮助中的 System.Globalization.CultureInfo 类(http://tinyurl.com/cuyhe6p)。

这种精细的本地化可能超出了需要。幸运的是，可只根据语言本地化应用程序。例如，如果希望定义用于法语区域的设置，可为文化使用 fr。只要没有和当前计算机文化设置完全匹配的更特殊的文化，就会使用该设置。

现在，当运行该应用程序时，CLR 会根据计算机的区域设置自动在正确的目录中查找附属程序集，并加载正确的已经本地化的资源。例如，如果使用 fr-FR 文化运行应用程序，CLR 会查找 fr-FR 子目录，并使用查找到的附属程序集。因此，如果希望为更多的文化添加应用程序本地化支持，只需要添加更多子文件夹和附属程序集，而不干扰原来的可执行的应用程序。

当 CLR 开始探查附属程序集时，遵循以下几条简单的优先规则：

(1) 首先检查可用的最具体目录，这意味着查找针对当前语言和区域(如 fr_FR)的附属程序集。

(2) 如果在上面的目录中没有找到，接下来查找针对当前语言的附属程序集(如 fr)。

(3) 如果在上面的目录中还没有找到，就抛出 IOException 异常。

上面列出的规则稍做了简化。如果决定使用全局程序集缓存(Global Assembly Cache，GAC)为整个计算机共享一些组件，在开始进行第 1 步检查和第 2 步检查时，.NET 实际上是检查 GAC。换句话说，在第 1 步中，CLR 检查在 GAC 中是否存在特定语言和区域的程序集版本。如果存在，就使用该程序集。对于第 2 步同样如此。

7.4.3　管理翻译过程

现在已经具备了本地化需要的全部基础架构。现在需要做的全部工作就是以 BAML 形式创建适应其他版本窗口的附属程序集，并将这些程序集放到正确的文件夹中。如果手工完成该任务，显然需要完成大量工作。此外，本地化通常涉及第三方翻译服务，需要使用该服务对原始文本进行处理。显然，不能期望翻译者是能在 Visual Studio 项目中找到这些原始文本的熟练程序员(并且不能认为他们能够随意使用代码)。因此，需要一种管理本地化过程的方法。

目前，WPF 提供了部分解决方案。该方案能够奏效，但需要使用一些命令行指令，并且有一个任务不能完成。基本的处理过程如下：

(1) 标识应用程序中需要本地化的元素。可酌情添加一些注释，以便为翻译者提供帮助。

(2) 提取能够本地化的内容的细节并保存到.csv 文件中(由逗号分隔的文本文件)，并将该文件发送给翻译服务。

(3) 一旦接收到该文件翻译后的版本，就再次运行 LocBaml 命令行工具，生成所需的附属程序集。

接下来的内容将分别介绍这些步骤。

1. 为本地化准备标记元素

第一步是针对所有希望本地化的元素，添加专门的 Uid 特性。下面是一个例子：

```
<Button x:Uid="Button_1" Margin="10" Padding="3">A button</Button>
```

Uid 特性扮演与 Name 特性类似的角色——在单个 XAML 文档上下文中唯一地标识一个按钮。通过这种方法，可以只为该按钮指定本地化的文本。然而，WPF 为什么使用 Uid 而不重用 Name 值呢，有其他几个原因：可能没有为元素指定名称，可在代码中根据不同的约定和用途设置名称等。实际上，Name 属性本身就是一部分能够本地化的信息。

注意：

显然，文本不是唯一需要本地化的细节。还需要考虑字体、字号、外边距、内边距以及其他与对齐相关的细节。在 WPF 中，每个需要被本地化的属性都使用 System.Windows.LocalizabilityAttribute 特性进行了修饰。

应当为本地化应用程序的每个窗口中的每个元素添加 Uid，尽管这不是必需的。这可能会增加大量额外工作，不过，MsBuild 工具可自动完成该工作。使用该工具的方法如下所示：

```
msbuild /t:updateuid LocalizableApplication.csproj
```

上面的代码假定，希望添加 Uid 特性的应用程序的名称为 LocalizableApplication。

并且，如果希望检查是否所有元素都具有 Uid(并且确保没有意外地多复制了一个 Uid)，可按如下方式使用 MsBuild 进行检查：

```
msbuild /t:checkuid LocalizableApplication.csproj
```

提示：

运行 MsBuild 的最简单方式是启动 Visual Studio Command Prompt(选择 Start | All Programs | Microsoft Visual Studio 2012| Visual Studio Tools | Developer Command Prompt for VS2012)，从而对路径进行设置使其更容易访问。然后就可以快速定位到项目文件夹以运行 MsBuild 了。

当使用 MsBuild 生成 Uid 时，Uid 与相应控件的名称是匹配的。下面是一个示例：

```
<Button x:Uid="cmdDoSomething" Name="cmdDoSomething" Margin="10" Padding="3">
```

如果元素没有名称，MsBuild 会根据类名生成 Uid，这个 Uid 使用数字后缀，作用不大：

```
<TextBlock x:Uid="TextBlock_1" Margin="10">
```

注意：

从技术角度看，这一步是为如何全球化应用程序做准备——换句话说，为使用不同语言进行本地化做准备。即使不准备立即本地化应用程序，也应该为以后进行本地化有所促进。如果执行了该操作，就可以通过简单地部署附属程序集，将应用程序更新到不同的语言。当然，如果尚未实际评估用户界面，并确保使用了能够适应变化内容的自适应布局(例如，具有更长标题的按钮等)，就不值得为全球化付出这么多努力。

---

2. 提取可被本地化的内容

要为所有元素提取能被本地化的内容，需要使用 LocBaml 命令行工具。目前，LocBaml 并不是已经编译过的工具。相反，可作为示例从 http://tinyurl.com/df3bqg (查看 LocBaml Tool Sample 链接)获取其源代码。必须手工对 LocBaml 示例进行编译。

当使用 LocBaml 命令行工具时，必须位于包含编译过的程序集的文件夹中(如 LocalizableApplication\bin\Debug)。为提取能被本地化的细节的列表，需要将 LocBaml 命令行工具指向附属程序集，并使用/parse 参数，如下所示：

```
locbaml /parse en-US\LocalizableApplication.resources.dll
```

LocBaml 工具为所有编译过的 BAML 资源查找附属程序集，并生成包含细节内容的.csv 文件。在该例中，这个.csv 文件被命名为 LocalizationApplication.resources.csv。

提取出的文件中的每一行代表一个在 XAML 文档中应用于元素的可被本地化的属性。每行都包含以下 7 个值：

- BAML 资源的名称(例如 LocalizableApplication.g.en-US.resources:window1.baml)。
- 元素的 Uid 和要本地化的属性的名称。下面是一个例子：StackPanel_1:System.Windows.FrameworkElement.Margin。
- 本地化类别。该值来自 LocalizationCategory 枚举，用于帮助识别属性表示的内容的类型(长文本、标题、字体、按钮标题和工具提示等)。
- 属性是不是可读的(实质上是指能否在用户界面上显示为文本)。所有可读的值总是需要被本地化，但不可读的值可能需要本地化，也可能不需要。
- 属性值是否可以被翻译者修改。除非专门为其指定了其他值，该属性值总是为 true。
- 为翻译者提供的额外注释。如果尚未提供注释，该值为空。
- 属性值。这是需要被本地化的细节。

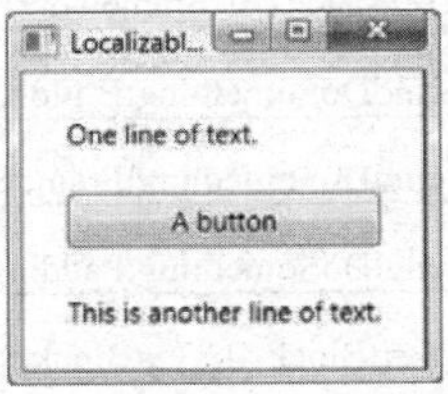

图 7-6 能被本地化的窗口

例如，对于图 7-6 所示的窗口，下面是其 XAML 标记：

```
<Window x:Uid="Window_1" x:Class="LocalizableApplication.Window1"
    xmlns="http://schemas.microsoft.com/winfx/2006/xaml/presentation"
    xmlns:x="http://schemas.microsoft.com/winfx/2006/xaml"
    Title="LocalizableApplication" Height="300" Width="300"
    SizeToContent="WidthAndHeight"
    >
  <StackPanel x:Uid="StackPanel_1" Margin="10">
    <TextBlock x:Uid="TextBlock_1" Margin="10">One line of text.</TextBlock>
    <Button x:Uid="cmdDoSomething" Name="cmdDoSomething" Margin="10" Padding="3">
    A button</Button>
    <TextBlock x:Uid="TextBlock_2" Margin="10">
    This is another line of text.</TextBlock>
  </StackPanel>
</Window>
```

当通过 LocBaml 运行时，将得到如表 7-3 所示的信息(为简洁起见，省略了 BAML 名称，因为它总与窗口同名；这里对资源键进行了缩写，这样就不必使用完全限定名称；并且注释为空——将它们省略了)。

下面是当前工具支持的一些限制。不能直接为.csv 文件使用翻译服务，因为该文件以一种笨拙的方式提供信息。需要使用另一个工具来分析该文件，使翻译者可更高效地使用该文件。可很容易地构建提取所有信息的工具，显示那些 Readable 和 Modifiable 属性为 true 的值，并允许用户编辑相应的值。然而，到撰写本书时为止还没有提供这样的工具。

表 7-3　能被本地化的属性的示例列表

资 源 键	本地化类别	可 读	可 修 改	值
Window_1:LocalizableApplication.Window1.$Content	无	true	true	#StackPanel_1;
Window_1:Window.Title	Title	true	true	LocalizableApplication
Window_1:FrameworkElement.Height	无	false	true	300
Window_1:FrameworkElement.Width	无	false	true	300
Window_1:Window.SizeToContent	无	false	true	WidthAndHeight
StackPanel_1:FrameworkElement.Margin	无	false	true	10
TextBlock_1:TextBlock.$Content	Text	true	true	One line of text
TextBlock_1:FrameworkElement.Margin	无	false	true	10
cmdDoSomething:Button.$Content	Button	true	true	A button
cmdDoSomething:FrameworkElement.Margin	无	false	true	10
cmdDoSomething:Padding	无	false	true	3
TextBlock_2:TextBlock.$Content	Text	true	true	Another line of text
TextBlock_2:FrameworkElement.Margin	无	false	true	10

为执行简单的测试，可直接打开该文件(使用 Notepad 或 Excel)并通过修改最后一部分信息——值——来提供翻译过的文本。下面是一个示例：

```
LocalizableApplication.g.en-US.resources:window1.baml,
TextBlock_1:System.Windows.Controls.TextBlock.$Content,
Text,True,True,,
Une ligne de texte.
```

注意：

尽管上述代码实际上是一行代码，但为了便于显示，对其进行了分割。

在此没有指定使用什么样的文化。在下一步编译新的附属程序集时会指定使用的文化。

3. 生成附属程序集

现在已经为其他文化生成附属程序集做好了准备。再次使用 LocBaml 工具执行该任务，但这一次使用/generate 参数。

请记住，附属程序集作为嵌入的 BAML 资源，包含每个完整窗口的一个副本。为创建这些资源，LocBaml 工具需要查看原始的附属程序集，使用翻译过的.csv 文件中的新值替换原来的值，然后生成新的附属程序集。这意味着需要将 LocBaml 工具指向原来的附属程序集，并使用/trans:参数指向翻译过的值的列表。还需要使用/cul:参数告诉 LocBaml 工具这个程序集代表什么文化。请记住，文化使用具有两部分内容的标识符进行定义，在 System.Globalization.CultureInof 类的描述中列出了这些标识符。

下面是一个完整示例：

```
locbaml  /generate en-US\LocalizableApplication.resources.dll
         /trans:LocalizableApplication.resources.French.csv
         /cul:fr-FR /out:fr-FR
```

上面的命令执行以下操作：

- 使用原来的附属程序集 en-US\LocalizedApplication.resources.dll。
- 使用翻译过的.csv 文件 French.csv。
- 使用 France French 文化。
- 输出到 fr-FR 子文件夹(该文件夹必须已经存在)。尽管根据使用的文化看起来应当能够隐式地创建该文件夹，但必须提供细节。

当运行该命令行时，LocBaml 工具使用翻译过的值创建新版本的 LocalizableApplication.resource.dll 程序集，并将该程序集放到应用程序文件夹的 fr-FR 子文件夹中。

现在，当在将文化设置为 France French 的计算机上运行这个应用程序时，会自动显示另一版本的窗口。可使用控制面板中的区域和语言选项改变文化。或者为了简化该过程以进行测试，可使用代码改变当前主题的文化。需要在创建或显示任意窗口之前进行该操作，为此，使用应用程序事件或应用程序类的构造函数才有意义，如下所示：

```
public partial class App : System.Windows.Application
{
    public App()
    {
        Thread.CurrentThread.CurrentUICulture =
          new CultureInfo("fr-FR");
    }
}
```

图 7-7 显示了结果。

并不是所有能够本地化的内容都被定义为用户界面中的可本地化属性。例如，当发生一些问题时，可能需要显示错误消息。处理这种情况的最佳方法是使用 XAML 资源(如第 10 章所述)。例如，可在某个特定窗口中、在整个应用程序的资源中或在多个应用程序共享的资源字典中，将错误信息字符串保存为资源。下面是一个示例：

```
<Window.Resources>
  <s:String x:Uid="s:String_1" x:Key="Error">Something bad happened. </s:String>
</ Window.Resources >
```

运行 LocBaml 工具时，该文件中的字符串也被添加到需要本地化的内容中。进行编译时，这一信息被添加到附属程序集中，以确保使用正确的语言显示错误信息，如图 7-8 所示。

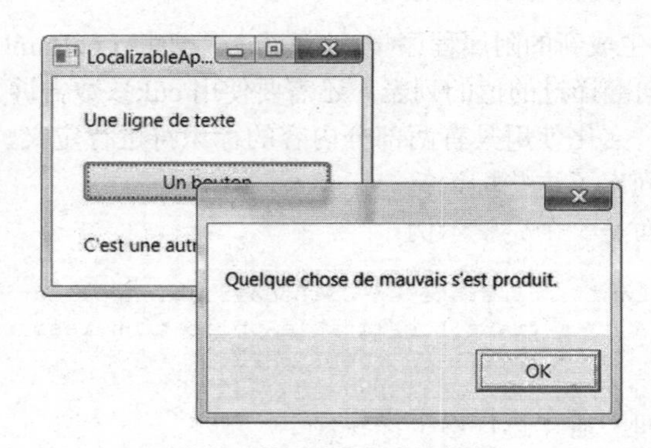

图 7-7　用法语本地化后的窗口

图 7-8　使用本地化后的字符串

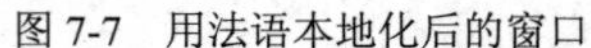

注意：

当前系统的明显弱点是，很难满足一直不断变化的用户界面。由于 LocBaml 工具总是创建新文件，因此如果最后将控件移到不同窗口或用另一个控件替换了某个控件，可能必须从头开始新建翻译列表。

7.5　小结

本章详细介绍了 WPF 应用程序模型。

为了管理简单的 WPF 应用程序，只需要创建 Application 类的一个实例，并调用它的 Run()方法。然而，大多数应用程序需要完成更多工作，并从 Application 类派生自定义类。正如前面介绍的，这种自定义类是处理应用程序事件的理想工具，也是跟踪应用程序中的窗口或实现单实例应用程序模式的理想场所。

本章后半部分介绍了程序集资源，通过程序集资源可打包二进制数据，并将其嵌入应用程序。该部分还介绍了本地化，以及如何通过使用几个命令行工具(msbuild.exe 和 locbaml.exe)提供特定文化的用户界面(尽管需要进行一些手工操作)。

第 8 章

元素绑定

简单地说，数据绑定是一种关系，该关系告诉 WPF 从源对象提取一些信息，并用这些信息设置目标对象的属性。目标属性始终是依赖项属性，通常位于 WPF 元素中——毕竟，WPF 数据绑定的最终目标是在用户界面中显示一些信息。然而，源对象可以是任何内容，从另一个 WPF 元素乃至 ADO.NET 数据对象(如 DataTable 和 DataRow 对象)或您自行创建的纯数据对象。

本章将从“元素到元素的绑定”这种最简单的方式开始研究数据绑定。第 19 章将继续分析数据绑定，并讨论从数据库向数据窗体传递数据的最高效方式。

注意：

WPF 4.5 对数据绑定系统做了一些改进，第 19 章将讨论其中的大多数改进之处。本章将介绍两个较小的改进。第一个是 Delay 属性，该属性允许在计算数据绑定表达式之前添加暂停(见 8.1.8 节“绑定延迟”)。第二个是 WPF 强化了使用代码获取绑定信息的能力(见 8.1.5 节“使用代码检索绑定”)。

8.1 将元素绑定到一起

数据绑定的最简单情形是，源对象是 WPF 元素而且源属性是依赖项属性。正如第 4 章中所解释的，依赖项属性具有内置的更改通知支持。因此，当在源对象中改变依赖项属性的值时，会立即更新目标对象中的绑定属性。这正是我们所需要的行为——而且不必为此构建任何额外的基础结构。

注意：

尽管从元素到元素的绑定是最简单的方式，但在现实世界中，大多数开发人员对查找最通用的方式更感兴趣。总的说来，大量的数据绑定是将元素绑定到数据对象，从而可显示从外部源(如数据库或文件)提取的信息。然而，从元素到元素的绑定经常是很有用的。例如，可使用从元素到元素的绑定使元素的交互方式自动化，从而当用户修改控件时，另一个元素可自动更新。这是很有价值的快捷方式，使您不必再编写样板代码。

为理解如何将一个元素绑定到另一个元素，分析图 8-1 中显示的简单窗口。该窗口包含了两个控件：一个 Slider 控件和一个具有单行文本的 TextBlock 控件。如果向右拖动滑动条上的滑块，文本字体的尺寸会立即随之增加。如果向左拖动滑块，字体尺寸会缩小。

显然，使用代码创建这种行为不是很难。可简单地响应 Slider.ValueChanged 事件，并将滑动条控件的当前值复制到 TextBlock 控件来实现这种行为。不过，通过数据绑定实现这种行为会更简单。

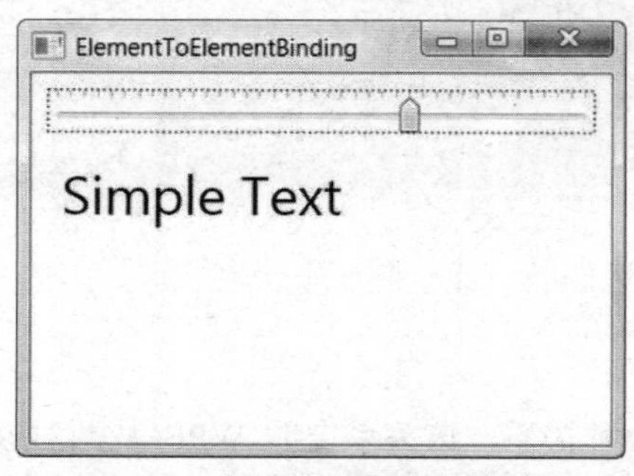

图 8-1　通过数据绑定链接的控件

提示：

数据绑定还有一个优点：允许创建能运行于浏览器中的简单 XAML 页面，而不必将它们编译进应用程序中(如第 2 章所述，XAML 页面如果具有链接的代码隐藏文件，就不能在浏览器中打开)。

8.1.1　绑定表达式

当使用数据绑定时，不必对源对象(在本示例中是 Slider 控件)做任何改动。只需要配置源对象使其属性具有正确的值范围，通常进行如下配置：

```
<Slider Name="sliderFontSize" Margin="3"
 Minimum="1" Maximum="40" Value="10"
 TickFrequency="1" TickPlacement="TopLeft">
</Slider>
```

绑定是在 TextBlock 元素中定义的。在此没有使用字面值设置 FontSize 属性，而是使用了一个绑定表达式，如下所示：

```
<TextBlock Margin="10" Text="Simple Text" Name="lblSampleText"
 FontSize="{Binding ElementName=sliderFontSize, Path=Value}" >
</TextBlock>
```

数据绑定表达式使用 XAML 标记扩展(因此具有花括号)。因为正在创建 System.Windows.Data.Binding 类的一个实例，所以绑定表达式以单词 Binding 开头。尽管可采用多种方式配置 Binding 对象，但本例中只需要设置两个属性：ElementName 属性(指示源元素)和 Path 属性(指示源元素中的属性)。

之所以使用名称 Path 而不是 Property，是因为 Path 可能指向属性的属性(如 FontFamily.Source)，也可能指向属性使用的索引器(如 Content.Children[0])。可构建具有多级层次的路径，使其指向属性的属性的属性，依此类推。

如果希望引用附加属性(在另一个类中定义但应用于绑定元素的属性)，那么需要在圆括号中封装属性名称。例如，如果绑定到 Grid 控件中的某个元素，路径(Grid.Row)将检索放置元素的行的行号。

8.1.2 绑定错误

WPF 不会引发异常来通知与数据绑定相关的问题。如果指定的元素或属性不存在，那么不会收到任何指示；相反，只是不能在目标属性中显示数据。

乍一看，对调试而言这像是可怕的梦魇。幸运的是，WPF 输出了绑定失败细节的跟踪信息。当调试应用程序时，该信息显示在 Visual Studio 的 Output 窗口中。例如，如果试图绑定到不存在的属性，在 Output 窗口中将看到与下面类似的信息：

```
System.Windows.Data Error: 35 : BindingExpression path error:
  'Tex' property not found on 'object' ''TextBox' (Name='txtFontSize')'.
  BindingExpression:Path=Text; DataItem='TextBox' (Name='txtFontSize');
  target element is 'TextBox' (Name='');
  target property is 'Text' (type 'String')
```

当试图读取源属性时，WPF 会忽略抛出的任何异常，并不加提示地丢弃因源数据无法转换为目标属性的数据类型而引发的异常。然而，当处理这些问题时还有一种选择——可通知 WPF 改变源元素的外观以指示发生了错误。例如，可使用感叹号图标或红色轮廓标识非法输入。在第 19 章中将学习与验证相关的更多内容。

8.1.3 绑定模式

数据绑定的一个特性是目标会被自动更新，而不考虑源的修改方式。在这个示例中，源只能通过一种方式进行修改——通过用户与滑动条上滑块进行的交互。下面分析该例的一个稍经修改的版本：添加几个按钮，每个按钮为滑动条应用一个预先设置的值。图 8-2 显示了新窗口。

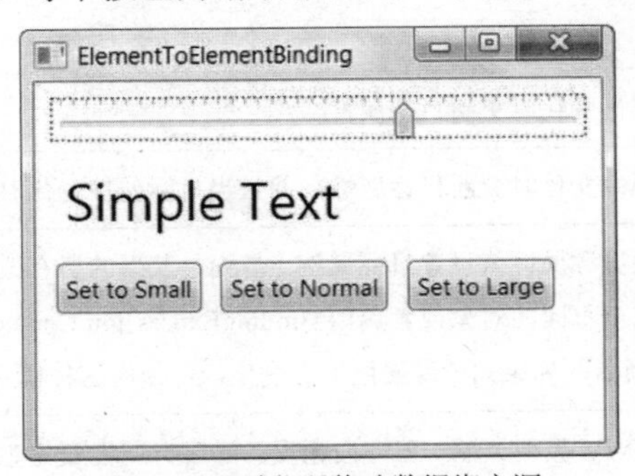

图 8-2 通过代码修改数据绑定源

当单击 Set to Large 按钮时，会运行下面的代码：

```
private void cmd_SetLarge(object sender, RoutedEventArgs e)
{
   sliderFontSize.Value = 30;
}
```

上面的代码设置滑动条的值，这会通过数据绑定强制改变字体尺寸。效果与移动滑动条上的滑块一样。

然而，下面的代码不能正常工作：

```
private void cmd_SetLarge(object sender, RoutedEventArgs e)
{
    lblSampleText.FontSize = 30;
}
```

上面的代码直接设置文本框的字体尺寸。因此，滑动条的位置未相应地更新。更糟的是，上面的代码破坏了字体尺寸绑定，并用字面值代替了绑定。如果现在移动滑动条上的滑块，文本块根本不会相应地进行改变。

有趣的是，可采用一种方式强制在两个方向传递数值：从源到目标以及从目标到源。技巧是设置 Binding 对象的 Mode 属性。下面是修订过的双向绑定，该绑定允许为源或目标应用变化，并使整体的其他部分自动更新自身：

```
<TextBlock Margin="10" Text="Simple Text" Name="lblSampleText"
 FontSize="{Binding ElementName=sliderFontSize, Path=Value, Mode=TwoWay}" >
</TextBlock>
```

在这个示例中，没理由使用双向绑定(这需要更大的开销)，因为可通过使用正确的编码来解决问题。然而，考虑该例的一个变体，该变体包含一个可在其中精确设置字体尺寸的文本框。这个文本框需要使用双向绑定，从而当通过另一种方法改变字体尺寸时，该文本框可以应用用户的改变，并显示最新的尺寸值。8.1.4 节将会分析这个例子。

当设置 Binding.Mode 属性时，WPF 允许使用 5 个 System.Windows.Data.BindingMode 枚举值中的任何一个。表 8-1 列出了全部枚举值。

表 8-1　BindingMode 枚举值

名　称	说　明
OneWay	当源属性变化时更新目标属性
TwoWay	当源属性变化时更新目标属性，并且当目标属性变化时更新源属性
OneTime	最初根据源属性值设置目标属性。然而，其后的所有改变都会被忽略(除非绑定被设置为一个完全不同的对象或者调用 BindingExpression.UpdateTarget( )方法，正如稍后介绍的那样)。通常，如果知道源属性不会变化，可使用这种模式降低开销
OneWayToSource	与 OnWay 类型类似，但方向相反。当目标属性变化时更新源属性(这看起来有点像向后传递)，但目标属性永远不会被更新
Default	此类绑定依赖于目标属性。既可以是双向的(对于用户可以设置的属性，如 TextBox.Text 属性)，也可以是单向的(对于所有其他属性)。除非明确指定了另一种模式，否则所有绑定都使用该方法

图 8-3 显示了它们之间的区别。前面已经介绍了 OneWay 和 TwoWay 模式。OneTime 模式非常简单。下面对其他两种模式再进行一些分析。

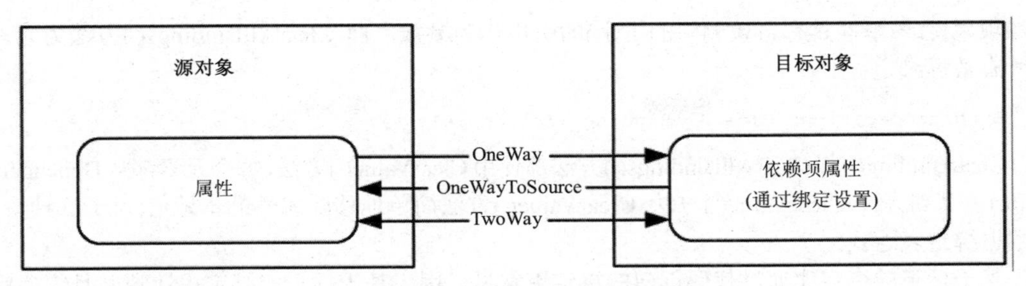

图 8-3 绑定两个属性的不同方式

1. OneWayToSource 模式

您可能会好奇，既然有了 OneWay 模式，为什么还有 OneWayToSource 模式选项——毕竟，这两个值都以相同方式创建单向绑定。唯一区别是绑定表达式的放置位置。本质上，OneWayToSource 模式允许通过在通常被视为绑定源的对象中放置绑定表达式，从而翻转源和目标。

使用这一技巧最常见的原因是要设置非依赖项属性的属性。本章开头已经介绍过，绑定表达式只能用于设置依赖项属性。但通过使用 OneWayToSource 模式，可克服这一限制，但前提是提供数值的属性本身是依赖项属性。

2. Default 模式

最初，除非明确指定其他模式，否则可能认为所有绑定都是单向的，这看起来像是符合逻辑的(毕竟，简单的滑动条示例使用的就是这种方式)。然而，情况并非如此。为了自我验证这一事实，再次考虑具有能够改变字体尺寸的绑定文本框的示例。即使删除了 Mode=TwoWay 设置，这个示例也仍工作得很好。这是因为 WPF 使用了一种不同的、默认情况下依赖于所绑定属性的模式(从技术角度看，在每个依赖项属性中都有一个元数据——FrameworkPropertyMetadata.BindsTwoWayByDefault 标志——该标志指示属性是使用单向绑定还是双向绑定)。

通常，默认绑定模式也正是期望的模式。然而，可设想一个示例，该例具有一个只读的不允许用户改变的文本框。对于这种情况，通过将模式设置为单向绑定可稍微降低一些开销。

作为一条常用的经验法则，明确设置绑定模式永远不是坏主意。即使在文本框示例中，也值得通过包含 Mode 属性来强调希望使用双向绑定。

8.1.4 使用代码创建绑定

在构建窗口时，在 XAML 标记中使用 Binding 标记扩展来声明绑定表达式通常最高效。然而，也可使用代码创建绑定。

下面的代码演示了如何为 8.1.3 节所示示例中显示的 TextBlock 元素创建绑定：

```
Binding binding = new Binding();
binding.Source = sliderFontSize;
binding.Path = new PropertyPath("Value");
binding.Mode = BindingMode.TwoWay;
lblSampleText.SetBinding(TextBlock.FontSize, binding);
```

还可通过代码使用 BindingOperation 类的两个静态方法移除绑定。ClearBinding( )方法使用依赖项属性(该属性具有希望删除的绑定)的引用作为参数，而 ClearAllBindings( )方法为元素删除所有数据绑定：

```
BindingOperations.ClearAllBindings(lblSampleText);
```

ClearBinding( )和 ClearAllBindings( )方法都使用 ClearValue( )方法，每个元素都从 DependencyObject 基类继承了 ClearValue( )方法。ClearValue( )方法简单地移除属性的本地值(对于这种情况，是数据绑定表达式)。

基于标记的绑定比通过代码创建的绑定更常见，因为基于标记的绑定更清晰并且需要完成的工作更少。本章中的所有示例使用标记创建它们的绑定。但在一些特殊情况下，会希望使用代码创建绑定：

- **创建动态绑定**：如果希望根据其他运行时信息修改绑定，或者根据环境创建不同的绑定，这时使用代码创建绑定通常更合理(此外，也可在窗口的 Resources 集合中定义可能希望使用的每个绑定，并只添加使用合适的绑定对象调用 SetBinding( )方法的代码)。
- **删除绑定**：如果希望删除绑定，从而可以通过普通方式设置属性，需要借助 ClearBinding( )或 ClearAllBindings( )方法。仅为属性应用新值是不够的——如果正在使用双向绑定，设置的值会传播到链接的对象，并且两个属性保持同步。

注意：

不管绑定是通过代码应用的，还是使用 XAML 标记应用的，都可以使用 ClearBinding( )和 ClearAllBindings( )方法删除任何绑定。

- **创建自定义控件**：为让他人能更容易地修改您构建的自定义控件的外观，需要将特定细节(如事件处理程序和数据绑定表达式)从标记移到代码中。第 18 章提供了一个自定义的颜色拾取控件，该控件使用代码创建绑定。

8.1.5　使用代码检索绑定

可使用代码检索绑定并检查其属性，而不必考虑绑定最初是用代码还是标记创建的。

可采用两种方式来获取绑定信息。第一种方式是使用静态方法 BindingOperations.GetBinding()来检索相应的 Binding 对象。这需要提供两个参数：绑定元素以及具有绑定表达式的属性。

例如，如果具有如下绑定：

```
<TextBlock Margin="10" Text="Simple Text" Name="lblSampleText"
 FontSize="{Binding ElementName=sliderFontSize, Path=Value}" > </TextBlock>
```

可使用如下代码来获取绑定：

```
Binding binding = BindingOperations.GetBinding(lblSampleText, TextBlock.FontSize);
```

一旦拥有绑定对象，就可以检查其属性。例如，绑定元素名 Binding.ElementName 提供了绑定表达式的值(这里是 sliderFontSize)。Binding.Path 提供的 PropertyPath 对象从绑定对象提取绑定值，Binding.Path.Path 获取绑定属性的名称(这里是 Value)。还有 Binding.Mode 属性，用于告知绑定何时更新目标元素。

如果必须在测试时添加诊断代码，绑定对象会有趣一些。但 WPF 还允许通过调用 BindingOperations.GetBindingExpression()方法获得更实用的 BindingExpression 对象，该方法的参数与 GetBinding()方法的参数相同：

```
BindingExpression expression =
    BindingOperations.GetBindingExpression(lblSampleText,TextBlock.FontSize);
```

BindingExpression 对象包括一些属性，用于复制 Binding 对象提供的信息。但迄今为止，最有趣的是 ResolvedSource 属性，该属性允许计算绑定表达式并获得其结果——传递的本地数据。下面举一个例子：

```
// Get the source element.
Slider boundObject = (Slider)expression.ResolvedSource;

// Get any data you need from the source element, including its bound property.
string boundData = boundObject.FontSize;
```

在开始绑定数据对象时，该技术变得更加有用，本章后面将予以介绍。您可以在需要的时候使用 ResolvedSource 属性获取绑定数据对象的引用。

8.1.6 多绑定

上面的示例仅包含一个绑定，但如有必要，您可设置 TextBlock 元素从文本框中获取其文本，从单独的颜色列表中选择当前前景色和背景色，等等。下面是一个示例：

```
<TextBlock Margin="3" Name="lblSampleText"
 FontSize="{Binding ElementName=sliderFontSize, Path=Value}"
 Text="{Binding ElementName=txtContent, Path=Text}"
 Foreground="{Binding ElementName=lstColors, Path=SelectedItem.Tag}" >
</TextBlock>
```

图 8-4 显示了具有三个绑定的 TextBlock 元素。

还可链接数据绑定。例如，可为 TextBox.Text 属性创建绑定表达式以链接到 TextBlock.FontSize 属性，而 TextBlock.FontSize 属性又包含链接到 Slider.Value 属性的绑定表达式。对于这种情况，当用户将滑动条上的滑块拖动到新的位置时，滑动条的值从 Slider 传递到 TextBlock，然后又从 TextBlock 传递到 TextBox。尽管这种方法可无缝地进行工作，但更清晰的方法是应当尽可能地将元素直接绑定到它们使用的数据。在此处描述的示例中，应考虑将 TextBlock 和 TextBox 都直接绑定到 Slider.Value 属性。

如果希望目标属性受多个源的影响，问题会变得更加有趣——例如，如果希望使用两个相等的合法绑定来设置属性，乍一看，这好像不可能实现。毕竟，当创建绑定时，只能指定一个目标属性。然而，可使用多种方法突破这一限制。

最简单的方法是更改数据绑定模式。如前所述，Mode 属性允许改变绑定方向，使数值不仅能从源传递到目标，还可从目标传递到源。可使用这项技术创建多个设置同一属性的绑定表达式。其中，最后设置的属性有效。

为理解这种方法的工作原理，考虑滑动条示例的一个变体，添加一个能设置精确字体尺寸的文本框。在该例中(如图 8-5 所示)，可用两种方法设置 TextBlock.FontSize 属性——通过拖动滑动条上的滑块或在文本框中输入字体尺寸。所有控件都保持同步，因此如果在文本框中输入新的数值，示例文本的字体尺寸就会相应地进行调整，并且滑动条上的滑块也会被移到相应位置。

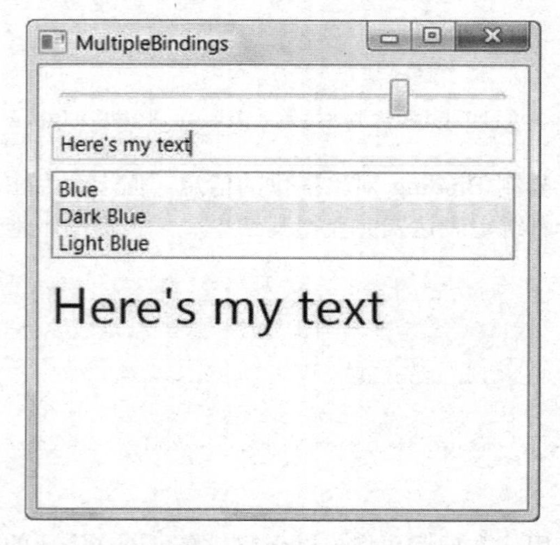

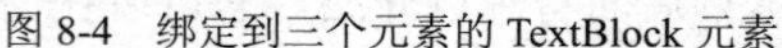
图 8-4　绑定到三个元素的 TextBlock 元素

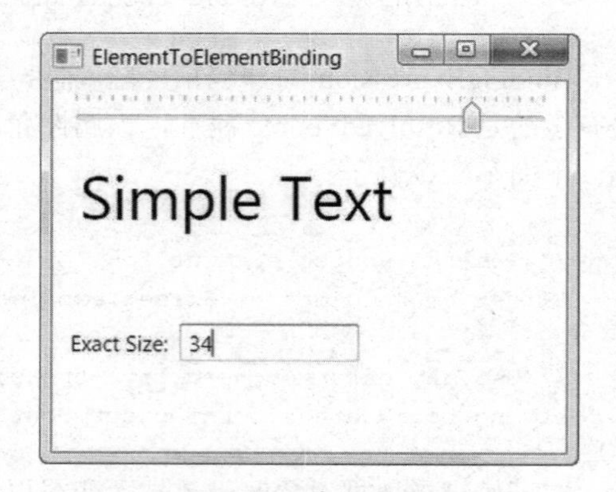

图 8-5　将两个属性链接到字体尺寸

正如您所知道的，只能为 TextBlock.FontSize 属性应用数据绑定。合理的做法是保持 TextBlock.FontSize 属性不变，使其直接绑定到滑动条：

```
<TextBlock Margin="10" Text="Simple Text" Name="lblSampleText"
 FontSize="{Binding ElementName=sliderFontSize, Path=Value, Mode=TwoWay}" >
</TextBlock>
```

尽管不能再为 FontSize 属性添加另一个绑定，但可将新控件——TextBox 控件——绑定到 TextBlock.FontSize 属性。下面是所需的标记：

```
<TextBox Text="{Binding ElementName=lblSampleText, Path=FontSize, Mode=TwoWay}">
</TextBox>
```

现在，无论何时 TextBlock.FontSize 属性发生变化，当前值都会被插入到文本框中。更妙的是，可在文本框中编辑数值以应用特定的尺寸。注意，为了使该例能够工作，TextBox.Text 属性必须使用双向绑定，从而使数值能够双向传递。否则，文本框只能显示 TextBlock.FontSize 属性的值，但不能改变 TextBlock.FontSize 属性的值。

这个示例存在以下几个问题：

- 因为 Slider.Value 属性是双精度类型，所以当拖动滑动条上的滑块时，得到的字体尺寸数值是小数。可通过将 TickFrequency 属性设置为 1(或其他整数间隔)，并将 IsSnapToTickEnabled 属性设置为 true，将滑动条的值限制为整数。
- 在文本框中可输入字母以及其他非数字字符。如果输入了任何内容，文本框的值就不再被解释为数值。因此，数据绑定自动失败，并且字体尺寸会被设置为 0。另一个解决方法是处理在文本框中按下的键来阻止非法输入，或者使用数据绑定验证，如第 19 章所述。

- 直到文本框失去焦点(例如，当使用 Tab 键将焦点移到另一个控件时)，才会应用文本框中的改变。如果这不是所希望的行为，可通过使用 Binding 对象的 UpdateSourceTrigger 属性立即进行更新，稍后的 8.1.7 节“绑定更新”将介绍相关内容。

有趣的是，在此给出的解决方案不是连接文本框的唯一方法。也可合理地配置文本框，使其改变 Slider.Value 属性而不是 TextBlock.FontSize 属性：

```
<TextBox Text="{Binding ElementName=sliderFontSize, Path=Value, Mode=TwoWay}">
</TextBox>
```

现在改变文本框中的内容会在滑动条中触发一次改变，并为文本应用新字体。同样，仅当使用双向数据绑定时，这种方法才能起作用。

最后，可交换滑动条和文本框的角色，将滑动条绑定到文本框。为此，需要创建未绑定的文本框并设置其名称：

```
<TextBox Name="txtFontSize" Text="10">
</TextBox>
```

然后可绑定 Slider.Value 属性，如下所示：

```
<Slider Name="sliderFontSize" Margin="3"
 Minimum="1" Maximum="40"
 Value="{Binding ElementName=txtFontSize, Path=Text, Mode=TwoWay}"
 TickFrequency="1" TickPlacement="TopLeft">
</Slider>
```

现在滑动条已被控制。当首次显示窗口时，检索 TextBox.Text 属性并使用该属性值设置滑动条的 Value 属性。当用户将滑动条上的滑块拖动到新的位置时，使用绑定更新文本框。或者，用户可通过在文本框中输入内容来更新滑动条的值(以及示例文本的字体尺寸)。

注意：

如果绑定 Slider.Value 属性，与前面的两个示例相比，文本框的行为稍有不同。在文本框中的任何编辑都会立即被应用，而不是等到文本框失去焦点之后才被应用。在 8.1.7 节中您将学习更多与控制更新时机相关的内容。

正如该例所演示的，双向绑定具有极大的灵活性。可使用它们从源向目标以及从目标向源应用改变。还可组合应用它们来创建非常复杂的不需要编写代码的窗口。

通常，在何处放置绑定表达式是由编码模型的逻辑决定的。在前面的示例中，在 TextBox.Text 属性(而不是在 Slider.Value 属性)中放置绑定更合理，因为文本框是为了完成示例而添加的可选的附加内容，并非滑动条依赖的核心组件。直接将文本框绑定到 TextBlock.FontSize 属性而不是绑定到 Slider.Value 属性更合理(从概念上讲，我们对报告当前的字体尺寸感兴趣，滑动条只是设置这一字体尺寸的方式之一。尽管滑动条的位置和字体尺寸相同，但如果正在试图编写尽可能清晰的标记，这一额外的细节并不是必需的)。当然，这些决定带有主观色彩，而且与编码风格有关。最重要的是，所有这三种方法都能得到相同的行为。

接下来的几节将研究应用于这个示例的两个细节。首先将分析设置绑定方向的选择。然后将分析在双向绑定中，当需要更新源属性时，如何才能正确地通知 WPF。

8.1.7　绑定更新

在图 8-5 所示的示例中(该例将 TextBox.Text 属性绑定到 TextBlock.FontSize 属性)，还存在一个问题。当通过在文本框中输入内容改变显示的字体尺寸时，什么事情也不会发生。直到使用 Tab 键将焦点转移到另一个控件，才会应用改变。这一行为和在滑动条控件中看到的行为不同。对于滑动条控件，当拖动滑动条上的滑块时就会应用新的字体尺寸，而不必使用 Tab 键转移焦点。

为理解这一区别，需要深入分析这两个控件使用的绑定表达式。当使用 OneWay 或 TwoWay 绑定时，改变后的值会立即从源传播到目标。对于滑动条，在 TextBlock 元素中有一个单向绑定表达式。因此，Slider.Value 属性值的变化会立即应用于 TextBlock.FontSize 属性。在文本框示例中会发生相同的行为——源的变化(TextBlock.FontSize)立即影响目标(TextBox.Text)。

然而，反向的变化传递——从目标到源——未必会立即发生。它们的行为由 Binding.UpdateSourceTrigger 属性控制，该属性可使用表 8-2 中列出的某个值。当从文本框中取得文本并用于更新 TextBlock.FontSize 属性时，看到的正是使用 UpdateSourceTrigger.LostFocus 方式从目标向源进行更新的例子。

表 8-2　UpdateSourceTrigger 枚举值

名　称	说　明
PropertyChanged	当目标属性发生变化时立即更新源
LostFocus	当目标属性发生变化并且目标丢失焦点时更新源
Explicit	除非调用 BindingExpression.UpdateSource( )方法，否则无法更新源
Default	根据目标属性的元数据确定更新行为(从技术角度看，是根据 FrameworkPropertyMetadata.DefaultUpdateSourceTrigger 属性决定更新行为)。大多数属性的默认行为是 PropertyChanged，但 TextBox.Text 属性的默认行为是 LostFocus

请记住，表 8-2 中列出的值不影响目标的更新方式。它们仅控制 TwoWay 或 OneWayToSource 模式的绑定中源的更新方式。

根据上面介绍的内容，可改进文本框示例，从而当用户在文本框中输入内容时将变化应用于字体尺寸。方式如下：

```
<TextBox Text="{Binding ElementName=txtSampleText, Path=FontSize,
 Mode=TwoWay,UpdateSourceTrigger=PropertyChanged}"
 Name="txtFontSize"></TextBox>
```

提示：

TextBox.Text 属性的默认行为是 LostFocus，这仅是因为当用户输入内容时，文本框中的文本会不断地变化，从而会引起多次更新。根据源控件更新自身的方式，PropertyChanged 更新模式会使应用程序的运行更缓慢。此外，可能会导致源对象在编辑完成之前重新更新自身，而这可能引起验证问题。

要完全控制源对象的更新时机，可选择 UpdateSourceTrigger.Explicit 模式。如果在文本框示例中使用这种方法，当文本框失去焦点后不会发生任何事情。反而，由您编写代码手动触发更新。例如，可添加 Apply 按钮，调用 BindingExpression.UpdateSource( )方法，触发立即刷新行为

并更新字体尺寸。

当然，在调用 BindingExpression.UpdateSource( )之前，需要一种方法来获取 BindingExpression 对象。BindingExpression 对象仅是将两项内容封装到一起的较小组装包，这两项内容是：已经学习过的 Binding 对象(通过 BindingExpression.ParentBinding 属性提供)和由源绑定的对象(BindingExpression.DataItem)。此外，BindingExpression 对象为触发立即更新绑定的一部分提供了两个方法：UpdateSource( )和 UpdateTarget( )方法。

为获取 BindingExpression 对象，需要使用 GetBindingExpression( )方法，并传入具有绑定的目标属性，每个元素都从 FrameworkElement 基类继承了该方法。下面的示例根据当前文本框中的文本改变 TextBlock 的字体尺寸：

```
// Get the binding that's applied to the text box.
BindingExpression binding =
  txtFontSize.GetBindingExpression(TextBox.TextProperty);

// Update the linked source (the TextBlock).
binding.UpdateSource();
```

8.1.8 绑定延迟

在极少数情况下，需要防止数据绑定触发操作和修改源对象，至少在某一时段是这样的。例如，可能想在从文本框复制信息之前暂停，而不是在每次按键后获取。或者，源对象在数据绑定属性变化时执行处理器密集型操作。在此情况下，可能要添加短暂的延迟时间，避免过分频繁地触发操作。

在这些特殊情况下，可使用 Binding 对象的 Delay 属性。等待数毫秒，之后再提交更改。下面是文本框示例的修改版本，会在用户停止输入 500 毫秒(半秒钟)后更新源对象：

```
<TextBox Text="{Binding ElementName=txtSampleText, Path=FontSize, Mode=TwoWay,
   UpdateSourceTrigger=PropertyChanged, Delay=500}" Name="txtFontSize"></TextBox>
```

8.2 绑定到非元素对象

到目前为止，一直都在讨论如何添加链接两个元素的绑定。但在数据驱动的应用程序中，更常见的情况是创建从不可见对象中提取数据的绑定表达式。唯一的要求是希望显示的信息必须存储在公有属性中。WPF 数据绑定基础结构不能获取私有信息或公有字段。

当绑定到非元素对象时，需要放弃 Binding.ElementName 属性，并使用以下属性中的一个：

- Source：该属性是指向源对象的引用——换句话说，是提供数据的对象。
- RelativeSource：这是引用，使用 RelateveSource 对象指向源对象。有了这个附加层，可在当前元素(包含绑定表达式的元素)的基础上构建引用。这似乎无谓地增加了复杂程度，但实际上，RelativeSource 属性是一种特殊工具，当编写控件模板以及数据模板时是很方便的。
- DataContext：如果没有使用 Source 或 RelativeSource 属性指定源，WPF 就从当前元素开始在元素树中向上查找。检查每个元素的 DataContext 属性，并使用第一个非空的 DataContext 属性。当我要将同一个对象的多个属性绑定到不同的元素时，DataContext

属性是非常有用的，因为可在更高层次的容器对象上(而不是直接在目标元素上)设置 DataContext 属性。

接下来的几节将介绍有关这三个属性的更多细节。

8.2.1　Source 属性

Source 属性非常简单。唯一的问题是为了进行绑定，需要具有数据对象。在稍后将会看到，可使用几种方法获取数据对象。可从资源中提取数据对象，可通过编写代码生成数据对象，也可在数据提供程序的帮助下获取数据对象。

最简单的选择是将 Source 属性指向一些已经准备好了的静态对象。例如，可在代码中创建一个静态对象并使用该对象。或者，可使用来自.NET 类库的组件，如下所示：

```
<TextBlock Text="{Binding Source={x:Static SystemFonts.IconFontFamily},
 Path=Source}"></TextBlock>
```

这个绑定表达式获取由静态属性 SystemFonts.IconFontFamily 提供的 FontFamily 对象(注意，为了设置 Binding.Source 属性，需要借助静态标记扩展)。然后将 Binding.Path 属性设置为 FontFamily.Source 属性，该属性给出了字体家族的名称。结果是一行文本。在 Windows Vista 或 Windows 7 中，显示的是字体名称 Segoe UI。

另一种选择是绑定到先前作为资源创建的对象。例如，下面的标记创建指向 Calibri 字体的 FontFamily 对象：

```
<Window.Resources>
  <FontFamily x:Key="CustomFont">Calibri</FontFamily>
</Window.Resources>
```

并且下面的 TextBlock 元素会被绑定到该资源：

```
<TextBlock Text="{Binding Source={StaticResource CustomFont},
  Path=Source}"></TextBlock>
```

现在将会看到文本 Calibri。

8.2.2　RelativeSource 属性

通过 RelativeSource 属性可根据相对于目标对象的关系指向源对象。例如，可使用 RelativeSource 属性将元素绑定到自身或其父元素(不知道在元素树中从当前元素到绑定的父元素之间有多少代)。

为设置 Binding.RelativeSource 属性，需要使用 RelativeSource 对象。这会使语法变得更加复杂，因为除了需要创建 Binding 对象外，还需要在其中创建嵌套的 RelativeSource 对象。一种选择是使用属性设置语法而不是使用 Binding 标记扩展。例如，下面的代码为 TextBlock.Text 属性创建了一个 Binding 对象，这个 Binding 对象使用查找父窗口并显示窗口标题的 RelativeSource 对象：

```
<TextBlock>
  <TextBlock.Text>
    <Binding Path="Title">
      <Binding.RelativeSource>
        <RelativeSource Mode="FindAncestor" AncestorType="{x:Type Window}" />
```

```
      </Binding.RelativeSource>
    </Binding>
  </TextBlock.Text>
</TextBlock>
```

RelativeSource 对象使用 FindAncestor 模式，该模式告知查找元素树直到发现 AncestorType 属性定义的元素类型。

编写绑定更常用的方法是使用 Binding 和 RelativeSource 标记扩展，将其合并到一个字符串中，如下所示：

```
<TextBlock Text="{Binding Path=Title,
 RelativeSource={RelativeSource FindAncestor, AncestorType={x:Type Window}} }">
</TextBlock>
```

当创建 RelativeSource 对象时，FindAncestor 模式有 4 种，表 8-3 列出了所有 4 种模式。

表 8-3 RelativeSourceMode 枚举值

名　称	说　明
Self	表达式绑定到同一元素的另一个属性上
FindAncestor	表达式绑定到父元素。WPF 将查找元素树直至发现期望的父元素。为了指定父元素，还必须设置 AncestorType 属性以指示希望查找的父元素的类型。此外，还可以用 AncestorLevel 属性略过发现的一定数量的特定元素。例如，当在一棵树中查找时，如果希望绑定到第三个 ListBoxItem 类型的元素，应当使用如下设置——AncestorType={x:Type ListBoxItem}；并且 AncestorLevel=3，从而略过前两个 ListBoxItem 元素。默认情况下，AncestorLevel 属性设置为 1，并在找到第一个匹配的元素时停止查找
PreviousData	表达式绑定到数据绑定列表中的前一个数据项。在列表项中会使用这种模式
TemplateParent	表达式绑定到应用模板的元素。只有当绑定位于控件模板或数据模板内部时，这种模式才能工作

RelativeSource 属性看似多余，并且会使标记变得复杂。毕竟，为什么不使用 Source 或 ElementName 属性直接绑定到希望使用的源呢？然而，并不总是可以使用 Source 或 ElementName 属性，这通常是因为源对象和目标对象在不同的标记块中。当创建控件模板和数据模板时会出现这种情况。例如，如果正在构建改变列表项显示方式的数据模板，可能需要访问顶级 ListBox 对象以读取属性。

8.2.3 DataContext 属性

在某些情况下，会将大量元素绑定到同一个对象。例如，分析下面的一组 TextBlock 元素，每个 TextBlock 元素都使用类似的绑定表达式提取与默认图标字体相关的不同细节，包括行间距，以及第一个字体的样式和粗细(这两个都是简单的正则表达式)。可为每个 TextBlock 元素使用 Source 属性，但这会使标记变得非常长：

```
<StackPanel>
  <TextBlock Text="{Binding Source={x:Static SystemFonts.IconFontFamily},
  Path=Source}"></TextBlock>
```

```
    <TextBlock Text="{Binding Source={x:Static SystemFonts.IconFontFamily},
    Path=LineSpacing}"></TextBlock>
    <TextBlock Text="{Binding Source={x:Static SystemFonts.IconFontFamily},
    Path=FamilyTypefaces[0].Style}"></TextBlock>
    <TextBlock Text="{Binding Source={x:Static SystemFonts.IconFontFamily},
    Path=FamilyTypefaces[0].Weight}"></TextBlock>
</StackPanel>
```

对于这种情况，使用 FrameworkElement.DataContext 属性一次性定义绑定源会更清晰，也更灵活。在这个示例中，为包含所有 TextBlock 元素的 StackPanel 面板设置 DataContext 属性是合理的(甚至还可在更高层次上设置 DataContext 属性——例如整个窗口——但是为了使意图更清晰，在尽可能小的范围内进行定义效果更好)。

可使用和设置 Binding.Source 属性相同的方法设置元素的 DataContext 属性。换句话说，可提供内联对象，从静态属性中提取，或从资源中提取，如下所示：

```
<StackPanel DataContext="{x:Static SystemFonts.IconFontFamily}">
```

现在可通过省略源信息来精简绑定表达式：

```
<TextBlock Margin="5" Text="{Binding Path=Source}"></TextBlock>
```

当在绑定表达式中省略源信息时，WPF 会检查元素的 DataContext 属性。如果属性值为 null，WPF 会继续向上在元素树中查找第一个不为 null 的数据上下文(最初，所有元素的 DataContext 属性都是 null)。如果找到了一个数据上下文，就为绑定使用找到的数据上下文。如果没有找到，绑定表达式不会为目标属性应用任何值。

注意：

如果使用 Source 属性创建明确标识源的绑定，元素就会使用源而不会使用可能得到的任何数据上下文。

这个示例显示了如何创建与对象(而不是元素)的基本绑定。但为了在真实的应用程序中使用这种技术，还需使用几个更复杂的技巧。在第 19 章中将介绍如何通过使用这些数据绑定技术显示从数据库提取的信息。

8.3　小结

本章快速浏览了数据绑定的基础知识。学习了如何从一个元素提取信息，并在另一个元素上显示这些信息，而不用编写一行代码。尽管这种技术看似十分简单，但该技术是一种重要技巧，通过该技巧可执行许多更精彩的操作，例如使用自定义控件模板重新设置控件的样式(详见第 17 章)。

第 19 章和第 20 章将进一步讨论数据绑定技巧。将分析如何在列表中显示整个数据对象集合，如何使用验证处理逻辑并将普通文本转换为格式丰富的数据显示。到目前为止，您已经具备了在学习这几章内容之前所需的数据绑定经验。

第 9 章

命　令

您在第 5 章学习了路由事件的相关内容，使用路由事件可响应广泛的鼠标和键盘动作。但是，事件是非常低级的元素。在实际应用程序中，功能被划分成一些高级的任务。这些任务可通过各种不同的动作和用户界面元素触发，包括主菜单、上下文菜单、键盘快捷键以及工具栏。

可在 WPF 中定义这些任务——所谓的命令——并将控件连接到命令，从而不需要重复编写事件处理代码。更重要的是，当连接的命令不可用时，命令特性通过自动禁用控件来管理用户界面的状态。命令模型还为存储和本地化命令的文本标题提供了一个中心场所。

本章将介绍如何使用在 WPF 中预先构建的命令类，如何将它们连接到控件，以及如何定义自己的命令。还将分析命令模型的局限性——缺少命令历史，以及不支持应用程序范围内的撤销特性——还将学习如何构建自己的用于跟踪和翻转命令的系统。

9.1　理解命令

在设计良好的 Windows 应用程序中，应用程序逻辑不应位于事件处理程序中，而应在更高层的方法中编写代码。其中的每个方法都代表单独的应用程序“任务”。每个任务可能依赖其他库(例如，单独编译的封装了业务逻辑或数据库访问的组件)。图 9-1 显示了这种关系。

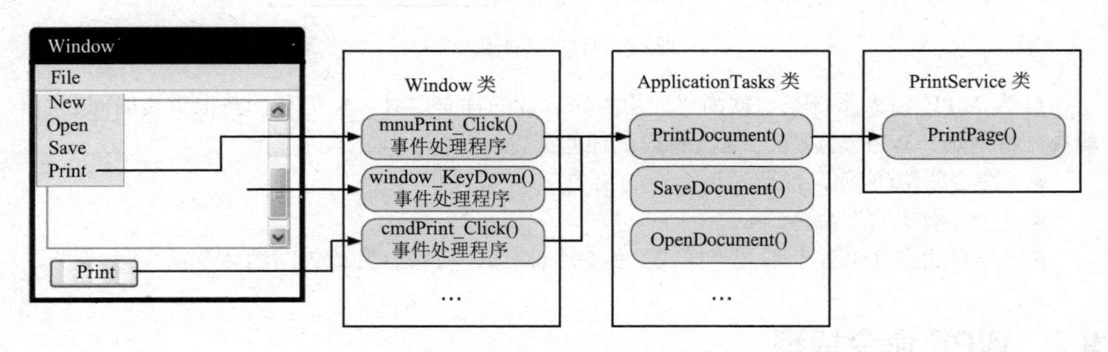

图 9-1　将事件处理程序映射到任务

使用这种设计最明显的方式是在需要的地方添加事件处理程序，并使用各个事件处理程序调用恰当的应用程序方法。本质上，窗口代码变成一个精简的交换台，可以响应输入，并将请求转发到应用程序的核心。

尽管这种设计非常合理，但却没有减少任何工作。许多应用程序任务可通过各种不同的路由触发，所以经常需要编写多个事件处理程序来调用相同的应用程序方法。就其本身而言，这并不是什么问题(因为交换台代码非常简单)，但当需要处理用户界面的状态时，问题就变复杂了。

下面通过一个简单的例子说明该问题。设想有一个程序，该程序包含应用程序方法 PrintDocument( )。可使用 4 种方式触发该方法：通过主菜单(选择 File | Print 菜单项)、通过上下文菜单(在某处右击并选择 Print 菜单项)、通过键盘快捷键(Ctrl+P)以及通过工具栏按钮。在应用程序生命周期的特定时刻，需要暂时禁用 PrintDocument( )任务。这意味着需要禁用两个菜单命令和一个工具栏按钮，以使它们不能被单击，并且需要忽略 Ctrl+P 快捷键。编写代码完成这些工作(并在后面添加代码以启用这些控件)是很麻烦的。更糟的是，如果没有正确地完成这项工作，可能会使不同状态的代码块不正确地相互重叠，从而导致某个控件在不应该可用时而被启用。编写和调试这类代码是 Windows 开发中最枯燥的内容之一。

幸运的是，WPF 使用新的命令模型帮助您解决这些问题。它增加了两个重要特性：

- 将事件委托到适当的命令。
- 使控件的启用状态和相应命令的状态保持同步。

WPF 命令模型不像您所期望的那样直观。为了嵌入路由事件模型，需要几个单独元素，这些元素将在本章学习。然而，命令模型在概念上非常简单。图 9-2 显示了基于命令的应用程序是如何改变图 9-1 中显示的设计的。现在每个启动打印的动作(单击按钮、单击菜单项或按下 Ctrl+P 快捷键)都映射到同一个命令。在代码中使用命令绑定将该命令链接到单个事件处理程序。

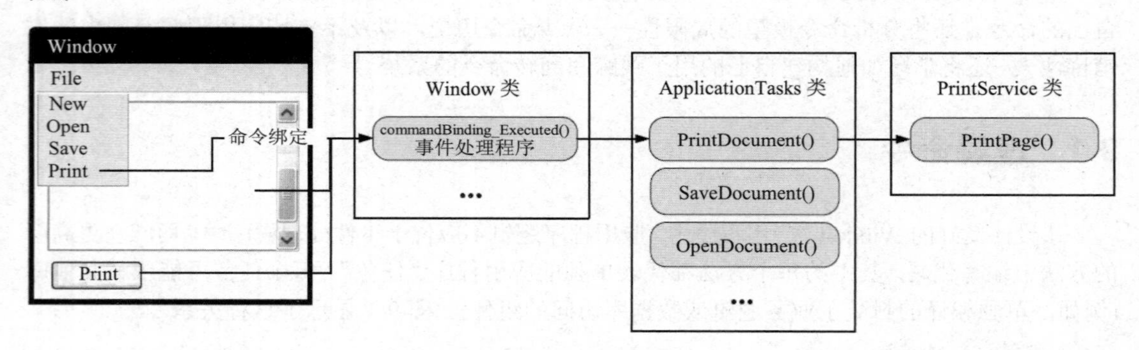

图 9-2 将事件映射到命令

虽然 WPF 命令系统是一款简化应用程序设计的优秀工具，但仍有一些很重要的问题没有解决。特别是，WPF 对以下方面没有提供任何支持：

- 命令跟踪(例如，保留最近命令的历史)。
- “可撤销的”命令。
- 具有状态并可处于不同“模式”的命令(例如，可被打开或关闭的命令)。

9.2 WPF 命令模型

WPF 命令模型由许多可变的部分组成。总之，它们都具有如下 4 个重要元素：

- **命令**：命令表示应用程序任务，并且跟踪任务是否能够被执行。然而，命令实际上不包含执行应用程序任务的代码。

- **命令绑定**：每个命令绑定针对用户界面的具体区域，将命令连接到相关的应用程序逻辑。这种分解的设计是非常重要的，因为单个命令可用于应用程序中的多个地方，并且在每个地方具有不同的意义。为处理这一问题，需要将同一命令与不同的命令绑定。
- **命令源**：命令源触发命令。例如，MenuItem 和 Button 都是命令源。单击它们都会执行绑定命令。
- **命令目标**：命令目标是在其中执行命令的元素。例如，Paste 命令可在 TextBox 控件中插入文本，而 OpenFile 命令可在 DocumentViewer 中打开文档。根据命令的本质，目标可能很重要，也可能不重要。

接下来的几节将首先深入分析第一个要素——WPF 命令。

9.2.1 ICommand 接口

WPF 命令模型的核心是 System.Windows.Input.ICommand 接口，该接口定义了命令的工作原理。该接口包含两个方法和一个事件：

```
public interface ICommand
{
   void Execute(object parameter);
   bool CanExecute(object parameter);

   event EventHandler CanExecuteChanged;
}
```

在一个简单实现中，Execute( )方法将包含应用程序任务逻辑(例如，打印文档)。然而，正如您在 9.2.2 节中将看到的，WPF 的实现更复杂。它使用 Execute( )方法引发一个更复杂的过程，该过程最终触发在应用程序其他地方处理的事件。通过这种方式可以使用预先准备好的命令类，并插入自己的逻辑。还可以灵活地在几个不同的地方使用同一个命令(如 Print 命令)。

CanExecute( )方法返回命令的状态——如果命令可用，就返回 true；如果不可用，就返回 false。Execute( )和 CanExecute( )方法都接受一个附加的参数对象，可使用该对象传递所需的任何附加信息。

最后，当命令状态改变时引发 CanExecuteChanged 事件。对于使用命令的任何控件，这是指示信号，表示它们应当调用 CanExecute( )方法检查命令的状态。通过使用该事件，当命令可用时，命令源(如 Button 或 MenuItem)可自动启用自身；当命令不可用时，禁用自身。

9.2.2 RoutedCommand 类

当创建自己的命令时，不会直接实现 ICommand 接口；而是使用 System.Windows.Input.RoutedCommand 类，该类自动实现了 ICommand 接口。RoutedCommand 类是 WPF 中唯一实现了 ICommand 接口的类。换句话说，所有 WPF 命令都是 RoutedCommand 类及其派生类的实例。

在 WPF 命令模型背后的一个重要概念是，RoutedCommand 类不包含任何应用程序逻辑，而只代表命令，这意味着各个 RoutedCommand 对象具有相同的功能。

RoutedCommand 类为事件冒泡和隧道添加了一些额外的基础结构。鉴于 ICommand 接口封装了命令的思想——可被触发的动作并可被启用或禁用——RoutedCommand 类对命令进行了修改，使命令可在 WPF 元素层次结构中冒泡，以便获得正确的事件处理程序。

WPF 为什么需要事件冒泡

当第一次查看 WPF 命令模型时，很难确切地理解 WPF 命令为什么需要路由事件。毕竟，不管命令是如何被调用的，不应由命令对象负责执行命令吗？

如果直接使用 ICommand 接口创建自己的命令类，确实如此。代码应当被硬连接到命令，从而可以通过相同的方式工作，而不管是什么操作触发了命令。这时不需要事件冒泡。

然而，WPF 使用了大量预先构建的命令。这些命令类没有包含任何实际代码，它们只是为了方便地定义代表常见应用程序任务(如打印文档)的对象。为使用这些命令，需要使用命令绑定，为代码引发事件(如图 9-2 所示)。为确保可在某个位置处理事件，甚至事件是由同一窗口中的不同命令源引发的，需要使用事件冒泡的功能。

这又导致另一个有趣的问题：为什么非要使用预先构建的命令呢？使用自定义的命令类处理所有工作不是更清晰吗？为什么反而要依赖于事件处理程序呢？对于大多数情况，这种设计可能更简单。然而，使用预先构建命令的优点是，它们为集成提供了更好的可能。例如，第三方开发人员可创建使用预先构建的 Print 命令的文档查看控件。只要应用程序使用相同的预先构建的命令，在应用程序中关联打印时就不需要做任何额外工作了。如此看来，命令是 WPF 可插入体系架构的主要部分之一。

为支持路由事件，RoutedCommand 类私有地实现了 ICommand 接口，并添加了 ICommand 接口方法的一些不同版本。最明显的变化是，Execute( )和 CanExecute( )方法使用了一个额外参数。下面是新的签名：

```
public void Execute(object parameter, IInputElement target)
{...}

public bool CanExecute(object parameter, IInputElement target)
{...}
```

参数 target 是开始处理事件的元素。事件从 target 元素开始，然后冒泡至高层的容器，直到应用程序为了执行合适的任务而处理了事件(为了处理 Executed 事件，元素还需要借助于另一个类——CommandBinding 类的帮助)。

除上面的修改外，RoutedCommand 类还引入了三个属性：命令名称(Name 属性)、包含命令的类(OwnerType)以及任何可用于触发命令的按键或鼠标操作(位于 InputGestures 集合中)。

9.2.3　RoutedUICommand 类

在程序中处理的大部分命令不是 RoutedCommand 对象，而是 RoutedUICommand 类的实例，RoutedUICommand 类继承自 RoutedCommand 类(实际上，WPF 提供的所有预先构建好的命令都是 RoutedUICommand 对象)。

RoutedUICommand 类用于具有文本的命令，这些文本显示在用户界面中的某些地方(例如菜单项文本、工具栏按钮的工具提示)。RoutedUICommand 类只增加了 Text 属性，该属性是为命令显示的文本。

为命令定义命令文本(而不是直接在控件上定义文本)的优点是可在某个位置执行本地化。但如果命令文本永远不会在用户界面的任何地方显示，那么 RoutedUICommand 类和 RoutedCommand 类是等效的。

注意：

不见得要在用户界面中使用 RoutedUICommand 文本。实际上，可能有更好的原因使用其他内容。例如，可能更愿意使用 PrintDocument 而不只是 Print，而且在某些情况下完全可以用小图形替代文本。

9.2.4 命令库

WPF 设计者认识到，每个应用程序可能都有大量命令，并且对于许多不同的应用程序，很多命令是通用的。例如，所有基于文档的应用程序都有它们自己版本的 New、Open 以及 Save 命令。为减少创建这些命令所需的工作，WPF 提供了基本命令库，基本命令库中保存的命令超过 100 条。这些命令通过以下 5 个专门的静态类的静态属性提供：

- ApplicationCommands：该类提供了通用命令，包括剪贴板命令(如 Copy、Cut 和 Paste)以及文档命令(如 New、Open、Save、Save As 和 Print 等)。
- NavigationCommands：该类提供了用于导航的命令，包括为基于页面的应用程序设计的一些命令(如 BrowseBack、BrowseForward 和 NextPage)，以及其他适合于基于文档的应用程序的命令(如 IncreaseZoom 和 Refresh)。
- EditingCommands：该类提供了许多重要的文档编辑命令，包括用于移动的命令(MoveToLineEnd、MoveLeftByWord 和 MoveUpByPage 等)，选择内容的命令(SelectToLineEnd、SelectLeftByWord)，以及改变格式的命令(ToggleBold 和 ToggleUnderline)。
- ComponentCommands：该类提供了由用户界面组件使用的命令，包括用于移动和选择内容的命令，这些命令和 EditingCommands 类中的一些命令类似(甚至完全相同)。
- MediaCommands：该类提供了一组用于处理多媒体的命令(如 Play、Pause、NextTrack 以及 IncreaseVolume)。

ApplicationCommands 类提供了一组基本命令，在所有类型的应用程序中都经常会用到这些命令，所以在此简单介绍一下。下面列出了所有这些命令。

New	Copy	SelectAll
Open	Cut	Stop
Save	Paste	ContextMenu
SaveAs	Delete	CorrectionList
Close	Undo	Properties
Print	Redo	Help
PrintPreview	Find	
CancelPrint	Replace	

例如，ApplicationCommands.Open 是提供 RoutedUICommand 对象的静态属性，该对象表示应用程序中的 Open 命令。因为 ApplicationCommands.Open 是静态属性，所以在整个应用程序中只有一个 Open 命令实例。然而，根据命令源的不同(换句话说，是在用户界面的什么地方触发的该命令)，可采用不同的处理方式。

每个命令的 RoutedUICommand.Text 属性和名称是相互匹配的，只是在单词之间添加了空格。例如，ApplicationCommands.SellectAll 命令的文本是 Select All(Name 属性使用相同的没有空格的文本)。因为 Open 命令是 ApplicationCommands 类的静态属性，所以 RoutedUICommand.OwnerType

属性返回 ApplicationCommands 类的类型对象。

提示：

在将命令绑定到窗口前，可修改命令的 Text 属性(例如，在窗口或应用程序类的构造函数中使用代码)。因为命令是在整个应用程序范围内全局使用的静态对象，所以改变命令文本会影响在用户界面中所有位置显示的命令。与 Text 属性不同，不能修改 Name 属性。

您在前面已经学过，这些单独的命令对象仅是一些标志器，不具有实际功能。然而，许多命令对象都有一个额外的特征：默认输入绑定。例如，ApplicationCommands.Open 命令被映射到 Ctrl+O 快捷键。只要将命令绑定到命令源，并为窗口添加命令源，这个快捷键就会被激活，即使没有在用户界面的任何地方显示该命令也同样如此。

9.3　执行命令

到目前为止，已对命令进行了深入分析，分析了基类和接口以及 WPF 提供的命令库。但尚未列举任何使用这些命令的例子。

如前所述，RoutedUICommand 类没有任何硬编码的功能，而是只表示命令。为触发命令，需要有命令源(也可使用代码)。为响应命令，需要有命令绑定，命令绑定将执行转发给普通的事件处理程序。接下来的几节将介绍这些要素。

9.3.1　命令源

命令库中的命令始终可用。触发它们的最简单方法是将它们关联到实现了 ICommandSource 接口的控件，其中包括继承自 ButtonBase 类的控件(Button 和 CheckBox 等)、单独的 ListBoxItem 对象、Hyperlink 以及 MenuItem。

ICommandSource 接口定义了三个属性，如表 9-1 所示。

表 9-1　ICommandSource 接口的属性

名　称	说　明
Command	指向连接的命令，这是唯一必需的细节
CommandParameter	提供其他希望随命令发送的数据
CommandTarget	确定将在其中执行命令的元素

例如，下面的按钮使用 Command 属性连接到 ApplicationCommands.New 命令：

```
<Button Command="ApplicationCommands.New">New</Button>
```

WPF 的智能程度足够高，它能查找前面介绍的所有 5 个命令容器类，这意味着可使用下面的缩写形式：

```
<Button Command="New">New</Button>
```

然而，由于没有指明包含命令的类，这种语法不够明确、不够清晰。

9.3.2 命令绑定

当将命令关联到命令源时，会看到一些有趣的现象。命令源将会被自动禁用。

例如，如果创建 9.3.1 节提到的 New 按钮，该按钮的颜色就会变浅并且不能被单击，就像将 IsEnabled 属性设置为 false 那样(如图 9-3 所示)。这是因为按钮已经查询了命令的状态，而且由于命令还没有与其关联的绑定，所以按钮被认为是禁用的。

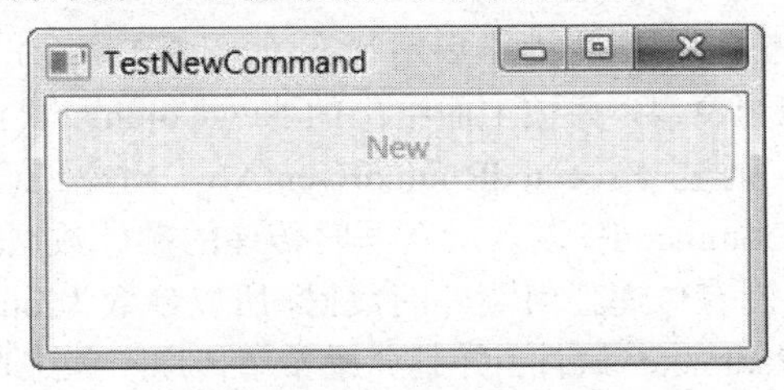

图 9-3 没有绑定的命令

为改变这种状态，需要为命令创建绑定以明确以下三件事情：

- 当命令被触发时执行什么操作。
- 如何确定命令是否能够被执行(这是可选的。如果未提供这一细节，只要提供了关联的事件处理程序，命令总是可用)。
- 命令在何处起作用。例如，命令可被限制在单个按钮中使用，或在整个窗口中使用(这种情况更常见)。

下面的代码片段为 New 命令创建绑定。可将这些代码添加到窗口的构造函数中：

```
// Create the binding.
CommandBinding binding = new CommandBinding(ApplicationCommands.New);

// Attach the event handler.
binding.Executed += NewCommand_Executed;

// Register the binding.
this.CommandBindings.Add(binding);
```

注意，上面创建的 CommandBinding 对象被添加到包含窗口的 CommandBindings 集合中，这通过事件冒泡进行工作。实际上，当单击按钮时，CommandBinding.Executed 事件从按钮冒泡到包含元素。

尽管习惯上为窗口添加所有绑定，但 CommandBindings 属性实际是在 UIElement 基类中定义的。这意味着任何元素都支持该属性。例如，如果将命令绑定直接添加到使用它的按钮中，这个示例仍工作得很好(尽管不能再将该绑定重用于其他高级元素)。为得到最大的灵活性，命令绑定通常被添加到顶级窗口。如果希望在多个窗口中使用相同的命令，需要在这些窗口中分别创建命令绑定。

注意：

也可处理 CommandBinding.PreviewExecuted 事件，首先在最高层次的容器(窗口)中引发该事件，然后隧道路由至按钮。正如在第 4 章中学习的，在事件完成前，可通过事件隧道拦截和停止事件。如果将 RoutedEventArgs.Handled 属性设置为 true，将永远不会发生 Executed 事件。

上面的代码假定在同一个类中已有名为 NewCommand_Executed 的事件处理程序，该处理程序已经准备好接收命令。下面是一个示例，该例包含一些显示命令源的简单代码：

```
private void NewCommand_Executed(object sender, ExecutedRoutedEventArgs e)
{
    MessageBox.Show("New command triggered by " + e.Source.ToString());
}
```

现在，如果运行应用程序，按钮将处于启用状态(如图 9-4 所示)。如果单击按钮，就会触发 Executed 事件，该事件冒泡至窗口，并被上面给出的 NewCommand()事件处理程序处理。这时，WPF 会告知事件源(按钮)。通过 ExecutedRoutedEventArgs 对象还可获得被调用的命令的引用(ExecutedRoutedEventArgs.Command)，以及所有同时传递的额外数据(ExecutedRoutedEventArgs.Parameter)。在该例中，因为没有传递任何额外的数据，所以参数为 null(如果希望传递附加数据，应设置命令源的 CommandParameter 属性；并且如果希望传递一些来自另一个控件的信息，还需要使用数据绑定表达式设置 CommandParameter 属性，如稍后所述)。

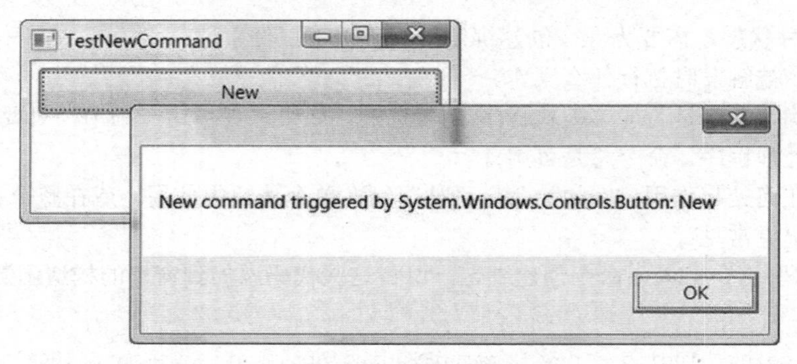

图 9-4　包含绑定的命令

注意：

在该例中，响应命令的事件处理程序仍在窗口内部引发命令的地方进行编码。还应当为该例使用良好的代码组织方法——换句话说，窗口应酌情将其工作委托给其他组件。例如，如果命令涉及打开文件，可使用已经创建的用于串行化和反串行化信息的自定义文件辅助类。类似地，如果创建用于刷新数据显示的命令，那么应使用该命令调用一个方法，这个方法位于数据库组件中，用于获取所需的数据，如图 9-2 所示。

在上面的示例中，使用代码生成了命令绑定。然而，如果希望精简代码隐藏文件，使用 XAML 以声明方式关联命令同样很容易。下面是所需的标记：

```
<Window x:Class="Commands.TestNewCommand"
    xmlns="http://schemas.microsoft.com/winfx/2006/xaml/presentation"
    xmlns:x="http://schemas.microsoft.com/winfx/2006/xaml"
    Title="TestNewCommand">
  <Window.CommandBindings>
    <CommandBinding Command="ApplicationCommands.New"
      Executed="NewCommand_Executed"></CommandBinding>
  </Window.CommandBindings>

  <StackPanel Margin="5">
```

```
    <Button Padding="5" Command="ApplicationCommands.New">New</Button>
  </StackPanel>
</Window>
```

但 Visual Studio 没有为定义命令绑定提供任何设计时支持。对连接控件和命令的支持也较弱。可使用 Properties 窗口设置控件的 Command 属性，但您需要输入正确的命令名称——由于并未提供包含命令的下拉列表，因此不能方便地从列表中选择命令。

9.3.3　使用多命令源

按钮示例中触发普通事件的方式看起来不那么直接。然而，当添加使用相同命令的更多控件时，额外命令层的意义就会体现出来。例如，可添加如下也使用 New 命令的菜单项：

```
<Menu>
  <MenuItem Header="File">
    <MenuItem Command="New"></MenuItem>
  </MenuItem>
</Menu>
```

注意，New 命令的这个 MenuItem 对象没有设置 Header 属性。这是因为 MenuItem 类足够智能，如果没有设置 Header 属性，它将从命令中提取文本(Button 控件不具有这一特性)。虽然该特性带来的便利看起来不大，但如果计划使用不同的语言本地化应用程序，这一特性就很重要了。在这种情况下，只需要在一个地方修改文本即可(通过设置命令的 Text 属性)，这比在整个窗口中进行跟踪更容易。

MenuItem 类还有一项功能：能自动提取 Command.InputBindings 集合中的第一个快捷键(如果存在的话)。对于 ApplicationCommands.New 命令对象，这意味着在菜单文本的旁边会显示 Ctrl+N 快捷键(如图 9-5 所示)。

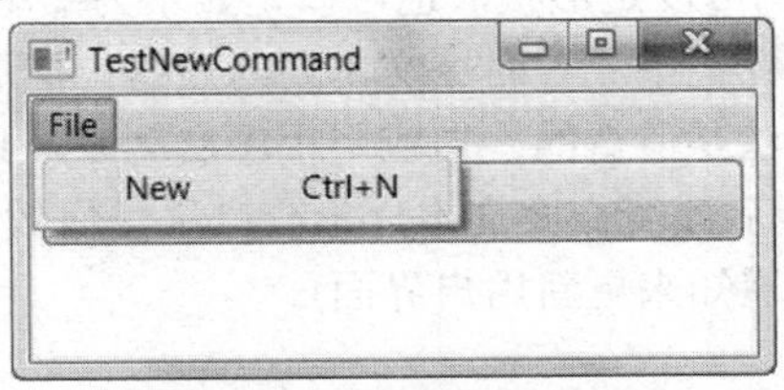

图 9-5　使用命令的菜单项

注意：

在此无法获得的一个特性是下划线访问键。WPF 无法了解会在菜单中放置什么命令，所以它不能确定将要使用的最恰当的访问键。这意味着，如果希望使用 N 键作为快速访问键(从而当使用键盘打开菜单时，字母 N 具有下划线，并且用户可以通过按下 N 键触发 New 命令)，需要手动设置菜单文本，在访问键之前添加下划线。如果希望为按钮使用快速访问键，需要执行相同的操作。

需要注意的是，不需要为菜单项另外创建命令绑定。您在 9.3.2 节中创建的命令绑定现在被两个不同的控件使用，每个控件都将它们的工作传递给同一个命令事件处理程序。

9.3.4　微调命令文本

既然菜单具有自动提取命令项文本的功能，您可能会好奇其他 ICommandSource 类是否也具有类似功能，如 Button 控件。可以，但需要完成一点额外的工作。

可使用两种技术重用命令文本。一种选择是直接从静态命令对象中提取文本。XAML 可使用 Static 标记扩展完成这一任务。下面的示例获取命令名 New，并将它作为按钮的文本：

```
<Button Command="New" Content="{x:Static ApplicationCommands.New}"></Button>
```

该方法的问题在于，它只是调用命令对象的 ToString( )方法。因此，得到的是命令名，而不是命令的文本(对于那些名称中包含多个单词的命令，使用命令文本更好些，因为命令文本包含空格)。虽然可解决这一问题，但需要完成更多工作。这种方法还存在一个问题，一个按钮将同一个命令使用了两次，可能会无意间从错误的命令获取文本。

更好的解决方案是使用数据绑定表达式。在此使用的数据绑定有些不寻常，因为它绑定到当前元素，获取正在使用的 Command 对象，并提取其 Text 属性。下面是非常复杂的语法：

```
<Button Margin="5" Padding="5" Command="ApplicationCommands.New" Content=
  "{Binding RelativeSource={RelativeSource Self}, Path=Command.Text}"
</Button>
```

可通过另一种更具想象力的方式使用该技术。例如，可使用一幅小图像设置按钮的内容，而在按钮的工具提示中使用数据绑定表达式显示命令名：

```
<Button Margin="5" Padding="5" Command="ApplicationCommands.New"
  ToolTip="{Binding RelativeSource={RelativeSource Self}, Path=Command.Text}">
<Image ... />
</Button>
```

按钮的内容(在此没有显示)可以是形状，也可以是显示为缩略图的位图。

显然，这种方法比直接在标记中放置命令文本要麻烦些。然而，如果准备使用不同的语言本地化应用程序，使用这个方法是值得的。当应用程序启动时，只需要为所有命令设置命令文本即可(如果在创建了命令绑定后改变命令文本，不会产生任何效果。因为 Text 属性不是依赖项属性，所以没有自动的更改通知来更新用户界面)。

9.3.5　直接调用命令

并非只能使用实现了 ICommandSource 接口的类来触发希望执行的命令。也可以用 Execute( )方法直接调用来自任何事件处理程序的方法。这时需要传递参数值(或 null 引用)和对目标元素的引用：

```
ApplicationCommands.New.Execute(null, targetElement);
```

目标元素是 WPF 开始查找命令绑定的地方。可使用包含窗口(具有命令绑定)或嵌套的元素(例如，实际引发事件的元素)。

也可在关联的 CommandBinding 对象中调用 Execute( )方法。在这种情况下，不需要提供目标元素，因为会自动将公开正在使用的 CommandBindings 集合的元素设置为目标元素。

```
this.CommandBindings[0].Command.Execute(null);
```

这种方法只使用了半个命令模型。虽然也可触发命令，但不能响应命令的状态变化。如果希望实现该特性，当命令变为启用或禁用时，您也可能希望处理 RoutedCommand.CanExecuteChanged 事件进行响应。当引发 CanExecuteChanged 事件时，需要调用 RoutedCommand.CanExecute( )方法检查命令是否处于可用状态。如果命令不可用，可禁用或改变用户界面中的部分内容。

自定义控件中的命令支持

WPF 提供了实现 ICommandSource 接口并能引发命令的控件(还提供了一些能够处理命令的控件，在稍后的 9.3.7 节“具有内置命令的控件”中您将看到这些内容)。尽管提供了这项支持，但仍可能遇到这样一种控件：尽管没有实现 ICommandSource 接口，却希望用在命令模型中。对于这种情况，最容易的选择是处理控件的一个事件，并使用代码执行合适的命令。不过，还有另一种选择，就是自己构建新控件——内置了命令执行逻辑的控件。

本章的下载代码中提供了一个示例，该例使用这种技术创建了一个滑动条控件，当它的值发生变化时会触发命令。该控件继承自在您第 6 章中学习过的 Slider 类；实现了 ICommandSource 接口；定义了 Command、CommandTarget 以及 CommandParameter 依赖项属性；并且在内部监视 RoutedCommand.CanExecuteChanged 事件。尽管代码十分简单，但在大多数情况下并不会使用这种解决方案。在 WPF 中创建自定义控件是一个相当重要的步骤，并且大多数开发人员更喜欢使用模板重新设置已有控件的样式(将在第 17 章中进行讨论)，而不是创建全新的类。然而，如果正在从头设计自定义控件，并希望提供命令支持，该例是值得研究的。

9.3.6　禁用命令

如果想要创建状态在启用和禁用之间变化的命令，您将体会到命令模型的真正优势。例如，分析图 9-6 中显示的单窗口应用程序，它是由菜单、工具栏以及大文本框构成的简单文本编辑器。该应用程序可以打开文件，创建新的(空白)文档，以及保存所执行的操作。

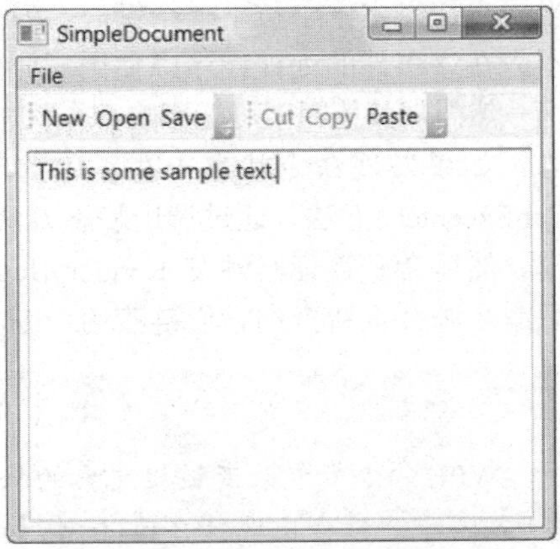

图 9-6　简单的文本编辑器

在该应用程序中，保持 New、Open、Save、Save As 以及 Close 命令一直可用是非常合理的。但还有一种设计，只有当某些操作使文本相对于原来的文件发生了变化时才启用 Save 命令。根据约定，可在代码中使用简单的 Boolean 值来跟踪这一细节：

```
private bool isDirty = false;
```

然后当文本发生变化时设置该标志：

```
private void txt_TextChanged(object sender, RoutedEventArgs e)
{
   isDirty = true;
}
```

现在需要从窗口向命令绑定传递信息，使链接的控件可根据需要进行更新。技巧是处理命令绑定的 CanExecute 事件。可通过下面的代码为该事件关联事件处理程序：

```
CommandBinding binding = new CommandBinding(ApplicationCommands.Save);
binding.Executed += SaveCommand_Executed;
binding.CanExecute += SaveCommand_CanExecute;
this.CommandBindings.Add(binding);
```

或使用声明方式：

```
<Window.CommandBindings>
  <CommandBinding Command="ApplicationCommands.Save"
   Executed="SaveCommand_Executed" CanExecute="SaveCommand_CanExecute">
  </CommandBinding>
</Window.CommandBindings>
```

在事件处理程序中，只需要检查 isDirty 变量，并相应地设置 CanExecuteRoutedEventArg.CanExecute 属性：

```
private void SaveCommand_CanExecute(object sender, CanExecuteRoutedEventArgs e)
{
    e.CanExecute = isDirty;
}
```

如果 isDirty 的值是 false，就禁用命令。如果 isDirty 的值为 true，就启用命令(如果没有设置 CanExecute 标志，就会保持最近的值)。

当使用 CanExecute 事件时，还需要理解一个问题。由 WPF 负责调用 RoutedCommand.CanExecute( )方法来触发事件处理程序，并确定命令的状态。当 WPF 命令管理器探测到某个确信十分重要的变化时——例如，当焦点从一个控件移到另一个控件上时，或执行了某个命令后，WPF 命令管理器就会完成该工作。控件还能引发 CanExecuteChanged 事件以通知 WPF 重新评估命令——例如，当用户在文本框中按下一个键时会发生该事件。总之，CanExecute 事件会被频繁地触发，并且不应在该事件的处理程序中使用耗时的代码。

然而，其他因素可能影响命令状态。在当前示例中，为响应其他操作，可能会修改 isDirty 标志。如果发现命令状态未在正确的时间被更新，可强制 WPF 为所有正在使用的命令调用 CanExecute( )方法。通过调用静态方法 CommandManager.InvalidateRequerySuggested( )完成该工作。然后命令管理器触发 RequerySuggested 事件，通知窗口中的命令源(按钮、菜单项等)。此后命令源会重新查询它们链接的命令并相应地更新它们的状态。

WPF 命令的局限性

WPF 命令只能改变链接元素的状态的某个方面——IsEnabled 属性的值。当需要更复杂的内容时，不难想象会出现什么情况。例如，可能希望创建可切换打开或关闭状态的 PageLayoutView 命令。当切换到打开状态时，应相应调整对应的控件(例如，链接的菜单项应当被选中，在其旁边显示选中标记，并且链接的工具栏按钮应高亮显示，就像将 CheckBox 控件添加到 ToolBar 控件上时那样)。但无法保持跟踪命令的“选中”状态，这意味着需要强制为控件处理事件，并手动更新命令的状态以及其他所有链接的控件。

并不存在解决该问题的简单方法。即使创建继承自 RoutedUICommand 的自定义类，并使其具有跟踪选中/未选中状态的能力(以及当该细节发生变化时引发事件)，也仍需替换一些相关的基础结构。例如，需要创建能够监听来自自定义命令的通知的自定义 CommandBinding 类，当选中/未选中状态发生变化时进行响应，然后更新链接的控件。

一个明显的例子是，WPF 命令模型不支持更新复选框按钮的用户界面状态。不过，可能会遇到其他类似的设计细节问题。例如，可创建一些能够切换到不同“模式”的 split 按钮类型。同样，无法通过命令模型向其他链接的控件传播这一变化。

9.3.7 具有内置命令的控件

一些输入控件可自行处理命令事件。例如，TextBox 类处理 Cut、Copy 以及 Paste 命令(还有 Undo、Redo 命令，以及一些来自 EditingCommand 类的用于选择文本以及将光标移到不同位置的命令)。

当控件具有自己的硬编码命令逻辑时，为使命令工作不需要做其他任何事情。例如，对于图 9-6 所示的简单文本编辑器，添加以下工具栏按钮，就会自动获得对剪切、复制和粘贴文本的支持：

```
<ToolBar>
  <Button Command="Cut">Cut</Button>
  <Button Command="Copy">Copy</Button>
  <Button Command="Paste">Paste</Button>
</ToolBar>
```

现在单击这些按钮中的任意一个(当文本框具有焦点时)，就可以复制、剪切或从剪贴板粘贴文本。有趣的是，文本框还处理 CanExecute 事件。如果当前未在文本框中选中任何内容，就会禁用剪切和复制命令。当焦点移到其他不支持这些命令的控件时，会自动禁用所有这三个命令(除非关联自己的 CanExecute 事件处理程序以启用这些命令)。

该例有一个有趣的细节。Cut、Copy 和 Paste 命令被具有焦点的文本框处理。然而，由工具栏上的按钮触发的命令是完全独立的元素。在该例中，这个过程之所以能够无缝工作，是因为按钮被放到工具栏上，ToolBar 类提供了一些内置逻辑，可将其子元素的 CommandTarget 属性动态设置为当前具有焦点的控件(从技术角度看，ToolBar 控件一直在关注着其父元素，即窗口，并在上下文中查找最近具有焦点的控件，即文本框。ToolBar 控件有单独的焦点范围(focus scope)，并且在其上下文中按钮是具有焦点的)。

如果在不同容器(不是 ToolBar 或 Menu 控件)中放置按钮，就不会获得这项优势。这意味着除非手动设置 CommandTarget 属性，否则按钮不能工作。为此，必须使用命名目标元素的绑定表达式。例如，如果文本框被命名为 txtDocument，就应该像下面这样定义按钮：

```
<Button Command="Cut"
 CommandTarget="{Binding ElementName=txtDocument}">Cut</Button>
<Button Command="Copy"
 CommandTarget="{Binding ElementName=txtDocument}">Copy</Button>
<Button Command="Paste"
 CommandTarget="{Binding ElementName=txtDocument}">Paste</Button>
```

另一个较简单的选择是使用附加属性 FocusManager.IsFocusScope 创建新的焦点范围。当触发命令时，该焦点范围会通知 WPF 在父元素的焦点范围内查找元素：

```
<StackPanel FocusManager.IsFocusScope="True">
  <Button Command="Cut">Cut</Button>
  <Button Command="Copy">Copy</Button>
  <Button Command="Paste">Paste</Button>
</StackPanel>
```

该方法还有一个附加优点，即相同的命令可应用于多个控件，不像上个示例那样对

CommandTarget 进行硬编码。此外，Menu 和 ToolBar 控件默认将 FocusManager.IsFocusScope 属性设置为 true，但如果希望简化命令路由行为，不在父元素上下文中查找具有焦点的元素，也可将该属性设为 false。

在极少数情况下，您可能发现控件支持内置命令，而您并不想启用它。在这种情况下，可以采用三种方法禁用命令。

理想情况下，控件会提供用于关闭命令支持的属性，从而确保控件移除这些特性并连贯地调整自身。例如，TextBox 控件提供了 IsUndoEnabled 属性，为阻止 Undo 特性，可将该属性设置为 false(如果 IsUndoEnabled 属性为 true，Ctrl+Z 组合键将触发 Undo 命令)。

如果这种做法行不通，可为希望禁用的命令添加新的命令绑定。然后该命令绑定可提供新的 CanExecute 事件处理程序，并总是响应 false。下面举一个使用该技术删除文本框 Cut 特性支持的示例：

```
CommandBinding commandBinding = new CommandBinding(
  ApplicationCommands.Cut, null, SuppressCommand);
txt.CommandBindings.Add(commandBinding);
```

而且该事件处理程序设置 CanExecute 状态：

```
private void SuppressCommand(object sender, CanExecuteRoutedEventArgs e)
{
    e.CanExecute = false;
    e.Handled = true;
}
```

注意，上面的代码设置了 Handled 标志以阻止文本框自我执行计算，而文本框可能将 CanExecute 属性设置为 true。

该方法并不完美。它可成功地为文本框禁用 Cut 快捷键(Ctrl+X)和上下文菜单中的 Cut 命令。然而，仍会在上下文菜单中显示处于禁用状态的该选项。

最后一种选择是，使用 InputBinding 集合删除触发命令的输入。例如，可使用代码禁用触发 TextBox 控件中 Copy 命令的 Ctrl+C 组合键，如下所示：

```
KeyBinding keyBinding = new KeyBinding(
    ApplicationCommands.NotACommand, Key.C, ModifierKeys.Control);
txt.InputBindings.Add(keyBinding);
```

技巧是使用特定的 ApplicationCommands.NotACommand 值，该命令什么都不做，它专门用于禁用输入绑定。

当使用这种方法时，仍启用 Copy 命令。可通过自己创建的按钮触发该命令(或使用文本框的上下文菜单触发命令，除非也通过将 ContextMenu 属性设置为 null 删除了上下文菜单)。

注意：

为禁用某些特性，总需要添加新的命令绑定或输入绑定。不能删除已存在的绑定，这是因为已存在的绑定不在公有的 CommandBinding 和 InputBinding 集合中。反而，它们通过称为类绑定(class binding)的单独机制进行定义。第 18 章将介绍如何采用这种方式为构建的自定义控件关联命令。

9.4 高级命令

现在已经学习了命令的基本内容，可考虑一些更复杂的实现了。接下来的几节将介绍如何使用自己的命令，根据目标以不同方式处理相同的命令以及使用命令参数，还将讨论如何支持基本的撤销特性。

9.4.1 自定义命令

在 5 个命令类(ApplicationCommands、NavigationCommands、EditingCommands、ComponentCommands 以及 MediaCommands)中存储的命令，显然不会为应用程序提供所有可能需要的命令。幸运的是，可以很方便地自定义命令，需要做的全部工作就是实例化一个新的 RoutedUICommand 对象。

RoutedUICommand 类提供了几个构造函数。虽然可创建没有任何附加信息的 RoutedUICommand 对象，但几乎总是希望提供命令名、命令文本以及所属类型。此外，可能希望为 InputGestures 集合提供快捷键。

最佳设计方式是遵循 WPF 库中的范例，并通过静态属性提供自定义命令。下面的示例定义了名为 Requery 的命令：

```
public class DataCommands
{
    private static RoutedUICommand requery;

    static DataCommands()
    {
        // Initialize the command.
        InputGestureCollection inputs = new InputGestureCollection();
        inputs.Add(new KeyGesture(Key.R, ModifierKeys.Control, "Ctrl+R"));
        requery = new RoutedUICommand(
          "Requery", "Requery", typeof(DataCommands), inputs);
    }

    public static RoutedUICommand Requery
    {
        get { return requery; }
    }
}
```

提示：

也可修改已有命令的 RoutedCommand.InputGestures 集合——例如，删除已有的键绑定或添加新的键绑定。甚至可添加鼠标绑定，从而当同时按下鼠标键和键盘上的修饰键时触发命令(尽管对于这种情况，可能希望只将命令绑定放置到鼠标处理起作用的元素上)。

一旦定义了命令，就可以在命令绑定中使用它，就像使用 WPF 提供的所有预先构建好的命令那样。但仍存在一个问题。如果希望在 XAML 中使用自定义的命令，那么首先需要将.NET 名称空间映射为 XML 名称空间。例如，如果自定义的命令类位于 Commands 名称空间中(对于

名为 Commands 的项目，这是默认的名称空间)，那么应添加如下名称空间映射：

```
xmls:local="clr-namespace:Commands"
```

这个示例使用 local 作为名称空间的别名。也可使用任意希望使用的别名，只要在 XAML 文件中保持一致就可以了。

现在，可通过 local 名称空间访问命令：

```
<CommandBinding Command="local:DataCommands.Requery"
 Executed="RequeryCommand_Executed"></CommandBinding>
```

下面是一个完整示例，在该例中有一个简单的窗口，该窗口包含一个触发 Requery 命令的按钮：

```
<Window x:Class="Commands.CustomCommand"
    xmlns="http://schemas.microsoft.com/winfx/2006/xaml/presentation"
    xmlns:x="http://schemas.microsoft.com/winfx/2006/xaml"
    Title="CustomCommand" Height="300" Width="300">

  <Window.CommandBindings>
    <CommandBinding Command="local:DataCommands.Requery"
    Executed="RequeryCommand_Executed"></CommandBinding>
  </Window.CommandBindings>

  <Button Margin="5" Command="local:DataCommands.Requery">Requery</Button>
</Window>
```

为完成该例，只需要在代码中实现 RequeryCommand_Executed( )事件处理程序即可。还可以使用 CanExecute 事件酌情启用或禁用该命令。

提示：

当使用自定义命令时，可能需要调用静态的 CommandManager.InvalidateRequerySuggested( )方法，通知 WPF 重新评估命令的状态。然后 WPF 会触发 CanExecute 事件，并更新使用该命令的任意命令源。

9.4.2　在不同位置使用相同的命令

在 WPF 命令模型中，一个重要概念是范围(scope)。尽管每个命令仅有一份副本，但使用命令的效果却会根据触发命令的位置而异。例如，如果有两个文本框，它们都支持 Cut、Copy 和 Paste 命令，操作只会在当前具有焦点的文本框中发生。

至此，我们还没有学习如何对自己关联的命令实现这种效果。例如，设想创建了一个具有两个文档的空间的窗口，如图 9-7 所示。

如果使用 Cut、Copy 和 Paste 命令，就会发现它们能够在正确的文本框中自动工作。然而，对于自己实现的命令——New、Open 以及 Save 命令——情况就不同了。问题在于当为这些命令中的某个命令触发 Executed 事件时，不知道该事件是属于第一个文本框还是第二个文本框。尽管 ExecuteRoutedEventArgs 对象提供了 Source 属性，但该属性反映的是具有命令绑定的元素(像 sender 引用)；而到目前为止，所有命令都被绑定到了容器窗口。

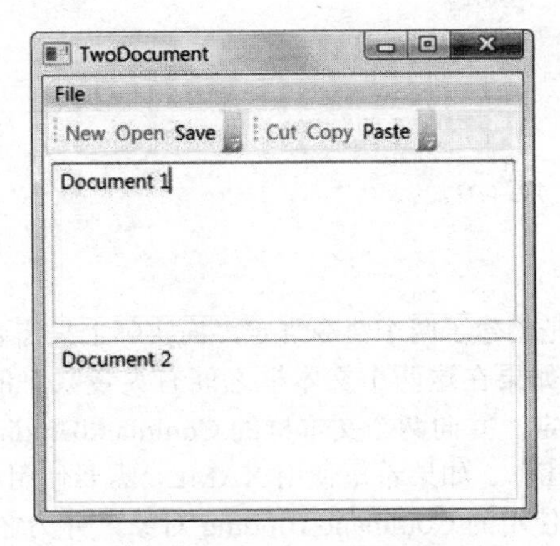

图 9-7　同时有两个文件的文本编辑器

解决这个问题的方法是使用文本框的 CommandBindings 集合分别为每个文本框绑定命令。下面是一个示例：

```
<TextBox.CommandBindings>
  <CommandBinding Command="ApplicationCommands.Save"
    Executed="SaveCommand_Executed"
  CanExecute="SaveCommand_CanExecute"></CommandBinding>
</TextBox.CommandBindings>
```

现在文本框处理 Executed 事件。在事件处理程序中，可使用这一信息确保保存正确的信息：

```
private void SaveCommand_Executed(object sender, ExecutedRoutedEventArgs e)
{
    string text = ((TextBox)sender).Text;
    MessageBox.Show("About to save: " + text);
    ...
    isDirty = false;
}
```

上面的实现存在两个小问题。首先，简单的 isDirty 标志不再能满足需要，因为现在需要跟踪两个文本框。有几种解决这个问题的方法。可使用 TextBox.Tag 属性存储 isDirty 标志——使用该方法，无论何时调用 CanExecuteSave( )方法，都可以查看 sender 的 Tag 属性。也可创建私有的字典集合来保存 isDirty 值，按照控件引用编写索引。当触发 CanExecuteSave( )方法时，查找属于 sender 的 isDirty 值。下面是需要使用的完整代码：

```
private Dictionary<Object, bool> isDirty = new Dictionary<Object, bool>();

private void txt_TextChanged(object sender, RoutedEventArgs e)
{
    isDirty[sender] = true;
}

private void SaveCommand_CanExecute(object sender, CanExecuteRoutedEventArgs e)
{
    if (isDirty.ContainsKey(sender) && isDirty[sender])
    {
```

```
        e.CanExecute = true;
    }
    else
    {
        e.CanExecute = false;
    }
}
```

当前实现的另一个问题是创建了两个命令绑定，而实际上只需要一个。这会使 XAML 文件更加混乱，维护起来更难。如果在这两个文本框之间有大量共享的命令，这个问题尤其明显。

解决方法是创建命令绑定，并向两个文本框的 CommandBindings 集合中添加同一个绑定。使用代码可很容易地完成该工作。如果希望使用 XAML，需要使用 WPF 资源。在窗口的顶部添加一小部分标记，创建需要使用的 Command Binding 对象，并为之指定键名：

```
<Window.Resources>
  <CommandBinding x:Key="binding" Command="ApplicationCommands.Save"
    Executed="SaveCommand" CanExecute="CanExecuteSave">
  </CommandBinding>
</Window.Resources>
```

为在标记的另一个位置插入该对象，可使用 StaticResource 标记扩展并提供键名：

```
<TextBox.CommandBindings>
  <StaticResource ResourceKey="binding"></StaticResource>
</TextBox.CommandBindings>
```

9.4.3 使用命令参数

到目前为止，您看到的所有示例都没有使用命令参数来传递额外信息。然而，有些命令总需要一些额外信息。例如，NavigationCommands.Zoom 命令需要用于缩放的百分数。类似地，可设想在特定情况下，前面使用过的一些命令可能也需要额外信息。例如，如果为图 9-7 中所示的两个文本编辑器使用 Save 命令，当保存文档时需要知道使用哪个文件。

解决方法是设置 CommandParameter 属性。可直接为 ICommandSource 控件设置该属性(甚至可使用绑定表达式从其他控件获取值)。例如，下面的代码演示了如何通过从另一个文本框中读取数值，为链接到 Zoom 命令的按钮设置缩放百分比：

```
<Button Command="NavigationCommands.Zoom"
  CommandParameter="{Binding ElementName=txtZoom, Path=Text}">
  Zoom To Value
</Button>
```

但该方法并不总是有效。例如，在具有两个文件的文本编辑器中，每个文本框重用同一个 Save 按钮，但每个文本框需要使用不同的文件名。对于此类情况，必须在其他地方存储信息(例如，在 TextBox.Tag 属性或在为区分文本框而索引文件名称的单独集合中存储信息)，或者需要通过代码触发命令，如下所示：

```
ApplicationCommands.New.Execute(theFileName,(Button)sender);
```

无论使用哪种方法，都可以在 Executed 事件处理程序中通过 ExecutedRoutedEventArgs.Parameter 属性获取参数。

9.4.4 跟踪和翻转命令

WPF 命令模型缺少的一个特性是翻转命令。尽管提供了 ApplicationCommands.Undo 命令，但该命令通常用于编辑控件(如 TextBox 控件)以维护它们自己的 Undo 历史。如果希望支持应用程序范围内的 Undo 特性，需要在内部跟踪以前的状态，并当触发 Undo 命令时还原该状态。

遗憾的是，扩展 WPF 命令系统并不容易。相对来说没几个入口点可用于连接自定义逻辑，并且对于可用的几个入口点也没有提供说明文档。为创建通用的、可重用的 Undo 特性，需要创建一组全新的“能够撤销的”命令类，以及一个特定类型的命令绑定。本质上，必须使用自己创建的新命令系统替换 WPF 命令系统。

更好的解决方案是设计自己的用于跟踪和翻转命令的系统，但使用 CommandManager 类保存命令历史。图 9-8 显示了一个这方面的例子。在该例中，窗口包含两个文本框和一个列表框，可以自由地在这两个文本框中输入内容，而列表框则一直跟踪在这两个文本框中发生的所有命令。可通过单击 Reverse Last Command 按钮翻转最后一个命令。

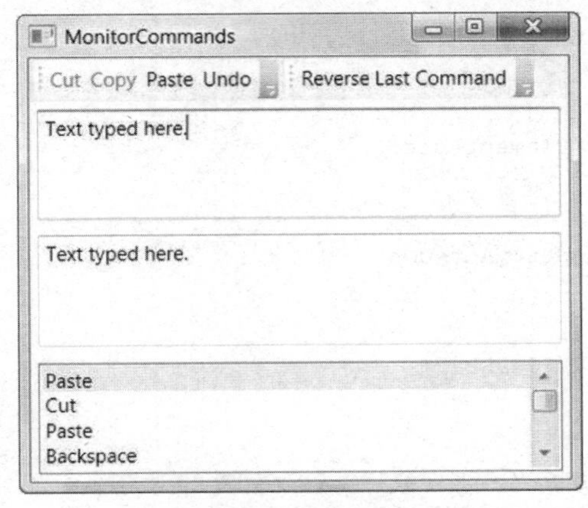

图 9-8 应用程序范围的撤销特性

为构建这个解决方案，需要使用几项新技术。第一个细节是用于跟踪命令历史的类。为构建保存最近命令历史的撤销系统，可能需要用到这样的类(甚至可能喜欢创建派生的 ReversibleCommand 类，提供诸如 Unexecute( )的方法来翻转以前的任务)。但该系统不能工作，因为所有 WPF 命令都是唯一的。这意味着在应用程序中每个命令只有一个实例。

为理解该问题，假设提供 EditingCommands.Backspace 命令，而且用户在一行中回退了几个空格。可通过向最近命令堆栈中添加 Backspace 命令来记录这一操作，但实际上每次添加的是相同的命令对象。因此，没有简单的方法用于存储命令的其他信息，例如刚刚删除的字符。如果希望存储该状态，需要构建自己的数据结构。该例使用名为 CommandHistoryItem 的类。

每个 CommandHistoryItem 对象跟踪以下几部分信息：

- 命令名称。
- 执行命令的元素。在该例中，有两个文本框，所以可以是其中的任意一个。
- 在目标元素中被改变了的属性。在该例中是 TextBox 类的 Text 属性。
- 可用于保存受影响元素以前状态的对象(例如，执行命令之前文本框中的文本)。

注意：

这一设计非常巧妙，可以为元素存储状态。如果存储整个窗口状态的快照，那么会显著增加内存的使用量。然而，如果具有大量数据(比如文本框有几十行文本)，Undo 操作的负担就很大了。解决方法是限制在历史中存储的项的数量，或使用更加智能(也更复杂)的方法只存储被改变的数据的信息，而不是存储所有数据。

CommandHistoryItem 类还提供了通用的 Undo( )方法。该方法使用反射为修改过的属性应用以前的值，用于恢复 TextBox 控件中的文本。但对于更复杂的应用程序，需要使用 CommandHistoryItem 类的层次结构，每个类都可以使用不同方式翻转不同类型的操作。

下面是 CommandHistoryItem 类的完整代码，但使用 C#语言自动属性(automatic properties)功能保留了一些空间：

```
public class CommandHistoryItem
{
    public string CommandName
    { get; set; }

    public UIElement ElementActedOn
    { get; set; }

    public string PropertyActedOn
    { get; set; }

    public object PreviousState
    { get; set; }

    public CommandHistoryItem(string commandName)
      : this(commandName, null, "", null)
    { }

    public CommandHistoryItem(string commandName, UIElement elementActedOn,
     string propertyActedOn, object previousState)
    {
        CommandName = commandName;
        ElementActedOn = elementActedOn;
        PropertyActedOn = propertyActedOn;
        PreviousState = previousState;
    }

    public bool CanUndo
    {
        get { return (ElementActedOn != null && PropertyActedOn != ""); } }

    public void Undo()
    {
        Type elementType = ElementActedOn.GetType();
        PropertyInfo property = elementType.GetProperty(PropertyActedOn);
        property.SetValue(ElementActedOn, PreviousState, null);
```

```
    }
}
```

需要的下一个要素是执行应用程序范围内 Undo 操作的命令。ApplicationCommands.Undo 命令是不适合的，原因是为了达到不同的目的，它已经被用于单独的文本框控件(翻转最后的编辑变化)。相反，需要创建一个新命令，如下所示：

```
private static RoutedUICommand applicationUndo;

public static RoutedUICommand ApplicationUndo
{
    get { return MonitorCommands.applicationUndo; }
}

static MonitorCommands()
{
    applicationUndo = new RoutedUICommand(
      "ApplicationUndo", "Application Undo", typeof(MonitorCommands));
}
```

在该例中，命令是在名为 MonitorCommands 的窗口类中定义的。

到目前为止，除了执行 Undo 操作的反射代码比较有意义外，其他代码没有什么值得注意的地方。更困难的部分是将该命令历史集成进 WPF 命令模型中。理想的解决方案是使用能跟踪任意命令的方式完成该任务，而不管命令是被如何触发和绑定的。相对不理想的解决方案是，强制依赖于一整套全新的自定义命令对象(这一逻辑功能内置到这些自定义命令对象中)，或手动处理每个命令的 Executed 事件。

响应特定的命令是非常简单的，但当执行任何命令时如何进行响应呢？技巧是使用 CommandManager 类，该类提供了几个静态事件。这些事件包括 CanExecute、PreviewCanExecute、Executed 以及 PreviewExecuted。在该例中，Executed 和 PreviewExecuted 事件最有趣，因为每当执行任何一个命令时都会引发它们。

尽管 CommandManger 类挂起了 Executed 事件，但仍可使用 UIElement.AddHandler( )方法关联事件处理程序，并为可选的第三个参数传递 true 值。这样将允许接收事件，即使事件已经被处理过也同样如此，如第 4 章所述。然而，Executed 事件是在命令执行完之后被触发的，这时已经来不及在命令历史中保存被影响的控件的状态了。相反，需要响应 PreviewExecuted 事件，该事件在命令执行前一刻被触发。

下面的代码在窗口的构造函数中关联 PreviewExecuted 事件处理程序，并当关闭窗口时解除关联：

```
public MonitorCommands()
{
    InitializeComponent();

    this.AddHandler(CommandManager.PreviewExecutedEvent,
      new ExecutedRoutedEventHandler(CommandExecuted));
}

private void window_Unloaded(object sender, RoutedEventArgs e)
```

```
{
    this.RemoveHandler(CommandManager.PreviewExecutedEvent,
      new ExecutedRoutedEventHandler(CommandExecuted));
}
```

当触发 PreviewExecuted 事件时，需要确定准备执行的命令是否是我们所关心的。如果是，可创建 CommandHistoryItem 对象，并将其添加到 Undo 堆栈中。还需要注意两个潜在问题。第一个问题是，当单击工具栏按钮以在文本框上执行命令时，CommandExecuted 事件被引发了两次——一次是针对工具栏按钮，另一次是针对文本框。下面的代码通过忽略发送者是 ICommandSource 的命令，避免在 Undo 历史中重复条目。第二个问题是，需要明确忽略不希望添加到 Undo 历史中的命令。例如 ApplicationUndo 命令，通过该命令可翻转上一步操作。

```
private void CommandExecuted(object sender, ExecutedRoutedEventArgs e)
{
    // Ignore menu button source.
    if (e.Source is ICommandSource) return;

    // Ignore the ApplicationUndo command.
    if (e.Command == MonitorCommands.ApplicationUndo) return;

    TextBox txt = e.Source as TextBox;
    if (txt != null)
    {
        RoutedCommand cmd = (RoutedCommand)e.Command;
        CommandHistoryItem historyItem = new CommandHistoryItem(
          cmd.Name, txt, "Text", txt.Text);

        ListBoxItem item = new ListBoxItem();
        item.Content = historyItem;
        lstHistory.Items.Add(historyItem);
    }
}
```

该例在 ListBox 控件中存储所有 CommandHistoryItem 对象。ListBox 控件的 DisplayMember 属性被设置为 Name，因而会显示每个条目的 CommandHistoryItem.Name 属性。上面的代码只为由文本框引发的命令提供 Undo 特性。然而，处理窗口中的任何文本框通常就足够了。为了支持其他控件和属性，需要对代码进行扩展。

最后一个细节是执行应用程序范围内 Undo 操作的代码。使用 CanExecute 事件处理程序，可确保只有当在 Undo 历史中至少有一项时，才能执行此代码：

```
private void ApplicationUndoCommand_CanExecute(object sender,
  CanExecuteRoutedEventArgs e)
{
    if (lstHistory == null || lstHistory.Items.Count == 0)
      e.CanExecute = false;
    else
      e.CanExecute = true;
}
```

为恢复最近的修改，只需要调用 CommandHistoryItem 对象的 Undo( )方法，然后从列表中删除该项即可：

```
private void ApplicationUndoCommand_Executed(object sender, RoutedEventArgs e)
{
    CommandHistoryItem historyItem = (CommandHistoryItem)
      lstHistory.Items[lstHistory.Items.Count - 1];

    if (historyItem.CanUndo) historyItem.Undo();
    lstHistory.Items.Remove(historyItem);
}
```

尽管该示例程序演示了相关概念，并提供了一个简单的应用程序，且该应用程序具有几个完全支持 Undo 特性的控件，但要在实际应用程序中使用这一方法，还需要进行许多改进。例如，需要耗费大量时间改进 CommandManager.PreviewExecuted 事件的处理程序，以忽略那些明显不需要跟踪的命令(当前，诸如使用键盘选择文本的事件以及单击空格键引发的命令等)。类似地，可能希望为那些不是由命令表示的但应当被翻转的操作添加 CommandHistoryItem 对象。例如，输入一些文本，然后导航到其他控件。最后，可能希望将 Undo 历史限制在最近执行的命令范围之内。

9.5　小结

本章研究了 WPF 命令模型，讨论了如何将命令链接到控件、当触发命令时如何进行响应以及如何根据命令发生的位置以不同的方式处理命令。您还设计了自定义命令，并学习了如何使用基本的命令历史和 Undo 特性扩展 WPF 命令系统。

总之，与 WPF 架构中的其他部分相比，WPF 命令模型处理起来难度大一些。为将命令模型嵌入路由事件模型，需要各种非常复杂的类，并且其内部工作是不能被自定义的。实际上，为最大限度地利用 WPF 命令，您需要通过 Model View ViewModel(MVVM)模式使用扩展了 WPF 的独立工具包。最为人熟知的示例是 Prism(可参阅 http://compositewpf.codeplex.com)。

提示：

即使您正在开发团队中与其他开发人员共同构建规模庞大的 WPF 应用程序，Prism 也仍是一款十分有用的工具；但目前暂时不必做深入研究。最好首先通过阅读本书学习 WPF 的基本原理，再去深入学习 Prism 这样全新的复杂技术。

第 10 章

资　源

WPF 资源系统是一种保管一系列有用对象(如常用的画刷、样式或模板)的简单方法，从而使您可以更容易地重用这些对象。

尽管可在代码中创建和操作资源，但通常在 XAML 标记中定义资源。一旦定义资源，就可以在窗口标记的所有其他部分使用资源(或者，对于应用程序资源，可在应用程序的所有其他部分使用)。这种技术简化了标记，保存了重复编码，并且可在中央位置存储用户界面的细节(如应用程序的颜色方案)以便修改它们。正如将在下一章中看到的，对象资源也是重用 WPF 样式的基础。

注意：

不要将 WPF 对象资源与第 7 章中介绍的程序集资源混为一谈。程序集资源是一块嵌入到编译过的程序集中的二进制数据。使用程序集资源可确保应用程序具有其所需的图像或声音文件。另一方面，对象资源是希望在某个位置定义并在其他几个位置重复使用的.NET 对象。

10.1　资源基础

WPF 允许在代码中以及在标记中的各个位置定义资源(和特定的控件、窗口一起定义，或在整个应用程序中定义)。

资源具有许多重要的优点，如下所述：

- **高效**。可以通过资源定义对象，并在标记中的多个地方使用。这会精简代码，使其更加高效。
- **可维护性**。可通过资源使用低级的格式化细节(如字号)，并将它们移到便于对其进行修改的中央位置。在 XAML 中创建资源相当于在代码中创建常量。
- **适应性**。一旦特定信息与应用程序的其他部分分离开来，并放置到资源部分中，就可以动态地修改这些信息。例如，可能希望根据用户的个人喜好或当前语言修改资源的细节。

10.1.1　资源集合

每个元素都有 Resources 属性，该属性存储了一个资源字典集合(它是 ResourceDictionary 类的实例)。资源集合可包含任意类型的对象，并根据字符串编写索引。

尽管每个元素都提供了 Resources 属性(该属性作为 FrameworkElement 类的一部分定义)，但通常在窗口级别定义资源。这是因为每个元素都可以访问各自资源集合中的资源，也可以访问所有父元素的资源集合中的资源。

例如，分析图 10-1 中显示的包含三个按钮的窗口。其中的两个按钮使用了相同的画刷——绘制笑脸图像的平铺模式的图像画刷。

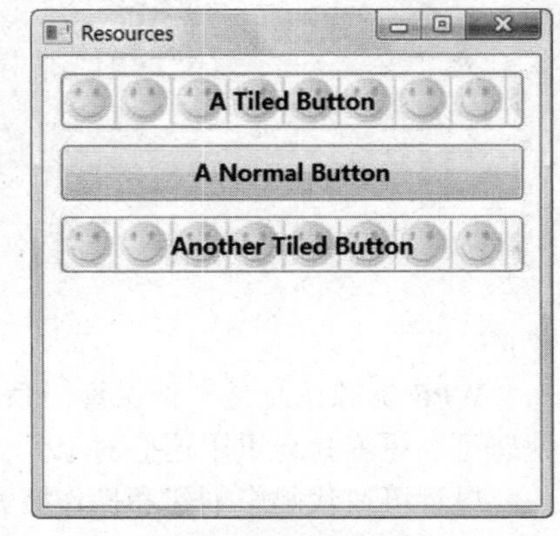

图 10-1　重用画刷的窗口

在该例中，显然希望顶部和底部的两个按钮具有相同的样式。不过，以后可能希望改变图像画刷的特征。因此，在窗口的资源中定义图像画刷并在需要时重用该画刷是合理的。

下面的标记显示了如何定义画刷：

```
<Window.Resources>
  <ImageBrush x:Key="TileBrush" TileMode="Tile"
    ViewportUnits="Absolute" Viewport="0 0 32 32"
    ImageSource="happyface.jpg" Opacity="0.3">
  </ImageBrush>
</Window.Resources>
```

这里，图像画刷的细节不是非常重要(尽管在第 12 章中会专门介绍图像画刷)。重要的是第一个特性，即 Key 特性(以名称空间前缀 x:开头，这会将该画刷放置到 XAML 名称空间中，而不是 WPF 名称空间中)。该特性指定了在 Window.Resources.Collection 集合中编写画刷索引的名称。当需要检索资源时，只要使用相同名称，就可以使用需要的任何内容。

注意：

可在资源部分中实例化任何.NET 类(包括自定义类)，只要该类是 XAML 友好的即可。这意味着该类需要一些基本特性，如公有的无参构造函数和可写的属性。

为使用 XAML 标记中的资源，需要一种引用资源的方法。这是通过标记扩展完成的。实际上有两个标记扩展可供使用：一个用于动态资源，另一个用于静态资源。静态资源在首次创建窗口时一次性地设置完毕。而对于动态资源，如果发生了改变，就会重新应用资源(稍后会更深入地研究它们之间的区别)。在该例中，图像画刷永远不会改变，所以使用静态资源是合适的。

下面是一个使用该资源的按钮：

```
<Button Background="{StaticResource TileBrush}"
  Margin="5" Padding="5" FontWeight="Bold" FontSize="14">
  A Tiled Button
</Button>
```

上面的代码检索资源并将资源指定给 Button.Background 属性。可使用动态资源执行相同的操作(但开销稍大些)：

```
<Button Background="{DynamicResource TileBrush}"
```

为资源使用简单的.NET 对象虽然如此容易，但仍需考虑几个更细微的问题。接下来的几节将讨论这些内容。

10.1.2 资源的层次

每个元素都有自己的资源集合，为了找到期望的资源，WPF在元素树中进行递归搜索。在当前示例中，可将图像画刷从窗口的资源集合移到包含这三个按钮的StackPanel面板的资源集合中，而不必改变应用程序的工作方式。也可将图像画刷放到Button.Resources集合中，不过，需要定义画刷两次——为每个按钮分别定义一次。

需要考虑的另一个问题是，当使用静态资源时，必须总是在引用资源之前在标记中定义资源。这意味着尽管从标记角度看，将Window.Resources部分放在窗口的主要内容(包含所有按钮的StackPanel面板)之后是完全合法的，但这会破坏当前示例。当XAML解析器遇到它不知道的资源的静态引用时，会抛出异常(可使用动态资源避免这一问题，但没必要增加额外的开销)。

因此，如果希望在按钮元素中放置资源，需要稍微重新排列标记，从而在设置背景之前定义资源。下面是实现该操作的一种方法：

```
<Button Margin="5" Padding="5" FontWeight="Bold" FontSize="14">
  <Button.Resources>
    <ImageBrush x:Key="TileBrush" TileMode="Tile"
      ViewportUnits="Absolute" Viewport="0 0 10 10"
      ImageSource="happyface.jpg" Opacity="0.3"></ImageBrush>
  </Button.Resources>

  <Button.Background>
    <StaticResource ResourceKey="TileBrush"/>
    </Button.Background>
  <Button.Content>Another Tiled Button</Button.Content>
</Button>
```

这个示例中的静态资源标记扩展语法稍有不同，因为资源被放在嵌套元素中(而不是特性中)。为指向正确的资源，使用ResourceKey属性指定资源键。

有趣的是，只要不在同一集合中多次使用相同的资源名，就可以重用资源名称。这意味着可使用如下所示的标记创建窗口，该标记在两个地方创建图像画刷：

```
<Window x:Class="Resources.TwoResources"
    xmlns="http://schemas.microsoft.com/winfx/2006/xaml/presentation"
    xmlns:x="http://schemas.microsoft.com/winfx/2006/xaml"
    Title="Resources" Height="300" Width="300" >

  <Window.Resources>
    <ImageBrush x:Key="TileBrush" TileMode="Tile"
              ViewportUnits="Absolute" Viewport="0 0 32 32"
              ImageSource="happyface.jpg" Opacity="0.3"></ImageBrush>
  </Window.Resources>

  <StackPanel Margin="5">
    <Button Background="{StaticResource TileBrush}" Padding="5"
      FontWeight="Bold" FontSize="14" Margin="5" >A Tiled Button</Button>

  <Button Padding="5" Margin="5"
    FontWeight="Bold" FontSize="14">A Normal Button</Button>
```

```
    <Button Background="{DynamicResource TileBrush}" Padding="5" Margin="5"
     FontWeight="Bold" FontSize="14">
     <Button.Resources>
       <ImageBrush x:Key="TileBrush" TileMode="Tile"
         ViewportUnits="Absolute" Viewport="0 0 32 32"
         ImageSource="sadface.jpg" Opacity="0.3"></ImageBrush>
       </Button.Resources>
       <Button.Content>Another Tiled Button</Button.Content>
     </Button>

    </StackPanel>
  </Window>
```

在上面的代码中，按钮使用找到的第一个资源。因为是从自己的资源集合开始查找，所以第二个按钮使用 sadface.jpg 图形，而第一个按钮从包含窗口获取画刷，并使用 happyface.jpg 图像。

10.1.3　静态资源和动态资源

因为上面的示例使用了静态资源(在该例中是图形画刷)，所以您可能认为对于资源的任何改变都不会有什么反应。然而，事实并非如此。

例如，设想在应用了资源并且显示了窗口之后，执行下面的代码：

```
ImageBrush brush = (ImageBrush)this.Resources["TileBrush"];
brush.Viewport = new Rect(0, 0, 5, 5);
```

上面的代码从 Window.Resources 集合中检索画刷，并对它进行操作(从技术角度看，代码改变了每个平铺图像的尺寸，缩小了笑脸图像并压缩图像模式使其更加紧凑)。当运行此代码时，可能不希望用户界面有任何反应——毕竟，它是静态资源。但这一变化会传播给两个按钮。实际上，会使用新设置的 Viewport 属性进行更新，而不管是通过静态资源还是动态资源使用画刷。

这是因为 Brush 类继承自 Freezable 类。Freezable 类有一个基本的变化跟踪特性(如果不需要改变，能被“冻结”为只读状态)。这意味着，无论何时在 WPF 中改变画刷，所有使用该画刷的控件都会自动更新。控件是否是通过资源获取其画刷无关紧要。

现在，您可能想弄清楚静态资源和动态资源之间到底有什么区别。区别在于静态资源只从资源集合中获取对象一次。根据对象的类型(以及使用对象的方式)，对象的任何变化都可能被立即注意到。然而，动态资源在每次需要对象时都会重新从资源集合中查找对象。这意味着可在同一键下放置一个全新对象，而且动态资源会应用该变化。

下面通过一个示例演示它们之间的区别，分析下面的代码，这段代码用全新的(并且有些乏味的)纯蓝色画刷替换了当前的图像画刷：

```
this.Resources["TileBrush"] = new SolidColorBrush(Colors.LightBlue);
```

动态资源会应用该变化，而静态资源不知道它的画刷已在 Resources 集合中被其他内容替换了，它仍然继续使用原来的 ImageBrush。

图 10-2 在一个窗口中显示了该例，该窗口包含动态资源(顶部按钮)和静态资源(底部按钮)。

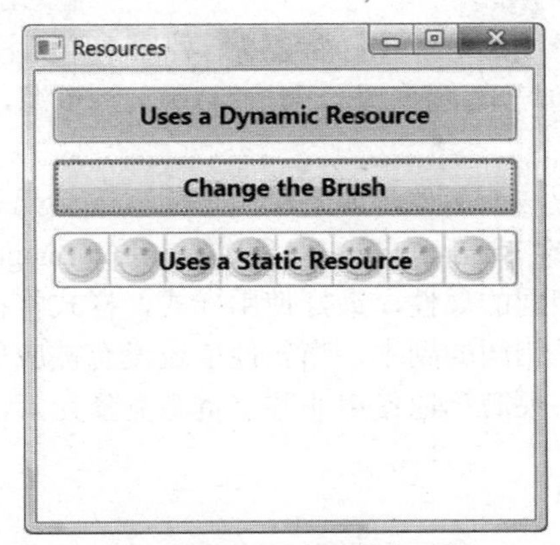

图 10-2　动态资源和静态资源

通常不需要使用动态资源，使用静态资源应用程序也能够很完美地工作。创建依赖于Windows 设置(例如系统颜色)的资源明显属于例外情况，对于这种情况，如果希望能够响应当前颜色方案的任何改变，就需要使用动态资源(否则，如果使用静态资源，将仍使用原来的颜色方案，直到用户重新启动应用程序为止)。在稍后介绍系统资源时，将讨论动态资源工作原理的更多相关内容。

作为一般规则，只有在下列情况下才需要使用动态属性：

- 资源具有依赖于系统设置的属性(如当前 Windows 操作系统的颜色或字体)。
- 准备通过编程方式替换资源对象(例如，实现几类动态皮肤特性，如第 17 章所述)。

然而，不应过度使用动态资源。主要问题是对资源的修改未必会触发对用户界面的更新(在画刷示例中，因为构造画刷对象的方式——画刷具有内置的通知支持，确实更新了用户界面)。许多情况下，需要在控件中显示动态内容，而且控件需要随着内容的改变调整自身。对于这种情况，使用数据绑定更合理。

注意：

在极少数情况下，动态资源还用于提高第一次加载窗口时的性能。这是因为静态资源总是在创建窗口时加载，而动态资源在第一次使用它们时加载。然而，除非资源非常大并且非常复杂(在这种情况下，解析资源标记会耗费较长时间)，否则这样做没有任何益处。

10.1.4　非共享资源

通常，在多个地方使用某种资源时，使用的是同一个对象实例。这种行为——称为共享——通常这也正是所希望的。然而，也可能希望告诉解析器在每次使用时创建单独的对象实例。

为关闭共享行为，需要使用 Shared 特性，如下所示：

```
<ImageBrush x:Key="TileBrush" x:Shared="False" ...></ImageBrush>
```

很少有理由需要使用非共享的资源。如果希望以后分别修改资源实例，可考虑使用非共享资源。例如，可创建包含几个使用同一画刷按钮的窗口，并关闭共享行为，从而可以分别改变每个画刷。由于效率低下，这种方式不常见。在这个示例中，开始时告诉所有按钮使用同一个画刷，当需要时再创建并应用新的画刷，这样可能更好。这样，只有当确实需要时才承担额外的画刷对象开销。

使用非共享资源的另一个原因是，可能希望以一种原本不允许的方式重用某个对象。例如，使用该技术，可将某个元素(如一幅图像或一个按钮)定义为资源，然后在窗口的多个不同位置显示该元素。

同样，通常这不是最佳方法。例如，如果希望重用 Image 元素，更合理的做法是存储相关信息(例如，用于指定图像源的 BitmapImage 对象)并在多个 Image 元素之间共享。如果只是希望标准化控件，让它们共享相同的属性，最好使用样式，样式将在下一章进行描述。通过样式可为任意元素创建相同或几乎相同的副本，当属性值还没有被应用时，可以重写它们而且可以关联不同的事件处理程序。如果简单地使用非共享资源克隆元素，就会丢失这两个特性。

10.1.5　通过代码访问资源

通常在标记中定义和使用资源。如有必要，也可在代码中使用资源集合。

正如已经看到的，可通过名称从资源集合中提取资源。为此，需要使用正确元素的资源集合。如前所述，对于标记没有这一限制。控件(如按钮)能够检索资源，而不需要知道定义资源的确切位置。当尝试为 Background 属性指定画刷时，WPF 会在按钮的资源集合中检索名为 TileBrush 的资源，然后检查包含 StackPanel 的资源集合，接下来检查包含窗口(这个过程实际上还会继续检查应用程序资源和系统资源，10.1.6 节将讨论这种情况)。

可使用 FrameworkElement.FindResource()方法以相同的方式查找资源。下面是一个示例，当引发 Click 事件时，会查找按钮资源(或它的一个更高级的容器)：

```
private void cmdChange_Click(object sender, RoutedEventArgs e)
{
    Button cmd = (Button)sender;
    ImageBrush brush = (ImageBrush)sender.FindResource("TileBrush");
    ...
}
```

可使用 TryFindResource( )方法替代 FindResource( )方法。如果找不到资源，该方法会返回 null 引用，而不是抛出异常。

此外，还可通过编写代码添加资源。选择希望放置资源的元素，并使用资源集合的 Add( )方法。然而，通常在标记中定义资源。

10.1.6　应用程序资源

窗口不是查找资源的最后一站。如果在控件或其容器中(直到包含窗口或页面)找不到指定的资源，WPF 会继续检查为应用程序定义的资源集合。在 Visual Studio 中，这些资源是在 App.xaml 文件的标记中定义的资源，如下所示：

```
<Application x:Class="Resources.App"
    xmlns="http://schemas.microsoft.com/winfx/2006/xaml/presentation"
    xmlns:x="http://schemas.microsoft.com/winfx/2006/xaml"
    StartupUri="Menu.xaml"
    >
    <Application.Resources>
      <ImageBrush x:Key="TileBrush" TileMode="Tile"
        ViewportUnits="Absolute" Viewport="0 0 32 32"
```

```
        ImageSource="happyface.jpg" Opacity="0.3">
      </ImageBrush>
    </Application.Resources>
</Application>
```

您可能已经猜到，应用程序资源为在整个应用程序中重用对象提供了一种极佳的方法。在这个示例中，如果计划在多个窗口中使用图像画刷，这是一种很好的选择。

注意：

在创建应用程序资源之前，需要考虑在复杂性和重用性之间取得平衡。添加应用程序资源可提高重用性，但会增加复杂性，因为没有立即明确哪些窗口使用给定的资源(从概念上讲，这与使用太多全局变量的旧式 C++程序一样)。一条正确的指导原则是：如果对象需要被广泛重用(例如，在许多窗口中重用)，可使用应用程序资源；如果只是在两三个窗口中使用，可考虑在每个窗口中分别定义资源。

当某个元素查找资源时，应用程序资源仍然不是最后一站。如果没有在应用程序资源中找到所需的资源，元素还会继续查找系统资源。

10.1.7 系统资源

前面已经介绍过，动态资源主要用于辅助应用程序对系统环境设置的变化做出响应。但这会导致一个问题—— 开始时如何检索系统环境设置并在代码中使用它们呢？

为此需要使用三个类，分别是 SystemColors、SystemFonts 和 SystemParameters，这些类都位于 System.Windows 名称空间中。SystemColors 类用于访问颜色设置；SystemFonts 类用于访问字体设置；而 SystemParameters 类封装了大量的设置列表，这些设置描述了各种屏幕元素的标准尺寸、键盘和鼠标设置、屏幕尺寸以及各种图形效果(如热跟踪、阴影以及当拖动窗口时显示窗口内容)是否已经打开。

注意：

SystemColors 和 SystemFonts 类有两个版本，它们分别位于 System.Windows 名称空间和 System.Drawing 名称空间。System.Windows 名称空间中的版本是 WPF 的一部分，它们使用正确的数据类型并且支持资源系统。位于 System.Drawing 名称空间中的版本是 Windows 窗体的一部分，对于 WPF 应用程序，它们没有用处。

SystemColors、SystemFonts 和 SystemParameters 类通过静态属性公开了它们的所有细节。例如，SystemColors.WindowTextColor 属性提供了 Color 结构，您可方便地使用该结构。下面的示例使用该属性创建一个画刷，并填充元素的前景色：

```
label.Foreground = new SolidBrush(SystemColors.WindowTextColor);
```

或者为了提高效率，可使用现成的画刷属性：

```
label.Foreground = SystemColors.WindowTextBrush;
```

在 WPF 中，可使用静态标记扩展访问静态属性。例如，下面的标记演示了如何使用 XAML 设置同一标签的前景色：

```
<Label Foreground="{x:Static SystemColors.WindowTextBrush}">
```

```
  Ordinary text
</Label>
```

上面的示例没有使用资源，这可能会引发一个小问题——当解析窗口并创建标签时，会根据当前窗口文本颜色的“快照”创建画刷。如果在应用程序运行时(在显示了包含标签的窗口后)改变了 Windows 颜色，Label 控件不会更新自身。具有这种行为的应用程序被认为是不太合理的。

为解决这个问题，不能将 Foreground 属性直接设置为画刷对象，而是需要将它设置为封装了该系统资源的 DynamicResource 对象。幸运的是，所有 System*Xxx* 类都提供了可返回 ResourceKey 对象引用的补充属性集，使用这些引用可从系统资源集合中提取资源。这些属性与直接返回对象的普通属性同名，后面加上单词 Key。例如，SystemColors.WindowTextBrush 的资源键是 SystemColors.WindowTextBrushKey。

注意：

资源键不仅是名称——它们是告诉 WPF 从哪儿查找特定资源的引用。ResourceKey 类是不透明的，因此它没有提供有关如何识别系统资源的低级细节。然而，不必担心您的资源会与系统资源发生冲突，因为它们位于不同的程序集中并使用不同的方式加以处理。

下面的标记显示了如何使用来自 System*Xxx* 类的资源：

```
<Label Foreground="{DynamicResource {x:Static SystemColors.WindowTextBrushKey}}">
  Ordinary text
</Label>
```

上面的标记比前面的示例复杂一些。首先定义了一个动态资源，但该动态资源不是从应用程序的资源集合中提取资源，而是使用了一个由 SystemColors.WindowTextBrushKey 属性定义的键。该属性是静态属性，因此还需要使用静态标记扩展，从而让解析器理解正在尝试执行什么操作。

现已完成修改，当系统设置变化时，Label 控件能够无缝地更新自身。

10.2 资源字典

如果希望在多个项目之间共享资源，可创建资源字典。资源字典只是 XAML 文档，除了存储希望使用的资源外，不做其他任何事情。

10.2.1 创建资源字典

下面是一个资源字典示例，它包含一个资源：

```
<ResourceDictionary
  xmlns="http://schemas.microsoft.com/winfx/2006/xaml/presentation"
  xmlns:x="http://schemas.microsoft.com/winfx/2006/xaml">

  <ImageBrush x:Key="TileBrush" TileMode="Tile"
    ViewportUnits="Absolute" Viewport="0 0 32 32"
    ImageSource="happyface.jpg" Opacity="0.3">
  </ImageBrush>
```

```
</ResourceDictionary>
```

当为应用程序添加资源字典时，务必将Build Action设置为Page(与其他任意XAML文件一样)。这样可保证为了获得最佳性能而将资源字典编译为BAML。不过，将资源字典的Build Action设置为Resource也是非常完美的，这样它会被嵌入到程序集中，但是不会被编译。当然，在运行时解析它的速度要稍慢一些。

10.2.2　使用资源字典

为了使用资源字典，需要将其合并到应用程序某些位置的资源集合中。例如，可在特定窗口中执行此操作，但通常将其合并到应用程序的资源集合中，如下所示：

```
<Application x:Class="Resources.App"
   xmlns="http://schemas.microsoft.com/winfx/2006/xaml/presentation"
   xmlns:x="http://schemas.microsoft.com/winfx/2006/xaml"
   StartupUri="Menu.xaml" >
  <Application.Resources>
   <ResourceDictionary>
     <ResourceDictionary.MergedDictionaries>
       <ResourceDictionary Source="AppBrushes.xaml"/>
       <ResourceDictionary Source="WizardBrushes.xaml"/>
     </ResourceDictionary.MergedDictionaries>
   </ResourceDictionary>
  </Application.Resources>
</Application>
```

上面的标记通过明确创建ResourceDictionary对象进行工作。资源集合总是ResourceDictionary对象，但这只是需要明确指定细节从而可以设置ResourceDictionary.MergedDictionaries属性的一种情况。如果不执行这一步骤，MergedDictionaries属性将为空。

MergedDictionaries是ResourceDictionary对象的一个集合，可使用该集合提供自己希望使用的资源集合。这个示例中有两个资源集合：一个在AppBrushes.xaml资源字典中定义，另一个在WizardBrushes.xaml中定义。

如果希望添加自己的资源并合并到资源字典中，只需要在MergedDictionaries部分之前或之后放置资源就可以了，如下所示：

```
<Application.Resources>
  <ResourceDictionary>
    <ResourceDictionary.MergedDictionaries>
      <ResourceDictionary Source="AppBrushes.xaml"/>
      <ResourceDictionary Source="WizardBrushes.xaml"/>
    </ResourceDictionary.MergedDictionaries>
  <ImageBrush x:Key="GraphicalBrush1" ... ></ImageBrush>
  <ImageBrush x:Key="GraphicalBrush2" ... ></ImageBrush>
  </ResourceDictionary>
</Application.Resources>
```

注意：

前面介绍过，在相互重叠的不同资源集合中存储同名的资源是完全合理的。然而，不允许合并使用相同资源名称的资源字典。如果使用重复的资源名称，当编译应用程序时将收到 XamlParseException 异常。

使用资源字典的一个原因是为了定义一个或多个可重用的应用程序“皮肤”，可将“皮肤”应用到控件上(第 17 章将讲述如何开发这一技术)。另一个原因是为了存储需要被本地化的内容(如错误消息字符串)。

10.2.3　在程序集之间共享资源

如果希望在多个应用程序之间共享资源字典，可复制并分发包含资源字典的 XAML 文件。这是最简单的方法，但这样不能对版本进行任何控制。更有条理的方法是将资源字典编译到单独的类库程序集中，并分发组件。

当共享包含一个或多个资源字典的编译过的程序集时，还需要面对另一种挑战——需要有一种方法来提取所希望的资源并在应用程序中使用资源。为此，可使用两种方法。最直观的解决方法是使用代码创建合适的 ResourceDictionary 对象。例如，如果类库程序集中有名为 ReusableDictionary.xaml 的资源字典，那么可使用下面的代码手动创建该资源字典：

```
ResourceDictionary resourceDictionary = new ResourceDictionary();
resourceDictionary.Source = new Uri(
  "ResourceLibrary;component/ReusableDictionary.xaml", UriKind.Relative);
```

上面的代码片段使用了在本章前面介绍的 pack URI 语法。它构造了一个相对 URI，该 URI 指向另一个程序集中名为 ReusableDictionary.xaml 的编译过的 XAML 资源。一旦创建 ResourceDictionary 对象，就可以从集合中手动检索所需的资源了：

```
cmd.Background = (Brush)resourceDictionary["TileBrush"];
```

然而，不必手动指定资源。当加载新的资源字典时，窗口中的所有 DynamicResource 引用都会被自动重新评估。在第 17 章中，当构建动态皮肤特性时，将看到使用这种技术的一个示例。

如果不想编写任何代码，还有另一种选择。可使用 ComponentResourceKey 标记扩展，该标记扩展是专门针对这种情况而设计的。使用 ComponentResourceKey 为资源创建键名。通过执行这一步骤，告知 WPF 您准备在程序集之间共享资源。

注意：

直到现在，只介绍了为键名使用字符串(如 TileBrush)的资源。命名资源的最常用方式就是使用字符串。然而，WPF 还提供了一些聪明的资源扩展功能，当使用特定类型的非字符串键名时，它们会自动起作用。例如，在下一章将看到，对于样式，可使用 Type 对象作为键名。这会告诉 WPF 自动将样式应用到相应类型的元素上。同样，可为希望在程序集之间共享的任何资源使用 ComponentResourceKey 实例作为键名。

在继续执行任何操作前，需要确保已经为资源字典提供了正确的名称。为了让这种技巧生效，必须将资源字典放置到 generic.xaml 文件中，并且必须将该文件放到应用程序文件夹的 Themes 子文件夹中。generic.xaml 文件中的资源被认为是默认主题的一部分，并且它们总是可

用的。本书将多次用到该技巧，在第18章中构建自定义控件时尤其如此。

图10-3显示了合理的文件组织方式。顶部的项目名为ResourceLibrary，generic.xaml文件被放在正确的文件夹中。底部的项目名为Resources，该项目有指向ResourceLibrary项目的引用，所以该项目可使用ResourceLibrary项目中包含的资源。

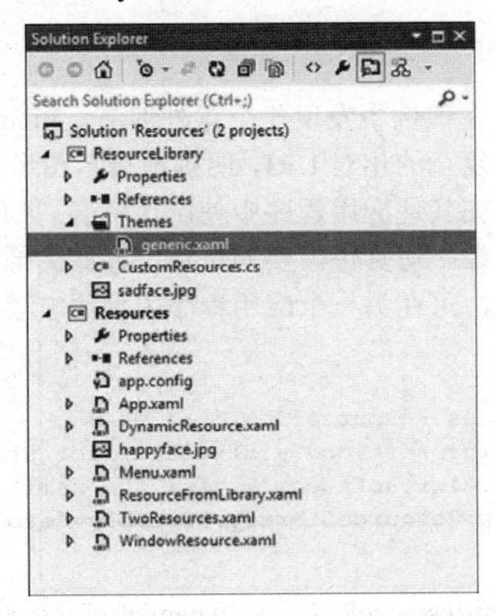

图10-3 使用类库共享资源

提示：

如果有大量资源，并希望尽量合理地组织它们，可创建单独的资源字典，就像前面介绍的那样。但要确保将这些资源字典合并到generic.xaml文件中，从而为共享资源做好准备。

下一步是为存储在ResourceLibrary程序集中希望共享的资源创建键名。当使用ComponentResourceKey时，需要提供两部分信息：类库程序集中类的引用和描述性的资源ID。类引用是WPF允许和其他程序集共享资源的关键部分。当使用资源时，需要提供相同的类引用和资源ID。

该类的实际外观并不重要，它不需要包含代码。定义该类型的程序集就是ComponentResourceKey将要从中查找资源的程序集。图10-3中显示的示例使用名为CustomResources的类，该类没有包含代码：

```
public class CustomResources
{}
```

现在可以使用该类和资源ID创建键名了：

```
x:Key="{ComponentResourceKey TypeInTargetAssembly={x:Type local:CustomResources},
  ResourceId=SadTileBrush}"
```

下面是generic.xaml文件的完整标记，它包含了一个单独资源——一个使用不同图形的ImageBrush对象：

```
<ResourceDictionary
  xmlns="http://schemas.microsoft.com/winfx/2006/xaml/presentation"
  xmlns:x="http://schemas.microsoft.com/winfx/2006/xaml"
  xmlns:local="clr-namespace:ResourceLibrary">
```

```
  <ImageBrush
    x:Key="{ComponentResourceKey TypeInTargetAssembly=
      {x:Type local:CustomResources},ResourceId=SadTileBrush}"
      TileMode="Tile" ViewportUnits="Absolute" Viewport="0 0 32 32"
    ImageSource="ResourceLibrary;component/sadface.jpg" Opacity="0.3">
  </ImageBrush>
</ResourceDictionary>
```

如果眼光敏锐的话，您将在该例中发现一个意外细节。ImageSource 属性不再被设置为图像名(sadface.jpg)，而是使用更复杂的相对 URI，明确地指示图像是 ResourceLibrary 组件的一部分。这是必需的步骤，因为将在其他应用程序中使用该资源。如果只是使用图像名，应用程序就会在它自己的资源中查找图像。您真正需要的是指定存储图像的组件的相对 URI。

现在已经创建了资源字典，可在另一个应用程序中使用它了。首先，确保已经为类库程序集定义了前缀，如下所示：

```
<Window x:Class="Resources.ResourceFromLibrary"
xmlns="http://schemas.microsoft.com/winfx/2006/xaml/presentation"
xmlns:x="http://schemas.microsoft.com/winfx/2006/xaml"
xmlns:res="clr-namespace:ResourceLibrary;assembly=ResourceLibrary"
... >
```

然后可使用包含 ComponentResourceKey 的 DynamicResource(这是合理的，因为 ComponentResourceKey 是资源名)。在使用资源字典的应用程序中使用的 ComponentResourceKey，就是在类库中使用的 ComponentResourceKey。在此，提供了对同一个类的引用和相同的资源 ID。唯一的区别是可能使用不同的 XML 名称空间前缀。该例使用 res 前缀而不是 local 前缀，从而强调 CustomResources 类是在另一个程序集中定义的这样一个事实：

```
<Button Background="{DynamicResource {ComponentResourceKey
 TypeInTargetAssembly={x:Type res:CustomResources}, ResourceId=SadTileBrush}}"
 Padding="5" Margin="5" FontWeight="Bold" FontSize="14">
  A Resource From ResourceLibrary
</Button>
```

注意：

当使用 ComponentResourceKey 时，必须使用动态资源，不能使用静态资源。

现在该例完成了。但还可以采取一个附加步骤，使资源更容易使用。可定义一个静态属性，让它返回需要使用的正确 ComponentResourceKey。通常在组件的类中定义该属性，如下所示：

```
public class CustomResources
{
    public static ComponentResourceKey SadTileBrushKey
    {
      get
      {
          return new ComponentResourceKey(
            typeof(CustomResources), "SadTileBrush");
      }
    }
}
```

现在可使用 Static 标记扩展访问该属性并应用资源，而不必在标记中使用很长的 ComponentResourceKey：

```
<Button
Background="{DynamicResource {x:Static res:CustomResources.SadTileBrushKey}}"
Padding="5" Margin="5" FontWeight="Bold" FontSize="14">
  A Resource From ResourceLibrary
</Button>
```

在本质上，这种便捷方法与前面介绍的 System*Xxx* 类使用相同的技术。例如，当检索 SystemColors.WindowTextBrushKey 时，所接收的也是正确的资源键对象。唯一的区别是，它是私有 SystemResourceKey(而不是 ComponentResourceKey)的一个实例。这两个类都继承自 ResourceKey 抽象类。

10.3　小结

本章研究了 WPF 资源系统使得在应用不同部分可以重用相同对象的原理，介绍了如何在代码和标记中声明资源，如何提取系统资源，以及如何使用类库程序集在应用程序之间共享资源。

对资源的学习尚未结束。对象资源最大的实际用途之一是存储样式——可应用到多个元素的属性设置集合。下一章将学习如何定义样式，如何将样式存储为资源，以及如何方便地重用样式。

第 11 章

样式和行为

如果局限于简单的、灰色外观的普通按钮和其他常用控件，WPF 将是没有新意的捆绑。幸运的是，WPF 提供了几个特性，允许您为基本元素插入一些自己喜欢的东西，并标准化应用程序的可视化外观。本章将介绍两个最重要的方面：样式和行为。

样式(style)是组织和重用格式化选项的重要工具。不是使用重复的标记填充 XAML，以便设置外边距、内边距、颜色以及字体等细节，而是创建一系列封装所有这些细节的样式，然后在需要之处通过属性来应用样式。

行为(behavior)是一款重用用户界面代码的更有挑战性的工具。其基本思想是：使用行为封装一些通用的 UI 功能(例如，使元素可被拖动的代码)。如果具有适当的行为，可使用一两行 XAML 标记将其附加到任意元素，从而为您节省编写和调试代码的工作。

11.1 样式基础

您在上一章学习了 WPF 资源系统，使用资源可在一个地方定义对象而在整个标记中重用它们。尽管可使用资源存储各种对象，但使用资源最常见的原因之一是通过它们保存样式。

样式是可应用于元素的属性值集合。WPF 样式系统与 HTML 标记中的层叠样式表(Cascading Style Sheet，CSS)标准担当类似的角色。与 CSS 类似，通过 WPF 样式可定义通用的格式化特性集合，并且为了保证一致性，在整个应用程序中应用它们。与 CSS 一样，WPF 样式也能够自动工作，指定具体的元素类型为目标，并通过元素树层叠起来。然而，WPF 样式的功能更加强大，因为它们能够设置任何依赖项属性。这意味着可以使用它们标准化未格式化的特性，如控件的行为。WPF 样式也支持触发器(trigger)，当属性发生变化时，可通过触发器改变控件的样式(本章将介绍这方面的内容)，并且可使用模板重新定义控件的内置外观(如第 17 章所述)。一旦学习了如何使用样式，就可以在所有 WPF 应用程序中使用它们。

为了理解适合使用样式的场合，分析一个简单的示例是有帮助的。设想需要标准化在窗口中使用的字体。最简单的方法是设置包含窗口的字体属性。这些属性是在 Control 类中定义的，包括 FontFamily、FontSize、FontWeight(用于粗体)、FontStyle(用于斜体)以及 FontStretch(用于压缩或扩展的变体)。得益于这些属性值的继承特性，当在窗口级别设置这些属性时，窗口中的所有元素都会使用相同的属性值，除非明确地覆盖它们。

注意：

属性值继承是依赖项属性提供的许多可选的特性之一。在第 4 章已介绍了依赖项属性。

现在考虑一种不同情形，希望只为用户界面中的一部分锁定字体。如果能在特定容器中隔离这些元素(例如，它们都处于 Grid 或 StackPanel 面板中)，就可以使用本质上相同的方法，并设置容器的字体属性。但问题未必总是这么简单。例如，可能希望使所有按钮具有一致的字体和文本尺寸，并使用和其他元素不同的字体设置。对于这种情况，就需要一种方法在某个地方定义这些细节，并在所有应用它们的地方重用这些细节。

资源提供了一个解决方案，但有些笨拙。因为在 WPF 中没有 Font 对象(只有与字体属性相关的集合)，所以需要定义几个相关的资源，如下所示：

```
<Window.Resources>
  <FontFamily x:Key="ButtonFontFamily">Times New Roman</FontFamily>
  <sys:Double x:Key="ButtonFontSize">18</s:Double>
  <FontWeight x:Key="ButtonFontWeight">Bold</FontWeight>
</Window.Resources>
```

上面的代码片段(标记)为窗口添加了三个资源：第一个资源是 FontFamily 对象，该对象包含希望使用的字体名称；第二个资源是存储数字 18 的 double 对象；第三个资源是枚举值 FontWeight.Bold。假定已将.NET 名称空间 System 映射到 XAML 名称空间前缀 sys，如下所示：

```
<Window xmlns:sys="clr-namespace:System;assembly=mscorlib" ... >
```

提示：

在使用资源设置属性时，正确地匹配数据类型是非常重要的。这时，WPF 使用类型转换器的方式和直接设置特性值是不同的。例如，如果正为元素设置 FontFamily 特性，可使用字符串 Times New Roman，因为 FontFamilyConverter 转换器会创建所需要的 FontFamily 对象。但如果试图使用字符串资源设置 FontFamily 属性，情况就不同了——这时，XAML 解析器会抛出异常。

一旦定义所需的资源，下一步就是在元素中实际使用这些资源。因为在应用程序的整个生命周期中，这些资源永远不会发生变化，所以使用静态资源是合理的，如下所示：

```
<Button Padding="5" Margin="5" Name="cmd"
  FontFamily="{StaticResource ButtonFontFamily}"
  FontWeight="{StaticResource ButtonFontWeight}"
  FontSize="{StaticResource ButtonFontSize}">
   A Customized Button
</Button>
```

这个示例可以工作，它将字体细节(所谓的 magic number)移出了标记。但该例也存在两个问题：

- 除了资源名称相似外，没有明确指明这三个资源是相关的。这使维护应用程序变得复杂。如果需要设置更多字体属性，或决定为不同类型的元素维护不同的字体设置，这个问题尤为严重。
- 需要使用资源的标记非常繁琐。实际上，还没有原来不使用资源时简明(直接在元素中定义字体属性)。

可通过定义将所有字体细节捆绑在一起的自定义类(如 FontSetting 类)来改善第一个问题。然后可作为资源创建 FontSetting 对象，并在标记中使用它的各种属性。然而，这种方法仍需使用繁琐的标记——并且还需要做一些额外工作。

样式为解决这个问题提供了非常好的解决方案。可定义独立的用于封装所有希望设置的属性的样式，如下所示：

```
<Window.Resources>
  <Style x:Key="BigFontButtonStyle">
    <Setter Property="Control.FontFamily" Value="Times New Roman" />
    <Setter Property="Control.FontSize" Value="18" />
    <Setter Property="Control.FontWeight" Value="Bold" />
  </Style>
</Window.Resources>
```

上面的标记创建了一个独立资源：一个 System.Windows.Style 对象。这个样式对象包含了一个设置器集合，该集合具有三个 Setter 对象，每个 Setter 对象用于一个希望设置的属性。每个 Setter 对象由两部分信息组成：希望进行设置的属性的名称和希望为该属性应用的值。与所有资源一样，样式对象都有一个键名，从而当需要时可以从集合中提取它。在该例中，键名是 BigFontButtonStyle (根据约定，用于样式的键名通常以 Style 结尾)。

每个 WPF 元素都可使用一个样式(或者没有样式)，样式通过元素的 Style 属性(该属性是在 FrameworkElement 基类中定义的)插入到元素中。例如，要使用上面创建的样式配置按钮，需要让按钮指向样式资源，如下所示：

```
<Button Padding="5" Margin="5" Name="cmd"
  Style="{StaticResource BigFontButtonStyle}">
   A Customized Button
</Button>
```

当然，也可通过代码设置样式。需要做的全部工作就是使用大家熟悉的 FindResource( )方法，从最近的资源集合中提取样式。下面的代码为名为 cmd 的 Button 对象设置样式：

```
cmdButton.Style = (Style)cmd.FindResource("BigFontButtonStyle");
```

图 11-1 所示窗口中的两个按钮使用了 BigFontButtonStyle 样式。

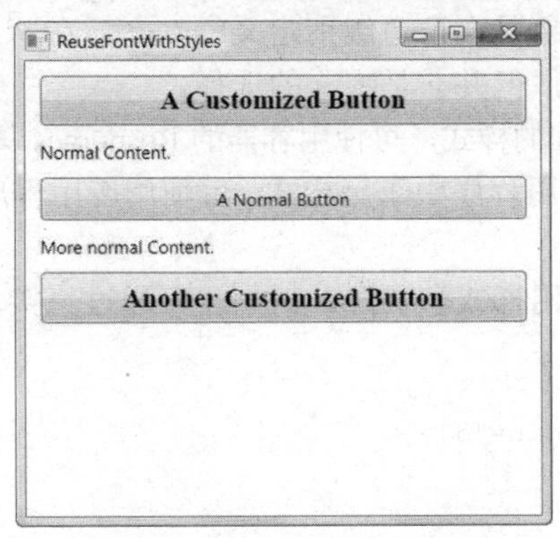

图 11-1　通过样式重用按钮设置

注意：

样式设置元素的初始外观，但可以随意覆盖它们设置的这些特性。例如，如果应用了 BigFontButtonStyle 样式，并且明确设置了 FontSize 属性，那么按钮标签中的 FontSize 设置会覆盖样式。理想情况下，不应当依赖这种行为——而应当创建更多样式，从而可在样式级别设置尽可能多的细节。这样在将来调整用户界面时可有更大的灵活性，并使干扰程度降到最低。

样式系统增加了许多优点。不仅可创建多组明显相关的属性设置，而且使得应用这些设置更加容易，从而精简了标记。最让人满意的是，可应用样式而不用关心设置了哪些属性。在上一个示例中，字体设置被组织到名为 BigFontButtonStyle 的样式中。如果以后决定大字体按钮还需要更多的内边距和外边距空间，也可为 Padding 和 Margin 属性添加设置器。所有使用样式的按钮会自动采用新的样式设置。

Setters 集合是 Style 类中最重要的属性，但并非唯一属性。Style 类中共有 5 个重要属性，本章将介绍这些属性。表 11-1 列出了这些属性。

表 11-1　Style 类的属性

属　性	说　明
Setters	设置属性值以及自动关联事件处理程序的 Setter 对象或 EventSetter 对象的集合
Triggers	继承自 TriggerBase 类并能自动改变样式设置的对象集合。例如，当另一个属性改变时，或者当发生某个事件时，可以修改样式
Resources	希望用于样式的资源集合。例如，可能需要使用一个对象设置多个属性。这时，更高效的做法是作为资源创建对象，然后在 Setter 对象中使用该资源(而不是使用嵌套的标签作为每个 Setter 对象的一部分创建对象)
BasedOn	通过该属性可创建继承自(并且可以有选择地进行重写)其他样式设置的更具体样式
TargetType	该属性标识应用样式的元素的类型。通过该属性可创建只影响特定类型元素的设置器，还可以创建能够为恰当的元素类型自动起作用的设置器

现在，您已经看到了一个使用样式的基本示例，这为进一步分析样式模型做好了准备。

11.1.1　创建样式对象

在上一个示例中，样式对象是在窗口级别定义的，之后在窗口的两个按钮中重用该样式。尽管这是一种常见的设计方式，但并非是唯一的选择。

如果希望创建目标更加精细的样式，可使用容器的 Resources 集合定义样式，如 StackPanel 面板或 Grid 面板。如果希望在应用程序中重用样式，可使用应用程序的 Resources 集合定义样式。这些也是常用的方法。

严格来讲，不需要同时使用样式和资源。例如，可通过直接填充特定按钮的样式集合来定义样式，如下所示：

```
<Button Padding="5" Margin="5">
  <Button.Style>
    <Style>
      <Setter Property="Control.FontFamily" Value="Times New Roman" />
      <Setter Property="Control.FontSize" Value="18" />
      <Setter Property="Control.FontWeight" Value="Bold" />
    </Style>
  </Button.Style>
  <Button.Content>A Customized Button</Button.Content>
</Button>
```

上面的代码虽然可奏效，但显然不是很有用，因为现在无法与其他元素共享该样式。

如果只使用样式设置一些属性(如本例所示)，就不值得使用这种方法，因为直接设置属性更加容易。然而，如果正在使用样式的其他特性，并且只希望将它应用到单个元素，这一方法有时会有用。例如，可使用该方法为元素关联触发器，还可以通过该方法修改元素控件模板的一部分(对于这种情况，需要使用 Setter.TargetName 属性，为元素内部的特定组件应用设置器，如列表框中的滚动条按钮。有关该技术的详情见第 17 章)。

11.1.2　设置属性

正如已经看到的，每个 Style 对象都封装了一个 Setter 对象的集合。每个 Setter 对象设置元素的单个属性。唯一的限制是设置器只能改变依赖项属性——不能修改其他属性。

在某些情况下，不能使用简单的特性字符串设置属性值。例如，不能使用简单字符串创建 ImageBrush 对象。对于此类情况，可使用大家熟悉的 XAML 技巧，用嵌套的元素代替特性。下面是一个示例：

```
<Style x:Key="HappyTiledElementStyle">
  <Setter Property="Control.Background">
    <Setter.Value>
      <ImageBrush TileMode="Tile"
        ViewportUnits="Absolute" Viewport="0 0 32 32"
        ImageSource="happyface.jpg" Opacity="0.3">
      </ImageBrush>
    </Setter.Value>
  </Setter>
</Style>
```

提示：

如果希望在多个样式中(或在同一样式的多个设置器中)重用相同的图像画刷，可将其定义为资源，然后在样式中使用资源。

为了标识希望设置的属性，需要提供类和属性的名称。然而，使用的类名未必是定义属性的类名，也可以是继承了属性的派生类。例如，考虑如下版本的 BigFontButtonStyle 样式，该样式用 Button 类的引用替代 Control 类的引用：

```
<Style x:Key="BigFontButtonStyle">
  <Setter Property="Button.FontFamily" Value="Times New Roman" />
  <Setter Property="Button.FontSize" Value="18" />
  <Setter Property="Button.FontWeight" Value="Bold" />
</Style>
```

如果在 11.1 节开头的示例(见图 11-1)中替换这个样式，将得到相同的结果。那么两者之间到底有什么区别呢？对于这种情况，区别在于 WPF 对可能包含相同的 FontFamily、FontSize 以及 FontWeight 属性，但又不是继承自 Button 的其他类的处理方式。例如，如果为 Label 控件使用该版本的 BigFontButtonStyle 样式，就没有效果。WPF 简单地忽略这三个属性，因为不会应用它们。但如果使用原样式，字体属性就会影响 Label 控件，因为 Label 类继承自 Control 类。

提示：

WPF 忽略属性而不应用它们的这一事实意味着，使用样式设置的属性未必是在应用样式的元素中定义的属性。例如，如果设置 ButtonBase.IsCancel 属性，只有当为按钮设置样式时才会生效。

在 WPF 中还存在这样一些情况，在元素框架层次中的多个位置定义了同一个属性。例如，在 Control 和 TextBlock 类中都定义了全部的字体属性(如 FontFamily)。如果正在创建应用到 TextBlock 对象以及继承自 Control 类的元素的样式，可按如下方式创建标记：

```
<Style x:Key="BigFontStyle">
  <Setter Property="Button.FontFamily" Value="Times New Roman" />
  <Setter Property="Button.FontSize" Value="18" />

  <Setter Property="TextBlock.FontFamily" Value="Arial" />
  <Setter Property="TextBlock.FontSize" Value="10" />
</Style>
```

然而，这样不会得到期望的结果。问题在于，尽管 Button.FontFamily 和 TextBlock.FontFamily 属性是在各自的基类中分别声明，但它们都引用同一个依赖项属性(换句话说，TextBlock.FontSizeProperty 和 Control.FontSizeProperty 引用都指向同一个 DependencyProperty 对象。在第 4 章已讨论过这个问题)。所以，当使用这个样式时，WPF 设置 FontFamily 和 FontSize 属性两次。最后应用的设置(对于该例，是 10 个单位大小的 Arial 字体)具有优先权，并同时应用到 Button 和 TextBlock 对象。尽管这个问题非常特别，许多属性并不存在该问题，但如果经常创建为不同的元素类型应用不同格式的样式，分析是否存在这一问题就显得很重要了。

还可使用另一种技巧来简化样式声明。如果所有属性都准备用于相同的元素类型，就设置 Style 对象的 TargetType 属性来指定准备应用属性的类。例如，如果创建只应用于按钮的样式，可按如下方式创建样式：

```
<Style x:Key="BigFontButtonStyle" TargetType="Button">
  <Setter Property="FontFamily" Value="Times New Roman" />
  <Setter Property="FontSize" Value="18" />
  <Setter Property="FontWeight" Value="Bold" />
</Style>
```

这种方法比较方便。正如将在后面分析的，如果不使用样式键名，TargetType 属性还可作为自动应用样式的快捷方式。

11.1.3　关联事件处理程序

属性设置器是所有样式中最常见的要素，但也可以创建为事件关联特定事件处理程序的 EventSetter 对象的集合。下面列举的示例为 MouseEnter 和 MouseLeave 事件关联事件处理程序：

```
<Style x:Key="MouseOverHighlightStyle">
  <EventSetter Event="TextBlock.MouseEnter" Handler="element_MouseEnter" />
  <EventSetter Event="TextBlock.MouseLeave" Handler="element_MouseLeave" />
  <Setter Property="TextBlock.Padding" Value="5"/>
</Style>
```

下面是事件处理代码：

```
private void element_MouseEnter(object sender, MouseEventArgs e)
{
    ((TextBlock)sender).Background =
      new SolidColorBrush(Colors.LightGoldenrodYellow);
}
private void element_MouseLeave(object sender, MouseEventArgs e)
{
    ((TextBlock)sender).Background = null;
}
```

MouseEnter 和 MouseLeave 事件使用直接事件路由，这意味着它们不在元素树中冒泡和隧道移动。如果希望为大量元素应用鼠标悬停其上的效果(例如，当鼠标移动到元素上时，希望改变元素的背景色)，需要为每个元素添加 MouseEnter 和 MouseLeave 事件处理程序。基于样式的事件处理程序简化了这项任务。现在只需要应用单个样式，该样式包含了属性设置器和事件设置器：

```
<TextBlock Style="{StaticResource MouseOverHighlightStyle}">
Hover over me.
</TextBlock>
```

图 11-2 显示了该技术的一个简单演示程序，该程序中有三个元素，其中两个元素使用了 MouseOverHighlightStyle 样式。

WPF 极少使用事件设置器这种技术。如果需要使用此处演示的功能，您可能更喜欢使用事件触发器，它以声明方式定义了所希望的行为(并且不需要任何代码)。事件触发器是专为实现动画而设计的，当创建鼠标悬停效果时它们更有用。

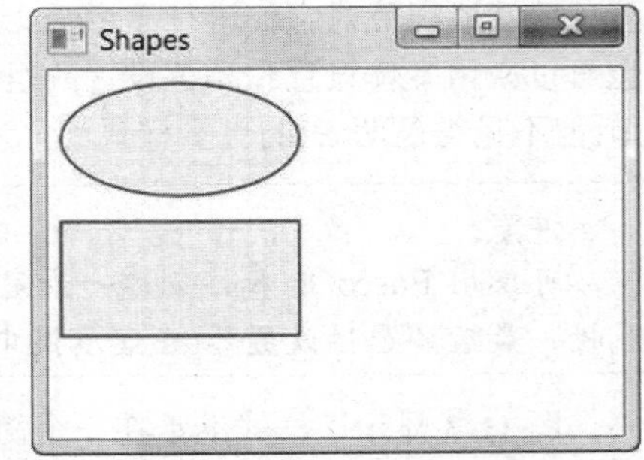

图 11-2　使用样式处理 MouseEnter 事件和 MouseLeave 事件

当处理使用冒泡路由策略的事件时，事件设置器并非好的选择。对于这种情况，在高层次的元素上处理希望处理的事件通常更容易。例如，如果希望将工具栏上的所有按钮连接到同一个 Click 事件处理程序，最好为包含所有按钮的 Toolbar 元素关联单个事件处理程序。对于这种情况，没必要使用事件设置器。

提示：

在许多情况下，明确地定义所有事件并完全避免使用事件设置器会更加清晰。如果需要为几个元素连接同一个事件处理程序，可手动进行。还可以使用在容器级别关联事件处理程序以及通过命令集中逻辑(见第 9 章)等技巧。

11.1.4　多层样式

尽管可在许多不同层次定义任意数量的样式，但每个 WPF 元素一次只能使用一个样式对象。乍一看，这像是一种限制，但由于属性值继承和样式继承特性，这种限制实际上并不存在。

例如，假设希望为一组控件使用相同的字体，又不想为每个控件应用相同的样式。对于这种情况，可将它们放置到面板(或其他类型的容器)中，并设置容器的样式。只要设置的属性具有属性值继承特性，这些值就会被传递到子元素。使用这种模型的属性包括 IsEnabled、IsVisible、Foreground 以及所有字体属性。

对于另外一些情况，可能希望在另一个样式的基础上创建样式。可通过为样式设置 BasedOn 特性来使用此类样式继承。例如，分析下面两个样式：

```
<Window.Resources>
 <Style x:Key="BigFontButtonStyle">
   <Setter Property="Control.FontFamily" Value="Times New Roman" />
   <Setter Property="Control.FontSize" Value="18" />
   <Setter Property="Control.FontWeight" Value="Bold" />
 </Style>

 <Style x:Key="EmphasizedBigFontButtonStyle"
   BasedOn="{StaticResource BigFontButtonStyle}">
   <Setter Property="Control.Foreground" Value="White" />
   <Setter Property="Control.Background" Value="DarkBlue" />
 </Style>
</Window.Resources>
```

第一个样式(BigFontButtonStyle)定义了三个字体属性。第二个样式(EmphasizedBigFontButtonStyle)从 BigFontButtonStyle 样式获取这些属性设置，然后通过另外两个改变前景色和背景色的画刷属性对它们进行了增强。通过使用这种分成两部分的设计方式，可只应用字体设置，也可以应用字体设置和颜色设置的组合。通过这种设计还可创建包含已经定义的字体或颜色细节(但不见得是两者)的更多样式。

注意：

可使用 BasedOn 属性创建一条完整的样式继承链。唯一的规则是，如果两次设置了同一个属性，最后的属性设置器(在继承链中最远的派生类中的设置器)会覆盖其他以前的定义。

图 11-3 显示了样式继承在一个简单窗口中的工作情况，该窗口使用了这两个样式。

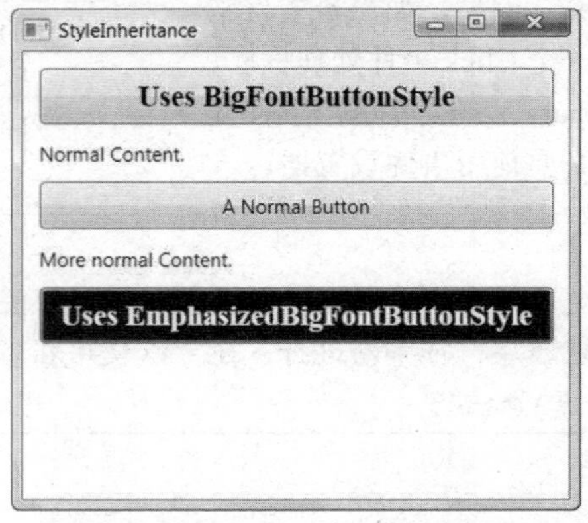

图 11-3　基于另一个样式创建样式

样式继承增加了复杂性

尽管乍一看样式继承看起来好像非常方便，但通常不值得因为它增加这么多麻烦。因为样式继承和代码继承存在相同的问题：依赖性使应用程序更脆弱。例如，如果使用上面显示的标记，就必须为两个样式保持相同的字体特征。如果决定改变 BigFontButtonStyle，EmphasizedBigFontButtonStyle 将随之改变——除非明确地增加更多设置器来覆盖继承来的值。

在这个两样式示例中，这个问题还比较简单，但如果在更贴近实用的应用程序中使用样式继承，这个问题就变得很重要了。通常，根据不同的内容类型以及内容扮演的角色对样式进行分类。例如，销售应用程序可包括以下样式：ProductTitleStyle、ProductTextStyle、HightlightQuoteStyle 和 NavigationButtonStyle 等。如果使 ProductTitleStyle 基于 ProductTextStyle(可能因为二者共享相同的字体)，当以后为 ProductTextStyle 应用设置，但又不想将这些设置应用于 ProductTitleStyle 时(如不同的外边距)，您将遇到麻烦。对于这种情况，必须在 ProductTextStyle 中定义设置，并在 ProductTitleStyle 中明确地覆盖这些设置。最终将得到一个更复杂的模型，并且真正重复使用的样式设置非常少。

除非有特殊原因要求一个样式继承自另一个样式(例如，第二个样式是第一个样式的特例，并且只改变了继承来的大量设置中的几个特征)，否则不要使用样式继承。

11.1.5 通过类型自动应用样式

到目前为止，已讨论了如何创建具有名称的样式以及如何在标记中引用它们。但还有一种方法，可以为特定类型的元素自动应用样式。

这一工作非常简单。只需要设置 TargetType 属性以指定合适的类型(如前所述)，并完全忽略键名。这样做时，WPF 实际上是使用类型标记扩展来隐式地设置键名，如下所示：

```
x:Key="{x:Type Button}"
```

现在，样式已自动应用于整个元素树中的所有按钮上。例如，如果在窗口中采用这种方式定义了一个样式，它会被应用到窗口中的每个按钮上(除非有一个更特殊的样式替换了该样式)。

下面列举一个示例，该例中的窗口自动设置按钮样式，以便得到图 11-1 中显示的效果：

```
<Window.Resources>
  <Style TargetType="Button">
    <Setter Property="FontFamily" Value="Times New Roman" />
    <Setter Property="FontSize" Value="18" />
    <Setter Property="FontWeight" Value="Bold" />
  </Style>
</Window.Resources>

<StackPanel Margin="5">
  <Button Padding="5" Margin="5">Customized Button</Button>
  <TextBlock Margin="5">Normal Content.</TextBlock>
  <Button Padding="5" Margin="5" Style="{x:Null}">A Normal Button</Button>
  <TextBlock Margin="5">More normal Content.</TextBlock>
  <Button Padding="5" Margin="5">Another Customized Button</Button>
</StackPanel>
```

在该例中，中间的按钮显式替换了样式。但该按钮并没有为自己提供一个新样式，而将 Style 属性设置为 null 值，这样就有效地删除了样式。

尽管自动样式非常方便，但它们会让设计变得复杂。下面列出几条原因：

- 在具有许多样式和多层样式的复杂窗口中，很难跟踪是否通过属性值继承或通过样式设置了某个特定属性(如果是通过样式设置的，那么是通过哪个样式设置的呢？)。因此，如果希望改变某个简单细节，就需要查看整个窗口的全部标记。

- 窗口中的格式化操作在开始时通常更一般，但会逐渐变得越来越详细。如果刚开始为窗口应用了自动样式，在许多地方可能需要使用显式的样式覆盖自动样式。这会使整个设计变得复杂。为每个希望设置的格式化特征的组合创建命名的样式，并根据名称应用它们会更加直观。
- 再比如，如果为 TextBlock 元素创建自动样式，那么会同时修改使用 TextBlock 的其他控件(如模板驱动的 ListBox 控件)。

为避免出现这些问题，最好果断地使用自动样式。如果决定使用自动样式为整个用户界面提供单一、一致的外观，可尝试为特例使用明确的样式。

11.2 触发器

WPF 中有个主题，就是以声明方式扩展代码的功能。当使用样式、资源或数据绑定时，将发现即使不使用代码，也能完成不少工作。

触发器是另一个实现这种功能的例子。使用触发器，可自动完成简单的样式改变，而这通常需要使用样板事件处理逻辑。例如，当属性发生变化时可以进行响应，并自动调整样式。

触发器通过 Style.Triggers 集合链接到样式。每个样式都可以有任意多个触发器，而且每个触发器都是 System.Windows.TriggerBase 的派生类的实例。表 11-2 列出了 WPF 中的选项。

表 11-2　继承自 TriggerBase 的类

名　称	说　明
Trigger	这是一种最简单的触发器。可以监测依赖项属性的变化，然后使用设置器改变样式
MultiTrigger	与 Trigger 类似，但这种触发器联合了多个条件。只有满足了所有这些条件，才会启动触发器
DataTrigger	这种触发器使用数据绑定。与 Trigger 类似，只不过监视的是任意绑定数据的变化
MultiDataTrigger	联合多个数据触发器
EventTrigger	这是最复杂的触发器。当事件发生时，这种触发器应用动画

通过使用 FrameworkElement.Triggers 集合，可直接为元素应用触发器，而不需要创建样式。但这存在一个相当大的缺陷。这个 Triggers 集合只支持事件触发器(并非技术上的原因造成了该限制，只是因为 WPF 团队没时间实现该特性，将来的版本中可能包含该特性)。

11.2.1 简单触发器

可为任何依赖项属性关联简单触发器。例如，可通过响应 Control 类的 IsFocused、IsMouseOver 以及 IsPressed 属性的变化，创建鼠标悬停效果和焦点效果。

每个简单触发器都指定了正在监视的属性，以及正在等待的属性值。当该属性值出现时，将应用存储在 Trigger.Setters 集合中的设置器(但不能使用更复杂的触发器逻辑。例如，比较某个值以查看其是否处于某个范围，或执行某种计算等。对于这些情况，最好使用事件处理程序)。

下面的触发器等待按钮获取键盘焦点，当获取焦点时会将前景色设置为深红色：

```
<Style x:Key="BigFontButton">
  <Style.Setters>
```

```
    <Setter Property="Control.FontFamily" Value="Times New Roman" />
    <Setter Property="Control.FontSize" Value="18" />
  </Style.Setters>

  <Style.Triggers>
    <Trigger Property="Control.IsFocused" Value="True">
      <Setter Property="Control.Foreground" Value="DarkRed" />
    </Trigger>
  </Style.Triggers>
</Style>
```

触发器的优点是不需要为翻转它们而编写任何逻辑。只要停止应用触发器，元素就会恢复到正常外观。在该例中，这意味着只要用户使用 Tab 键让按钮失去焦点，按钮就会恢复为通常的灰色背景。

注意：

为理解触发器的工作原理，需要记住在第 4 章中介绍的依赖项属性系统。本质上，触发器是众多覆盖从依赖项属性返回的值的属性提供者之一。但原始的属性值(不管是在本地设置的还是通过样式设置的)仍会保留。只要触发器被禁用，触发器之前的属性值就会再次可用。

可创建一次应用于同一元素的多个触发器。如果这些触发器设置不同的属性，这种情况就不会出现混乱。然而，如果多个触发器修改同一属性，那么最后的触发器将有效。

例如，分析下面的触发器，这些触发器根据控件是否具有焦点、鼠标是否悬停在控件上，以及是否单击了控件，对控件进行修改：

```
<Style x:Key="BigFontButton">
  <Style.Setters>
    ...
  </Style.Setters>
  <Style.Triggers>
    <Trigger Property="Control.IsFocused" Value="True">
      <Setter Property="Control.Foreground" Value="DarkRed" />
    </Trigger>
    <Trigger Property="Control.IsMouseOver" Value="True">
      <Setter Property="Control.Foreground" Value="LightYellow" />
      <Setter Property="Control.FontWeight" Value="Bold" />
    </Trigger>
    <Trigger Property="Button.IsPressed" Value="True">
      <Setter Property="Control.Foreground" Value="Red" />
    </Trigger>
  </Style.Triggers>
</Style>
```

显然，鼠标可能悬停在当前具有焦点的按钮上。这不会出现问题，因为这两个触发器修改不同的属性。但如果单击按钮，就有两个不同的触发器试图设置前景色。现在，针对 Button.IsPressed 属性的触发器胜出，因为它是最后一个触发器。这与哪个触发器首先发生并无关系——例如，WPF 不关心是否在单击按钮之前按钮获得了焦点。触发器在标记中的排列顺序完全决定了最终结果。

注意：

在这个示例中，要得到美观的按钮，触发器不能满足全部需求。还要受到按钮控件模板的限制，控件模板锁定了按钮外观的某些特定方面。当自定义元素时，为了得到这种程度的最佳结果，需要使用控件模板。然而，控件模板不能代替触发器——实际上，控件模板经常使用触发器以充分利用这两个特征：可以完全地自定义控件，并且可以响应鼠标悬停、单击以及其他事件来改变它们可视化外观的某些方面。

如果希望创建只有当几个条件都为真时才激活的触发器，可使用 MultiTrigger。这种触发器提供了一个 Conditions 集合，可通过该集合定义一系列属性和值的组合。在下面的示例中，只有当按钮具有焦点而且鼠标悬停在该按钮上时，才会应用格式化信息：

```
<Style x:Key="BigFontButton">
  <Style.Setters>
    ...
  </Style.Setters>
  <Style.Triggers>
    <MultiTrigger>
      <MultiTrigger.Conditions>
        <Condition Property="Control.IsFocused" Value="True">
        <Condition Property="Control.IsMouseOver" Value="True">
      </MultiTrigger.Conditions>
      <MultiTrigger.Setters>
        <Setter Property="Control.Foreground" Value="DarkRed" />
      </MultiTrigger.Setters>
    </MultiTrigger>
  </Style.Triggers>
</Style>
```

对于这种情况，不必关心声明条件的顺序，因为在改变背景色之前，这些条件都必须保持为真。

11.2.2 事件触发器

普通触发器等待属性发生变化，而事件触发器等待特定的事件被引发。您可能会认为此时应使用设置器来改变元素，但情况并非如此。相反，事件触发器要求用户提供一系列修改控件的动作。这些动作通常被用于动画。

尽管直到第 15 章才会详细分析动画，但可通过一个基本示例来了解其基本思想。下面的事件触发器等待 MouseEnter 事件，然后动态改变按钮的 FontSize 属性从而形成动画效果，在 0.2 秒的时间内将字体放大到 22 个单位：

```
<Style x:Key="BigFontButtonStyle">
  <Style.Setters>
    ...
  </Style.Setters>

  <Style.Triggers>
    <EventTrigger RoutedEvent="Mouse.MouseEnter">
```

```
      <EventTrigger.Actions>
        <BeginStoryboard>
          <Storyboard>
            <DoubleAnimation
              Duration="0:0:0.2"
              Storyboard.TargetProperty="FontSize"
              To="22" />
          </Storyboard>
      </BeginStoryboard>
    </EventTrigger.Actions>
  </EventTrigger>
  ...
```

在 XAML 中，必须在故事板中定义每个动画，故事板为动画提供了时间线。用户可以在故事板内部定义希望使用的一个或多个动画对象。每个动画对象执行本质上相同的任务：在一定时期内修改依赖项属性。

这个示例使用预先构建的 DoubleAnimation 类(与所有动画类一样，该类位于 System.Windows.Media.Animation 名称空间中)。DoubleAnimation 类能在一段给定的时间内将任何双精度数值(如 FontSize 属性值)逐渐改变为设定的目标值。因为双精度数值以较小的步长改变，所以将会发现字体逐渐增大。改变的实际尺寸取决于时间总量和需要改变的总量。在该例中，字体尺寸从当前设置的数值，在 0.2 秒的时间内改变到 22 个单位(可通过修改 DoubleAnimation 类的属性，对这些细节进行微调，并创建更快或更慢的动画)。

与属性触发器不同，如果希望元素返回到原始状态，需要反转事件触发器(这是因为默认的动画行为是一旦动画完成就继续处于激活状态，从而保持最后的属性值。第 15 章将详细讨论该系统的工作原理)。

在该例中，为了恢复字体尺寸，样式需要使用响应 MouseLeave 事件的事件触发器，并在整整两秒的时间内将字体尺寸缩小到原始尺寸。对于这种情况，不需要指明目标字体尺寸——如果没有指明该目标，WPF 假定您希望使用第一次动画之前按钮原来的字体尺寸：

```
  ...
  <EventTrigger RoutedEvent="Mouse.MouseLeave">
    <EventTrigger.Actions>
      <BeginStoryboard>
        <Storyboard>
          <DoubleAnimation
            Duration="0:0:1"
            Storyboard.TargetProperty="FontSize" />
        </Storyboard>
      </BeginStoryboard>
    </EventTrigger.Actions>
  </EventTrigger>
 </Style.Triggers>
</Style>
```

有趣的是，当依赖项属性等于某个特定值时也可以执行动画。当没有合适的事件可供使用而又希望执行动画时，这是非常有用的。

为使用这项技术，需要使用 11.2.1 节中介绍的属性触发器。技巧是不为属性触发器提供任何 Setter 对象，而是设置 Trigger.EnterActions 和 Trigger.ExitActions 属性。这两个属性都有一个动作集合，例如启动动画的 BeginStoryboard 动作。当属性达到指定的值时，执行 EnterActions；而当属性离开指定的值时，执行 ExitActions。

第 15 章将讨论使用事件触发器和属性触发器启动动画的更多内容。

11.3　行为

样式提供了重用一组属性设置的实用方法。它们为帮助构建一致的、组织良好的界面迈出了重要的第一步——但是它们还有许多限制。

问题是在典型的应用程序中，属性设置仅是用户界面基础结构的一小部分。甚至最基本的程序通常也需要大量的用户界面代码，这些代码与应用程序的功能无关。在许多程序中，用于用户界面任务的代码(如驱动动画、实现平滑效果、维护用户界面状态，以及支持诸如拖放、缩放以及停靠等用户界面特性)无论是在数量上还是复杂性上都超出了业务代码。许多这类代码是通用的，这意味着在创建的每个 WPF 对象中需要编写相同的内容。所有这些工作几乎都是单调乏味的。

为回应这一挑战，Expression Blend 创作者开发了称为行为(behavior)的特征。其思想很简单：您(或其他开发人员)创建封装了一些通用用户界面功能的行为。这一功能可以是基本功能(如启动故事板或导航到超链接)，也可以是复杂功能(如处理多点触摸交互，或构建使用实时物理引擎的碰撞模型)。一旦构建功能，就可将它们添加到任意应用程序的另一个控件中，具体方法是将该控件链接到适当的行为并设置行为的属性。在 Expression Blend 中，只通过拖放操作就可以使用行为。

注意：

自定义控件是另一个在一个应用程序中(或在多个应用程序之间)重用用户界面功能的技术。然而，自定义控件必须作为可视化内容和代码的紧密链接包进行创建。尽管自定义控件非常强大，但却不能适应于需要大量具有类似功能的不同控件的情况(例如，为一组不同的元素添加鼠标悬停渲染效果)。因此，样式、行为以及自定义控件都是互补的。

11.3.1　获取行为支持

有一个问题。重用用户界面代码通用块的基础结构不是 WPF 的一部分。反而，它被捆绑到 Expression Blend。这是因为行为开始是作为 Expression Blend 的设计时特性引入的。事实上，Expression Blend 仍是通过将行为拖动到需要行为的控件上来添加行为的唯一工具。但这并不意味着行为只能用于 Expression Blend。只需要付出很少的努力就可以在 Visual Studio 应用程序中创建和使用行为。只需要手动编写标记，而不是使用工具箱。

为了获得支持行为的程序集，有两种选择：

- 可安装 Expression Blend 3、Expression Blend 4 或 Expression Blend for Visual Studio 2012 (当前只提供预览版，位置是 http://tinyurl.com/c5u84uc)。所有这些版本都包含 Visual Studio 中的行为功能所需的程序集，但您只能通过 Expression Blend for Visual Studio 2012 版本在 Blend 环境中创建和编辑 WPF 4.5 应用程序。
- 可安装 Expression Blend 3 SDK(可以从 http://tinyurl.com/kkp4g8 网址获得)。

注意：

Microsoft 的 Expression Blend 命名系统令人倍感困惑。许多 Visual Studio 2012 版本都包含 Expression Blend 的受限版本，称为 Expression Blend for Visual Studio 2012。这个受限版本只允许创建 Metro 样式的应用程序，而且只能用于 Windows 8。但 Blend 的完整版本取相同的名称(Expression Blend for Visual Studio 2012)，并且支持 Silverlight 和 WPF。到撰写本书时为止，完整版本只作为免费预览提供(http://tinyurl.com/c5u84uc)。

无论是使用 Expression Blend 的旧版本、新预览版本还是 SDK，您都将在诸如 c:\Program Files (x86)\Microsoft SDKs\ Expression\Blend 3\Interactivity\Libraries\WPF 的文件夹中看到所需的两个相同的重要程序集：

- System.Windows.Interactivity.dll。这个程序集定义了支持行为的基本类。它是行为特征的基础。
- Microsoft.Expression.Interactions.dll。这个程序集通过添加可选的以核心行为类为基础的动作和触发器类，增加了一些有用的扩展。

11.3.2　理解行为模型

行为特性具有两个版本(Expression Blend 或 Expression Blend SDK 都提供了这两个版本)。一个版本旨在为 Silverlight 添加行为支持，Silverlight 是 Microsoft 的针对浏览器的富客户端插件；而另一个版本是针对 WPF 设计的。尽管这两个版本提供了相同的特性，但行为特性和 Silverlight 领域更吻合，因为它弥补了更大的鸿沟。与 WPF 不同，Silverlight 不支持触发器，所以实现行为的程序集也实现触发器更合理。然而，WPF 支持触发器，行为特性包含自己的触发器系统，而触发器系统与 WPF 模型不匹配，这确实令人感到有些困惑。

问题在于具有类似名称的这两个特性有部分重合但不完全相同。在 WPF 中，触发器最重要的角色是构建灵活的样式和控件模板(正如将在第 17 章中看到的)。在触发器的帮助下，样式和模板变得更加智能；例如，当一些属性发生变化时可应用可视化效果。然而，Expression Blend 中的触发器系统具有不同的目的。通过使用可视化设计工具，允许您为应用程序添加简单功能。换句话说，WPF 触发器支持更加强大的样式和控件模板。而 Expression Blend 触发器支持快速的不需要代码的应用程序设计。

那么，对于使用 WPF 的普通开发人员来说所有这些意味着什么呢？下面是几条指导原则：

- 行为模型不是 WPF 的核心部分，所以行为不像样式和模板那样确定。换句话说，可编写不使用行为的 WPF 应用程序，但如果不使用样式和模板，就不能创建比“Hello World”演示更复杂的 WPF 应用程序。
- 如果在 Expression Blend 上耗费大量时间，或希望为其他 Expression Blend 用户开发组件，您可能会对 Expression Blend 中的触发器特性感兴趣。尽管和 WPF 中的触发器系统使用相同的名称，但它们不相互重叠，您可以同时使用这两者。
- 如果不使用 Expression Blend，可完全略过其触发器特性——但仍应分析 Expression Blend 提供的功能完整的行为类。这是因为行为比 Expression Blend 的触发器更强大也更常用。最终，您将准备查找那些提供了可在您自己的应用程序中使用的整洁美观行为的第三方组件(例如，在第 5 章中分析了多点触控，并介绍了可免费使用的为元素提供自动行为支持的行为的相关内容)。

本章不介绍 Expression Blend 触发器系统，但将分析功能完整的行为类。要学习 Expression Blend 触发器的更多内容并查看附加的行为示例(某些示例是针对 Silverlight 而不是针对 WPF 设计的)，可阅读 http://tinyurl.com/yfvakl3 网址上的帖子。本章的下载代码也提供了两个自定义触发器示例。

11.3.3　创建行为

行为旨在封装一些 UI 功能，从而可以不必编写代码就能够将其应用到元素上。从另一个角度看，每个行为都为元素提供了一个服务。该服务通常涉及监听几个不同的事件并执行几个相关的操作。例如，http://tinyurl.com/9kwdnsc 网址上的一个例子为文本框提供了水印行为。如果文本框为空，并且当前没有焦点，那么会以轻淡的字体显示提示信息(如“[Enter text here]”)。当文本框具有焦点时，启动行为并删除水印文本。

为更好地理解行为，最好自己创建一个行为。设想您希望为任意元素提供使用鼠标在 Canvas 面板上拖动元素的功能。对于单个元素实现该功能的基本步骤是非常简单的——代码监听鼠标事件并修改设置相应 Canvas 坐标的附加属性。但通过付出更多一点的努力，可将该代码转换为可重用的行为，该行为可为 Canvas 面板上的所有元素提供拖动支持。

在继续之前，创建一个 WPF 类库程序集(在这个示例中，该程序集称为 CustomBehaviorsLibrary)。在该程序集中，添加对 System.Windows.Interactivity.dll 程序集的引用。然后，创建一个继承自 Behavior 基类的类。Behavior 是通用类，该类使用一个类型参数。可使用该类型参数将行为限制到特定的元素，或使用 UIElement 或 FrameworkElement 将它们都包含进来，如下所示：

```
public class DragInCanvasBehavior : Behavior<UIElement>
{ ... }
```

注意：

在理想情况下，不必自己创建行为，而是使用其他人已经创建好的行为。

在任何行为中，第一步是覆盖 OnAttached( )和 OnDetaching( )方法。当调用 OnAttached( )方法时，可通过 AssociatedObject 属性访问放置行为的元素，并可关联事件处理程序。当调用 OnDetaching( )方法时，移除事件处理程序。

下面是 DragInCanvasBehavior 类用于监视 MouseLeftButtonDown、MouseMove 以及 MouseLeftButtonUp 事件的代码：

```
protected override void OnAttached()
{
    base.OnAttached();
      // Hook up event handlers.
      this.AssociatedObject.MouseLeftButtonDown +=
        AssociatedObject_MouseLeftButtonDown;
      this.AssociatedObject.MouseMove += AssociatedObject_MouseMove;
      this.AssociatedObject.MouseLeftButtonUp+=AssociatedObject_MouseLeftButtonUp;
}

protected override void OnDetaching()
{
    base.OnDetaching();
```

```
        // Detach event handlers.
        this.AssociatedObject.MouseLeftButtonDown -=
          AssociatedObject_MouseLeftButtonDown;
        this.AssociatedObject.MouseMove -= AssociatedObject_MouseMove;
        this.AssociatedObject.MouseLeftButtonUp-=AssociatedObject_MouseLeftButtonUp;
    }
```

最后一步是在事件处理程序中运行适当的代码。例如，当用户单击鼠标左键时，DragInCanvasBehavior 开始拖动操作、记录元素左上角与鼠标指针之间的偏移并捕获鼠标：

```
// Keep track of the Canvas where this element is placed.
private Canvas canvas;

// Keep track of when the element is being dragged.
private bool isDragging = false;

// When the element is clicked, record the exact position
// where the click is made.
private Point mouseOffset;

private void AssociatedObject_MouseLeftButtonDown(object sender,
    MouseButtonEventArgs e)
{
    // Find the Canvas.
    if (canvas == null)
      canvas = (Canvas)VisualTreeHelper.GetParent(this.AssociatedObject);

    // Dragging mode begins.
    isDragging = true;

    // Get the position of the click relative to the element
    // (so the top-left corner of the element is (0,0).
    mouseOffset = e.GetPosition(AssociatedObject);

    // Capture the mouse. This way you'll keep receiving
    // the MouseMove event even if the user jerks the mouse
    // off the element.
    AssociatedObject.CaptureMouse();
}
```

当元素处于拖动模式并移动鼠标时，重新定位元素：

```
private void AssociatedObject_MouseMove(object sender, MouseEventArgs e)
{
    if (isDragging)
    {
        // Get the position of the element relative to the Canvas.
        Point point = e.GetPosition(canvas);

        // Move the element.
        AssociatedObject.SetValue(Canvas.TopProperty, point.Y - mouseOffset.Y);
        AssociatedObject.SetValue(Canvas.LeftProperty, point.X - mouseOffset.X);
```

```
    }
}
```

当释放鼠标键时，结束拖动：

```
private void AssociatedObject_MouseLeftButtonUp(object sender,
  MouseButtonEventArgs e)
{
    if (isDragging)
    {
        AssociatedObject.ReleaseMouseCapture();
        isDragging = false;
    }
}
```

11.3.4　使用行为

为测试行为，创建一个新的 WPF 应用程序项目。然后添加对定义 DragInCanvasBehavior 类的类库(在 11.3.3 节创建)以及 System.Windows.Interactivity.dll 程序集的引用。接下来在 XML 中映射这两个名称空间。假定存储 DragInCanvasBehavior 类的类库名为 CustomBehaviorsLibrary，所需的标记如下所示：

```
<Window xmlns:i=
"clr-namespace:System.Windows.Interactivity;assembly=System.Windows.Interactivity"
xmlns:custom=
"clr-namespace:CustomBehaviorsLibrary;assembly=CustomBehaviorsLibrary" ... >
```

为使用该行为，只需要使用 Interaction.Behaviors 附加属性在 Canvas 面板中添加任意元素。下面的标记创建一个具有三个图形的 Canvas 面板。两个 Ellipse 元素使用了 DragInCanvasBehavior，并能在 Canvas 面板中拖动。Rectangle 元素没有使用 DragInCanvasBehavior，因此无法移动。

```
<Canvas>
  <Rectangle Canvas.Left="10" Canvas.Top="10" Fill="Yellow" Width="40" Height="60">
  </Rectangle>

  <Ellipse Canvas.Left="10" Canvas.Top="70" Fill="Blue" Width="80" Height="60">
    <i:Interaction.Behaviors>
      <custom:DragInCanvasBehavior></custom:DragInCanvasBehavior>
    </i:Interaction.Behaviors>
  </Ellipse>

    <Ellipse Canvas.Left="80"Canvas.Top=
"70"Fill="OrangeRed"Width="40"Height="70">
        <i:Interaction.Behaviors>
          <custom:DragInCanvasBehavior></custom:
DragInCanvasBehavior>
        </i:Interaction.Behaviors>
    </Ellipse>
</Canvas>
```

图 11-4 显示了该例的运行效果。

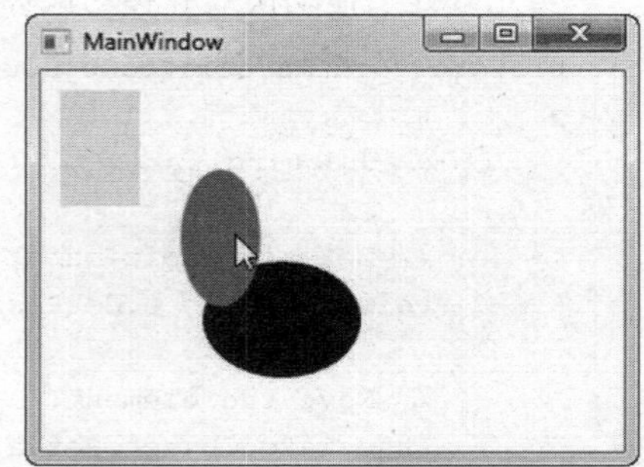

图 11-4　通过行为使元素可被拖动

但这并非是全部内容。如果正在使用 Expression Blend 进行开发，行为甚至提供了更好的设计体验——可以根本不用编写任何标记。

11.3.5　Blend 中的设计时行为支持

在 Expression Blend 中，对行为的操作就是拖放和配置操作。首先需要确保为应用程序添加包含希望使用的行为的程序集的引用(对于该例，是定义 DragInCanvasBehavior 的类库程序集)。接下来还需要确保具有对 System.Windows.Interactivity.dll 程序集的引用。

Expression Blend 自动搜索所有引用的程序集以查找行为，并在 Asset Library(当设计 Silverlight 页面时用于选择元素的相同面板)中显示搜索到的行为。还会添加来自 Microsoft.Expression.Interaction.dll 程序集的行为，即使项目没有引用它们也同样如此。

为查看可从中进行选择的行为，首先在页面的设计视图中绘制一个按钮，单击 Asset Library 按钮，然后单击 Behaviors 选项卡(见图 11-5)。

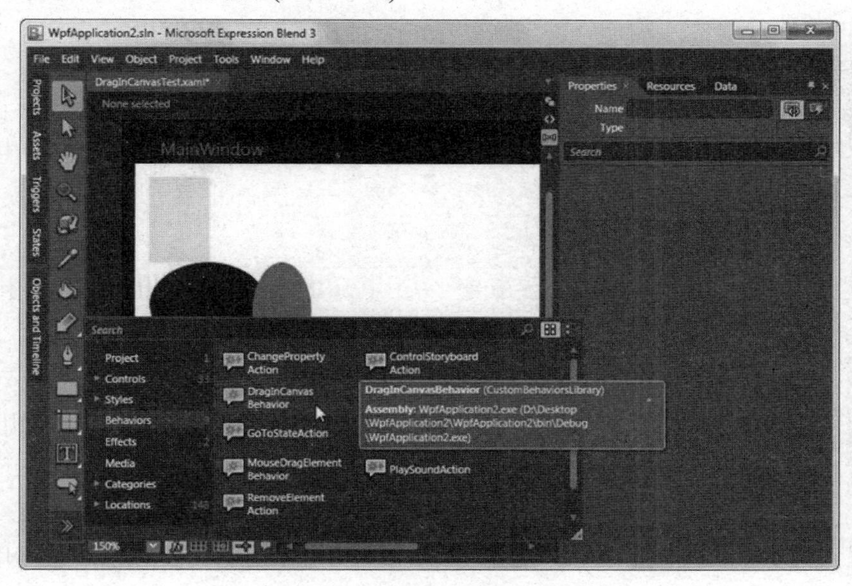

图 11-5　Asset Library 中的动作

为给控件添加动作，从 Asset Library 中拖动一个动作，然后将其拖动到控件上(在该例中，是 Canvas 面板中的某个形状)。当采取这一步骤时，Expression Blend 会自动创建行为，然后可以配置该行为(如果行为具有属性的话)。

11.4　小结

本章介绍了如何使用样式来重用元素的格式化设置，还分析了如何使用行为来开发整洁的用户界面功能包(然后可以将其连接到任意元素)。这两个工具提供了制作智能程度更高、具有更好维护性的用户界面的方法——集中格式化细节和复杂逻辑，而不要求开发人员在整个应用程序中的不同位置使用这些细节和逻辑并多次重复。

第III部分

图画和动画

第 12 章

形状、画刷和变换

在许多用户界面技术中，普通控件和自定义绘图之间具有明显区别。通常来说，绘图特性只用于特定的应用程序——例如游戏、数据可视化和物理仿真等。

WPF 具有一个非常不同的原则。它以相同方式处理预先构建的控件和自定义绘制的图形。不仅可使用 WPF 的绘图支持为用户界面创建富图形的可视化元素，还可通过它最大限度地利用动画(见第 15 章)和控件模板(见第 17 章)等特性。实际上，无论是正在创建绚丽的新游戏还是仅对普通业务应用程序进行润色，WPF 的绘图支持都是同等重要的。

本章将分析 WPF 的 2D 绘图特性，首先讨论用于形状绘制的基本元素，接着将分析如何使用画刷绘制它们的边框和内部，然后将分析如何使用变换对形状和元素进行旋转、扭曲以及其他操作，最后将查看如何使形状和其他元素半透明。

12.1 理解形状

在 WPF 用户界面中，绘制 2D 图形内容的最简单方法是使用形状(shape)——专门用于表示简单的直线、椭圆、矩形以及多边形的一些类。从技术角度看，形状就是所谓的绘图图元(primitive)。可组合这些基本元素来创建更复杂的图形。

关于 WPF 中形状的最重要细节是，它们都继承自 FrameworkElement 类。因此，形状是元素。这样会带来许多重要的结果：

- **形状绘制自身**。不需要管理无效的情况和绘图过程。例如，当移动内容、改变窗口尺寸或改变形状属性时，不需要手动重新绘制形状。
- **使用与其他元素相同的方式组织形状**。换句话说，可在第 3 章中学过的任何布局容器中放置形状(尽管 Canvas 明显是最有用的容器，因为它允许在特定的坐标位置放置形状，当构建复杂的具有多个部分的图画时，这很重要)。
- **形状支持与其他元素相同的事件**。这意味着为了处理焦点、按下键盘、移动鼠标以及单击鼠标等，不必执行任何额外工作。可使用用于其他元素的相同事件集，并同样支持工具提示、上下文菜单和拖放操作。

提示：

正如您将在第 14 章中看到的，在 WPF 中仍可使用可视化层(visual layer)在更低层次上进行编程。如果需要创建非常多的元素(例如几千个形状)，并且不需要 UIElement 和 FrameworkElement 类提供的任何特性(如数据绑定和事件处理)，使用这个轻量级的模型可提高性能。

12.1.1　Shape 类

每个形状都继承自抽象类 System.Windows.Shapes.Shape。图 12-1 显示了形状类的继承层次。

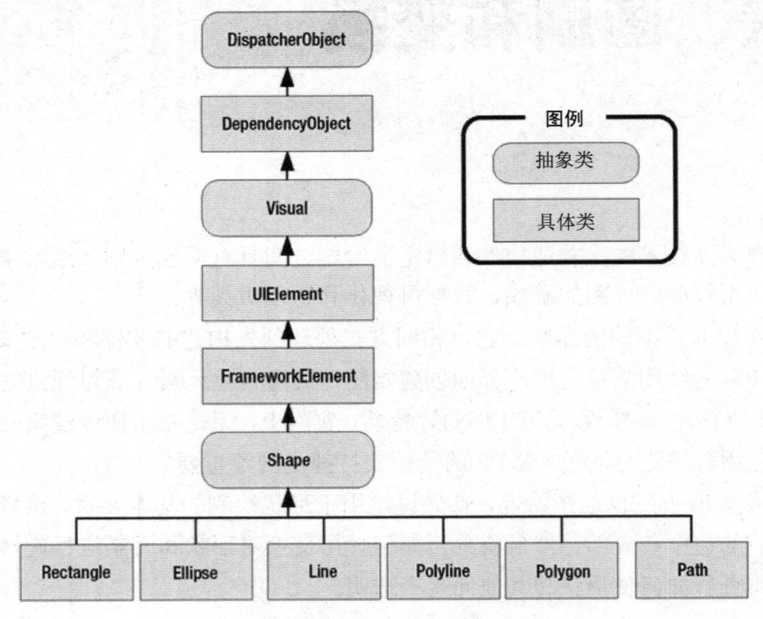

图 12-1　WPF 形状类

正如您可能看到的，相对来说，只有很少一部分类继承自 Shape 类。Line、Ellipse 以及 Rectangle 都很直观，Polyline 是一系列相互连接的直线，Polygon 是由一系列相互连接的直线形成的闭合图形。最后，Path 类功能强大，能将多个基本形状组合成单独的元素。

尽管 Shape 类自身不能执行任何工作，但它定义了少量的重要属性，表 12-1 中列出了这些属性。

表 12-1　Shape 类的属性

名　称	说　明
Fill	设置绘制形状表面(边框内的所有内容)的画刷对象
Stroke	设置绘制形状边缘(边框)的画刷对象
StrokeThickness	用设备无关单位设置边框的宽度。当绘制直线时，WPF 在两边分割宽度。因此，10 个单位宽的直线，会在绘制 1 个单位宽的直线所在位置的两侧占用 5 个单位的空间。如果直线的宽度为奇数，直线在两侧的宽度值就会是小数。例如，一条宽度为 11 个单位的直线，两侧会有 5.5 单位的空间。对于这种情况，直线肯定不会和监视器上的显示像素对齐，即使使用 96 dpi 的分辨率也同样如此，从而最后直线的边缘会具有模糊的反锯齿效果。如果不喜欢，可使用 SnapsToDevicePixels 属性去掉该效果(正如本章后面 12.1.10 节“像素对齐”所述)
StrokeStartLineCap StrokeEndLineCap	决定直线开始端和结束端边缘的轮廓。这些属性只影响 Line、Polyline 以及(在某些情况下)Path 形状。所有其他形状都是闭合的，没有开始点和结束点

(续表)

名　称	说　明
StrokeDashArray StrokeDashOffset StrokeDashCap	用于在形状周围创建点划线边框。可控制点划线的尺寸和频率，以及每条点划线开始端和结束端边缘的轮廓
StrokeLineJoin StrokeMiterLimit	确定形状拐角处的轮廓。从技术角度看，这些属性影响不同直线相遇的顶点，如矩形的拐角。对于没有拐角的形状，如 Line 和 Ellipse，这些属性不起作用
Stretch	确定形状如何填充可用的区域。可使用该属性创建能够扩展以适合其容器的形状。还可为 HorizontalAlignment 或 VerticalAlignmet 属性(这些属性继承自 FrameworkElement 类)使用 Stretch 值强制形状在某个方向上扩展
DefiningGeometry	为形状提供 Geometry 对象。Geometry 对象描述了形状的坐标和尺寸，不包括 UIElement 类的相关内容，例如对键盘和鼠标事件的支持。第 13 章中将使用几何图形
GeometryTransform	可通过该属性应用 Transform 对象，改变用于绘制形状的坐标系统，从而可扭曲、旋转或移动形状。当为图形应用动画时，变换特别有用。稍后将介绍与变换相关的内容
RenderedGeometry	提供描述最终的、已渲染好的图形的 Geometry 对象。第 13 章将介绍 Geometry 对象

接下来的几节将分析 Rectangle、Ellipse、Line 以及 Polyline。同时，还将介绍以下基础知识：

- 如何改变形状的尺寸，以及如何在布局容器中组织形状。
- 如何控制填充复杂形状的哪个区域。
- 如何使用点划线和不同的线头终端(或称为“线帽”(cap))。
- 如何使形状边缘与像素边界整洁地对齐。

本书将在第 13 章中分析更复杂的 Path 类。

12.1.2　矩形和椭圆

矩形和椭圆是两个最简单的形状。为创建矩形或椭圆，需要设置大家熟悉的 Height 和 Width 属性(这两个属性继承自 FrameworkElement 类)来定义形状的尺寸，然后设置 Fill 或 Stroke 属性(或同时设置这两个属性)使形状可见。还可以使用 MinHeigth、MinWidth、HorizontalAlignment、VerticalAlignment 以及 Margin 等属性。

注意：
如果未设置 Stroke 或 Fill 属性，形状就根本不会显示。

下面举一个简单示例，该例在 StackPanel 面板上放置了一个椭圆和一个矩形，如图 12-2 所示：

```
<StackPanel>
  <Ellipse Fill="Yellow" Stroke="Blue"
   Height="50" Width="100" Margin="5" HorizontalAlignment="Left"></Ellipse>
   <Rectangle Fill="Yellow" Stroke="Blue"
   Height="50" Width="100" Margin="5" HorizontalAlignment="Left"></Rectangle>
</StackPanel>
```

Ellipse 类没有增加任何属性。Rectangle 类只增加了两个属性：RadiusX 和 RadiusY。如果将这两个属性的值设为非零值，就可以创建出美观的圆形拐角。

可认为 RadiusX 和 RadiusY 属性是用于填充矩形拐角的椭圆。例如，如果将这两个属性都设为 10，WPF 会使用 10 个单位宽的圆形边缘绘制拐角。随着半径的增大，矩形拐角的更多部分会被替换。如果增加 RadiusY 属性的值，使其大于 RadiusX 属性的值，矩形拐角的左边和右边会更平缓，而顶边和底边的边缘会更尖锐。如果增大 RadiusX 属性的值，使其等于矩形宽度，并增加 RadiusY 属性的值，使其等于矩形的高度，矩形最后会变成普通的椭圆。

图 12-3 显示了几个具有圆形拐角的矩形。

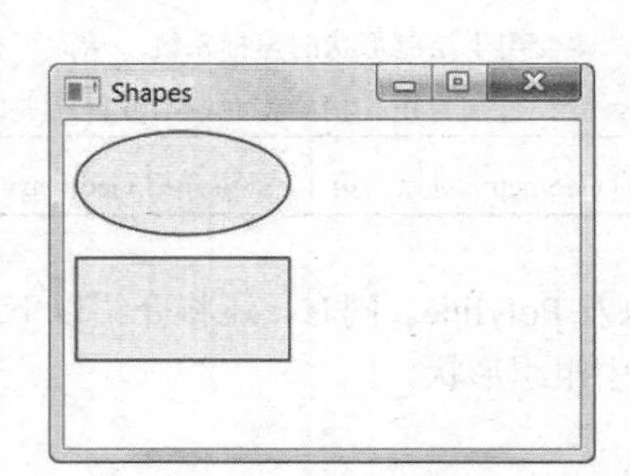

图 12-2 两个简单的形状

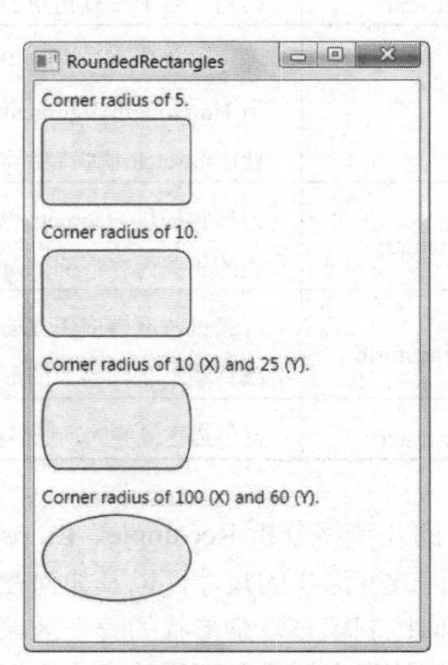

图 12-3 圆形拐角

12.1.3 改变形状的尺寸和放置形状

正如您已经知道的，硬编码尺寸通常不是创建用户界面的理想方法。它们会限制处理动态内容的能力，并会使应用程序本地化到其他语言变得更加困难。

当绘制形状时，不再总是关心这些问题。通常，需要更严格地控制形状的位置。然而，在许多情况下仍需更灵活一点儿的设计。Ellipse 和 Rectangle 为了适应可用的空间，都能自动改变自身。

如果未提供 Height 和 Width 属性，形状会根据它们的容器来设置自身的尺寸。在上一个示例中，如果删除 Height 和 Width 值(并且不设置 MinHeight 和 MinWidth 值)，就会导致形状缩小到看不见，因为 StackPanel 面板为了适应其内容改变了尺寸。然而，如果强制 StackPanel 面板的宽度为整个窗口的宽度(通过将 HorizontalAlignment 属性设置为 Stretch)，并将椭圆的 HorizontalAlignment 属性设为 Stretch，删除椭圆的 Width 属性值，这时椭圆的宽度就是整个窗口的宽度。

可使用 Grid 容器构造更好的示例。如果使用按比例改变行尺寸的行为(这是默认行为)，就可使用下面更精简的标记创建填满窗口的椭圆：

```
<Grid>
  <Ellipse Fill="Yellow" Stroke="Blue"></Ellipse>
</Grid>
```

在上面的标记中，Grid 面板填满了整个窗口。Grid 面板包含了一个按比例改变尺寸的行，该行填满了整个 Grid 面板。最后，椭圆填满了整行。

改变形状尺寸的行为依赖于 Stretch 属性的值(该属性在 Shape 类中定义)。默认情况下，该属性被设置为 Fill。如果没有指定明确的尺寸，这一设置会拉伸形状，使其填满容器。表 12-2 列出了 Stretch 属性的所有可能值。

表 12-2　Stretch 枚举值

名　称	说　明
Fill	形状拉伸其宽度和高度，从而可以正好适应其容器(如果设置了明确的高度和宽度，该设置就不起作用)
None	形状不被拉伸。除非使用 Height 和 Width 属性(或者使用 MinHeight 和 MinWidth 属性)将形状的宽度和高度设置为非 0 值，否则不会显示形状
Uniform	按比例改变形状的宽度和高度，直至形状到达容器边缘。如果为椭圆使用该值，最终将得到适应窗口的最大的圆。如果为矩形使用该值，将得到尽可能大的正方形(如果设置了明确的高度和宽度，形状就会在这些边界内改变尺寸。例如，如果将矩形的 Width 属性设置为 10 并将 Height 属性设置为 10，将只得到 10×10 大小的正方形)
UniformToFill	按比例改变形状的宽度和高度，直到形状填满了整个可用空间的高度和宽度。例如，如果在 100×200 单位大小的窗口中放置使用此尺寸设置的矩形，将得到 200×200 单位大小的矩形，并且矩形的一部分会被剪裁掉(如果设置了明确的宽度和高度，就会在这些边界中改变形状尺寸。例如，如果将矩形的 Width 属性设为 10，并将 Height 属性设为 100，将得到 100×100 单位大小的矩形，并且会剪裁该矩形以适应不可见的 10×100 大小的方框)

图 12-4 显示了 Fill、Uniform 以及 UniformToFill 枚举值之间的区别。

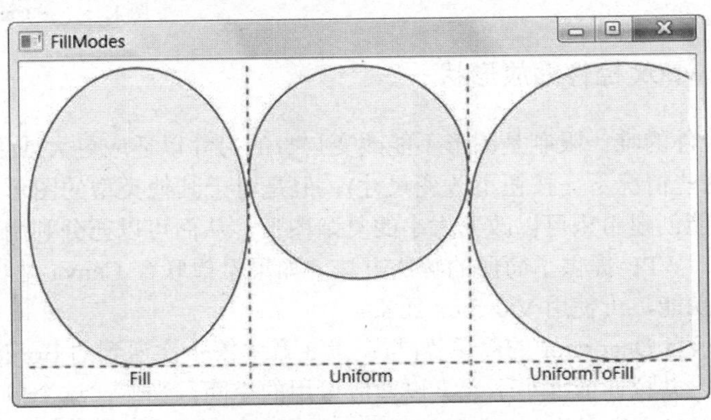

图 12-4　填充 Gird 中的三个单元格

通常，将 Stretch 的值设置为 Fill 相当于将 HorizontalAlignment 和 VerticalAlignment 属性设置为 Stretch。但如果选择为形状设置固定的宽度和高度，二者就有区别了。对于这种情况，会简单地忽略 HorizontalAlignment 和 VerticalAlignment 值。而 Stretch 设置仍然起作用——该属性决定如何在给定的范围内改变形状内容的尺寸。

提示：

在大多数情况下会明确设置形状的尺寸或允许拉伸形状以便适合要求，但不会同时使用这两种方法。

到目前为止，您已看到了如何改变 Rectangle 和 Ellipse 形状的尺寸，但如何准确地将它们放到期望的位置呢？WPF 形状与其他元素使用相同的布局系统。然而，有些布局容器是不合适的。例如，通常不希望使用 StackPanel、DockPanle 以及 WrapPanel 面板，因为它们被设计为独立的元素。Grid 面板更灵活一些，因为它允许在同一单元格中放置任意多个元素(尽管不能在单元格中的不同部分定位矩形和椭圆)。理想容器是 Canvas，该容器要求使用 Left、Top、Right 或 Bottom 附加属性，为每个形状指定坐标。这样可以完全控制形状如何相互重叠：

```
<Canvas>
  <Ellipse Fill="Yellow" Stroke="Blue" Canvas.Left="100" Canvas.Top="50"
    Width="100" Height="50"></Ellipse>
    <Rectangle Fill="Yellow" Stroke="Blue" Canvas.Left="30" Canvas.Top="40"
      Width="100" Height="50"></Rectangle>
</Canvas>
```

如果使用 Canvas 容器，标签的顺序是很重要的。在上面的示例中，矩形叠加在椭圆之上，因为在标签列表中首先出现的是椭圆，所以首先绘制椭圆(见图 12-5)。

请记住，Canvas 容器不需要占据整个窗口。例如，完全可以创建一个 Grid 面板，并在该 Grid 面板的某个单元格中使用 Canvas 容器。对于在可自由流动的动态用户界面中锁定一小部分绘图逻辑，这是一种非常好的方法。

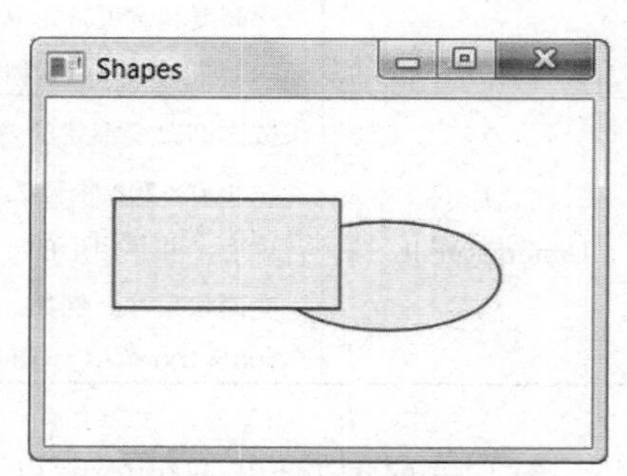

图 12-5　在 Canvas 中重叠形状

12.1.4　使用 Viewbox 控件缩放形状

使用 Canvas 控件的唯一限制是图形不能改变自身的尺寸以适应更大或更小的窗口。对于按钮这非常合理(在这些情况下，按钮不改变尺寸)，但是对于其他类型的图形内容，情况就未必如此了。例如，可能创建希望可以改变大小的复杂图形，从而可以充分利用可用的空间。

对于此类情况，WPF 提供了简便的解决方法。如果希望联合 Canvas 控件的精确控制功能和方便的改变尺寸功能，可使用 Viewbox 元素。

Viewbox 是继承自 Decorator 的简单类(与在第 3 章中第一次遇到的 Border 类很相似)。该类只接受一个子元素，并拉伸或缩小子元素以适应可用的空间。当然，这个单一的子元素可以是布局容器，其中可以包含大量形状(或其他元素)，这些元素将同步地改变尺寸。然而，Viewbox 更常用于矢量图像而不是普通控件。

尽管可在 Viewbox 元素中放置单个形状，但这并不能提供任何实际的优点。反而，当需要封装构成一幅图画(drawing)的一组形状时，Viewbox 元素才有用处。通常，将在 Viewbox 控件中放置 Canvas 面板，并在 Canvas 面板中放置形状。

下面的示例在 Grid 控件的第二行中放置了一个包含 Canvas 面板的 Viewbox 元素。Viewbox 元素占用该行的整个高度和宽度。该行占用绘制自动改变尺寸的第一行剩余的所有空间，下面是标记：

```
<Grid Margin="5">
  <Grid.RowDefinitions>
    <RowDefinition Height="Auto"></RowDefinition>
    <RowDefinition Height="*"></RowDefinition>
  </Grid.RowDefinitions>

  <TextBlock>The first row of a Grid.</TextBlock>

  <Viewbox Grid.Row="1" HorizontalAlignment="Left" >
    <Canvas Width="200" Height="150">
      <Ellipse Fill="Yellow" Stroke="Blue" Canvas.Left="10" Canvas.Top="50"
        Width="100" Height="50" HorizontalAlignment="Left"></Ellipse>
      <Rectangle Fill="Yellow" Stroke="Blue" Canvas.Left="30" Canvas.Top="40"
        Width="100" Height="50" HorizontalAlignment="Left"></Rectangle>
    </Canvas>
  </Viewbox>
</Grid>
```

图 12-6 显示了当改变窗口尺寸时，Viewbox 控件如何调整自身。第一行没有变化。然而，为填满额外空间，第二行进行了扩展。正如您看到的，Viewbox 控件中的形状也根据窗口增大的比例改变了它们的大小。

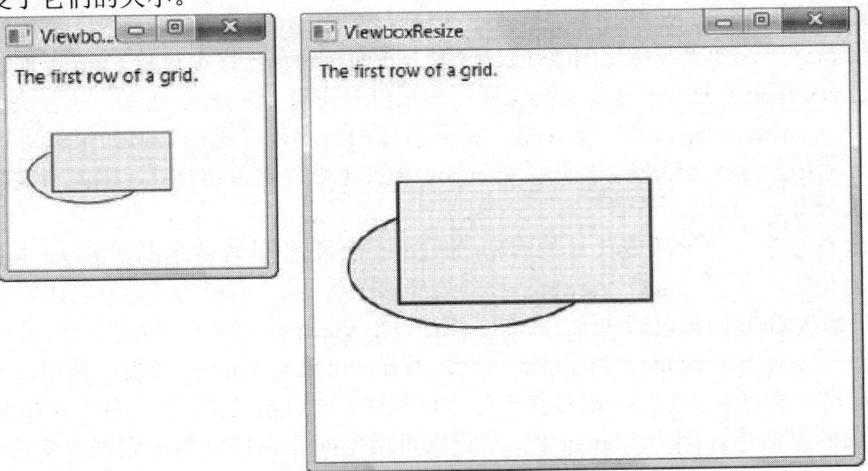

图 12-6　使用 Viewbox 控件改变尺寸

注意：

Viewbox 元素执行的缩放和在 WPF 中当增加系统 DPI 设置时看到的缩放类似。它按比例改变屏幕上的每个元素，包括图像、文本、直线以及形状。例如，如果在 Viewbox 元素中放置一个普通按钮，尺寸的改变会影响它的整个尺寸、内部的文本以及周围边框的粗细。如果在 Viewbox 元素内部放置一个形状元素，它会按比例地改变形状内部的区域和边框，从而当放大形状时，其边框也将变粗。

默认情况下，Viewbox 元素按比例地执行缩放，保持它所包含内容的纵横比。在当前示例中，这意味着即使包含行的形状发生了变化(变宽或变高)，内部形状也不会变形。相反，Viewbox 元素使用适应可用空间内部的最大缩放系数。然而，可使用 Viewbox.Stretch 属性改变该行为。

默认情况下，将该属性设置为 Uniform，但可使用表 12-2 中的任意值。将其改变为 Fill，Viewbox 元素中的内容会在两个方向上被拉伸以完全适应可用空间，即使可能会破坏原来的绘图也会如此。还可通过使用 StretchDirection 属性获得更大的控制权。默认情况下，该属性被设置为 Both，但可使用 UpOnly 值创建只会增长而不会收缩超过其原始尺寸的内容，并且可以使用 DownOnly 创建只会缩小而不会增长的内容。

为使 Viewbox 元素执行其缩放工作，需要能够确定两部分信息：(如果不放在 Viewbox 元素中)内容应当具有的原始尺寸和希望内容具有的新尺寸。

第二个细节——新尺寸——非常简单。Viewbox 元素根据 Stretch 属性，让其内部的内容使用所有可用空间。这意味着 Viewbox 元素越大，其内部的内容就越大。

第一个细节——原始尺寸，不使用 Viewbox 控件时的尺寸——隐含在定义嵌套内容的方式中。在前面的示例中，Canvas 的尺寸被明确设置为 200×150 单位大小。因此，Viewbox 从该开始点缩放图像。例如，椭圆最初是 100 单位宽，这意味着它占用 Canvas 面板一半的绘图空间。随着 Canvas 控件的增大，Viewbox 元素会遵循这些比例，并且椭圆继续占用一半的可用空间。

然而，如果删除 Canvas 控件的 Width 和 Height 属性，分析会发生什么情况。现在，Canvas 控件的尺寸被设置为 0×0 单位大小，所以 Viewbox 控件不能改变它的尺寸，并且嵌套在其中的内容不会显示(这与只使用 Canvas 控件时的行为不同。因为尽管 Canvas 控件的尺寸仍设置为 0×0，但只要 Canvas.ClipToBounds 属性没有被设置为 true，就仍然允许在 Canvas 控件之外的区域绘制形状。而 Viewbox 控件不能容忍这一错误)。

现在分析一下，如果在按比例改变尺寸的 Grid 面板的单元格中封装 Canvas 面板，并且没有指定 Canvas 面板的尺寸，情况又会怎样。如果没有使用 Viewbox 元素，该方法可工作得很好——拉伸 Canvas 面板以填充单元格，并且内部的内容是可见的。但如果将所有内容放在 Viewbox 元素中，这种方法就会失效。Viewbox 控件不能确定最初尺寸，因此不能相应地改变 Gird 面板的尺寸。

可通过直接在能自动改变尺寸的容器(如 Gird 面板)中放置特定的形状(如 Rectangle 和 Ellipse)来避免这个问题。然后 Viewbox 控件就能够评估 Gird 面板为了适合其内容所需的最小尺寸，并且缩放 Grid 面板以适应可用空间。然而，在 Viewbox 元素中获取真正所希望的尺寸的最简单方法，是在具有固定尺寸的元素中封装内容，可以是 Canvas 面板、按钮或其他控件。这样，固定尺寸就变成了 Viewbox 控件进行计算所使用的原始尺寸。以这种方式硬编码尺寸不会限制布局的灵活性，因为 Viewbox 元素根据可用空间和布局容器按比例改变尺寸。

12.1.5 直线

Line 形状表示连接一个点和另一个点的一条直线。起点和终点由 4 个属性设置：X1 与 Y1(用于第一个点)和 X2 与 Y2(用于第二个点)。例如，下面是一条从点(0, 0)伸展到点(10, 100)的直线：

```
<Line Stroke="Blue" X1="0" Y1="0" X2="10" Y2="100"></Line>
```

对于直线，Fill 属性不起作用，必须设置 Stroke 属性。

在直线中使用的坐标是相对于放置直线的矩形区域左上角的坐标。例如，如果在 StackPanel 面板上放置上面的直线，坐标(0, 0)指向在 StackPanel 面板上放置该矩形区域的位置。这可能是窗口的左上角，也可能不是。如果 StackPanel 面板的 Margin 属性值不为 0，或直线在其他元素之后，直线的开始点(0, 0)与窗口顶部会有一定的距离。

然而，在直线中使用负坐标值是非常合理的。实际上，可为直线使用能超出为直线保留的空间的坐标，从而在窗口的其他任意部分绘制直线。对于到目前为止介绍的 Rectangle 和 Ellipse 形状；这是不可能的。然而，这一模型也有缺点，直线不能使用流内容模型。这意味着为直线设置 Margin、HorizontalAlignment 以及 VerticalAlignment 属性是没有意义的，因为它们没有任何效果。对于 Polyline 和 Polygon 形状具有同样的限制。

注意：

可为直线使用 Height、Width 以及 Stretch 属性，但这种做法不常用。基本技术是使用 Heigth 和 Width 属性确定为直线分配的空间，然后使用 Stretch 属性改变直线的尺寸以填充该区域。

如果在 Canvas 面板上放置了 Line 形状，那么仍应用附加的位置属性(如 Top 和 Left)。它们决定直线的开始位置。换句话说，两个直线坐标被平移了一定的距离。分析下面的直线：

```
<Line Stroke="Blue" X1="0" Y1="0" X2="10" Y2="100"
 Canvas.Left="5" Canvas.Top="100"></Line>
```

这条直线从点(0, 0)伸展到点(10, 100)，使用的坐标系统将 Canvas 控件上的点(5, 100)作为点(0, 0)。这相当于下面不使用 Top 和 Left 属性的直线：

```
<Line Stroke="Blue" X1="5" Y1="100" X2="15" Y2="200"></Line>
```

当在 Canvas 面板上放置 Line 形状时，是否使用位置属性由您自己决定。通常，可通过选择好的开始点简化直线的绘制，还可使移动部分图画变得容易。例如，如果在 Canvas 面板的特定位置绘制几条直线和其他形状，相对于附近的点绘制它们是不错的主意(通过使用相同的 Top 和 Left 坐标)。通过这种方法，可根据需要将整个图画移到新的位置。

注意：

不能使用 Line 和 Polyline 形状创建曲线。相反，需要使用将在第 13 章中介绍的更高级的 Path 类。

12.1.6　折线

可以通过 Polyline 类绘制一系列相互连接的直线。只需要使用 Points 属性提供一系列 X 和 Y 坐标。从技术角度看，Points 属性需要使用 PointCollection 对象，但在 XAML 中使用基于简单字符串的语法填充该集合。只需要提供点的列表，并在每个坐标之间添加空格或逗号。

Polyline 形状可能只有两个点。例如下面的 Polyline 形状复制了在 12.1.5 节中介绍的第一条直线，从点(5, 100)伸展到点(15, 200)：

```
<Polyline Stroke="Blue" Points="5 100 15 200"></Polyine>
```

为便于阅读，可在每个 X 和 Y 坐标之间使用逗号：

```
<Polyline Stroke="Blue" Points="5,100 15,200"></Polyline>
```

下面是从点(10, 150)开始绘制的更复杂 PolyLine 形状。点不断右移，并在更高的 Y 值——比如(50, 160)，和更低的 Y 值——比如(70, 130)之间摆动：

```
<Canvas>
  <Polyline Stroke="Blue" StrokeThickness="5" Points="10,150 30,140 50, 160 70,130
```

```
    90,170 110,120 130,180 150,110 170,190 190,100 210,240" >
  </Polyline>
</Canvas>
```

图 12-7 显示了最终绘制的线条。

对于这个示例，通过代码使用各种相应地自动增加 X 和 Y 值的循环填充 Points 集合可能更容易。如果需要创建高度动态的图形，事实确实如此——例如，根据从数据库中提取的数据集改变其外观的图表。但是，如果只是希望构建固定的图形内容，就根本不需要形状的具体坐标。相反，您(或设计人员)可使用另一个工具，如 Express Design，绘制恰当的图形，然后导出到 XAML。

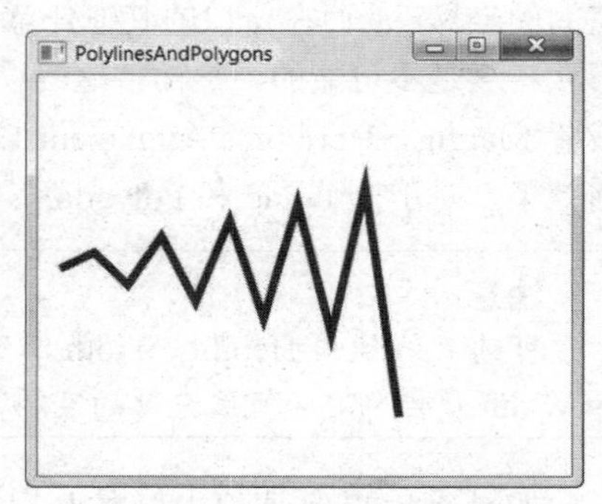

图 12-7　折线

12.1.7　多边形

实际上，Polygon 和 Polyline 是相同的。和 Polyline 类一样，Polygon 类也有包含一系列坐标的 Points 集合。唯一的区别是：Polygon 形状添加最后一条线段，将最后一个点连接到开始点(如果最后一个点就是第一个点，Polygon 类和 Polyline 类就没有区别了)。可使用 Fill 画刷填充该形状的内部区域。图 12-8 将前面的 Polyline 形状显示为 Polygon 形状并填充了颜色。

注意：

从技术角度看，也可设置 Polyline 形状的 Fill 属性。对于这种情况，Polyline 形状填充自身，就像自己是 Polygon 形状——换句话说，就好像有一条不可见的线段连接最后一个点和第一个点。但是通常限制使用这种效果。

对于线条从不相交的简单形状，填充其内部是很容易做到的。但有时会遇到更复杂的 Polygon 形状，哪些部分属于内部(并且应当被填充)以及哪些部分属于外部并不明显。

例如，分析图 12-9 中的形状，该形状的特点是一条线段和其他多条线段相交，您可能希望填充也可能希望不填充中央的不规则区域。显然，可通过将该图形分割成更小的形状来准确地控制填充区域。但不需要这么做。

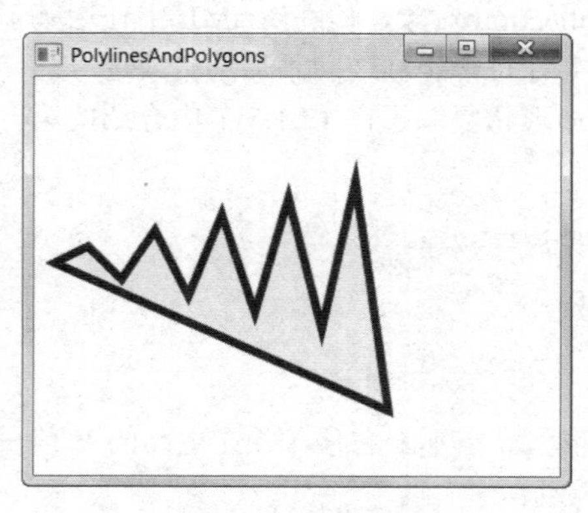

图 12-8　填充的多边形

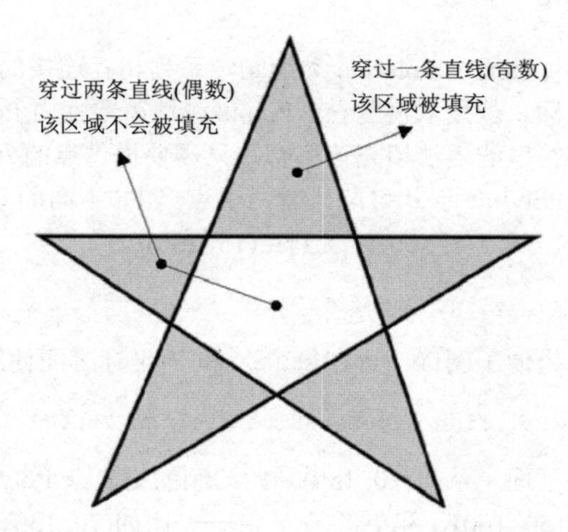

图 12-9　当 FillRule 属性为 EvenOdd 时确定填充区域

每个 Polygon 和 Polyline 形状都有 FillRule 属性，该属性用于从两种填充方法中选择一种来填充区域。默认情况下，FillRule 属性被设置为 EvenOdd。为了确定是否填充区域，WPF 计算为了到达形状的外部必须穿过的直线的数量。如果是奇数，就填充区域；如果是偶数，就不填充区域。对于图 12-9 中显示图形的中央区域，为了到达形状外部就必须经过两条直线，所以不会填充该区域。

WPF 还遵循 Nonzero 填充规则，该规则更加复杂。本质上，当使用 Nonzero 填充规则时，WPF 使用和 EvenOdd 填充规则相同的方法计算穿过的直线的数量，但是会考虑经过的每条直线的方向。如果在经过的直线中，在某个方向上(比如从左向右)直线的数量等于相反方向(从右向左)上直线的数量，就不会填充区域。如果这两个直线数量的差不为 0，就填充区域。对于前面示例中的形状，如果将 FillRule 属性设置为 NonZero，就会填充内部区域。图 12-10 演示了原因(在该例中，根据绘制点的顺序使用数字对它们进行了标识，并且箭头显示了每条直线的绘制方向)。

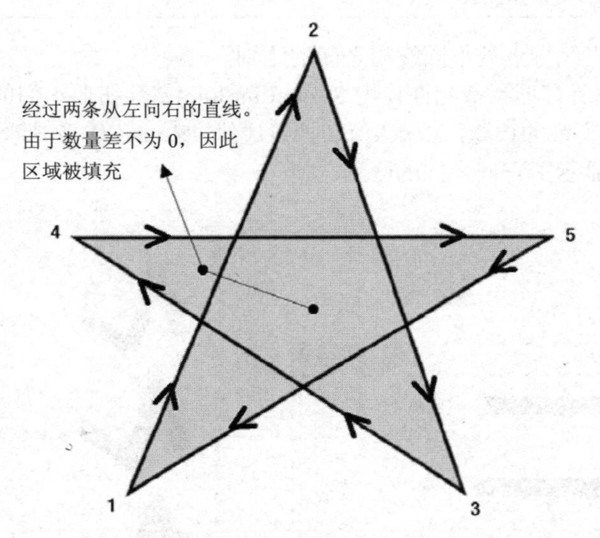

图 12-10　将 FillRule 属性设置为 NonZero 时确定填充区域

注意：

如果一共经过奇数条直线就到达了形状以外的位置，两个数量的差肯定不为 0。因此，使用 Nonzero 填充规则时填充的区域总是至少等于使用 EvenOdd 规则时填充的区域，可能还会多一些。

有关 Nonzero 规则的复杂问题在于填充设置依赖于形状的绘制，而不是形状自身的外观。例如，可使用下面这种方式绘制相同的形状(尽管这种方式可能更笨拙，开始首先绘制内部区域，然后反向绘制外部尖状部分)，使中央部分不被填充。

下面是绘制图 12-10 中显示的五角星的标记：

```
<Polygon Stroke="Blue" StrokeThickness="1" Fill="Yellow"
  Canvas.Left="10" Canvas.Top="175" FillRule="Nonzero"
  Points="15,200 68,70 110,200 0,125 135,125">
</Polygon>
```

12.1.8　直线线帽和直线交点

当绘制 Line 和 Polyline 形状时，可使用 StartLineCap 和 EndLineCap 属性选择如何绘制直线的开始端和结束端(这些属性不影响其他形状，因为其他形状都是闭合的)。

StartLineCap 和 EndLineCap 属性通常都设为 Flat，这意味着直线在它的最后坐标处立即终止。其他选择包括 Round(该设置会平滑地绘制拐角)、Triangle(绘制直线的两条侧边最后交于一点)以及 Square(该设置使直线端点具有尖锐边缘)。这三个设置都会增加直线的长度——换句话说，它们使直线超出了其他情况下的结束位置。额外的距离是直线宽度的一半。

注意：

Flat 和 Square 之间的唯一区别是，使用 Square 结束的直线扩展了这一额外的距离。在其他所有方面，边缘看起来是相同的。

图 12-11 显示了直线端点处不同线帽之间的区别。

除 Line 形状外，所有形状都允许使用 StrokeLineJoin 属性扭曲它们的拐角，有 4 种选择。Miter 值(默认值)使用尖锐的边缘，Bevel 值切掉点边缘，Round 值平滑地过渡边缘，Triangle 值显示尖点。图 12-12 显示了它们之间的区别。

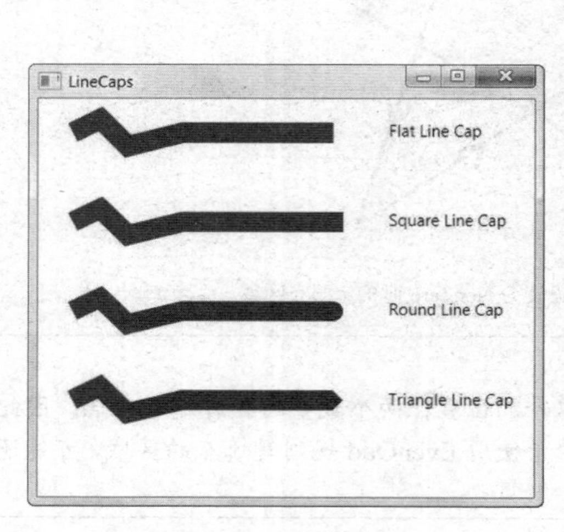

图 12-11　直线线帽

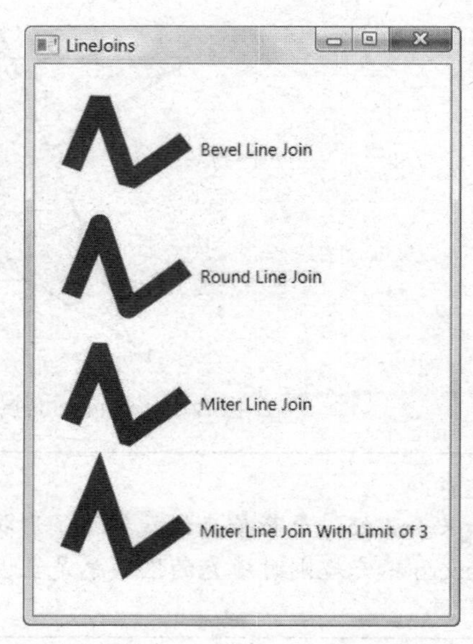

图 12-12　直线拐点

当为较宽并且角度非常小的直线拐角使用尖锐的边缘时，尖锐的拐角会不切实际地延伸很长一段距离。对于这种情况，可使用 Bevel 或 Round 设置修剪拐角。也可使用 StrokeMiterLimit 属性，当达到特定的最大长度时，该属性自动地剪切边缘。StrokeMiterLimit 属性是一个系数，该系数是用于锐化拐角的长度和直线宽度的一半的比值。如果将该属性设置为 1(这是默认值)，就允许拐角延长直线宽度的一半距离。如果设置为 3，就允许拐角延长直线宽度的 1.5 倍距离。图 12-12 中的最后一条直线使用了更高的锐化范围，从而具有更狭长的拐角。

12.1.9　点划线

除了为形状的边框绘制乏味的实线外，还可绘制点划线(dashed line)——根据指定的模式使用空白断开的直线。当在 WPF 中创建一条点划线时，不限制进行特定的预先设置。相反，可通过设置 StrokeDashArray 属性来选择实线段的长度和断开空间(空白)的长度。例如，分析下面这条直线：

```
<Polyline Stroke="Blue" StrokeThickness="14" StrokeDashArray="1 2"
  Points="10,30 60,0 90,40 120,10 350,10">
</Polyline>
```

这条点划线的实线段长度值为 1，空白长度值为 2。这些值是相对于直线宽度的。因此，如果直线宽度是 14 个单位(本例中设置的宽度)，实线部分的长度就为 14 个单位，后面跟着 28 个单位的空白部分。直线在其整个长度中重复该模式。

另一方面，如果像下面这样交换这两个值：

```
StrokeDashArray="2 1"
```

直线的实线部分就是 28 个单位长，空白部分为 12 个单位长。图 12-13 显示了这两条直线。正如您将会注意到的，当一条非常粗的线段位于拐角处时，它会被不均匀地隔断。

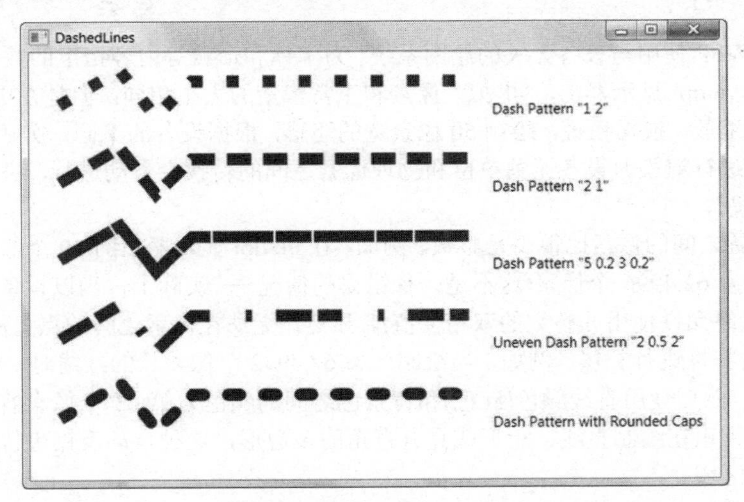

图 12-13　点划线

不见得非要使用整数值。例如，下面的 StrokeDashArray 属性设置完全合理：

```
StrokeDashArray="5 0.2 3 0.2"
```

这样的设置提供了更复杂序列——5×14 单位长的点划线，然后是 0.2×15 单位长的空白，接下来是 3×14 单位长的实线和 0.2×14 单位长的空白。在该序列的尾部，直线从头开始重复该模式。

如果为 StrokeDashArray 属性提供的数值的个数是奇数，将发生一个有趣的现象。分析下面的示例：

```
StrokeDashArray="3 0.5 2"
```

当绘制该直线时，WPF 首先绘制 3 倍直线宽度长的实线，然后是 0.5 倍直线宽度长的空白，再接下来是 2 倍直线宽度长的实线。但当再从头开始重复该模式时，首先是 3 倍直线宽度长的空白，接着是 0.5 倍直线宽度长的实线，依此类推。本质上，点划线在线段和空白之间交替其模式。

如果希望从中间开始绘制模式，可使用 StrokeDashOffset 属性，该属性是一个从 0 开始的索引，该索引指向 StrokeDashArray 中的某个值。例如，在上一个示例中，如果将 StrokeDashOffset 属性设置为 1，直线将从 0.5 倍直线宽度长的空白开始。如果设置为 2，直线将会从 2 倍直线宽度长的线段开始。

最后，可控制如何为直线的断开边缘添加线帽。通常是一条平直的边缘，但可将 StrokeDashCap 属性设置为 12.1.8 节中介绍的 Bevel、Square 以及 Triangle 等值。请记住，所有这些设置都会在点划线的端点增加直线宽度的一半长距离。如果没有考虑这一额外的距离，最终可能会使点划线相互重叠。解决方法是增加额外的空白以进行补偿。

提示：

当为直线(不是形状)使用 StrokeDashCap 属性时，通常最好将 StartLineCap 和 EndLineCap 属性设置为相同的值。这可以使直线看起来是一致的。

12.1.10　像素对齐

如您所知，WPF 使用与设备无关的绘图系统。为字体和形状等内容指定的数值使用“虚拟”像素，在通常的 96 dpi 显示器上，“虚拟”像素和正常像素的大小相同，但是在更高 dpi 的显示器上其尺寸会被缩放。换句话说，绘制 50 像素宽的矩形，根据设备的不同，实际上可能使用更多或更少的像素进行渲染。设备无关单位和物理像素之间的转换会自动进行，并且通常根本不需要考虑这个问题。

不同 dpi 设置之间的像素比很少是整数。例如，在 96 dpi 显示器上的 50 个像素，在 120 dpi 的显示器上会变为 62.4996 个像素(这不是一种错误的情况——实际上，当以设备无关单位提供数值时，WPF 始终允许使用非整数的双精度值)。显然，无法在像素之间的点上放置一条边缘。WPF 使用反锯齿特性进行补偿。例如，当绘制一条 62.4992 个像素长的红线时，WPF 可正常填充前 62 个像素，然后使用直线颜色(红色)和背景色之间的颜色为第 63 个像素着色。但在此存在一个问题。如果正在绘制直线、矩形或具有直角的多边形，这种自动反锯齿特性会在形状边缘导致一片模糊区域。

您可能会认为，仅在显示分辨率不是 96 dpi 的显示器上运行应用程序时，才会出现这个问题。然而，情况未必如此，因为所有形状都可以使用小数值的长度和坐标设置尺寸，这会引起相同的问题。在绘制形状时，尽管可能没有使用小数值，但可以改变尺寸的形状——那些因为尺寸依赖于容器或被放在 Viewbox 元素中而被拉伸的形状—— 尺寸通常几乎总是小数。类似地，奇数单位宽的直线在两侧的像素数也是小数值。

模糊边缘问题未必是问题。实际上，根据正在绘制的图形类型，它可能看起来很正常。然而，如果不希望这种行为，可告诉 WPF 不要为特定形状使用反锯齿特性进行处理，反而 WPF 会将尺寸舍入到最近的设备像素。可通过将 UIElement 类的 SnapsToDevicePixels 属性设置为 true 来启用这个称为像素对齐(pixel snapping)的特性。

为查看两者之间的区别，可观察图 12-14 中被放大了的窗口，该窗口比较两个矩形。底部的矩形使用了像素对齐特性，而顶部的矩形没有使用。如果仔细观察，就会发现在未使用像素对齐特性的矩形的顶部和左部有一条很细的淡色边缘。

图 12-14　像素对齐的效果

12.2　画刷

画刷填充区域，不管是元素的背景色、前景色以及边框，还是形状的内部填充和笔画(stroke)。最简单的画刷类型是 SolidColorBrush，这种画刷填充一种固定、连续的颜色。在 XAML 中设置形状的 Stroke 或 Fill 属性时，使用的是 SolidColorBrush 画刷，它们在后台完成绘制。

下面是几个与画刷相关的更基本的方面：

- 画刷支持更改通知，因为它们继承自 Freezable 类。因此，如果改变了画刷，任何使用画刷的元素都会自动重新绘制自身。
- 画刷支持部分透明。为此，只需要修改 Opacity 属性，使背景能够透过前面的内容进行显示。本章末尾会尝试这种方法。
- 通过 SystemBrushes 类可以访问这样的画刷：此类画刷使用 Windows 系统设置为当前计算机定义的首选颜色。

SolidColorBrush 画刷无疑非常有用，但还有其他几个继承自 System.Windows.Media.Brush 的类，通过这些类可得到更新颖的效果。表 12-3 列出了所有这些类。

表 12-3　画刷类

名　称	说　明
SolidColorBrush	使用单一的连续颜色绘制区域
LinearGradientBrush	使用渐变填充绘制区域，渐变的阴影填充从一种颜色变化到另一种颜色(并且，也可以在变化到第 3 种颜色之后再变化到第 4 种颜色，依此类推)
RadialGradientBrush	使用径向渐变填充绘制区域，除了是在圆形模式中从中心点向外部辐射渐变之外，这种画刷和线性渐变画刷类似
ImageBrush	使用可被拉伸、缩放或平铺的图像绘制区域
DrawingBrush	使用 Drawing 对象绘制区域，该对象可以包含已经定义的形状和位图
VisualBrush	使用 Visual 对象绘制区域。因为所有 WPF 元素都继承自 Visual 类，所以可使用该画刷将部分用户界面(如按钮的表面)复制到另一个区域。当创建特殊效果时，比如部分反射效果，该画刷特别有用
BitmapCacheBrush	使用从 Visual 对象缓存的内容绘制区域。这种画刷和 VisualBrush 类似，但如果需要在多个地方重用图形内容或者频繁地重绘图形内容，这种画刷更高效

在第 13 章中研究处理大量图形的更多优化方法时，会介绍 DrawingBrush 画刷。本节将介绍如何使用画刷通过渐变、图像以及从其他元素复制的可视化内容填充区域。

注意：
所有画刷都位于 System.Windows.Media 名称空间中。

12.2.1　SolidColorBrush 画刷

第 6 章中已经介绍了如何为控件使用 SolidColorBrush 对象。在大多数控件中，通过设置 Foreground 属性绘制文本颜色，并设置 Background 属性绘制文本背后的空间。形状使用类似但不同的属性：Stroke 属性用于绘制形状的边框，而 Fill 属性用于绘制形状的内部。

正如您在本章中已经看到的，可在 XAML 中使用颜色名设置 Stroke 和 Fill 属性，对于这种情况，WPF 解析器自动创建匹配的 SolidColorBrush 对象。也可以使用代码设置 Stroke 和 Fill 属性，但需要显式地创建 SolidColorBrush 对象：

```
// Create a brush from a named color:
cmd.Background = new SolidColorBrush(Colors.AliceBlue);

// Create a brush from a system color:
cmd.Background = SystemColors.ControlBrush;

// Create a brush from color values:
int red = 0; int green = 255; int blue = 0;
cmd.Foreground = new SolidColorBrush(Color.FromRgb(red, green, blue));
```

12.2.2　LinearGradientBrush 画刷

可通过 LinearGradientBrush 画刷创建从一种颜色变化到另一种颜色的混合填充。

下面可能是最简单的渐变。该渐变从蓝色(左上角)到白色(右下角)在对角线上对矩形进行着色：

```
<Rectangle Width="150" Height="100">
<Rectangle.Fill>
<LinearGradientBrush >
<GradientStop Color="Blue" Offset="0"/>
<GradientStop Color="White" Offset="1" />
</LinearGradientBrush>
</Rectangle.Fill>
</Rectangle>
```

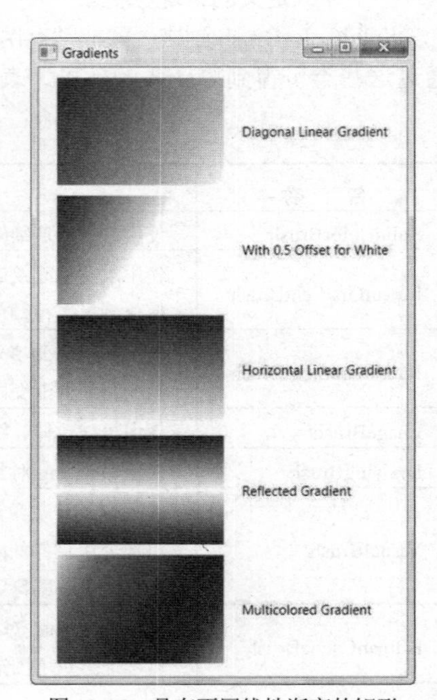

图 12-15　具有不同线性渐变的矩形

图 12-15 中顶部的渐变显示了该结果。

为创建这种渐变效果，需要为每种颜色添加一个 GradientStop 对象，还需要在渐变中使用 0～1 的偏移值放置每种颜色。在该例中，用于蓝色的 GradientStop 对象的偏移值为 0，这意味着它被放在渐变的开头。用于白色的 GradientStop 对象的偏移值为 1，这意味着将它放在末尾。通过改变这些值，可调整渐变从一种颜色变化到另一种颜色的速度。例如，如果将白色的 GradientStop 设置为 0.5，渐变就会在中间(两个拐角的中点)从蓝色(左上角)混合到白色。

矩形的右边将会是纯白色的(图 12-15 中的第 2 个渐变显示了这种情况)。

上面的标记创建了从一个拐角拉伸到另一个拐角的对角填充渐变。然而，您可能希望创建自上而下或从一边向另一边混合的渐变，或是使用不同的对角线角度。可使用 LinearGradientBrush 的 StartPoint 和 EndPoint 属性控制这些细节。可以通过这些属性选择第一种颜色开始变化的点，以及最后一种颜色结束变化的点(中间的区域被渐变混合)。但这里存在一个古怪问题：用于开始点和结束点的坐标不是真实的坐标。相反，LinearGradientBrush 画刷将点(0, 0)指定为希望填充的区域的左上角，将点(1, 1)指定为希望填充的区域的右下角，而不管该区域实际上有多高和多宽。

为创建自上而下的横向填充，可将用于左上角的(0, 0)点作为开始点，并将(0, 1)点作为结束点，该点表示左下角。为了创建从一边到另一边的垂直填充(不倾斜)，可以使用点(0, 0)作为开始点，并使用右上角的点(1, 0)作为结束点。图 12-15 显示了水平渐变效果(第 3 个渐变)。

通过为渐变提供不是填充区域拐角点的开始点和结束点，可得到更灵活的渐变。例如，渐变可从点(0, 0)拉伸到点(0, 0.5)，该点是左侧边缘上的中点。这会创建压缩的线性渐变—— 一种颜色从顶部开始，在中间混合到第二种颜色。形状的后半部分使用第二种颜色填充。但可用 LinearGradientBrush.SpreadMethod 属性改变这种行为。在默认情况下，该属性使用 Pad(这意味着渐变之外的区域使用恰当的纯色填充)，但也可使用 Reflect(翻转渐变，从第二种颜色反向渐变到第一种颜色)或 Repeat(复制相同的颜色变化过程)。图 12-15 显示了 Reflect 效果(第 4 个渐变)。

LinearGradientBrush 画刷还可通过添加两个以上的 GradientStop 对象，创建具有两种以上颜色的渐变。例如，下面的渐变实现了彩虹效果：

```
<Rectangle Width="150" Height="100">
  <Rectangle.Fill>
    <LinearGradientBrush StartPoint="0,0" EndPoint="1,1">
      <GradientStop Color="Yellow" Offset="0.0" />
      <GradientStop Color="Red" Offset="0.25" />
      <GradientStop Color="Blue" Offset="0.75" />
      <GradientStop Color="LimeGreen" Offset="1.0" />
    </LinearGradientBrush>
  </Rectangle.Fill>
</Rectangle>
```

唯一的技巧是为每个 GradientStop 对象设置合适的偏移值。例如，如果希望变换经过 5 种颜色，可将第 1 种颜色的偏移值设置为 0，将第 2 种颜色的偏移值设置为 0.25，将第 3 种颜色的偏移值设置为 0.5，将第 4 种颜色的偏移值设置为 0.75，将第 5 种颜色的偏移值设置为 1。或者如果希望开始时渐变速度较快，而在结束速度较慢，可将偏移值设置为 0、0.1、0.2、0.4、0.6 和 1。

请记住，渐变画刷并不限于绘制形状。可在使用 SolidColorBrush 画刷的任何时候替代 LinearGradientBrush——例如，填充元素的背景表面(使用 Background 属性)、填充元素文本的前景色(使用 Foreground 属性)或者填充边框(使用 BorderBrush 属性)。图 12-16 显示了使用渐变填充 TextBlock 控件的示例。

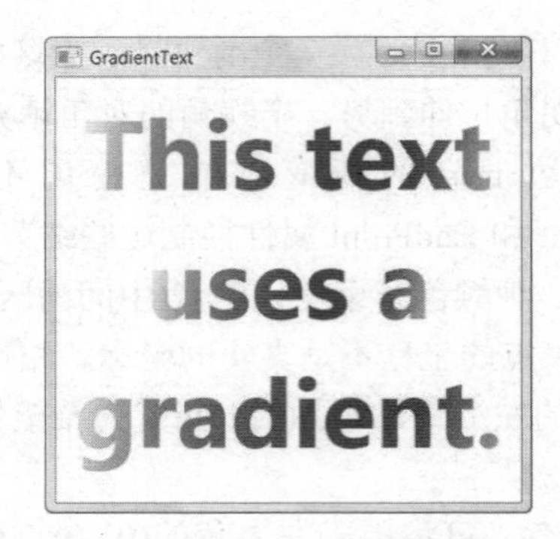

图 12-16　使用 LinearGradientBrush 设置 TextBlock.Foreground 属性

12.2.3　RadialGradientBrush 画刷

RadialGradientBrush 画刷和 LinearGradientBrush 画刷的工作方式类似，也使用一系列具有不同偏移值的颜色。与 LinearGradientBrush 画刷一样，可使用希望的任意多种颜色。区别是放置渐变的方式。

为指定第一种颜色在渐变中的开始点，需要使用 GradientOrigin 属性。默认情况下，渐变的开始点是(0.5, 0.5)，该点表示填充区域的中心。

注意：

与 LinearGradientBrush 一样，RadialGradientBrush 也使用比例坐标系统，该坐标系统将(0, 0)作为矩形填充区域的左上角坐标，将(1, 1)作为右下角坐标。这意味着可使用(0,0)到(1, 1)之间的任何坐标作为渐变的开始点。实际上，如果希望在填充区域之外定位开始点，甚至可超出这一范围。

渐变从开始点以环形的方式向外辐射。渐变最终到达内部渐变圆的边缘，这里是渐变的终点。根据所期望的效果，渐变圆的中心可能和渐变开始点对齐，也可能和渐变开始点不对齐。超出内部渐变圆的区域以及填充区域的最外侧边缘，使用在 RadialGradientBrush.GradientStops 集合中定义的最后一种颜色进行纯色填充。图 12-17 演示了径向渐变效果。

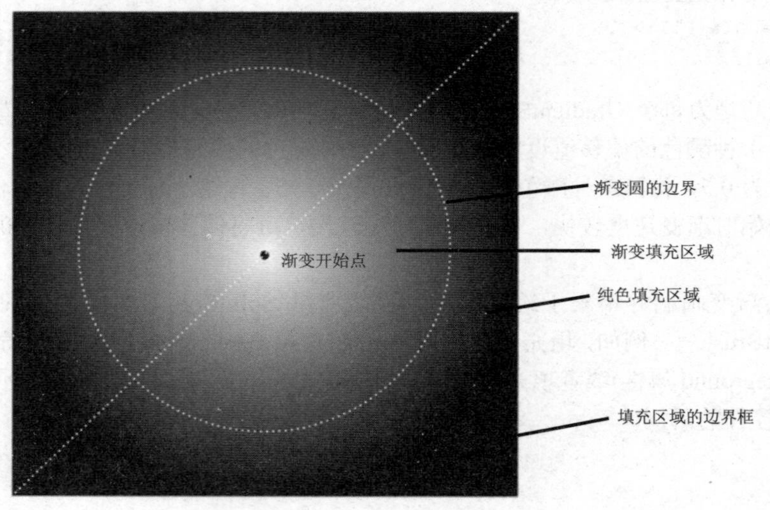

图 12-17　径向渐变填充的工作原理

可使用三个属性设置内部渐变圆的边界：Center、RadiusX 和 RadiusY。默认情况下，Center 属性被设置为(0.5, 0.5)，该设置将限定圆的中心放在填充区域的中央，并且该点同时也是渐变开始点。

RadiusX 和 RadiusY 属性决定了限定圆的尺寸，默认情况下这两个属性都被设置为 0.5。这些值可能不够直观，因为它们根据填充区域的对角范围(一条从填充区域的左上角延伸到右下角的假想线的长度)进行度量。这意味着半径 0.5 定义了一个圆，该圆的半径是对角线长度的一半。如果填充区域为正方形，使用勾股定理可计算出，该长度大约是填充区域宽度(或高度)的 0.7 倍。因此，如果用默认设置填充正方形区域，渐变就从中心点开始，并拉伸大约正方形宽度 0.7 倍的距离到达最外侧边界。

注意：

如果跟踪适应填充区域的尽可能大的椭圆，该椭圆就是渐变的第二种颜色的结束位置。

对于填充圆形形状并创建发光效果，径向渐变是非常好的选择(水平高超的美工人员通过组合使用渐变创建具有光晕效果的按钮)。一个常见技巧是稍微偏移 GradientOrigin 点，为形状创建深度感。下面是一个示例：

```
<Ellipse Margin="5" Stroke="Black" StrokeThickness="1" Width="200" Height="200">
  <Ellipse.Fill>
    <RadialGradientBrush RadiusX="1" RadiusY="1" GradientOrigin="0.7,0.3">
      <GradientStop Color="White" Offset="0" />
      <GradientStop Color="Blue" Offset="1" />
    </RadialGradientBrush>
  </Ellipse.Fill>
</Ellipse>
```

图 12-18 显示了该渐变的效果，也显示了使用标准 GradientOrigin(0.5, 0.5)的普通径向渐变效果。

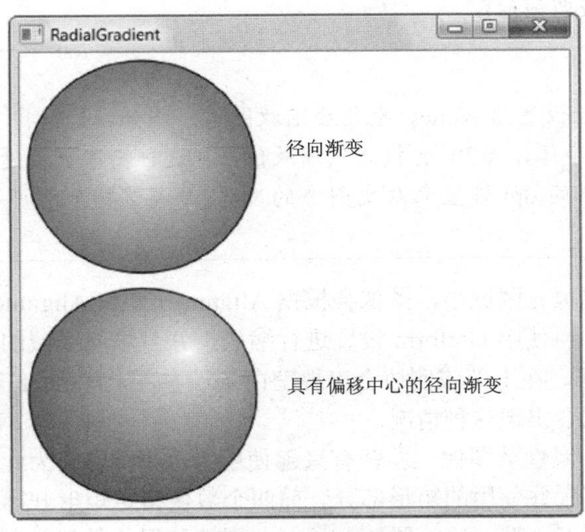

图 12-18　径向渐变

12.2.4 ImageBrush 画刷

可通过 ImageBrush 画刷使用位图填充区域。可使用最常见的文件类型，包括 BMP、PNG、GIF 以及 JPEG 文件。可通过设置 ImageSource 属性来指定希望使用的图像。例如，下面的画刷使用一幅名为 logo.jpg 的图像绘制 Grid 面板的背景，在程序集中作为资源包含了该图像：

```
<Grid>
  <Grid.Background>
    <ImageBrush ImageSource="logo.jpg"></ImageBrush>
  </Grid.Background>
</Grid>
```

ImageBrush.ImageSource 属性和 Image 元素的 Source 属性的工作方式相同，这意味着也可以使用指向资源、外部文件或 Web 站点的 URI 设置 ImageSource 属性。也可通过为 ImageSource 属性提供 DrawingImage 对象，创建使用由 XAML 定义的矢量内容的 ImageBursh 画刷。可通过这种方法降低开销(通过避免使用更耗资源的 Shape 类的派生类)，或使用矢量图形创建平铺模式。第 13 章将介绍有关 DrawingImage 类的更多内容。

注意：
WPF 会使用图像中的任何透明信息。例如，WPF 支持 GIF 文件中的透明区域以及 PNG 文件中的完全透明或半透明区域。

在该例中，ImageBrush 画刷用于绘制单元格的背景。因此，为了适应填充区域，图像会被拉伸。如果 Grid 面板比图像的原始尺寸大，就会看到改变图像尺寸造成的显示问题(如常见的模糊效果)。如果 Grid 面板的形状和图像的宽高比不匹配，为了适应 Grid 面板，图像会变形。

为控制该行为，可修改 ImageBrush.Stretch 属性，并为该属性指定表 12-2 中列出的一个值，如本章前面所述。例如，可将该属性设置为 Uniform，从而为了适应容器在缩放图像时保持图像的高宽比，或将该属性设置为 None，使用图像的自然尺寸绘制图像(对于这种情况，为适应容器，部分图像可能被剪裁掉)。

注意：
即使将 Stretch 属性设置为 None，也仍会缩放图像。例如，如果将 Windows 系统的 DPI 设置为 120 dpi(也称为大字体)，WPF 会按比例缩放位图。这种情况也会造成一定的模糊，但相对于根据显示器使用的不同 dpi 设置来改变图像的尺寸(并调整整个用户界面)，这是更好的解决方案。

如果绘制的图像比填充区域小，图像会根据 AlignmentX 和 AlignmentY 属性进行对齐。未填充的区域保持透明。当使用 Uniform 设置进行缩放，并且填充区域的形状不同时，就会出现这种情况(在这种情况下，在上部或侧边会出现空白条)。如果将 Stretch 属性设置为 None，并且填充区域比图像大，也会出现这种情况。

还可使用 Viewbox 属性从图像上剪裁有兴趣使用的一小部分。为此，需要指定 4 个数值以描述希望从源图像上剪裁并使用的矩形部分。前两个数值指定矩形开始的左上角，而后两个数值指定矩形的宽度和高度。唯一的问题是 Viewbox 属性使用的是相对坐标系统，就像渐变画刷使用的坐标系统那样。这一坐标系统将图像的左上角指定为(0, 0)，将右下角指定为(1, 1)。

为理解 Viewbox 属性的工作原理，分析下面的标记：

```
<ImageBrush ImageSource="logo.jpg" Stretch="Uniform"
 Viewbox="0.4,0.5 0.2,0.2"></ImageBrush>
```

现在，Viewbox 属性从(0.4, 0.5)开始，这差不多是从图像的一半处开始(从技术角度看，X 坐标是宽度的 0.4 倍，Y 坐标是高度的 0.5 倍)。然后伸展矩形以填充一个 20%宽度和 20%高度的小方框作为整幅图像(从技术角度看，矩形的长度为图像宽度的 0.2 倍，矩形的高度为图像高度的 0.2 倍)。根据 Stretch、AlignmentX 以及 AlignmentY 属性的设置，被剪裁下来的部分图像会被拉伸或居中显示。图 12-19 显示了两个使用不同 ImageBrush 对象填充自身的矩形。最上面的矩形显示了整幅图像，下面的矩形使用 Viewbox 放大了图像中的一小部分。这两个矩形都使用了纯黑色的边框。

图 12-19　使用 ImageBrush 的不同方式

注意：

当为了创建特定效果，以不同的方式重用同一图像的多个部分时，使用 Viewbox 属性有时会非常有用。然而，如果事先知道只需要使用图像的一部分进行绘制，显然在喜欢的图形软件中将该部分剪裁下来更合理。

12.2.5　平铺的 ImageBrush 画刷

除普通的 ImageBrush 画刷外，还有其他令人更加激动的内容。可通过在画刷的表面平铺图像来得到一些有趣的效果。

当平铺图像时，有两种选择：

- **按比例平铺**。填充区域始终具有相同数量的平铺图像。为适应填充区域，平铺的图像会扩展或收缩。
- **按固定尺寸平铺**。平铺图像始终具有相同的尺寸。填充区域的尺寸决定了显示的平铺图像的数量。

当改变使用平铺图像填充的矩形的尺寸时，图 12-20 比较了这两种方式之间的区别。

为了平铺一幅图像，需要设置 ImageSource 属性(指定希望平铺的图像)以及 Viewport、ViewportUnits 与 TileMode 属性。后三个属性决定了平铺图像的尺寸和排列方式。

可使用 Viewport 属性设置每幅平铺图像的尺寸。为使用按比例平铺模式，必须将 ViewportUnits 属性设置为 RelativeToBoundingBox(这是默认设置)。然后使用在两个方向上的坐标范围都是从 0 到 1 的按比例坐标系统定义平铺图像的尺寸。换句话说，如果一幅平铺图像的左上角位于(0, 0)，右下角位于(1, 1)，就会占据整个填充区域。为得到平铺模式，为 Viewport 属性设置的值应当比整个填充区域的尺寸小，如下所示：

```
<ImageBrush ImageSource="tile.jpg" TileMode="Tile"
 Viewport="0,0 0.5,0.5"></ImageBrush>
```

上面的标记创建了一个从填充区域的左上角(0, 0)开始，并拉伸到中间点(0.5, 0.5)的 Viewport 方框。因此，不管填充区域的大小如何，填充区域始终包含 4 幅平铺图像。这种行为非常好，因为可确保平铺图像不会在形状的边缘被剪裁(当然，如果使用 ImageBrush 画刷填充非矩形区域，图像仍会被剪裁)。

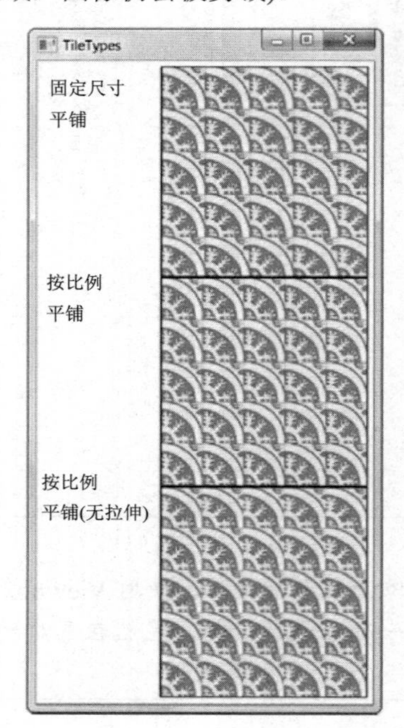

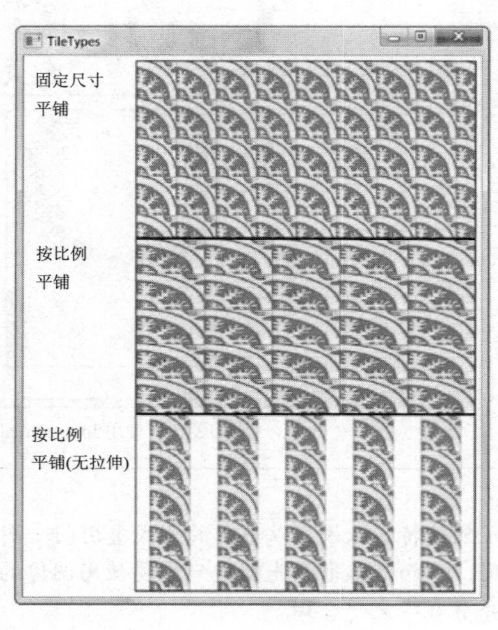

图 12-20　用不同平铺方式填充矩形

因为这个示例中的平铺图像采用相对于填充区域的尺寸，所以更大的填充区域会使用更大的平铺图像，并且因为改变了图像的尺寸，所以会造成一定的模糊效果。此外，如果填充区域不是完美的正方形，相对坐标系统会相应地进行挤压，从而每个平铺的正方形都会变成矩形。图 12-20 中的第二种平铺模式显示了这种行为。

可通过修改 Stretch 属性(默认设置为 Fill)改变这种行为。如果将该属性设置为 None，可保证平铺图像永不变形，并且保持正确的形状。然而，如果填充区域不是正方形，将在平铺图像之间显示空白空间。图 12-20 中的第三种平铺模式显示了这一细节。

第三种选择是将 Stretch 属性设置为 UniformToFill，这种设置会根据需要剪裁平铺的图像。使用这种方式，平铺图像会保持正确的纵横比，而且平铺的图像之间没有空白空间。然而，如果填充的区域不是正方形，就不会看到完整的平铺图像。

自动改变平铺图像的尺寸是一项非常有用的功能，但也要付出代价。有些位图可能不能正确地改变其尺寸。在某种程度上，可通过提供比所需位图更大的位图，为应对这种情况做好准备。但当缩小图像时，这种技术会导致更模糊的位图。

另一种定义平铺图像尺寸的方法是根据原始图像的尺寸使用绝对坐标。为此，将 ViewportUnits 属性设置为 Absolute(而不是 RelativeToBoundBox)。下面举一个示例，该例将每幅平铺图像定义为 32×32 单位大小，并从左上角开始平铺：

```
<ImageBrush ImageSource="tile.jpg" TileMode="Tile"
 ViewportUnits="Absolute" Viewport="0,0 32,32"></ImageBrush>
```

图 12-20 中的第一个矩形显示的就是此类平铺模式。这种模式的缺点是填充区域的高度和宽度必须能被 32 整除。否则，在填充区域边缘就会显示部分平铺图像。如果使用 ImageBrush 画刷填充可改变尺寸的元素，就无法避免该问题，所以必须接受平铺图像未必能与填充区域的边缘对齐这种情况。

到目前为止，介绍的所有平铺模式都使用了 TileMode 枚举类型的 Tile 值。可改变 TileMode 值，设置平铺图像的翻转方式。表 12-4 列出了选项。

表 12-4　TileMode 枚举值

名　称	说　明
Tile	在可用区域复制图像
FlipX	复制图像，但垂直翻转每个第二列
FlipY	复制图像，但水平翻转每个第二行
FlipXY	复制图像，但垂直翻转每个第二列，并水平翻转每个第二行

如果需要使平铺图像更无缝地混合，翻转行为通常是有用的。例如，如果使用 FlipX，相邻的平铺图像总可以无缝地排列。图 12-21 比较了可使用的不同平铺选项。

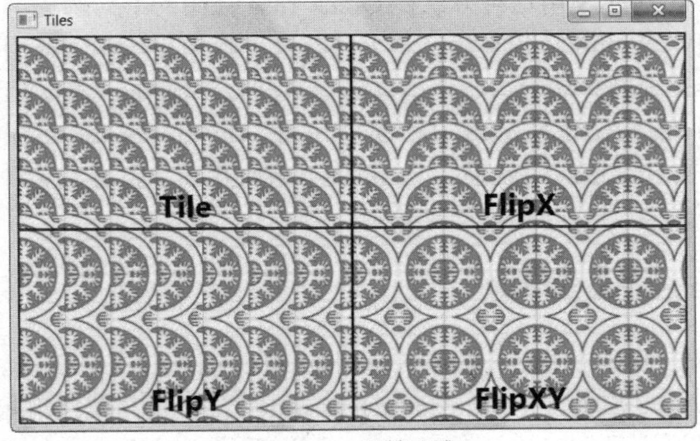

图 12-21　翻转平铺

12.2.6 VisualBrush 画刷

VisualBrush 画刷不常用，使用这种画刷获取元素的可视化内容，并使用该内容填充任意表面。例如，可使用 VisualBrush 画刷将窗口中某个按钮的外观复制到同一窗口中的其他位置。然而，复制的按钮不能被单击，也不能通过任何方式与其进行交互。在此只是复制了元素的外观。

例如，下面的标记片段定义了一个按钮和用于复制该按钮的 VisualBrush 画刷：

```
<Button Name="cmd" Margin="3" Padding="5">Is this a real button?</Button>
<Rectangle Margin="3" Height="100">
  <Rectangle.Fill>
    <VisualBrush Visual="{Binding ElementName=cmd}"></VisualBrush>
  </Rectangle.Fill>
</Rectangle>
```

尽管可在 VisualBrush 本身定义希望使用的元素，但通常使用绑定表达式引用当前窗口中的元素，如本例所示。图 12-22 显示了原始按钮(在窗口顶部)和几个形状不同的区域，这些区域是用基于按钮的 VisualBrush 画刷绘制的。

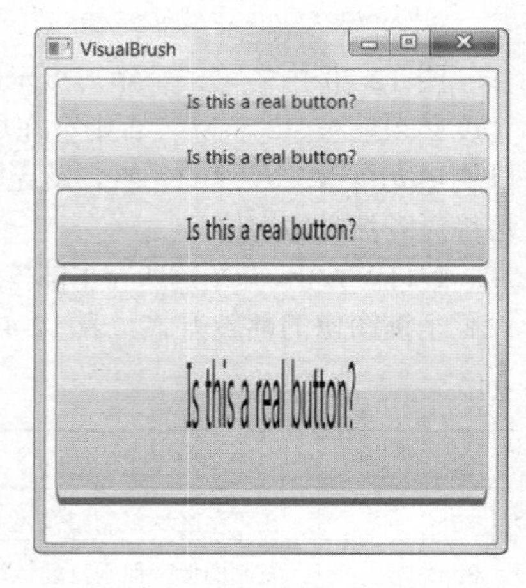

图 12-22　复制按钮的可视化外观

VisualBrush 监视元素外观的变化。例如，如果复制某个按钮的可视化外观，而且此后按钮接收到焦点，VisualBrush 画刷会使用新的可视化内容重新绘制填充区域——一个具有焦点的按钮。VisualBrush 类继承自 TileBrush 类，因此，VisualBrush 类也支持已在 12.2.5 节中介绍过的所有剪裁、拉伸以及翻转等特性。如果将这些细节与本章后面介绍的变换结合使用，可方便地使用 VisualBrush 画刷获取元素的内容并对其进行操作。

因为 VisualBrush 的内容不可交互，您可能会好奇使用这种画刷的目的是什么？实际上，在许多情况下，需要创建复制其他地方的“真实”内容的静态内容，这时 VisualBrush 画刷是很有用的。例如，可使用包含大量嵌套内容的元素(甚至是整个窗口)，将其缩小到更小尺寸，并将其作为生动的预览。一些文档程序使用这种方法显示格式化效果，Internet Explorer 使用这种方法在 Quick Tabs 视图的不同选项卡中显示文档的预览效果(按 Ctrl+Q 组合键)，Windows 也使用这种方法在任务栏中显示不同应用程序的预览效果。

可将 VisualBrush 画刷和动画结合使用以创建某些效果(例如，将文档缩小到主应用程序窗口的底部)。VisualBrush 画刷也是 WPF 中“真实反射”(live reflection)效果的基础；“真实反射”是 WPF 中最知名的被过度使用的效果之一，在接下来的几节中将看到这种效果(在第 26 章中甚至还将看到更生动的视频内容的真实反射效果)。

12.2.7　BitmapCacheBrush 画刷

BitmapCacheBrush 画刷在许多方面和 VisualBrush 画刷类似。尽管 VisualBrush 类提供了用于引用其他元素的 Visual 属性，但 BitmapCacheBrush 类提供了与此作用相同的 Target 属性。

两者之间的关键区别是，BitmapCacheBrush 画刷采用可视化内容(这些内容已经通过变换、剪裁、效果以及透明设置进行了改变)并要求显卡在显存中存储该内容。这样一来，当需要时可快速地重新绘制内容，而不必要求 WPF 执行任何额外的工作。

为配置位图缓存，设置 BitmapCacheBrush.BitmapCache 属性(使用可预先确定的 BitmapCache 对象)。下面是最简单的用法：

```
<Button Name="cmd" Margin="3" Padding="5">Is this a real button?</Button>
<Rectangle Margin="3" Height="100">
```

```
<Rectangle.Fill>
  <BitmapCacheBrush Target="{Binding ElementName=cmd}"
    BitmapCache="BitmapCache"></BitmapCacheBrush>
</Rectangle.Fill>
</Rectangle>
```

BitmapCacheBrush 画刷存在严重缺点：渲染位图以及将其复制到显存的初始步骤需要比较短但可察觉到的额外时间。如果在窗口中使用 BitmapCacheBrush 画刷，在窗口第一次绘制自身之前，当渲染 BitmapCacheBrush 并复制其位图时，将会注意到延迟。因此，在传统窗口中，BitmapCacheBrush 起不到多大的帮助作用。

然而，如果在用户界面中大量使用动画，值得考虑使用位图缓存。这是因为动画会强制窗口在每一秒内重新绘制许多次。如果具有复杂的矢量内容，从缓存位图中绘制窗口内容比从头重新绘制窗口要快。但即使是这种情况，也不应当立即使用 BitmapCacheBrush 画刷。可能更愿意通过为每个希望缓存的元素设置更高级的 UIElement.CacheMode 属性来应用缓存(第 15 章将介绍该技术)。对于这种情况，WPF 在后台使用 BitmapCacheBrush 画刷获取相同的效果，但需要做的工作更少。

根据这些细节，BitmapCacheBrush 画刷本身好像不是很有用。然而，如果需要在几个地方绘制单块复杂的可视化内容，使用 BitmapCacheBrush 画刷是合理的。对于这种情况，通过使用 BitmapCacheBrush 画刷缓存整个可视化内容比单独缓存每个元素更节省内存。再次指出，这种节省可能得不偿失，除非用户界面还使用了动画。为了学习有关位图缓存的更多内容以及使用位图缓存的时机，请参考第 15 章的 15.5.2 节“位图缓存”。

12.3　变换

通过使用变换(transform)，许多绘图任务将更趋简单；变换是通过不加通告地切换形状或元素使用的坐标系统来改变形状或元素绘制方式的对象。在 WPF 中，变换由继承自 System.Windows.Media.Transform 抽象类的类表示，表 12-5 列出了这些类。

表 12-5　变换类

名　称	说　明	重要属性
TranslateTransform	将坐标系统移动一定距离。如果希望在不同的地方绘制相同的形状，该变换非常有用	X、Y
RotateTransform	旋转坐标系统。正常绘制的形状绕着选择的中心点旋转	Angle、CenterX、CenterY
ScaleTransform	放大或缩小坐标系统，从而绘制更大或更小的图形。可在 X 和 Y 方向应用不同的缩放度，从而拉伸或压缩形状	ScaleX、ScaleY、CenterX、CenterY
SkewTransform	通过倾斜一定的角度扭曲坐标系统。例如，如果绘制正方形，通过该变换正方形会变成平行四边形	AngleX、AngleY、CenterX、CenterY
MatrixTransform	使用提供的矩阵的乘积修改坐标系统。这是最复杂的选择——为实现该变换，需要掌握一些数学技巧	Matrix
TransformGroup	组合多个变换，从而可以一次应用所有这些变换。应用变换的顺序是很重要的，因为这会影响最终结果。例如，首先使用 RotateTransform 旋转形状，然后使用 TranslateTransform 移动形状，这样做的结果和先移动再旋转的结果是不同的	N/A

从技术角度看，所有变换都使用矩阵数学改变形状的坐标。不过，使用预先构建好的变换，如TranslateTransform、RotateTransform、ScaleTransform以及SkewTransform，比使用MatrixTransform并尝试为希望执行的操作构造正确的矩阵要简单得多。当使用TransformGroup执行一系列变换时，WPF将所有变换融合到单独的MatrixTransform变换中以确保获得最佳性能。

注意：

所有变换都(通过Transform类)继承自Freezable类，这意味着它们支持自动更改通知功能。如果改变了在形状中使用的变换，形状会立即重新绘制自身。

变换是那些在不同上下文中非常有用的古怪概念中的一个。下面列举几个例子：

- **倾斜形状**。到目前为止已经介绍了水平对齐的矩形、椭圆、直线以及多边形。使用RotateTransform变换，可转动坐标系统，使创建特定的形状更容易。
- **重复形状**。许多图画是在不同的位置使用类似的形状构建的。使用变换，可先绘制一个形状，然后移动、旋转、缩放该形状，以及执行其他操作。

提示：

为在多个地方使用相同的形状，需要在标记中复制形状(这并非理想的方法)，使用代码(通过编程创建形状)，或者使用将在第13章中介绍的Path形状。Path形状接受Geometry对象，并可将图形对象存储为资源，从而在整个标记重用。

- **动画**。通过变换，可创建大量精致的效果。例如，旋转形状、将形状从一个地方移到另一个地方，以及动态扭曲形状。

本书通篇使用变换，在创建动画(见第16章)和操作3D内容时(见第27章)尤其如此。现在，可通过考虑如何为普通形状应用基本变换，学习需要掌握的所有内容。

12.3.1　变换形状

为变换形状，将RenderTransform属性指定为希望使用的变换对象。根据使用的变换对象，需要填充不同的属性以配置变换对象，如表12-5中列举的属性。

例如，如果旋转形状，需要使用RotateTranform变换，并以度为单位提供旋转角度。下面的示例将矩形旋转25°：

```
<Rectangle Width="80" Height="10" Stroke="Blue" Fill="Yellow"
  Canvas.Left="100" Canvas.Top="100">
  <Rectangle.RenderTransform>
    <RotateTransform Angle="25" />
  </Rectangle.RenderTransform>
</Rectangle>
```

采用这种方式旋转形状时，是围绕形状的原点进行旋转的(左上角)。图12-23演示了绕形状原点旋转25°、50°、75°以及100°的效果。

有时希望绕不同的点旋转形状。与其他许多变换类一样，RotateTransform变换也提供了CenterX和CenterY属性。可以用这些属性指定将进行旋转的中心。下面的矩形使用该方法绕其中心点旋转自身 25°：

```
<Rectangle Width="80" Height="10" Stroke="Blue" Fill="Yellow"
  Canvas.Left="100" Canvas.Top="100">
  <Rectangle.RenderTransform>
    <RotateTransform Angle="25" CenterX="45" CenterY="5" />
  </Rectangle.RenderTransform>
</Rectangle>
```

如果将图 12-23 中的旋转序列改为绕指定的中心点进行旋转，结果如图 12-24 所示。

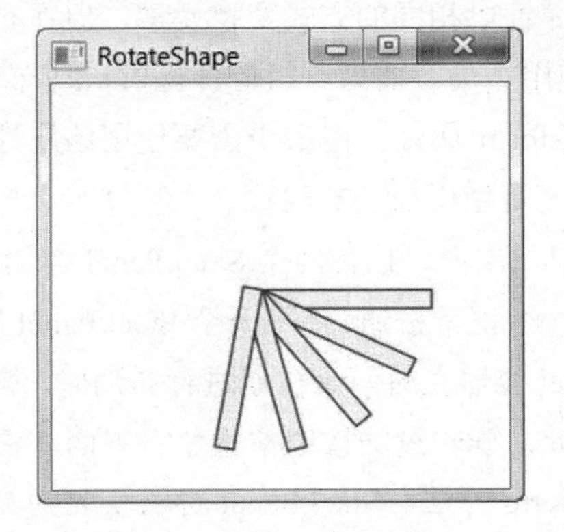

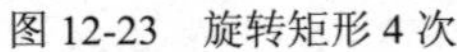

图 12-23　旋转矩形 4 次

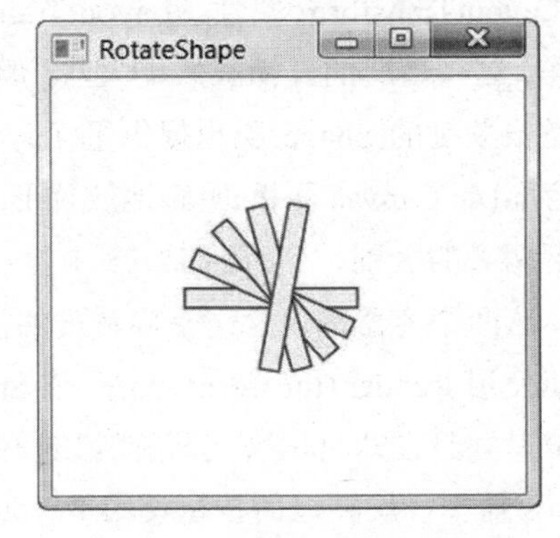

图 12-24　围绕中心点旋转矩形

使用 RotateTransform 的 CenterX 和 CenterY 属性时存在明显的限制。这些属性是使用绝对坐标定义的，这意味着需要了解绘制内容的中心点的准确位置。如果正在显示动态内容(例如，可变维度的图片或可改变尺寸的元素)，就会出现问题。幸运的是，WPF 通过方便的 RenderTransformOrigin 属性，为这个问题提供了解决方法，所有形状都支持 RenderTransformOrigin 属性。该属性使用相对坐标系统设置中心点，相对坐标系统在两个方向上的范围都是从 0 到 1。换句话说，点(0, 0)被指定为左上角，点(1, 1)表示右下角(如果形状区域不是正方形，那么会相应地拉伸坐标系统)。

借助于 RenderTransformOrigin 属性，可使用如下所示的标记，绕中心点旋转任意形状：

```
<Rectangle Width="80" Height="10" Stroke="Blue" Fill="Yellow"
  Canvas.Left="100" Canvas.Top="100" RenderTransformOrigin="0.5,0.5">
  <Rectangle.RenderTransform>
    <RotateTransform Angle="25" />
  </Rectangle.RenderTransform>
</Rectangle>
```

因为不管形状的尺寸是多少，点(0.5, 0.5)都表示形状中心，所以上面的标记可以工作。实际上，RenderTransformOrigin 属性通常比 CenterX 和 CenterY 属性更有用，尽管根据需要可以使用两者中的一个，或者同时使用两者。

提示：

当设置 RenderTransformOrigin 属性以指定旋转点时，可使用大于 1 或小于 0 的值，这时旋转点位于形状边界之外。例如，可使用具有这种设置的 RotateTransform 变换，绕着某个非常远的点旋转大的弧形，例如绕点(5, 5)进行旋转。

12.3.2 变换元素

RenderTransform 和 RenderTransformOrigin 属性并不限制只能用于形状。实际上，Shape 类的这些属性从 UIElement 类继承而来，这意味着所有 WPF 元素都支持这两个属性，包括按钮、文本框、TextBlock 控件、充满内容的整个布局容器等。令人感到惊讶的是，可旋转、扭曲以及缩放 WPF 用户界面中的任意一部分(尽管在大多数情况下不会这么做)。

RenderTransform 不是在 WPF 基类中定义的唯一与变换相关的属性。FrameworkElement 类还定义了 LayoutTransform 属性。LayoutTransform 属性以相同的方式变换元素，但在布局之前执行其工作。这种情况的开销虽然更大些，但如果使用布局容器为一组控件提供自动布局功能，这种方式是很关键的(Shape 类也提供了 LayoutTransform 属性，但很少需要使用该属性，因为通常使用容器(如 Canvas 面板)明确地放置形状，而不是使用自动布局)。

为理解两者的区别，分析图 12-25 中显示的窗口，该窗口包含两个 StackPanel 容器(由阴影区域表示)，这两个容器都包含一个旋转过的按钮和一个正常按钮。在第一个 StackPanel 容器中，旋转的按钮使用 RenderTransform 方法。该 StackPanel 容器在对两个按钮进行布局时，第一个按钮正常定位，并且在即将呈现之前旋转该按钮。因此，旋转过的按钮被重叠在下面。在第二个 StackPanel 容器中，旋转过的按钮使用 LayoutTransform 方法。StackPanel 容器获取到旋转后按钮所需的边界，并相应地布局第二个按钮。

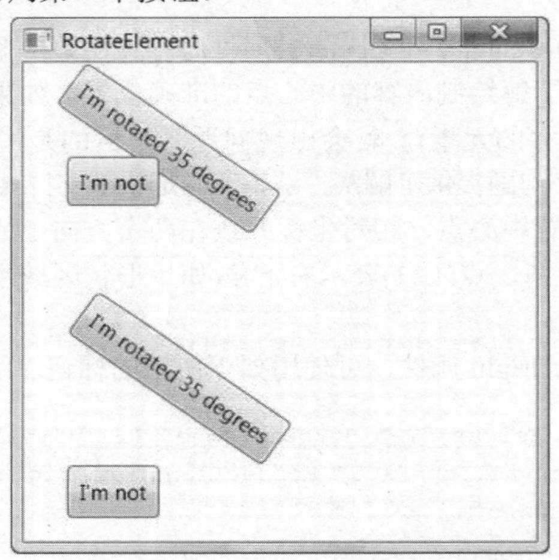

图 12-25　旋转按钮

只有很少几个元素不能被变换，因为它们的呈现工作并非由 WPF 本身负责。不能被变换的元素的两个例子是 WindowsFormHost 和 WebBrower 元素，WindowsFormHost 元素用于在 WPF 窗口中放置 Windows 窗体控件(在第 30 章会演示该特性)，WebBrower 元素用于显示 HTML 内容。

在一定程度上，当设置 LayoutTransform 或 RenderTransform 属性时，WPF 元素不知道它们正在被修改。特别是，变换不会影响元素的 ActualHeight 和 ActualWidth 属性，它们仍记录着变换之前的值。这正是 WPF 能够保证流式布局以及外边距继续以相同的方式工作的部分原理，即使应用了一个或多个变换也同样如此。

12.4　透明

WPF 支持真正的透明效果。这意味着，如果在一个形状或元素上层叠另外几个形状或元素，并让所有这些形状和元素具有不同的透明度，就会看到所期望的效果。通过该特性能够创建透过上面的元素可以看到的图形背景，这是最简单的情形。最复杂的情形是，使用该特性可创建多层动画和其他效果，对于其他框架来说这是很难实现的。

12.4.1　使元素半透明

可采用以下几种方式使元素具有半透明效果：

- **设置元素的 Opacity 属性**。每个元素(包括形状)都从 UIElement 基类继承了 Opacity 属性。不透明度(Opacity)是 0 到 1 之间的小数，1 表示完全不透明(默认值)，0 表示完全透明。例如，不透明度 0.9 会创建 90%可见(10%透明)的效果。当使用这种方法设置不透明度时，设置会被应用于整个元素的可见内容。
- **设置画刷的 Opacity 属性**。每个画刷也从 Brush 基类继承了 Opacity 属性。可使用 0 到 1 之间的值设置该属性，以控制使用画刷绘制的内容的透明度——不管是固定颜色画刷、渐变画刷，还是某种类型的纹理或图像画刷。因为可为形状的 Stroke 和 Fill 属性使用不同的画刷，所以可为边框和表面区域设置不同程度的透明度。
- **使用具有透明 Alpha 值的颜色**。所有 alpha 值小于 255 的颜色都是半透明的。例如，可在 SolidColorBrush 画刷中使用半透明颜色，并使用该画刷绘制元素的前景内容和背景表面。在有些情况下，使用半透明颜色比设置 Opacity 属性执行得更好。

图 12-26 显示的例子具有多个半透明层。

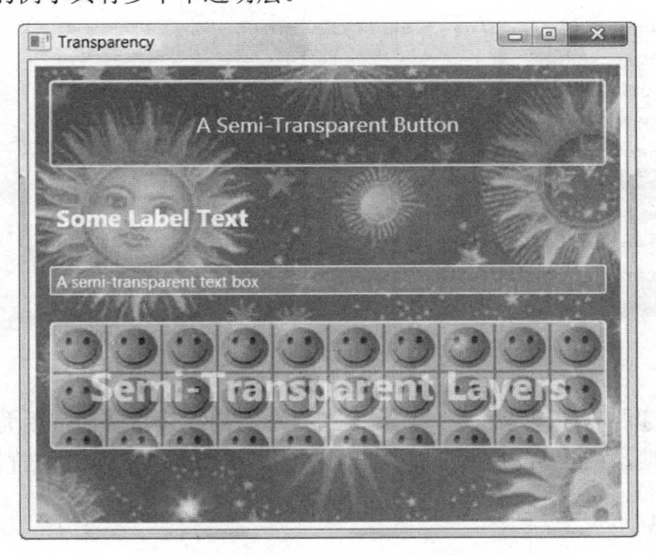

图 12-26　具有多个半透明层的窗口

- 窗口有不透明的白色背景。
- 顶级的 StackPanel 面板包含所有元素，并使用应用了一幅图片的 ImageBrush 对象。减小了画刷的 Opacity 属性值，使颜色变淡，从而可以透过该背景看到窗口的白色背景。

- 第一个按钮使用半透明的红色背景(WPF在后台创建SolidColorBrush画刷以绘制该颜色)。图像可透过按钮的背景显示，但文本是不透明的。
- 第一个按钮下的标签的使用与正常情况一样。默认情况下，所有标签都有完全透明的背景色。
- 文本框使用不透明的文本和边框，但使用半透明的背景色。
- 文本框下的另一个StackPanel面板使用TileBrush画刷创建笑脸图案。TileBrush画刷的Opacity属性被降低，所以其他背景可透过该面板显示。例如，可在窗体的右下角看到太阳。
- 第二个StackPanel面板中有一个TextBlock对象，该TextBlock对象的背景完全透明(默认设置)并具有半透明的白色文本。如果仔细观察，会发现两个背景都能透过一些字母显示。

下面是XAML中窗口的内容：

```
<StackPanel Margin="5">
  <StackPanel.Background>
    <ImageBrush ImageSource="celestial.jpg" Opacity="0.7" />
  </StackPanel.Background>

  <Button Foreground="White" FontSize="16" Margin="10"
    BorderBrush="White" Background="#60AA4030"
    Padding="20">A Semi-Transparent Button</Button>
  <Label Margin="10" FontSize="18" FontWeight="Bold" Foreground="White">
    Some Label Text</Label>
  <TextBox Margin="10" Background="#AAAAAAAA" Foreground="White"
    BorderBrush="White">A semi-transparent text box</TextBox>

  <Button Margin="10" Padding="25" BorderBrush="White">
    <Button.Background>
      <ImageBrush ImageSource="happyface.jpg" Opacity="0.6"
        TileMode="Tile" Viewport="0,0,0.1,0.3"/>
    </Button.Background>
    <StackPanel>
      <TextBlock Foreground="#75FFFFFF" TextAlignment="Center"
        FontSize="30" FontWeight="Bold" TextWrapping="Wrap">
        Semi-Transparent Layers</TextBlock>
    </StackPanel>
    </Button>
</StackPanel>
```

透明是较受欢迎的WPF特性之一。实际上，透明特性非常容易使用而且工作得非常好，所以有些过于泛滥地被用于WPF用户界面。因此注意不要过度使用透明特性。

12.4.2　透明掩码

Opacity属性使元素的所有内容都是部分透明的。OpacityMask属性提供了更大的灵活性。可使元素的特定区域透明或部分透明，从而实现各种常见的以及新颖的效果。例如，可使用OpacityMask属性将形状逐渐褪色到完全透明。

OpacityMask属性接受任何画刷。画刷的alpha通道确定了什么地方是透明的。例如，如果使用 SolidColorBrush 画刷为 OpacityMask 属性设置透明颜色，整个元素就会消失。如果使用 SolidColorBrush 画刷设置非透明颜色，元素将保持完全可见。颜色的其他细节(红、绿和蓝成分)并不重要，当设置 OpacityMask 属性时会忽略它们。

使用 SolidColorBrush 画刷设置 OpacityMask 属性没什么意义，因为可使用 Opacity 属性更容易地实现相同的效果。然而，当使用更特殊的画刷类型时，例如使用 LinearGradient 或 RadialGradientBrush 画刷，OpacityMask 属性就变得更有用了。使用渐变将一种纯色变换到透明色，可创建在整个元素表面褪色的透明效果。例如，下面的按钮就使用了这种效果：

```
<Button FontSize="14" FontWeight="Bold">
  <Button.OpacityMask>
    <LinearGradientBrush StartPoint="0,0" EndPoint="1,0">
      <GradientStop Offset="0" Color="Black"></GradientStop>
      <GradientStop Offset="1" Color="Transparent"></GradientStop>
    </LinearGradientBrush>
  </Button.OpacityMask>
  <Button.Content>A Partially Transparent Button</Button.Content>
</Button>
```

图 12-27 在一个窗口上显示了该按钮，在该窗口中还显示了一幅名贵钢琴的图片。

图 12-27　从纯色褪色到透明的按钮

还可结合使用 OpacityMask 属性和 VisualBrush 画刷来创建反射效果。例如，以下标记创建了最常见的 WPF 效果之一——具有镜像文本的文本框。当输入文本时，VisualBrush 画刷就会在下面绘制反射文本。使用 VisualBrush 画刷绘制一个矩形，该矩形使用 OpacityMask 属性褪色反射的文本，使反射文本与上面真实的元素区别开来：

```
<TextBox Name="txt" FontSize="30">Here is some reflected text</TextBox>
<Rectangle Grid.Row="1" RenderTransformOrigin="1,0.5">
  <Rectangle.Fill>
    <VisualBrush Visual="{Binding ElementName=txt}"></VisualBrush>
  </Rectangle.Fill>
  <Rectangle.OpacityMask>
    <LinearGradientBrush StartPoint="0,0" EndPoint="0,1">
      <GradientStop Offset="0.3" Color="Transparent"></GradientStop>
      <GradientStop Offset="1" Color="#44000000"></GradientStop>
```

```
    </LinearGradientBrush>
  </Rectangle.OpacityMask>
  <Rectangle.RenderTransform>
    <ScaleTransform ScaleY="-1"></ScaleTransform>
  </Rectangle.RenderTransform>
</Rectangle>
```

该例使用 LinearGradientBrush 画刷在完全透明的颜色和半透明的颜色之间进行渐变，使反射的内容更加平淡。该例还使用 RenderTransform 翻转矩形，使反射的内容上下颠倒。因为使用了该变换，所以渐变过渡点(gradient stops)必须反向设置。图 12-28 显示了最终结果。

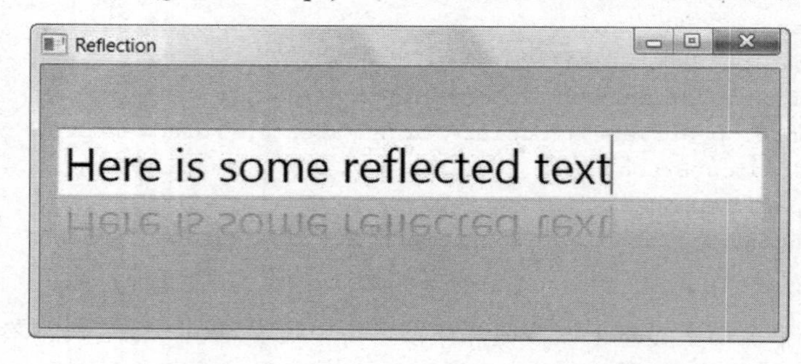

图 12-28　VisualBrush+OpacityMask+RenderTransfrom=反射效果

除使用渐变画刷和 VisualBrush 外，OpacityMask 属性还经常使用 DrawingBrush 画刷，下一章将介绍有关 DrawingBrush 画刷的内容。可以使用 DrawingBrush 画刷为元素应用各种形状的透明区域。

12.5　小结

本章详细分析了 WPF 对基本二维绘图的支持。首先学习了简单的形状类；然后学习了如何使用简单的和复杂的画刷绘制形状的边框以及填充形状，如何使用变换移动、旋转以及扭曲形状；最后简要介绍了透明效果。

针对二维绘图的学习过程并未结束。下一章将介绍 Path 类(最复杂的形状类)，使用该类可以组合到目前为止见到的所有形状，并添加弧线和曲线。还将分析如何借助 WPF 提供的 Geometry 和 Drawing 对象，实现绘制效率更高的图形，还将分析如何从其他程序中导出插图。

第 13 章

几何图形和图画

我们从第 12 章开始研究 WPF 2D 绘图功能，分析了如何组合使用简单的 Shape 类的派生类、变换和画刷来创建各种图形效果。但前面学习的概念仍不能满足创建和操作由矢量元素构成的更复杂的 2D 场景的需要。这是因为在矩形、椭圆以及多边形等简单形状和在富应用程序图形界面中所看到的插图之间还有很大差距。

本章将使用几个新概念扩展您的技巧，将介绍如何在 WPF 中定义更复杂的图画(drawing)，如何构造弧形和曲线，以及如何将已经存在的矢量图形转换成所需的 XAML 格式。还将讨论操作复杂图形的最高效方法——换句话说，如何降低管理数百个或数千个形状造成的开销。下面首先讲述使用功能更强大的 Path 类替代在上一章中介绍的简单形状，Path 类能够封装复杂的几何图形。

13.1 路径和几何图形

第 12 章介绍了大量继承自 Shape 的类，包括 Rectangle、Ellipse、Polygon 以及 Polyline。但还有一个继承自 Shape 的类尚未介绍，而且该类是到现在为止介绍过的功能最强大的形状类，即 Path 类。Path 类能够包含任何简单形状、多组形状以及更复杂的要素，如曲线。

Path 类提供了 Data 属性，该属性接受一个 Geometry 对象，该对象定义路径包含的一个或多个图形。不能直接创建 Geometry 对象，因为 Geometry 是抽象类，而是需要使用表 13-1 中列出的 7 个派生类中的一个进行创建。

表 13-1 几何图形类

名　称	说　明
LineGeometry	代表直线，该几何图形相当于 Line 形状
RectangleGeometry	代表矩形(可以具有圆形拐角)，该几何图形相当于 Rectangle 形状
EllipseGeometry	代表椭圆，该图形相当于 Ellipse 形状
GeometryGroup	为单个路径添加任意多个 Geometry 对象，使用 EvenOdd 或 NonZero 填充规则来确定要填充的区域
CombinedGeometry	将两个几何图形合并为一个形状。可使用 CombineMode 属性选择如何组合两个几何图形
PathGeometry	代表更复杂的由弧线、曲线以及直线构成的图形，并且既可以是闭合的，也可以是不闭合的
StreamGeometry	相当于 PathGeometry 的只读的轻量级类。StreamGeometry 图形可节省内存，因为它不在内存中同时保存路径的所有单个分段。并且这类图形一旦被创建就不能再修改

现在，您可能会好奇路径和几何图形之间到底有什么区别。几何图形定义形状，而路径用于绘制形状。因此，Geometry 对象为形状定义了坐标和尺寸等细节，而 Path 对象提供了用于绘制形状的 Stroke 和 Fill 画刷。Path 类还提供了继承自 UIElement 基础架构的特性，如鼠标和键盘处理。

然而，几何图形类并不像看起来那么简单。原因之一是它们都继承自 Freezable 类(通过 Geometry 基类)，所以支持更改通知。因此，如果使用几何图形创建路径，然后修改几何图形，就会自动被重新绘制路径。还可以使用几何图形类来定义能够通过画刷应用的图画，从而为绘制不需要 Path 类所具有的用户交互功能的复杂内容提供一种简单方法。本章后面的 13.2 节“图画”将分析该功能。

接下来的几节将分析 Geometry 类的所有这些派生类。

13.1.1 直线、矩形和椭圆图形

LineGeometry、RectangleGeometry 以及 EllipseGeometry 类直接对应于在第 12 章中介绍的 Line、Rectangle 以及 Ellipse 形状。例如，可将下面使用 Rectangle 元素的标记：

```
<Rectangle Fill="Yellow" Stroke="Blue"
 Width="100" Height="50" ></Rectangle>
```

转换为下面使用 Path 元素的标记：

```
<Path Fill="Yellow" Stroke="Blue">
  <Path.Data>
    <RectangleGeometry Rect="0,0 100,50"></RectangleGeometry>
  </Path.Data>
</Path>
```

唯一的实质性区别是 Rectangle 形状使用的是 Height 和 Width 值，而 RectangleGeometry 图形使用 4 个数值来描述矩形的尺寸和位置。前两个数值描述左上角的 X 和 Y 坐标，而后两个数值设置矩形的宽度和高度。可在(0, 0)点开始绘制矩形，从而得到与普通的 Rectangle 元素相同的效果，或者使用不同的值偏移矩形。RectangleGeometry 类还提供了 RadiusX 和 RadiusY 属性，这两个属性用于圆滑拐角(如前一章所述)。

类似地，可将下面的 Line 形状：

```
<Line Stroke="Blue" X1="0" Y1="0" X2="10" Y2="100"></Line>
```

转变成下面的 LineGeometry 图形：

```
<Path Fill="Yellow" Stroke="Blue">
  <Path.Data>
    <LineGeometry StartPoint="0,0" EndPoint="10,100"></LineGeometry>
  </Path.Data>
</Path>
```

也可将如下 Ellipse 形状：

```
<Ellipse Fill="Yellow" Stroke="Blue"
 Width="100" Height="50" HorizontalAlignment="Left"></Ellipse>
```

转变成下面的 EllipseGeometry 图形：

```
<Path Fill="Yellow" Stroke="Blue">
  <Path.Data>
```

```
        <EllipseGeometry RadiusX="50" RadiusY="25" Center="50,25">
          </EllipseGeometry>
      </Path.Data>
    </Path>
```

注意，两个半径值只是宽度和高度值的一半。还可使用 Center 属性偏移椭圆的位置。在该例中，中心被设置为椭圆外包围框的正中心位置，所以使用与绘制 Ellipse 形状完全相同的方式来绘制椭圆图形。

总之，这些简单图形和对应的形状使用相同的工作方式。虽然具有额外的可偏移矩形和椭圆的功能，但如果在 Canvas 面板上放置形状，该功能是没有必要的，因为已经具有将形状定位到特定位置的能力。实际上，如果这就是图形所能完成的所有内容，您可能觉得使用 Path 元素很烦人。但正如下一节所述，当决定在同一个路径中组合多个几何图形时，情况就不同了。

13.1.2　使用 GeometryGroup 组合形状

组合图形最简单的方法是使用 GeometryGroup 对象，该对象在内部嵌套其他 Geometry 类的派生类对象。下面的示例在一个正方形的旁边放置了一个椭圆：

```
<Path Fill="Yellow" Stroke="Blue" Margin="5" Canvas.Top="10" Canvas.Left="10" >
  <Path.Data>
    <GeometryGroup>
      <RectangleGeometry Rect="0,0 100,100"></RectangleGeometry>
      <EllipseGeometry Center="150,50" RadiusX="35" RadiusY="25">
      </EllipseGeometry>
    </GeometryGroup>
  </Path.Data>
</Path>
```

上面标记的效果和如下两个 Path 元素的效果相同，其中一个 Path 元素具有 RectangleGeometry，而另一个 Path 元素具有 EllipseGeometry(而且像是改用了 Rectangle 和 Ellipse 形状)。然而，这种方法有一个优点。用一个元素替代了两个元素，这意味着降低了用户界面的开销。通常，使用数量更少的较复杂几何图形元素的窗口比具有大量较简单几何图形元素的窗口的性能要高。在只有几十个形状的窗口中这一效果并不明显，但对于需要几百或几千个形状的窗口，这一问题就会变得很重要了。

当然，将多个几何图形组合成单独的 Path 元素也存在缺点——不能单独为不同的形状执行事件处理。反而，Path 元素将引发所有的鼠标事件。不过，仍可以独立地控制嵌套的 RectangleGeometry 和 EllipseGeometry 对象，从而改变整个路径。例如，每个几何图形都提供了 Transform 属性，可使用该属性拉伸、扭曲或旋转路径的相应部分。

几何图形的另一个优点是可在几个独立的 Path 元素中重用相同的几何图形。这不需要使用代码——只需要在 Resources 集合中定义几何图形，并使用 StaticExtension 或 DynamicExtension 标记扩展在路径中进行引用。下面的例子对前面显示的例子进行了重写，在 Canvas 容器的两个不同位置使用两种填充颜色来显示 CombinedGeometry 实例：

```
<Window.Resources>
  <GeometryGroup x:Key="Geometry">
    <RectangleGeometry Rect="0 ,0 100 ,100"></RectangleGeometry>
    <EllipseGeometry Center="150, 50" RadiusX="35" adiusY="25"></EllipseGeometry>
  </GeometryGroup>
</Window.Resources>
```

```
<Canvas>
  <Path Fill="Yellow" Stroke="Blue" Margin="5" Canvas.Top="10" Canvas.Left="10"
   Data="{StaticResource Geometry}">
  </Path>
  <Path Fill="Green" Stroke="Blue" Margin="5" Canvas.Top="150" Canvas.Left="10"
   Data="{StaticResource Geometry}">
  </Path>
</Canvas>
```

当形状相互交叉时，GeometryGroup 将更有趣。这时不能将图画简单地作为固定形状的组合对待，GeometryGroup 使用 FillRule 属性(该属性可设置为 EvenOdd 或 Nonzero，如第 12 章所述)决定填充哪些形状。如果采用如下方式改变前面显示的标记，在正方形的上面放置椭圆，分析一下会出现什么情况：

```
<Path Fill="Yellow" Stroke="Blue" Margin="5" Canvas.Top="10" Canvas.Left="10" >
  <Path.Data>
    <GeometryGroup>
      <RectangleGeometry Rect="0,0 100,100"></RectangleGeometry>
      <EllipseGeometry Center="50,50" RadiusX="35" RadiusY="25"> </EllipseGeometry>
    </GeometryGroup>
  </Path.Data>
</Path>
```

现在，上面的标记创建了一个正方形，这个正方形的内部有一个椭圆形状的洞。如果将 FillRule 属性修改为 Nonzero，在纯色正方形的上面就会有一个纯色的椭圆，椭圆和正方形都使用黄色填充。

通过在正方形的上面重叠以白色填充的椭圆，可创建有洞的正方形。然而，如果在下面有内容(这在复杂的图画中很常见)，GeometryGroup 类会变得更有用处。因为在你的形状中椭圆被视为洞(而不是具有不同填充的其他形状)，后面的任何内容都可透过该洞显示。例如，如果添加一行文本：

```
<TextBlock Canvas.Top="50" Canvas.Left="20" FontSize="25" FontWeight="Bold">
Hello There</TextBlock>
```

得到的结果如图 13-1 所示。

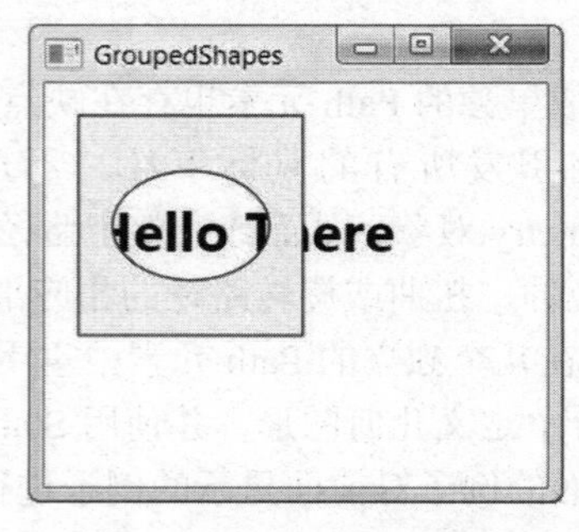

图 13-1　使用了两个形状的路径

注意：

请记住，对象以处理它们的顺序被绘制出来。换句话说，如果希望在形状的后面显示文本，务必在 Path 元素的标记之前添加 TextBlock 元素。或者，如果使用 Canvas 或 Grid 面板包含内容，可明确地为元素设置 Panel.ZIndex 附加属性，如第 3 章所述。

13.1.3　使用 CombinedGeometry 融合几何图形

对于通过基本图元(矩形、椭圆和直线)构建复杂形状，GeometryGroup 类是非常有价值的工具。但它也有明显的局限性。如果是绘制形状，并在其内部“减去”另一个形状来创建新的形状，GeometryGroup 类可以工作得很好。然而，如果形状的边界相互交叉，就很难得到所希望的结果了，并且如果希望移除形状的一部分，GeometryGroup 类就不能提供任何帮助了。

CombinedGeometry 类专门用于组合重叠到一起并且不相互包含的形状。与 GeometryGroup 类不同，CombinedGeometry 类只使用两个几何图形，通过 Geometry1 和 Geometry2 属性提供这两个几何图形。CombinedGeometry 类没有包含 FillRule 属性，反而具有功能更强大的 GeometryCombineMode 属性，该属性可以使用 4 个值中的一个，表 13-2 列出了这 4 个值。

表 13-2　GeometryCombineMode 枚举值

名　称	说　明
Union	创建包含两个几何图形所有区域的形状
Intersect	创建包含两个几何图形共有区域的形状
Xor	创建包含两个几何图形非共有区域的形状。换句话说，就像先合并形状(使用 Union)，再移除共有的部分(使用 Intersect)那样
Exclude	创建的形状包含第一个几何图形的所有区域，但不包含第二个几何图形的区域

例如，下面的示例演示了如何使用 GeometryCombineMode.Union 合并两个形状，从而创建包含所有区域的形状：

```
<Path Fill="Yellow" Stroke="Blue" Margin="5">
 <Path.Data>
  <CombinedGeometry GeometryCombineMode="Union">
   <CombinedGeometry.Geometry1>
    <RectangleGeometry Rect="0,0 100,100"></RectangleGeometry>
   </CombinedGeometry.Geometry1>
   <CombinedGeometry.Geometry2>
    <EllipseGeometry Center="85,50" RadiusX="65" RadiusY="35"></EllipseGeometry>
   </CombinedGeometry.Geometry2>
  </CombinedGeometry>
 </Path.Data>
</Path>
```

图 13-2 显示了该形状，以及使用其他各种可能的方式组合相同图形的结果。

CombinedGeometry 类只能合并两个形状，这看起来可能是一个重大的局限，但实际上并非如此。可构建包含许多不同几何图形的形状——只需要使用嵌套的 CombinedGeometry 对象即可。例如，一个 CombinedGeometry 对象可组合另外两个 CombinedGeometry 对象，而这两个 CombinedGeometry 对象自身可能又组合了多个几何图形。采用这种技术，可构建非常复杂的形状。

为理解这种组合的工作原理，分析图 13-3 中显示的简单的“no”符号(一个有斜线贯穿其中的圆)。尽管任何一个 WPF 基本图元都与该形状不同，但可以用 CombinedGeometry 对象很快装配出该符号。

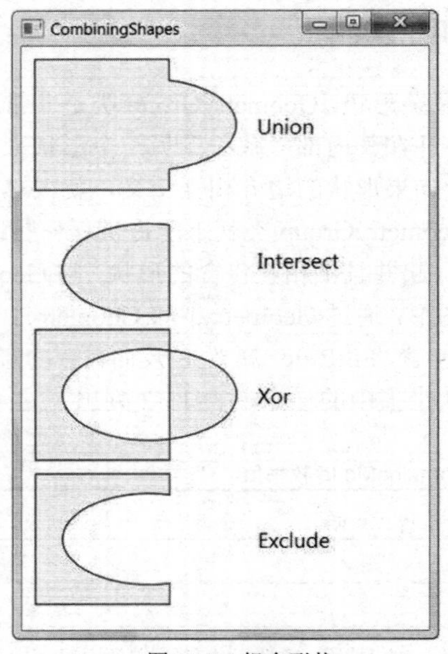

图 13-2　组合形状

图 13-3　多个形状的组合

最好首先绘制表示该形状外侧边缘的椭圆，然后使用具有 GeometryCombineMode.Exclude 组合模式的 CombinedGeometry 对象，从内部移除一个小的椭圆。下面是所需的标记：

```
<Path Fill="Yellow" Stroke="Blue">
  <Path.Data>
    <CombinedGeometry GeometryCombineMode="Exclude">
      <CombinedGeometry.Geometry1>
        <EllipseGeometry Center="50,50" RadiusX="50" RadiusY="50"></EllipseGeometry>
      </CombinedGeometry.Geometry1>
      <CombinedGeometry.Geometry2>
        <EllipseGeometry Center="50,50" RadiusX="40" RadiusY="40"></EllipseGeometry>
      </CombinedGeometry.Geometry2>
    </CombinedGeometry>
  </Path.Data>
</Path>
```

现在完成了部分工作，但仍需添加贯穿中间的斜线。添加该元素最简单的方法是使用一个倾斜的矩形。可使用具有 45° 的 RotateTranform 的 RectangleGeometry 图形完成这一工作：

```
<RectangleGeometry Rect="44,5 10,90">
  <RectangleGeometry.Transform>
    <RotateTransform Angle="45" CenterX="50" CenterY="50"></RotateTransform>
  </RectangleGeometry.Transform>
</RectangleGeometry>
```

注意：

当为几何图形应用变换时，使用 Transform 属性(而不是 RenderTransform 或 LayoutTransform 属性)。这是因为几何图形定义了形状，而且所有变换总在布局中使用路径之前被应用。

最后一步是将该几何图形和前面使用组合几何图形创建的空心圆进行组合。对于这种情况，需要使用 GeometryCombineMode.Union 组合模式，在组合的形状上添加矩形。

下面是用于该符号的完整标记：

```
<Path Fill="Yellow" Stroke="Blue">
  <Path.Data>
    <CombinedGeometry GeometryCombineMode="Union">
      <CombinedGeometry.Geometry1>
        <CombinedGeometry GeometryCombineMode="Exclude">
          <CombinedGeometry.Geometry1>
            <EllipseGeometry Center="50,50"
              RadiusX="50" RadiusY="50"></EllipseGeometry>
            </CombinedGeometry.Geometry1>
            <CombinedGeometry.Geometry2>
              <EllipseGeometry Center="50,50"
                RadiusX="40" RadiusY="40"></EllipseGeometry>
            </CombinedGeometry.Geometry2>
          </CombinedGeometry>
        </CombinedGeometry.Geometry1>

        <CombinedGeometry.Geometry2>
          <RectangleGeometry Rect="44,5 10,90">
            <RectangleGeometry.Transform>
                <RotateTransform Angle="45"CenterX="50"CenterY="50"></RotateTransform>
            </RectangleGeometry.Transform>
          </RectangleGeometry>
        </CombinedGeometry.Geometry2>
      </CombinedGeometry>
    </Path.Data>
</Path>
```

注意：

CombinedGeometry 对象不会影响用于为形状着色的填充画刷或笔画画刷，这些细节由路径设置。因此，如果希望为路径的各部分使用不同的颜色，就需要创建彼此独立的 Path 对象。

13.1.4　使用 PathGeometry 绘制曲线和直线

PathGeometry 是功能超级强大的图形，它能绘制其他所有几何图形能够绘制的内容，也能绘制其他所有几何图形所不能绘制的内容。它的唯一缺点是语法比较长(并且在某种程度上更加复杂)。

每个 PathGeometry 对象都是由一个或多个 PathFigure 对象构建的(存储在 PathGeometry.Figures 集合中)。每个 PathFigure 对象是一系列相互连接的直线和曲线，可闭合也可不闭合。如果图形中最后一条直线的终点连接到了第一条直线的起点，那么图形就是闭合的。

PathFigure 类包含 4 个重要属性，如表 13-3 所示。

表 13-3 PathFigure 属性

名 称	说 明
StartPoint	指示从何处开始绘制图形线条的 Point 对象
Segments	用于绘制图形的 PathSegment 对象的集合
IsClosed	如果为 true，WPF 添加直线来连接起点和终点(假设它们不是同一个点)
IsFilled	如果为 true，就使用 Path.Fill 画刷填充图形内部的区域

到目前为止，这些内容都很直观。PathFigure 对象是由包含大量线段的不间断线条绘制的形状。然而，技巧是有几种类型的线段，它们都继承自 PathSegment 类。其中一些类比较简单，如绘制直线的 LineSegment 类。而另外一些类(如 BezierSegment 类)较为复杂，可以绘制曲线。

可自由地混合并匹配不同的线段来构建图形。表 13-4 列出了可供使用的线段类。

表 13-4 PathSegment 类

名 称	说 明
LineSegment	在两点之间创建直线
ArcSegment	在两点之间创建椭圆形弧线
BezierSegment	在两点之间创建贝塞尔曲线
QuadraticBezierSegment	创建形式更简单的贝塞尔曲线，只有一个控制点而不是两个控制点，并且计算速度更快
PolyLineSegment	创建一系列直线。可使用多个 LineSegment 对象得到相同的效果，但使用单个 PolyLineSegment 对象更简明
PolyBezierSegment	创建一系列贝塞尔曲线
PolyQuadraticBezierSegment	创建一系列更简单的二次贝塞尔曲线

1. 直线

使用 LineSegment 和 PathGeometry 类创建简单的线条非常容易。只需要设置 StartPoint 属性，并为线条中的每部分增加一条 LineSegment 直线段。LineSegment.Point 属性标识每条线段的结束点。

例如，下面的标记从点(10, 100)开始，绘制一条到点(100, 100)的直线，然后从点(100, 100)开始绘制到点(100, 50)的直线。因为 PathFigure.IsClosed 属性设置为 true，所以添加的最后一条线段将点(100, 50)连接到点(0, 0)。最后的结果是个直角三角形。

```
<Path Stroke="Blue">
 <Path.Data>
   <PathGeometry>
     <PathFigure IsClosed="True" StartPoint="10,100">
       <LineSegment Point="100,100" />
       <LineSegment Point="100,50" />
     </PathFigure>
   </PathGeometry>
 </Path.Data>
```

```
</Path>
```

注意：

请记住，每个 PathGeometry 可包含任意数量的 PathFigure 对象。这意味着可创建几个相互独立的闭合或不闭合图形，作为同一路径的一部分。

2. 弧线

弧线比直线更有趣。就像使用 LineSegment 类时一样，使用 ArcSegment.Point 属性指定弧线段终点。不过，PathFigure 从起点(或前一条线段的终点)向弧线的终点绘制一条曲线。这条弯曲的连接线实际是椭圆边缘的一部分。

显然，为了绘制弧线，只有终点是不够的，因为有许多曲线(一些弯曲程度较缓和，另一些弯曲的程度更大)能够连接这两点。还需要指定用于绘制弧线的假想椭圆的尺寸。可使用 ArcSegment.Size 属性完成该工作，该属性提供了椭圆的 X 半径和 Y 半径。假想的椭圆越大，边缘曲线就越缓和。

注意：

对于任意两点，实际上存在最大尺寸和最小尺寸的椭圆。当创建的椭圆足够大，以至于绘制的线段看起来像直线时，这时的椭圆就具有最大尺寸。再增大尺寸就没有效果了。当椭圆足够小，以至于使用整个半圆连接两点，这时椭圆的尺寸就最小。再缩小尺寸也没有效果。

下面的示例创建了在图 13-4 中显示的轻柔弧线。

```
<Path Stroke="Blue" StrokeThickness="3">
  <Path.Data>
    <PathGeometry>
      <PathFigure IsClosed="False" StartPoint="10,100" >
        <ArcSegment Point="250,150" Size="200,300" />
      </PathFigure>
    </PathGeometry>
  </Path.Data>
</Path>
```

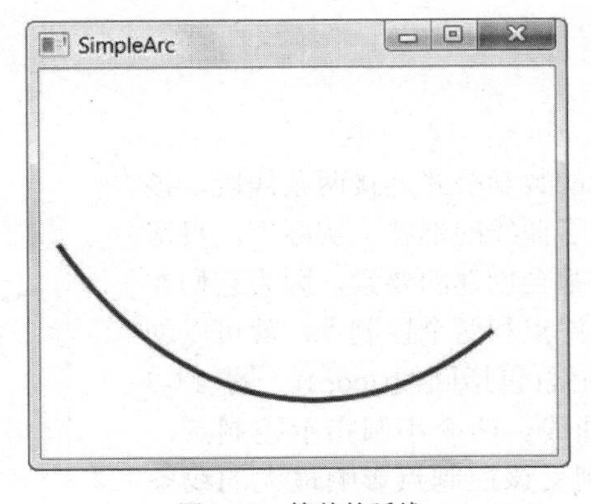

图 13-4 简单的弧线

到目前为止，弧线听起来似乎很简单。然而，即使提供了起点、终点以及椭圆的尺寸，也仍不具备明确绘制弧线所需的全部信息。上面的示例还依赖于两个默认值，如果喜欢的话，也可以使用其他值。

为了理解该问题，需要分析能连接相同两点的弧线的其他方式。如果绘制椭圆上的两个点，显然可以由两种方式连接它们——通过沿着短边连接两点，或沿着长边连接两点。图 13-5 演示了这两种方式。

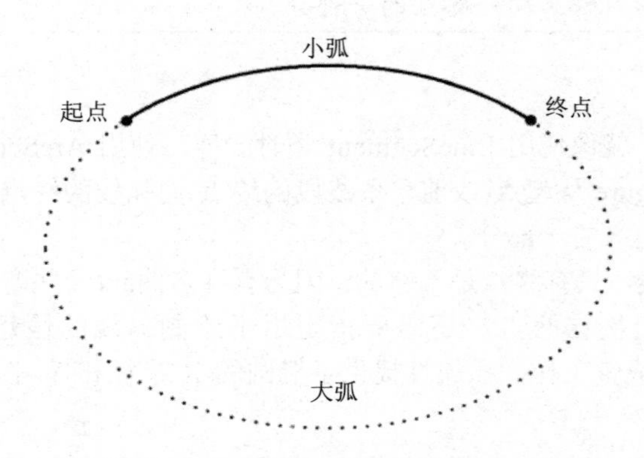

图 13-5　沿着椭圆跟踪曲线的两种方式

可用 ArcSegment.IsLargeArc 属性设置弧线的方向，可将该属性设置为 true 或 false。默认值是 false，这意味着使用两条弧线中较短的一条。

即使设置了方向，也还有一点需要明确——椭圆位于何处。设想绘制一条弧线连接左边的一点和右边的一点，并使用尽可能短的弧线。连接这两个点的曲线可被向下拉伸，然后向上拉伸(如图 13-4 中所做的那样)；也可以翻转该弧线，从而先向上弯曲，然后向下弯曲。得到的弧线依赖于定义弧线的两点的顺序以及 ArcSegment.SweepDirection 属性，该属性可以是 Counterclockwise (默认值)或 Clockwise。图 13-6 显示了两者之间的区别。

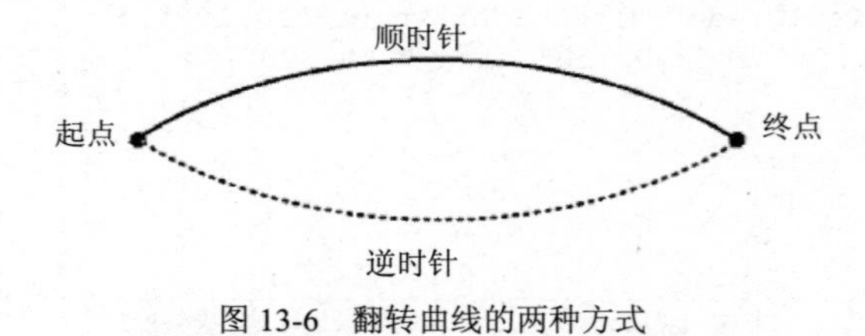

图 13-6　翻转曲线的两种方式

3. 贝塞尔曲线

贝塞尔曲线使用更复杂的数学公式连接两条线段，该公式包含的两个控制点决定了曲线的形状。实际上，贝塞尔曲线是每个矢量绘图程序都会创建的要素，因为它们非常灵活。只需要使用起点、终点和两个控制点，就可以创建出令人称奇的各种光滑曲线(包括回线(loop))。图 13-7 显示了一条经典的贝塞尔曲线。两个小圆指示控制点，而虚线将每个控制点连接到受该控制点影响最大的线条端点。

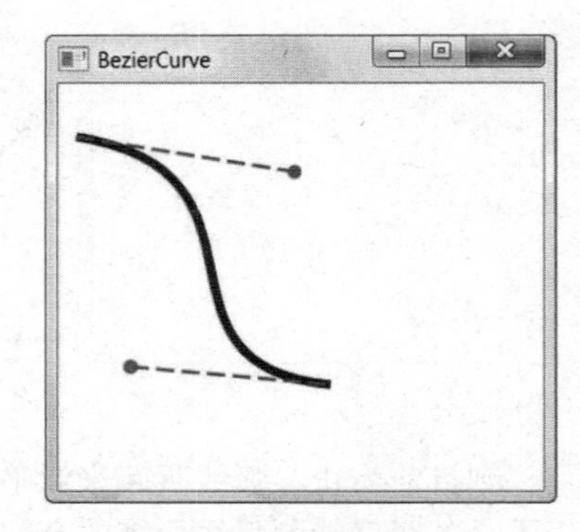

图 13-7　贝塞尔曲线

即使不理解贝塞尔曲线的数学原理，也很容易“感觉”出贝塞尔曲线的工作原理。本质上，两个控制点是所有问题的关键。它们以两种方式影响曲线：

- 在起点，贝塞尔曲线和从第一个控制点到起点之间的直线相切。在终点，贝塞尔曲线和连接终点与最后一个点的直线相切(在中间是曲线)。
- 弯曲程度由到两个控制点的距离决定。如果一个控制点更远，该控制点会更强地“拉”贝塞尔曲线。

为在标记中定义贝塞尔曲线，需要提供三个点。前两个点(BezierSegment.Point1 和 BezierSegment.Point2)是控制点，第三个点(BezierSegment.Point3)是曲线的终点。同样，起点是路径的起点或前一条线段的终点。

图 13-7 显示的示例包括三个独立的组成部分，每部分都使用了不同的笔画，因此需要单独的 Path 元素。第一个路径创建曲线，第二个路径添加虚线，第三个路径使用圆指示控制点。下面是完整的标记：

```
<Canvas>
  <Path Stroke="Blue" StrokeThickness="5" Canvas.Top="20">
    <Path.Data>
      <PathGeometry>
        <PathFigure StartPoint="10,10">
          <BezierSegment Point1="130,30" Point2="40,140"
          Point3="150,150"></BezierSegment>
        </PathFigure>
      </PathGeometry>
    </Path.Data>
  </Path>
  <Path Stroke="Green" StrokeThickness="2" StrokeDashArray="5 2" Canvas.Top="20">
    <Path.Data>
      <GeometryGroup>
        <LineGeometry StartPoint="10,10" EndPoint="130,30"></LineGeometry>
        <LineGeometry StartPoint="40,140" EndPoint="150,150"></LineGeometry>
      </GeometryGroup>
    </Path.Data>
  </Path>
  <Path Fill="Red" Stroke="Red" StrokeThickness="8" Canvas.Top="20">
    <Path.Data>
      <GeometryGroup>
        <EllipseGeometry Center="130,30"></EllipseGeometry>
        <EllipseGeometry Center="40,140"></EllipseGeometry>
      </GeometryGroup>
    </Path.Data>
  </Path>
</Canvas>
```

编写贝塞尔路径的代码是非常麻烦的。您可能更希望在具有“导出为 XAML”特征的专用绘图程序或在 Expression Design 中绘制曲线以及其他许多图形元素。

提示：

要学习有关贝塞尔曲线算法的更多内容，可阅读 http://en.wikipedia.org/wiki/Bezier_curve 网址上有关该主题的 Wikipedia 参考文章。

13.1.5 微语言几何图形

到目前为止看到的几何图形都比较简明，只用了少数几个点。更复杂的几何图形在概念上与此相同，只不过动辄就需要几百条线段。在复杂路径中定义每条直线、弧线以及曲线非常繁琐而且不是必需的——毕竟，复杂曲线可能由设计工具生成，而不是通过手工编写，所以保持标记的清晰性并不是最重要的。为此，WPF创作人员为定义几何图形增加了一种更简明的替换语法，通过该语法可用更少的标记表示详细的图形。这种语法通常称为图形微语言(geometry mini-language)，并且由于应用于Path元素，因此有时也称为路径微语言。

为理解微语言，需要认识到它在本质上是包含一系列命令的长字符串。这些命令由类型转换器读取，然后创建相应的几何图形。每个命令都是单独的字母，后面可选地跟随一些由空格分隔的数字信息(如X和Y坐标)。每个命令也使用空格与前面的命令隔开。

例如，在前面使用具有两条线段的闭合路径创建了一个基本三角形，下面是绘制这个三角形的标记：

```
<Path Stroke="Blue">
  <Path.Data>
    <PathGeometry>
      <PathFigure IsClosed="True" StartPoint="10,100">
        <LineSegment Point="100,100" />
        <LineSegment Point="100,50" />
      </PathFigure>
    </PathGeometry>
  </Path.Data>
</Path>
```

使用微语言创建该图形，应按如下方式编写标记：

```
<Path Stroke="Blue" Data="M 10,100 L 100,100 L 100,50 Z"/>
```

这个路径使用一个包含4个命令的命令序列。第一个命令(M)创建PathFigure，并将起点设置为(10, 100)。接下来的两个命令(L)创建线段。最后一个命令(Z)结束PathFigure，并将IsClosed属性设置为true。这个字符串中的逗号是可选的，同样，命令及其参数之间的空格也是可选的，但在相邻的两个参数之间以及命令之间至少要保留一个空格。这意味着可以进一步精简语法，形成下面这种更难读的形式：

```
<Path Stroke="Blue" Data="M10 100 L100 100 L100 50 Z"/>
```

当使用微语言创建几何图形时，实际上是创建了StreamGeometry对象而不是PathGeometry对象。因此，以后在代码中不能修改图形。如果这是不能接受的，可显式地创建PathGeometry对象，但使用相同的语法定义其PathFigure对象集合。如下所示：

```
<Path Stroke="Blue">
  <Path.Data>
    <PathGeometry Figures="M 10,100 L 100,100 L 100,50 Z" />
  </Path.Data>
</Path>
```

微语言几何图形很容易理解。它使用表13-5中详细描述的一小组命令。参数以斜体显示。

表 13-5 微语言图形命令

名 称	说 明
F *value*	设置 Geometry.FillRule 属性。0 表示 EvenOdd，1 表示 NonZero。如果决定使用该命令，就必须将该命令放在字符串的开头
M *x,y*	为几何图形创建新的 PathFigure 对象，并设置其起点。该命令必须在其他命令之前使用，F 命令除外。然而，也可在绘制序列期间使用该命令移动坐标系统的原点(M 代表 move)
L *x,y*	创建一条到指定点的 LineSegment 几何图形
H *x*	使用指定的 X 值创建一条水平的 LineSegment 几何图形，并保持 Y 值不变
V *y*	使用指定的 Y 值创建一条垂直的 LineSegment 几何图形，并保持 X 值不变
A *radiusX,RadiusY degrees isLargeArc, isClockwise x,y*	创建一条到指定点的 ArgSegment 线段。指定描述弧线的椭圆半径、弧线旋转的度数，以及用于设置前面介绍的 IsLargeArc 和 SweepDirection 属性的布尔标志
C *x1,y1,x2,y2 x,y*	创建到指定点的贝塞尔曲线，使用点(x1, y1)和(x2, y2)作为控制点
Q *x1,y1 x,y*	创建到指定点的二次贝塞尔曲线，使用一个控制点(x1, y1)
S *x2,y2 x,y*	通过将前一条贝塞尔曲线的第二个控制点作为新建贝塞尔曲线的第一个控制点，从而创建一条光滑的贝塞尔曲线
Z	结束当前 PathFigure 对象，并将 IsClosed 属性设置为 true。如果不希望将 IsClosed 属性设置为 true，就不必使用该命令——如果希望开始一个新的 PathFigure 对象或结束字符串，只需使用 M 命令

提示：

在微语言几何图形中另有一个技巧。如果希望命令的参数值相对于前一个点，而不是使用绝对坐标进行计算，可使用小写的命令。

13.1.6 使用几何图形进行剪裁

正如您所看到的，几何图形是创建形状的最强大方法。然而，几何图形不仅可用于 Path 元素，也可为任何需要的地方提供抽象的图形定义(而不是在窗口中绘制真实的具体形状)。

几何图形的另一个用途是用于设置 Clip 属性，所有元素都提供了该属性。可以通过 Clip 属性约束元素的外边界以符合特定的几何图形。可使用 Clip 属性创建大量的特殊效果。尽管该属性通常用于修剪 Image 元素中的图像内容，但也可将 Clip 属性应用于任何元素。唯一的限制是，如果确实希望看到一些内容——而不仅是用处不大的单独曲线和线段，需要使用闭合的几何图形。

下面的示例定义了一个几何图形，该几何图形用于剪裁两个元素：一个是包含一幅位图的 Image 元素，另一个是标准的 Button 元素。结果如图 13-8 所示。

图 13-8　剪裁两个元素

下面是该例的标记：

```
<Window.Resources>
  <GeometryGroup x:Key="clipGeometry" FillRule="Nonzero">
    <EllipseGeometry RadiusX="75" RadiusY="50" Center="100,150"></EllipseGeometry>
    <EllipseGeometry RadiusX="100" RadiusY="25" Center="200,150"></EllipseGeometry>
    <EllipseGeometry RadiusX="75" RadiusY="130" Center="140,140"></EllipseGeometry>
  </GeometryGroup>
</Window.Resources>
<Grid>
  <Grid.ColumnDefinitions>
    <ColumnDefinition></ColumnDefinition>
    <ColumnDefinition></ColumnDefinition>
  </Grid.ColumnDefinitions>

  <Button Clip="{StaticResource clipGeometry}">A button</Button>
  <Image Grid.Column="1" Clip="{StaticResource clipGeometry}"
    Stretch="None" Source="creek.jpg"></Image>
</Grid>
```

使用剪裁存在限制。设置的剪裁不会考虑元素的尺寸。换句话说，当改变窗口尺寸时，不管图 13-8 中显示的按钮变大还是变小，剪裁区域仍保留原样，并显示按钮的不同部分。一种可能的解决方案是在 Viewbox 控件中封装元素，以便提供自动重新缩放功能。但这会导致所有内容都按比例地改变尺寸，包括希望改变尺寸的一些细节(剪裁区域和按钮表面)以及那些可能不希望改变的内容(按钮文本和绘制按钮边框的线条)。

下一节进一步介绍 Geometry 对象，并使用它们定义轻量级的可通过各种方式使用的图画。

13.2　图画

正如您在前面学习过的，Geometry 抽象类表示形状或路径。Drawing 抽象类扮演了互补的角色，它表示 2D 图画(drawing)——换句话说，它包含了显示矢量图形或位图需要的所有信息。

尽管有几类图画类，但只有 GeometryDrawing 类能使用已经学习过的几何图形。它增加了决定如何绘制图形的笔画和填充细节。可将 GeometryDrawing 对象视为矢量插图中的形状。例如，可将标准的窗口元文件格式(.wmf)转换成准备插入用户界面的 GeometryDrawing 对象的集合(实际上，本章稍后的 13.2.2 节“导出插图”将讨论如何完成该工作)。

分析一个简单示例是有帮助的。前面已经看到了如何定义表示三角形的 PathGeometry 对象：

```
<PathGeometry>
  <PathFigure IsClosed="True" StartPoint="10,100">
    <LineSegment Point="100,100" />
    <LineSegment Point="100,50" />
  </PathFigure>
</PathGeometry>
```

可使用 PathGeometry 对象创建 GeometryDrawing 对象，如下所示：

```
<GeometryDrawing Brush="Yellow">
  <GeometryDrawing.Pen>
    <Pen Brush="Blue" Thickness="3"></Pen>
  </GeometryDrawing.Pen>
<GeometryDrawing.Geometry>
  <PathGeometry>
    <PathFigure IsClosed="True" StartPoint="10,100">
      <LineSegment Point="100,100" />
      <LineSegment Point="100,50" />
    </PathFigure>
  </PathGeometry>
  </GeometryDrawing.Geometry>
</GeometryDrawing>
```

现在，PathGeometry 对象定义了形状(三角形)。GeometryDrawing 对象定义了形状的外观(具有蓝色边界的黄色三角形)。PathGeometry 对象和 GeometryDrawing 对象都不是元素，所以不能直接使用这两个对象中的任何一个为窗口添加自己绘制的内容，而需要使用另一个支持图画的类，如下一节所述。

注意：

GeometryDrawing 类引入了一个新的细节：System.Windows.Media.Pen 类。除了前面学过的用于形状的所有与笔画相关的属性(StartLine、EndLineCap、DashStyle、DashCap、LineJoin 以及 MiterLimit)之外，Pen 类还提供了在上面的示例中使用的 Brush 和 Thickness 属性。实际上，大多数继承自 Shape 的类在它们内部的绘图代码中使用的都是 Pen 对象，但为了方便使用而直接提供了与画笔相关的属性。

GeometryDrawing 类不是 WPF 中唯一的图画类(尽管当使用 2D 矢量图形时，该类是最相关的一个类)。实际上，Drawing 类用于表示所有类型的 2D 图形，并且还有一小组类继承自该类。表 13-6 列出了所有这些类。

表 13-6　图　画　类

类	说　明	属　性
GeometryDrawing	封装一个几何图形，该几何图形具有填充它的画刷和绘制其边框的画笔	Geometry、Brush、Pen

(续表)

类	说　明	属　性
ImageDrawing	封装一幅图像(通常是基于文件的位图图像)，该图像具有定义图像边界的矩形	ImageSource、Rect
VideoDrawing	结合用于播放视频文件的媒体播放器和定义其边界的矩形。第 26 章详细介绍 WPF 多媒体支持	Player、Rect
GlyphRunDrawing	封装低级文本对象，即所谓的具有绘制用画刷的 GlyphRun 对象	GlyphRun、ForegroundBrush
DrawingGroup	组合各种类型的 Drawing 对象的集合。可使用 DrawingGroup 创建混合图画，并可使用它的一个属性一次为整个集合应用效果	BitmapEffect、BitmapEffectInput、Children、ClipGeometry、GuidelineSet、Opacity、OpacityMask、Transform

13.2.1　显示图画

因为继承自 Drawing 的类不是元素，所以不能将它们放置到用户界面中。为了显示图画，需要使用表 13-7 中列出的三个类中的一个。

表 13-7　用于显示图画的类

类	父　类	说　明
DrawingImage	ImageSource	允许在 Image 元素中驻留图画
DrawingBrush	Brush	允许使用画刷封装图画，之后就可以用画刷绘制任何表面
DrawingVisual	Visual	允许在低级的可视化对象中放置图画。可视化对象并不具有真正元素的开销，但是如果实现了需要的基础结构，那么仍可以显示可视化对象。在第 14 章中将学习与使用可视化对象相关的更多内容

所有这些类中都存在通用主题。非常简单，它们提供了使用更少系统资源显示 2D 内容的方法。

例如，假如希望使用矢量图形为按钮创建图标。最简便的方法(也是占用资源最多的方法)是在按钮中放置 Canvas 控件，并在 Canvas 控件中放置一系列继承自 Shape 类的元素：

```
<Button ... >
  <Canvas ... >
    <Polyline ... >
    <Polyline ... >
    <Rectangle ... >
    <Ellipse ... >
    <Polygon ... >
    ...
  </Canvas>
</Button>
```

现在您已经知道，如果使用这种方法，每个元素都是完全独立的，具有自己的内存区域和事件处理程序等。一个更好的减少元素数量的方法是使用 Path 元素。因为每个路径具有单独的笔画和填充，所以仍需大量 Path 对象，不过这还是能够在一定程度上减少元素数量：

```
<Button ... >
  <Canvas ... >
    <Path ... >
    <Path ... >
    ...
  </Canvas>
</Button>
```

一旦开始使用 Path 元素，就将独立形状变换为不同的几何图形。可从路径中提取几何图形、笔画以及填充信息并将它们转换成图画，从而再增加一个抽象层。然后可在 DrawingGroup 对象中将这些图画融合在一起，并将 DrawingGroup 对象放置到 DrawingImage 对象中，DrawingImage 对象又可被放入到 Image 元素中。下面是这一过程创建的新标记：

```
<Button ... >
  <Image ... >
    <Image.Source>
      <DrawingImage>
        <DrawingImage.Drawing>
          <DrawingGroup>
            <GeometryDrawing ... >
            <GeometryDrawing ... >
            <GeometryDrawing ... >
            ...
          </DrawingGroup>
        </DrawingImage.Drawing>
      </DrawingImage>
    <Image.Source>
  </Image>
</Button>
```

这是一次意义重大的改变。该例并没有简化标记，只是用 GeometryDrawing 对象代替了每个 Path 对象。然而，由于减少了元素的数量，因此降低了所需的开销。在前面的示例中创建了包含在按钮中的 Canvas 控件，并为每个路径添加了单独的元素。但该例只需要一个嵌套的元素：位于按钮中的 Image 元素。付出的代价是不能再为每个不同的路径处理事件(例如，不能探测鼠标在图画中独立区域的单击操作)。但在用于按钮的静态图像中，未必需要使用这种功能。

注意：

很容易混淆 DrawingImage 和 ImageDrawing，这两个 WPF 类的名称极其相似。DrawingImage 类用于在 Image 元素中放置一幅图画。通常，使用该类在 Image 元素中放置矢量内容。ImageDrawing 则完全不同—— 它是 Drawing 的派生类并接受位图内容。可在 DrawingGroup 中组合 GeometryDrawing 对象和 ImageDrawing 对象，从而创建具有矢量内容和位图内容的图画，可以随意使用该图画。

尽管使用 DrawingImage 对象已经节省了大量资源，但仍可进一步提高效率，借助于 DrawingBrush 删除另一个元素。

基本思想是在 DrawingBrush 对象中封装 DrawingImage 对象，如下所示：

```
<Button ... >
  <Button.Background>
```

```
    <DrawingBrush>
      <DrawingBrush.Drawing>
        <DrawingGroup>
          <GeometryDrawing ... >
          <GeometryDrawing ... >
          <GeometryDrawing ... >
          ...
        </DrawingGroup>
      </DrawingBrush.Drawing>
    </DrawingBrush>
  </Button.Background>
</Button>
```

DrawingBrush 方法和前面介绍的 DrawingImage 方法不完全相同。因为 Image 元素改变其内容大小的默认方式是不同的。Image.Stretch 属性的默认值是 Uniform，该设置会为了适应可用空间而放大或缩小图像。DrawingBrush.Stretch 属性的默认值是 Fill，该设置可能会扭曲图像。

当改变 DrawingBrush 的 Stretch 属性时，为明确扭曲填充区域中图画的位置和尺寸，您也可能希望调整 Viewport 设置。例如，下面的标记缩放由图画画刷使用的图画，以占用填充区域的 90%：

```
<DrawingBrush Stretch="Fill" Viewport="0,0 0.9,0.9">
```

对于按钮示例这是非常有用的，因为可为按钮周围的边框留出一定的空间。因为 DrawingBrush 并非元素，所以不能使用 WPF 布局过程。这意味着和 Image 元素不同，DrawingBrush 中的内容放置不会考虑 Button.Padding 属性的值。

提示：

还可以使用 DrawingBrush 对象来创建使用其他对象所不能创建的一些效果，如平铺。因为 DrawingBrush 类继承自 TileBrush 类，所以可使用 TileMode 属性以某种模式在填充区域中重复绘图。第 12 章介绍了与 TileBrush 平铺相关的全部细节。

使用 DrawingBrush 方式的一个古怪问题是，将鼠标移到按钮上时内容会消失，并且会使用一个新画刷绘制按钮表面。但当使用 Image 方式时，图片就不受影响。为了解决这个问题，需要为按钮创建自定义控件模板，该模板使用不同的方式绘制按钮的背景。这一技术将在第 17 章中演示。

无论是在 DrawingImage 本身中使用图形，还是使用 DrawingBrush 封装图形，都应当考虑使用资源分解标记。基本思想是作为不同资源定义每个 DrawingImage 或 DrawingBrush 对象，从而当需要时就可以引用定义的对象。如果希望在多个元素或窗口中显示相同的内容，这是特别好的思想，因为您只需要重用资源，而不必复制整块标记。

13.2.2　导出插图

尽管所有这些示例都内联地声明它们的图画，但更常用的方法是将该内容的某些部分放到资源字典中，从而可在整个应用程序中重用(并在一个地方进行修改)。由您来确定如何将这些标记分割到资源中，但两种常用的方法是，存储一个充满 DrawingImage 对象的字典，或存储一个保存 DrawingBrush 对象的字典。此外，也可以分离出 Geometry 对象，并将它们存储为独立的资源(如果在多个图画中使用具有不同颜色的相同图形，这是非常方便的)。

当然，很少有开发人员会手工编写大量图形。反而，他们将使用专门的设计工具导出所需的 XAML 内容。大多数设计工具目前还不支持 XAML 导出功能，不过有许多插件和转换工具可弥补这一缺陷。下面是几个例子：

- http://www.mikeswanson.com/XAMLExport 上有一个用于 Adobe Illustrator 工具的免费 XAML 插件。
- http://www.mikeswanson.com/swf2xaml 上有一个用于 Adobe Flash 文件的免费 XAML 转换工具。
- Expression Design 是 Microsoft 公司的插图和图形设计程序，内置了 XAML 导出功能。该程序能够读取各种矢量图形文件格式，包括.wmf(Windows 元文件格式)文件，还可以导入已经存在的插图并将其导出为 XAML 格式。

然而，即使使用其中某个工具，前面学习的有关图形和图画的知识依然十分重要，主要原因有以下几点：

首先，许多程序允许您选择是希望作为 Canvas 控件中的独立元素的组合导出图画，还是希望作为 DrawingBrush 或 DrawingImage 资源的集合导出图画。通常，第一种选择是默认选择，因为它保留了许多特性。然而，如果使用大量图画，并且图画很复杂，或者只是希望为了尽可能减少内存需求而使用静态图形，如按钮图标，使用 DrawingBrush 或 DrawingImage 资源要好得多。而且，这些格式和用户界面的其他部分是相互独立的，所以在以后很容易更新它们(实际上，甚至可将 DrawingBrush 或 DrawingImage 资源编译成独立的 DLL 程序集，如第 10 章所述)。

提示：

在 Expression Design 中为了节省资源，在 Document Format 列表框中，必须显式地选择 Resource Dictionary 选项而不是默认的 Canvas 选项。

之所以说理解 2D 图形基础知识是很重要的，另一个原因是这样可以更容易地控制它们。例如，可通过以下方式替换标准的 2D 图形：修改用于绘制各种形状的画刷、为单个几何图形应用变换、改变不透明度或者变换整个形状层(通过 DrawingGroup 对象)。更富有戏剧性的是，可添加、删除或替换单个几何图形。可以很容易地将这些技术和将在第 15 章以及第 16 章中介绍的动画技巧结合起来。例如，通过修改 RotateTransform 对象的 Angle 属性，可以很容易地旋转一个几何图形对象；使用 DrawingGroup.Opacity 属性逐渐隐藏一层形状；或者通过为填充 GeometryDrawing 对象的 LinearGradientBrush 对象应用动画，创建旋转的渐变效果。

提示：

如果确实希望学习有关导出插图的更多内容，可搜索其他 WPF 应用程序使用的资源。基本技术是使用工具，如 Reflector (www.reflector.net)，打开具有资源的程序集。然后提取 BAML 资源并将之反编译成 XAML。当然，大多数公司不允许开发人员盗取手工制作的图形并将图形应用到他们的应用程序中。

13.3　小结

本章深入分析了 WPF 应用程序的 2D 绘图模型。首先全面介绍了功能最强大的 WPF 形状类——Path 类，以及该类使用的图形模型。接下来分析了如何使用几何图形构建图画，以及如何使用图画显示无交互功能的轻量级图形。下一章将分析更精简的方法——放弃元素并使用低级的 Visual 类来手动执行渲染。

第 14 章

效果和可视化对象

前两章探讨了 WPF 中 2D 绘图的核心概念。您已经深入掌握了基础知识，如形状、画刷、变换以及图画，现在可深入地分析 WPF 的低级图形功能了。

通常，当基本性能成为问题和/或需要访问单个像素时，将使用这些低级功能。本章将分析可为您提供帮助的三种 WPF 技术：

- **可视化对象(Visual)**。如果希望构建用于绘制矢量图形的程序，或计划创建包含数千个形状并可以分别操作这些形状的画布，那么使用WPF的元素系统和形状类会使速度过慢，不能满足要求。相反，需要更简洁的方法，使用低级的 Visual 类手动执行渲染。
- **效果(Effect)**。如果希望为元素应用复杂的可视化效果(如模糊和颜色调整)，最简便的方法是使用像素着色器(pixel shader)这个专用工具修改单个像素。为提高性能，像素着色器是硬件加速的，并且有许多已经制作好的效果，您付出很少的努力就可以将这些效果应用到自己的应用程序中。
- **WriteableBitmap 类**。虽然需要做很多工作，但通过 WriteableBitmap 类可以完全拥有一幅位图——这意味着可以设置并检查位图的任何像素。对于复杂的数据可视化情形(例如，当图形化科学计算数据时)可以使用该特性，也可以使用该特性从头开始实现一个赏心悦目的效果。

14.1 可视化对象

上一章已经学习了处理数量适中的图形内容的最佳方法。通过使用几何图形、图画和路径，可以降低 2D 图形的开销。即使正在使用复杂的具有分层效果的组合形状和渐变画刷，这种方法也仍然能够工作得很好。

然而，这种设计不适合需要渲染大量图形元素的绘图密集型应用程序。例如绘图程序、演示粒子碰撞的物理模型程序或横向卷轴形式的游戏。这些应用程序面临的不是图形复杂程度的问题，而纯粹是单独的图形元素数量的问题。即使使用量级更轻的 Geometry 对象代替 Path 元素，需要的开销也仍会较大地影响应用程序的性能。

WPF 针对此类问题的解决方案是，使用低级的可视化层(visual layer)模型。基本思想是将每个图形元素定义为一个 Visual 对象，Visual 对象是极轻量级的要素，比 Geometry 对象或 Path 对象需要的开销更小。然后可使用单个元素在窗口中渲染所有可视化对象。

接下来的几节将介绍如何创建可视化对象、操作可视化对象以及执行碰撞检测。本章将通过这种方法构建一个基本的基于矢量的绘图程序，该程序可为绘图表面添加正方形，并且可以选择和拖动它们。

14.1.1　绘制可视化对象

Visual 类是抽象类，所以不能创建该类的实例。相反，需要使用继承自 Visual 类的某个类，包括 UIElement 类(该类是 WPF 元素模型的根)、Viewport3DVisual 类(通过该类可显示 3D 内容，如第 27 章所述)以及 ContainerVisual 类(包含其他可视化对象的基本容器)。但最有用的派生类是 DrawingVisual 类，该类继承自 ContainerVisual 类，并增加了支持“绘制”希望放置到可视化对象中的图形内容的功能。

为使用 DrawingVisual 类绘制内容，需要调用 DrawingVisual.RenderOpen( )方法。该方法返回一个可用于定义可视化内容的 DrawingContext 对象。绘制完毕后，需要调用 DrawingContext.Close( )方法。下面是绘制图形的完整过程：

```
DrawingVisual visual = new DrawingVisual();
DrawingContext dc = visual.RenderOpen();
// (Perform drawing here.)
dc.Close();
```

本质上，DrawingContext 类由各种为可视化对象增加了一些图形细节的方法构成。可调用这些方法来绘制各种图形、应用变换以及改变不透明度等。表 14-1 列出了 DrawingContext 类的方法。

表 14-1　DrawingContext 类的方法

名　称	说　明
DrawLine( ) DrawRectangle( ) DrawRoundedRectangle( ) DrawEllipse( )	在指定的位置，使用指定的填充和轮廓绘制特定的形状。通过这些方法绘制的形状和在第 12 章中看到的形状一样
DrawGeometry( ) DrawDrawing( )	绘制更复杂的 Geometry 对象和 Drawing 对象
DrawText( )	在指定的位置绘制文本。通过为该方法传递 FormattedText 对象，可指定文本、字体、填充以及其他细节。如果设置了 FormattedText.MaxTextWidth 属性，可使用该方法绘制换行的文本
DrawImage( )	在指定的区域(由 Rect 对象定义)绘制一幅位图图像
DrawVideo( )	在特定区域绘制视频内容(封装在 MediaPlayer 对象中)。第 26 章将介绍在 WPF 中渲染视频的全部细节
Pop( )	翻转最后调用的 Push*Xxx*( )方法。可使用 Push*Xxx*( )方法暂时应用一个或多个效果，并且 Pop( )方法会翻转它们
PushClip( )	将绘图限制在特定剪裁区域中。这个区域外的内容不被绘制
PushEffect( )	为随后的绘图操作应用 BitmapEffect 对象
PushOpacity() PushOpacityMask()	为了使后续的绘图操作部分透明，应用新的不透明设置或不透明掩码(见第 12 章)
PushTransform( )	设置将应用于后续绘制操作的 Transform 对象。可使用变换来缩放、移动、旋转或扭曲内容

下面的示例创建了一个可视化对象，该可视化对象包含没有填充的基本的黑色三角形：

```
DrawingVisual visual = new DrawingVisual();
using (DrawingContext dc = visual.RenderOpen())
{
    Pen drawingPen = new Pen(Brushes.Black, 3);
    dc.DrawLine(drawingPen, new Point(0, 50), new Point(50, 0));
    dc.DrawLine(drawingPen, new Point(50, 0), new Point(100, 50));
    dc.DrawLine(drawingPen, new Point(0, 50), new Point(100, 50));
}
```

当调用 DrawingContext 方法时，没有实际绘制可视化对象——而只是定义了可视化外观。当通过调用 Close( )方法结束绘制时，完成的图画被存储在可视化对象中，并通过只读的 DrawingVisual.Drawing 属性提供这些图画。WPF 会保存 Drawing 对象，从而当需要时可以重新绘制窗口。

绘图代码的顺序很重要。后面的绘图操作可在已经存在的图形上绘制内容。Push*Xxx*( )方法应用的设置会被应用到后续的绘图操作中。例如，可使用 PushOpacity( )方法改变不透明级别，该设置会影响所有的后续绘图操作。可使用 Pop( )方法恢复最近的 Push*Xxx*( )方法。如果多次调用 Push*Xxx*( )方法，可一次使用一系列 Pop( )方法调用关闭它们。

一旦关闭 DrawingContext 对象，就不能再修改可视化对象。但可以使用 DrawingVisual 类的 Transform 和 Opacity 属性应用变换或改变整个可视化对象的透明度。如果希望提供全新的内容，可以再次调用 RenderOpen( )方法并重复绘制过程。

提示：

许多绘图方法都使用 Pen 和 Brush 对象。如果计划使用相同的笔画和填充绘制许多可视化对象，或者如果希望多次渲染同一个可视化对象(为了改变其内容)，就值得事先创建所需的 Pen 和 Brush 对象，并在窗口的整个生命周期中保存它们。

可通过几种方式使用可视化对象。在本章的剩余部分，将学习如何在窗口中放置 DrawingVisual 对象，并对它执行命中检测(hit testing)。也可使用 DrawingVisual 对象定义希望打印的内容，正如将在第 29 章中看到的。最后，还可以通过重写 OnRender( )方法，使用可视化对象渲染自定义绘图元素，正如将在第 18 章中看到的。实际上，这些内容正是在第 12 章中学习的有关形状类执行它们工作的内容。例如，下面是 Rectangle 元素用于绘制自身的渲染代码：

```
protected override void OnRender(DrawingContext drawingContext)
{
    Pen pen = base.GetPen();
    drawingContext.DrawRoundedRectangle(base.Fill, pen, this._rect,
      this.RadiusX, this.RadiusY);
}
```

14.1.2　在元素中封装可视化对象

在可视化层中编写程序时，最重要的一步是定义可视化对象，但为了在屏幕上实际显示可视内容，这还不够。为显示可视化对象，还需要借助于功能完备的 WPF 元素，WPF 元素将可视化对象添加到可视化树中。乍一看，这好像降低了可视化层编程的优点——毕竟，避免使用元素并避免它们的巨大开销不正是使用可视化层的全部目的吗？然而，单个元素具有显示任意数量可视化对象的能力。因此，可以很容易地创建只包含一两个元素，但却驻留了几千个可视化对象的窗口。

为在元素中驻留可视化对象，需要执行以下任务：

- 为元素调用 AddVisualChild( )和 AddLogicalChild( )方法来注册可视化对象。从技术角度看，为了显示可视化对象，不需要执行这些任务，但为了确保正确跟踪可视化对象、在可视化树和逻辑树中显示可视化对象以及使用其他 WPF 特性(如命中测试)，需要执行这些操作。
- 重写 VisualChildrenCount 属性并返回已经增加了的可视化对象的数量。
- 重写 GetVisualChild( )方法，当通过索引号请求可视化对象时，添加返回可视化对象所需的代码。

当重写 VisualChildrenCount 属性和 GetVisualChild( )方法时，本质上是劫持了那个元素。如果使用的是能够包含嵌套元素的内容控件、装饰元素或面板，这些元素将不再被渲染。例如，如果在自定义窗口中重写了这两个方法，就看不到窗口的其他内容。只会看到添加的可视化对象。

因此，通常创建专用的自定义类来封装希望显示的可视化对象。例如，分析图 14-1 中显示的窗口。该窗口允许用户为自定义的 Canvas 面板添加正方形(每个正方形是可视化对象)。

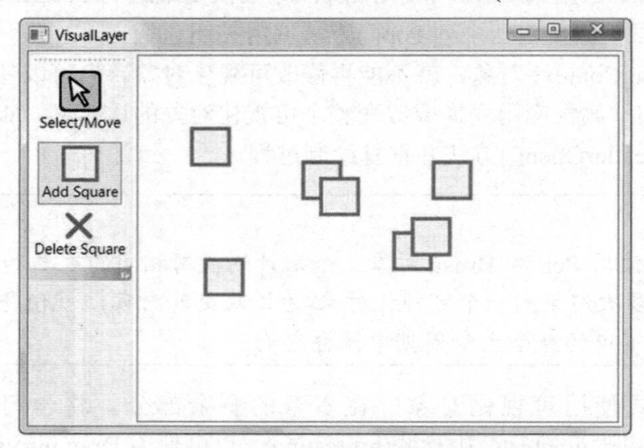

图 14-1　绘制可视化对象

在图 14-1 中，窗口的左边是具有三个 RadioButton 对象的工具栏。正如将在第 25 章中看到的那样，ToolBar 控件改变了一些基本控件的渲染方式，如按钮。通过使用一组 RadioButton 对象，可以创建一套相互关联的按钮。当单击这套按钮中的某个按钮时，该按钮会被选中，并保持“按下”状态，而原来选择的按钮会恢复成正常的外观。

在图 14-1 中，窗口的右边是自定义的名为 DrawingCanvas 的 Canvas 面板，该面板在内部存储了可视化对象的集合。DrawingCanvas 面板返回保存在 VisualChildrenCount 属性中的正方形总数量，并使用 GretVisualChild()方法提供对集合中每个可视化对象的访问。下面是实现细节：

```
public class DrawingCanvas : Canvas
{
    private List<Visual> visuals = new List<Visual>();

    protected override int VisualChildrenCount
    {
        get { return visuals.Count; }
    }
```

```
    protected override Visual GetVisualChild(int index)
    {
        return visuals[index];
    }
    ...
```

此外，DrawingCanvas 类还提供了 AddVisual( )方法和 DeleteVisual( )方法，以简化在集合的恰当位置插入可视化对象的自定义代码：

```
    ...
    public void AddVisual(Visual visual)
    {
        visuals.Add(visual);

        base.AddVisualChild(visual);
        base.AddLogicalChild(visual);
    }

    public void DeleteVisual(Visual visual)
    {
        visuals.Remove(visual);

        base.RemoveVisualChild(visual);
        base.RemoveLogicalChild(visual);
    }
}
```

DrawingCanvas 类没有提供用于绘制、选择以及移动正方形的逻辑，这是因为该功能是在应用程序层中控制的。因为可能有几个不同的绘图工具都使用同一个 DrawingCanvas 类，所以这样做是合理的。根据用户单击的按钮，用户可绘制不同类型的形状，或使用不同的笔画颜色和填充颜色。所有这些细节都是特定于窗口的。DrawingCanvas 类提供了用于驻留、渲染以及跟踪可视化对象的功能。

下面演示了如何在窗口的 XAML 标记中声明 DrawingCanvas 对象：

```
<local:DrawingCanvas x:Name="drawingSurface" Background="White"ClipToBounds="True"
   MouseLeftButtonDown="drawingSurface_MouseLeftButtonDown"
   MouseLeftButtonUp="drawingSurface_MouseLeftButtonUp"
   MouseMove="drawingSurface_MouseMove" />
```

提示：

通过将背景设置成白色(而不是透明)，可拦截画布表面上的所有鼠标单击事件。

上面已经分析了 DrawingCanvas 容器，现在应当分析创建正方形的事件处理代码了。首先分析 MouseLeftButton 事件的处理程序。正是该事件处理程序中的代码决定了将要执行什么操作——是创建正方形、删除正方形还是选择正方形。目前，我们只对第一个任务感兴趣：

```
private void drawingSurface_MouseLeftButtonDown(object sender,
   MouseButtonEventArgs e)
{
```

```
    Point pointClicked = e.GetPosition(drawingSurface);

    if (cmdAdd.IsChecked == true)
    {
        // Create, draw, and add the new square.
        DrawingVisual visual = new DrawingVisual();
        DrawSquare(visual, pointClicked, false);
        drawingSurface.AddVisual(visual);
    }
    ...
}
```

实际工作由自定义的 DrawSquare( )方法执行。该方法非常有用，因为需要在代码中的几个不同位置触发正方形绘制操作。显然，当第一次创建正方形时，需要使用 DrawSquare( )方法。当正方形的外观因为各种原因发生变化时(例如，当正方形被选中时)，也需要使用该方法。

DrawSquare( )方法接受三个参数：准备绘制的 DrawingVisual 对象、正方形左上角的点以及指示当前是否选中正方形的 Boolean 标志。对于选中的正方形使用不同的填充颜色进行填充。

下面是精简过的渲染代码：

```
// Drawing constants.
private Brush drawingBrush = Brushes.AliceBlue;
private Brush selectedDrawingBrush = Brushes.LightGoldenrodYellow;
private Pen drawingPen = new Pen(Brushes.SteelBlue, 3);
private Size squareSize = new Size(30, 30);

private void DrawSquare(DrawingVisual visual, Point topLeftCorner, bool isSelected)
{
    using (DrawingContext dc = visual.RenderOpen())
    {
        Brush brush = drawingBrush;
        if (isSelected) brush = selectedDrawingBrush;
        dc.DrawRectangle(brush, drawingPen,
            new Rect(topLeftCorner, squareSize));
    }
}
```

这就是在窗口中显示可视化对象需要做的全部工作：渲染可视化对象的代码，以及处理必需的跟踪细节的容器。如果希望为可视化对象添加交互功能，还需要完成其他一些工作，下一节将介绍这些内容。

14.1.3 命中测试

绘制正方形的应用程序不仅允许用户绘制正方形，还允许用户移动和删除已经绘制的正方形。为了执行这些任务，需要编写代码以截获鼠标单击，并查找位于可单击位置的可视化对象。该任务被称为命中测试(hit testing)。

为支持命中测试，最好为 DrawingCanvas 类添加 GetVisual( )方法。该方法使用一个点作为参数并返回匹配的 DrawingVisual 对象。为此使用了 VisualTreeHelper.HitTest( )静态方法。下面是 GetVisual( )方法的完整代码：

```
public DrawingVisual GetVisual(Point point)
{
    HitTestResult hitResult = VisualTreeHelper.HitTest(this, point);
    return hitResult.VisualHit as DrawingVisual;
}
```

在该例中，代码忽略了所有非 DrawingVisual 类型的命中对象，包括 DrawingCanvas 对象本身。如果没有正方形被单击，GetVisual( )方法返回 null 引用。

删除功能利用了 GetVisual( )方法。当选择删除命令并选中一个正方形时，MouseLeftButtonDown 事件处理程序使用下面的代码删除这个正方形：

```
else if (cmdDelete.IsChecked == true)
{
    DrawingVisual visual = drawingSurface.GetVisual(pointClicked);
    if (visual != null) drawingSurface.DeleteVisual(visual);
}
```

可用类似的代码支持拖放特性，但需要通过一种方法对拖动进行跟踪。在窗口中添加了三个字段用于该目的——isDragging、clickOffset 和 selectedVisual：

```
private bool isDragging = false;
private DrawingVisual selectedVisual;
private Vector clickOffset;
```

当用户单击某个形状时，isDragging 字段被设置为 true，selectedVisual 字段被设置为被单击的可视化对象，而 clickOffset 字段记录了用户单击点和正方形左上角点之间的距离。下面是 MouseLeftButtonDown 事件处理程序中的相关代码：

```
else if (cmdSelectMove.IsChecked == true)
{
    DrawingVisual visual = drawingSurface.GetVisual(pointClicked);
    if (visual != null)
    {
        // Find the top-left corner of the square.
        // This is done by looking at the current bounds and
        // removing half the border (pen thickness).
        // An alternate solution would be to store the top-left
        // point of every visual in a collection in the
        // DrawingCanvas, and provide this point when hit testing.
        Point topLeftCorner = new Point(
          visual.ContentBounds.TopLeft.X + drawingPen.Thickness / 2,
          visual.ContentBounds.TopLeft.Y + drawingPen.Thickness / 2);
        DrawSquare(visual, topLeftCorner, true);

        clickOffset = topLeftCorner - pointClicked;
        isDragging = true;

        if (selectedVisual != null && selectedVisual != visual)
        {
            // The selection has changed. Clear the previous selection.
```

```
            ClearSelection();
        }
        selectedVisual = visual;
    }
}
```

除基本的记录信息外，上面的代码还调用 DrawSquare( )方法，使用新颜色重新渲染 DrawingVisual 对象。上面的代码还使用另一个自定义方法 ClearSelection( )，该方法重新绘制以前选中的正方形，使该正方形恢复其正常外观：

```
private void ClearSelection()
{
    Point topLeftCorner = new Point(
      selectedVisual.ContentBounds.TopLeft.X + drawingPen.Thickness / 2,
    selectedVisual.ContentBounds.TopLeft.Y + drawingPen.Thickness / 2);
    DrawSquare(selectedVisual, topLeftCorner, false);
    selectedVisual = null;
}
```

注意：

请记住，DrawSquare( )方法为正方形定义了内容——但正方形实际上没有在窗口中进行绘制。因此，不用担心会无意中在其他正方形的上面绘制应当位于下面的正方形。WPF 管理绘图过程，确保按照从 GetVisualChild( )方法返回的顺序绘制可视化对象(该顺序是在可视化集合中定义的顺序)。

接下来，当用户拖动时需要实际移动正方形，并当用户释放鼠标左键时结束拖动操作。这两个任务是使用一些简单的事件处理代码完成的：

```
private void drawingSurface_MouseMove(object sender, MouseEventArgs e)
{
    if (isDragging)
    {
        Point pointDragged = e.GetPosition(drawingSurface) + clickOffset;
        DrawSquare(selectedVisual, pointDragged, true);
    }
}

private void drawingSurface_MouseLeftButtonUp(object sender,MouseButtonEventArgs e)
{
    isDragging = false;
}
```

14.1.4 复杂的命中测试

在上面的示例中，命中测试代码始终返回最上面的可视化对象(如果单击空白处，就返回 null 引用)。然而，VisualTreeHelper 类提供了 HitTest( )方法的两个重载版本，从而可以执行更加复杂的命中测试。使用这些方法，可以检索位于特定点的所有可视化对象，即使它们被其他元素隐藏在后面也同样如此。还可找到位于给定几何图形中的所有可视化对象。

为了使用这个更高级的命中测试行为，需要创建回调函数。之后 VisualTreeHelper 类自上而下遍历所有可视化对象(与创建它们的顺序相反)。每当发现匹配的对象时，就会调用回调函数并传递相关细节。然后可以选择停止查找(如果已经查找到足够的层次)，或继续查找直到遍历完所有的可视化对象为止。

下面的代码通过为 DrawingCanvas 类添加 GetVisuals( )方法实现了该技术。GetVisuals( )方法接收一个 Geometry 对象，该对象用于命中测试。GetVisuals( )方法创建回调函数委托、清空命中测试结果的集合，然后通过调用 VisualTreeHelper.HitTest( )方法启动命中测试过程。当该过程结束时，该方法返回包含所有找到的可视化对象的集合：

```
private List<DrawingVisual> hits = new List<DrawingVisual>();

public List<DrawingVisual> GetVisuals(Geometry region)
{
    // Remove matches from the previous search.
    hits.Clear();

    // Prepare the parameters for the hit test operation
    // (the geometry and callback).
    GeometryHitTestParameters parameters = new GeometryHitTestParameters(region);
    HitTestResultCallback callback =
      new HitTestResultCallback(this.HitTestCallback);

    // Search for hits.
    VisualTreeHelper.HitTest(this, null, callback, parameters);
    return hits;
}
```

提示：

在该例中，通过单独定义的 HitTestResultCallback( )方法实现回调函数。HitTestResultCallback( )和 GetVisuals( )方法都使用命中集合，所以命中集合作为成员字段进行定义。然而，可以通过为回调函数使用匿名方法来避免这一点，匿名方法可在 GetVisuals( )方法内声明。

回调方法实现了命中测试行为。通常，HitTestResult 对象只提供一个属性(VisualHit)，但可以根据执行命中测试的类型，将它转换成两个派生类型中的任意一个。

如果使用一个点进行命中测试，可将 HitTestResult 对象转换为 PointHitTestResult 对象，该类提供了一个不起眼的 PointHit 属性，该属性返回用于执行命中测试的原始点。但如果使用 Geometry 对象进行命中测试，如本例那样，可将 HitTestResult 对象转换为 GeometryHitTestResult 对象，并访问 IntersectionDetail 属性。IntersectionDetail 属性告知您几何图形是否完全封装了可视化对象(FullyInside)，几何图形是否与可视化元素只是相互重叠(Intersets)，或者用于命中测试的几何图形是否落在可视化元素的内部(FullyContains)。在该例中，只有当可视化对象完全位于命中测试区域时，才会对命中数量计数。最后，在回调函数的末尾，可返回两个 HitTestResultBehavior 枚举值中的一个：返回 Continue 表示继续查找命中，返回 Stop 则表示结束查找过程。

```
private HitTestResultBehavior HitTestCallback(HitTestResult result)
```

```
{
    GeometryHitTestResult geometryResult = (GeometryHitTestResult)result;
    DrawingVisual visual = result.VisualHit as DrawingVisual;

    // Only include matches that are DrawingVisual objects and
    // that are completely inside the geometry.
    if (visual != null &&
        geometryResult.IntersectionDetail == IntersectionDetail.FullyInside)
    {
        hits.Add(visual);
    }
    return HitTestResultBehavior.Continue;
}
```

使用 GetVisuals( )方法，可创建如图 14-2 所示的复杂选择框效果。在此，用户在一组矩形的周围绘制了一个方框。应用程序接着报告该区域中矩形的数量。

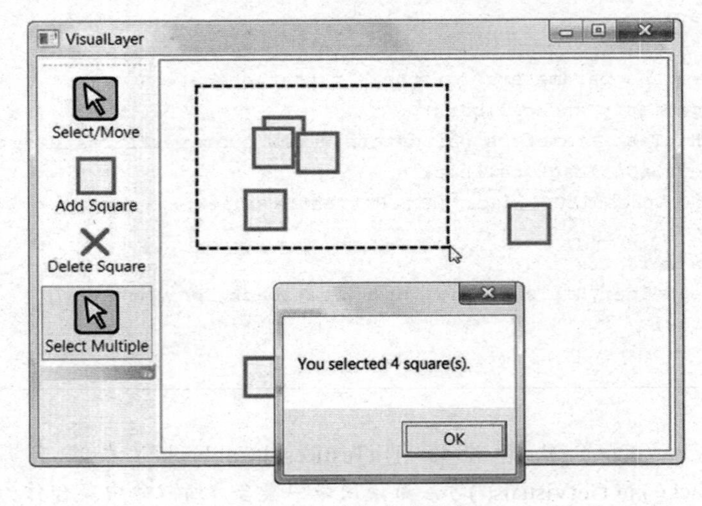

图 14-2　高级命中测试

为了创建选择框，窗口只需要为 DrawingCanvas 面板添加另一个 DrawingVisual 对象即可。在窗口中还作为成员字段存储了指向选择框的引用，此外还有 isMultiSelecting 标志和 selectionSquareTopLeft 字段，当绘制选择框时，isMultiSelecting 标志跟踪正在进行的选择操作，selectionSquareTopLeft 字段跟踪当前选择框的左上角：

```
private DrawingVisual selectionSquare;
private bool isMultiSelecting = false;
private Point selectionSquareTopLeft;
```

为实现选择框特性，需为前面介绍的事件处理程序添加一些代码。当单击鼠标时，需要创建选择框，将 isMultiSelecting 开关设置为 true，并捕获鼠标。下面的 MouseLeftButtonDown 事件处理程序中的代码完成了这项工作：

```
else if (cmdSelectMultiple.IsChecked == true)
{
    selectionSquare = new DrawingVisual();
```

```
    drawingSurface.AddVisual(selectionSquare);

    selectionSquareTopLeft = pointClicked;
    isMultiSelecting = true;

    // Make sure we get the MouseLeftButtonUp event even if the user
    // moves off the Canvas. Otherwise, two selection squares could
    // be drawn at once.
    drawingSurface.CaptureMouse();
}
```

现在，当移动鼠标时，可检查当前选择框是否处于激活状态。如果处于激活状态，就绘制它。为此，需要在 MouseMove 事件处理程序中添加以下代码：

```
else if (isMultiSelecting)
{
    Point pointDragged = e.GetPosition(drawingSurface);
    DrawSelectionSquare(selectionSquareTopLeft, pointDragged);
}
```

实际的绘图操作在专门的 DrawSelectionSquare( )方法中进行，该方法与前面介绍的 DrawSquare( )方法有一些类似之处：

```
private Brush selectionSquareBrush = Brushes.Transparent;
private Pen selectionSquarePen = new Pen(Brushes.Black, 2);
private void DrawSelectionSquare(Point point1, Point point2)
{
    selectionSquarePen.DashStyle = DashStyles.Dash;

    using (DrawingContext dc = selectionSquare.RenderOpen())
    {
        dc.DrawRectangle(selectionSquareBrush, selectionSquarePen,
          new Rect(point1, point2));
    }
}
```

最后，当释放鼠标时，可执行命中测试，显示消息框，然后移除选择框。为此，需要在 MouseLeftButtonUp 事件处理程序中添加以下代码：

```
if (isMultiSelecting)
{
    // Display all the squares in this region.
    RectangleGeometry geometry = new RectangleGeometry(
      new Rect(selectionSquareTopLeft, e.GetPosition(drawingSurface)));
    List<DrawingVisual> visualsInRegion =
      drawingSurface.GetVisuals(geometry);

    MessageBox.Show(String.Format("You selected {0} square(s).",
      visualsInRegion.Count));

    isMultiSelecting = false;
```

```
    drawingSurface.DeleteVisual(selectionSquare);
    drawingSurface.ReleaseMouseCapture();
}
```

14.2 效果

WPF 提供了可应用于任何元素的可视化效果。效果的目标是提供一种简便的声明式方法，从而改进文本、图像、按钮以及其他控件的外观。不是编写自己的绘图代码，而是使用某个继承自 Effect 的类(位于 System.Windows.Media.Effects 名称空间中)以立即获得诸如模糊、辉光以及阴影等效果。

表 14-2 列出了可供使用的效果类。

表 14-2　效　果　类

名　称	说　明	属　性
BlurEffect	模糊元素中的内容	Radius、KernelType、RenderingBias
DropShadowEffect	在元素背后添加矩形阴影	BlurRadius、Color、Direction、Opacity、ShadowDepth、RenderingBias
ShaderEffect	应用像素着色器，像素着色器是使用高级着色语言(High Level Shading Language，HLSL)事先制作好的并且已经编译过的效果	PixelShader

勿将表 14-2 中列出的 Effect 类的派生类和位图效果类相混淆，位图效果类派生自 BitmapEffect 类，该类和 Effect 类位于相同的名称空间中。尽管位图效果具有类似的编程模型，但它们存在几个严重的局限性：

- 位图效果不支持像素着色器，像素着色器是创建可重用效果的最强大、最灵活的方式。
- 位图效果是用非托管的代码实现的，从而需要完全信任的应用程序。所以，在基于浏览器的 XBAP 应用程序(见第 24 章)中不能使用位图效果。
- 位图效果总使用软件进行渲染，不使用显卡资源。这使得它们的速度较慢，当处理大量元素或具有较大可视化表面的元素时尤其如此。

BitmapEffect 类是在 WPF 的第一个版本中引入的，该版本没有提供 Effect 类。为了向后兼容，仍保留了位图效果。

接下来的几节将深入分析效果模型，并演示三个继承自 Effect 的类：BlurEffect、DropShadowEffect 以及 ShaderEffect。

14.2.1 BlurEffect 类

最简单的 WPF 效果是 BlurEffect 类。该类模糊元素的内容，就像通过失焦透镜观察到的效果。通过增加 Radius 属性的值(默认值是 5)可增加模糊程度。

为使用任何效果，需要创建适当的效果对象并设置相应元素的 Effect 属性：

```
<Button Content="Blurred (Radius=2)" Padding="5" Margin="3">
  <Button.Effect>
    <BlurEffect Radius="2"></BlurEffect>
  </Button.Effect>
```

```
</Button>
```

图 14-3 显示了应用到一组按钮的三个不同程度的模糊效果(Radius 属性值分别为 2、5 和 20)。

图 14-3　模糊的按钮

14.2.2　DropShadowEffect 类

DropShadowEffect 类在元素背后添加了轻微的偏移阴影。可使用该类的几个属性，如表 14-3 所示。

表 14-3　DropShadowEffect 类的属性

名　称	说　明
Color	设置阴影的颜色(默认为黑色)
ShadowDepth	确定阴影离开内容多远，单位为像素(默认值为 5)。将该属性设置为 0 会创建外侧辉光(outer-glow)效果，该效果会在内容周围添加晕彩(halo of color)
BlurRadius	模糊阴影，该属性和 BlurEffect 类的 Radius 属性非常类似(默认值是 5)
Opacity	使用从 1(完全不透明，默认值)到 0(完全透明)之间的小数，使阴影部分透明
Direction	使用从 0 到 360 之间的角度值指定阴影相对于内容的位置。将该属性设置为 0 会将阴影放置到右边，增加该属性的值时会逆时针移动阴影。默认值是 315，该值会将阴影放置到元素的右下方

图 14-4 显示了几个应用于 TextBlock 元素的阴影效果。下面是实现这些阴影效果的标记：

```
<TextBlock FontSize="20" Margin="5">
  <TextBlock.Effect>
    <DropShadowEffect></DropShadowEffect>
  </TextBlock.Effect>
  <TextBlock.Text>Basic dropshadow</TextBlock.Text>
</TextBlock>

<TextBlock FontSize="20" Margin="5">
  <TextBlock.Effect>
    <DropShadowEffect Color="SlateBlue"></DropShadowEffect>
```

```
  </TextBlock.Effect>
  <TextBlock.Text>Light blue dropshadow</TextBlock.Text>
</TextBlock>

<TextBlock FontSize="20" Foreground="White" Margin="5">
  <TextBlock.Effect>
    <DropShadowEffect BlurRadius="15"></DropShadowEffect>
  </TextBlock.Effect>
  <TextBlock.Text>Blurred dropshadow with white text</TextBlock.Text>
</TextBlock>

<TextBlock FontSize="20" Foreground="Magenta" Margin="5">
  <TextBlock.Effect>
    <DropShadowEffect ShadowDepth="0"></DropShadowEffect>
  </TextBlock.Effect>
  <TextBlock.Text>Close dropshadow</TextBlock.Text>
</TextBlock>

<TextBlock FontSize="20" Foreground="LimeGreen" Margin="5">
  <TextBlock.Effect>
    <DropShadowEffect ShadowDepth="25"></DropShadowEffect>
  </TextBlock.Effect>
  <TextBlock.Text>Distant dropshadow</TextBlock.Text>
</TextBlock>
```

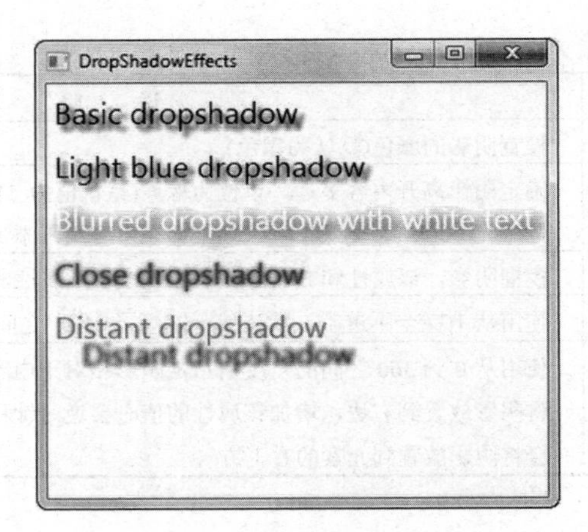

图 14-4　多种阴影效果

没有提供用来组合效果的类，这意味着一次只能为一个元素应用一个效果。然而，有时可通过将元素添加到高层的容器中来模拟多个效果(例如，为 TextBlock 元素使用阴影效果，然后将其放入使用模糊效果的 StackPanel 面板中)。大多数情况下，应避免这种变通方法，因为这种方法会成倍地增加渲染工作量并会降低性能。相反，应当查找能够完成所有内容的单个效果。

14.2.3　ShaderEffect 类

ShaderEffect 类没有提供就绪的效果。相反，它是一个抽象类，可继承该类以创建自己的自定义像素着色器。通过使用 ShaderEffect 类(或从该类派生的自定义效果)，可实现更多的效果，而不仅局限于模糊和阴影。

可能与您所期望的相反，实现像素着色器的逻辑不是直接在效果类中使用 C#代码编写的。相反，像素着色器是用高级着色语言(High Level Shader Language，HLSL)编写的，该语言是 Microsoft DirectX 的一部分(使用这种语言的优点是很明显的——因为 DirectX 和 HLSL 已经存在许多年了，图形开发人员已经创建了许多可在代码中使用的像素着色器例程)。

为创建像素着色器，需要编写和编译 HLSL 代码。要执行编译，可使用 Windows SDK for Windows 8 中的 fxc.exe 命令行工具(http://tinyurl.com/8ea7r43)；注意，Windows SDK for Windows 8 也支持 Windows 7，这从名称中是看不出来的。但更简便的选项是使用免费的 Shazzam 工具(http://shazzam-tool.com)。Shazzam 提供了用于 HLSL 文件的编辑器，可使用该工具在示例图像上尝试效果。该工具还提供了几个像素着色器示例，可将它们作为自定义效果的基础。

尽管制作自己的 HLSL 文件超出了本书的讨论范围，但下面将使用一个已有的 HLSL 文件。一旦将 HLSL 文件编译成.ps 文件，就可以在项目中使用它了。只需要将文件添加到已有的 WPF 项目中，在 Solution Explorer 中选择该文件，并将它的 Build Action 属性设置为 Resource。最后，必须创建一个继承自 ShaderEffect 的自定义类并使用该资源。

例如，如果正在使用自定义像素着色器(已经编译到名为 Effect.ps 的文件中)，可使用以下代码：

```
public class CustomEffect : ShaderEffect
{
    public CustomEffect()
    {
        // Use the URI syntax described in Chapter 7 to refer to your resource.
        // AssemblyName;component/ResourceFileName
        Uri pixelShaderUri = new Uri("Effect.ps", UriKind.Relative);

        // Load the information from the .ps file.
        PixelShader = new PixelShader();
        PixelShader.UriSource = pixelShaderUri;
    }
}
```

现在可在任意窗口中使用这个自定义的像素着色器了。首先，通过如下所示的映射使名称空间可用：

```
<Window xmlns:local="clr-namespace:CustomEffectTest" ...>
```

现在创建自定义效果类的一个实例，并用它设置元素的 Effect 属性：

```
<Image>
  <Image.Effect>
    <local:CustomEffect></local:CustomEffect>
  </Image.Effect>
</Image>
```

如果使用采用特定输入参数的像素着色器，需要做的工作比上面的示例要更复杂一点。对于这种情况，需要通过调用 RegisterPixelShaderSamplerProperty( )静态方法创建相应的依赖项属性。

灵活的像素着色器就像在诸如 Adobe Photoshop 这样的图形软件中使用的插件一样强大。它可以执行任何工作，从添加基本的阴影乃至更富有挑战性的效果，如模糊、辉光、水波、浮雕和锐化等。当结合使用动画实时改变像素着色器的参数时，像素着色器还可创建赏心悦目的效果，如第16章所述。

提示：
除非是非常专业的图形开发人员，否则获取更高级像素着色器的最好方法不是自己编写 HLSL 代码。相反，应当查找现成的 HLSL 例子，甚至更好的是使用已经提供了自定义效果类的第三方 WPF 组件。位于 http://codeplex.com/wpffx 上的免费 Windows Presentation Foundation Pixel Shader Effects Library 堪称黄金标准。该库提供了许多绚丽的效果，如旋转、颜色翻转以及像素化(pixelation)。甚至更有用的是，该库提供了结合像素着色器和动画功能(将在第 15 章中介绍)的过渡效果。

14.3 WriteableBitmap 类

WPF 允许使用 Image 元素显示位图。然而，按这种方法显示图片的方法完全是单向的。应用程序使用现成的位图，读取位图，并在窗口中显示位图。就其本身而言，Image 元素没有提供创建或编辑位图信息的方法。

这正是 WriteableBitmap 类的用武之地。该类继承自 BitmapSource，BitmapSouce 类是当设置 Image.Source 属性时使用的类(不管是在代码中直接设置图像，还是在 XAML 中隐式地设置图像)。但 BitmapSource 是只读的位图数据映射，而 WriteableBitmap 类是可修改的像素数组，为实现许多有趣的效果提供了可能。

注意：
对于大多数应用程序而言，WriteableBitmap 类不是绘制图形内容的最佳方式，认识到这一点很重要。如果需要针对 WPF 元素系统的低级替换方法，应当首先查看在本章前面演示的 Visual 类。例如，Visual 类是创建制图工具和简单动画游戏的完美工具。WriteableBitmap 类更适合于需要操作单个像素的应用程序——例如分形生成器、声音分析器、科学数据可视化工具，或处理来自外部硬件设备(如网络摄像机)的原始图像数据的应用程序。尽管 WriteableBitmap 类提供了精细的控制，但比较复杂而且比使用其他方法需要更多的代码。

14.3.1 生成位图

为使用 WriteableBitmap 类生成一幅位图，必须提供几部分重要信息：以像素为单位的宽度和高度、两个方向上的 DPI 分辨率以及图像格式。

下面是创建一幅与当前窗口尺寸相同的位图的示例：

```
WriteableBitmap wb = new WriteableBitmap((int)this.ActualWidth,
  (int)this.ActualHeight, 96, 96, PixelFormats.Bgra32, null);
```

PixelFormats 枚举提供了许多像素格式，但只有一半格式被认为是可写入的并且得到了 WriteableBitmap 类的支持。下面是可供使用的像素格式：

- Bgra32。这种格式(当前示例使用的格式)使用 32 位的 sRGB 颜色。这意味每个像素由 32 位(或 4 个字节)表示。第 1 个字节表示蓝色通道的贡献(作为从 0 到 255 之间的数字)。第 2 个字节用于绿色通道，第 3 个字节用于红色通道，第 4 个字节用于 alpha 值(0 表示完全透明，255 表示完全不透明)。正如可能看到的，颜色的顺序(蓝、绿、红和 alpha)与名称 Bgra32 中字母的顺序是匹配的。
- Bgr32。这种格式为每个像素使用 4 个字节，就像 Bgra32 格式一样。区别是忽略了 alpha 通道。当不需要透明度时可使用这种格式。
- Pbgra32。就像 Bgra32 格式一样，该格式为每个像素使用 4 个字节。区别在于处理半透明像素的方式。为了提高透明度计算的性能，每个颜色字节是预先相乘的(因此在 Pbgra32 中有字母 P)。这意味着每个颜色字节被乘上了 alpha 值并除以 255。在 Bgra32 格式中具有 B、G、R、A 值(255, 100, 0, 200)的半透明像素，在 Pbgra32 格式中变成了(200, 78, 0, 200)。
- BlackWhite、Gray2、Gray4、Gray8。这些格式是黑白和灰度格式。单词 Gray 后面的数字和每像素的位数相对应。因此，这些格式是压缩的，但它们不支持颜色。
- Indexed1、Indexed2、Indexed4、Indexed8。这些是索引格式，这意味着每个像素指向颜色调色板中的一个值。当使用这些格式中的某种格式时，必须作为 WriteableBitmap 构造函数的最后一个参数传递相应的 ColorPalette 对象。单词 Indexed 后面的数字和每像素的位数相对应。索引格式是压缩的，使用这些格式稍微复杂一些，并且分别支持更少的颜色——2、4、16 以及 256 种颜色。

前三种格式——Bgra32、Bgr32 以及 Pbgra32——是最常见的选择。

14.3.2　写入 WriteableBitmap 对象

开始时，WriteableBitmap 对象中所有字节的值都是 0。本质上，就是一个大的黑色矩形。

为使用内容填充 WriteableBitmap 对象，需要使用 WritePixels( )方法。WritePixels( )方法将字节数组复制到指定位置的位图中。可调用 WritePixels( )方法设置单个像素、整幅位图或选择的某块矩形区域。为从 WriteableBitmap 对象中获取像素，需要使用 CopyPixels( )方法，该方法将您希望获取的多个字节转换成字节数组。总之，WritePixels( )和 CopyPixels( )方法没有为您提供可供使用的最方便编程模型，但这是低级像素访问需要付出的代价。

为成功地使用 WritePixels( )方法，需要理解图像格式并需要理解如何将像素编码到字节。例如，在 Bgra32 类型的 32 位位图中，每个像素需要 4 个字节，每个字节分别用于蓝、绿、红以及 alpha 成分。下面的代码显示了如何手动设置这些数值，然后将它们转换成数组：

```
byte blue = 100;
byte green = 50;
byte red = 50;
byte alpha = 255;

byte[] colorData = {blue, green, red, alpha};
```

需要注意，在此顺序是很关键的。字节数组必须遵循在 Bgra32 标准中设置的蓝、绿、红、alpha 顺序。

当调用 WritePixels( )方法时，提供 Int32Rect 对象以指定位图中希望更新的矩形区域。Int32Rect 封装了 4 部分信息：更新区域左上角的 X 和 Y 坐标，以及更新区域的宽度和高度。

下面的代码采用在前面代码中显示的 colorData 数组，并使用该数组设置 WriteableBitmap 对象中的第一个像素：

```
// Update a single pixel. It's a region starting at (0,0)
// that's 1 pixel wide and 1 pixel high.
Int32Rect rect = new Int32Rect(0, 0, 1, 1);

// Write the 4 bytes from the array into the bitmap.
wb.WritePixels(rect, colorData, 4, 0);
```

使用这种方法，可创建生成 WriteableBitmap 对象的代码例程。只需要循环处理图像中的所有列和所有行，并在每次迭代中更新单个像素。

```
for (int x = 0; x < wb.PixelWidth; x++)
{
    for (int y = 0; y < wb.PixelHeight; y++)
    {
        // Pick a pixel color using a formula of your choosing.
        byte blue = ...
        byte green = ...
        byte red = ...
        byte alpha = ...

        // Create the byte array.
        byte[] colorData = {blue, green, red, alpha};

        // Pick the position where the pixel will be drawn.
        Int32Rect rect = new Int32Rect(x, y, 1, 1);

        // Calculate the stride.
        int stride = wb.PixelWidth * wb.Format.BitsPerPixel / 8;

        // Write the pixel.
        wb.WritePixels(rect, colorData, stride, 0);
    }
}
```

上述代码包含一个额外细节：针对跨距(stride)的计算，WritePixels( )方法需要跨距。从技术角度看，跨距是每行像素数据需要的字节数量。可通过将每行中像素的数量乘上所使用格式的每像素位数(通常为 4，如本例使用的 Bgra32 格式)，然后将所得结果除以 8，进而将其从位数转换成字节数。

完成每个像素的生成过程后，需要显示最终位图。通常将使用 Image 元素完成该工作：

```
img.Source = wb;
```

即使是在写入和显示位图后，也仍可自由地读取和修改 WriteableBitmap 对象中的像素，从而可以构建更特殊的用于位图编辑以及位图命中测试的例程。

14.3.3　更高效的像素写入

尽管在上一节中显示的代码可以工作，但并非最佳方法。如果需要一次性写入大量像素数据——甚至是整幅图像——最好使用更大的块，因为调用 WritePixels( )方法需要一定的开销，并且调用该方法越频繁，应用程序的运行速度就越慢。

图 14-5 显示了一个测试应用程序，该程序包含在本章的下载示例中。该测试程序通过使用沿着规则网格线散布的基本随机模式填充像素来创建一幅动态位图。本章的下载代码采用两种方式执行该任务：使用在上一节中解释的逐像素方法和使用稍后将看到的一次写入策略。如果测试该应用程序，将发现一次写入技术快得多。

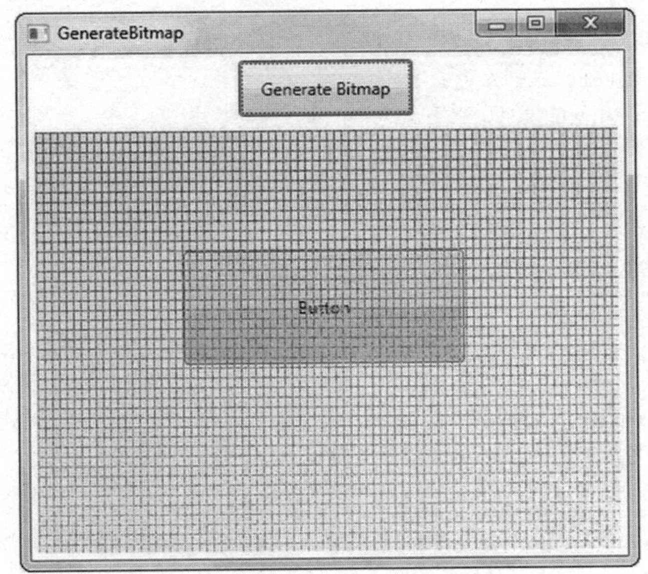

图 14-5　动态生成的位图

提示：

为查看更实用(并且可能更长)的 WriteableBitmap 工作示例，可检查 http://tinyurl.com/y8hnvsl 网址上的例子，该例使用 WriteableBitmap 类构建了一个化学反应模型。

为一次更新多个像素，需要理解像素被打包进字节数组的方式。无论使用哪种格式，更新缓冲区都将包括一维字节数组。这个数组提供了用于图像矩形区域中像素的数值，从左向右延伸填充每行，然后自上而下延伸。

为找到某个特定像素，需要使用以下公式，下移数行，然后移到该行中恰当的位置：

```
(y × wb.PixelWidth + x) × BytesPerPixel
```

例如，为设置一幅 Bgra32 格式(每像素具有 4 个字节)的位图中的像素(40, 100)，需要使用下面的代码：

```
int pixelOffset = (40 + 100 * wb.PixelWidth) * wb.Format.BitsPerPixel/8;
pixels[pixelOffset] = blue;
pixels[pixelOffset + 1] = green;
pixels[pixelOffset + 2] = red;
```

```
pixels[pixelOffset + 3] = alpha;
```

根据上面的方法，下面是创建图 14-5 中显示的位图的完整代码，首先在一个数组中填充所有数据，然后只通过一次 WritePixels( )方法调用将其复制到 WriteableBitmap 对象中：

```
// Create the bitmap, with the dimensions of the image placeholder.
WriteableBitmap wb = new WriteableBitmap((int)img.Width,
  (int)img.Height, 96, 96, PixelFormats.Bgra32, null);

// Define the update square (which is as big as the entire image).
Int32Rect rect = new Int32Rect(0, 0, (int)img.Width, (int)img.Height);

byte[] pixels = new byte[(int)img.Width * (int)img.Height *
  wb.Format.BitsPerPixel / 8];
Random rand = new Random();
for (int y = 0; y < wb.PixelHeight; y++)
{
    for (int x = 0; x < wb.PixelWidth; x++)
    {
        int alpha = 0;
        int red = 0;
        int green = 0;
        int blue = 0;

        // Determine the pixel's color.
        if ((x % 5 == 0) || (y % 7 == 0))
        {
            red = (int)((double)y / wb.PixelHeight * 255);
            green = rand.Next(100, 255);
            blue = (int)((double)x / wb.PixelWidth * 255);
            alpha = 255;
        }
        else
        {
            red = (int)((double)x / wb.PixelWidth * 255);
            green = rand.Next(100, 255);
            blue = (int)((double)y / wb.PixelHeight * 255);
            alpha = 50;
        }

        int pixelOffset = (x + y * wb.PixelWidth) * wb.Format.BitsPerPixel/8;
        pixels[pixelOffset] = (byte)blue;
        pixels[pixelOffset + 1] = (byte)green;
        pixels[pixelOffset + 2] = (byte)red;
        pixels[pixelOffset + 3] = (byte)alpha;
    }

    // Copy the byte array into the image in one step.
    int stride = (wb.PixelWidth * wb.Format.BitsPerPixel) / 8;
    wb.WritePixels(rect, pixels, stride, 0);
}
```

```
// Show the bitmap in an Image element.
img.Source = wb;
```

在实际应用程序中，可选择折中方法。如果需要更新位图中一块较大的区域，不会一次写入一个像素，因为这种方法的运行速度太慢。但也不会在内存中同时保存全部图像数据，因为图像数据可能会很大(毕竟，一幅每像素需要 4 个字节的 1000×1000 像素的图像需要将近 4MB 的内存，这一要求不是很过分，但是也比较高)。相反，应当写入一大块图像数据而不是单个像素，当一次生成一整幅位图时尤其如此。

提示：

如果需要频繁更新 WriteableBitmap 对象中的图像数据，并希望在另一个线程中执行这些更新，可以使用 WriteableBitmap 后台缓冲区以进一步优化代码。基本过程是：使用 Lock( )方法预订后台缓冲区，获得指向后台缓冲区的指针，更新后台缓冲区，调用 AddDirtyRect( )方法指示已经改变的区域，然后通过调用 UnLock( )方法释放后台缓冲区。这个过程需要不安全的代码，并且超出了本书的讨论范围，您可以查看位于 Visual Studio 帮助的 WriteableBitmap 主题中的一个基本示例。

14.4　小结

本章分析了超出 WPF 标准 2D 绘图模型支持的三个主题：首先，处理低级的可视化层，这是在 WPF 中显示图形的最高效方式。使用可视化层，可看到如何构建基本的使用复杂命中测试的绘图应用程序。接下来，学习了像素着色器的相关内容，像素着色器是将原本设计用于下一代游戏的图形效果融入 WPF 应用程序的方式。使用像素着色器不仅非常容易，而且现在已经具有大量的免费像素着色器，可以立即将这些着色器引入到您的应用程序中。最后分析了 WriteableBitmap 类，一个功能强大但更有限制的工具，使用该类可创建一幅位图图像，并直接操作组成位图图像的单个像素。

第 15 章

动画基础

可通过动画创建真正的动态用户界面。动画通常被用于应用效果——例如，当将鼠标移动到它们上面时能够增大的图标、旋状的徽标(logo)以及滚入视图的文本等。有时，这些效果看起来华而不实。但如果运用恰当，动画能够以许多种方式增强应用程序，可以使应用程序看起来具有更好的响应性、更加自然、更加直观(例如，当单击时滑入的按钮看起来好像是真实的、自然的按钮——而不仅仅是灰色矩形)。动画还能将用户的注意力吸引到重要元素上，并且引导用户转移到新内容(例如，应用程序可通过在状态栏中闪烁跳动的图标来公布新下载的内容)。

动画是 WPF 模型的核心部分。这意味着为了让动画动起来，不需要使用计时器以及事件处理代码。可以使用声明的方式创建动画，使用少数几个类中的某个类配置动画，并且为了使动画动起来不需要编写任何 C#代码。动画还能将它们自身无缝地集成到普通的 WPF 窗口或页面中。例如，可为按钮应用动画，使其在窗口中四处飘移，但这个按钮的行为仍和普通按钮一样。可为动画应用样式，动画能够接收焦点并且能被单击以引发典型的事件处理代码。这正是动画与传统媒体文件(如视频)之间的不同之处(在第 26 章，将学习如何在应用程序中放置视频窗口。视频窗口是应用程序中一块完全独立的区域——能播放视频内容，但用户不能与其进行交互)。

本章将分析 WPF 提供的丰富的动画类集合。您将看到如何在代码中使用动画类，以及如何使用 XAML 构造和控制动画(这种情况更普遍)。同时，还将看到大量的动画示例，包括褪色的图片、旋转的按钮以及扩展的元素。

15.1 理解 WPF 动画

在许多用户框架中(特别是 WPF 之前的框架，如 Windows 窗体和 MFC)，开发人员必须从头构建自己的动画系统。最常用的技术是结合使用计时器和一些自定义的绘图逻辑。WPF 通过自带的基于属性的动画系统，改变了这种状况。接下来的两节将描述这两者之间的区别。

15.1.1 基于时间的动画

假如需要旋转 Windows 窗体应用程序中的 About 对话框中的一块文本。下面是构建该解决方案的传统方法：

(1) 创建周期性触发的计时器(例如，每隔 50 毫秒触发一次)。

(2) 当触发计时器时，使用事件处理程序计算一些与动画相关的细节，如新的旋转角度。然后使窗口的一部分或者整个窗口无效。

(3) 不久后，Windows 将要求窗口重新绘制自身，触发自定义的绘图代码。

(4) 在自定义的绘图代码中，渲染旋转后的文本。

尽管这个基于计时器的解决方案不难实现，但将它集成到普通的应用程序窗口中却非常麻烦。下面列出这种解决方案存在的一些问题：

- **绘制像素而不是控件**。为旋转 Windows 窗体中的文本，需要低级的 GDI+绘图支持。GDI+易于使用，但却不能与普通的窗口元素(如按钮、文本框和标签等)很好地相互协调。所以，需要将动画内容和控件相互分离，并且不能在动画中包含任何用户交互元素。您将无法旋转按钮。
- **假定单一动画**。如果决定希望同时运行两个动画，就需要重新编写所有动画代码——并且变得更复杂。在这方面 WPF 显得更加强大，它可以构建比单一简单动画更复杂的动画。
- **动画帧率是固定的**。计时器设置完全决定了帧率。如果改变时间间隔，可能需要修改动画代码(取决于执行计算的方式)。而且，选择的固定帧率对于特定的计算机显卡硬件不一定理想。
- **复杂动画需要指数级增长的更复杂的代码**。旋转文本的示例非常简单，但如果想沿着一条路径移动比较小的矢量图画，就困难得多了。在 WPF 中，甚至是复杂的动画也能够在 XAML 中定义(而且可以使用第三方设计工具生成动画)。

基于计时器的动画仍存在一些缺点：导致代码不是很灵活，对于复杂的效果会变得杂乱无章，并且不能得到最佳性能。

15.1.2　基于属性的动画

WPF 提供了一个更高级的模型，通过该模型可以只关注动画的定义，而不必考虑它们的渲染方式。这个模型基于依赖项属性基础架构。本质上，WPF 动画只不过是在一段时间间隔内修改依赖项属性值的一种方式。

例如，为了增大和缩小按钮，可在动画中修改按钮的宽度。为使按钮闪烁，可修改用于按钮背景的 LinearGradientBrush 画刷的属性。创建正确动画的秘密在于决定需要修改什么属性。

如果希望实现不能通过修改属性实现的其他变化，上述方法就行不通。例如，不能将添加或删除元素作为动画的一部分。同样，不能要求 WPF 在开始场景和结束场景之间执行过渡(尽管一些灵巧的变通方法可以模拟这种效果)。最后，只能为依赖项属性应用动画，因为只有依赖项属性使用动态的属性识别系统(在第 4 章中已介绍过)，而该系统将动画考虑在内。

乍一看，WPF 动画关注属性的本质看起来有很大的局限性。然而，当使用 WPF 进行工作时，就会发现它的功能非常强大。实际上，使用每个元素都支持的公共属性可以实现非常多的动画效果。

但许多情况下，基于属性的动画系统不能工作。作为经验法则，基于属性的动画系统是为普通 Windows 应用程序添加动态效果的极佳方式。例如，如果希望润色交互性购物工具的前端，基于属性的动画系统将会很完美地工作。然而，如果需要作为应用程序的核心目标部分使用动画，并且希望动画在应用程序的整个生命周期中持续运行，可能需要更灵活、更强大的技术。例如，如果正在创建基本游戏或为模型碰撞使用复杂的物理计算，就需要更好地控制动画。对于这些情况，必须通过 WPF 低级的基于帧的渲染支持，自行完成大部分工作，在第 16 章描述了相关内容。

15.2 基本动画

在前面已经学习过 WPF 动画的第一条规则——每个动画依赖于一个依赖项属性。然而，还有另一个限制。为了实现属性的动态化(换句话说，使用基于时间的方式改变属性的值)，需要有支持相应数据类型的动画类。例如，Button.Width 属性使用双精度数据类型。为实现属性的动态化，需要使用 DoubleAnimation 类。但 Button.Padding 属性使用的是 Thickness 结构，所以需要使用 ThicknessAnimation 类。

该要求不像 WPF 动画的第一条规则那么绝对，第一条规则将动画局限于依赖项属性。这是因为对于没有相应动画类的依赖项属性，为了为该属性应用动画，可以针对相应的数据类型创建自己的动画类。但您将发现，System.Windows.Media.Animation 名称空间已经为希望使用的大多数数据类型提供了动画类。

因为许多数据类型实际上不使用动画，所以没有相应的动画类。一个明显的例子是枚举类型。例如，可使用 HorizontalAlignment 属性控制如何在布局面板中放置元素，该属性使用的是 HorizontalAlignment 枚举值。然而，HorizontalAlignment 枚举只允许从 4 个值中选择一个(Left、Right、Center 和 Stretch)，这极大地限制了它在动画中的使用。尽管可在某个方向和其他方向之间进行交换，但不能将元素从一种对齐方式平滑过渡到另一种对齐方式。所以，没有为 HorizontalAlignment 数据类型提供动画类。可以自己为 HorizontalAlignment 数据类型构建动画类，但仍要受到 4 个枚举数值的限制。

引用类型通常不能应用动画，但它们的子属性可以。例如，所有内容控件都支持 Background 属性，从而可以设置 Brush 对象用于绘制背景。使用动画从一个画刷切换到另一个画刷的效率通常不高，但可以使用动画改变画刷的属性。例如，可改变 SolidColorBrush 画刷的 Color 属性(使用 ColorAnimation 类)，或改变 LinearGradientBrush 画刷中 GradientStop 对象的 Offset 属性(使用 DoubleAnimation 类)。这扩展了 WPF 动画的应用范围，允许用户为元素外观的特定方面应用动画。

15.2.1 Animation 类

根据到目前为止提到的动画类型——DoubleAnimation 和 ColorAnimation——您可能会认为所有动画类都以“类型名+Animation”方式命名。这种观点很接近实际情况，但不是非常准确。

实际上有两种类型的动画——在开始值和结束值之间以逐步增加的方式(被称为线性插值过程)改变属性的动画，以及从一个值突然变成另一个值的动画。DoubleAnimation 和 ColorAnimation 属于第一种动画类型，它们使用插值平滑地改变值。然而，当改变特定的数据类型时，如 String 和引用类型的对象，插值是没有意义的。不是使用插值，这些数据类型使用一种称为“关键帧动画”的技术在特定时刻从一个值突然改变到另一个值。所有关键帧动画类都使用“类型名+AnimationUsingKeyFrames”的形式进行命名，比如 StringAnimationUsingKeyFrames 和 ObjectAnimationUsingKeyFrames。

某些数据类型有关键帧动画类，但没有插值动画类。例如，可使用关键帧为字符串应用动画，但不能使用插值为字符串应用动画。然而，所有数据类型都支持关键帧动画，除非它们根本不支持动画。换句话说，所有具有(使用插值的)常规动画类(例如 DoubleAnimation 和 ColorAnimation)的数据类型，也都有相应的用于关键帧动画的动画类型(如 DoubleAnimationUsingKeyFrames 和 ColorAnimationUsing KeyFrames)。

实际上，还有一种动画类型。这种类型称为基于路径的动画，而且它们比使用插值或关键帧的动画更加专业。基于路径的动画修改数值使其符合由 PathGeometry 对象描述的形状，并且主要用于沿路径移动元素。基于路径的动画类使用“类型名+AnimationUsingPath”的形式进行命名，如 DoubleAnimationUsingPath 和 PointAnimationUsingPath。

注意：
尽管目前 WPF 可为动画使用三种方法(线性插值、关键帧以及路径)，但完全也可以创建更多的使用完全不同的方式来修改值的动画类。唯一要求是自定义的动画类必须根据时间修改值。

总之，在 System.Windows.Media.Animation 名称空间中将发现以下内容：

- 17 个“类型名+Animation”类，这些类使用插值。
- 22 个“类型名+AnimationUsingKeyFrames”类，这些类使用关键帧动画。
- 3 个“类型名+AnimationUsingPath”类，这些类使用基于路径的动画。

所有这些动画类都继承自抽象的“类型名+AnimationBase”类，这些基类实现了一些基本功能，从而为创建自定义动画类提供了快捷方式。如果某个数据类型支持多种类型的动画，那么所有的动画类都继承自抽象的动画基类。例如，DoubleAnimation 和 DoubleAnimationUsingKeyFrames 都继承自 DoubleAnimationBase 基类。

注意：
这 42 个类并不是 System.Windows.Media.Animation 名称空间中的唯一内容。每个关键帧动画还使用自己的关键帧类和关键帧集合类，这两部分类会导致一些混乱。总之，在 System.Windows.Media.Animation 名称空间中有 100 多个类。

可通过查看这 42 个类快速决定哪些数据类型为动画提供了本地支持。下面是这 42 个类的完整列表：

BooleanAnimationUsingKeyFrames　ByteAnimation
ByteAnimationUsingKeyFrames　CharAnimationUsingKeyFrames
ColorAnimation　ColorAnimationUsingKeyFrames
DecimalAnimation　DecimalAnimationUsingKeyFrames
DoubleAnimation　DoubleAnimationUsingKeyFrames
DoubleAnimationUsingPath　Int16Animation
Int16AnimationUsingKeyFrames　Int32Animation
Int32AnimationUsingKeyFrames　Int64Animation
Int64AnimationUsingKeyFrames　MatrixAnimationUsingKeyFrames
MatrixAnimationUsingPath　ObjectAnimationUsingKeyFrames
PointAnimation　PointAnimationUsingKeyFrames
PointAnimationUsingPath　Point3DAnimation
Point3DAnimationUsingKeyFrames　QuarternionAnimation
QuarternionAnimationUsingKeyFrames　RectAnimation
RectAnimationUsingKeyFrames　Rotation3DAnimation
Rotation3DAnimationUsingKeyFrames　SingleAnimation

SingleAnimationUsingKeyFrames	SizeAnimation
SizeAnimationUsingKeyFrames	StringAnimationUsingKeyFrames
ThicknessAnimation	ThicknessAnimationUsingKeyFrames
VectorAnimation	VectorAnimationUsingKeyFrames
Vector3DAnimation	Vector3DAnimationUsingKeyFrames

其中许多类型的含义不言自明。例如，一旦掌握 DoubleAnimation 类，就不需要再分析 SingleAnimation、Int16Animation、Int32Animation 以及其他所有用于简单数值类型的动画类，它们都以相同的方式工作。除这些用于数值类型的动画类外，您还会发现一些使用其他基本数据类型(如 byte、bool、string 以及 char)的动画类，以及更多的用于处理二维和三维 Drawing 图元(Point、Size、Rect 和 Vector 等)的动画类、用于所有元素的 Margin 和 Padding 属性的动画类(ThicknessAnimation)、用于颜色的动画类(ColorAnimation)以及用于任意引用类型对象的动画类(ObjectAnimationUsingKeyFrames)。本章将通过示例分析这些动画类中的许多类。

杂乱的 Animation 名称空间

如果查看 System.Windows.Media.Animation 名称空间，可能会感到有些震惊。该名称空间中充满了针对不同数据类型的不同动画类。效果有些重复。如果能够将所有这些动画特性组合到几个核心类中，可能会更好。难道开发人员不能实现合适的适用于所有数据类型的通用 Animate<T> 类？然而，由于许多原因，使得这种模型在目前还行不通。首先，不同动画类可能以稍有不同的方式执行它们的工作，这意味着代码需要有所区别。例如，ColorAnimation 类使用的从一种颜色褪色到另一种颜色对颜色值进行混合的方式，与 DoubleAnimation 类修改单个值的方式就不同。换句话说，尽管动画类提供了相同的公有接口，但它们的内部工作可能不同。这些接口通过继承进行标准化，因为所有动画类都继承自相同的基类(从 Animatable 类开始)。

然而，还不止如此。确实，许多动画类共享大量代码，只有较少的代码不同。例如，大约有 100 个类用于表示关键帧和关键帧集合。在理想情况下，动画类应当可以通过它们执行的动画类型进行区别，所以可使用 NumericAnimation<T>、KeyFrameAnimation<T>或 LinearInterpolationAnimation<T>等类。唯一能够假定的是，阻止这种解决方法的深层次原因是 XAML 缺少对泛型的支持。

15.2.2 使用代码创建动画

正如已经学习过的，最常用的动画技术是线性插值动画，这种技术平滑地从起点到终点修改属性值。例如，如果将开始数值设置为 1，并且将结束数值设置为 10，属性可能会从 1 快速地变为 1.1、1.2、1.3 等，直到数值达到 10。

现在，您可能会好奇当执行插值时，WPF 如何决定使用的步长。幸运的是，这个细节是自动进行的。WPF 使用它所需的步长以确保在当前配置的帧率下得到平滑的动画。标准的帧率是 60 帧/秒(稍后将学习如何调整这一细节)。换句话说，WPF 每隔 1/60 秒就会计算所有应用了动画的数值，并更新相应的属性。

使用动画的最简单方式是实例化在前面列出的其中一个动画类，配置该实例，然后使用希望修改的元素的 BeginAnimation( )方法。所有 WPF 元素，从 UIElement 基类开始，都继承了

BeginAnimation( )方法，该方法是 IAnimatable 接口的一部分。其他实现了 IAnimatable 接口的类包括 ContentElement(文档流内容的基类)和 Visual3D(3D 可视化对象的基类)。

注意：

BeginAnimation()并非最常用的方法——大多数情况下将使用 XAML 以声明方式创建动画，如后面的 15.3.1 节“故事板”和 15.3.2 节“事件触发器”所述。然而，使用 XAML 会涉及更多内容，因为需要另一个对象(称为故事板)将动画连接到恰当的属性。在某些情况下，当需要使用复杂逻辑为动画决定开始值和结束值时，基于代码的动画也是很有用的。

图 15-1 显示了一个非常简单的、增加了按钮宽度的动画。当单击按钮时，WPF 平滑地扩展按钮的两个侧边直到充满窗口。

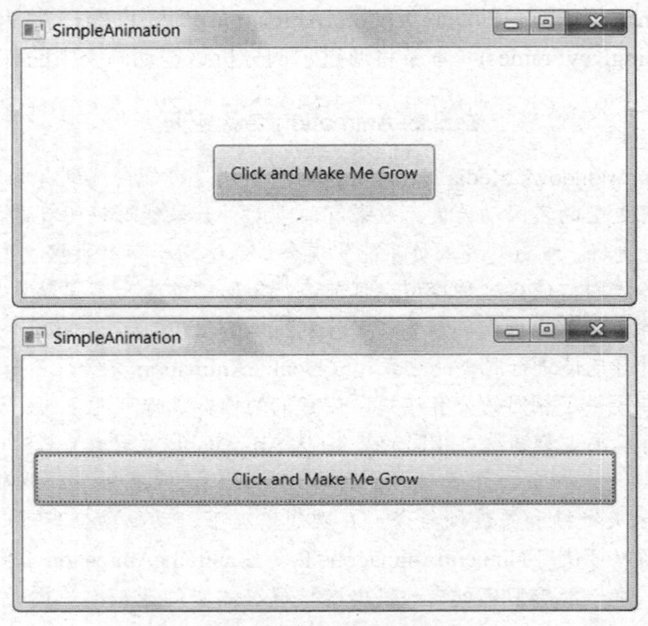

图 15-1　具有动画的按钮

为创建这种效果，使用动画修改按钮的 Width 属性。当单击按钮时，下面的代码创建并启动这个动画：

```
DoubleAnimation widthAnimation = new DoubleAnimation();
widthAnimation.From = 160;
widthAnimation.To = this.Width - 30;
widthAnimation.Duration = TimeSpan.FromSeconds(5);
cmdGrow.BeginAnimation(Button.WidthProperty, widthAnimation);
```

任何使用线性插值的动画最少需要三个细节：开始值(From)、结束值(To)和整个动画执行的时间(Duration)。在这个示例中，结束值基于包含按钮的窗口的当前宽度。使用插值的所有动画类都提供了这三个属性。

From、To 和 Duration 属性看似简单，但应注意它们的几个重要细节。接下来将更深入地分析这些属性。

1. From 属性

From 值是 Width 属性的开始值。如果多次单击按钮，每次单击时，都会将 Width 属性重新设置为 160，并且重新开始运行动画。即使当动画已在运行时单击按钮也同样如此。

注意：

这个示例呈现了与 WPF 动画相关的另一个细节，即每个依赖项属性每次只能响应一个动画。如果开始第二个动画，将自动放弃第一个动画。

在许多情况下，可能不希望动画从最初的 From 值开始。有如下两个常见的原因：

- **创建能够被触发多次，并逐次累加效果的动画**。例如，可能希望创建每次单击时都增大一点的按钮。
- **创建可能相互重叠的动画**。例如，可使用 MouseEnter 事件触发扩展按钮的动画，并使用 MouseLeave 事件触发将按钮缩小为原尺寸的互补动画(这通常称为“鱼眼”效果)。如果连续快速地将鼠标多次移动到这种按钮上并移开，每个新动画就会打断上一个动画，导致按钮“跳”回到由 From 属性设置的尺寸。

当前示例属于第二种情况。如果当按钮正在增大时单击按钮，按钮的宽度就会被重新设置为 160 像素——这可能会出现抖动效果。为纠正这个问题，只需要忽略设置 Form 属性的代码语句即可：

```
DoubleAnimation widthAnimation = new DoubleAnimation();
widthAnimation.To = this.Width - 30;
widthAnimation.Duration = TimeSpan.FromSeconds(5);
cmdGrow.BeginAnimation(Button.WidthProperty, widthAnimation);
```

现在有一个问题。为使用这种技术，应用动画的属性必须有预先设置的值。在这个示例中，这意味着按钮必须有硬编码的宽度(不管是在按钮标签中直接定义的，还是通过样式设置器应用的)。问题是在许多布局容器中，通常不指定宽度并且让容器根据元素的对齐属性控制宽度。对于这种情况，元素使用默认宽度，也就是特殊的 Double.NaN 值(这里的 NaN 代表“不是数字(not a number)”)。不能为具有这种值的属性使用线性插值应用动画。

那么，解决方法是什么呢？在许多情况下，答案是硬编码按钮的宽度。正如您将看到的，动画经常需要更精确地控制元素的尺寸和位置。实际上，对于能应用动画的内容，最常用的布局容器是 Canvas 面板，因为 Canvas 面板允许更方便地移动内容(可能相互重叠)以及改变内容的尺寸。Canvas 面板还是量级最轻的布局容器，因为当诸如 Width 的属性发生变化时不需要额外的布局工作。

在当前示例中，还有一种选择。可使用 ActualWidth 属性检索按钮的当前值，该属性给出的是按钮当前渲染的宽度。不能为 ActualWidht 属性应用动画(该属性是只读的)，但可以用该属性设置动画的 From 属性：

```
widthAnimation.From = cmdGrow.ActualWidth;
```

这种技术既可用于基于代码的动画(如当前示例)，也可用于将在后面介绍的声明式动画(这时需要使用绑定表达式来获取 ActualWidth 属性的值)。

注意：

这个示例中使用的是ActualWidth属性，而不是Width属性，这是很重要的。因为Width属性反映的是选择的期望宽度，而AcutalWidth属性指示的是最终使用的渲染宽度。如果使用自动布局，可能根本就没有设置硬编码的Width属性值，所以Width属性只会返回Double.NaN值，并当试图开始动画时引发异常。

需要弄清的另一个问题是，当使用当前值作为动画的起点时——可能改变动画的运行速度。这是因为未调整动画的持续时间，使动画能够考虑到在初始值和最终值之间的跨度变小了。例如，假设创建的按钮不是使用From值而是从当前位置开始动画。如果当几乎达到最大宽度值时单击按钮，新的动画就开始了。尽管只有几个像素的空间可供使用，但这个动画仍被配置为持续5秒(通过Duration属性)。所以，按钮的增速看起来变慢了。

只有当重新启动接近完成的动画时才会出现这种效果。尽管有些古怪，但是大多数开发人员不会尝试为解决该问题而编写许多代码。相反，这被认为是可以接受的问题。

注意：

可通过编写一些修改动画持续时间的自定义逻辑来弥补这个问题，但很少值得这么做。如果这么做的话，需要假定按钮的标准尺寸(这会限制代码的重用性)，而且需要通过代码创建动画，从而可以运行此代码(而不是以声明的方式创建动画，这是稍后将会看到的更常用的创建动画的方式)。

---

2. To属性

就像可省略From属性一样，也可省略To属性。实际上，可同时省略From属性和To属性，像下面这样创建动画：

```
DoubleAnimation widthAnimation = new DoubleAnimation();
widthAnimation.Duration = TimeSpan.FromSeconds(5);
cmdGrow.BeginAnimation(Button.WidthProperty, widthAnimation);
```

乍一看，这个动画好像根本没有执行任何操作。这样想是符合逻辑的，因为To属性和From属性都被忽略了，它们将使用相同的值。但它们之间存在一点微妙且重要的区别。

当省略From值时，动画使用当前值，并将动画纳入考虑范围。例如，如果按钮位于某个增长操作的中间，From值会使用扩展后的宽度。然而，当忽略To值时，动画使用不考虑动画的当前值。本质上，这意味着To值变为原数值——最后一次在代码中、元素标签中或通过样式设置的值(这得益于WPF的属性识别系统，该系统可以根据多个重叠属性提供者计算属性的值，不会丢弃任意信息。第4章更详细地描述了该系统)。

在按钮示例中，这意味着如果开始了一个增长动画，然后使用上面显示的动画打断该动画(可能是通过单击其他按钮)，按钮将会从已经增长了之后的尺寸进行缩小，直到达到在XAML标记中设置的原始宽度。另一方面，如果在没有其他动画正在运行的情况下运行这段代码，不会发生任何事情，这是因为From值(动画后的宽度)和To值(原始宽度)相等。

3. By 属性

即使不使用 To 属性，也可以使用 By 属性。By 属性用于创建按设置的数量改变值的动画，而不是按给定目标改变值。例如，可创建一个动画，增大按钮的尺寸，使得比当前尺寸大 10 个单位，如下所示：

```
DoubleAnimation widthAnimation = new DoubleAnimation();
widthAnimation.By = 10;
widthAnimation.Duration = TimeSpan.FromSeconds(0.5);
cmdGrowIncrementally.BeginAnimation(Button.WidthProperty, widthAnimation);
```

在按钮示例中，这种方法不是必需的，因为可使用简单的计算设置 To 属性来实现相同的效果，如下所示：

```
widthAnimation.To = cmdGrowIncrementally.Width + 10;
```

然而当使用 XAML 定义动画时，使用 By 值就变得更加合理了，因为 XAML 没有提供执行简单计算的方法。

注意：
可结合使用 By 和 From 属性，但这并不会减少任何工作。By 值被简单地增加到 From 值上，使其达到 To 值。

大部分使用插值的动画类通常都提供了 By 属性，但并非全部如此。例如，对于非数值数据类型来说，By 属性是没有意义的，比如 ColorAnimation 类使用的 Color 结构。

另有一种方法可得到类似的行为，而不需要使用 By 属性——可通过设置 IsAdditive 属性创建增加数值的动画。当创建这种动画时，当前值被自动添加到 From 值和 To 值。例如，分析下面这个动画：

```
DoubleAnimation widthAnimation = new DoubleAnimation();
widthAnimation.From = 0;
widthAnimation.To = -10;
widthAnimation.Duration = TimeSpan.FromSeconds(0.5);
widthAnimation.IsAdditive = true;
```

这个动画是从当前值开始的，当达到比当前值少 10 个单位的值时完成。另一方面，如果使用下面的动画：

```
DoubleAnimation widthAnimation = new DoubleAnimation();
widthAnimation.From = 10;
widthAnimation.To = 50;
widthAnimation.Duration = TimeSpan.FromSeconds(0.5);
widthAnimation.IsAdditive = true;
```

属性值跳到新值(比当前值大 10 个单位的值)，然后增加值，直到达到最后的值，最后的值比动画开始前的当前值大 50 个单位。

4. Duration 属性

Duration 属性很简单——是在动画开始时刻和结束时刻之间的时间间隔(时间间隔单位是毫秒、分钟、小时或您喜欢使用的其他任何单位)。尽管在上一个示例中，动画的持续时间是使用

TimeSpan 对象设置的，但 Duration 属性实际上需要 Duration 对象。幸运的是，Duration 和 TimeSpan 非常类似，并且 Duration 结构定义了一种隐式转换，能够根据需要将 System.TimeSpan 转换为 System.Windows.Duration。这正是为什么下面的代码行完全合理的原因：

```
widthAnimation.Duration = TimeSpan.FromSeconds(5);
```

那么，为什么要使用全新的数据类型呢？因为 Duration 类型还提供了两个不能通过 TimeSpan 对象表示的特殊数值——Duration.Automatic 和 Duration.Forever。在当前示例中，这两个值都没有用处(Automatic 值只将动画设置为 1 秒的持续时间，而 Forever 值使动画具有无限的持续时间，这会防止动画具有任何效果)。然而，当创建更复杂的动画时，这些值就有用处了。

15.2.3　同时发生的动画

可使用 BeginAnimation( )方法同时启动多个动画。BeginAnimation( )方法几乎总是立即返回，从而可以使用类似下面的代码同时为两个属性应用动画：

```
DoubleAnimation widthAnimation = new DoubleAnimation();
widthAnimation.From = 160;
widthAnimation.To = this.Width - 30;
widthAnimation.Duration = TimeSpan.FromSeconds(5);

DoubleAnimation heightAnimation = new DoubleAnimation();
heightAnimation.From = 40;
heightAnimation.To = this.Height - 50;
heightAnimation.Duration = TimeSpan.FromSeconds(5);

cmdGrow.BeginAnimation(Button.WidthProperty, widthAnimation);
cmdGrow.BeginAnimation(Button.HeightProperty, heightAnimation);
```

在这个示例中，两个动画没有被同步，这意味着宽度和高度不会准确地在相同时间间隔内增长(通常，将看到按钮先增加宽度，紧接着增加高度)。可通过创建绑定到同一个时间线的动画，突破这一限制。本章稍后讨论故事板时将介绍这种技术。

15.2.4　动画的生命周期

从技术角度看，WPF 动画是暂时的，这意味着它们不能真正改变基本属性的值。当动画处于活动状态时，只是覆盖属性值。这是由依赖项属性的工作方式造成的(如第 4 章所述)，并且这是一个经常会被忽视的细节，该细节会给用户带来极大的困惑。

单向动画(如增长按钮的动画)在运行结束后会保持处于活动状态，这是因为动画需要将按钮的宽度保持为新值。这会导致如下不常见的问题——如果尝试使用代码在动画完成后修改属性值，代码将不起作用。因为代码只是为属性指定了一个新的本地值，但仍会优先使用动画之后的属性值。

根据准备完成的工作，可通过如下几种方法解决这个问题：

- 创建将元素重新设置为原始状态的动画。可通过创建不设置 To 属性的动画达到该目的。例如，将按钮的宽度减小到最后设置的尺寸的按钮缩小动画，之后就可以使用代码改变该属性了。
- 创建可翻转的动画。通过将 AutoReverse 属性设置为 true 来创建可翻转的动画。例如，当按钮增长动画不再增加按钮的宽度时，将反向播放动画，返回到原始宽度。动画的总持续时间也将翻倍。
- 改变 FillBehavior 属性。通常，FillBehavior 属性被设置为 HoldEnd，这意味着当动画结束时，会继续为目标元素应用最后的值。如果将 FillBehavior 属性改为 Stop，只要动画结束，属性就会恢复为原来的值。
- 当动画完成时通过处理动画对象的 Completed 事件删除动画对象。

前 3 种方法改变了动画的行为。不管使用哪种方法，它们都将动画后的属性设置为原来的数值。如果这并非所希望的，那就需要使用最后一种方法。

首先，在启动动画前，关联事件处理程序以响应动画完成事件：

```
widthAnimation.Completed += animation_Completed;
```

注意：

Completed 事件是常规的.NET 事件，使用常规的没有附加信息的 EventArgs 对象。该事件不是路由事件。

当引发 Completed 事件时，可通过调用 BeginAnimation( )方法来渲染不活动的动画。为此，只需要指定属性，并为动画对象传递 null 引用：

```
cmdGrow.BeginAnimation(Button.WidthProperty, null);
```

当调用 BeginAnimation( )方法时，属性返回为动画开始之前的原始值。如果这并非所希望的结果，可记下动画应用的当前值，删除动画，然后手动为属性设置新值，如下所示：

```
double currentWidth = cmdGrow.Width;
cmdGrow.BeginAnimation(Button.WidthProperty, null);
cmdGrow.Width = currentWidth;
```

需要注意的是，现在改变了属性的本地值。这可能影响其他动画的运行。例如，如果为按钮使用未指定 From 属性的动画，该动画就会使用这个新应用的属性值作为起点。大多数情况下，这正是所希望的行为。

15.2.5 Timeline 类

正如已经看到的，每个动画都需要使用几个重要属性。我们已经分析了其中几个属性：From 和 To 属性(使用插值的动画类提供了这两个属性)，以及 Duration 和 FillBehavior 属性(所有动画类都提供了这两个属性)。在继续学习之前，有必要深入分析必须使用的属性。

图 15-2 显示了 WPF 动画类的继承层次结构。该图包含了所有基类，但省略了全部 42 个动画类以及相应的 *TypeName*AnimationBase 类。

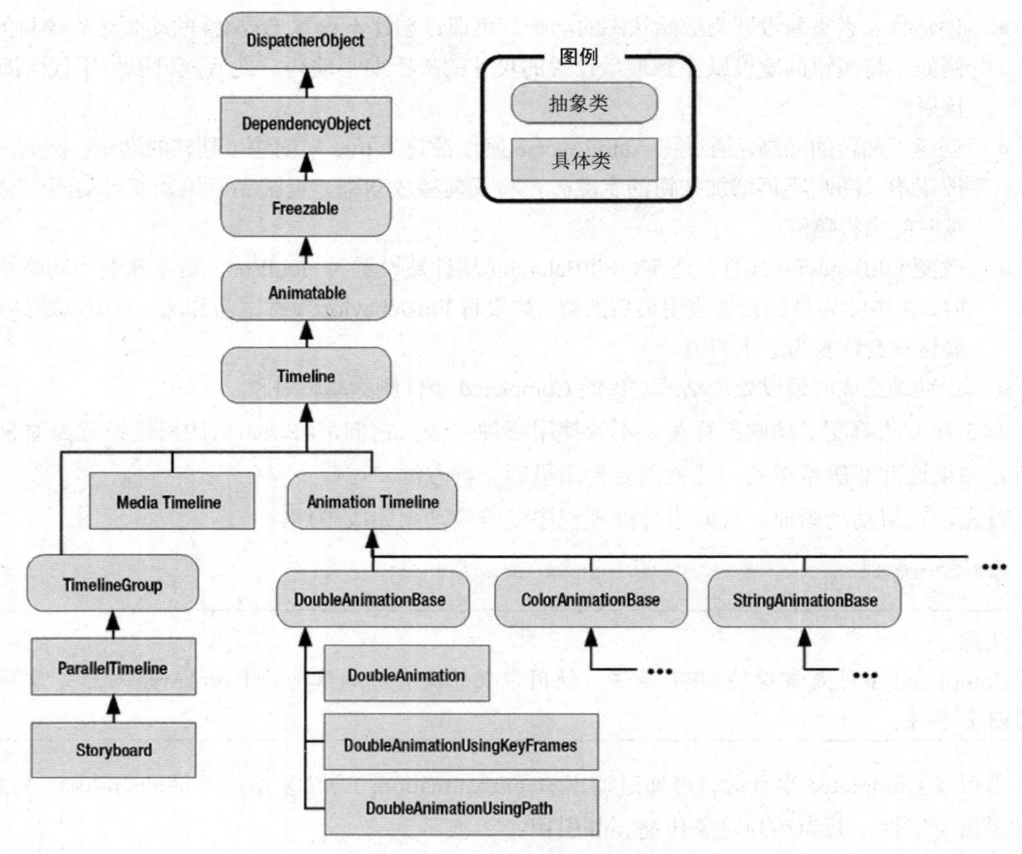

图 15-2　动画类的继承层次结构

图 15-2 所示的类层次结构包含了继承自 Timeline 抽象类的三个主要分支。当播放音频或视频文件时使用 MediaTimeline 类，详见第 26 章。AnimationTimeline 分支用于到目前为止分析过的基于属性的动画系统。而 TimelineGroup 分支则允许同步时间线并控制它们的播放。稍后在 15.3.4 节“同步的动画”中处理故事板时，将介绍这个分支。

Timeline 类中前几个有用的成员定义了已经介绍过的 Duration 属性，还有其他几个属性。表 15-1 列出了 Timeline 类的属性。

表 15-1　Timeline 类的属性

名　称	说　明
BeginTime	设置将被添加到动画开始之前的延迟时间(TimeSpan 类型)。这一延迟时间被加到总时间，所以具有 5 秒延迟的 5 秒动画，总时间是 10 秒。当同步在同一时间开始，但按顺序应用效果的不同动画时，BeginTime 属性是很有用的
Duration	使用 Duration 对象设置动画从开始到结束的运行时间
SpeedRatio	提高或减慢动画速度。通常，SpeedRatio 属性值是 1。如果增加该属性值，动画会加快(例如，如果 SpeedRatio 属性的值为 5，动画的速度会变为原来的 5 倍)；如果减小该属性值，动画会变慢(例如，如果 SpeedRatio 属性的值为 0.5，动画时间将变为原来的两倍)。可通过改变动画的 Duration 属性值得到相同结果。当应用 BeginTime 延迟时，不考虑 SpeedRatio 属性的值

(续表)

名　称	说　明
AccelerationRatio DecelerationRatio	使动画不是线性的，从而开始时较慢，然后增速(通过增加 AccelerationRatio 属性值)；或者结束时降低速度(通过增加 DecelerationRatio 属性值)。这两个属性的值都在 0～1 之间，并且开始时都设置为 0。此外，这两个属性值之和不能超过 1
AutoReverse	如果为 true，当动画完成时会自动反向播放，返回到原始值。这也会使动画的运行时间加倍。如果增加 SpeedRatio 属性值，就会应用到最初的动画播放以及反向的动画播放。BeginTime 属性值只应用于动画的开始——不延迟反向动画
FillBehavior	决定当动画结束时如何操作。通常，可将属性值保持为固定的结束值(FillBehavior.HoldEnd)，但是也可选择将属性值返回为原来的数值(FillBehavior.Stop)
RepeatBehavior	通过该属性，可以使用指定的次数或时间间隔重复动画。用于设置这个属性的 RepeatBehavior 对象决定了确切的行为

尽管 BeginTime、Duration、SpeedRatio 以及 AutoReverse 属性都很简单，但其他一些属性需要进一步加以分析。接下来将深入分析 AccelerationRatio、DecelerationRatio 以及 RepeatBehavior 属性。

1. AccelerationRatio 和 DecelerationRatio 属性

可以通过 AccelerationRatio 和 DecelerationRatio 属性压缩部分时间线，使动画运行得更快。并将拉伸其他时间线进行补偿，使总时间保持不变。

这两个属性都表示百分比值。例如，将 AccelerationRatio 属性设置为 0.3 表示希望使用动画持续时间中前 30%的时间进行加速。例如，在一个持续 10 秒的动画中，前 3 秒会加速运行，而剩余的 7 秒会以恒定不变的速度运行(显然，在最后 7 秒钟的速度比没有加速的动画要快，因为需要补偿前 3 秒中的缓慢启动)。如果将 AccelerationRatio 属性设置为 0.3，并将 DecelerationRatio 属性也设置为 0.3，那么在前 3 秒会加速，在中间 4 秒保持固定的最大速度，在最后 3 秒减速。分析一下这种方式，显然，AccelerationRatio 和 DecelerationRatio 属性值之和不能超过 1，否则就需要超过 100%的可用时间来执行所需的加速和减速。当然，可将 AccelerationRatio 属性设置为 1(对于这种情况，动画速度从开始到结束一直在增加)，或将 DecelerationRatio 属性设置为 1(对于这种情况，动画速度从开始到结束一直在降低)。

加速和减速的动画常用于提供更趋自然的外观。然而，AccelerationRatio 和 DecelerationRatio 属性只提供了相对简单的控制。例如，它们不能改变加速度或者将其设置为指定的值。如果希望得到使用可变加速度的动画，需要定义一系列动画，逐个进行播放，并且为每个动画设置 AccelerationRatio 和 DecelerationRatio 属性，或者需要使用具有关键样条曲线帧的关键帧动画(正如第 16 章中介绍的那样)。尽管这种技术提供了很大的灵活性，但一直跟踪所有细节是一件令人头痛的事情，并且对于构建动画来说，完美的情况是使用设计工具。

2. RepeatBehavior 属性

使用 RepeatBehavior 属性可控制如何重复运行动画。如果希望重复固定次数，应为 RepeatBehavior 构造函数传递合适的次数。例如，下面的动画重复两次：

```
DoubleAnimation widthAnimation = new DoubleAnimation();
```

```
widthAnimation.To = this.Width - 30;
widthAnimation.Duration = TimeSpan.FromSeconds(5);
widthAnimation.RepeatBehavior = new RepeatBehavior(2);
cmdGrow.BeginAnimation(Button.WidthProperty, widthAnimation);
```

当运行这个动画时，按钮会增加尺寸(经过5秒)，跳回到原来的数值，然后再次增加尺寸(经过5秒)，在按钮的宽度为整个窗口的宽度时结束。如果将AutoReverse属性设置为true，行为稍有不同——整个动画完成向前和向后运行(意味着先展开按钮，然后收缩)，之后再重复一次。

注意：

使用插值的动画提供了一个IsCumulative属性，该属性告诉WPF如何处理每次重复。如果IsCumulative属性为true，动画就不会从头到尾重复。相反，每个后续动画增加到前面的动画。例如，如果将前面动画的IsCumulative属性设置为ture，按钮将在两倍多的时间内扩展两倍宽。从另一个角度看，正常地处理第一次动画，但对于之后的每次重复动画，就像是将IsAdditive属性设置为true。

除可以使用RepeatBehavior属性设置重复次数外，还可以用该属性设置重复的时间间隔。为此，只需要为RepeatBehavior对象的构造函数传递一个TimeSpan对象。例如，下面的动画重复13秒：

```
DoubleAnimation widthAnimation = new DoubleAnimation();
widthAnimation.To = this.Width - 30;
widthAnimation.Duration = TimeSpan.FromSeconds(5);
widthAnimation.RepeatBehavior = new RepeatBehavior(TimeSpan.FromSeconds(13));
cmdGrow.BeginAnimation(Button.WidthProperty, widthAnimation);
```

在该例中，Duration属性指定整个动画历经5秒。因此，将RepeatBehavior属性设置为13秒将会引起两次重复，然后通过第三次重复动画，使按钮的宽度处于中间位置(在3秒的位置)。

提示：

可通过使用RepeatBehavior属性只执行部分动画。为此，使用小数的重复次数，或使用小于持续时间的TimeSpan对象。

最后，也可使用RepeatBehavior.Forever值使动画不断重复自身：

```
widthAnimation.RepeatBehavior = RepeatBehavior.Forever;
```

15.3 故事板

正如您已经看到的，WPF动画通过一组动画类表示。使用少数几个属性设置相关信息，如开始值、结束值以及持续时间。这显然使得它们非常适合于XAML。不是很清晰的是：如何为特定的事件和属性关联动画，以及如何在正确的时间触发动画。

在所有声明式动画中都会用到如下两个要素：

- **故事板**。故事板是BeginAnimation( )方法的XAML等价物。通过故事板将动画指定到合适的元素和属性。

- **事件触发器**。事件触发器响应属性变化或事件(如按钮的 Click 事件)，并控制故事板。例如，为了开始动画，事件触发器必须开始故事板。

接下来的几节将介绍这两个要素的工作原理。

15.3.1 故事板

故事板是增强的时间线，可用来分组多个动画，而且具有控制动画播放的能力——暂停、停止以及改变播放位置。然而，Storyboard 类提供的最基本功能是，能够使用 TargetProperty 和 TargetName 属性指向某个特定属性和特定元素。换句话说，故事板在动画和希望应用动画的属性之间架起了一座桥梁。

下面的标记演示了如何定义用于管理 DoubleAnimation 的故事板：

```
<Storyboard TargetName="cmdGrow" TargetProperty="Width">
  <DoubleAnimation From="160" To="300" Duration="0:0:5"></DoubleAnimation>
</Storyboard>
```

TargetName 和 TargetProperty 都是附加属性。这意味着可直接将它们应用于动画，如下所示：

```
<Storyboard>
  <DoubleAnimation
   Storyboard.TargetName="cmdGrow" Storyboard.TargetProperty="Width"
   From="160" To="300" Duration="0:0:5"></DoubleAnimation>
</Storyboard>
```

上面的语法更常用，因为通过这种语法可在同一个故事板中放置几个动画，并且每个动画可用于不同的元素和属性。

定义故事板是创建动画的第一步。为让故事板实际运行起来，还需要有事件触发器。

15.3.2 事件触发器

第 11 章在介绍样式时第一次提到了事件触发器。样式提供了一种将事件触发器关联到元素的方法。然而，可在如下 4 个位置定义事件触发器：

- 在样式中(Styles.Triggers 集合)
- 在数据模板中(DataTemplate.Triggers 集合)
- 在控件模板中(ControlTemplate.Triggers 集合)
- 直接在元素中定义事件触发器(FrameworkElement.Triggers 集合)

当创建事件触发器时，需要指定开始触发器的路由事件和由触发器执行的一个或多个动作。对于动画，最常用的动作是 BeginStoryboard，该动作相当于调用 BeginAnimation( )方法。

下面的示例使用按钮的 Triggers 集合为 Click 事件关联某个动画。当单击按钮时，该动画增长按钮：

```
<Button Padding="10" Name="cmdGrow" Height="40" Width="160"
HorizontalAlignment="Center" VerticalAlignment="Center">
  <Button.Triggers>
    <EventTrigger RoutedEvent="Button.Click">
      <EventTrigger.Actions>
        <BeginStoryboard>
          <Storyboard>
```

```
            <DoubleAnimation Storyboard.TargetProperty="Width"
            To="300" Duration="0:0:5"></DoubleAnimation>
          </Storyboard>
        </BeginStoryboard>
      </EventTrigger.Actions>
    </EventTrigger>
  </Button.Triggers>

  <Button.Content>
    Click and Make Me Grow
  </Button.Content>
</Button>
```

提示：
为创建当第一次加载窗口时引发的动画，需要在 Window.Triggers 集合中添加事件触发器以响应 Window.Loaded 事件。

Storyboard.TargetProperty 属性指定了希望改变的属性(在这个示例中是 Width 属性)。如果没有提供类的名称，故事板使用其父元素，在此使用的是希望扩展的按钮。如果希望设置附加属性(如 Canvas.Left 或 Canvas.Top)，需要在括号中封装整个属性，如下所示：

```
<DoubleAnimation Storyboard.TargetProperty="(Canvas.Left)" ... />
```

在这个示例中不需要使用 Storyboard.TargetName 属性。当忽略该属性时，故事板使用父元素，在此是按钮。

注意：
所有事件触发器都可启动动作。所有动作都由继承自 System.Windows.TriggerAction 的类表示。目前，WPF 只提供了很少的针对与故事板进行交互以及控制媒体播放而设计的动作。

在这个示例中使用的声明式方法和前面演示的只使用代码的方法存在如下区别：To 值被硬编码为 300 个单位，而不是相对于包含按钮的窗口的尺寸设置。如果希望使用窗口宽度，需要使用数据绑定表达式，如下所示：

```
<DoubleAnimation Storyboard.TargetProperty="Width"
 To="{Binding ElementName=window,Path=Width}" Duration="0:0:5">
</DoubleAnimation>
```

这仍不能准确地得到所希望的结果。在此，按钮从当前尺寸增大到窗口的完整宽度。只使用代码的方法使用一种简单的计算，将按钮扩大到比整个窗口宽度小 30 个单位的值。但 XAML 不支持内联计算。一种解决方法是构建能够自动完成工作的 IValueConverter 接口。幸运的是，这个奇怪的方式较容易实现(许多开发人员都会使用)。可在 http://tinyurl.com/y9lglyu 网址上找到一个示例，或者查看本章的下载示例。

注意：
另一个选择是在窗口类中创建自定义的依赖项属性以执行计算。然后可将动画绑定到自定义的依赖项属性。有关创建依赖项属性的详细信息，请查看第 4 章。

现在可通过创建触发器和故事板，并设置 DoubleAnimation 对象的恰当属性，复制到目前为止介绍过的所有示例。

使用样式关联触发器

FrameworkElement.Triggers 集合有点奇怪，它仅支持事件触发器。其他触发器集合(Style.Triggers、DataTemplate.Triggers 与 ControlTemplate.Triggers)的功能更强大，它们支持三种基本类型的 WPF 触发器：属性触发器、数据触发器以及事件触发器。

注意：

为什么 FrameworkElement.Triggers 集合不支持其他触发器类型?这不是技术方面的原因，但 WPF 的第一个版本最终没有实现这一功能。

使用事件触发器是关联动画的最常用方式，但并不是唯一的选择。如果使用位于样式、数据模板或控件模板中的 Triggers 集合，还可创建当属性值发生变化时进行响应的属性触发器。例如，下面的样式复制了在前面显示的示例。当 IsPressed 属性为 true 时，该样式触发一个故事板：

```
<Window.Resources>
  <Style x:Key="GrowButtonStyle">
    <Style.Triggers>
      <Trigger Property="Button.IsPressed" Value="True">
        <Trigger.EnterActions>
          <BeginStoryboard>
            <Storyboard>
              <DoubleAnimation Storyboard.TargetProperty="Width"
              To="250" Duration="0:0:5"></DoubleAnimation>
            </Storyboard>
          </BeginStoryboard>
        </Trigger.EnterActions>
      </Trigger>
    </Style.Triggers>
  </Style>
</Window.Resources>
```

可使用两种方式为属性触发器关联动作。可使用 Trigger.EnterActions 设置当属性改变到指定的数值时希望执行的动作(在上面的示例中，当 IsPressed 属性值变为 true 时)，也可以使用 Trigger.ExitActions 设置当属性改变回原来的数值时执行的动作(当 IsPressed 属性的值变回 false 时)。这是一种封装一对互补动画的简便方法。

下面的按钮使用上面显示的样式：

```
<Button Padding="10" Name="cmdGrow" Height="40" Width="160"
  Style="{StaticResource GrowButtonStyle}"
  HorizontalAlignment="Center" VerticalAlignment="Center">
  Click and Make Me Grow
</Button>
```

请记住，不见得在样式中使用属性触发器。也可使用事件触发器，就像在前面介绍的那样。

最后，不见得以与使用样式的按钮相分离的方式定义样式(也可使用内联样式设置 Button.Style 属性)，但是这种两部分相分离的方法更常用，并且提供了为多个元素应用相同动画的灵活性。

注意：

当融合到控件模板中时，触发器也是很方便的，从而可为标准的 WPF 控件添加精彩的可视化效果。第 17 章中呈现了许多使用动画的控件模板，包括使用触发器为其子项应用动画的 ListBox 控件。

15.3.3　重叠动画

故事板提供了改变处理重叠动画方式的能力——换句话说，决定第二个动画何时被应用到已经具有一个正在运行的动画的属性上。可使用 BeginStoryboard.HandoffBehavior 属性改变处理重叠动画的方式。

通常，当两个动画相互重叠时，第二个动画会立即覆盖第一个动画。这种行为就是所谓的"快照并替换"(由 HandoffBehavior 枚举中的 SnapshotAndReplace 值表示)。当第二个动画开始时，第二个动画获取属性当前值(基于第一个动画)的快照，停止动画，并用新动画替换第一个动画。

另一个 HandoffBehavior 选项是 Compose，这种方式会将第二个动画融合到第一个动画的时间线中。例如，分析 ListBox 示例的修改版本，当缩小按钮时使用 HandoffBehavior.Compose：

```
<EventTrigger RoutedEvent="ListBoxItem.MouseLeave">
  <EventTrigger.Actions>
    <BeginStoryboard HandoffBehavior="Compose">
      <Storyboard>
        <DoubleAnimation Storyboard.TargetProperty="FontSize"
        BeginTime="0:0:0.5" Duration="0:0:0.2"></DoubleAnimation>
      </Storyboard>
    </BeginStoryboard>
  </EventTrigger.Actions>
</EventTrigger>
```

现在，如果将鼠标移到 ListBoxItem 对象上，然后再移开，将看到不同的行为。当将鼠标移开项时，项会继续扩展，这种行为非常明显，直到第二个动画到达其 0.5 秒的开始时间延迟。然后，第二个动画会缩小按钮。如果不使用 Compose 行为，在第二个动画开始之前的 0.5 秒的时间间隔内，按钮会处于等待状态，并固定为当前尺寸。

使用组合的 HandoffBehavior 行为需要更大开销。这是因为当第二个动画开始时，用于运行原来动画的时钟不能被释放。相反，这个时钟会继续保持存活，直到 ListBoxItem 对象被垃圾回收或为相同的属性应用新的动画为止。

提示：

如果非常关注性能，WPF 团队推荐一旦动画完成，就手动为动画释放动画时钟(而不是等垃圾回收器回收它们)。为此，需要处理一个事件，如 Storyboard.Completed 事件。然后，为刚结束动画的元素调用 BeginAnimation( )方法，提供恰当的属性和 null 引用以替代动画。

15.3.4　同步的动画

Storyboard 类间接地继承自 TimelineGroup 类，所以 Storyboard 类能包含多个动画。最令人高兴的是，这些动画可以作为一组进行管理——这意味着它们在同一时间开始。

为查看一个示例，分析下面的故事板。它开始两个动画，一个动画用于按钮的 Width 属性，而另一个动画用于按钮的 Height 属性。因为动画被分组到故事板中，它们共同增加按钮的尺寸，所以可得到比在代码中通过简单地多次调用 BeginAnimation( )方法得到的效果更趋同步的效果。

```
<EventTrigger RoutedEvent="Button.Click">
  <EventTrigger.Actions>
    <BeginStoryboard>
      <Storyboard>
        <DoubleAnimation Storyboard.TargetProperty="Width"
          To="300" Duration="0:0:5"></DoubleAnimation>
        <DoubleAnimation Storyboard.TargetProperty="Height"
          To="300" Duration="0:0:5"></DoubleAnimation>
      </Storyboard>
    </BeginStoryboard>
  </EventTrigger.Actions>
</EventTrigger>
```

在这个示例中，两个动画具有相同的持续时间，但这并不是必需的。对于在不同时间结束的动画，唯一需要考虑的是它们的 FillBehavior 行为。如果一个动画的 FillBehavior 属性被设置为 HoldEnd，它会保持值直到故事板中所有的动画都结束。如果故事板的 FillBehavior 属性是 HoldEnd，最后那个动画的值将被永久保存(直到使用新的动画替换这个动画或手动删除了这个动画)。

这时，在表 15-1 中列出的有关 Timeline 类的属性开始变得特别有用。例如，可通过 SpeedRatio 属性使故事板中的某个动画比其他动画更快，也可使用 BeginTime 属性相对于一个动画来偏移另一个动画的开始时间，使该动画在特定的时间点开始。

注意：

因为 Storyboard 类继承自 Timeline 类，所以可使用表 15-1 中描述的所有属性来配置其速度、使用加速或减速、引入延迟时间等。这些属性将影响故事板包含的所有动画，而且它们是累加的。例如，如果将 Storyboard.SpeedRatio 属性设置为 2，并将 DoubleAnimation.SpeedRatio 属性设置为 2，那么动画就会以 4 倍于正常速度的速度运行。

15.3.5　控制播放

到目前为止，已在事件触发器中使用了一个动作——加载动画的 BeginStoryboard 动作。然而，一旦创建故事板，就可以用其他动作控制故事板。这些动作类都继承自 ControllableStoryboardAction 类，表 15-2 中列出了这些类。

表 15-2　控制故事板的动作类

名　称	说　明
PauseStoryboard	停止播放动画并且保持其当前位置
ResumeStoryboard	恢复播放暂停的动画

(续表)

名称	说明
StopStoryboard	停止播放动画，并将动画时钟重新设置到开始位置
SeekStoryboard	跳到动画时间线中的特定位置。如果动画当前正在播放，就继续从新位置播放。如果动画当前是暂停的，就继续保持暂停
SetStoryboardSpeedRatio	改变整个故事板(而不仅是改变某个内部动画)的 SpeedRatio 属性值
SkipStoryboardToFill	将故事板移到时间线的终点。从技术角度看，这个时期就是所谓的填充区域(fill region)。对于标准动画，FillBehavior 属性设置为 HoldEnd，动画继续保持最后的值
RemoveStoryboard	移除故事板，停止所有正在运行的动画并将属性返回为原来的、最后一次设置的数值。这和对适当的元素使用 null 动画对象调用 BeginAnimation( )方法的效果相同

注意：

停止动画不等于完成动画(除非将 FilllBehavior 属性设置为 Stop)。这是因为即使动画到达时间线的终点，也仍然应用最后的值。类似地，当动画暂停时，会继续应用最近的中间值。然而，当动画停止时，不再应用任何数值，并且属性值会恢复为动画之前的值。

帮助文档中没有记载会妨碍使用这些动作的内容。为成功地执行这些动作，必须在同一个 Triggers 集合中定义所有触发器。如果将 BeginStoryboard 动作的触发器和 PauseStoryboard 动作的触发器放置到不同集合中，PauseStoryboard 动作就无法工作。为查看需要使用的设计，分析示例是有帮助的。

例如，分析在图 15-3 中显示的窗口。该窗口使用一个网格在完全相同的位置精确地重叠了两个 Image 元素。最初，只有最顶部的图像是可见的——该图像显示了 Toronto 城市地标在白天的场景。但当动画运行时，该图像从 1 到 0 逐渐地增加透明度，最终使夜间场景完全盖过白天场景。效果就像是图像从白天变换到黑夜，就像连续的随时间流逝的照片。

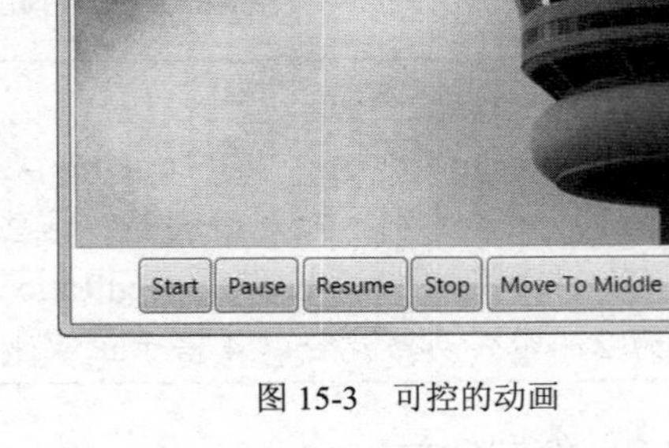

图 15-3 可控的动画

下面的标记定义了包含两个图像的 Grid 控件：

```
<Grid>
  <Image Source="night.jpg"></Image>
  <Image Source="day.jpg"
Name="imgDay"></Image>
</Grid>
```

下面是从一幅图像淡入到另一幅图像的动画：

```
<DoubleAnimation
  Storyboard.TargetName="imgDay" Storyboard.TargetProperty="Opacity"
  From="1" To="0" Duration="0:0:10">
</DoubleAnimation>
```

为增加这个示例的趣味性，还在底部提供了几个用于控制动画播放的按钮。使用这些按钮，可执行典型的媒体播放器动作，如暂停、恢复播放以及停止(可添加其他按钮来改变速度系数以及挑选特定的时间)。

下面的标记定义了这些按钮：

```
<StackPanel Orientation="Horizontal" HorizontalAlignment="Center" Margin="5">
  <Button Name="cmdStart">Start</Button>
  <Button Name="cmdPause">Pause</Button>
  <Button Name="cmdResume">Resume</Button>
  <Button Name="cmdStop">Stop</Button>
  <Button Name="cmdMiddle">Move To Middle</Button>
</StackPanel>
```

通常，可选择在每个按钮的 Triggers 集合中放置事件触发器。然而，在前面已解释过，对于动画这种方法不能工作。最简单的解决方法是在一个地方定义所有事件触发器，例如，在包含元素的 Triggers 集合中，使用 EventTrigger.SourceName 属性关联这些事件触发器。只要 SourceName 属性和为按钮设置的 Name 属性相匹配，触发器就会应用到恰当的按钮上。

在这个示例中，可使用包含这些按钮的 StackPanel 面板的 Triggers 集合。然而，使用顶级元素(在这个示例中是窗口)的 Triggers 集合通常最简单。这样，就可在用户界面中将按钮移到不同的位置，而不会禁用它们的功能。

```
<Window.Triggers>
  <EventTrigger SourceName="cmdStart" RoutedEvent="Button.Click">
    <BeginStoryboard Name="fadeStoryboardBegin">
      <Storyboard>
        <DoubleAnimation
          Storyboard.TargetName="imgDay" Storyboard.TargetProperty="Opacity"
          From="1" To="0" Duration="0:0:10">
        </DoubleAnimation>
      </Storyboard>
    </BeginStoryboard>
  </EventTrigger>

  <EventTrigger SourceName="cmdPause" RoutedEvent="Button.Click">
    <PauseStoryboard BeginStoryboardName="fadeStoryboardBegin"></PauseStoryboard>
  </EventTrigger>
  <EventTrigger SourceName="cmdResume" RoutedEvent="Button.Click">
    <ResumeStoryboard BeginStoryboardName="fadeStoryboardBegin"></ResumeStoryboard>
  </EventTrigger>
  <EventTrigger SourceName="cmdStop" RoutedEvent="Button.Click">
    <StopStoryboard BeginStoryboardName="fadeStoryboardBegin"></StopStoryboard>
  </EventTrigger>
  <EventTrigger SourceName="cmdMiddle" RoutedEvent="Button.Click">
    <SeekStoryboard BeginStoryboardName="fadeStoryboardBegin"
      Offset="0:0:5"></SeekStoryboard>
  </EventTrigger>
</Window.Triggers>
```

注意，必须为 BeginStoryboard 动作指定名称(在这个示例中，名称是 fadeStoryboardBegin)。其他触发器通过为 BeginStoryboardName 属性指定这个名称，连接到相同的故事板。

当使用故事板动作时将遇到限制。它们提供的属性(如 SeekStoryboard.Offset 和

SetStoryboardSpeedRatio.SpeedRatio 属性)不是依赖项属性，这会限制使用数据绑定表达式。例如，不能自动读取 Slider.Value 属性值并将其应用到 SetStoryboardSpeedRatio.SpeedRatio 动作，因为 SpeedRatio 属性不接受数据绑定表达式。您可能认为可通过使用 Storyboard 对象的 SpeedRatio 属性来解决这个问题，但这是行不通的。当动画开始时，读取 SpeedRatio 值并创建一个动画时钟。此后，即使改变了 SpeedRatio 属性的值，动画也仍会保持正常的速度。

如果希望动态调整速度或位置，唯一的解决方法是使用代码。Storyboard 类中的方法提供了与表 15-2 中描述的触发器相同的功能，包括 Begin( )、Pause( )、Resume( )、Seek( )、Stop( )、SkipToFill( )、SetSpeedRatio( )以及 Remove( )方法。

要访问 Storyboard 对象，必须在标记中设置其 Name 属性：

```
<Storyboard Name="fadeStoryboard">
```

注意：

勿将 Storyboard 对象的名称(在代码中使用故事板时需要该名称)和 BeginStoryboard 动作的名称混为一谈(当关联控制故事板的其他触发器动作时需要该名称)。为防止混淆，您可能希望采用某种约定，例如，在 BeginStoryboard 名称的结尾处添加单词 Begin。

现在只需要编写恰当的事件处理程序，并使用 Storyboard 对象的方法(请记住，简单地改变故事板的属性(比如 SpeedRatio)是没有任何效果的，它们仅配置当动画开始时将要使用的设置)。

当拖动 Slider 控件上的滑块时，下面的事件处理程序会进行响应。该事件处理程序获取滑动条的值(范围是 0~3)，并使用该数值应用新的速率：

```
private void sldSpeed_ValueChanged(object sender, RoutedEventArgs e)
{
    fadeStoryboard.SetSpeedRatio(this, sldSpeed.Value);
}
```

注意，SetSpeedRatio( )方法需要两个参数。第一个参数是顶级动画容器(在这个示例中，是指当前窗口)。所有故事板方法都需要这个引用。第二个参数是新的速率。

擦除效果

在上一个示例中，通过改变顶部图像的透明度，在两幅图像之间实现了渐变过渡效果。另一种在图像之间进行过渡的常用方式是“擦除”，新图像显示在原图像的上面。

使用这种技术的技巧在于为顶部图像创建透明掩码。下面是一个示例：

```
<Image Source="day.jpg" Name="imgDay">
  <Image.OpacityMask>
    <LinearGradientBrush StartPoint="0,0" EndPoint="1,0">
      <GradientStop Offset="0" Color="Transparent" x:Name="transparentStop" />
      <GradientStop Offset="0" Color="Black" x:Name="visibleStop" />
    </LinearGradientBrush>
  </Image.OpacityMask>
</Image>
```

透明掩码使用定义了两个渐变过渡点的渐变：Black(图像会完全显示)和 Transparent(图像会完全透明)。最初，两个渐变过渡点都被定位在图像的左边。因为可见的渐变过渡点是在后面声明的，所以它具有优先权，并且图像是完全不透明的。注意，为这两个渐变过渡点都提供了名称，从而在动画中可以很容易地访问它们。

接下来需要为LinearGradientBrush画刷的偏移执行动画。在这个示例中，两个偏移都是从左向右移动，使下面的图像能够显示出来。为使这个示例更加华丽，当移动偏移位置时，这两个偏移值没有使用相同的位置。相反，可见的偏移在前，透明的偏移在后，延迟了0.2秒。从而当动画运行时，在擦除边缘创建了混合图形。

```
<Storyboard>
  <DoubleAnimation
    Storyboard.TargetName="visibleStop"
    Storyboard.TargetProperty="Offset"
    From="0" To="1.2" Duration="0:0:1.2" ></DoubleAnimation>
  <DoubleAnimation
    Storyboard.TargetName="transparentStop"
    Storyboard.TargetProperty="Offset" BeginTime="0:0:0.2"
    From="0" To="1" Duration="0:0:1" ></DoubleAnimation>
</Storyboard>
```

此处有一个古怪的细节。可见的渐变过渡点移动到1.2而不是简单地移动到1，1表示图像的右侧边缘。这样可确保两个偏移动作以相同的速度移动，因为每一个偏移动作的总距离和它的动画持续时间成比例。

擦除效果通常从左向右或从上向下进行，但通过使用不同的不透明掩码也能创建出更富有创意的效果。例如，可为不透明掩码使用DrawingBrush画刷并修改画刷的几何图形，使后面的内容通过平铺模式显示。在第16章将列举更多为画刷应用动画的示例。

15.3.6 监视动画进度

图15-3中显示的动画播放器仍缺少一个在大多数媒体播放器中都具有的功能——确定当前位置的能力。为使这个动画播放器更加精致，可添加一些文本来显示时间的流逝，并添加进度条来指示动画执行的进度。图15-4显示了使用这两个细节的动画播放器的修改版(同时使用Slider控件控制速度，这部分内容已经在上一节中介绍过)。

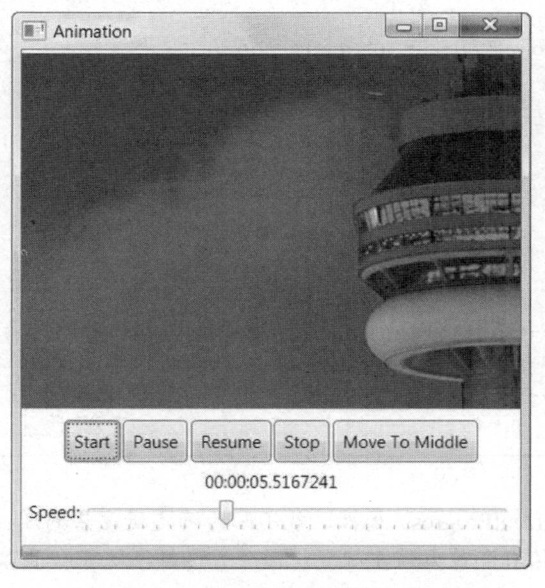

图15-4 显示动画的位置和进度

添加这些细节相当简单。首先需要使用 TextBlock 元素显示时间，而后需要使用 ProgressBar 控件显示图形进度条。您可能认为，可使用数据绑定表达式设置 TextBlock 值和 ProgressBar 内容，但这是行不通的。因为从故事板中检索当前动画时钟相关信息的唯一方式是使用方法，如 GetCurrentTime( )和 GetCurrentProgress( )。无法从属性中获取相同的信息。

最简单的解决方法是响应在表 15-3 中列出的某个故事板事件。

表 15-3　故事板事件

名　称	说　明
Completed	动画已经到达终点
CurrentGlobalSpeedInvalidated	速度发生了变化，或者动画被暂停、重新开始、停止或移到某个新的位置。当动画时钟反转时(在可反转动画的终点)，以及当动画加速和减速时，也会引发该事件
CurrentStateInvalidated	动画已经开始或结束
CurrentTimeInvalidated	动画时钟已经向前移动了一个步长，正在更改动画。当动画开始、停止或结束时也会引发该事件
RemoveRequested	动画正在被移除。使用动画的属性随后会返回为原来的值

这个示例需要使用 CurrentTimeInvalidated 事件，每次向前移动动画时钟时都会引发该事件(通常，每秒移动 60 次，但如果执行的代码需要更长时间，可能会丢失时钟刻度)。

当引发 CurrentTimeInvalidated 事件时，发送者是 Clock 对象(Clock 类位于 System.Windows. Media.Animation 名称空间)。可以通过 Clock 对象检索当前时间，当前时间使用 TimeSpan 对象表示；并且可检索当前进度，当前进度使用 0~1 之间的数值表示。

下面的代码更新标签和进度条：

```
private void storyboard_CurrentTimeInvalidated(object sender, EventArgs e)
{
    Clock storyboardClock = (Clock)sender;

    if (storyboardClock.CurrentProgress == null)
    {
        lblTime.Text = "[[ stopped ]]";
        progressBar.Value = 0;
    }
    else
    {
        lblTime.Text = storyboardClock.CurrentTime.ToString();
        progressBar.Value = (double)storyboardClock.CurrentProgress;
    }
}
```

提示：

如果使用 Clock.CurrentProgress 属性，就不必为确定进度条的属性值而执行任何计算。相反，可简单地使用最小值 0 和最大值 1 配置进度条。这样，就可以很容易地使用 Clock.CurrentProgress 属性值来设置 ProgressBar.Value，就像在这个示例中所做的那样。

15.4　动画缓动

线性动画的一个缺点是，它通常让人觉得很机械而且不够自然。相比而言，高级的用户界面具有模拟真实世界系统的动画效果。例如，可能使用具有触觉的下压按钮，当单击时按钮快速地弹回，但是当没有进行操作时它们会慢慢地停下来，创建真正移动的错觉。或者，可能使用类似 Windows 操作系统的最大化和最小化效果，当窗口接近最终尺寸时窗口扩展或收缩的速度会加速。这些细节十分细微，当它们的实现比较完美时您可能不会注意到它们。然而，几乎总会注意到，粗糙的缺少这些更细微特征的动画会给人留下笨拙的印象。

改进动画并创建更趋自然的动画的秘诀是改变变化速率。不是创建以固定不变的速率改变属性的动画，而是需要设计根据某种方式加速或减速的动画。WPF 提供了几种选择。在下一章中，将学习基于帧的动画和关键帧动画，这两种技术都提供了更精细地控制动画的能力(需要做的工作显著增加)。但实现更趋自然的动画的最简单方法是使用预置的缓动函数(easing function)。

当使用缓动函数时，仍可通过指定开始和结束属性值以常规的方式定义动画。但为了附加这些细节，需要添加预先编写好的修改动画过程的数学函数，使动画在不同的点加速或减速。接下来的几节将研究这一技术。

15.4.1　使用缓动函数

动画缓动的最大优点是，相对于其他方法，如基于帧的动画和关键帧动画，这种方法需要的工作少得多。为使用动画缓动，使用某个缓动函数类(继承自 EasingFunctionBase 的类)的实例设置动画对象的 EasingFunction 属性。通常需要设置缓动函数的几个属性，并且为了得到您所希望的效果，可能必须使用不同的设置，但不需要编写代码并且只需很少的 XAML。

例如，分析下面给出的两个动画，这两个动画用于按钮。当用户将鼠标移到按钮上时，使用一小段代码调用 growStoryboard 动画，将按钮拉伸到 400 单位。当用户移动鼠标使其离开按钮时，按钮收缩到其正常尺寸。

```
<Storyboard x:Name="growStoryboard">
  <DoubleAnimation
  Storyboard.TargetName="cmdGrow" Storyboard.TargetProperty="Width"
  To="400" Duration="0:0:1.5"></DoubleAnimation>
</Storyboard>

<Storyboard x:Name="revertStoryboard">
  <DoubleAnimation
  Storyboard.TargetName="cmdGrow" Storyboard.TargetProperty="Width"
  Duration="0:0:3"></DoubleAnimation>
</Storyboard>
```

现在，动画使用线性插值，这意味着按钮以恒定的机械性的速度增长和收缩。为得到更趋自然的效果，可使用缓动函数。下面的示例添加了名为 ElasticEase 的缓动函数。最终结果是按钮弹跳出其完整宽度，然后迅速弹回一点，接着再次摆动超出其完整尺寸(但比上一次稍少一点)，再以稍小的幅度迅速弹回，等等，随着运动的减弱不断地重复这一跳动模式。之后逐渐进入缓和的 10 次振荡。Oscillations 属性控制最终跳动的次数。ElasticEase 类还提供了另一个在该例中没有使用的属性：Springiness。该属性的值越大，后续的每个振荡静止得越快(默认值是 3)。

```
<Storyboard x:Name="growStoryboard">
  <DoubleAnimation
    Storyboard.TargetName="cmdGrow" Storyboard.TargetProperty="Width"
    To="400" Duration="0:0:1.5">
    <DoubleAnimation.EasingFunction>
      <ElasticEase EasingMode="EaseOut" Oscillations="10"></ElasticEase>
    </DoubleAnimation.EasingFunction>
  </DoubleAnimation>
</Storyboard>
```

为真正理解该标记和前面没有使用缓动函数的示例之间的区别，需要试一下该动画(或运行本章的示例)。变化是显著的。仅使用一行 XAML，就将一个简单的动画从业余的效果修改为精致美观的效果，在专业的应用程序中您会感觉到这种精致效果。

注意：

因为 EasingFunction 属性只能接受单个缓动函数对象，所以不能为同一个动画结合不同的缓动函数。

15.4.2　在动画开始时应用缓动与在动画结束时应用缓动

在继续分析不同的缓动函数前，理解缓动函数的应用时机是很重要的。所有缓动函数类都继承自 EasingFunctionBase 类，并且继承了 EasingMode 属性。该属性具有三个可能值：EaseIn (该值意味着在动画开始时应用缓动效果)、EaseOut(该值意味着在动画结束时应用缓动效果)、EaseInOut(该值意味着在动画开始和结束时应用缓动效果——将 EaseIn 用于动画的前半部分，将 EaseOut 用于动画的后半部分)。

在上面的示例中，growStoryboard 中的动画使用 EaseOut 模式。因此，逐渐减弱的跳动序列发生于动画的末尾。如果使用图形显示按钮宽度随动画进程的变化情况，就会看到类似图 15-5 的图形。

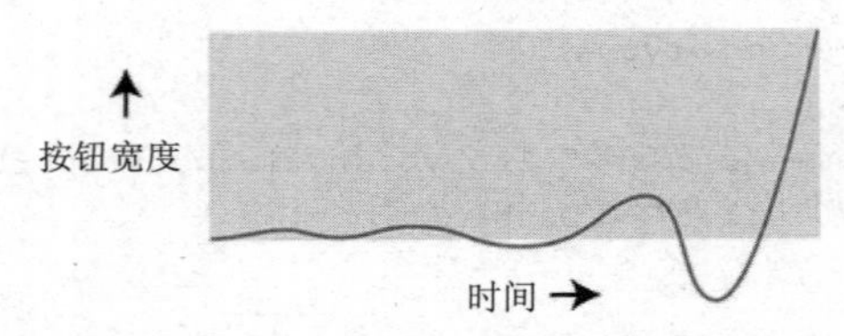

图 15-5　使用 ElasticEase 的 EaseOut 模式振荡动画的结束

注意：

当应用缓动函数时不会改变动画的持续时间。在 growStoryboard 动画示例中，ElasticEase 函数并非仅修改动画结束的方式——它还使动画的初始部分(当按钮正常扩展时)运行得更快，从而为动画结束时的震荡留下更多时间。

如果将 ElasticEase 函数的缓动模式切换为 EaseIn，跳动将在动画的开始部分发生。按钮收缩使其宽度比开始值更小一点，然后扩展宽度使其超过开始值，继而再稍多地收缩回一点，持续这种模式以逐渐地增加振荡直到自由振荡并扩展剩余的部分(使用 ElasticEase.Oscillations 属性

控制振荡次数)。图 15-6 显示了这种非常不同的移动模式。

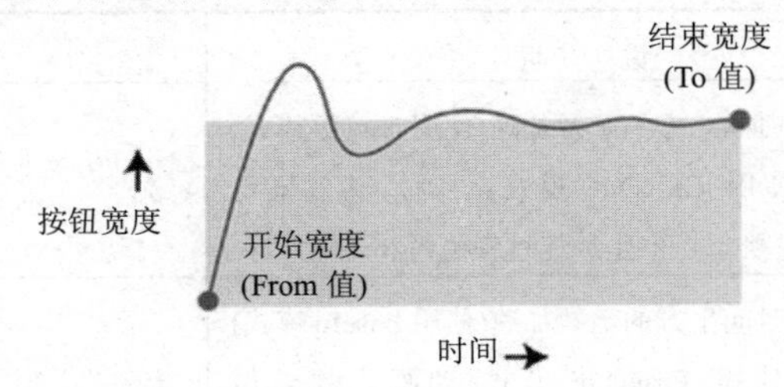

图 15-6　使用 ElasticEase 的 EaseIn 模式振荡动画的开始

最后，EaseInOut 模式创建更新颖的效果，在动画的前半部分是振荡动画的开始，接下来在动画的后半部分是振荡动画的结束。图 15-7 演示了该模式。

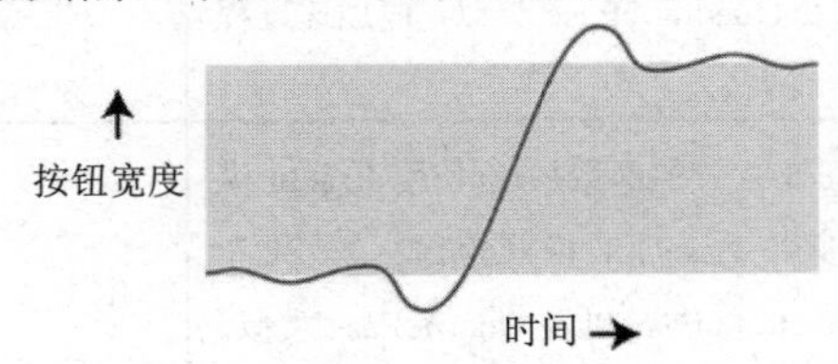

图 15-7　使用 ElasticEase 的 EaseInOut 模式振荡动画的开始和结束

15.4.3　缓动函数类

WPF 提供了 11 个缓动函数类，所有这些类都位于熟悉的 System.Windows.Media.Animation 名称空间中。表 15-4 描述了所有的缓动函数类，并列出了它们的重要属性。请记住，每个缓动函数类还提供了 EasingMode 属性，用于控制是影响动画的开始(EaseIn)、是影响动画的结束(EaseOut)还是同时影响动画的开始和结束(EaseInOut)。

表 15-4　缓 动 函 数

名　称	说　明	属　性
BackEase	当使用 EaseIn 模式应用该缓动函数时，在动画开始之前拉回动画。当使用 EaseOut 模式应用该缓动函数时，允许动画稍微超越然后拉回	Amplitude 属性决定了拉回和超越的量。默认值是 1，可减小该属性值(大于 0 的任何值)以缩减效果，或增加该属性值以放大效果
ElasticEase	当使用 EaseOut 模式应用该缓动函数时，使动画超越其最大值并前后摆动，逐渐减慢。当使用 EaseIn 模式应用该缓动函数时，动画在其开始值周围前后摆动，逐渐增加	Oscillations 属性控制动画前后摆动的次数(默认值是 3)，Springiness 属性控制振荡增加或减弱的速度(默认值是 3)
BounceEase	执行与 ElasticEase 缓动函数类似的效果，只是弹跳永远不会超越初始值或最终值	Bounce 属性控制动画回跳的次数(默认值是 2)，Bounciness 属性决定弹跳增加或减弱的速度(默认值是 2)
CircleEase	使用圆函数加速(使用 EaseIn 模式)或减速(使用 EaseOut 模式)动画	无

(续表)

名称	说明	属性
CubicEase	使用基于时间立方的函数加速(使用 EaseIn 模式)或减速(使用 EaseOut 模式)动画。其效果与 CircleEase 类似，但是加速过程更缓和	无
QuadraticEase	使用基于时间平方的函数加速(使用 EaseIn 模式)或减速(使用 EaseOut 模式)动画。效果与 CubicEase 类似，但加速过程更缓和	无
QuarticEase	使用基于时间 4 次方的函数加速(使用 EaseIn 模式)或减速(使用 EaseOut 模式)动画。效果和 CubicEase 以及 QuadraticEase 类似，但加速过程更明显	无
QuinticEase	使用基于时间 5 次方的函数加速(使用 EaseIn 模式)或减速(使用 EaseOut 模式)动画。效果和 CubicEase、QuadraticEase 以及 QuarticEase 类似，但是加速过程更明显	无
SineEase	使用包含正弦计算的函数加速(使用 EaseIn 模式)或减速(使用 EaseOut 模式)动画。加速非常缓和，并且相对于其他各种缓动函数更接近线性插值	无
PowerEase	使用幂函数 $f(t)=t^p$ 加速(使用 EaseIn 模式)或减速(使用 EaseOut 模式)动画。根据为指数 p 使用的值，可复制 Cubic、QuadraticEase、QuarticEase 以及 QuinticEase 函数的效果	Power 属性用于设置公式中的指数。将该属性设置为 2 会复制 QuadraticEase 的效果($f(t)=t^2$)，设置为 3 会复制 CubicEase 的效果($f(t)=t^3$)，设置为 4 会复制 QuarticEase 的效果($f(t)=t^4$)，设置为 5 会复制 QuinticEase 的效果($f(t)=t^5$)，或选择其他不同值，默认值是 2
ExponentialEase	使用指数函数 $f(t)=(e(at)-1)/(e(a)-1)$ 加速(使用 EaseIn 模式)或减速(使用 EaseOut 模式)动画	Exponent 属性用于设置指数(默认值是 2)

许多缓动函数提供了类似但隐约不同的结果。为成功地使用动画缓动，需要决定使用哪个缓动函数，以及如何进行配置。通常，这个过程需要一点试错的体验。有两个资源可为您提供帮助。

首先，WPF 文档为每个缓动函数的行为提供了插图示例，显示动画如何随着时间修改属性值。查看这些插图是理解缓动函数作用的好方法。图 15-8 显示了最流行缓动函数的插图。

其次，Microsoft 提供了几个范例程序，可使用这些范例播放不同的缓动函数，并尝试不同的属性值。最方便的范例之一是 Silverlight 应用程序，可通过浏览 http://tinyurl.com/animationeasing 在浏览器中运行该应用程序。通过该应用程序可在正方形中观察任何缓动函数的效果，并会显示自动生成的复制该效果所需的 XAML 标记。

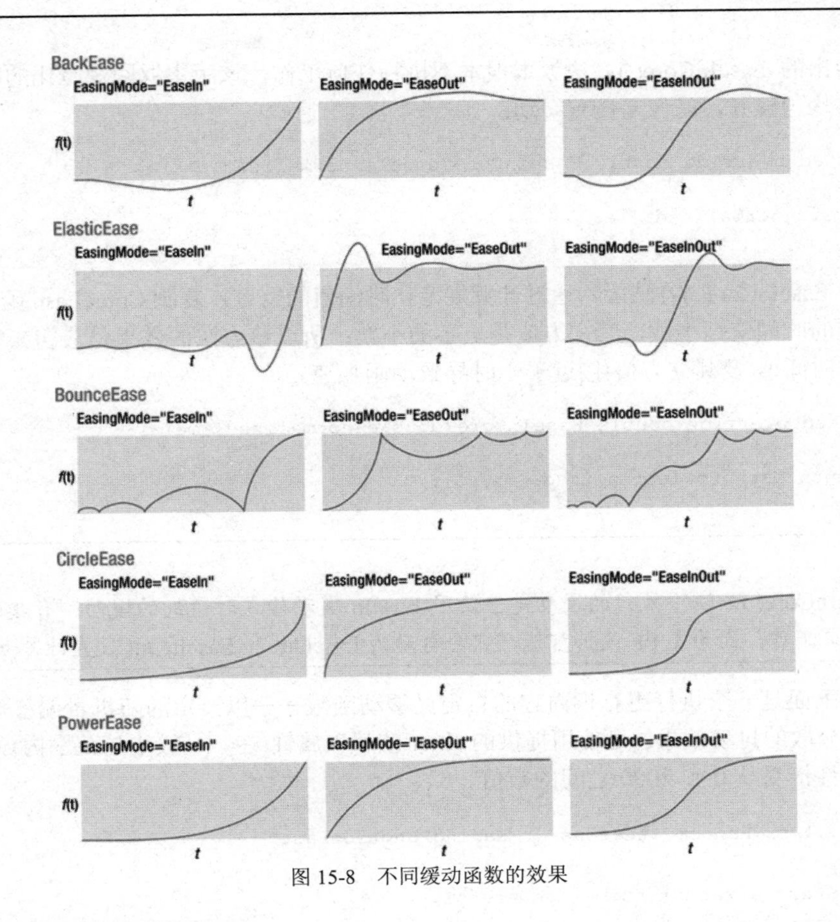

图 15-8　不同缓动函数的效果

15.4.4　创建自定义缓动函数

通过从 EasingFunctionBase 继承自己的类，并重载 EaseInCore( )和 CreateInstanceCore( )方法，可创建自定义缓动效果。这是一个非常专业的技术，因为大部分开发人员能通过配置标准的缓动函数(或使用将在下一章描述的样条关键帧动画)来获得所希望的效果。然而，如果确实决定创建自定义缓动函数，您将发现该过程出奇简单。

需要编写的几乎所有逻辑都在 EaseInCore( )方法中运行。该方法接受一个规范化的时间值——本质上，是表示动画进度的从 0 到 1 之间的值。当动画开始时，规范化的时间值是 0。它从该点开始增加，直到在动画结束点达到 1。

```
protected override double EaseInCore(double normalizedTime)
{ ... }
```

在动画运行期间，每次更新动画的值时 WPF 都会调用 EaseInCore( )方法。确切的调用频率取决于动画的帧率，但可以预期每秒调用 EaseInCore( )方法的次数接近 60。

为执行缓动，EaseInCore( )方法采用规范化的时间值，并以某种方式对其进行调整。EaseInCore( )方法返回的调整后的值，随后被用于调整动画的进度。例如，如果 EaseInCore( )方法返回 0，动画被返回到其开始点。如果 EaseInCore( )方法返回 1，动画跳到其结束点。然而，EaseInCore( )方法的返回值并不局限于这一范围——例如，可返回 1.5 以使动画过渡运行自身 50%。您已经看到过用于缓动函数(如 ElasticEase)的这类效果。

下面给出的 EaseInCore( )方法版本根本不执行任何工作。该版本返回规范化的时间值，意味着动画将均匀展开，就像是没有缓动：

```
protected override double EaseInCore(double normalizedTime)
{
    return normalizedTime;
}
```

下面的 EaseInCore( )方法版本通过计算规范化时间值的立方，复制 CubicEase 函数的效果。因为规范化的时间值是小数，其立方值是更小的小数；所以该方法的效果是最初减慢动画，并当规范化的时间值(及其立方值)接近于 1 时导致动画加速。

```
protected override double EaseInCore(double normalizedTime)
{
    return Math.Pow(normalizedTime, 3);
}
```

注意：

在 EaseInCore( )方法中执行的缓动是当使用 EaseIn 缓动模式时得到的缓动。有趣的是，这就是所需的全部工作，因为 WPF 足够智能，它会自动为 EaseOut 和 EaseInOut 设置计算互补的行为。

最后，下面是一个执行更有趣内容的自定义缓动函数——以一定的随机量偏移规范化的时间值，导致分散的抖动效果。可使用提供的 Jitter 依赖项属性(在一个较小的范围内)调整抖动的幅度，该属性接受从 0 到 2000 之间的数值。

```
public class RandomJitterEase : EasingFunctionBase
{
    // Store a random number generator.
    private Random rand = new Random();

    // Allow the amount of jitter to be configured.
    public static readonly DependencyProperty JitterProperty =
      DependencyProperty.Register("Jitter", typeof(int), typeof(RandomJitterEase),
      new UIPropertyMetadata(1000), new ValidateValueCallback(ValidateJitter));

    public int Jitter
    {
        get { return (int)GetValue(JitterProperty); }
        set { SetValue(JitterProperty, value); }
    }

    private static bool ValidateJitter(object value)
    {
        int jitterValue = (int)value;
        return ((jitterValue <= 2000) && (jitterValue >= 0));
    }

    // Perform the easing.
    protected override double EaseInCore(double normalizedTime)
    {
        // Make sure there's no jitter in the final value.
```

```
        if (normalizedTime == 1) return 1;

        // Offset the value by a random amount.
        return Math.Abs(normalizedTime -
          (double)rand.Next(0,10)/(2010 - Jitter));
    }

    // This required override simply provides a live instance of your
    // easing function.
    protected override Freezable CreateInstanceCore()
    {
        return new RandomJitterEase();
    }
}
```

提示：

如果希望查看当动画运行时计算出的缓动值，可在 EaseInCore( )方法中使用 System.Diagnostics.Debug 类的 WriteLine( )方法。当在 Visual Studio 中调试应用程序时，该方法会将您提供的值写入到 Output 窗口中。

这个缓动函数便于使用。首先在 XAML 中映射恰当的名称空间：

```
<Window x:Class="Animation.CustomEasingFunction"
  xmlns="http://schemas.microsoft.com/winfx/2006/xaml/presentation"
  xmlns:x="http://schemas.microsoft.com/winfx/2006/xaml"
  Title="CustomEasingFunction" Height="300" Width="600"
  xmlns:local="clr-namespace:Animation">
```

然后，可在标记中创建 RandomJitterEase 对象，如下所示：

```
<DoubleAnimation
  Storyboard.TargetName="ellipse2" Storyboard.TargetProperty="(Canvas.Left)"
  To="500" Duration="0:0:10">
    <DoubleAnimation.EasingFunction>
      <local:RandomJitterEase EasingMode="EaseIn" Jitter="1000">
      </local:RandomJitterEase>
    </DoubleAnimation.EasingFunction>
</DoubleAnimation>
```

本章的在线示例呈现了一个例子，该例对比没有缓动的动画(在 Canvas 面板上移动一个小的椭圆)和使用 RandomJitterEase 缓动函数的动画。

15.5　动画性能

通常，为用户界面应用动画只不过是创建并配置正确的动画和故事板对象。但在其他情况下，特别是同时发生多个动画时，可能需要更加关注性能。特定的效果更可能导致这些问题——例如，那些涉及视频、大位图以及多层透明等的效果通常需要占用更多 CPU 开销。如果不谨慎地实现这类效果，运行它们时可能造成明显抖动，或者会从其他同时运行的应用程序抢占 CPU 时间。

幸运的是，WPF 提供了几个可提供帮助的技巧。接下来的几节将学习降低最大帧率以及缓存计算机显卡中的位图，这两种技术可以减轻 CPU 的负担。

15.5.1　期望的帧率

正如在本章前面学习过的，WPF 试图保持以 60 帧/秒的速度运行动画。这样可确保从开始到结束得到平滑流畅的动画。当然，WPF 可能达不到这个目标。如果同时运行多个复杂的动画，并且 CPU 或显卡不能承受的话，整个帧率可能会下降(最好的情形)，甚至可能会跳跃以进行补偿(最坏的情形)。

尽管很少提高帧率，但可能会选择降低帧率，这可能是因为以下两个原因之一：

- 动画使用更低的帧率看起来也很好，所以不希望浪费额外的 CPU 周期。
- 应用程序运行在性能较差的 CPU 或显卡上，并知道使用高的帧率时整个动画的渲染效果还不如使用更低的帧率的渲染效果好。

注意：

开发人员有时认为 WPF 提供了用于根据显卡硬件降低帧率的代码，但事实并非如此。相反，WPF 总是试图保持 60 帧/秒，除非明确地告诉它使用其他帧率。为了评估动画的执行情况以及在特定的计算机上 WPF 是否能够达到 60 帧/秒，可使用 Perforator 工具，该工具是作为 Microsoft Windows SDK v7.0 的一部分而提供的。对于下载链接、安装指导以及文档，请查看 http://tinyurl.com/9kzmv9s。

调整帧率很容易。只需要为包含动画的故事板使用 Timeline.DesiredFrameRate 附加属性。下面的示例将帧率减半：

```
<Storyboard Timeline.DesiredFrameRate="30">
```

图 15-9 显示了一个简单的测试程序，该程序为一个小球应用动画，使其在 Canvas 控件上沿一条曲线运动。

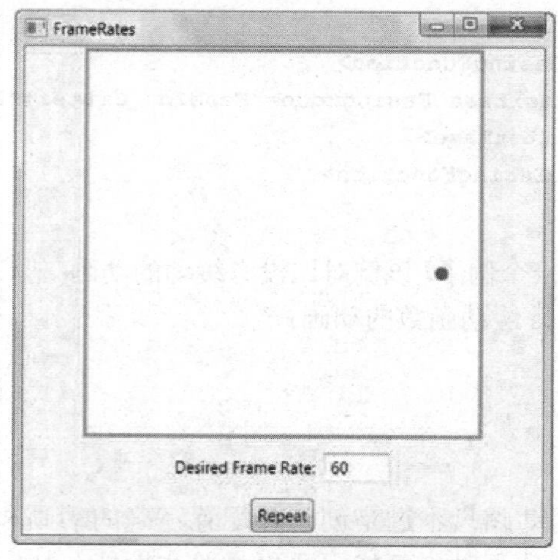

图 15-9　使用简单的动画测试帧率

这个应用程序开始在 Canvas 控件上绘制 Ellipse 对象。Canvas.ClipToBounds 属性被设置为 true，所以圆的边缘不会超出 Canvas 控件的边缘而进入窗口的其他部分。

```
<Canvas ClipToBounds="True">
  <Ellipse Name="ellipse" Fill="Red" Width="10" Height="10"></Ellipse>
</Canvas>
```

为在 Canvas 控件上移动圆，需要同时进行两个动画——一个动画用于更新 Canvas.Left 属性(从左向右移动圆)，另一个动画用于改变 Canvas.Top 属性(使圆上升，然后下降)。Canvas.Top 动画是可反转的——一旦圆到达最高点，就会下降。Canvas.Left 动画不是可反转的，但持续时间是 Canvas.Top 动画的两倍，从而使得这两个动画可以同时移动圆。最后的技巧是为 Canvas.Top 动画使用 DecelerationRatio 属性。这样，当圆到达最高点时上升的速度会更慢，这会创建更逼真的效果。

下面是动画的完整标记：

```
<Window.Resources>
  <BeginStoryboard x:Key="beginStoryboard">
    <Storyboard Timeline.DesiredFrameRate=
      "{Binding ElementName=txtFrameRate,Path=Text}">
      <DoubleAnimation Storyboard.TargetName="ellipse"
      Storyboard.TargetProperty="(Canvas.Left)"
      From="0" To="300" Duration="0:0:5">
    </DoubleAnimation>
    <DoubleAnimation Storyboard.TargetName="ellipse"
      Storyboard.TargetProperty="(Canvas.Top)"
      From="300" To="0" AutoReverse="True" Duration="0:0:2.5"
      DecelerationRatio="1">
    </DoubleAnimation>
   </Storyboard>
  </BeginStoryboard>
</Window.Resources>
```

需要注意，Canvas.Left 和 Canvas.Top 属性都括在括号中——从而指示不能在目标元素(椭圆)中找到它们，反而它们是附加属性。还可看到这个动画是在窗口的资源集合中定义的，从而可通过多种方式开始动画。在这个示例中，当单击 Repeat 按钮时，以及当第一次加载窗口时，使用类似下面的代码启动动画：

```
<Window.Triggers>
  <EventTrigger RoutedEvent="Window.Loaded">
    <EventTrigger.Actions>
      <StaticResource ResourceKey="beginStoryboard"></StaticResource>
    </EventTrigger.Actions>
  </EventTrigger>
</Window.Triggers>
```

这个示例的真正目的是尝试不同的帧率。为查看某个特定帧率的效果，只需要在文本框中输入合适的数值，然后单击 Repeat 按钮即可。然后动画就会使用新的帧率(通过数据绑定表达式获取新的帧率)触发，从而可以观察动画的效果。在更低的帧率下，椭圆不会均匀移动——而会在 Canvas 控件中跳跃。

也可使用代码调整 Timeline.DesiredFrame 属性。例如，可能希望读取静态属性 RenderCapability.Tier 以确定显卡支持的渲染级别。

注意：

也可通过很少的工作创建辅助类，从而在 XAML 标记中使用相同的逻辑。可在 http://tinyurl.com/yata5eu 网址上找到一个示例，该例演示了如何根据显卡的渲染级别以声明方式降低帧率。

15.5.2　位图缓存

位图缓存通知 WPF 获取内容的当前位图图像，并将其复制到显卡的内存中。这时，显卡可以控制位图的操作和显示的刷新。这个处理过程比让 WPF 完成所有工作要快很多，并且和显卡不断地通信。

如果运用得当，位图缓存可改善应用程序的绘图性能。但如果运用不当，就会浪费显存并且实际上会降低性能。所以，在使用位图缓存之前，需要确保真正合适。下面列出一些指导原则：

- 如果正在绘制的内容需要频繁地重新绘制，使用位图缓存可能是合理的。因为每次后续的重新绘制将更快。一个例子是当其他一些具有动画的对象浮动在形状表面上时，使用 BitmapCacheBrush 画刷绘制形状的表面。尽管形状没有变化，但是形状的不同部分被遮挡住或显露出来，从而需要重新绘制。
- 如果元素的内容经常变化，使用位图缓存可能不合理。因为可视化内容每次改变时，WPF 需要重新渲染位图并将其发送到显卡缓存，而这需要耗费时间。该规则有些晦涩，因为某些改变不会导致缓存无效。安全操作的例子包括使用变换旋转以及重新缩放元素、剪裁元素、改变元素的透明度以及应用效果。另一方面，改变元素的内容、布局以及格式将强制重新渲染位图。
- 尽量少缓存内容。位图越大，WPF 存储缓存副本所需的时间越长，需要的显存越多。一旦耗尽显存，WPF 将被迫使用更慢的软件渲染。

提示：

不良的缓存策略可能导致更严重的性能问题，应用程序不会充分地优化。所以除非满足这些指导原则，否则不要使用缓存。同样，可使用性能分析工具(如 Perforator，http://tinyurl.com/9kzmv9s)核实您的策略是否可以改善性能。

为更好地理解位图缓存，使用一个简单示例是有帮助的。图 15-10 显示了本章的下载示例中包含的一个项目。在该例中，一个动画推动一个简单的图形——正方形——在 Canvas 面板上移动，Canvas 面板包含一条具有复杂几何图形的路径。当正方形在 Canvas 面板表面上移动时，强制 WPF 重新计算路径并填充丢失的部分。这会带来极大的 CPU 负担，并且动画甚至可能开始变得断断续续。

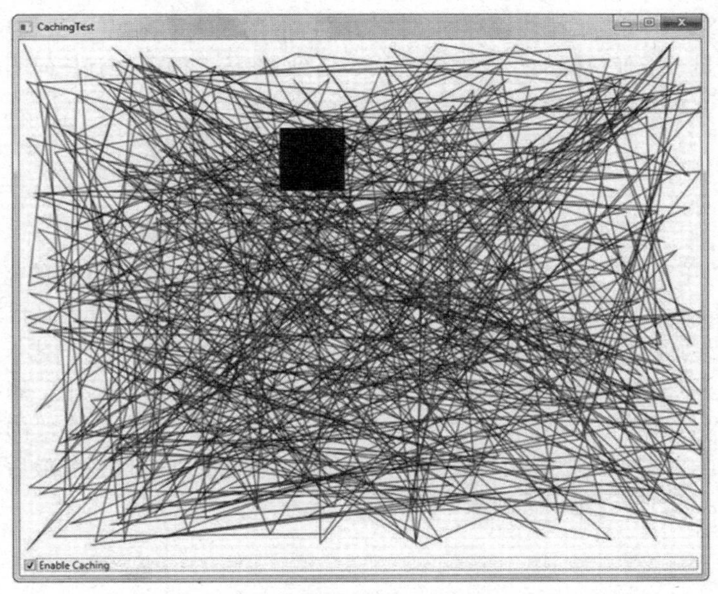

图 15-10　在复杂矢量图形上运行动画

可采用几种方法解决该问题。一种选择是使用一幅位图替换背景，WPF 能够更高效地管理位图。更灵活的选择是使用位图缓存，这种方法可继续将存活的、可交互的元素作为背景。

为启用位图缓存功能，将相应元素的 CacheMode 属性设置为 BitmapCache。每个元素都提供了 CacheMode 属性，这意味着您可以精确选择为哪个元素使用这一特征。

```
<Path CacheMode="BitmapCache" ...></Path>
```

注意：

如果缓存包含其他元素的元素，如布局容器，所有元素都将被缓存到一幅位图中。因此，当为类似 Canvas 的容器添加缓存时要格外谨慎——只有当 Canvas 容器较小而且其内容不会改变时才这么做。

通过这个简单修改，可立即看到区别。首先，窗口显示的时间要稍长一些。但动画的运行将更平滑，并且 CUP 的负担将显著降低。可通过 Windows 任务管理器进行检查——经常可以看到 CPU 的负担从接近 100%减少到 20%以下。

通常，当启用位图缓存时，WPF 采用元素当前尺寸的快照并将其位图复制到显卡中。如果之后使用 ScaleTransform 放大元素，这会变成一个问题。在这种情况下，将放大缓存的位图，而不是实际的元素，当放大元素时这会导致模糊放大以及色块。

例如，设想一个修订过的示例。在示例中，第二个同步动画扩展 Path 使其为原始尺寸的 10 倍，然后缩回原始尺寸。为确保具有良好的显示质量，可使用 5 倍于 Path 原始尺寸的尺寸缓存其位图：

```
<Path ...>
  <Path.CacheMode>
    <BitmapCache RenderAtScale="5"></BitmapCache>
  </Path.CacheMode>
</Path>
```

这样可解决像素化问题。虽然缓存的位图仍比 Path 的最大动画尺寸(最大尺寸达 10 倍于其原始尺寸)小，但显卡能使位图的尺寸加倍，从 5 倍到 10 倍，而不会有任何明显的缩放问题。更重要的是，这可使应用程序避免过多地使用显存。

15.6 小结

本章详细分析了 WPF 的动画支持，您学习了基本的动画类和线程插值的概念，还看到了如何使用故事板控制一个或多个动画的播放，以及如何使用动画缓动创建更趋自然的效果。

现在您已经熟练掌握了 WPF 动画的基础知识，可用更多时间学习动画艺术了——决定为哪些属性应用动画，以及如何修改它们以便得到所希望的效果。在下一章中，您将学习如何通过为变换、画刷以及像素着色器应用动画来创建各种效果。还将学习包含多段的关键帧动画，并学习基于帧的动画，这种动画可以自由突破标准的基于属性的动画模型。最后，您将查看如何使用代码(而非 XAML)来创建和管理故事板。

第 16 章

■■■

高级动画

前面已经介绍了 WPF 属性动画系统的基础知识——如何定义动画、如何将动画连接到元素以及如何使用故事板控制播放。现在是进一步分析可在应用程序中使用的实用动画技术的良好时机。

本章首先分析为了得到所希望的结果应当为什么内容应用动画。还将列举为变换、画刷以及像素着色器应用动画的例子。接下来将介绍如何使用关键帧动画和基于路径的动画，以一种与动画缓动类似但更灵活的方式，形成动画的加速和减速。然后将讨论如何使用基于帧的动画，完全突破动画模型来创建类似真实碰撞的复杂效果。最后将分析另一个示例——投弹游戏——该例展示了如何使用代码创建和管理动画，从而将动画集成到应用程序的整个工作流中。

16.1 动画类型回顾

创建动画面临的第一个挑战是为动画选择正确的属性。期望的结果(例如，在窗口中移动元素)与需要使用的属性(在这种情况下是 Canvas.Left 和 Canvas.Top 属性)之间的关系并不总是很直观。下面是一些指导原则：

- 如果希望使用动画来使元素显示和消失，不要使用 Visibility 属性(该属性只能在完全可见和完全不可见之间进行切换)。应改用 Opacity 属性淡入或淡出元素。
- 如果希望动态改变元素的位置，可考虑使用 Canvas 面板。它提供了最直接的属性(Canvas.Left 及 Canvas.Top)，而且开销最小。此外，也可使用动画属性在其他布局容器中获得类似效果。例如，可通过使用 ThicknessAnimation 类动态改变 Margin 和 Padding 等属性，还可动态改变 Grid 控件中的 MinWidth 或 MinHeight 属性、一列或一行。

提示：

许多动画效果被设计成递进地“呈现”某个元素。常用的选择包括使元素淡出、滑入到视图中或从一个小点进行扩展。然而，还有许多其他选择。例如，可使用在第 14 章中介绍的 BlurEffect 类来模糊元素，并动态改变 Radius 属性来降低模糊度从而使元素逐渐变得清晰。

- 动画最常用的属性是渲染变换。可使用变换移动或翻转元素(TranslateTransform)、旋转元素(RotateTransform)、缩放或扭曲元素(ScaleTransform)等。通过仔细地使用变换，有时可避免在动画中硬编码尺寸和位置。它们也绕过了 WPF 布局系统，比直接作用于元素大小或位置的其他方法速度更快。
- 动态改变元素表面的较好方法是修改画刷属性。可使用 ColorAnimation 改变颜色或其他动画对象来变换更复杂画刷的属性，如渐变中的偏移。

接下来的示例演示了如何动态改变变换和画刷，以及如何使用更多的一些动画类型。还将讨论如何使用关键帧创建多段动画、如何创建基于路径的动画和基于帧的动画。

16.1.1　动态变换

变换提供了自定义元素的最强大方式之一。当使用变换时，不只是改变元素的边界，而且会移动、翻转、扭曲、拉伸、放大、缩小或旋转元素的整个可视化外观。例如，可通过 ScaleTransform 动态改变按钮的尺寸，这会改变整个按钮的尺寸，包括按钮的边框及其内部的内容。这种效果比动态改变 Width 和 Height 属性或改变文本的 Fontsize 属性给人的印象更深刻。

正如在第 12 章中学习过的，每个元素都能以两种不同的方式使用变换：RenderTransform 属性和 LayoutTransform 属性。RenderTransform 效率更高，因为是在布局之后应用变换并且用于变换最终的渲染输出。LayoutTransform 在布局前应用，从而其他控件需要重新排列以适应变换。改变 LayoutTransform 属性会引发新的布局操作(除非在 Canvas 面板上使用元素，在这种情况下，RenderTransform 和 LayoutTransform 的效果相同)。

为在动画中使用变换，第一步是定义变换(动画可改变已经存在的变换，但不能创建新的变换)。例如，假设希望使按钮旋转，此时需要使用 RotateTransform 对象：

```
<Button Content="A Button">
  <RenderTransform>
    <RotateTransform></RotateTransform>
  </RenderTransform>
</Button>
```

现在当将鼠标移动到按钮上时，下面的事件触发器就会旋转按钮。使用的目标属性是 RenderTransform.Angle——换句话说，读取按钮的 RenderTransform 属性并修改在其中定义的 RotateTransform 对象的 Angle 属性。事实是，RenderTransform 属性可包含各种不同的变换对象，每种变换对象的属性各不相同，这不会引起问题。只要使用的变换具有 Angle 属性，这个触发器就能工作。

```
<EventTrigger RoutedEvent="Button.MouseEnter">
  <EventTrigger.Actions>
    <BeginStoryboard>
      <Storyboard>
        <DoubleAnimation Storyboard.TargetProperty="RenderTransform.Angle"
        To="360" Duration="0:0:0.8" RepeatBehavior="Forever"></DoubleAnimation>
```

```
      </Storyboard>
    </BeginStoryboard>
  </EventTrigger.Actions>
</EventTrigger>
```

按钮在 0.8 秒的时间内旋转一周并且持续旋转。当按钮旋转时仍完全可用——例如，可单击按钮并处理 Click 事件。

为确保按钮绕其中心旋转(而不是绕左上角旋转)，需要按如下方式设置 RenderTransform-Origin 属性：

```
<Button RenderTransformOrigin="0.5,0.5">
```

请记住，RenderTransformOrigin 属性使用 0～1 的相对单位，所以 0.5 表示中点。

为停止旋转，可使用第二个触发器响应 MouseLeave 事件。这时，可删除执行旋转的故事板，但这会导致按钮一步跳回到它原来的位置。更好的方法是开始第二个动画，用它替代第一个动画。这个动画忽略 To 和 From 属性，这意味着它无缝地在 0.2 秒的时间内将按钮旋转回原始方向：

```
<EventTrigger RoutedEvent="Button.MouseLeave">
  <EventTrigger.Actions>
    <BeginStoryboard>
      <Storyboard>
        <DoubleAnimation Storyboard.TargetProperty="LayoutTransform.Angle"
        Duration="0:0:0.2"></DoubleAnimation>
      </Storyboard>
    </BeginStoryboard>
  </EventTrigger.Actions>
</EventTrigger>
```

为创建旋转的按钮，需要为 Button.Triggers 集合添加这两个触发器。或将它们(以及变换)放到一个样式中，并根据需要为多个按钮应用这个样式。例如，下面的窗口标记充满了图 16-1 中显示的“能旋转的”按钮：

```
<Window x:Class="Animation.RotateButton" ... >
  <Window.Resources>
    <Style TargetType="{x:Type Button}">
      <Setter Property="HorizontalAlignment" Value="Center"></Setter>
      <Setter Property="RenderTransformOrigin" Value="0.5,0.5"></Setter>
      <Setter Property="Padding" Value="20,15"></Setter>
      <Setter Property="Margin" Value="2"></Setter>
      <Setter Property="LayoutTransform">
        <Setter.Value>
          <RotateTransform></RotateTransform>
        </Setter.Value>
      </Setter>
      <Style.Triggers>
        <EventTrigger RoutedEvent="Button.MouseEnter">
          ...
```

```
      </EventTrigger>
      <EventTrigger RoutedEvent="Button.MouseLeave">
        ...
      </EventTrigger>
    </Style.Triggers>
  </Style>

</Window.Resources>
<StackPanel Margin="5" Button.Click="cmd_Clicked">
    <Button>One</Button>
    <Button>Two</Button>
    <Button>Three</Button>
    <Button>Four</Button>
    <TextBlock Name="lbl" Margin="5"></TextBlock>
  </StackPanel>
</Window>
```

在单击任何按钮时，都会在 TextBlock 元素中显示一条消息。

这个示例还为分析渲染变换和布局变换之间的区别提供了绝佳的机会。如果修改代码以使用 LayoutTransform 属性，那么会发现当旋转其中一个按钮时，其他按钮会被推离原来的位置(如图 16-2 所示)。例如，如果旋转最上面的按钮，下面的按钮会上下跳动以避开顶部的按钮。

当然，为具体感受运行效果，使用本章下载的代码对这个示例进行测试是值得的。

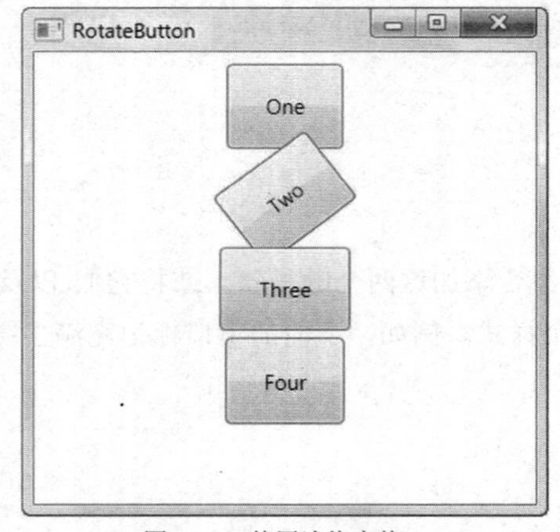

图 16-1 使用渲染变换

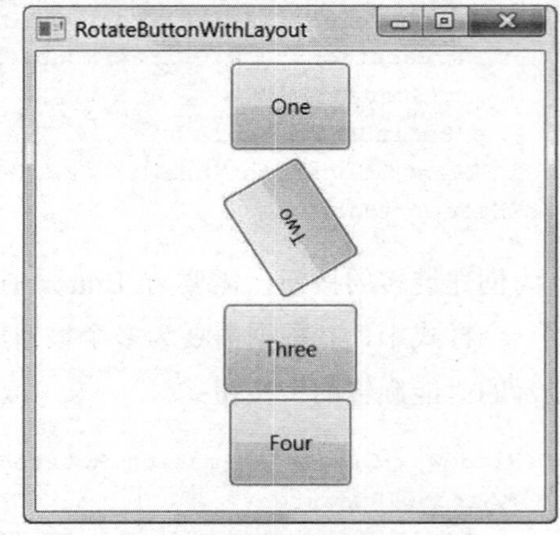

图 16-2 使用布局变换

动态改变多个变换

可很容易地组合使用变换。实际上这很容易——只需要使用 TransformGroup 对象设置 LayoutTransform 或 RenderTransform 属性即可。可根据需要在 TransformGroup 对象中嵌套任意多个变换。

图 16-3 显示了一个使用两个变换创建的有趣效果。文档窗口刚开始作为主窗口左上角的小缩略图。当文档窗口显示时，内容旋转、扩展并快速淡入到视图中。从概念上讲，这与最大化窗口时 Windows 使用的效果类似。在 WPF 中，可通过变换为所有的元素应用这种技巧。

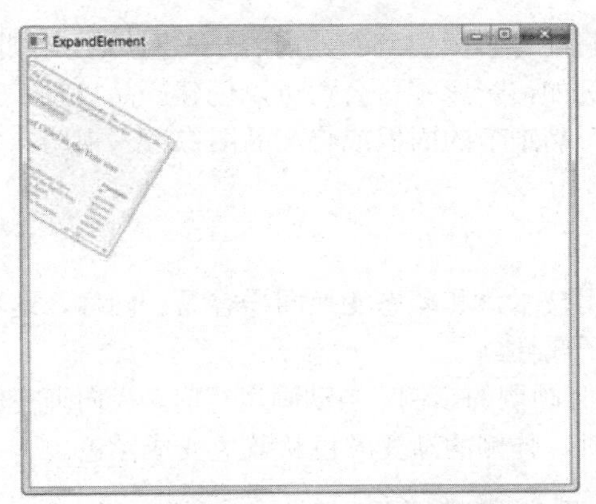

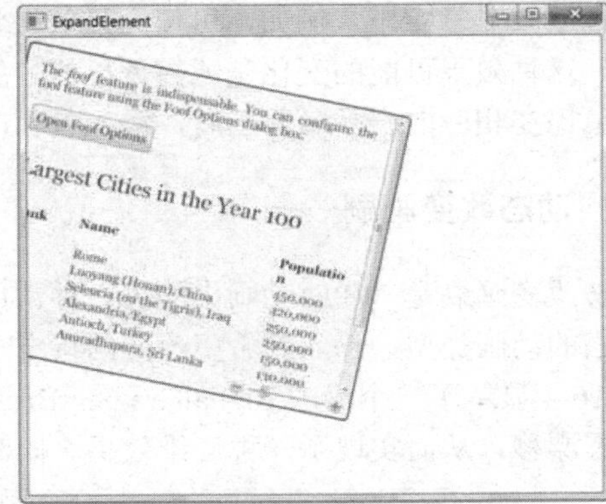

图 16-3　“跳入”视图中的内容

为创建这种效果，在如下 TransformGroup 对象中定义了两个变换，并使用 TransformGroup 对象设置包含所有内容的 Border 对象的 RenderTransform 属性：

```
<Border.RenderTransform>
  <TransformGroup>
    <ScaleTransform></ScaleTransform>
      <RotateTransform></RotateTransform>
    </TransformGroup>
</Border.RenderTransform>
```

通过指定数字偏移值(0 用于首先显示的 ScaleTransform 对象，1 用于接下来显示的 RotateTransform 对象)，动画可与这两个变换对象进行交互。例如，下面的动画放大内容：

```
<DoubleAnimation Storyboard.TargetName="element"
  Storyboard.TargetProperty="RenderTransform.Children[0].ScaleX"
  From="0" To="1" Duration="0:0:2" AccelerationRatio="1">
</DoubleAnimation>
<DoubleAnimation Storyboard.TargetName="element"
  Storyboard.TargetProperty="RenderTransform.Children[0].ScaleY"
  From="0" To="1" Duration="0:0:2" AccelerationRatio="1">
</DoubleAnimation>
```

下面的动画位于相同的故事板中，用于旋转内容：

```
<DoubleAnimation Storyboard.TargetName="element"
  Storyboard.TargetProperty="RenderTransform.Children[1].Angle"
  From="70" To="0" Duration="0:0:2" >
</DoubleAnimation>
```

这个动画中的内容比此处显示的内容还多。例如，还有一个同时增加 Opacity 属性的动画，并且当 Border 元素达到最大尺寸时，它短暂地向后“反弹”一下，创建一种更趋自然的效果。为这个动画创建时间线并修改各个动画对象属性需要耗费时间——理想情况下，可使用诸如 Expression Blend 的设计工具执行这些任务，而不是通过手动编写代码来完成这些任务。甚至更好的情况是，只要有第三方开发者将这一逻辑分组到自定义动画中，就可以重用并根据需要将其应用到您的对象上(根据目前的情况，可通过将 Storyboard 对象存储为应用程序级的资源，重用这个动画)。

这种效果非常实用。例如，可使用该效果将注意力吸引到新的内容——例如用户刚刚打开的文件。这种效果可能的变化是无穷无尽的。例如，一家零售公司可以创建产品目录，当用户将鼠标悬停在相应的产品名称上时，滑入包含产品细节的面板或将产品图像滚入视图。

16.1.2 动态改变画刷

动态改变画刷是 WPF 动画中的另一种常用技术，和动态变换同样容易。同样，这种技术使用恰当的动画类型，深入到希望改变的特定子属性。

图 16-4 显示了一个修改 RadialGradientBrush 画刷的示例。当动画运行时，径向渐变的中心点沿椭圆漂移，从而实现了一种三维效果。同时，外侧的渐变颜色从蓝色变成黑色。

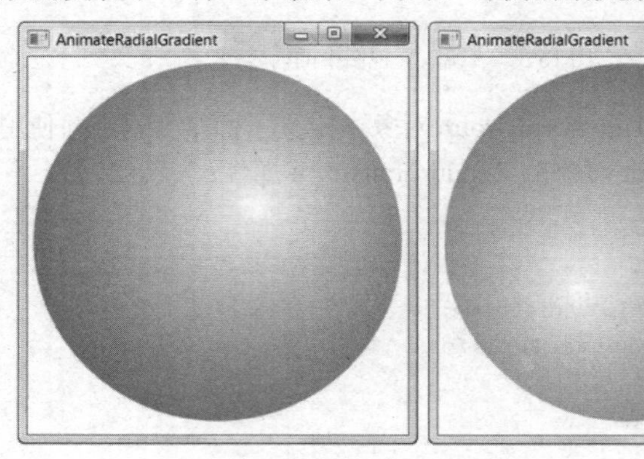

图 16-4 改变径向渐变

为实现这个动画，需要使用两种尚未分析过的动画类型。ColorAnimation 动画在两个颜色之间逐渐混合，创建一种微妙的颜色转移效果。PointAnimation 动画可将点从一个位置移到另一个位置(本质上与使用独立的 DoubleAnimation，通过线性插值同时修改 X 坐标和 Y 坐标是相同的)。可使用 PointAnimation 动画改变使用点构造的图形，或者就像这个示例中那样，改变径向渐变中心点的位置。

下面的标记定义了椭圆及其画刷：

```
<Ellipse Name="ellipse" Margin="5" Grid.Row="1" Stretch="Uniform">
  <Ellipse.Fill>
    <RadialGradientBrush
    RadiusX="1" RadiusY="1" GradientOrigin="0.7,0.3">
      <GradientStop Color="White" Offset="0"></GradientStop>
      <GradientStop Color="Blue" Offset="1"></GradientStop>
    </RadialGradientBrush>
  </Ellipse.Fill>
</Ellipse>
```

下面是移动中心点以及改变第二种颜色的两个动画：

```
<PointAnimation Storyboard.TargetName="ellipse"
  Storyboard.TargetProperty="Fill.GradientOrigin"
  From="0.7,0.3" To="0.3,0.7" Duration="0:0:10" AutoReverse="True"
  RepeatBehavior="Forever">
</PointAnimation>
```

```
<ColorAnimation Storyboard.TargetName="ellipse"
  Storyboard.TargetProperty="Fill.GradientStops[1].Color"
  To="Black" Duration="0:0:10" AutoReverse="True"
  RepeatBehavior="Forever">
</ColorAnimation>
```

通过修改 LinearGradientBrush 和 RadialGradientBrush 画刷的颜色和偏移值可创建许多精彩效果。如果还不够，渐变画刷还有自己的 RelativeTransform 属性，可使用该属性旋转、缩放、拉伸以及扭曲画刷。WPF 团队有一个有趣的称为 Gradient Obsession 的工具，该工具用于构建基于渐变的动画。可从 http://tinyurl.com/yc5fjpm 网址上找到该工具及其源代码。对于其他一些想法，请查看位于 http://tinyurl.com/y92mf8a 网址上由 Charles Petzold 提供的动画示例，这些示例改变不同 DrawingBrush 对象的几何图形，创建渐变为不同形状的平铺模式。

VisualBrush 画刷

正如第 12 章中介绍的，VisualBrush 画刷可获取任意元素的外观，使用该外观可填充另一个表面。其他表面可以是任何内容，从普通的矩形到文本框中的字母。

图 16-5 显示了一个基本示例。顶部是一个真实的活动按钮。下面通过 VisualBrush 画刷使用按钮图片填充一个矩形，并通过各种变换效果拉伸并旋转按钮图片。

图 16-5　动态显示 VisualBrush 画刷填充的元素

VisualBrush 画刷还为实现一些有趣的动画效果提供了可能。例如，不仅可动态显示活动的真实元素，还可动态显示具有相同填充内容的简单矩形。

为理解这种方法的工作原理，分析前面图 16-3 中显示的示例，该例将一个元素放入视图中。当这个动画运行时，处理具有动画的元素的方式和处理其他任意 WPF 元素的方式相同，这意味着可单击它内部的按钮，或使用键盘滚动内容(如果用户的操作足够迅速的话)。在一些情况下，这可能会令用户感到困惑。在有些情况下，这可能导致性能下降，因为需要额外的开销来变换输入(如鼠标单击)，并且和原始元素一起传递输入。

使用 VisualBrush 画刷可轻易地代替这种效果。首先，需要创建另一个元素，使用 VisualBrush 画刷填充该元素。VisualBrush 画刷必须根据希望包含动画的元素(在这个示例中，是名为 element 的边框)绘制可视化内容。

```
<Rectangle Name="rectangle">
  <Rectangle.Fill>
    <VisualBrush Visual="{Binding ElementName=element}">
    </VisualBrush>
  </Rectangle.Fill>
  <Rectangle.RenderTransform>
    <TransformGroup>
      <ScaleTransform></ScaleTransform>
      <RotateTransform></RotateTransform>
```

```
    </TransformGroup>
  </Rectangle.RenderTransform>
</Rectangle>
```

为将矩形放到与原始元素相同的位置，可将它们同时放到 Grid 面板的同一个单元格中。改变单元格的尺寸，使其适合原始元素(边框)，并拉伸矩形使其相匹配。另一个选择是在真实应用程序容器上覆盖 Canvas 面板(然后可将动画属性绑定到下面真实元素的 ActualWith 和 ActualHeight 属性，从而确保对齐)。

添加矩形后，只需要调整动画来执行动态变换。最后，当动画完成时隐藏矩形：

```
private void storyboardCompleted(object sender, EventArgs e)
{
    rectangle.Visibility = Visibility.Collapsed;
}
```

16.1.3　动态改变像素着色器

在第 14 章，您学习了像素着色器(可为任意元素应用位图风格效果的低级例程，如模糊、辉光以及弯曲效果)的相关内容。就自身而言，像素着色器是一些有趣并且偶尔有用的工具。但通过结合使用动画，它们可变得更通用。可使用它们设计吸引眼球的过渡效果(例如，通过模糊控件使其淡出、隐藏，然后模糊另一个控件使其淡入)。也可使用像素着色器创建给人留下深刻印象的用户交互效果(例如，当用户将鼠标移动到按钮上时增加按钮上的辉光)。最好为像素着色器的属性应用动画，就像为其他内容应用动画一样容易。

图 16-6 显示的页面是基于在前面给出的旋转按钮示例构建的。该例包含一系列按钮，并且当用户将鼠标移动到其中某个按钮上时，关联并开始动画。区别在于这个示例中的动画不是旋转按钮，而将模糊半径减少至 0。结果是移动鼠标时，最近的控件骤然间轻快地变得清晰。

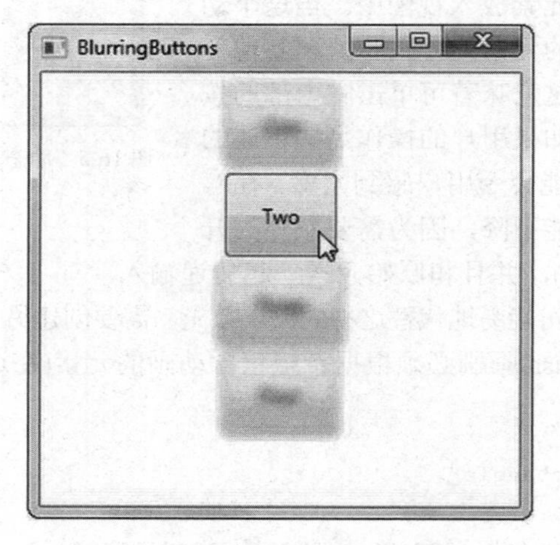

图 16-6　为像素着色器应用动画

该例的代码和旋转按钮示例中的代码相同。需要为每个按钮提供 BlurEffect 对象而不是 RotateTransorm 对象：

```
<Button Content="A Button">
  <Button.Effect>
```

```
    <BlurEffect Radius="10"></BlurEffect>
  </Button.Effect>
</Button>
```

还需要相应地修改动画：

```
<EventTrigger RoutedEvent="Button.MouseEnter">
  <EventTrigger.Actions>
    <BeginStoryboard>
      <Storyboard>
        <DoubleAnimation Storyboard.TargetProperty="Effect.Radius"
        To="0" Duration="0:0:0.4"></DoubleAnimation>
      </Storyboard>
    </BeginStoryboard>
  </EventTrigger.Actions>
</EventTrigger>

<EventTrigger RoutedEvent="Button.MouseLeave">
  <EventTrigger.Actions>
    <BeginStoryboard>
      <Storyboard>
        <DoubleAnimation Storyboard.TargetProperty="Effect.Radius" To="10"
        Duration="0:0:0.2"></DoubleAnimation>
      </Storyboard>
    </BeginStoryboard>
  </EventTrigger.Actions>
</EventTrigger>
```

可反向使用相同的方法来突出显示按钮。例如，可使用应用辉光效果的像素着色器突出显示鼠标在其上悬停的按钮。如果对使用像素着色器为页面过渡应用动画感兴趣的话，可查看位于 http://codeplex.com/wpffx 网址上的 WPF 像素着色器效果库。该库包含许多吸引眼球的像素着色器，以及一系列用于为它们执行过渡的辅助类。

16.2　关键帧动画

您到目前为止看到的所有动画都使用线性插值从起点移到终点。但如果需要创建具有多个分段的动画和不规则移动的动画，该怎么办呢？例如，可能希望创建一个动画，快速地将一个元素滑入到视图中，然后慢慢地将它移到正确位置。可通过创建两个连续的动画，并使用 BeginTime 属性在第一个动画之后开始第二个动画来实现这种效果。然而，还有更简单的方法——可使用关键帧动画。

关键帧动画是由许多较短的段构成的动画。每段表示动画中的初始值、最终值或中间值。当运行动画时，它平滑地从一个值移到另一个值。

例如，分析下面的将 RadialGradientBrush 画刷的中心点从一个位置移到另一个位置的 Point 动画：

```
<PointAnimation Storyboard.TargetName="ellipse"
  Storyboard.TargetProperty="Fill.GradientOrigin"
```

```
  From="0.7,0.3" To="0.3,0.7" Duration="0:0:10" AutoReverse="True"
  RepeatBehavior="Forever">
</PointAnimation>
```

可使用一个效果相同的PointAnimationUsingKeyFrames对象代替这个PointAnimation对象，如下所示：

```
<PointAnimationUsingKeyFrames Storyboard.TargetName="ellipse"
  Storyboard.TargetProperty="Fill.GradientOrigin"
  AutoReverse="True" RepeatBehavior="Forever" >
    <LinearPointKeyFrame Value="0.7,0.3" KeyTime="0:0:0"></LinearPointKeyFrame>
    <LinearPointKeyFrame Value="0.3,0.7" KeyTime="0:0:10"></LinearPointKeyFrame>
</PointAnimationUsingKeyFrames>
```

这个动画包含两个关键帧。当动画首次启动时第一个关键帧设置Point值(如果希望使用在RadialGradientBrush画刷中设置的当前值，可省略这个关键帧)。第二个关键帧定义结束值，这是10秒之后达到的数值。PointAnimationUsingKeyFrames对象执行线性插值，从第一个关键帧平滑地移到第二个关键帧，就像PointAnimation对象对From和To值执行的操作一样。

注意：

每个关键帧动画都使用各自的关键帧对象(如LinearPointKeyFrame)。对于大部分内容，这些类是相同的——它们包含用于存储目标值的Value属性和用于指示帧何时到达目标值的KeyTime属性。唯一的区别在于Value属性的数据类型。在LinearPointKeyFrame类中是Point类型，在DoubleKeyFrame类中是double类型。

可使用一系列关键帧创建更有趣的示例。下面的动画通过在不同的时刻到达的一系列位置经历中心点。中心点的移动速度根据关键帧之间的持续时间以及需要移动的距离而改变。

```
<PointAnimationUsingKeyFrames Storyboard.TargetName="ellipse"
  Storyboard.TargetProperty="Fill.GradientOrigin"
  RepeatBehavior="Forever" >
    <LinearPointKeyFrame Value="0.7,0.3" KeyTime="0:0:0"></LinearPointKeyFrame>
    <LinearPointKeyFrame Value="0.3,0.7" KeyTime="0:0:5"></LinearPointKeyFrame>
    <LinearPointKeyFrame Value="0.5,0.9" KeyTime="0:0:8"></LinearPointKeyFrame>
    <LinearPointKeyFrame Value="0.9,0.6" KeyTime="0:0:10"></LinearPointKeyFrame>
    <LinearPointKeyFrame Value="0.8,0.2" KeyTime="0:0:12"></LinearPointKeyFrame>
    <LinearPointKeyFrame Value="0.7,0.3" KeyTime="0:0:14"></LinearPointKeyFrame>
</PointAnimationUsingKeyFrames>
```

这个动画不是可反转的，但可以重复。为确保在一次迭代的最后数值和下一次迭代的开始数值之间不会出现跳跃，应使动画的结束点和开始点位于相同的中心点。

在第27章将列举另一个关键帧示例。它使用Point3DAnimationUsingKeyFrames动画在3D场景中移动摄像机，并使用Vector3DAnimationUsingKeyFrames动画同时旋转摄像机。

注意：

使用关键帧动画不如使用多个连续的动画功能强大。最重要的区别是不能为每个关键帧应用不同的AccelerationRatio和DecelerationRatio值，而只能为整个动画应用单个值。

16.2.1 离散的关键帧动画

上面示例中的关键帧动画使用线性关键帧。所以，它在关键帧值之间平滑地过渡。另一种选择是使用离散的关键帧。对于这种情况，不进行插值。当到达关键时间时，属性突然改变为新值。

线性关键帧类使用“Linear+数据类型+KeyFrame”的形式进行命名。离散关键帧类使用“Discrete+数据类型+KeyFrame”的形式命名。下面是RadialGradientBrush画刷示例的修改版本，在该修改版本中使用的是离散关键帧：

```
<PointAnimationUsingKeyFrames Storyboard.TargetName="ellipse"
 Storyboard.TargetProperty="Fill.GradientOrigin"
 RepeatBehavior="Forever" >
  <DiscretePointKeyFrame Value="0.7,0.3"KeyTime="0:0:0"></DiscretePointKeyFrame>
  <DiscretePointKeyFrame Value="0.3,0.7"KeyTime="0:0:5"></DiscretePointKeyFrame>
  <DiscretePointKeyFrame Value="0.5,0.9"KeyTime="0:0:8"></DiscretePointKeyFrame>
  <DiscretePointKeyFrame Value="0.9,0.6"KeyTime="0:0:10"></DiscretePointKeyFrame>
  <DiscretePointKeyFrame Value="0.8,0.2"KeyTime="0:0:12"></DiscretePointKeyFrame>
  <DiscretePointKeyFrame Value="0.7,0.3"KeyTime="0:0:14"></DiscretePointKeyFrame>
</PointAnimationUsingKeyFrames>
```

当运行这个动画时，中心点会在适当的时间从一个位置跳到下一个位置。这是戏剧性的(但是不平稳的)效果。

所有关键帧动画类都支持离散关键帧，但只有一部分关键帧动画类支持线性关键帧。这完全取决于数据类型。支持线性关键帧的数据类型也支持线性插值，并提供了相应的*DataType*Animation类，如Point、Color以及double。不支持线性插值的数据类型包括字符串和对象。第26章将列举一个使用StringAnimationUsingKeyFrames类显示不同文本段作为动画进度的示例。

提示：
可在同一个关键帧动画中组合使用两种类型的关键帧——线性关键帧和离散关键帧。

16.2.2 缓动关键帧

在上一章中，您看到了如何使用缓动函数改进普通的动画。尽管关键帧动画被分割成多段，但每段仍使用普通的、令人厌烦的线性插值。

如果这不是您希望的结果，可使用动画缓动为每个关键帧添加加速或减速效果。然而，普通的线性插值关键帧类和离散关键帧类不支持该特征。相反，需要使用缓动关键帧，如EasingDoubleKeyFrame、EasingColorKeyFrame或EasingPointKeyFrame。每个缓动关键帧类和对应的线性插值关键帧类的工作方式相同，但是额外提供了EasingFunction属性。

下面的示例使用动画缓动为前5秒的关键帧动画应用加速效果：

```
<PointAnimationUsingKeyFrames Storyboard.TargetName="ellipseBrush"
 Storyboard.TargetProperty="GradientOrigin"
 RepeatBehavior="Forever" >
  <LinearPointKeyFrame Value="0.7,0.3" KeyTime="0:0:0"></LinearPointKeyFrame>
  <EasingPointKeyFrame Value="0.3,0.7" KeyTime="0:0:5">
   <EasingPointKeyFrame.EasingFunction>
```

```
        <CircleEase></CircleEase>
      </EasingPointKeyFrame.EasingFunction>
    </EasingPointKeyFrame>
    <LinearPointKeyFrame Value="0.5,0.9" KeyTime="0:0:8"></LinearPointKeyFrame>
    <LinearPointKeyFrame Value="0.9,0.6" KeyTime="0:0:10"></LinearPointKeyFrame>
    <LinearPointKeyFrame Value="0.8,0.2" KeyTime="0:0:12"></LinearPointKeyFrame>
    <LinearPointKeyFrame Value="0.7,0.3" KeyTime="0:0:14"></LinearPointKeyFrame>
  </PointAnimationUsingKeyFrames>
```

结合使用关键帧和动画缓动是构建复杂动画模型的简便方式，但仍可能无法提供所需的控制。不使用动画缓动，可创建数学公式指示动画的进度。这是下一节将要学习的技术。

16.2.3　样条关键帧动画

还有一种关键帧类型：样条关键帧。每个支持线性关键帧的类也支持样条关键帧，它们使用“Spline+数据类型+KeyFrame”的形式进行命名。

与线性关键帧一样，样条关键帧使用插值从一个键值平滑地移到另一个键值。区别是每个样条关键帧都有 KeySpline 属性。可使用该属性定义能影响插值方式的三次贝塞尔曲线。尽管为了得到希望的效果这样做有些繁琐(至少还没有高级的设计工具可辅助您工作)，但这种技术能创建更加连贯的加速和减速以及更逼真的动画效果。

在第 13 章中您已经学习过，贝塞尔曲线由起点、终点以及两个控制点定义。对于关键样条，起点总是(0, 0)，终点总是(1, 1)。用户只需要提供两个控制点。创建的曲线描述了时间(X 轴)和动画值(Y 轴)之间的关系。

下面的示例通过对比 Canvas 面板上两个椭圆的移动，演示了一个关键样条动画。第一个椭圆使用 DoubleAnimation 动画缓慢匀速地在窗口上移动。第二个椭圆使用具有两个 SplineDoubleKeyFrame 对象的 DoubleAnimationUsingKeyFrames 动画。两个椭圆同时到达目标位置(10 秒后)，但第二个椭圆在运动过程中会有明显的加速和减速，加速时会超过第一个椭圆，而减速时又会落后于第一个椭圆。

```
<DoubleAnimation Storyboard.TargetName="ellipse1"
  Storyboard.TargetProperty="(Canvas.Left)"
  To="500" Duration="0:0:10">
</DoubleAnimation>

<DoubleAnimationUsingKeyFrames Storyboard.TargetName="ellipse2"
  Storyboard.TargetProperty="(Canvas.Left)" >
    <SplineDoubleKeyFrame KeyTime="0:0:5" Value="250"
    KeySpline="0.25,0 0.5,0.7"></SplineDoubleKeyFrame>
  <SplineDoubleKeyFrame KeyTime="0:0:10" Value="500"
    KeySpline="0.25,0.8 0.2,0.4"></SplineDoubleKeyFrame>
</DoubleAnimationUsingKeyFrames>
```

最快的加速发生在 5 秒后不久，也就是当进入第二个 SplineDoubleKeyFrame 关键帧时。贝塞尔曲线的第一个控制点将较大的表示动画进度(0.8)的 Y 轴值与较小的表示时间的 X 轴值相匹配。所以，在再次减慢速度前，椭圆在一小段距离内会增加速度。

图 16-7 以图形方式显示了两条控制椭圆运动的曲线。为理解这些曲线，请记住它们从顶部

到底部描述了动画过程。观察第一条曲线可以发现，它相对均匀地下降，在开始处有较短的暂停，在末尾处平缓下降。然而第二条曲线快速下降，运动了一大段距离，然后对于剩余的动画部分，曲线缓缓下降。

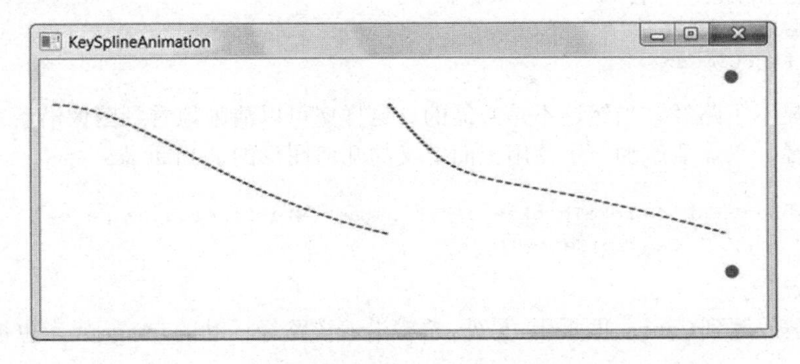

图 16-7 使用图形显示关键样条动画的过程

16.3 基于路径的动画

基于路径的动画使用 PathGeometry 对象设置属性。尽管原则上基于路径的动画也能用于修改任何适当数据类型的属性，但当动态改变与位置相关的属性时最有用。实际上，基于路径的动画类主要用于帮助沿着一条路径移动可视化对象。

正如在第 13 章学过的，PathGeometry 对象描述可包含直线、弧线以及曲线的图形。图 16-8 显示的示例具有一个 PathGeometry 对象，该对象包含两条弧线以及一条将最后定义的点连接到起点的直线段。这样就创建了一条闭合的路线，一个小的矢量图像以恒定不变的速度在这条路径上运动。

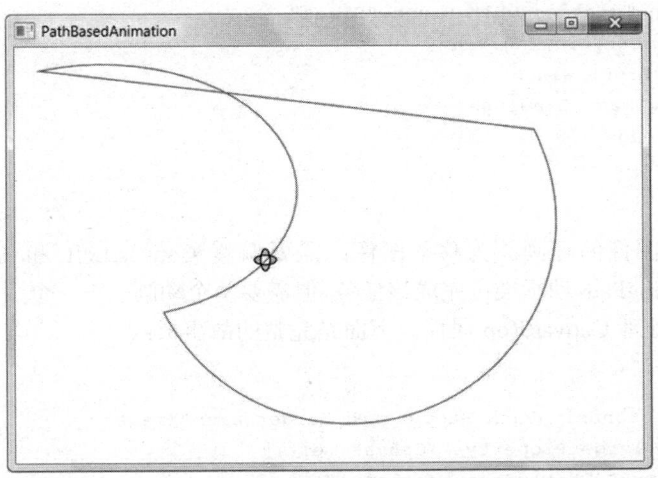

图 16-8 沿着路径移动图像

创建这个示例很容易。第一步是构建希望使用的路径。在这个示例中，路径被定义为资源：

```
<Window.Resources>
  <PathGeometry x:Key="path">
    <PathFigure IsClosed="True">
```

```
      <ArcSegment Point="100,200" Size="15,10"
      SweepDirection="Clockwise"></ArcSegment>
      <ArcSegment Point="400,50" Size="5,5" ></ArcSegment>
    </PathFigure>
  </PathGeometry>
</Window.Resources>
```

这个示例显示了路经，当然这不是必需的。这样您可以清晰地看到图像沿着定义的路径运动。为显示路径，只需要添加一个使用上面定义的几何图形的 Path 元素：

```
<Path Stroke="Red" StrokeThickness="1" Data="{StaticResource path}"
  Canvas.Top="10" Canvas.Left="10">
</Path>
```

Path 元素被放置到 Canvas 面板上，另外，希望沿着该路径运动的 Image 元素也被放在 Canvas 面板上：

```
<Image Name="image">
  <Image.Source>
    <DrawingImage>
      <DrawingImage.Drawing>
        <GeometryDrawing Brush="LightSteelBlue">
          <GeometryDrawing.Geometry>
            <GeometryGroup>
              <EllipseGeometry Center="10,10" RadiusX="9" RadiusY="4" />
              <EllipseGeometry Center="10,10" RadiusX="4" RadiusY="9" />
            </GeometryGroup>
          </GeometryDrawing.Geometry>
          <GeometryDrawing.Pen>
            <Pen Thickness="1" Brush="Black" />
          </GeometryDrawing.Pen>
        </GeometryDrawing>
      </DrawingImage.Drawing>
    </DrawingImage>
  </Image.Source>
</Image>
```

最后创建移动图像的动画。为移动图像，需要调整 Canvas.Left 和 Canvas.Top 属性。DoubleAnimationUsingPath 动画类可完成该任务，但需要两个动画——一个用于处理 Canvas.Left 属性，另一个用于处理 Canvas.Top 属性。下面是完整的故事板：

```
<Storyboard>
  <DoubleAnimationUsingPath Storyboard.TargetName="image"
    Storyboard.TargetProperty="(Canvas.Left)"
    PathGeometry="{StaticResource path}"
    Duration="0:0:5" RepeatBehavior="Forever" Source="X" />
  <DoubleAnimationUsingPath Storyboard.TargetName="image"
    Storyboard.TargetProperty="(Canvas.Top)"
    PathGeometry="{StaticResource path}"
    Duration="0:0:5" RepeatBehavior="Forever" Source="Y" />
</Storyboard>
```

正如您可能看到的，当创建基于路径的动画时，不是提供开始值和结束值，而是通过 PathGeometry 属性指定希望使用的 PathGeometry 对象。一些基于路径的动画类，如 PointAnimationUsingPath 类，可同时为目标属性应用 X 和 Y 组件。但 DoubleAnimationUsingPath 类不具备这一能力，因为它只能设置双精度值。结果，还需要将 Source 属性设置为 X 或 Y，以指示是使用路径的 X 坐标还是 Y 坐标。

尽管基于路径的动画可使用包含贝塞尔曲线的路径，但它与上一节中介绍的关键样条动画区别很大。在关键样条动画中，贝塞尔曲线描述动画进度和时间之间的关系，从而可以创建变速动画。但在基于路径的动画中，由直线和曲线的集合构成的路径决定了将用于动画属性的值。

注意：

基于路径的动画始终以恒定的速度运行。WPF 通过分析路径的总长度和指定的持续时间来确定速度。

16.4　基于帧的动画

除基于属性的动画系统外，WPF 提供了一种创建基于帧的动画的方法，这种方法只使用代码。需要做的全部工作是响应静态的 CompositionTarget.Rendering 事件，触发该事件是为了给每帧获取内容。这是一种非常低级的方法，除非使用标准的基于属性的动画模型不能满足需要(例如，构建简单的侧边滚动游戏、创建基于物理的动画或构建粒子效果模型(如火焰、雪花以及气泡))，否则不会希望使用这种方法。

构建基于帧的动画的基本技术很容易。只需要为静态的 CompositionTarget.Rendering 事件关联事件处理程序。一旦关联事件处理程序，WPF 就开始不断地调用这个事件处理程序(只要渲染代码的执行速度足够快，WPF 每秒将调用 60 次)。在渲染事件处理程序中，您需要在窗口中相应地创建或调整元素。换句话说，需要自行管理全部工作。当动画结束时，分离事件处理程序。

图 16-9 显示了一个简单示例。在此，随机数量的圆从 Canvas 面板的顶部向底部下落。它们(根据随机生成的开始速度)以不同速度下降，但以相同的速率加速。当所有的圆到达底部时，动画结束。

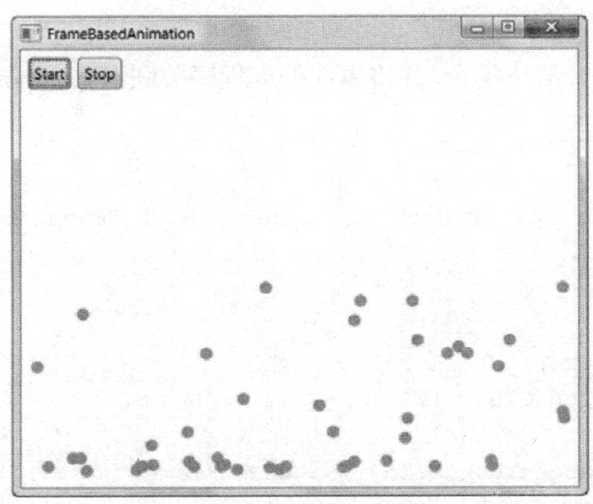

图 16-9　在基于帧的动画中下落的圆

在这个示例中，每个下落的圆由 Ellipse 元素表示。使用自定义的 EllipseInfo 类保存椭圆的引用，并跟踪对于物理模型而言十分重要的一些细节。在这个示例中，只有如下信息很重要——椭圆沿 X 轴的移动速度(可很容易地扩展这个类，使其包含沿着 Y 轴运动的速度、额外的加速信息等)。

```
public class EllipseInfo
{
    public Ellipse Ellipse
    {
        get; set;
    }

    public double VelocityY
    {
        get; set;
    }

    public EllipseInfo(Ellipse ellipse, double velocityY)
    {
        VelocityY = velocityY;
        Ellipse = ellipse;
    }
}
```

应用程序使用集合跟踪每个椭圆的 EllipseInfo 对象。还有几个窗口级别的字段，它们记录计算椭圆下落时使用的各种细节。可很容易地使这些细节变成可配置的。

```
private List<EllipseInfo> ellipses = new List<EllipseInfo>();

private double accelerationY = 0.1;
private int minStartingSpeed = 1;
private int maxStartingSpeed = 50;
private double speedRatio = 0.1;
private int minEllipses = 20;
private int maxEllipses = 100;
private int ellipseRadius = 10;
```

当单击其中某个按钮时，清空集合，并将事件处理程序关联到 CompositionTarget.Rendering 事件：

```
private bool rendering = false;

private void cmdStart_Clicked(object sender, RoutedEventArgs e)
{
    if (!rendering)
    {
        ellipses.Clear();
        canvas.Children.Clear();

        CompositionTarget.Rendering += RenderFrame;
        rendering = true;
    }
```

```
}
```

如果椭圆不存在，渲染代码会自动创建它们。渲染代码创建随机数量的椭圆(当前为 20 到 100 个)，并使它们具有相同的尺寸和颜色。椭圆被放在 Canvas 面板的顶部，但它们沿着 X 轴随机移动。

```
private void RenderFrame(object sender, EventArgs e)
{
    if (ellipses.Count == 0)
    {
        // Animation just started. Create the ellipses.
        int halfCanvasWidth = (int)canvas.ActualWidth / 2;

        Random rand = new Random();
        int ellipseCount = rand.Next(minEllipses, maxEllipses+1);
        for (int i = 0; i < ellipseCount; i++)
        {
            // Create the ellipse.
            Ellipse ellipse = new Ellipse();
            ellipse.Fill = Brushes.LimeGreen;
            ellipse.Width = ellipseRadius;
            ellipse.Height = ellipseRadius;

            // Place the ellipse.
            Canvas.SetLeft(ellipse, halfCanvasWidth +
              rand.Next(-halfCanvasWidth, halfCanvasWidth));
            Canvas.SetTop(ellipse, 0);
            canvas.Children.Add(ellipse);

            // Track the ellipse.
            EllipseInfo info = new EllipseInfo(ellipse,
              speedRatio * rand.Next(minStartingSpeed, maxStartingSpeed));
            ellipses.Add(info);
        }
    }
    ...
```

如果椭圆已经存在，代码处理更有趣的工作，以便进行动态显示。使用 Canvas.SetTop( )方法缓慢移动每个椭圆。移动距离取决于指定的速度。

```
...
else
{
    for (int i = ellipses.Count-1; i >= 0; i--)
    {
        EllipseInfo info = ellipses[i];
        double top = Canvas.GetTop(info.Ellipse);
        Canvas.SetTop(info.Ellipse, top + 1 * info.VelocityY);
        ...
```

为提高性能，一旦椭圆到达 Canvas 面板的底部，就从跟踪集合中删除椭圆。这样，就不需要再处理它们。当遍历集合时，为了能够工作而不会导致丢失位置，需要向后迭代，从集合的末尾向起始位置迭代。

如果椭圆尚未到达 Canvas 面板的底部，代码会提高速度(此外，为获得磁铁吸引效果，还可以根据椭圆与 Canvas 面板底部的距离来设置速度)。

```
...
if (top >= (canvas.ActualHeight - ellipseRadius*2))
{
    // This circle has reached the bottom.
    // Stop animating it.
    ellipses.Remove(info);
}
else
{
    // Increase the velocity.
    info.VelocityY += accelerationY;
}
...
```

最后，如果所有椭圆都已从集合中删除，就移除事件处理程序，然后结束动画：

```
            ...
            if (ellipses.Count == 0)
            {
                // End the animation.
                // There's no reason to keep calling this method
                // if it has no work to do.
                CompositionTarget.Rendering -= RenderFrame;
                rendering = false;
            }
        }
    }
}
```

显然，可扩展这个动画以使圆跳跃和分散等。使用的技术是相同的——只是需要使用更复杂的公式计算速度。

当构建基于帧的动画时需要注意如下问题：它们不依赖于时间。换句话说，动画可能在性能好的计算机上运动得更快，因为帧率会增加，会更频繁地调用 CompositionTarget.Rendering 事件。为补偿这种效果，需要编写考虑当前时间的代码。

开始学习基于帧的动画的最好方式是查看 WPF SDK 提供的每一帧动画都非常详细的示例(本章的示例代码也提供了该例)。该例演示了几种粒子系统效果，并且使用自定义的 TimeTracker 类实现了依赖于时间的基于帧的动画。

16.5　使用代码创建故事板

上一章讨论了如何使用代码创建简单动画，以及如何使用 XAML 标记构建更复杂的故事板——具有多个动画以及播放控制功能。但有时采用更复杂的故事板例程，并在代码中实现全部复杂功能是合理的。实际上，这种情况十分常见。当需要处理多个动画并且预先不知道将有多少个动画或不知道如何配置动画时，就会遇到这种情况(您将在本节中看到的简单投弹游戏就属于这种情况)。如果希望在不同的窗口中使用相同的动画，或者只是希望从标记中灵活地分离出所有与动画相关的细节以方便重用，也会遇到这种情况。

通过编写代码创建、配置和启动故事板并不难。只需要创建动画和故事板对象，并将动画添加到故事板中，然后启动故事板即可。在动画结束后可响应 Storyboard.Completed 事件以执行所有清理工作。

在接下来的示例中，您将看到如何创建在图 16-10 中显示的游戏。在该例中，投下的一系列炸弹的速度始终不断增加。玩家必须单击每个炸弹以逐一拆除。当达到设置的极限时——默认情况下是落下 5 个炸弹——游戏结束。

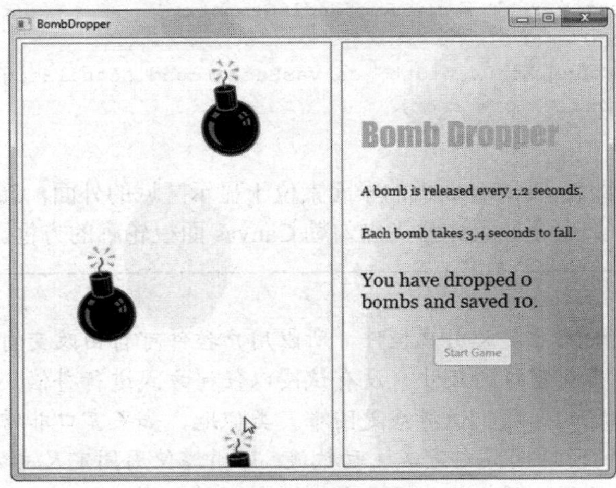

图 16-10　捕获炸弹

在这个示例中，投下的每颗炸弹都有自己的包含两个动画的故事板。第一个动画使炸弹下落(通过为 Canvas.Top 属性应用动画)，而第二个动画稍微前后旋转炸弹，使其具有逼真的摆动效果。如果用户单击一颗下落的炸弹，这些动画就会停止，并且会发生另外两个动画，使炸弹倾斜，悄然间离开 Canvas 面板的侧边。最后，每次结束一个动画，应用程序都会进行检查，以查看该动画是表示炸弹被拆除了还是落下了，并相应地更新计数。

接下来几节将介绍如何创建这个示例的每一部分。

16.5.1 创建主窗口

BombDropper 示例中的主窗口十分简单。它包含一个具有两列的 Grid 面板。在左侧是一个 Border 元素，该 Border 元素包含表示游戏表面的 Canvas 面板：

```
<Border Grid.Column="0" BorderBrush="SteelBlue" BorderThickness="1" Margin="5">
  <Grid>
    <Canvas x:Name="canvasBackground" SizeChanged="canvasBackground_SizeChanged"
    MinWidth="50">
      <Canvas.Background>
        <RadialGradientBrush>
          <GradientStop Color="AliceBlue" Offset="0"></GradientStop>
          <GradientStop Color="White" Offset="0.7"></GradientStop>
        </RadialGradientBrush>
```

```
      </Canvas.Background>
    </Canvas>
  </Grid>
</Border>
```

当第一次为Canvas面板设置尺寸或改变尺寸时(当用户改变窗口的尺寸时)，会运行下面的代码并设置剪裁区域：

```
private void canvasBackground_SizeChanged(object sender, SizeChangedEventArgs e)
{
    // Set the clipping region to match the current display region of the Canvas.
    RectangleGeometry rect = new RectangleGeometry();
    rect.Rect = new Rect(0, 0,
      canvasBackground.ActualWidth, canvasBackground.ActualHeight);
    canvasBackground.Clip = rect;
}
```

这是需要的，否则即使Canvas面板的子元素位于显示区域的外面，Canvas面板也会绘制其子元素。在投弹游戏中，这会导致炸弹飞出勾勒Canvas面板轮廓的方框。

注意：

因为没有使用明确的尺寸定义用户控件，所以用户控件可自由改变自身的尺寸以便与窗口相匹配。游戏逻辑使用当前窗口的尺寸，没有试图以任何方式进行补偿。因此，如果窗口非常宽，炸弹会飞过一个很宽的区域，使游戏更困难。类似地，如果窗口非常高，炸弹会下落得更快，从而使它们在相同的时间间隔内完成运动轨迹。可通过使用固定尺寸的区域来避开该问题，然后可以居中显示用户控件。然而，能改变大小的窗口可使该例具有更好的适应性并且更富有趣味。

在主窗口的右侧是一个面板，该面板显示游戏统计信息、当前拆除的炸弹数量和落下的炸弹数量，以及一个用于开始游戏的按钮：

```
<Border Grid.Column="1" BorderBrush="SteelBlue" BorderThickness="1" Margin="5">
  <Border.Background>
    <RadialGradientBrush GradientOrigin="1,0.7" Center="1,0.7"
      RadiusX="1" RadiusY="1">
      <GradientStop Color="Orange" Offset="0"></GradientStop>
      <GradientStop Color="White" Offset="1"></GradientStop>
    </RadialGradientBrush>
  </Border.Background>

  <StackPanel Margin="15" VerticalAlignment="Center" HorizontalAlignment="Center">
    <TextBlock FontFamily="Impact" FontSize="35" Foreground="LightSteelBlue">
      Bomb Dropper</TextBlock>
    <TextBlock x:Name="lblRate" Margin="0,30,0,0" TextWrapping="Wrap"
      FontFamily="Georgia" FontSize="14"></TextBlock>
    <TextBlock x:Name="lblSpeed" Margin="0,30" TextWrapping="Wrap"
      FontFamily="Georgia" FontSize="14"></TextBlock>
    <TextBlock x:Name="lblStatus" TextWrapping="Wrap"
      FontFamily="Georgia" FontSize="20">No bombs have dropped.</TextBlock>
```

```
    <Button x:Name="cmdStart" Padding="5" Margin="0,30" Width="80"
     Content="Start Game" Click="cmdStart_Click"></Button>
  </StackPanel>
</Border>
```

16.5.2 创建 Bomb 用户控件

下一步创建炸弹的图形图像。尽管可使用静态图像(只要具有透明的背景就可以)，但使用更灵活的 WPF 形状总是更好一些。通过使用形状，当改变炸弹尺寸时不会导致变形，并且可以修改图画中的单个部分或为其应用动画。这个示例中显示的炸弹是直接从 Microsoft Word 的在线剪贴画集合绘制的。炸弹剪贴画被转换为 XAML，具体方法是首先将剪贴画插入到 Word 文档中，然后将 Word 文档保存为 XPS 文件，在第 12 章中介绍了该过程。在此没有给出完整的 XAML，该 XAML 使用 Path 元素的组合。但可以通过下载本章的示例“BombDropper 游戏”找到完整的 XAML。

用于 Bomb 类的 XAML 稍微做了简化(删除不必要的用于包含炸弹的额外 Canvas 元素以及用于缩放炸弹的变换)。然后将 XAML 插入到新的名为 Bomb 的用户控件中。通过这种方法，主页面可通过创建 Bomb 用户控件并将其添加到布局容器(如 Canvas 面板)中来显示炸弹。

在单独的用户控件中放置图形，可使得在用户界面中实例化该图形的多个副本更加容易。还可通过为用户控件添加代码来封装相关的功能。在投弹示例中，只需要为代码添加一个细节——跟踪炸弹当前是否正在下落的 Boolean 属性：

```
public partial class Bomb: UserControl
{
    public Bomb()
    {
        InitializeComponent();
    }

    public bool IsFalling
    {
         get;
         set;
    }
}
```

用于炸弹的标记包含 RotateTransform 变换，动画代码可使用该变换为下落中的炸弹应用摆动效果。尽管可通过编写代码创建并添加这个 RotateTransform 变换，但在炸弹的 XAML 文件中定义该变换更加合理：

```
<UserControl x:Class="BombDropper.Bomb"
     xmlns="http://schemas.microsoft.com/winfx/2006/xaml/presentation"
     xmlns:x="http://schemas.microsoft.com/winfx/2006/xaml"
     >
    <UserControl.RenderTransform>
      <TransformGroup>
        <RotateTransform Angle="20" CenterX="50" CenterY="50"></RotateTransform>
      <ScaleTransform ScaleX="0.5" ScaleY="0.5"></ScaleTransform>
    </TransformGroup>
```

```
  </UserControl.RenderTransform>

  <Canvas>
    <!-- The Path elements that draw the bomb graphic are defined here. -->
  </Canvas>
</UserControl>
```

通过使用上述代码，可使用<bomb:Bomb>元素将炸弹插入到窗口中，就像为主窗口插入Title用户控件一样(如上一节所述)。然而，在这个示例中以编程方式创建炸弹更加合理。

16.5.3　投弹

为了投弹，应用程序使用DispatcherTimer，这是一种能很好地用于WPF用户界面的计时器，因为它在用户界面线程触发事件(从而可避免将在第31章描述的多线程编程挑战)。选择时间间隔，此后DispatcherTimer会在该时间间隔内引发周期性的Tick事件。

```
private DispatcherTimer bombTimer = new DispatcherTimer();

public MainWindow()
{
    InitializeComponent();
    bombTimer.Tick += bombTimer_Tick;
}
```

在BombDropper游戏中，计时器最初被设置为每隔1.3秒引发一次。当用户单击按钮开始游戏时，计时器随之启动：

```
// Keep track of how many bombs are dropped and stopped.
private int droppedCount = 0;
private int savedCount = 0;

// Initially, bombs fall every 1.3 seconds, and hit the ground after 3.5 seconds.
private double initialSecondsBetweenBombs = 1.3;
private double initialSecondsToFall = 3.5;
private double secondsBetweenBombs;
private double secondsToFall;

private void cmdStart_Click(object sender, RoutedEventArgs e)
{
    cmdStart.IsEnabled = false;

    // Reset the game.
    droppedCount = 0;
    savedCount = 0;
    secondsBetweenBombs = initialSecondsBetweenBombs;
    secondsToFall = initialSecondsToFall;

    // Start the bomb-dropping timer.
    bombTimer.Interval = TimeSpan.FromSeconds(secondsBetweenBombs);
    bombTimer.Start();
}
```

每次引发计时器事件时，代码创建一个新的 Bomb 对象并设置其在 Canvas 面板上的位置。炸弹放在 Canvas 面板的顶部边缘，使其可以无缝地落入视图。炸弹的水平位置是随机的，位于 Canvas 面板的左侧和右侧之间：

```
private void bombTimer_Tick(object sender, EventArgs e)
{
    // Create the bomb.
    Bomb bomb = new Bomb();
    bomb.IsFalling = true;

    // Position the bomb.
    Random random = new Random();
    bomb.SetValue(Canvas.LeftProperty,
      (double)(random.Next(0, (int)(canvasBackground.ActualWidth - 50))));
    bomb.SetValue(Canvas.TopProperty, -100.0);

    // Add the bomb to the Canvas.
    canvasBackground.Children.Add(bomb);
    ...
```

然后代码动态创建故事板为炸弹应用动画。这里使用了两个动画：一个动画通过修改 Canvas.Top 附加属性使炸弹下落，另一个动画通过修改旋转变换的角度使炸弹摆动。因为 Storyboard.TargetElement 和 Storyboard.TargetProperty 是附加属性，所以必须使用 Storyboard.SetTargetElement( )和 Storyboard.SetTargetProperty( )方法设置它们：

```
...
// Attach mouse click event (for defusing the bomb).
bomb.MouseLeftButtonDown += bomb_MouseLeftButtonDown;

// Create the animation for the falling bomb.
Storyboard storyboard = new Storyboard();
DoubleAnimation fallAnimation = new DoubleAnimation();
fallAnimation.To = canvasBackground.ActualHeight;
fallAnimation.Duration = TimeSpan.FromSeconds(secondsToFall);

Storyboard.SetTarget(fallAnimation, bomb);
Storyboard.SetTargetProperty(fallAnimation, new PropertyPath("(Canvas.Top)"));
storyboard.Children.Add(fallAnimation);

// Create the animation for the bomb "wiggle."
DoubleAnimation wiggleAnimation = new DoubleAnimation();
wiggleAnimation.To = 30;
wiggleAnimation.Duration = TimeSpan.FromSeconds(0.2);
wiggleAnimation.RepeatBehavior = RepeatBehavior.Forever;
wiggleAnimation.AutoReverse = true;

Storyboard.SetTarget(wiggleAnimation,
  ((TransformGroup)bomb.RenderTransform).Children[0]);
```

```
Storyboard.SetTargetProperty(wiggleAnimation, new PropertyPath("Angle"));
storyboard.Children.Add(wiggleAnimation);
...
```

这两个动画均可使用动画缓动以得到更逼真的行为，但这个示例使用基本的线性动画以使代码保持简单。

新创建的故事板存储在字典集合中，从而可以在其他事件处理程序中很容易地检索故事板。字典集合存储为主窗口类的一个字段：

```
// Make it possible to look up a storyboard based on a bomb.
private Dictionary<Storyboard, Bomb> bombs = new Dictionary<Storyboard, Bomb>();
```

下面的代码将故事板添加到跟踪集合中：

```
...
storyboards.Add(bomb, storyboard);
...
```

接下来，关联当故事板结束 fallAnimation 动画时进行响应的事件处理程序，当炸弹落地时 fallAnimation 动画结束。最后，启动故事板并执行动画：

```
...
storyboard.Duration = fallAnimation.Duration;
storyboard.Completed += storyboard_Completed;
storyboard.Begin();
...
```

用于投弹的代码还需要最后一个细节。随着游戏的进行，游戏难度加大。更频繁地引发计时器事件，从而炸弹之间的距离越来越近，并且减少了下落时间。为实现这些变化，每经过一定的时间间隔就调整一次计时器代码。默认情况下，BombDropper 每隔 15 秒调整一次。下面是控制调整的字段：

```
// Perform an adjustment every 15 seconds.
private double secondsBetweenAdjustments = 15;
private DateTime lastAdjustmentTime = DateTime.MinValue;

// After every adjustment, shave 0.1 seconds off both.
private double secondsBetweenBombsReduction = 0.1;
private double secondsToFallReduction = 0.1;
```

下面的代码位于 DispatcherTimer.Tick 事件处理程序的末尾处，这些代码检查是否需要对计时器进行一次调整，并执行适当的修改：

```
...
// Perform an "adjustment" when needed.
if ((DateTime.Now.Subtract(lastAdjustmentTime).TotalSeconds >
  secondsBetweenAdjustments))
{
    lastAdjustmentTime = DateTime.Now;

    secondsBetweenBombs -= secondsBetweenBombsReduction;
    secondsToFall -= secondsToFallReduction;

    // (Technically, you should check for 0 or negative values.
```

```
    // However, in practice these won't occur because the game will
    // always end first.)

    // Set the timer to drop the next bomb at the appropriate time.
    bombTimer.Interval = TimeSpan.FromSeconds(secondsBetweenBombs);

    // Update the status message.
    lblRate.Text = String.Format("A bomb is released every {0} seconds.",
      secondsBetweenBombs);
    lblSpeed.Text = String.Format("Each bomb takes {0} seconds to fall.",
      secondsToFall);
    }
}
```

通过上面的代码，这款游戏已经具有以不断增加的速率投弹的功能。不过，游戏仍缺少响应炸弹落下以及被拆除的代码。

16.5.4 拦截炸弹

用户通过在炸弹到达 Canvas 面板底部之前单击炸弹来进行拆除。因为每个炸弹都是单独的 Bomb 用户控件实例，所以拦截鼠标单击很容易——需要做的全部工作就是处理 MouseLeftButtonDown 事件，当单击炸弹的任意部分时会引发该事件(但如果单击背景上的某个地方，例如炸弹圈边缘的周围，不会引发该事件)。

当单击炸弹时，第一步是获取适当的炸弹对象，并设置其 IsFalling 属性以指示不再下降(在处理动画完成的事件处理程序中会使用 IsFalling 属性)。

```
private void bomb_MouseLeftButtonDown(object sender, MouseButtonEventArgs e)
{
    // Get the bomb.
    Bomb bomb = (Bomb)sender;
    bomb.IsFalling = false;

    // Record the bomb's current (animated) position.
    double currentTop = Canvas.GetTop(bomb);
    ...
```

接下来查找控制炸弹的动画的故事板，从而可以停止动画。为查找故事板，需要在游戏的跟踪集合中查找。当前，WPF 没有提供任何查找影响给定元素的动画的标准方式。

```
...
// Stop the bomb from falling.
Storyboard storyboard = storyboards[bomb];
storyboard.Stop();
...
```

单击炸弹后，使用另一个动画集将炸弹移出屏幕，将炸弹抛向上方、抛向左侧或右侧(取决于距离哪一侧最近)。尽管可创建全新的故事板以实现该效果，但 BombDropper 游戏清空用于炸弹的当前故事板并为其添加新动画。处理完毕后，启动新的故事板：

```
...
// Reuse the existing storyboard, but with new animations.
// Send the bomb on a new trajectory by animating Canvas.Top
// and Canvas.Left.
storyboard.Children.Clear();

DoubleAnimation riseAnimation = new DoubleAnimation();
riseAnimation.From = currentTop;
riseAnimation.To = 0;
riseAnimation.Duration = TimeSpan.FromSeconds(2);

Storyboard.SetTarget(riseAnimation, bomb);
Storyboard.SetTargetProperty(riseAnimation, new PropertyPath("(Canvas.Top)"));
storyboard.Children.Add(riseAnimation);

DoubleAnimation slideAnimation = new DoubleAnimation();
double currentLeft = Canvas.GetLeft(bomb);

// Throw the bomb off the closest side.
if (currentLeft < canvasBackground.ActualWidth / 2)
{
    slideAnimation.To = -100;
}
else
{
    slideAnimation.To = canvasBackground.ActualWidth + 100;
}
slideAnimation.Duration = TimeSpan.FromSeconds(1);
Storyboard.SetTarget(slideAnimation, bomb);
Storyboard.SetTargetProperty(slideAnimation, new PropertyPath("(Canvas.Left)"));
storyboard.Children.Add(slideAnimation);

// Start the new animation.
storyboard.Duration = slideAnimation.Duration;
   storyboard.Begin();
}
```

现在，游戏已经具有足够的代码用于投下炸弹并当用户拆除它们时将它们弹出屏幕。然而，为跟踪哪些炸弹被拆除了以及哪些炸弹落下了，需要响应在动画结束时引发的Storyboard.Completed事件。

16.5.5　统计炸弹和清理工作

正如在前面看到的，BombDropper采用两种方式使用故事板：为下落的炸弹应用动画以及为拆除的炸弹应用动画。可使用不同的事件处理程序处理这些故事板的结束事件，但为使代码保持简单，BombDropper只使用一个事件处理程序。通过检查Bomb.IsFalling属性来区分爆炸的炸弹和拆除的炸弹。

```
// End the game when 5 bombs have fallen.
```

```
private int maxDropped = 5;

private void storyboard_Completed(object sender, EventArgs e)
{
    ClockGroup clockGroup = (ClockGroup)sender;

    // Get the first animation in the storyboard, and use it to find the
    // bomb that's being animated.
    DoubleAnimation completedAnimation =
      (DoubleAnimation)clockGroup.Children[0].Timeline;
    Bomb completedBomb = (Bomb)Storyboard.GetTarget(completedAnimation);

    // Determine if a bomb fell or flew off the Canvas after being clicked.
    if (completedBomb.IsFalling)
    {
        droppedCount++;
    }
    else
    {
        savedCount++;
    }
    ...
```

无论采用哪种方式，代码都会接着更新显示测试，指示已经落下和拆除的炸弹数量：

```
...
// Update the display.
lblStatus.Text = String.Format("You have dropped {0} bombs and saved {1}.",
    droppedCount, savedCount);
...
```

接下来，代码进行检查以查看落下炸弹的数量是否达到了最大值。如果达到了最大值，游戏结束，停止计时器并移除所有炸弹和故事板：

```
...
// Check if it's game over.
if (droppedCount >= maxDropped)
{
    bombTimer.Stop();
    lblStatus.Text += "\r\n\r\nGame over.";

    // Find all the storyboards that are underway.
    foreach (KeyValuePair<Bomb, Storyboard> item in storyboards)
    {
        Storyboard storyboard = item.Value;
        Bomb bomb = item.Key;

        storyboard.Stop();
        canvasBackground.Children.Remove(bomb);
    }
```

```
        // Empty the tracking collection.
        storyboards.Clear();

        // Allow the user to start a new game.
        cmdStart.IsEnabled = true;
    }
    else
    {
        // Clean up just this bomb, and let the game continue.
        Storyboard storyboard = (Storyboard)clockGroup.Timeline;
        storyboard.Stop();

        storyboards.Remove(completedBomb);
        canvasBackground.Children.Remove(completedBomb);
    }
}
```

现在已经完成了 BombDropper 游戏的代码。然而，可进行诸多改进。例如，可执行如下改进：

- **为炸弹添加爆炸动画效果**。这种效果使炸弹周围的火焰闪耀或发射在 Canvas 面板上四处飞溅的炸弹碎片。
- **为背景添加动画**。此改进易于实现，可添加精彩的可视化效果。例如，可创建上移的线性渐变，产生移动感，或创建在两种颜色之间过渡的效果。
- **添加深度**。实现这一改进比您想象得要容易。基本技术是为炸弹设置不同尺寸。更大的炸弹应当具有更高的 ZIndex 值，确保大炸弹重叠在小炸弹之上，而且应为大炸弹设置更短的动画时间，从而确保它们下落得更快。还可使炸弹半透明，从而当一个炸弹下落时，仍能看到它背后的其他炸弹。
- **添加音效**。在第 26 章将讨论如何在 WPF 中使用声音和其他媒体。可使用准确计时的声音效果以强调炸弹爆炸或拆除。
- **使用动画缓动**。如果希望炸弹在下落、弹离屏幕时加速，或更自然地摆动，可为此处使用的动画添加缓动函数。并且，正如您所期望的，可使用代码构造缓动函数，就像在 XAML 中构造缓动函数一样容易。
- **调整参数**。可为修改行为提供更多细节(例如，当游戏运行时设置如何修改炸弹运动时间、轨迹以及投放频率的变量)，还可插入更多随机因素(例如，使拆除的炸弹以稍有不同的方式弹离 Canvas 面板)。

16.6　小结

在本章中，您学习了制作更实用动画以及将它们集成到应用程序的技术。在此缺少的唯一要素是不够赏心悦目——换句话说，确保动画效果和代码同样完美。

正如您已在前两章中看到的，WPF 动画模型的完备程度令人感到惊奇。然而，获取所希望的结果并不总是很容易。如果希望为用户界面中单独的部分应用动画，作为一块单独的具有动画效果的“场景”，通常需要编写一些包含细节的标记，这些细节互相依赖但又不总是很清晰。在更复杂的动画中，可能需要硬编码细节，并且需要使用代码计算动画的结束值。如果需要更精细地控制动画，例如构建物理的粒子系统模型，就需要使用基于帧的动画来控制动画的每个步骤。

WPF动画承诺在未来提供以在本章学过的基本内容为基础的更高级的类。理想的情况是，能够通过使用预先构建好的动画类、在特定的容器中封装元素并设置几个附加属性来为应用程序嵌入动画。WPF将为您提供能够生成所期望效果(在两幅图像之间平滑地溶解，或生成窗口的一系列飞入动画效果)的具体实现。

第Ⅳ部分

模板和自定义元素

第 17 章

■■■

控件模板

在过去，Windows 开发人员必须在方便性和灵活性之间做出选择。为得到最大的方便性，他们可以使用预先构建好的控件。这些控件可以工作得足够好，但可定制性十分有限，并且几乎总是具有固定的可视化外观。偶尔，某些控件提供了不很直观的“自主绘图”模式，允许开发人员通过响应回调来绘制控件的一部分。但基本控件——按钮、文本框、复选框和列表框等——被完全锁定了。

因此，希望实现一些更特殊效果的开发人员不得不从头构建自定义控件。这确实是一个问题——手工编写绘图逻辑不但非常费时而且很困难，但自定义控件开发人员还需要从头实现基本功能(例如，在文本框中选择文本以及在按钮中处理按键)。并且，即使自定义控件是完美的，将它们插入到已有应用程序中也需要进行一些重要的修改，通常需要修改代码(并且还需要进行更多的测试)。简单地说，自定义控件是必需的内容——它们是实现新颖时髦的用户界面的唯一方法，但支持它们并将它们集成到应用程序中也是一件棘手的事情。

WPF 最终通过样式(详见第 11 章)以及模板(将在本章中开始讨论)解决了控件的自定义问题。这些特性能够很好地工作的原因是，在 WPF 中控件的实现方式发生了重大变化。在以前的用户界面技术(如 Windows 窗体)中常用的控件实际上不是由.NET 代码实现的。相反，Windows 窗体控件类封装了来自 Win32 API 的核心要素，它们是不能改变的。但正如前面所学的，WPF 中的每个控件是由纯粹的.NET 代码构成的，其背后没有使用任何 Win32 API。因此，WPF 能够提供一种机制(样式和模板)，允许您进入这些元素的内部并“扭曲”它们。实际上，“扭曲”是一种错误说法，因为正如在本章将要介绍的，可采用所有能想到的方式对 WPF 控件进行最彻底的重新设计。

17.1 理解逻辑树和可视化树

在本章之前，已花费大量时间分析了窗口的内容模型——换句话说，研究了如何在其他元素中嵌套元素，进而构建完整的窗口。

例如，考虑图 17-1 中显示的一个非常简单的窗口，该窗口包含两个按钮。为创建该窗口，在窗口中嵌套了一个 StackPanel 控件。在 StackPanel 控件中，放置了两个 Button 控件，并且在每个按钮中可以添加所选择的内容(在此是两个字符串)。下面是该窗口的标记：

```
<Window x:Class="SimpleWindow.Window1"
    xmlns="http://schemas.microsoft.com/winfx/2006/xaml/presentation"
    xmlns:x="http://schemas.microsoft.com/winfx/2006/xaml"
```

```
    Title="SimpleWindow" Height="338" Width="356"
    >
    <StackPanel Margin="5">
      <Button Padding="5" Margin="5">First Button</Button>
      <Button Padding="5" Margin="5">Second Button</Button>
    </StackPanel>
</Window>
```

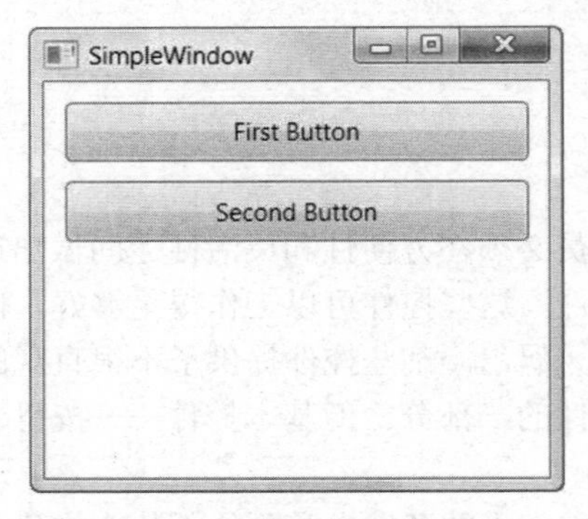

图 17-1　具有三个元素的窗口

添加的元素分类称为逻辑树，图 17-2 中显示了逻辑树。WPF 编程人员需要耗费大部分时间构建逻辑树，然后使用事件处理代码支持它们。实际上，到目前为止介绍的所有 WPF 特性(如属性值继承、事件路由以及样式)都是通过逻辑树进行工作的。

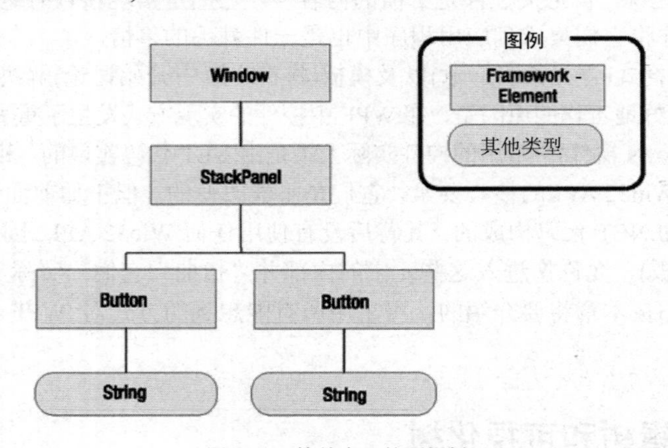

图 17-2　简单窗口的逻辑树

然而，如果希望自定义元素，逻辑树起不到多大帮助作用。显然，可使用另一个元素替换整个元素(例如，可使用自定义的 FancyButton 类替换当前的 Button 类)，但这需要做更多工作，并且可能扰乱应用程序的用户界面或代码。因此，WPF 通过可视化树进入更深层次。

可视化树是逻辑树的扩展版本。它将元素分成更小的部分。换句话说，它并不查看被精心封装到一起的黑色方框，如按钮，而是查看按钮的可视化元素——使按钮具有阴影背景特性的边框(由 ButtonChrome 类表示)、内部的容器(ContentPresenter 对象)以及存储按钮文本的块(由大家熟悉的 TextBlock 表示)。图 17-3 显示了图 17-1 的可视化树。

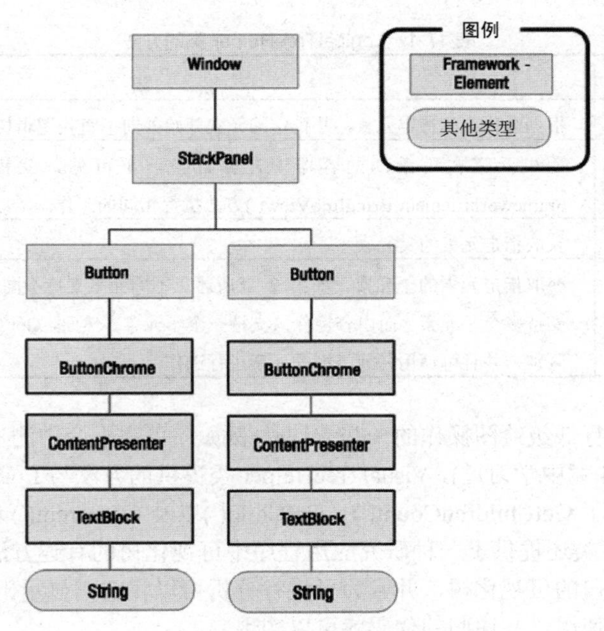

图 17-3 简单窗口的可视化树

所有这些细节本身都是元素——换句话说，控件(如按钮)中的每个单独的细节都是由 FrameworkElement 类的派生类表示的。

注意：

可采用多种方法将一棵逻辑树扩展成一棵可视化树，认识到这一点是很重要的。使用的样式和设置的属性等细节都可能影响可视化树的构成。例如，在前面的示例中，按钮包含了文本内容，因此会自动创建嵌套的 TextBlock 元素。但正如您所知道的，Button 是内容控件，所以能够包含其他任何希望使用的元素，只要将它们嵌套到按钮中即可。

到目前为止介绍的内容似乎并没有什么值得注意的，只是介绍了所有 WPF 元素可被分解成更小的部分。但这对于 WPF 开发人员有什么用处呢？通过可视化树可以完成以下两项非常有用的工作：

- 可使用样式改变可视化树中的元素。可使用 Style.TargetType 属性选择希望修改的特定元素。甚至当控件属性发生变化时，可使用触发器自动完成更改。不过，某些特定的细节很难甚至无法修改。
- 可为控件创建新模板。对于这种情况，控件模板将被用于按期望的方式构建可视化树。

非常有趣的是，WPF 提供了用于浏览逻辑树和可视化树的两个类：System.Windows.LogicalTreeHelper 和 System.Windows.Media.VisualTreeHelper。

第 2 章已经介绍了 LogicalTreeHelper 类，该类允许通过动态加载的 XAML 文档在 WPF 应用程序中关联事件处理程序。LogicalTreeHelper 类提供了较少的方法，表 17-1 中列出了这些方法。尽管这些方法偶尔很有用，但大多数情况下会改用特定的 FrameworkElement 类中的方法。

表 17-1　LogicalTreeHelper 类的方法

名　称	说　明
FindLogicalNode( )	根据名称查找特定元素，从指定的元素开始并向下查找逻辑树
BringIntoView( )	如果元素在可滚动的容器中，并且当前不可见，就将元素滚动到视图中。FrameworkElement.BringIntoView( )方法执行相同的工作
GetParent( )	获取指定元素的父元素
GetChildren( )	获取指定元素的子元素。如第 2 章所述，不同元素支持不同的内容模型。例如，面板支持多个子元素，而内容控件只支持一个子元素。然而，GetChildren( )方法抽象了这一区别，并且可使用任何类型的元素进行工作

除了专门用来执行低级绘图操作的一些方法外(例如，可用于命中测试和边界检查的方法，这些方法已经在第 14 章中学习过)，VisualTreeHelper 类提供的方法与 LogicalTreeHelper 类提供的方法类似，也提供了 GetChildrenCount( )、GetChild( )以及 GetParent( )方法。

VisualTreeHelper 类还提供了一种研究应用程序中可视化树的有趣方法。使用 GetChild( )方法，可以遍历任意窗口的可视化树，并且为了进行分析可以将它们显示出来。这是一个非常好的学习工具，只需要使用一些递归的代码就可以实现。

图 17-4 显示了一种可能的实现。该例在一个单独窗口中显示了一棵完整的可视化树，该可视化树从提供的任意对象开始。在该例中，另一个名为 SimpleWindow 的窗口使用 VisualTreeDisplay 窗口显示可视化树。

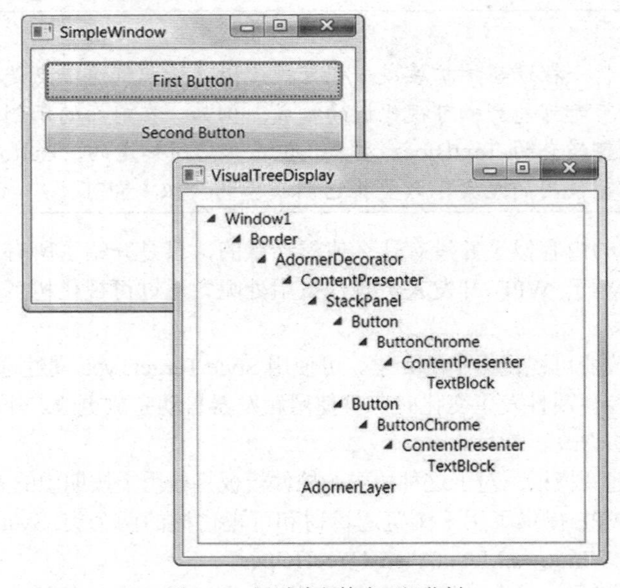

图 17-4　通过编程检查可视化树

在该例中，名为 Window1 的窗口包含一个 Border 元素，这个 Border 元素又包含一个 AdornerDecorator 元素(AdornerDecorator 类在装饰层中添加对绘制内容的支持，装饰层是特殊的不可见区域，该区域覆盖在元素内容之上。WPF 使用装饰层绘制一些细节，如焦点提示以及拖放指示器)。AdornerDecorator 元素内是一个 ContentPresenter 元素，该元素承载了窗口内容。窗口内容包含的 StackPanel 面板具有两个 Button 控件，每个 Button 控件包含了一个 ButtonChrome

元素(该元素绘制按钮的标准化可视外观)和一个 ContentPresenter 元素(该元素包含了按钮的内容)。最后，在每个按钮的 ContentPresenter 元素中是一个 TextBlock 元素，TextBlock 元素封装了在窗口中可见的文本。

注意：

在这个示例中，代码在另一个窗口中构建了一棵可视化树。如果在正在分析的同一窗口中放置 TreeView 控件，当使用内容项填充 TreeView 控件时，将会无意间改变可视化树。

下面是 VisualTreeDisplay 窗口的完整代码：

```
public partial class VisualTreeDisplay : System.Windows.Window
{
    public VisualTreeDisplay()
    {
        InitializeComponent();
    }
    public void ShowVisualTree(DependencyObject element)
    {
        // Clear the tree.
        treeElements.Items.Clear();

        // Start processing elements, begin at the root.
        ProcessElement(element, null);
    }

    private void ProcessElement(DependencyObject element,
      TreeViewItem previousItem)
    {
        // Create a TreeViewItem for the current element.
        TreeViewItem item = new TreeViewItem();
        item.Header = element.GetType().Name;
        item.IsExpanded = true;

        // Check whether this item should be added to the root of the tree
        //(if it's the first item), or nested under another item.
        if (previousItem == null)
        {
            treeElements.Items.Add(item);
        }
        else
        {
            previousItem.Items.Add(item);
        }

        // Check whether this element contains other elements.
        for (int i = 0; i < VisualTreeHelper.GetChildrenCount(element); i++)
        {
            // Process each contained element recursively.
            ProcessElement(VisualTreeHelper.GetChild(element, i), item);
```

```
            }
        }
    }
```

一旦为项目添加这棵树，就可以使用其他任何窗口的代码显示其可视化树：

```
VisualTreeDisplay treeDisplay = new VisualTreeDisplay();
treeDisplay.ShowVisualTree(this);
treeDisplay.Show();
```

提示：

可使用著名的 Snoop 实用工具深入研究其他应用程序的可视化树，可从 http://snoopwpf.codeplex.com 网址上找到该工具。使用 Snoop 工具，可检查任何当前正在运行的 WPF 应用程序的可视化树。还可放大任意元素，当执行路由事件时检查路由事件，以及分析甚至修改元素属性。

17.2　理解模板

对于可视化树的分析引出了几个有趣问题。例如，控件如何从逻辑树表示扩展成可视化树表示？

每个控件都有一个内置的方法，用于确定如何渲染控件(作为一组更基础的元素)。该方法称为控件模板(control template)，是用 XAML 标记块定义的。

注意：

每个 WPF 控件都设计成无外观的(lookless)，这意味着完全可以重定义其可视化元素(外观)。但不能改变控件的行为，控件的行为被固化到控件类中(尽管经常可使用各种属性微调控件的行为)。当选择使用类似 Button 的控件时，是希望得到类似按钮的行为(换句话说，选择的是一个元素，该元素提供了能被单击的内容，通过单击来触发动作，并且可用作窗口上的默认按钮或取消按钮)。然而，可自由地改变控件的外观，以及当鼠标移动到元素上或按下鼠标时的响应方式。另外，也可自由改变控件外观的其他方面和可视化行为。

下面是普通 Button 类的模板的简化版本。该版本省略了 XML 名称空间声明、为嵌套的元素设置属性的特性，以及当按钮被禁用、取得焦点或单击时确定按钮行为的触发器：

```
<ControlTemplate ... >
  <mwt:ButtonChrome Name="Chrome" ... >
    <ContentPresenter Content="{TemplateBinding ContentControl.Content}" ... />
  </mwt:ButtonChrome>
  <ControlTemplate.Triggers>
    ...
  </ControlTemplate.Triggers>
</ControlTemplate>
```

尽管尚未研究 ButtonChrome 和 ContentPresenter 类，但很容易就能联想到：控件模板提供了在可视化树中看到的扩展内容。ButtonChrome 类定义按钮的标准可视化外观，而

ContentPresenter 类存储了提供的所有内容。如果希望构建全新按钮(如稍后所述)，只需要创建新的控件模板。除 ButtonChrome 类之外，还使用了其他一些内容——可能是自定义元素，也可能是在第 12 章中介绍的某个绘制形状的元素。

注意：

ButtonChrome 类继承自 Decorator 类(与 Border 类非常类似)。这意味着这些类是为了在其他元素周围添加图形装饰而设计的——用于在按钮内容的周围添加图形装饰。

当按钮获得焦点、被单击以及被禁用时，触发器控制按钮如何进行变化。对于这些触发器，实际上没什么特别需要介绍的内容。针对获取焦点和单击的触发器并不会修改按钮本身，只是修改为按钮提供可视化外观的 ButtonChrome 类的属性：

```
<Trigger Property="UIElement.IsKeyboardFocused">
  <Setter Property="mwt:ButtonChrome.RenderDefaulted" TargetName="Chrome">
    <Setter.Value>
      <s:Boolean>True</s:Boolean>
    </Setter.Value>
  </Setter>
  <Trigger.Value>
    <s:Boolean>True</s:Boolean>
  </Trigger.Value>
</Trigger>
<Trigger Property="ToggleButton.IsChecked">
  <Setter Property="mwt:ButtonChrome.RenderPressed" TargetName="Chrome">
    <Setter.Value>
      <s:Boolean>True</s:Boolean>
    </Setter.Value>
  </Setter>
  <Trigger.Value>
    <s:Boolean>True</s:Boolean>
  </Trigger.Value>
</Trigger>
```

第一个触发器确保当按钮接收到焦点时，RenderDefaulted 属性被设置为 true。第二个触发器确保当按钮被单击时，RenderPressed 属性被设置为 true。对于每种情况，ButtonChrome 类都会相应地调整自身。由于发生的图形变化过于复杂，因此无法只通过几个属性设置器语句来表示这些变化。

该例中的两个 Setter 对象都通过使用 TargetName 属性作用于控件模板的特定部分。只有当使用控件模板时，才能使用这种技术。换句话说，不能编写样式触发器以使用 TargetName 属性访问 ButtonChrome 对象，因为名称 Chrome 超出了样式范围。这种技术只是模板提供的比单独使用样式功能更强大的方法之一。

触发器未必需要使用 TargetName 属性。例如，针对 IsEnabled 属性的触发器仅调整按钮中任何文本内容的前景色。该触发器通过设置 TextElement.Foreground 附加属性就能工作，而不必借助于 ButtonChrome 类：

```
<Trigger Property="UIElement.IsEnabled">
  <Setter Property="TextElement.Foreground">
```

```
    <Setter.Value>
      <SolidColorBrush>#FFADADAD</SolidColorBrush>
    </Setter.Value>
  </Setter>
  <Trigger.Value>
    <s:Boolean>False</s:Boolean>
  </Trigger.Value>
</Trigger>
```

当构建自己的控件模板时将看到同样的职责分离。如果足够幸运，可直接使用触发器完成所有工作，可能不需要创建自定义类并添加代码。另一方面，如果需要提供更复杂的可视化设计，可能需要继承自定义的修饰类。ButtonChrome 类本身不提供定制功能——该类专门用于渲染标准按钮的特定主题外观。

注意：

本节中呈现的所有 XAML 都来自标准的 Button 控件模板。稍后的 17.2.2 节“剖析控件”将介绍如何查看控件的默认控件模板。

模 板 类 型

本章重点介绍控件模板，可使用控件模板定义构成控件的元素。然而，在 WPF 中，实际上有三种类型的模板，所有这些模板都继承自 FrameworkTemplate 基类。除了控件模板(由 ControlTemplate 类表示)外，还有数据模板(由 DataTemplate 和 HierarchicalDataTemplate 类表示)，以及更特殊的用于 ItemsControl 控件的面板模板(由 ItemsPanelTemplate 类表示)。

数据模板用于从对象中提取数据，并在内容控件或列表控件的各个项中显示数据。在数据绑定中，数据模板非常有用，第 20 章将详细介绍数据模板。在一定程度上，数据模板和控件模板是相互重叠的。例如，这两种类型的模板都允许插入附加元素和应用格式化等。然而，数据模板用于在已有控件的内部添加元素。预先构建好的控件内容不能改变。另一方面，控件模板是一种更激进的方法，允许完全重写控件的内容模型。

最后，面板模板用于控制列表控件(继承自 ItemsControl 类的控件)中各项的布局。例如，可使用面板模板创建列表框，从右向左然后向下平铺各项(而不是标准的自上而下地单列显示)。第 20 章将介绍面板模板。

完全可在同一个控件中组合使用各种类型的模板。例如，如果希望创建绑定到特定类型数据的美观列表控件，以非标准方式放置各项，并使用一些更有趣的元素替换存储边框，可能就需要创建自己的数据模板、面板模板和控件模板。

17.2.1　修饰类

ButtonChrome 类是在 Microsoft.Windows.Themes 名称空间中定义的，在该名称空间中包含了一些较少的彼此相似的类，这些类用于渲染基本的 Windows 细节。除 ButtonChrome 外，这些类还包括 BulletChrome(用于复选框和单选按钮)、ScrollChrome(用于滚动条)、ListBoxChrome 以及 SystemDropShadowChrome。这是最低级别的公有控件 API。在稍高级别上，您会发现 System.Windows.Controls.Primitives 名称空间中包含大量可以独立使用的基本元素，但它们通常被封装到更有用的控件中。这些元素包括 ScrollBar、ResizeGrip(用于改变窗口的尺寸)、Thumb(滚动条上的拖动按钮)、TickBar(滑动条上可选的刻度设置)等。在本质上，System.Windows.Controls.Primitives 名称空间提供了可用在各种控件中的基本要素，本身的作用不大，而 Microsoft.Windows.Themes 名称空间包含了用于渲染这些细节的基本绘图逻辑。

还有一点区别。与大多数 WPF 类型一样，System.Windows.Controls.Primitives 名称空间中的类型都是在 PresentationFramework.dll 程序集中定义的。然而，Microsoft. Windows.Themes 名称空间中的类型是在三个不同的程序集中定义的：PresentationFramework.Aero.dll、PresentationFramework.Luna.dll 和 PresentationFramework.Royale.dll。每个程序集都包含自己的 ButtonChrome 类(以及其他修饰类)版本，这些版本的渲染逻辑稍有不同。WPF 使用哪个程序集取决于操作系统和主题设置。

注意：

在第 18 章将介绍有关修饰类的内部工作的更多内容，还将介绍如何使用自定义的渲染逻辑构建自己的修饰类。

尽管控件模板经常使用修饰类进行绘图，但并非总需要这样。例如，ResizeGrip 元素(该元素用于在可以改变尺寸的窗口的右下角创建点网格)非常简单，它的模板可使用在第 12 章和第 13 章中学习的绘图类，如 Path、DrawingBrush 以及 LinearGradientBrush。下面是其使用的标记(有些复杂)：

```
<ControlTemplate TargetType="{x:Type ResizeGrip}" ... >
  <Grid Background="{TemplateBinding Panel.Background}" SnapsToDevicePixels="True">
    <Path Margin="0,0,2,2" Data="M9,0L11,0 11,11 0,11 0,9 3,9 3,6 6,6 6,3 9,3z"
      HorizontalAlignment="Right" VerticalAlignment="Bottom">
      <Path.Fill>
        <DrawingBrush ViewboxUnits="Absolute" TileMode="Tile" Viewbox="0,0,3,3"
        Viewport="0,0,3,3" ViewportUnits="Absolute">
          <DrawingBrush.Drawing>
            <DrawingGroup>
              <DrawingGroup.Children>
                <GeometryDrawing Geometry="M0,0L2,0 2,2 0,2z">
                  <GeometryDrawing.Brush>
                    <LinearGradientBrush EndPoint="1,0.75" StartPoint="0,0.25">
                      <LinearGradientBrush.GradientStops>
                        <GradientStop Offset="0.3" Color="#FFFFFFFF" />
                        <GradientStop Offset="0.75" Color="#FFBBC5D7" />
                        <GradientStop Offset="1" Color="#FF6D83A9" />
                      </LinearGradientBrush.GradientStops>
                    </LinearGradientBrush>
                  </GeometryDrawing.Brush>
                </GeometryDrawing>
              </DrawingGroup.Children>
            </DrawingGroup>
          </DrawingBrush.Drawing>
        </DrawingBrush>
```

```
      </Path.Fill>
    </Path>
  </Grid>
</ControlTemplate>
```

注意：

在预先构建好的控件模板中，经常可以看到 SnapToDevicePixels 设置(在自己创建的模板中使用该设置也是非常有用的)。正如在第 12 章中学过的，SnapToDevicePixels 确保单个像素的线条不会根据 WPF 分辨率的不同被放在两个像素的“中间”(那样会导致模糊的双像素线条)。

17.2.2　剖析控件

当创建控件模板时(将在 17.3 节介绍)，新建的模板完全替代了原来的模板。这样可以得到更大的灵活性，但更复杂些。大多数情况下，在创建满足自己需求的模板之前，需要查看控件使用的标准模板。某些情况下，自定义的控件模板可镜像标准模板，并只进行很少的修改。

WPF 文档没有列出标准控件模板的 XAML。然而，可通过编程获取所需的信息。基本思想是从 Template 属性(该属性在 Control 类中定义)获取控件的模板，然后使用 XamlWriter 类，将该模板串行化到 XAML 文件中。图 17-5 显示了一个示例程序，该程序列出了所有 WPF 控件，并允许查看每个控件的模板。

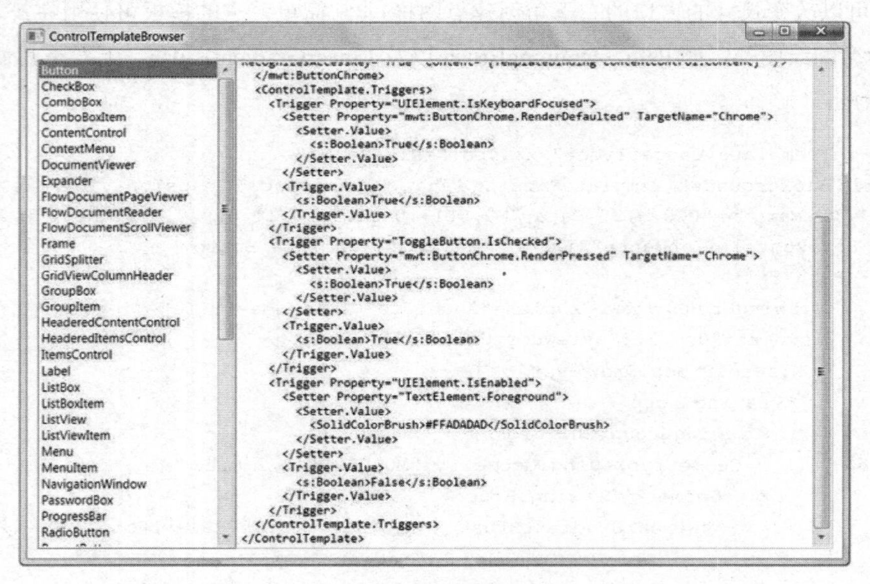

图 17-5　浏览 WPF 控件模板

构建该应用程序的诀窍是使用反射(reflection)，反射是用于检查类型的.NET API。当第一次加载应用程序的主窗口时，扫描 PresentationFramework.dll 核心程序集(在该程序集中定义了控件类)中的所有类型。然后将这些类型添加到一个集合中，根据类型名称进行排序，此后将该集合绑定到一个列表。

```
private void Window_Loaded(object sender, EventArgs e)
{
    Type controlType = typeof(Control);
```

```
    List<Type> derivedTypes = new List<Type>();

    // Search all the types in the assembly where the Control class is defined.
    Assembly assembly = Assembly.GetAssembly(typeof(Control));
    foreach (Type type in assembly.GetTypes())
    {
        // Only add a type of the list if it's a Control, a concrete class,
        // and public.
        if (type.IsSubclassOf(controlType) && !type.IsAbstract && type.IsPublic)
        {
            derivedTypes.Add(type);
        }
    }

    // Sort the types. The custom TypeComparer class orders types
    // alphabetically by type name.
    derivedTypes.Sort(new TypeComparer());

    // Show the list of types.
    lstTypes.ItemsSource = derivedTypes;
}
```

无论何时从列表中选择控件，相应的控件模板都会显示在右边的文本框中。完成这一步需要做更多的工作。第一个挑战是，在窗口中实际显示控件之前，控件的模板为空。通过使用反射，代码试图创建控件的一个实例，并将它添加到当前窗口中(但可将 Visibility 设置为 Collapse，使控件不可见)。第二个挑战是，将现存的 ControlTemplete 对象转换为大家熟悉的 XAML 标记。XamlWriter.Save( )静态方法负责完成该任务，但代码使用 XamlWriter 和 XamlWriterSettings 对象以确保 XAML 缩进合理，便于阅读。所有这些代码都被封装在异常处理块中，异常处理块监视不能被创建或不能添加到 Grid 网格(如另一个 Window 或 Page)中的控件产生的问题：

```
private void lstTypes_SelectionChanged(object sender, SelectionChangedEventArgs e)
{
    try
    {
        // Get the selected type.
        Type type = (Type)lstTypes.SelectedItem;

        // Instantiate the type.
        ConstructorInfo info = type.GetConstructor(System.Type.EmptyTypes);
        Control control = (Control)info.Invoke(null);

        // Add it to the grid (but keep it hidden).
        control.Visibility = Visibility.Collapsed;
        grid.Children.Add(control);

        // Get the template.
        ControlTemplate template = control.Template;

        // Get the XAML for the template.
```

```
        XmlWriterSettings settings = new XmlWriterSettings();
        settings.Indent = true;
        StringBuilder sb = new StringBuilder();
        XmlWriter writer = XmlWriter.Create(sb, settings);
        XamlWriter.Save(template, writer);

        // Display the template.
        txtTemplate.Text = sb.ToString();

        // Remove the control from the grid.
        grid.Children.Remove(control);
    }
    catch (Exception err)
    {
        txtTemplate.Text = "<< Error generating template: " + err.Message + ">>";
    }
}
```

扩展该应用程序，从而在文本框中编辑模板，使用 XamlReader 将模板转换回 ControlTemplate 对象，然后指定给某个控件并观察效果，这并不是很困难。然而，通过将模板放置到真实窗口中进行实际操作，测试和改进它们会更加容易，如 17.3 节所述。

提示：

如果正在使用 Expression Blend，那么还可使用一个方便的特性为任何使用的控件编辑模板(从技术角度看，该步骤获取默认模板并为控件创建默认模板的一个副本，然后编辑该副本)。为测试该特性，在设计视图中右击控件，然后选择 Edit Control Part (Template) | Edit a Copy。控件模板的副本会被保存为资源(见第 10 章)，从而会提示您选择一个描述性的资源键，并且还需要选择是在当前窗口还是在应用程序的全局资源中存储资源。如果选择后者，就可以在整个应用程序中使用控件模板。

17.3 创建控件模板

到目前为止，您已经学习了与模板工作方式相关的一些内容，但尚未构建自己的模板。接下来的几节将构建一个简单的自定义按钮，并在该过程中学习有关控件模板的一些细节。

正如已经看到的，基本 Button 控件使用 ButtonChrome 类绘制其特殊的背景和边框。Button 类使用 ButtonChrome 类而不使用 WPF 绘图图元的一个原因是，标准按钮的外观依赖于几个明显的特征(是否被禁用、是否具有焦点以及是否正在被单击)和其他一些更微妙的因素(如当前 Windows 主题)。只使用触发器实现这类逻辑是笨拙的。

然而，当构建自定义控件时，可以不用担心标准化和主题集成(实际上，WPF 不像以前的用户界面技术那样强调用户界面标准化)。反而更需要关注如何创建富有吸引力的新颖控件，并将它们混合到用户界面的其他部分。因此，可能不需要创建诸如 ButtonChrome 的类，而可使用已经学过的元素(与在第 12 章和第 13 章中学习过的绘图元素以及在第 15 章和第 16 章中学习过的动画技巧一起)，设计自给自足的不使用代码的控件模板。

注意：

作为一种替代方法，可参阅第 18 章的内容，其中解释了如何使用自定义渲染逻辑构建自己的修饰元素，并将它集成到控件模板中。

17.3.1 简单按钮

为应用自定义控件模板，只需要设置控件的 Template 属性。尽管可定义内联模板(通过在控件标签内部嵌入控件模板标签)，但这种方法基本没有意义。这是因为几乎总是希望为同一控件的多个皮肤实例重用模板。为适应这种设计，需要将控件模板定义为资源，并使用 StaticResource 引用该资源，如下所示：

```
<Button Margin="10" Padding="5" Template="{StaticResource ButtonTemplate}">
A Simple Button with a Custom Template</Button>
```

通过这种方法，不仅可以较容易地创建许多自定义按钮，在以后还可以很灵活地修改控件模板，而不会扰乱应用程序用户界面的其余部分。

在这个特定示例中，ButtonTemplate 资源放在包含窗口的 Resources 集合中。然而，在实际应用程序中，可能更喜欢使用应用程序资源。具体原因(以及一些设计提示)将在稍后的 17.4 节“组织模板资源”中加以讨论。

下面是控件模板的基本框架：

```
<Window.Resources>
  <ControlTemplate x:Key="ButtonTemplate" TargetType="{x:Type Button}">
    ...
  </ControlTemplate>
</Window.Resources>
```

您可能会注意到，在上面的控件模板中设置了 TargetType 属性，以明确指示该模板是为按钮设计的。与样式类似，这总是一个可以遵循的好约定。在内容控件(如按钮)中也需要使用该约定，否则 ContentPresenter 元素就不能工作。

要为基本按钮创建模板，需要自己绘制边框和背景，然后在按钮中放置内容。绘制边框的两种可能的候选方法是使用 Rectangle 类和 Border 类。下面的示例使用 Border 类，将具有圆角的桔色轮廓与引人注目的红色背景和白色文本结合在一起：

```
<ControlTemplate x:Key="ButtonTemplate" TargetType="{x:Type Button}">
  <Border BorderBrush="Orange" BorderThickness="3" CornerRadius="2"
   Background="Red" TextBlock.Foreground="White">
    ...
  </Border>
</ControlTemplate>
```

在此主要关注背景，但仍需一种方法显示按钮内容。在以前的学习中，您可能还记得 Button 类在其控件模板中包含了一个 ContentPresenter 元素。所有内容控件都需要 ContentPresenter 元素——它是表示“在此插入内容”的标记器，告诉 WPF 在何处保存内容：

```
<ControlTemplate x:Key="ButtonTemplate" TargetType="{x:Type Button}">
  <Border BorderBrush="Orange" BorderThickness="3" CornerRadius="2"
   Background="Red" TextBlock.Foreground="White">
    <ContentPresenter RecognizesAccessKey="True"></ContentPresenter>
  </Border>
```

```
</ControlTemplate>
```

该 ContentPresenter 元素将 RecognizesAccessKey 属性设置为 true。尽管这不是必需的，但可确保按钮支持访问键——具有下划线的字母，可以使用该字母快速触发按钮。对于这种情况，如果按钮具有文本 Click_Me，那么当用户按下 Alt+M 组合键时会触发按钮(在标准的 Windows 设置中，下划线是隐藏的，并且只要按下了 Alt 键，访问键(在此是 M 键)就会具有下划线)。如果未将 RecognizesAccessKey 属性设置为 true，就会忽略该细节，并且任何下划线都将被视为普通的下划线，并作为按钮内容的一部分进行显示。

提示：

如果控件继承自 ContentControl 类，其模板将包含一个 ContentPresenter 元素，指示将在何处放置内容。如果控件继承自 ItemsControl 类，其模板将包含一个 ItemsPresenter 元素，指示在何处放置包含列表项的面板。在极少数情况下，控件可能使用这些类的派生版本——例如，ScrollViewer 的控件模板使用继承自 ContentPresenter 类的 ScrollContentPresenter 类。

17.3.2 模板绑定

该例还存在一个小问题。现在为按钮添加的标签将 Margin 属性的值指定为 10，并将 Padding 属性的值指定为 5。StackPanel 控件关注的是按钮的 Margin 属性，但忽略了 Padding 属性，使按钮的内容和侧边挤压在一起。此处的问题是 Padding 属性不起作用，除非在模板中特别注意它。换句话说，模板负责检索内边距值并使用该值在内容周围插入额外的空白。

幸运的是，WPF 专门针对该目的设计了一个工具：模板绑定。通过使用模板绑定，模板可从应用模板的控件中提取一个值。在本例中，可使用模板绑定检索 Padding 属性的值，并使用该属性值在 ContentPresenter 元素周围创建外边距：

```
<ControlTemplate x:Key="ButtonTemplate" TargetType="{x:Type Button}">
  <Border BorderBrush="Orange" BorderThickness="3" CornerRadius="2"
   Background="Red" TextBlock.Foreground="White">
    <ContentPresenter RecognizesAccessKey="True"
    Margin="{TemplateBinding Padding}"></ContentPresenter>
  </Border>
</ControlTemplate>
```

这样就会得到所期望的效果，在边框和内容之间添加一些空白。图 17-6 显示了新的简单按钮。

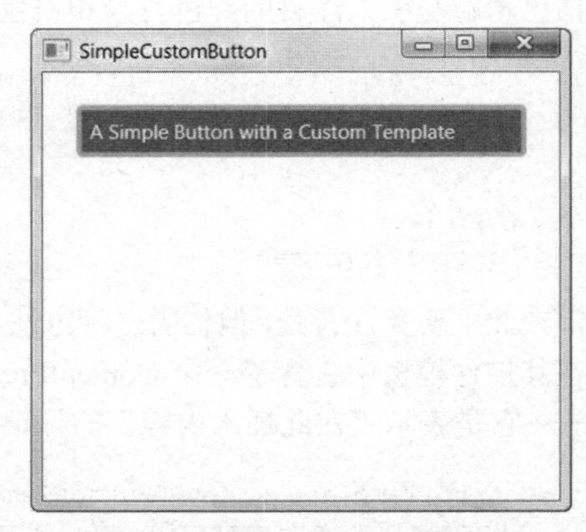

图 17-6 使用自定义控件模板的按钮

模板绑定和普通的数据绑定类似，但它们的量级更轻，因为它们是专门针对在控件模板中使用而设计的。它们只支持单向数据绑定(换句话说，它们可从控件向模板传递信息，但不能从模板向控件传递信息)，并且不能用于从 Freezable 类的派生类的属性中提取信息。如果遇到模板绑定不生效的情形，可改用具有完整功能的数据绑定。第 18 章提供了一个颜色拾取器示例，该例就遇到了这种问题，并且结合使用模板绑定和常规的数据绑定解决了该问题。

注意：

模板绑定支持 WPF 的变化监测基础结构，所有依赖项属性都包含该基础结构。这意味着如果修改了控件的属性，模板会自动考虑该变化。当使用在一小段时间内重复改变属性值的动画时，该细节尤其有用。

预计需要哪些模板绑定的唯一方法是检查默认控件模板。如果查看 Button 类的控件模板，就会发现在模板绑定的使用方法上，与自定义模板是完全相同的——获取为按钮指定的内边距，并将它转换成 ContentPresenter 元素周围的外边距。还会发现标准按钮模板包含另外几个模板绑定，如 HorizontalAlignment、VerticalAlignment 以及 Background，这个简单的自定义模板中没有使用这些模板绑定。这意味着如果为按钮设置了这些属性，对于这个简单的自定义模板来说，这些设置没有效果。

注意：

从技术角度看，ContentPresenter 元素之所以能够工作，是因为它有一个模板绑定——用于将 ContentPresenter.Content 属性设置为 Button.Content 属性。然而该绑定是隐式的，所以不必自行添加。

在许多情况下，可不考虑模板绑定。实际上，如果不准备使用属性或者不希望修改模板，就不必绑定属性。例如，当前的简单按钮将用于文本的 Foreground 属性设置为白色并忽略为 Background 属性设置的任何值是合理的，因为前景色和背景色是该按钮可视化外观的固有部分。

可能选择避免模板绑定的另一个原因是——您的控件不能很好地支持它们。例如，如果为按钮设置了 Background 属性，可能注意到当按钮被按下时不会连贯地处理该背景色(实际上，这时该背景色消失了，并且被按下按钮的默认外观替换了)。该例中的自定义模板与此类似，尽管还没有任何鼠标悬停和鼠标单击行为，但一旦添加这些细节，就会希望完全控制按钮的颜色以及在不同状态下它们的变化方式。

17.3.3　改变属性的触发器

如果测试在上一节中创建的按钮，就会发现它令人十分失望。本质上，它不过是一个红色的圆角矩形——当在它上面移动鼠标或单击鼠标时，其外观没有任何反应。按钮只是无动于衷，呆在那儿不动。

可通过为控件模板添加触发器来方便地解决这个问题。第 11 章第一次介绍了在样式中使用触发器。正如您所知道的，当一个属性发生变化时，可使用触发器改变另一个或多个属性。在您的按钮中至少希望响应 IsMouseOver 和 IsPressed 属性。下面的标记是控件模板的修改版本，当这些属性发生变化时会改变按钮的颜色：

```
<ControlTemplate x:Key="ButtonTemplate" TargetType="{x:Type Button}">
  <Border Name="Border" BorderBrush="Orange" BorderThickness="3" CornerRadius="2"
    Background="Red" TextBlock.Foreground="White">
      <ContentPresenter RecognizesAccessKey="True"
      Margin="{TemplateBinding Padding}"></ContentPresenter>
  </Border>
  <ControlTemplate.Triggers>
    <Trigger Property="IsMouseOver" Value="True">
```

```
      <Setter TargetName="Border" Property="Background" Value="DarkRed" />
    </Trigger>
    <Trigger Property="IsPressed" Value="True">
      <Setter TargetName="Border" Property="Background" Value="IndianRed" />
        <Setter TargetName="Border" Property="BorderBrush" Value="DarkKhaki" />
      </Trigger>
    </ControlTemplate.Triggers>
  </ControlTemplate>
```

为使该模板能够工作，还要进行另一项修改。已为Border元素指定一个名称，并且该名称被用于设置每个设置器的 TargetName 属性。通过这种方法，设置器能更新在模板中指定的Border元素的Background和BorderBrush属性。使用名称是确保更新模板特定部分的最容易方法。可创建一条元素类型规则来影响所有Border元素(原因是已经知道在按钮模板中只有一个边框)，但如果在以后改变模板，这种方法更清晰，也更灵活。

在所有按钮(以及其他大部分控件)中还需要另一个元素——焦点指示器。虽然无法改变现有的边框以添加焦点效果，但是可以很容易地添加另一个元素以显示是否具有焦点，并且可以简单地使用触发器根据Button.IsKeyboardFocused属性显示或隐藏该元素。尽管可使用许多方法创建焦点效果，但下面的示例只添加了一个具有虚线边框的透明的 Rectangle 元素。Rectangle 元素不能包含子内容，从而需要确保Rectangle元素和其余内容相互重叠。完成该操作最容易的方法是，使用只有一个单元格的Grid控件来封装Rectangle元素和ContentPresenter元素，这两个元素位于同一个单元格中。

下面是修改后的支持焦点的模板：

```
<ControlTemplate x:Key="ButtonTemplate" TargetType="{x:Type Button}">
  <Border Name="Border" BorderBrush="Orange" BorderThickness="3" CornerRadius="2"
  Background="Red" TextBlock.Foreground="White">
    <Grid>
      <Rectangle Name="FocusCue" Visibility="Hidden" Stroke="Black"
      StrokeThickness="1" StrokeDashArray="1 2"
      SnapsToDevicePixels="True"></Rectangle>
      <ContentPresenter RecognizesAccessKey="True"
        Margin="{TemplateBinding Padding}"></ContentPresenter>
    </Grid>
  </Border>
  <ControlTemplate.Triggers>
    <Trigger Property="IsMouseOver" Value="True">
      <Setter TargetName="Border" Property="Background" Value="DarkRed" />
    </Trigger>
    <Trigger Property="IsPressed" Value="True">
      <Setter TargetName="Border" Property="Background" Value="IndianRed" />
      <Setter TargetName="Border" Property="BorderBrush" Value="DarkKhaki" />
    </Trigger>
    <Trigger Property="IsKeyboardFocused" Value="True">
      <Setter TargetName="FocusCue" Property="Visibility" Value="Visible" />
    </Trigger>
  </ControlTemplate.Triggers>
</ControlTemplate>
```

设置器再次使用 TargetName 属性查找需要改变的元素(在该例中，该属性指向 FocusCue 矩形)。

注意：

许多模板通过使用隐藏或显示元素这种技术来响应触发器。当状态变化时，可通过该技术用完全不同的内容替换控件的外观(例如，被单击的按钮可从矩形变为椭圆，这可通过隐藏前者并显示后者来实现)。

图 17-7 显示了使用修改版模板的三个按钮。第二个按钮当前具有焦点(通过虚线矩形表示)，而鼠标正好悬停在第三个按钮上。

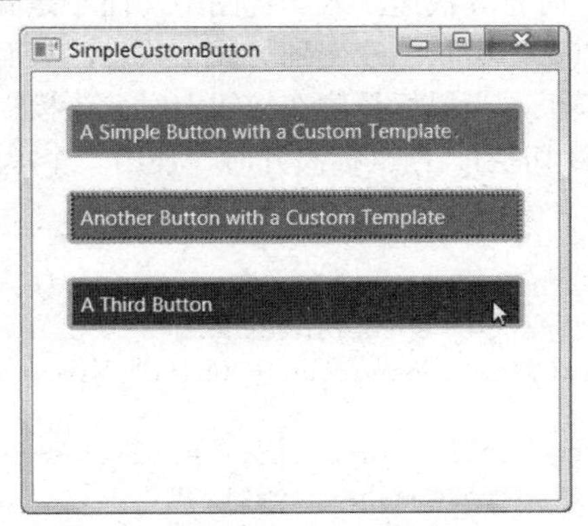

图 17-7　支持焦点和鼠标悬停的按钮

为了润色该按钮，还需要添加另一个触发器。当按钮的 IsEnable 属性变为 false 时，该触发器改变按钮的背景色(也可改变文本的前景色)：

```
<Trigger Property="IsEnabled" Value="False">
   <Setter TargetName="Border" Property="TextBlock.Foreground" Value="Gray" />
   <Setter TargetName="Border" Property="Background" Value="MistyRose" />
</Trigger>
```

为确保该规则优先于其他相冲突的触发器设置，应当在触发器列表的末尾定义它。这样，不管 IsMouseOver 属性是否为 true，IsEnabled 属性触发器都具有优先权，并且按钮保持未激活状态的外观。

模板与样式

模板和样式有类似之处。通常，在整个应用程序中，这两个特性都可以改变元素的外观。然而，样式被限制在一个小得多的范围之内。它们可调整控件的属性，但不能使用全新的由不同元素组成的可视化树替代控件原来的外观。

在前面看到的简单按钮包含了一些仅凭样式无法实现的特性。尽管可使用样式设置按钮的背景色，但当按下按钮时调整按钮的背景色会遇到更多麻烦，因为按钮的内置模板已经针对该目的提供了一个触发器。另外，也不能很方便地添加焦点矩形。

还可以通过控件模板实现许多特殊类型的按钮，如果使用样式，是无法获得此类效果的。例如，不是使用矩形边框，而是创建类似椭圆形状的按钮，或使用路径绘制更复杂的形状。需要的所有知识就是在第 12 章中介绍的绘图类。其余的标记——甚至是用于在不同状态之间切换背景色的触发器——基本上不需要加以修改。

17.3.4　使用动画的触发器

正如在第 11 章中所学习过的，触发器并非仅局限于设置属性。当特定属性发生变化时，还可以使用事件触发器运行动画。

乍一看，这好像有些曲折，但除了最简单的 WPF 控件外，触发器实际上是其他所有 WPF 控件的关键要素。例如，考虑到目前为止研究过的按钮。目前，当鼠标移到按钮上时，该按钮立即从一种颜色切换到另一种颜色。然而，更时髦的按钮可能使用一个非常短暂的动画从一种颜色混合到其他颜色，从而创建微妙但优雅的效果。类似地，按钮可使用动画改变焦点提示矩形的透明度，当按钮获取焦点时将其快速淡入到视图中，而不是骤然显示。换句话说，事件触发器允许控件更通畅地一点点从一个状态改变到另一个状态，从而进一步润色其外观。

下面是重新设计的按钮模板，当鼠标悬停在按钮上时，该模板使用触发器实现按钮颜色脉冲效果(在红色和蓝色之间不断切换)。当鼠标离开时，使用一个单独的持续 1 秒的动画，将按钮背景返回到其正常颜色：

```
<ControlTemplate x:Key="ButtonTemplate" TargetType="{x:Type Button}">
  <Border BorderBrush="Orange" BorderThickness="3" CornerRadius="2"
    Background="Red" TextBlock.Foreground="White" Name="Border">
    <Grid>
      <Rectangle Name="FocusCue" Visibility="Hidden" Stroke="Black"
      StrokeThickness="1" StrokeDashArray="1 2"
      SnapsToDevicePixels="True" ></Rectangle>
    <ContentPresenter RecognizesAccessKey="True"
      Margin="{TemplateBinding Padding}"></ContentPresenter>
  </Grid>
</Border>

<ControlTemplate.Triggers>
  <EventTrigger RoutedEvent="MouseEnter">
    <BeginStoryboard>
      <Storyboard>
        <ColorAnimation Storyboard.TargetName="Border"
          Storyboard.TargetProperty="Background.Color"
          To="Blue" Duration="0:0:1" AutoReverse="True"
          RepeatBehavior="Forever"></ColorAnimation>
        </Storyboard>
      </BeginStoryboard>
    </EventTrigger>
    <EventTrigger RoutedEvent="MouseLeave">
      <BeginStoryboard>
        <Storyboard>
          <ColorAnimation Storyboard.TargetName="Border"
            Storyboard.TargetProperty="Background.Color"
            Duration="0:0:0.5"></ColorAnimation>
        </Storyboard>
      </BeginStoryboard>
    </EventTrigger>
  </ControlTemplate.Triggers>
</ControlTemplate>
```

可使用两种等价的方法添加鼠标悬停动画——创建响应 MouseEnter 和 MouseLeave 事件的事件触发器(正如在此所演示的)，或创建当 IsMouseOver 属性发生变化时添加进入和退出动作的属性触发器。

该例使用两个 ColorAnimition 对象来改变按钮。下面是可能希望使用 EventTrigger 驱动的动画执行的其他一些任务：

- **显示或隐藏元素**。为此，需要改变控件模板中元素的 Opacity 属性。
- **改变形状或位置**。可使用 TranslateTransform 对象调整元素的位置(例如，稍偏移元素使按钮具有已被按下的感觉)。当用户将鼠标移到元素上时，可使用 ScaleTransform 或 RotateTransform 对象稍微旋转元素的外观。
- **改变光照或着色**。为此，需使用改变绘制背景的画刷的动画。可使用 ColorAnimation 动画改变 SolidBrush 画刷中的颜色，也可动态显示更复杂的画刷以得到更高级的效果。例如，可改变 LinearGradientBrush 画刷中的一种颜色(这是默认按钮控件模板执行的操作)，也可改变 RadialGradientBrush 画刷的中心点。

提示：

有些高级光照效果使用多层透明元素。对于这种情况，可使用动画修改其中一层的透明度，从而让其他层能够透过该层显示。

17.4　组织模板资源

当使用控件模板时，需要决定如何更广泛地共享模板，以及是否希望自动地或明确地应用模板。

第一个问题是关于希望在何处使用模板的问题。例如，是将它们限制在特定窗口中吗？大多数情况下，控件模板应用于多个窗口，甚至可能应用于整个应用程序。为避免多次定义模板，可在 Application 类的 Resources 集合中定义模板资源。

然而，为此需要考虑另一个事项。通常，控件模板在多个应用程序之间共享。单个应用程序很有可能使用单独开发的模板。然而，一个应用程序只能有一个 App.xaml 文件和一个 Application.Resources 集合。因此，在单独资源字典中定义资源是一个更好的主意。这样，可灵活地在特定窗口或在整个应用程序中使用资源。而且还可以结合使用样式，因为任何应用程序都可以包含多个资源字典。为在 Visual Studio 中添加资源字典，在 Solution Explorer 窗口中右击项目，选择 Add | New Item 菜单项，然后选择 Resource Dictionary (WPF)模板。

您在第 10 章中已经学习了资源字典。使用它们很容易，只需要为应用程序添加一个新的具有如下内容的 XAML 文件即可：

```
<ResourceDictionary
  xmlns="http://schemas.microsoft.com/winfx/2006/xaml/presentation"
  xmlns:x="http://schemas.microsoft.com/winfx/2006/xaml" >
  <ControlTemplate x:Key="ButtonTemplate" TargetType="{x:Type Button}">
    ...
  </ControlTemplate>
</ResourceDictionary>
```

虽然可将所有模板组合到单个资源字典文件中，但富有经验的开发人员更愿意为每个控件模板创建单独的资源字典。这是因为控件模板可能很快会变得过于复杂，并可能需要使用其他相关资源。将它们保存在一个单独的地方，并与其他控件相隔离，是一种很好的组织方式。

为使用资源字典，只需要将它们添加到特定窗口或应用程序(这种情况更常见)的 Resources 集合中。可使用 MergedDictionaries 集合完成该工作。例如，如果您的按钮模板在项目文件夹的 Resources 子文件夹下的 Button.xaml 文件中，就可以在 App.xaml 文件中使用以下标记：

```
<Application x:Class="SimpleApplication.App"
  xmlns="http://schemas.microsoft.com/winfx/2006/xaml/presentation"
  xmlns:x="http://schemas.microsoft.com/winfx/2006/xaml"
  StartupUri="Window1.xaml">
    <Application.Resources>
      <ResourceDictionary>
        <ResourceDictionary.MergedDictionaries>
          <ResourceDictionary Source="Resources\Button.xaml" />
        </ResourceDictionary.MergedDictionaries>
      </ResourceDictionary>
    </Application.Resources>
</Application>
```

17.4.1　分解按钮控件模板

当完善或扩展控件模板时，可发现其中封装了大量的不同细节，包括特定的形状、几何图形和画刷。从您的控件模板中提取这些细节并将它们定义为单独的资源是一个好主意。一个原因是通过该步骤，可以更方便地在一组相关的控件中重用这些画刷。例如，您可能会决定创建使用相同颜色的自定义 Button、CheckBox 和 RadioButton 控件。为使该工作更加容易，可为画刷(名为 Brushes.xaml)创建一个单独的资源字典，并将该资源字典合并到每个控件(如 Button.xaml、CheckBox.xaml 和 RadioButton.xaml)的资源字典中。

为查看这种技术的工作情况，分析下面的标记。这些标记代表了一个按钮的完整资源字典，包括控件模板使用的资源、控件模板，以及为应用程序中每个按钮应用控件模板的样式规则。始终需要遵循这一顺序，因为资源需要在使用之前先定义(如果在模板之后定义画刷，将收到错误消息，因为模板找不到所需的画刷)。

```
<ResourceDictionary
    xmlns="http://schemas.microsoft.com/winfx/2006/xaml/presentation"
    xmlns:x="http://schemas.microsoft.com/winfx/2006/xaml">

  <!-- Resources used by the template. -->
  <RadialGradientBrush RadiusX="1" RadiusY="5" GradientOrigin="0.5,0.3"
  x:Key="HighlightBackground">
    <GradientStop Color="White" Offset="0" />
    <GradientStop Color="Blue" Offset=".4" />
    </RadialGradientBrush>

  <RadialGradientBrush RadiusX="1" RadiusY="5" GradientOrigin="0.5,0.3"
    x:Key="PressedBackground">
      <GradientStop Color="White" Offset="0" />
      <GradientStop Color="Blue" Offset="1" />
    </RadialGradientBrush>
```

```
    <SolidColorBrush Color="Blue" x:Key="DefaultBackground"></SolidColorBrush>
    <SolidColorBrush Color="Gray" x:Key="DisabledBackground"></SolidColorBrush>

    <RadialGradientBrush RadiusX="1" RadiusY="5" GradientOrigin="0.5,0.3"
     x:Key="Border">
       <GradientStop Color="White" Offset="0" />
       <GradientStop Color="Blue" Offset="1" />
    </RadialGradientBrush>

    <!-- The button control template. -->
    <ControlTemplate x:Key="GradientButtonTemplate" TargetType="{x:Type Button}">
     <Border Name="Border"BorderBrush="{StaticResource Border}"BorderThickness="2"
       CornerRadius="2" Background="{StaticResource DefaultBackground}"
       TextBlock.Foreground="White">
         <Grid>
           <Rectangle Name="FocusCue" Visibility="Hidden" Stroke="Black"
            StrokeThickness="1" StrokeDashArray="1 2" SnapsToDevicePixels="True">
           </Rectangle>
           <ContentPresenter Margin="{TemplateBinding Padding}"
            RecognizesAccessKey="True"></ContentPresenter>
       </Grid>
    </Border>
    <ControlTemplate.Triggers>
      <Trigger Property="IsMouseOver" Value="True">
        <Setter TargetName="Border" Property="Background"
          Value="{StaticResource HighlightBackground}" />
      </Trigger>
      <Trigger Property="IsPressed" Value="True">
        <Setter TargetName="Border" Property="Background"
          Value="{StaticResource PressedBackground}" />
      </Trigger>
      <Trigger Property="IsKeyboardFocused" Value="True">
        <Setter TargetName="FocusCue" Property="Visibility"
          Value="Visible"></Setter>
      </Trigger>
      <Trigger Property="IsEnabled" Value="False">
        <Setter TargetName="Border" Property="Background"
          Value="{StaticResource DisabledBackground}"></Setter>
        </Trigger>
       </ControlTemplate.Triggers>
    </ControlTemplate>
  </ResourceDictionary>
```

图 17-8 显示了该模板定义的按钮。在该例中，当用户将鼠标移到按钮上时，使用渐变填充。然而，渐变中心总位于按钮中央。如果希望创建更新颖的效果，例如跟随鼠标位置的渐变，就需要使用动画或者编写代码。第 18 章列举了一个具有自定义修饰类的示例，该例就实现了这种效果。

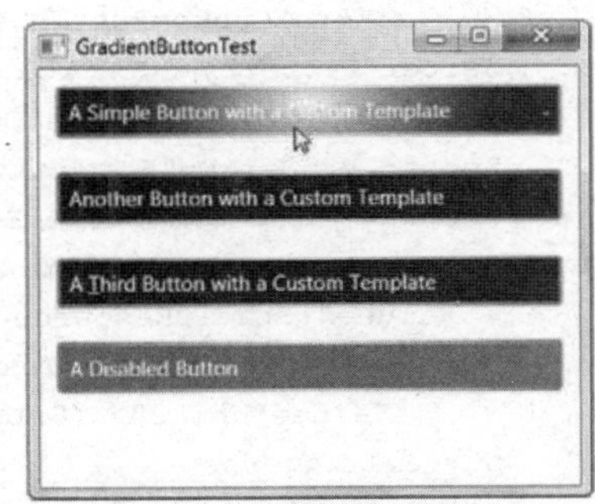

图 17-8　具有渐变效果的按钮

17.4.2　通过样式应用模板

这种设计存在局限性，控件模板本质上硬编码了一些细节，如颜色方案。这意味着如果希望在按钮中使用相同的元素组合(Border、Grid、Rectangle 和 ContentPresenter)并采用相同的方式安排它们，但希望提供不同的颜色方案，就必须创建引用不同画刷资源的新模板副本。

这未必是个问题(毕竟，布局和格式化细节可能紧密相关，以至于不希望以任何方式隔离它们)。但这确实限制了重用控件模板的能力。如果模板使用了元素的复合排列方式，并且希望重用这些具有各种不同格式化细节(通常是颜色和字体)的元素，可从模板中将这些细节提取出来，并将它们放到样式中。

为此，需要重新编写模板。这次不能使用硬编码的颜色，而需要使用模板绑定从控件属性中提取出信息。下面的示例为前面看到的特殊按钮定义了一个精简模板。控件模板将一些细节作为基础的固定要素——焦点框和两个单位宽的圆角边框。背景和边框画刷是可配置的。唯一需要保留的触发器是显示焦点框的那个触发器：

```
<ControlTemplate x:Key="CustomButtonTemplate" TargetType="{x:Type Button}">
  <Border Name="Border" BorderThickness="2" CornerRadius="2"
    Background="{TemplateBinding Background}"
    BorderBrush="{TemplateBinding BorderBrush}">
  <Grid>
    <Rectangle Name="FocusCue" Visibility="Hidden" Stroke="Black"
      StrokeThickness="1" StrokeDashArray="1 2" SnapsToDevicePixels="True">
    </Rectangle>
    <ContentPresenter Margin="{TemplateBinding Padding}"
      RecognizesAccessKey="True"></ContentPresenter>
  </Grid>
</Border>
<ControlTemplate.Triggers>
  <Trigger Property="IsKeyboardFocused" Value="True">
    <Setter TargetName="FocusCue" Property="Visibility"
      Value="Visible"></Setter>
    </Trigger>
  </ControlTemplate.Triggers>
</ControlTemplate>
```

关联的样式应用这个控件模板，设置边框和背景颜色，并添加触发器以便根据按钮的状态改变背景色：

```
<Style x:Key="CustomButtonStyle" TargetType="{x:Type Button}">
  <Setter Property="Control.Template"
    Value="{StaticResource CustomButtonTemplate}"></Setter>
  <Setter Property="BorderBrush"
    Value="{StaticResource Border}"></Setter>
  <Setter Property="Background"
      Value="{StaticResource DefaultBackground}"></Setter>
        <Setter Property="TextBlock.Foreground"
          Value="White"></Setter>
  <Style.Triggers>
    <Trigger Property="IsMouseOver" Value="True">
```

```
      <Setter Property="Background"
        Value="{StaticResource HighlightBackground}" />
    </Trigger>
    <Trigger Property="IsPressed" Value="True">
      <Setter Property="Background"
        Value="{StaticResource PressedBackground}" />
    </Trigger>
    <Trigger Property="IsEnabled" Value="False">
      <Setter Property="Background"
        Value="{StaticResource DisabledBackground}"></Setter>
    </Trigger>
  </Style.Triggers>
</Style>
```

理想情况下，应能在控件模板中保留所有触发器，因为它们代表控件的行为，并使用样式简单设置基本属性。但在此如果希望样式能够设置颜色方案，是不可能实现的。

注意：

如果在控件模板和样式中都设置了触发器，那么样式触发器具有优先权。

为使用这个新模板，需要设置按钮的 Style 属性而不是 Template 属性：

```
<Button Margin="10" Padding="5" Style="{StaticResource CustomButtonStyle}">
 A Simple Button with a Custom Template</Button>
```

现在可创建一些新样式，这些样式使用相同的模板，但为了应用新的颜色方案，应将模板绑定到不同的画刷。

使用这种方法存在重要限制。在该样式中不能使用 Setter.TargetName 属性，因为样式不包含控件模板(只是引用模板而已)。因此，样式和触发器有一定的限制。它们不能深入到可视化树中来改变嵌套的元素的这个方面。反而，样式需要设置控件的属性，而且控件中的元素需要使用模板绑定来绑定属性。

控件模板与自定义控件

可通过创建自定义控件避开此处讨论的这两个问题——必须在样式中使用触发器定义控件的行为，以及不能定位到特定元素。例如，可构建继承自 Button 的类，并添加 HighlightBackground、DisabledBackground 以及 PressedBackground 等属性。然后可以在控件模板中绑定这些属性，并在不需要触发器的样式中简单地设置它们。然而，这种方法自身存在缺点。该方法要求必须在用户界面中使用不同的类(比如使用 CustomButton 类替代 Button 类)。在设计应用程序时这种方法更麻烦。

通常，在遇到某些情况时，会从自定义控件模板转到使用自定义控件。

如果决定创建自定义控件，第 18 章提供了所需的全部信息。

17.4.3　自动应用模板

在当前示例中，每个按钮负责使用 Template 或 Style 属性将自身关联到适当模板。如果使用控件模板，在应用程序中的特定位置创建特殊效果，这是合理的。但如果希望在具有自定义外观的整个应用程序中改变每个按钮的皮肤，这就不是很方便了。对于这种情况，可能会更希望应用程序中的所有按钮自动请求新的模板。为实现该功能，需要通过样式应用控件模板。

技巧是使用类型样式，这种样式会自动影响相应的元素类型并设置 Template 属性。下面是一个样式示例，应将该样式放到您的资源字典的资源集合中，从而为按钮提供新外观：

```
<Style TargetType="{x:Type Button}">
  <Setter Property="Control.Template" Value="{StaticResource ButtonTemplate}"
</Style>
```

上面的代码可以工作，原因是样式没有指定键名，这意味着改用元素类型(Button)。

请记住，仍可通过创建一个按钮并将其 Style 属性明确设置为 null 值，退出该样式：

```
<Button Style="{x:Null}" ... ></Button>
```

提示：

如果遵循正确的设计原则，并在单独的资源字典中定义按钮，这种技术的效果更好。对于这种情况，直到添加将您的资源导入到整个应用程序或特定窗口中的 ResourceDictionary 标签时，样式才会生效，如前面描述的那样。

包含基于类型的样式的组合的资源字典通常(非正式地)被称为主题(theme)。主题能够实现非凡的效果。通过主题可为已有应用程序的所有控件重新应用皮肤，而根本不需要更改用户界面标记。需要做的全部工作就是为项目添加资源字典，并将其合并到 App.xaml 文件的 Application.Resources 集合中。

如果在 Web 上搜索，可找到许多能用于为 WPF 应用程序换肤的主题。例如，可下载 WPF Futures 版本中的几个示例主题，网址是 http://tinyurl.com/ylojdry。

为使用主题，为项目添加包含资源字典的.xaml 文件。例如，WPF Futures 提供了一个名为 ExpressionDark.xaml 的主题文件。然后，需要在应用程序中激活样式。可逐个窗口地完成该工作，但更快捷的方法是通过添加如下所示的标记在应用程序级别导入它们：

```
<Application ... >
  <Application.Resources>
    <ResourceDictionary Source="ExpressionDark.xaml"/>
  </Application.Resources>
</Application>
```

现在将全面实施资源字典中基于类型的样式，并将自动改变应用程序每个窗口的每个通用控件的外观。如果您是一位正在搜索热门用户界面的应用程序开发人员，但不具备自己构建这类用户界面的设计技能，那么使用该技巧几乎不需要付出努力就能很容易地插入第三方的精彩界面。

17.4.4　由用户选择的皮肤

在一些应用程序中，可能希望动态改变模板，通常是根据用户的个人爱好加以改变。这很容易实现，但文档没有对此进行详细说明。基本技术是在运行时加载新的资源字典，并使用新加载的资源字典代替当前的资源字典(不需要替换所有资源，只需要替换那些用于皮肤的资源)。

诀窍在于检索 ResourceDictionary 对象，该对象经过编译并作为资源嵌入到应用程序中。最简单的方法是使用在第 10 章介绍的 ResourceManager 类来加载所需资源。

例如，假设已创建用于定义同一个按钮控件模板的替代版本的两个资源。其中一个保存在 GradientButton.xaml 文件中，而另一个保存在 GradientButtonVariant.xaml 文件中。为了更好地组织资源，这两个文件都位于当前项目的 Resources 子文件夹中。

现在可创建一个简单窗口，通过 Resources 集合使用这些资源中的一个，如下所示：

```
<Window.Resources>
  <ResourceDictionary>
    <ResourceDictionary.MergedDictionaries>
      <ResourceDictionary
       Source="Resources/GradientButton.xaml"></ResourceDictionary>
    </ResourceDictionary.MergedDictionaries>
  </ResourceDictionary>
</Window.Resources>
```

现在可通过如下代码使用不同的资源字典：

```
ResourceDictionary newDictionary = new ResourceDictionary();
newDictionary.Source = new Uri(
  "Resources/GradientButtonVariant.xaml", UriKind.Relative);
this.Resources.MergedDictionaries[0] = newDictionary;
```

上面的代码加载 GradientButtonVariant 资源字典，并将它放置到 MergedDictionaries 集合的第一个位置。在此没有清空 MergedDictionaries 集合或其他任何窗口资源，因为您可能链接到了其他希望继续使用的资源字典。也没有为 MergedDictionaries 集合添加新条目，因为这可能与位于不同集合中的同名资源发生冲突。

如果正在为整个应用程序改变皮肤，可使用相同的方法，但应使用应用程序的资源字典。可使用如下代码更新这个资源字典：

```
Application.Current.Resources.MergedDictionaries[0] = newDictionary;
```

还可使用在第 7 章中介绍的 pack URI 语法加载在另一个程序集中定义的资源字典：

```
ResourceDictionary newDictionary = new ResourceDictionary();
newDictionary.Source = new Uri(
  "ControlTemplateLibrary;component/GradientButtonVariant.xaml",
  UriKind.Relative);
this.Resources.MergedDictionaries[0] = newDictionary;
```

当加载新的资源字典时，会自动使用新模板更新所有按钮。如果当修改控件时不需要完全改变皮肤，还可以为皮肤提供基本样式。

该例假定 GradientButton.xaml 和 GradientButtonVariant.xaml 资源使用元素类型样式自动改变按钮。如您所知，还有一种方法——可通过手动设置 Button 对象的 Template 或 Style 属性来选用新的模板。如果使用这种方法，务必使用 Dynamic Resource 引用，而不能使用 StaticResource。如果使用 StaticResource，当切换皮肤时不会更新按钮模板。

注意：

当使用 DynamicResource 引用时，首先要保证需要的资源位于资源层次结构中。如果资源并不位于资源层次结构中，就会忽略资源。而且按钮会恢复为它们的标准外观，而不会生成错误。

还有一种通过编写代码加载资源字典的方法。可使用与为窗口创建代码隐藏类几乎相同的方法，为资源字典创建代码隐藏类。然后就可以直接实例化这个类，而不是使用

ResourceDictionary.Source 属性。这种方法有一个优点，它是强类型的(没有机会为 Source 属性输入无效的 URI)，并且可为资源类添加属性、方法以及其他功能。例如，可以使用这种方法，为第 23 章中的自定义窗口模板创建具有事件处理代码的资源。

尽管为资源字典创建代码隐藏类很容易，但 Visual Studio 不能自动完成该工作。需要为继承自 ResourceDictionary 的部分类添加代码文件，并在构造函数中调用 InitializeComponent( )方法：

```
public partial class GradientButtonVariant : ResourceDictionary
{
    public GradientButtonVariant()
    {
        InitializeComponent();
    }
}
```

这里使用的类名为 GradientButtonVariant，而且该类存储在 GradientButtonVariant.xaml.cs 文件中。包含资源的 XAML 文件被命名为 GradientButtonVariant.xaml。不是必须使用一致的名称，但这是一个好主意，并且在创建窗口以及创建页面时也遵循了 Visual Studio 使用的这一约定。

接下来将类链接到资源字典。通过为资源字典的根元素添加 Class 特性完成该工作，就像为窗口应用 Class 特性一样，并且可为任何 XAML 类应用 Class 特性。然后提供完全限定的类名。在这个示例中，项目名称是 ControlTemplates，因此这是默认名称空间，最后的标签可能如下所示：

```
<ResourceDictionary x:Class="ControlTemplates.GradientButtonVariant" ... >
```

现在可使用该代码创建资源字典并将它应用于窗口：

```
GradientButtonVariant newDictionary = new GradientButtonVariant();
this.Resources.MergedDictionaries[0] = newDictionary;
```

在 Solution Explorer 中，如果希望 GradientButtonVariant.xaml.cs 文件嵌套在 GradientButton-Variant.xaml 文件的下面，需要在文本编辑器中修改.csproj 项目文件。在<ItemGroup>部分，找到代码隐藏文件，并将下面的代码：

```
<Compile Include="Resources\GradientButtonVariant.xaml.cs" />
```

修改为：

```
<Compile Include="Resources\GradientButtonVariant.xaml.cs">
  <DependentUpon> Resources\GradientButtonVariant.xaml</DependentUpon>
</Compile>
```

17.5　构建更复杂的模板

在控件模板和为其提供支持的代码之间有一个隐含约定。如果使用自定义控件模板替代控件的标准模板，就需要确保新模板能够满足控件的实现代码的所有需要。

在简单控件中，这个过程比较容易，因为对模板几乎没有(或完全没有)什么真正的要求。对于复杂控件，问题就显得有些微妙了，因为控件的外观和实现不可能是完全相互独立的。对于这种情况，控件需要对其可视化显示做出一些假设，而不管曾经被设计得多么好。

在前面已经看到了控件模板的这种需求的两个例子，占位元素(如 ContentPresenter 和

ItemsPresenter)和模板绑定。接下来的几节将列举另外两个例子：具有特定名称(以 PART_开头)的元素和专门设计的用于特定控件模板的元素(如 ScrollBar 控件中的 Track 元素)。为成功地创建控件模板，需要仔细查看相关控件的标准模板，并注意分析这 4 种技术的用法，然后将它们复制到自己的模板中。

注意：

还有一种方法可简化控件和控件模板之间的交互。可创建自己的自定义控件。对于这种情况会遇到相反的挑战——创建的代码要能够以标准方式使用模板，而且要能同样很好地使用其他开发人员提供的模板。在第 18 章将处理该问题(其中介绍的内容是对本章内容的绝佳补充)。

17.5.1　嵌套的模板

按钮控件的模板可分解成几个较简单的部分。然而，许多模板并非如此简单。在某些情况下，控件模板将包含每个自定义模板也需要的大量元素。而在有些情况下，改变控件的外观涉及创建多个模板。

例如，假设计划修改熟悉的 ListBox 控件。创建这个示例的第一步是为 ListBox 控件设计模板，并酌情添加自动应用模板的样式。下面的标记将这两个要素合并到一起：

```
<Style TargetType="{x:Type ListBox}">
  <Setter Property="Template">
    <Setter.Value>
      <ControlTemplate TargetType="{x:Type ListBox}">
        <Border
        Name="Border"
        Background="{StaticResource ListBoxBackgroundBrush}"
        BorderBrush="{StaticResource StandardBorderBrush}"
        BorderThickness="1" CornerRadius="3">
        <ScrollViewer Focusable="False">
          <ItemsPresenter Margin="2"></ItemsPresenter>
        </ScrollViewer>
      </Border>
    </ControlTemplate>
   </Setter.Value>
  </Setter>
</Style>
```

该样式使用两个画刷绘制边框和背景。实际模板是标准模板 ListBox 的简化版本，但没有使用 ListBoxChrome 类，而使用了较简单的 Border 元素。在 Border 元素内部是为列表提供滚动功能的 ScrollViewer 元素以及容纳所有列表项的 ItemsPresenter 元素。

对于该模板，最值得注意之处是它未提供的功能——配置列表中各项的外观。没有该功能，被选择的元素总是使用熟悉的蓝色背景突出显示。为改变这种行为，需要为 ListBoxItem 控件添加控件模板，ListBoxItem 控件是封装列表中每个单独元素内容的内容控件。

与 ListBox 模板一样，可使用元素类型样式应用 ListBoxItem 模板。下面的基本模板在一个不可见的边框中封装了每个项。因为 ListBoxItem 是内容控件，所以需要使用 ContentPresenter 元素在其内部放置项的内容。除这些基本内容外，还有当鼠标移动到项上或单击项时做出响应的触发器：

```
<Style TargetType="{x:Type ListBoxItem}">
  <Setter Property="Template">
    <Setter.Value>
      <ControlTemplate TargetType="{x:Type ListBoxItem}">
        <Border ... >
          <ContentPresenter />
        </Border>
        <ControlTemplate.Triggers>
          <EventTrigger RoutedEvent="ListBoxItem.MouseEnter">
            <EventTrigger.Actions>
              <BeginStoryboard>
                <Storyboard>
                  <DoubleAnimation Storyboard.TargetProperty="FontSize"
                   To="20" Duration="0:0:1"></DoubleAnimation>
                  </Storyboard>
                </BeginStoryboard>
              </EventTrigger.Actions>
            </EventTrigger>
            <EventTrigger RoutedEvent="ListBoxItem.MouseLeave">
              <EventTrigger.Actions>
                <BeginStoryboard>
                  <Storyboard>
                    <DoubleAnimation Storyboard.TargetProperty="FontSize"
                    BeginTime="0:0:0.5" Duration="0:0:0.2"></DoubleAnimation>
                  </Storyboard>
                </BeginStoryboard>
              </EventTrigger.Actions>
            </EventTrigger>

            <Trigger Property="IsMouseOver" Value="True">
              <Setter TargetName="Border" Property="BorderBrush" ... />
            </Trigger>
              <Trigger Property="IsSelected" Value="True">
                <Setter TargetName="Border" Property="Background" ... />
                <Setter TargetName="Border" Property="TextBlock.Foreground" ... />
              </Trigger>
            </ControlTemplate.Triggers>
          </ControlTemplate>
        </Setter.Value>
      </Setter>
    </Style>
```

总之，可以使用这两个模板创建当将鼠标移动到当前定位的项上时使用动画放大项的列表框。因为每个 LisBoxItem 可具有自己的动画，所以当用户在列表框中上下移动鼠标时，将看到几个项开始增大，然后再次收缩，创建了动人的“鱼眼”效果(当将鼠标悬停在项上时，使用具有动画的变换，可实现更夸张的鱼眼效果，放大项并使项变形)。

尽管不可能在一幅图像中捕获这种效果，图 17-9 显示了将鼠标快速移过几个项之后该列表的快照。

图 17-9 为 ListBoxItem 控件使用自定义模板

在此不会重新分析整个 ListBoxItem 模板示例，因为它由许多不同部分构建，包括用于设置 ListBox 控件、ListBoxItem 控件以及 ListBox 控件的各种组成元素(如滚动条)样式的部分。其中重要的部分是改变 ListBoxItem 模板的样式。

在这个示例中，ListBoxItem 对象较缓慢地扩大(经过 1 秒)，然后更快地进行缩小(经过 0.2 秒)。然而，在开始缩小动画之前有 0.5 秒的延迟。

需要注意，缩小动画省略了 From 和 To 属性。通过这种方式，缩小动画总将文本从当前尺寸缩小到它原来的尺寸。如果将鼠标移到 ListBoxItem 上然后移开，就会得到所期望的效果——当鼠标停留在项上时，项会不断地扩展，当移走鼠标时项会不断地缩小。

提示：

与以前一样，习惯于这些不同约定的最好方法是使用在前面展示的模板浏览器查看基本控件的控件模板。然后可复制和编辑模板并将其用作自定义模板的基础。

17.5.2 修改滚动条

列表框还有一个方面没有改变：右边的滚动条。它是 ScrollViewer 元素的一部分，ScrollViewer 元素是 ListBox 模板的一部分。尽管该例重新定义了 ListBox 模板，但没有替换 ScrollBar 的 ScrollViewer。

为自定义该细节，可为 ListBox 控件创建一个新的 ScrollViewer 模板。然后可将 ScrollViewer 模板指向自定义的 ScrollBar 模板。然而，还有更简单的选择。可创建一个改变所有 ScrollBar 控件模板的特定于元素类型的样式。这样就避免了创建 ScrollViewer 模板所需的额外工作。

当然，还需要考虑这种设计会对应用程序的其他部分造成什么影响。如果创建元素类型样式 ScrollBar，并将其添加到窗口的 Resources 集合中，对于窗口中的所有控件，无论何时使用 ScrollBar 控件，都会具有新样式的滚动条，这可能正是您所希望的效果。另一方面，如果希望只改变 ListBox 控件中的滚动条，就必须为 ListBox 控件本身的资源集合添加元素类型样式 ScrollBar。最后，如果希望改变整个应用程序中所有滚动条的外观，可将该样式添加到 App.xaml 文件的资源集合中。

ScrollBar 控件出奇复杂。它实际上是一个由更小部分组成的集合，如图 17-10 所示。

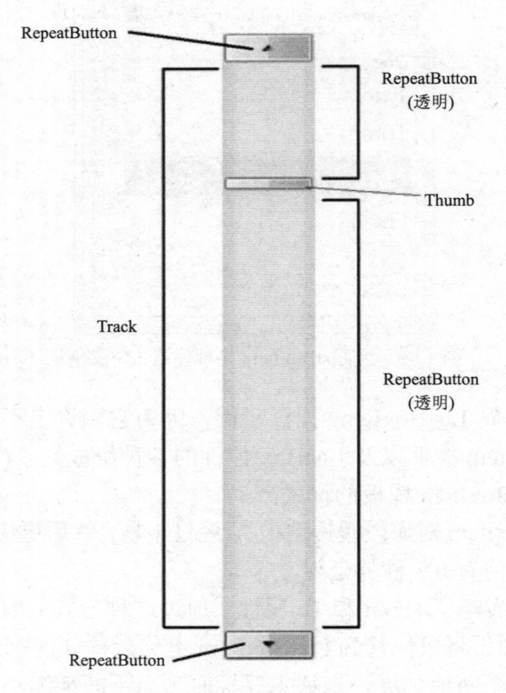

图 17-10　解剖滚动条

滚动条的背景由 Track 类表示——实际上是一个具有阴影并且被拉伸占满整个滚动条长度的矩形。滚动条的末尾处是按钮，通过这些按钮可以向上或向下(或向左或向右)滚动一个步长。这些按钮是 RepeatButton 类的实例，该类继承自 ButtonBase 类。RepeatButton 类和普通 Button 类之间的重要区别在于，如果在 RepeatButton 按钮上保持鼠标为按下状态，就会反复触发 Click 事件(对于滚动这是非常方便的)。

在滚动条的中间是代表滚动内容中当前位置的 Thumb 元素。并且最有趣的是，滑块两侧的空白实际上由另外两个 RepeatButton 对象构成，它们是透明的。当单击这两个按钮中的一个时，滚动条会滚动一整页(一页是滚动内容所在的可见窗口中的内部容量)。通过单击滑块两侧的条形区域，可快速浏览滚动内容，这一功能是大家所熟悉的。

下面是用于垂直滚动条的模板：

```
<ControlTemplate x:Key="VerticalScrollBar" TargetType="{x:Type ScrollBar}">
  <Grid>
    <Grid.RowDefinitions>
      <RowDefinition MaxHeight="18"/>
      <RowDefinition Height="*"/>
      <RowDefinition MaxHeight="18"/>
    </Grid.RowDefinitions>

    <RepeatButton Grid.Row="0" Height="18"
      Style="{StaticResource ScrollBarLineButtonStyle}"
      Command="ScrollBar.LineUpCommand" >
      <Path Fill="{StaticResource GlyphBrush}"
      Data="M 0 4 L 8 4 L 4 0 Z"></Path>
```

```
      </RepeatButton>

      <Track Name="PART_Track" Grid.Row="1"
        IsDirectionReversed="True" ViewportSize="0">
        <Track.DecreaseRepeatButton>
          <RepeatButton Command="ScrollBar.PageUpCommand"
            Style="{StaticResource ScrollBarPageButtonStyle}">
          </RepeatButton>
        </Track.DecreaseRepeatButton>
        <Track.Thumb>
          <Thumb Style="{StaticResource ScrollBarThumbStyle}">
          </Thumb>
        </Track.Thumb>
        <Track.IncreaseRepeatButton>
          <RepeatButton Command="ScrollBar.PageDownCommand"
            Style="{StaticResource ScrollBarPageButtonStyle}">
          </RepeatButton>
        </Track.IncreaseRepeatButton>
      </Track>

      <RepeatButton
        Grid.Row="3" Height="18"
        Style="{StaticResource ScrollBarLineButtonStyle}"
        Command="ScrollBar.LineDownCommand"
        Content="M 0 0 L 4 4 L 8 0 Z">
      </RepeatButton>

      <RepeatButton
        Grid.Row="3" Height="18"
        Style="{StaticResource ScrollBarLineButtonStyle}"
        Command="ScrollBar.LineDownCommand">
        <Path Fill="{StaticResource GlyphBrush}"
          Data="M 0 0 L 4 4 L 8 0 Z"></Path>
      </RepeatButton>
    </Grid>
  </ControlTemplate>
```

一旦理解滚动条的多部分结构(如图 17-10 所示)，上面的模板就非常直观了。下面列出需要注意的几个要点：

- 垂直滚动条由一个包含三行的网格构成。顶行和底行容纳两端的按钮(并显示为箭头)。它们固定占用 18 个单位。中间部分容纳 Track 元素，占用了剩余空间。
- 两端的 RepeatButton 元素使用相同的样式。唯一的区别是 Content 属性，该属性包含了一个用于绘制箭头的 Path 对象，因为顶部的按钮具有上箭头而底部的按钮具有下箭头。为简明起见，这些箭头使用在第 13 章中介绍的微语言路径。其他细节(如背景填充和箭头周围显示的圆圈)是在控件模板中定义的，这些定义位于标记中的 ScrollBarLineButtonStyle 部分。
- 两个按钮都链接到 ScrollBar 类中的命令(LineUpCommand 和 LineDownCommand)。这正是其工作原理。只要提供链接到这个命令的按钮即可，不必考虑按钮的名称是什么，也不必考虑其外观像什么或使用哪个特定的类(在第 9 章中详细介绍了命令)。

- Track 元素名为 PART_Track。为使 ScrollBar 类能够成功地关联到它的代码，必须使用这个名称。如果查看 ScrollBar 类的默认模板(类似于上面的模板，但更长一些)，也会看到该元素。

注意：

如果使用反射(或使用诸如 Reflector 的工具)检查控件，可找到关联到类声明的 TemplatePart 特性。每个已命名的部件都有 TemplatePart 特性。TemplatePart 特性指明了所期望元素的名称(通过 Name 属性)及其所属的类(通过 Type 属性)。在第 18 章，您将会看到如何为自定义的控件类应用 TemplatePart 特性。

- Track.ViewportSize 属性被设置为 0。这是该模板特有的实现细节，可确保 Thumb 元素总有相同的尺寸(通常，滑块根据内容按比例地改变尺寸，因此如果滚动的内容在窗口中基本上能够显示，这时滑块会变得较长)。
- Track 元素封装了两个 RepeatButton 对象(它们的样式单独定义)和 Thumb 元素。同样，这些按钮通过命令连接到适当的功能。

您可能还会注意到，模板使用了键名，明确指定将它作为垂直滚动条。正如第 11 章中所述，当为样式设置键名时，可确保它不能被自动应用，即使同时设置了 TargetType 属性也是如此。该例使用这种方法的原因是，该模板只适用于垂直方向的滚动条。而且，如果 ScrollBar.Orientation 属性被设置为 Vertical，元素类型样式会使用触发器自动应用控件模板：

```
<Style TargetType="{x:Type ScrollBar}">
  <Setter Property="SnapsToDevicePixels" Value="True"/>
  <Setter Property="OverridesDefaultStyle" Value="true"/>
  <Style.Triggers>
    <Trigger Property="Orientation" Value="Vertical">
      <Setter Property="Width" Value="18"/>
      <Setter Property="Height" Value="Auto" />
      <Setter Property="Template" Value="{StaticResource VerticalScrollBar}" />
    </Trigger>
  </Style.Triggers>
</Style>
```

尽管可以使用相同的基本部分很容易地创建水平滚动条，但该例没有采取该步骤(从而保留了正常样式的水平滚动条)。

最后一项任务是填充格式化各个 RepeatButton 对象和 Thumb 元素的样式。这些样式比较简单，但它们确实改变了滚动条的标准外观。首先，Thumb 元素的形状被设置成类似椭圆的形状：

```
<Style x:Key="ScrollBarThumbStyle" TargetType="{x:Type Thumb}">
  <Setter Property="IsTabStop" Value="False"/>
  <Setter Property="Focusable" Value="False"/>
  <Setter Property="Margin" Value="1,0,1,0" />
  <Setter Property="Background" Value="{StaticResource StandardBrush}" />
  <Setter Property="BorderBrush" Value="{StaticResource StandardBorderBrush}" />
  <Setter Property="Template">
    <Setter.Value>
      <ControlTemplate TargetType="{x:Type Thumb}">
        <Ellipse Stroke="{StaticResource StandardBorderBrush}"
```

```
        Fill="{StaticResource StandardBrush}"></Ellipse>
      </ControlTemplate>
    </Setter.Value>
  </Setter>
</Style>
```

接下来，在美观的圆圈中绘制两端的箭头。这些圆圈是在控件模板中定义的，而箭头由 RepeatButton 对象的内容提供，并使用 ContentPresenter 元素插入到控件模板中：

```
<Style x:Key="ScrollBarLineButtonStyle" TargetType="{x:Type RepeatButton}">
  <Setter Property="Focusable" Value="False"/>
  <Setter Property="Template">
    <Setter.Value>
      <ControlTemplate TargetType="{x:Type RepeatButton}">
        <Grid Margin="1">
          <Ellipse Name="Border" StrokeThickness="1"
            Stroke="{StaticResource StandardBorderBrush}"
            Fill="{StaticResource StandardBrush}"></Ellipse>
          <ContentPresenter HorizontalAlignment="Center"
            VerticalAlignment="Center"></ContentPresenter>
        </Grid>
      <ControlTemplate.Triggers>
        <Trigger Property="IsPressed" Value="true">
          <Setter TargetName="Border" Property="Fill"
            Value="{StaticResource PressedBrush}" />
        </Trigger>
      </ControlTemplate.Triggers>
    </ControlTemplate>
    </Setter.Value>
  </Setter>
</Style>
```

显示在 Track 元素上面的 RepeatButton 对象没有发生改变。它们只使用透明背景，使 Track 元素可透过它们显示：

```
<Style x:Key="ScrollBarPageButtonStyle" TargetType="{x:Type RepeatButton}">
  <Setter Property="IsTabStop" Value="False"/>
  <Setter Property="Focusable" Value="False"/>
  <Setter Property="Template">
    <Setter.Value>
      <ControlTemplate TargetType="{x:Type RepeatButton}">
        <Border Background="Transparent" />
      </ControlTemplate>
    </Setter.Value>
  </Setter>
</Style>
```

与正常的滚动条不同，在该模板中没有为 Track 元素指定背景，所以保持原来的透明背景。这样，列表框的轻微阴影渐变可透过滚动条显示。图 17-11 显示了最终的列表框。

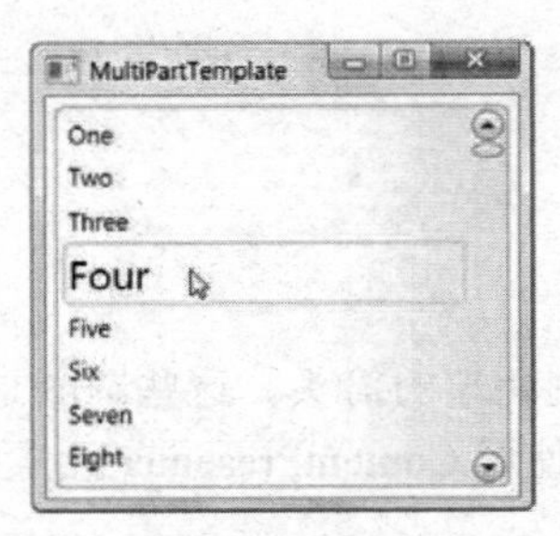

图 17-11 具有自定义滚动条的列表框

17.5.3 控件模板示例

正如您在前面看到的，为通用控件提供新模板是一件繁杂的任务。这是因为控件模板的所有需求并不总是很明显。例如，典型的 ScrollBar 控件需要组合两个 RepeatButton 对象和一个 Track 对象。其他控件模板需要具有特定 PART_名称的元素。在自定义窗口情形中，需要确保定义了装饰层，因为一些控件需要使用它。

尽管可通过分析控件的默认模板发现这些细节，但这些默认模板通常很复杂并且包含许多无关紧要的细节，以及一些无论如何您都不会支持的绑定。幸运的是，在此有一个更好的起点：ControlTemplateExapmles 示例项目(即以前的 SimpleStyles)。

控件模板示例项目为 WPF 的所有标准控件提供了一个精简模板集合，这为所有自定义控件设计人员提供了一个有用的起跳点。与默认控件模板不同，这些模板使用标准颜色，以声明方式完成所有工作(没有使用任何修饰类)，并删除了可选部分，如针对不常用属性的模板绑定。控件模板示例的目标是为开发人员提供一个实用的起点，可从该起点起设计自己的具有更复杂图形的控件模板。图 17-12 显示了控件模板示例中大约一半的控件。

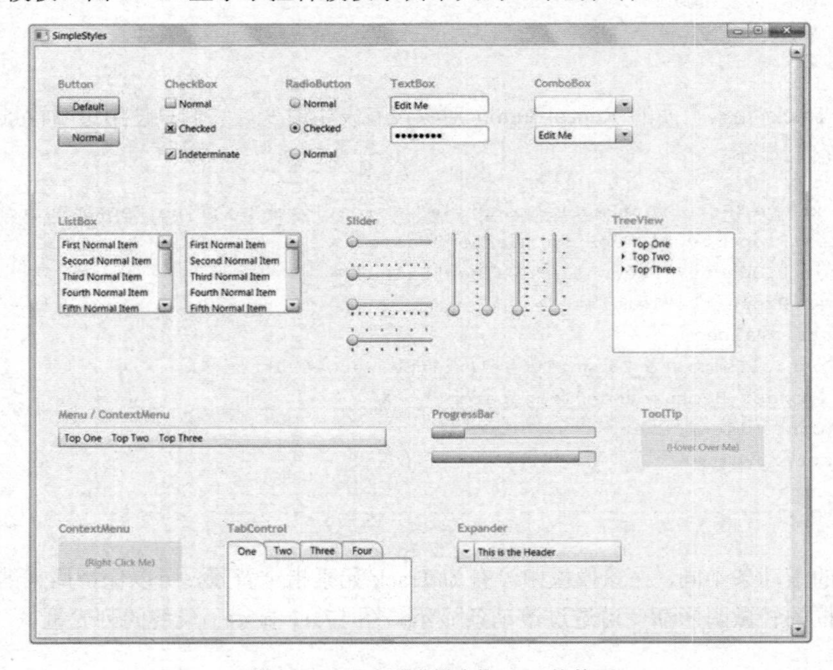

图 17-12 具有最少样式的 WPF 控件

SimpleStyles 示例包含在.NET Framework SDK 中。获取该例最简单的方法是直接从 http://tinyurl.com/9jtk93x 网址上下载。

提示：

SimpleStyles 是隐藏的 WPF 宝藏。它们提供了比默认的控件模板更易于理解和增强的模板。如果需要使用自定义外观增强通用控件，应将该项目作为起点。

17.6 可视化状态

到目前为止，您已经学习了最直接、最流行的编写控件模板的方法：混合使用元素、绑定表达式以及触发器。使用元素创建控件的整个可视化结构。绑定用于从控件类的属性提取信息并将其应用于元素内部。而触发器创建交互功能，当控件的状态发生变化时允许控件改变其外观。

这种模型的优点是极其强大和灵活。可执行希望的任何操作。在按钮示例中没有立即看到该优点，因为控件模板依赖于内置的属性，如 IsMouseOver 和 IsPressed。但即使不能使用这些属性，也仍可编写改变自身以响应鼠标移动和按钮单击的控件模板。技巧是使用应用动画的事件触发器。例如，可添加事件触发器，通过启动改变边框背景颜色的动画来响应 Border.MouseOver 事件。该动画甚至看起来不像是动画——如果将其持续时间设置为 0 秒，它将立即应用自身，就像正在使用的属性触发器。实际上，这正是许多专业模板示例使用的技术。

尽管它们的功能很强大，但基于触发器的模板有如下缺点：它们需要模板设计人员深入理解控件的工作方式。例如在按钮示例中，模板设计人员需要知道 IsMouseOver 和 IsPressed 属性的存在，并且需要知道如何使用它们。而且这还不是唯一需要掌握的细节——例如，大多数控件需要根据鼠标移动、被禁用、获得焦点以及许多其他状态的改变，修改其可视化外观。当结合使用这些状态时，很难准确判断控件应当具有什么样的外观。此外，如果使用基于触发器的模型实现过渡效果，会显得很笨拙。例如，假设希望创建当将鼠标悬停在其上时闪烁的按钮。为获得专业级别的效果，可能需要两个动画——一个动画将按钮的状态从正常状态改变为鼠标悬停状态，另一个动画在此后立即应用不停闪烁的效果。使用基于触发器的模板管理所有这些细节可能是一个挑战。

Microsoft 在 WPF 4 中添加了称为可视化状态(visual state)的新特性，该特性化解了这个挑战。使用具有特定名称的部件(在前面已经看到过)和可视化状态，控件能提供标准化的可视化协定。不需要理解整个控件，模板设计人员只需要理解可视化协定的规则。因此，设计简单的控件模板要容易得多——当为以前从来没用过的控件设计模板时更是如此。

控件可使用 TemplatePart 特性指示控件模板应当包含具有特定名称的元素(或部件)，与此类似，可使用 TemplateVisualState 特性指示它们支持的可视化状态。例如，普通的按钮应当提供如下所示的一组可视化状态：

```
[TemplateVisualState(Name="Normal", GroupName="CommonStates")]
[TemplateVisualState(Name="MouseOver", GroupName="CommonStates")]
[TemplateVisualState(Name="Pressed", GroupName="CommonStates")]
[TemplateVisualState(Name="Disabled", GroupName="CommonStates")]
[TemplateVisualState(Name="Unfocused", GroupName="FocusStates")]
[TemplateVisualState(Name="Focused", GroupName="FocusStates")]
```

```
public class Button : ButtonBase
{ ... }
```

状态被放到各个组中。组是互相排斥的，这意味着控件具有每个组中的一个状态。例如，上面显示的按钮具有两个状态组：CommonStates 和 FocusStates。在任意给定时刻，按钮有一个来自 CommonStates 组的状态并且有一个来自 FocusStates 组的状态。

例如，如果使用 Tab 键将焦点移到按钮上，按钮的状态将是 Normal(来自 CommonStates 组)和 Focused(来自 FocusStates 组)。然后如果将鼠标移动到按钮上，其状态将是 MouseOver(来自 CommonStates 组)和 Focused(来自 FocusStates 组)。不使用状态组，处理这种情况就会遇到麻烦。要么必须使某些状态支配其他状态(这样处于 MouseOver 状态的按钮会丢失焦点指示器)，要么需要创建其他更多的状态(例如 FocusedNormal、UnfocusedNormal、FocusedMouseOver 和 UnfocusedMouseOver 等)。

至此，您可能已经体会到可视化状态模型的魅力。从模板来看，立即就能清楚地了解到控件模板需要解决 6 种不同的可能状态。还知道每种状态的名称是唯一重要的细节。不需要知道按钮类提供了哪些属性，也不需要知道控件内部的工作原理。最令人满意的是，如果使用 Expression Blend，当为支持可视化状态的控件创建控件模板时可以得到增强了的设计时支持。Blend 将为您显示控件支持的具有特定名称的部件和可视化状态(因为在定义它们时使用了 TemplatePart 和 TemplateVisualState 特性)，然后可以添加相应的元素和故事板。

下一章将分析名为 FlipPanel 的自定义控件，该控件实际使用了可视化状态模型。

17.7 小结

您在本章学习了如何使用基本的模板构建技术为 WPF 核心控件(如按钮)更换皮肤，而不必重新实现任何核心按钮功能。这些自定义按钮支持所有常规按钮的行为——可使用 Tab 键将焦点从一个按钮移动到另一个按钮，可单击它们触发事件，可使用访问键等。最令人满意的是，可在整个应用程序中重用按钮模板，并仍能立即使用全新的设计替换该模板。

那么，在能为所有基本的 WPF 控件设置皮肤之前还需要知道哪些内容呢？为了得到可能希望的时髦外观，可能需要花费更多的时间研究 WPF 绘图细节(第 12 章和第 13 章)和动画(第 15 章和第 16 章)。可使用已经学过的形状和画刷构建具有模糊玻璃风格以及轻微光晕效果的复杂控件，这或许令您感到惊奇。诀窍在于结合使用多层形状，每层使用不同的渐变画刷。获得这类效果最好的方法是学习其他人已经创建的控件模板示例。下面是两个可供参考的较好例子：

- 在 Web 上有许多手工制作的、具有玻璃效果和轻微光晕效果的阴影按钮。可在 http://tinyurl.com/3bk26g 网址上找到一份过时但仍有用的指南，该指南将指导您在 Expression Blend 中创建具有玻璃效果的时髦按钮。
- 有一篇关于控件模板的 MSDN 杂志文章，提供了以创新方法使用简单绘图的模板示例。例如，CheckBox 控件被上下变化的横杠代替，滑动条使用三维的凸出块渲染，ProgressBar 控件被改成一支温度计，等等。可在 http://msdn. microsoft.com/magazine/cc163497.aspx 网址上找到这篇文章。

第 18 章

自定义元素

在以前的 Windows 开发框架中，自定义控件扮演着中心角色。但在 WPF 中，重点已经转移。虽然自定义控件仍是构建能够在应用程序之间共享的自定义小组件的有用方法，但当希望加强和定制核心控件时它们不再是必需的(为理解这一变化有多大，参阅本书的前身 *Pro .NET 2.0 Windows Forms and Custom Controls in C#*一书是很有帮助的，该书中有完整的 9 章介绍了关于自定义控件的内容，在其他章节中还有附加示例。但在本书中，只有第 18 章的内容是关于自定义控件的)。

WPF 支持样式、内容控件和模板，因此不再强调自定义控件。这些特性为每位开发人员提供了多种方式来完善和扩展标准的控件，而不用派生新的控件类。下面是几种可能的选择：

- **样式**。可使用样式方便地重用控件属性的组合。甚至可使用触发器应用效果。
- **内容控件**。所有继承自 ContentControl 类的控件都支持嵌套的内容。使用内容控件，可以快速创建聚集其他元素的复合控件(例如，可将按钮变成图像按钮或将列表框变成图像列表)。
- **控件模板**。所有 WPF 控件都是无外观的，这意味着它们具有硬编码的功能，但它们的外观是通过控件模板单独定义的。使用其他新的控件模板代替默认模版，可重新构建基本控件，例如重新构建按钮、复选框、单选按钮甚至窗口。
- **数据模板**。所有派生自 ItemsControl 的类都支持数据模板，通过数据模板可创建某些数据对象类型的富列表表示。通过恰当的数据模板，可使用许多元素的组合显示每个项，这些组合元素可以是文本、图像甚至可以是可编辑控件(都在所选的布局容器中)。

如果可能的话，在决定创建自定义控件或其他类型的自定义元素之前，可以继续使用这些方法。这是因为这些解决方案更简单，更容易实现，并且通常更容易重用。

那么，何时应创建自定义元素呢？当希望微调元素的外观时，自定义元素并非最佳选择，但当希望改变底层的功能时，自定义元素就十分有用了。例如，WPF 为 TextBox 控件和 PasswordBox 控件使用不同的类是有原因的。它们使用不同的方法处理按键，以不同方式在内部保存它们的数据，以不同的方式与其他组件(如剪贴板)进行交互，等等。同样，如果希望设计一个具有不同属性、方法和事件集合的控件，就需要自己构建该控件。

本章将介绍如何创建自定义元素以及如何使它们成为 WPF 中的最重要成员。这意味着将使它们具备依赖项属性和路由事件功能，以获得对 WPF 重要服务的支持，如数据绑定、样式以及动画。在本章还将学习如何创建无外观的控件——模板驱动的控件，允许控件的用户提供不同的可视化外观以获得更大的灵活性。

18.1　理解 WPF 中的自定义元素

尽管可在任意 WPF 项目中编写自定义元素，但通常希望在专门的类库程序集(DLL)中放置自定义元素。这样，可在多个 WPF 应用程序之间共享自定义元素。

为确保具有正确的程序集引用和名称空间导入，当在 Visual Studio 中创建应用程序时，应当选择 Custom Control Library (WPF)项目类型。在类库中，可创建任意数量的控件。

提示：

与开发所有类库一样，在同一个 Visual Studio 解决方案中同时放置类库项目和使用类库的应用程序通常是个好方法。这样便于同时修改和调试这两个项目。

创建自定义控件的第一步是选择正确的基类进行继承。表 18-1 列出了创建自定义控件时一些常用的基类，图 18-1 显示了它们位于 WPF 元素中的哪个层次。

表 18-1　用于创建自定义元素的基类

名称	说明
FrameworkElement	当创建自定义元素时，这是常用的最低级的基类。通常，只有当希望重写 OnRender()方法并使用 System.Windows.Media.DrawingContext 从头绘制内容时，才会使用这种方法。这与在第 14 章中看到的方法类似，在第 14 章中用 Visual 对象构造了一个用户界面。FrameworkElement 类为那些不打算与用户进行交互的元素提供了一组基本的属性和事件
Control	当从头开始创建控件时，这是最常用的起点。该类是所有用户交互小组件的基类。Control 类添加了用于设置背景、前景、字体和内容对齐方式的属性。控件类还为自身设置了 Tab 顺序(通过 IsTabStop 属性)，并且引入了鼠标双击功能(通过 MouseDoubleClick 和 PreviewMouseDoubleClick 事件)。但最重要的是，Control 类定义了 Template 属性，为了得到无限的灵活性，该属性允许使用自定义元素树替换其外观
ContentControl	这是能够显示任意单一内容的控件的基类。显示的内容可以是元素或结合使用模板的自定义对象(内容通过 Content 属性设置，并且可以通过 ContentTemplate 属性提供可选的模板)。许多控件都封装了特定的、类型在一定范围内的内容(例如，文本框中的文本字符串)。因为这些控件不支持所有元素，所以它们不是内容控件
UserControl	这是可使用设计视图进行配置的内容控件。尽管用户控件和普通的内容控件是不同的，但当希望在多个窗口中快速重用用户界面中的不变模块时(而不是创建真正的能在不同应用程序之间转移的独立控件)，通常使用该基类
ItemsControl 或 Selector	ItemsControl 是封装项列表的控件的基类，但不支持选择，而 Selector 类是支持选择的控件的更具体基类。创建自定义控件不经常使用这些类，因为 ListBox、ListView 以及 TreeView 控件的数据绑定特性提供了很大的灵活性
Panel	该类是具有布局逻辑控件的基类。布局控件能够包含多个子元素，并根据特定的布局语义安排这些子元素。通常，面板提供了用于设置子元素的附加属性，配置如何安排子元素

(续表)

名称	说明
Decorator	封装其他元素的元素的基类，并且提供了一种图形效果或特定的功能。两个明显的例子是 Border 和 Viewbox，其中 Border 控件在元素的周围绘制线条，Viewbox 控件使用变换动态缩放其内容。其他装饰元素包括为普通控件(如按钮)提供熟悉边框和背景色的修饰类
特殊控件类	如果希望改进现有控件，可直接继承该控件。例如，可创建具有内置验证逻辑的 TextBox 控件。然而，在采取这一步之前，应当首先分析是否可通过事件处理代码或单独的组件达到同一目的。这两种方法都可使自定义逻辑和控件相分离，从而可在其他控件中重用

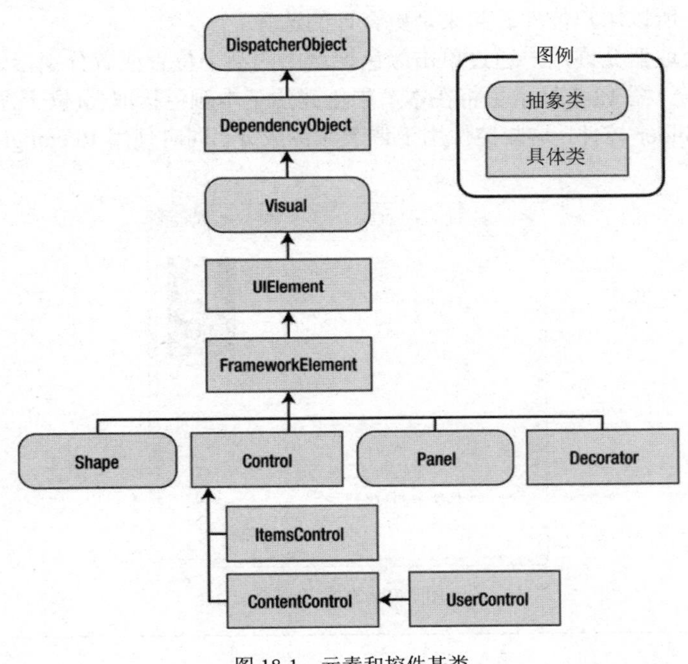

图 18-1　元素和控件基类

注意：

尽管可创建非控件的自定义元素，但在 WPF 中创建的大部分自定义元素都是控件——也就是说，它们能够接收焦点，并能与用户的按键操作和鼠标操作进行交互。所以在 WPF 开发领域，术语“自定义元素”和“自定义控件”有时互换使用。

在本章您将看到一个用户控件，一个直接继承自 Control 类的无外观的颜色拾取器，一个使用可视化状态的无外观的 FlipPanel，一个自定义的布局面板，以及一个继承自 FrameworkElement 类并重写了 OnRender( )方法的自绘制元素。许多示例非常长。尽管本章将介绍几乎所有的代码，但您可能希望通过下载示例跟随本章的介绍进行学习，并尝试使用自定义控件。

18.2　构建基本的用户控件

创建一个简单用户控件是开始自定义控件的好方法。本节将首先创建一个基本的颜色拾取器。接下来将分析如何将这个控件分解成功能更强大的基于模板的控件。

创建基本的颜色拾取器很容易。然而，创建自定义颜色拾取器仍是有价值的练习，因为这不仅演示了构建控件的各种重要概念，而且提供了一个实用的功能。

可为颜色拾取器创建自定义对话框。但如果希望创建能集成进不同窗口的颜色拾取器，使用自定义控件是更好的选择。最简单的自定义控件类型是用户控件，当设计窗口或页面时通过用户控件可以使用相同的方式组装多个元素。因为仅通过直接组合现有控件并添加功能并不能实现颜色拾取器，所以用户控件看起来是更合理的选择。

典型的颜色拾取器允许用户通过单击颜色梯度中的某个位置或者分别指定红、绿和蓝三元色成分来选择颜色。图 18-2 显示了将在本节中创建的基本颜色拾取器(位于窗口顶部)。该颜色拾取器包含三个 Slider 控件，这些控件用于调节颜色成分，同时使用 Rectangle 元素预览选择的颜色。

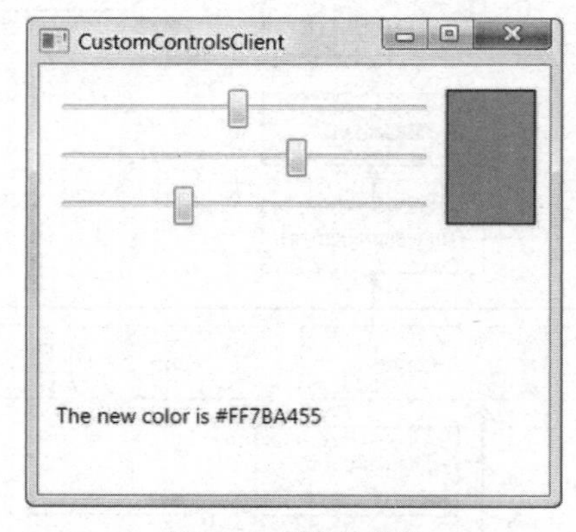

图 18-2　颜色拾取器

注意：

用户控件方法存在明显缺点——限制了定制自定义颜色拾取器的外观，以适应不同窗口、不同应用程序以及不同用法的能力。幸运的是，构建功能更强大的基于模板的控件并不难，正如您将在稍后看到的那样。

18.2.1　定义依赖项属性

创建颜色拾取器的第一步是为自定义控件库项目添加用户控件。当添加用户控件后，Visual Studio 会创建 XAML 标记文件和相应的包含初始化代码与事件处理代码的自定义类。这与创建新的窗口或页面是相同的——唯一的区别在于顶级容器是 UserControl 类：

```
public partial class ColorPicker : System.Windows.Controls.UserControl
{ ... }
```

最简单的起点是设计用户控件对外界公开的公共接口。换句话说，就是设计控件使用者(使用控件的应用程序)使用的与颜色拾取器进行交互的属性、方法和事件。

最基本的细节是 Color 属性——毕竟，颜色拾取器不过是用于显示和选择颜色值的特定工具。为支持 WPF 特性，如数据绑定、样式以及动画，控件的可写属性几乎都是依赖项属性。

在第 4 章中学习过，创建依赖项属性的第一步是为之定义静态字段，并在属性名称的后面加上单词 Property：

```
public static DependencyPropertyColorProperty;
```

Color 属性将允许控件使用者通过代码设置或检索颜色值。然而，颜色拾取器中的滑动条控件也允许用户修改当前颜色的一个方面。为实现这一设计，当滑动条的值发生变化时，需要使用事件处理程序进行响应，并且相应地更新 Color 属性。但使用数据绑定关联滑动条会更加清晰。为使用数据绑定，需要将每个颜色成分定义为单独的依赖项属性：

```
public static DependencyPropertyRedProperty;
public static DependencyPropertyGreenProperty;
public static DependencyPropertyBlueProperty;
```

尽管 Color 属性存储了 Sytem.Windows.Media.Color 对象，但 Red、Green 以及 Blue 属性将存储表示每个颜色成分的单个字节值(还可为管理 alpha 值添加滑动条和属性，从而允许创建半透明的颜色，但这个示例中没有添加该细节)。

为属性定义静态字段只是第一步。还需要有静态构造函数，用于在用户控件中注册这些依赖项属性，指定属性的名称、数据类型以及拥有属性的控件类。如第 4 章所述，可通过传递具有正确标志设置的 FrameworkPropertyMetadata 对象，在静态构造函数中指定选择的特定属性特性(如值继承)。还可指出在什么地方为验证、数据强制以及属性更改通知关联回调函数。

在颜色拾取器中，只需要考虑一个因素——当各种属性变化时需要关联回调函数进行响应。因为 Red、Green 和 Blue 属性实际上是 Color 属性的不同表示，并且如果一个属性发生变化，就需要确保其他属性保持同步。

下面是注册颜色拾取器的 4 个依赖项属性的静态构造函数的代码：

```
static ColorPicker()
{
   ColorProperty = DependencyProperty.Register(
      "Color", typeof(Color), typeof(ColorPicker),
     new FrameworkPropertyMetadata(Colors.Black,
       new PropertyChangedCallback(OnColorChanged)));

   RedProperty = DependencyProperty.Register(
     "Red", typeof(byte), typeof(ColorPicker),
     new FrameworkPropertyMetadata(
       new PropertyChangedCallback(OnColorRGBChanged)));

   GreenProperty = DependencyProperty.Register(
     "Green", typeof(byte), typeof(ColorPicker),
     new FrameworkPropertyMetadata(
      new PropertyChangedCallback(OnColorRGBChanged)));
    BlueProperty = DependencyProperty.Register(
     "Blue", typeof(byte), typeof(ColorPicker),
    new FrameworkPropertyMetadata(
      new PropertyChangedCallback(OnColorRGBChanged)));
}
```

现在已经定义了依赖项属性，可添加标准的属性封装器，使访问它们变得更加容易，并可在 XAML 中使用它们：

```
public Color Color
{
    get { return (Color)GetValue(ColorProperty); }
    set { SetValue(ColorProperty, value); }
}

public byte Red
{
    get { return (byte)GetValue(RedProperty); }
    set { SetValue(RedProperty, value); }
}

public byte Green
{
    get { return (byte)GetValue(GreenProperty); }
    set { SetValue(GreenProperty, value); }
}

public byte Blue
{
    get { return (byte)GetValue(BlueProperty); }
    set { SetValue(BlueProperty, value); }
}
```

请记住，属性封装器不能包含任何逻辑，因为可直接使用 DependencyObject 基类的 SetValue( )和 GetValue( )方法设置和检索属性。例如，在这个示例中的属性同步逻辑是使用回调函数实现的，当属性发生变化时通过属性封装器或者直接调用 SetValue( )方法引发回调函数。

属性变化回调函数负责使 Color 属性与 Red、Green 以及 Blue 属性保持一致。无论何时 Red、Green 以及 Blue 属性发生变化，都会相应地调整 Color 属性：

```
private static void OnColorRGBChanged(DependencyObject sender,
 DependencyPropertyChangedEventArgs e)
{
    ColorPicker colorPicker = (ColorPicker)sender;
    Color color = colorPicker.Color;

    if (e.Property == RedProperty)
        color.R = (byte)e.NewValue;
    else if (e.Property == GreenProperty)
        color.G = (byte)e.NewValue;
    else if (e.Property == BlueProperty)
        color.B = (byte)e.NewValue;

    colorPicker.Color = color;
}
```

当设置 Color 属性时，也会更新 Red、Green 和 Blue 值：

```
private static void OnColorChanged(DependencyObject sender,
  DependencyPropertyChangedEventArgs e)
{
    Color newColor = (Color)e.NewValue;
    Color oldColor = (Color)e.OldValue;

    ColorPicker colorPicker = (ColorPicker)sender;
    colorPicker.Red = newColor.R;
    colorPicker.Green = newColor.G;
    colorPicker.Blue = newColor.B;
}
```

尽管很明显，但当各个属性试图改变其他属性时，上面的代码不会引起一系列无休止的调用。因为 WPF 不允许重新进入属性变化回调函数。例如，如果改变 Color 属性，就会触发 OnColorChanged( )方法。OnColorChanged( )方法会修改 Red、Green 以及 Blue 属性，从而触发 OnColorRGBChanged( )回调方法三次(每个属性触发一次)。然而，OnColorRGBChanged( )方法不会再次触发 OnColorChanged( )方法。

提示：

您可能使用在第 4 章介绍的强制回调函数来处理颜色属性。然而，这种方法不合适。属性强制回调函数是针对不相关的并且可以相互覆盖或影响的属性设计的。它们对于以不同方式提供相同数据的属性是没有意义的。如果在该例中使用属性强制，可能会为 Red、Green 以及 Blue 属性设置不同的值，并且具有覆盖 Color 属性的颜色信息。真正需要的行为是设置 Red、Green 和 Blue 属性，并使用这些颜色信息永久地改变 Color 属性的值。

18.2.2　定义路由事件

您可能还希望添加路由事件，当发生一些事情时用于通知控件使用者。在颜色拾取器示例中，当颜色发生变化后，触发一个事件是很有用处的。尽管可将这个事件定义为普通的.NET 事件，但使用路由事件可提供事件冒泡和隧道特性，从而可在更高层次的父元素(如包含窗口)中处理事件。

与依赖项属性一样，定义路由事件的第一个步骤是为之创建静态属性，并在事件名称的后面添加单词 Event：

```
public static readonlyRoutedEventColorChangedEvent;
```

然后可在静态构造函数中注册事件。在静态构造函数中指定事件的名称、路由策略、签名以及拥有事件的类：

```
ColorChangedEvent = EventManager.RegisterRoutedEvent(
  "ColorChanged", RoutingStrategy.Bubble,
  typeof(RoutedPropertyChangedEventHandler<Color>), typeof(ColorPicker));
```

不一定要为事件签名创建新的委托，有时可重用已经存在的委托。两个有用的委托是 RoutedEventHandler(用于不带有额外信息的路由事件)和 RoutedPropertyChangedEventHandler (用于提供属性发生变化之后的旧值和新值的路由事件)。上例中使用的

RoutedPropertyChangedEventHandler 委托，是被类型参数化了的泛型委托。所以，可为任何属性数据类型使用该委托，而不会牺牲类型安全功能。

定义并注册事件后，需要创建标准的.NET 事件封装器来公开事件。事件封装器可用于关联和删除事件监听程序：

```
public event RoutedPropertyChangedEventHandler<Color>ColorChanged
{
    add { AddHandler(ColorChangedEvent, value); }
    remove { RemoveHandler(ColorChangedEvent, value); }
}
```

最后的细节是在适当时候引发事件的代码。该代码必须调用继承自 DependencyObject 基类的 RaiseEvent( )方法。

在颜色拾取器示例中，只需要在 OnColorChanged( )方法之后添加如下代码行即可：

```
Color oldColor = (Color) e.OldValue;
RoutedPropertyChangedEventArgs<Color>args =
  newRoutedPropertyChangedEventArgs<Color>(oldColor, newColor);
args.RoutedEvent = ColorPicker.ColorChangedEvent;

colorPicker.RaiseEvent(args);
```

请记住，无论何时修改 Color 属性，不管是直接修改还是通过修改 Red、Green 以及 Blue 成分，都会触发 OnColorChanged( )回调函数。

18.2.3　添加标记

现在已经定义好用户控件的公有接口，需要做的所有工作就是创建控件外观的标记。在这个示例中，需要使用一个基本 Grid 控件将三个 Slider 控件和预览颜色的 Rectangle 元素组合在一起。技巧是使用数据绑定表达式，将这些控件连接到合适的属性，而不需要使用事件处理代码。

总之，颜色拾取器中总共使用了 4 个数据绑定表达式。三个滑动条被绑定到 Red、Green 和 Blue 属性，而且属性值的允许范围是 0～255(一个字节可以接受的数值)。Rectangle.Fill 属性使用 SolidColorBrush 画刷进行设置，画刷的 Color 属性被绑定到用户控件的 Color 属性。

下面是完整的标记：

```
<UserControl x:Class="CustomControls.ColorPicker"
   xmlns="http://schemas.microsoft.com/winfx/2006/xaml/presentation"
   xmlns:x="http://schemas.microsoft.com/winfx/2006/xaml" Name="colorPicker">
   <Grid>
     <Grid.RowDefinitions>
       <RowDefinition Height="Auto"></RowDefinition>
       <RowDefinition Height="Auto"></RowDefinition>
       <RowDefinition Height="Auto"></RowDefinition>
     </Grid.RowDefinitions>
     <Grid.ColumnDefinitions>
       <ColumnDefinition></ColumnDefinition>
       <ColumnDefinition Width="Auto"></ColumnDefinition>
     </Grid.ColumnDefinitions>

     <Slider Name="sliderRed" Minimum="0" Maximum="255"
```

```
        Value="{Binding ElementName=colorPicker,Path=Red}"></Slider>
      <Slider Grid.Row="1" Name="sliderGreen" Minimum="0" Maximum="255"
        Value="{Binding ElementName=colorPicker,Path=Green}"></Slider>
      <Slider Grid.Row="2" Name="sliderBlue" Minimum="0" Maximum="255"
        Value="{Binding ElementName=colorPicker,Path=Blue}"></Slider>

      <Rectangle Grid.Column="1" Grid.RowSpan="3"
        Width="50" Stroke="Black" StrokeThickness="1">
        <Rectangle.Fill>
          <SolidColorBrush Color="{Binding ElementName=colorPicker,Path=Color}">
          </SolidColorBrush>
        </Rectangle.Fill>
    </Rectangle>

  </Grid>
</UserControl>
```

用于用户控件的标记和无外观控件的控件模板扮演相同的角色。如果希望使标记中的一些细节是可配置的，可使用将它们连接到控件属性的绑定表达式。例如，目前 Rectangle 元素的宽度被固定为 50 个单位。然而，可使用数据绑定表达式从用户控件的依赖项属性中提取数值来代替这些细节。这样，控件使用者可通过修改属性来选择不同的宽度。同样，可使笔画颜色和宽度也是可变的。然而，如果希望使控件具有真正的灵活性，最好创建无外观的控件，并在模板中定义标记，如稍后所述。

偶尔可选用数据绑定表达式，重用已在控件中定义过的核心属性。例如，UserControl 类使用 Padding 属性在外侧边缘和用户定义的内部内容之间添加空间(这一细节是通过 UserControl 控件的控件模板实现的)。然而，也可以使用 Padding 属性在每个滑动条的周围设置空间，如下所示：

```
<Slider Name="sliderRed" Minimum="0" Maximum="255"
Margin="{Binding ElementName=colorPicker,Path=Padding}"
 Value="{Binding ElementName=colorPicker,Path=Red}"></Slider>
```

类似地，也可从 UserControl 类的 BorderThickness 和 BorderBrush 属性为 Rectangle 元素获取边框设置。同样，这种快捷方式对于创建简单的控件是非常合理的，但可通过引入额外的属性(如 SliderMargin、PreviewBorderBrush 以及 PreviewBorderThickness)或创建功能完备的基于模板的控件来加以改进。

命名用户控件

在此演示的示例中，为顶级的 UserControl 控件指定了名称(colorPicker)，从而可以直接编写绑定到自定义用户控件类中属性的数据绑定表达式。然而，这种技术导致了一个明显的问题。当在窗口(或页面)中创建用户控件的实例并为之指定新名称时，会发生什么情况呢?

幸运的是，这种情况可以工作，不会出现问题，因为用户控件在包含它的窗口之前执行初始化。首先初始化用户控件，并连接它的数据绑定。接下来初始化窗口，并且在窗口标记中设置的名称被应用到用户控件。窗口中的数据绑定表达式和事件处理程序现在可使用在窗口中定义的名称访问用户控件，而且所有工作都如您所期望的那样进行。

尽管这听来简单，但如果使用代码检查 UserControl.Name 属性，可能会注意到一些奇怪的问题。例如，如果在用户控件的某个事件处理程序中检查 Name 属性，将看到在窗口中定义的新名称。类似地，如果没有在窗口标记中设置名称，用户控件会继续保留来自用户控件标记的名称。如果在窗口代码中检查 Name 属性，就会看到这个名称。

虽然这些奇怪的事情并不表示存在问题，但更好的方法是避免在用户控件的标记中命名用户控件，并使用 Binding.RelativeSource 属性查找元素树，直到找到 UserControl 父元素。下面是完成该工作的更长一些的语法：

```
<Slider Name="sliderRed" Minimum="0" Maximum="255"
  Value="{Binding Path=Red,
         RelativeSource={RelativeSourceFindAncestor,
                        AncestorType={x:TypeUserControl}}
         }">
</Slider>
```

在后面的 18.3.2 节“修改颜色拾取器的标记”中构建基于模板的控件时，将会看到这种方法。

18.2.4　使用控件

现在已经完成了控件，使用该控件很容易。为在另一个窗口中使用颜色拾取器，首先需要将程序集和.NET 名称空间映射到 XAML 名称空间，如下所示：

```
<Window x:Class="CustomControlsClient.ColorPickerUserControlTest"
  xmlns:lib="clr-namespace:CustomControls;assembly=CustomControls" ... >
```

使用定义的 XML 名称空间和用户控件类名，在 XAML 标记中可像创建其他类型的对象那样创建自定义的用户控件。还可在控件标记中设置它的属性，以及直接关联事件处理程序，如下所示：

```
<lib:ColorPickerUserControl Name="colorPicker" Color="Beige"
ColorChanged="colorPicker_ColorChanged"></lib:ColorPickerUserControl>
```

因为 Color 属性使用 Color 数据类型，并且 Color 数据类型使用 TypeConverter 特性进行了修饰，所以在设置 Color 属性之前，WPF 知道使用 ColorConverter 转换器将颜色名称字符串转换成相应的 Color 对象。

处理 ColorChanged 事件的代码很简单：

```
private void colorPicker_ColorChanged(object sender,
  RoutedPropertyChangedEventArgs<Color> e)
{
    lblColor.Text = "The new color is " + e.NewValue.ToString();
}
```

现在已经完成了自定义控件。然而，还有一个功能值得添加。在下一节将增强颜色拾取器，使其支持 WPF 的命令特性。

18.2.5　命令支持

许多控件具有命令支持。可使用以下两种方法为自定义控件添加命令支持：

- 添加将控件链接到特定命令的命令绑定。通过这种方法，控件可以响应命令，而且不需要借助于任何外部代码。

- 为命令创建新的 RoutedUICommand 对象，作为自定义控件的静态字段。然后为这个命令对象添加命令绑定。这种方法可使自定义控件自动支持没有在基本命令类集合中定义的命令，这些基本命令类已在第 9 章中学习过。

接下来的示例将使用第一种方法为 ApplicationCommands.Undo 命令添加支持。\

提示：

有关命令的更多信息以及如何创建自定义 RoutedUICommand 对象，请参阅第 9 章。

在颜色拾取器中为了支持 Undo 功能，需要使用成员字段跟踪以前选择的颜色：

```
private Color? previousColor;
```

将该字段设置为可空是合理的，因为当第一次创建控件时，还没有设置以前选择的颜色(也可在某个希望使其不能逆转的操作之后，通过代码清除以前的颜色)。

当颜色发生变化时，只需要记录旧值。可通过在 OnColorChanged( )方法的最后添加以下代码行来达到该目的：

```
colorPicker.previousColor = (Color)e.OldValue;
```

现在已经具备了支持 Undo 命令需要的基础架构。剩余的工作是创建将控件链接到命令以及处理 CanExecute 和 Executed 事件的命令绑定。

第一次创建控件时是创建命令绑定的最佳时机。例如，下面的代码使用颜色拾取器的构造函数为 ApplicationCommands.Undo 命令添加命令绑定：

```
publicColorPicker()
{
    InitializeComponent();
    SetUpCommands();
}

private void SetUpCommands()
{
    // Set up command bindings.
    CommandBinding binding = new CommandBinding(ApplicationCommands.Undo,
      UndoCommand_Executed, UndoCommand_CanExecute);

    this.CommandBindings.Add(binding);
}
```

为使命令奏效，需要处理 CanExecute 事件，并且只要有以前的颜色值就允许执行命令：

```
private void UndoCommand_CanExecute(object sender, CanExecuteRoutedEventArgs e)
{
    e.CanExecute = previousColor.HasValue;
}
```

最后，当执行命令后，可交换新的颜色：

```
private void UndoCommand_Executed(object sender, ExecutedRoutedEventArgs e)
{
    this.Color = (Color)previousColor;
}
```

可通过两种不同方式触发 Undo 命令。当用户控件中的某个元素具有焦点时，可以使用默认的 Ctrl+Z 组合键绑定，也可为客户添加用于触发命令的按钮，如下所示：

```
<Button Command="Undo" CommandTarget="{Binding ElementName=colorPicker}">
  Undo
</Button>
```

这两种方法都会丢弃当前颜色并应用以前的颜色。

提示：

当前示例只存储了一个级别的撤销信息。然而，很容易就能创建存储一系列值的撤消堆栈。需要做的只是在适当类型的集合中存储 Color 值。System.Collections.Generic 名称空间中的 Stack 集合是不错的选择，因为该集合实现了后进先出的方法，当执行撤销操作时，可以很容易地通过该方法获取最近的 Color 对象。

更可靠的命令

前面描述的技术是将命令链接到控件的相当合理的方法，但这不是在 WPF 元素和专业控件中使用的技术。这些元素使用更可靠的方法，并使用 CommandManager. RegisterClassCommandBinding( )方法关联静态的命令处理程序。

上一个示例中演示的实现存在问题：使用公共 CommandBingdings 集合。这使得命令比较脆弱，因为客户可自由地修改 CommandBindings 集合。而使用 RegisterClass- CommandBinding()方法无法做到这一点。WPF 控件使用的就是这种方法。例如，如果查看 TextBox 的 CommandBindings 集合，不会发现任何用于硬编码命令的绑定，例如 Undo、Redo、Cut、Copy 以及 Paste 等命令，因为它们被注册为类绑定。

这种技术非常简单。不在实例构造函数中创建命令绑定，而必须在静态构造函数中创建命令绑定，使用如下所示的代码：

```
CommandManager.RegisterClassCommandBinding(typeof(ColorPicker),
  newCommandBinding(ApplicationCommands.Undo,
    UndoCommand_Executed, UndoCommand_CanExecute));
```

尽管上面的代码变化不大，但有一个重要变化。因为 UndoCommand_Executed( )和 UndoCommand_CanExecute( )方法是在构造函数中引用的，所以它们必然是静态方法。为检索实例数据(如当前颜色和以前颜色的信息)，需要将事件发送者转换为 ColorPicker 对象，并使用该对象。

下面是修改之后的命令处理代码：

```
private static void UndoCommand_CanExecute(object sender,
  CanExecuteRoutedEventArgs e)
{
   ColorPicker colorPicker = (ColorPicker)sender;
   e.CanExecute = colorPicker.previousColor.HasValue;
}

private static void UndoCommand_Executed(object sender,
  ExecutedRoutedEventArgs e)
{
     ColorPicker colorPicker = (ColorPicker)sender;
```

```
        Color currentColor = colorPicker.Color;
        colorPicker.Color = (Color)colorPicker.previousColor;
    }
```

此外，这种技术不局限于命令。如果希望将事件处理逻辑硬编码到自定义控件，可通过EventManager.RegisterClassHandler( )方法使用类事件处理程序。类事件处理程序总在实例事件处理程序之前调用，从而允许开发人员很容易地抑制事件。

18.2.6　深入分析用户控件

用户控件提供了一种非常简单的，但是有一定限制的创建自定义控件的方法。为理解其中的原因，深入分析用户控件的工作原理是很有帮助的。

在后台，UserControl 类的工作方式和其父类 ContentControl 非常类似。实际上，只有几个重要的区别：

- UserControl 类改变了一些默认值。即该类将 IsTabStop 和 Focusable 属性设置为 false(从而在 Tab 顺序中没有占据某个单独的位置)，并将 HorizontalAlignment 和 VerticalAlignment 属性设置为 Stretch(而非 Left 或 Top)，从而可以填充可用空间。
- UserControl 类应用了一个新的控件模板，该模板由包含 ContentPresenter 元素的 Border 元素组成。ContentPresenter 元素包含了用标记添加的内容。
- UserControl 类改变了路由事件的源。当事件从用户控件内的控件向用户控件外的元素冒泡或隧道路由时，事件源变为指向用户控件而不是原始元素。这提供了更好的封装性(例如，如果在包含颜色拾取器的布局容器中处理 UIElement.MouseLeftButtonDown 事件，当单击内部的 Rectangle 元素时将接收到事件。然而，这个事件的源不是 Rectangle 元素，而是包含 Rectangle 元素的 ColorPicker 对象。如果作为普通的内容控件创建相同的颜色拾取器，情况就不同了——您需要在控件中拦截事件、处理事件并且重新引发事件)。

用户控件与其他类型的自定义控件之间最重要的区别是设计用户控件的方法。与所有控件一样，用户控件有控件模板。然而，很少改变控件模板——反而，将作为自定义用户控件类的一部分提供标记，并且当创建了控件后，会使用 InitializeComponent( )方法处理这个标记。另一方面，无外观控件是没有标记的——需要的所有内容都在模板中。

普通的 ContentControl 控件具有下面的简单模板：

```
<ControlTemplate TargetType="ContentControl">
  <ContentPresenter
    ContentTemplate="{TemplateBinding ContentControl.ContentTemplate}"
    Content="{TemplateBinding ContentControl.Content}" />
</ControlTemplate>
```

这个模板仅填充所提供的内容并应用可选的内容模板。Padding、Background、HorizontalAlignment 以及 VerticalAlignment 等属性没有任何影响(除非显式绑定属性)。

UserControl 类有一个类似的模板，并有更多的细节。最明显的是，它添加了一个 Border 元素，并将其属性绑定到用户控件的 BorderBrush、BorderThickness、Background 以及 Padding 属性，以确保它们具有相同的含义。此外，内部的 ContentPresenter 元素已绑定到对齐属性。

```
<ControlTemplate TargetType="UserControl">
  <Border BorderBrush="{TemplateBinding Border.BorderBrush}"
```

```
    BorderThickness="{TemplateBinding Border.BorderThickness}"
    Background="{TemplateBinding Panel.Background}" SnapsToDevicePixels="True"
    Padding="{TemplateBinding Control.Padding}">

    <ContentPresenter
      HorizontalAlignment="{TemplateBinding Control.HorizontalContentAlignment}"
      VerticalAlignment="{TemplateBinding Control.VerticalContentAlignment}"
      SnapsToDevicePixels="{TemplateBinding UIElement.SnapsToDevicePixels}"
      ContentTemplate="{TemplateBinding ContentControl.ContentTemplate}"
      Content="{TemplateBinding ContentControl.Content}" />

    </Border>
</ControlTemplate>
```

从技术角度看，可改变用户控件的模板。实际上，只需要进行很少的调整，就可以将所有标记移到模板中。但确实没有理由采取该方法——如果希望得到更灵活的控件，使可视化外观和由自定义控件类定义的接口分开，创建无外观的自定义控件可能会更好一些。下一节将介绍创建无外观自定义控件的相关内容。

18.3　创建无外观控件

用户控件的目标是提供增补控件模板的设计表面，提供一种定义控件的快速方法，代价是失去了将来的灵活性。如果喜欢用户控件的功能，但需要修改其可视化外观，使用这种方法就有问题了。例如，设想希望使用相同的颜色拾取器，但希望使用不同的“皮肤”，将其更好地融合到已有的应用程序窗口中。可以通过样式来改变用户控件的某些方面，但该控件的一些部分是在内部锁定的，并硬编码到标记中。例如，无法将预览矩形移动到滑动条的左边。

解决方法是创建无外观控件——继承自控件基类，但没有设计表面的控件。相反，这个控件将其标记放到默认模板中，可替换默认模板而不会影响控件逻辑。

18.3.1　修改颜色拾取器的代码

将颜色拾取器改成无外观控件并不难。第一步很容易——只需要改变类的声明，如下所示：

```
public class ColorPicker : System.Windows.Controls.Control
{ ... }
```

在这个示例中，ColorPicker 类继承自 Control 类。继承自 FrameworkElement 类是不合适的，因为颜色拾取器允许与用户进行交互，而且其他高级的类不能准确地描述颜色拾取器的行为。例如，颜色拾取器不允许在内部嵌套其他内容，所以继承自 ContentControl 类也是不合适的。

ColorPicker 类中的代码与用于用户控件的代码是相同的(除了必须删除构造函数中的 InitializeComponent( )方法调用)。可使用相同的方法定义依赖项属性和路由事件。唯一的区别是需要通知 WPF，将为控件类提供新样式。该样式将提供新的控件模板(如果不执行该步骤，将继续使用在基类中定义的模板)。

为通知 WPF 正在提供新的样式，需要在自定义控件类的静态构造函数中调用 OverrideMetadata( )方法。需要在 DefaultStyleKeyProperty 属性上调用该方法，该属性是为自定义控件定义默认样式的依赖项属性。需要的代码如下所示：

```
DefaultStyleKeyProperty.OverrideMetadata(typeof(ColorPicker),
  newFrameworkPropertyMetadata(typeof(ColorPicker)));
```

如果希望使用其他控件类的模板，可提供不同的类型，但几乎总是为每个自定义控件创建特定的样式。

18.3.2　修改颜色拾取器的标记

添加对 OverrideMetadata( )方法的调用后，只需要插入正确的样式。需要将样式放在名为 generic.xaml 的资源字典中，该资源字典必须放在项目文件夹的 Themes 子文件夹中。这样，该样式就会被识别为自定义控件的默认样式。下面列出添加 generic.xaml 文件的具体步骤：

(1) 在 Solution Explorer 中右击类库项目，并选择 Add | New Folder 菜单项。

(2) 将新文件夹命名为 Themes。

(3) 右击 Themes 文件夹，并选择 Add | New Item 菜单项。

(4) 在 Add New Item 对话框中选择 XML 文件模板，输入名称 generic.xaml，并单击 Add 按钮。

图 18-3 显示了 Themes 文件夹中的 generic.xaml 文件。

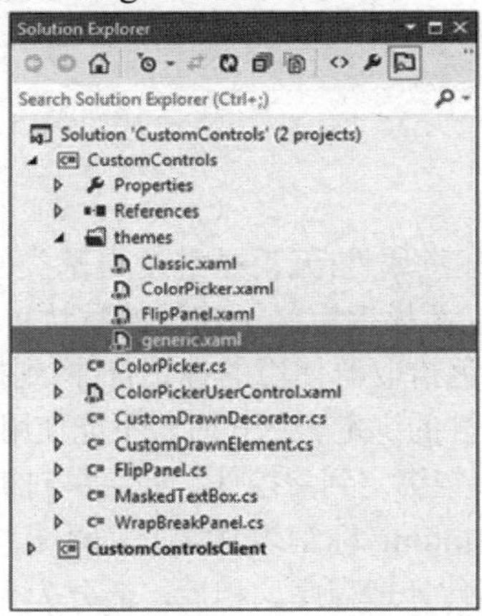

图 18-3　WPF 应用程序和类库

主题专用的样式和 generic.xaml 文件

您已经看到，ColorPicker 从 generic.xaml 文件获取默认的控件模板，generic.xaml 文件位于 Themes 项目文件夹中。这个稍有些怪异的约定实际上是旧式 WPF 功能的一部分：Windows 主题支持。

Windows 主题支持的初衷是使开发人员创建控件的自定义版本来匹配不同的 Windows 主题。Windows XP 计算机使用主题来控制 Windows 应用程序的总体颜色方案，Windows 主题支持在此类计算机上最有意义。Windows Vista 引入了 Aero 主题，该主题有效地取代了旧的主题选项。后续 Windows 版本尚未改变这种事态，因此人们现在普遍忽略了原本就不怎么常用的 WPF 中的 Windows 主题功能。

不过，当今的 WPF 应用程序开发人员总是使用 generic.xaml 文件来设置默认的控件样式。generic.xaml 文件的名称(及其所在的 Themes 文件夹)被延用下来。

通常，自定义控件库会包含几个控件。为了保持它们的样式相互独立以便编辑，generic.xaml 文件通常使用资源字典合并功能。下面的标记显示了 generic.xaml 文件，该文件从 ColorPicker.xaml 资源字典中提取资源，该资源字典位于 CustomControls 控件库的 Themes 子文件夹中：

```
<ResourceDictionary
xmlns="http://schemas.microsoft.com/winfx/2006/xaml/presentation"
xmlns:x="http://schemas.microsoft.com/winfx/2006/xaml" >
  <ResourceDictionary.MergedDictionaries>
    <ResourceDictionary Source="/CustomControls;component/themes/ColorPicker.xaml">
    </ResourceDictionary>
  </ResourceDictionary.MergedDictionaries>

</ResourceDictionary>
```

自定义的控件样式必须使用 TargetType 特性将自身自动关联到颜色拾取器。下面是 ColorPicker.xaml 文件中标记的基本结构：

```
<ResourceDictionary
  xmlns="http://schemas.microsoft.com/winfx/2006/xaml/presentation"
  xmlns:x="http://schemas.microsoft.com/winfx/2006/xaml"
  xmlns:local="clr-namespace:CustomControls">
    <Style TargetType="{x:Type local:ColorPicker}">
      ...
    </Style>
</ResourceDictionary>
```

可使用样式设置控件类中的任意属性(无论是继承自基类的属性还是新增属性)。但在此，样式最有用的任务是应用新模板，新模板定义了控件的默认可视化外观。

很容易就能将普通标记(如颜色拾取器使用的标记)转换到控件模板中。但要注意以下几点：

- 当创建链接到父控件类属性的绑定表达式时，不能使用 ElementName 属性。而需要使用 RelativeSource 属性指示希望绑定到父控件。如果单向绑定完全能够满足需要，通常可以使用轻量级的 TemplateBinding 标记表达式，而不需要使用功能完备的数据绑定。
- 不能在控件模板中关联事件处理程序。相反，需要为元素提供能够识别的名称，并在控件构造函数中通过代码为它们关联事件处理程序。
- 除非希望关联事件处理程序或通过代码与它进行交互，否则不要在控件模板中命名元素。当命名希望使用的元素时，使用“PART_元素名”的形式进行命名。

遵循上面几点，可为颜色拾取器创建以下模板：

```
<Style TargetType="{x:Type local:ColorPicker}">
  <Setter Property="Template">
    <Setter.Value>
      <ControlTemplate TargetType="{x:Type local:ColorPicker}">
        <Grid>
          <Grid.RowDefinitions>
            <RowDefinition Height="Auto"></RowDefinition>
            <RowDefinition Height="Auto"></RowDefinition>
            <RowDefinition Height="Auto"></RowDefinition>
          </Grid.RowDefinitions>
```

```
            <Grid.ColumnDefinitions>
              <ColumnDefinition></ColumnDefinition>
              <ColumnDefinition Width="Auto"></ColumnDefinition>
            </Grid.ColumnDefinitions>

            <Slider Minimum="0" Maximum="255"
              Margin="{TemplateBinding Padding}"
              Value="{Binding Path=Red,
                     RelativeSource={RelativeSource TemplatedParent}}">
            </Slider>
            <Slider Grid.Row="1" Minimum="0" Maximum="255"
              Margin="{TemplateBinding Padding}"
              Value="{Binding Path=Red,
                     RelativeSource={RelativeSource TemplatedParent}}">
            </Slider>
            <Slider Grid.Row="2" Minimum="0" Maximum="255"
              Margin="{TemplateBinding Padding}"
              Value="{Binding Path=Red,
                     RelativeSource={RelativeSource TemplatedParent}}">
            </Slider>

            <Rectangle Grid.Column="1" Grid.RowSpan="3"
              Margin="{TemplateBinding Padding}"
              Width="50" Stroke="Black" StrokeThickness="1">
                <Rectangle.Fill>
                  <SolidColorBrush
                    Color="{Binding Path=Color,
                     RelativeSource={RelativeSource TemplatedParent}}">
                  </SolidColorBrush>
                </Rectangle.Fill>
              </Rectangle>
            </Grid>
          </ControlTemplate>
        </Setter.Value>
      </Setter>
    </Style>
```

正如您可能注意到的，本例已用 TemplateBinding 扩展替换一些绑定表达式。其他一些绑定表达式仍使用 Binding 扩展，但将 RelativeSource 设置为指向模板的父元素(自定义控件)。尽管 TemplateBinding 和将 RelativeSource 属性设置为 TemplatedParent 值的 Binding 的作用相同——从自定义控件的属性中提取数据——但是使用量级更轻的 TemplateBinding 总是合适的。如果需要双向绑定(与滑动条一样)或绑定到继承自 Freezable 的类(如 SolidColorBrush 类)的属性，TemplateBinding 就不能工作了。

18.3.3　精简控件模板

在前面您已经看到，颜色拾取器控件模板填充了需要的全部内容，您可按与使用颜色拾取器相同的方式来使用。然而，仍可通过移除一些细节来简化模板。

现在，所有希望提供自定义模板的控件使用者都必须添加大量绑定表达式，以确保控件能够继续工作。这并不难，但很繁琐。另一种选择是，在控件自身的初始化代码中配置所有绑定表达式。这样，模板就不需要指定这些细节了。

注意：

当为构成自定义控件的元素关联事件处理程序时使用的是相同的技术。通过代码关联事件处理程序，而不是在模板中使用事件特性。

---

1. 添加部件名称

为了让这一系统能够工作，代码要能找到所需的元素。WPF 控件通过名称定位它们需要的元素。所以，元素的名称变成自定义控件公有接口的一部分，而且需要恰当的描述性名称。根据约定，这些名称以 PART_开头，后跟元素名称。元素名称的首字母要大写，就像属性名称。对于需要的元素名称，PART_RedSlider 是合适的选择，而 PART_sldRed、PART_redSilder 以及 RedSlider 等名称都不合适。

例如，下面的标记演示了如何通过删除三个滑动条的 Value 属性的绑定表达式，并为三个滑动条添加 PART_名称，从而为通过代码设置绑定做好准备：

```
<Slider Name="PART_RedSlider" Minimum="0" Maximum="255"
 Margin="{TemplateBinding Padding}"></Slider>
<Slider Grid.Row="1" Name="PART_GreenSlider" Minimum="0" Maximum="255"
 Margin="{TemplateBinding Padding}"></Slider>
<Slider Grid.Row="2" Name="PART_BlueSlider" Minimum="0" Maximum="255"
 Margin="{TemplateBinding Padding}"></Slider>
```

注意，Margin 属性仍使用绑定表达式添加内边距，但这是一个可选的细节，可以很容易地从自定义模板中去掉该细节(可选择硬编码内边距或者使用不同的布局)。

为确保获得最大的灵活性，这里没有为 Rectangle 元素提供名称，而是为其内部的 SolidColorBrush 指定了名称。这样，可根据模板为颜色预览功能使用任何形状或任意元素。

```
<Rectangle Grid.Column="1" Grid.RowSpan="3"
 Margin="{TemplateBinding Padding}"
 Width="50" Stroke="Black" StrokeThickness="1">
   <Rectangle.Fill>
     <SolidColorBrush x:Name="PART_PreviewBrush"></SolidColorBrush>
   </Rectangle.Fill>
</Rectangle>
```

2. 操作模板部件

在初始化控件后，可连接绑定表达式，但有一种更好的方法。WPF 有一个专用的 OnApplyTemplate( )方法，如果需要在模板中查找元素并关联事件处理程序或添加数据绑定表达式，应重写该方法。在该方法中，可以使用 GetTemplateChild()方法(该方法继承自 FrameworkElement)查找所需的元素。

如果没有找到希望处理的元素，推荐的模式就不起作用。也可添加代码来检查该元素，如果元素存在，再检查类型是否正确；如果类型不正确，就引发异常(此处的想法是，不存在的元素代表有意丢失某个特定功能，但元素类型不正确则代表错误)。

下面的代码演示了如何在 OnApplyTemplate( )方法中连接其中一个滑动条的数据绑定表达式：

```
public override void OnApplyTemplate()
{
    base.OnApplyTemplate();

    RangeBase slider = GetTemplateChild("PART_RedSlider") as RangeBase;
    if (slider != null)
    {
        // Bind to the Red property in the control, using a two-way binding.
        Binding binding = new Binding("Red");
        binding.Source = this;
        binding.Mode = BindingMode.TwoWay;
        slider.SetBinding(RangeBase.ValueProperty, binding);
    }
    ...
}
```

注意，上面代码使用的是 System.Windows.Controls.Primitives.RangeBase 类(Slider 类继承自该类)而不是 Slider 类。因为 RangeBase 类提供了需要的最小功能——在本例中是指 Value 属性。通过尽可能提高代码的通用性，控件使用者可获得更大自由。例如，现在可提供自定义模板，使用不同的派生自 RangeBase 类的控件代替颜色滑动条。

绑定其他两个滑动条的代码在本质上是相同的。绑定 SolidColorBrush 画刷的代码稍有区别，因为 SolidColorBrush 画刷没有包含 SetBinding()方法(该方法是在 FrameworkElement 类中定义的)。一个比较容易的变通方法是为 ColorPicker.Color 属性创建绑定表达式，使用指向源方向的单向绑定。这样，当颜色拾取器的颜色改变后，将自动更新画刷。

```
SolidColorBrush brush = GetTemplateChild("PART_PreviewBrush") as SolidColorBrush;
if (brush != null)
{
    Binding binding = new Binding("Color");
    binding.Source = brush;
    binding.Mode = BindingMode.OneWayToSource;
    this.SetBinding(ColorPicker.ColorProperty, binding);
}
```

为查看这种设计变化的优点，需要创建一个使用颜色拾取器的控件，并提供一个新的控件模板。图 18-4 显示了这样的一个示例。

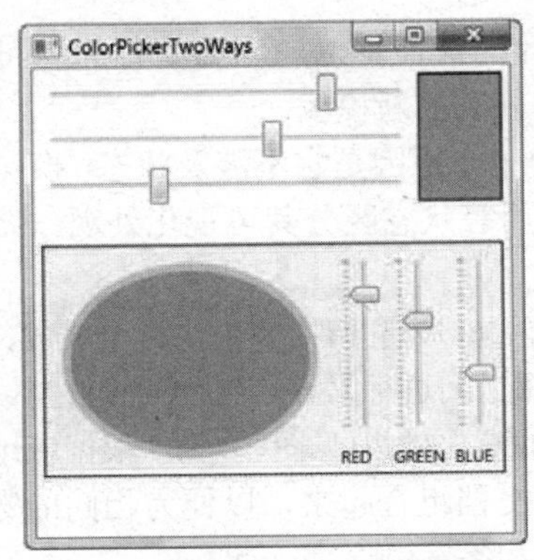

图 18-4　具有两个不同模板的颜色拾取器自定义控件

3. 记录模板部件

对于上面的示例，还有最后一处应予改进。良好的设计指导原则建议为控件声明添加TemplatePart特性，以记录在控件模板中使用了哪些部件名称，以及为每个部件使用了什么类型的控件。从技术角度看，这一步不是必需的，但该文档可为其他使用自定义类的用户提供帮助(还可通过允许构建自定义控件模板的设计工具(如Expression Blend)来进行检查)。

下面是应当为ColorPicker控件类添加的TemplatePart特性：

```
[TemplatePart(Name="PART_RedSlider", Type=typeof(RangeBase))]
[TemplatePart(Name = "PART_BlueSlider", Type=typeof(RangeBase))]
[TemplatePart(Name="PART_GreenSlider", Type=typeof(RangeBase))]
public class ColorPicker : System.Windows.Controls.Control
{ ... }
```

查看控件的默认样式

每个控件都有默认样式。可调用控件类静态构造函数的DefaultStyleKeyProperty.Override-Metadata()方法来来指示自定义控件应使用的默认样式。否则，自定义控件将简单地使用为基类控件定义的默认样式。

可能和您所期望的相反，默认主题样式不是通过Style属性提供的。WPF库中的所有控件都为它们的Style属性返回null引用。

相反，Style属性是为应用程序样式(您在第11章中学习过如何构建应用程序样式)准备的。如果设置了一个应用程序样式，它会合并到默认主题样式。如果设置的应用程序样式与默认样式发生了冲突，应用程序样式会胜出，并覆盖默认样式中的属性设置器或触发器。但没有覆盖的细节仍然保留，这正是所希望的行为。这样可创建只改变几个属性(如按钮的文本字体)的应用程序样式，而不会删除在默认主题样式中提供的其他重要细节(如控件模板)。

有时可通过代码检索默认样式。为此，可使用FindResource( )方法为具有恰当元素类型键的样式搜索资源层次。例如，如果希望查找应用到Button类的默认样式，可使用下面的代码语句：

```
Style style = Application.Current.FindResource(typeof(Button));
```

18.4　支持可视化状态

ColorPicker控件是控件设计的极佳示例。因为其行为和可视化外观是精心分离的，所以其他设计人员可开发动态改变其外观的新模板。

ColorPicker控件如此简单的一个原因是它不涉及状态。换句话说，它不根据是否具有焦点、鼠标是否在它上面悬停、是否禁用等状态区分其可视化外观。接下来的FlipPanel自定义控件有些不同。

FlipPanel控件背后的基本思想是，为驻留内容提供两个表面，但每次只有一个表面是可见的。为看到其他内容，需要在两个表面之间进行“翻转”。可通过控件模板定制翻转效果，但默认效果使用在前面和后面之间进行过渡的淡化效果(见图18-5)。根据应用程序，可以使用FlipPanel控件把数据条目表单与一些有帮助的文档组合起来，以便为相同的数据提供一个简单或较复杂的视图，或在一个简单游戏中将问题和答案融合在一起。

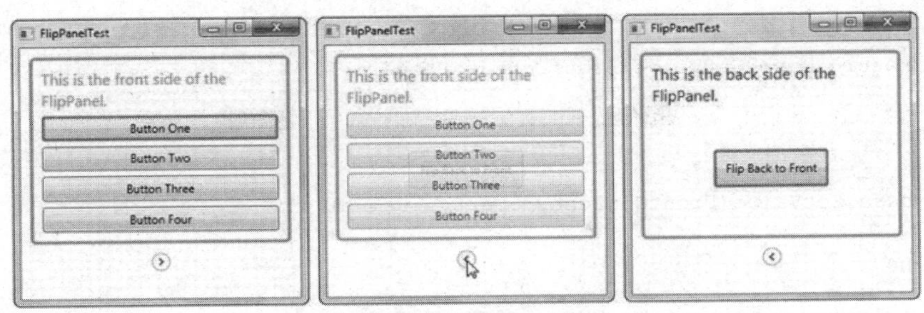

图 18-5　翻转 FlipPanel 控件

可通过代码执行翻转(通过设置名为 IsFlipped 的属性)，也可使用一个便捷的按钮来翻转面板(除非控件使用者从模板中移除了该按钮)。

显然，控件模板需要指定两个独立部分：FlipPanel 控件的前后内容区域。然而，还有一个细节——FlipPanel 控件需要一种方法在两个状态之间进行切换：翻转过的状态与未翻转过的状态。可通过为模板添加触发器来完成该工作。当单击按钮时，可使用一个触发器隐藏前面的面板并显示第二个面板，而使用另一个触发器翻转这些更改。这两个触发器都可以使用您喜欢的任何动画。但通过使用可视化状态，可向控件使用者清晰地指明这两个状态是模板的必需部分。不是为适当的属性或事件编写触发器，控件使用者只需要填充适当的状态动画。如果使用 Expression Blend，该任务甚至变得更简单。

18.4.1　开始编写 FlipPanel 类

FlipPanel 的基本骨架非常简单。包含用户可用单一元素(最有可能是包含各种元素的布局容器)填充的两个内容区域。从技术角度看，这意味着 FlipPanel 控件不是真正的面板，因为不能使用布局逻辑组织一组子元素。然而，这不会造成问题，因为 FlipPanel 控件的结构是清晰直观的。FlipPanel 控件还包含一个翻转按钮，用户可使用该按钮在两个不同的内容区域之间进行切换。

尽管可通过继承自 ContentControl 或 Panel 等控件类来创建自定义控件，但是 FlipPanel 直接继承自 Control 基类。如果不需要特定控件类的功能，这是最好的起点。不应当继承自更简单的 FrameworkElement 类，除非希望创建不使用标准控件和模板基础架构的元素：

```
public class FlipPanel : Control
{...}
```

首先为 FlipPanel 类创建属性。与 WPF 元素中的几乎所有属性一样，应使用依赖项属性。以下代码演示了 FlipPanel 如何定义 FrontContent 属性，该属性保存在前表面上显示的元素：

```
public static readonly DependencyProperty FrontContentProperty =
  DependencyProperty.Register("FrontContent", typeof(object),
  typeof(FlipPanel), null);
```

接着需要添加调用基类的 GetValue( )和 SetValue( )方法的常规.NET 属性过程，以便修改依赖项属性。下面是 FrontContent 属性的属性过程实现：

```
public object FrontContent
{
    get
```

```
        {
            return base.GetValue(FrontContentProperty);
        }
        set
        {
            base.SetValue(FrontContentProperty, value);
        }
    }
```

BackContent 属性几乎是相同的：

```
public static readonly DependencyProperty BackContentProperty =
  DependencyProperty.Register("BackContent", typeof(object),
  typeof(FlipPanel), null);

public object BackContent
{
    get
    {
        return base.GetValue(BackContentProperty);
    }
    set
    {
        base.SetValue(BackContentProperty, value);
    }
}
```

只需要添加另一个重要属性：IsFlipped。这个 Boolean 类型的属性持续跟踪 FlipPanel 控件的当前状态(面向前面还是面向后面)，使控件使用者能够通过编程翻转状态：

```
public static readonly DependencyProperty IsFlippedProperty =
  DependencyProperty.Register("IsFlipped", typeof(bool), typeof(FlipPanel), null);

public bool IsFlipped
{
    get
    {
        return (bool)base.GetValue(IsFlippedProperty);
    }
    set
    {
        base.SetValue(IsFlippedProperty, value);
        ChangeVisualState(true);
    }
}
```

IsFlipped 属性设置器调用自定义方法 ChangeVisualState( )。该方法确保更新显示以匹配当前的翻转状态(面向前面还是面向后面)。稍后还将考虑完成该任务的代码。

FlipPanel 类不需要更多属性，因为它实际上从 Control 类继承了它所需要的几乎所有内容。一个例外是 CornerRadius 属性。尽管 Control 类包含了 BorderBrush 和 BorderThickness 属性，可以使用这些属性在 FlipPanel 控件上绘制边框，但它缺少将方形边缘变成光滑曲线的 CornerRadius 属性，如 Border 元素所做的那样。在 FlipPanel 控件中实现类似的效果很容易，前提是添加 CornerRadius 依赖项属性并使用该属性配置 FlipPanel 控件的默认控件模板中的 Border 元素：

```
public static readonly DependencyProperty CornerRadiusProperty =
  DependencyProperty.Register("CornerRadius", typeof(CornerRadius),
  typeof(FlipPanel), null);

public CornerRadius CornerRadius
{
    get { return (CornerRadius)GetValue(CornerRadiusProperty); }
    set { SetValue(CornerRadiusProperty, value); }
}
```

还需要为 FlipPanel 控件添加一个应用默认模板的样式。将该样式放在 generic.xaml 资源字典中，正如在开发 ColorPicker 控件时所做的那样。下面是需要的基本骨架：

```
<Style TargetType="{x:Type local:FlipPanel}">
  <Setter Property="Template">
    <Setter.Value>
      <ControlTemplate TargetType="local:FlipPanel">
        ...
      </ControlTemplate>
    </Setter.Value>
  </Setter>
</Style>
```

还有最后一个细节。为通知控件从 generic.xaml 文件获取默认样式，需要在 FlipPanel 类的静态构造函数中调用 DefaultStyleKeyProperty.OverrideMetadata( )方法：

```
DefaultStyleKeyProperty.OverrideMetadata(typeof(FlipPanel),
  new FrameworkPropertyMetadata(typeof(FlipPanel)));
```

18.4.2 选择部件和状态

现在已经具备了基本结构，并且已经准备好确定将在控件模板中使用的部件和状态了。显然，FlipPanel 需要两个状态：

- **正常状态**。该故事板确保只有前面的内容是可见的，后面的内容被翻转、淡化或移出视图。
- **翻转状态**。该故事板确保只有后面的内容是可见的，前面的内容通过动画被移出视图。

此外，需要两个部件：

- **FlipButton**。这是一个按钮，当单击该按钮时，将视图从前面改到后面(或从后面改到前面)。FlipPanel 控件通过处理该按钮的事件提供该服务。
- **FlipButtonAlternate**。这是一个可选元素，与 FlipButton 的工作方式相同。允许控件使用者在自定义模板中使用两种不同的方法。一种选择是使用在可翻转区域外的单个翻转按钮，另一种选择是在可翻转区域的面板两侧放置独立的翻转按钮。

注意：

如果敏锐的话，在此可能会注意到一个令人感到困惑的设计选择。与自定义的 ColorPicker 控件不同，在 FlipPanel 控件中具有名称的部件不是使用 PART_命名语法(如 PART_FlipButton)，因为 PART_命名语法是在可视化状态模型之前引入的。使用可视化状态模型，该约定已经变成了更简单的名称，尽管这仍是一个正在新兴的标准，而且在将来它可能发生变化。在此期间，只需要使用 TemplatePart 特性指出所有具有特定名称的部件，因而自定义控件应当是很好的。

还应当为前后内容区域添加部件。然而，FlipPanel 控件不需要直接操作这些区域，只要模板包含在适当的时间隐藏和显示它们的动画即可(另一种选择是定义这些部件，从而可以明确地使用代码改变它们的可见性。这样一来，即使没有定义动画，通过隐藏一部分并显示另一部分，面板仍能在前后内容区域之间变化。为简单起见，FlipPanel 没有采取这种选择)。

为表明 FlipPanel 使用这些部件和状态的事实，应为自定义控件类应用 TemplatePart 特性，如下所示：

```
[TemplateVisualState(Name = "Normal", GroupName="ViewStates")]
[TemplateVisualState(Name = "Flipped", GroupName = "ViewStates")]
[TemplatePart(Name = "FlipButton", Type = typeof(ToggleButton))]
[TemplatePart(Name = "FlipButtonAlternate", Type = typeof(ToggleButton))]
public class FlipPanel : Control
{ ... }
```

FlipButton 和 FlipButtonAlternate 部件都受到限制——每个部件只能是 ToggleButton 控件或 ToggleButton 派生类的实例(在第 6 章中提到过，ToggleButton 是可单击的按钮，能够处于两个状态中的某个状态。对于 FlipPanel 控件，ToggleButton 的状态对应于普通的前向视图或翻转的后向视图)。

提示：

为确保最好、最灵活的模板支持，尽可能使用最通用的元素类型。例如，除非需要 ContentControl 提供的某些属性或行为，使用 FrameworkElement 比使用 ContentControl 更好。

18.4.3　默认控件模板

现在，可将这些内容投入到默认控件模板中。根元素是具有两行的 Grid 面板，该面板包含内容区域(在顶行)和翻转按钮(在底行)。用两个相互重叠的 Border 元素填充内容区域，代表前面和后面的内容，但一次只显示前面或后面内容。

为了填充前面和后面的内容区域，FlipPanel 控件使用 ContentPresenter 元素。该技术几乎和自定义按钮示例相同，只是需要两个 ContentPresenter 元素，分别用于 FlipPanel 控件的前面和后面。FlipPanel 控件还包含独立的 Border 元素来封装每个 ContentPresenter 元素。从而让控件使用者能通过设置 FlipPanel 的几个直接属性勾勒出可翻转内容区域(BorderBrush、BorderThickness、Background 以及 CornerRadius)，而不是强制性地手动添加边框。

下面是默认控件模板的基本骨架：

```
<ControlTemplate TargetType="{x:Type local:FlipPanel}">
  <Grid>
    <Grid.RowDefinitions>
      <RowDefinition Height="Auto"></RowDefinition>
```

```
        <RowDefinition Height="Auto"></RowDefinition>
      </Grid.RowDefinitions>

      <!-- This is the front content. -->
      <Border BorderBrush="{TemplateBinding BorderBrush}"
        BorderThickness="{TemplateBinding BorderThickness}"
        CornerRadius="{TemplateBinding CornerRadius}"
        Background="{TemplateBinding Background}">
          <ContentPresenter Content="{TemplateBinding FrontContent}">
          </ContentPresenter>
        </Border>

        <!-- This is the back content. -->
        <Border BorderBrush="{TemplateBinding BorderBrush}"
          BorderThickness="{TemplateBinding BorderThickness}"
          CornerRadius="{TemplateBinding CornerRadius}"
          Background="{TemplateBinding Background}">
            <ContentPresenter Content="{TemplateBinding BackContent}">
            </ContentPresenter>
        </Border>

        <!-- This the flip button. -->
        <ToggleButton Grid.Row="1" x:Name="FlipButton" Margin="0,10,0,0">
        </ToggleButton>

    </Grid>
  </ControlTemplate>
```

当创建默认控件模板时，最好避免硬编码控件使用者可能希望定制的细节。相反，需要使用模板绑定表达式。在这个示例中，使用模板绑定表达式设置了几个属性：BorderBrush、BorderThickness、CornerRadius、Background、FrontConent 以及 BackContent。为设置这些属性的默认值(这样即使控件使用者没有设置它们，也仍然确保能得到正确的可视化外观)，必须为控件的默认样式添加额外的设置器。

1. 翻转按钮

在上面的示例中，显示的控件模板包含一个 ToggleButton 按钮。然而，该按钮使用 ToggleButton 的默认外观，这使得 ToggleButton 按钮看似普通按钮，完全具有传统的阴影背景。这对于 FlipPanel 控件是不合适的。

尽管可替换 ToggleButton 中的任何内容，但 FlipPanel 需要更进一步。它需要去掉标准的背景并根据 ToggleButton 按钮的状态改变其内部元素的外观。正如在图 18-5 中看到的，ToggleButton 按钮指出了将反转内容的方向(最初当面向前面时指向右边，当面向后面时指向左边)。这使得按钮的目的更加清晰。

为创建这种效果，需要为 ToggleButton 设置自定义控件模板。该控件模板能够包含绘制所需箭头的形状元素。在该例中，ToggleButton 是使用用于绘制圆的 Ellipse 元素和用于绘制箭头的 Path 元素绘制的，这两个元素都放在具有单个单元格的 Grip 面板中：

```
<ToggleButton Grid.Row="1" x:Name="FlipButton" RenderTransformOrigin="0.5,0.5"
```

```
  Margin="0,10,0,0" Width="19" Height="19">
    <ToggleButton.Template>
      <ControlTemplate>
        <Grid>
          <Ellipse Stroke="#FFA9A9A9" Fill="AliceBlue"></Ellipse>
          <Path Data="M1,1.5L4.5,5 8,1.5" Stroke="#FF666666" StrokeThickness="2"
          HorizontalAlignment="Center" VerticalAlignment="Center"></Path>
        </Grid>
      </ControlTemplate>
    </ToggleButton.Template>
</ToggleButton>
```

ToggleButton 按钮还需要一个细节——改变箭头指向的 RotateTransform 对象。当创建状态动画时将使用 RotateTransform 对象：

```
<ToggleButton.RenderTransform>
  <RotateTransform x:Name="FlipButtonTransform" Angle="-90"></RotateTransform>
</ToggleButton.RenderTransform>
```

2. 定义状态动画

状态动画是控件模板中最有趣的部分。它们是提供翻转行为的要素，它们还是为 FlipPanel 创建自定义模板的开发人员最有可能修改的细节。

为定义状态组，必须在控件模板的根元素中添加 VisualStateManager.VisualStateGroups 元素，如下所示：

```
<ControlTemplate TargetType="{x:Type local:FlipPanel}">
  <Grid>
    <VisualStateManager.VisualStateGroups>
      ...
    </VisualStateManager.VisualStateGroups>
    ...
  </Grid>
</ControlTemplate>
```

注意：

为给模板添加 VisualStateManager 元素，模板必须使用布局面板。布局面板包含控件的两个可视化对象和 VisualStateManager 元素(该元素不可见)。VisualStateManager 定义具有动画的故事板，控件在合适的时机使用动画改变其外观。

可在 VisualStateGroups 元素内部使用具有合适名称的 VisualStateGroup 元素创建状态组。在每个 VisualStateGroup 元素内部，为每个状态添加一个 VisualState 元素。对于 FlipPanel 面板，有一个包含两个可视化状态的组：

```
<VisualStateManager.VisualStateGroups>
  <VisualStateGroup x:Name="ViewStates">
    <VisualState x:Name="Normal">
      ...
    </VisualState>
```

```
  </VisualStateGroup>

  <VisualStateGroup x:Name="FocusStates">
    <VisualState x:Name="Flipped">
      ...
    </VisualState>
  </VisualStateGroup>
</VisualStateManager.VisualStateGroups>
```

每个状态对应一个具有一个或多个动画的故事板。如果存在这些故事板，就会在适当的时机触发它们(如果不存在，控件将按正常方式降级，而不会引发错误)。

在默认控件模板中，动画使用简单的淡化效果从一个内容区域改变到另一个内容区域，并使用旋转变换翻转 ToggleButton 箭头使其指向另一个方向。下面是完成这两个任务的标记：

```
<VisualState x:Name="Normal">
  <Storyboard>
    <DoubleAnimation Storyboard.TargetName="BackContent"
    Storyboard.TargetProperty="Opacity" To="0" Duration="0" ></DoubleAnimation>
  </Storyboard>
</VisualState>

<VisualState x:Name="Flipped">
  <Storyboard>
    <DoubleAnimation Storyboard.TargetName="FlipButtonTransform"
      Storyboard.TargetProperty="Angle" To="90" Duration="0"></DoubleAnimation>
    <DoubleAnimation Storyboard.TargetName="FrontContent"
      Storyboard.TargetProperty="Opacity" To="0" Duration="0"></DoubleAnimation>
  </Storyboard>
</VisualState>
```

您将会注意到可视化状态将持续时间设置为 0，这意味着动画立即应用其效果。这看起来可能有些怪——毕竟，不是需要更平缓的改变从而能够注意到动画效果吗？

实际上，该设计完全正确，因为可视化状态用于表示控件在适当状态时的外观。例如，当翻转面板处于翻转过的状态时，简单地显示其背面内容。翻转过程是在 FlipPanel 控件进入翻转状态前的过渡，而不是翻转状态本身的一部分(状态和过渡之间的这个区别是很重要的，因为有些控件确实具有在状态期间运行的动画。例如，考虑第 17 章中的当在其上悬停按钮时具有闪烁背景颜色的按钮示例)。

3. 定义状态过渡

过渡是从当前状态到新状态的动画。变换模型的优点之一是不需要为动画创建故事板。例如，如果添加如下标记，WPF 会创建持续时间为 0.7 秒的动画以改变 FlipPanel 控件的透明度，从而创建您所希望的悦目的褪色效果：

```
<VisualStateGroup x:Name="ViewStates">
  <VisualStateGroup.Transitions>
    <VisualTransition GeneratedDuration="0:0:0.7"></VisualTransition>
  </VisualStateGroup.Transitions>
```

```
  <VisualState x:Name="Normal">
    ...
  </VisualState>

  <VisualState x:Name="Flipped">
    ...
  </VisualState>
</VisualStateGroup>
```

过渡会应用到状态组。当定义过渡时，必须将其添加到 VisualStateGroup.Transitions 集合。这个示例使用最简单的过渡类型：默认过渡。默认过渡应用于该组中的所有状态变化。

默认过渡是很方便的，但用于所有情况的解决方案不可能总是适合的。例如，您可能希望 FlipPanel 控件根据其进入的状态以不同的速度过渡。为实现该效果，需要定义多个过渡，并且需要设置 To 属性以指示何时应用过渡效果。

例如，如果有以下过渡：

```
<VisualStateGroup.Transitions>
  <VisualTransition To="Flipped" GeneratedDuration="0:0:0.5" />
  <VisualTransition To="Normal" GeneratedDuration="0:0:0.1" />
</VisualStateGroup.Transitions>
```

FlipPanel 将在 0.5 秒的时间内切换到 Flipped 状态，并在 0.1 秒的时间内进入 Normal 状态。

这个示例显示了当进入特定状态时应用的过渡，但还可使用 From 属性创建当离开某个状态时应用的过渡，并且可结合使用 To 和 From 属性来创建更特殊的只有当在特定的两个状态之间移动时才会应用的过渡。当应用过渡时 WPF 遍历过渡集合，在所有应用的过渡中查找最特殊的过渡，并只使用最特殊的那个过渡。

为了进一步加以控制，可创建自定义过渡动画来替换 WPF 通常使用的自动生成的过渡。您可能会由于几个原因而创建自定义过渡。下面是一些例子：使用更复杂的动画控制动画的步长，使用动画缓动、连续运行几个动画或在运行动画时播放声音。

为定义自定义过渡，在 VisualTransition 元素中放置具有一个或多个动画的故事板。在 FlipPanel 示例中，可使用自定义过渡确保 ToggleButton 箭头更快地旋转自身，而淡化过程更缓慢：

```
<VisualStateGroup.Transitions>
  <VisualTransition GeneratedDuration="0:0:0.7" To="Flipped">
    <Storyboard>
      <DoubleAnimation Storyboard.TargetName="FlipButtonTransform"
      Storyboard.TargetProperty="Angle" To="90"
      Duration="0:0:0.2"></DoubleAnimation>
    </Storyboard>
  </VisualTransition>
  <VisualTransition GeneratedDuration="0:0:0.7" To="Normal">
    <Storyboard>
      <DoubleAnimation Storyboard.TargetName="FlipButtonTransform"
        Storyboard.TargetProperty="Angle" To="-90"
        Duration="0:0:0.2"></DoubleAnimation>
      </Storyboard>
    </VisualTransition>
</VisualStateGroup.Transitions>
```

注意：

当使用自定义过渡时，仍必须设置 VisualTransition.GeneratedDuration 属性以匹配动画的持续时间。如果没有设置该细节，VisualStateManager 就不能使用自定义过渡，而且它将立即应用新状态(使用的实际时间值对于您的自定义过渡仍无效果，因为它只应用于自动生成的动画)。

但许多控件需要自定义过渡，而且编写自定义过渡是非常乏味的工作。仍需保持零长度的状态动画，这还会不可避免地在可视化状态和过渡之间复制一些细节。

4. 关联元素

现在，您已经得到了一个相当好的控件模板，需要在 FlipPanel 控件中添加一些内容以使该模板工作。

诀窍是使用 OnApplyTemplate( )方法，该方法还用于在 ColorPicker 控件中设置绑定。对于 FlipPanel 控件，OnApplyTemplate( )方法用于为 FlipButton 和 FlipButtonAlternate 部件检索 ToggleButton，并为每个部件关联事件处理程序，从而当用户单击以翻转控件时能够进行响应。最后，OnApplyTemplate( )方法调用名为 ChangeVisualState( )的自定义方法，该方法确保控件的可视化外观和其当前状态相匹配：

```
public override void OnApplyTemplate()
{
    base.OnApplyTemplate();

    // Wire up the ToggleButton.Click event.
    ToggleButton flipButton = base.GetTemplateChild("FlipButton") as ToggleButton;
    if (flipButton != null) flipButton.Click += flipButton_Click;

    // Allow for two flip buttons if needed (one for each side of the panel).
    ToggleButton flipButtonAlternate =
        base.GetTemplateChild("FlipButtonAlternate") as ToggleButton;
    if (flipButtonAlternate != null) flipButtonAlternate.Click += flipButton_Click;

    // Make sure the visuals match the current state.
    this.ChangeVisualState(false);
}
```

提示：

当调用 GetTemplateChild( )方法时，需要给出希望获取的元素的字符串名称。为避免可能的错误，可在控件中将该字符串声明为常量。然后在 TemplatePart 特性中以及调用 GetTemplateChild( )方法时可以使用该常量。

下面是非常简单的允许用户单击 ToggleButton 按钮并翻转面板的事件处理程序：

```
private void flipButton_Click(object sender, RoutedEventArgs e)
{
    this.IsFlipped = !this.IsFlipped;
    ChangeVisualState(true);
}
```

幸运的是，不需要手动触发状态动画。既不需要创建也不需要触发过渡动画。相反，为从一个状态改变到另一个状态，只需要调用静态方法 VisualStateManager.GoToState( )。当调用该方法时，传递正在改变状态的控件对象的引用、新状态的名称以及确定是否显示过渡的 Boolean 值。如果是由用户引发的改变(例如，当用户单击 ToggleButton 按钮时)，该值应当为 true；如果是由属性设置引发的改变(例如，如果使用页面的标记设置 IsFlipped 属性的初始值)，该值为 false。

处理控件支持的所有不同状态可能会变得很凌乱。为避免在整个控件代码中分散调用 GoToState( )方法，大多数控件添加了与在 FlipPanel 控件中添加的 ChangeVisualState( )类似的方法。该方法负责应用每个状态组中的正确状态。该方法中的代码使用 if 语句块(或 switch 语句)应用每个状态组的当前状态。该方法之所以可行，是因为它完全可以使用当前状态的名称调用 GoToState( )方法。在这种情况下，如果当前状态和请求的状态相同，那么什么也不会发生。

下面是用于 FlipPanel 控件的 ChangeVisualState( )方法：

```
private void ChangeVisualState(bool useTransitions)
{
    if (!IsFlipped)
    {
        VisualStateManager.GoToState(this, "Normal", useTransitions);
    }
    else
    {
        VisualStateManager.GoToState(this, "Flipped", useTransitions);
    }
}
```

通常在以下位置调用 ChangeVisualState()方法或与其等效的方法：

- 在 OnApplyTemplate( )方法的结尾，在初始化控件之后。
- 当响应代表状态变化的事件时，例如鼠标移动或单击 ToggleButton 按钮。
- 当响应属性改变或通过代码触发方法时(例如，IsFlipped 属性设置器调用 ChangeVisualState( )方法并且总是提供 true，所以显示过渡动画。如果希望为控件使用者提供不显示过渡的机会，可添加 Flip( )方法，该方法接受与为 ChangeVisualState( )方法传递的相同的 Boolean 参数)。

正如上面介绍的，FlipPanel 控件非常灵活。例如，可使用该控件并且不使用 ToggleButton 按钮，通过代码进行翻转(可能是当用户单击不同的控件时)。也可在控件模板中包含一两个翻转按钮，并且允许用户进行控制。

18.4.4　使用 FlipPanel 控件

现在已经完成了 FlipPanel 控件的控件模板和代码，已经准备好在应用程序中使用该控件了。假定已添加了必需的程序集引用，然后可将 XML 前缀映射到包含自定义控件的名称空间：

```
<Window x:Class="FlipPanelTest.Page"
 xmlns:lib="clr-namespace:FlipPanelControl;assembly=FlipPanelControl" ... >
```

接下来，可为页面添加 FlipPanel 实例。下面的示例创建了在图 18-5 中显示的 FlipPanel 面板，为前面的内容区域使用布满元素的 StackPanel 面板，并为后面的内容区域使用 Grid 面板：

```
<lib:FlipPanel x:Name="panel" BorderBrush="DarkOrange"
  BorderThickness="3" CornerRadius="4" Margin="10">
```

```
    <lib:FlipPanel.FrontContent>
      <StackPanel Margin="6">
        <TextBlock TextWrapping="Wrap" Margin="3" FontSize="16"
        Foreground="DarkOrange">This is the front side of the FlipPanel.</TextBlock>
        <Button Margin="3" Padding="3" Content="Button One"></Button>
        <Button Margin="3" Padding="3" Content="Button Two"></Button>
        <Button Margin="3" Padding="3" Content="Button Three"></Button>
        <Button Margin="3" Padding="3" Content="Button Four"></Button>
      </StackPanel>
    </lib:FlipPanel.FrontContent>

    <lib:FlipPanel.BackContent>
      <Grid Margin="6">
        <Grid.RowDefinitions>
          <RowDefinition Height="Auto"></RowDefinition>
          <RowDefinition></RowDefinition>
        </Grid.RowDefinitions>
        <TextBlock TextWrapping="Wrap" Margin="3" FontSize="16"
        Foreground="DarkMagenta">This is the back side of the FlipPanel.</TextBlock>
        <Button Grid.Row="2" Margin="3" Padding="10" Content="Flip Back to Front"
          HorizontalAlignment="Center" VerticalAlignment="Center"
          Click="cmdFlip_Click"></Button>
        </Grid>
    </lib:FlipPanel.BackContent>
</lib:FlipPanel>
```

当单击 FlipPanel 背面的按钮时，通过编程翻转面板：

```
private void cmdFlip_Click(object sender, RoutedEventArgs e)
{
    panel.IsFlipped = !panel.IsFlipped;
}
```

上述代码的结果与单击具有箭头的 ToggleButton 按钮的结果相同，该按钮是作为默认控件模板的一部分定义的。

18.4.5　使用不同的控件模板

已经恰当设计好的自定义控件极其灵活。对于 FlipPanel 控件，可提供新模板来更改 ToggleButton 按钮的外观和位置，并修改当在前后内容区域之间进行切换时应用的动画效果。

图 18-6 显示了这样的一个示例。在此，翻转按钮被放置到一个特殊的栏中，该栏位于前面的底部并且位于后面的顶部。当翻转面板时，它不是像一页纸那样翻转内容。相反，它缩小前面内容的同时在后面展开后面的内容。当反向翻转面板时，后面的内容从下面开始挤向后面，前面的内容从上面展开。为实现更精彩的效果，甚至还借助于 BlurEffect 类模糊正在变形的内容。

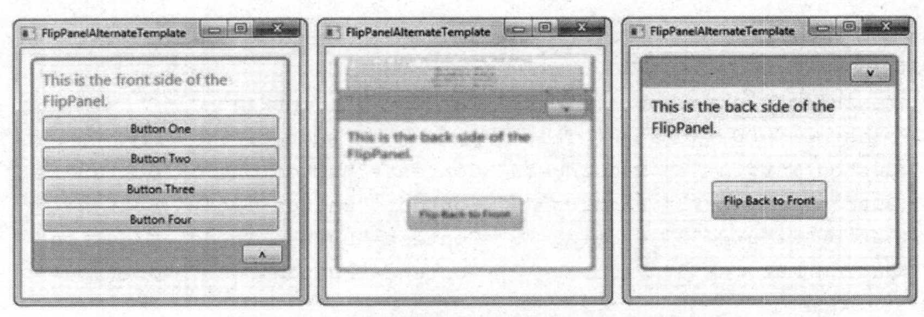

图 18-6 具有不同控件模板的 FlippedPanel 控件

下面是定义前面内容区域的模板部分：

```
<Border BorderBrush="{TemplateBinding BorderBrush}"
  BorderThickness="{TemplateBinding BorderThickness}"
  CornerRadius="{TemplateBinding CornerRadius}"
  Background="{TemplateBinding Background}">

  <Border.RenderTransform>
    <ScaleTransform x:Name="FrontContentTransform"></ScaleTransform>
  </Border.RenderTransform>
  <Border.Effect>
    <BlurEffect x:Name="FrontContentEffect" Radius="0"></BlurEffect>
  </Border.Effect>

  <Grid>
    <Grid.RowDefinitions>
      <RowDefinition></RowDefinition>
      <RowDefinition Height="Auto"></RowDefinition>
    </Grid.RowDefinitions>

    <ContentPresenter Content="{TemplateBinding FrontContent}"></ContentPresenter>
    <Rectangle Grid.Row="1" Stretch="Fill" Fill="LightSteelBlue"></Rectangle>
    <ToggleButton Grid.Row="1" x:Name="FlipButton" Margin="5" Padding="15,0"
  Content="^" FontWeight="Bold" FontSize="12" HorizontalAlignment="Right">
    </ToggleButton>
  </Grid>
</Border>
```

后面的内容区域几乎完全相同，由包含 ContentPresenter 元素的 Border 元素组成，而且包含自己的 ToggleButton 按钮，该按钮被放置在阴影矩形的右边。另外还为 Border 元素定义了最重要的 ScaleTransform 对象和 BlurEffect 对象，动态翻转面板时使用了这两个对象。

下面是翻转面板的动画。要查看所有标记，请参考本章的下载代码。

```
<VisualState x:Name="Flipped">
  <Storyboard>
    <DoubleAnimation Storyboard.TargetName="FrontContentTransform"
      Storyboard.TargetProperty="ScaleY" To="0" ></DoubleAnimation>

    <DoubleAnimation Storyboard.TargetName="FrontContentEffect"
      Storyboard.TargetProperty="Radius" To="30" ></DoubleAnimation>
```

```
    <DoubleAnimation Storyboard.TargetName="BackContentTransform"
     Storyboard.TargetProperty="ScaleY" To="1" ></DoubleAnimation>

    <DoubleAnimation Storyboard.TargetName="BackContentEffect"
     Storyboard.TargetProperty="Radius" To="0" ></DoubleAnimation>
  </Storyboard>
</VisualState>
```

因为改变前面内容区域的动画和改变后面内容区域的动画同时运行，所以不需要自定义过渡来管理它们。

18.5　创建自定义面板

到目前为止，您已经看到了如何从头开发两个自定义控件：自定义的 ColorPicker 和 FlipPanel 控件。接下来的几节将考虑两个更特殊的选择：派生自定义面板以及构建自定义绘图控件。

创建自定义面板是一种特殊但较常见的自定义控件开发子集。正如在第 3 章中学习过的，面板驻留一个或多个子元素，并且实现了特定的布局逻辑以恰当地安排其子元素。如果希望构建自己的可拖动的工具栏或可停靠的窗口系统，自定义面板是很重要的元素。当创建需要非标准特定布局的组合控件时，自定义面板通常是很有用的，例如花哨的停靠工具栏。

现在，对于 WPF 提供的用于组织内容的基本类型的面板(如 StackPanel、DockPanel、WrapPanel、Canvas 以及 Grid)已经很熟悉了，也已经看到了一些使用它们自己自定义面板的 WPF 元素(如 TabPanel、ToolBarOverflowPanel 以及 VirtualizingPanel)。可以在线查找更多有关自定义面板的示例。下面是一些值得研究的示例：

- 允许拖动其子元素而不需要额外事件处理代码的自定义 Canvas 面板(http://tinyurl.com/9s324ud)。
- 针对项列表实现了鱼眼效果和螺旋效果的两个面板(http:// tinyurl.com/965bqt3)。
- 使用基于帧的动画从一种布局变换到其他布局的面板(http://tinyurl.com/95sdzgx)。

接下来的几节将介绍如何创建自定义面板，并且还将分析两个简单的示例——一个基本的 Canvas 面板副本，以及一个增强版本的 WrapPanel 面板。

18.5.1　两步布局过程

每个面板都使用相同的设备：负责改变子元素尺寸和安排子元素的两步布局过程。第一个阶段是测量阶段(measure pass)，在这一阶段面板决定其子元素希望具有多大的尺寸。第二个阶段是排列阶段(layout pass)，在这一阶段为每个控件指定边界。这两个步骤是必需的，因为在决定如何分割可用空间时，面板需要考虑所有子元素的期望。

可以通过重写名称奇特的 MeasureOverride( )和 ArrangeOverride( )方法，为这两个步骤添加自己的逻辑，这两个方法是作为 WPF 布局系统的一部分在 FrameworkElement 类中定义的。奇特的名称使用表示 MeasureOverride( )和 ArrangeOverride( )方法代替在 MeasureCore( )和 ArrangeCore()方法中定义的逻辑，后两个方法是在 UIElement 类中定义的。这两个方法是不能被重写的。

1. MeasureOverride( )方法

第一步是首先使用 MeasureOverride()方法决定每个子元素希望多大的空间。然而，即使是在 MeasureOverride()方法中，也不能为子元素提供无限空间。至少，也应当将子元素限制在能够适应面板可用空间的范围之内。此外，可能希望更严格地限制子元素。例如，具有按比例分配尺寸的两行的 Grid 面板，会为子元素提供可用高度的一半。StackPanel 面板会为第一个元素提供所有可用空间，然后为第二个元素提供剩余的空间，等等。

每个 MeasureOverride()方法的实现负责遍历子元素集合，并调用每个子元素的 Measure()方法。当调用 Measure()方法时，需要提供边界框—— 决定每个子控件最大可用空间的 Size 对象。在 MeasureOverride()方法的最后，面板返回显示所有子元素所需的空间，并返回它们所期望的尺寸。

下面是 MeasureOverride()方法的基本结构，其中没有具体的尺寸细节：

```
protected override Size MeasureOverride(Size constraint)
{
    // Examine all the children.
    foreach (UIElement element in base.InternalChildren)
    {
        // Ask each child how much space it would like, given the
        // availableSize constraint.
        Size availableSize = new Size(...);
        element.Measure(availableSize);
        // (You can now read element.DesiredSize to get the requested size.)
    }

    // Indicate how much space this panel requires.
    // This will be used to set the DesiredSize property of the panel.
    return new Size(...);
}
```

Measure()方法不返回数值。在为每个子元素调用 Measure()方法之后，子元素的 DesiredSize 属性提供了请求的尺寸。可以在为后续子元素执行计算时(以及决定面板需要的总空间时)使用这一信息。

因为许多元素直到调用了 Measured()方法之后才会渲染它们自身，所以必须为每个子元素调用 Measure()方法，即使不希望限制子元素的尺寸或使用 DesiredSize 属性也同样如此。如果希望让所有子元素能够自由获得它们所希望的全部空间，可以传递在两个方向上的值都是 Double.PositiveInfinity 的 Size 对象(ScrollViewer 是使用这种策略的一个元素，原因是它可以处理任意数量的内容)。然后子元素会返回其中所有内容所需要的空间。否则，子元素通常会返回其中内容需要的空间或可用空间—— 返回较小者。

在测量过程的结尾，布局容器必须返回它所期望的尺寸。在简单的面板中，可以通过组合每个子元素的期望尺寸计算面板所期望的尺寸。

注意：

不能为面板的期望尺寸简单地返回传递给 MeasureOverride()方法的限制范围。尽管这看起来是获取所有可用空间的好方法，但如果容器传递 Size 对象，而且 Size 对象的一个方向或两个方向上的数值是 Double.PositiveInfinity(这意味着“占用需要的所有控件空间”)，这时就会出现麻烦。尽管对于尺寸限制范围来说，无限的尺寸是允许的，但是对于尺寸结果，无限的尺寸是不允许的，因为 WPF 不能计算出元素应当多大。另外，实际上不应当使用超出需要的更大空间。如果这样做的话，可能会导致额外的空白空间，并且布局面板之后的元素会在窗口中进一步下移。

细心的读者可能已经注意到为每个子元素调用的 Measure()方法和定义面板布局逻辑第一步的 MeasureOverride()方法极其相似。实际上，Measure()方法会触发 MeasureOverride()方法。所以，如果在一个布局容器中放置另一个布局容器，当调用 Measure()方法时，将会得到布局容器及其所有子元素所需的总尺寸。

提示：

通过两步执行测量过程(触发 MeasureOverride()方法的 Measure()方法)的一个原因是为了处理外边距。当调用 Measure()方法时，传递总的可用空间。当 WPF 调用 MeasureOverride()方法时，考虑到外边距空间，会自动减少可用空间(除非传递无限的尺寸)。

2. ArrangeOverride()方法

测量完所有元素后，就可以在可用的空间中排列元素了。布局系统调用面板的 ArrangeOverride()方法，而面板为每个子元素调用 Arrange()方法，以告诉子元素为它分配了多大的空间(您可能已经猜到了，Arrange()方法会触发 ArrangeOverride()方法，这与 Measure()方法会触发 MeasureOverride()方法非常类似)。

当使用 Measure()方法测量条目时，传递能够定义可用空间边界的 Size 对象。当使用 Arrange()方法放置条目时，传递能够定义条目尺寸和位置的 System.Windows.Rect 对象。这时，就像使用 Canvas 面板风格的 X 和 Y 坐标放置每个元素一样(坐标确定布局容器左上角与元素左上角之间的距离)。

注意：

元素(以及布局面板)可以随意打破这些规则，并试图超出为它们分配的边界。例如，在第 12 章您看到了 Line 元素是如何重叠在相邻元素之上的。然而，普通元素应当遵循为其提供的边界。此外，大多数容器会剪裁超出边界的子元素。

下面是 ArrangeOverride( )方法的基本结构，其中没有给出具体的尺寸细节：

```
protected override Size ArrangeOverride(Size arrangeSize)
{
    // Examine all the children.
    foreach (UIElement element in base.InternalChildren)
    {
        // Assign the child it's bounds.
        Rect bounds = new Rect(...);
        element.Arrange(bounds);
        // (You can now read element.ActualHeight and element.ActualWidth
```

```
            // to find out the size it used..)
        }

        // Indicate how much space this panel occupies.
        // This will be used to set the ActualHeight and ActualWidth properties
        // of the panel.
        return arrangeSize;
    }
```

当排列元素时，不能传递无限尺寸。然而，可以通过传递来自DesiredSize属性的值，为元素提供它所期望的数值。也可以为元素提供比所需尺寸更大的空间。实际上，经常会出现这种情况。例如，垂直的StackPanel面板为其子元素提供所请求的高度，但是为子元素提供面板本身的整个宽度。同样，Grid面板使用具有固定尺寸或按比例计算尺寸的行，这些行的尺寸可能大于其内部元素所期望的尺寸。即使已经在根据内容改变尺寸的容器中放置了元素，如果使用Height和Width属性明确设置了元素的尺寸，那么仍可以扩展该元素。

当使元素比所期望的尺寸更大时，就需要使用HorizontalAlignment和VerticalAlignment属性。元素内容被放在指定边界内部的某个位置。

因为ArrangeOverride()方法总是接收定义的尺寸(而非无限的尺寸)，所以为了设置面板的最终尺寸，可以返回传递的Size对象。实际上，许多布局容器就是采用这一步骤来占据提供的所有空间(不能冒险占用其他控件可能需要的空间，因为除非有可用空间，否则布局系统的测量步骤一定不会为元素提供超出需要的空间)。

18.5.2　Canvas面板的副本

理解这两个方法的最快捷方式是研究Canvas类的内部工作原理，Canvas是最简单的布局容器。为了创建自己的Canvas风格的面板，只需要简单地继承Panel类，并且添加MeasureOverride()和ArrangeOverride()方法，如下所示：

```
public class CanvasClone : System.Windows.Controls.Panel
{ ... }
```

Canvas面板在它们希望的位置放置子元素，并且为子元素设置它们希望的尺寸。所以，Canvas面板不需要计算如何分割可用空间。这使得MeasureOverride()方法非常简单。为每个子元素提供无限的空间：

```
protected override Size MeasureOverride(Size constraint)
{
    Size size = new Size(double.PositiveInfinity, double.PositiveInfinity);
    foreach (UIElement element in base.InternalChildren)
    {
        element.Measure(size);
    }
    return new Size();
}
```

注意，MeasureOverride()方法返回空的Size对象。这意味着Canvas面板根本不请求任何空间，而是由您明确地为Canvas面板指定尺寸，或者将其放置到布局容器中进行拉伸以填充整个容器的可用空间。

ArrangeOverride()方法包含的内容稍微多一些。为了确定每个元素的正确位置，Canvas 面板使用附加属性(Left、Right、Top 以及 Bottom)。正如您在第 4 章学习过的(并且在后面的 WrapBreakPanel 示例中也会看到)，附加属性是使用定义类中的两个辅助方法实现的：Get*Property*()和 Set*Property*()方法。

在此分析的 Canvas 面板副本更简单一些——只使用 Left 和 Top 附加属性(而不考虑多余的 Right 和 Bottom 属性)。下面是用于排列元素的代码：

```
protected override Size ArrangeOverride(Size arrangeSize)
{
    foreach (UIElement element in base.InternalChildren)
    {
        double x = 0;
        double y = 0;
        double left = Canvas.GetLeft(element);
        if (!DoubleUtil.IsNaN(left))
        {
            x = left;
        }
        double top = Canvas.GetTop(element);
        if (!DoubleUtil.IsNaN(top))
        {
            y = top;
        }
        element.Arrange(new Rect(new Point(x, y), element.DesiredSize));
    }
    return arrangeSize;
}
```

18.5.3　更好的 WrapPanel 面板

现在，已经更详细地分析了面板系统，有必要创建自己的布局容器，添加一些 WPF 基本面板集合所不具备的功能。接下来将介绍一个扩展 WrapPanel 面板功能的示例。

WrapPanel 面板执行一个简单的功能，该功能有时十分有用。该面板逐个地布置其子元素，一旦当前行的宽度用完，就会切换到下一行。但有时您需要采用一种方法来强制立即换行，以便在新行中启动某个特定控件。尽管 WrapPanel 面板原本没有提供这一功能，但通过创建自定义控件可以方便地添加该功能。只需要添加一个请求换行的附加属性即可。此后，面板中的子元素可使用该属性在适当位置换行。

下面的代码清单显示了 WrapBreakPanel 类，该类添加了 LineBreakBeforeProperty 附加属性。当将该属性设置为 true 时，这个属性会导致在元素之前立即换行。

```
public class WrapBreakPanel : Panel
{
    public static DependencyProperty LineBreakBeforeProperty;

    static WrapBreakPanel()
    {
        FrameworkPropertyMetadata metadata=new FrameworkPropertyMetadata();
        metadata.AffectsArrange = true;
```

```
        metadata.AffectsMeasure = true;
        LineBreakBeforeProperty = DependencyProperty.RegisterAttached(
          "LineBreakBefore",typeof(bool), typeof(WrapBreakPanel),metadata);
    }
    ...
}
```

与所有依赖项属性一样，LineBreakBefore 属性被定义成静态字段，然后在自定义类的静态构造函数中注册该属性。唯一的区别在于进行注册时使用的是 RegisterAttached()方法而非 Register()方法。

用于 LineBreakBefore 属性的 FrameworkPropertyMetadata 对象明确指定该属性影响布局过程。所以，无论何时设置该属性，都会触发新的排列阶段。

这里没有使用常规属性封装器封装这些附加属性，因为不在定义它们的同一个类中设置它们。相反，需要提供两个静态方法，这两个方法能够使用 DependencyObject.SetValue()方法在任意元素上设置这个属性。下面是 LineBreakBefore 属性需要的代码：

```
public static void SetLineBreakBefore(UIElement element, Boolean value)
{
    element.SetValue(LineBreakBeforeProperty, value);
}
public static Boolean GetLineBreakBefore(UIElement element)
{
    return (bool)element.GetValue(LineBreakBeforeProperty);
}
```

唯一保留的细节是当执行布局逻辑时需要考虑该属性。WrapBreakPanel 面板的布局逻辑以 WrapPanel 面板的布局逻辑为基础。在测量阶段，元素按行排列，从而使面板能够计算需要的总空间。除非太大或 LineBreakBefore 属性被设置为 true，否则每个元素都被添加到当前行中。下面是完整的代码：

```
protected override Size MeasureOverride(Size constraint)
{
    Size currentLineSize = new Size();
    Size panelSize = new Size();

    foreach (UIElement element in base.InternalChildren)
    {
        element.Measure(constraint);
        Size desiredSize = element.DesiredSize;

        if (GetLineBreakBefore(element) ||
          currentLineSize.Width + desiredSize.Width > constraint.Width)
        {
            // Switch to a new line (either because the element has requested it
            // or space has run out).
            panelSize.Width = Math.Max(currentLineSize.Width, panelSize.Width);
            panelSize.Height += currentLineSize.Height;
            currentLineSize = desiredSize;
```

```
            // If the element is too wide to fit using the maximum width
            // of the line, just give it a separate line.
            if (desiredSize.Width > constraint.Width)
            {
                panelSize.Width=Math.Max(desiredSize.Width,panelSize.Width);
                panelSize.Height += desiredSize.Height;
                currentLineSize = new Size();
            }
        }
        else
        {
            // Keep adding to the current line.
            currentLineSize.Width += desiredSize.Width;

            // Make sure the line is as tall as its tallest element.
            currentLineSize.Height = Math.Max(desiredSize.Height,
              currentLineSize.Height);
            }
        }

        // Return the size required to fit all elements.
        // Ordinarily, this is the width of the constraint, and the height
        // is based on the size of the elements.
        // However, if an element is wider than the width given to the panel,
        // the desired width will be the width of that line.
        panelSize.Width = Math.Max(currentLineSize.Width, panelSize.Width);
        panelSize.Height += currentLineSize.Height;
        return panelSize;
    }
```

上述代码中的重要细节是检查 LineBreakBefore 属性。这实现了普通 WrapPanel 面板没有提供的额外逻辑。

ArrangeOverride()方法的代码几乎相同，但更枯燥一些。区别在于：面板在开始布局一行之前需要决定该行的最大高度(根据最高的元素确定)。这样，每个元素可以得到完整数量的可用空间，可用空间占用行的整个高度。与使用普通 WrapPanel 面板进行布局时的过程相同。为了查看完整的细节，请参考本章的下载代码。

WrapBreakPanel 面板使用起来十分简便。下面的一些标记演示了使用 WrapBreakPanel 面板的一个示例。在该例中，WrapBreakPanel 面板正确地分割行，并且根据其子元素的尺寸计算所需的尺寸：

```
<StackPanel>
  <StackPanel.Resources>
    <Style TargetType="{x:Type Button}">
      <Setter Property="Margin" Value="3"></Setter>
      <Setter Property="Padding" Value="3"></Setter>
    </Style>
  </StackPanel.Resources>

  <TextBlock Padding="5" Background="LightGray">
```

```
    Content above the WrapBreakPanel.
  </TextBlock>
  <lib:WrapBreakPanel>
    <Button>No Break Here</Button>
    <Button>No Break Here</Button>
    <Button>No Break Here</Button>
    <Button>No Break Here</Button>
    <Button lib:WrapBreakPanel.LineBreakBefore="True" FontWeight="Bold">
      Button with Break
    </Button>
    <Button>No Break Here</Button>
    <Button>No Break Here</Button>
    <Button>No Break Here</Button>
    <Button>No Break Here</Button>
  </lib:WrapBreakPanel>
  <TextBlock Padding="5" Background="LightGray">
    Content below the WrapBreakPanel.
  </TextBlock>
</StackPanel>
```

图 18-7 显示了如何解释上面的标记。

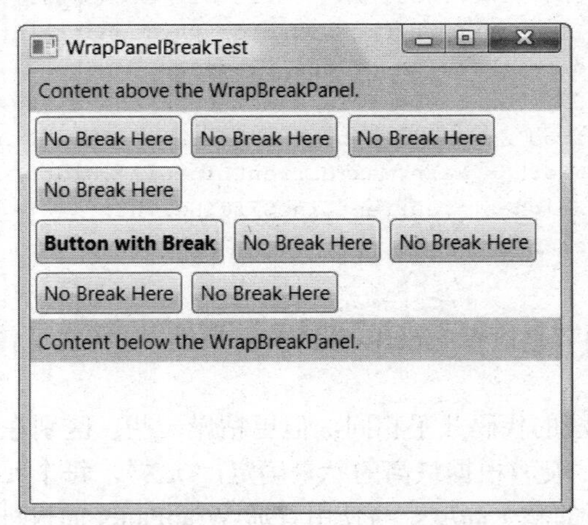

图 18-7 WrapBreakPanel 面板

18.6 自定义绘图元素

前面已经开始分析 WPF 元素的内部工作原理——允许每个元素插入到 WPF 布局系统的MeasureOverride()和 ArrangeOverride()方法中。本节将进一步深入分析和研究元素如何渲染它们自身。

大多数 WPF 元素通过组合方式创建可视化外观。换句话说，典型的元素通过其他更基础的元素进行构建。在本章的整个内容中您已经看到了这种工作模式。例如，使用标记定义用户控件的组合元素，处理标记的方式与自定义窗口中的 XAML 相同。使用控件模板为自定义控件定义可视化树。并且当创建自定义面板时，根本不必定义任何可视化细节。组合元素由控件使用者提供，并添加到 Children 集合中。

当然，直到现在才能使用组合。最终，一些类需要负责绘制内容。在 WPF 中，这些类位于元素树的底层。在典型窗口中，是通过单独的文本、形状以及位图执行渲染的，而不是通过高级元素。

18.6.1　OnRender()方法

为了执行自定义渲染，元素必须重写 OnRender()方法，该方法继承自 UIElement 基类。OnRender()方法未必不需要替换组合——一些控件使用 OnRender()方法绘制可视化细节并使用组合在其上叠加其他元素。Border 和 Panel 类是两个例子，Border 类在 OnRender()方法中绘制边框，Panel 类在 OnRender()方法中绘制背景。Border 和 Panel 类都支持子内容，并且这些子内容在自定义的绘图细节之上进行渲染。

OnRender()方法接收一个 DrawingContext 对象，该对象为绘制内容提供了一套很有用的方法。第一次学习 DrawingContext 类的相关内容是在第 14 章，在该章中使用该类为 Visual 对象绘制内容。在 OnRender()方法中执行绘图的主要区别是不能显式地创建和关闭 DrawingContext 对象。这是因为几个不同的 OnRender()方法可能使用相同的 DrawingContext 对象。例如，派生的元素可以执行一些自定义绘图操作并调用基类中的 OnRender()方法来绘制其他内容。这种方法是可行的，因为当开始这一过程时，WPF 会自动创建 DrawingContext 对象，并且当不再需要时关闭该对象。

注意：

从技术角度看，OnRender()方法实际上没有将内容绘制到屏幕上，而是绘制到 DrawingContext 对象上，然后 WPF 缓存这些信息。WPF 决定元素何时需要重新绘制并绘制使用 DrawingContext 对象创建的内容。这是 WPF 保留模式图形系统的本质——由您定义内容，WPF 无缝地管理绘制和刷新过程。

关于 WPF 渲染，最令人惊奇的细节是实际上只需要使用很少的类。大多数类是通过其他更简单的类构建的，并且对于典型的控件，为了找到实际重写 OnRender()方法的类，需要进入到控件元素树中非常深的层次。下面是一些重写了 OnRender()方法的类：

- **TextBlock 类**。无论在何处放置文本，都有 TextBlock 对象使用 OnRender()方法绘制文本。
- **Image 类**。Image 类重写 OnRender()方法，使用 DrawingContext.DrawImage()方法绘制图形内容。
- **MediaElement 类**。如果正在使用该类播放视频文件，该类会重写 OnRender()方法以绘制视频帧。
- **各种形状类**。Shape 基类重写了 OnRender()方法，通过使用 DrawingContext.DrawGeometry()方法，绘制在其内部存储的 Geometry 对象。根据 Shape 类的特定派生类，Geometry 对象可以表示椭圆、矩形或更复杂的由直线和曲线构成的路径。许多元素使用形状绘制小的可视化细节。
- **各种修饰类**。这些类(如 ButtonChrome 和 ListBoxChrome)绘制通用控件的外侧外观，并在具体指定的内部放置内容。其他许多继承自 Decorator 的类，如 Border 类，都重写了 OnRender()方法。

- **各种面板类**。尽管面板的内容是由其子元素提供的，但是 OnRender()方法绘制具有背景色(假设设置了 Background 属性)的矩形。

通常，OnRender()方法的实现看起来很简单。例如，下面是继承自 Shape 类的所有渲染代码：

```
protected override void OnRender(DrawingContext drawingContext)
{
    this.EnsureRenderedGeometry();
    if (this._renderedGeometry != Geometry.Empty)
    {
        drawingContext.DrawGeometry(this.Fill, this.GetPen(),
          this._renderedGeometry);
    }
}
```

请记住，重写 OnRender()方法不是渲染内容并且将其添加到用户界面的唯一方法。也可以创建 DrawingVisual 对象，并使用 AddVisualChild()方法为 UIElement 对象添加该可视化对象(并实现其他一些细节，正如在第 14 章中描述的那样)。然后可以调用 DrawingVisual.RenderOpen()方法为 DrawingVisual 对象检索 DrawingContext 对象，并使用返回的 DrawingContext 对象渲染 DrawingVisual 对象的内容。

在 WPF 中，一些元素使用这种策略在其他元素内容之上显示一些图形细节。例如，在拖放指示器、错误指示器以及焦点框中可以看到这种情况。在所有这些情况中，DrawingVisual 类允许元素在其他内容之上绘制内容，而不是在其他内容之下绘制内容。但对于大部分情况，是在专门的 OnRender()方法中进行渲染。

18.6.2　评估自定义绘图

当创建自定义元素时，可能会选择重写 OnRender()方法来绘制自定义内容。可在包含内容的元素(最常见的情况是继承自 Decorator 的类)中重写 OnRender()方法，从而可以在内容周围添加图形装饰。也可以在没有任何嵌套内容的元素中重写 OnRender()方法，从而可以绘制元素的整个可视化外观。例如，可以创建绘制一些小的图形细节的自定义元素，然后可以通过组合，在其他类中使用自定义元素。WPF 中的这方面示例是 TickBar 元素，该元素为 Slider 控件绘制刻度标记。TickBar 元素通过 Slider 控件的默认控件模板(该模板还包括一个 Border 和一个 Track 元素，Track 元素又包含了两个 RepeatButton 控件和一个 Thumb 元素)嵌入到 Slider 控件的可视化树中。

一个明显的问题是需要确定何时使用较低级的 OnRender()方法，以及何时使用其他类(例如，继承自 Shape 类的元素)的组合来绘制所需的内容。为了做出决定，需要评估所需图形的复杂程度以及希望提供的交互能力。

例如，分析一下 ButtonChrome 类。在 ButtonChrome 类的 WPF 实现中，自定义的渲染代码考虑了各种属性，包括 RenderDefaulted、RenderMouseOver 以及 RenderPressed。Button 类的默认控件模板在适当的时机使用触发器设置这些属性，就像在第 17 章中看到的那样。例如，当将鼠标移动到按钮上时，Button 类使用触发器将 ButtonChrome.RenderMouseOver 属性设置为 true。

无论何时改变 RenderDefaulted、RenderMouseOver 或 RenderPressed 属性，ButtonChrome 类都会调用基本的 InvalidateVisual( )方法来指示当前外观不再有效。WPF 然后调用 ButtonChrome.OnRender()方法来获取新的图形表示。

如果 ButtonChrome 类使用组合，这种行为就更难实现。使用合适的元素为 ButtonChrome 类创建标准外观很容易，但是当按钮的状态发生变化时，需要做更多的工作来修改外观。需要动态改变构成 ButtonChrome 类的嵌套元素，如果外观变化很大的话，就必须隐藏一个元素并在合适的位置显示另一个元素。

大多数自定义元素不需要自定义渲染。但是当属性发生变化或执行特定操作时，需要渲染复杂的变化很大的可视化外观，此时使用自定义的渲染方法可能更加简单并且更便捷。

18.6.3　自定义绘图元素

现在，您已经知道了 OnRender()方法的工作原理，以及何时使用该方法。最后一步是分析一个演示使用 OnRender()方法的自定义控件。

下面的代码定义了名为 CustomDrawnElement 的元素，演示了一种简单的效果。该元素使用 RadialGradientBrush 画刷绘制阴影背景。技巧是动态设置强调显示的渐变起点，使其跟随鼠标。从而当用户在控件上移动鼠标时，白色的发光中心点跟随鼠标移动，如图 18-8 所示。

图 18-8　自定义的绘图元素

CustomDrawnElement 元素不需要包含任何子内容，所以它直接继承自 FrameworkElement 类。该元素只提供了一个可以设置的属性——渐变的背景色(前景色被硬编码为白色，尽管可以很容易地改变这一细节)。

```
public class CustomDrawnElement : FrameworkElement
{
    public static DependencyProperty BackgroundColorProperty;

    static CustomDrawnElement()
    {
        FrameworkPropertyMetadata metadata =
          new FrameworkPropertyMetadata(Colors.Yellow);
        metadata.AffectsRender = true;
        BackgroundColorProperty = DependencyProperty.Register("BackgroundColor",
          typeof(Color), typeof(CustomDrawnElement), metadata);
    }
```

```
    public Color BackgroundColor
    {
        get { return (Color)GetValue(BackgroundColorProperty); }
        set { SetValue(BackgroundColorProperty, value); }
    }
    ...
```

BackgroundColor依赖项属性使用FrameworkPropertyMetadata.AffectRender标志明确进行了标识。因此，无论何时改变了背景色，WPF都自动调用OnRender()方法。然而，当鼠标移动到新的位置时，也需要确保调用OnRender()方法。这是通过在合适的时间调用InvalidateVisual()方法实现的。

```
...
protected override void OnMouseMove(MouseEventArgs e)
{
    base.OnMouseMove(e);
    this.InvalidateVisual();
}

protected override void OnMouseLeave(MouseEventArgs e)
{
    base.OnMouseLeave(e);
    this.InvalidateVisual();
}
...
```

剩下的唯一细节是渲染代码。渲染代码使用DrawingContext.DrawRectangle()方法绘制元素的背景。ActualWidth和ActualHeight属性指示控件最终的渲染尺寸。

```
...
protected override void OnRender(DrawingContext dc)
{
    base.OnRender(dc);

    Rect bounds = new Rect(0, 0, base.ActualWidth, base.ActualHeight);
    dc.DrawRectangle(GetForegroundBrush(), null, bounds);
}
...
```

最后，名为GetForegroundBrush()的私有辅助方法根据鼠标的当前位置构造正确的RadialGradientBrush画刷。为了计算中心点，需要将鼠标在元素上悬停的当前位置转换成从0到1的相对位置，这正是RadialGradientBrush画刷期望的结果。

```
...
private Brush GetForegroundBrush()
{
    if (!IsMouseOver)
    {
        return new SolidColorBrush(BackgroundColor);
    }
```

```
    else
    {
        RadialGradientBrush brush = new RadialGradientBrush(
          Colors.White, BackgroundColor);

        // Get the position of the mouse in device-independent units,
        // relative to the control itself.
        Point absoluteGradientOrigin = Mouse.GetPosition(this);

        // Convert the point coordinates to proportional (0 to 1) values.
        Point relativeGradientOrigin = new Point(
          absoluteGradientOrigin.X / base.ActualWidth,
          absoluteGradientOrigin.Y / base.ActualHeight);

        // Adjust the brush.
        brush.GradientOrigin = relativeGradientOrigin;
        brush.Center = relativeGradientOrigin;

        return brush;
    }
  }
}
```

至此，这个示例就全部完成了。

18.6.4 创建自定义装饰元素

作为一条通用规则，切勿在控件中使用自定义绘图。如果在控件中使用自定义绘图，就违反了 WPF 无外观控件的承诺。问题是一旦硬编码一些绘图逻辑，就会使控件可视化外观的一部分不能通过控件模板进行定制。

更好的方法是设计单独的绘制自定义内容的元素(例如上一个示例中的 CustomDrawnElement 类)，然后在控件的默认模板内部使用自定义元素。很多 WPF 控件使用这种方法，您在第 17 章中看到的 Button 控件，使用的就是这种方法。

有必要快速分析一下如何修改上一个示例，使其能够成为控件模板的一部分。在控件模板中，自定义绘图元素通常扮演两个角色：

- 它们绘制一些小的图形细节(例如滚动按钮上的箭头)。
- 它们在另一个元素的周围提供更加详细的背景或边框。

第二种方法需要自定义装饰元素。可以通过两个轻微的改动将 CustomDrawnElement 类转换成自定义绘图元素。首先，使该类继承自 Decorator 类：

```
public class CustomDrawnDecorator : Decorator
```

然后重写 OnMeasure()方法，指定需要的尺寸。所有装饰元素都会考虑它们的子元素，增加装饰所需要的额外空间，然后返回组合之后的尺寸。CustomDrawnDecorator 类不需要任何额外的空间来绘制边框，相反，使用下面的代码简单地使自身和其内容具有相同的尺寸：

```
protected override Size MeasureOverride(Size constraint)
{
```

```
    UIElement child = this.Child;
    if (child != null)
    {
        child.Measure(constraint);
        return child.DesiredSize;
    }
    else
    {
        return new Size();
    }
}
```

一旦创建自定义装饰元素，就可以在自定义控件模板中使用它们。例如，下面的按钮模板在按钮内容的后面放置了跟随鼠标踪迹的渐变背景。使用模板绑定确保使用对齐属性和内边距属性。

```
<ControlTemplate x:Key="ButtonWithCustomChrome">
  <lib:CustomDrawnDecorator BackgroundColor="LightGreen">
    <ContentPresenter Margin="{TemplateBinding Padding}"
    HorizontalAlignment="{TemplateBinding HorizontalContentAlignment}"
    VerticalAlignment="{TemplateBinding VerticalContentAlignment}"
    ContentTemplate="{TemplateBinding ContentControl.ContentTemplate}"
    Content="{TemplateBinding ContentControl.Content}"
    RecognizesAccessKey="True" />
  </lib:CustomDrawnDecorator>
</ControlTemplate>
```

现在可以使用这个模板重新样式化按钮，使其具有新的外观。当然，为了使自定义装饰元素更加实用，当单击鼠标按钮时可能希望改变它的外观。使用修改装饰类属性的触发器可以完成该工作。之前在第 17 章中已经全面讨论了这一设计。

18.7　小结

本章详细分析了 WPF 中的自定义控件开发，介绍了如何构建基本的用户控件，如何扩展已有的 WPF 控件，以及如何创建 WPF 的重要标准——基于模板的无外观控件。最后，本章分析了自定义绘图以及如何在无外观控件中使用自定义绘图内容。

如果准备深入分析自定义控件开发，可以在线查找一些优秀的例子。一个很不错的学习起点是 http://tinyurl.com/9jtk93x 上由.NET Framework SDK 提供的 Microsoft 的控件自定义示例集。另一个有价值的下载是由 Kevin Moore(WPF 团队的前任开发经理)提供的 Bag-O-Tricks 示例项目，该项目已得到积极维护，位于 http://tinyurl.com/95sdzgx 网址上，这个示例提供了从基本的日期控件到具有内置动画的面板等各种自定义控件。

第Ⅴ部分

数　据

第 19 章

数 据 绑 定

数据绑定是一种历经时间考验的传统方式，做法是从对象中提取信息，并在应用程序的用户界面中显示提取的信息，不用编写枯燥的代码就可以完成所有工作。富客户端通常使用双向数据绑定，这种数据绑定提供了从用户界面向一些对象推出信息的能力——同样，不需要或者几乎不需要编写代码。因为许多 Windows 应用程序都会用到数据(而且所有这些应用程序在某些时候需要处理数据)，所以在诸如 WPF 的用户界面技术中，数据绑定是一个非常重要的概念。

具有 Windows 窗体开发背景的 WPF 开发人员，会发现 WPF 数据绑定和 Windows 窗体数据绑定有诸多相似之处。与在 Windows 窗体中一样，WPF 数据绑定允许创建从任何对象的任何属性获取信息的绑定，并且可以使用创建的绑定填充任何元素的任何属性。WPF 还提供了一系列能够处理整个信息集合的列表控件，并且允许在这些控件中进行导航。然而，数据绑定在后台的实现方式却变化极大，增加了一些令人印象深刻的新功能，并且进行了一些修改和细微的调整。虽然使用了许多相同的概念，但没有使用相同的代码。

在本章，您将学习如何使用 WPF 数据绑定，将会创建用于提取所需信息并在各类元素中显示提取到的信息的声明式绑定，还将学习如何将这一系统插入后台数据库中。

新增功能：

尽管数据绑定基础没有发生变化，不过 WPF 4.5 做了很多小的改动。本章将介绍改进后的 VirtualizationPanel，可以通过 VirtualizationPanel 进行更细微的调整(请参阅 19.3 节“提高大列表的性能”)。此外还将介绍用于验证的 INotifyDataErrorInfo 接口(请参阅 19.4 节“验证”)，该接口源自 Silverlight 并且代替了 IDataErrorInfo 接口。

19.1 使用自定义对象绑定到数据库

当开发人员听到数据绑定这一术语时，他们经常会想到一种特定的应用程序——从数据库中提取信息，而且不需要(或几乎不需要)编写代码就可以将提取到的信息显示到屏幕上。

如第 8 章所述，在 WPF 中，数据绑定是更常用的工具。即使应用程序一直没有连接到数据库，也仍然可以使用数据绑定自动完成元素交互，或将对象模型传递到合适的显示位置。

然而，通过分析传统的查询并更新数据库中数据表的示例，可了解大量有关对象绑定的细节。本章将使用一个检索产品目录的示例。构建这个示例的第一步是创建自定义的数据访问组件。

注意：

本章的下载代码包含自定义的数据访问组件和安装示例数据的数据库脚本，从而可以测试所有示例。但如果没有用于测试的数据服务器，或不希望劳神费力地创建新的数据库，可使用下载代码中提供的数据访问组件的替换版本。替换版本简单地从文件加载数据，然而仍使用一组相同的类和方法。替换版本可完美地用于测试，但对于真实的应用程序显然是不切实际的。

19.1.1 构建数据访问组件

在专业应用程序中，数据库代码并非嵌入窗口的代码隐藏类中，而是被封装到专门的类中。为得到更好的组件化特征，甚至可从应用程序中提取这些数据访问类，并将它们编译进单独的DLL 组件中。当编写访问数据库的代码时，尤其如此(因为这些代码通常对性能特别敏感)，不管数据位于何处，这都是一种上乘的设计方法。

设计数据访问组件

不管准备如何使用数据绑定(或甚至不使用)，数据访问代码总是应当位于单独的类中。为能够高效地维护、优化以及酌情重用数据访问代码并排除错误，这是唯一能够带来一丝机会的方法。

当创建数据类时，应遵循下面给出的几条基本指导原则：

- **快速打开和关闭连接。**在每个方法调用中打开数据库连接，并在方法结束之前关闭连接。这样，连接就不会无意中保持打开状态。确保在适当的时间关闭连接的一种方法是使用 using 代码块。
- **实现错误处理。**使用错误处理确保连接被关闭，即使已经引发了一个异常。
- **遵循无状态的设计规则。**通过参数接收方法需要的所有信息，并通过返回值返回检索到的所有数据。这样，在许多情况下可避免复杂化(例如，需要创建多线程应用程序或在服务器上驻留数据库组件)。
- **在某个位置保存连接字符串。**理想的情况是，保存在应用程序的配置文件中。

在下面示例中显示的数据库组件从 Store 数据库中检索产品信息表，Store 数据库是包含在 Microsoft 案例研究中的虚构的 IBuySpy 商店的示例数据库。图 19-1 显示了 Store 数据库中的两个数据表及其模式。

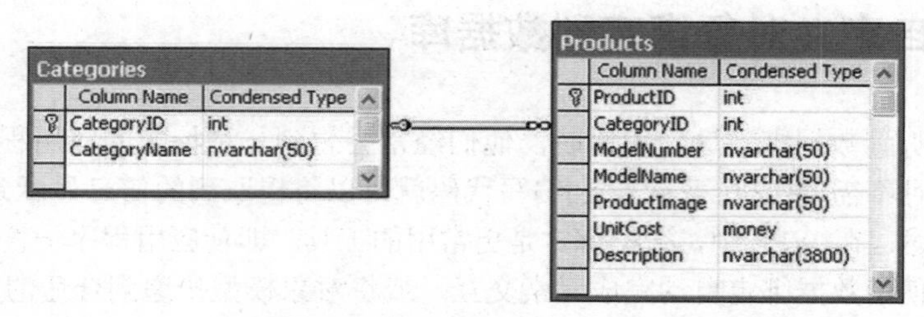

图 19-1 Store 数据库的一部分

数据访问类非常简单——它只提供了一个方法，调用者通过该方法检索产品记录。下面是该类的基本框架：

```
public class StoreDB
```

```
{
   // Get the connection string from the current configuration file.
   private string connectionString = Properties.Settings.Default.StoreDatabase;

   public Product GetProduct(int ID)
   {
     ...
   }
}
```

在数据库中，通过名为 GetProduct 的存储过程执行查询。连接字符串不是硬编码的，而是从应用程序的.config 文件的应用程序设置中检索得到的(为查看或设置应用程序设置，在 Solution Explorer 中双击 Properties 节点，然后单击 Settings 选项卡)。

当其他窗口需要数据时，它们调用 StoreDB.GetProduct( )方法来检索 Product 对象。Product 对象是自定义对象，该对象只有一个目的——表示 Products 表中单条记录的信息。19.1.2 节将分析该对象。

在应用程序中，为使窗口可使用 StoreDB 类，有如下几种选择：

- 当需要访问数据库时，窗口可随时创建 StoreDB 类的一个实例。
- 可将 StoreDB 类中的方法改成静态方法。
- 可创建 StoreDB 类的单一实例，并通过另一个类的静态属性使用该实例(遵循“工厂”模式)。

前两种选择是合理的，但这两种选择都限制了灵活性。第一种选择不能用于缓存在多个窗口中使用的数据对象。即使不希望立刻缓存数据，为便于以后实现，这样设计应用程序也是值得的。类似地，第二种选择假定在 StoreDB 类中不需要保存任何特定于实例的状态。尽管这是一条良好的设计原则，但是可能希望在内存中保存一些细节(如连接字符串)。如果将 StoreDB 类中的方法转换为静态方法，就会使得访问存储在不同后台数据存储中的不同 Store 数据库实例变得更加困难。

第三种选择最灵活。这种方法通过强制所有窗口通过单个属性进行工作，保存了交换台设计。下面是通过 Application 类获取 StoreDB 实例的一个示例：

```
public partial class App : System.Windows.Application
{
   private static StoreDB storeDB = new StoreDB();
   public static StoreDB StoreDB
   {
      get { return storeDB; }
   }
}
```

本书重点关注如何将数据对象绑定到 WPF 元素。创建和填充这些数据对象的实际过程(以及其他实现细节，例如 StoreDB 对象是否通过几个方法调用缓存数据、是否使用存储过程而非内联查询、当离线时是否从本地 XML 文件检索数据等)并非我们关注的焦点。我们只需要理解发生了什么就可以了，下面是完整的代码：

```
public class StoreDB
{
```

```
    private string connectionString = Properties.Settings.Default.StoreDatabase;

    public Product GetProduct(int ID)
    {
        SqlConnection con = new SqlConnection(connectionString);
        SqlCommand cmd = new SqlCommand("GetProductByID", con);
        cmd.CommandType = CommandType.StoredProcedure;
        cmd.Parameters.AddWithValue("@ProductID", ID);

        try
        {
            con.Open();
            SqlDataReader reader = cmd.ExecuteReader(CommandBehavior.SingleRow);
            if (reader.Read())
            {
                // Create a Product object that wraps the
                // current record.
                Product product = new Product((string)reader["ModelNumber"],
                    (string)reader["ModelName"], (decimal)reader["UnitCost"],
                    (string)reader["Description"] ,
                    (string)reader["ProductImage"]);
                return(product);
            }
            else
            {
                return null;
            }
        }
        finally
        {
            con.Close();
        }
    }
}
```

注意：

现在，GetProduct( )方法尚未提供任何异常处理代码，因此所有异常都将会上传到调用代码。这是一种合理的设计选择，但您可能希望在GetProduct( )方法中捕获异常，酌情执行所需的清理或日志操作，然后重新抛出异常，通知调用代码发生了问题。这种设计模式被称为“调用者通知”(caller inform)。

19.1.2 构建数据对象

数据对象是准备在用户界面中显示的信息包。只要由公有属性组成(不支持字段和私有属性)，任何类都可供使用。此外，如果希望使用这个对象进行修改(通过双向绑定)，那么属性不能是只读的。

下面是StoreDB类使用的Product对象：

```
public class Product
{
    private string modelNumber;
    public string ModelNumber
    {
        get { return modelNumber; }
        set { modelNumber = value; }
    }

    private string modelName;
    public string ModelName
    {
        get { return modelName; }
        set { modelName = value; }
    }

    private decimal unitCost;
    public decimal UnitCost
    {
        get { return unitCost; }
        set { unitCost = value; }
    }

    private string description;
    public string Description
    {
        get { return description; }
        set { description = value; }
    }

    public Product(string modelNumber, string modelName,
      decimal unitCost, string description)
    {
        ModelNumber = modelNumber;
        ModelName = modelName;
        UnitCost = unitCost;
        Description = description;
    }
}
```

19.1.3 显示绑定对象

最后一步是创建Product对象的一个实例，然后将它绑定到控件上。尽管可创建Product对象并将其保存为资源或静态属性，但这并不合理。相反，需要使用StoreDB类在运行时创建合适的对象，然后将创建的对象绑定到窗口上。

注意：

尽管不使用代码的声明式方法听起来更诱人，但有大量原因迫使我们在数据绑定窗口中使用少量代码。例如，如果正在查询数据库，可能希望在代码中处理连接，从而可以决定如何处理异常以及如何将问题通知给调用者。

分析图 19-2 显示的简单窗口。该窗口允许用户提供产品代码，然后在窗口底部的 Grid 控件中显示相应的产品信息。

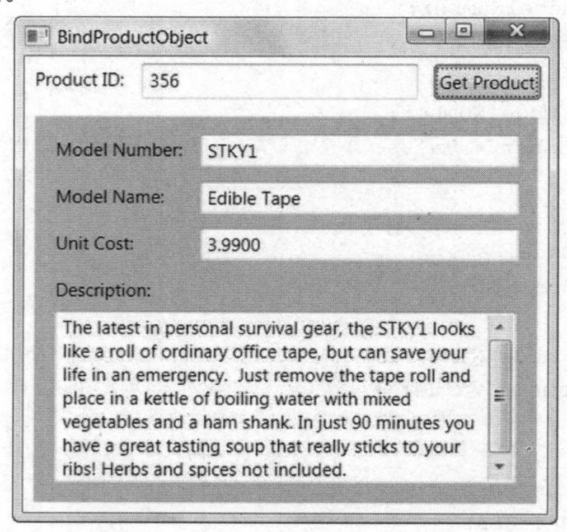

图 19-2　查询产品

当设计这个窗口时，不能访问将在运行时提供数据的 Product 对象。不过，仍可创建没有指定数据源的绑定，只需要指定每个元素使用的 Product 类的属性即可。

下面列出用于显示 Product 对象的完整标记：

```
<Grid Name="gridProductDetails">
  <Grid.ColumnDefinitions>
    <ColumnDefinition Width="Auto"></ColumnDefinition>
    <ColumnDefinition></ColumnDefinition>
  </Grid.ColumnDefinitions>
  <Grid.RowDefinitions>
    <RowDefinition Height="Auto"></RowDefinition>
    <RowDefinition Height="Auto"></RowDefinition>
    <RowDefinition Height="Auto"></RowDefinition>
    <RowDefinition Height="Auto"></RowDefinition>
    <RowDefinition Height="*"></RowDefinition>
  </Grid.RowDefinitions>

  <TextBlock Margin="7">Model Number:</TextBlock>
  <TextBox Margin="5" Grid.Column="1"
    Text="{Binding Path=ModelNumber}"></TextBox>
  <TextBlock Margin="7" Grid.Row="1">Model Name:</TextBlock>
  <TextBox Margin="5" Grid.Row="1" Grid.Column="1"
    Text="{Binding Path=ModelName}"></TextBox>
  <TextBlock Margin="7" Grid.Row="2">Unit Cost:</TextBlock>
  <TextBox Margin="5" Grid.Row="2" Grid.Column="1"
    Text="{Binding Path=UnitCost}"></TextBox>
  <TextBlock Margin="7,7,7,0" Grid.Row="3">Description:</TextBlock>
  <TextBox Margin="7" Grid.Row="4" Grid.Column="0" Grid.ColumnSpan="2"
    TextWrapping="Wrap" Text="{Binding Path=Description}"></TextBox>
</Grid>
```

注意，上面的代码为封装所有这些细节的Grid控件指定名称，从而可在代码中操作该Grid控件并完成数据绑定。

首次运行这个应用程序时，不会显示信息。虽然定义了绑定，但不能获得源对象。

当用户在运行过程中单击按钮时，使用StoreDB类获取合适的产品数据。尽管可通过编写代码创建每个绑定，但这不尽合理(并且相对于手工填充控件，不会节省大量代码)。然而，DataContext属性提供了一种完美的快捷方式。如果为包含所有数据绑定表达式的Grid控件设置该属性，所有绑定表达式都会通过该属性使用数据填充自身。

当用户单击按钮时，下面的事件处理代码会进行响应：

```
private void cmdGetProduct_Click(object sender, RoutedEventArgs e)
{
    int ID;
    if (Int32.TryParse(txtID.Text, out ID))
    {
        try
        {
            gridProductDetails.DataContext = App.StoreDB.GetProduct(ID);
        }
        catch
        {
            MessageBox.Show("Error contacting database.");
        }
    }
    else
    {
        MessageBox.Show("Invalid ID.");
    }
}
```

具有null值的绑定

当前的Product类假定它将获得产品数据的所有内容。然而，数据表经常包含可空字段，这里的空值表示缺失的或不能使用的信息。在数据类中，可通过为简单值类型(如数字和日期)使用可空数据类型反映这个情况。例如在Product类中，可用decimal?替代decimal。当然，引用类型，如字符串和完整对象，总是支持null值。

绑定null值的结果是可预测的：目标元素根本不显示任何内容。对于数字字段，这一行为是有用的，因为它能够区分缺少数值(对于这种情况，元素不显示任何内容)和零值(对于这种情况，元素显示文本“0”)的情况。然而，值得注意的是，可通过在绑定表达式中设置TargetNullValue属性来改变WPF对null值的处理方式。如果设置了该属性，当数据源具有null值时，将显示您提供的值。下面列举一个示例，当Production.Description属性为null时，该例显示文本“[No Description Provided]”：

```
Text = "{Binding Path=Description, TargetNullValue=[No Description Provided]}"
```

TargetNullValue文本周围的方括号是可选的。在这个示例中，它们的目的是帮助用户确认显示的文本并非来自数据库。

19.1.4 更新数据库

在该例中，如果想启用数据更新功能，不需要做任何额外的工作。TextBox.Text 属性在默认情况下使用双向绑定，这意味着当在文本框中编辑文本时会修改 Product 对象(从技术角度看，当使用 Tab 键将焦点转移到新的字段时，会更新每个属性，因为 TextBox.Text 属性默认的源更新模式是 LostFocus。要回顾绑定表达式支持的不同更新模式，请参阅第 8 章)。

可随时向数据库提交修改。需要做的全部工作是为 StoreDB 类添加 UpdateProduct( )方法，并为窗口添加 Update 按钮。当单击 Update 按钮时，代码从数据上下文中获取当前 Product 对象，并使用该对象提交更新信息：

```
private void cmdUpdateProduct_Click(object sender, RoutedEventArgs e)
{
    Product product = (Product)gridProductDetails.DataContext;
    try
    {
        App.StoreDB.UpdateProduct(product);
    }
    catch
    {
        MessageBox.Show("Error contacting database.");
    }
}
```

这个示例存在一个潜在问题。当单击 Update 按钮时，焦点会转移到该按钮上，任何尚未提交的编辑会应用于 Product 对象。但如果将 Update 按钮设置为默认按钮(通过将 IsDefault 属性设置为 true)，还有另一种可能。用户可修改其中一个字段并按回车键来触发更新过程，但不会提交最后的修改。为避免出现这种情况，在执行任何数据库代码之前，可显式地强制转移焦点，如下所示：

```
FocusManager.SetFocusedElement(this, (Button)sender);
```

19.1.5 更改通知

Product 绑定示例工作得很好，因为每个 Product 对象在本质上是固定不变的(用户在链接的文本框中编辑文本的情形除外)。

对于简单的情况，主要关注显示内容，并让用户编辑它们，这种行为是完全可以接受的。然而，很容易想到其他不同的情况，比如可能在代码中的其他地方对绑定的 Product 对象进行修改。例如，设想有一个 Increase Price 按钮，执行下面一行代码：

```
product.UnitCost *= 1.1M;
```

注意：

尽管可在数据上下文中检索 Product 对象，但该例假定您还将 Product 对象作为窗口类的成员变量进行存储，这样可简化代码并且需要的类型转换更少。

当运行上面的代码时，将发现尽管 Product 对象已经发生了变化，但文本框中仍保留原来的数值。这是因为文本框无法了解到值已经变了。

可使用如下三种方法解决这个问题：

- 可使用在第 4 章学习过的语法，将 Product 类中的每个属性都改为依赖项属性(对于这种情况，Product 类必须继承自 DependencyObject 类)。尽管这种方法可使 WPF 自动执行相应的工作(这很好)，但最合理的做法是将其用于元素——在窗口中具有可视化外观的类。对于像 Product 这样的数据类，这并非最自然的方法。
- 可为每个属性引发事件。对于这种情况，事件必须以 *porpertyName*Changed 的形式进行命名(如 UnitCostChanged)。当属性变化时，由您负责引发事件。
- 可实现 System.ComponentModel.INotifyPropertyChanged 接口，该接口需要名为 PropertyChanged 的事件。无论何时属性发生变化，都必须引发 PropertyChanged 事件，并且通过将属性名称作为字符串提供来指示哪个属性发生了变化。当属性发生变化时，仍由您负责引发事件，但不必为每个属性定义单独的事件。

第一种方法依赖于 WPF 的依赖项属性基础架构，而第二种和第三种方法依赖于事件。通常，当创建数据对象时，会使用第三种方法。对于非元素类而言，这是最简单的选择。

注意：

实际上，还可使用另一种方法。如果怀疑绑定对象已经发生变化，并且绑定对象不支持任何恰当方式的更改通知，这时可检索 BindingExpression 对象(使用 FrameworkElement.GetBindingExpression( )方法)，并调用 BindingExpression.UpdateTarget( )方法来触发更新。显然，这是最笨拙的解决方案。

下面重新规划 Product 类的定义，Product 类现在使用 INotifyPropertyChanged 接口，并添加实现了 PropertyChanged 事件的代码：

```
public class Product : INotifyPropertyChanged
{
    public event PropertyChangedEventHandler PropertyChanged;
    public void OnPropertyChanged(PropertyChangedEventArgs e)
    {
        if (PropertyChanged != null)
            PropertyChanged(this, e);
      }
}
```

现在只需要在所有属性设置器中引发 PropertyChanged 事件即可：

```
private decimal unitCost;
public decimal UnitCost
{
    get { return unitCost; }
    set {
        unitCost = value;
        OnPropertyChanged(new PropertyChangedEventArgs("UnitCost"));
    }
}
```

如果在上面的示例中使用新版本的 Product 类，将得到自己期望的行为。当改变当前 Product 对象时，会立即在文本框中显示新信息。

提示：

如果几个数值都发生了变化，可调用 OnPropertyChanged( )方法并传递空字符串，这会告诉 WPF 重新评估绑定到类的任何属性的绑定表达式。

19.2 绑定到对象集合

绑定到单个对象是非常直观的。但当需要绑定到对象的某些集合时——比如数据表中的所有产品，问题会变得更有趣。

到目前为止介绍的每个依赖项属性都支持单值绑定，但集合绑定需要智能程度更高的元素。在 WPF 中，所有派生自 ItemsControl 的类都能显示条目的完整列表。能支持集合数据绑定的元素包括 ListBox、ComboBox、ListView 和 DataGrid(以及用于显示层次化数据的 Menu 和 TreeView)。

提示：

尽管 WPF 看起来好像只提供了少数几个列表控件，但实际上可使用这些控件以近乎无限的方式显示数据。这是因为列表控件支持数据模板，通过数据模板可以完全控制数据项的显示方式。第 20 章将介绍有关数据模板的更多内容。

为支持集合绑定，ItemsControl 类定义了表 19-1 中列出的三个重要属性。

表 19-1 ItemsControl 类中用于数据绑定的属性

名 称	说 明
ItemsSource	指向的集合包含将在列表中显示的所有对象
DisplayMemberPath	确定用于为每个项创建显示文本的属性
ItemTemplate	接受的数据模板用于为每个项创建可视化外观。这个属性比 DisplayMemberPath 属性的功能强大得多，第 20 章将介绍如何使用该属性

现在，您可能想了解什么类型的集合可用来填充 ItemsSource 属性。幸运的是，可使用任何内容。唯一的要求是支持 IEnumerable 接口，数组、各种类型的集合以及许多更特殊的封装了数据项组的对象都支持该接口。然而，基本的 IEnumerable 接口仅支持只读绑定。如果希望编辑集合(例如，希望插入和删除元素)，就需要更复杂的基础结构，稍后将介绍这种基础结构。

19.2.1 显示和编辑集合项

分析图 19-3 所示的窗口，该窗口显示一个产品列表。当选择某个产品时，该产品的信息会显示在窗口底部，可在此编辑该产品的信息(在这个示例中，通过使用 GridSplitter 控件来调整窗口顶部和底部的空间)。

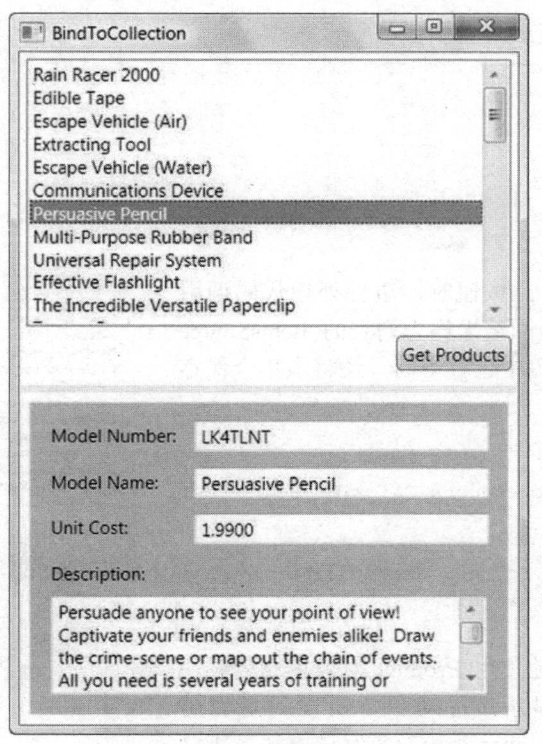

图 19-3　产品列表

为创建该例，首先需要构建数据访问逻辑。在本例中，StoreDB.GetProducts( )方法使用 GetProducts 存储过程检索数据库中所有产品的列表。为每条记录创建一个 Product 对象，并将创建的 Product 对象添加到 List 泛型集合中(在此可使用任何集合——例如数组或等效的弱类型的 ArrayList)。

下面是 GetProducts( )方法的代码：

```
public List<Product> GetProducts()
{
    SqlConnection con = new SqlConnection(connectionString);
    SqlCommand cmd = new SqlCommand("GetProducts", con);
    cmd.CommandType = CommandType.StoredProcedure;

    List<Product> products = new List<Product>();
    try
    {
        con.Open();
        SqlDataReader reader = cmd.ExecuteReader();
        while (reader.Read())
        {
            // Create a Product object that wraps the
            // current record.
            Product product = new Product((string)reader["ModelNumber"],
                (string)reader["ModelName"], (decimal)reader["UnitCost"],
                (string)reader["Description"], (string)reader["CategoryName"],
                (string)reader["ProductImage"] );

            // Add to collection
```

```
            products.Add(product);
        }
    }
    finally
    {
        con.Close();
    }
    return products;
}
```

当单击 Get Products 按钮时，事件处理代码调用 GetProducts()方法并将返回结果作为列表的 ItemsSource 属性的值。为便于在代码中进行访问，还将该集合保存为窗口类的成员变量：

```
private List<Product> products;

private void cmdGetProducts_Click(object sender,
RoutedEventArgs e)
{
    products = App.StoreDB.GetProducts();
    lstProducts.ItemsSource = products;
}
```

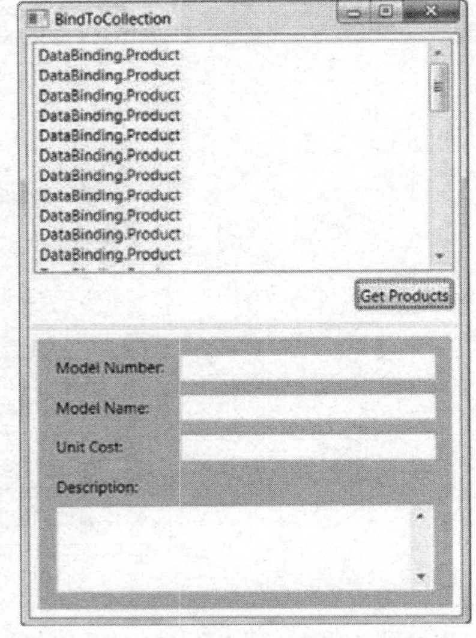

图 19-4 起不到多大作用的绑定列表

上面的代码会成功地使用 Product 对象填充列表。因为列表不知道如何显示产品对象，所以只是调用 ToString()方法。因为 Product 类没有重写该方法，所以只为每个项显示完全限定的类名(见图 19-4)。

可以通过三种方法来解决这个问题：

- **设置列表的 DisplayMemberPath 属性**。例如，将该属性设置为 ModelName 以得到图 19-4 所示的结果。
- **重写 ToString( )方法，返回更有用的信息**。例如，可为每个项返回包含型号和型号名称的字符串。可以通过这种方法显示比列表中的一个属性更多的信息(例如，在 Customer 类中组合 FirstName 和 SecondName 属性是非常合适的)。然而，仍不能对数据的显示进行更多控制。
- **提供数据模板**。可使用这种方法显示属性值的任何排列(并同时显示固定的文本)。第 20 章将讨论如何使用这一技巧。

一旦决定如何在列表中显示信息，就已经准备好了解决第二个挑战：在列表下面的网格中显示当前所选项的细节。可通过响应 SelectionChanged 事件并手工改变网格的数据上下文来化解这一挑战，但还有更快的不需要编写任何代码的方法。这种方法只需要为 Grid.DataContext 属性设置绑定表达式，从列表中提取选择的 Product 对象，如下所示：

```
<Grid DataContext="{Binding ElementName=lstProducts, Path=SelectedItem}">
  ...
</Grid>
```

当窗口首次显示时，在列表中没有选择任何内容。ListBox.SelectedItem 属性为 null，所以 Grid.DataContext 属性也为 null，从而不显示任何信息。一旦选择某个项，就会将数据上下文设置为相应的对象，从而显示所有信息。

如果测试该例，您会惊奇地发现它已经具有了全部功能。可编辑产品项，导航到产品项(使用列表)，然后返回，您就会看到编辑信息已经成功地被提交了。实际上，甚至可改变影响列表中显示文本的值。如果修改型号名称并使用 Tab 键将焦点转到其他控件，就会自动刷新列表中相应的项(富有经验的开发人员会发现这个功能是 Windows 窗体应用程序所不具备的)。

提示：

为了阻止文本框被编辑，可将文本框的 IsLocked 属性设置为 true，更好的方法是使用只读的控件，如 TextBlock。

“主-详细信息”显示

正如已经看到的，可将其他元素绑定到列表的 SelectedItem 属性，进而显示与当前选择项相关的更多细节。有趣的是，可使用类似的技术构建数据的“主-详细信息”显示。例如，可创建显示一系列目录和一系列产品的窗口。当用户在第一个列表中选择目录时，可在第二个列表中显示只属于当前目录的产品。

为实现这种效果，需要父数据对象，父数据对象通过属性提供相关子数据对象的集合。例如，可构建 Category 产品类，该产品类具有名为 Category.Products 的属性，该属性包含属于该目录的产品(实际上，可以在第 21 章发现这样的 Category 类)。然后可构建具有两个列表的“主-详细信息”显示。用 Category 对象填充第一个列表。为显示相关产品，将第二个列表——该列表显示产品——绑定到第一个列表的 SelectedItem.Products 属性，这会告诉第二个列表获取当前 Category 对象，提取链接的 Product 对象的集合，并显示链接的 Product 对象。

第 21 章将列举一个使用相关数据的示例，该例使用 TreeView 控件显示产品的目录列表。

当然，从应用程序的角度来分析，为完成这个示例，还需要提供一些代码。例如，可能需要 UpdateProducts( )方法，该方法接收集合或产品，并执行相应的语句。因为普通的.NET 对象没有提供任何变化跟踪，对于这种情况可能希望考虑使用 ADO.NET 的 DataSet 对象(如稍后所述)。也可能希望强制用户每次更新一条记录(一种选择是当文本框中的文本被修改后禁用列表，然后强制用户通过单击 Cancel 按钮取消修改，或通过单击 Update 按钮立即应用修改)。

19.2.2 插入和移除集合项

前面示例的一个限制是不能获取对集合进行的修改。虽然该例注意到了发生变化的 Product 对象，但如果通过代码添加新项或删除项时不会更新列表。

例如，假设添加 Delete 按钮，该按钮执行下面的代码：

```
private void cmdDeleteProduct_Click(object sender, RoutedEventArgs e)
{
    products.Remove((Product)lstProducts.SelectedItem);
}
```

虽然删除的项已经从集合中移除了，但仍保留在绑定列表中。

为启用集合更改跟踪，需要使用实现了 INotifyCollectionChanged 接口的集合。大多数通用集合没有实现该接口，包括本例中使用的 List 集合。实际上，WPF 提供了一个使用 INotifyCollectionChanged 接口的集合：ObservableCollection 类。

注意：

如果有一个从 Windows 窗体导入的对象模型，可使用 Windows 窗体中与 ObservableCollection 类等效的 BindingList 集合。BindingList 集合实现了 IBindingList 接口而不是 INotifyCollectionChanged 接口，该接口包含的 ListChanged 事件与 INotifyCollectionChanged.CollectionChanged 事件扮演相同的角色。

可通过从 ObservableCollection 类继承自定义集合来自定义工作方式，但这不是必需的。在当前示例中，使用 ObservableCollection<Product>集合代替 List<Product>对象即可满足要求，如下所示：

```
public List<Product> GetProducts()
{
    SqlConnection con = new SqlConnection(connectionString);
    SqlCommand cmd = new SqlCommand("GetProducts", con);
    cmd.CommandType = CommandType.StoredProcedure;

    ObservableCollection<Product> products = new ObservableCollection<Product>();
    ...
```

GetProducts()方法的返回类型可以是 List<Product>，因为 ObservableCollection 类继承自 List 类。为使该例更加通用，可为返回类型使用 ICollection<Product>，因为 ICollection 接口包含了需要使用的所有成员。

现在，如果通过代码删除或添加项，列表就会相应地进行刷新。当然，仍由您负责创建在集合修改前执行的数据访问代码——例如从后台数据库中删除产品记录的代码。

19.2.3 绑定到 ADO.NET 对象

前面学过的自定义对象的所有功能，对于处理断开连接的 ADO.NET 数据对象同样有效。

例如，可创建在图 19-4 中看到的用户界面，但在后台使用 DataSet、DataTable 以及 DataRow 对象，而不是使用自定义的 Product 类和 ObservableCollection。

为测试这种情况，首先分析以下版本的 GetProducts( )方法，该方法提取相同的数据，但将数据打包到 DataTable 对象中：

```
public DataTable GetProducts()
{
    SqlConnection con = new SqlConnection(connectionString);
    SqlCommand cmd = new SqlCommand("GetProducts", con);
    cmd.CommandType = CommandType.StoredProcedure;
    SqlDataAdapter adapter = new SqlDataAdapter(cmd);

    DataSet ds = new DataSet();
    adapter.Fill(ds, "Products");
    return ds.Tables[0];
}
```

可检索 DataTable 对象并使用与绑定 ObservableCollection 集合几乎完全相同的方式将它绑定到列表上。唯一的区别是不能直接绑定到 DataTable 对象本身，而是需要通过众所周知的 DataView 对象。尽管可以手工创建 DataView 对象，但是每个 DataTable 对象都包含了一个已经准备好的 DataView 对象，可通过 DataTable.DefaultView 属性获取该对象。

注意：

这并非什么新限制。即使在 Windows 窗体应用程序中，所有 DataTable 数据绑定也都是通过 DataView 进行的。区别是在 Windows 窗体中可以隐藏这一实际过程。它允许用户编写看似直接绑定到 DataTable 对象的代码，而当代码实际运行时使用的却是 DataTable.DefaultView 属性提供的 DataView 对象。

下面是所需的代码：

```
private DataTable products;

private void cmdGetProducts_Click(object sender, RoutedEventArgs e)
{
    products = App.StoreDB.GetProducts();
    lstProducts.ItemsSource = products.DefaultView;
}
```

现在列表会为 DataTable.Rows 集合中的每个 DataRow 对象创建单独的项。为确定在列表中显示什么内容，需要使用希望显示的字段的名称或使用数据模板(如第 20 章所述)设置 DisplayMemberPath 属性。

这个示例好的一面在于，一旦改变提取数据的代码，就不需要执行任何其他修改。当在列表中选择一项时，下面的 Grid 控件会为它的数据上下文提取所选的项。用于 ProductList 集合的标记仍能工作，因为 Product 类的属性名称和 DataRow 对象的字段名称是一致的。

这个示例另一个好的方面在于，要实现更改通知，不必采取任何额外的步骤。这是因为 DataView 类实现了 IBindingList 接口，如果添加新的 DataRow 对象或者删除已有的 DataRow 对象，DataView 类会通知 WPF 基础结构。

然而，当删除 DataRow 对象时需要小心。可能会使用如下代码删除当前选择的记录：

```
products.Rows.Remove((DataRow)lstProducts.SelectedItem);
```

上面的代码存在两个方面的问题。首先，在列表中选择的项不是 DataRow 对象——而是由 DataView 对象提供的精简过的 DataRowView 封装器。其次，您可能不希望从数据表的行集合中删除 DataRow 对象，而是希望将它标记为已经删除，从而当向数据库提交修改时，删除相应的记录。

下面是正确的代码，该代码获取选择的 DataRowView 对象，使用该对象的 Row 属性查找对应的 DataRow 对象，并调用找到的 DataRow 对象的 Delete( )方法将行标识为即将删除：

```
((DataRowView)lstProducts.SelectedItem).Row.Delete();
```

现在，准备删除的 DataRow 对象从列表中消失了，但从技术上看它仍然位于 DataTable.Rows 集合中。这是因为 DataView 中的默认过滤设置隐藏了所有已删除的记录。第 21 章将介绍更多有关过滤的内容。

19.2.4　绑定到 LINQ 表达式

WPF 支持 LINQ(Language Integrated Query)语言，LINQ 是用于查询各种数据源的通用语法，

并与C#紧密集成。LINQ可使用具有LINQ提供者的任何数据源。通过.NET提供的支持，可使用类似的结构化的LINQ查询，从位于内存中的集合、XML文件或SQL Server数据库中检索数据。与其他查询语言一样，可使用LINQ对检索到的数据应用过滤、排序、分组以及变换。

尽管LINQ在一定程度上超出了本章的讨论范围，但可以通过一个简单的示例来学习许多内容。例如，设想有一个包含Product对象的集合products，并希望创建第二个集合，在该集合中只包含价格超过100美元的产品。如果使用过程代码，可编写如下内容：

```
// Get the full list of products.
List<Product> products = App.StoreDB.GetProducts();

// Create a second collection with matching products.
List<Product> matches = new List<Product>();
foreach (Product product in products)
{
    if (product.UnitCost >= 100)
    {
        matches.Add(product);
    }
}
```

如果使用LINQ，就可以使用下面这个更加简洁的表达式：

```
// Get the full list of products.
List<Product> products = App.StoreDB.GetProducts();

// Create a second collection with matching products.
IEnumerable<Product> matches = from product in products
     where product.UnitCost >= 100
     select product;
```

这个示例为集合使用LINQ，这意味着使用LINQ表达式从位于内存中的集合查询数据。LINQ表达式使用一套新的语言关键字，包括from、in、where以及select。这些LINQ关键字是C#语言的一部分。

注意：

完整讨论LINQ超出了本书的范围。有关LINQ的详情，可以参考位于http://tinyurl.com/y9vp4vu网址上的大量LINQ示例)。

LINQ的基础是IEnumerable<T>接口。不管使用什么数据源，每个LINQ表达式都返回一些实现了IEnumerable<T>接口的对象。因为IEnumerable<T>接口扩展了IEnumerable接口，所以可将它绑定到WPF窗口，就像绑定普通集合那样：

```
lstProducts.ItemsSource = matches;
```

与ObservableCollection集合以及DataTable类不同，IEnumerable<T>接口没有提供添加和删除项的方法。如果需要使用这一功能，首先需要使用ToArray( )或ToList( )方法将IEnumerable<T>对象转换为数组或List集合。

下面的示例使用ToList( )方法将前面显示的LINQ查询结果转换成强类型的Product对象的

List集合：

```
List<Product> productMatches = matches.ToList();
```

注意：

ToList( )是扩展方法，这意味着定义它的类并不是使用它的类。从技术角度看，ToList( )方法是在System.Linq.Enumerable辅助类中定义的，而且所有IEnumerable<T>对象都可以使用该方法。然而，如果Enumerable类超出了范围，就不能使用该方法，这意味着如果没有导入System.Linq名称空间，此处给出的代码就不能正常运行。

ToList( )方法导致LINQ表达式被立即计算。最终结果是普通集合，可使用各种常见的方式处理普通集合。例如，可在ObservableCollection集合中封装普通集合以获得通知事件，从而使所有变化都能被立即反映到绑定的控件上：

```
ObservableCollection<Product> productMatchesTracked =
  new ObservableCollection<Product>(productMatches);
```

然后，可将productMatchesTracked集合绑定到窗口中的控件上。

在Visual Studio中设计数据表单

编写数据访问代码并填充几十个绑定表达式可能需要一些时间，并且如果创建使用数据库的多个WPF应用程序，您可能会发现在所有应用程序中编写了类似的代码和标记。这正是为什么Visual Studio能够生成数据访问代码并自动插入数据绑定控件的原因。

为使用这些功能，首先需要创建Visual Studio数据源(数据源是定义，通过数据源Visual Studio可以识别您的后台数据提供程序，并提供使用数据源的代码生成服务)。可创建封装了数据库、Web服务、已有数据访问类或SharePoint服务器的数据源。最常用的选择是创建实体数据模型(entity data model)，实体数据模型是一系列生成的类，这些类建立数据库中表的模型，并且可以用于查询数据表，在一定程度上与本章使用的数据访问组件类似。优点显而易见——使用实体数据模型可避免编写通常冗长乏味的数据代码。缺点也同样明显——如果希望数据逻辑准确地按照您的意图工作，需要花费一些时间修改选项，查找适当的可扩展点，并查看冗长的代码。如果希望调用特定的存储过程、缓存查询的结果、使用特定的并发策略或记录数据访问操作，那么可能希望进一步控制数据访问逻辑。通常可以使用实体数据模型实现这些技巧，但需要做更多的工作并且可能会抵消自动生成代码这一优点。

为创建数据源，选择Data | Add New Data Source菜单项，启动Data Source Configuration Wizard，该向导会要求您选择数据源(在这个示例中是一个数据库)，然后提示您选择附加信息(如希望查询的表和字段)。一旦添加数据源，就可以使用Data Sources窗口创建绑定控件。基本方法很简单。首先选择Data | Show Data Sources菜单项以查看Data Source窗口，该窗口列出了已选的表和字段。然后可从Data Sources窗格中向窗口的设计视图中拖动单个字段(以创建绑定的TextBlock、TextBox、ListBox或其他控件)，或者拖动整个数据表(以创建绑定的DataGrid或ListView)。

WPF的数据表单功能提供了用于构建数据驱动应用程序的快捷方法，但它们不知道接下来将实际如何操作。如果需要简单地查看或编辑数据，并且不希望耗费大量的时间来调整功能和用户界面，这些可能是正确的选择。它们通常适用于常规的商业应用程序。如果希望了解更多相关内容，可查找位于http://tinyurl.com/d2taskv网址上的官方文档。

19.3　提高大列表的性能

如果处理大量数据——例如，数万条记录而不止几百条——您知道良好的数据绑定系统不仅仅需要绑定功能，还需要能够处理超大量的数据而不会严重降低显示速度或消耗大量的内存。幸运的是，WPF 优化了其列表控件以为您提供帮助。

接下来的几节将讨论针对大列表的几个性能增强特性，所有 WPF 列表控件(所有继承自 ItemsControl 的控件)都支持这些增强特性，包括低级的 ListBox 和 ComboBox，更专业的 ListView、TreeView 以及将在第 22 章介绍的 DataGrid。

19.3.1　虚拟化

WPF 列表控件提供的最重要功能是 UI 虚拟化(UI virtualization)，UI 虚拟化是列表仅为当前显示项创建容器对象的一种技术。例如，如果有一个具有 50 000 条记录的 ListBox 控件，但可见区域只能包含 30 条记录，ListBox 控件将只创建 30 个 ListBoxItem 对象(为了确保良好的滚动性能，会再增加几个 ListBoxItem 对象)。如果 ListBox 控件不支持 UI 虚拟化，就需要生成全部 50 000 个 ListBoxItem 对象，这显然需要占用更多的内存。更有意义的是，分配这些对象需要的时间能够明显感觉到，当代码设置 ListBox.ItemsSource 属性时这会短暂地锁定应用程序。

UI 虚拟化支持实际上没有被构建进 ListBox 或 ItemsControl 类。相反，而是被硬编码到 VirtualizingStackPanel 容器，除增加了虚拟化支持，该面板和 StackPanel 面板的功能类似。ListBox、ListView 以及 DataGrid 都自动使用 VirtualizingStackPanel 面板来布局它们的子元素。所以，为了获得虚拟化支持，不需要采取任何额外的步骤。然而，ComboBox 类使用标准的没有虚拟化支持的 StackPanel 面板。如果需要虚拟化支持，就必须明确地通过提供新的 ItemsPanelTemplate 来添加虚拟化支持，如下所示：

```
<ComboBox>
  <ComboBox.ItemsPanel>
    <ItemsPanelTemplate>
      <VirtualizingStackPanel></VirtualizingStackPanel>
    </ItemsPanelTemplate>
  </ComboBox.ItemsPanel>
</ComboBox>
```

TreeView(见第 22 章)是另一个支持虚拟化的控件，但在默认情况下，它关闭了该支持。问题是在早期的 WPF 发布版本中，VirtualizingStackPanel 面板不支持层次化数据。现在虽然支持，但 TreeView 禁用了该特性以确保向后兼容性。幸运的是，只通过设置一个属性即可启用该特性，在包含大量数据的树控件中总是推荐启用该特性：

```
<TreeView VirtualizingStackPanel.IsVirtualizing="True" ... >
```

注意：

从技术角度看，VirtualizingStackPanel 继承自抽象类 VirtualizingPanel。如果想要使用不同类型的虚拟化面板，比如支持虚拟化的 Grid 面板，就需要从第三方组件供应商那里购买。

有许多因素可能会破坏 UI 虚拟化支持，而且有时是意想不到的：

- **在 ScrollViewer 中放置列表控件**。ScrollViewer 为其子内容提供了一个窗口。问题是为子内容提供了无限的“虚拟”空间。在这个虚拟空间中，ListBox 以完整尺寸渲染自身，显示所有子项。副作用是，每项在内存中都有各自的 ListBoxItem 对象。只要将 ListBox 控件放入不会试图限制其尺寸的容器中，就会发生这一问题；例如，如果将 ListBox 控件放到 StackPanel 面板而不是 Grid 面板中，也会发生类似问题。
- **改变列表控件的模板并且没有使用 ItemsPresenter**。ItemsPresenter 使用 ItemsPanelTemplate，该模板指定了 VirtualizingStackPanel 面板。如果破坏了这种关系或自己改变了 ItemsPanelTemplate，从而使其不使用 VirtualizingStackPanel 面板，将会丢失虚拟化特性。
- **不使用数据绑定**。这应当是显而易见的，但如果通过编程填充列表——例如，通过动态创建需要的 ListBoxItem 对象——那么不会发生虚拟化。当然，可考虑使用自己的优化策略，例如创建所需的对象并只在需要时创建。在第 22 章当使用即时节点创建以填充目录树时，演示了如何为 TreeView 控件使用这种技术。

如果有一个大列表，需要避免这些问题以确保得到良好的性能。

即使当使用 UI 虚拟化时，仍然必须为实例化内存中的数据对象付出代价。例如，在具有 50 000 项的 ListBox 控件示例中，仍有 50 000 个数据对象，每个对象具有与产品、客户、订单记录或其他内容相关的不同数据。如果希望优化应用程序的这一部分，可考虑使用数据虚拟化 (data virtualization)——每次只获取一批记录的一种技术。数据虚拟化是更复杂的技术，因为它假定检索数据的代价比保存数据的代价更低。根据数据的大小和检索数据所需的时间，这不一定是正确的。例如，如果当用户在列表中滚动时，应用程序不断地连接到网络数据库以获取更多的产品信息，最终结果会降低滚动性能，并会增加数据库服务器的负担。

当前，WPF 没有提供任何支持数据虚拟化的控件或类。然而，这不会阻止企业级开发人员创建这一缺失的功能：假装具有所有项的“伪”集合，但直到控件需要数据时才从后台数据源中查询数据。可从 http://bea.stollnitz.com/blog/?p=344 和 http://bea.stollnitz.com/blog/?p=378 网址上找到使用这种技术的例子。

19.3.2 项容器再循环

通常当滚动支持虚拟化列表时，控件不断地创建新的项容器对象以保存新的可见项。例如，当在具有 50 000 个项的 ListBox 控件中滚动时，ListBox 控件将生成新的 ListBoxItem 对象。但如果启用了项容器再循环，ListBox 控件将只保持少量 ListBoxItem 对象存活，并当滚动时通过新数据加载这些 ListBoxItem 对象，从而重复使用它们。

```
<ListBox VirtualizingStackPanel.VirtualizationMode="Recycling" ... >
```

项容器再循环提高了滚动性能，降低了内存消耗量，因为垃圾收集器不需要查找旧的项对象并释放它们。通常，为了确保向后兼容，对于除 DataGrid 之外的所有控件，该特性默认是禁用的。如果有一个大列表，应当总是启用该特性。

19.3.3 缓存长度

如前所述，VirtualizingStackPanel创建了几个超过其显示范围的附加项。这样，在开始滚动时，可以立即显示这些项。

在以前的 WPF 版本中，将多个附加项硬编码到 VirtualizingStackPanel 中。但在 WPF 4.5 中，您可使用 CacheLength 和 CacheLengthUnit 这两个 VirtualizingStackPanel 属性进一步调整精确数量。CacheLengthUnit 允许选择如何指定附加项的数量：项数、页数(其中，单页包含适应于控件可视“窗口”的所有项)或像素数(如果项显示不同大小的图片，这将是合理选择)。

默认的 CacheLength 和 CacheLengthUnit 属性在当前可见项之前和之后存储项的附加页，如下所示：

```
<ListBox VirtualizingStackPanel.CacheLength="1"
      VirtualizingStackPanel.CacheLengthUnit="Page" ... />
```

下面的代码正好在当前可见项之前存储100项，在当前可见项之后存储100项：

```
<ListBox VirtualizingStackPanel.CacheLength="100"
      VirtualizingStackPanel.CacheLengthUnit="Item" ... />
```

下面的代码在当前可见项之前存储 100 项，在当前可见项之后存储 500 项(原因可能是您预估用户将耗费大部分时间向下滚动，而不是向上滚动)：

```
<ListBox VirtualizingStackPanel.CacheLength="100,500"
      VirtualizingStackPanel.CacheLengthUnit="Item" ... />
```

有必要指出，附加项的缓存用背景来填充。这意味着，VirtualizingStackPanel 将立即显示创建的可见项集。此后，VirtualizingStackPanel 将开始在优先级较低的后台线程上填充缓存，因此不能锁定应用程序。

19.3.4 延迟滚动

为进一步提高滚动性能，可开启延迟滚动(deferred scrolling)特性。使用延迟滚动特性，当用户在滚动条上拖动滚动滑块时不会更新列表显示。只有当用户释放了滚动滑块时才刷新。比较起来，当使用常规滚动时，在拖动的同时会刷新列表，从而使列表显示正在改变的位置。

与为列表控件使用项容器再循环一样，需要明确地启用延迟滚动特性：

```
<ListBox ScrollViewer.IsDeferredScrollingEnabled="True" ... />
```

显然，需要在响应性和易用性之间取得平衡。如果有一个复杂的模板和大量数据，对于提高速度可能更愿意使用延迟滚动特性。但与此相反，当滚动时用户可能更愿意能够查看目前滚动到了什么位置。

VirtualizingStackPanel 通常使用基于项的滚动(item-based scrolling)。这意味着当向下滚动少许时，下一项将显示出来。无法滚动查看项的一部分。无论是单击滚动条，单击滚动箭头，还是调用诸如 ListBox.ScrollIntoView()的方法，在面板上至少会滚动一个完整项。

然而，可通过将 VirtualizingStackPanel.ScrollUnit 属性设置为 Pixel 来覆盖该行为，并使用基于像素的滚动：

```
<ListBox VirtualizingStackPanel.ScrollUnit="Pixel" ... />
```

此时，便可以向下滚动来查看项的一部分了。

应该根据在列表中显示的内容类型以及个人爱好，在“基于项的滚动”与“基于像素的滚动”之间加以选择。一般而言，基于像素的滚动更流畅，因为它允许使用较小的滚动间隔；而基于项的滚动更清晰，因为始终可看到项的全部内容。

19.4 验证

在任何数据绑定中，另一个要素是验证(validation)——换句话说，是指用于捕获非法数值并拒绝这些非法数值的逻辑。可直接在控件中构建验证(例如，通过响应文本框中的输入并拒绝非法字符)，但这种低级的方法限制了灵活性。

幸运的是，WPF 提供了能与前面讨论过的数据绑定系统紧密协作的验证功能。验证另外提供了以下两种方法用于捕获非法值：

- **可在数据对象中引发错误**。为告知 WPF 发生了错误，只需要从属性设置过程中抛出异常。通常，WPF 会忽略所有在设置属性时抛出的异常，但可以进行配置，从而显示更有帮助的可视化指示。另一种选择是在自定义的数据类中实现 INotifyDataErrorInfo 或 IDataErrorInfo 接口，从而可得到指示错误的功能而不会抛出异常。
- **可在绑定级别上定义验证**。这种方法可获得使用相同验证的灵活性，而不必考虑使用的是哪个输入控件。更好的是，因为是在不同的类中定义验证，所以可很容易地在存储类似数据类型的多个绑定中重用验证。

如果数据对象已经在它们的属性设置过程中硬编码了验证逻辑并且希望使用该逻辑，通常将使用第一种方法。当第一次定义验证逻辑，并希望在不同上下文和不同控件中重用时，将使用第二种方法。然而，一些开发人员同时选用这两种方法。他们在数据对象中使用验证预防一小部分基本的错误，并在绑定中使用验证捕获更大范围的用户输入错误。

注意：

只有当来自目标的值正被用于更新源时才会应用验证——换句话说，只有当使用 TwoWay 模式或 OneWayToSource 模式的绑定时才应用验证。

19.4.1 在数据对象中进行验证

一些开发人员直接在数据对象中构建错误检查逻辑。例如，下面是经过修改的 Product.UnitPrice 属性版本，该版本不允许使用负数：

```
public decimal UnitCost
{
    get { return unitCost; }
    set
    {
        if (value < 0)
             throw new ArgumentException("UnitCost cannot be negative.");
        else
        {
            unitCost = value;
            OnPropertyChanged(new PropertyChangedEventArgs("UnitCost"));
        }
    }
}
```

这个示例中显示的验证逻辑防止使用负的价格值，但不能为用户提供任何与问题相关的反馈信息。正如在前面学过的，WPF 会不加通告地忽略当设置和获取属性时发生的数据绑定错误。对于这种情况，用户无法知道更新已经被拒绝。实际上，非法的值仍然保留在文本框中——只是没有被应用于绑定的数据对象。为改善这一状况，需要借助于 ExceptionValidationRule 验证规则，稍后将介绍该验证规则。

数据对象和验证

在数据对象中放置验证逻辑是否是一种好方法？这是一场永无休止的辩论。

这种方法有一些优点——例如总会捕获所有错误，而不管这些错误是由于非法的用户编辑、编码错误引起的，还是由于根据其他非法数据进行计算引起的。然而，这种方法的缺点是会使数据对象变得更加复杂，并且将用于前台应用程序的验证代码深入到了后台的数据模型中。

如果不谨慎使用这种方法，属性验证可能会无意中排除那些对数据对象非常合理的使用。它们还可能导致不一致的且实际上是复合的数据错误(例如，UnitsInStock 属性保存数值 -10 可能是不合理的，但如果后台数据库存储了这个值，可能仍希望创建相应的 Product 对象，从而可以在用户界面中编辑它)。有时，可通过创建另一层对象来解决此类问题——例如在复杂系统中，开发人员可构建丰富的商务对象模型而不是简单的数据对象层。

在当前示例中，StoreDB 和 Product 类都是作为后台数据访问组件设计的。在这个上下文中，Product 类只是看似完美的数据包，允许将信息从一个代码层传递到另一个代码层。因此，验证代码并未真正放在 Product 类中。

1. ExceptionValidationRule 验证规则

ExceptionValidationRule 是预先构建的验证规则，它向 WPF 报告所有异常。要使用 ExceptionValidationRule 验证规则，必须将它添加到 Binding.ValidationRules 集合中，如下所示：

```
<TextBox Margin="5" Grid.Row="2" Grid.Column="1">
  <TextBox.Text>
    <Binding Path="UnitCost">
      <Binding.ValidationRules>
        <ExceptionValidationRule></ExceptionValidationRule>
      </Binding.ValidationRules>
    </Binding>
  </TextBox.Text>
</TextBox>
```

这个示例同时使用了值转换器和验证规则。通常是在转换值之前执行验证，但 ExceptionValidationRule 验证规则是一个例外。它捕获在任何位置发生的异常，包括当编辑的值不能转换成正确数据类型时发生的异常、由属性设置器抛出的异常以及由值转换器抛出的异常。

那么，当验证失败时会发生什么情况？System.Windows.Controls.Validation 类的附加属性记录下了验证错误。对于每个失败的验证规则，WPF 采取以下三个步骤：

- 在绑定的元素上(在此是 TextBox 控件)，将 Validation.HasError 附加属性设置为 true。
- 创建包含错误细节的 ValidationError 对象(作为 ValidationRule.Validate( )方法的返回值)，并将该对象添加到关联的 Validation.Errors 集合中。

- 如果 Binding.NotifyOnValidationError 属性被设置为 true，WPF 就在元素上引发 Validation.Error 附加事件。

当发生错误时，绑定控件的可视化外观也会发生变化。当控件的 Validation.HasError 属性被设置为 true 时，WPF 自动将控件使用的模板切换为由 Validation.ErrorTemplate 附加属性定义的模板。在文本框中，新模板将文本框的轮廓改成一条细的红色边框。

在大多数情况下，您会希望以某种方式增强错误指示，并提供与引发问题的错误相关的特定信息。可使用代码处理 Error 事件，或提供自定义控件模板，从而提供不同的可视化指示信息。但在执行这些任务之前，有必要分析一下 WPF 提供的其他两种捕获错误的方式—— 通过使用数据对象中的 INotifyDataErrorInfo 或 IDataErrorInfo 接口以及通过编写自定义验证规则捕获错误。

2. INotifyDataErrorInfo 接口

许多面向对象的支持者更愿意引发异常来提示用户输入错误，这样做的原因有很多。例如，用户输入错误并非异常条件，错误条件可能依赖于多个属性值之间的交互，以及有时不应立即丢弃错误值而值得保留它们以便进一步加以处理。WPF 提供了两个接口，允许您构建报告错误的对象而不会抛出异常，这两个接口名为 IDataErrorInfo 和 INotifyDataErrorInfo。

注意：

IDataErrorInfo 和 INotifyDataErrorInfo 接口具有共同的目标，即用更加人性化的错误通知系统替换未处理的异常。IDataErrorInfo 是初始的错误跟踪接口，可追溯至第一个.NET 版本， WPF 包含它是为了达到向后兼容的目的。INotifyDataErrorInfo 接口具有类似的作用，但界面更丰富，是针对 Silverlight 创建的，并且已移植到了 WPF 4.5。它还支持其他功能，如每个属性多个错误以及异步验证。下面将介绍该接口。

下面演示如何使用 INotifyDataErrorInfo 接口来检测 Product 对象存在的问题。第一步是实现该接口：

```
public class Product : INotifyPropertyChanged, INotifyDataErrorInfo
{ ... }
```

INotifyDataErrorInfo 接口只需要三个成员。ErrorsChanged 事件在添加或删除错误时引发。HasErrors 属性返回 true 或 false 来指示数据对象是否包含错误。最后，GetErrors()方法提供完整的错误信息。

在实现这些方法之前，需要采用某种方式来跟踪代码中的错误。最佳选择是使用私有集合，如下所示：

```
private Dictionary<string, List<string>> errors =
  new Dictionary<string, List<string>>();
```

该集合初看起来有些怪异。为理解其中的原因，需要了解两个事实。首先，INotifyDataErrorInfo 接口要求将错误链接到特定属性。其次，每个属性可以有多个错误。要跟踪此错误信息，最简单的方法是使用 Dictionary<T, K>集合，按属性名为该集合编写索引：

```
private Dictionary<string, List<string>> errors =
  new Dictionary<string, List<string>>();
```

字典中的每一项本身就是一个错误集合。该例使用简单字符串的 List<T>：

```
private Dictionary<string, List<string>> errors =
  new Dictionary<string, List<string>>();
```

然后，可使用功能完备的错误对象，将多个错误信息片段绑定在一起，包括文本消息、错误代码和严重级别等详情。

准备好该集合后，只需要在错误发生时添加即可(如果错误得到纠正，就删除错误信息)。为简化该过程，该例中的 Product 类添加了一对名为 SetErrors()和 ClearErrors()的私有方法：

```
public event EventHandler<DataErrorsChangedEventArgs> ErrorsChanged;

private void SetErrors(string propertyName, List<string> propertyErrors)
{
    // Clear any errors that already exist for this property.
    errors.Remove(propertyName);

    // Add the list collection for the specified property.
    errors.Add(propertyName, propertyErrors);

    // Raise the error-notification event.
    if (ErrorsChanged != null)
      ErrorsChanged(this, new DataErrorsChangedEventArgs(propertyName));
}

private void ClearErrors(string propertyName)
{
    // Remove the error list for this property.
    errors.Remove(propertyName);

    // Raise the error-notification event.
    if (ErrorsChanged != null)
      ErrorsChanged(this, new DataErrorsChangedEventArgs(propertyName));
}
```

下面显示了错误处理逻辑，这段代码确保将 Product.ModelNumber 属性限制为包含字母和数字的字符串(不允许使用标点符号、空格以及其他特殊字符)：

```
private string modelNumber;
public string ModelNumber
{
    get { return modelNumber; }
    set
    {
        modelNumber = value;

        bool valid = true;
        foreach (char c in modelNumber)
        {
            if (!Char.IsLetterOrDigit(c))
            {
```

```
                valid = false;
                break;
            }
        }
        if (!valid)
        {
            List<string> errors = new List<string>();
            errors.Add("The ModelNumber can only contain letters and numbers.");
            SetErrors("ModelNumber", errors);
        }
        else
        {
            ClearErrors("ModelNumber");
        }

        OnPropertyChanged(new PropertyChangedEventArgs("ModelNumber"));
    }
}
```

最后实现 GetErrors()和 HasErrors()方法。GetErrors()方法返回特定属性的错误列表(或所有属性的所有错误)。如果 Product 类存在一个或多个错误，HasErrors()属性返回 true。

```
public IEnumerable GetErrors(string propertyName)
{
    if (string.IsNullOrEmpty(propertyName))
    {
        // Provide all the error collections.
        return (errors.Values);
    }
    else
    {
        // Provice the error collection for the requested property
        // (if it has errors).
        if (errors.ContainsKey(propertyName))
        {
            return (errors[propertyName]);
        }
        else
        {
            return null;
        }
    }
}

public bool HasErrors
{
    get
    {
        // Indicate whether the entire Product object is error-free.
        return (errors.Count > 0);
    }
}
```

为告知 WPF 使用 INotifyDataErrorInfo 接口，并通过该接口在修改属性时检查错误，绑定的 ValidatesOnNotifyDataErrors 属性必须为 true：

```
<TextBox Margin="5" Grid.Row="2" Grid.Column="1" x:Name="txtModelNumber"
 Text="{Binding Path=ModelNumber, Mode=TwoWay, ValidatesOnNotifyDataErrors=True,
 NotifyOnValidationError=True}"></TextBox>
```

从技术角度看，并非一定要明确设置 ValidatesOnNotifyDataErrors，因为默认情况下其值为 true(类似的 ValidatesOnDataErrors 属性与 IDataErrorInfo 接口一起使用，该属性与 ValidatesOnNotifyDataErrors 是不同的)。但最好还是明确设置，以便清晰地表明准备在标记中使用它。

另外，可通过创建数据对象来综合使用这两种方法：数据对象为某些错误类型抛出异常，并使用 IDataErrorInfo 或 INotifyDataErrorInfo 报告其他错误。但务必记住，这两种方法差异极大。当触发异常时，不会在数据对象中更新属性。但当使用 IDataErrorInfo 或 INotifyDataErrorInfo 接口时，允许使用非法值，但会标记出来。数据对象会被更新，但您可使用通知和 BindingValidationFailed 事件告知用户。

19.4.2 自定义验证规则

应用自定义验证规则的方法和应用自定义转换器的方法类似。该方法定义继承自 ValidationRule(位于 System.Windows.Controls 名称空间)的类，并为了执行验证而重写 Validate( ) 方法。如有必要，可添加接受其他细节的属性，可使用这些属性影响验证(例如，用于检查文本的验证规则可包含 Boolean 类型的 CaseSensitive 属性)。

下面是一条完整的验证规则，该规则将 decimal 数值限制在指定的最小值和最大值之间。因为这条验证规则用于货币数值，所以在默认情况下，最小值是 0，而最大值是 decimal 类型能够容纳的最大值。然而，为了获得最大的灵活性，可通过属性来配置这些细节：

```
public class PositivePriceRule : ValidationRule
{
    private decimal min = 0;
    private decimal max = Decimal.MaxValue;

    public decimal Min
    {
        get { return min; }
        set { min = value; }
    }

    public decimal Max
    {
        get { return max; }
        set { max = value; }
    }

    public override ValidationResult Validate(object value,
    CultureInfo cultureInfo)
```

```
    {
        decimal price = 0;

        try
        {
            if (((string)value).Length > 0)
                price = Decimal.Parse((string)value, NumberStyles.Any, culture);
        }
        catch
        {
            return new ValidationResult(false, "Illegal characters.");
        }

        if ((price < Min) || (price > Max))
        {
            return new ValidationResult(false,
              "Not in the range " + Min + " to " + Max + ".");
        }
        else
        {
            return new ValidationResult(true, null);
        }
    }
}
```

注意，验证逻辑使用了 Decimal.Parse( )方法的一个重载版本，该重载版本接受一个 NumberStyles 枚举值。这是因为验证总在转换之前进行。如果为同一字段同时应用验证器和转换器，就需要确保当存在货币符号时能够成功地进行验证。验证逻辑的成败通过返回的 ValidationResult 对象标识。IsValid 属性指示验证是否成功，并且如果验证不成功，ErrorContent 属性会提供描述问题的对象。在这个示例中，错误内容被设置为将会显示在用户界面中的字符串，这是最常用的方法。

一旦完善自定义的验证规则，就准备好通过将验证规则添加到 Binding.ValidationRules 集合中来将之关联到元素。下面是使用 PositivePriceRule 验证规则的一个示例，该规则的 Maximum 属性值被设置为 999.99：

```
<TextBlock Margin="7" Grid.Row="2">Unit Cost:</TextBlock>
  <TextBox Margin="5" Grid.Row="2" Grid.Column="1">
    <TextBox.Text>
      <Binding Path="UnitCost">
        <Binding.ValidationRules>
          <local:PositivePriceRule Max="999.99" />
        </Binding.ValidationRules>
      </Binding>
    </TextBox.Text>
</TextBox>
```

通常，会为使用同类规则的每个元素定义不同的验证规则对象。因为可能希望独立地调整验证属性(例如，PositivePriceRule 验证规则中的最小值和最大值)。如果确实希望为多个绑定使用完全相同的验证规则，可将验证规则定义为资源，并在每个绑定中简单地使用 StaticResource

标记扩展指向该资源。

您可能已经猜到了，Bingding.ValidationRules 集合可包含任意数量的验证规则。将值提交到源时，WPF 将按顺序检查每个验证规则(请记住，当文本框失去焦点时文本框的值被提交到源，除非使用 UpdateSourceTrigger 属性另行指定)。如果所有验证都成功了，WPF 接着会调用转换器(如果存在的话)并为源应用值。

注意：

如果在 PositivePriceRule 验证规则之后添加 ExceptionValidationRule 验证规则，那么会首先评估 PositivePriceRule 验证规则。PositivePriceRule 验证规则将捕获由于超出范围造成的错误。然而，当输入的内容不能被转换为 decimal 类型的数值时(如一系列字母)，ExceptionValidationRule 验证规则会捕获类型转换错误。

当使用 PositivePriceRule 验证规则执行验证时，其行为和使用 ExceptionValidationRule 验证规则的行为相同——文本框使用红色轮廓，设置 HasError 和 Errors 属性，并引发 Error 事件。为给用户提供一些更有帮助作用的反馈信息，需要添加一些代码或自定义 ErrorTemplate 模板。后续您将学习如何使用这两种方法。

提示：

自定义验证规则可非常特殊，从而可用于约束特定的属性，或更为通用，从而可在各种情况下重用。例如，可很容易地创建一条自定义验证规则，借助于.NET 提供的 System.Text.RegularExpression.Regex 类，使用指定的正则表达式验证字符串。根据使用的正则表达式，可对各种基于模式的文本数据使用这条验证规则，如电子邮件地址、电话号码、IP 地址以及邮政编码。

19.4.3 响应验证错误

在上个示例中，有关用户接收到错误的唯一指示是在违反规则的文本框周围的红色轮廓。为提供更多信息，可处理 Error 事件，当存储或清除错误时会引发该事件，但前提是首先必须确保已将 Binding.NotifyOnValidationError 属性设置为 true：

```
<Binding Path="UnitCost" NotifyOnValidationError="True">
```

Error 事件是使用冒泡策略的路由事件，所以可通过在父容器中关联事件处理程序来为多个控件处理 Error 事件，如下所示：

```
<Grid Name="gridProductDetails" Validation.Error="validationError">
```

下面的代码对这个事件进行响应，并显示一个具有错误信息的消息框(一个干扰程度更小的选项是显示工具提示或在窗口的某个地方显示错误信息)：

```
private void validationError(object sender, ValidationErrorEventArgs e)
{
    // Check that the error is being added (not cleared).
    if (e.Action == ValidationErrorEventAction.Added)
    {
        MessageBox.Show(e.Error.ErrorContent.ToString());
```

```
        }
    }
```

ValidationErrorEventArgs.Error 属性提供了一个 ValidationError 对象，该对象将几个有用的细节捆绑在一起，包括引起问题的异常(Exception)、违反的验证规则(ValidationRule)、关联的绑定对象(BindingInError)以及 ValidationRule 对象返回的任何自定义信息(ErrorContent)。

如果正使用自定义的验证规则，几乎总会选择在 ValidationError.ErrorContent 属性中放置错误信息。如果使用 ExceptionValidationRule 验证规则，ErrorContent 属性将返回相应异常的 Message 属性。然而，存在一个问题，如果是因为数据类型不能转换为正确的值而引起的异常，ErrorContent 属性会如您所期望的那样工作，并报告发生了问题。但如果在数据对象的属性设置器中抛出了异常，那么异常会被封装到 TargetInvocationException 对象中，并且 ErrorContent 属性提供来自 TargetInvocationException.Message 属性的文本，内容是"Exception has been thrown by the target of an invocation."，这段文本内容实际没有什么作用。

因此，如果正在使用属性设置器引发异常，就需要添加代码来检查 TargetInvocationException 对象的 InnerException 属性。如果不是 null，就可以检索原始异常对象，并使用原始异常对象的 Message 属性而不是使用 ValidationError.ErrorContent 属性。

19.4.4 获取错误列表

在某些情况下，您可能希望获取当前窗口(或窗口中的给定容器)中所有未处理错误的列表。这项任务较简单——需要做的所有工作就是遍历元素树，测试每个元素的 Validation.HasError 属性。

下面的代码例程演示一个专门查找 TextBox 对象中非法数据的示例。这个示例使用递归代码遍历整个元素层次。同时将错误信息聚集到一条单独的消息中，然后显示给用户：

```
private void cmdOK_Click(object sender, RoutedEventArgs e)
{
    string message;
    if (FormHasErrors(message))
    {
        // Errors still exist.
        MessageBox.Show(message);
    }
    else
    {
        // There are no errors. You can continue on to complete the task
        // (for example, apply the edit to the data source.).
    }
}

private bool FormHasErrors(out string message)
{
    StringBuilder sb = new StringBuilder();
    GetErrors(sb, gridProductDetails);
    message = sb.ToString();
    return message != "";
}
```

```
private void GetErrors(StringBuilder sb, DependencyObject obj)
{
    foreach (object child in LogicalTreeHelper.GetChildren(obj))
    {
    TextBox element = child as TextBox;
    if (element == null) continue;

    if (Validation.GetHasError(element))
    {
        sb.Append(element.Text + " has errors:\r\n");
        foreach (ValidationError error in Validation.GetErrors(element))
        {
            sb.Append(" " + error.ErrorContent.ToString());
            sb.Append("\r\n");
        }
    }
        // Check the children of this object for errors.
        GetErrors(sb, element);
      }
   }
}
```

在更复杂的实现中，FormHasErrors( )方法可能创建包含错误信息对象的集合。cmdOK_Click( )事件处理程序接着负责构造恰当的消息。

19.4.5 显示不同的错误指示符号

为最大限度地利用 WPF 验证，您可能希望创建自己的错误模板，以适当的方式标识错误。乍一看，这像是一种报告错误的低级方法——毕竟，可使用标准的控件模板详细地自定义控件的构成。然而，错误模板和普通控件模板是不同的。

错误模板使用的是装饰层，装饰层是位于普通窗口内容之上的绘图层。使用装饰层，可添加可视化装饰来指示错误，而不用替换控件背后的控件模板或改变窗口的布局。文本框的标准错误模板通过在相应文本框的上面添加红色的 Border 元素(背后的文本框没有发生变化)来指示发生了错误。可使用错误模板添加其他细节，如图像、文本或其他能吸引用户关注问题的图形细节。

下面的标记显示了一个示例。该例定义了一个错误模板，该模板使用绿色边框并在具有非法输入的控件的旁边添加一个星号。该模板被封装进一条样式规则中，从而可自动将之应用到当前窗口的所有文本框：

```
<Style TargetType="{x:Type TextBox}">
  <Setter Property="Validation.ErrorTemplate">
    <Setter.Value>
      <ControlTemplate>
        <DockPanel LastChildFill="True">
          <TextBlock DockPanel.Dock="Right" Foreground="Red"
            FontSize="14" FontWeight="Bold">*</TextBlock>
          <Border BorderBrush="Green" BorderThickness="1">
```

```
        <AdornedElementPlaceholder></AdornedElementPlaceholder>
      </Border>
    </DockPanel>
  </ControlTemplate>
 </Setter.Value>
</Setter>
</Style>
```

AdornedElementPlaceholder 是支持这种技术的粘合剂。它代表控件自身，位于元素层中。通过使用 AdornedElementPlaceholder 元素，能在文本框的背后安排自己的内容。

因此，在该例中，边框被直接放在文本框上，而不管文本框的尺寸是多少。在这个示例中，星号放在右边(如图 19-5 所示)。最令人满意的是，新的错误模板内容叠加在已存在的内容之上，从而不会在原始窗口的布局中触发任何改变(实际上，如果不小心在装饰层中包含了过多内容，最终会改变窗口的其他部分)。

提示：

如果希望使错误模板叠加显示在元素之上(而不是位于元素的周围)，可在 Grid 控件的同一个单元格中同时放置自定义的内容和 AdornerElementPlaceholder 元素。此外，也可以不用 AdornerElementPlaceholder 元素，但这样就会丧失在元素之后精确定位自定义内容的能力。

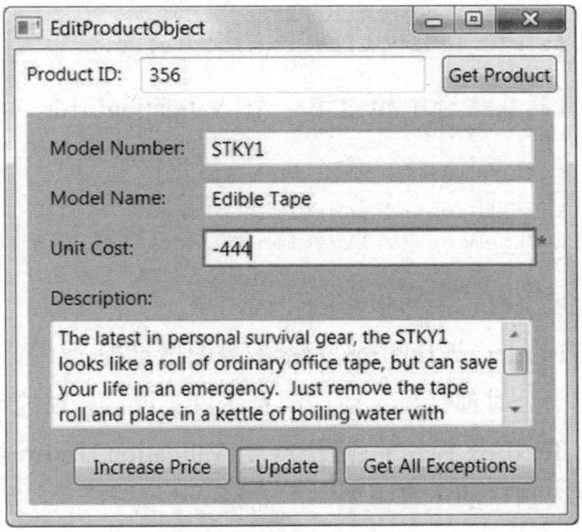

图 19-5　使用错误模板指示错误

错误模板仍存在一个问题——没有提供任何有关错误的附加信息。为显示这些细节，需要使用数据绑定提取它们。一个好方法是使用第一个错误的错误内容，并将其用作自定义错误指示器的工具提示文本。下面的模板实现了这一功能：

```
<ControlTemplate>
  <DockPanel LastChildFill="True">
    <TextBlock DockPanel.Dock="Right"
    Foreground="Red" FontSize="14" FontWeight="Bold"
    ToolTip="{Binding ElementName=adornerPlaceholder,
          Path=AdornedElement.(Validation.Errors)[0].ErrorContent}"
```

```
    >*</TextBlock>
    <Border BorderBrush="Green" BorderThickness="1">
      <AdornedElementPlaceholder Name="adornerPlaceholder">
      </AdornedElementPlaceholder>
     </Border>
    </DockPanel>
  </ControlTemplate>
```

绑定表达式的 Path 有些复杂，并且需要更仔细地加以检查。绑定表达式的源是 AdornedElementPlaceholder 元素，该元素是在控件模板中定义的。

```
ToolTip="{Binding ElementName=adornerPlaceholder, ...
```

AdornedElementPlaceholder 类通过 AdornedElement 属性提供了指向背后元素(在这个示例中是存在错误的 TextBox 对象)的引用：

```
ToolTip="{Binding ElementName=adornerPlaceholder,
          Path=AdornedElement ...
```

为检索实际错误，需要检查这个元素的 Validation.Error 属性。然而，需要用圆括号包围 Validation.Errors 属性，从而指示它是附加属性而不是 TextBox 类的属性：

```
ToolTip="{Binding ElementName=adornerPlaceholder,
          Path=AdornedElement.(Validation.Errors) ...
```

最后，需要使用索引器从集合中检索第一个 ValidationError 对象，然后提取该对象的 ErrorContent 属性：

```
ToolTip="{Binding ElementName=adornerPlaceholder,
          Path=AdornedElement.(Validation.Errors)[0].ErrorContent}"
```

现在当将鼠标移到星号上时，就可以看到错误消息。

此外，您可能希望在 Border 或 TextBox 元素本身的工具提示中显示错误消息，从而当用户将鼠标移到控件上的任何部分时都会显示错误消息。可实现这一功能而无须借助于自定义错误模板——只需要一个用于 TextBox 控件的触发器，当 Validation.HasError 属性变为 true 时应用该触发器，并且应用具有错误消息的工具提示。下面是一个例子：

```
<Style TargetType="{x:Type TextBox}">
  ...
  <Style.Triggers>
      <Trigger Property="Validation.HasError" Value="True">
        <Setter Property="ToolTip"
         Value="{Binding RelativeSource={RelativeSource Self},
         Path=(Validation.Errors)[0].ErrorContent}" />
    </Trigger>
  </Style.Triggers>
</Style>
```

图 19-6 显示了结果。

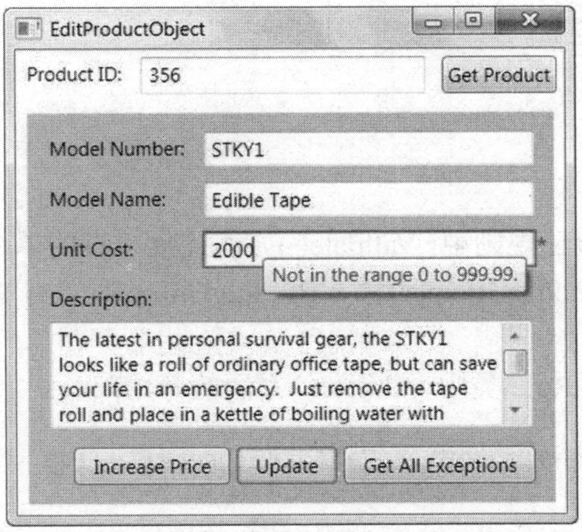

图 19-6　将验证错误消息转移到工具提示中

19.4.6　验证多个值

使用到目前为止看到的方法可验证单个数值。然而，在许多情况下需要执行包含两个或更多个绑定值的验证。例如，如果 Project 对象的 StartDate 在其 EndDate 之后，该对象就是无效的。对于 Order 对象，其 Status 不应当为 Shipped，并且其 ShipDate 不能为空。Product 对象的 ManufacturingCost 不应当大于 RetailPrice，等等。

可采用多种方式设计应用程序以处理这些限制。在某些情况下，构建智能的用户界面是有意义的(例如，如果有些字段基于其他字段的信息判断得出是不适合的，可选择禁用它们)。在其他情况下，会将这一逻辑构建到数据类自身(然而，如果数据在某些情况下是有效的，只是在特定的编辑任务中不能接受，那么这种方法行不通)。最后，可通过 WPF 数据绑定系统使用绑定组(binding group)创建应用这种规则的自定义验证规则。

绑定组背后的基本思想很简单。创建继承自 ValidationRule 类的自定义验证规则，如前面所述。但不是将该规则应用到单个绑定表达式，而将其附加到包含所有绑定控件的容器上(通常，也就是将 DataContext 设置为数据对象的同一容器)。然后当提交编辑时，WPF 会使用该验证规则验证整个数据对象，这就是所谓的项级别验证(item-level validation)。

例如，下面的标记通过设置 BindingGroup 属性为 Grid 面板(该面板包含了所有元素)创建了一个绑定组。然后添加一个名为 NoBlankProductRule 的验证规则。该规则自动应用到绑定的 Product 对象，该对象存储在 Grid.DataContext 属性中。

```
<Grid Name="gridProductDetails"
 DataContext="{Binding ElementName=lstProducts, Path=SelectedItem}">

 <Grid.BindingGroup>
   <BindingGroup x:Name="productBindingGroup">
     <BindingGroup.ValidationRules>
       <local:NoBlankProductRule></local:NoBlankProductRule>
     </BindingGroup.ValidationRules>
   </BindingGroup>
 </Grid.BindingGroup>

 <TextBlock Margin="7">Model Number:</TextBlock>
```

```
  <TextBox Margin="5" Grid.Column="1" Text="{Binding Path=ModelNumber}">
  </TextBox>

  ...
</Grid>
```

在到目前为止看到的验证规则中，Validate( )方法接收审查的单个数值。但当使用绑定组时，Validate( )方法接收一个 BindingGroup 对象，BindingGroup 对象封装了绑定数据对象(在这个示例中是 Product 对象)。

下面是 NoBlankProductRule 类中 Validate( )方法的开始部分：

```
public override ValidationResult Validate(object value, CultureInfo cultureInfo)
{
    BindingGroup bindingGroup = (BindingGroup)value;
    Product product = (Product)bindingGroup.Items[0];
    ...
}
```

您将注意到，代码从 BindingGroup.Items 集合检索第一个对象。在这个示例中，在该集合中只有一个数据对象。但可以创建应用到多个不同对象的绑定组(尽管不常见)。在这种情况下，您会收到包含所有数据对象的集合。

注意：

为创建应用于多个数据对象的绑定组，必须设置 BindingGroup.Name 属性来为绑定组提供一个描述性的名称。然后在绑定表达式中设置 BindGroupName 属性使它们相互匹配：

```
Text="{Binding Path=ModelNumber, BindingGroupName=MyBindingGroup}"
```

这样一来，每个绑定表达式明确选择绑定组，并且可为针对不同数据对象的表达式使用相同的绑定组。

Validate( )方法使用绑定组的方式还有一个意想不到的区别。在默认情况下，接收到的数据对象是针对原始对象的，没有应用任何新的修改。为得到希望验证的新值，需要调用 BindingGroup.GetValue( )方法并传递数据对象和属性名：

```
string newModelName = (string)bindingGroup.GetValue(product, "ModelName");
```

这种设计具有一定意义。不为数据对象实际应用新值，从而使 WPF 能够确保在这些修改生效前，不会触发其他更新或应用程序中的同步任务。

下面是 NoBlandProductRule 类的完整代码：

```
public class NoBlankProductRule : ValidationRule
{
    public override ValidationResult Validate(object value, CultureInfo cultureInfo)
    {
        BindingGroup bindingGroup = (BindingGroup)value;

        // This product has the original values.
        Product product = (Product)bindingGroup.Items[0];
```

```
        // Check the new values.
        string newModelName = (string)bindingGroup.GetValue(product,
          "ModelName");
        string newModelNumber = (string)bindingGroup.GetValue(product,
          "ModelNumber");

        if ((newModelName == "") && (newModelNumber == ""))
        {
            return new ValidationResult(false,
              "A product requires a ModelName or ModelNumber.");
        }
        else
        {
            return new ValidationResult(true, null);
        }
    }
}
```

当使用项级别验证时，通常需要创建与此类似的紧耦合验证规则。这是因为归纳验证逻辑通常并不容易(换句话说，不太可能为不同的数据对象应用类似但稍微不同的验证逻辑)。当调用 GetValue( )方法时，还需要使用特定的属性名。所以，为项级别验证创建的验证规则不可能像为验证单个值所创建的验证规则那样整洁和精炼，而且可重用性更差。

如上所述，当前示例尚未完全完成。绑定组使用事务处理编辑系统，这意味着在运行验证逻辑之前需要正式地提交编辑。完成该操作的最简便做法是调用 BindingGroup.CommitEdit( )方法。可使用当单击按钮或当编辑控件失去焦点时运行的事件处理程序来完成该工作，如下所示：

```
<Grid Name="gridProductDetails" TextBox.LostFocus="txt_LostFocus"
DataContext="{Binding ElementName=lstProducts, Path=SelectedItem}">
```

下面是事件处理代码：

```
private void txt_LostFocus(object sender, RoutedEventArgs e)
{
    productBindingGroup.CommitEdit();
}
```

如果验证失败，整个 Grid 面板都被认为是无效的，并在其周围显示红色的细边框。就像类似 TextBox 的编辑控件那样，可通过修改 Validation.ErrorTemplate 改变 Grid 面板的外观。

注意：

对于将在第 22 章讨论的 DateGrid 控件，项级别验证能更加无缝地工作。当用户从一个单元格移到另一个单元格时，处理编辑的事务方面和触发字段导航事务，并且当用户从一行移到另一行时调用 BindingGroup.CommitEdit()方法。

19.5 数据提供者

在您已经看到的大多数示例中，都是通过代码设置元素的 DataContext 属性或列表控件的

ItemsSource 属性，从而提供顶级的数据源。这通常是最灵活的方法，当数据对象是通过另一个类(如 StoreDB 类)构造时尤其如此。然而，还有其他选择。

一种技术是作为窗口(或其他一些容器)的资源定义数据对象。如果能以声明方式构造对象，这种方法工作得很好，但如果需要在运行时连接到外部数据源(如数据库)，这种技术就没那么有意义了。然而，有些开发人员仍在运行时使用这种方法(通常是为了避免编写事件处理代码)。基本思想是创建封装器对象，在其构造函数中获取所需的数据。例如，可按如下方式创建资源部分：

```
<Window.Resources>
  <ProductListSource x:Key="products"></ProductListSource>
</Window.Resources>
```

在此，ProductListSource 类继承自 ObservableCollection<Products>类。因此，它能存储产品列表。它还在构造函数中提供了一些基本逻辑，调用 StoreDB.GetProducts( )方法来填充自身。

现在，其他元素可在它们的绑定中使用这个资源了：

```
<ListBox ItemsSource="{StaticResource products}"...>
```

这种方法初看起来很诱人，但却存在一些风险。当添加错误处理时，需要将错误处理代码放在 ProductListSource 类中。甚至可能需要显示一条消息，向用户解释问题。正如能够看到的，这种方法将数据模型、数据访问代码以及用户界面代码混合在一起，所以当需要访问外部资源(文件和数据库等)时，这种方法不是很合理。

在某种程度上，数据提供者(data provider)是这种模型的扩展。可以通过数据提供者直接绑定到在标记的资源部分定义的对象。然而，不是直接绑定到数据对象自身，而是绑定到能够检索或构建数据对象的数据提供者。如果数据提供者功能完备——例如，当发生异常时能够引发事件并提供用于配置与其操作相关细节的属性，这时这种方法是合理的。但是，WPF 中的数据提供者还没有达到这种标准。它们很有限，在使用外部数据时(例如，当从数据库或文件中提取信息时)会遇到问题，导致不值得使用这种方法。对于一些较简单情况，使用它们可能是有意义的——例如，可使用数据提供者将几个提供输入的控件捆绑成用于计算结果的类。然而，对于这种情况，除了能够减少有利于标记的事件处理代码之外，它们几乎没有提供其他功能。

所有数据提供者都继承自 System.Windows.Data.DataSourceProvider 类。目前，WPF 只提供了以下两个数据提供者：

- ObjectDataProvider，该数据提供者通过调用另一个类中的方法获取信息。
- XmlDataProvider，该数据提供者直接从 XML 文件获取信息。

这两个对象的目标都是让用户能在 XAML 中实例化数据对象，而不必使用事件处理代码。

注意：

还有一种选择：可作为 XAML 中的资源明确创建视图对象，将控件绑定到视图，并使用代码为视图填充数据。尽管有些开发人员更喜欢尝试这种选择，不过这种选择主要用于希望通过应用排序和过滤定制视图的情况。第 21 章将介绍如何使用视图。

19.5.1　ObjectDataProvider

ObjectDataProvider 数据提供者可从应用程序的另一个类中获取信息。它添加了以下功能：

- 它能创建需要的对象并为构造函数传递参数。

- 它能调用所创建对象中的方法，并向它传递方法参数。
- 它能异步地创建数据对象(换句话说，它能在窗口加载之前一直等待，此后在后台完成工作)。

例如，下面是一个基本的ObjectDataProvider数据提供者，它创建了StoreDB类的一个实例，调用该实例的GetProducts( )方法，并且在窗口的其他部分获取数据：

```
<Window.Resources>
  <ObjectDataProvider x:Key="productsProvider" ObjectType="{x:Type local:StoreDB}"
    MethodName="GetProducts"></ObjectDataProvider>
</Window.Resources>
```

现在可创建绑定，从ObjectDataProvider数据提供者获取数据源：

```
<ListBox Name="lstProducts" DisplayMemberPath="ModelName"
  ItemsSource="{Binding Source={StaticResource productsProvider}}"> </ListBox>
```

上面的标签像是绑定到ObjectDataProvider数据提供者，但ObjectDataProvider数据提供者的智能程度足够高，它知道实际上需要绑定到从GetProducts( )方法返回的产品列表。

注意：

与所有数据提供者类似，ObjectDataProvider是专门针对检索数据而设计的，而不是针对更新数据。换句话说，无法强制ObjectDataProvider数据提供者调用StoreDB类中的另一个方法来触发更新。这只是WPF中数据提供者类不如其他框架中的其他实现(如ASP.NET中的数据源控件)成熟的一个例子。

---

1. 错误处理

正如前面提到的，这个示例有一个极大的限制。当创建这个窗口时，XAML解析器创建窗口并调用GetProducts( )方法，从而可以设置绑定。如果GetProducts( )方法返回期望的数据，一切都会运行得很好，但如果抛出未处理的异常(例如，如果数据库太忙碌以至于不可访问)，结果就不是很理想了。这时，异常从窗口构造函数中的InitializeComponent()调用上传。显示此窗口的代码需要捕获这个错误，这在概念上有些混乱，并且无法继续执行并显示窗口——即使在构造函数中捕获了异常，窗口的其他部分也不会被正确地初始化。

但没有较容易的方法能解决这个问题。ObjectDataProvider类提供了IsInitialLoadEnabled属性，当第一次创建窗口时可将该属性设置为false，阻止调用GetProducts( )方法。如果将该属性设置为false，可在后面调用Refresh( )方法触发调用。但如果使用这种技术，绑定表达式就会失败，因为列表不能检索到它的数据源，这与大多数数据绑定错误是不同的(失败后不会给出提示，不会引发异常)。

那么，解决方法是什么呢？可在代码中构造ObjectDataProvider数据提供者，但这会丧失声明式绑定的优点(而这可能是首先使用ObjectDataProvider数据提供者的原因)。另一种解决方法是配置ObjectDataProvider数据提供者，使其异步地执行工作，如后面所述。对于这种情况，发生异常时，不会通告失败信息(但仍会在Debug窗口中显示跟踪消息来详细地描述错误)。

2. 异步支持

大多数开发人员会发现，没多少理由使用ObjectDataProvider数据提供者。通常，简单地直接绑定到数据对象，并添加少许代码来调用查询数据的类(如 StoreDB 类)更加容易。然而，有一个理由可能会让您使用 ObjectDataProvider 数据提供者——利用它执行异步数据查询。

```
<ObjectDataProvider IsAsynchronous="True" ... >
```

这看似很简单。只要将 ObjectDataProvider.IsAsynchronous 属性设置为 true，ObjectDataProvider 数据提供者就会在后台进程中执行工作。因此，当在后台执行工作时，用户界面就会有反应。一旦数据对象构造完毕并从方法返回，所有绑定元素就可以使用 ObjectDataProvider 数据提供者了。

提示：

如果不希望使用 ObjectDataProvider 数据提供者，仍可异步加载数据访问代码。技巧是使用 WPF 对多线程应用程序的支持。一个有用的工具是在第 31 章中介绍的 BackgroundWorker 组件。如果使用 BackgroundWorker 组件，还可得到取消支持和进度报告的优点。然而，将 BackgroundWorker 组件添加到用户界面比简单设置 ObjectDataProvider.IsAsynchronous 属性需要完成更多工作。

异步数据绑定

WPF 还通过每个绑定对象的 IsAsync 属性来提供异步支持。不过，相对于 ObjectDataProvider 数据提供者的异步支持，这一功能的用处很小。当把 Binding.IsAsync 属性设置为 true 时，WPF 异步地从数据对象检索绑定的属性。然而，数据对象自身仍然是同步创建的。

例如，假设为 StoreDB 实例创建了如下异步绑定：

```
<TextBox Text="{Binding Path=ModelNumber, IsAsync=True}" />
```

尽管使用的是异步绑定，但当代码查询数据库时仍然必须等待。一旦创建产品集合，绑定就会异步地从当前产品对象查询 Product.ModelNumber 属性。这一行为几乎没什么优点，因为执行 Product 类中的属性过程只需要很短的时间。实际上，所有设计良好的数据对象都像这样由轻量级的属性构建，这也是 WPF 团队对于提供 Binding.IsAsync 属性持完全保留意见的一个原因！

利用 Binding.IsAsync 属性的唯一方法是构建在属性获取的过程中添加耗时逻辑的特殊类。例如，考虑一个绑定到数据模型的分析应用程序。数据对象可能包含一部分信息，使用耗时算法对其进行计算。可使用异步绑定绑定到这种属性，并使用同步绑定绑定到其他所有属性。通过这种方法，应用程序中的一些信息会立即显示，而其他信息会在准备就绪后显示。

WPF 还提供了基于异步绑定构建的优先绑定功能。通过优先绑定可使用优先列表提供几个异步绑定。具有最高优先权的绑定最先执行，但如果它正在被评估，就改用低优先级的绑定。下面是一个示例：

```
<TextBox>
  <TextBox.Text>
    <PriorityBinding>
      <Binding Path="SlowSpeedProperty" IsAsync="True" />
      <Binding Path="MediumSpeedProperty" IsAsync="True" />
      <Binding Path="FastSpeedProperty" />
    </PriorityBinding>
  </TextBox.Text>
```

```
</TextBox>
```

上面的标记假定当前数据上下文包含一个对象，该对象具有三个属性：SlowSpeedProperty、MediumSpeedProperty 和 FastSpeedProperty。绑定的放置顺序很重要。因此，如果 SlowSpeedProperty 可用，就总是用它设置文本。但如果第一个绑定仍在读取 SlowSpeedProperty 属性(换句话说，在该属性的获取过程中具有耗时逻辑)，就改用 MediumSpeedProperty 属性。如果 MediumSpeedProperty 属性也不可用，就使用 FastSpeedProperty 属性。为使这种方法奏效，除了列表最后的最快、优先级最低的绑定外，必须将其他所有绑定设置为异步绑定。最后一个绑定可以是异步的(对于这种情况，在检索到值之前，文本框一直显示为空)，也可以是同步的(对于这种情况，窗口会被冻结，直到同步绑定完成其工作为止)。

19.5.2 XmlDataProvider

XmlDataProvider 数据提供者提供了一种简捷方法，用于从单独的文件、Web 站点或应用程序资源中提取 XML 数据，并使应用程序中的元素能使用提取到的数据。XmlDataProvider 数据提供者被设计为只读的(换句话说，它不具有提交数据修改的能力)，而且不能处理来自其他源(如数据库记录、Web 服务消息等)的 XML 数据。所以，XmlDataProrider 是一款专用工具。

如果以前通过.NET 使用过 XML，就会知道.NET 提供了丰富的库，用于读写以及操作 XML。可使用精简的读取器类和写入器类(从而可以遍历 XML 文件，并使用自定义的代码处理每个元素)，可使用 XPath 或 DOM 查找特定内容，并且可使用串行化器类从 XML 表示方式转换整个对象，并且可将对象转换回 XML 表示方式。其中的每种方法都有各自的优缺点，但所有这些方法都比 XmlDataProvider 数据提供者的功能强大。

如果预见到需要修改 XML 或需要将 XML 数据转换成能在代码中使用的对象表示形式，最好使用.NET 中已有的 XML 扩展支持。事实是数据以 XML 的表示方式存储，然后变成了与构造用户界面的方式不相关的低级细节(用户界面可简单地绑定到数据对象，就像在本章前面所介绍的由数据库支持的示例一样)。然而，如果确实需要一种快捷的方法来提取 XML 内容，并且需求较为简单，XmlDataProvider 数据提供者将是合理的选择。

为使用 XmlDataProvider 数据提供者，首先要定义它并通过设置 Source 属性将它指向恰当的文件：

```
<XmlDataProvider x:Key="productsProvider" Source="store.xml"></XmlDataProvider>
```

也可通过代码设置 Source 属性(如果不能确定需要使用的文件名，这是很重要的)。默认情况下，除非显式地将 XmlDataProvider.IsAsynchronous 属性设置为 false，否则 XmlDataProvider 数据提供者会异步地加载 XML 内容。

下面是在这个示例中使用的简单 XML 文件的一部分。它在顶级的 Products 元素中封装了整个文档，并在单独的 Product 元素中放置每个产品。针对每个产品的单个属性则以嵌套元素的形式提供：

```
<Products>
  <Product>
    <ProductID>355</ProductID>
    <CategoryID>16</CategoryID>
    <ModelNumber>RU007</ModelNumber>
    <ModelName>Rain Racer 2000</ModelName>
```

```
    <ProductImage>image.gif</ProductImage>
    <UnitCost>1499.99</UnitCost>
    <Description>Looks like an ordinary bumbershoot ... </Description>
  </Product>
  <Product>
    <ProductID>356</ProductID>
    <CategoryID>20</CategoryID>
    <ModelNumber>STKY1</ModelNumber>
    <ModelName>Edible Tape</ModelName>
    <ProductImage>image.gif</ProductImage>
    <UnitCost>3.99</UnitCost>
    <Description>The latest in personal survival gear ... </Description>
  </Product>
  ...
</Products>
```

为从 XML 文件中提取信息，需要使用 XPath 表达式。XPath 是一个强大的标准，通过它可从文档中检索感兴趣的部分。尽管全面讨论 XPath 超出了本书的范围，但勾画出其本质是很容易的。

XPath 使用类似路径的表示方法。例如，路径“/”标识 XML 文档的根，而/Products 标识名为<Products>的根元素。路径/Products/Product 选择<Products>元素中的每个<Product>元素。

当在 XmlDataProvider 数据提供者中使用 XPath 时，第一个任务是确定根节点。在当前示例中，这意味着选择包含所有数据的<Products>元素(如果希望关注 XML 文档中的特定部分，可使用不同的顶级元素)。

```
<XmlDataProvider x:Key="productsProvider" Source="store.xml"
 XPath="/Products"></XmlDataProvider>
```

下一步是绑定列表。当使用 XmlDataProvider 数据提供者时，使用 Binding.XPath 属性而不是 Binding.Path 属性。这样可灵活地以所需的深度挖掘 XML 文档。

下面的标记提取所有<Product>元素：

```
<ListBox Name="lstProducts" Margin="5" DisplayMemberPath="ModelName"
 ItemsSource="{Binding Source={StaticResource products}, XPath=Product}" >
</ListBox>
```

当在绑定中设置 XPath 属性时，需要记住表达式相对于 XML 文档的当前位置。因此，不需要在列表绑定中提供完整的路径/Products/Product。而只是使用相对路径 Product，这个相对路径从 XmlDataProvider 数据提供者选择的<Products>节点开始。

最后，需要关联显示产品细节的每个元素。同样，您编写的 XPath 表达式相对于当前节点(它是针对当前产品的<Product>元素)进行计算。下面的示例绑定到<ModelNumber>元素：

```
<TextBox Text="{Binding XPath=ModelNumber}"></TextBox>
```

一旦完成这些更改，就会得到一个基于 XML 的示例，该例与前面介绍的基于对象的绑定基本相同。唯一的区别是所有数据都被看成普通文本。为将它转换为不同的数据类型或不同的表达形式，需要使用值转换器。

19.6　小结

本章全面介绍了数据绑定，讨论了如何创建从自定义对象提取信息的数据绑定表达式，并且分析了如何将修改返回到源，还分析了如何使用更改通知、绑定整个集合以及绑定到 ADO.NET 数据集。

在许多情况下，WPF 数据绑定是一种通用解决方案，用于实现元素交互的自动化，以及将应用程序的对象模型映射到用户界面。尽管 WPF 应用程序仍是新鲜事物，但与 Windows 窗体程序相比，目前存在的 WPF 应用程序对数据绑定的使用更普遍也更深入。在 WPF 中，数据绑定不只是可选的内容，而且是每个专业 WPF 开发人员都需要深入掌握的内容。

现在尚未结束对数据的研究，还有几个主题有待探讨。接下来的几章将在本章介绍的数据绑定的基础上，探讨如下新主题：

- **数据格式化**。虽然已经学习了如何获取数据，但尚未学习如何使获取的数据看起来更美观。在第 20 章中，将学习格式化数字和日期，并将使用样式和数据模板进一步定制列表中记录的显示方式。
- **数据视图**。在每个使用数据绑定的应用程序中，都有数据视图在工作。通常，可忽略这个后台部分。但如果深入分析，可使用数据视图编写导航逻辑并应用过滤和排序功能。第 21 章显示了这种方式。
- **高级数据控件**。WPF 针对富数据的显示提供了 ListView、TreeView 以及 DataGrid 控件。这三个控件都能够非常灵活地支持数据绑定。第 22 章将介绍这三个控件。

第 20 章

格式化绑定的数据

第 19 章已经介绍了 WPF 数据绑定的基础内容——如何在几乎不编写代码的情况下从对象中提取信息，并在窗口中显示提取到的信息。同时，还分析了如何使信息可编辑、如何处理数据对象的集合以及如何执行验证以捕获非法编辑。然而，仍有许多内容需要学习。

本章将继续探讨几个主题，通过这几个主题可构建更完美的绑定窗口。首先将介绍数据转换，数据转换是一个功能强大的可扩展系统，WPF 使用数据转换检查数值并转换它们。正如您将看到的，这个转换过程远远超出了简单的转换，提供了应用条件格式和处理图像、文件以及其他类型专门内容的能力。

接下来介绍如何设置整个数据列表的格式。首先回顾了支持绑定列表的基础结构，从 ItemsControl 基类开始。然后将讨论如何使用样式和触发器(应用交替格式和选择项突出显示)来润色列表的外观。最后使用功能最强大的格式化工具——数据模板，使用数据模板可自定义每个项在 ItemsControl 控件中的显示方式。数据模板是将基本列表转换为具有自定义格式、图片内容以及附加 WPF 控件的富数据表示工具的关键。

20.1 数据绑定回顾

在大多数数据绑定情况中，不是绑定到单个对象，而是绑定到整个集合。图 20-1 显示了一个大家熟悉的示例——一个具有产品列表的窗体。当用户选择了某个产品时，就会在右边显示该产品的细节。

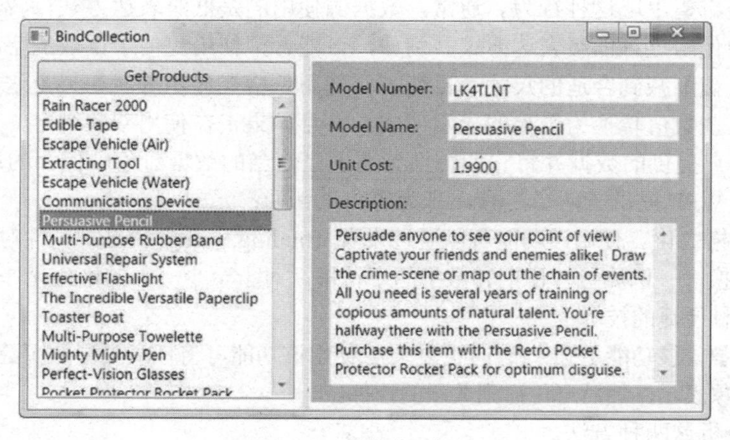

图 20-1　浏览产品集合

第 19 章已经介绍过如何构建此类窗体。下面简单回顾一下基本步骤：

(1) 首先需要创建项的列表，这个项列表可在 ItemsControl 控件中显示。设置 DisplayMemberPath 属性，指示希望为列表中的每个项显示的属性(或字段)。这个列表显示每一项的型号名称：

```
<ListBox Name="lstProducts" DisplayMemberPath="ModelName"></ListBox>
```

(2) 用数据填充列表，将 ItemsSource 属性设置为集合(或 DataTable 对象)。通常，当加载窗口或用户单击按钮时，使用代码完成这一步骤。在本例中，ItemsControl 控件被绑定到 Product 对象的 ObservableCollection 集合：

```
ObservableCollection<Product> products = App.StoreDB.GetProducts();
lstProducts.ItemsSource = products;
```

(3) 要显示项的特定信息，添加所需数量的元素，每个元素都有一个绑定表达式，用于确定希望显示的属性或字段。在这个示例中，集合中的每个项都是 Product 对象。在下面的示例中，通过绑定到 Product.ModelNumber 属性来显示项的型号：

```
<TextBox Text="{Binding Path=ModelNumber}"></TextBox>
```

(4) 将特定于项的元素连接到当前所选项的最简单方法是将它们封装到单个容器中。设置容器的 DataContext 属性，以便引用在列表中选择的项：

```
<Grid DataContext="{Binding ElementName=lstProducts, Path=SelectedItem}">
```

到目前为止，这就是回顾的所有内容。然而，尚未分析如何修剪数据列表和数据字段的外观。例如，还不知道如何格式化数值，如何创建同时显示多部分信息的列表(以及更合理地布置这些部分)，以及如何处理无文本内容，如图片数据。在本章中，当构建更好的数据表单时将介绍所有这些任务。

20.2 数据转换

在基本绑定中，信息在从源到目标的传递过程中没有任何变化。这看起来是符合逻辑的，但我们并不总是希望出现这种行为。通常，数据源使用的是低级表达方式，我们可能不希望直接在用户界面中使用这种低级表达方式。例如，可能希望使用更便于读取的字符串来代替数字编码，数字需要被削减到合适的尺寸，日期需要使用长格式显示等。如果是这样的话，就需要有一种方法将这些数值转换为恰当的显示形式。并且如果正在使用双向绑定，还需要进行反向转换——获取用户提供的数据并将它们转换到适于在恰当的数据对象中保存的表示形式。

幸运的是，WPF 提供了两个工具，可为您提供帮助：

- **字符串格式化**。使用该功能可以通过设置 Binding.StringFormat 属性对文本形式的数据进行转换——例如包含日期和数字的字符串。对于至少一半的格式化任务，字符串格式化是一种便捷的技术。
- **值转换器**。该功能更强大(有时更复杂)，使用该功能可将任意类型的源数据转换为任意类型的对象表示，然后可传递到关联的控件。

接下来将分析这两种方法。

20.2.1　使用 StringFormat 属性

为格式化需要显示为文本的数字，字符串格式化堪称完美工具。例如，分析在上一章介绍的 Product 类的 UnitCost 属性。UnitCost 存储为小数，因此当在文本框中显示时，可能会看到类似 3.9900 的数值。这种显示格式不仅显示了比看起来更多的小数部分，而且缺少货币符号。更直观的表示方式应当是货币格式的数值$3.99。

最简单的解决方法是设置 Binding.StringFormat 属性。在即将在控件中显示之前，WPF 将使用格式字符串将原始文本转换为显示值。同样重要的是，WPF 在大多数情况下将使用该字符串执行反向转换，获取所有编辑后的数据并使用编辑后的数据更新绑定的属性。

当设置 Binding.StringFormat 属性时，使用标准的.NET 格式字符串，具体形式为{0:C}。其中，0 代表第一个数值，C 引用希望应用的格式字符串——对于这个示例，它是标准的本地专用的货币格式。在我们的计算机上，该格式将 3.99 转换为$3.99。整个表达式被包含到一对花括号中。

下面列举一个示例，该例为 UnitCost 字段应用格式字符串，从而使其显示为货币值：

```
<TextBox Margin="5" Grid.Row="2" Grid.Column="1"
 Text="{Binding Path=UnitCost, StringFormat={}{0:C}}">
</TextBox>
```

您可能注意到了，StringFormat 属性的值以花括号{}开头。完整值是{}{0:C}而不是{0:C}。为了转义字符串，需要在开始处使用稍微笨拙的花括号对。否则，XAML 解析器可能会被{0:C}开头的花括号所迷惑。

顺便提一下，只有当 StringFormat 值以花括号开头时才需要{}转义序列。分析下面的示例，该例在每个格式化的数值之前添加了一个字面文本序列：

```
<TextBox Margin="5" Grid.Row="2" Grid.Column="1"
 Text="{Binding Path=UnitCost, StringFormat=The value is {0:C}.}">
</TextBox>
```

这个表达式将值(如 3.99)转换成“The value is $3.99.”。因为 StringFormat 属性值中的第一个字符是普通字母，不是括号，所以在开头不需要初始化转义序列。然而，这个格式字符串只能在一个方向上工作。如果用户试图提供包含该字面文本的编辑过的值(如“The value is $4.25.”)，更新会失败。而另一方面，如果用户为只有数字字符(4.25)或具有数字字符和货币符号($4.25)的数值执行编辑，编辑就会成功，绑定表达式将其转换为显示文本“The value is $4.25.”，并在文本框中显示该文本。

为使用 StringFormat 属性获得所希望的结果，需要合适的格式字符串。可以在 Visual Studio 帮助文档中找到与所有格式字符串相关的内容。表 20-1 和表 20-2 列出了一些最常用的选项，这些选项分别用于转换数字和日期数值。下面的绑定表达式使用自定义的日期格式字符串来格式化 OrderDate 属性：

```
<TextBlock Text="{Binding Date, StringFormat={}{0:MM/dd/yyyy}}"></TextBlock>
```

表 20-1　数字数据的格式字符串

类　型	格式字符串	示　例
货币	C	$1 234.50 圆括号表示负值：($1 234.50) 货币符号特定于区域
科学计数法(指数)	E	1 234.50E+004
百分数	P	45.6%
固定小数	F?	取决于设置的小数位数。F3 格式化数值类似于 123.400，F0 格式化数值类似于 123

表 20-2　时间和日期数据的格式字符串

类　型	格式字符串	格　式
短日期	d	M/d/yyyy 例如：01/30/2013
长日期	D	dddd,MMMM dd,yyyy 例如：Wednesday，January 30，2013
长日期和短时间	f	dddd,MMMM dd,yyyy HH:mm aa 例如：Wednesday，January 30，2013 10:00 AM
长日期和长时间	F	dddd,MMMM dd,yyyy HH:mm:ss aa 例如：Wednesday，January 30，2013 10:00:23 AM
ISO Sortable 标准	s	yyyy-MM-dd HH:mm:ss 例如：2013-01-30 10:00:23
月和日	M	MMMM dd 例如：January 30
通用格式	G	M/d/yyyy HH:mm:ss aa(取决于特定区域设置) 例如：10/30/2013 10:00:23 AM

WPF 列表控件还支持针对列表项的字符串格式化。为使用这种格式化，只需要设置列表的 ItemStringFormat 属性(该属性继承自 ItemsControl 基类)。下面是具有产品价格列表的示例：

```
<ListBox Name="lstProducts" DisplayMemberPath="UnitCost" ItemStringFormat="{0:C}">
</ListBox>
```

格式字符串自动向下传递到为每个项获取文本的绑定。

20.2.2　值转换器简介

Binding.StringFormat 属性是针对简单的、标准的格式化数字和日期而创建的。但许多数据绑定需要更强大的工具，称为值转换器(value converter)类。

值转换器的作用显而易见。它负责在目标中显示数据之前转换源数据，并且(对于双向绑定)在将数据应用回源之前转换新的目标值。

> **注意：**
> 这种转换方法类似于在 Windows 窗体中使用 Format 和 Parse 绑定事件进行数据绑定的方式。区别是在 Windows 窗体应用程序中，可在任何地方编写代码逻辑——只需要将这两个事件关联到绑定。在 WPF 中，这一逻辑必须被封装到值转换器类中，从而使重用更加容易。

值转换器是 WPF 数据绑定难题中非常有用的一部分。可通过如下几种有用的方式使用它们：

- **将数据格式化为字符串表示形式**。例如，可将数字转换成货币字符串。这是值转换器最明显的用途，但当然不是唯一用途。
- **创建特定类型的 WPF 对象**。例如，可读取一块二进制数据，并创建一幅能绑定到 Image 元素的 BitmapImage 对象。
- **根据绑定数据有条件地改变元素中的属性**。例如，可创建值转换器，用于改变元素的背景色以突出显示位于特定范围内的数值。

20.2.3　使用值转换器设置字符串的格式

为理解值转换器的基本思想，有必要再次分析 20.2.2 节中讨论的货币格式化示例。尽管这个示例使用 Binding.StringFormat 属性，但可使用值转换器完成相同的工作——并能完成更多工作。例如，可舍入和截尾数值(将 3.99 修改为 4)、使用数字名称(将 1 000 000 修改为 100 万)、甚至可添加经销商标记(将 3.99 乘以 15%)，还可修剪反向转换(将用户提供的数值转换为绑定对象中合适的数据值)的工作方式。

为创建值转换器，需要执行以下 4 个步骤：

(1) 创建一个实现了 IValueConverter 接口的类。

(2) 为该类声明添加 ValueConversion 特性，并指定目标数据类型。

(3) 实现 Convert( )方法，该方法将数据从原来的格式转换为显示格式。

(4) 实现 ConvertBack( )方法，该方法执行反向变换，将值从显示格式转换为原格式。

图 20-2 显示了值转换器的工作原理。

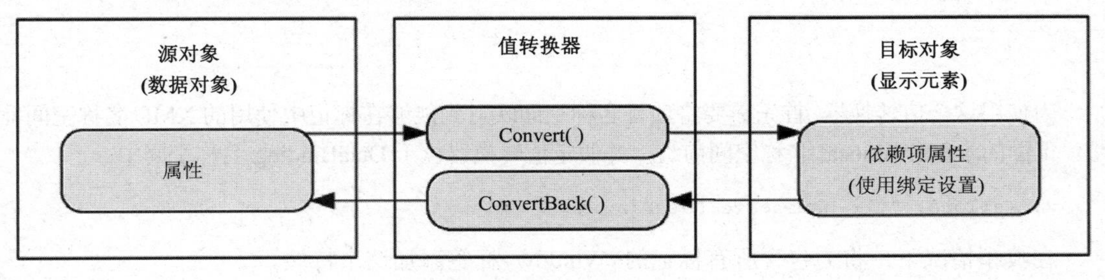

图 20-2　转换绑定的数据

对于将小数转换成货币，可使用 Decimal.ToString( )方法获取所期望的格式化字符串表示形式。只需要指定货币格式字符串“C”即可，如下所示：

```
string currencyText = decimalPrice.ToString("C");
```

上面的代码使用应用于当前线程的文化设置。在配置为英语(美国)区域的计算机上运行时使用 en-US 本地化设置，并显示美元货币符号($)。在配置为其他区域的计算机上运行时会显示不同的货币符号(这与使用 Binding.StringFormat 属性应用{0:C}格式字符串的工作方式相同)。如果这不是所期望的结果(例如，总是希望显示美元符号)，可使用重载版本的 ToString( )方法来指定文化，如下所示：

```
CultureInfo culture = new CultureInfo("en-US");
string currencyText = decimalPrice.ToString("C", culture);
```

从显示格式转换回希望的数字更麻烦一些。Decimal 类型的 Parse( )和 TryParse( )方法是执行该工作最合理的选择，但它们通常不能处理包含了货币符号的字符串。解决方法是使用重载版本的接受 System.Globalization.NumberStyles 值的 Parse( )或 TryParse( )方法。如果提供了 NumberStyles.Any 值，并且存在货币符号，就能够成功地略过货币符号。

下面是用于处理类似于 Product.UnitCost 属性的价格数值的值转换器的完整代码：

```
[ValueConversion(typeof(decimal), typeof(string))]
public class PriceConverter : IValueConverter
{
   public object Convert(object value, Type targetType, object parameter,
     CultureInfo culture)
   {
      decimal price = (decimal)value;
      return price.ToString("C", culture);
   }

   public object ConvertBack(object value,Type targetType,object parameter,
     CultureInfo culture)
   {
      string price = value.ToString(culture);

      decimal result;
      if (Decimal.TryParse(price, NumberStyles.Any, culture, out result))
      {
          return result;
      }
      return value;
   }
}
```

为使用这个值转换器，首先需要将项目名称空间映射到能够在标记中使用的 XML 名称空间前缀。下面的示例使用 local 名称空间前缀，并假定值转换器位于 DataBinding 名称空间中：

```
xmlns:local="clr-namespace:DataBinding"
```

在典型情况下，将为包含所有标记的<Window>标签添加这个特性。

现在，只需要创建 PriceConverter 类的一个实例，并将该实例指定给绑定的 Converter 属性。为此，需要使用如下所示的更长的语法：

```
<TextBlock Margin="7" Grid.Row="2">Unit Cost:</TextBlock>
<TextBox Margin="5" Grid.Row="2" Grid.Column="1">
  <TextBox.Text>
    <Binding Path="UnitCost">
      <Binding.Converter>
        <local:PriceConverter></local:PriceConverter>
      </Binding.Converter>
```

```
    </Binding>
  </TextBox.Text>
</TextBox>
```

在许多情况下，可将相同的转换器用于多个绑定。在当前示例中，为每个绑定都创建一个转换器实例是不合理的，而应当在 Resources 集合中创建转换器对象，如下所示：

```
<Window.Resources>
  <local:PriceConverter x:Key="PriceConverter"></local:PriceConverter>
</Window.Resources>
```

之后，可在绑定中使用 StaticResource 引用来指向资源中的转换器对象，正如在第 10 章中描述的那样：

```
<TextBox Margin="5" Grid.Row="2" Grid.Column="1"
  Text="{Binding Path=UnitCost, Converter={StaticResource PriceConverter}}">
</TextBox>
```

20.2.4　使用值转换器创建对象

如果需要填平数据在自定义类中存储的方式和在窗口中显示的方式之间的鸿沟，值转换器是必不可少的。例如，设想具有在数据库的字段中存储为字节数组的图片数据。可将二进制数据转换为 System.Windows.Media.Imaging.BitmapImage 对象，并将该对象存储为自定义数据对象的一部分。然而，这种设计可能不合适。

例如，可能需要灵活地创建图像的多个对象表示形式，可能是因为在 WPF 应用程序和 Windows 窗体应用程序(改用 System.Drawing.Bitmap 类)中都要使用数据库。对于这种情况，更合理的做法是在数据对象中存储原始的二进制数据，并使用值转换器将它转换成 WPF 的 BitmapImage 对象(为将图像绑定到 Windows 窗体应用程序中的窗体，可使用 System.Windows.Binding 类的 Format 和 Parse 事件)。

提示：

要将一块二进制数据转换成一幅图像，首先必须创建 BitmapImage 对象，并将图像数据读入到 MemoryStream 对象中。然后，可调用 BitmapImage.BeginInit( )方法来设置 BitmapImage 对象的 StreamSource 属性，使其指向 MemoryStream 对象，并调用 EndInit( )方法来完成图像的加载。

Store 数据库中的 Products 表不包含二进制图片数据，但包含用于存储与产品图像相关联的文件名的 ProductImage 字段。对于这种情况，更应延迟创建图像对象。首先，根据应用程序运行的位置，可能无法获得图像。其次，除非图像即将显示，否则使用额外的内存保存图像是没有意义的。

ProductImage 字段包含文件名称，但不包含图像文件的完整路径，这样可灵活地将图像文件放置到任何合适的位置。值转换器负责根据 ProductImage 字段和希望使用的目录创建指向图像文件的 URI。使用自定义的 ImageDirectory 属性保存目录，该属性默认指向当前目录。

下面是执行转换的 ImagePathConverter 类的完整代码：

```
public class ImagePathConverter : IValueConverter
{
    private string imageDirectory = Directory.GetCurrentDirectory();
```

```
    public string ImageDirectory
    {
        get { return imageDirectory; }
        set { imageDirectory = value; }
    }

    public object Convert(object value, Type targetType, object parameter,
      System.Globalization.CultureInfo culture)
    {
        string imagePath = Path.Combine(ImageDirectory,
          (string)value);
        return new BitmapImage(new Uri(imagePath));
    }

    public object ConvertBack(object value, Type targetType, object parameter,
        System.Globalization.CultureInfo culture)
    {
          throw new NotSupportedException();
    }
}
```

为使用这个转换器，首先需要将它添加到资源。在这个示例中，没有设置 ImageDirectory 属性，这意味着 ImagePathConverter 对象默认使用应用程序的当前目录：

```
<Window.Resources>
  <local:ImagePathConverter x:Key="ImagePathConverter"></local:ImagePathConverter>
</Window.Resources>
```

现在可以很方便地创建使用这个值转换器的绑定表达式：

```
<Image Margin="5" Grid.Row="2" Grid.Column="1" Stretch="None"
  HorizontalAlignment="Left" Source=
    "{Binding Path=ProductImagePath, Converter={StaticResource ImagePathConverter}}">
</Image>
```

上面的标记可以工作，因为 Image.Source 属性期望一个 ImageSource 对象，并且 BitmapImage 类继承自 ImageSource 类。

图 20-3 显示了结果。

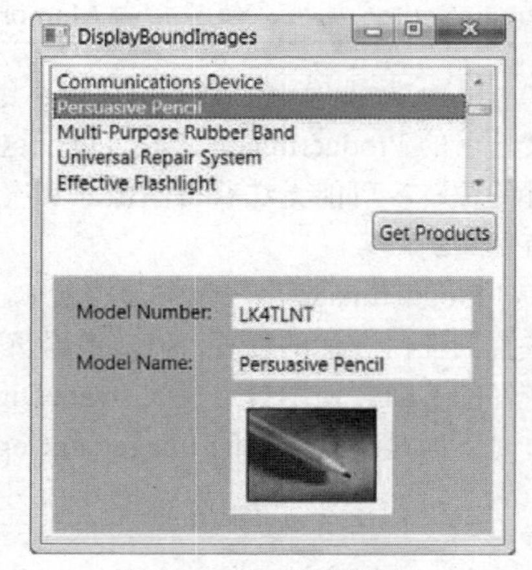

图 20-3　显示绑定的图像

可通过两种方法改进这个示例。首先，当试图为不存在的文件创建 BitmapImage 对象时，会引发异常；当设置 DataContext、ItemsSource 或 Source 属性时，将接收到该异常。此外，可为 ImagePathConverter 类添加用于配置这一行为的属性。例如，可添加 Boolean 类型的 SuppressException 属性。如果该属性设置为 true，就可以在 Convert( )方法中捕获异常，然后返回 Binding.DoNothing 值(这会通知 WPF 暂时认为没有设置数据绑定)。还可添加能够保存 BitmapImage 对象的 DefaultImage 属性。如果发生异常，ImagePathConverter 类可返回一幅默认图像。

您可能还注意到，这个转换器只支持单向转换。这是因为不可能改变 BitmapImage 对象并使用它更新图像路径。但也可以采取另一种方法，不是从 ImagePathConverter 返回 BitmapImage 对象，只是从 Convert( )方法返回完全限定的 URI，如下所示：

```
return new Uri(imagePath);
```

上面的代码同样能够正常运行，因为 Image 元素使用类型转换器将 Uri 转换为它实际所希望的 ImageSource 对象。如果采用这种方法，就可让用户选择新的文件路径(可能使用通过 OpenFileDialog 类设置的 TextBox 控件)。然后就可以在 ConvertBack( )方法中提取文件名，并使用该文件名更新存储在数据对象中的图像路径。

20.2.5　应用条件格式化

有些最有趣的值转换器不是为了显示而格式化数据，而是旨在根据数据规则格式化元素中与外观相关的其他一些方面。

例如，设想希望通过不同的背景色标志那些价格高昂的产品项。使用下面的值转换器就能方便地封装这一逻辑：

```
public class PriceToBackgroundConverter : IValueConverter
{
    public decimal MinimumPriceToHighlight
    {
        get; set;
    }

    public Brush HighlightBrush
    {
        get; set;
    }

    public Brush DefaultBrush
    {
        get; set;
    }

    public object Convert(object value, Type targetType, object parameter,
      System.Globalization.CultureInfo culture)
    {
        decimal price = (decimal)value;
        if (price >= MinimumPriceToHighlight)
            return HighlightBrush;
        else
            return DefaultBrush;
    }

    public object ConvertBack(object value, Type targetType, object parameter,
      System.Globalization.CultureInfo culture)
    {
        throw new NotSupportedException();
```

```
        }
    }
```

同样，为了达到重用目的，对值转换器进行了精心设计。在转换器中并没有硬编码突出显示颜色，而是在 XAML 中通过使用转换器的代码予以指定：

```
<local:PriceToBackgroundConverter x:Key="PriceToBackgroundConverter"
  DefaultBrush="{x:Null}" HighlightBrush="Orange" MinimumPriceToHighlight="50">
</local:PriceToBackgroundConverter>
```

在此使用的是画刷而不是颜色，从而可使用渐变和背景图像创建更高级的突出显示效果。如果希望保持标准的透明背景(从而使用父元素的背景)，只需要将 DefaultBrush 或 HighlightBursh 属性设置为 null 即可。

现在只需要使用转换器来设置一些元素的背景，例如包含其他所有元素的 Border：

```
<Border Background=
"{Binding Path=UnitCost, Converter={StaticResource PriceToBackgroundConverter}}"
... >
```

应用条件格式化的其他方法

使用自定义的值转换器，只是根据数据对象应用条件格式化方法中的一种。还可以使用样式中的数据触发器、样式选择器以及模板选择器，所有这些内容都将在本章介绍。这些方法各有优缺点。

当需要根据绑定的数据对象设置元素中的某个单独属性时，值转换器方法效果最好。这种方法很容易，而且能自动保持同步。如果绑定的数据对象发生了变化，链接的属性也会立即改变。

数据触发器同样很简单，但它们仅支持非常简单的测试是否相等的逻辑。例如，数据触发器可对特定目录中的产品应用格式，但不能对价格高于某个指定的最小值的产品应用格式。数据触发器的关键优点是，可以使用它们应用特定类型的格式，并且不需要编写任何代码就可以选择效果。

样式选择器和模板选择器是最强大的方法。使用它们可在目标元素中一次改变多个属性，并且可以改变项在列表中的显示方式。但它们也增加了复杂程度。此外，如果绑定的数据发生变化，为了重新应用样式和模板，还需要添加代码。

20.2.6　评估多个属性

到目前为止，已经使用绑定表达式将一部分源数据转换成单个格式化的结果。尽管不能修改等式的另一部分(结果)，但是只需要很少的技巧，就可以创建能够评估或结合多个源属性信息的绑定。

第一个技巧是用 MultiBinding 对象代替 Binding 对象。然后使用 MultiBinding.StringFormat 属性定义绑定属性的排列。下面是一个示例，该例将 Joe 和 Smith 转换为“Smith, Joe”，并在 TextBlock 元素中显示结果：

```
<TextBlock>
  <TextBlock.Text>
    <MultiBinding StringFormat="{1}, {0}">
      <Binding Path="FirstName"></Binding>
```

```
      <Binding Path="LastName"></Binding>
    </MultiBinding>
  </TextBlock.Text>
</TextBlock>
```

您可能注意到，这个示例在 StringFormat 属性中使用了两个字段。同样，可使用格式字符串进行修改。例如，如果使用 MultiBinding 结合文本值和货币值，可将 StringFormat 属性设置为“{0} costs {1:C}。”

如果希望使用两个源字段完成更富有挑战性的工作，而不只是将它们缝合到一起，需要借助于值转换器。可使用这种方法执行计算(例如，将 UnitPrice 乘以 UnitsInStock)，或同时使用多个细节进行格式化(例如，突出显示特定目录中的所有高价位产品)。然而对于这种情况，值转换器必须实现 IMultiValueConverter 接口，而不是实现 IValueConverter 接口。

以下示例中的 MultiBinding 对象使用来自源对象的 UnitCost 和 UnitsInStock 属性，并使用值转换器结合它们：

```
<TextBlock>Total Stock Value: </TextBlock>
<TextBox>
  <TextBox.Text>
    <MultiBinding Converter="{StaticResource ValueInStockConverter}">
      <Binding Path="UnitCost"></Binding>
      <Binding Path="UnitsInStock"></Binding>
    </MultiBinding>
  </TextBox.Text>
</TextBox>
```

IMultiValueConverter 接口定义了与 IValueConverter 接口中类似的 Convert( )和 ConvertBack( )方法，主要区别是，提供了用于保存数值的数组而不是单个值。这些值在数组中的顺序和在标记中定义它们的顺序相同。因此，在上一个示例中可以期望首先是 UnitCost，然后是 UnitsInStock。

下面是 ValueInStockConverter 类的代码：

```
public class ValueInStockConverter : IMultiValueConverter
{
    public object Convert(object[] values, Type targetType, object parameter,
      System.Globalization.CultureInfo culture)
    {
        // Return the total value of all the items in stock.
        decimal unitCost = (decimal)values[0];
        int unitsInStock = (int)values[1];
        return unitCost * unitsInStock;
    }

    public object[] ConvertBack(object value, Type[] targetTypes,
      object parameter, System.Globalization.CultureInfo culture)
    {
        throw new NotSupportedException();
    }
}
```

20.3 列表控件

要为单独绑定的值应用灵活的格式，只需要字符串格式化和值转换器。但格式化绑定的列表需要更多内容。幸运的是，WPF 提供了充足的格式化选择。这些格式化选择中的大部分都构建进了 ItemsControl 基类中，所有列表控件都继承自该类，所以应当从该类开始研究列表格式化。

正如您所知道的，ItemsControl 类为封装项列表中的控件定义了基本功能。这些项可以是列表中的项、树中的节点、菜单中的命令、工具栏中的按钮等。图 20-4 简要显示了 WPF 中所有 ItemsControl 类的基本情况。

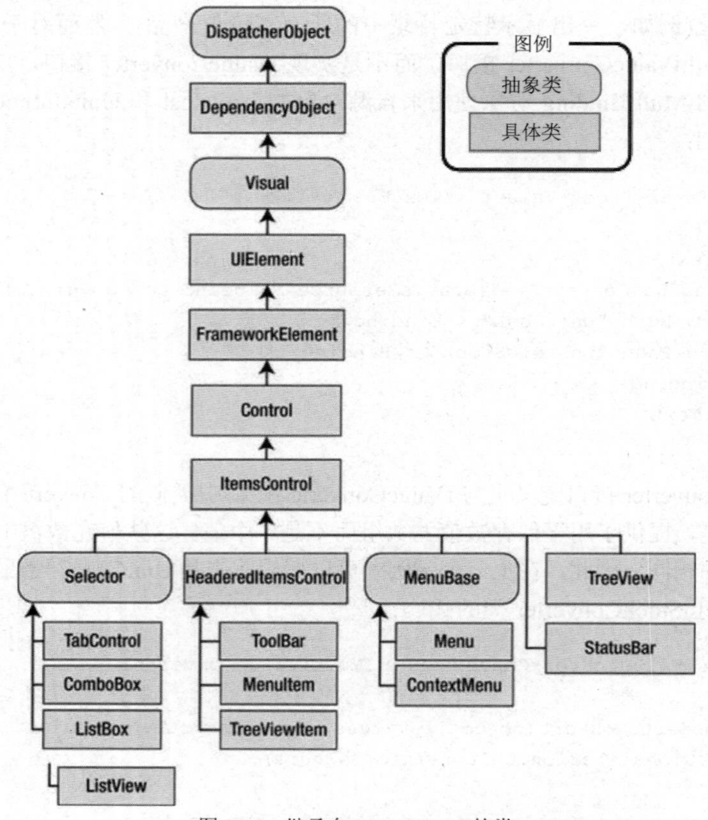

图 20-4 继承自 ItemsControl 的类

注意：

您可能注意到，在继承自 ItemsControl 类的层次结构中，还显示了某些项封装器。例如，不仅看到了期望的 Menu 和 TreeView 类，还看到了 MenuItem 和 TreeViewItem 类。这是因为这些类能包含自己的项集合——从而使树控件和菜单能够实现嵌套的层次化结构。另一方面，在这个列表中没有发现 ComboBoxItem 或 ListBoxItem 类，因为它们不需要包含项的子集合，所以不需要继承自 ItemsControl 类。

ItemsControl 类定义了支持数据绑定以及两个重要格式化特性(样式和数据模板)的属性。接下来的几节将研究样式和数据模板这两个特性，表 20-3 简要总结了支持这两个特性的属性。表 20-3 按照从更基础的特性到更高级的特性进行组织，并且在本章以相同的顺序探讨这些属性。

表 20-3　ItemsControl 类中与格式化相关的属性

名　称	说　明
ItemsSource	绑定数据源(希望在列表中显示的集合或 DataView 对象)
DisplayMemberPath	希望为每个数据项显示的属性。对于更复杂的表达形式或者为了使用多个属性的组合而言，应改用 ItemTemplate 属性
ItemStringFormat	该属性是一个.NET 格式字符串，如果设置了该属性，将使用该属性为每个项格式化文本。通常，这种技术用于将数字或日期值转换成合适的显示形式，正如 Binding.StringFormat 属性所做的那样
ItemContainerStyle	该属性是一个样式，通过该样式可以设置封装每个项的容器的多个属性。容器取决于列表类型(例如，对于 ListBox 类是 ListBoxItem，对于 ComboBox 类是 ComboBoxItem)。当填充列表时，自动创建这些封装器对象
ItemContainerStyleSelector	使用代码为列表中每项的封装器选择样式的 StyleSelector 对象。可以使用该属性为列表中的不同项提供不同的样式。必须创建自定义的 StyleSelector 类
AlternationCount	在数据中设置的交替集合数量。例如，将 AlternationCount 设置为 2，将在两个不同的行样式之间交替。如果将 AlternationCount 设置为 3，将在 3 个不同的行样式之间交替，等等
ItemTemplate	此类模板从绑定的对象提取合适的数据，并将提取的数据安排到合适的控件组合中
ItemTemplateSelector	使用代码为列表中的每个项选择模板的 DataTemplateSelector 对象。可以通过这个属性为不同的项应用不同的模板。必须创建自定义的 DataTemplateSelector 类
ItemsPanel	定义用于包含列表中项的面板。所有项封装器都添加到这个容器中。通常，使用垂直方向(自上而下)的 VirtualizingStackPanel 面板
GroupStyle	如果正在使用分组，这个样式定义了应当如何格式化每个分组。当使用分组时，项封装器(ListBoxItem 和 ComboBoxItem 等)被添加到表示每个分组的 GroupItem 封装器中，然后这些分组被添加到列表中。第 21 章将演示分组
GroupStyleSelector	使用代码为每个分组选择样式的 StyleSelector 对象。可以通过这个属性为不同的分组使用不同的样式。必须创建自定义的 StyleSelector 类

ItemsControl 类继承层次中的下一层是 Selector 类，该类为确定并设置选择项添加了一套简单的属性。并不是所有的 ItemsControls 类都支持选择。例如，对于 ToolBar 和 Menu 控件，选择就没有任何意义，所以这些类继承自 ItemsControl 类，而不是继承自 Selector 类。

Selector 类添加的属性包括 SelectedItem(选中的数据对象)、SelectedIndex(选中项的位置)以及 SelectedValue(所选数据对象的 value 属性，它是通过设置 SelectedValuePath 属性指定的)。注意，Selector 类不支持多项选择——ListBox 控件通过它的 SelectionMode 和 SelectedItems 属性(本质上这是 ListBox 类为这个模型添加的所有内容)添加了这一支持。

20.4　列表样式

本章剩余部分将集中介绍 WPF 列表控件提供的两个特性：样式和数据模板。在这两个工具中，样式更简单一些(但功能逊色一些)。在许多情况下，可以通过它们添加更精彩的格式。

接下来的几节你将看到如何使用样式设置列表项格式、如何应用交替行格式化以及如何根据指定的标准应用条件格式。

20.4.1　ItemContainerStyle

第 11 章介绍了样式如何为在不同位置的类似元素重用格式。样式在列表中扮演了相同的角色——通过它们可为每个单独的项应用一套格式化特征。

这很重要，因为 WPF 的数据绑定系统自动生成列表项对象。因此，为单个项应用您所希望的格式不是很容易。解决方案是 ItemContainerStyle 属性。如果设置了 ItemContainerStyle 属性，当创建列表项时，列表控件会将其向下传递给每个项。对于 ListBox 控件，每个项由 ListBoxItem 对象表示；对于 ComboBox 控件，每个项由 ComboBoxItem 对象表示，等等。因此，通过 ListBox.ItemContainerStyle 属性应用的任何样式都将用于设置每个 ListBoxItem 对象的属性。

下面是使用 ListBoxItem 能够实现的可能最简单的效果之一。为每项应用蓝灰色背景。为了确保单个项和其他项能够相互区别(而不是使它们的背景合并到一起)，样式还添加了一些外边距空间：

```
<ListBox Name="lstProducts" Margin="5" DisplayMemberPath="ModelName">
  <ListBox.ItemContainerStyle>
    <Style>
      <Setter Property="ListBoxItem.Background" Value="LightSteelBlue" />
      <Setter Property="ListBoxItem.Margin" Value="5" />
      <Setter Property="ListBoxItem.Padding" Value="5" />
    </Style>
  </ListBox.ItemContainerStyle>
</ListBox>
```

样式本身并不十分有趣。然而当使用附加的触发器时，样式就变得更加精彩了。在接下来的示例中，当 ListBoxItem.IsSelected 属性变为 true 时，使用属性触发器改变背景颜色并且添加一条固定边框。图 20-5 显示了结果。

```
<ListBox Name="lstProducts" Margin="5" DisplayMemberPath="ModelName">
  <ListBox.ItemContainerStyle>
    <Style TargetType="{x:Type ListBoxItem}">
      <Setter Property="Background" Value="LightSteelBlue" />
      <Setter Property="Margin" Value="5" />
      <Setter Property="Padding" Value="5" />

      <Style.Triggers>
        <Trigger Property="IsSelected" Value="True">
          <Setter Property="Background" Value="DarkRed" />
          <Setter Property="Foreground" Value="White" />
          <Setter Property="BorderBrush" Value="Black" />
          <Setter Property="BorderThickness" Value="1" />
        </Trigger>
      </Style.Triggers>
    </Style>
  </ListBox.ItemContainerStyle>
</ListBox>
```

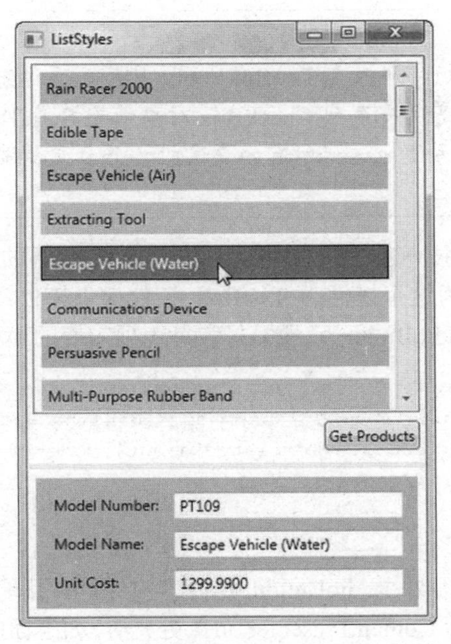

图 20-5　使用样式触发器突出显示选择的项

为使标记更加清晰，这个样式使用了 Style.TargetType 属性，从而在设置属性时不需要在每个设置器中包含类名。

在这种情况下使用触发器非常方便，因为 ListBox 没有为选择的项提供其他任何应用目标格式的方式。换句话说，如果不使用样式，就只能得到标准的蓝色突出显示效果。

在本章后面，当使用数据模板彻底地重新组合数据列表时，还将再次依赖 ItemContainerStyle 属性改变选择项的效果。

20.4.2　包含复选框或单选按钮的 ListBox 控件

如果希望深入到列表控件并修改项使用的控件模板，ItemContainerStyle 属性同样十分重要。例如，可使用这种技术，让每个 ListBoxItem 对象在项文本的旁边显示单选按钮或复选框。

图 20-6 和图 20-7 显示了两个示例——一个是使用 RadioButton 元素填充的列表(一次只能选择一个元素)；另一个是使用 CheckBox 元素填充的列表。这两种方案类似，但使用单选按钮的列表创建起来稍容易一些。

图 20-6　使用模板的单选按钮列表

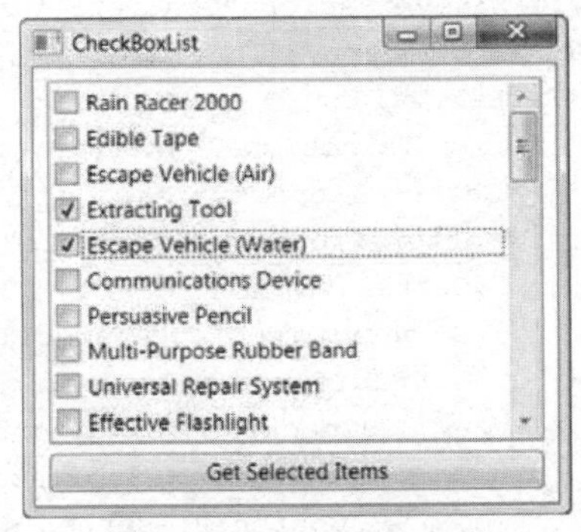

图 20-7　使用模板的复选框列表

注意：

乍一看，好像不值得使用模板改变 ListBoxItem。毕竟，通过组合也可以很容易地解决这个问题。需要做的全部工作就是用一系列 CheckBox 对象填充 ScrollViewer。然而，这种实现不能提供相同的编程模型。无法方便地迭代所有的复选框，并且更重要的是，无法为这一实现使用数据绑定。

在这个示例中，基本技术是修改作为每个列表项容器的控件模板。不会希望修改 ListBox.Template 属性，因为这个属性为 ListBox 控件提供模板；而是需要修改 ListBoxItem. Template 属性。下面是在 RadioButton 元素中封装每一项需要的模板：

```
<ControlTemplate TargetType="{x:Type ListBoxItem}">
  <RadioButton Focusable="False" IsChecked="{Binding Path=IsSelected,
RelativeSource={RelativeSource TemplatedParent},Mode=TwoWay}">
    <ContentPresenter></ContentPresenter>
  </RadioButton>
</ControlTemplate>
```

上面的代码能够工作，因为 RadioButton 是内容控件，并且能包含任何内容。尽管可使用绑定表达式获取内容，但使用 ContentPresenter 元素更灵活，如上面的标记所示。ContentPresenter 元素获取任何最初在项中显示的内容，这些内容可以是属性文本(如果使用 ListBox.DisplayMemberPath 属性)，也可以是更复杂的数据表示形式(如果使用 ListBox.ItemTemplate 属性)。

真正的诀窍在于为 RadioButton.IsChecked 属性使用的绑定表达式。这个表达式使用 Binding. RelativeSource 属性检索 ListBoxItem.IsSelected 属性的值。通过这种方法，当单击 RadioButton 控件选择该元素时，相应的 ListBoxItem 就会被标记为选中状态。同时，所有其他项为非选中状态。这个绑定表达式还能以另一种方式进行工作，这意味着可使用代码设置选择，并会填充正确的 RadioButton 元素。

为完成这个模板，需要将 RadioButton.Focusable 属性设置成 false。否则，就能通过 Tab 键将焦点移到当前选中的 ListBoxItem(它能够具有焦点)，然后焦点会移到 RadioButton 元素自身，而这不是很合理。

为设置 ListBoxItem.Template 属性，需要一条能深入到正确层次的样式规则。借助于 ItemContainerStyle 属性，这一部分很容易实现：

```
<Window.Resources>
  <Style x:Key="RadioButtonListStyle" TargetType="{x:Type ListBox}">
    <Setter Property="ItemContainerStyle">
      <Setter.Value>
        <Style TargetType="{x:Type ListBoxItem}" >
          <Setter Property="Margin" Value="2" />
          <Setter Property="Template">
            <Setter.Value>
              <ControlTemplate TargetType="{x:Type ListBoxItem}">
                <RadioButton Focusable="False"
                  IsChecked="{Binding Path=IsSelected, Mode=TwoWay,
                        RelativeSource={RelativeSource TemplatedParent} }">
                  <ContentPresenter></ContentPresenter>
                </RadioButton>
```

```
            </ControlTemplate>
          </Setter.Value>
        </Setter>
      </Style>
    </Setter.Value>
  </Setter>
</Style>
</Window.Resources>
```

尽管可直接设置 ListBox.ItemContainerStyle 属性，但在这个示例中还是为其多分解了一个层次。设置 ListBoxItem.Control 模板的样式被封装到另一个将该样式应用于 ListBox.ItemContainerStyle 属性的样式中。这使得模板能够被重用，可连接到所期望的任何数量的 ListBox 对象上：

```
<ListBox Style="{StaticResource RadioButtonListStyle}" Name="lstProducts"
DisplayMemberPath="ModelName">
```

还可以用相同的样式调整 ListBox 控件的其他属性。

创建 ListBox 控件同样容易。实际上，只需要进行两处修改。首先，使用同样的 CheckBox 元素代替 RadioButton 元素。然后修改 ListBox.SelectionMode 属性，从而允许多项选择。现在，用户可选择所期望的更多或更少的项。

下面的样式规则将普通的 ListBox 转换成复选框列表：

```
<Style x:Key="CheckBoxListStyle" TargetType="{x:Type ListBox}">
  <Setter Property="SelectionMode" Value="Multiple"></Setter>
  <Setter Property="ItemContainerStyle">
    <Setter.Value>
      <Style TargetType="{x:Type ListBoxItem}" >
        <Setter Property="Margin" Value="2" />
        <Setter Property="Template">
          <Setter.Value>
            <ControlTemplate TargetType="{x:Type ListBoxItem}">
              <CheckBox Focusable="False"
              IsChecked="{Binding Path=IsSelected, Mode=TwoWay,
                    RelativeSource={RelativeSource TemplatedParent} }">
                <ContentPresenter></ContentPresenter>
              </CheckBox>
            </ControlTemplate>
          </Setter.Value>
        </Setter>
      </Style>
    </Setter.Value>
  </Setter>
</Style>
```

20.4.3　交替条目样式

格式化列表的一种常用方式是使用交替行格式化——换句话说，用于区分列表中每两项的一套格式特征。交替行通常是通过稍微不同的背景颜色提供的，从而清晰地隔离行，如图 20-8 所示。

图 20-8　交替行突出显示

WPF 通过两个属性为交替项提供了内置支持：AlternationCount 和 AlternationIndex。

AlternationCount 指定序列中项的数量，经过该数量的项之后交替样式。默认情况下，AlternationCount 被设置为 0，而且不使用交替格式。如果将 AlternationCount 设置为 1，列表将在每项之后交替，从而可以应用图 20-8 中显示的奇偶格式化模式。

为每个 ListBoxItem 提供 AlternationIndex 属性，该属性用于确定在交替项序列中如何编号。假设将 AlternationCount 设置为 2，第 1 个 ListBoxItem 将获得值为 0 的 AlternationIndex，第 2 个将获得值为 1 的 AlternationIndex，第 3 个将获得值为 0 的 AlternationIndex，第 4 个将获得值为 1 的 AlternationIndex，等等。技巧是使用触发器在 ItemContainerStyle 中检查 AlternationIndex 值并相应改变格式。

例如，在此显示的 ListBox 控件为交替项提供了稍微不同的背景颜色(除非已经选择了该项，否则这时针对 ListBoxItem.IsSelected 属性的具有更高优先级的触发器胜出)：

```
<ListBox Name="lstProducts" Margin="5" DisplayMemberPath="ModelName"
 AlternationCount="2">
   <ListBox.ItemContainerStyle>
     <Style TargetType="{x:Type ListBoxItem}">
       <Setter Property="Background" Value="LightSteelBlue" />
       <Setter Property="Margin" Value="5" />
       <Setter Property="Padding" Value="5" />
         <Style.Triggers>
           <Trigger Property="ItemsControl.AlternationIndex" Value="1">
             <Setter Property="Background" Value="LightBlue" />
           </Trigger>
           <Trigger Property="IsSelected" Value="True">
             <Setter Property="Background" Value="DarkRed" />
             <Setter Property="Foreground" Value="White" />
             <Setter Property="BorderBrush" Value="Black" />
             <Setter Property="BorderThickness" Value="1" />
           </Trigger>
         </Style.Triggers>
       </Style>
     </ListBox.ItemContainerStyle>
 </ListBox>
```

您可能注意到了 AlternationIndex 是附加属性，该属性是由 ListBox 类定义的(或者从技术上讲，是在其父类 ItemsControl 中定义的)。由于不是在 ListBoxItem 类中定义的，因此当在样式触发器中使用该属性时，需要指定类名。

有趣的是，对于每个第 2 项不需要交替项。不过，可创建在包含 3 个或更多个项的序列中进行交替的更复杂交替格式。例如，为使用包含 3 个项的组，将 AlternationCount 设置为 3，并为每个可能的 AlternationIndex 值(0、1 或 2)编写触发器。在这个列表中，项 1、4、7、10 等将具有值为 0 的 AlternationIndex；项 2、5、8、11 等将具有值为 1 的 AlternationIndex；最后，项 3、6、9、12 等将具有值为 2 的 AlternationIndex。

20.4.4 样式选择器

现在您已看到了如何根据项的选择状态或在列表中的位置改变样式。然而，可能希望使用其他很多条件——依赖于您提供的数据而不是依赖于存储所提供数据的 ListBoxItem 容器的标准。

为处理这种情况，需要一种为不同的项提供完全不同样式的方法，但无法以声明的方式进行该工作。相反，需要构建专门的继承自 StyleSelector 的类。该类负责检查每个数据项并选择合适的样式。该工作是在 SelectStyle( )方法中执行的，必须重写该方法。

下面是一个基本的选择器，该选择器在两个样式中进行选择：

```
public class ProductByCategoryStyleSelector : StyleSelector
{
    public override Style SelectStyle(object item, DependencyObject container)
    {
        Product product = (Product)item;
        Window window = Application.Current.MainWindow;

        if (product.CategoryName == "Travel")
        {
            return (Style)window.FindResource("TravelProductStyle");
        }
        else
        {
            return (Style)window.FindResource("DefaultProductStyle");
        }
    }
}
```

在该例中，Travel 目录中的产品获得一种样式，而其他所有产品获得另一种样式。在这个示例中，希望使用的两种样式都必须在窗口的 Resources 集合中定义，并且具有键名 TravelProductStyle 和 DefaultProductStyle。

这个样式选择器能够工作，但并不完美。一个问题是代码依赖于标记中的细节，这意味着有依赖性在编译时没有加强并且很容易遭到破坏(例如，如果为样式提供错误的资源键)。另一个问题是这个样式选择器会硬编码查找的值(在这个示例中是目录名)，这限制了重用能力。

更好的做法是创建使用一个或多个属性的样式选择器，从而指定一些细节，例如将用于评估数据项的标准以及希望使用的样式。下面的样式选择器仍很简单，但非常灵活。它能检查任何数据对象，查找给定的属性，并根据另一个值比较属性以在两种样式之间做出选择。属性、属性值以及样式都作为属性指定。SelectStyle( )方法使用反射查找合适的属性，其方式和当挖掘绑定的值时数据绑定的工作方式类似。

下面是完整的代码：

```
public class SingleCriteriaHighlightStyleSelector : StyleSelector
{
    public Style DefaultStyle
    {
        get; set;
    }

    public Style HighlightStyle
    {
        get; set;
    }

    public string PropertyToEvaluate
    {
        get; set;
    }

    public string PropertyValueToHighlight
    {
        get; set;
    }

    public override Style SelectStyle(object item,
      DependencyObject container)
    {
        Product product = (Product)item;

        // Use reflection to get the property to check.
        Type type = product.GetType();
        PropertyInfo property = type.GetProperty(PropertyToEvaluate);

        // Decide if this product should be highlighted
        // based on the property value.
        if (property.GetValue(product, null).ToString() == PropertyValueToHighlight)
        {
            return HighlightStyle;
        }
        else
        {
            return DefaultStyle;
        }
    }
}
```

为使这个样式选择器能够工作，需要创建希望使用的两个样式，而且需要创建和初始化SingleCriteriaHightlightStyleSelector类的实例。

下面是两个类似样式，唯一的区别是背景颜色不同以及是否使用粗体格式：

```
<Window.Resources>
  <Style x:Key="DefaultStyle" TargetType="{x:Type ListBoxItem}">
    <Setter Property="Background" Value="LightYellow" />
    <Setter Property="Padding" Value="2" />
  </Style>

  <Style x:Key="HighlightStyle" TargetType="{x:Type ListBoxItem}">
    <Setter Property="Background" Value="LightSteelBlue" />
    <Setter Property="FontWeight" Value="Bold" />
    <Setter Property="Padding" Value="2" />
  </Style>
</Window.Resources>
```

当创建 SingleCriteriaHightlightStyleSelector 类的实例时，为其指定这两个样式。既可以作为资源创建 SingleCriteriaHightlightStyleSelector(如果希望在多个位置重用，这是很有用的)，也可以在列表控件的内部定义，正如本例这样：

```
<ListBox Name="lstProducts" HorizontalContentAlignment="Stretch">
  <ListBox.ItemContainerStyleSelector>
    <local:SingleCriteriaHighlightStyleSelector
      DefaultStyle="{StaticResource DefaultStyle}"
      HighlightStyle="{StaticResource HighlightStyle}"
      PropertyToEvaluate="CategoryName"
      PropertyValueToHighlight="Travel"
    >
    </local:SingleCriteriaHighlightStyleSelector>
  </ListBox.ItemContainerStyleSelector>
</ListBox>
```

在此，SingleCriteriaHightlightStyleSelector 在绑定的数据项中检查 Category 属性，如果该属性包含文本 Travel，就使用 HightlightStyle 样式。图 20-9 显示了结果。

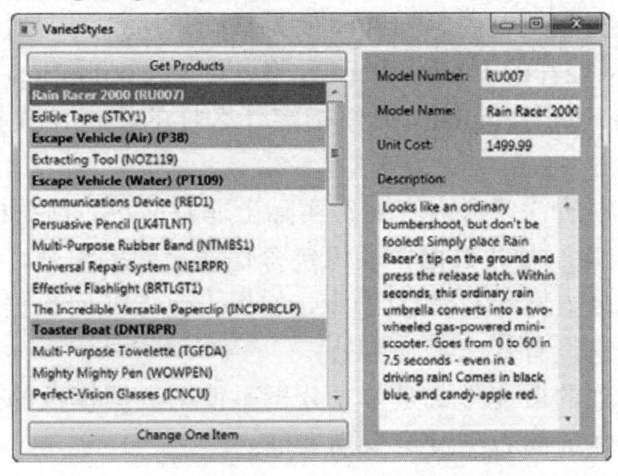

图 20-9　具有两个项样式的列表

样式选择过程只执行一次，当第一次绑定列表时执行。如果正在显示可编辑的数据，并且当进行编辑时可能将数据项从一个样式类别移到另一个样式类别中，这就会成为问题。在这种情况下，需要强制 WPF 重新应用样式，并且没有优雅的方式完成该任务。粗鲁的方法是通过将

ItemComtainerStyleSelector 属性设置为 null 来移除样式选择器，然后再次指定样式选择器：

```
StyleSelector selector = lstProducts.ItemContainerStyleSelector;
lstProducts.ItemContainerStyleSelector = null;
lstProducts.ItemContainerStyleSelector = selector;
```

可通过处理事件来响应特定修改，从而选择自动运行上面的代码，例如 ProperyChanged 事件(所有实现了 INotifyPropertyChanged 接口的类都会引发该事件，包括 Product 类)、DataTable.RowChanged 事件(如果使用 ADO.NET 数据对象，可以处理该事件)以及更常用的 Binding.SourceUpdated 事件(只有当 Binding.NotifyOnSourceUpdated 为 true 时，才会引发该事件)。当重新指定样式选择器时，WPF 检查并更新列表中的每个项——对于较小或中等规模的列表而言，该过程是较快的。

20.5　数据模板

样式提供了基本的格式化能力，但它们不能消除到目前为止看到的列表的最重要局限性：不管如何修改 ListBoxItem，它都只是 ListBoxItem，而不是功能更强大的元素组合。并且因为每个 ListBoxItem 只支持单个绑定字段(因为是通过 DisplayMemberPath 属性进行设置)，所以不可能实现包含多个字段或图像的富列表。

然而，WPF 另有一个工具可突破这个相当大的限制，允许组合使用来自绑定对象的多个属性，并以特定的方式排列它们或显示比简单字符串更高级的可视化表示。这个工具就是数据模板。

数据模板是一块定义如何显示绑定的数据对象的 XAML 标记。有两种类型的控件支持数据模板：

- 内容控件通过 ContentTemplate 属性支持数据模板。内容模板用于显示任何放置在 Content 属性中的内容。
- 列表控件(继承自 ItemsControl 类的控件)通过 ItemTemplate 属性支持数据模板。这个模板用于显示作为 ItemsSource 提供的集合中的每个项(或来自 DataTable 的每一行)。

基于列表的模板特性实际上以内容控件模板为基础。这是因为列表中的每个项均由内容控件封装，例如用于 ListBox 控件的 ListBoxItem 元素、用于 ComboBox 控件的 ComboBoxItem 元素，等等。不管为列表的 ItemTemplate 属性指定什么样的模板，模板都被用作列表中每项的 ContentTemplate 模板。

那么，可在数据模板中放置什么内容呢？实际上非常简单。数据模板是一块普通的 XAML 标记。与其他 XAML 标记块一样，数据模板可包含任意元素的组合，还应当包含一个或多个数据绑定表达式，从而提取希望显示的信息(毕竟，如果不包含任何数据绑定表达式，列表中的每一项会显示相同的内容，这没有什么实际用处)。

查看数据绑定工作原理的最佳方式是首先分析不使用数据模板的基本列表。例如，考虑下面的列表框，实际上我们在前面看到过这个列表框：

```
<ListBox Name="lstProducts" DisplayMemberPath="ModelName"></ListBox>
```

可以使用数据模板得到相同的列表框：

```
<ListBox Name="lstProducts">
```

```
  <ListBox.ItemTemplate>
    <DataTemplate>
      <TextBlock Text="{Binding Path=ModelName}"></TextBlock>
    </DataTemplate>
  </ListBox.ItemTemplate>
</ListBox>
```

当通过设置 ItemsSource 属性将列表绑定到产品集合时，为每个 Product 对象创建一个 ListBoxItem 对象。ListBoxItem.Content 属性被设置为恰当的 Product 对象，并且 ListBoxItem.ContentTemplate 属性被设置为在上面显示的数据模板，该模板从 Product.ModelName 属性提取数值，并在 TextBlock 元素中显示提取到的数值。

到目前为止获得的结果并不能给人留下深刻印象。但现在已经转而使用数据模板了，已经没有什么能够限制您创造性地呈现数据了。下面列举一个示例，该例在圆角矩形中包括每个产品项，显示两部分信息，并使用粗体突出显示产品的型号：

```
<ListBox Name="lstProducts" HorizontalContentAlignment="Stretch">
  <ListBox.ItemTemplate>
    <DataTemplate>
      <Border Margin="5" BorderThickness="1" BorderBrush="SteelBlue"
      CornerRadius="4">
        <Grid Margin="3">
          <Grid.RowDefinitions>
          <RowDefinition></RowDefinition>
          <RowDefinition></RowDefinition>
        </Grid.RowDefinitions>
        <TextBlock FontWeight="Bold"
          Text="{Binding Path=ModelNumber}"></TextBlock>
        <TextBlock Grid.Row="1"
          Text="{Binding Path=ModelName}"></TextBlock>
        </Grid>
      </Border>
    </DataTemplate>
  </ListBox.ItemTemplate>
</ListBox>
```

当绑定列表时，会为每个产品创建单独的 Border 对象。Border 元素中是包含两部分信息的 Grid 控件，如图 20-10 所示。

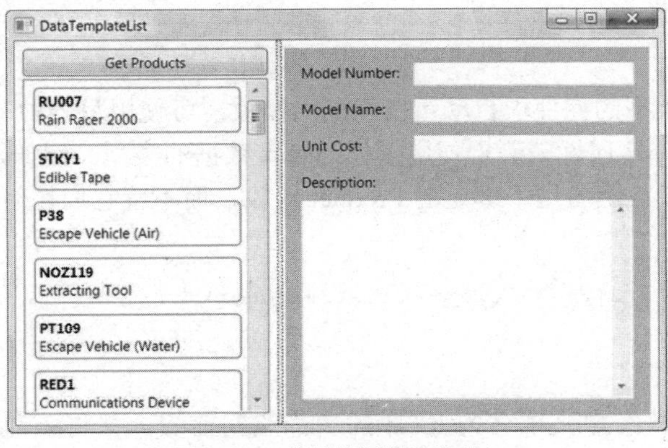

图 20-10　使用数据模板的列表

提示：

当在列表中使用 Grid 对象布局单个项时，可能希望使用第 3 章中介绍的 SharedSizeGroup 属性。可为单行或单列应用(具有描述性组名的)SharedSizeGroup 属性，以确保这些行和列为所有的项使用相同的尺寸。第 22 章提供了一个示例，该例通过这种方法为 ListView 控件构建了一个富视图，在该视图中结合了文本和图像内容。

20.5.1　分离和重用模板

与样式类似，通常也将模板声明为窗口或应用程序的资源，而不是在使用它们的列表中进行定义。这种隔离通常更加清晰，当在同一个控件中使用很长的、复杂的一个或多个模板(正如在 20.5.2 节中描述的那样)时尤其如此。当希望在用户界面的不同地方以相同的方式呈现数据时，这样还允许在多个列表或内容控件中重用模板。

为使该方法奏效，只需要在资源集合中定义数据模板并赋予键名。下面的示例提取上面示例中显示的模板：

```
<Window.Resources>
  <DataTemplate x:Key="ProductDataTemplate">
    <Border Margin="5" BorderThickness="1" BorderBrush="SteelBlue"
      CornerRadius="4">
      <Grid Margin="3">
        <Grid.RowDefinitions>
          <RowDefinition></RowDefinition>
          <RowDefinition></RowDefinition>
        </Grid.RowDefinitions>
        <TextBlock FontWeight="Bold"
          Text="{Binding Path=ModelNumber}"></TextBlock>
        <TextBlock Grid.Row="1"
          Text="{Binding Path=ModelName}"></TextBlock>
        </Grid>
      </Border>
    </DataTemplate>
</Window.Resources>
```

现在通过 StaticResource 引用来为列表添加数据模板：

```
<ListBox Name="lstProducts" HorizontalContentAlignment="Stretch"
ItemTemplate="{StaticResource ProductDataTemplate}"></ListBox>
```

如果希望在不同类型的控件中自动重用相同的模板，可使用另一种有趣的技巧——通过设置 DataTemplate.DataType 属性来确定使用模板的绑定数据的类型。例如，可修改上面的示例，删除资源键并指定该模板准备用于绑定的 Product 对象，而不管它们在何处显示：

```
<Window.Resources>
  <DataTemplate DataType="{x:Type local:Product}">
  </DataTemplate>
</Window.Resources>
```

上面的标记假定已经定义了名为 local 的名称空间前缀，并将该前缀映射到项目的名称空间。

现在这个模板将用于窗口中任何绑定到 Product 对象的列表控件或内容控件，而不需要指定 ItemTemplate 设置。

注意：

数据模板不需要数据绑定。换句话说，不需要使用 ItemsSource 属性填充模板列表。在上一个示例中，可以使用声明方式(在 XAML 标记中)或以编程方式(通过调用 ListBox.Items.Add( )方法)添加 Product 对象。对于这两种情况，数据模板以相同的方式工作。

20.5.2　使用更高级的模板

数据模板可包含非常丰富的内容。除基本元素外，如 TextBlock 控件和数据绑定表达式，它们还能使用更复杂的控件、关联事件处理程序、将数据转换为不同的表达形式以及使用动画等。

下面快速分析两个示例，看一看数据模板的功能有多么强大是值得的。首先，在数据绑定中可以使用值转换器对象将数据转换为更有用的表示形式。下面的示例使用在前面演示的 ImagePathConverter 转换器为列表中的每个产品显示图像：

```
<Window.Resources>
  <local:ImagePathConverter x:Key="ImagePathConverter"></local:ImagePathConverter>
  <DataTemplate x:Key="ProductTemplate">
    <Border Margin="5" BorderThickness="1" BorderBrush="SteelBlue"
      CornerRadius="4">
      <Grid Margin="3">
        <Grid.RowDefinitions>
          <RowDefinition></RowDefinition>
          <RowDefinition></RowDefinition>
          <RowDefinition></RowDefinition>
        </Grid.RowDefinitions>
        <TextBlock FontWeight="Bold" Text="{Binding Path=ModelNumber}"></TextBlock>
        <TextBlock Grid.Row="1" Text="{Binding Path=ModelName}"></TextBlock>
        <Image Grid.Row="2" Grid.RowSpan="2" Source=
"{Binding Path=ProductImagePath, Converter={StaticResource ImagePathConverter}}">
        </Image>
      </Grid>
    </Border>
  </DataTemplate>
</Window.Resources>
```

尽管这个标记未使用任何特殊内容，但结果却是一个非常有趣的列表(见图 20-11)。

另一种有用的技术是直接在模板中放置控件。例如，图 20-12 显示了一个类别列表。每个类别旁边有一个 View 按钮，可使用该按钮启动另一个窗口，在启动的窗口中只显示和这个类别相对应的产品。

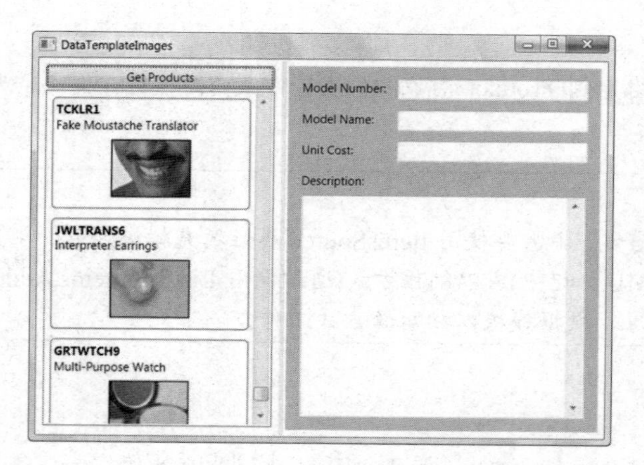

图 20-11　包含图像内容的列表

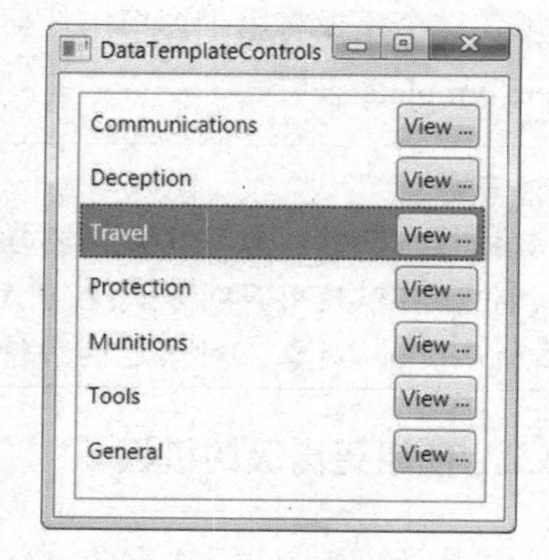

图 20-12　具有按钮控件的列表

在这个示例中的技巧是对按钮单击的处理。显然，所有按钮都被连接到同一个事件处理程序，这个事件处理程序在模板中定义。然而，需要确定在列表中单击的是哪个项。解决方法是在按钮的 Tag 属性中存储一些额外的标识信息，如下所示：

```
<DataTemplate>
  <Grid Margin="3">
    <Grid.ColumnDefinitions>
      <ColumnDefinition></ColumnDefinition>
      <ColumnDefinition Width="Auto"></ColumnDefinition>
    </Grid.ColumnDefinitions>

    <TextBlock Text="{Binding Path=CategoryName}"></TextBlock>
    <Button Grid.Column="2" HorizontalAlignment="Right" Padding="2"
      Click="cmdView_Clicked" Tag="{Binding Path=CategoryID}">View ...</Button>
  </Grid>
</DataTemplate>
```

然后可在 cmdView_Clicked 事件处理程序中检索 Tag 属性：

```
private void cmdView_Clicked(object sender, RoutedEventArgs e)
{
    Button cmd = (Button)sender;
    int categoryID = (int)cmd.Tag;
    ...
}
```

可使用该信息执行另一个动作。例如，可启动另一个显示产品的窗口，并为该窗口传递 CatagoryID 值，然后可使用 CatagoryID 值进行过滤，从而只显示指定类别的产品(实现过滤的一种简单方法是使用数据视图，如第 21 章所述)。

如果希望使用选中的数据项的所有信息，当定义绑定时可通过删除 Path 属性来获取整个数据对象：

```
<Button HorizontalAlignment="Right" Padding="1"
  Click="cmdView_Clicked" Tag="{Binding}">View ...</Button>
```

现在，事件处理程序将接收 Product 对象(如果绑定了一个 Product 对象的集合)。如果绑定到 DataTable 对象，将收到一个 DataRowView 对象，可使用该对象检索所有字段的值，就像从 DataRow 对象检索字段值一样。

传递整个对象还有一个优点：使更新列表选择变得更加容易。在当前示例中，可在任何项中单击按钮，不管项当时是否被选中。这可能令人感到困惑，因为用户可选择一项而单击另一项中的 View 按钮。当用户返回到列表窗口时，第一项仍保持选中状态，尽管第二个项被用于前面的操作。为消除这种困惑，当单击 View 按钮时，将选择移动到新的列表项是个好主意，如下所示：

```
Button cmd = (Button)sender;
Product product = (Product)cmd.Tag;
lstCategories.SelectedItem = product;
```

另一种选择是只在选中的项中显示 View 按钮。这种技术涉及修改和替换在列表中使用的模板，稍后的 20.5.5 节“模板与选择”将介绍这种技术。

20.5.3　改变模板

使用到目前为止介绍的数据模板的一个限制是，只能为整个列表使用一个模板。但在许多情况下，希望采用不同方式灵活地表示不同的数据。

可使用多种方式实现这一目标。下面是一些常用技术：

- **使用数据触发器**。可根据绑定的数据对象中的属性值使用触发器修改模板中的属性。除了不需要依赖项属性外，数据触发器与第 11 章中介绍的有关样式的属性触发器的工作方式类似。
- **使用值转换器**。实现了 IValueConverter 接口的类，能够将值从绑定的对象转换为可用于设置模板中与格式化相关的属性的值。
- **使用模板选择器**。模板选择器检查绑定的数据对象，并在几个不同模板之间进行选择。

数据触发器提供了最简单的方法。基本技术是根据数据项中的某个属性，设置模板中某个元素的某个属性。例如，可根据相应 Product 对象的 CategoryName 属性，修改封装每个列表项的自定义边框的背景。下面的示例用粗体突出显示 Tool 类别中的产品：

```
<DataTemplate x:Key="DefaultTemplate">
  <DataTemplate.Triggers>
    <DataTrigger Binding="{Binding Path=CategoryName}" Value="Tools">
      <Setter Property="ListBoxItem.Foreground" Value="Red"></Setter>
    </DataTrigger>
  </DataTemplate.Triggers>
  <Border Margin="5" BorderThickness="1" BorderBrush="SteelBlue"
   CornerRadius="4">
    <Grid Margin="3">
      <Grid.RowDefinitions>
        <RowDefinition></RowDefinition>
        <RowDefinition></RowDefinition>
      </Grid.RowDefinitions>
      <TextBlock FontWeight="Bold"
       Text="{Binding Path=ModelNumber}"></TextBlock>
      <TextBlock Grid.Row="1"
```

```
        Text="{Binding Path=ModelName}"></TextBlock>
      </Grid>
    </Border>
  </DataTemplate>
```

因为 Product 对象实现了 INotifyPropertyChanged 接口(在第 19 章介绍过)，所以会立即应用任意变化。例如，如果修改 CatagoryName 属性，将一个产品移出 Tools 类别，列表中显示该产品的文本会同时发生改变。

这种方法非常有用，但却有其固有的局限性。不能改变与模板相关的复杂细节，只能修改模板或容器元素中元素的单个属性。此外，如第 11 章所述，触发器只能测试是否相等——它们不支持更复杂的比较条件。例如，这意味着不能使用这种方法突出显示超出特定值的价格。并且如果需要在某个可能的范围内进行选择(例如，为每个产品类别使用不同的背景颜色)，就需要为每个可能的值编写触发器，这是非常麻烦的。

另一种选择是创建足够智能的模板，该模板能根据绑定的对象调整自身。为使用这种技巧，通常需要使用值转换器，检查绑定对象的属性并返回更合适的值。例如，可创建 CatagoryToColorConverter 转换器，检查产品的类别并返回相应的 Color 对象。使用这种方法，可以在模板中直接绑定到 CategoryName 属性，如下所示：

```
<Border Margin="5" BorderThickness="1" BorderBrush="SteelBlue" CornerRadius="4"
 Background=
 "{Binding Path=CategoryName, Converter={StaticResource CategoryToColorConverter}">
```

与触发器方法一样，值转换器方法不允许执行动态改变。例如，不能使用完全不同的内容替换模板的一部分。然而，这种方法可实现更复杂的格式化逻辑。此外，如果使用 IMultiValueConverter 接口代替普通的 IValueConverter 接口，这种方法可根据绑定数据对象的多个属性构造格式化属性。

提示：

如果希望在其他模板中重用格式化逻辑，值转换器是一种很好的选择。

20.5.4　模板选择器

另一种更强大的选择是，为项赋予完全不同的模板。为此，需要创建继承自 DataTemplateSelector 的类。模板选择器的工作方式和在前面分析的样式选择器的工作方式相同——它们检查绑定对象并使用您提供的逻辑选择合适的模板。

您在前面看到了如何构建搜索特定值并使用某个样式突出显示相应值的样式选择器。下面是功能相似的模板选择器，该模板选择器查找(通过 PropertyToEvaluate 指定的)属性，并且如果该属性和(通过 PropertyValueToHighlight)设置的值相匹配，就返回 HighlightTemplate 模板，否则返回 DefaultTemplate 模板：

```
public class SingleCriteriaHighlightTemplateSelector : DataTemplateSelector
{
```

```
    public DataTemplate DefaultTemplate
    {
        get; set;
    }

    public DataTemplate HighlightTemplate
    {
        get; set;
    }

    public string PropertyToEvaluate
    {
        get; set;
    }

    public string PropertyValueToHighlight
    {
        get; set;
    }

    public override DataTemplate SelectTemplate(object item,
      DependencyObject container)
    {
        Product product = (Product)item;

        // Use reflection to get the property to check.
        Type type = product.GetType();
        PropertyInfo property = type.GetProperty(PropertyToEvaluate);

        // Decide if this product should be highlighted
        // based on the property value.
        if (property.GetValue(product, null).ToString() == PropertyValueToHighlight)
        {
            return HighlightTemplate;
        }
        else
        {
            return DefaultTemplate;
        }
    }
}
```

下面的标记创建了两个模板以及 SingleCriteriaHighlightTemplateSelector 类的一个实例：

```
<Window.Resources>
  <DataTemplate x:Key="DefaultTemplate">
    <Border Margin="5" BorderThickness="1" BorderBrush="SteelBlue"
      CornerRadius="4">
      <Grid Margin="3">
        <Grid.RowDefinitions>
          <RowDefinition></RowDefinition>
```

```
          <RowDefinition></RowDefinition>
        </Grid.RowDefinitions>
        <TextBlock
          Text="{Binding Path=ModelNumber}"></TextBlock>
        <TextBlock Grid.Row="1"
          Text="{Binding Path=ModelName}"></TextBlock>
      </Grid>
    </Border>
  </DataTemplate>

  <DataTemplate x:Key="HighlightTemplate">
    <Border Margin="5" BorderThickness="1" BorderBrush="SteelBlue"
      Background="LightYellow" CornerRadius="4">
        <Grid Margin="3">
          <Grid.RowDefinitions>
          <RowDefinition></RowDefinition>
          <RowDefinition></RowDefinition>
          <RowDefinition></RowDefinition>
        </Grid.RowDefinitions>
        <TextBlock FontWeight="Bold"
          Text="{Binding Path=ModelNumber}"></TextBlock>
        <TextBlock Grid.Row="1" FontWeight="Bold"
          Text="{Binding Path=ModelName}"></TextBlock>
        <TextBlock Grid.Row="2" FontStyle="Italic" HorizontalAlignment="Right">
          *** Great for vacations ***</TextBlock>
      </Grid>
    </Border>
  </DataTemplate>
</Window.Resources>
```

下面是应用模板选择器的标记：

```
<ListBox Name="lstProducts" HorizontalContentAlignment="Stretch">
  <ListBox.ItemTemplateSelector>
    <local:SingleCriteriaHighlightTemplateSelector
      DefaultTemplate="{StaticResource DefaultTemplate}"
      HighlightTemplate="{StaticResource HighlightTemplate}"
      PropertyToEvaluate="CategoryName"
      PropertyValueToHighlight="Travel"
    >
    </local:SingleCriteriaHighlightTemplateSelector>
  </ListBox.ItemTemplateSelector>
</ListBox>
```

正如您可能看到的，模板选择器比样式选择器强大得多，因为每个模板都具有使用不同布局显示不同元素排列形式的能力。在这个示例中，HighlightTemplate 模板添加了一个在末端具有额外文本行的 TextBlock 元素(见图 20-13)。

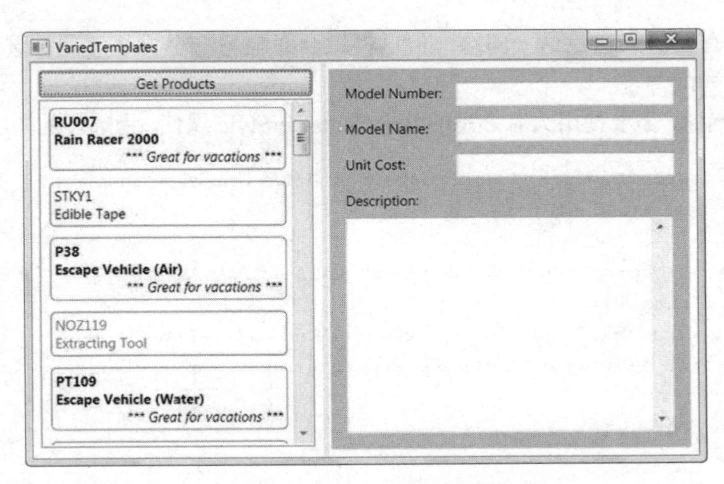

图 20-13　具有两个数据模板的列表

提示：

这种方法的一个缺点是，可能必须创建多个类似的模板。如果模板比较复杂，这种方法会造成大量的重复。为尽量提高可维护性，不应为单个列表创建过多模板——而应当使用触发器和样式为模板应用不同的格式。

20.5.5　模板与选择

在前面的模板示例中，有一个很小但也很令人感到烦恼的问题。这个问题就是已经看到的模板没有考虑选择。

如果在列表中选择了一项，WPF 会自动设置项容器(在此是 ListBoxItem 对象)的 Foreground 和 Background 属性。前景色是白色，背景色是蓝色。Foreground 属性使用属性继承，所以添加到模板中的任何元素都自动获得新的白色，除非明确指定新的颜色。Background 属性不使用属性继承，但默认的 Background 值是 Transparent。例如，如果边框也是透明的，就会穿透显示新的蓝色背景。否则仍然应用在模板中设置的颜色。

这个混乱的设置可能会以您所不希望的方式改变格式化设置。图 20-14 显示了一个例子。

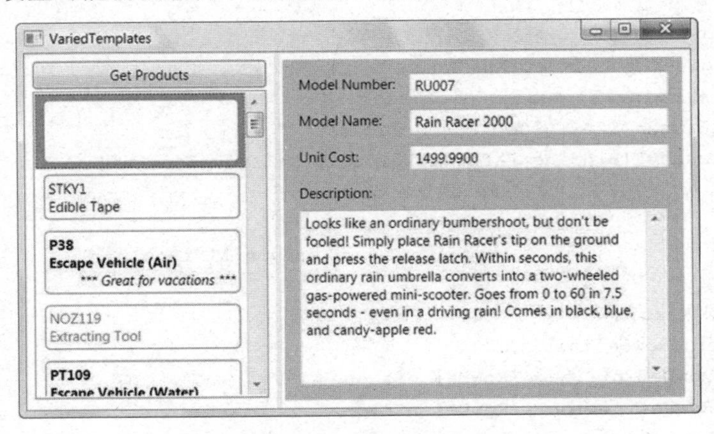

图 20-14　在突出显示的项中不可读的文本

可硬编码所有颜色来避免这一问题，但这样做会面临另一个挑战。项被选中的唯一标志是弯曲边框周围的蓝色背景。

为解决这个问题，需要使用大家熟悉的ItemContainerStyle属性，为选择的项应用不同的格式：

```
<ListBox Name="lstProducts" HorizontalContentAlignment="Stretch">
  <ListBox.ItemContainerStyle>
    <Style>
      <Setter Property="Control.Padding" Value="0"></Setter>
      <Style.Triggers>
        <Trigger Property="ListBoxItem.IsSelected" Value="True">
          <Setter Property="ListBoxItem.Background" Value="DarkRed" />
        </Trigger>
      </Style.Triggers>
    </Style>
  </ListBox.ItemContainerStyle>
</ListBox>
```

触发器为选择的项应用深红色背景，但上面的代码不能为使用模板的列表提供所期望的效果。这是因为这些模板包含了使用不同背景颜色的元素，这些元素在深红色背景上显示。除非所有内容都是透明的(从而使红色背景能够透过整个模板)，否则只会在模板的外边距区域看到一条很细的红色边线。

解决方法是将模板中部分元素的背景显式绑定到ListBoxItem.Background属性的值。这是合理的——毕竟，现在能够选择正确的背景颜色来突出显示选择的项。只需要确保它在正确的位置显示。

实现这一方案所需的标记有点混乱。这是因为不能使用普通的绑定表达式，普通的绑定表达式只能绑定到当前数据对象中的属性(在此是 Product 对象)，而现在需要获取项容器(在此是ListBoxItem控件)的背景。所以需要使用Binding.RelativeSource属性从元素树中查找第一个匹配的ListBoxItem对象。一旦找到这个元素，就可以获取它的背景颜色，并相应地加以使用。

下面是完成后的模板，该模板在弯曲的边框区域中使用所选背景。Border元素被放在具有白色背景的Grid控件中，从而确保在弯曲边框周围的外边距区域内不会显示选择的颜色。结果是图20-15中显示的更美观的选择样式。

```
<DataTemplate>
  <Grid Margin="0" Background="White">
    <Border Margin="5" BorderThickness="1"
      BorderBrush="SteelBlue" CornerRadius="4"
      Background="{Binding Path=Background, RelativeSource={
                           RelativeSource
                           Mode=FindAncestor,
                           AncestorType={x:Type ListBoxItem}
                       }}" >
      <Grid Margin="3">
        <Grid.RowDefinitions>
          <RowDefinition></RowDefinition>
          <RowDefinition></RowDefinition>
        </Grid.RowDefinitions>
        <TextBlock FontWeight="Bold" Text="{Binding Path=ModelNumber}"></TextBlock>
```

```
        <TextBlock Grid.Row="1" Text="{Binding Path=ModelName}"></TextBlock>
      </Grid>
    </Border>
  </Grid>
</DataTemplate>
```

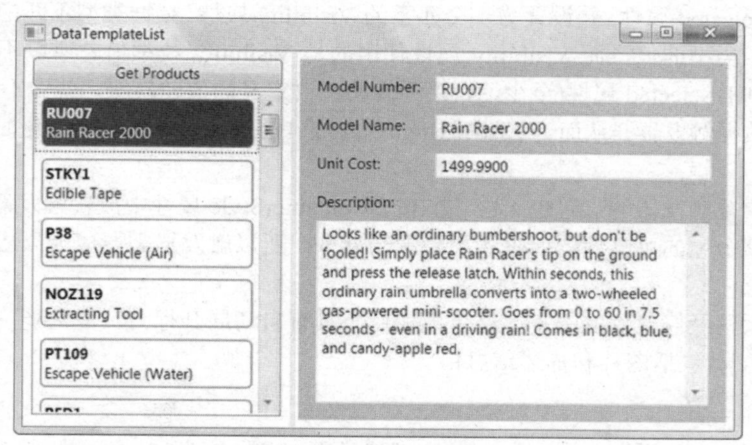

图 20-15　突出显示选中的项

选择与设备像素对齐

还需要做一些修改，以确保模板在具有不同系统 DPI 设置(如 120 dpi 而不是标准的 96 dpi)的计算机上能完美显示。应将 ListBox.SnapsToDevicePixels 属性设置为 true。当列表框的边缘落于两个像素之间时，这会确保不使用反锯齿效果。

如果未将 SnapsToDevicePixels 属性设置为 true，在自定义模板的边缘和 ListBox 容器控件的边缘之间，可能会出现熟悉的蓝色弯曲边框(有关小数像素，以及为什么将系统 DPI 设置为 96 dpi 之外的数值时会出现小数像素的更多内容，请查阅第 1 章中有关 WPF 设备无关度量系统的讨论)。

如果能够从项容器中提取到所需要的属性值，使用绑定表达式修改模板这种方法将运作良好。例如，如果希望获取选择项的背景色和前景色，这种技术是非常理想的。但如果需要以更深入的方式修改模板，这种方法就不能提供帮助了。

例如，考虑在图 20-16 中显示的产品列表。当在这个列表中选择产品时，产品项会从一行文本扩展为包含一幅图片和完整描述的方框。这个示例组合使用已经学过的几种技术，包括在模板中显示图像内容，以及当项被选中时使用数据绑定设置 Border 元素的背景色。

为创建此类列表，需要使用在上个示例中所使用技术的变体。仍需使用 Binding 对象的 RelativeSource 属性来查找当前 ListBoxItem 控件。

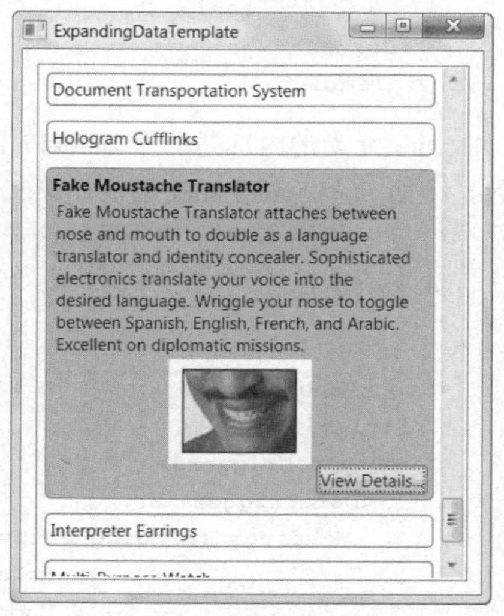

图 20-16　展开选择的项

然而，现在不希望提取它的背景色，而是希望检查它是否被选中。如果没有被选中，可通过设置 Visibility 属性隐藏额外的信息。

该技术与上一示例中使用的技术类似，但不完全相同。在上一个示例中，能够直接绑定到所希望的值，从而使 ListBoxItem 元素的背景变成 Border 对象的背景。但在该例中，需要考虑 ListBoxItem.IsSelected 属性，并设置另一个元素的 Visibility 属性。数据类型不匹配——IsSelected 属性是 Boolean 类型的值，而 Visibility 属性使用的是 Visibility 枚举值。所以不能将 Visibility 属性直接绑定到 IsSelected 属性(至少，如果不借助于自定义的值转换器，就做不到这一点)。解决方法是使用数据触发器，从而当 ListBoxItem 元素的 IsSelected 属性发生变化时，修改容器的 Visibility 属性。

在标记中放置触发器的位置也不同。在 ItemContainerStyle 属性中放置触发器不再方便，因为不希望改变整个项的可见性。而只希望隐藏一部分，所以触发器需要成为只应用到一个容器的样式的一部分。

下面是模板稍经修改后的版本，这个模板还不具有自动展开行为。但它能为列表中的每个产品显示所有信息(包括图片和描述信息)。

```
<DataTemplate>
  <Border Margin="5" BorderThickness="1" BorderBrush="SteelBlue"
    CornerRadius="4">
      <StackPanel Margin="3">
        <TextBlock Text="{Binding Path=ModelName}"></TextBlock>
        <StackPanel>
          <TextBlock Margin="3" Text="{Binding Path=Description}"
           TextWrapping="Wrap" MaxWidth="250" HorizontalAlignment="Left"></TextBlock>
          <Image Source=
"{Binding Path=ProductImagePath, Converter={StaticResource ImagePathConverter}}">
          </Image>
          <Button FontWeight="Regular" HorizontalAlignment="Right" Padding="1"
            Tag="{Binding}">View Details...</Button>
          </StackPanel>
        </StackPanel>
    </Border>
</DataTemplate>
```

Border 元素的内部是一个 StackPanel 面板，该面板包含了所有内容。在 StackPanel 面板中又包括了第二个 StackPanel 面板，第二个 StackPanel 面板包含了只为选择的项显示的内容，包括描述信息、图像和按钮。为隐藏这一信息，需要使用触发器设置这个内部 StackPanel 面板的样式，如下所示：

```
<StackPanel>
  <StackPanel.Style>
    <Style>
      <Style.Triggers>
        <DataTrigger
          Binding="{Binding Path=IsSelected, RelativeSource={
                                RelativeSource
                                Mode=FindAncestor,
                                AncestorType={x:Type ListBoxItem}
```

```
                    }}"
        Value="False">
        <Setter Property="StackPanel.Visibility" Value="Collapsed" />
      </DataTrigger>
    </Style.Triggers>
  </Style>
</StackPanel.Style>

<TextBlock Margin="3" Text="{Binding Path=Description}"
  TextWrapping="Wrap" MaxWidth="250" HorizontalAlignment="Left"></TextBlock>
<Image Source=
  "{Binding Path=ProductImagePath, Converter={StaticResource ImagePathConverter}}">
</Image>
<Button FontWeight="Regular" HorizontalAlignment="Right" Padding="1"
  Tag="{Binding}">View Details...</Button>
</StackPanel>
```

在这个示例中，需要使用数据触发器替代普通的触发器，因为需要评估的属性在祖先元素中(ListBoxItem)，访问它的唯一方法是使用数据绑定表达式。

现在，当 ListBoxItem.IsSelected 属性变为 false 时，StackPanle.Visibility 属性就会被修改为 Collapsed，从而隐藏额外的细节。

注意：

从技术角度看，展开的细节始终存在，只不过是隐藏了而已。因此，当第一次创建列表而不是选择项时，需要承担生成这些元素造成的开销。在当前的示例中这没有太大区别，但是如果为非常长的具有复杂模板的列表使用这种设计，就会影响性能。

20.5.6　改变项的布局

使用数据模板可非常灵活地控制项显示的各个方面，但它们不允许根据项之间的关系更改项的组织方式。不管使用什么样的模板和样式，ListBox 控件总是在独立的水平行中放置每个项，并堆叠每行从而创建列表。

可通过替换列表用于布局其子元素的容器来改变这种布局。为此，需要使用一块 XAML 标记(定义希望使用的面板)来设置 ItemsPanelTemplate 属性。这个面板可以是继承自 System.Windows.Controls.Panel 的任意类。

下面的示例使用 WrapPanel 面板来封装项，这些项跨越 ListBox 控件的可用宽度，如图 20-17 所示：

```
<ListBox Margin="7,3,7,10" Name="lstProducts"
  ItemTemplate="{StaticResource ItemTemplate}"
  ScrollViewer.HorizontalScrollBarVisibility="Disabled">
    <ListBox.ItemsPanel>
      <ItemsPanelTemplate>
        <WrapPanel></WrapPanel>
      </ItemsPanelTemplate>
    </ListBox.ItemsPanel>
</ListBox>
```

为使这种方法奏效，还必须将 ScrollViewer.HorizontalScrollBarVisibility 附加属性设置为 Disabled，从而确保 ScrollViewer 元素(ListBox 控件自动使用该元素)永远不会使用水平滚动条。如果没有设置该细节，WrapPanel 面板会使用无限的宽度来布置项，这时该面板就等效于水平的 StackPanel 面板。

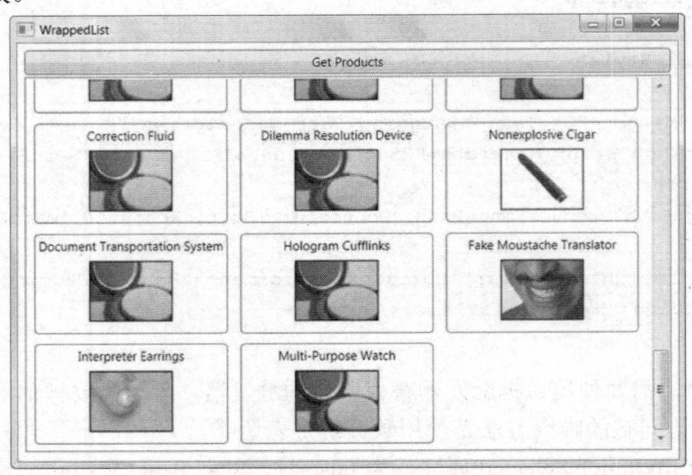

图 20-17　在列表的显示区域中平铺项

这种方法有一个陷阱。通常，大多数列表控件使用 VirtualizingStackPanel 面板而不是使用标准的 StackPanel 面板。如第 19 章所述，VirtualizingStackPanel 面板确保能够高效地处理大量的绑定数据。当使用 VirtualizingStackPanel 面板时，只创建显示当前可见项所需的元素。当使用 StackPanel 面板时，为整个列表创建所需的元素。如果数据源包含数千项(或更多)，VirtualizingStackPanel 面板使用的内存要少得多。当填充列表并且当用户在列表中滚动时，使用 VirtualizingStackPanel 面板可以执行得更好，因为 WPF 布局系统需要完成的工作要少得多。

因此，不应设置新的 ItemsPanelTemplate，除非使用列表显示数量适中的数据。如果处于模糊地带——例如，正在显示的数据列表只有 200 个项并且有一个极其复杂的模板——可以针对这两种方法进行性能分析，查看性能和内存使用的变化情况，从而选择最佳策略。

20.6　ComboBox 控件

尽管样式和数据模板被构建进了 ItemsControl 类，并且所有 WPF 列表控件都支持这两个特性，但到目前为止看到的所有示例都使用标准的 ListBox 控件。这个事实没有任何错误——毕竟，ListBox 控件是完全可定制的并且能够很容易地处理复选框列表、图像列表、格式化文本列表以及所有这些类型内容组合的列表。然而，其他列表控件确实引入了一些新特性。第 22 章将学习 ListView、TreeView 以及 DataGrid 控件的相关内容。但甚至更低级的 ComboBox 控件也有一些额外的考虑事项，这些考虑事项就是这一节中将要研究的细节。

与 ListBox 类一样，ComboBox 类是 Selector 类的派生类。与 ListBox 类不同的是，ComboBox 类增加了另外两个部分：显示当前选择项的选择框和用于选择项的下拉列表。当单击组合框边缘上的下拉箭头时会显示下拉列表。或者，如果组合框处于只读模式(默认设置)，可通过单击选择框的任意位置展开下拉列表。最后，可通过代码设置 IsDropDownOpen 属性来打开或关闭下拉列表。

通常，ComboBox 控件显示一个只读组合框，这意味着可使用它选择一个项，但不能随意输入自己的内容。然而，可通过将 IsReadOnly 属性设置为 false 并将 IsEditable 属性设置 true 来改变这种行为。现在选择框变成了文本框，并且可在其中输入希望的任何文本。

ComboBox 控件提供了基本的自动完成功能，当输入内容时会自动完成输入(不要与 IE 这类程序中花哨的自动完成功能相混淆，此处的自动完成功能会在当前文本框的下面显示所有可能项的列表)。下面是它的工作原理——当在 ComboBox 控件中键入内容时，WPF 使用第一个匹配自动完成建议的项填充选择框中的剩余内容。例如，如果输入 Gr 并且列表中包含字符串 Green，组合框就会填充字母 een。由于自动完成文本是可选的，因此当继续键入内容时会自动覆盖原来的文本。

如果不希望使用自动完成行为，只需要将 ComboBox.IsTextSearchEnabled 属性设置为 false。这个属性继承自 ItemsControl 基类，并被应用到许多其他列表控件。例如，如果在 ListBox 控件中将 IsTextSearchEnabled 属性设置为 true，就可输入一个项的第一层次内容以跳到该项的位置。

注意：

WPF 没有为使用系统跟踪的自动完成列表提供任何功能，例如最近使用的 URL 以及文件列表，也不支持自动完成下拉列表。

到目前为止，ComboBox 控件的行为非常简单。但如果列表包含的是更复杂的对象而不是简单的文本字符串，情形就不同了。

可通过两种方式在 ComboBox 控件中放置更复杂的对象。第一种方式是手工添加。与 ListBox 控件一样，可在 ComboBox 控件中放置任何希望的内容。例如，如果希望得到包含图形和文本的列表，可以简单地在 StackPanel 面板中放置恰当的元素，并在 ComboBoxItem 对象中封装这个 StackPanel 面板。更实用的情形是，可使用数据模板将数据对象中的内容插入到预先定义好的元素组中。

当使用非文本内容时，选择框应当包含什么内容并不明显。如果 IsEditable 属性为 false(默认值)，选择框将显示项的精确可视化副本。例如，图 20-18 显示的 ComboBox 控件就使用了包含文本和图像内容的数据模板。

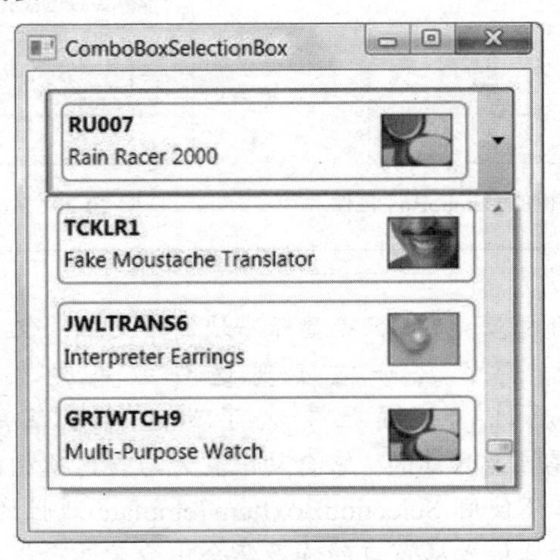

图 20-18　使用模板的只读 ComboBox 控件

注意：

重要的细节是组合框显示的是它的内容，而不是它具有的数据源。例如，设想使用 Product 对象填充 ComboBox 控件，并将 DisplayMemberPath 属性设置为 ModelName，使组合框显示每个项的 ModelName 属性。尽管组合框从一组 Product 对象中检索信息，但标记创建了一个普通文本列表。因此，选择框能够具有所期望的行为。它将显示当前产品的 ModelName 字段，如果 IsEnable 属性为 true 而且 IsReadOnly 属性为 false，它将允许编辑这个值。

用户不能与在选择框中显示的内容进行交互。例如，如果当前选择项的内容包括一个文本框，就不能在该文本框中输入内容。如果当前选择项的内容包含一个按钮，就不能单击该按钮。相反，若单击选择框只会打开下拉列表(当然，有许多很好很实用的理由，让我们不要首先在下拉列表中放置用户交互控件)。

如果 IsEditable 属性为 true，ComboBox 控件的行为会发生变化。不是显示选择项的副本，而是显示选择项的文本形式表示。为创建这种文本表示形式，WPF 简单地为每个项调用 ToString( )方法。图 20-19 显示的组合框与图 20-18 中显示的是同一组合框。在这个示例中，显示的文本“DataBinding.Product”只是当前选择的 Product 对象的完全限定类名，这是 ToString( )方法的默认实现，除非在自定义的数据类中重写该方法。

解决这个问题最容易的方法是设置 TextSearch.TextPath 附加属性，指示应当被用于选择框内容的属性。下面是一个示例：

```
<ComboBox IsEditable="True" IsReadOnly="True" TextSearch.TextPath="ModelName" ...>
```

尽管 IsEditable 属性必须为 true，但由您决定 IsReadOnly 属性的设置是 false(表示允许编辑该属性)还是 true(表示阻止用户随意输入内容)。

图 20-20 显示了这个示例的结果。

图 20-19　可编辑的使用模板的 ComboBox 控件

图 20-20　在选择框中显示属性

提示：

如果希望显示更丰富的内容，而不只是显示一块简单文本，但又希望选择框中的内容与下拉列表中的内容不同，那么应如何实现这种效果呢？ComboBox 控件提供了 SelectionBoxItemTemplate 属性，该属性定义了为选择框使用的模板。遗憾的是，SelectionBoxItemTemplate 属性是只读的。它自动设置为与当前项相匹配，并且不能提供不同的模板。但可创建全新的根本不使用 SelectionBoxItemTemplate 属性的 ComboBox 控件模板，这个控件模板可硬编码选择框模板或从窗口的资源集合中检索选择框模板。

20.7　小结

本章深入分析了数据绑定，数据绑定是 WPF 的一个重要特性。对于在本章中分析的许多情况，在过去都需要使用代码进行处理。在 WPF 中，通过数据绑定模型(结合使用值转换器、样式以及数据模板)可使用声明的方式完成许多工作。实际上，数据绑定只不过是显示各种类型信息的通用方法，而不管它们存储在什么地方、希望如何显示或是否能够编辑。有时，这些数据需要从后台数据库中获取。对于其他情况，可能来自 Web 服务、远程对象或文件系统，也许可以完全使用代码生成。最终，不管怎样——只要数据模型保持不变，用户界面代码和绑定表达式将保持不变。

第 21 章

数据视图

现在已经研究了数据转换艺术、为列表中的项应用样式以及构建数据模板，已经准备好进入数据视图了。数据视图在后台工作，用于协调绑定数据的集合。使用数据视图，可添加导航逻辑并实现过滤、排序以及分组。

新增功能：

本章将介绍 WPF 4.5 中引入的另外两个数据绑定技巧。在 21.2.4 节的“2. 分组和虚拟化”部分，将介绍如何为分组数据使用虚拟化。在 21.2.5 节“实时成型”中，将介绍 WPF 如何监视绑定数据的变化并自动更新链接的视图。

21.1 View 对象

当将集合(或 DataTable)绑定到 ItemsControl 控件时，会不加通告地在后台创建数据视图——位于数据源和绑定的控件之间。数据视图是进入数据源的窗口，可以跟踪当前项，并且支持各种功能，如排序、过滤以及分组。这些功能和数据对象本身是相互独立的，这意味着可在窗口的不同部分(或应用程序的不同部分)使用不同的方式绑定相同的数据。例如，可将同一产品集合绑定到两个不同的列表，并对产品进行过滤以显示不同的记录。

使用的视图对象取决于数据对象的类型。所有视图都继承自 CollectionView 类，并且有两个继承自 CollectionView 类的特殊实现：ListCollectionView 和 BindingListCollectionView。下面是 CollectionView 类的工作原理：

- 如果数据源实现了 IBindingList 接口，就会创建 BindingListCollectionView 视图。当绑定到 ADO.NET 中的 DataTable 对象时会创建该视图。
- 如果数据源没有实现 IBindingList 接口，但实现了 IList 接口，就会创建 ListCollectionView 视图。当绑定到 ObservableCollection 集合(如产品列表)时会创建该视图。
- 如果数据源没有实现 IBindingList 或 IList 接口，但实现了 IEnumerable 接口，就会得到基本的 CollectionView 视图。

提示：

在理想情况下，应避免第三种情况。对于大量的项和修改数据源的操作(如插入和删除)，CollectionView 视图的性能不佳。如第 19 章所述，如果不是绑定到 ADO.NET 数据对象，使用 ObservableCollection 类几乎总是最简单的方法。

21.1.1 检索视图对象

为得到当前使用的视图对象，可使用 System.Windows.Data.CollectionViewSource 类的 GetDefaultView( )静态方法。当调用 GetDefaultView( )方法时，传入数据源——正在使用的集合或 DataTable 对象。下面的示例获取绑定到列表的产品集合的视图：

```
ICollectionView view = CollectionViewSource.GetDefaultView(lstProducts.ItemsSource);
```

GetDefaultView( )方法总是返回一个 ICollectionView 引用，所以您需要根据数据源，将视图对象转换为合适的类，如 ListCollectionView 或 BindingListCollectionView。

```
ListCollectionView view =
  (ListCollectionView)CollectionViewSource.GetDefaultView(lstProducts.ItemsSource);
```

21.1.2 视图导航

可使用视图对象完成的最简单一件事是确定列表中的项数(通过 Count 属性)，以及获取当前数据对象的引用(通过 CurrentItem 属性)或当前位置索引(通过 CurrentIndex 属性)。还可以用少数方法从一条记录移到另一条记录，如 MoveCurrentToFirst( )、MoveCurrentToLast( )、MoveCurrentToNext( )、MoveCurrentToPrevious( )以及 MoveCurrentToPosition( )。到目前为止，您还不需要这些细节，因为现在看到的所有示例都是通过使用列表，让用户可从一条记录移到下一条记录。但是如果希望创建记录浏览器应用程序，就可能希望提供自己的导航按钮。图 21-1 显示了一个例子。

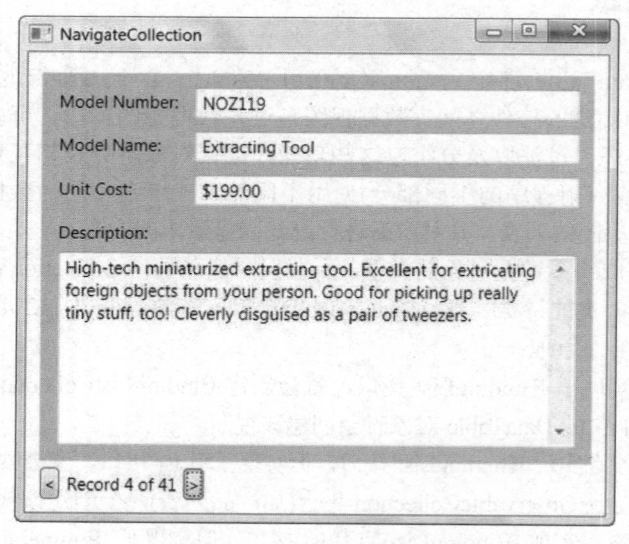

图 21-1　记录浏览器

为绑定的产品显示数据的绑定文本框保持不变。它们只需要指明合适的属性，如下所示：

```
<TextBlock Margin="7">Model Number:</TextBlock>
<TextBox Margin="5" Grid.Column="1" Text="{Binding Path=ModelNumber}"></TextBox>
```

然而，这个示例没有提供任何列表控件，所以需要由您负责控制导航。为简单起见，可在窗口类中使用成员变量来保存视图的引用：

```
private ListCollectionView view;
```

在这个示例中，代码将视图转换成恰当的视图类型(ListCollectionView)，而不使用ICollectionView接口。虽然ICollectionView接口提供了大多数相同的功能，但缺少能提供集合中项数的Count属性。

当首次加载窗口时可以获取数据，将数据放到窗口的DataContext属性中，并保存指向视图的一个引用：

```
ICollection<Products> products = App.StoreDB.GetProducts();
this.DataContext = products;

view = (ListCollectionView)CollectionViewSource.GetDefaultView(this.DataContext);
view.CurrentChanged += new EventHandler(view_CurrentChanged);
```

第二行代码完成了在窗口中显示项集合所需的全部工作。这行代码在DataContext属性中放置Product对象的完整集合。窗体上绑定的控件会查找元素树，直到它们发现了这个对象。当然，可能希望绑定表达式绑定到集合中的当前项，而不是绑定到集合本身，但WPF足够智能，能够自动完成这一设置。它使用当前项自动提供信息，所以不需要额外的关联代码。

上面的示例中有一行额外的代码语句。该行代码为视图的CurrentChanged事件连接事件处理程序。当引发这个事件时，可执行一些有用的操作。例如，根据当前位置启用或禁用上一个按钮和下一个按钮，以及在窗口底部的TextBlock元素中显示当前位置。

```
private void view_CurrentChanged(object sender, EventArgs e)
{
    lblPosition.Text = "Record " + (view.CurrentPosition + 1).ToString() +
      " of " + view.Count.ToString();
    cmdPrev.IsEnabled = view.CurrentPosition > 0;
    cmdNext.IsEnabled = view.CurrentPosition < view.Count - 1;
}
```

上面的代码像是数据绑定和触发器的候选方法。然而，其逻辑有点太复杂(部分原因是为了获取希望显示的记录位置编号，需要为索引加1)。

最后一步是为前面的按钮和后面的按钮编写逻辑。因为当不能应用它们时，会自动禁用这些按钮，所以不必担心移到第一项之前或最后一项之后。

```
private void cmdNext_Click(object sender, RoutedEventArgs e)
{
    view.MoveCurrentToNext();
}

private void cmdPrev_Click(object sender, RoutedEventArgs e)
{
    view.MoveCurrentToPrevious();
}
```

为得到有趣的效果，可为这个窗体添加列表控件，这样用户就可以使用按钮逐一查看每条记录，或使用列表直接跳到特定的项，如图21-2所示。

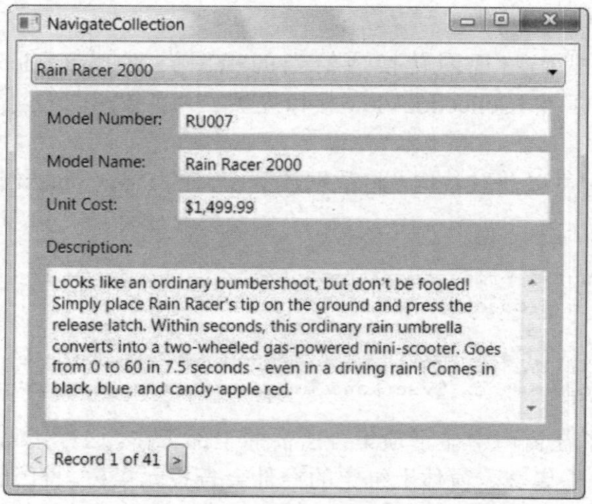

图 21-2　具有下拉列表的记录浏览器

对于这种情况，需要使用 ItemsSource 属性(以获取完整的产品列表)并为 Text 属性使用绑定(以显示正确的项)的 ComboBox 控件：

```
<ComboBox Name="lstProducts" DisplayMemberPath="ModelName"
 Text="{Binding Path=ModelName}"
 SelectionChanged="lstProducts_SelectionChanged"></ComboBox>
```

当首次检索产品集合时，绑定列表：

```
lstProducts.ItemsSource = products;
```

这可能不会得到我们期望的效果。默认情况下，在 ItemsControl 控件中选择的项和视图中的当前项并不同步。这意味着当从列表中进行新的选择时，不是导航到新记录，而是最终会修改当前记录的 ModelName 属性。幸运的是，可采用两种简单方法解决这个问题。

粗鲁的强制方法是无论何时在列表中选择一条记录，都简单地移动到新记录。下面的代码可以完成这一工作：

```
private void lstProducts_SelectionChanged(object sender, RoutedEventArgs e)
{
    view.MoveCurrentTo(lstProducts.SelectedItem);
}
```

更简单的方法是，将 ItemsControl.IsSynchronizedWithCurrentItem 属性设置为 true。使用这种方法，当前选择的项会被自动同步，从而匹配视图的当前位置，而且不需要使用任何代码。

为了编辑使用查找列表

ComboBox 控件为编辑记录值提供了一种简便方法。在当前示例中，它没有什么多大意义——毕竟，没理由为一个产品提供与另一个产品相同的名称。然而，在很多情况下，ComboBox 控件是一个非常理想的编辑工具。

例如，在数据库中可能有个字段能接受预先设置的几个数值中的一个。对于这种情况，可使用 ComboBox 控件，并为 Text 属性使用绑定表达式将它绑定到恰当的字段。然而，通过设置它的 ItemsSource 属性来指向一个已经定义好的列表，可使用允许的值填充 ComboBox 控件。

如果希望以某种方式(例如，作为文本)显示列表中的数值，但用另一种方式(例如，作为数字编码)存储它们，为 Text 属性绑定添加一个值转换器即可。

使用查找列表的另一种合理的情况是，处理关联的表。例如，可能希望允许用户使用包含所有预定义类别的列表为产品选择类别。基本做法是相同的：设置 Text 属性以便绑定到恰当的字段，并使用 ItemsSource 属性填充选项列表。如果需要将低级的唯一 ID 转换为更有意义的名称，可使用值转换器。

21.1.3 以声明方式创建视图

上面的示例使用将在本章通篇中看到的简单模式。使用代码检索希望使用的视图，然后通过代码修改视图。但还有一种选择——可在 XAML 标记中以声明方式构建 CollectionViewSource 对象，然后将 CollectionViewSource 对象绑定到控件(如列表控件)。

注意：

从技术角度看，CollectionViewSource 不是视图，而是用于检索视图的辅助类(使用在前面示例中介绍的 GetDefaultView( )方法)。当需要时，甚至是能够创建视图的工厂(正如将在本节中介绍的)。

CollectionViewSource 类中两个最重要的属性是 View 和 Source，其中 View 属性封装了视图对象，Source 属性封装了数据源。CollectionViewSource 类还添加了 SortDescriptions 和 GroupDescriptions 属性，这两个属性镜像了前面介绍过的同名视图属性。当使用 CollectionViewSource 类创建视图时，只是将这些属性的值传给视图。

CollectionViewSource 类还提供了 Filter 事件，用于执行过滤。除被定义为事件从而可以很容易地使用 XAML 关联事件处理程序外，Filter 事件的工作方式与视图对象提供的 Filter 回调函数的工作方式相同。

例如，考虑前面的示例，该例使用价格范围对产品进行分组。在此以声明方式定义这个示例所需的转换器和 CollectionViewSource 对象：

```
<local:PriceRangeProductGrouper x:Key="Price50Grouper" GroupInterval="50"/>
 <CollectionViewSource x:Key="GroupByRangeView">
   <CollectionViewSource.SortDescriptions>
     <component:SortDescription PropertyName="UnitCost" Direction="Ascending"/>
   </CollectionViewSource.SortDescriptions>
   <CollectionViewSource.GroupDescriptions>
     <PropertyGroupDescription PropertyName="UnitCost"
     Converter="{StaticResource Price50Grouper}"/>
 </CollectionViewSource.GroupDescriptions>
</CollectionViewSource>
```

注意，SortDescription 类不是 WPF 名称空间中的类。所以为了使用该类，需要添加下面的名称空间别名：

```
xmlns:component="clr-namespace:System.ComponentModel;assembly=WindowsBase"
```

一旦设置好 CollectionViewSource 对象，就可将它绑定到列表中：

```
<ListBox ItemsSource="{Binding Source={StaticResource GroupByRangeView}}" ... >
```

乍一看，这有些古怪。好像ListBox控件被绑定到CollectionViewSource对象，而不是被绑定到CollectionViewSource对象提供的视图(视图存储在CollectionViewSource.View属性中)。然而，WPF数据绑定为CollectionViewSource对象使用了一种特殊的例外处理方式。当在绑定表达式中使用CollectionViewSource对象时，WPF会要求CollectionViewSource对象创建视图，然后将视图绑定到恰当的元素。

实际上，声明式方法并没有节省任何工作。在运行时仍需编写代码来检索数据。区别是现在代码必须通过CollectionViewSource对象传递数据，而不能直接为列表提供数据：

```
ICollection<Product> products = App.StoreDB.GetProducts();
CollectionViewSource viewSource = (CollectionViewSource)
  this.FindResource("GroupByRangeView");
viewSource.Source = products;
```

此外，也可使用XAML标记作为资源创建产品集合。然后可使用声明方式将CollectionViewSource对象绑定到产品集合。不过，仍需使用代码填充产品集合。

注意：

开发人员很少使用不可靠的方法创建不使用代码的数据绑定。有时，他们会使用XAML标记定义和填充数据集合(使用硬编码的值)。对于其他情况，用于填充数据对象的代码被隐藏在数据对象的构造函数中。所有这些方法都严重脱离了实际。在此介绍这些方法仅仅是因为它们经常被用于创建快速的、准备不充分的数据绑定示例。

现在，您已经看到了如何使用基于代码和标记的方法配置视图，您可能会好奇哪种方法是更好的设计决定。其实，这两种方法都可以。应该根据希望在什么位置集中放置数据视图的细节来决定使用哪种方法。

但如果希望使用多视图，选用哪种方法就变得更加重要了。对于这种情况，最好在标记中定义所有视图，然后使用代码在适当的视图中进行交换。

提示：

如果视图是动态变化的，创建多视图就比较合理(例如，它们根据完全不同的准则进行分组)。在许多情况下，为当前视图修改排序或分组信息更简单。

21.2　过滤、排序与分组

正如您已经看到的，视图跟踪数据对象集合中的当前位置。这是一项重要的任务，而且查找或修改当前项是使用视图最常见的原因。

视图还提供了许多可选功能，通过这些功能可管理整个数据项集合。接下来的几节将介绍如何使用视图过滤数据项(临时隐藏不希望看到的项)，如何使用视图应用排序(修改数据项的顺序)，以及如何使用视图应用分组(创建能单独导航的子集合)。

21.2.1　过滤集合

通过过滤可显示符合特定条件的记录子集。在将集合用作数据源时，可使用视图对象的

Filter 属性设置过滤器。

Filter 属性的实现有些笨拙。它接受一个 Predicate 委托，该委托指向自定义的过滤方法。下面的示例演示了如何将视图连接到名为 FilterProduct( )的方法：

```
ListCollectionView view = (ListCollectionView)
  CollectionViewSource.GetDefaultView(lstProducts.ItemsSource);
view.Filter = new Predicate<object>(FilterProduct);
```

过滤器检查集合中的每个数据项，并且如果被检查的项满足过滤条件，就返回 true，否则则返回 false。当创建 Predicate 对象时，指定进行检查的对象类型。笨拙的部分是视图期望用户使用 Predicate<object>实例——您不能使用更有用的内容(如 Predicate<Product>)，这样就不可避免地使用类型转换代码。

下面的简单方法只显示超过 100 美元的产品：

```
public bool FilterProduct(Object item)
{
    Product product = (Product)item;
    return (product.UnitCost > 100);
}
```

显然，在过滤器条件中硬编码数值是不合理的。更实际的应用程序应当根据其他信息使用动态的过滤器，例如在图 21-3 中显示了由用户提供的过滤准则。

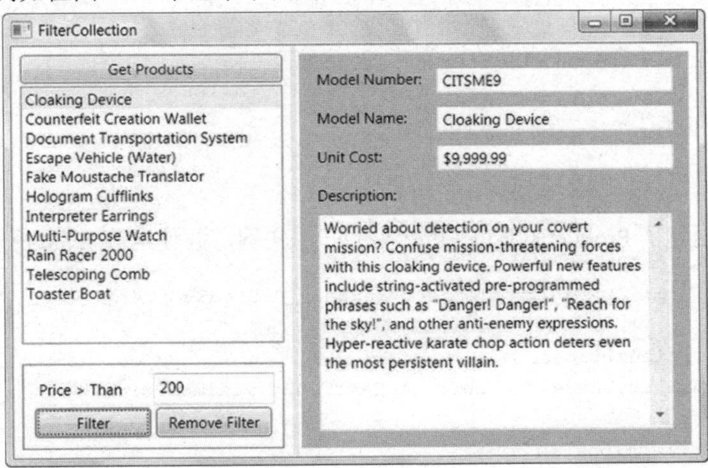

图 21-3　过滤产品列表

为让这种情况生效，可使用两种策略。如果使用匿名委托，可定义内联的过滤方法，从而可访问当前方法中的任何本地变量。下面是一个示例：

```
ListCollectionView view = (ListCollectionView)
  CollectionViewSource.GetDefaultView(lstProducts.ItemsSource);
view.Filter = delegate(object item)
              {
                  Product product = (Product)item;
                  return (product.UnitCost > 100);
              }
```

尽管这是一种很整洁、很优美的方法，但对于更复杂的过滤情形，您可能更喜欢使用不同的策略并创建专门的过滤类。这是因为在这些情况下，经常需要使用几个不同的准则进行过滤，并且可能希望具有在以后修改过滤准则的能力。

过滤类封装了过滤准则以及执行过滤的回调方法。下面是一个非常简单的过滤类，该类过滤低于最低价格的产品：

```
public class ProductByPriceFilter
{
    public decimal MinimumPrice
    {
        get; set;
    }

    public ProductByPriceFilter(decimal minimumPrice)
    {
        MinimumPrice = minimumPrice;
    }

    public bool FilterItem(Object item)
    {
        Product product = item as Product;
        if (product != null)
        {
            return (product.UnitCost > MinimumPrice);
        }
        return false;
    }
}
```

下面的代码创建了 ProductByPriceFilter 类的一个实例，并使用该实例进行最低价格过滤：

```
private void cmdFilter_Click(object sender, RoutedEventArgs e)
{
    decimal minimumPrice;
    if (Decimal.TryParse(txtMinPrice.Text, out minimumPrice))
    {
        ListCollectionView view =
          CollectionViewSource.GetDefaultView(lstProducts.ItemsSource)
          as ListCollectionView;

        if (view != null)
        {
            ProductByPriceFilter filter =
              new ProductByPriceFilter(minimumPrice);
            view.Filter = new Predicate<object>(filter.FilterItem);
        }
    }
}
```

您可能会为过滤不同类型的数据而创建不同的过滤器类。例如，可能准备创建并重用

MinMaxFilter 和 StringFilter 等。然而，为希望应用过滤的每个窗口创建单独的过滤类通常更有用。原因是不能将多个过滤器链接在一起。

注意：

当然，可创建自定义实现来解决这个问题——例如，创建 FilterChain 类来封装 IFilter 对象的集合，并且为了决定是否排除某个项而为每个 IFilter 对象调用 FilterItem( )方法。然而，这一额外的层次会增加不必要的代码和复杂性。

如果希望在以后能够修改过滤器而又不希望重新创建 ProductByPriceFilter 对象，就需要在窗口类中通过成员变量来保存过滤器对象的引用。然后可修改过滤器属性。然而，还需要为每个视图对象调用 Refresh( )方法，从而强制性地重新过滤列表。无论何时在包含最低价格的文本框中触发 TextChanged 事件，下面的代码都会调整过滤器设置：

```
private void txtMinPrice_TextChanged(object sender, TextChangedEventArgs e)
{
    ListCollectionView view =
      CollectionViewSource.GetDefaultView(lstProducts.ItemsSource)
      as ListCollectionView;
    if (view != null)
    {
        decimal minimumPrice;
        if (Decimal.TryParse(txtMinPrice.Text, out minimumPrice) &&
            (filter != null))
        {
            filter.MinimumPrice = minimumPrice;
            view.Refresh();
        }
    }
}
```

提示：

使用一系列复选框让用户选择应用不同类型的过滤条件是一种常见的约定。例如，可为使用价格、名称、型号等进行过滤创建复选框。然后用户可通过选择恰当的复选框来选择使用哪些过滤条件。

最后，可通过将 Filter 属性设置为 null 来彻底删除过滤器：

```
view.Filter = null;
```

21.2.2 过滤 DataTable 对象

对于 DataTable 对象，过滤工作是不同的。如果以前使用过 ADO.NET，可能已经知道每个 DataTable 对象都与一个 DataView 对象相关联(和 DataTable 对象一样，DataView 对象和其他 ADO.NET 核心数据对象一起在 System.Data 名称空间中进行定义)。ADO.NET 中的 DataView 对象扮演和 WPF 视图对象相同的角色。与 WPF 视图一样，可使用 DataView 对象过滤记录(使用 RowFilter 属性通过字段内容进行过滤，或者使用 RowStateFilter 属性通过行状态进行过滤)。DataView 对象还通过 Sort 属性支持排序。与 WPF 视图对象不同的是，DataView 对象不跟踪数据集中的位置。DataView 对象还提供了用于锁定编辑能力的附加属性(AllowDelete、AllowEdit以及 AllowNew)。

可通过检索绑定的 DataView 对象并直接修改其属性来改变过滤数据列表的方式(请记住，可通过 DataTable.DefaultView 属性获取默认的 DataView 对象)。不过，如能通过 WPF 视图对象调整过滤会更好，因为这样可以继续使用相同的模型。

这是可能的，但存在一些局限性。与 ListCollectionView 视图不同，DataTable 对象使用的 BindingListCollectionView 视图不支持 Filter 属性(BindingListCollectionView.CanFilter 属性返回 false，并且如果试图设置 Filter 属性，就会导致抛出异常)。相反，BindingListCollectionView 视图提供了 CustomFilter 属性。CustomFilter 属性本身不能做任何工作——只是接收指定的过滤字符串，并使用这个过滤字符串设置 DataView.RowFilter 属性。

使用 DataView.RowFilter 属性非常容易，但有点混乱。将基于字符串的过滤器表达式作为参数，这个表达式类似于 SELECT 查询中用于构造 WHERE 子句的 SQL 代码段。因此，需要遵循所有的 SQL 约定。例如，使用单引号(')将字符串和日期值括起来。并且如果希望使用多个条件，还需要使用 OR 和 AND 关键字将这些条件结合在一起。

下面的示例复制了前面基于集合的示例中的过滤，并将该过滤应用于产品记录的 DataTable 对象：

```
decimal minimumPrice;
if (Decimal.TryParse(txtMinPrice.Text, out minimumPrice))
{
    BindingListCollectionView view =
        CollectionViewSource.GetDefaultView(lstProducts.ItemsSource)
        as BindingListCollectionView;
    if (view != null)
    {
        view.CustomFilter = "UnitCost > " + minimumPrice.ToString();
    }
}
```

注意，这个示例使用迂回方式将 txtMinPrice 文本框中的文本转换为 decimal 类型的数值，然后又将这个 decimal 数值转换为用于过滤的字符串。这需要做更多的工作，但这样可以避免由于使用非法字符造成的攻击和错误。如果只是通过连接 txtMinPrice 文本框中的文本来构造过滤字符串，可能会包含过滤运算(=、<、>)以及关键字(AND、OR)，从而可能会应用和所希望的过滤完全不同的过滤。这可能是蓄意攻击的一部分，也可能是由于用户的错误造成的。

21.2.3 排序

还可以使用视图进行排序。最简单的方法是根据每个数据项中的一个或多个属性的值进行排序。使用 System.ComponentModel.SortDescription 对象确定希望使用的字段。每个 SortDescription 对象确定希望用于排序的字段和排序方向(升序或降序)。按照希望应用它们的顺序添加 SortDescription 对象。例如，可首先根据类别进行排序，然后再根据型号名称进行排序。

下面的示例根据型号名称进行简单的升序排序：

```
ICollectionView view=CollectionViewSource.GetDefaultView(lstProducts.ItemsSource);
view.SortDescriptions.Add(
```

```
    new SortDescription("ModelName", ListSortDirection.Ascending));
```

因为上面的代码使用的是ICollectionView接口(而不是特殊的视图类)，所以能够正常工作，而不管绑定的是什么类型的数据源。如果使用的是BindingListCollectionView视图(当绑定到DataTable时)，SortDescription对象用于构建应用于DataView.Sort属性的排序字符串。

注意：
很少为同一个DataView对象使用多个BindingListCollectionView视图，它们会共享相同的过滤和排序设置，因为这些细节保存在DataView对象中，而不是保存在Binding ListCollectionView视图中。如果这不是所希望的行为，可创建多个封装同一个DataTable对象的DataView对象。

正如您所期望的，当对字符串进行排序时，按照字母顺序对值进行排序。数字按照数字顺序进行排序。为应用不同的排序顺序，首先要清除已经存在的SortDescriptions集合。

还可执行自定义排序，但只能用于ListCollectionView视图(不能用于BindingListCollection-View视图)。ListCollectionView类提供的CustomSort属性接收一个IComparer对象，IComparer对象在两个数据项之间进行比较，并且指示较大项。如果需要构建通过组合多个属性来得到排序键的排序例程，这种方法是非常方便的。如果需要使用非标准的排序规则，这种方法也很有意义。例如，在排序之前可能希望忽略产品代码的前面几个字符、对价格进行一些计算、将字段转换为不同的数据类型或不同的表示形式等。下面的示例计算产品型号名称中字母的数量，并使用该数量确定排序的顺序：

```
public class SortByModelNameLength : IComparer
{
    public int Compare(object x, object y)
    {
        Product productX = (Product)x;
        Product productY = (Product)y;
        return productX.ModelName.Length.CompareTo(productY.ModelName.Length);
    }
}
```

下面的代码将IComparer对象连接到视图：

```
ListCollectionView view = (ListCollectionView)
  CollectionViewSource.GetDefaultView(lstProducts.ItemsSource);
view.CustomSort = new SortByModelNameLength();
```

在这个示例中，IComparer接口用于特定的情况。如果需要在不同的地方使用类似的数据重用IComparer对象，可将IComparer对象通用化。例如，可将SortByModelNameLength类改为SortByTextLength类。当创建SortByTextLength实例时，代码需要提供使用的属性名称(作为字符串)，之后Compare()方法可以使用反射在数据对象中查找该属性。

21.2.4 分组

与支持排序的方式相同，视图也支持分组。与排序一样，可使用简单的方式进行分组(根据单个属性值)，也可以使用复杂的方式进行分组(使用自定义的回调函数)。

为执行分组，需要为CollectionView.GroupDescriptions集合添加System.Component-

Model.PropertyGroupDescription 对象。下面的示例根据类别名称进行分组：

```
ICollectionView view = CollectionViewSource.GetDefaultView(lstProducts.ItemsSource);
view.GroupDescriptions.Add(new PropertyGroupDescription("CategoryName"));
```

注意：

该例假定 Product 类有名为 CategoryName 的属性。您很可能有名为 Category 的属性(该属性返回链接的 Category 对象)或名为 CategoryID 的属性(该属性使用唯一的 ID 数字来标识类别)。在这些情况下，仍可以使用分组，但需要添加检查分组信息(如 Category 对象或 CategoryID 属性)的值转换器，并返回正确的用于分组的类别文本。下一个示例将介绍如何使用值转换器进行分组。

这个示例存在一个问题。尽管现在数据项根据它们的类别被安排到不同的分组中，但当查看列表时，很难发现已经应用了任何分组。实际上，结果和根据类别名称进行简单排序后的结果相同。

实际上，该例发生了更多变化——只是在默认设置下看不到这些变化。当使用分组时，列表为每个分组创建了单独的 GroupItem 对象，并且为列表添加了这些 GroupItem 对象。GroupItem 是内容控件，所以每个 GroupItem 对象都包含一个适当的具有实际数据的容器(如 ListBoxItem 对象)。显示分组的秘密是格式化 GroupItem 元素，使其突出显示。

可使用样式为列表中的所有 GroupItem 对象应用格式。然而，您不仅可能希望调整格式——例如，可能还希望显示分组标题，这就需要使用模板。幸运的是，ItemsControl 类通过它的 ItemsControl.GroupStyle 属性简化了这两项任务，该属性提供了一个 GroupStyle 对象的集合。虽然属性名称中包含了“Style”，但 GroupStyle 类并不是样式。它只是一个简便的包，为配置 GroupItem 对象封装了一些有用的设置。表 21-1 列出了 GroupStyle 类的属性。

表 21-1　GroupStyle 类的属性

名　称	说　明
ContainerStyle	设置被应用到为每个分组生成的 GroupItem 元素的样式
ContainerStyleSelector	不是使用 ContainerStyle 属性，而是使用 ContainerStyleSelector 属性提供一个类，该类根据分组选择准备使用的正确样式
HeaderTemplate	允许用户为了在每个分组开头显示内容而创建模板
HeaderTemplateSelector	不是使用 HeaderTemplate 属性，而是使用 HeaderTemplateSelector 属性提供一个类，该类根据分组选用正确的头模板
Panel	改变用于包含分组的模板。例如，可使用 WrapPanel 面板而非标准的 StackPanel 面板，创建从左向右然后向下平铺分组的列表

在该例中，需要做的所有工作就是在每个分组前显示一个标题。可使用这种技术创建如图 21-4 所示的效果。

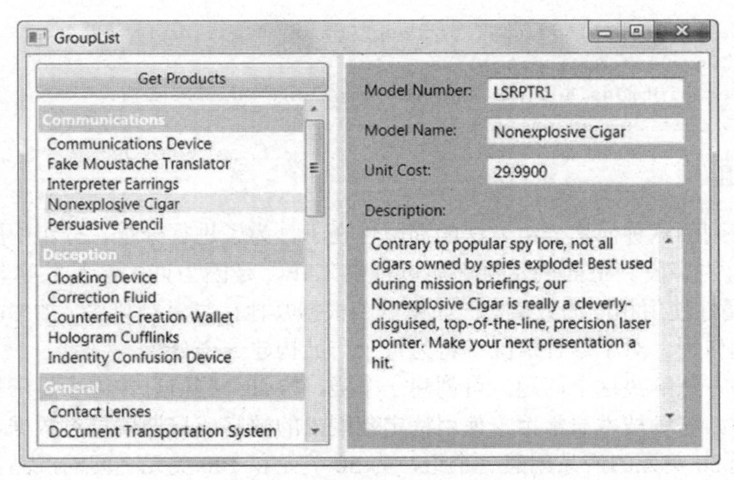

图 21-4　对产品列表进行分组

为添加分组标题，需要设置 GroupStyle.HeaderTemplate 属性。可使用普通的数据模板填充该属性，就像在第 20 章中看到的那样。也可在模板中使用元素和数据绑定表达式的任意组合。

然而，此处有一个技巧。当编写绑定表达式时，不能绑定到列表中的数据对象(在这个示例中是 Product 对象)，而要绑定到分组的 PorpertyGroupDescription 对象。这意味着，如果希望显示分组的字段值(如图 21-4 所示)，就需要绑定 PorpertyGroupDescription.Name 属性，而不是绑定 Product.CategoryName 属性。

下面是完整的模板：

```
<ListBox Name="lstProducts" DisplayMemberPath="ModelName">
  <ListBox.GroupStyle>
    <GroupStyle>
      <GroupStyle.HeaderTemplate>
        <DataTemplate>
          <TextBlock Text="{Binding Path=Name}" FontWeight="Bold"
          Foreground="White" Background="LightGreen"
          Margin="0,5,0,0" Padding="3"/>
        </DataTemplate>
      </GroupStyle.HeaderTemplate>
    </GroupStyle>
  </ListBox.GroupStyle>
</ListBox>
```

提示：

ListBox.GroupStyle 属性实际上是 GroupStyle 对象的集合，从而可添加多个层次的分组。为此，需要按希望应用的分组以及子分组的顺序添加多个 PropertyGroupDescription 对象，然后添加匹配的 GroupStyle 对象来格式化每个层次。

您可能希望组合使用分组和排序。如果希望对分组进行排序，只需要确保用于排序的第一个 SortDescription 对象基于分组字段即可。下面的代码根据类别名称按字母顺序对类别进行排序，然后根据型号名称对类别中的每个产品按字母顺序进行排序。

```
view.SortDescriptions.Add(new SortDescription("CategoryName",
  ListSortDirection.Ascending));
view.SortDescriptions.Add(new SortDescription("ModelName",
  ListSortDirection.Ascending));
```

1. 范围分组

使用在此看到的这种简单分组方法的局限性在于，为了进行分组，分组中的记录需要有一个具有相同数值的字段。上面的示例之所以能够工作，是因为许多产品共享相同的类别并为CategoryName属性使用相同的数值。但如果试图根据其他信息进行排序，如UnitCost字段，这种方法就不能起作用。对于这种情况，将为每个产品构建一个分组。

可采用一种方法解决这个问题。可创建一个类，检查一些信息并为了显示目的而将它放置到一个概念组中。这种技术通常用于使用特定范围内的数字或日期信息对数据对象进行分组。例如，可为小于50美元的产品创建一个组，为50美元和100美元之间的产品创建另一个组，等等。图21-5显示了这个示例。

为创建这个解决方案，需要提供值转换器，检查数据源中的一个字段(或多个字段，如果实现了IMultiValueConverter接口)，并返回组标题。只要为多个数据对象使用相同的组标题，这些对象就会被放到相同的逻辑分组中。

下面的代码显示了创建图21-5所示的价格范围的值转换器。该转换器的设计考虑了一定的灵活性——可以指定分组范围的大小(在图21-5中，分组范围是50个单位)。

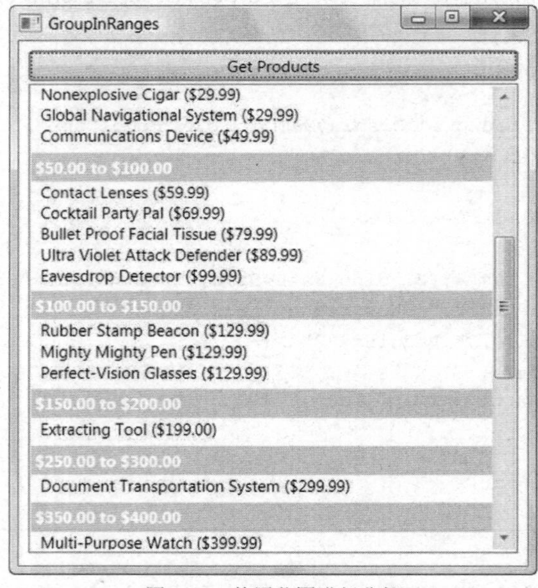

图21-5　使用范围进行分组

```
public class PriceRangeProductGrouper : IValueConverter
{
    public int GroupInterval
    {
        get; set;
    }
```

```
    public object Convert(object value, Type targetType, object parameter,
      CultureInfo culture)
    {
      decimal price = (decimal)value;
      if (price < GroupInterval)
      {
        return String.Format(culture, "Less than {0:C}", GroupInterval);
      }
      else
      {
        int interval = (int)price / GroupInterval;
        int lowerLimit = interval * GroupInterval;
        int upperLimit = (interval + 1) * GroupInterval;
        return String.Format(culture, "{0:C} to {1:C}", lowerLimit, upperLimit);
      }
    }

    public object ConvertBack(object value, Type targetType, object parameter,
     CultureInfo culture)
    {
      throw new NotSupportedException("This converter is for grouping only.");
    }
}
```

为提高这个类的灵活性，从而可使用其他字段，需要添加其他属性以设置标题文本的固定部分以及在将数值转换为标题文本时使用的格式化字符串(当前的代码假定数字可以被作为货币，这样 50 就变成了标题中的“$50.00”)。

下面的代码使用转换器应用范围分组。注意，首先必须根据价格对产品进行排序，否则将会根据它们在列表中的位置进行分组。

```
ICollectionView view =
 CollectionViewSource.GetDefaultView(lstProducts.ItemsSource);
view.SortDescriptions.Add(new SortDescription("UnitCost",
 ListSortDirection.Ascending));

PriceRangeProductGrouper grouper = new PriceRangeProductGrouper();
grouper.GroupInterval = 50;
view.GroupDescriptions.Add(new PropertyGroupDescription("UnitCost", grouper));
```

2. 分组和虚拟化

第 19 章介绍了虚拟化，该功能降低了控件的内存开销，而且在绑定极长的列表时提升了速度。但是，即使控件支持虚拟化，也不会在启用虚拟化时使用。WPF 使用新的 VirtualizingStackPanel.IsVirtualizingWhenGrouping 属性纠正了这个问题。将其设置为 true，分组列表将与未分组列表获得相同的虚拟化性能提升效果：

```
<ListBox VirtualizingStackPanel.IsVirtualizingWhenGrouping="True" ...>
```

但在结合使用分组和长列表时仍要谨慎，因为分组数据时会导致速度明显变缓。因此，在实现此设计前需要对应用程序进行性能分析。

21.2.5 实时成型

如果改变正在使用的视图的过滤、排序或分组，就需要调用 ICollectionViewSource.Refresh()方法来刷新视图，并确保正确的项出现在列表中。前面已列举过一个使用该技巧的示例：在用户修改最低价格范围时触发刷新操作的价格过滤文本框。

然而，一些更改捕获起来稍困难一些。当您更改视图时，容易记住刷新视图，但当应用程序中某处的代码例程更改数据时，会出现什么情况呢？例如，假设某个编辑操作将产品价格降至视图过滤条件需要的最低值以下。从技术角度看，这会导致记录从当前视图中消失，但除非您记得强制执行更新，否则看不到任何更改。

WPF 4.5 引入了一项称为“实时成型”的功能，从而填补了这项空白。从本质上讲，实时成型监视特定属性中的变化。如果发现变化(如降低了 Product 对象上的价格)，就确定相应更改会影响当前视图并触发刷新操作。

要使用实时成型，需要满足以下三项标准：

- 数据对象必须实现 INotifyPropertyChanged。当属性变化时，使用该接口发出通知。当前的 Product 已经做到这一点。
- 集合必须实现 ICollectionViewLiveShaping。标准的 ListCollectionView 和 BindingListCollectionView 类都实现 ICollectionViewLiveShaping，这意味着您可以为本章介绍的任意示例使用实时成型。
- 必须明确启用实时成型。为此，需要在 ListCollectionView 或 BindingListCollectionView 对象上设置多个属性。

最后一点最重要。实时成型增加了额外开销，因此是否启用要酌情而定。为此，需要使用三个独立属性：IsLiveFiltering、IsLiveSorting 和 IsLiveGrouping。其中的每个属性为不同的视图功能启用实时成型。例如，如果将 IsLiveFiltering 设置为 true，但未设置其他两个属性，集合将检查那些影响当前设置的过滤条件的变化，但会忽略那些影响列表的排序和分组的变化。

启用了实时成型后，还需要告知集合需要监视哪些属性。为此，为三个集合属性中的其中一个添加字符串形式的属性名：LiveFilteringProperties、LiveSortingProperties 或 LiveGroupingProperties。与上面一样，此设计旨在确保获得最佳性能，忽略那些不重要的属性。

例如，考虑价格过滤产品示例。在这种情形中，合理的做法是启用 IsLiveFiltering 并监视 Product.UnitCost 属性的变化，因为这是能够影响列表过滤的唯一属性。对诸如 Description 或 ModelNumber 的其他属性的更改不会影响产品是否被过滤，因此并不重要。为在此例中使用实时成型，可添加以下代码：

```
ListCollectionView view = CollectionViewSource.GetDefaultView(lstProducts.ItemsSource)
    as ListCollectionView;

view.IsLiveFiltering = true;
view.LiveFilteringProperties.Add("UnitCost");
```

现在尝试编辑记录，并将价格降至过滤条件以下。Product 对象会报告此更改，ListCollectionView 会注意到这一点，重新评估条件，然后刷新视图。最终结果是，低价记录自动消失。

21.3 小结

视图是数据绑定难题的最后一部分。它们是位于数据和显示数据的元素之间的非常有价值的附加层，通过视图可以管理在集合中的位置，并且可以灵活地实现过滤、排序和分组。对于每种数据绑定情况，都有视图在工作。唯一的区别在于是在后台工作还是使用代码显式地进行控制。

现在已经分析了数据绑定的所有重要原则(但还有一些内容没有介绍)。下一章将介绍为呈现和编辑绑定数据而继续提供选择的三个控件：ListView、TreeView 以及 DataGrid。

第 22 章

列表、树和网格

到目前为止，您已经学习了大量使用 WPF 数据绑定按需要的形式显示信息的技术和技巧。同时，还看到了许多使用低级 ListBox 控件的示例。

得益于样式、数据模板以及控件模板提供的扩展功能，即使 ListBox 控件(以及类似的 ComboBox 控件)也可成为以各种方式显示数据的强大工具。然而，某些类型的数据表示形式只凭 ListBox 控件很难实现。幸运的是，WPF 还提供了几个填补这一空白的富数据控件，包括以下几个控件：

- ListView。ListView 继承自简单的没有特色的 ListBox。增加了对基于列显示的支持，并增加了快速切换视图或显示模式的能力，而不需要重新绑定数据以及重新构建列表。
- TreeView。TreeView 是层次化容器，这意味可创建多层数据显示。例如，可创建在第一级中显示类别组，并在每个类别节点中显示相关产品的 TreeView 控件。
- DataGrid。DataGrid 是 WPF 中功能最完备的数据显示工具。它将数据分割到包含行和列的网格中，就像 ListView 控件，但 DataGrid 控件具有其他格式化特性(如冻结列以及设置单行样式的能力)，并且支持就地编辑数据。

本章将分析这三个重要控件。

22.1 ListView 控件

ListView 类是一个特殊的列表类，它是专门针对显示相同数据的不同视图而设计的。如果需要构建显示每个数据项几部分信息的多列视图，ListView 控件特别有用。

ListView 类继承自 ListBox 类，并使用 View 属性进行了扩展。View 属性是另一个扩展点，用于创建内容丰富的列表。如果没有设置 View 属性，ListView 控件的行为就类似于其功能较少的祖先 ListBox 控件的行为。然而，如果提供用于指示如何设置数据项格式和样式的视图对象，ListView 控件就变得更有趣了。

从技术角度看，View 属性指向继承自 ViewBase 类(它是一个抽象类)的任意类的实例。ViewBase 类非常简单——实际上，它只不过是一个将两个样式捆绑在一起的包。其中的一个样式应用到 ListView 控件(并通过 DefaultStyleKey 属性加以引用)，而另一个样式应用到 ListView 控件中的项(并通过 ItemContainerDefaultStyleKey 属性加以引用)。DefaultStyleKey 和 ItemContainerDefault-StyleKey 属性实际上没有提供什么样式，它们只返回指向样式的 ResourceKey 对象。

现在，您可能会好奇为什么需要 View 属性——毕竟，ListBox 控件已经提供了强大的数据模板和样式化功能(所有继承自 ItemsControl 的类都是如此)。有雄心的开发人员可通过提供不同的数据模板、布局面板以及控件模板，重新实现 ListView 控件的可视化外观。

事实上，为创建能够自定义的具有多列的列表，不需要使用具有 View 属性的 ListView 类。实际上，为 ListBox 控件使用模板和样式化功能可获得相同的效果。但 View 属性是一个很有用的抽象概念。下面列出它的一些优点：

- **可重用的视图**。ListView 控件将所有特定于视图的细节分离到一个对象中，这样便于创建不依赖于数据并且可用于多个列表的视图。
- **多视图**。将 ListView 控件和 View 对象分离开来，还使得对同一列表切换多个视图变得更容易(例如，在 Windows 资源管理器中，使用这种技术实现文件和文件夹的不同查看方式)。可通过动态改变模板和样式来构建相同的特性，但只使用一个封装了所有视图细节的对象更容易。
- **更好的组织**。视图对象封装了两个样式：一个用于 ListView 根控件；另一个用于列表中的单个项。因为这些样式封装在一起，所以很明显这两部分是相关联的，可共享特定的细节并且相互依赖。例如，对于基于列的 ListView 控件这是非常合理的，因为需要保持列标题和列数据相互对齐。

使用这种模型，可预先创建大量非常有用的、所有开发人员都可以使用的视图。但 WPF 目前只提供了视图对象 GirdView。尽管 GridView 对于创建多列列表非常有用，但如果有其他需求的话，就需要创建自定义视图。接下来的几节将介绍这两部分内容。

注意：

如果希望实现可配置的数据显示，并希望用户能够选用网格风格的视图，那么 GridView 控件是很好的选择。但如果希望网格支持高级的样式化、选择以及编辑功能，就需要使用本章后面描述的功能完整的 DataGrid 控件。

22.1.1 使用 GirdView 创建列

GridView 类继承自 ViewBase 类，表示具有多列的列表视图。通过为 GridView.Columns 集合添加 GridViewColumn 对象可定义这些列。

GridView 和 GridViewColumn 都提供了一些有用的方法，可使用这些方法定制列表的显示外观。为创建最简单、最直观的列表(很像 Windows 资源管理器中的详细信息视图)，只需要为每个 GridViewColumn 对象设置两个属性：Header 和 DisplayMemberBinding。Header 属性提供放在列顶部的文本，而 DisplayMemberBinding 属性包含一个绑定，该绑定从每个数据项提取希望显示的信息。

图 22-1 显示了一个简单示例，该例具有三列有关产品的信息。

下面的标记定义了这个示例中使用的三列：

```
<ListView Margin="5" Name="lstProducts">
  <ListView.View>
    <GridView>
      <GridView.Columns>
        <GridViewColumn Header="Name"
          DisplayMemberBinding="{Binding Path=ModelName}" />
        <GridViewColumn Header="Model"
          DisplayMemberBinding="{Binding Path=ModelNumber}" />
```

```
            <GridViewColumn Header="Price" DisplayMemberBinding=
              "{Binding Path=UnitCost, StringFormat={}{0:C}}" />
          </GridView.Columns>
        </GridView>
      </ListView.View>
    </ListView>
```

BasicListView

Name	Model	Price
Rain Racer 2000	RU007	$1,499.99
Edible Tape	STKY1	$3.99
Escape Vehicle (Air)	P38	$2.99
Extracting Tool	NOZ119	$199.00
Escape Vehicle (Water)	PT109	$1,299.99
Communications Device	RED1	$49.99
Persuasive Pencil	LK4TLNT	$1.99
Multi-Purpose Rubber Band	NTMBS1	$1.99
Universal Repair System	NE1RPR	$4.99
Effective Flashlight	BRTLGT1	$9.99
The Incredible Versatile Paperclip	INCPPRCLP	$1.49
Toaster Boat	DNTRPR	$19,999.98
Multi-Purpose Towelette	TGFDA	$12.99
Mighty Mighty Pen	WOWPEN	$129.99
Perfect-Vision Glasses	ICNCU	$129.99

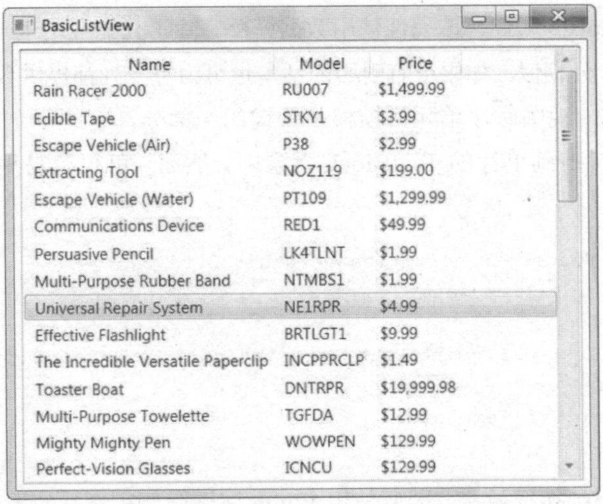

图 22-1　基于网格的 ListView 视图

这个示例有几个非常重要的地方需要注意。首先，所有列都没有硬编码尺寸。GridView 视图只是将列的尺寸设置得足够大以适应最宽的可见项(或列标题，如果它更宽的话)，在 WPF 的流式布局中，这种设计是非常合理的(当然，如果具有非常大的列，这也会带来一定的麻烦。对于这种情况，可选择将文本封装起来，如后面的“2. 单元格模板”部分所述)。

此外，还需要注意如何使用功能完整的绑定表达式设置 DisplayMemberBinding 属性，绑定表达式提供了您在第 20 章中学习过的所有技巧，包括字符串格式化和值转换器。

1. 改变列的尺寸

最初，GridView 视图使每列足够宽以适应最大的可见值。然而，可通过单击和拖动列标题的边缘，很容易地改变任意列的尺寸。也可双击列标题的边缘，强制 GridViewColumn 对象根据当前的可见内容改变自身的大小。例如，如果向下滚动列表，就会发现一个被截断的项，因为它比当前列更宽。只要双击正确的列标题边缘，这个列就会自动地扩展自己以适应内容。

为更精确地控制列的尺寸，当声明列时可设置特定宽度：

```
<GridViewColumn Width="300" ... />
```

这只是确定了列的初始宽度，不会阻止用户使用上面介绍的其他技术重新改变列的尺寸。但 GridViewColumn 类没有定义诸如 MaxWidth 与 MinWidth 的属性，所以无法约束如何改变列的尺寸。如果希望完全禁止改变列的尺寸，唯一的选择是为 GridViewColumn 的标题提供新模板。

注意：

用户还可通过将标题拖到新的位置来改变列的顺序。

2. 单元格模板

为在单元格中显示数据，GridViewColumn.DisplayMemberBinding 属性不是唯一的选择。另一个选择是使用 CellTemplate 属性，该属性使用数据模板。除了只能应用于一列之外，它与在第 20 章中学过的数据模板十分相似。如果很有耐心的话，也可为每一列都提供数据模板。

当自定义 GridView 视图时，单元格模板是关键的一部分，它的一个功能是允许文本换行。通常，列中的文本被封装到单行的 TextBlock 元素中。然而，可很容易地使用自己设计的数据模板改变这个细节：

```
<GridViewColumn Header="Description" Width="300">
  <GridViewColumn.CellTemplate>
    <DataTemplate>
      <TextBlock Text="{Binding Path=Description}" TextWrapping="Wrap"></TextBlock>
    </DataTemplate>
  </GridViewColumn.CellTemplate>
</GridViewColumn>
```

注意，为了能够得到换行效果，需要使用 Width 属性限制列宽。如果用户改变了列的尺寸，文本会重新换行以适应新的宽度。您可能不希望限制 TextBlock 的宽度，因为这会使文本被限制为特定的尺寸，而不管列变得多宽或多窄。

在这个示例中，唯一的限制是数据模板需要明确绑定到希望显示的属性。因此，不能创建能够换行的模板并为希望换行的每部分内容重用该模板。相反，需要为每个字段创建单独的模板。虽然在这个简单示例中，这不是什么问题，但如果需要创建更复杂的应用到其他列表的模板(例如，将数据转换成图像并在 Image 元素中显示图像的模板，或者使用允许进行编辑的 TextBox 控件的模板)，这个问题就很令人讨厌。因为无法为多个列重用模板，所以必须剪切并粘贴模板，然后修改绑定。

注意：

如果能够创建使用 DisplayMemberBinding 属性的数据模板，将是非常有用的。这样一来，可使用 DisplayMemberBinding 提取所需的特定属性，并使用 CellTemplate 属性将内容格式化成合适的可视化表示形式。但这是不可能实现的。如果同时设置了 DisplayMember 和 CellTemplate 属性，GridViewColumn 就会使用 DisplayMember 属性为单元格设置内容并完全忽略模板。

数据模板并不局限于只能使用 TextBlock 的属性。也可使用数据模板提供完全不同的元素。例如，下面的列使用数据模板显示图像。ProductImagePath 转换器(第 20 章中已介绍过)帮助从文件系统加载相应的图像文件。

```
<GridViewColumn Header="Picture" >
  <GridViewColumn.CellTemplate>
```

```
    <DataTemplate>
      <Image Source=
"{Binding Path=ProductImagePath,Converter={StaticResource ImagePathConverter}}">
      </Image>
    </DataTemplate>
  </GridViewColumn.CellTemplate>
</GridViewColumn>
```

图 22-2 显示了使用模板同时显示能够换行的文本和产品图像的 ListView 控件。

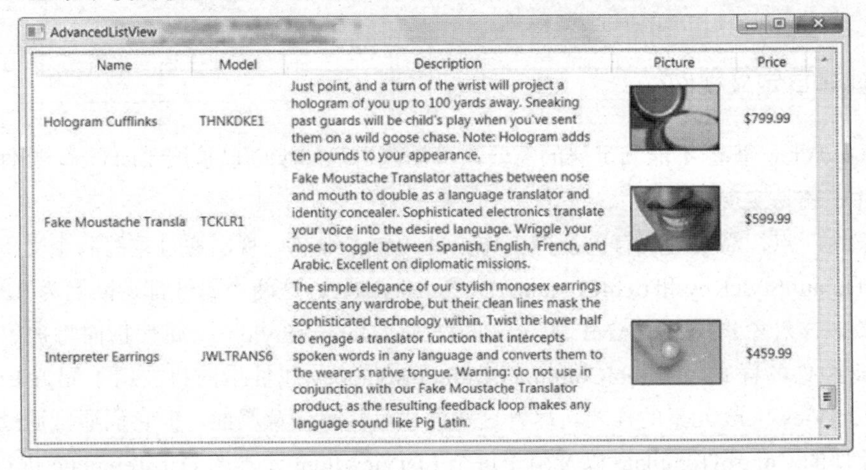

图 22-2　使用了模板的列

提示：

当创建数据模板时，可选择内联定义模板(就像前面两个示例那样)或引用在其他地方定义的资源。因为列模板不能被不同的字段重用，所以内联定义方式通常最为清晰。

正如在第 20 章中介绍的，可改变模板，从而为不同的数据项应用不同的模板。为此，需要创建模板选择器，根据位于特定位置的数据对象的属性选择恰当的模板。为使用该特性，需要创建自己的选择器，并使用它设置 GridViewColumn.CellTemplateSelector 属性。有关模板选择器的完整示例，请参阅第 20 章。

自定义列标题

到目前为止，您已经看到了如何自定义每个单元格中数值的外观。然而，还没有进行任何精细调整列标题的工作。如果对标准的灰色方框不是很满意，那么会很高兴地发现可以改变列标题的内容和外观，就像改变列中的数值一样容易。实际上，可使用几种方法达到该目标。

如果希望保持灰色的列标题方框，但希望用自己的内容填充它们，可简单地设置 GridViewColumn.Header 属性。虽然上一个示例具有使用普通文本的标题，但也可以提供元素。例如，可使用 StackPanel 面板封装 TextBlock 元素和图像，从而创建华丽的包含文本和图像组合内容的标题。

如果希望用自己的内容填充列标题，但不希望为每列单独指定内容，可使用 GridViewColumn.HeaderTemplate 属性定义一个数据模板。这个数据模板可以绑定到在 GridViewColumn.Header 属性中指定的任何对象，并相应地加以显示。

如果希望重新格式化特定列的标题，可使用 GridViewColumn.HeaderContainerStyle 属性提供的样式。如果希望以相同的方式重新格式化所有列的标题，就需要改用 GridView.ColumnHeaderContainerStyle 属性。

如果希望完全改变标题的外观(例如，使用蓝色的圆角边框代替灰色方框)，可为标题提供一个全新的控件模板。使用 GridViewColumn.HeaderTemplate 属性改变特定列的标题，或使用 GridView.ColumnHeaderTemplate 属性以相同的方式改变所有列的标题。甚至可通过设置 GridViewColumn.HeaderTemplateSelector 或 GridView.ColumnHeaderTemplaterSelector 属性，使用模板选择器为特定的标题选择正确模板。

22.1.2 创建自定义视图

如果 GridView 视图不能满足您的需要，可创建自己的视图以扩展 ListView 控件的功能。不过，这并不容易实现。

为理解这一点，需要理解有关视图工作原理的更多细节。视图通过重写两个受保护的属性进行工作：DefaultStyleKey 和 ItemContainerDefaultStyleKey。这两个属性都返回名为 ResourceKey 的特殊对象，该对象指向在 XAML 中定义的样式。DefaultStyleKey 属性指向将被用于配置整个 ListView 控件的样式，而 ItemContainer.DefaultStyleKey 属性指向将被用于配置 ListView 控件中每个 ListViewItem 元素的样式。尽管这些样式可修改任意属性，但它们通常通过替换用于 ListView 控件的 ControlTemplate 以及用于每个 ListViewItem 元素的 DataTemplate 进行工作。

这正是出现问题的地方。用于显示项的 DataTemplate 是在 XAML 标记中定义的。假设希望创建一个 ListView 控件，为每个项显示平铺的图像。使用数据模板十分容易——只需要将 Image 元素的 Source 属性绑定到数据对象的合适属性即可。但如何知道用户会提供哪个数据对象呢？如果将属性名称硬编码为视图的一部分，就会使视图失去用处，从而会限制在其他情况下重用自定义的视图。另一种选择是——强制用户提供 DataTemplate——这意味着不能在视图中封装太多功能，这样重用视图也就失去了意义。

提示：

在开始创建自定义视图之前，首先需要考虑一下：通过为 ListBox 控件简单使用合适的 DataTemplate，或者结合使用 ListView 与 GridView，是否能够得到同样的结果。

如果通过重新样式化 ListView 控件(甚至 ListBox 控件)已经能够得到所有需要的功能，那么为什么还要设计自定义视图呢？主要原因是希望列表能够动态地改变视图。例如，可能希望根据用户的选择以不同模式查看产品列表。可通过动态地切换不同的 DataTemplate 对象实现这种效果(这也是合理的方法)，但视图通常需要同时改变 ListViewItem 的 DataTemplate，以及 ListView 控件自身的布局或整个外观。视图有助于澄清源代码中这些细节之间的关系。

下面的示例显示了如何创建能无缝地从一个视图切换到另一个视图的网格控件。该网格以熟悉的独立列视图开始，但还支持两个平铺显示图像的视图，如图 22-3 和图 22-4 所示。

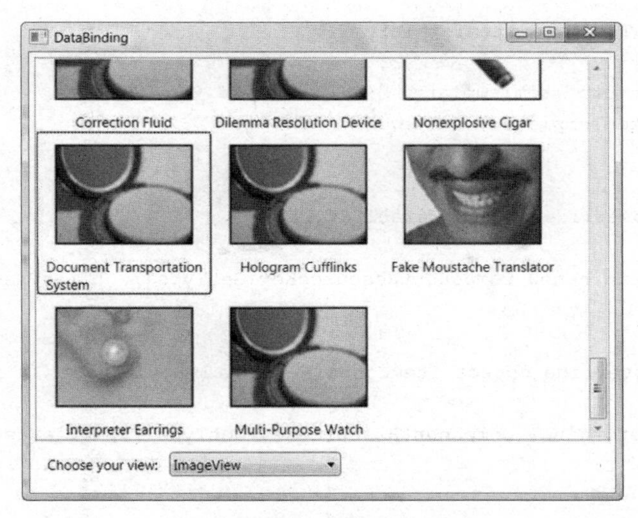

图 22-3　图像视图

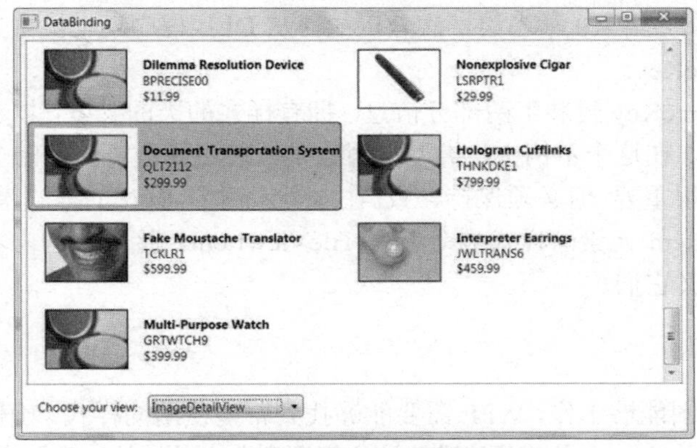

图 22-4　具有细节的图像视图

1. 视图类

构建这个示例的第一步是设计代表自定义视图的类。该类必须继承自 ViewBase 类。此外，为提供样式引用，自定义视图类通常会(但并非总是如此)重写 DefaultStyleKey 和 ItemContainer-DefaultStyleKey 属性。

在这个示例中，视图被命名为 TileView，因为它的重要特征是在提供的空间中平铺显示数据项。TileView 类使用 WrapPanel 面板布局所包含的 ListViewItem 对象。这个视图没有被命名为 ImageView，这是因为没有硬编码平铺显示的内容，并且完全可以不包含图像。相反，平铺的内容是由开发人员在使用 TileView 视图时提供的模板定义的。

TileView 类应用了两个样式：TileView(用于 ListView)和 TileViewItem(用于 ListViewItem)。此外，TileView 类还定义了 ItemTemplate 属性，使得使用 TileView 类的开发人员能够提供正确的数据模板。然后这个模板被插入到每个 ListViewItem 元素的内部，用于创建平铺显示的内容。

```
public class TileView : ViewBase
{
    private DataTemplate itemTemplate;
```

```
    public DataTemplate ItemTemplate
    {
        get { return itemTemplate; }
        set { itemTemplate = value; }
    }

    protected override object DefaultStyleKey
    {
        get { return new ComponentResourceKey(GetType(), "TileView"); }
    }

    protected override object ItemContainerDefaultStyleKey
    {
        get { return new ComponentResourceKey(GetType(), "TileViewItem"); }
    }
}
```

正如您可能看到的，TileView 类没有执行很多工作。它只提供了一个 ComponentResourceKey 引用，指向正确的样式。在第 10 章当第一次分析如何从 DLL 程序集中检索共享资源时，已学习过 ComponentResourceKey。

ComponentResourceKey 封装了两部分信息：拥有样式的类的类型，以及标识资源的描述性的 ResourceId 字符串。在这个示例中，类型很明显是针对这两个资源键的 TileView 类。描述性的 ResourceId 名称不很重要，但必须保持一致。在这个示例中，默认的样式键被命名为 TileView，而用于每个 ListViewItem 元素的样式被命名为 TileViewItem。接下来的内容将深入分析这些样式，并会介绍如何定义它们。

2. 视图样式

为让 TileView 视图能够工作，WPF 需要能够找到希望使用的样式。确保能够自动获得样式的技巧是创建名为 generic.xaml 的资源字典。这个资源字典必须被放在项目文件夹下的 Themes 子文件夹中。WPF 使用 generic.xaml 文件获取关联到某个类的默认样式(在第 18 章中分析自定义控件开发时，已经学习了有关该系统的内容)。

在这个示例中，generic.xaml 文件定义的样式被关联到 TileView 类。为在样式和 TileView 类之间设置关联，需要在 generic.xaml 资源字典中为样式设置正确的键。不能使用普通的字符串键，WPF 期望设置的键是一个 ComponentResourceKey 对象，并且这个 ComponentResourceKey 对象需要与 TileView 类中的 DefaultStyleKey 和 ItemContainerDefaultStyleKey 属性返回的信息相匹配。

下面是包含正确键的 generic.xaml 资源字典的基本结构：

```
<ResourceDictionary
    xmlns="http://schemas.microsoft.com/winfx/2006/xaml/presentation"
    xmlns:x="http://schemas.microsoft.com/winfx/2006/xaml"
    xmlns:local="clr-namespace:DataBinding">

  <Style x:Key="{ComponentResourceKey TypeInTargetAssembly={x:Type local:TileView},
                ResourceId=TileView}"
    TargetType="{x:Type ListView}"
```

```
    BasedOn="{StaticResource {x:Type ListBox}}">
      ...
  </Style>

  <Style x:Key="{ComponentResourceKey TypeInTargetAssembly={x:Type local:TileView},
                ResourceId=TileViewItem}"
  TargetType="{x:Type ListViewItem}"
  BasedOn="{StaticResource {x:Type ListBoxItem}}">
    ...
  </Style>

</ResourceDictionary>
```

正如您可能看到的，为每个样式设置的键都与 TileView 类提供的信息相匹配。此外，样式还设置了 TargetType 属性(指示样式会修改哪些元素)和 BasedOn 属性(指示继承 ListBox 控件和 ListBoxItem 元素使用的更基本的样式)。这会节省一些工作，并使您能集中精力使用自定义的设置扩展这些样式。

因为这两个样式都与 TileView 类关联到一起，所以无论何时将 View 属性设置为 TileView 对象，它们都将被用于配置 ListView 控件。如果正在使用不同的视图对象，将会忽略这些样式。这正是所希望的 ListView 控件的工作方式，从而每当改变 View 属性时都会无缝地重新配置 ListView 控件。

应用于 ListView 控件的 TileView 样式有如下三个变化：

- 在 ListView 控件周围添加了稍微不同的边框。
- 将 Grid.IsSharedSizeScope 附加属性设置为 true。从而如果使用 Gird 布局容器，可以使不同的列表项使用共享的列或行(在第 3 章中第一次解释过这个特性)。在这个示例中，这个设置确保在详细信息平铺视图中每个项都具有相同的范围。
- 将 ItemsPanel 属性从 StackPanel 面板改为 WrapPanel 面板，从而实现平铺行为。WrapPanel 面板的宽度被设置为与 ListView 控件的宽度相匹配。

下面是这个样式的完整标记：

```
<Style x:Key="{ComponentResourceKey TypeInTargetAssembly={x:Type local:TileView},
  ResourceId=TileView}"
  TargetType="{x:Type ListView}" BasedOn="{StaticResource {x:Type ListBox}}">
    <Setter Property="BorderBrush" Value="Black"></Setter>
    <Setter Property="BorderThickness" Value="0.5"></Setter>
    <Setter Property="Grid.IsSharedSizeScope" Value="True"></Setter>

    <Setter Property="ItemsPanel">
      <Setter.Value>
        <ItemsPanelTemplate>
          <WrapPanel Width="{Binding (FrameworkElement.ActualWidth),
                          RelativeSource={RelativeSource
                          AncestorType=ScrollContentPresenter}}">
          </WrapPanel>
        </ItemsPanelTemplate>
      </Setter.Value>
```

```
    </Setter>
</Style>
```

这只是一些较小的改变。要求更高的视图可以连接改变ListView控件使用的控件模板的样式，从而得到更大的改变。现在开始体验到视图模型的优点了。通过改变ListView中的单个属性，就可以通过两个样式应用一组相关联的设置。应用到ListViewItem元素的TileView样式改变了其他一些细节。它设置内边距和内容的对齐方式，最重要的是，设置用于显示内容的数据模板。

下面是这个样式的完整标记：

```
<Style x:Key="{ComponentResourceKey TypeInTargetAssembly={x:Type local:TileView},
  ResourceId=TileViewItem}"
  TargetType="{x:Type ListViewItem}"
  BasedOn="{StaticResource {x:Type ListBoxItem}}">
    <Setter Property="Padding" Value="3"/>
    <Setter Property="HorizontalContentAlignment" Value="Center"></Setter>
    <Setter Property="ContentTemplate" Value="{Binding Path=View.ItemTemplate,
    RelativeSource={RelativeSource Mode=FindAncestor,AncestorType={x:Type ListView}
                  }}"></Setter>
</Style>
```

请记住，为了确保最大的灵活性，将TileView类设计为使用由开发人员提供的数据模板。为应用这个模板，TileView样式需要检索TileView对象(使用ListView.View属性)，然后从TileView.ItemTemplate属性中提取数据模板。这个步骤使用绑定表达式来查找元素树(使用FindAncestorRelativeSource模式)，直至找到所属的ListView控件。

注意：

即使没有设置ListViewItem.ContentTemplate属性，也可以通过设置ListView.ItemTemplate属性获得相同的结果。这只不过是一种偏好而已。

---

3. 使用ListView控件

一旦构建好视图类和支持样式，就为在ListView控件中使用它们做好了准备。为使用自定义视图，只需要将ListView.View属性设置为自定义视图对象的实例，如下所示：

```
<ListView Name="lstProducts">
  <ListView.View>
    <TileView ... >
  </ListView.View>
</ListView>
```

然而，该例演示了一个能够在三个视图之间进行切换的ListView控件。所以，需要实例化三个不同的视图对象。解决这个问题的最简单方法是在Windows.Resources集合中分别定义每个视图对象。然后当用户从ComboBox控件中选择视图时，可使用下面的代码加载希望使用的视图：

```
private void lstView_SelectionChanged(object sender, SelectionChangedEventArgs e)
{
     ComboBoxItem selectedItem = (ComboBoxItem)lstView.SelectedItem;
```

```
    lstProducts.View = (ViewBase)this.FindResource(selectedItem.Content);
}
```

第一个视图非常简单——使用前面已经介绍过的大家熟悉的 GridView 类创建多列显示。下面是它使用的标记：

```
<GridView x:Key="GridView">
  <GridView.Columns>
    <GridViewColumn Header="Name"
     DisplayMemberBinding="{Binding Path=ModelName}" />
    <GridViewColumn Header="Model"
     DisplayMemberBinding="{Binding Path=ModelNumber}" />
    <GridViewColumn Header="Price"
     DisplayMemberBinding="{Binding Path=UnitCost,StringFormat={}{0:C}}" />
  </GridView.Columns>
</GridView>
```

两个 TileView 对象更有趣。它们都提供了模板以确定平铺图像的外观。ImageView 视图(如图 22-3 所示)使用在产品标题上堆栈产品图像的 StackPanel 面板：

```
<local:TileView x:Key="ImageView">
  <local:TileView.ItemTemplate>
    <DataTemplate>
      <StackPanel Width="150" VerticalAlignment="Top">
        <Image Source="{Binding Path=ProductImagePath,
                         Converter={StaticResource ImagePathConverter}}">
        </Image>
        <TextBlock TextWrapping="Wrap" HorizontalAlignment="Center"
          Text="{Binding Path=ModelName}"></TextBlock>
      </StackPanel>
    </DataTemplate>
  </local:TileView.ItemTemplate>
</local:TileView>
```

ImageDetailView 视图使用包含两列的网格。在左边放置小版本的图像，在右边放置更详细的信息。第二列放在共享尺寸组中，从而所有项都具有相同的宽度(由最大的文本值决定)。

```
<local:TileView x:Key="ImageDetailView">
  <local:TileView.ItemTemplate>
    <DataTemplate>
      <Grid>
        <Grid.ColumnDefinitions>
          <ColumnDefinition Width="Auto"></ColumnDefinition>
          <ColumnDefinition Width="Auto" SharedSizeGroup="Col2"></ColumnDefinition>
        </Grid.ColumnDefinitions>

        <Image Margin="5" Width="100"
          Source="{Binding Path=ProductImagePath,
                   Converter={StaticResource ImagePathConverter}}">
        </Image>
        <StackPanel Grid.Column="1" VerticalAlignment="Center">
```

```
            <TextBlock FontWeight="Bold" Text="{Binding Path=ModelName}"></TextBlock>
            <TextBlock Text="{Binding Path=ModelNumber}"></TextBlock>
            <TextBlock Text="{Binding Path=UnitCost, StringFormat={}{0:C}}">
            </TextBlock>
          </StackPanel>
        </Grid>
      </DataTemplate>
    </local:TileView.ItemTemplate>
  </local:TileView>
```

毫无疑问，为生成具有多个视图选项的 ListView 控件，需要的代码比想象得多。然而，现在已经完成了该例，并且可以很容易地(以 TileView 类为基础)创建其他提供不同数据项模板的视图，从而提供更多的视图选项。

4. 为视图传递信息

通过添加当使用视图时使用者可设置的属性，可增加视图类的灵活性。然后样式可以使用数据绑定检索这些数值，并使用它们配置 Setter 对象。

例如，现在 TileView 类使用不是很吸引人的蓝色来突出显示被选中的项。这个效果更加令人惊奇，因为它使显示产品细节的黑色文本更难以阅读。您可能还记得在第 17 章中，通过使用自定义的具有适当触发器的自定义控件模板可以纠正这个问题。

但并非硬编码一套更好的颜色，让视图使用者指定这个细节更合理。为让 TileView 类实现这个目标，需要添加与下面类似的一组属性：

```
private Brush selectedBackground = Brushes.Transparent;
public Brush SelectedBackground
{
    get { return selectedBackground; }
    set { selectedBackground = value; }
}

private Brush selectedBorderBrush = Brushes.Black;
public Brush SelectedBorderBrush
{
    get { return selectedBorderBrush; }
    set { selectedBorderBrush = value; }
}
```

现在当实例化视图对象时，可以设置这些细节了：

```
<local:TileView x:Key="ImageDetailView" SelectedBackground="LightSteelBlue">
    ...
</local:TileView>
```

最后一步是在 ListViewItem 样式中使用这些颜色。为此，需要添加替换 ControlTemplate 的 Setter 对象。在这个示例中，结合使用 ContentPresenter 元素和简单的圆角边框。当项被选中时，会引发触发器并应用新的边框和背景色：

```
<Style x:Key="{ComponentResourceKey TypeInTargetAssembly={x:Type local:TileView},
  ResourceId=TileViewItem}"
  TargetType="{x:Type ListViewItem}"
```

```
BasedOn="{StaticResource {x:Type ListBoxItem}}">
  ...
<Setter Property="Template">
  <Setter.Value>
    <ControlTemplate TargetType="{x:Type ListBoxItem}">
      <Border Name="Border" BorderThickness="1" CornerRadius="3">
        <ContentPresenter />
      </Border>
      <ControlTemplate.Triggers>
    <Trigger Property="IsSelected" Value="True">
      <Setter TargetName="Border" Property="BorderBrush"
      Value="{Binding Path=View.SelectedBorderBrush,
             RelativeSource={RelativeSource Mode=FindAncestor,
             AncestorType={x:Type ListView}}}"></Setter>
      <Setter TargetName="Border" Property="Background"
      Value="{Binding Path=View.SelectedBackground,
             RelativeSource={RelativeSource Mode=FindAncestor,
             AncestorType={x:Type ListView}}}"></Setter>
      </Trigger>
    </ControlTemplate.Triggers>
   </ControlTemplate>
  </Setter.Value>
 </Setter>
</Style>
```

图 22-3 和图 22-4 显示了这种选择行为。图 22-3 使用了透明背景，而图 22-4 使用了一种淡蓝的高亮颜色。

注意：

但这种向视图传递信息的技术仍然不能帮助用户实现真正通用的视图，这是因为无法根据这一信息修改数据模板。

22.2　TreeView 控件

TreeView 控件是最重要的 Windows 控件之一，它被集成到 Windows 资源管理器乃至.NET 帮助文档库等各种元素中。WPF 中实现的 TreeView 控件更是令人印象深刻，因为它完全支持数据绑定。

TreeView 控件在本质上是驻留 TreeViewItem 对象的特殊 ItemsControl 控件。但与 ListViewItem 对象不同，TreeViewItem 对象不是内容控件。相反，每个 TreeViewItem 对象都是单独的 ItemsControl 控件，可以包含更多 TreeViewItem 对象。通过这一灵活性，可以创建更深层次的数据显示。

注意：

从技术角度看，TreeViewItem 类继承自 HeaderedItemsControl 类，HeaderedItemsControl 类又继承自 ItemsControl 类。HeaderedItemsControl 类添加了 Header 属性，该属性包含了希望为树中每个项显示的内容(通常是文本)。WPF 还另外提供了两个 HeaderedItemsControl 类：MenuItem 和 ToolBar。

下面是一个非常基本的 TreeView 控件的骨架，它全部使用标记声明：

```
<TreeView>
  <TreeViewItem Header="Fruit">
    <TreeViewItem Header="Orange"/>
    <TreeViewItem Header="Banana"/>
    <TreeViewItem Header="Grapefruit"/>
  </TreeViewItem>
    <TreeViewItem Header="Vegetables">
    <TreeViewItem Header="Aubergine"/>
    <TreeViewItem Header="Squash"/>
    <TreeViewItem Header="Spinach"/>
  </TreeViewItem>
</TreeView>
```

不见得非要使用 TreeViewItem 对象构造 TreeView 控件。实际上，几乎可为 TreeView 控件添加任何元素，包括按钮、面板以及图像。然而，如果希望显示非文本内容，最好使用 TreeViewItem 封装器，并通过 TreeViewItem.Header 属性提供内容。虽然这与直接为 TreeView 控件添加非 TreeViewItem 元素得到的效果相同，但这样做将更容易管理一些特定于 TreeView 控件的细节，例如选择和展开节点。如果希望显示非 UIElement 对象，可使用具有 HeaderTemplate 或 HeaderTemplateSelector 属性的数据模板设置其格式。

22.2.1　创建数据绑定的 TreeView 控件

通常，不希望在标记中使用硬编码的固定信息填充 TreeView 控件。相反，将通过代码构造 TreeViewItem 对象，或使用数据绑定显示对象集合。

使用数据填充 TreeView 控件非常简单——与任意 ItemsControl 控件一样，只需要设置 ItemsSource 属性。然而，这种技术只能填充 TreeView 控件的第一层。使用 TreeView 控件更有趣的方法是包含具有某种嵌套结构的层次化数据。

例如，分析图 22-5 中显示的 TreeView 控件。第一层包含 Category 对象，而第二层显示每个类别中包含的 Product 对象。

TreeView 控件使得显示层次化数据变得更加容易，不管是使用手工编写的类还是使用 ADO.NET DataSet。您只需要指定正确的数据模板，数据模板指示不同层次数据之间的关系。

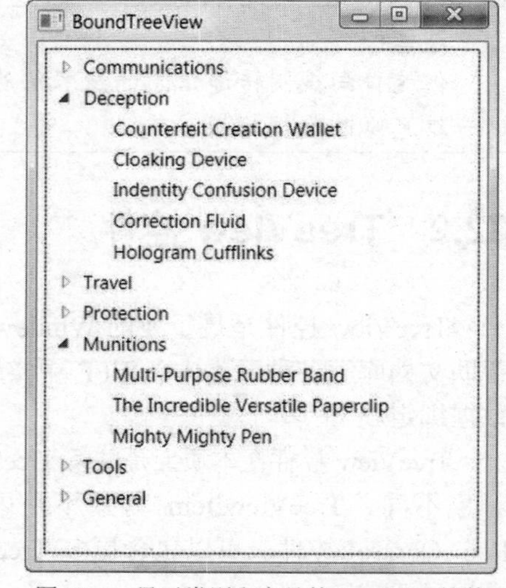

图 22-5　显示类别和产品的 TreeView 控件

例如，假设希望构建如图 22-5 所示的示例。在前面已经看到过用于表示单个产品的 Product 类。但为了创建这个示例，还需要 Category 类。与 Product 类一样，Category 类实现了 InotifyProperty-Changed 接口以提供更改通知。唯一新增的细节是：Category 类通过它的 Products 属性提供了一个 Product 对象的集合。

```
public class Category : INotifyPropertyChanged
```

```
{
    private string categoryName;
    public string CategoryName
    {
        get { return categoryName; }
        set { categoryName = value;
            OnPropertyChanged(new PropertyChangedEventArgs("CategoryName"));
        }
    }

    private ObservableCollection<Product> products;
    public ObservableCollection<Product> Products
    {
        get { return products; }
        set { products = value;
            OnPropertyChanged(new PropertyChangedEventArgs("Products"));
        }
    }

    public event PropertyChangedEventHandler PropertyChanged;
    public void OnPropertyChanged(PropertyChangedEventArgs e)
    {
        if (PropertyChanged != null)
            PropertyChanged(this, e);
    }

    public Category(string categoryName, ObservableCollection<Product> products)
    {
        CategoryName = categoryName;
        Products = products;
    }
}
```

提示：

这个技巧——创建通过属性提供另一个集合的集合——是使用 WPF 数据绑定导航父-子关系的秘密所在。例如，可将 Category 对象集合绑定到一个列表控件，然后将另一个列表控件绑定到当前选中的 Category 对象的 Products 属性，从而显示相关联的 Product 对象。

为使用 Category 类，还需要修改在第 19 章中第一次看到的数据访问代码。现在，将从数据库查询有关产品和类别的信息。在这个示例中，窗口调用 StoreDB.GetCategoriesAndProducts( )方法来获取 Category 对象集合，每个 Category 对象都有嵌套的 Product 对象集合。然后将 Category 集合绑定到树控件，使树控件显示第一层数据：

```
treeCategories.ItemsSource = App.StoreDB.GetCategoriesAndProducts();
```

为显示类别，需要提供能处理绑定对象的 TreeView.ItemTemplate。在这个示例中，需要显示每个 Category 对象的 CategoryName 属性。下面是完成这一工作的数据模板：

```
<TreeView Name="treeCategories" Margin="5">
  <TreeView.ItemTemplate>
```

```
    <HierarchicalDataTemplate>
      <TextBlock Text="{Binding Path=CategoryName}" />
    </HierarchicalDataTemplate>
  </TreeView.ItemTemplate>
</TreeView>
```

唯一不寻常的细节是使用 HierarchicalDataTemplate 对象设置 TreeView.ItemTemplate 属性，而不是使用 DataTemplate 对象。HierarchicalDataTemplate 对象具有一个额外优点，就是能够封装第二个模板。然后 HierarchicalDataTemplate 对象就可以从第一层数据中提取项的集合，并将之提供给第二层的模板。可简单地设置 ItemsSource 属性，指示该属性具有子项；并设置 ItemTemplate 属性，指示如何设置每个对象的格式。

下面是修改后的数据模板：

```
<TreeView Name="treeCategories" Margin="5">
  <TreeView.ItemTemplate>
    <HierarchicalDataTemplate ItemsSource="{Binding Path=Products}">
      <TextBlock Text="{Binding Path=CategoryName}" />
      <HierarchicalDataTemplate.ItemTemplate>
        <DataTemplate>
          <TextBlock Text="{Binding Path=ModelName}" />
        </DataTemplate>
      </HierarchicalDataTemplate.ItemTemplate>
    </HierarchicalDataTemplate>
  </TreeView.ItemTemplate>
</TreeView>
```

实际上，现在有两个模板，每个模板用于树控件中的每个层次。第二个模板使用从第一个模板中选择的项作为其数据源。

尽管这个标记工作得很好，但分解每个数据模板并通过数据类型(而不是通过位置)将之应用到数据对象的情况更加普遍。为理解这种方法，分析使用数据绑定的 TreeView 控件的标记的修改版本是有帮助的：

```
<Window x:Class="DataBinding.BoundTreeView" ...
    xmlns:local="clr-namespace:DataBinding">
  <Window.Resources>
    <HierarchicalDataTemplate DataType="{x:Type local:Category}"
    ItemsSource="{Binding Path=Products}">
      <TextBlock Text="{Binding Path=CategoryName}"/>
    </HierarchicalDataTemplate>
    <HierarchicalDataTemplate DataType="{x:Type local:Product}">
      <TextBlock Text="{Binding Path=ModelName}" />
    </HierarchicalDataTemplate>
  </Window.Resources>

  <Grid>
    <TreeView Name="treeCategories" Margin="5">
    </TreeView>
  </Grid>
</Window>
```

在这个示例中，TreeView 控件没有显式地设置它的 ItemTemplate 属性，而是根据绑定对象的数据类型使用恰当的 ItemTemplate 数据模板。同样，Category 模板也没有指定将用于处理 Products 集合的 ItemTemplate，也是通过数据类型自动选择的。现在，这棵树可显示产品列表或包含产品组的目录列表。

在当前示例中，这些修改未添加任何新内容。这种方法简化了标记，方便了模板的重用，但却没有影响数据用显示方式。然而，如果具有嵌套很深的结构更松散的树，这种设计是非常有用的。例如，假设正在创建一棵包含 Manager 对象的树，并且每个 Manager 对象具有一个 Employees 集合。这个集合可能包含普通的 Employee 对象或其他 Manager 对象，被包含的 Manager 对象又包含更多 Employee 对象。如果使用前面显示的基于类型的模板系统，每个对象会根据它的数据类型自动获取正确的模板。

22.2.2 将 DataSet 对象绑定到 TreeView 控件

还可以用 TreeView 控件显示多层的 DataSet 对象——具有连接关系的 DataSet 对象，连接关系将一个 DataTable 对象连接到另一个 DataTable 对象。

例如，下面的代码例程创建一个 DataSet 对象，使用产品表和单独的类别表填充该对象，并使用 DataRelation 对象将两个表链接在一起：

```
public DataSet GetCategoriesAndProductsDataSet()
{
    SqlConnection con = new SqlConnection(connectionString);
    SqlCommand cmd = new SqlCommand("GetProducts", con);
    cmd.CommandType = CommandType.StoredProcedure;
    SqlDataAdapter adapter = new SqlDataAdapter(cmd);

    DataSet ds = new DataSet();
    adapter.Fill(ds, "Products");
    cmd.CommandText = "GetCategories";
    adapter.Fill(ds, "Categories");

    // Set up a relation between these tables.
    DataRelation relCategoryProduct = new DataRelation("CategoryProduct",
      ds.Tables["Categories"].Columns["CategoryID"],
      ds.Tables["Products"].Columns["CategoryID"]);
      ds.Relations.Add(relCategoryProduct);

    return ds;
}
```

为在 TreeView 控件中使用这个 DataSet 对象，首先绑定到用于显示第一层的 DataTable 对象：

```
DataSet ds = App.StoreDB.GetCategoriesAndProductsDataSet();
treeCategories.ItemsSource = ds.Tables["Categories"].DefaultView;
```

但如何获取相关联的行呢？毕竟，不能从 XAML 中调用诸如 GetChildRows( )的方法。幸运的是，WPF 数据绑定系统为这种情况提供了内置支持。技巧是使用 DataRelation 对象名称作为第二层的 ItemsSource。在这个示例中，创建的 DataRelateion 对象的名称是 CategoryProduct，所以实现这一技巧的标记如下所示：

```
<TreeView Name="treeCategories" Margin="5">
  <TreeView.ItemTemplate>
    <HierarchicalDataTemplate ItemsSource="{Binding CategoryProduct}">
      <TextBlock Text="{Binding CategoryName}" Padding="2" />
        <HierarchicalDataTemplate.ItemTemplate>
          <DataTemplate>
            <TextBlock Text="{Binding ModelName}" Padding="2" />
          </DataTemplate>
        </HierarchicalDataTemplate.ItemTemplate>
      </HierarchicalDataTemplate>
    </TreeView.ItemTemplate>
</TreeView>
```

现在，这个示例和上一个示例的工作方式相同，也使用了自定义的 Product 和 Category 对象。

22.2.3　即时创建节点

TreeView 控件经常用于包含大量数据，这是因为 TreeView 控件的显示是能够折叠的。即使用户从顶部滚动到底部，也不需要显示全部信息。完全可在 TreeView 控件中省略不显示的信息，以便降低开销(以及填充树所需的时间)。甚至更好的是，当展开每个 TreeViewItem 对象时会引发 Expanded 事件，并且当关闭时会引发 Collapsed 事件。可通过处理这两个事件即时填充丢失的节点或丢弃不再需要的节点。这种技术被称为即时创建节点(just-in-time node creation)。

即时创建节点可应用于从数据库提取所需数据的应用程序，但典型的例子是目录浏览应用程序。现在，大多数用户都有层次复杂的庞大硬盘驱动器。尽管可使用硬盘的目录结构填充 TreeView 控件，但这个过程非常缓慢。更好的做法是首先填充部分折叠的视图，并允许用户进入到特定目录(如图 22-6 所示)。当打开每个节点时，相应的子目录被添加到树中——这个过程几乎是瞬间完成的。

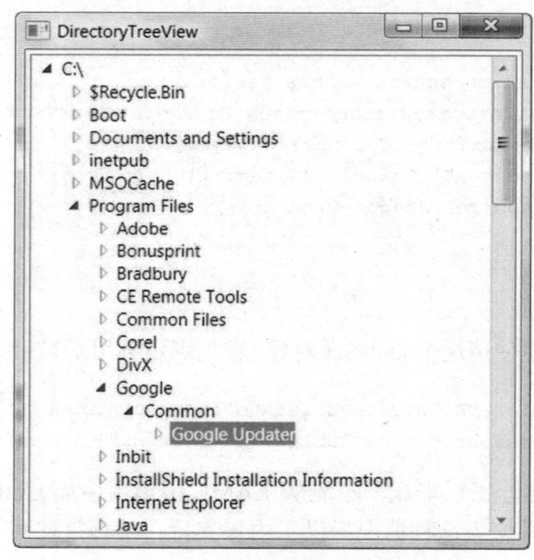

图 22-6　进入目录树

使用即时 TreeView 控件显示硬盘中的文件夹并不是新鲜事物(实际上，在作者撰写的 *Pro .NET 2.0 Windows Forms and Custom Controls in C#* (Apress，2005)一书中已经演示过该技术)。然而，事件路由使 WPF 解决方案更趋完美。

第一步是当第一次加载窗口时为 TreeView 控件添加驱动器列表。最初，针对每个驱动器的节点是折叠的。驱动器盘符显示在标题中，并且在 TreeViewItem.Tag 属性中保存 DriveInfo 对象，方便了以后查找嵌套的目录，因为不需要重新创建对象(这会增加应用程序的内存开销，但也会减少访问文件所需的安全检查次数。虽然整体效果不明显，但却能够稍微提高性能，并且可以简化代码)。

下面的代码使用 System.IO.DriveInfo 类，将驱动器列表添加到 TreeView 控件中：

```
foreach (DriveInfo drive in DriveInfo.GetDrives())
{
    TreeViewItem item = new TreeViewItem();
    item.Tag = drive;
    item.Header = drive.ToString();

    item.Items.Add("*");
    treeFileSystem.Items.Add(item);
}
```

上面给出的代码在每个驱动器节点中添加了一个占位符(具有星号的字符串)。占位符没有显示，因为最初节点处于折叠状态。一旦展开节点，就可以删除占位符并在它的位置添加子目录列表。

注意：

占位符是一个很有用的工具，可用于确定用户是否已经展开了这个文件夹以查看内容。然而，占位符的主要用途是确保在项的旁边显示展开图标。如果不使用占位符，用户就不能展开目录，从而也就不能查找子文件夹。如果目录没有包含任何子文件夹，那么当用户试图展开它时，展开图标就会消失——这与使用 Windows 资源管理器查看网络文件夹时的行为类似。

为即时创建节点，必须处理 TreeViewItem.Expanded 事件。因为这个事件使用了冒泡功能，所以可直接在 TreeView 控件中关联事件处理程序，为包含的所有 TreeViewItem 对象处理 Expanded 事件：

```
<TreeView Name="treeFileSystem" TreeViewItem.Expanded="item_Expanded">
</TreeView>
```

下面的代码处理 Expanded 事件，并使用 System.IO.DirectoryInfo 类填充树中缺少的下一层节点：

```
private void item_Expanded(object sender, RoutedEventArgs e)
{
    TreeViewItem item = (TreeViewItem)e.OriginalSource;
    item.Items.Clear();

    DirectoryInfo dir;
    if (item.Tag is DriveInfo)
    {
```

```
        DriveInfo drive = (DriveInfo)item.Tag;
        dir = drive.RootDirectory;
    }
    else
    {
        dir = (DirectoryInfo)item.Tag;
    }

    try
    {
        foreach (DirectoryInfo subDir in dir.GetDirectories())
        {
            TreeViewItem newItem = new TreeViewItem();
            newItem.Tag = subDir;
            newItem.Header = subDir.ToString();
            newItem.Items.Add("*");
            item.Items.Add(newItem);
        }
    }
    catch
    {
        // An exception could be thrown in this code if you don't
        // have sufficient security permissions for a file or directory.
        // You can catch and then ignore this exception.
    }
}
```

现在，每次展开相应的项时该代码都会执行一次刷新。此外，也可仅在第一次展开时(这时会发现占位符)才进行刷新。这虽然能减少应用程序所需要做的工作，但却会增加使用过时信息的机会。此外，可通过处理 TreeViewItem.Selected 事件，当每次选中一个项时进行刷新；或者当添加、删除或重命名文件夹时，使用组件(如 System.IO.FileSystemWatcher)等待操作系统通知。当发生变化时，FileSystemWatcher 是唯一能够确保立即更新目录树的方法，但这种做法的开销也是最大的。

创建高级的 TreeView 控件

如果将控件模板的强大功能(在第 17 章中讨论过该内容)与 TreeView 控件结合在一起，那么还可以实现许多功能。实际上，可通过简单地替换 TreeView 和 TreeViewItem 控件的模板，创建外观和行为都大不相同的控件。

为执行这些修改，需要更加深入地分析模板。可从那些令人大开眼界的示例开始。Visual Studio提供了一个多列的TreeView控件示例，使用网格统一管理一棵树。为浏览该例，可在Visual Studio帮助中查找索引项“TreeListView sample[WPF]”。另一个示例是Josh Smith的布局实验，这个示例将TreeView控件转换为更紧密的更像组织图的元素。可在www.codeproject.com/KB/WPF/CustomTreeViewLayout.aspx网址上找到完整的代码。

22.3　DataGrid 控件

顾名思义，DataGrid 控件是用来显示数据的控件，从对象集合获取信息并在具有行和单元格的网格中显示信息。每行和单独的对象相对应，并且每列和对象的某个属性相对应。

DataGrid 控件添加了许多在 WPF 中处理数据所需的技能。其基于列的模型提供了显著的格式化灵活性。其选择模型允许选择一行、多行或一些单元格的组合。其编辑支持非常强大，可使用 DataGrid 控件作为简单数据和复杂数据的统一数据编辑器。

为创建暂且应急的 DataGrid 控件，可使用自动列生成功能。为此，需要将 AutoGenerateColumns 属性设置为 true(这是默认值)：

```
<DataGrid x:Name="gridProducts" AutoGenerateColumns="True">
</DataGrid>
```

现在，可像填充列表控件那样，通过设置 ItemsSource 属性填充 DataGrid 控件：

```
gridProducts.DataSource = products;
```

图 22-7 显示的 DataGrid 控件使用了自动列生成功能，该 DataGrid 控件显示 Product 对象集合。对于自动列生成，DataGrid 控件使用反射查找绑定对象中的每个公有属性，并为每个属性创建一列。

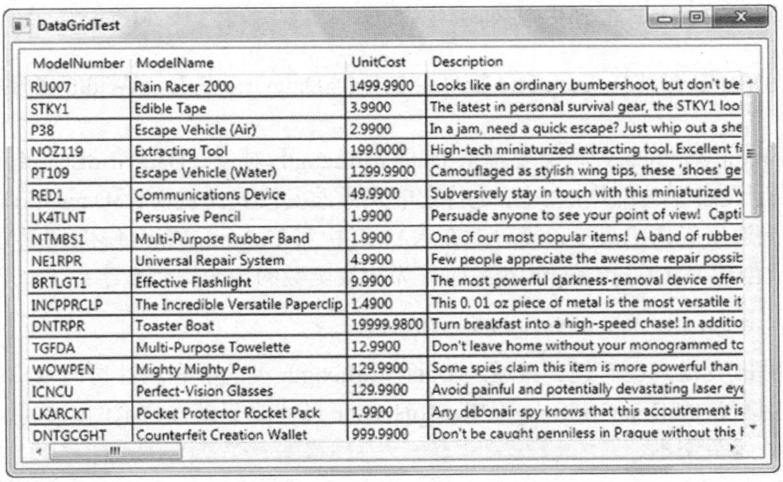

图 22-7　自动生成列的 DataGrid 控件

为显示非字符串属性，DataGrid 控件调用 ToString( )方法。对于数字、日期以及其他简单类型，该方法效果不错。但如果对象包含更复杂的数据对象，该方法就行不通了(对于这种情况，可能希望明确地定义列，从而获得绑定到子属性、使用值转换器或应用模板以获取正确显示内容的机会)。

表 22-1 列出了一些可用于定制 DataGrid 控件基本外观的属性。在接下来的几节将看到如何使用样式和模板获得更精细的格式化控件，还将看到 DataGrid 控件如何处理排序和选择，并将分析支持这些特征的更多属性。

表 22-1　针对 DataGrid 控件的基本显示属性

名　称	说　明
RowBackground AlternatingRowBackground	用于绘制每行背景的画刷(RowBackground)，并且决定是否使用不同的背景颜色(AlternatingBackground)绘制交替行，从而更容易区分行。在默认情况下，DataGrid 控件为奇数行提供白色背景，为偶数行提供淡灰色背景
ColumnHeaderHeight	位于 DataGrid 控件顶部的列标题行的高度(设备无关单位)
RowHeaderWidth	具有行题头的列的宽度(设备无关单位)。该列在网格的最左边，不显示任何数据。该列(使用箭头)指示当前选择的行，并且(使用圈住的箭头)指示正在编辑的行
ColumnWidth	作为 DataGridLength 对象，用于设置每列默认宽度的尺寸改变模式(22.3.1 节将解释列的尺寸改变模式)
RowHeight	每行的高度。如果准备在 DataGrid 控件中显示多行文本或不同的内容(如图像)，该设置很有用。与列不同，用户不能改变行的尺寸
GridLinesVisibility	确定是否显示网格线的 DataGridGridlines 枚举值(Horizontal、Vertical、None 或 All)
VerticalGridLinesBrush	用于绘制列之间网格线的画刷
HorizontalGridLinesBrush	用于绘制行之间网格线的画刷
HeadersVisibility	确定显示哪个题头的 DataGridHeaders 枚举值(Column、Row、All、None)
HorizontalScrollBarVisibility VerticalScrollBarVisibility	确定是否显示滚动条的 ScrollBarVisibility 枚举值：当需要时显示(Auto)、总是显示(Visible)或总是不显示(Hidden)。这两个属性的默认值都是 Auto

22.3.1　改变列的尺寸与重新安排列

当显示自动生成的列时，DataGrid 控件尝试根据 DataGrid.ColumnWidth 属性智能地改变每列的宽度。

为设置 ColumnWidth 属性，需要提供 DataGridLength 对象。DataGridLength 对象能够指定确切的尺寸(使用设备无关单位)，或指定特定的尺寸改变模式，从而让 DataGrid 控件自动完成一些工作。如果选用确切的尺寸，简单地在 XAML 中将 ColumnWidth 属性设置为合适的数字，或(在代码中)当创建 DataGridLength 对象时作为构造函数的参数提供数字：

```
grid.ColumnWidth = new DataGridLength(150);
```

专门的尺寸改变模式更有趣。可通过 DataGridLength 类的静态属性访问专门的尺寸改变模式。下面是使用默认的 DataGridLength.SizeToHeader 尺寸改变模式的示例，这意味着使列足够宽以适应它们的题头文本：

```
grid.ColumnWidth = DataGridLength.SizeToHeader;
```

另一个常见选项是 DataGridLength.SizeToCells，该模式加宽每一列以适应当前视图中最宽的值。当用户开始滚动数据时，DataGrid 控件试图保持这个智能的尺寸改变方法。一旦进入具有更长数据的行，DataGrid 控件就会加宽合适的列以适应该行。自动改变尺寸仅是单向的，所以当离开大的数据时不会收缩列。

另一个专门的尺寸改变模式选择是 DataGridLength.Auto，该模式的工作方式和 DataGridLength.SizeToCells 模式类似，除了加宽每列以适应最大的显示值或列题头文本——使用其中较大的值。

DataGrid 控件还可使用按比例改变尺寸的系统，与在 Grid 布局面板中使用的星号(*)尺寸模式类似。通常，*表示按比例改变尺寸，并且可通过添加数字来使用选择的比例分割可用的空间

(比如，2*和*使第一列是第二列的两倍宽)。为设置这种关系，或为了提供不同的列宽或尺寸改变模式，需要明确地为每个列对象设置 Width 属性。在 22.3.2 节中您会看到如何明确定义和配置 DataGrid 列。

自动改变 DataGrid 列的尺寸很有趣，而且通常也很有用，但您并不总是希望这种行为。分析在图 22-7 中显示的示例，该例有一个包含长文本字符串的 Description 列。最初，Description 列非常宽以适应该数据，从而将其他列挤出视图(在图 22-7 中，用户手动改变了 Description 列的尺寸，以使尺寸更合理，其他所有列都使用最初的宽度)。在重新改变了一列的尺寸后，当用户在数据中滚动时，该列就不再具有自动扩展宽度的行为。

提示：

当然，您不会希望强制用户手动修改宽度不正常的列。因此，还将会选择为每列定义不同的列宽或尺寸改变模式。为此，需要明确定义列并设置 DataGridColumn.Width 属性。当设置列时，在默认情况下该属性覆盖了 DataGrid.ColumnWidth 属性。22.3.2 节将介绍如何明确地定义列。

通常，用户能通过将列边缘拖动至任意位置来改变列的尺寸。可通过将 CanUserResizeColumns 属性设置为 false 来阻止用户改变 DataGrid 控件中列的尺寸。如果希望更加明确一些，可通过将列的 CanUserResize 属性设置为 false，阻止用户改变特定列的尺寸。还可以通过设置列的 MinWidth 属性来防止用户使列变得特别窄。

DataGrid 控件还有一个令人感到惊奇之处，它允许用户定制列的外观。不但可以改变列的尺寸，而且能够将列从一个位置拖到另一个位置。如果不希望用户具有这种重排序能力，可将 DataGrid 控件的 CanUserReorderColumns 属性或特定列的 CanUserReorder 属性设置为 false。

22.3.2 定义列

使用自动生成的列，可快速创建显示所有数据的 DataGrid 控件，但放弃了一些控制能力。例如，不能控制列的顺序、每列的宽度、如何格式化列中的值以及应该放在顶部的标题文本的内容。

更强大的方法是将 AutoGenerateColumns 属性设置为 false 以关闭自动列生成功能。然后可使用希望的设置和指定的顺序，明确地定义希望使用的列。为此，需要使用合适的列对象填充 DataGrid.Columns 集合。

目前，DataGrid 控件支持几种类型的列，通过继承自 DataGridColumn 的不同类表示这些列：

- DataGridTextColumn。这种列对于大部分数据类型是标准选择。值被转换为文本，并在 TextBlock 元素中显示。当编辑行时，TextBlock 元素被替换为标准的文本框。
- DataGridCheckBoxColumn。这种列显示复选框。为 Boolean(或可空 Boolean)值自动使用这种列类型。通常，复选框是只读的；但当编辑行时，会变成普通的复选框。
- DataGridHyperlinkColumn。这种列显示可单击的链接。如果结合使用 WPF 中的导航容器，如 Frame 或 NavigationWindow，可允许用户导航到其他 URI(通常是外部 Web 站点)。
- DataGridComboBox。最初这种列看起来与 DataGridTextColumn 类似，但在编辑模式下这种列会变成下拉的 ComboBox 控件。当希望将编辑限制于允许的少部分值时，这种列是很好的选择。
- DataGridTemplateColumn。这种列是到目前为止功能最强大的选择。这种列允许为显示列值定义数据模板，具有在列表控件中使用模板时所具有的所有灵活性和功能。例如，可使用 DataGridTemplateColumn 显示图像数据或使用专门的 WPF 控件(如具有合法值的下拉列表或用于日期值的 DataPicker 控件)。

例如，下面是修改版的 DataGrid 控件。这个 DataGrid 控件创建了两列，显示产品名称和价格。还应用了更清晰的列标题，并加宽了 Product 列以适应其数据：

```
<DataGrid x:Name="gridProducts" Margin="5" AutoGenerateColumns="False">
  <DataGrid.Columns>
    <DataGridTextColumn Header="Product" Width="175"
      Binding="{Binding Path=ModelName}"></DataGridTextColumn>
    <DataGridTextColumn Header="Price"
      Binding="{Binding Path=UnitCost}"></DataGridTextColumn>
    </DataGrid.Columns>
</DataGrid>
```

当定义列时，几乎总是设置三个细节：在列顶部显示的题头文本、列的宽度以及获取数据的绑定。

通常使用简单字符串设置 DataGridColumn.Header 属性，但不必限制为普通文本。列题头是内容控件，可为 Header 属性提供任何内容，包括图像或具有元素组合的布局面板。

DataGridColumn.Width 属性支持硬编码的值和几种自动尺寸改变模式，与 22.3.1 节中分析的 DataGrid.ColumnWidth 属性类似。唯一的区别是 DataGridColumn.Width 属性应用于单个列，而 DataGrid.ColumnWidth 属性为整个表中所有的列设置默认宽度。当设置 DataGridColumn.Width 属性时，会覆盖 DataGrid.ColumnWidth 属性。

最重要的细节是为列提供恰当信息的绑定表达式，通过设置 DataGridColumn.Binding 属性提供该绑定表达式。这种方法与简单的列表控件(如 ListBox 和 ComboBox)不同。这些控件包括 DisplayMemberPath 属性而不是 Binding 属性。Binding 方法更灵活——允许使用字符串格式化和值转换器，而不必切换到功能完备的模板列。

```
<DataGridTextColumn Header="Price" Binding=
"{Binding Path=UnitCost, StringFormat={}{0:C}}">
</DataGridTextColumn>
```

提示：

可通过修改相应列对象的 Visibility 属性来动态地显示和隐藏列。此外，还可以随时通过修改 DisplayIndex 值来移动列。

---

1. DataGridCheckBoxColumn

Product 类不包含任何 Boolean 属性。如果包含 Boolean 属性的话，DataGridCheckBoxColumn 会是个有用的选项。

与 DataGridTextColumn 一样，Binding 属性提取数据——对于这种情况，是用于设置内部 CheckBox 元素的 IsChecked 属性的 true 或 false 值。DataGridCheckBoxColumn 还添加了 Content 属性，通过该属性可在复选框旁边显示可选内容。最后，DataGridCheckBoxColumn 提供了 IsThreeState 属性，该属性确定复选框是否支持未定状态以及更明显的选中和未选中状态。如果使用 DataGridCheckBoxColumn 显示来自可空 Boolean 值的信息，可将 IsThreeState 属性设置为 true。这样，用户可通过单击切换到未定状态(显示为具有轻淡阴影的复选框)，以便为绑定的值返回 null。

2. DataGridHyperlinkColumn

DataGridHyperlinkColumn 允许显示的文本值各包含单个 URL。例如，如果 Product 类有名为 ProductLink 的字符串，并且该属性包含类似 http://myproducts.com/info?productID=10432 的值，那么可在 DataGridHyperlinkColumn 列中显示该信息。将使用 Hyperlink 元素显示每个绑定的值，并像下面这样进行渲染：

```
<Hyperlink NavigateUri="http://myproducts.com/info?productID=10432"
 >http://myproducts.com/info?productID=10432</Hyperlink>
```

然后，用户可单击超链接来触发导航并访问相关页面，而不需要编写代码。然而，有一个重要警告：仅当在支持导航事件的容器(如 Frame 或 NavigationWindow)中放置 DataGrid 控件时，这种自动导航技巧才能奏效。第 24 章将介绍这两个控件和 Hyperlink 控件。如果希望得到完成类似效果的更通用方式，可考虑使用 DataGridTemplateColumn。可使用这种列显示具有下划线的可单击文本(实际上，甚至可使用 Hyperlink 控件)，而且具有在代码中处理单击事件的灵活性。

通常，DataGridHyperlinkColumn 为导航和显示使用相同的信息。但如果愿意的话，可单独指定这些细节。为此，只需要使用 Binding 属性设置 URI，并使用可选的 ContentBinding 属性从绑定数据对象的不同属性获取显示的文本。

3. DataGridComboBoxColumn

DataGridComboBoxColumn 虽然最初显示为普通文本，但却提供了简明流畅的编辑体验，允许用户从 ComboBox 控件的可用选项列表中选择一项(实际上，用户必须从列表中进行选择，因为 ComboBox 不允许直接输入文本)。图 22-8 显示了一个示例，在该图中，用户正在从 DataGrid-ComboBoxColumn 中选择产品类别。

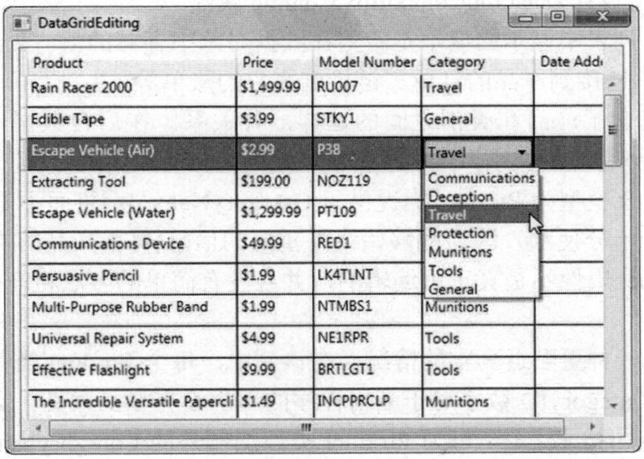

图 22-8　从允许的数值列表中进行选择

为使用 DataGridComboBoxColumn，需要决定如何在编辑模式下填充组合框。为此，可简单地设置 DataGridComboBoxColumn.ItemsSource 集合。最简单的方法是在标记中手动填充。例如，下面的示例为组合框添加字符串列表：

```
<DataGridComboBoxColumn Header="Category"
  SelectedItemBinding="{Binding Path=CategoryName}">
```

```
  <DataGridComboBoxColumn.ItemsSource>
      <col:ArrayList>
        <sys:String>General</sys:String>
        <sys:String>Communications</sys:String>
        <sys:String>Deception</sys:String>
        <sys:String>Munitions</sys:String>
        <sys:String>Protection</sys:String>
        <sys:String>Tools</sys:String>
        <sys:String>Travel</sys:String>
      </col:ArrayList>
    </DataGridComboBoxColumn.ItemsSource>
</DataGridComboBoxColumn>
```

为使上面的标记能够工作，必须将 sys 和 col 前缀映射到合适的.NET 名称空间：

```
<Window ...
  xmlns:col="clr-namespace:System.Collections;assembly=mscorlib"
  xmlns:sys="clr-namespace:System;assembly=mscorlib">
```

这种方法能够很好地工作，但并非是最佳的设计方法，因为将数据细节嵌入到了用户界面标记中。幸运的是，还有其他一些选择：

- 从资源中提取数据集合。由您确定是希望使用标记定义集合(如上面的示例那样)还是使用代码生成集合(如下面的示例那样)。
- 使用静态标记扩展，从静态方法中提取 ItemsSource 集合。但对于固定编码设计，只能调用窗口类中的方法，而不能调用数据类中的方法。
- 从 ObjectProvider 资源中提取数据集合，然后调用数据访问类。
- 直接在代码中设置 DataGridComboBox.Column 属性。

在许多情况下，列表中显示的值不是希望在数据对象中存储的值。处理相关联的数据是一种常见的情况(例如，链接到产品的订单、链接到客户的账单等)。

StoreDB 示例包含了产品和类别之间的这样一种关系。在后台数据库中，每个产品使用 CategoryID 字段链接到特定的类别。这一事实被隐藏到简化的数据模型中，到目前为止的所有示例都使用了该模型，该模型为 Product 类提供了 CategoryName 属性(而不是 CategoryID 属性)。这种方法的优点在于十分便利，因为能够始终将重要的信息(每个产品的类别名)呈现在眼前。缺点是 CategoryName 属性不是真正可编辑的，并且没有简单的方法将产品从一个类别修改为另一个类别。

下面的示例考虑一种更贴近真实的情况，在该例中，每个 Product 类都包含 CategoryID 属性。就其本身而言，CategoryID 数字对于应用程序的用户没有多少意义。反而为了显示目录名，需要依赖于几种可能的技术之一：可为 Product 类添加额外的 CategoryName 属性(这种方法可行，但有点笨拙)，可在 CategoryID 绑定中使用数据转换器(这种方法在缓存的列表中查找匹配的类别名)，或使用 DataGridComboBoxColumn 显示 CategoryID 列(这是接下来将要演示的方法)。

使用这种方法，不是使用简单的字符串列表，将整个 Category 对象列表绑定到 DataGrid-ComboBoxColumn.ItemsSource 属性：

```
categoryColumn.ItemsSource = App.StoreDb.GetCategories();
gridProducts.ItemsSource = App.StoreDb.GetProducts();
```

然后配置 DataGridComboBoxColumn。必须设置三个属性：

```
<DataGridComboBoxColumn Header="Category" x:Name="categoryColumn"
 DisplayMemberPath="CategoryName" SelectedValuePath="CategoryID"
 SelectedValueBinding="{Binding Path=CategoryID}"></DataGridComboBoxColumn>
```

DisplayMemberPath 告诉列从 Category 对象中提取哪个文本，并在列表中显示该文本。SelectedValuePath 告诉列从 Category 对象中提取什么数据。SelectedValueBinding 指定链接的 Product 对象中的字段。

4. DataGridTemplateColumn

DataGridTemplateColumn 使用数据模板，其工作方式和在以前研究的用于列表控件的数据模板特征是相同的。唯一的区别是允许在 DataGridTemplateColumn 中定义两个模板：一个用于数据显示(CellTemplate)；另一个用于数据编辑(CellEditingTemplate)，稍后将分析这两个模板。下面的示例使用模板数据列在网格中放置每个产品的缩略图(见图 22-9)：

```
<DataGridTemplateColumn>
  <DataGridTemplateColumn.CellTemplate>
    <DataTemplate>
      <Image Stretch="None" Source=
      "{Binding Path=ProductImagePath,Converter={StaticResource ImagePathConverter}}">
      </Image>
    </DataTemplate>
  </DataGridTemplateColumn.CellTemplate>
</DataGridTemplateColumn>
```

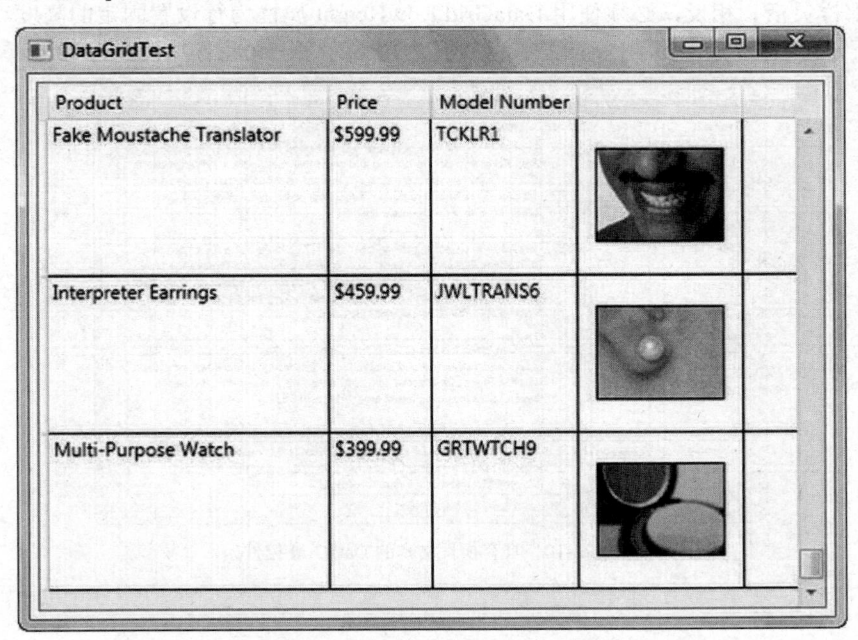

图 22-9　具有图像内容的 DataGrid 控件

这个示例假定已经为 UserControl.Resources 集合添加了 ImagePathConverter 值转换器：

```
<UserControl.Resources>
  <local:ImagePathConverter x:Key="ImagePathConverter"></local:ImagePathConverter>
</UserControl.Resources>
```

22.3.3　设置列的格式和样式

可使用与设置 TextBlock 元素格式相同的方式设置 DataGridTextureColumn 元素的格式，方法就是设置 Foreground、FontFamily、FontSize、FontStyle 以及 FontWeight 属性。然而，DataGridTextColumn 没有提供 TextBlock 的所有属性。例如，如果希望创建显示多行文本的列，将无法设置经常使用的 Wrapping 属性。对于这种情况，需要改用 ElementStyle 属性。

本质上，ElementStyle 属性用于创建应用于 DataGrid 单元格内部的元素的样式。对于简单的 DataGridTextColumn，该元素是 TextBlock。对于 DataGridCheckBoxColumn，单元格内部的元素是复选框。对于 DataGridTemplateColumn，单元格内部的元素是在数据模板中创建的任何元素。

下面是一个允许在列中对文本进行换行的简单样式：

```
<DataGridTextColumn Header="Description" Width="400"
  Binding="{Binding Path=Description}">
    <DataGridTextColumn.ElementStyle>
      <Style TargetType="TextBlock">
        <Setter Property="TextWrapping" Value="Wrap"></Setter>
    </Style>
  </DataGridTextColumn.ElementStyle>
</DataGridTextColumn>
```

为了看到换行后的文本，必须扩展行的高度。但 DataGrid 控件本身的尺寸设置不如 WPF 布局容器那样灵活。相反，必须使用 DataGrid.RowHeight 属性为行设置固定的高度。该高度应用于所有行，而不管它们包含的内容的多少。图 22-10 显示了一个将行高设置为 70 个单位的示例。

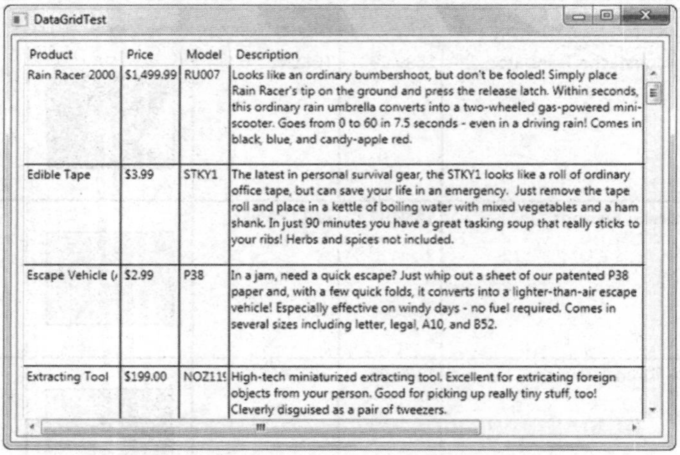

图 22-10　具有换行文本的 DataGrid 控件

提示：

如果希望为多列应用相同的样式(例如，在多个地方处理能够换行的文本)，可在 Resources 集合中定义样式，然后在每列中使用 StaticResource 引用样式。

可使用 EditingElementStyle 属性为编辑列时使用的元素提供样式。对于 DataGridTextColumn，编辑元素是 TextBox 控件。

ElementStyle、EditingElementStyle 以及其他列属性提供了设置特定列中所有单元格的格式的方法。然而，在某些情况下，可能希望为每一列中的每个单元格应用格式化设置。完成该工作的最简单方法是为 DataGrid.RowStyle 属性配置样式。DataGrid 控件还提供了少部分用于设置网格其他部分(如列题头和行题头)格式的额外属性。表 22-2 列出了这些属性。

表 22-2　基于样式的 DataGrid 属性

属　性	样式的适用范围
ColumnHeaderStyle	位于网格顶部的列题头的 TextBlock
RowHeaderStyle	行题头的 TextBlock
DragIndicatorStyle	当用户正在将列题头拖动到新位置时用于列题头的 TextBlock
RowStyle	用于普通行(在列中没有通过列的 ElementStyle 属性明确定制过的行)的 TextBlock

22.3.4　设置行的格式

通过设置 DataGrid 列对象的属性，可控制如何格式化整个列。但在许多情况下，标识包含特定数据的行更有用。例如，可能希望强调价格较高的产品和到期的装运。可通过处理 DataGrid.LoadingRow 事件以编程方式应用此类格式。

对于设置行格式，LoadingRow 事件是个非常强大的工具。它提供了对当前行数据对象的访问，允许开发人员执行简单的范围检查、比较以及更复杂的操作。它还提供了行的 DataGridRow 对象，允许开发人员使用不同的颜色或不同的字体设置行的格式。然而，不能只设置行中单个单元格的格式——为达到那样的目的，需要使用 DataGridTemplateColumn 和自定义的值转换器。

当每一行出现在屏幕上时，就会立即为该行引发 LoadingRow 事件。这种方法的优点是应用程序永远不必格式化整个网格；相反，只为当前可见的行引发 LoadingRow 事件。但也有缺点：当用户在网格中滚动时，会连续引发 LoadingRow 事件。因此，在 LoadingRow 方法中不能放置耗时的代码，除非希望慢慢地滚动。

还有一个考虑事项：项容器再循环。为降低内存开销，当在数据中滚动时，DataGrid 控件为显示新数据而重用相同的 DataGridRow 对象(这也是为什么将该事件称为 LoadingRow 而不是 CreatingRow 的原因)。如有不慎，DataGrid 控件能够将数据加载到已经格式化了的 DataGridRow 对象中。为了防止发生这种情况，必须明确地将每行恢复到其初始状态。

下面的示例为价格较高的项提供明亮的橙色背景(见图 22-11)，为正常价格的项提供标准的白色背景：

```
// Reuse brush objects for efficiency in large data displays.
private SolidColorBrush highlightBrush = new SolidColorBrush(Colors.Orange);
private SolidColorBrush normalBrush = new SolidColorBrush(Colors.White);

private void gridProducts_LoadingRow(object sender, DataGridRowEventArgs e)
{
    // Check the data object for this row.
    Product product = (Product)e.Row.DataContext;

    // Apply the conditional formatting.
    if (product.UnitCost > 100)
```

```
        {
            e.Row.Background = highlightBrush;
        }
        else
        {
            // Restore the default white background. This ensures that used,
            // formatted DataGrid objects are reset to their original appearance.
            e.Row.Background = normalBrush;
        }
    }
```

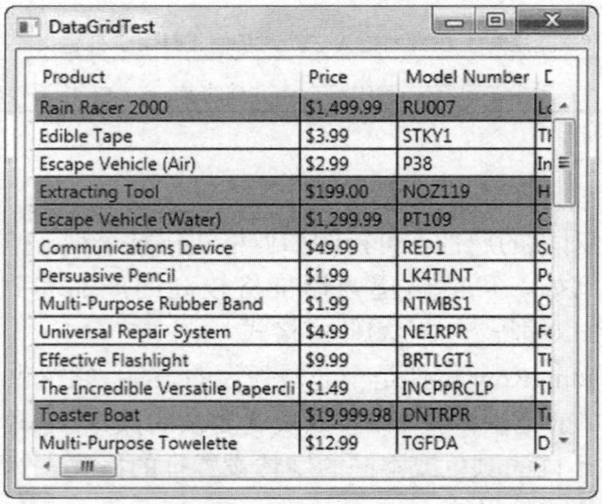

图 22-11 突出显示行

请记住，为了执行基于数值的格式化还有一种选择：可使用检查绑定数据的值转换器，并将其转换为其他内容。当结合使用 DataGridTemplateColumn 时这种技术特别强大。例如，可创建包含 TextBlock 元素的基于模板的列，并将 TextBlock.Background 属性绑定到根据价格设置颜色的值转换器。与前面显示的 LoadingRow 方法不同，使用这种技术只能为包含价格的单元格(而不是整行)设置格式。有关这种技术的详情，请参阅第 20 章。

注意：

只有当加载了行之后，才会应用在 LoadingRow 事件处理程序中应用的格式。如果编辑行，那么不会触发 LoadingRow 代码(至少在将行滚动出视图，然后在将其滚动回视图之前，不会触发 LoadingRow 代码)。

22.3.5 显示行细节

DataGrid 控件还支持行细节(row details)——一块可选的独立显示区域，在行的列值的下面显示。行细节区域添加了无法仅使用列实现的两个特征：

- 能够跨越 DataGrid 控件的整个宽度，并且不会切入到独立的列中，从而提供了更多可供使用的空间。
- 可配置行细节区域，从而只为选择的行显示该区域，当不需要时允许用户折叠额外的细节。

图 22-12 显示了一个使用这两种行为的 DataGrid 控件。行细节区域显示能够换行的产品描述文本，并且只为当前选择的产品显示该描述文本。

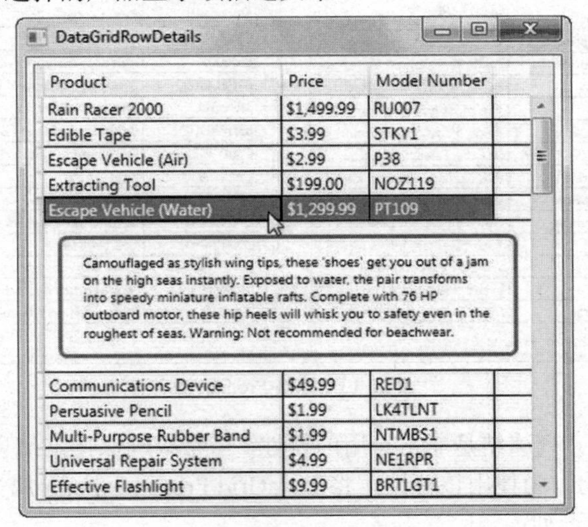

图 22-12　使用行细节区域

为创建这个示例，首先需要通过设置 DataGrid.RowDetailsTemplate 属性，定义在行细节区域中显示的内容。在这个示例中，行细节区域使用包含 TextBlock 元素的基本模板，该 TextBlock 元素显示整个产品文本并在其周围添加边框：

```
<DataGrid.RowDetailsTemplate>
  <DataTemplate>
    <Border Margin="10" Padding="10" BorderBrush="SteelBlue" BorderThickness="3"
     CornerRadius="5">
      <TextBlock Text="{Binding Path=Description}" TextWrapping="Wrap"
       FontSize="10">
      </TextBlock>
    </Border>
  </DataTemplate>
</DataGrid.RowDetailsTemplate>
```

包含附加控件的其他选择允许执行各种任务(例如，获取有关产品的更多信息，将产品添加到销售列表，编辑产品等)。

可通过设置 DataGrid.RowDetailsVisibilityMode 属性来配置行细节区域的显示行为。默认情况下，该属性设置为 VisibleWhenSelected，这意味着显示所选行的行细节区域。另外，也可将其设置为 Visible，这意味着会同时显示所有行的细节区域。还可将该属性设置为 Collapsed，这意味着不会为任何行显示细节区域——至少在使用代码修改 RowDetailsVisibilityMode 属性(例如，当用户选择特定类型的行时)之前是这样的。

22.3.6　冻结列

冻结的列位于 DataGrid 控件的左边，甚至当向右滚动时冻结的列仍然位于左边。图 22-13 显示了冻结的 Product 列在滚动期间如何保持可见。注意水平滚动条只在可滚动的列下面伸展，而不会伸展到冻结列的下面。

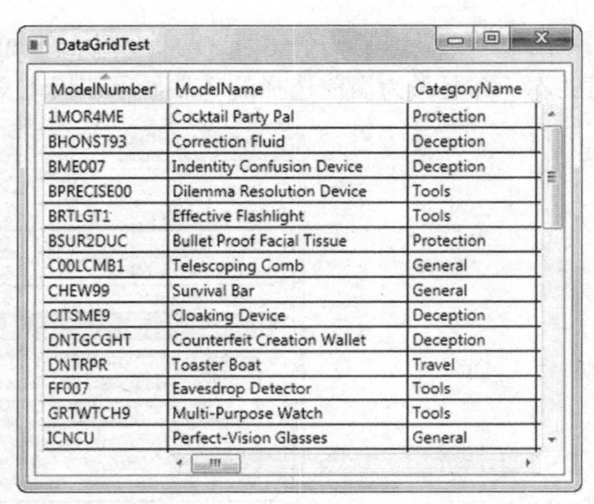

图 22-13　冻结 Product 列

对于非常宽的网格，列冻结是非常有用的特性，当希望确保特定信息(如产品名或唯一标识符)总是可见时尤其如此。为使用该特性，将 DataGrid.FrozenColumn 属性设置为大于 0 的数。例如，数值 1 只冻结第一列：

```
<DataGrid x:Name="gridProducts" Margin="5" AutoGenerateColumns="False"
 FrozenColumnCount="1">
```

冻结的列必须总是位于网格的左侧。如果冻结一列，该列是最左边的列；如果冻结两列，它们将是左边的前两列，等等。

22.3.7　选择

与普通的列表控件类似，DataGrid 控件允许用户选择单个项。当选择一项时，可以响应 SelectionChanged 事件。为找到当前选择的数据对象，可使用 SelectedItem 属性。如果希望用户能够选择多行，将 SelectionMode 属性设置为 Extended(唯一的另一个选项是 Single，这也是默认选项)。为了选择多行，用户必须按下 Shift 或 Ctrl 键。可从 SelectedItems 属性中检索所选项的集合。

提示：

可使用 SelectedItem 属性通过代码设置选择的项。如果将选择的项设置为当前视图以外的项，那么接着调用 DataGrid.ScrolltoView( )方法是个好主意，这会强制 DataGrid 控件向前或向后滚动，直到指定的项可见。

22.3.8　排序

DataGrid 控件内置了排序功能，只要绑定到实现了 IList 接口的集合(如 List<T>和 ObservableCollection<T>集合)，DataGrid 控件就可以自动获得排序功能。

为执行排序，用户需要单击列题头。单击一次会根据列的数据类型以升序排序(例如，数字从 0 向上排序，字母按照字母顺序进行排序)，再次单击该列会翻转排序顺序。在列题头的右边会显示一个箭头，指示根据列中的值对 DataGrid 进行排序。对于升序排序，箭头指向上方；对于降序排序，箭头指向下方。

当单击时通过按下 Shift 键，可根据多列进行排序。例如，如果按下 Shift 键并单击 Category 列，然后单击 Price 列，产品就会被排序到按照字母顺序进行排序的类别组中，并且每个类别组中的项根据价格进行排序。

通常，DataGrid 排序算法使用在列中显示的绑定数据，这是合理的。然而，可通过设置列的 SortMemberPath 属性从绑定的数据对象中选择不同属性。并且如果有一个 DataGrid-TemplateColumn 列，就需要使用 SortMemberPath 属性，因为没有绑定属性提供绑定的数据。如果不这么做，该列就不支持排序。

还可通过将 CanUserSortColumns 属性设置为 false 来禁用排序(或通过设置列的 CanUserSort 属性，为特定列禁用排序功能)。

22.3.9　编辑

DataGrid 控件的最方便之处在于支持编辑。当用户双击 DataGrid 单元格时，该单元格会切换到编辑模式。但 DataGrid 控件以几种方式限制这种编辑功能：

- **DataGrid.IsReadOnly**。当该属性为 true 时，用户不能编辑任何内容。
- **DataGridColumn.IsReadOnly**。当该属性为 true 时，用户不能编辑该列中的任意值。
- **只读属性**。如果数据对象具有没有属性设置器的属性，DataGrid 控件将足够智能，它能够注意到该细节，并且禁用列编辑，就像已将 DataGridColumn.IsReadOnly 属性设置为 true 一样。类似地，如果属性不是简单的文本、数字或日期类型，DataGrid 控件使其为只读(但可通过切换到 DataGridTemplateColumn 来补救这种情况，如稍后所述)。

当单元格切换到编辑模式时发生的变化取决于列的类型。DataGridTextColumn 显示文本框(尽管该文本框的外观是无缝的，填满整个单元格并且没有可见的边框)。DataGridCheckBox 列显示可选中或取消选中的复选框。DataGridTemplateColumn 是到目前为止最有趣的，它允许使用更专业的输入控件替换标准的编辑文本框。

例如，下面的列显示日期。当用户双击以编辑该值时，单元格就会变成具有预先选择的当前值的下拉 DatePicker 控件(见图 22-14)：

```
<DataGridTemplateColumn Header="Date Added">
  <DataGridTemplateColumn.CellTemplate>
    <DataTemplate>
      <TextBlock Margin="4" Text=
"{Binding Path=DateAdded, Converter={StaticResource DateOnlyConverter}}">
      </TextBlock>
    </DataTemplate>
  </DataGridTemplateColumn.CellTemplate>
  <DataGridTemplateColumn.CellEditingTemplate>
    <DataTemplate>
      <DatePicker SelectedDate="{Binding Path=DateAdded, Mode=TwoWay}">
      </DatePicker>
    </DataTemplate>
  </DataGridTemplateColumn.CellEditingTemplate>
</DataGridTemplateColumn>
```

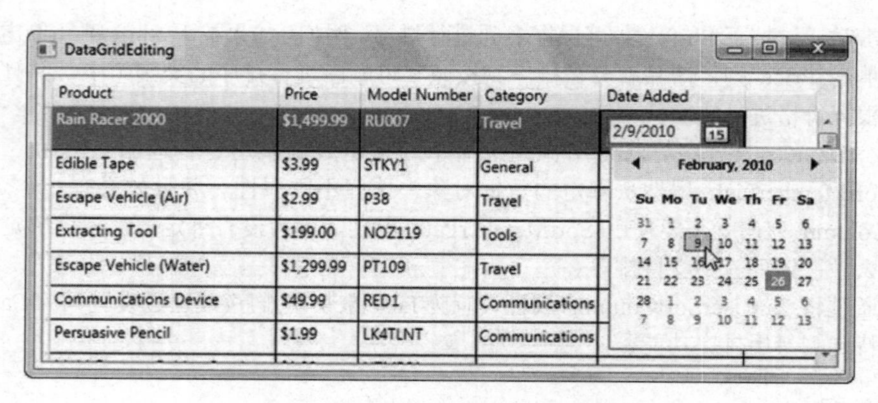

图 22-14 使用 DatePicker 控件编辑日期

DataGrid 控件自动支持您在前一章中学习过的相同的基本验证系统，该系统响应在数据绑定系统中的问题(例如不能将提供的文本转换为合适的数据类型)以及由属性设置器抛出的异常。下面的示例使用自定义的验证规则验证 UnitCost 字段：

```
<DataGridTextColumn Header="Price">
  <DataGridTextColumn.Binding>
    <Binding Path="UnitCost" StringFormat="{}{0:C}">
      <Binding.ValidationRules>
        <local:PositivePriceRule Max="999.99" />
      </Binding.ValidationRules>
    </Binding>
  </DataGridTextColumn.Binding>
</DataGridTextColumn>
```

为 DataGridCell 提供的默认 ErrorTemplate 模板在非法值的周围显示红色的外边框，与其他输入控件(如文本框)相似。

可通过其他几种方法为DataGrid控件实现验证。一种选择是使用DataGrid控件的编辑事件，表 22-3 列出了这些编辑事件。列出这些事件的顺序也是在 DataGrid 控件中引发这些事件的顺序。

表 22-3 DataGrid 控件的编辑事件

名 称	说 明
BeginningEdit	当单元格正进入编辑模式时发生。可检查当前编辑的列和行，检查单元格的值，并且可以使用 DataGridBeginningEditEventArgs.Cancel 属性取消操作
PreparingCellForEdit	用于模板列。这时，可为编辑控件执行所有最后的初始化操作。可使用 DataGridPreparingCellForEditEventArgs.EditingElement 访问 CellEditingTemplate 中的元素
CellEditEnding	当单元格正退出编辑模式时发生。DataGridCellEditEndingEventsArgs.EditAction 指示用户是试图接受编辑(例如，通过按下 Enter 键或单击另一个单元格)，还是取消编辑(通过按下 Escape 键)。可检查新数据并设置 Cancel 属性以回滚修改
RowEditEnding	当用户在编辑完当前行之后导航到新行时发生。与 CellEditEnding 事件一样，可使用该事件执行验证并取消修改。通常，将在此执行涉及几列的验证——例如，确保某列中的值大于另一列中的值

如果需要在某个地方执行特定于页面的验证逻辑(从而不会结合到数据对象中)，可编写响应 CellEditEnding 和 RowEditEnding 事件的自定义验证逻辑。在 CellEditEnding 事件处理程序中检查列规则，并在 RowEditEnding 事件中验证整行的一致性。请记住，如果取消编辑，应当为发生的问题提供解释(通常是在页面其他地方的 TextBlock 控件中显示解释)。

22.4　小结

本章深入分析了 WPF 提供的 ItemsControl 类，学习了如何使用 ListView 控件创建具有多个视图模式的列表，如何使用 TreeView 控件显示层次化数据，以及如何使用 DataGrid 控件在同一位置查看并编辑各种各样的密集数据。

所有这些类给人印象最深刻的是它们继承自同一个基类—— ItemsControl 类—— 该类定义了它们的基本功能。所有这些控件共享相同的内容模型、相同的数据绑定能力以及相同的样式化和模板功能，这是 WPF 为数不多的奇迹之一。值得注意的是，ItemsControl 类为所有 WPF 列表控件定义了所有的基础特性，甚至包括那些封装层次化数据的控件，如 TreeView 控件。这个模型中唯一的变化是，这些控件中的子元素(TreeViewItem 对象)本身也是 ItemsControl 对象，它们具有驻留自己的子元素的能力。

第Ⅵ部分

窗口、页面和富控件

第 23 章

窗　　口

在传统桌面应用程序中，窗口是基本的组成要素，以至于操作系统本身都命名为 Windows。

从窗口模型出现的这些年来，简单的基于页面的应用程序经常对窗口模型构成挑战。第一个也是最成功的挑战者是 Web，它的一系列应用程序(如站点)运行在浏览器中。但 Web 的基于页面的模型也渗透到桌面领域。今天，Microsoft 公司正忙于创建名为 Metro 的设计框架，Metro 使用简化的、便于触控的界面，根本不使用窗口。即使 WPF 也有自己的基于页面的开发模型，如第 24 章所述；但对于复杂应用程序、内容创建和业务工具而言，窗口依然是占据主导地位的用户界面。

本章将探讨 Window 类，将学习显示和定位窗口的各种方法、窗口类之间应当如何交互以及 WPF 提供的内置对话框。还将分析更奇异的窗口效果，例如非矩形窗口和透明窗口。最后，将探索 WPF 对 Windows 任务栏编程的支持。

23.1　Window 类

在第 6 章中学习过，Window 类继承自 ContentControl 类。这意味着它只能包含单个子元素(通常是一个布局容器，如 Grid 控件)，并且可使用由 Background 属性设置的画刷绘制背景。还可以使用 BorderBrush 和 BorderThickness 属性在窗口周围添加边框，但该边框会被添加到窗口框架之内(在客户区边缘周围)。可通过将 WindowStyle 属性设置为 None，完全移除窗口框架，从而创建一个可完全定制的窗口，如后面的 23.3 节“非矩形窗口”所述。

注意：

客户区是窗口边界内部的表面，在其中可放置自定义内容。非客户区包括边框和窗口顶部的标题栏。非客户区由操作系统管理。

此外，Window 类还添加了少部分成员，任何 Windows 编程人员都会熟悉这些成员。最明显的是与外观相关的属性，使用这些属性可改变窗口非客户区部分的显示方式。表 23-1 列出了这些成员。

表 23-1　Window 类的基本属性

名　　称	说　　明
AllowsTransparency	如果设置为 true，而且如果背景被设置为透明色，Window 类就允许其他窗口透过该窗口显示。如果设置为 false(默认值)，窗口背后的内容就永远不能显示，并且透明的背景被呈现为黑色背景。当与 WindowStyle 属性结合使用，并把 WindowSytle 属性设置为 None 时，可创建形状不规则的窗口，如后面的 23.3 节“非矩形窗口”所述
Icon	确定希望用于窗口的图标的 ImageSource 对象。图标显示在窗口的左上角(假定窗口具有标准的边框样式)、任务栏中(假定 ShowInTaskBar 属性为 true)，以及当用户按下 Alt+Tab 组合键时显示的用于在运行中的应用程序之间进行导航的选择窗口中。因为这些图标具有不同的尺寸，所以.ico 文件应当至少包含一幅 16×16 像素和一幅 32×32 像素的图像。实际上，现代 Windows 图标标准还添加了一幅 48×48 像素和一幅 256×256 像素的图像，可以根据其他目的改变它们的尺寸。如果 Icon 属性为空引用，窗口会使用和应用程序相同的图形(在 Visual Studio 中可以通过双击 Solution Explorer 中的 Properties 节点，然后选择 Application 选项卡进行设置)。如果将此忽略，WPF 将使用标准图标来显示窗口，该图标不是很吸引人
Top 和 Left	使用设备无关像素设置窗口左上角到屏幕顶部以及左部边缘之间的距离。当任何细节发生变化时，就会触发 LocationChanged 事件。如果 WindowStartupPosition 属性设置为 Manual，可在窗口显示之前通过设置这些属性来设置窗口的位置。当窗口显示之后，可以总是使用这些属性移动窗口的位置，而不管 WindowStartupPosition 属性被设置为何值
ResizeMode	可以使用 ResizeMode 枚举值决定用户是否可以改变窗口的尺寸。该设置还会影响是否在标题栏上显示最小化和最大化按钮。使用 NoResize 值可以完全锁定窗口尺寸，CanMinimize 值只允许最小化窗口，CanResize 值允许任意改变窗口尺寸，CanResize-WithGrip 值在窗口右下角添加图形细节，表示可以改变窗口的尺寸
RestoreBounds	获取窗口的边界。然而，如果窗口当前被最大化或最小化，通过该属性得到的边界是在窗口被最大化或最小化之前最后一次应用到窗口的边界。如果需要保存窗口的位置和大小，该属性是非常有用的，如稍后所述
ShowInTaskbar	如果设置为 true，会在任务栏和 Alt+Tab 列表中显示窗口。通常，只将应用程序主窗口的这一属性设置为 true
SizeToContent	可使用该属性创建自动放大自身尺寸的窗口。该属性使用 SizeToContent 枚举值。使用 Manual 值会禁止窗口自动改变尺寸，使用 Height、Width 或 Width And Height 值允许窗口在不同方向上进行扩展以适应动态内容。当使用 SizeToContent 属性时，窗口尺寸可以被放大到超出屏幕边界
Title	显示窗口标题栏(以及任务栏)中的标题
Topmost	当把该属性设置为 true 时，窗口总在应用程序中所有其他窗口的上面显示(除非其他窗口的 TopMost 属性也被设置为 true)。对于需要“浮动”在其他窗口之上的调色板，这一设置是非常有用的
WindowStartupLocation	可设置为 WindowStartupLocation 枚举值。如果设置为 Manual 值，就使用 Left 和 Top 属性明确定位窗口；如果设置为 CenterScreen，就在屏幕中央放置窗口；如果设置为 CenterOwner，就在启动该窗口的父窗口的中央显示该窗口。当把非模态窗口的该属性设置为 CenterOwner 时，要确保在显示该窗口之前设置新窗口的 Owner 属性

(续表)

名　　称	说　　明
WindowState	可设置为 WindowState 枚举值。该属性用于通知当前窗口是否被最大化、最小化或处于正常状态，并允许您进行修改。当该属性改变时会触发 StateChanged 事件
WindowStyle	可设置为 WindowStyle 枚举值，该属性决定了窗口的边框。可选择 SingleBorderWindow(默认值)、None (在没有标题栏的区域周围有一条凸起的细边框)，另外两个选项已基本上废弃不用(ThreeDBorderWindow 和 ToolWindow)。如果准备在 Windows 8 上运行应用程序，情况尤其如此

我们在第 5 章中已经学习了当创建窗口、激活窗口以及卸载窗口时触发的生命周期事件。此外，Window 类还提供了 LocationChanged 和 WindowStateChanged 事件，当窗口的位置和 WindowState 属性发生改变时会相应地触发这两个事件。

23.1.1　显示窗口

为显示窗口，需要创建 Window 类的实例并使用 Show( )或 ShowDialog( )方法。

ShowDialog( )方法显示模态窗口。模态窗口通过锁住所有鼠标和键盘输入来阻止用户访问父窗口，直到模态窗口被关闭。此外，直到模态窗口被关闭后，ShowDialog( )方法才返回。所以，在 ShowDialog( )方法调用之后放置的任何代码都会被阻塞(然而，这并不意味着其他代码无法运行。例如，如果有正在运行的计时器，那么计时器的事件处理程序仍将运行)。在代码中，通常的模式是显示一个模态窗口，等待直到它被关闭，然后使用它的数据。

下面是使用 ShowDialog( )方法的一个示例：

```
TaskWindow winTask = new TaskWindow();
winTask.ShowDialog();
// Execution reaches this point after winTask is closed.
```

Show( )方法显示非模态窗口，非模态窗口不会阻止用户访问其他任何窗口。而且当窗口显示之后，Show( )方法会立即返回，所以后续代码语句会立即执行。可创建并显示几个非模态窗口，而且用户能够同时和它们进行交互。当使用非模态窗口时，有时需要同步代码，以确保在一个窗口中的改变能更新另一个窗口中的信息，从而防止用户使用无效的信息。

下面是使用 Show( )方法的一个示例：

```
MainWindow winMain = new MainWindow();
winMain.Show();
// Execution reaches this point immediately after winMain is shown.
```

在继续操作之前，如果想为用户提供做出选择的机会，使用模态窗口是理想的。比如 Microsoft Word，它模态地显示 Options 和 Print 窗口，从而强制在继续操作之前做出决定。另一方面，用于查找文本或在文档中进行拼写检查的窗口以非模态窗口显示，从而在执行任务时允许用户编辑主文档窗口中的文本。

关闭窗口非常简单，只需要使用 Close( )方法。此外，可使用 Hide( )方法或将 Visibility 属性设置为 Hidden 来隐藏窗口。不管使用哪种方式隐藏窗口，对于代码来说窗口仍然是打开的和可见的。通常，只隐藏非模态窗口是有意义的。因为如果隐藏模态窗口，代码执行会被阻塞(直到窗口被关闭为止)，然而用户不能关闭不可见的窗口。

23.1.2　定位窗口

通常不需要在屏幕上准确定位窗口。只将窗口状态设置为CenterOwner，并忽略其他所有细节。另一方面，在较少情况下，会将窗口状态设置为Manual，并使用Left和Right属性准确设置窗口的位置。

有时需要更关注为窗口选择合适的位置和尺寸。例如，如果创建的窗口太大而不能使用低分辨率显示器，就会遇到麻烦。如果使用单窗口应用程序，最好的解决方法是创建可改变尺寸的窗口。如果使用具有几个浮动窗口的应用程序，问题就没有这么简单了。

可限制窗口的尺寸以使其支持最小的显示器，但是这会让高端用户感到沮丧(它们为了在屏幕上一次显示更多信息，已经专门购买了更好的显示器)。对于这种情况，通常希望在运行时决定窗口的最佳位置。为此，需要使用System.Windows.SystemParameters类来检索有关屏幕实际大小的基本信息。

SystemParameters类包含大量静态属性，可返回各种有关系统设置的信息。例如，可使用SystemParameters类决定用户是否启用了热跟踪(hot tracking)选项、拖动整个窗口选项以及其他选项。对于窗口，SystemParameters类特别有用，因为它提供的两个属性可给出当前屏幕的大小：FullPrimaryScreenHeight和FullPrimaryScreenWidth。这两个属性都非常简单，下面是一些(在运行时将窗口定位在屏幕中央)演示代码：

```
double screeHeight = SystemParameters.FullPrimaryScreenHeight;
double screeWidth = SystemParameters.FullPrimaryScreenWidth;
this.Top = (screenHeight - this.Height) / 2;
this.Left = (screenWidth - this.Width) / 2;
```

尽管使用这些代码和将窗口状态设置为CenterScreen的效果相同，但使用代码具有实现不同定位逻辑的灵活性，并且可在适当的时间运行这些定位逻辑。

更好的选择是使用SystemParameters.WorkArea矩形，使窗口位于可用屏幕区域的中央。工作区域不包括停靠任务栏(以及其他停靠到桌面的工具栏)的区域。

```
double workHeight = SystemParameters.WorkArea.Height;
double workWidth = SystemParameters.WorkArea.Width;
this.Top = (workHeight - this.Height) / 2;
this.Left = (workWidth - this.Width) / 2;
```

注意：

这两个窗口定位示例都存在一个小的缺陷。当为已经可见的窗口设置Top属性时，窗口会被立即移动和刷新。当使用后面的代码行设置Left属性时，会发生同样的过程。因此，视觉敏锐的用户会看到两次窗口移动。但是，Window类没有提供方法来同时设置这两个位置属性。唯一的解决方法是在窗口创建之后，但尚未通过调用Show( )或ShowDialog( )方法显示之前定位窗口。

23.1.3　保存和还原窗口位置

经常需要让窗口记住它上一次的位置。这一信息可存储到特定于用户的配置文件或Windows注册表中。

如果希望在特定于用户的配置文件中存储重要窗口的位置，可首先双击Solution Explorer

中的 Properties 节点，然后选择 Settings 选项卡。接着使用 System.Windows.Rect 数据类型添加用户范围的设置，如图 23-1 所示。

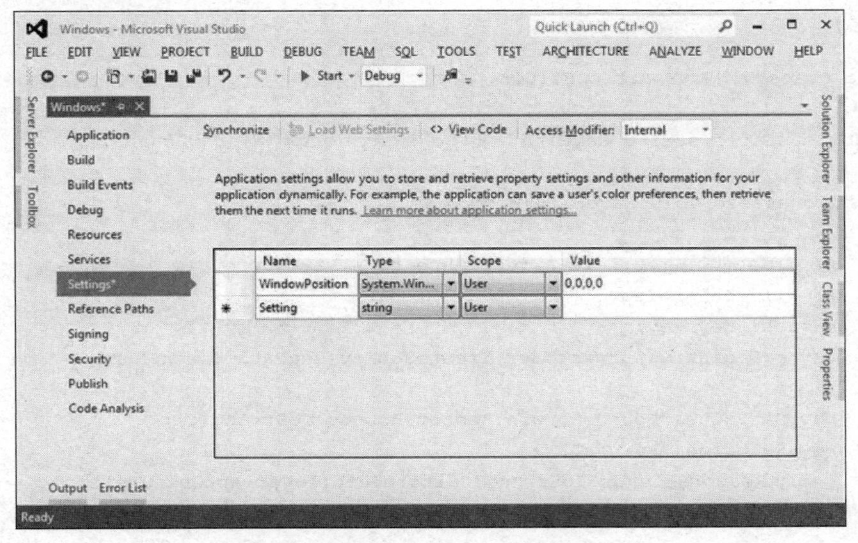

图 23-1　用于保存窗口位置和尺寸的属性

恰当地使用该设置，将可以方便地创建出自动保存窗口尺寸和位置信息的代码，如下所示：

```
Properties.Settings.Default.WindowPosition = win.RestoreBounds;
Properties.Settings.Default.Save();
```

需要注意的是，上面的代码使用了 RestoreBounds 属性，即使窗口当前被最大化或最小化，该属性也能提供正确的范围(最后的非最大化和非最小化尺寸)。

当需要时，检索此信息也同样很简单：

```
try
{
    Rect bounds = Properties.Settings.Default.WindowPosition;
    win.Top = bounds.Top;
    win.Left = bounds.Left;

    // Restore the size only for a manually sized
    // window.
    if (win.SizeToContent == SizeToContent.Manual)
    {
        win.Width = bounds.Width;
        win.Height = bounds.Height;
    }
}
catch
{
    MessageBox.Show("No settings stored.");
}
```

该方法唯一的限制是需要为每个准备保存的窗口创建单独的属性。如果需要为许多不同的窗口保存位置，可能希望设计一个更灵活的系统。例如，下面的辅助类为传递给它的任何窗口保存位置，并使用包含窗口名称的注册表键(如果希望为几个同名窗口保存设置，可以使用附加的标识信息)。

```
public class WindowPositionHelper
{
    public static string RegPath = @"Software\MyApp\WindowBounds\";

    public static void SaveSize(Window win)
    {
        // Create or retrieve a reference to a key where the settings
        // will be stored.
        RegistryKey key;
        key = Registry.CurrentUser.CreateSubKey(RegPath + win.Name);

        key.SetValue("Bounds", win.RestoreBounds.ToString());
        key.SetValue("Bounds",
          win.RestoreBounds.ToString(CultureInfo.InvariantCulture));
    }

    public static void SetSize(Window win)
    {
        RegistryKey key;
        key = Registry.CurrentUser.OpenSubKey(RegPath + win.Name);

        if (key != null)
        {
            Rect bounds = Rect.Parse(key.GetValue("Bounds").ToString());
            win.Top = bounds.Top;
            win.Left = bounds.Left;

            // Restore the size only for a manually sized
            // window.
            if (win.SizeToContent == SizeToContent.Manual)
            {
                win.Width = bounds.Width;
                win.Height = bounds.Height;
            }
        }
    }
}
```

为在窗口中使用该类，当窗口关闭时调用 SaveSize( )方法，并当首次打开窗口时调用 SetSize( )方法。对于每种情况，都需要传递窗口引用，使其指向希望辅助类检查的窗口。需要注意的是在这个示例中，每个窗口的 Name 属性的值都不能相同。

23.2　窗口交互

第 7 章介绍了 WPF 应用程序模型，并首次介绍了如何在窗口之间进行交互。正如在该章所介绍的，Application 类提供了用于访问其他窗口的两个工具：MainWindow 和 Windows 属性。如果希望按自己的方式跟踪窗口，例如保持跟踪某个特定窗口类的实例(该类可能代表文档)，可在 Application 类中添加自己的静态属性。

当然，获取其他窗口的引用只是工作的一部分，还需要决定如何进行通信。作为通用规则，应当尽可能减少窗口之间交互的需要，因为这会无谓地增加代码的复杂性。如果确实需要根据一个窗口中的动作修改另一个窗口中的控件，可在目标窗口中创建专用方法。这样可确保依赖性被很好地标识，并添加额外的间接层，这样更容易适应窗口接口的变化。

提示：

如果两个窗口之间具有复杂的交互，并且单独地被开发或部署，或者很可能会改变，这时可以考虑得更长远一些，可以通过创建具有公共方法的接口来规范化它们之间的交互，并在自定义的窗口类中实现该接口。

图 23-2 和图 23-3 显示了实现这一模式的两个示例。在图 23-2 中，一个窗口通过触发第二个窗口来刷新它的数据，以便响应按钮的单击事件。该窗口没有试图直接修改第二个窗口的用户界面，而是依赖于自定义的名为 DoUpdate( )的中间方法。

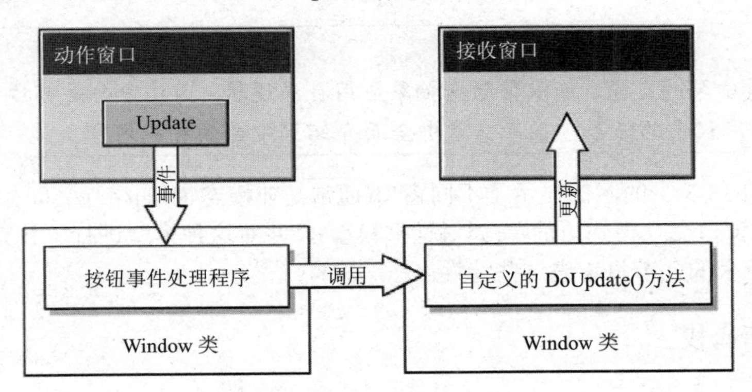

图 23-2　单一窗口交互

第二个例子，如图 23-3 所示，显示了需要更新多个窗口的情况。对于这种情况，动作窗口依靠一个更高层的应用程序方法，该方法调用所需的窗口更新方法(可能通过迭代窗口集合来实现)。这种方法的效果更好，因为可以在更高层次上工作。在图 23-2 显示的方法中，动作窗口不需要了解有关接收窗口中控件的特定内容。在图 23-3 显示的方法中更进一步——动作窗口根本不需要了解接收窗口的任何内容。

提示：

当在窗口之间进行交互时，Window.Activate( )方法通常可以带来方便。该方法可将所期望的窗口转换为活动窗口。还可以用 Window.IsActive 属性测试某个窗口当前是否是活动窗口，以及是否是唯一的活动窗口。

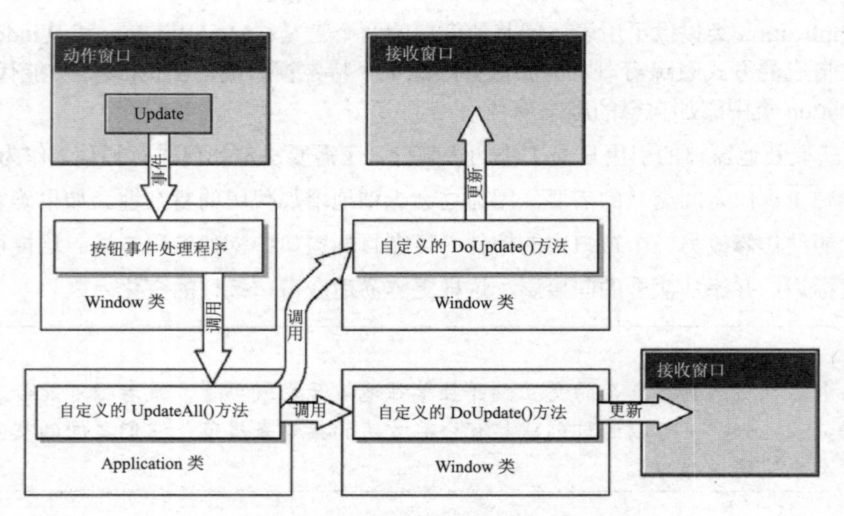

图 23-3　一个窗口和多个窗口之间的交互

可以进一步降低该例中窗口之间的耦合程度。不是使用 Application 类触发各窗口中的方法，而是仅仅触发一个事件，并允许窗口选择如何响应该事件。

注意：

WPF 通过对命令的支持，可以帮助您抽象应用程序逻辑。这些命令是可按任何喜欢的方式触发的特定于应用程序的任务。在第 9 章中全面介绍了命令的相关内容。

图 23-2 和图 23-3 中的示例显示了不同窗口(通常是非模态窗口)相互之间如何触发动作。但其他一些特定的窗口交互模式更简单(如对话框模型)，并对这种模型进行了补充(如窗口之间的所属关系)。接下来的几节将考虑这些特性。

23.2.1　窗口所有权

.NET 允许一个窗口“拥有”其他窗口。对于浮动的工具框和命令窗口而言，被拥有的窗口是很有用的。被拥有的窗口的典型示例是 Microsoft Word 中的查找和替换窗口。当所有者窗口最小化时，也会自动最小化被拥有的窗口。当被拥有的窗口与拥有者窗口相互重叠时，被拥有的窗口总显示在上面。

为支持窗口之间的拥有关系，Window 类增加了两个属性。Owner 属性是指向窗口的引用，引用的窗口拥有当前窗口(如果存在的话)。OwnedWindows 属性是当前窗口拥有的所有窗口(如果包含有窗口的话)的集合。

设置拥有关系就是简单地设置 Owner 属性，如下所示：

```
// Create a new window.
ToolWindow winTool = new ToolWindow();

// Designate the current window as the owner.
winTool.Owner = this;

// Show the owned window.
winTool.Show();
```

被拥有的窗口始终以非模态方式显示。为移除被拥有的窗口，需要将其 Owner 属性设置为空引用。

注意：

WPF 没有提供用于构建多文档用户界面(MDI)应用程序的系统。如果希望更复杂的窗口管理，那么需要自己构建(或购买第三方组件)。

被拥有的窗口可拥有其他窗口，后者又可以拥有另外的窗口，等等(尽管这种设计的实际用途值得怀疑)。唯一的限制是窗口不能拥有自身，并且两个窗口不能相互拥有。

23.2.2　对话框模型

通常，当显示模态窗口时，是为了给用户提供一些选择。显示窗口的代码等待选择结果，然后根据选择执行相应的操作。这种设计称为对话框模型(dialog model)。以模态方式显示的窗口就是对话框。

通过在对话框中创建一些公共属性，可以很容易地使用这种设计模式。当用户在对话框中进行选择时，将会设置这些属性，然后关闭对话框。此后显示对话框的代码可检查相应的属性并根据其值决定下一步要进行的操作(需要注意，即使对话框已经被关闭，对话框对象及其所有控件信息也仍然存在，直到引用变量超出了其作用域为止)。

幸运的是，这种结构的某些内容已经被固化到 Window 类中。每个窗口都包含预先准备好的 DialogResult 属性，该属性可以设置为 true、false 或 null 值。通常，true 表示用户选择继续进行操作(例如，单击 OK 按钮)，而 false 表示用户取消了操作。

最方便的是，一旦设置 DialogResult 属性，就会为调用代码返回该属性值作为 ShowDialog( )方法的返回值。这意味着可使用下面的简洁代码来创建、显示对话框并使用其结果：

```
DialogWindow dialog = new DialogWindow();
if (dialog.ShowDialog() == true)
{
   // The user accepted the action. Full speed ahead.
}
else
{
   // The user canceled the action.
}
```

注意：

使用 DialogResult 属性没有妨碍为自己的窗口添加自定义属性。例如，使用 DialogResult 属性通知调用代码某个动作是否被接受或取消，并通过自定义属性提供其他重要细节，这是非常合理的。如果调用代码发现 DialogResult 属性为 true，就可以检查其他属性以获取它所需要的信息。

还可以使用其他更简便的方法。不是当用户单击了按钮后手动设置 DialogResult 属性，而是将按钮指定为接受按钮(通过将 IsDefault 属性设置为 true)。当单击按钮时会自动地将对话框的 DialogResult 属性设置为 true。类似地，可将按钮指定为取消按钮(通过将 IsCancel 属性设置

为 true)，对于这种情况，单击按钮会将 DialogResult 属性设置为 Cancel(在第 6 章学习按钮时已介绍过 IsDefault 和 IsCancel 属性的相关内容)。

23.2.3　通用对话框

Windows 操作系统提供了许多内置对话框，可通过 Windows API 访问这些对话框。WPF 为其中的几个对话框提供了封装程序。

注意：

由于多种原因，WPF 没有为所有 Windows API 提供封装程序。WPF 的目标之一是与 Windows API 相互独立，从而可在其他环境(如浏览器)中使用或移植到其他平台。此外，许多内置对话框是非常古老的，对于现代应用程序它们不应当是第一选择。

最常见的对话框是 System.Windows.MessageBox 类，该类提供了静态的 Show( )方法。可使用该类显示标准的 Windows 消息框。下面是最常用的重载方法：

```
MessageBox.Show("You must enter a name.", "Name Entry Error",
   MessageBoxButton.OK, MessageBoxImage.Exclamation) ;
```

使用 MessageBoxButton 枚举可以选择在消息框上显示的按钮。这些选项包括 OK、OKCancel、YesNo 以及 YesNoCancel(不支持不大友好的 AbortRetryIgnore)。通过 MessageBoxImage 枚举可以选择消息框的图标(包括 Information、Exclamation、Error、Hand、Question 和 Stop 等)。

除 MessageBox 类外，WPF 还提供了支持专门用于打印的 PrintDialog 类(将在第 29 章介绍)，以及在 Microsoft.Win32 名称空间中定义的 OpenFileDialog 和 SaveFileDialog 类。

OpenFileDialog 和 SaveFileDialog 类需要一些额外特性(其中一些特性继承自 FileDialog 类)。这两个类都支持过滤字符串，用于设置允许的文件扩展名。OpenFileDialog 类还提供了其他属性，包括用于检查用户选择的属性(CheckFileExists)，以及允许选择多个文件的属性(Multiselect)。下面是一个示例，该例显示一个 OpenFileDialog 对话框，并且当对话框关闭后在列表框中显示用户选择的文件：

```
OpenFileDialog myDialog = new OpenFileDialog();

myDialog.Filter = "Image Files(*.BMP;*.JPG;*.GIF)|*.BMP;*.JPG;*.GIF" +
  "|All files (*.*)|*.*";
myDialog.CheckFileExists = true;
myDialog.Multiselect = true;

if (myDialog.ShowDialog() == true)
{
   lstFiles.Items.Clear();
   foreach (string file in myDialog.FileNames)
   {
      lstFiles.Items.Add(file);
   }
}
```

WPF 没有提供颜色拾取器、字体拾取器以及文件夹浏览器(但可使用.NET 2.0 中的 System.Windows.Forms 类获取这些要素)。

23.3 非矩形窗口

对于时髦的客户应用程序，经常会使用形状不规则的窗口，如图片编辑程序、视频制作程序以及 MP3 播放器。在 WPF 中创建使用基本形状的窗口是非常容易的。然而，创建精致的、具有专业外观的窗口需要完成更多工作——并且，很可能需要由优秀的图形设计人员创建轮廓并设计背景插图。

23.3.1 简单形状窗口

创建简单形状窗口需要使用以下几个步骤：

(1) 将 Window.AllowsTransparency 属性设置为 true。

(2) 将 Window.WindowStyle 属性设置为 None，从而隐藏窗口的非客户区(蓝色边框)。如果不这样做，当试图显示窗口时会抛出 InvalidOperationException 异常。

(3) 将窗口背景设置为透明(可使用 Transparent 颜色，该颜色的 alpha 值为 0)，或将背景设置为具有透明区域的图像(透明区域是使用 alpha 值为 0 的颜色绘制的区域)。

这三个步骤可有效地移除窗口的标准外观(对于 WPF 专业人员来说，这些标准外观就是窗口的装饰元素)。为得到简单形状窗口效果，现在需要提供一些不透明的具有所需形状的内容。有多种选择：

- 使用支持透明格式的文件提供背景插图。例如，可使用 PNG 文件提供窗口的背景。这是比较简明直观的方法，并且如果正在和未掌握 XAML 知识的设计人员合作，这种方法是比较合适的。然而，因为在具有更高系统 DPI 的窗口中呈现时需要使用更多的像素，背景图形可能会变得模糊。当允许用户改变窗口尺寸时，也存在这一问题。
- 使用 WPF 中的形状绘制功能创建具有矢量内容的背景。不管是改变窗口尺寸还是改变系统 DPI 设置，该方法可以确保不损失质量。然而，可能希望使用支持 XAML 的设计工具，例如 Expression Blend。
- 使用更简单的具有所需形状的 WPF 元素。例如，可使用 Border 元素创建出具有圆角边缘的美观窗口。通过这一方法不需要额外的设计工作，就可以实现具有现代 Office 风格的窗口外观。

下面是一个透明窗口的基本骨架，该窗口使用第一种方法，并提供了一个具有透明区域的 PNG 文件：

```
<Window x:Class="Windows.TransparentBackground" ...
    WindowStyle="None" AllowsTransparency="True"
    >
  <Window.Background>
    <ImageBrush ImageSource="squares.png"></ImageBrush>
  </Window.Background>
    <Grid>
      <Grid.RowDefinitions>
        <RowDefinition></RowDefinition>
        <RowDefinition></RowDefinition>
        <RowDefinition></RowDefinition>
        <RowDefinition></RowDefinition>
```

```
      </Grid.RowDefinitions>
      <Button Margin="20">A Sample Button</Button>
      <Button Margin="20" Grid.Row="2">Another Button</Button>
    </Grid>
  </Window>
```

图 23-4 显示了该窗口，在该窗口的背后还显示了一个 Notepad 窗口。这个形状窗口(包含圆和矩形)不仅留下了间隙供查看背后的内容，而且一些按钮位于图像之外，并且进入到透明区域部分，这意味着这些按钮在非窗口的区域之上浮动显示。

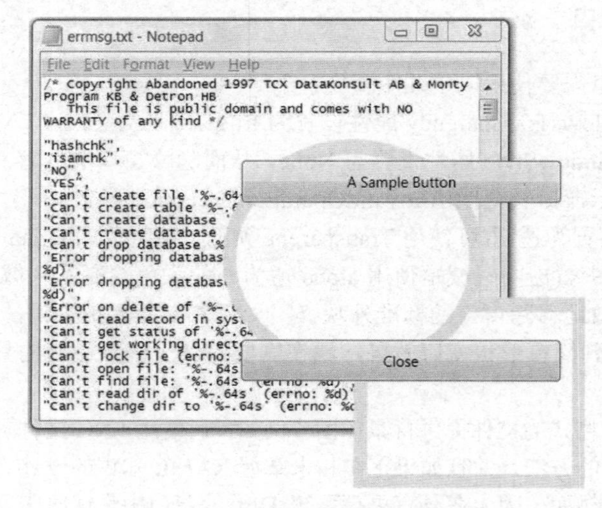

图 23-4　使用背景图像的形状窗口

注意：

WPF 可在窗口背景和它下面的内容之间执行反锯齿处理，确保获得整洁流畅的窗口边缘。

图 23-5 显示了另一个更巧妙的形状窗口。该窗口使用具有圆角的 Border 元素以得到不同的外观。窗口布局也比较简单，因为内容不会意外地泄露到边框之外，并且可以很容易地改变边框的尺寸，而不需要使用 Viewbox 控件。

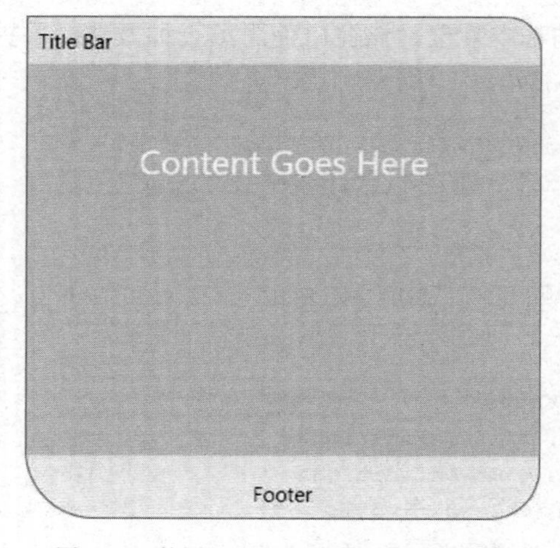

图 23-5　使用 Border 元素的任意形状窗口

该窗口包含一个具有三行单元格的 Grid 面板，这三行分别用作标题栏、脚注栏以及它们之间的所有内容。内容行包含了第二个 Grid 面板，该 Grid 面板具有不同的背景，并且可以包含所需要的其他任何元素(目前只包含单独的 TextBlock 控件)。

下面是创建该窗口的标记：

```
<Window x:Class="Windows.ModernWindow" ...
    AllowsTransparency="True" WindowStyle="None"
    Background="Transparent"
    >
  <Border Width="Auto" Height="Auto" Name="windowFrame"
    BorderBrush="#395984" BorderThickness="1"
    CornerRadius="0,20,30,40" >
    <Border.Background>
      <LinearGradientBrush>
        <GradientBrush.GradientStops>
          <GradientStopCollection>
          <GradientStop Color="#E7EBF7" Offset="0.0"/>
          <GradientStop Color="#CEE3FF" Offset="0.5"/>
      </GradientStopCollection>
    </GradientBrush.GradientStops>
  </LinearGradientBrush>
</Border.Background>

<Grid>
  <Grid.RowDefinitions>
    <RowDefinition Height="Auto"></RowDefinition>
    <RowDefinition></RowDefinition>
    <RowDefinition Height="Auto"></RowDefinition>
  </Grid.RowDefinitions>
  <TextBlock Text="Title Bar" Margin="1" Padding="5"></TextBlock>

  <Grid Grid.Row="1" Background="#B5CBEF">
      <TextBlock VerticalAlignment="Center" HorizontalAlignment="Center"
        Foreground="White" FontSize="20">Content Goes Here</TextBlock>
    </Grid>

    <TextBlock Grid.Row="2" Text="Footer" Margin="1,10,1,1" Padding="5"
      HorizontalAlignment="Center"></TextBlock>
  </Grid>
 </Border>
</Window>
```

为完成该窗口，可能希望创建一些按钮来模拟右上角的标准最大化、最小化以及关闭按钮。

23.3.2　具有形状内容的透明窗口

在大多数情况下，WPF 窗口不使用固定图形创建任意形状窗口。相反，会使用完全透明的背景，然后在该背景上放置形状内容(可通过图 23-5 中显示的按钮分析其工作原理，按钮被悬停在完全透明的区域上)。

该方法的优点是更加模块化。可使用许多独立组件组装窗口，所有这些组件都是基本的WPF元素。而且更重要的是，该方法可以充分利用其他WPF功能构建真正的动态用户界面。例如，可在窗口中组装能改变尺寸的形状内容或使用动画创建一直运行的效果。如果使用单一的静态文件提供图形，这是很难实现的。

图23-6显示了一个示例。在该例中，窗口包含一个只有一个单元格的Grid面板。有两个元素共享该单元格。第一个元素是绘制形状窗口边框的Path对象，并且该对象使用了渐变填充效果。另一个元素是布局容器，它包含了窗口的内容，该容器位于Path对象之上。在该例中，布局容器是一个StackPanel面板，不过也可以使用任何其他容器(例如，另一个Grid面板或基于坐标进行绝对定位的Canvas面板)。该StackPanel面板包含关闭按钮(具有大家熟悉的X图标)和文本。

图23-6 使用Path对象的形状窗口

注意：

尽管图23-4和图23-6显示的是不同的例子，但它们是可以互换的。换句话说，对任意一个示例都可以使用基于背景的方法或形状绘制方法创建。然而，如果以后希望动态改变形状，形状绘制方法能提供更强大的功能，而且在需要改变窗口尺寸时，能得到最好的质量。

该例的关键点是使用Path元素创建背景。Path元素是简单的基于矢量的图形，由一系列直线和弧线构成。下面是Path元素的完整标记：

```
<Path Stroke="DarkGray" StrokeThickness="2">
  <Path.Fill>
    <LinearGradientBrush StartPoint="0.2,0" EndPoint="0.8,1" >
      <LinearGradientBrush.GradientStops>
        <GradientStop Color="White" Offset="0"></GradientStop>
        <GradientStop Color="White" Offset="0.45"></GradientStop>
        <GradientStop Color="LightBlue" Offset="0.9"></GradientStop>
        <GradientStop Color="Gray" Offset="1"></GradientStop>
      </LinearGradientBrush.GradientStops>
    </LinearGradientBrush>
  </Path.Fill>

  <Path.Data>
    <PathGeometry>
      <PathGeometry.Figures>
        <PathFigure StartPoint="20,0" IsClosed="True">
          <LineSegment Point="140,0"/>
          <ArcSegment Point="160,20" Size="20,20" SweepDirection="Clockwise"/>
          <LineSegment Point="160,60"/>
          <ArcSegment Point="140,80" Size="20,20" SweepDirection="Clockwise"/>
          <LineSegment Point="70,80"/>
          <LineSegment Point="70,130"/>
          <LineSegment Point="40,80"/>
          <LineSegment Point="20,80"/>
          <ArcSegment Point="0,60" Size="20,20" SweepDirection="Clockwise"/>
```

```
        <LineSegment Point="0,20"/>
        <ArcSegment Point="20,0" Size="20,20" SweepDirection="Clockwise"/>
      </PathFigure>
    </PathGeometry.Figures>
  </PathGeometry>
 </Path.Data>
</Path>
```

目前，Path 元素的尺寸是固定的(窗口的尺寸也是固定的)，但可以将之放到在第 12 章中学过的 Viewbox 容器中以改变尺寸。通过增加关闭按钮的逼真度——在红色表面上绘制矢量的 X 图标，还可以进一步改进该例。尽管可使用单独的 Path 元素代表按钮并处理按钮的鼠标事件，但是使用控件模板(如第 17 章所述)来改变标准 Button 控件会更好一些。然后可让 Path 元素绘制自定义按钮的 X 图标部分。

23.3.3 移动形状窗口

形状窗体所受的限制之一是没有属于非客户区的标题栏部分，标题栏允许用户很容易地在桌面上拖动窗口。幸运的是，在 WPF 中，可随时通过调用 Window.DragMove( )方法启动窗口拖动模式。

所以，为允许用户拖动在上一个示例中看到的任意形状窗体，只需要为窗口(或窗口上的一个元素，该元素将扮演和标题栏相同的角色)处理 MouseLeftButtonDown 事件：

```
<TextBlock Text="Title Bar" Margin="1" Padding="5"
 MouseLeftButtonDown="titleBar_MouseLeftButtonDown"></TextBlock>
```

在事件处理程序中只需要一行代码：

```
private void titleBar_MouseLeftButtonDown(object sender,
  MouseButtonEventArgs e)
{
    this.DragMove();
}
```

现在窗口就会跟随鼠标在桌面上移动了，直到用户释放鼠标为止。

23.3.4 改变形状窗口的尺寸

改变形状窗口的尺寸不是很容易。如果窗口的形状大体上是矩形，最简单的方法是通过将 Window.ResizeMode 属性设置为 CanResizeWithGrip，这时会在窗口的右下角添加用于改变窗口尺寸的图形手柄(grip)。然而，手柄假定窗口是矩形的。例如，如果使用 Border 对象创建圆角窗口效果，如前面的图 23-5 所示，就可以使用这一技术。手柄将显示在窗口的右下角，并且根据圆角的程度，可能会在窗口的正确位置上显示。但如果创建的窗口具有更奇特的形状，如前面图 23-6 中显示的 Path 对象，这种技术肯定就不适用了——会创建浮动在窗口旁边空白空间上的手柄。

如果手柄不能放到窗口的正确位置上，或者希望允许用户通过拖动窗口边缘来改变窗口的尺寸，就需要进行更多的工作。可使用两种基本方法。可使用.NET 的平台调用特性(P/Invoke)发送改变窗口尺寸的 Win32 消息。或者，当用户拖动一条侧边时，简单地跟踪鼠标位置，并通过设置窗口的 Width 属性来手动改变窗口的尺寸。下面的示例使用后一种技术。

在使用每种技术之前，需要有一种方式来探测用户何时会将鼠标移到窗口边缘上。这时，鼠标指针应当变为可以改变尺寸的光标。在 WPF 中完成该任务的最简单方法是在每个窗口的边上放置一个元素。该元素不需要具有任何可视化外观——实际上，它可以是完全透明的并且可以让窗口透过该元素显示。它唯一的目的是截获鼠标事件。

对于该任务，使用 5 个单位宽的 Rectangle 元素是很完美的。下面的标记说明了如何放置一个 Rectangle 元素，并允许使用在图 23-5 中显示的圆角窗口的右侧边改变窗口的尺寸：

```
<Grid>
  ...
  <Rectangle Grid.RowSpan="3" Width="5"
   VerticalAlignment="Stretch" HorizontalAlignment="Right"
   Cursor="SizeWE" Fill="Transparent"
   MouseLeftButtonDown="window_initiateWiden"
   MouseLeftButtonUp="window_endWiden"
   MouseMove="window_Widen"></Rectangle>
</Grid>
```

Rectangle 对象被放置在顶行，但它的 RowSpan 属性值被设置为 3。从而 Rectangle 对象会沿着所有的三行被拉伸，并且占据窗口的整个右边。当鼠标移到此元素上时，Cursor 属性被设置为要显示的光标。在该例中，用于调整尺寸的“双向”光标是关键所在——它的外观类似同时指向左边和右边的双向箭头。

当用户单击窗口的边缘时，Rectangle 事件处理程序将窗口转换到改变尺寸模式。唯一的技巧是需要捕获鼠标以确保继续接收鼠标事件，即使移动鼠标脱离了矩形也同样如此。当用户释放鼠标左键时，将释放鼠标捕获。

```
bool isWiden = false;

private void window_initiateWiden(object sender, MouseEventArgs e)
{
   isWiden = true;
}

private void window_Widen(object sender, MouseEventArgs e)
{
   Rectangle rect = (Rectangle)sender;
   if (isWiden)
   {
      rect.CaptureMouse();
      double newWidth = e.GetPosition(this).X + 5;
      if (newWidth > 0) this.Width = newWidth;
   }
}

private void window_endWiden(object sender, MouseEventArgs e)
{
   isWiden = false;
```

```
    // Make sure capture is released.
    Rectangle rect = (Rectangle)sender;
    rect.ReleaseMouseCapture();
}
```

图 23-7 显示了上述代码的执行情况。

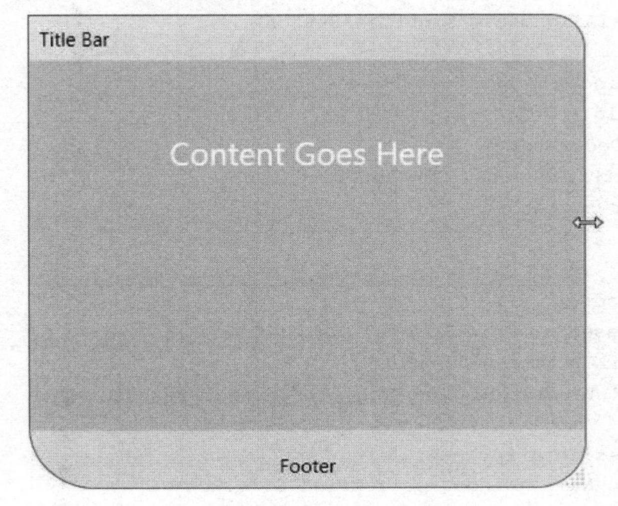

图 23-7　改变形状窗口的尺寸

23.3.5　组合到一起：窗口的自定义控件模板

使用到目前为止看到的代码，可很容易地构建具有自定义形状的窗口。然而，如果希望为整个应用程序使用新的窗口标准，就必须以手动方式重新设置具有相同形状边框、题头区域和关闭按钮等内容的所有窗口。对于这种情况，更好的方法是将标记改编成可用于任意窗口的控件模板(如果尚未完全理解控件模板的内部工作原理，在继续阅读本节的剩余部分之前，可回顾一下第 17 章中的内容)。

第一步是查阅 Window 类的默认控件模板。对于大部分内容，这个模板是很简单的，但是它包含了一个您可能不希望的细节：AdornerDecorator 元素。这个元素在窗口的其他客户内容之上创建了一个特定的绘图区域，称为装饰层(adorner layer)。WPF 控件可使用装饰层绘制应当在元素上重叠显示的内容，包括一些用于显示焦点、标志验证错误以及指导拖放操作的小图形指示内容。当构建自定义窗口时，需要确保提供装饰层，从而可以让使用装饰层的控件能够继续使用。

为提供装饰层，可使用下面的标记确定窗口控件模板应当采用的基本结构。下面是一个标准化示例，该例的标记创建与图 23-7 类似的窗口：

```
<ControlTemplate x:Key="CustomWindowTemplate" TargetType="{x:Type Window}">
  <Border Name="windowFrame" ... >
    <Grid>
      <Grid.RowDefinitions>
        <RowDefinition Height="Auto"></RowDefinition>
        <RowDefinition></RowDefinition>
        <RowDefinition Height="Auto"></RowDefinition>
```

```
      </Grid.RowDefinitions>

      <!-- The title bar. -->
      <TextBlock Text="{TemplateBinding Title}"
        FontWeight="Bold"></TextBlock>
      <Button Style="{StaticResource CloseButton}"
        HorizontalAlignment="Right"></Button>

      <!-- The window content. -->
      <Border Grid.Row="1">
        <AdornerDecorator>
          <ContentPresenter></ContentPresenter>
        </AdornerDecorator>
      </Border>

      <!-- The footer. -->
      <ContentPresenter Grid.Row="2" Margin="10"
        HorizontalAlignment="Center"
        Content="{TemplateBinding Tag}"></ContentPresenter>

      <!-- The resize grip. -->
      <ResizeGrip Name="WindowResizeGrip" Grid.Row="2"
        HorizontalAlignment="Right" VerticalAlignment="Bottom"
        Visibility="Collapsed" IsTabStop="False" />

      <!-- The invisible rectangles that allow dragging to resize. -->
      <Rectangle Grid.Row="1" Grid.RowSpan="3" Cursor="SizeWE"
        VerticalAlignment="Stretch" HorizontalAlignment="Right"
        Fill="Transparent" Width="5"></Rectangle>
      <Rectangle Grid.Row="2" Cursor="SizeNS"
        HorizontalAlignment="Stretch" VerticalAlignment="Bottom"
        Fill="Transparent" Height="5"></Rectangle>
    </Grid>
  </Border>

  <ControlTemplate.Triggers>
    <Trigger Property="ResizeMode" Value="CanResizeWithGrip">
      <Setter TargetName="WindowResizeGrip"
        Property="Visibility" Value="Visible"></Setter>
    </Trigger>
  </ControlTemplate.Triggers>
</ControlTemplate>
```

该模板中的顶级元素是作为窗口边框的 Border 对象。在 Border 对象的内部是具有三行的 Grid 面板，Grid 面板中的内容被分成以下几部分：

- 顶行容纳标题栏，由普通的显示窗口标题的 TextBlock 元素和关闭按钮构成。使用模板绑定从 Window.Tile 属性中提取窗口标题。

- 中间一行包含嵌套的包含窗口其他内容的 Border 对象。可使用 ContentPresenter 元素插入内容。ContentPresenter 元素被封装进 AdornerDecorator 元素中，从而确保装饰层被放到其他元素内容的上面。
- 第三行包含了另一个 ContentPresenter 元素，但这个内容提供者没有使用标准的模板绑定从 Window.Content 属性中提取内容，而是明确地从 Window.Tag 属性中提取内容。通常，这个内容是文本，但也可以包含希望使用的任何元素内容。

提示：

之所以使用 Tag 属性，是因为 Window 类没有提供任何可用于容纳脚注文本的属性。另一个选择是创建继承自 Window 类的自定义类，并添加所需的 Footer 属性。

- 在第三行中还有用于改变窗口尺寸的手柄。当 Window.ResizeMode 属性被设置为 CanResizeWithGrip 时，会通过触发器显示这个手柄。
- 最后，沿着 Grid 面板(因此也沿着窗口)的右侧和底部边缘放置两个不可见的矩形。用户可单击并拖动这两个矩形以改变窗口的尺寸。

这里没有给出的两个细节是相对枯燥的用于改变尺寸的手柄的样式(只是创建了一个具有许多点的小图案作为改变尺寸的手柄)和关闭按钮(在红色正方形上绘制小的 X)。该标记还没有提供格式化细节，例如绘制背景的渐变画刷以及创建优美圆角边框边缘的属性。为查看完整标记，请参考本章提供的示例代码。

在该例中使用一个简单样式应用窗口模板。该样式还设置了 Window 类的三个关键属性以使窗口透明。这样就可以使用 WPF 元素创建窗口边框和背景了：

```
<Style x:Key="CustomWindowChrome" TargetType="{x:Type Window}">
  <Setter Property="AllowsTransparency" Value="True"></Setter>
  <Setter Property="WindowStyle" Value="None"></Setter>
  <Setter Property="Background" Value="Transparent"></Setter>
  <Setter Property="Template"
    Value="{StaticResource CustomWindowTemplate}"></Setter>
</Style>
```

现在，已经为使用自定义窗口做好了准备。例如，可按如下方式创建一个窗口，设置样式并填充一些基本内容：

```
<Window x:Class="ControlTemplates.CustomWindow"
  xmlns="http://schemas.microsoft.com/winfx/2006/xaml/presentation"
  xmlns:x="http://schemas.microsoft.com/winfx/2006/xaml"
  Title="CustomWindowTest" Height="300" Width="300"
  Tag="This is a custom footer"
  Style="{StaticResource CustomWindowChrome}">

  <StackPanel Margin="10">
    <TextBlock Margin="3">This is a test.</TextBlock>
    <Button Margin="3" Padding="3">OK</Button>
  </StackPanel>
</Window>
```

这个示例只存在一个问题。目前，该窗口缺少窗口需要的大部分行为。例如，不能在桌面上拖动窗口、改变窗口的尺寸，也不能使用关闭按钮。为执行这些动作，需要编写代码。

有两种可能的方式可用来添加需要的代码——可使用一个继承自 Window 类的类扩展这个示例，或者为资源字典创建代码隐藏类。自定义控件方式提供了更好的封装，并且可以扩展窗口的公共接口(例如，添加可在应用程序中使用的有用的方法和属性)。然而，代码隐藏方式是一种量级较轻的方法，可扩展控件模板的功能，并且可以允许应用程序继续使用控件基类。这个示例将使用该方式。

您在前面已经学习了如何为资源字典创建代码隐藏类(查看 17.4.4 节“由用户选择的皮肤”)。一旦创建代码文件，添加所需要的事件处理程序就很容易了。面临的唯一挑战是代码运行在资源字典对象中，而不是运行在窗口对象中。这意味着不能使用 this 关键字访问当前窗口。幸运的是，还可使用另一种容易的替代方法——使用 FrameworkElement.TemplatedParent 属性。

例如，为使窗口可被拖动，需要拦截标题栏上的鼠标事件并开始拖动。下面是修改后的 TextBlock 元素，该元素连接到响应用户使用鼠标单击的事件处理程序：

```
<TextBlock Margin="1" Padding="5" Text="{TemplateBinding Title}"
 FontWeight="Bold" MouseLeftButtonDown="titleBar_MouseLeftButtonDown"></TextBlock>
```

现在，可在代码隐藏类中为资源字典添加下面的事件处理程序：

```
private void titleBar_MouseLeftButtonDown(object sender, MouseButtonEventArgs e)
{
    Window win = (Window)
        ((FrameworkElement)sender).TemplatedParent;
    win.DragMove();
}
```

可使用相同的方法为关闭按钮和改变窗口尺寸的矩形添加事件处理代码。为查看可应用于任意窗口的模板以及完成的资源字典标记和代码，请参考本章的下载示例。

当然，为使这个窗口足够有吸引力以适合现代应用程序，还需要进行许多改进。但这个示例演示了为使用代码构建复杂的控件模板时需要遵循的一系列步骤，并且显示了如何得到在以前的用户界面框架中需要通过开发自定义控件才能得到的结果。

23.4 Windows 7 任务栏编程

Windows 7 和 Windows 8(在桌面模式下)使用重新设计的任务栏，它们添加了一些 Windows Vista 中不具备的几个增强功能。WPF 可以很好地支持这些功能，不会迫使开发人员添加非托管的 API 调用或依赖于独立程序集。

WPF 不但为跳转列表(当右击任务栏按钮时显示的列表)提供基本支持，还允许改变应用程序使用的任务栏预览图像和任务栏图标。接下来几节将看到这些特性。

注意：

可在定向到 Windows Vista 的应用程序中安全地使用 Windows 任务栏特性。用于与增强的 Windows 7 和 Windows 8 任务栏交互的任何标记或代码在 Windows Vista 上都会安全地被忽略。如果将.NET 4 作为目标，而且您正在构建可在 Windows XP 计算机上运行的应用程序，情况同样如此。WPF 会简单地忽略不适用的任务栏特性。

23.4.1　使用跳转列表

跳转列表(jump list)是当右击任务栏按钮时弹出的便捷小菜单。为当前正在运行的应用程序以及当前没有运行但具有锁定到任务栏上的按钮的应用程序显示跳转列表。通常，跳转列表为打开属于恰当应用程序的文档提供了一种快速方法——例如，打开 Word 的最近文档或在 Windows Media Player 中频繁播放的歌曲。然而，有些程序使用更富创意的方法执行特定于应用程序的任务。

1. 最近文件支持

Windows 7 和 Windows 8 中的任务栏为所有基于文档的应用程序添加了跳转列表，前提是将应用程序注册为处理特定的文件类型。例如，在第 7 章介绍了如何构建单实例应用程序(称为 SingleInstanceApplication)，该应用程序注册为处理.textDoc 文件。当运行该程序并右击其任务栏按钮时，将看到最近打开的文档列表，如图 23-8 所示。

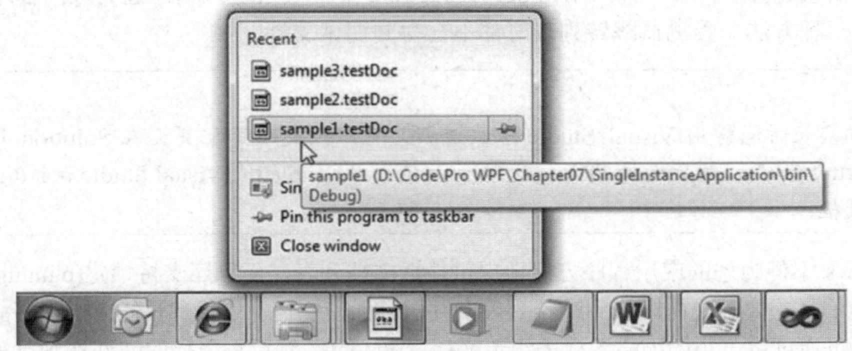

图 23-8　自动生成的跳转列表

如果右击跳转列表中的某个最近访问的文档，Windows 会加载应用程序的另一个实例，并作为命令行参数传递完整的文档路径。当然，如果这不是所希望的行为，可通过代码进行修改。例如，对于第 7 章中的单实例应用程序。如果从其跳转列表打开一个文档，新实例会不加通告地将文档路径传递到当前正在运行的应用程序，然后关闭自身。最终结果是同一个应用程序处理所有文档，无论从应用程序内部还是从跳转列表打开均如此。

正如文档所记载的，为得到最近文档支持，必须将应用程序注册为处理相应的文件类型。可以使用两种简便方法完成该工作。第一种方法，可以使用代码为 Windows 注册表添加相关细节，如第 7 章所述。第二种方法，可通过 Windows 资源管理器手动完成该工作。下面是完成该工作的简要步骤：

(1) 右击恰当的文件(例如，具有.testDoc 扩展名的文件)。

(2) 选择 Open With | Choose Default Program 菜单项以显示 Open With 对话框。

(3) 单击 Browser 按钮，查找 WPF 应用程序的.exe 文件并选择该文件。

(4) 可酌情禁用 Always use selected program to open this kind of file 选项。您的应用程序不需要成为具有跳转列表支持的默认应用程序。

(5) 单击 OK 按钮。

当注册文件类型时，需要牢记以下几条指导原则：

- 当创建文件类型注册时，为 Windows 提供可执行程序的准确路径。所以应在将应用程序放置到某个合理的位置之后再进行注册，否则每次移动了应用程序文件之后都需要重新注册。
- 不用担心会取代通用文件类型。只要不使应用程序成为该文件类型的默认处理程序，就不会改变 Windows 的工作方式。例如，将您的应用程序注册为处理.txt 文件是完全可以接受的。这样，当用户使用指定的应用程序打开一个.txt 文件时，该文件显示在应用程序的最近文档列表中。类似地，如果用户从指定的应用程序的跳转列表中选择一个文档，Windows 会加载您的应用程序。然而，如果在 Windows 资源管理器中双击.txt 文件，Windows 仍会为.txt 文件启动默认的应用程序(通常是记事本)。
- 为在 Visual Studio 中测试跳转列表，必须关闭运行 Visual Studio 承载进程。如果正在运行 Visual Studio，Windows 将为承载进程(YourApp.vshost.exe)检查文件类型注册，而不是为您的应用程序(YourApp.exe)检查文件类型注册。为避免该问题，直接从 Windows 资源管理器或选择 Debug | Start Without Debugging 菜单项来运行编译过的应用程序。对于任意一种方法，当测试跳转列表时都不会得到调试支持。

提示：

如果希望长时间停用 Visual Studio 承载进程，可以改变项目配置。在 Solution Explorer 中双击 Properties 节点，然后选择 Debug 选项卡，禁用“Enable the Visual Studio hosting process”旁边的复选框。

Windows 不但为您的应用程序方便地提供最近文档列表，而且还支持锁定(pinning)，锁定允许用户将他们最重要的文档附加到跳转列表中并永远保留它们。与所有其他应用程序的跳转列表相同，用户可通过单击小的缩略图标来锁定文档。Windows 然后将选择的文件移到单独的列表类别中，这就是所谓的锁定。类似地，用户可通过右击并选择 Remove 来将一个项从最近文档列表中删除。

2. 自定义跳转列表

您到目前为止看到的跳转列表支持被构建进了 Windows，并且不需要任何 WPF 逻辑。然而，WPF 通过允许控制跳转列表并且允许填充自定义项，添加了对跳转列表的支持。为此，只需要在 App.xaml 文件中添加一些定义<JumpList.List>节点的标记，如下所示：

```
<Application x:Class="JumpLists"
 xmlns="http://schemas.microsoft.com/winfx/2006/xaml/presentation"
 xmlns:x="http://schemas.microsoft.com/winfx/2006/xaml"
 StartupUri="MainWindow.xaml">
  <Application.Resources>
  </Application.Resources>

  <JumpList.JumpList>
    <JumpList>
    </JumpList>
  </JumpList.JumpList>
</Application>
```

当采用这种方式定义定制的跳转列表时，Windows 停止显示最近文档列表。为使 Windows 继续显示最近文档列表，需要使用 JumpList.ShowRecentCategory 属性明确地进行选择：

```
<JumpList ShowRecentCategory="True">
```

还可添加 ShowFrequentCategory 属性，以便为那些注册应用程序处理的最频繁打开的文档显示跳转列表。

此外，可创建自己的跳转列表项，并将它们放到选择的自定义类别中。为此，必须为 JumpList 添加 JumpPath 或 JumpTask 对象。下面是 JumpPath 对象的一个示例，这个 JumpPath 对象表示文档：

```
<JumpList ShowRecentCategory="True">
  <JumpPath CustomCategory="Sample Documents"
   Path="c:\Samples\samples.testDoc"></JumpPath>
</JumpList>
```

当创建 JumpPath 对象时，可提供两个细节。CustomCategory 属性设置在跳转列表中的项之前显示的标题(如果添加了几个具有相同类别名的项，它们将被分组到一起)。如果没有提供类别，Windows 使用名为 Tasks 的类别。Path 属性是指向文档的文件路径。路径必须是完全限定的文件名，文件必须存在，并且必须是应用程序注册处理的文件类型。如果违反这些规则，就不会在跳转列表中显示指定的项。

单击 JumpPath 项与单击最近文档部分中的文件完全相同。当单击 JumpPath 项时，Windows 加载应用程序的新实例，并作为命令行参数传递文档路径。

JumpTask 对象用于稍微不同的几个目的。每个 JumpPath 对象映射到一个文档，而每个 JumpTask 对象映射到一个应用程序。下面是为 Windows 记事本创建 JumpTask 对象的示例：

```
<JumpList>
  <JumpTask CustomCategory="Other Programs" Title="Notepad"
   Description="Open a sample document in Notepad"
   ApplicationPath="c:\windows\notepad.exe"
   IconResourcePath="c:\windows\notepad.exe"
   Arguments=" c:\Samples\samples.testDoc "></JumpTask>
  ...
</JumpList>
```

尽管 JumpPath 只需要两个细节，但 JumpTask 使用更多属性。表 23-2 列出了 JumpTask 类的所有属性。

表 23-2 JumpTask 类的属性

名 称	说 明
Title	在跳转列表中显示的文本
Description	当将鼠标悬停在项上时显示的工具提示文本
ApplicationPath	应用程序的可执行文件。与 JumpList 中的文档路径一样，ApplicationPath 属性需要完全限定的路径
IconResourcePath	指向具有缩略图图标的文件，Windows 将在跳转列表中该项的旁边显示该图标。说来也怪，Windows 不是选择默认图标，也不是从应用程序的可执行文件中提取图标。如果希望看到有效的图标，就必须设置 IconResourcePath 属性
IconResourceIndex	如果 IconResourcePath 指定的应用程序或图标资源有多个图标，那么还需要使用 IconResource-Indexed 来选择希望使用的图标
WorkingDirectory	应用程序将开始启动的工作目录，通常是包含应用程序文档的文件夹
ApplicationPath	希望传递到应用程序的命令行参数，如打开的文件

3. 使用代码创建跳转列表项

尽管在 App.xaml 文件中使用标记填充跳转列表很容易，但这种方法存在严重缺陷。正如您已经看到的，JumpPath 和 JumpTask 项都需要完全限定的文件路径。然而，该信息通常取决于应用程序的部署方式，从而不应当为其使用硬编码。为此，通常使用代码创建或修改应用程序跳转列表。

为使用代码配置跳转列表，使用 System.Windows.Shell 名称空间中的 JumpList、JumpPath 以及 JumpTask 类。下面的示例通过创建新的 JumpPath 对象演示了这种技术。使用该项，用户可打开记事本，查看存储在当前应用程序的文件夹中的 readme.txt 文件(不考虑其安装位置)。

```
private void Application_Startup(object sender, StartupEventArgs e)
{
    // Retrieve the current jump list.
    JumpList jumpList = new JumpList();
    JumpList.SetJumpList(Application.Current, jumpList);

    // Add a new JumpPath for a file in the application folder.
    string path = Path.GetDirectoryName(
      System.Reflection.Assembly.GetExecutingAssembly().Location);
    path = Path.Combine(path, "readme.txt");
    if (File.Exists(path))
    {
        JumpTask jumpTask = new JumpTask();
        jumpTask.CustomCategory = "Documentation";
        jumpTask.Title = "Read the readme.txt";
        jumpTask.ApplicationPath = @"c:\windows\notepad.exe";
        jumpTask.IconResourcePath = @"c:\windows\notepad.exe";
        jumpTask.Arguments = path;
        jumpList.JumpItems.Add(jumpTask);
    }

    // Update the jump list.
    jumpList.Apply();
}
```

图 23-9 显示了一个自定义的跳转列表，该跳转列表包含了这个新添加的 JumpTask 对象。

图 23-9　具有自定义 JumpTask 对象的跳转列表

4. 从跳转列表启动应用程序任务

您到目前为止看到的所有示例都使用跳转列表打开文档或启动应用程序，还没有看到使用跳转列表在运行的应用程序内部触发任务的示例。

为使用跳转列表触发任务，需要使用在第 7 章中使用的单实例技术的变体。这不是 WPF 跳转列表类中的疏忽——跳转列表就是这么设计的。下面是基本策略：

- 当引发 Application.Startup 事件时，创建指向应用程序的 JumpTask 对象。不是使用文件名，而是将 Arguments 属性设置为应用程序识别的特殊编码。例如，如果希望该任务向应用程序传递一条“start order”指令，可将该属性设置为@#StartOrder。
- 使用第 7 章中的单实例代码。当启动第二个实例时，向第一个实例传递命令行参数，并关闭新的应用程序。
- 当第一个实例(在 OnStartupNextInstance( )方法中)接收到命令行参数时，执行适当的任务。
- 当引发 Application.Exit 事件时，务必从跳转列表中删除任务，除非当应用程序第一次启动时，任务命令能够同样很好地工作。

为查看该技术的基本实现，请参考本章示例代码中的 JumpListApplicationTask 项目。

23.4.2　改变任务栏图标和预览

Windows 7 和 Windows 8 中的任务栏增加了几个更精致的改进之处，包括可选的进度显示和缩略预览窗口。幸运的是，WPF 使得使用所有这些功能都很容易。

为访问这些功能中的任意一个，需要使用 TaskbarItemInfo 类，该类与前面分析的跳转列表类一样，也位于 System.Windows.Shell 名称空间中。每个窗口都有一个关联的 TaskbarItemInfo 对象，并且可通过为窗口添加下面的标记来使用 XAML 创建该对象：

```
<Window x:Class="JumpLists.MainWindow"
  xmlns="http://schemas.microsoft.com/winfx/2006/xaml/presentation"
  xmlns:x="http://schemas.microsoft.com/winfx/2006/xaml"
  Title="MainWindow" Height="300" Width="300">

  <Grid>
   ...
  </Grid>

  <Window.TaskbarItemInfo>
    <TaskbarItemInfo x:Name="taskBarItem"></TaskbarItemInfo>
  </Window.TaskbarItemInfo>
</Window>
```

就其本身而言，这一步没有改变窗口或应用程序中的任何内容，但是现在已经准备好使用后面将要演示的特性了。

1. 缩略图剪裁

与 Windows 为所有应用程序自动支持跳转列表很相似，WPF 还提供了当用户将鼠标悬停在任务栏按钮上时会显示的缩略图预览窗口。通常，缩略图预览窗口显示窗口客户区(除窗口边框之外的所有内容)的缩小版。然而在某些情况下，可能希望只显示窗口的一部分。这种方式的优点是可以只关注窗口中的相关部分。在特大窗口中，这可能是合理的，否则内容会太小而无法阅读。

可使用 TaskbarItemInfo.ThumbnailClipMargin 属性使用该功能。该属性指定 Thickness 对象，设置希望在缩略图中显示的内容和窗口边缘之间的空间。图 23-10 显示的示例演示了其工作原理。每次用户单击应用程序中的一个按钮时，就将剪裁区域转换为仅包含被单击按钮的区域。图 23-10 显示了单击第二个按钮后的预览效果。

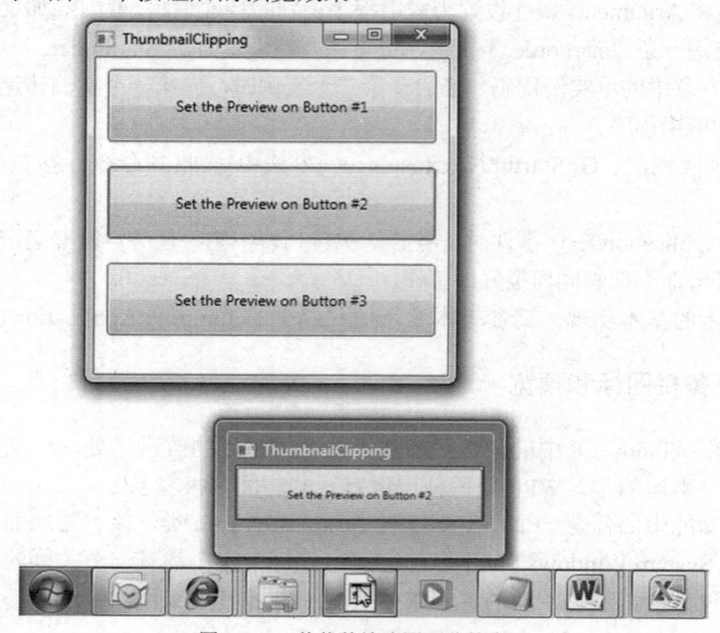

图 23-10　剪裁其缩略图预览的窗口

注意：

不能将缩略图预览更改为显示选择的图形。唯一的选择是指示显示整个窗口的一部分。

为创建该效果，代码必须考虑几个细节：按钮的坐标、尺寸以及窗口内容区域的尺寸(窗口内容区域的尺寸也就是顶级的名为 LayoutRoot 的 Grid 面板的尺寸，这很有帮助，该 Grid 面板位于窗口的内部并且包含其所有标记)。一旦具备这些数值，为了仅在正确的区域预览所需的内容，只需要执行几个简单计算：

```
private void cmdShrinkPreview_Click(object sender, RoutedEventArgs e)
{
    // Find the position of the clicked button, in window coordinates.
    Button cmd = (Button)sender;
    Point locationFromWindow = cmd.TranslatePoint(new Point(0, 0), this);

    // Determine the width that should be added to every side.
    double left = locationFromWindow.X;
    double top = locationFromWindow.Y;
    double right = LayoutRoot.ActualWidth - cmd.ActualWidth - left;
    double bottom = LayoutRoot.ActualHeight - cmd.ActualHeight - top;
```

```
    // Apply the clipping.
    taskBarItem.ThumbnailClipMargin = new Thickness(left, top, right, bottom);
}
```

2. 缩略图按钮

有些应用程序将预览窗口用于完全不同的目的，它们将按钮放到预览下面的小工具栏区域中。Windows 媒体播放器就是一例。如果将鼠标悬停在任务栏图标上，将得到包含播放、暂停、前进以及后退按钮的预览，从而提供了一种用于控制播放而不需要切换到应用程序本身的便捷方式。

WPF 支持缩略图按钮——实际上，WPF 使用它们更容易。只需要为 TaskbarItemInfo.ThumbButtonInfos 集合添加一个或多个 ThumbButtonInfo 对象即可。每个 ThumbButtonInfo 对象需要一幅图像，使用 ImageSource 属性提供该图像。还可以用 Description 属性添加工具提示文本。然后可通过处理其 Click 事件将按钮关联到应用程序中的某个方法。

下面是一个添加 Media Player 的播放和暂停按钮的示例：

```
<TaskbarItemInfo x:Name="taskBarItem">
  <TaskbarItemInfo.ThumbButtonInfos>
    <ThumbButtonInfo ImageSource="play.png" Description="Play"
      Click="cmdPlay_Click"></ThumbButtonInfo>
    <ThumbButtonInfo ImageSource="pause.png" Description="Pause"
    Click="cmdPause_Click"></ThumbButtonInfo>
  </TaskbarItemInfo.ThumbButtonInfos>
</TaskbarItemInfo>
```

图 23-11 在预览窗口的下面显示了这些按钮。

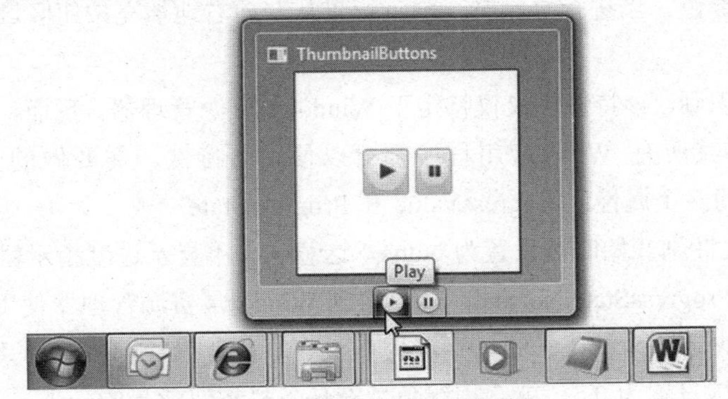

图 23-11 为缩略图预览添加按钮

注意：

请记住，任务栏按钮不能在 Windows Vista 中显示。因此，任务栏按钮应当只复制窗口中已有的功能，而非提供新的功能。

当应用程序执行不同任务并且进入不同的状态时，有些任务栏按钮可能不适合。幸运的是，可使用少数几个有用的属性对任务栏按钮进行管理，表 23-3 列出了这些属性。

表 23-3　ThumbButtonInfo 类的属性

名　称	说　明
ImageSource	设置希望为按钮显示的图像，该图像必须作为资源嵌入到应用程序中。理想情况是，使用具有透明背景的.png 文件
Description	设置当鼠标悬停在按钮上时显示的工具提示文本
Command CommandParameter CommandTarget	指定按钮应当触发的命令。可使用这些属性，而不使用 Click 事件
Visibility	用于隐藏或显示按钮
IsEnabled	用于禁用按钮，使按钮可见但是不能单击
IsInteractive	用于禁用按钮并且不会使外观变暗。如果希望按钮就像是某种状态指示器，这很有用
IsBackgroundVisible	用于为按钮禁用鼠标悬停反馈。如果为 true(默认值)，当将鼠标移到按钮上时，Windows 会突出显示按钮并显示其周围的边框。如果为 false，就不显示
DismissWhenClicked	用于创建只使用一次的按钮。只要单击按钮，Windows 就会将其从任务栏中移除(为了加强控制，可使用代码随时添加或移除按钮，但使用 Visibility 属性显示和隐藏按钮通常更容易)

3. 进度通知

如果在 Windows 资源管理器中复制过大文件，那么应当看到过如何使用进度通知将任务栏按钮的背景着色为绿色。当进行复制时，绿色背景从左向右地填充按钮区域，就像是进度条，直到操作完成为止。

您可能没有意识到，该特性不仅仅特定于 Windows 资源管理器。反而，该特征被构建进了 Windows 7 中，并且所有 WPF 应用程序都可以使用该特性。需要做的全部工作就是使用 TaskbarItemInfo 类的两个属性：ProgressValue 和 ProgressState。

ProgressState 属性刚开始时被设置为 None，这意味着不显示进度指示器。然而，如果将其设置为 TaskbarItemProgressState.Normal，就会得到 Windows 资源管理器使用的绿色进度背景。ProgressValue 属性决定了绿色背景的尺寸，从 0(没有绿色背景)到 1(完整的绿色背景)。例如，将 ProgressValue 属性设置为 0.5，就会用绿色填充任务栏按钮背景的一半。

TaskbarItemProgressState 枚举提供了几个可能的值，而不仅是 None 和 Normal。可使用 Pause 显示黄色背景而不是绿色，使用 Error 显示红色背景，以及使用 Indeterminate 显示忽略 ProgressValue 属性的持续的、脉冲进度背景。当不知道完成当前任务需要多长时间时(例如，当调用 Web 服务时)，最后一个选项是合适的。

4. 重叠图标

Windows 提供的最后一个任务栏特性是任务栏重叠——在任务图标上添加小图像的能力。例如，Messenger 聊天程序使用不同的重叠图标指示不同状态。

为使用重叠图标，只需要一个很小的具有透明背景的.png 或.ico 文件。不强制使用特定的像素尺寸，但显然希望图像比任务栏按钮图片更小一点。假定已为项目添加了该图像，可通过简单地设置 TaskbarItemInfo.Overlay 属性进行显示。通常，将使用已在标记中定义的图像资源对其进行设置，如下所示：

```
taskBarItem.Overlay = (ImageSource)this.FindResource("WorkingImage");
```

作为一种选择，可使用熟悉的 pack URI 语法指向嵌入的文件，如下所示：

```
taskBarItem.Overlay = new BitmapImage(
  new Uri("pack://application:,,,/working.png"));
```

将 Overlay 属性设置为空引用会彻底移除重叠图标。

图 23-12 显示的 pause.png 图像被用作通用 WPF 应用程序图标上面的重叠图标，这指示当前暂停了应用程序的工作。

图 23-12　显示图标重叠

23.5　小结

本章探讨了 WPF 窗口模型。首先从基础开始：定位窗口和设置窗口的尺寸，创建拥有的窗口以及使用通用对话框。然后分析了更高级的效果，如不规则窗口和自定义窗口模板。本章最后分析了 WPF 为 Windows 7 和 Windows 8(在桌面模式下)任务栏添加的令人印象深刻的支持。您看到了 WPF 应用程序如何获取基本的跳转列表支持，以及如何为跳转列表添加自定义项。还学习了如何将缩略图预览窗口集中在窗口的某个部分，并为其提供方便的命令按钮。最后，您学习了如何为任务栏图标使用进度通知和重叠图标。

22.5 小结

第 24 章

页面和导航

大多数传统的 Windows 应用程序都以包含工具栏和菜单的窗口为中心。工具栏和菜单驱动应用程序——当用户单击它们时，动作发生，并且显示其他窗口。在基于文档的应用程序中，可能还有几个同样重要的立即打开的主窗口，但整个模型是相同的。用户将大部分时间都用在一个地方，并当需要时会跳到另一个单独的窗口。

Windows 应用程序非常普遍，以至于有时都很难想象出不同的方式来设计应用程序。然而，Web 开发使用非常不同的基于页面的导航模型，并且桌面开发人员发现对于设计特定类型的应用程序这是非常好的选择。在为桌面应用程序开发人员提供构建类似 Web 的桌面应用程序能力的呼声下，WPF 提供了自己的基于页面导航的系统。正如您将在本章看到的，它是一个极其灵活的模型。

目前，基于页面的模型最常用于简单的轻量级应用程序(或用于更复杂的基于窗口的应用程序的子部分)。然而，如果希望精简应用程序部署，基于页面的应用程序是比较好的选择。这是因为 WPF 允许创建直接运行于 Internet Explorer 或 Firefox 浏览器中的基于页面的应用程序。这意味着用户不需要执行显式的安装步骤就可以运行应用程序——只需要将浏览器指定到正确的位置即可。本章将介绍该模型，称为 XBAP。

本章最后介绍了 WPF 的 WebBrowser 控件，通过该控件可在 WPF 窗口中驻留 HTML 页面。正如您将看到的，WebBrowser 控件不仅可显示网页，还可通过编程探索网页的结构和内容(使用 HTML DOM)。甚至可使应用程序和 JavaScript 代码进行交互。

24.1 基于页面的导航

一般的 Web 应用程序看起来和传统的富客户端软件颇为不同。网站用户的大部分时间都花在从一个页面导航到另一个页面。除非非常不幸地遇到弹出的广告，否则一次只显示一个页面。当执行任务时(例如，下订单或执行复杂的查找操作)，用户从始至终都会以线性方式在这些页面之间穿梭。

HTML 不支持桌面操作系统的高级窗口功能，因此最优秀的 Web 开发人员依赖于良好的设计以及直观清晰的界面。随着 Web 设计的日趋复杂化，Windows 开发人员也开始注意到这一方式的优点。最重要的是，Web 模型简单流畅。因此，新用户会经常发现网站比 Windows 应用程序更易用，尽管 Windows 应用程序的功能明显更加强大。

最近几年，开发人员已开始在桌面应用程序中模仿 Web 的有关约定。例如，Microsoft Money 金融软件是使用类似 Web 界面最早的一个例子，该软件引导用户完成设置任务。然而，创建这些应用程序通常比设计传统的基于窗口的应用程序更复杂，因为开发人员需要重新创建基本的浏览器特性，如导航。

注意：

在某些情况下，开发人员可使用 Internet Explorer 浏览器引擎创建类似 Web 的应用程序。这也是 Microsoft Money 采用的方法，但该方法对于非 Microsoft 开发人员更加麻烦。尽管 Microsoft 提供了可使用 Internet Explorer 浏览器的方法，如 WebBrowser 控件，但使用这些特性构建完整的应用程序仍非常复杂，而且还可能失去普通 Windows 应用程序可使用的最佳功能。

在 WPF 中，这些问题都不复存在，因为 WPF 提供了内置的包含导航的页面模型。最好的情形是，该模型可用于创建各种基于页面的应用程序，可创建使用某些基于页面的特性的应用程序(例如向导系统或帮助系统)，或创建直接驻留于浏览器中的应用程序。

24.2　基于页面的界面

要在 WPF 中创建基于页面的应用程序，不能使用 Window 类作为用户界面的顶级容器，而需要使用 System.Windows.Controls.Page 类。

在 WPF 中，用于创建页面的模型与创建窗口的模型非常类似。尽管可以只使用代码创建页面对象，但通常还是为每个页面创建 XAML 文件和代码隐藏文件。当编译应用程序时，编译器创建派生的页面类，该类将您的代码和一些自动生成的代码(例如，引用页面中已命名元素的字段)结合在一起。这一过程和在第 2 章中学过的编译基于窗口的应用程序的过程是相同的。

注意：

可为任何 WPF 项目添加页面。只需要在 Visual Studio 中选择 Project | Add Page 菜单项即可。

尽管当设计应用程序时，页面是顶级的用户界面元素，但当运行应用程序时，它们不是顶级容器。页面被驻留于另一个容器中。这正是基于页面的 WPF 应用程序灵活性的秘密所在，因为它们可以使用几个不同的容器之一：

- NavigationWindow，它是 Window 类的一个稍经修改的版本。
- 位于另一个窗口中的框架(Frame)。
- 位于另一个页面中的框架(Frame)。
- 直接驻留于 Internet Explorer 或 Firefox 中的框架(Frame)。

本章将介绍所有这些容器。

24.2.1　创建一个具有导航窗口的基于页面的简单应用程序

下面首先看一个非常简单的基于页面的应用程序，创建页面的标记如下：

```
<Page x:Class="NavigationApplication.Page1"
    xmlns="http://schemas.microsoft.com/winfx/2006/xaml/presentation"
    xmlns:x="http://schemas.microsoft.com/winfx/2006/xaml"
    WindowTitle="Page1"
    >
```

```
    <StackPanel Margin="3">
      <TextBlock Margin="3">
        This is a simple page.
      </TextBlock>
      <Button Margin="2" Padding="2">OK</Button>
      <Button Margin="2" Padding="2">Close</Button>
    </StackPanel>
</Page>
```

现在修改 App.xaml 文件，将上面创建的页面作为启动页面：

```
<Application x:Class="NavigationApplication.App"
    xmlns="http://schemas.microsoft.com/winfx/2006/xaml/presentation"
    xmlns:x="http://schemas.microsoft.com/winfx/2006/xaml"
    StartupUri="Page1.xaml"
    >
</Application>
```

当运行该应用程序时，WPF 非常智能，它能认识到正在运行的是页面而不是窗口。它会自动创建一个新的 NavigationWindow 对象作为容器，并在其中显示相应的页面(如图 24-1 所示)。它还读取页面的 WindowTitle 属性，并将该属性用作窗口的标题。

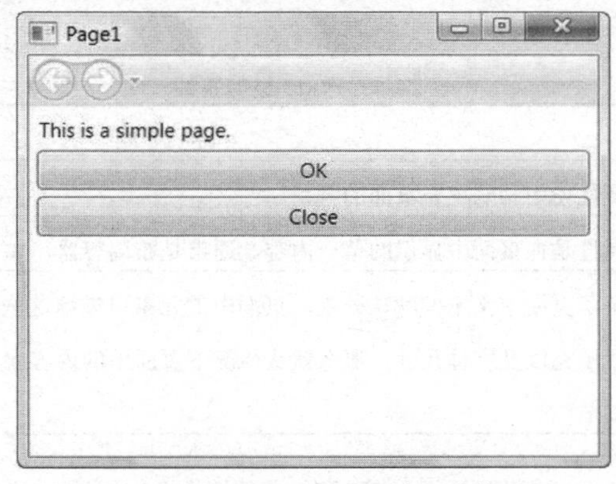

图 24-1　NavigationWindow 窗口中的页面

注意：

页面和窗口之间的一个区别在于一般不能设置页面的尺寸，因为页面的尺寸由包含它的宿主决定。如果设置页面的 Width 和 Height 属性，页面确实会具有设置的精确大小，但如果宿主窗口比页面更小，那么页面中的一些内容就会被剪裁掉；如果宿主窗口比页面更大，那么页面就会在可用空间中居中显示。

除了位于页面顶部横条上的前进和后退导航按钮外，NavigationWindow 看起来和普通窗口多少有些类似。正如您可能希望的那样，NavigationWindow 类继承自 Window 类，并添加了少量与导航相关的属性。可使用以下代码获取对所属的 NavigationWindow 对象的引用：

```
// Get a reference to the window that contains the current page.
NavigationWindow win = (NavigationWindow)Window.GetWindow(this);
```

在页面的构造函数中，上面的代码不能工作，因为尚未将页面放到它的容器中——而至少要等到 Page.Loaded 事件触发以后，才能使用上面的代码。

提示：

要尽量避免使用 NavigationWindow，而应使用 Page 类的属性(以及在本章后面将要介绍的导航服务)。否则，页面就会和 NavigationWindow 对象紧密耦合在一起，并且不能在不同的宿主中重用页面。

如果希望创建只有代码的应用程序，那么为了得到图 24-1 所示的效果，不仅需要创建页面，还需要自己创建导航窗口。下面是创建导航窗口的代码：

```
NavigationWindow win = new NavigationWindow()
win.Content = new Page1();
win.Show();
```

24.2.2　Page 类

与 Window 类一样，Page 类只能包含一个嵌套元素。然而，Page 类不是内容控件——它直接继承自 FrameworkElement 类。Page 类更简单，也比 Window 类更加精简。它添加了少量属性，通过这些属性可定制其外观，以一种受限的方式与容器交互，以及使用导航功能。表 24-1 列出了这些属性。

表 24-1　Page 类的属性

名　称	说　明
Background	该属性使用画刷填充页面的背景
Content	该属性是在页面中显示的单一内容。通常是布局容器，如 Grid 面板或 StackPanel 面板
Foreground FontFamily FontSize	决定了页面中文本的默认外观。页面中的元素可继承这些属性的值。例如，如果设置了前景填充以及字体尺寸，那么默认情况下页面中的内容就会使用这些前景填充和字体尺寸细节
WindowWidth WindowHeight WindowTitle	决定了封装页面的窗口的外观。可以使用这些属性通过设置宽度、高度以及标题来控制页面的宿主。但只有当页面被驻留于窗口(而不是框架)中时它们才起作用
NavigationService	返回对 NavigationService 对象的引用，可通过代码使用该对象将用户导航到另一个页面
KeepAlive	当用户导航到另一个页面时，决定原来的页面对象是否保持存活。在本章后面的 24.3 节“导航历史”中，当分析 WPF 在导航历史中如何还原页面时，会深入研究该属性
ShowsNavigationUI	决定宿主是否为页面显示导航控件(前进和后退按钮)。默认情况下，该属性的值为 true
Title	为页面设置在导航历史中使用的名称。宿主不使用该属性在标题栏中设置标题——而是使用 WindowTitle 属性设置标题

还有一点非常重要，Page 类未提供与 Window 类中的 Hide()以及 Show()方法等同的方法。如果希望显示另一个页面，需要使用导航。

24.2.3　超链接

允许用户从一个页面移到另一个页面的最简单方式是使用超链接。在 WPF 中，超链接不是独立元素，而是内联的流元素，必须将此类元素放到支持它们的另一个元素中(这样设计的原因是超链接和文本通常结合使用。第 28 章将介绍有关流内容和文本布局的更多内容)。

例如，下面是一个位于 TextBlock 元素中的文本和链接的组合，TextBlock 元素是最实用的超链接容器：

```
<TextBlock Margin="3" TextWrapping="Wrap">
  This is a simple page.
  Click <Hyperlink NavigateUri="Page2.xaml">here</Hyperlink> to go to Page2.
</TextBlock>
```

当呈现时，超链接显示为大家熟悉的具有下划线的蓝色文本，如图 24-2 所示。

可使用两种方法处理链接单击操作。可响应 Click 事件并使用代码执行一些任务，或者直接导航到另一个页面。然而，还有更简便的方法。Hyperlink 类还包含了 NavigateUri 属性，可将该属性设置为指向应用程序中的其他任何页面。然后，当用户单击这个超链接时，它们就会自动导航到目标页面。

注意：

只有在页面上放置超链接时，NavigateUri 属性才有效。如果希望在基于窗口的应用中使用超链接，让用户执行任务、加载网页或打开新的窗口，就需要处理 RequestNavigate 事件并自行编写代码。

超链接并非从一个页面移到另一个页面的唯一方法。NavigationWindow 提供了非常显眼的前进按钮和后退按钮(除非将 Page.ShowsNavigationUI 属性设置为 false 以隐藏它们)。每当单击这些按钮时，都可以在页面的导航序列中移动，每次移动一页。并且与浏览器类似，可单击前进按钮旁边的下拉箭头来查看整个序列，并且可以一次向前或向后跳过几个页面，如图 24-3 所示。

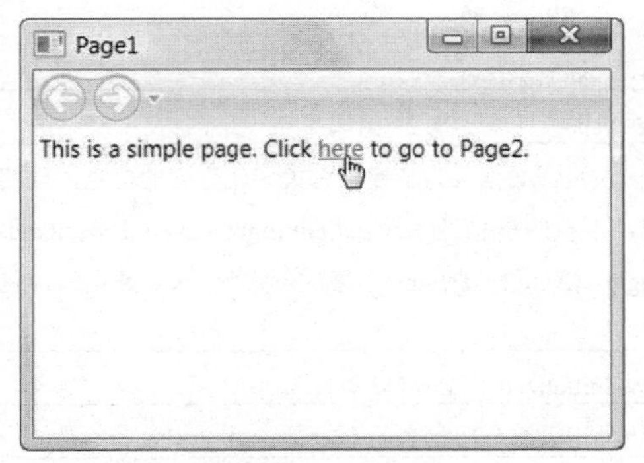

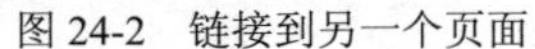
图 24-2　链接到另一个页面

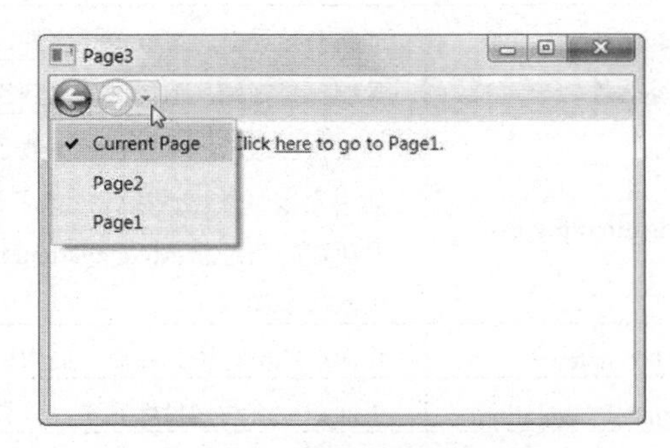

图 24-3　已浏览页面的历史

在本章的 24.3.2 节“导航历史”中，您将看到有关页面历史工作方式的更多内容及其局限性。

注意：

如果导航到一个新的页面，而且该页面没有设置 WindowTitle 属性，那么窗口会保持前一个页面的标题。如果所有页面都没有设置 WindowTitle 属性，那么窗口的标题会保持空白。

---

1. 导航到网站

有趣的是，还可创建指向 Web 内容的超链接。当用户单击这一超链接时，就会在页面区域中加载目标网页：

```
<TextBlock Margin="3" TextWrapping="Wrap">
  Visit the website
  <Hyperlink NavigateUri="http://www.prosetech.com">www.prosetech.com</Hyperlink>.
</TextBlock>
```

然而，如果使用了这一技术，务必将处理程序关联到 Application.DispatcherUnhandled-Exception 或 Application.NavigationFailed 事件。这是因为如果计算机离线、站点不可访问或无法获得 Web 内容，将无法导航到网站。在这种情况下，网络堆栈会返回类似“404：没有找到文件”的错误，该错误会被转换成 WebException 异常。为了优雅地处理该异常，并防止应用程序不正常关闭，需要使用事件处理程序来消除问题，如下所示：

```
private void App_NavigationFailed(object sender, NavigationFailedEventArgs e)
{
    if (e.Exception is System.Net.WebException)
    {
        MessageBox.Show("Website " + e.Uri.ToString() + " cannot be reached.");

        // Neutralize the error so the application continues running.
        e.Handled = true;
    }
}
```

NavigationFailed 只是 Application 类中定义的几个导航事件中的一个。在本章您将会看到所有这些事件，表 24-2 列出了这些事件。

表 24-2　NavigationService 类的事件

名　称	说　明
Navigating	即将开始导航。可取消该事件，阻止导航发生
Navigated	导航已经开始，但尚未检索到目标页面
NavigationProgress	导航正在进行，并且已经下载了一块页面数据。为了提供有关导航进度的信息，周期性地引发该事件。该事件提供了已经下载的信息量(NavigationProgressEvent.BytesRead)以及所需的信息总量(NavigationProgressEvent.MaxBytes)。每次检索到 1KB 数据时，就会引发该事件
LoadCompleted	页面已解析完毕。然而，尚未引发 Initialized 和 Loaded 事件
FragmentNavigation	页面正被滚动到目标元素。只有当使用具有分段信息的 URI 时，才会引发该事件
NavigationStopped	使用 StopLoading( )方法取消了导航
NavigationFailed	因为找不到或无法下载目标页面而导致导航失败。可使用该事件处理异常，从而防止异常上传并转变为未处理的应用程序异常。只需要将 NavigationFailedEventArg.Handled 属性设置为 true 即可

注意：

一旦让用户导航到网页，他们就可以通过单击网页上的链接导航到其他网页，从而彻底离开应用程序中的内容。实际上，只有当使用导航历史向后导航，或者在自定义窗口中显示页面(在 24.2.4 节将讨论该内容)并且该窗口包含了导航到应用程序内容的控件时，他们才会返回到 WPF 页面。

当显示来自外部网站中的页面时，有许多限制。不能阻止用户导航到特定的页面或站点。而且，也不能使用 HTML 文档对象模型(Document Object Model，DOM)与网页进行交互。这意味着不能浏览页面，从而查找链接或动态改变页面。可使用 WebBrowser 控件完成所有这些任务，本章末尾介绍了 WebBrowser 控件。

2. 分段导航

可使用的最后一种超链接技术是分段导航(fragment navigation)。通过在 NavigateUri 属性的末尾添加数字符号(#)，并在后面添加元素名称，就可以直接导航到页面中的特定控件。然而，只有当目标页面能够滚动时，这一技术才起作用(如果目标页面使用 ScrollViewer 控件或者页面驻留于 Web 浏览器中，页面就是可以滚动的)。下面是一个例子：

```
<TextBlock Margin="3">
  Review the <Hyperlink NavigateUri="Page2.xaml#myTextBox">full text</Hyperlink>.
</TextBlock>
```

当用户单击此链接时，应用程序移动到名为 Page2 的页面中，并向下滚动到 myTextBox 元素。页面一直向下滚动，直至使 myTextBox 出现在页面顶部为止(或是尽量靠近，具体取决于页面内容以及包含窗口的大小)。但目标元素不接受焦点。

24.2.4　在框架中驻留页面

NavigationWindow 是一个非常方便的容器，但它不是唯一选择。还可直接在其他窗口甚至其他页面中放置页面。通过这一功能可实现非常灵活的系统，因为可根据需要创建的应用程序类型以不同方式重用相同页面。

为在窗口中嵌入页面，只需要使用 Frame 类。Frame 类是可包含任何元素的内容控件，但当用作页面的容器时，该控件非常有意义。它提供了 Source 属性，该属性指向希望显示的 XAML 页面。

下面是一个普通窗口，该窗口在 StackPanel 面板中封装了一些内容，并在单独的列中放置了一个 Frame 元素：

```
<Window x:Class="WindowPageHost.WindowWithFrame"
    xmlns="http://schemas.microsoft.com/winfx/2006/xaml/presentation"
    xmlns:x="http://schemas.microsoft.com/winfx/2006/xaml"
    Title="WindowWithFrame" Height="300" Width="300"
    >
  <Grid Margin="3">
    <Grid.ColumnDefinitions>
      <ColumnDefinition></ColumnDefinition>
      <ColumnDefinition></ColumnDefinition>
```

```
    </Grid.ColumnDefinitions>

    <StackPanel>
      <TextBlock Margin="3" TextWrapping="Wrap">
        This is ordinary window content.</TextBlock>
      <Button Margin="3" Padding="3">Close</Button>
    </StackPanel>
    <Frame Grid.Column="1" Source="Page1.xaml"
      BorderBrush="Blue" BorderThickness="1"></Frame>
    </Grid>
  </Window>
```

图 24-4 显示了结果。在显示页面内容的框架的周围有一条边框。没有限制只能使用一个框架。可很容易地创建包含多个框架的窗口，并且可以让它们指向不同的页面。

正如您在图 24-4 中看到的，该例没有提供熟悉的导航按钮。这是因为 Frame.NavigationUIVisibility 属性(默认)被设置为 Automatic。因此，只有当前进列表和后退列表中具有内容时才会显示导航控件。为测试这一特性，可导航到一个新的页面。这时就会在框架内部看到导航按钮了，如图 24-5 所示。

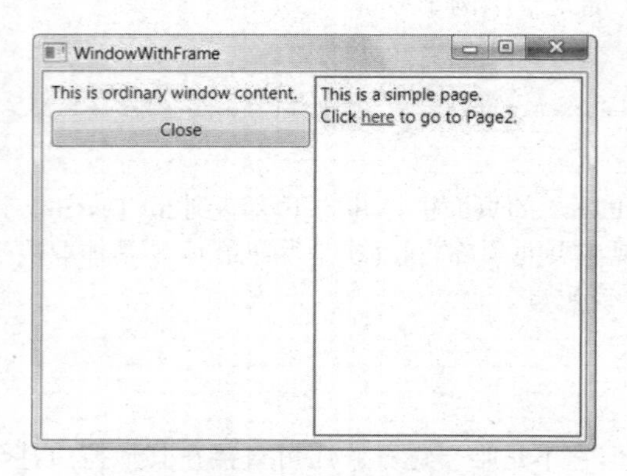

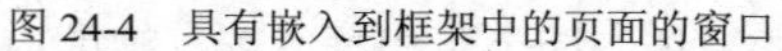
图 24-4　具有嵌入到框架中的页面的窗口

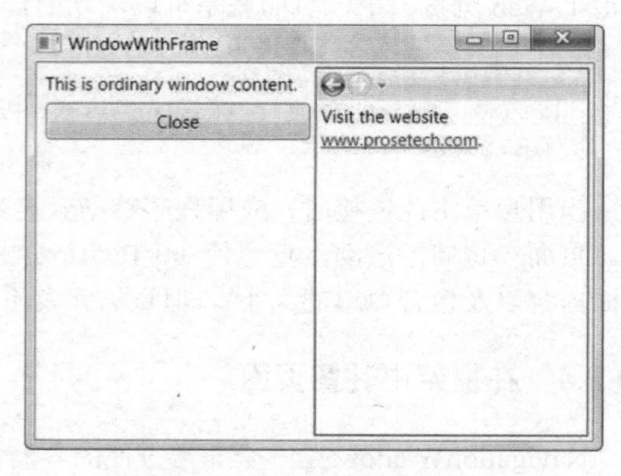

图 24-5　具有导航按钮的框架

如果希望永远都不显示导航按钮，可将 NavigationUIVisibility 属性改成 Hidden；如果希望一开始就让按钮是可见的，可将 NavigationUIVisibility 属性改为 Visible。

如果框架包含和应用程序主流相独立的内容，那么在框架内部具有导航按钮就是一种非常正确的设计方式(例如，可能会使用它们显示上下文相关的帮助，或者用于浏览辅导内容)。但在其他情况下，可能更愿意在窗口的顶部显示导航按钮。为此，就需要将顶级容器从 Window 改为 NavigationWindow。使用 NavigationWindow 作为容器，窗口就会包含导航按钮。窗口内部的框架会自动将它们自身连接到这些按钮，因此用户会得到图 24-3 中所示的类似体验，只是现在窗口包含了额外的内容。

提示：

如有必要，可为窗口添加任意多个 Frame 对象。例如，使用三个独立的框架，可很容易地创建允许用户浏览应用程序任务、帮助文档以及外部网站的窗口。

24.2.5　在另一个页面中驻留页面

通过框架可创建更复杂的窗口。刚刚介绍过，可在窗口中使用多个框架。此外，还可在另一个页面中放置框架，从而创建嵌套的页面。实际上，过程完全相同——在页面标记中简单地添加 Frame 对象。

嵌套的页面是更复杂的导航情形。例如，假设浏览页面，并且单击嵌套的框架中的链接。这时单击后退按钮会发生什么情况呢？

本质上，所有位于框架中的页面都被放到一个列表中。所以第一次单击后退按钮时，会移到嵌入到框架中的前一个页面。下次单击后退按钮时，会移到前面浏览过的父页面。图 24-6 显示了这一过程。注意，第二步中启用了后退导航按钮。

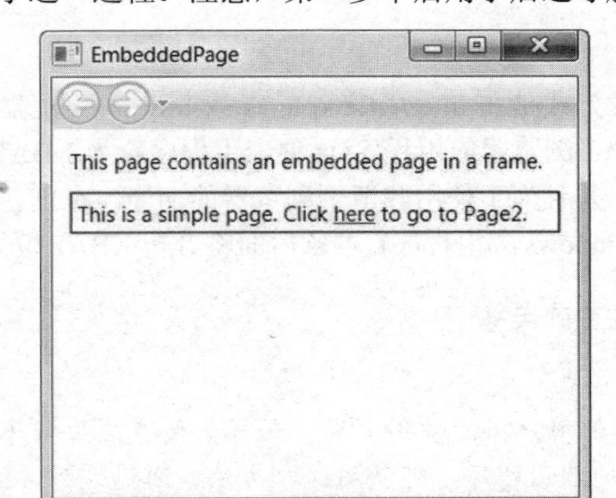

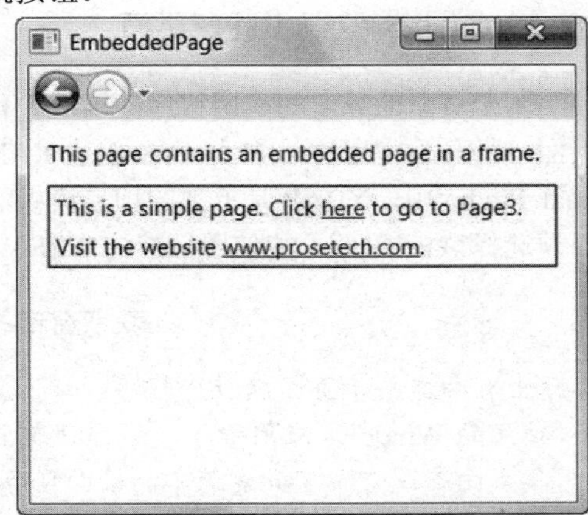

图 24-6　使用嵌套的页面进行导航

在大多数情况下，这一导航模型是非常直观的，因为在后退列表中会为浏览过的每个页面添加一项。然而在某些情况下，嵌入的框架并不那么重要。例如，嵌入的页面只是同一数据的不同视图，或是用于在帮助内容中跳过多个页面。在这些情况下，在嵌入的框架中逐个导航多个页面是笨拙的，也很浪费时间。您可能只希望使用导航控件来控制父框架的导航，从而当单击后退按钮时，立刻移动到前一个父页面。为此，需将嵌入框架的 JournalOwnership 属性设置为 OwnsJournal。这一设置告诉框架要保持自己不同的页面历史。在默认情况下，嵌入的框架现在会获取导航按钮，从而可以让用户在内容中后退和前进(如图 24-7 所示)。如果这不是您所希望的行为，可结合使用 JournalOwnership 和 NavigationUIVisibility 属性，完全隐藏导航控件，如下所示：

```
<Frame Source="Page1.xaml"
 JournalOwnership="OwnsJournal" NavigationUIVisibility="Hidden"
 BorderThickness="1" BorderBrush="Blue"></Frame>
```

现在，嵌入的框架被视为页面中的一块动态内容。从用户角度看，嵌入的框架不支持导航。

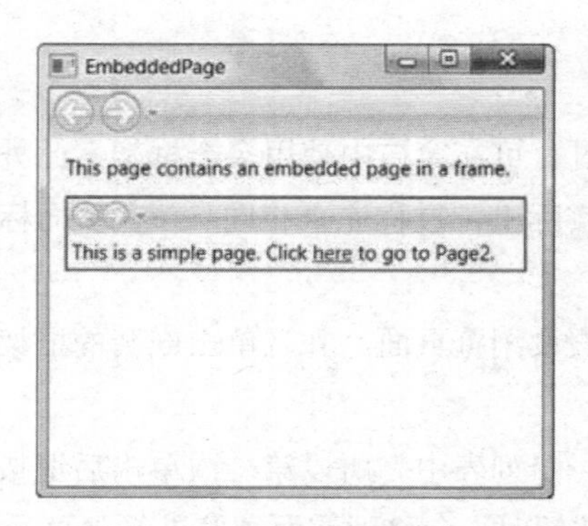

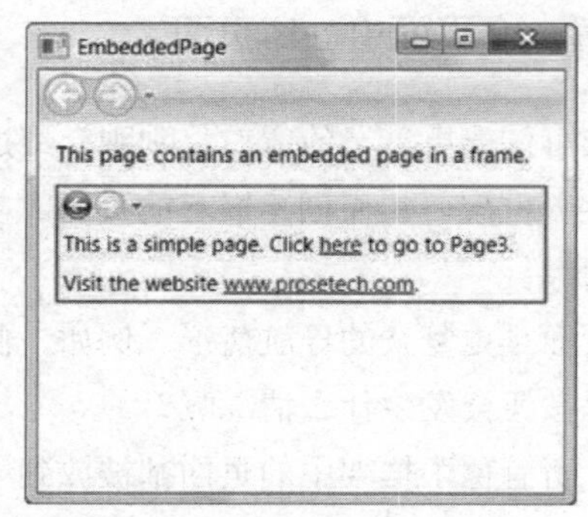

图 24-7　具有自己的日志并且支持导航的嵌入页面

24.2.6　在 Web 浏览器中驻留页面

使用基于页面的导航的应用程序的最后一种方式是在 Internet Explorer 或 Firefox 浏览器中驻留页面。然而，为使用这一方法，需要创建 XAML 浏览器应用程序(这种应用程序称为 XBAP)。在 Visual Studio 中，XBAP 是单独的项目模板，并且为了使用驻留于浏览器的功能，在创建项目时必须选择该模板(而不能使用标准的 WPF Windows 应用程序)。本章后面将分析 XBAP 模型。

获取窗口的正确尺寸

实际上有两类基于页面的应用程序：

- 独立的 Windows 应用程序，其部分或全部用户界面使用页面。如果需要在应用程序中集成向导或者希望开发简单的面向任务的应用程序，可使用这种方法。通过这种方法，可使用 WPF 导航和日志功能来简化程序代码的编写。
- 浏览器应用程序(XBAP)是驻留于 Internet Explorer 或 Firefox 浏览器中的应用程序，并且使用有限的权限运行。如果希望创建基于 Web 的轻量级部署模型，可以使用这种方法。

如果使用第一种类型的应用程序，可能不希望设置 Application.StartupUri 属性来指向页面。相反，将手动创建 NavigationWindow 对象，然后在其中加载第一个页面(如前面所示)，或者在自定义窗口中使用 Frame 控件嵌入页面。这两种方法都可以灵活地设置应用程序窗口的尺寸，当第一次启动时为了确保应用程序看起来美观，这是非常重要的。另一方面，如果正在创建 XBAP 应用程序，就不能控制所属 Web 浏览器窗口的尺寸，并且必须设置 StartupUri 属性以指向页面。

24.3　页面历史

现在您已经学习了与页面相关的内容以及驻留页面的不同方法，从而为深入分析 WPF 使用的导航模型做好了准备。本节将介绍 WPF 超链接的工作原理，以及当向后导航页面时 WPF 如何还原页面。

24.3.1　深入分析 WPF 中的 URI

您可能不了解 Application.StartupUri、Frame.Source 以及 Hyperlink.NavigateUri 属性的实际

工作原理。对于由松散的 XAML 文件构成的、并且在浏览器中运行的应用程序，这是非常直观的——当单击超链接时，浏览器将页面引用看成相对 URI，并在当前文件夹中查找 XAML 页面。但在已编译的应用程序中，页面不再作为单独资源，而是被编译为 BAML(Binary Application Markup Language，二进制应用标记语言)并嵌入到程序集中。那么，如何使用 URI 引用它们呢？

WPF 的应用程序资源寻址方式使该系统得以工作。当在编译过的 XAML 应用程序中单击超链接时，URI 仍被视为相对路径。不过，此处是被视为相对于应用程序的基本 URI。所以，指向 Page1.xaml 的超链接将被展开为如下所示的 pack URI：

```
pack://application:,,,/Page1.xaml
```

在第 7 章详细介绍了 pack URI 语法，但最重要的细节是包含资源名称的最后一部分。

现在您可能会好奇，既然这一过程如此完美，那么为什么学习超链接 URI 的工作原理是非常重要的？这主要是因为可能会选择创建需要导航到存储在另一个程序集中的 XAML 页面的应用程序。实际上，这一设计有合理的理由。因为页面可用于不同的容器，所以可能希望在 XBAP 应用程序和普通的 Windows 应用程序之间，重用同一组页面。通过这种方式，可部署应用程序的两个版本——一个是基于浏览器的版本，而另一个是基于桌面的版本。为避免重复编码，应将准备重用的页面全部放到单独的类库程序集中(DLL)，然后就可以在两个应用程序项目中引用该类库程序集。

这时必须改变 URI。如果一个程序集中的页面指向了另一个程序集中的页面，就需要使用下面的语法：

```
pack://application:,,,/PageLibrary;component/Page1.xaml
```

在此，组件被命名为 PageLibrary，并且路径,,,/PageLibrary;component/Page1.xaml 指向名为 Page1.xaml 的页面，该页面是编译过的，并且已嵌入到程序集中。

当然，可能不会使用绝对路径。在 URI 中使用下面稍短一些的相对路径反而更有意义：

```
/PageLibrary;component/Page1.xaml
```

提示：

为得到正确的程序集引用、名称空间导入以及应用程序设置，在创建 SharedLibrary 程序集时，应当使用 Custom Control Library (WPF)项目模板。

24.3.2　导航历史

WPF 页面历史的工作原理和浏览器中的历史类似。每次导航到新的页面时，上一个页面就被添加到后退列表中。如果单击后退按钮，页面会被添加到前进列表中。如果从某个页面后退，然后导航到新的页面，就会清空前进列表。

后退列表和前进列表的行为是非常直观的，但是它们的实现过程非常复杂。例如，假设浏览一个具有两个文本框的页面，在其中输入一些内容并继续。如果后退回到该页面，就会发现 WPF 恢复了这两个文本框的状态——这意味着不管在它们内部放置了什么内容，这些内容仍然保留在那里。

注意：

通过导航历史返回到页面和通过单击指向同一页面的链接返回到页面，这两者之间有重要的区别。例如，如果单击链接，从 Page1 到 Page2，然后再从 Page2 到 Page1，WPF 将创建三个独立的页面对象。对于第二次看到的 Page1，WPF 作为单独的实例创建该页面，该页面有自己的状态。然而，如果单击后退按钮两次，返回 Page1 实例，就会发现仍保留了原来 Page1 的状态。

您可能认为 WPF 通过在内存中保存页面对象，保留以前浏览过的页面的状态。这种方法存在的问题在于，对于具有许多页面的复杂应用程序，为了进行导航，内存开销较大。为此，WPF 不能假定维护页面对象是一种安全策略。相反，当离开页面时，WPF 会保存所有控件的状态，然后销毁页面。当返回到页面时，WPF 根据原始的 XAML 重新创建页面，然后还原控件的状态。这种策略的内存开销要小一些，因为只需要在内存中保存控件状态的少部分细节，这时所需要的内存比保存页面及其整个可视化树对象所需的内存要少得多。

导航系统导致一个非常有趣的问题。WPF 如何确定哪些细节需要保存呢？WPF 检查页面的整个元素树，并且查看所有元素的依赖项属性。应当保存的属性具有少量额外的元数据，即日志标志，日志标志指示它们应当被保存在名为 journal 的导航日志中(当注册依赖项属性时，使用 FrameworkPropertyMetadata 对象设置日志标志，如第 4 章所述)。

如果深入分析导航系统，就会发现许多属性没有日志标志。例如，如果使用代码设置内容控件的 Content 属性或者设置 TextBlock 元素的 Text 属性，当返回到页面时就没有保存这些细节。同样，如果动态设置 Foreground 或 Background 属性，也是如此。然而，如果设置 TextBox 控件的 Text 属性、CheckBox 控件的 IsSelected 属性或 ListBox 控件的 SelectedIndex 属性，所有这些细节都会被保存下来。

那么如果有些行为不是您所希望的行为，应该怎么办呢？换句话说，如果动态设置了许多属性，并希望页面保存所有这些信息，该怎么办呢？有几种方法可供选择。功能最强大的方法是使用 Page.KeepAlive 属性，该属性的默认值是 false。当将该属性设置为 true 时，WPF 就不会使用前面介绍过的串行化机制，反而将保持所有页面对象有效。因此，当导航回页面时，一切信息照旧。当然，这种方法的缺点是增加了内存负担，因此只有当少数几个页面确实需要时，才应该使用该方法。

提示：

当使用 KeepAlive 属性保持页面有效时，下次导航到该页面时不会引发 Initialized 事件(而对于没有保持存在但使用 WPF 日志系统“重新创建”的页面，每次当用户浏览它们时都会引发 Initialized 事件)。如果这不是所希望的行为，可处理 Page 对象的 Unloaded 和 Loaded 事件，这两个事件总是会被引发。

另一个解决方案是选择不同的可传递相关信息的设计。例如，可创建页函数(在本章的后面会介绍该内容)来返回信息。使用页函数以及额外的初始化逻辑，可设计自己的从某个页面检索重要的信息、并当需要时还原这些信息的系统。

在 WPF 的导航历史中还有更复杂的内容。正如将在本章后面介绍的，可通过代码动态创建页面对象，然后导航到该页面。对于这种情况，维护页面状态的常规机制不能工作。WPF 没有指向页面的 XAML 文档的引用，所以 WPF 不知道如何重新构造页面(并且如果页面是动态创建的，甚至可能没有相应的 XAML 文档)。对于这种情况，WPF 总在内存中保持页面对象有效，而不管 KeepAlive 属性是如何设置的。

24.3.3　维护自定义的属性

通常，当页面被销毁时页面类的所有字段都丢失了它们的值。如果希望为页面类添加自定义的属性，并且为了确保它们保持其数值，可以相应地设置日志标志。然而，对于普通属性或字段不能通过设置日志标志来保持其数值，反而需要在页面类中创建依赖项属性。

在第 4 章已经学习过依赖项属性。为了创建依赖项属性，需要经过两个步骤：首先，需要创建依赖项属性的定义；其次，需要有普通的属性过程来设置或获取依赖项属性的值。

为定义依赖项属性，需要采用如下方式创建静态字段：

```
private static DependencyProperty MyPageDataProperty;
```

根据约定，定义依赖项属性的字段的名称应当是在普通属性名称的后面加上单词 Property。

注意：

上面的示例使用了一个私有的依赖项属性，这是因为只有在定义它的页面类中才需要访问该属性。

为完成定义，需要有用于注册依赖项属性定义的静态构造函数。在此设置希望与依赖项属性一起使用的服务(例如支持数据绑定、动画以及日志记录)：

```
static PageWithPersistentData()
{
    FrameworkPropertyMetadata metadata = new FrameworkPropertyMetadata();
    metadata.Journal = true;

    MyPageDataProperty = DependencyProperty.Register(
      "MyPageDataProperty", typeof(string),
      typeof(PageWithPersistentData), metadata, null);
}
```

现在可创建用于封装依赖项属性的普通属性。但在编写获取器(getter)和设置器(setter)时，应当使用在 DependencyObject 基类中定义的 GetValue( )和 SetValue( )方法：

```
private string MyPageData
{
    set { SetValue(MyPageDataProperty, value); }
    get { return (string)GetValue(MyPageDataProperty); }
}
```

将所有这些细节添加到单个页面中(在该例中，是名为 PageWithPersistentData 的页面)。当用户离开该页面时，MyPageData 属性的值会被自动串行化，而且当返回到该页面时会自动还原该属性的值。

24.4 导航服务

您到目前为止看到的导航严重依赖于超链接。当使用该方法时，它非常简单而且很出色。然而，在某些情况下，可能希望进一步地控制导航过程。例如，如果正在使用页面构建固定的、将用户从开始点以线性序列步骤导航到结束点的模型(如向导)，那么超链接可以工作得很好。然而，如果希望用户完成一些小的顺序步骤并返回到通用页面，或者如果希望根据其他细节(如用户以前的操作)配置一系列步骤，这时超链接就不能满足需要了。

24.4.1 通过编程进行导航

虽然可动态地设置 Hyperlink.NavigateUri 和 Frame.Source 属性，但最灵活且功能最强大的方法是使用 WPF 导航服务。可通过驻留页面的容器(如 Frame 或 NavigationWindow)访问导航服务，但该方法仅允许将页面用于相应类型的容器中。访问导航服务的最佳方法是通过静态的 NavigationService.GetNavigationService( )方法。为该方法传递指向页面的引用，并且该方法返回一个有效的 NavigationService 对象，通过该对象可以使用代码进行导航：

```
NavigationService nav;
nav = NavigationService.GetNavigationService(this);
```

不管使用什么类型的容器驻留页面，上面的代码都可以工作。

注意：

在页面构造函数中或当引发 Page.Initialized 事件时，不能获取 NavigationService。应当改用 Page.Loaded 事件。

NavigationService 类提供了大量可用于触发导航的方法。其中最常用的是 Navigate( )方法，通过该方法可根据其 URI 导航到某个页面：

```
nav.Navigate(new System.Uri("Page1.xaml", UriKind.RelativeOrAbsolute));
```

或通过创建合适的页面对象进行导航：

```
Page1 nextPage = new Page1();
nav.Navigate(nextPage);
```

如有可能，您会希望使用 URI 进行导航，因为这种方法允许 WPF 日志系统保存页面数据，而不需要在内存中保持页面对象树有效。当为 Navigate( )方法传递页面对象时，整个对象始终保留在内存中。

然而，如果需要向页面传递信息，可能会决定手动创建页面对象。可使用自定义页面类的构造函数传递信息(这是最常用的方法)，或者在创建页面对象后调用页面类的另一个自定义方法。如果已为页面添加新的构造函数，就需要确保在新添加的构造函数中调用 InitializeComponent( )方法以处理标记并创建控件对象。

注意：

如果决定使用代码进行导航，就需要决定是使用按钮控件、超链接还是使用其他元素进行导航。通常，会在事件处理程序中使用条件代码决定导航到哪个页面。

WPF 导航是异步的。因此，在完成导航之前可通过调用 NavigationService.StopLoading( )方法来取消导航请求，还可使用 Refresh( )方法重新加载页面。

最后，NavigationService 类还提供了 GoBack( )和 GoForward( )方法，从而可在列表中向后和向前移动。如果创建自己的导航控件，这是非常有用的。如果试图导航到不存在的页面(例如，当处于第一个页面时试图后退)，这两个方法都可能会引发 InvalidOperationException 异常。为避免这些错误，在使用对应的方法之前应当检查 Boolean 类型的 CanGoBack 和 CanGoFroward 属性。

24.4.2 导航事件

NavigationService 类还提供了一些非常有用的事件，可使用这些事件响应导航。响应导航最常见的原因是，当导航完成时执行一些任务。例如，如果页面驻留于普通窗口的框架中，当导航完成时可更新窗口状态栏中的文本。

因为导航是异步的，所以 Navigate( )方法在目标页面显示之前就返回了。在某些情况下，时间差别可能是非常重要的，例如，当正导航到某个网站上松散的 XAML 页面(或者位于另一个程序集中的触发 Web 下载的 XAML 页面)时，或者当页面的 Initialized 或 Loaded 事件处理程序包含非常耗时的代码时。

WPF 导航处理的过程如下所示：

(1) 页面已经定位。

(2) 已经检索页面信息(如果页面位于某个远程站点上，这时已经完成下载)。

(3) 页面需要的所有相关资源(如图像)已经定位并已下载。

(4) 页面已经解析，并已生成了对象树。这时，页面会引发其 Initialized 事件(除非是从日志中还原页面，这时不引发该事件)和 Loaded 事件。

(5) 页面被呈现。

(6) 如果 URI 包含分段导航，WPF 会导航到那个元素。

表 24-2 列出了在导航过程中由 NavigationService 类引发的事件。Application 类以及导航容器(NavigationWindow 和 Frame)也提供了这些导航事件。如果有多个导航容器，就可以灵活地在不同的容器中分别处理导航。然而，没有为单个页面提供处理导航事件的内置方法。一旦为导航容器的导航服务关联了事件处理程序，当从一个页面移到另一个页面时就会继续引发事件(直到删除事件处理程序)。通常，这意味着处理导航的最简单方法是在应用程序一级进行。

不能使用 RoutedEventArgs.Handled 属性抑制导航事件，这是因为导航事件是普通的.NET 事件，而不是路由事件。

提示：

可从 Navigate( )方法向导航事件传递数据，只需要查看使用额外对象参数的 Navigate( )方法的重载版本即可。在 Navigated、NavigationStopped 以及 LoadCompleted 事件中，可通过 NavigationEventArgs.ExtraData 属性获取该对象。例如，可使用该属性持续跟踪请求导航的时间。

24.4.3 管理日志

使用到目前为止学习过的技术，可构建基于线性导航的应用程序。虽然可让导航过程具有适应性(例如，使用条件逻辑可使用户执行路径上不同的步骤)，但仍然局限于从开始到结束的基本方法。图 24-8 显示了这种导航拓扑，当构建简单的基于任务的向导时这种方式很常见。当用户退出代表逻辑任务的一组页面时——点划线指示了相关的步骤。

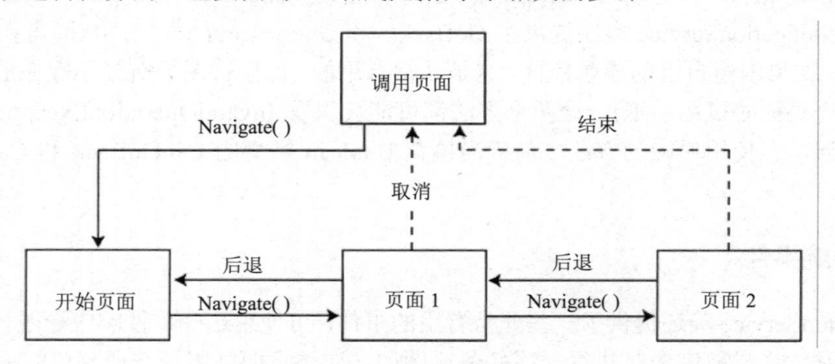

图 24-8　线性导航

如果尝试使用 WPF 导航实现这一设计，将发现缺少一些细节。换言之，当用户结束导航过程时(要么是因为在某个步骤中用户取消了操作，要么是因为用户完成了任务)，需要擦除后退历史。如果应用程序是围绕某个不是基于导航的主窗口构建的，这不是什么问题。当用户启动基于页面的任务时，应用程序简单地创建新的 NavigationWindow 对象。任务结束时，可销毁窗口。然而，如果整个应用程序是基于导航的，就没这么容易了。当任务取消或完成时需要通过某种方法撤销历史列表，使用户不能后退到中间的某个步骤。

但 WPF 不允许用户更多地控制导航堆栈。NavigationService 类只提供了两个方法：AddBackEntry( )和 RemoveBackEntry( )。在该例中需要使用 RemoveBackEntry( )方法。该方法从后退列表中获取最近的项并删除该项。RemoveBackEntry( )方法还返回一个描述删除项的 JournalEntry 对象。该对象提供了 URI(通过 Source 属性)以及在导航历史中使用的名称(通过 Name 属性)。需要记住的是，该名称是根据 Page.Title 属性设置的。

如果希望在任务结束后清除几个项，需要多次调用 RemoveBackEntry( )方法。可使用两种方式。如果决定删除整个后退列表，可使用 CanGoBack 属性决定何时到达了列表末尾：

```
while (nav.CanGoBack)
{
    nav.RemoveBackEntry();
}
```

另一种方式是不断删除项，直到删除任务的开始点。例如，如果有页面启动一项任务，该任务的开始页面是 ConfigureAppWizard.xaml，那么当任务结束时可使用下面的代码：

```
string pageName;
while (pageName != "ConfigureAppWizard.xaml")
{
    JournalEntry entry = nav.RemoveBackEntry();
    pageName = System.IO.Path.GetFileName(entry.Source.ToString());
}
```

上面的代码使用保存在 JournalEntry.Source 属性中的完整 URI，并使用 Path 类的静态方法 GetFileName( )得到页面的名称(对于 URI，该类同样工作得很好)。可使用 Title 属性方便代码的编写，但该方法不够可靠。因为页面标题显示在导航历史中，而且对用户可见，所以当本地化应用程序时，它是一段需要翻译成其他语言的信息。这会终止期望使用硬编码页面标题的代码，并且即使不准备本地化应用程序，也不难想象出修改页面标题使其更加清晰或更具有描述性的情况。

此外，可使用导航容器(如 NavigationWindow 或 Frame)的 BackStack 和 ForwardStack 属性检查后退列表和前进列表中的所有项。然而，一般不能通过 NavigationService 类获取这一信息。在任何情况下，这些属性都提供了 JournalEntry 对象的只读的简单集合。不能通过它们修改列表，并且很少需要使用它们。

24.4.4 向日志添加自定义项

除了 RemoveBackEntry( )方法外，NavigationService 类还提供了 AddBackEntry( )方法，该方法用于在后退列表中添加“虚拟的”项。例如，设想有一个单独页面，用户通过该页面执行一项非常复杂的配置任务。如果希望用户能够后退到窗口的前一个状态，可使用 AddBackEntry( )方法对其进行保存。即使只有一个单独页面，在列表中也可能会有几个相应的项。

与期望的相反，当调用 AddBackEntry( )方法时，不能给该方法传递 JournalEntry 对象(实际上，JournalEntry 类有一个受保护的构造函数，所以也不能在代码中实例化该类)。而是需要创建一个继承自抽象的 System.Windows.Navigation.CustomContentState 类的自定义类，并存储需要的所有信息。例如，分析图 24-9 中显示的应用程序，该应用程序允许用户将项从一个列表移到另一个列表中。

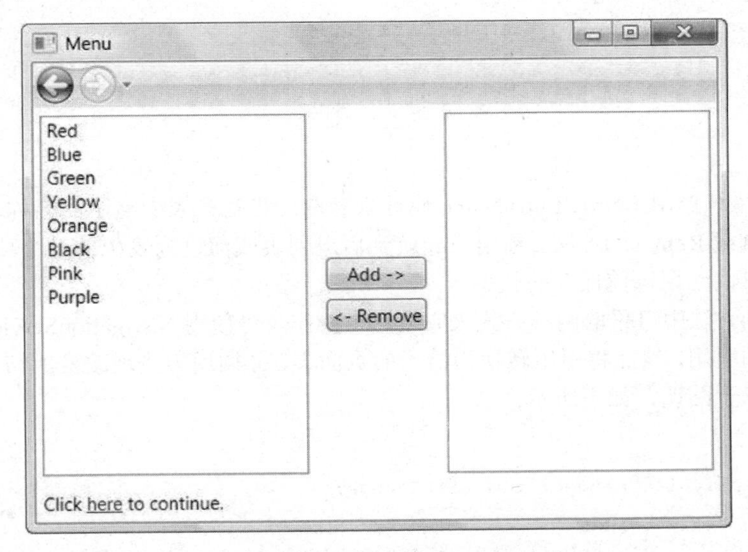

图 24-9 动态列表

现在假定每次从一个列表向另一个列表中移动项时，希望保存窗口的状态。首先需要一个继承自 CustomContentState 的类，并且需要保持跟踪所需的信息。在这个示例中，只需要记录两个列表的内容。因为该类将被保存到日志中(从而当需要时可以恢复页面)，所以该类需要能够串行化：

```
[Serializable()]
public class ListSelectionJournalEntry : CustomContentState
{
    private List<String> sourceItems;
    private List<String> targetItems;
    public List<String> SourceItems
    {
        get { return sourceItems; }
    }
    public List<String> TargetItems
    {
        get { return targetItems; }
    }
    ...
```

现在有了一个良好开端，但还需要做一些工作。例如，可能不希望页面在导航历史中多次显示相同的标题，而可能希望使用更有描述性的名称。为此，需要重载JournalEntryName属性。

在该例中，没有简明的方法用来描述两个列表的状态。所以当在日志中保存项时，让页面选择名称是很有意义的。通过这种方法，页面可根据最近的动作添加描述性名称(例如AddedBlue或RemovedYellow)。为创建这种设计，只需要让JournalEntryName属性依赖于某个变量，可在构造函数中设置该变量：

```
...
private string _journalName;
public override string JournalEntryName
{
    get { return _journalName; }
}
...
```

WPF导航系统调用JournalEntryName属性来获取应当在列表中显示的名称。

下一步是重载Replay( )方法。当用户导航到后退列表或前进列表中的某个项时，WPF调用该方法，从而可以应用以前保存的状态。

在Replay( )方法中可采取两种方式来完成这一操作。可使用NavigationService.Content属性获取当前页面的引用，然后将引用转换为恰当的页面类，并调用为实现改变所需要的任何方法。另一种方式依赖于回调，如下所示：

```
...
private ReplayListChange replayListChange;

public override void Replay(NavigationService navigationService,
  NavigationMode mode)
{
    this.replayListChange(this);
}
...
```

这里没有显示 ReplayListChange 委托，但它非常简单。该委托表示带有一个参数的方法，其参数是 ListSelectionJournalEntry 对象。然后页面可从 SourceItems 和 TargetItems 属性中检索列表信息，并还原页面。

现在，最后一步是创建构造函数以接收需要的所有信息：两个列表中的项、在日志中使用的名称，以及当需要为页面重新应用状态时引发的委托。

```
...
public ListSelectionJournalEntry(
  List<String> sourceItems, List<String> targetItems,
  string journalName, ReplayListChange replayListChange)
{
    this.sourceItems = sourceItems;
    this.targetItems = targetItems;
    this.journalName = journalName;
    this.replayListChange = replayListChange;
}
}
```

为将该功能应用到页面中，需要执行以下三个步骤：

(1) 需要在合适的时机调用 AddBackReference( )方法，以便在导航历史中保存附加的项。

(2) 当用户通过历史进行导航时，需要处理 ListSelectionJournalEntry 回调以还原窗口。

(3) 需要在自己的页面类中实现 IProvideCustomContentState 接口以及该接口的单个方法 GetContentState( )。当用户通过历史导航到另一页面时，可通过导航服务调用 GetContentState( )方法，从而可返回将被存储为当前页面状态的自定义类的一个实例。

注意：

IProvideCustomContentState 接口是一个容易被忽视的细节，但却非常重要。当用户使用前进列表或后退列表进行导航时，需要进行两个操作——页面需要向日志中添加当前视图(使用 IProvideCustomContentState 接口)，然后需要还原选择的视图(使用 ListSelectionJournalEntry 回调)。

首先，无论何时单击 Add 按钮，都需要创建新的 ListSelectionJournalEntry 对象并调用 AddBackEntry( )方法，从而将前一个状态保存到历史中。这一过程被分离到一个单独的方法中，从而可在页面的多个地方使用该方法(例如，单击 Add 或 Remove 按钮时)：

```
private void cmdAdd_Click(object sender, RoutedEventArgs e)
{
    if (lstSource.SelectedIndex != -1)
    {
        // Determine the best name to use in the navigation history.
        NavigationService nav = NavigationService.GetNavigationService(this);
        string itemText = lstSource.SelectedItem.ToString();
        string journalName = "Added " + itemText;

        // Update the journal (using the method shown below.)
        nav.AddBackEntry(GetJournalEntry(journalName));

        // Now perform the change.
        lstTarget.Items.Add(itemText);
```

```
        lstSource.Items.Remove(itemText);
    }
}

private ListSelectionJournalEntry GetJournalEntry(string journalName)
{
    // Get the state of both lists (using a helper method).
    List<String> source = GetListState(lstSource);
    List<String> target = GetListState(lstTarget);

    // Create the custom state object with this information.
    // Point the callback to the Replay method in this class.
    return new ListSelectionJournalEntry(
      source, target, journalName, Replay);
}
```

当单击 Remove 按钮时，可使用类似的过程。

下一步是在 Replay( )方法中处理回调并更新列表，如下所示：

```
private void Replay(ListSelectionJournalEntry state)
{
    lstSource.Items.Clear();
    foreach (string item in state.SourceItems)
      { lstSource.Items.Add(item); }

    lstTarget.Items.Clear();
    foreach (string item in state.TargetItems)
      { lstTarget.Items.Add(item); }
}
```

最后一步是在页面中实现 IProvideCustomContentState 接口：

```
public partial class PageWithMultipleJournalEntries : Page,
    IProvideCustomContentState
```

IProvideCustomContentState 接口定义了 GetContentState( )方法。在 GetContentState( )方法中，需要为页面保存状态，具体方法和单击 Add 或 Remove 按钮时所用的方法相同。唯一的区别是不使用 AddBackEntry( )方法进行添加。只需要将该对象作为返回值提供给 WPF 即可：

```
public CustomContentState GetContentState()
{
    // We haven't stored the most recent action,
    // so just use the page name for a title.
    return GetJournalEntry("PageWithMultipleJournalEntries");
}
```

请记住，当用户使用后退按钮或前进按钮导航到另一个页面时，WPF 导航服务调用 GetContentState( )方法。WPF 使用返回的 CustomContentState 对象，并为当前页面将该对象存储到日志中。在此存在一个潜在问题——如果用户执行了几个操作，然后通过导航历史返回这些操作，那么历史中的“undone”操作将具有硬编码的页面名称(PageWithMultipleJournalEntries)，而不是更具有描述性的原始名称(如 Added Orange)。为更好地解决该问题，可在页面类中使用成员变量来保存该页面的日志名称。本例的下载代码采用了这一额外步骤。

该例已经完成了。现在，运行应用程序并操作列表，可发现在历史中会出现几个项，如图 24-10 所示。

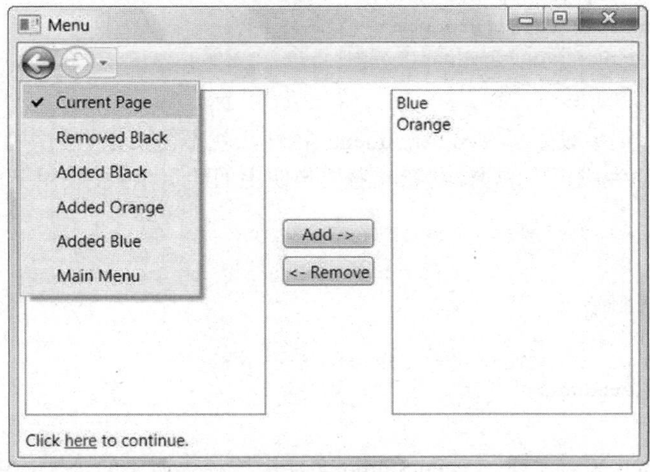

图 24-10　日志中的自定义项

24.4.5　使用页函数

到目前为止，您已经学习了如何向页面传递信息(在代码中实例化页面并配置页面，然后将它传递给 NavigationService.Navigate( )方法)，但还没有看到如何从页面返回信息。最容易的方法(也是结构化程度最低的方法)是在一些静态的应用程序变量中保存信息，从而在应用程序的其他任何类中都可以访问变量。但如果只需要从一个页面向另一个页面传递少量信息，并且不希望在内存中长时间保存这些信息，那么这种设计不是最好的。而且如果在应用程序中使用全局变量，就会使应用程序变得混乱，难以区分相互之间的依赖关系(哪个变量由哪个页面使用)，而且会使重用页面以及维护应用程序变得更难。

WPF 提供的另一种方法是使用 PageFunction 类。PageFunction 类是 Page 类的继承版本，该类添加了返回结果的功能。在某种意义上，PageFunction 对象类似于对话框，而 Page 对象类似于窗口。

为在 Visual Studio 中创建 PageFunction 对象，可在 Solution Explorer 中右击项目，并选择 Add | New Item 菜单项。接下来，选择 WPF 目录，选择 Page Function(WPF)模板，输入文件名并单击 Add 按钮。用于 PageFunction 对象的标记和用于 Page 对象的标记非常类似。区别在于根元素是<PageFunction>，而不是<Page>。

从技术角度看，PageFunction 是泛型类。它接受一个类型参数，该参数指定用于 PageFunction 返回值的数据类型。默认情况下，每个新的页函数都是通过字符串进行参数化(这意味着返回值是字符串)。但可以很容易地通过修改<PageFunction>元素中的 TypeArguments 特性来改变这一细节。

在下面的示例中，PageFunction 对象返回名为 Product 的自定义类的实例。为支持这一设计，<PageFunction>元素将恰当的名称空间(NavigationApplication)映射到合适的 XML 前缀(local)，然后当设置 TypeArguments 特性时使用该 XML 前缀。

```
<PageFunction
    xmlns="http://schemas.microsoft.com/winfx/2006/xaml/presentation"
    xmlns:x="http://schemas.microsoft.com/winfx/2006/xaml"
    xmlns:local="clr-namespace:NavigationApplication"
    x:Class="NavigationApplication.SelectProductPageFunction"
    x:TypeArguments="local:Product"
    Title="SelectProductPageFunction"
    >
```

此外，只要在标记中设置了 TypeArguments 特性，就不需要在类的声明中指定同一信息。XAML 解析器将自动生成正确的类。这意味着要声明上面的页函数，使用下面的代码就足够了：

```
public partial class SelectProductPageFunction
{ ... }
```

但下面的代码更明确：

```
public partial class SelectProductPageFunction:
  PageFunction<Product>
{ ... }
```

当创建 PageFunction 对象时，Visual Studio 会使用这种更明确的语法。在默认情况下，Visual Studio 创建的所有新的 PageFunction 类都继承自 PageFuntion<string>。

PageFunction 需要通过编程方式处理所有导航。当单击用于结束任务的按钮或链接时，代码必须调用 PageFunction.OnReturn( )方法。此时，必须提供希望返回的对象，该对象必须是在声明中指定的类的实例。也可提供 null 值，指示任务没有完成。

下面是具有两个事件处理程序的例子：

```
private void lnkOK_Click(object sender, RoutedEventArgs e)
{
    // Return the selection information.
    OnReturn(new ReturnEventArgs<Product>(lstProducts.SelectedValue));
}

private void lnkCancel_Click(object sender, RoutedEventArgs e)
{
    // Indicate that nothing was selected.
    OnReturn(null);
}
```

使用 PageFunction 对象相当简单。调用页面需要通过代码实例化 PageFunction 类，因为需要为 PageFunction.Returned 事件关联事件处理程序(因为 NavigationService.Navigate( )方法是异步的，并且会立即返回，所以需要这一额外步骤)。

```
SelectProductPageFunction pageFunction = new SelectProductPageFunction();
pageFunction.Return += new ReturnEventHandler<Product>(
  SelectProductPageFunction_Returned);
this.NavigationService.Navigate(pageFunction);
```

当用户使用完 PageFunction 并单击用于调用 OnReturn( )方法的链接时，会引发 PageFunction. Returned 事件。可通过 ReturnEventArgs.Result 属性获得返回的对象：

```
private void SelectProductPageFunction_Returned(object sender,
  ReturnEventArgs<Product> e)
{
    Product product = (Product)e.Result;
    if (e != null) lblStatus.Text = "You chose: " + product.Name;
}
```

通常，OnReturn( )方法表示任务结束，并且不希望用户能够向后导航到 PageFunction 对象。可使用 NavigationService.RemoveBackEntry( )方法实现该目的，但还有更简单的方法。每个 PageFunction 类还提供了 RemoveFromJournal 属性。如果将该属性设置为 true，当页面调用 OnReturn( )方法时会自动从历史中删除该页面。

通过为应用程序添加 PageFunction 对象，就具备了使用不同类型导航拓扑的功能。可将某个页面指定为中心页面，并允许用户通过页函数执行各种任务，如图 24-11 所示。

PageFunction 通常会调用另一个页函数。对于这种情况，一旦导航过程完成，推荐的处理方法是使用一系列相互链接的 OnReturn( )调用。换句话说，如果 PageFunction1 调用了 PageFunction2，然后 PageFunction2 又调用了 PageFunction3，当 PageFunction3 调用 OnReturn( )方法时，就会触发 PageFunction2 中的 Returned 事件处理程序，然后该事件处理程序调用 OnReturn( )方法，从而会引发 PageFunction1 中的 Returned 事件的处理程序，该事件处理程序最后调用 OnReturn( )方法来结束整个过程。根据试图完成的工作，可能需要在整个过程中传递返回对象，直至到达根页面为止。

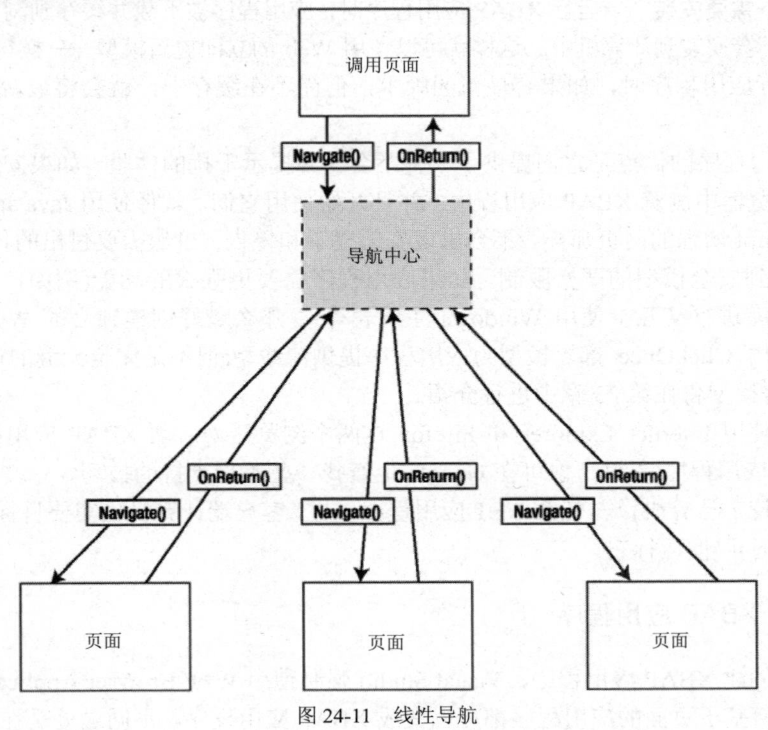

图 24-11　线性导航

24.5　XAML 浏览器应用程序

XBAP 是运行于浏览器中的基于页面的应用程序。XBAP 是彻头彻尾的 WPF 应用程序，但具有几个重要的不同点：

- **它们运行于浏览器窗口中**。它们可为网页使用整个显示器区域，也可使用<iframe>标记(稍后就会看到该标记)将它们放到普通 HTML 文档中的某些地方。

注意：
从技术上的实际情况看，所有类型的 WPF 应用程序，包括 XBAP 应用程序，都作为单独的由 CLR 管理的进程运行。XBAP 应用程序看起来在浏览器的“内部”运行，只不过是因为在浏览器窗口中显示它们的所有内容。这与 ActiveX 控件(以及 Silverlight 应用程序)使用的模型不同，ActiveX 控件被加载到浏览器进程中。

- **它们通常具有的权限是有限的**。尽管可能配置 XBAP 应用程序，使其请求完全信任的权限，但目标是使用 XBAP 作为轻量级的部署模型，从而允许用户运行 WPF 应用程序，而不会执行潜在的危险代码。赋予 XBAP 应用程序的权限和赋予从 Web 或本地企业网运行的.NET 应用程序的权限相同，并且强制这些限制的机制也是相同的(代码访问安全)。这意味着在默认情况下，XBAP 应用程序不能写文件、不能和其他计算机资源(如注册表)进行交互、不能连接数据库，也不能弹出真正完备的窗口。
- **它们不需要安装**。当运行 XBAP 应用程序时，应用程序被下载并缓存到浏览器中。然而，它们不会安装到计算机中。这样就可以使用 Web 的立即更新模型——换句话说，每次用户运行应用程序时，如果有最新的版本，但尚不在缓存中，就会将最新版本下载到缓存中。

XBAP 应用程序的优点是它们提供了一种不会受到提示干扰的体验。如果安装了.NET，客户就可以在浏览器中浏览 XBAP 应用程序，并且开始使用它们，就像使用 Java applet、Flash 影片以及 JavaScript 增强的网页那样。不会出现安装提示和警告。当然需要付出的代价是，XBAP 应用程序要受到安全模型的严格限制。如果应用程序需要更强大的功能(例如，需要读写任意文件、与数据库进行交互、使用 Windows 注册表等)，那么最好创建独立的 Windows 应用程序。然后可使用 ClickOnce 部署模型为应用程序提供流线型(但不是完全无缝的)的部署体验，ClickOnce 部署模型将在第 33 章中进行介绍。

目前，可使用 Internet Explorer 和 Firefox 这两个浏览器来启动 XBAP 应用程序。Chrome 不支持 XBAP 应用程序(不过，您可在 Google 上查找一些不受支持的技巧，一些开发人员将这些技巧应用于特定计算机)。与任意.NET 应用程序一样，客户端计算机也需要目标.NET 版本(在编译应用程序时)以便运行它。

24.5.1　创建 XBAP 应用程序

尽管为了创建 XBAP 应用程序，Visual Studio 强制使用 WPF Browser Application 模板创建新项目，但任何基于页面的应用程序都可以变成 XBAP 应用程序。不同之处是在.csproj 项目文件中包含了 4 个关键元素，如下所示：

```
<HostInBrowser>True</HostInBrowser>
```

```
<Install>False</Install>
<ApplicationExtension>.xbap</ApplicationExtension>
<TargetZone>Internet</TargetZone>
```

这些标签告诉 WPF 应当在浏览器(HostInBrowser)中驻留应用程序，将它与其他临时的 Internet 文件一起缓存而不是永久安装(Install)，使用.xbap 扩展名(ApplicationExtension 标签)，并且只要求 Internet 区域(TargetZone)权限，第 4 部分是可选的。如稍后所述，创建具有更高权限的 XBAP 应用程序在技术上是可行的。然而，XBAP 应用程序几乎总是运行在 Internet 区域提供的有限权限下，这是成功编写 XBAP 应用程序面临的重大挑战。

提示：

.csproj 文件还包含与 XBAP 相关的其他标签，以保证能够正确地进行调试。将 XBAP 应用程序改为基于页面的独立窗口应用程序(或将基于页面的独立窗口应用程序改成 XBAP 应用程序)的最简单方法是，创建所需类型的新项目，然后从旧项目中导入所有页面。

一旦创建 XBAP 应用程序，就可以通过和使用 NavigationWindow 相同的方式，设计页面以及为页面编写代码。例如，在 App.xaml 文件中设置 StartUri 以指向某个页面。当编译应用程序时，会生成一个.xbap 文件。然后可在 Internet Explorer 或 Firefox 浏览器中请求该.xbap 文件，并且应用程序会自动在受限的信任模型下运行(要求预先安装.NET Framework)。图 24-12 显示了一个在 Internet Explorer 中运行的 XBAP 应用程序。

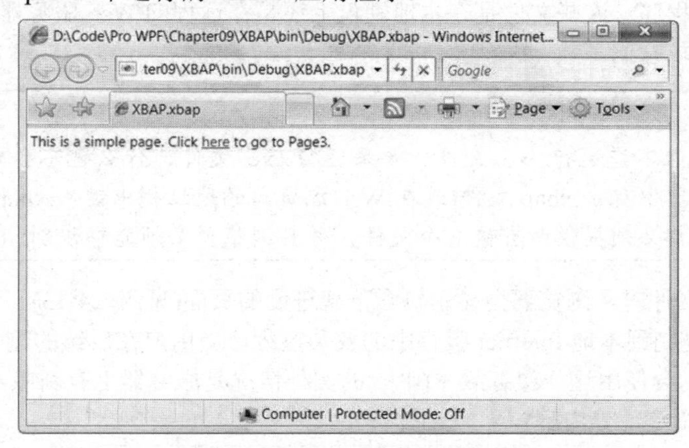

图 24-12　浏览器中的 XBAP 应用程序

只要不是试图执行任何被限制的操作(例如，显示独立的窗口)，运行 XBAP 应用程序和运行普通的 WPF 应用程序就是一样的。如果在 Internet Explorer 中运行应用程序，浏览器中的按钮和 NavigationWindow 窗口中的按钮相同，并且它们显示后退和前进页面列表。在以前版本的 Internet Explorer 以及 Firefox 浏览器中，在页面的顶部会有一组新的导航按钮，这些按钮不是非常好。

24.5.2　部署 XBAP 应用程序

尽管可为 XBAP 应用程序创建安装程序(并且可从本地硬盘运行 XBAP 应用程序)，但很少这么做，而只是将编译过的应用程序复制到网络上的某个共享位置或虚拟目录中。

注意：

可使用松散的 XAML 文件得到类似效果。如果应用程序完全由没有代码隐藏文件的 XAML 页面构成，就根本不需要编译应用程序。相反，可以只在 Web 服务器中放置合适的.xaml 文件，并且让用户直接浏览它们。当然，松散的 XAML 文件显然不如编译过的 XBAP 应用程序功能强大，但是如果只需要显示文档、图形以及动画，或者所有需要的功能可以通过声明式的绑定表达式实现，那么使用松散的 XAML 文件是合适的。

但部署 XBAP 应用程序不像复制.xbap 文件那么简单，实际上需要将以下三个文件复制到同一文件夹中：

- ApplicationName.exe：该文件包含编译过的中间语言代码，就像任何.NET 应用程序那样。
- ApplicationName.exe.manifest：该文件是指示应用程序需求的 XML 文档(例如，用于编译代码的.NET 程序集版本)。如果应用程序使用了其他 DLL，可在应用程序所在的相同虚拟目录下得到它们，并且会自动下载这些 DLL 文件。
- ApplicationName.xbap：.xbap 文件是另一个 XML 文档，代表应用程序的入口点——换句话说，该文件是用户在浏览器中请求安装 XBAP 应用程序所需的文件。.xbap 文件中的标记指向应用程序文件，并包含数字签名，数字签名使用已经为项目选择的密钥。

一旦将这些文件传输到合适位置，就可以通过请求.xbap 文件在 Internet Explorer 或 Firefox 浏览器中运行应用程序。这些文件是在本地硬盘上还是在远程的 Web 服务器上没有区别——可使用相同的方式请求它们。

提示：

这非常诱人，但不能运行.exe 文件。如果运行.exe 文件，什么也不会发生。反而应当在 Windows 资源管理器中双击.xbap 文件(或在 Web 浏览器的地址栏中键入.xbap 文件的路径)。不管使用哪种方式，都必须提供所有这三个文件，并且浏览器必须能够识别.xbap 文件扩展名。

当下载.xbap 文件时，浏览器会显示包含下载进度的页面(见图 24-13)。下载过程本质上是将.xbap 应用程序复制到本地 Internet 缓存中的安装过程。当用户在后续的浏览过程中返回到相同的远程位置时，就会使用这一缓存版本(唯一的例外情况是服务器上有新版本的 XBAP 应用程序，24.5.3 节将介绍这部分内容)。

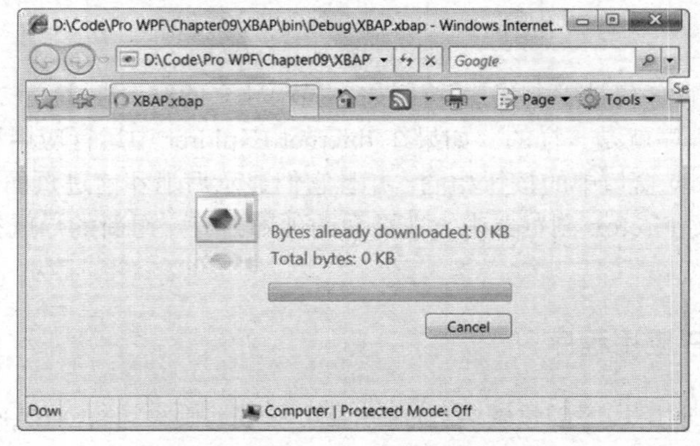

图 24-13　第一次运行.xbap 应用程序

当创建新的 XBAP 应用程序时，Visual Studio 还提供了能够自动生成的证书文件，证书文件的名称类似于 ApplicationName_TemporaryKey.pfx。证书文件包含了一对用于为.xbap 文件添加签名的公钥/私钥。如果想发布应用程序更新，就需要使用相同的密钥进行标识以确保数字签名保持一致。

您可能希望创建自己的密钥(然后可在项目中直接共享该密钥，并且可以使用密码保护该密钥)，而不是使用临时密钥。为此，需要在 Solution Explorer 中双击项目的 Properties 节点，并使用 Signing 选项卡中的选项。

24.5.3 更新 XBAP 应用程序

当调试 XBAP 应用程序时，Visual Studio 总是重新构建 XBAP 应用程序并在浏览器中加载最新版本。不需要采取任何额外步骤。如果在浏览器中直接请求 XBAP 应用程序，情况就不同了。当以这种方式运行 XBAP 应用程序时，存在一个潜在问题。如果重新构建应用程序，将它部署到同一位置，然后再在浏览器中重新请求它，不一定会得到更新过的版本。而将继续运行老版本应用程序的缓存备份。即使关闭并重新打开浏览器窗口，单击浏览器的 Refresh 按钮，以及递增 XBAP 应用程序的程序集版本号，情况也仍然如此。

可手动清除 ClickOnce 缓存，但这显然不是一种便捷的解决方法。相反，需要更新存储在.xbap 文件中的发布信息，使浏览器认识到新部署的 XBAP 代表了应用程序的新版本。更新程序集版本不足以触发更新——需要更新发布版本。

注意：

因为.xbap 文件的下载和缓存功能是基于 ClickOnce 部署模型构建的，所以需要这个额外的更新发布信息的步骤，第 33 章将介绍 ClickOnce 部署技术。ClickOnce 部署模型使用发布版本决定应当应用更新的时机。通过这种方式可为测试多次生成应用程序(每次都使用不同的程序集版本号)，但只有当希望部署新版本时才递增发布版本。

重新生成应用程序并应用新版本的最简单方法是从 Visual Studio 菜单中选择 Build | Publish [ProjectName]菜单项(并单击 Finish 按钮)，而不必使用发布文件(发布文件位于项目目录下的 Publish 文件夹中)。这是因为在 Debug 或 Release 文件夹下新生成的.xbap 文件会指明新的发布版本。需要做的所有工作就是将.xbap 文件以及.exe 和.manifest 文件部署到合适位置。当下次请求.xbap 文件时，浏览器将会下载新的应用程序文件并缓存它们。

为查看当前发布版本，可在 Solution Explorer 中双击 Properties 节点，选择 Publish 选项卡，并查看选项卡底部 Publish Version 区域的设置。确保选中 Automatically Increment Revision with Each Publish 复选框，从而当发布应用程序时增加发布版本，以明确标识发布的应用程序是新的发布版本。

24.5.4 XBAP 应用程序的安全性

创建 XBAP 应用程序最有挑战性的方面是受安全模型的约束。通常，XBAP 应用程序在 Internet 区域权限下运行。即使从本地硬盘运行 XBAP 应用程序也同样如此。

.NET Framework 使用代码访问安全模型(.NET 1.0 版以来就具有的核心特性)来限制允许 XBAP 应用程序执行的操作。通常，对 XBAP 应用程序的限制和 Java 或 JavaScript 代码在 HTML 页面中的限制类似。例如，可显示图形、执行动画、使用控件、显示文档以及播放声音，但不能访问计算机资源，如文件、Windows 注册表和数据库等。

检查是否能够运行某个操作的一种简单方法是编写一些测试代码并进行尝试。WPF 帮助文档也提供了完整细节。表 24-3 简要列出了支持和不支持的 WPF 重要特性。

表 24-3　WPF 关键特性和 Internet 区域

允 许 的	不 允 许 的
所有核心控件，包括 RichTextBox 控件	Windows 窗体控件(通过 interop)
页面、消息框和 OpenFileDialog 对话框	单独的窗口以及其他对话框(如 SaveFileDialog 对话框)
隔离存储区	访问文件系统以及访问注册表
2D 和 3D 绘图、音频和视频、流文档和 XPS 文档，以及动画	位图效果和像素着色器(可能因为它们依赖于非托管代码)
“模拟的”拖放(响应鼠标移动事件的代码)	Windows 拖放
ASP.NET (.asmx)Web 服务以及 WCF 服务	大部分高级 WCF 特性(非 HTTP 传输、服务器端发起连接以及 WS-*协议)，以及与其他任何未驻留 XBAP 应用程序的服务器进行通信

如果试图使用 Internet 区域权限所不允许的特性，那会出现什么结果呢？通常，一旦运行有问题的代码，应用程序就会失败，并抛出 SecurityException 异常。如果运行普通的 XBAP 应用程序，试图执行不允许的操作，并且未处理产生的 SecurityException 异常，就会出现如图 24-14 所示的结果。

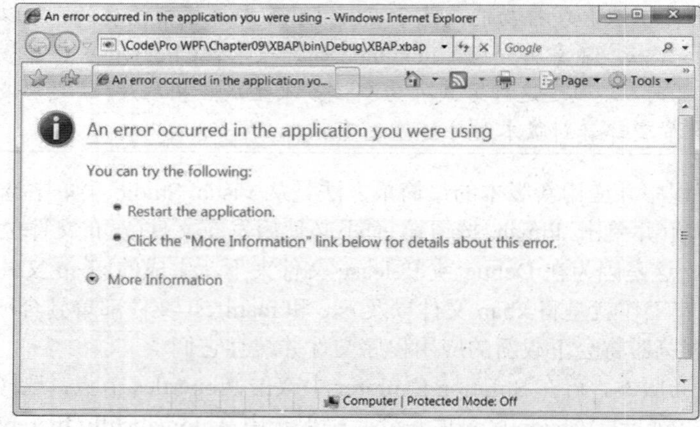

图 24-14　XBAP 应用程序中未处理的异常

24.5.5　完全信任的 XBAP 应用程序

可创建具有完全信任级别的 XBAP 应用程序，但不推荐使用这种技术。为了创建具有完全信任级别的 XBAP 应用程序，在 Solution Explorer 中双击 Properties 节点，选择 Security 选项卡，并选择 This Is a Full Trust Application 选项。然而，用户不能从 Web 服务器或任何虚拟目录中运行 XBAP 应用程序，而是需要采取如下方法之一，以确保允许 XBAP 应用程序以完全信任的级别运行：

- 从本地硬盘运行应用程序(可像运行可执行文件那样，通过双击文件或其快捷方式启动.xbap 文件)。可能希望使用安装程序自动完成安装过程。
- 将正在使用的用于给程序集签名的证书(默认情况下是.pfx 文件)添加到目标计算机的 Trusted Publishers 存储库中。可使用 certmgr.exe 工具完成这一工作。
- 将部署.xbap 文件的网站的 URL 或网络计算机指定为完全信任的。为此，需要使用 Microsoft .NET 2.0 Framework 配置工具(可在 Start 菜单的 Control Panel 的 Administrative Tools 中找到该工具)。

第一个选择最简单。然而，所有这些方法都需要在其他计算机上执行繁琐的配置或部署步骤。因此，它们并非理想的方法。

注意：

如果应用程序需要完全信任的级别，应考虑构建独立的 WPF 应用程序，并使用 ClickOnce 部署模型进行部署(如本书第 33 章所述)。XBAP 模型的真正目标是创建与传统的 HTML 以及 JavaScript 网站(或 Flash 小程序)相同的 WPF 等价物。

24.5.6　组合 XBAP/独立应用程序

到目前为止，您已经学习了如何处理可能运行在不同信任级别上的 XBAP 应用程序。但还存在另一种可能，您可能希望将同一个应用程序同时部署为 XBAP 应用程序和使用 NavigationWindow 窗口的独立应用程序(如本章开头所述)。

对于这种情况，并非一定要测试权限。编写条件逻辑以测试静态的 BrowserInteropHelper.IsBrowerHosted 属性，并假定驻留于浏览器的应用程序自动运行于 Internet 区域权限下，可能就足够了。如果应用程序运行于浏览器中，那么 IsBrowerHosted 属性的值为 true。

但在独立应用程序和 XBAP 应用程序之间进行转换并不容易，因为 Visual Studio 没有提供直接的支持。不过，其他开发人员已创建了一些工具来简化这一过程。一个例子是位于 http://scorbs.com/2006/06/04/vs-template-flexible-application 网址上的灵活的 Visual Studio 项目模板。可通过该模板创建项目文件，并使用生成配置列表在 XBAP 应用程序和独立应用程序之间进行选择。此外，它还提供了一个编译常量，用于在每种情况下对代码进行条件编译，并且提供了一个应用程序属性，用于创建绑定表达式，从而可根据生成配置有条件地决定是显示还是隐藏特定的元素。

另一个选择是将页面放到可重用的类库程序集中。然后可创建两个顶级项目，其中一个项目创建一个 NavigationWindow 对象，并在该对象中加载第一个页面；另一个项目直接作为 XBAP 应用程序启动页面。这种方法使维护解决方案变得更容易些，但可能仍需一些条件代码，用于测试 IsBrowserHosted 属性以及检查特定的 CodeAccessPermission 对象。

24.5.7　为不同的安全级别编写代码

在某些情况下，可能选择创建能够在不同的安全上下文中运行的应用程序。例如，可创建既可以在本地运行(具有完全信任级别)也可以从网站启动的 XBAP 应用程序。对于这种情况，关键是要编写能避免意外的 SecurityException 异常的灵活代码。

代码访问安全模型中的每个权限都由一个继承自 CodeAccessPermission 的类表示。可使用该类检查代码是否运行在所需的权限之下。技巧是调用 CodeAccessPermission.Demand( )方法，该方法请求权限。如果权限不能授予应用程序，该调用就会失败(抛出 SecurityException 异常)。

下面是一个用于检查给定权限的简单函数：

```
private bool CheckPermission(CodeAccessPermission requestedPermission)
{
    try
    {
        // Try to get this permission.
        requestedPermission.Demand();
        return true;
    }
    catch
    {
        return false;
    }
}
```

可以像下面这样使用该函数编写代码，下面的示例代码在进行所希望的操作之前，首先检查调用代码是否具有写文件的权限：

```
// Create a permission that represents writing to a file.
FileIOPermission permission = new FileIOPermission(
  FileIOPermissionAccess.Write, @"c:\highscores.txt");

// Check for this permission.
if (CheckPermission(permission))
{
    // (It's safe to write to the file.)
}
else
{
    // (It's not allowed. Do nothing or show a message.)
}
```

上述代码的一个明显缺点在于依赖于异常处理来控制正常的程序流，所以不鼓励这么做(因为这样不仅会使代码不清晰，而且会增加开销)。另一种选择是简单地尝试执行操作(如写文件)并捕获产生的 SecurityException 异常。然而，在执行任务时，这种方法在执行过程中更可能会出现问题，这时恢复或清除操作可能更困难。

1. 使用隔离存储区

在许多情况下，如果权限不允许，可退而求其次，使用不那么强大的功能。例如，尽管运行于 Internet 区域的代码不能向硬盘驱动中的任意位置执行写操作，但可以使用隔离存储区(isolated storage)。隔离存储区提供了虚拟文件系统，允许在特定应用程序的特定于用户的一小块空间中写入数据。隔离存储区在硬盘中的实际位置是不确定的(所以事先无法知道写入数据的确切位置)，而且可使用的总空间通常是 1MB。该位置通常是 c:\Users\[UserName]\AppData\Local\IsolatedStorage\[GuidIdentifier]形式的路径。位于用户隔离存储区中的数据被严格限制，其他非管理员用户不能访问。

注意：

隔离存储区等价于普通网页中的.NET 永久 cookie——允许在专用位置存储少量信息，专用位置具有特殊控制，可以防止恶意攻击(例如，试图填充硬盘或替换系统文件的代码)。

.NET 参考文档中详细介绍了隔离存储区。然而，使用隔离存储区相当容易，因为它提供了和普通文件访问相同的基于流的模型。只需要使用 System.IO.IsolatedStorage 名称空间中的数据类型即可。通常，首先调用 IsolatedStorageFile.GetUserStoreForApplication( )方法，获取用于当前用户和应用程序的隔离存储区的引用(每个应用程序都有一块单独的隔离存储区)。然后可使用 IsolatedStorageFileStream 类在隔离存储区中创建虚拟文件。下面是一个示例：

```
// Create a permission that represents writing to a file.
string filePath = System.IO.Path.Combine(appPath, "highscores.txt");
FileIOPermission permission = new FileIOPermission(
  FileIOPermissionAccess.Write, filePath);

// Check for this permission.
if (CheckPermission(permission))
{
    // Write to local hard drive.
    try
    {
        using (FileStream fs = File.Create(filePath))
        {
            WriteHighScores(fs);
        }
    }
    catch { ... }
}
else
{
    // Write to isolated storage.
    try
    {
        IsolatedStorageFile store =
          IsolatedStorageFile.GetUserStoreForApplication();
        using (IsolatedStorageFileStream fs = new IsolatedStorageFileStream(
          "highscores.txt", FileMode.Create, store))
        {
            WriteHighScores(fs);
        }
    }
    catch { ... }
}
```

还可使用 IsolatedStorageFile.GetFileNames( )方法以及 IsolatedStorageFile.GetDirectoryNames( )等方法为当前用户和应用程序枚举隔离存储区中的内容。

请记住，如果决定创建部署到 Web 上的普通 XBAP 应用程序，就已经知道不拥有本地硬盘驱动器(或其他任何位置)上的 FileIOPermission 权限。如果正在设计此类应用程序，就不需要使用此处给出的条件代码，而应将代码直接跳转到隔离存储类。

提示：

为确定可用的隔离存储区空间，请检查 IsolatedStorageFile.AvailableFreeSpace 属性。应使用检查该细节的代码，并且如果可用空间不足的话，就应避免写数据。为了增加可以挤进隔离存储区的数据量，可能希望使用 DeflateStream 或 GZipStream 类封装写文件操作。这两种类型都在 System.IO.Compression 名称空间中定义，并使用压缩来降低存储数据所需的字节数。

---

2. 使用 Popup 控件模拟对话框

对于 XBAP 应用程序，另一个被限制的功能在于打开辅助窗口的能力方面。在许多情况下，将使用导航和多个页面，而不是独立的窗口，并且不会失去此功能。然而，有时弹出窗口来显示某些消息或收集输入是很方便的。在独立的 Windows 应用程序中，可使用模态对话框完成这一任务。在 XBAP 应用程序中，有另一种可能——可使用第 6 章中介绍的 Popup 控件。

基本技术是很容易的。首先，在标记中定义 Popup 控件，确保将其 StaysOpen 属性设置为 true，从而该控件会保持打开状态，直到关闭它(使用 PopupAnimation 或 AllowsTransparency 属性没有任何意义，因为在网页中没有任何效果)。还需要为 Popup 控件添加合适的按钮，如 OK 按钮和 Cancel 按钮，并将 Popup 控件的 Placement 属性设置为 Center，使 Popup 控件在浏览器窗口的中间位置显示。

下面是一个简单例子：

```
<Popup Name="dialogPopUp" StaysOpen="True" Placement="Center" MaxWidth="200">
  <Border>
    <Border.Background>
      <LinearGradientBrush>
        <GradientStop Color="AliceBlue" Offset="1"></GradientStop>
        <GradientStop Color="LightBlue" Offset="0"></GradientStop>
      </LinearGradientBrush>
    </Border.Background>
    <StackPanel Margin="5" Background="White">
      <TextBlock Margin="10" TextWrapping="Wrap">
        Please enter your name.
      </TextBlock>
      <TextBox Name="txtName" Margin="10"></TextBox>
      <StackPanel Orientation="Horizontal" Margin="10">
        <Button Click="dialog_cmdOK_Click" Padding="3" Margin="0,0,5,0">OK</Button>
        <Button Click="dialog_cmdCancel_Click" Padding="3">Cancel</Button>
      </StackPanel>
    </StackPanel>
  </Border>
</Popup>
```

在恰当的时机(例如单击按钮时)，应禁用其他用户界面并显示 Popup 控件。可将一些顶级容器的 IsEnabled 属性设置为 false 来禁用用户界面，例如 StackPanel 面板或 Gird 控件(还可将页面的 Background 属性设置为灰色，从而将用户的注意力转移到 Popup 控件上)。为显示 Popup 控件，只需要将它的 IsVisible 属性设置为 true。

下面的事件处理程序显示前面定义的 Popup 控件：

```
private void cmdStart_Click(object sender, RoutedEventArgs e)
{
    DisableMainPage();
}

private void DisableMainPage()
{
    mainPage.IsEnabled = false;
    this.Background = Brushes.LightGray;
    dialogPopUp.IsOpen = true;
}
```

当用户单击 OK 或 Cancel 按钮时，通过将 Popup 控件的 IsVisible 属性设置为 false，关闭该控件并重新启用用户界面的其余部分：

```
private void dialog_cmdOK_Click(object sender, RoutedEventArgs e)
{
    // Copy name from the Popup into the main page.
    lblName.Content = "You entered: " + txtName.Text;
    EnableMainPage();
}

private void dialog_cmdCancel_Click(object sender, RoutedEventArgs e)
{
    EnableMainPage();
}

private void EnableMainPage()
{
    mainPage.IsEnabled = true;
    this.Background = null;
    dialogPopUp.IsOpen = false;
}
```

图 24-15 显示了正在工作中的 Popup 控件。

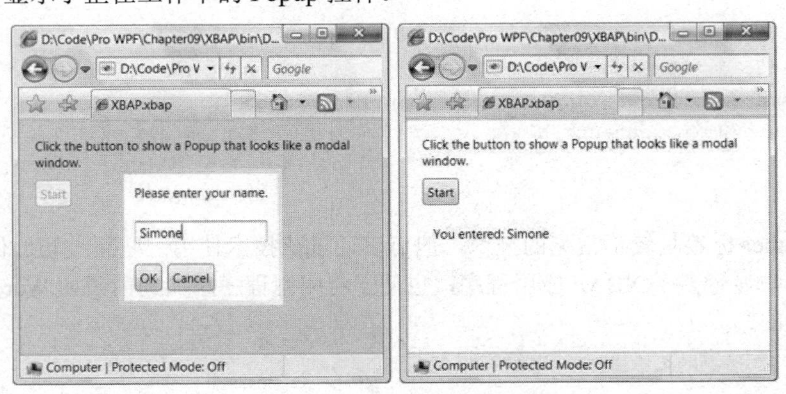

图 24-15　使用 Popup 控件模拟对话框

使用 Popup 控件模拟对话框有一个重要限制。为确保 Popup 控件不能被用于欺骗合法的系统对话框，Popup 窗口被限制在浏览器窗口中。如果有大的 Popup 控件窗口，而浏览器窗口很小，就会裁剪掉一些内容。一种解决方法是使用 ScrollViewer 控件封装 Popup 控件的全部内容，并将 ScrollViewer 控件的 VerticalScrollBarVisibility 属性设置为 Auto，本章的示例代码演示了该方法。

还有一种解决方法，该方法是在 WPF 页面中显示对话框的更奇怪选择。该方法使用.NET 2.0 中的 Windows 窗体库。可安全地创建并显示 System.Windows.Forms.Form 类(或其他任何继承自 Form 类的自定义窗体)的一个实例，因为它不需要非托管代码权限。实际上，甚至可非模态地显示窗体，从而可以保持页面能够进行响应。该方法唯一的缺点是，会在窗体的上面自动显示一个安全气球，并且直到用户单击了警告消息(如图 24-16 所示)该气球才会消失。此外，在窗体中显示的内容也受到限制。可使用 Windows 窗体控件，但不能使用 WPF 内容。对于该技术的一个示例，可参考本章的示例代码。

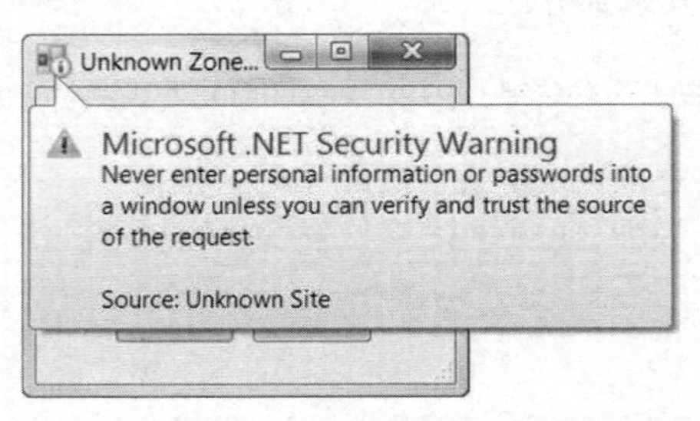

图 24-16　使用.NET 2.0 窗体对话框

24.5.8　在网页中嵌入 XBAP 应用程序

通常会直接在浏览器中加载 XBAP 应用程序，所以它会填满整个可用空间。然而还有一种选择——可在 HTML 页面的部分空间中和其他 HTML 内容一起显示 XBAP 应用程序。需要做的全部工作就是创建 HTML 页面，并使用<iframe>标签指向.xbap 文件，如下所示：

```
<html>
  <head>
    <title>An HTML Page That Contains an XBAP</title>
  </head>
  <body>
    <h1>Regular HTML Content</h1>
    <iframe src="BrowserApplication.xbap"></iframe>
    <h1>More HTML Content</h1>
  </body>
</html>
```

使用<iframe>标签是较不常见的技术，但可以通过该技术使用一些新技巧。例如，在同一个浏览器窗口中显示多个 XBAP 应用程序，也便于将应用程序添加到由诸如 WordPress 的内容管理系统支持的站点上。

24.6　WebBrowser 控件

正如您在本章中已经看到的，WPF 模糊了传统的桌面应用程序和 Web 应用程序之间的界限。使用页面，可创建具有 Web 风格导航的 WPF 应用程序。使用 XABP，可在浏览器窗口中运行 WPF，就像是运行网页。使用 Frame 控件，可以执行相反的技巧，将 HTML 网页放入到 WPF 窗口中。

然而，当使用 Frame 控件显示 HTML 内容时，放弃了对 HTML 内容的所有控制。无法检查 HTML 内容，并且当用户通过单击链接以导航到新页面时无法跟随该过程。当然也无法调用位于 HTML 网页中的 JavaScript 方法，更无法让它们调用您的 WPF 代码。这正是提供 WebBrowser 控件的目的。

提示：

如果需要能够在 WPF 和 HTML 内容之间进行无缝切换的容器，Frame 控件是很好的选择。如果需要检查页面的对象模型、限制或监控页面导航，或创建一条在 JavaScript 和 WPF 代码之间能够交互的路径，WebBrowser 控件是更好的选择。

当显示 HTML 内容时，WebBrowser 和 Frame 控件都显示标准的 Internet Explorer 窗口。该窗口具有 Internet Explorer 的全部特征和技巧，包括 JavaScript、Dynamic HTML、ActiveX 控件以及插件。然而，该窗口没有提供诸如工具栏、地址栏以及状态栏等细节(尽管可使用其他控件为窗体添加所有这些要素)。

WebBrowser 控件不是完全使用托管代码编写的。与 Frame 控件一样(当使用 Frame 控件显示 HTML 内容时)，WebBrowser 控件封装了 shdocvw.dll COM 组件，该组件是 Internet Explorer 的一部分，并且 Windows 提供了该组件。副作用是，WebBrowser 和 Frame 控件有几个其他 WPF 控件不能共享的图形限制。例如，不能在这些控件中显示的 HTML 内容的上面放置其他内容，并且不能使用变换对象扭曲或旋转 HTML 内容。

注意：

作为一个特性，WPF 显示 HTML 的能力(无论是通过 Frame 还是通过 WebBrowser)没有页面模型或 XBAP 那么强大。然而在特定情况下，比如具有一些已经开发好的 HTML 内容，并且不希望替换该内容，可能会选择使用这种方法。例如，可能在应用程序内部使用 WebBrowser 控件显示 HTML 文档，或让用户在应用程序的功能和第三方网站的功能之间来回跳转。

24.6.1　导航到页面

一旦将 WebBrowser 控件放置到窗口上，就需要将其指向一个文档。最容易的方法是使用 URI 设置 Source 属性，将该属性设置为远程 URL(如 http://mysite.com/mypage.html)或完全限定的文件路径(如 file:///c:\mydocument.text)。URI 可指向 Internet Explorer 能够打开的任何文件类型，尽管几乎总是使用 WebBrowser 控件显示 HTML 页面。

```
<WebBrowser Source="http://www.prosetech.com"></WebBrowser>
```

注意：

还可将 WebBrowser 控件直接指向某个目录。例如，将 Source 属性设置为 file:///c:\。对于这种情况，WebBrowser 窗口就变成了大家熟悉的 Explorer 风格的文件浏览器，允许用户打开、复制、粘贴以及删除文件。然而，WebBrowser 控件没有提供任何用于限制(甚至监控)该功能的事件或属性，所以一定要谨慎使用！

除 Source 属性外，还可以使用在表 24-4 中介绍的任意导航方法导航到 URL。

表 24-4 WebBrowser 控件的导航方法

方 法	说 明
Navigate( )	导航到指定的新 URL。如果使用重载方法，可选择将文档加载到指定的框架中，可以回送数据，并且发送附加的 HTML 题头
NavigateToString( )	加载来自提供的字符串中的内容，字符串应当包含网页的全部 HTML 内容。这提供了一些有趣的选择，比如从应用程序的资源中检索 HTML 文本并显示文本的能力
NavigateToStream( )	加载来自包含 HTML 文档的流中的内容。该方法允许打开一个文件并将其直接提供给 WebBrowser 控件进行渲染，而不需要立即在内存中保存整个 HTML 内容
GoBack( ) GoForward( )	移动到导航历史中的上一个或下一个文档。为了避免错误，在使用这些方法之前应当检查 CanGoBack 和 CanGoForward 属性，因为如果试图移动到不存在的文档(例如，当正处于导航历史中的第一个文档时试图向前移动)，就会导致异常
Refresh( )	重新加载当前文档

所有 WebBrowser 导航都是异步的，这意味着当下载页面时您的代码会继续运行。

WebBrowser 控件还提供了少部分事件，包括以下事件：

- Navigating：当设置新的 URL 或当用户单击链接时会引发该事件。可审查 URL，并通过将 e.Cancel 设置为 true 来取消导航。
- Navigated：在导航之后并且在 Web 浏览器开始下载页面之前引发该事件。
- LoadCompleted：当页面已完全下载时引发该事件。这是开发人员处理页面的机会。

24.6.2 构建 DOM 树

使用 WebBrowser 控件，可创建 C#代码来遍历页面的 HTML 元素树。甚至当遍历时可以修改、删除或插入元素，使用与在 Web 浏览器脚本语言(如 JavaScript)中使用的 HTML DOM 类似的编程模型。接下来的几节将看到这两种技术。

在为 WebBrowser 控件使用 DOM 之前，需要添加对 Microsoft HTML Object Library (mshtml.tlb)的引用。这是一个 COM 库，所以 Visual Studio 需要生成托管的封装器。为此，选择 Project | Add Refrence 菜单项，选择 COM 选项卡，选择 Microsoft HTML Object Library，然后单击 OK 按钮。

探索网页内容的开始点是 WebBrowser.Document 属性。该属性提供了一个 HTMLDocument 对象，该对象作为 IHTMLElement 对象的层次集合来表示网页。针对网页中的每个标签，包括段落(<P>)、超链接(<a>)、图像(<img>)以及所有熟悉的 HTML 标记要素，将发现一个不同的 IHTMLElement 元素对象。

WebBrowser.Document 属性是只读的，这意味尽管可以修改链接的 HTMLDocument 对象，但是不能随意创建新的 HTMLDocument 对象，而是需要设置 Source 属性或调用 Navigate( )方法来加载新的页面。一旦引发 WebBrowser.LoadCompleted 事件，就可以访问 Document 属性了。

提示：

生成 HTMLDocument 对象需要的时间较短，但能明显感觉到该时间(具体取决于网页的大小和复杂程度)。在第一次尝试访问 Document 属性之前，WebBrowser 控件不会为页面实际生成 HTMLDocument 对象。

每个 IHTMLElement 对象具有以下几个重要属性：

- tagName：是实际的标签，没有尖括号。例如，<a herf="...">...</a>锚定标签，具有标签名 A。
- id：包含 id 特性的值(如果指定了 id 特性的话)。如果需要在自动生成工具或服务器端代码中操作元素的话，通常需要为元素提供唯一的 id 特性。
- children：为每个包含的标签提供 IHTMLElement 对象集合。
- innerHTML：显示标签的完整内容，包括任何嵌套的标签和它们的内容。
- innerText：显示标签的完整内容，以及所有嵌套标签的内容，但剥离了所有 HTML 标签。
- outerHTML 与 outerText：扮演和 innerHTML 以及 innerText 类似的角色，但这两个属性包含当前标签(而不仅是其内容)。

为更好地理解 innerText、innerHTML 以及 outerHTML 属性，分析下面的标记：

```
<p>Here is some <i>interesting</i> text.</p>
```

对于该标记，innerText 属性的值是：

```
Here is some interesting text.
```

innerHTML 属性的值是：

```
Here is some <i>interesting</i> text.
```

最后，outerHTML 属性的值是完整标记：

```
<p>Here is some <i>interesting</i> text.</p>
```

此外，可使用 IHTMLElement.getAttribute( )方法通过名称检索元素的特性值。

为导航 HTML 页面的文档模型，只需要遍历每个 IHTMLElement 的 Children 集合。下面的代码执行该任务以响应按钮单击操作，并生成显示页面中元素的结构和内容的树(见图 24-17)。

```
private void cmdBuildTree_Click(object sender, System.EventArgs e)
{
    // Analyzing a page takes a nontrivial amount of time.
    // Use the hourglass cursor to warn the user.
    this.Cursor = Cursors.Wait;

    // Get the DOM object from the WebBrowser control.
    HTMLDocument dom = (HTMLDocument)webBrowser.Document;

    // Process all the HTML elements on the page, and display them
    // in the TreeView named treeDOM.
    ProcessElement(dom.documentElement, treeDOM.Items);

    this.Cursor = null;
}

private void ProcessElement(IHTMLElement parentElement,
    ItemCollection nodes)
{
    // Scan through the collection of elements.
```

```
        foreach (IHTMLElement element in parentElement.children)
        {
            // Create a new node that shows the tag name.
            TreeViewItem node = new TreeViewItem();
            node.Header = "<" + element.tagName + ">";
            nodes.Add(node);

            if ((element.children.length == 0) && (element.innerText != null))
            {
                // If this element doesn't contain any other elements, add
                // any leftover text content as a new node.
                node.Items.Add(element.innerText);
            }
            else
            {
                // If this element contains other elements, process them recursively.
                ProcessElement(element, node.Items);
            }
        }
    }
```

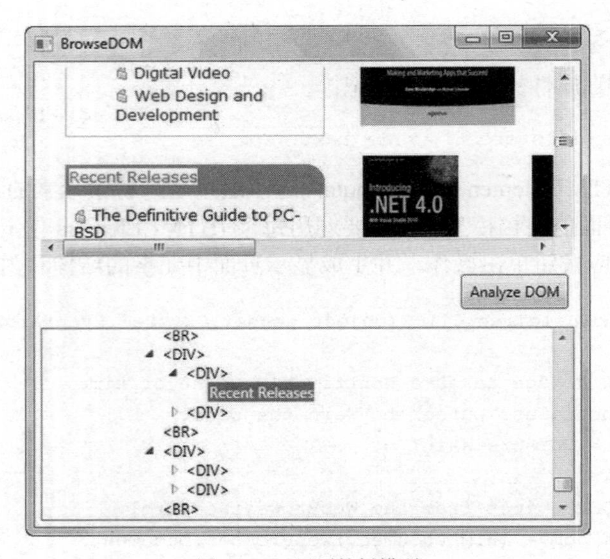

图 24-17　网页的树模型

如果希望查找特定元素，而不深入到网页的整个层次，有两种更简单的选择。可以使用 HTMLDocument.all 集合，通过该集合可使用元素的 id 特性检索页面上的任何元素。如果需要检索没有 id 特性的元素，可使用 HTMLDocument 的 getElementByTagName( )方法。

24.6.3　使用.NET 代码为网页添加脚本

您将看到的 WebBrowser 控件的最后一个技巧甚至更令人感到好奇：在 Windows 代码中响应网页事件的能力。

WebBrowser 控件使得这种技术非常简单。第一步是创建一个用于接收来自 JavasSript 代码的消息的类。为使该类能与脚本进行交互，必须为类的声明添加 ComVisible 特性(该特性位于 System.Runtime.InteropServices 名称空间)：

```
[ComVisible(true)]
public class HtmlBridge
{
    public void WebClick(string source)
    {
        MessageBox.Show("Received: " + source);
    }
}
```

接下来，需要为 WebBrowser 控件注册该类的一个实例。通过设置 WebBrowser.ObjectForScripting 属性来完成该工作：

```
public MainWindow()
{
    InitializeComponent();
    webBrowser.Navigate("file:///" + System.IO.Path.Combine(
        Path.GetDirectoryName(Application.ResourceAssembly.Location),
        "sample.htm"));
    webBrowser.ObjectForScripting = new HtmlBridge();
}
```

现在，sample.html 网页能调用 HtmlBridge 类中的任何公有方法，包括 HtmlBridge.WebClick( ) 方法。

在网页中，使用 JavaScript 代码触发该事件。在此，技巧是使用 windows.external 对象，该对象代表链接的.NET 对象。使用该对象，指定希望触发的方法；例如，如果希望调用.NET 对象中名为 HelloWorld 的公用方法，使用 windows.external.HelloWorld( )。

警告：

如果使用 JavaScript 触发来自网页的某个事件，确保您的类中没有包含任何与 Web 访问无关的公有方法。在理论上，恶意用户能够查找 HTML 源，并修改 HTML 源以调用与您所希望的方法不同的方法。理想情况是，可与脚本交互的类应当只包含与 Web 相关的方法以确保安全。

为将 JavaScript 命令构建进网页，首先需要决定希望响应哪个网页事件。大部分 HTML 元素支持少数几个事件，下面是其中最常用的几个事件：

- onFocus：当控件接收到焦点时引发该事件。
- onBlur：当焦点离开控件时引发该事件。
- onClick：当用户单击控件时引发该事件。
- onChange：当用户改变特定控件的值时引发该事件。
- onMouseOver：当用户将鼠标指针移到控件上时引发该事件。

当编写响应这些事件中的某个事件的 JavaScript 命令时，只需要在元素标签中添加一个具有该事件名称的特性即可。例如，假定有如下所示的图像标签：

```
<img border="0" id="img1" src="buttonC.jpg" height="20" width="100">
```

可添加 onClick 特性，从而无论何时用户单击该图像都会触发链接的.NET 类中的

HelloWorld( )方法：

```
<img onClick="window.external.HelloWorld()" border="0" id="img1"
 src="buttonC.jpg" height="20" width="100">
```

图 24-18 显示了一个使用所有这些技巧的应用程序。在该例中，WebBrowser 控件显示了一个包含 4 个按钮的本地 HTML 文件，每个按钮都是一幅图形图像。但当用户单击其中一个按钮时，图像使用 onClick 特性触发 HtmlBridge.WebClick( )方法：

```
<img onClick="window.external.WebClick('Option1')' ... >
```

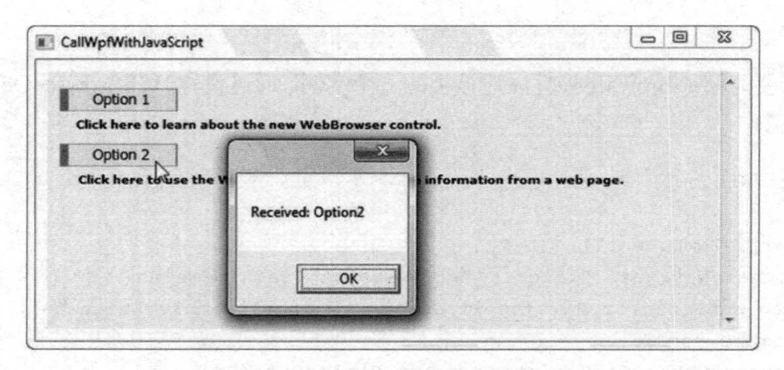

图 24-18　触发.NET 代码的 HTML 菜单

WebClick( )方法此后取而代之。该方法可显示另一个网页、打开新窗口或修改网页的一部分。在这个示例中，该方法只是显示消息框以确认已经接收到事件。每幅图像向 WebClick( )方法传递一个硬编码的字符串，该字符串标识了触发方法的按钮。

警告：

请牢记，除非 HTML 文档作为嵌入的资源被编译进程序集或从某些安全位置(如数据库)检索而来，否则 HTML 文档可能会被客户篡改。例如，如果作为单独文件存储 HTML 文档，用户就能很容易地编辑它们。如果担心该问题，使用第 7 章中介绍的嵌入技术。可创建文件资源，作为字符串检索它们，然后使用 WebBrowser.NavigateToString( )方法显示它们。

24.7　小结

本章深入分析了 WPF 导航模型，学习了如何构建页面，如何在不同的容器中驻留页面，以及如何使用 WPF 导航从一个页面移动到另一个页面。

还分析了 XBAP 模型，可使用该模型可创建具有 Web 风格的在浏览器中运行的 WPF 应用程序。因为 XBAP 应用程序仍需要.NET Framework，所以它们不能代替那些我们已经非常熟悉的也非常喜欢的 Web 应用程序。然而，这是另一种为 Windows 用户呈现丰富内容和图形的方式。

最后学习了如何在 WPF 应用程序中使用 WebBrowser 控件嵌入 Web 内容，并学习了如何使用网页脚本代码触发 WPF 应用程序中的方法。

第 25 章

菜单、工具栏和功能区

在几乎所有类型的应用程序(从文档编辑器乃至系统辅助工具)中，都使用了几个极常用的控件。本章将介绍这些控件，包括以下控件：

- **菜单**。菜单是最古老的用户界面控件之一，并且在过去的 20 年中它们的变化出奇得少。WPF 为主菜单和弹出式上下文菜单提供了坚实的、直接的支持。
- **工具栏和状态栏**。这两个控件装饰了无数应用程序的顶部和底部——有时甚至当不需要它们时仍然使用了它们。WPF 采用符合习惯的灵活方式支持这两个控件，允许在这两个控件中插入任何实际的控件。然而，WPF 工具栏和状态栏没有提供许多特征。它们支持溢出菜单，但没有提供浮动和停靠功能。
- **功能区**。通过很少的努力，就可以在应用程序窗口顶部添加 Office 风格的功能区控件。该控件需要单独(免费)下载，但会得到一些非常有价值的内置功能，例如可配置的尺寸改变，还将得到相匹配的 Office 风格的菜单功能。

新增功能：

WPF 4.5 增加了自带的 Office 功能区，但这只适用于 Office 应用程序。也就是说，您可以使用 WPF 4.5 构建 Office 插件，在 Word、Excel、PowerPoint、Visio、Outlook、InfoPath 或 Project 中扩展功能区(可参阅 http://tinyurl.com/945vpsj 以了解相关信息)。但如果想为自定义的桌面应用程序添加 Office 风格的功能区，就需要下载附加组件，如本章所述。

25.1 菜单

WPF 提供了两个菜单控件：Menu(用于主菜单)和 ContextMenu(用于关联到其他元素的弹出菜单)。与所有 WPF 类一样，WPF 负责呈现 Menu 和 ContextMenu 控件。这意味着这些控件不是简单的 Windows 库封装器，用户可获得更大的灵活性，包括在浏览器中驻留的应用程序中使用它们。

注意：

如果在浏览器中驻留的应用程序中使用 Menu 类，菜单就会显示在页面顶部。浏览器窗口封装页面，它自身可能包含也可能不包含菜单，它们是完全相互独立的。

25.1.1　Menu 类

WPF 没有假定单独的菜单应放在何处。通常使用 DockPanel 或 Grid 面板的顶行将菜单停靠在窗口顶部，并将它拉伸到整个窗口的宽度。然而，可将菜单放在任何地方，甚至放到其他控件的边缘(如图 25-1 所示)。甚至，还可在窗口中添加任意数量的菜单。尽管这可能不很合理，但可以堆栈菜单栏或在整个用户界面中分散布置。

这一自由提供了许多有趣的可能。例如，如果创建具有顶级标题的菜单并对其进行样式化，使其看起来像是按钮，最终将得到单击弹出式菜单(就像图 25-1 中正处于活动状态的菜单那样)。这种用户界面比较华丽，可能会有助于在高度定制的用户界面中得到所希望的效果。另外，这也可能是一种更容易迷惑用户的方式。

Menu 类添加了新属性 IsMainMenu，当该属性为 true 时(这是默认值)，按下 Alt 键或 F10 键时菜单就会获得焦点，就像其他所有 Windows 应用程序一样。除这个细节外，Menu 容器还可以使用几个熟悉的 ItemsControl 属性。这意味着可使用 ItemsSource、DisplayMemberPath、ItemTemplate 以及 ItemTemplateSelector 属性，创建使用数据绑定的菜单。还可以应用分组，改变菜单项在菜单中的布局以及为菜单项应用样式。

例如，图 25-2 显示了一个可滚动的边栏菜单。为创建这种菜单，可为 ItemsPanel 属性提供一个 StackPanel 面板、改变它的背景并在 ScrollViewer 控件中封装整个 Menu 控件。显然，可使用触发器和控件模板更彻底地改变菜单和子菜单的可视化外观。MenuItem 类的默认控件模板中包含了大量样式化逻辑。

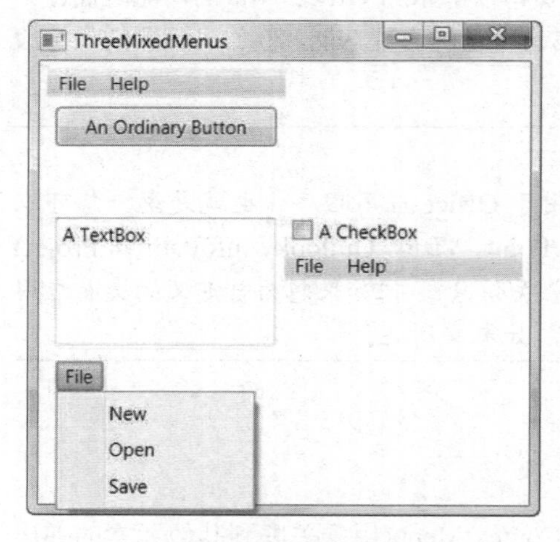

图 25-1　混合的菜单

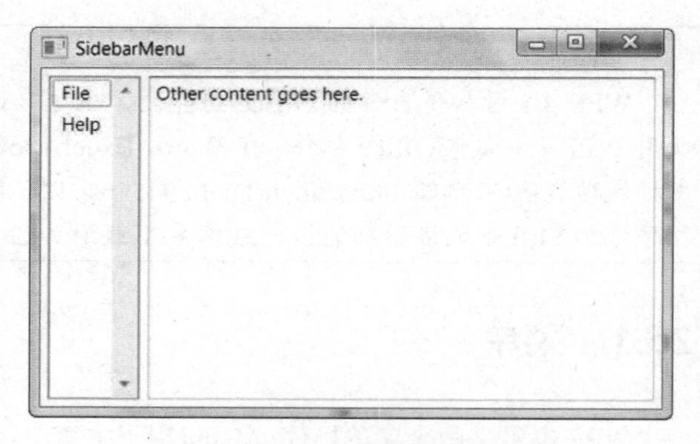

图 25-2　StackPanel 面板中的菜单

25.1.2　菜单项

菜单由 MenuItem 对象和 Separator 对象构成。因为每个菜单项都有标题(包含用于菜单项的文本)，并且包含 MenuItem 对象的集合(代表子菜单)，所以 MenuItem 类继承自 HeaderedItems-Control 类。Separator 对象只显示一条分隔菜单项的水平线。

下面是一个简单的 MenuItem 对象组合，用于创建如图 25-3 所示的基本菜单结构：

```
<Menu>
  <MenuItem Header="File">
    <MenuItem Header="New"></MenuItem>
```

```
    <MenuItem Header="Open"></MenuItem>
    <MenuItem Header="Save"></MenuItem>
    <Separator></Separator>
    <MenuItem Header="Exit"></MenuItem>
  </MenuItem>
  <MenuItem Header="Edit">
    <MenuItem Header="Undo"></MenuItem>
    <MenuItem Header="Redo"></MenuItem>
    <Separator></Separator>
    <MenuItem Header="Cut"></MenuItem>
    <MenuItem Header="Copy"></MenuItem>
    <MenuItem Header="Paste"></MenuItem>
  </MenuItem>
</Menu>
```

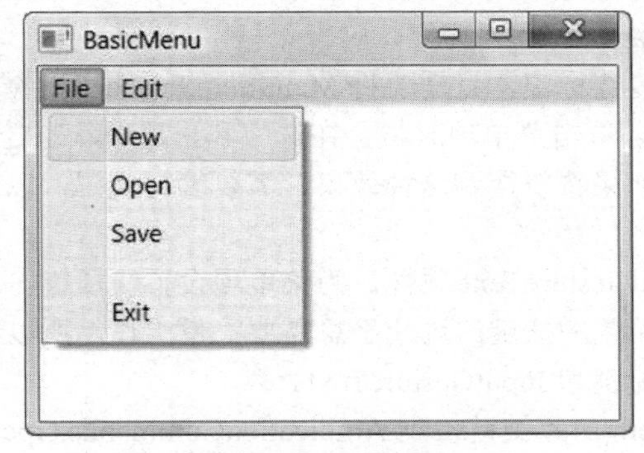

图 25-3　基本菜单

与按钮一样，可使用下划线来指示 Alt+快捷键组合。然而这通常被用作按钮的可选功能，大多数菜单用户希望具有键盘快捷键。

WPF 允许违反构造菜单的大多数常识性规则。例如，可在 Menu 或 MenuItem 对象中包含非 MenuItem 对象，从而可以创建包含普通 WPF 元素的菜单，从普通的 CheckBox 控件到 DocumentViewer 控件。有许多理由说明，在菜单中放置非 MenuItem 对象几乎总是一种错误方式。如果在菜单中放置非 MenuItem 对象，将会显示古怪的内容，需要加以跟踪和纠正。例如，只要将鼠标移出 MenuItem 对象的边界，MenuItem 中的 TextBox 控件就会丢失焦点。如果确实希望用户界面包含一些具有控件的下拉菜单，可考虑使用另一个元素(如 Expander 控件)，并设置该元素的样式使其符合需要。只有当确实希望具有菜单行为时才使用菜单——一组能够被单击的命令。

注意：

如果希望在用户单击其他位置之前始终显示打开的子菜单，可将 MenuItem.StaysOpenOnClick 属性设置为 true。

也可在标准的 Menu、ContextMenu 以及 MenuItem 容器之外使用 MenuItem 对象。这些项就像普通的菜单项一样——当鼠标悬停在它们上面时会发出蓝色的光晕，并且可以单击它们以触发操作。然而，不能访问它们包含的任何子菜单。同样，这可能是不希望使用的 Menu 对象灵活性的一个方面。

当单击 MenuItem 对象时，为进行响应，可选择处理 MenuItem.Click 事件。可为单个菜单项处理该事件，或将事件处理程序关联到 Menu 根标签。另一个选择是使用 Command、CommandParameter 以及 CommandTarget 属性，将 MenuItem 连接到 Command 对象，就像在第 9 章中学过的按钮处理方式一样。如果用户界面包含使用相同命令的多个菜单(例如主菜单和上下文菜单)，或者包含菜单和执行相同工作的工具栏，这种方法是非常有用的。

除通过 Header 属性提供的文本内容外，MenuItem 对象实际上还可以显示其他几个细节：

- 在菜单命令左边的页边距区域显示小图标。
- 在页边距区域显示复选标记。如果同时设置复选标记和图标，将只显示复选标记。
- 在菜单文本的右边显示快捷键。例如，可看到指示 Open 命令快捷键的 Ctrl+O。

设置这些要素很容易。为显示缩略图标，需要设置 MenuItem.Icon 属性。有趣的是，Icon 属性接受任意对象，从而可灵活地构造缩微矢量图画。通过这种方法，可充分利用 WPF 的分辨率无关伸缩性，在系统 DPI 设置更高的情况下显示更多细节。如果希望使用普通图标，可以简单地使用具有位图源的 Image 元素。

为在菜单项旁边显示复选标记，只需要将 MenuItem.IsChecked 属性设置为 true。此外，如果 IsCheckable 属性为 true，单击菜单项时将会在选中和未选中状态之间来回切换。然而，无法关联一组选中的菜单项。如果希望得到这种效果，需要编写代码，以便当菜单项被选中时清除其他复选框。

可使用 MenuItem.InputGestureText 属性，为菜单项设置快捷键。然而，快捷键只是显示，尚没有作用。您负责监测希望的按键。这几乎总需要大量工作，所以菜单项通常与命令结合使用，从而可以同时提供快捷键和 InputGestureText。

例如，下面的 MenuItem 对象被链接到 ApplicationCommands.Open 命令：

```
<MenuItem Command="ApplicationCommands.Open"></MenuItem>
```

这个命令已经具有在 RoutedUICommand.InputGestures 命令集合中定义的 Ctrl+O 快捷键。因此，Ctrl+O 会显示为快捷键，并且使用 Ctrl+O 快捷键会触发命令(假定已经关联了恰当的事件处理程序)。如果没有定义快捷键，就需要自己将其添加到 InputGestures 集合中。

提示：

有几个有用的属性可以指示 MenuItem 对象的当前状态，包括 IsChecked、isHighlighted、IsPressed 以及 IsSubmenuOpen。可使用这些属性编写触发器，触发器应用不同样式来响应特定操作。

25.1.3　ContextMenu 类

与 Menu 类一样，ContextMenu 类也包含 MenuItem 对象的集合。区别是 ContextMenu 对象不能放置在窗口中，只能被用于设置其他元素的 ContextMenu 属性：

```
<TextBox>
  <TextBox.ContextMenu>
    <MenuItem ... >
      ...
    </MenuItem>
  </TextBox.ContextMenu>
</TextBox>
```

ContextMenu 属性是在 FrameworkElement 类中定义的，所以几乎所有 WPF 元素都支持该属性。如果为通常具有自己的上下文菜单的元素设置 ContextMenu 属性，设置的菜单将会代替标准的菜单。如果只是希望移除已经存在的上下文菜单，那么可以将该属性设置为空引用。

如果已将 ContextMenu 对象关联到元素，那么当用户右击控件(或当控件具有焦点时按下 Shift+F10 组合键)时，会自动显示与其关联的 ContextMenu 对象。如果元素的 IsEnabled 属性被设置为 false，就不会显示上下文菜单，除非使用 ContextMenuService.ShowOnDisabled 附加属性明确指示允许显示：

```
<TextBox ContextMenuService.ShowOnDisabled="True">
  <TextBox.ContextMenu>
    ...
  </TextBox.ContextMenu>
</TextBox>
```

25.1.4　菜单分隔条

Separator 对象是将菜单分成相互关联的命令组的标准元素。然而，分隔条的内容是完全可变的，这得益于控件模板。通过使用分隔条并提供新的模板，可为菜单添加其他不能被单击的元素，例如副标题。

可能希望通过简单地为菜单添加非 MenuItem 对象来添加副标题，例如包含一些文本的 TextBlock 对象。然而，如果使用这个步骤，新添加的元素会保持菜单选择行为。这意味着当通过键盘移动到该元素上，以及当将鼠标悬停在该元素上时，其边缘会发出蓝色辉光。Separator 对象不具有这种行为——它是一块固定内容，不响应键盘和鼠标操作。

下面是定义文本标题的 Separator 对象的一个示例：

```
<Separator>
  <Separator.Template>
    <ControlTemplate>
      <Border CornerRadius="2" Padding="5" Background="PaleGoldenrod"
       BorderBrush="Black" BorderThickness="1">
        <TextBlock FontWeight="Bold">
         Editing Commands
        </TextBlock>
      </Border>
    </ControlTemplate>
  </Separator.Template>
</Separator>
```

图 25-4 显示了使用上面的标记能够创建的标题。

但 Separator 对象不是内容控件，所以不能从希望使用的格式化中分离出希望显示的内容(如文本字符串)。这意味着如果希望改变它的文本，在每次使用分隔条时就必须定义相同的模板。为简化这个过程，可创建分隔条样式，将希望设置的 TextBlock 对象(位于 Separator 对象内部)的所有属性(文本除外)捆绑在一起。

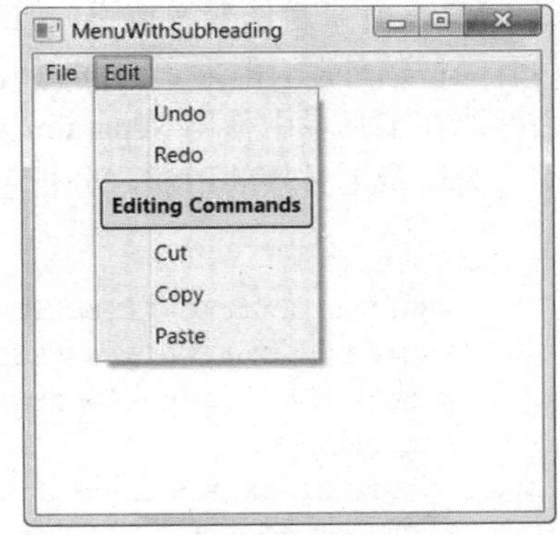

图 25-4　包含固定副标题的菜单

25.2 工具栏和状态栏

工具栏和状态栏是 Windows 领域两个早已存在的重要内容。这两个控件都是包含项集合的特殊容器。通常，工具栏包含按钮，而状态栏主要包含文本和其他非交互的指示器(如进度条)。然而，工具栏和状态栏都可以使用各种不同的控件。

在 Windows 窗体中，工具栏和状态栏有各自的内容模型。尽管也能使用封装器在工具栏和状态栏中随意放置控件，但这个过程并非完美无缺。WPF 中的工具栏和状态栏没有这一限制。它们支持 WPF 内容模型，从而可为工具栏和状态栏添加任何元素，得到无可比拟的灵活性。实际上，没有特定于工具栏的元素，也没有特定于状态栏的元素。需要的所有内容就是 WPF 基本元素的集合。

25.2.1 ToolBar 控件

典型的 ToolBar 控件充满了 Button、ComboBox、CheckBox、RadioButton 以及 Separator 对象。因为这些元素都是内容控件(Separator 元素除外)，所以可在它们内部放置文本和图像。尽管可使用其他元素(如 Label 对象和 Image 对象)在 ToolBar 控件中放置不能交互的元素，但这常令人感到困惑。

现在，您可能会好奇如何在工具栏中放置这些通用控件而不会创建奇怪的可视化外观。毕竟，在标准的 Windows 工具栏中显示的内容，看起来和在窗口中显示的类似内容有很大的不同。例如，工具栏中的按钮使用扁平的、流线型的外观显示，删除了边框和具有阴影的背景。工具栏表面能够穿透显示，并且当将鼠标悬停在按钮上时会发出蓝色的辉光。

在 WPF 中，工具栏中的按钮和窗口中的按钮是相同的——它们都是可用于执行操作的能够被单击的区域。唯一的区别是可视化外观。因此，完美的解决方法是使用已有的 Button 类，但是需要调整各种属性或者改变控件模板。这正是 ToolBar 类采取的方法——覆盖某些子元素类型的默认样式，包括按钮。如果希望创建自定义的工具栏按钮，还可以手动设置 Button.Style 属性，但通常通过设置按钮内容得到需要的所有控制能力。

ToolBar 控件不但改变了它所包含的许多控件的外观，还改变了 ToggleButton 控件以及继承自 ToggleButton 的 CheckBox 和 RadioButton 的行为。在 ToolBar 控件中呈现的 ToggleButton 或 CheckBox 看来起像普通按钮，但当单击时，按钮会保持突出显示(直到再次单击)。RadioButton 具有类似的外观，但为了清除突出显示，必须单击同一组中的另一个 RadioButton (为防止混乱，最好总在工具栏中使用 Separator 对象将一组 RadioButton 对象隔开)。

为演示工具栏的用法，分析下面的简单标记：

```
<ToolBar>
  <Button Content="{StaticResource DownloadFile}"></Button>
  <CheckBox FontWeight="Bold">Bold</CheckBox>
  <CheckBox FontStyle="Italic">Italic</CheckBox>
  <CheckBox>
    <TextBlock TextDecorations="Underline">Underline</TextBlock>
  </CheckBox>
  <Separator></Separator>
  <ComboBox SelectedIndex="0">
    <ComboBoxItem>100%</ComboBoxItem>
```

```
    <ComboBoxItem>50%</ComboBoxItem>
    <ComboBoxItem>25%</ComboBoxItem>
  </ComboBox>
  <Separator></Separator>
</ToolBar>
```

图 25-5 显示了使用中的工具栏，该工具栏具有两个处于选中状态的 CheckBox 控件和处于显示状态的下拉列表。

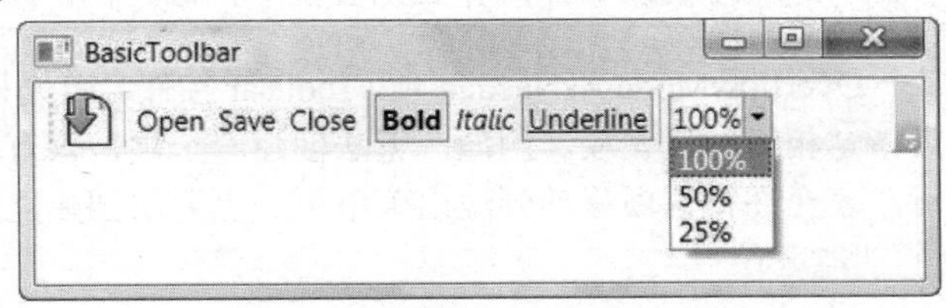

图 25-5　工具栏中的不同控件

尽管图 25-5 显示的示例限制按钮只包含文本，但 ToolBar 控件中的按钮通常包含图像内容(还可通过在水平 StackPanel 面板中封装 Image 元素和 TextBlock 或 Label 元素来组合文本和图像)。如果使用图像内容，那么需要确定是希望使用位图图像(对于不同的分辨率，可能导致缩放问题)、图标(能在一定程度上改善这种状况，因为可在文件中提供几个具有不同尺寸的图像)还是希望使用矢量图像(需要大量标记，但能合理地改变大小)。

ToolBar 控件有一些奇特之处。首先，和其他继承自 ItemsControl 类的控件不同，它没有提供专门的封装器类(换句话说，没有 ToolBarItem 类)。ToolBar 控件并不像其他列表控件那样需要这样的封装器来管理项和跟踪选择等。ToolBar 控件的另一个奇特之处是它继承自 HeaderedItemsControl 类，尽管 Header 属性不起作用，但可通过一些有趣的方式使用这个属性。例如，如果具有使用几个 ToolBar 对象的界面，可允许用户从上下文菜单中选择使用哪个 ToolBar 对象。在这个菜单中，可使用在 Header 属性中设置的工具栏名称。

ToolBar 控件还有一个更有趣的属性：Orientation。可通过将 ToolBar.Orientation 属性设置为 Vertical，从而创建停靠到窗口侧边的竖向工具栏。然而，除非使用 LayoutTransform 旋转元素，否则工具栏中的每个元素仍是水平方向(例如，文本不会侧转)。

1. 溢出菜单

如果工具栏具有的内容比在窗口中能够容纳的内容更多，那么工具栏会移出项直到内容合适为止。这些额外的项被放到溢出菜单中，通过单击工具栏末尾的下拉箭头可以看到这个溢出菜单。图 25-6 显示的工具栏和在图 25-5 中显示的工具栏相同，但是由于窗口更小，因而需要使用溢出菜单。

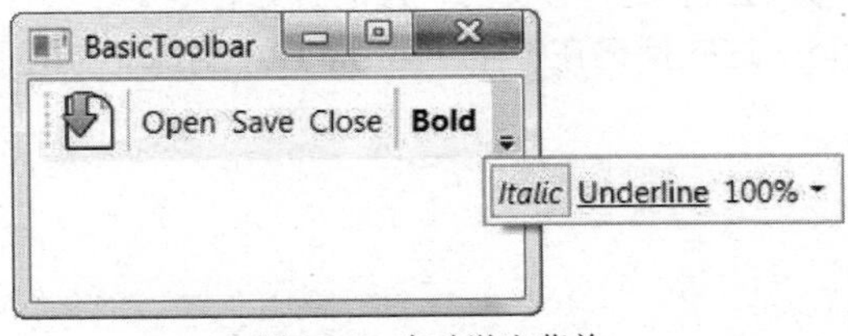

图 25-6　自动溢出菜单

ToolBar 控件自动向溢出菜单添加项，顺序是从最后一个项开始。然而，可通过为工具栏中的项应用 ToolBar.OverflowMode 附加属性，在一定程度上配置这一行为的工作方式。可使用 OverflowMode.Never 模式确保重要的项永远不会被放到溢出菜单中，当空间不足时，OverflowMode.AsNeeded(默认值)模式允许项被放到溢出菜单中，而 OverflowMode.Always 模式总是强制项永远保留在溢出菜单中。

注意：

不合适的项将在容器的边界处被裁剪掉，并且无法供用户访问。

如果工具栏包含多个 OverflowMode.AsNeeded 项，ToolBar 控件会首先移除工具栏末尾的项，但无法为工具栏中的项指定相对的优先权。例如，无法创建一个项，只有当其他能够被重新定位的项已经被移走之后，才允许将该项移动到溢出菜单中。也无法创建能根据可用空间调整大小的按钮(如本章讨论的功能区)。

2. ToolBarTray 类

尽管可向窗口中自由地添加多个 ToolBar 控件，并使用布局容器管理它们，但 WPF 还是提供了 ToolBarTray 类，专门用于完成一部分工作。本质上，ToolBarTray 类包含 ToolBar 对象的集合(通过 ToolBars 属性提供该集合)。

ToolBarTray 类使得工具栏共享同一行或同一栏更加容易。可配置 ToolBarTray 对象，从而使某些工具栏共享一栏，而其他工具栏被放置到其他栏中。ToolBarTray 对象为整个 ToolBar 区域提供了阴影背景。但最重要的是，ToolBarTray 类增加了对工具栏拖放功能的支持。除非将 ToolBarTray.IsLocked 属性设置为 true，否则用户可在 ToolBar 托盘中通过单击左边的手柄，重新排列工具栏。工具栏可在同一栏中重新定位或移到不同的栏中。然而，用户不能将工具栏从一个 ToolBarTray 对象拖动到另一个 ToolBarTray 对象中。如果希望锁定单个工具栏，只需要为恰当的 ToolBar 对象简单地设置 ToolBarTray.IsLocked 附加属性。

注意：

当移动工具栏时，一些内容可能会被隐藏掉。例如，用户可将一个工具栏移动到某个位置，从而使相邻的工具栏只有很少的空间。这时，丢失的项会被添加到溢出菜单中。

可在 ToolBarTray 对象中放置所需的任意数量的 ToolBar 对象。默认情况下，所有工具栏都会以从左向右的顺序放置在最顶部的栏中。最初，每个工具栏会得到所需的全部宽度(如果剩余的空间无法满足后续添加的工具栏的需要，包含的某些或全部按钮就会被移动到溢出菜单中)。为更好地加以控制，可使用数字索引设置 Band 属性，确定工具栏应当被放置到哪一栏中(最顶部的栏的索引是 0)。还可通过使用 BandIndex 属性明确地设置在一栏中的什么位置放置工具栏。将 BandIndex 属性设置为 0，会将工具栏放在一栏的开始位置。

下面是一些简单的标记，这些标记在一个 ToolBarTray 对象中创建了几个工具栏。图 25-7 显示了这些标记的结果。

```
<ToolBarTray>
  <ToolBar>
    <Button>One</Button>
    <Button>Two</Button>
    <Button>Three</Button>
  </ToolBar>
```

```
    <ToolBar>
      <Button>A</Button>
      <Button>B</Button>
      <Button>C</Button>
    </ToolBar>
    <ToolBar Band="1">
      <Button>Red</Button>
      <Button>Blue</Button>
      <Button>Green</Button>
      <Button>Black</Button>
    </ToolBar>
  </ToolBarTray>
```

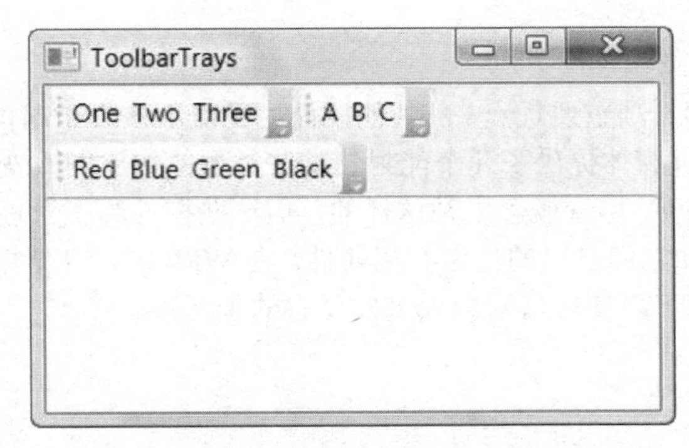

图 25-7　在 ToolBarTray 对象中对工具栏进行分组

25.2.2　StatusBar 控件

StatusBar 控件不如 ToolBar 那样富有魅力。与 ToolBar 控件一样，StatusBar 可以包含任何内容(内容被隐式封装到 StatusBarItem 对象中)，并且重写了一些元素的默认样式，使它们更适合呈现。然而，StatusBar 控件不支持拖动式的重新排列，也不支持溢出菜单，主要用于显示文本和图像指示器(并且有时用于显示进度条)。

如果希望使用继承自 ButtonBase 类的元素或 ComboBox 控件，StatusBar 控件就不能很好地工作。不能重写这些控件的样式，从而在状态栏中它们看起来很不和谐。如果需要创建包含这些控件的状态栏，可考虑在窗口的底部停靠普通的 ToolBar 控件。可能正是因为缺少这一特征，所以 StatusBar 类位于 System.Windows.Controls.Primitives 名称空间中，而不是位于更常见的 System.Windows.Controls 名称空间中，而 ToolBar 控件位于 System.Windows.Controls 名称空间中。

如果使用状态栏，有一点应予注意。StatusBar 控件通常使用水平的 StackPanel 面板，从左向右地放置它的子元素。然而，应用程序常使用按比例设置尺寸的状态栏项，或将某些项保持锁定在状态栏的右边。可使用 ItemsPanelTemplate 属性指示状态栏使用不同的面板来实现这种设计，在第 20 章第一次使用了这种方法。

获得按比例改变尺寸或右对齐项的一种方法是为布局容器使用 Grid 面板。唯一的技巧是必须在 StatusBarItem 对象中封装子元素，从而能正确地设置 Grid.Column 属性。下面的示例使用 Grid 面板在状态栏的左边放置一个 TextBlock 元素，在右边放置另一个 TextBlock 元素。

```
<StatusBar Grid.Row="1">
  <StatusBar.ItemsPanel>
```

```
        <ItemsPanelTemplate>
          <Grid>
            <Grid.ColumnDefinitions>
              <ColumnDefinition Width="*"></ColumnDefinition>
              <ColumnDefinition Width="Auto"></ColumnDefinition>
            </Grid.ColumnDefinitions>
          </Grid>
        </ItemsPanelTemplate>
      </StatusBar.ItemsPanel>
      <TextBlock>Left Side</TextBlock>
      <StatusBarItem Grid.Column="1">
        <TextBlock>Right Side</TextBlock>
      </StatusBarItem>
    </StatusBar>
```

此处强调了 WPF 的一项重要优点——其他控件可受益于核心布局模型，而不用重新创建它们。相比之下，Windows 窗体提供了几个能封装某些类型的按比例改变尺寸的项的控件，包括 StatusBar 和 DataGridView。尽管概念上是这样的，但这些控件为了管理子元素，必须包含它们自己的布局模型，并添加它们自己的特定布局属性。在 WPF 中，情况并非如此——每个继承自 ItemsControl 类的控件都可以使用任何面板来安排它的子元素。

25.3　功能区

至此，可能感觉到 WPF 工具栏没有给您留下深刻印象。除了两个内置的特性——基本的溢出菜单和用户进行重新排列的能力——工具栏没有提供任何现代的技巧。甚至不具备 Windows 窗体工具包提供的允许用户将工具栏拖放到窗口不同位置的功能。

自第一个版本的 WPF 问世以来，工具栏一直没有演化，原因很简单：它们正处于消亡的趋势中。尽管目前工具栏相对来说仍然很流行，但它将被更灵巧的基于 Tab 的控件所取代，比如在 Office 2007 中初次出现的功能区，功能区现在也用于 Windows 8 的 Windows 资源管理器以及 Office 2013。

对于功能区，Microsoft 发现自身面临着一种众所周知的困境。为提高 Windows 应用程序的效率和一致性，Microsoft 希望鼓励每个应用程序都使用功能区。但因为 Microsoft 还希望保持其很强的竞争性，所以不可能很快发布使用功能区的 API。毕竟，Microsoft 在完善功能区的版本方面花费了数千小时的研发时间，所以公司享有该成果几年的时间不足为奇。

幸运的是，等待已经结束了，并且 Microsoft 现在已为 WPF 开发人员提供了一个功能区版本。好消息是它完全免费并且具有较为完备的功能，包括富工具提示、下拉按钮、对话框启动器、快速访问工具栏以及可配置的尺寸更改。

然而，功能区控件没有包含到.NET Framework 中。相反，需要从 Microsoft 的 Download Center 下载。可从 http://www.microsoft.com/download 上搜索“WPF ribbon”。到撰写本书时为止，可从 http://tinyurl.com/8aphzsf 下载最新版本。单击 Microsoft Ribbon for WPF.msi 可安装已经编译的类库 RibbonControlsLibrary.dll，其中包含功能区控件。还可单击 Microsoft Ribbon for WPF Source and Samples.msi 来安装使用功能区的示例项目，包括模拟 Word 用户界面中 Home 选项卡的功能区。

提示：

在开始使用功能区之前，有必要阅读一下功能区的设计原则和最佳实践，网址是 http://tinyurl.com/4dsbef。

25.3.1　添加功能区

要使用功能区，首先创建新的 WPF 项目，并添加对 RibbonControlsLibrary.dll 程序集的引用。可在类似于 Program Files (x86)\Microsoft Ribbon for WPF\V4.0 的文件夹中找到它。

与其他所有不是 WPF 核心库一部分的控件相同，在使用功能区控件之前需要将控件程序集映射到 XML 前缀：

```
<Window x:Class="RibbonTest.MainWindow" ... xmlns:r=
"clr-namespace:Microsoft.Windows.Controls.Ribbon;assembly=RibbonControlsLibrary">
```

然后可在窗口的任意位置添加功能区控件的实例：

```
<r:Ribbon>
</r:Ribbon>
```

在前面的叙述中，窗口顶部是放置功能区控件的最佳位置(使用 Grid 或 Dock 面板)。但在继续之前，有必要做一处修改。RibbonControlsLibrary.dll 程序集包含 RibbonWindow 类，该类从 Window 继承而来，但提供了附加的功能区集成功能。最重要的是，RibbonWindow 类为快速访问工具栏(显示在功能区上方的自定义的常用按钮组)提供了一个位置，还提供了一个位置来放置上下文功能区选项卡(只为某些任务显示的选项卡)的标题。图 25-8 显示了区别，左图是普通窗口，右图是 RibbonWindow。

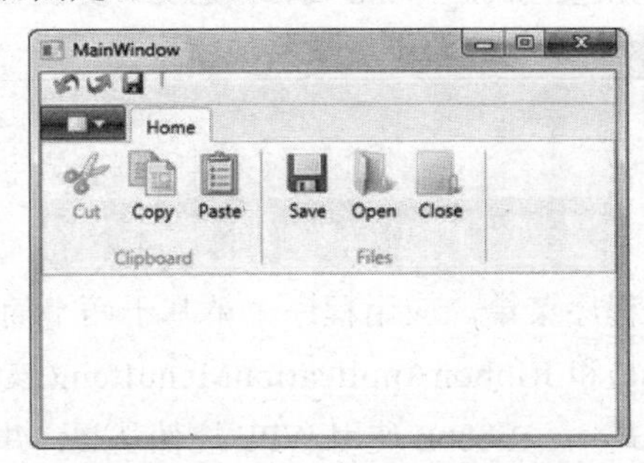

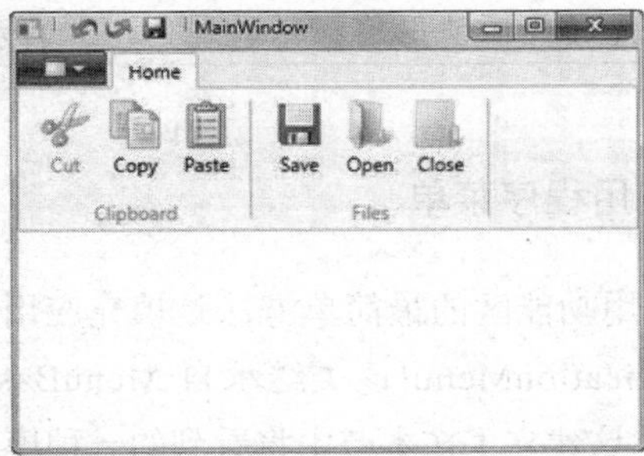

图 25-8　在 RibbonWindow 中放置功能区

稍后将介绍快速访问工具栏。目前，您可以使用以下代码显示的启用功能区的基本窗口的轮廓。这个自定义窗口继承自 RibbonWindow 类，在顶部放置了一个功能区控件，而保留 Grid 面板的第二行用于实际的窗口内容。

```
<r:RibbonWindow x:Class="RibbonTest.MainWindow"
xmlns="http://schemas.microsoft.com/winfx/2006/xaml/presentation"
xmlns:x="http://schemas.microsoft.com/winfx/2006/xaml"
Title="MainWindow" Height="350" Width="525"
xmlns:r=
"clr-namespace:Microsoft.Windows.Controls.Ribbon;assembly=RibbonControlsLibrary">
  <Grid>
```

```
    <Grid.RowDefinitions>
      <RowDefinition Height="Auto"></RowDefinition>
      <RowDefinition></RowDefinition>
    </Grid.RowDefinitions>

    <r:Ribbon>
    </r:Ribbon>
  </Grid>
</r:RibbonWindow>
```

这里假设窗口名为 MainWindow，项目名为 RibbonTest，您需要在类声明中调整这些细节来匹配名称。

当使用 RibbonWindow 类时，确保代码隐藏窗口类不是明确继承自 Window 类。如果是继承自 Window 类，将继承类修改为 RibbonWindow。或直接删除类声明中的该部分，如下所示：

```
public partial class MainWindow
{ ... }
```

上面的代码能够工作，因为 MainWindows 类的自动生成部分已经具有正确的 RibbonWindow 类继承，因为在 XAML 中已经进行了指定。

功能区控件实际上包含三部分：快速访问工具栏(位于顶部)、应用程序菜单(该部分通过最左边的按钮提供，在所有选项卡之前)和多选项卡的功能区控件自身。接下来的几节将讨论这三部分。

提示：

如果不想让功能区显示蓝色，可用所选颜色设置 Background 属性。也没必要使用花哨的渐变画刷，因为功能区使用您提供的纯色，并自动在控件表面添加精细的渐变效果。

25.3.2　应用程序菜单

开始使用功能区的最简单方法是填充应用程序菜单。应用程序菜单基于两个简单的类：RibbonApplicationMenu(该类继承自 MenuBase)和 RibbonApplicationMenuItem(该类继承自 MenuItem)。这建立了在本节中将看到的一种模式——Ribbon 使用 WPF 控件基类，并且派生出更专业的版本。从纯粹主义者的角度看，ToolBar 和 StatusBar 使用更整洁的模型，因为它们能使用标准的 WPF 控件，它们只是简单地对标准 WPF 控件的样式重新设置。但功能区需要额外的一层派生类，从而支持功能区控件的许多高级特性。例如，为支持 RibbonCommand，RibbonApplicationMenu 和 RibbonApplicationMenuItem 类得到的增强超出了普通菜单类的功能。

为创建菜单，创建一个新的 RibbonApplicationMenu 对象，并使用该对象设置 Ribbon.ApplicationMenu 属性。正如您可能已经期望的，RibbonApplicationMenu 提供了 RibbonApplicationMenuItem 对象集合，每个 RibbonApplicationMenuItem 对象代表一个可单击的菜单项。

下面的基本示例使用三个菜单项创建了一个应用程序菜单：

```
<r:Ribbon>
  <r:Ribbon.ApplicationMenu>
```

```
    <r:RibbonApplicationMenu>

      <r:RibbonApplicationMenuItem>...</r:RibbonApplicationMenuItem>
      <r:RibbonApplicationMenuItem>...</r:RibbonApplicationMenuItem>
      <r:RibbonApplicationMenuItem>...</r:RibbonApplicationMenuItem>

    </r:RibbonApplicationMenu>
  </r:Ribbon.ApplicationMenu>
</r:Ribbon>
```

与普通菜单项一样，RibbonApplicationMenuItem 需要 Header 属性值(提供了菜单文本)。但并非使用继承自 MenuItem 的 Icon 属性，而是通过 ImageSource 属性提供一幅小图片(通常是 32×32 像素)。

下面的示例填充了前面显示的三个菜单项，还为打开菜单的小按钮添加了图像(与每个命令旁的图片不同，该按钮应为 16×16 像素)。

```
<r:Ribbon>
  <r:Ribbon.ApplicationMenu>
    <r:RibbonApplicationMenu SmallImageSource="images\window2.png">

      <r:RibbonApplicationMenuItem Header="New"
        ToolTip="Create a new document" ImageSource="images\new.png" />
      <r:RibbonApplicationMenuItem Header="Save"
        ToolTip="Save the current document" ImageSource="images\save.png" />
      <r:RibbonApplicationMenuItem Header="Save As"
        ToolTip="Save the document with a new name"
        ImageSource="images\saveas.png" />

    </r:RibbonApplicationMenu>
  </r:Ribbon.ApplicationMenu>
</r:Ribbon>
```

处理功能区菜单的单击的方式与处理普通菜单的单击的方式相同。您可以响应 Click 事件，也可以使用 Command、CommandParameter 和 CommandTarget 属性链接命令。命令特别适用于功能区菜单，原因是您可能将同一个命令链接到功能区菜单项和功能区按钮。如果想要使用快速访问工具栏，也可能用到它们，如稍后所述。

另外值得注意的是，所有 RibbonApplicationMenuItem 对象都可以进一步包含多个 RibbonApplicationMenuItem 对象以创建子菜单，如图 25-9 所示。每个子菜单项支持相同的文本、图像和工具提示选项：

```
<r:Ribbon.ApplicationMenu>
  <r:RibbonApplicationMenu SmallImageSource="images\window2.png">
    <r:RibbonApplicationMenuItem Header="New" ImageSource="images\window2.png" />
    <r:RibbonApplicationMenuItem Header="_Save" ImageSource="images\save.png">

    <r:RibbonApplicationMenuItem Header="Save As" ImageSource="images\save.png"/>
      <r:RibbonApplicationMenuItem Header="Save" ImageSource="images\save.png" />
      </r:RibbonApplicationMenuItem>
```

```
        <r:RibbonSeparator></r:RibbonSeparator>
        <r:RibbonApplicationMenuItem Header="About" />
        <r:RibbonApplicationMenuItem Header="Exit "/>
      </r:RibbonApplicationMenu>
    </r:Ribbon.ApplicationMenu>
```

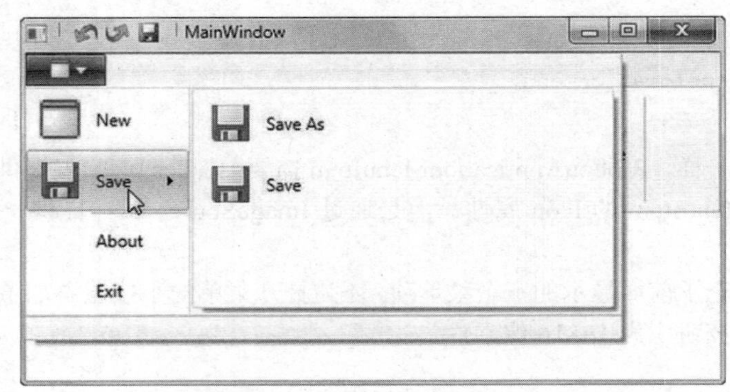

图 25-9　具有子菜单的功能区

为了分离菜单项，可通过在菜单中放置 RibbonSeparator 控件来添加水平分隔细线。如果要进一步完善，可用更多信息(最近打开的文档列表)填充下拉菜单面板的第二列，而且可在页脚区域添加更多详情(如指向帮助页面的链接)。这些区域的行为与内容控件类似，您只需要使用任意元素设置 Ribbon.AuxiliaryPaneContent 来填充右边的列，设置 Ribbon.FooterPaneContent 来填充页脚区域。与任意内容控件一样，这些内容属性可以包含具有各种交互元素的布局容器，也可以提供数据对象，然后由模板(通过 AuxiliaryPaneContentTemplate 和 FooterPaneContent 模板提供)加以解释。

25.3.3　选项卡、组与按钮

功能区使用与填充应用程序菜单相同的模型来填充工具栏选项卡，只使用几个附加层。首先，功能区包含选项卡集合。然后每个选项卡包含一个或多个组，组是一块具有轮廓的、具有标题的、类似方框的区域。最后，每组包含一个或多个功能区控件。图 25-10 显示了这种布置。

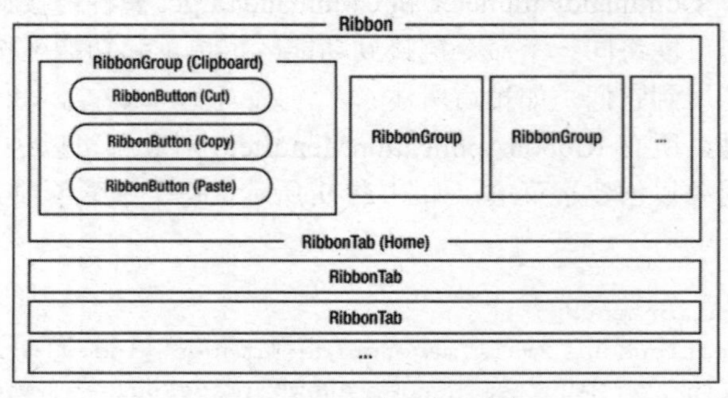

图 25-10　选项卡、组和按钮

这些要素中的每一个都有相应的类。为创建图 25-10 所示的功能区，首先声明恰当的 RibbonTab 对象，使用 RibbonGroup 对象填充每个 RibbonTab 对象，并在每个组中放置 Ribbon 控件(例如简单的 RibbonButton)。

为功能区新建选项卡时，使用 Header 属性来提供在选项卡中显示的文本(在功能区上方)。

在选项卡中创建组时，使用 Header 属性来提供显示在功能区相应区域下方的文本。也可以使用 SmallImageSource 来设置图像，如果空间有限的话，将组折叠为单个按钮，如后面的图 25-12 所示。

下面的标记为功能区提供 Home 选项卡，其中包含 Clipboard 组：

```
<r:Ribbon>
  <r:Ribbon.ApplicationMenu>
    <r:RibbonApplicationMenu>
      ...
    </r:RibbonApplicationMenu>
  </r:Ribbon.ApplicationMenu>

  <r:RibbonTab Header="Home">
    <r:RibbonGroup Header="Clipboard">
      ...
    </r:RibbonGroup>
  </r:RibbonTab>
</r:Ribbon>
```

您可以看到这部分功能区以及 RibbonCommand 按钮的完整集合，如图 25-9 所示。

与应用程序菜单一样，需要配置在每个功能区按钮中显示的文本和图像内容，但属性名不同。并非设置 Header 和 ImageSource，现在为文本设置 Label，为图像设置 SmallImageSource 和 LargeImageSource。由于同一个按钮可显示为两种不同大小(具体取决于配置方式以及可用的空间)，因此需要两幅图像。使用熟悉的 Click 事件或 Command 属性来处理按钮单击。

注意：

SmallImageSource 属性设置在使用小尺寸(标准 96 dpi 显示器上的 16×16 像素)显示项时使用的图像。LargeImageSource 属性设置在使用大尺寸(标准 96 dpi 显示器上的 32×32 像素)显示项时使用的图像。为避免不同像素密度下的伸缩缺陷，可用 DrawingImage 替代每幅图像的位图，如第 13 章所述。

下面的功能区标记定义 Clipboard 组(如图 25-9 所示)，并在其中放置三个命令：

```
<r:Ribbon>
  <r:Ribbon.ApplicationMenu>
    <r:RibbonApplicationMenu>
      ...
    </r:RibbonApplicationMenu>
  </r:Ribbon.ApplicationMenu>

  <r:RibbonTab Header="Home">
    <r:RibbonGroup Header="Clipboard">
        <r:RibbonButton Label="Cut"
        SmallImageSource="images/cut.png" LargeImageSource="images/cut.png" />
        <r:RibbonButton Label="Copy"
        SmallImageSource="images/copy.png" LargeImageSource="images/copy.png" />
        <r:RibbonButton Label="Paste"
        SmallImageSource="images/paste.png" LargeImageSource="images/paste.png" />
```

```
    </r:RibbonGroup>
  </r:RibbonTab>
</r:Ribbon>
```

上述标记尚未连接到任何逻辑(通过 Click 事件或通过命令)，因此单击这些按钮不会触发任何操作。

在这个示例中，功能区完全由 RibbonButton 对象构成，这是最常见的功能区控件类型。然而，WPF 还提供了更多的几个选项，表 25-1 列出了这些选项。与应用程序菜单一样，大部分 Ribbon 类继承自标准的 WPF 控件。它们只是在顶部添加更多功能区功能。例如，它们都包括 Label 属性，这样就允许在控件旁边添加文本标题(直接显示在大按钮之下，小按钮的右边，文本框或组合框的左边，依此类推)。

表 25-1 Ribbon 控件类

名 称	说 明
RibbonButton	可单击的包含文本与图像的按钮，是功能区上最常用的要素
RibbonCheckBox	可选中或取消选中的复选框
RibbonRadioButton	一组互斥选项中的可单击选项(与普通的选项按钮类似)
RibbonToggleButton	具有两个状态的按钮：按下状态和取消按下状态。例如，许多程序使用这种按钮打开或关闭字体特性，如粗体、斜体和下划线
RibbonMenuButton	可弹出打开菜单的按钮。可以通过使用RibbonMenuButton.Items集合的MenuItem对象来填充菜单
RibbonSplitButton	与 RibbonDropDownButton 类似，但按钮实际上被分成两部分。用户可单击顶部(具有图片)来运行命令，或单击底部(具有文本和下拉箭头)来显示关联的项菜单。例如，Word 中的 Paste 命令就是 RibbonSplitButton
RibbonComboBox	在功能区中嵌入组合框，用户可使用该控件键入文本或进行选择，就像是标准的 ComboBox 控件
RibbonTextBox	在功能区中嵌入文本框，用户可使用该控件键入文本，就像是标准的 TextBox 控件
RibbonSeparator	在功能区的各个控件(或控件组)之间绘制一条竖线，或在菜单的项之间绘制水平线

25.3.4 富工具提示

功能区支持增型的工具提示模型，该模型显示更详细的弹出工具提示，可包括标题、说明信息以及图像(还可能包括页脚)。但所有些细节都是可选的，您只需要设置需要使用的细节。

如果想要使用增强的工具提示，只需要删除标准的ToolTip属性，并组合使用表25-2中描述的工具提示属性。可在任意功能区控件(包括RibbonButton)和RibbonApplicationMenuItem对象上进行设置。唯一的限制是不能将实际元素(如链接)放入工具提示中，只限于文本和图像内容。

表 25-2　增强的工具提示属性

名　　称	说　　明
ToolTipTitle	显示在该项工具提示顶部的标题
ToolTipDescription	工具提示中显示在标题下的文本
ToolTipImageSource	显示在工具提示中的图像，位置在标题之下，文本描述信息的左侧。图像可以是任意大小
ToolTipFooterTitle	显示工具提示页脚标题的文本
ToolTipFooterDescription	显示在工具提示页脚部分的文本，位于页脚标题之下
ToolTipFooterImageSource	显示在工具提示页脚文本左侧的图像，图像可以是任意大小

下面列举一个增强的工具提示的例子：

```
<r:RibbonButton Label="Cut" ToolTipTitle="Cut"
  ToolTipDescription="Copies the selected text to the clipboard and removes it"
  ToolTipImageSource="images/cut.png"
  ToolTipFooterImageSource="images/help.png"
  ToolTipFooterTitle="More Details" ToolTipFooterDescription="Press F1 for Help" ...
/>
```

图 25-11 显示了结果。

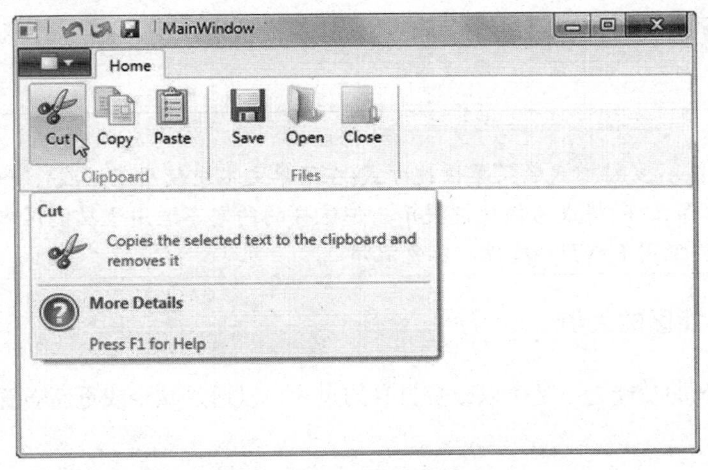

图 25-11　增强的工具提示

25.3.5　带有快捷键提示的键盘访问

键盘用户可访问功能区中的命令。但为了达到这个目的，需要为选项卡、组和命令指定适当的快捷键。

下面介绍一切配置停当后的工作方式。用户首先按下 Alt 键，然后松开。功能区在应用程序菜单和每个选项卡上显示快捷键提示(单个快捷键字母)。用户可按下字母来选择选项卡或应用程序菜单，此后，功能区显示选项卡(或菜单)中每个启用了快捷键提示的命令的快捷键，如图 25-12 所示。最后，用户按下字母来触发相应命令。整个过程需要按键三次，以便键盘用户找到可打开命令的组合键。

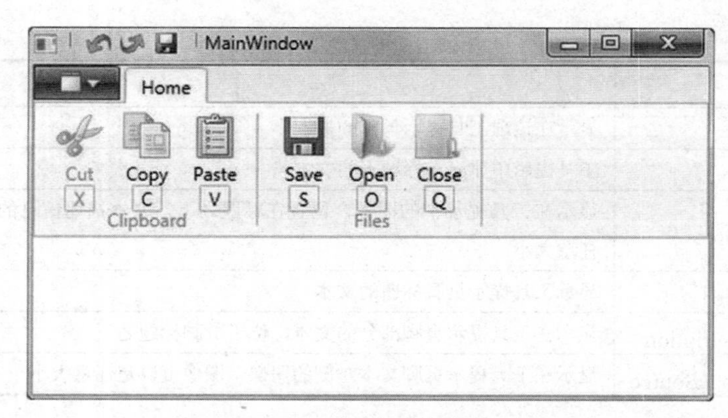

图 25-12　第一级快捷键提示

为使用 WPF 功能区中的快捷键提示，需要设置 RibbonApplicationMenu、每个 RibbonTab、每个 RibbonMenuItem、RibbonButton 或其他功能区控件的 KeyTip 属性。每个工具提示在其范围内必须是唯一的，这意味着不应为两个选项卡指定相同的工具提示字母，或为一个选项卡中的两个按钮指定相同的工具提示。与 Office 应用程序不同，键盘提示始终使用单个字母(不支持两个字母的组合)。如果没有为功能区中的控件指定快捷键提示，就不能使用键盘访问。但只要为 RibbonApplicationMenu 指定了工具提示，其中的所有菜单项都可以通过键盘来访问，即使没有快捷键提示也同样如此，原因是用户可使用快捷键提示来打开菜单，并使用方向键在菜单中移动。

注意：

RibbonMenuItem 支持旧式的菜单快捷方式(在菜单文本中使用下划线)。例如，如果使用菜单文本“_File”，那么 F 将成为快捷键提示。但这样的约定不适用于功能区中的命令，因此最简单的做法是始终使用 KeyTip 属性，以免混淆。

25.3.6　改变功能区的大小

功能区最非凡的功能之一是可以改变自身的尺寸，以通过减少或重新布置每组中的按钮来适应窗口的宽度。

当使用 WPF 创建功能区时，就可以得到基本的尺寸改变功能。尺寸改变功能被构建进 RibbonWrapPanel 控件，根据组中控件的数量和组的尺寸使用不同的模板。例如，包含三个 RibbonButton 对象的组，如果空间允许的话，将从左向右显示这三个 RibbonButton 对象。如果空间不允许，最右边的控件将被折叠成小图标，然后去掉它们的文本以回收更多空间，最后整组被减小到单个按钮，当单击该按钮时，在下拉列表中显示所有命令。图 25-13 使用具有三个 File 组副本的功能区演示了这一过程。第一组完全展开，第二组部分折叠，第三组完全被折叠(有必要指出，为创建这个示例，必须明确地配置功能区不要折叠第一组。否则，在完全折叠任意一组之前，总是尝试部分折叠所有组)。

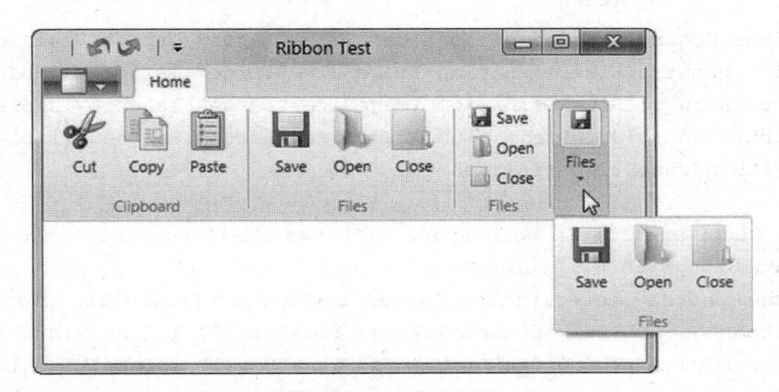

图 25-13　缩小功能区

可使用几种技术改变功能区组的尺寸。可使用 RibbonTab.GroupSizeReductionOrder 属性设置将被首先缩小的组。使用 LabelTitle 值指定每个组。下面是一个示例：

```
<r:RibbonTab Label="Home" GroupSizeReductionOrder="Clipboard,Tasks,File">
```

当减小窗口的尺寸时，所有组将一点一点地被折叠。然而，Clipboard 组首先被切换到压缩布局，接下来是 Tasks 组，等等。如果继续收缩窗口，将再次重新布置组，同样首先是 Clipboard 组。如果没有设置 RibbonTab.GroupSizeReductionOrder 属性，将首先折叠最右边的组。

更强大的方法是创建 RibbonGroupSizeDefinition 对象的集合，指示组将如何折叠自身。每个 RibbonGroupSizeDefinition 对象是一个定义单个布局的模板。该模板指定哪些命令应当使用更大的图标，哪些命令应当使用小图标，以及哪些命令应当包含显示文本。下面是一个 RibbonGroupSizeDefinition 示例，该对象为包含 4 个控件的组设置布局，使它们使用尽可能大的尺寸：

```
<r:RibbonGroupSizeDefinition>
  <r:RibbonControlSizeDefinition ImageSize="Large" IsLabelVisible="True" />
  <r:RibbonControlSizeDefinition ImageSize="Large" IsLabelVisible="True" />
  <r:RibbonControlSizeDefinition ImageSize="Large" IsLabelVisible="True" />
  <r:RibbonControlSizeDefinition ImageSize="Large" IsLabelVisible="True" />
</r:RibbonGroupSizeDefinition>
```

为理解这一点，需要认识到，RibbonGroupSizeDefinition 按顺序匹配控件，并不考虑控件的名称。因此，显示的定义为功能区中的前 4 个控件提供了指令，而不考虑它们是哪种控件类型及其包含的文本。

为控制改变组的尺寸的方式，需要定义多个 RibbonGroupSizeDefinition 对象，并按从大到小的顺序将它们放置到 RibbonGroupSizeDefinitionCollection 集合中。当折叠组时，功能区能从一个布局切换到另一个布局以回收更多空间，从而保持您希望的布局(并且确保您认为最重要的控件仍然显示)。通常，在 Ribbon.Resources 区域放置 RibbonGroupSizeDefinitionCollection，从而可为多个包含 4 个按钮的组重用相同的模板序列。

```
<r:Ribbon.Resources>
  <r:RibbonGroupSizeDefinitionBaseCollection x:Key="RibbonLayout">

    <!-- All large controls. -->
    <r:RibbonGroupSizeDefinition>
```

```
      <r:RibbonControlSizeDefinition ImageSize="Large" IsLabelVisible="True"/>
      <r:RibbonControlSizeDefinition ImageSize="Large" IsLabelVisible="True"/>
      <r:RibbonControlSizeDefinition ImageSize="Large" IsLabelVisible="True"/>
      <r:RibbonControlSizeDefinition ImageSize="Large" IsLabelVisible="True"/>
      </r:RibbonGroupSizeDefinition>

    <!-- A large control at both ends, with two small controls in between. -->
    <r:RibbonGroupSizeDefinition>
    <r:RibbonControlSizeDefinition ImageSize="Large" IsLabelVisible="True"/>
      <r:RibbonControlSizeDefinition ImageSize="Small" IsLabelVisible="True"/>
      <r:RibbonControlSizeDefinition ImageSize="Small" IsLabelVisible="True"/>
      <r:RibbonControlSizeDefinition ImageSize="Large" IsLabelVisible="True"/>
    </r:RibbonGroupSizeDefinition>

    <!-- Same as before, but now with no text for the small buttons. -->
    <r:RibbonGroupSizeDefinition>
      <r:RibbonControlSizeDefinition ImageSize="Large" IsLabelVisible="True"/>
      <r:RibbonControlSizeDefinition ImageSize="Small" IsLabelVisible="False"/>
      <r:RibbonControlSizeDefinition ImageSize="Small" IsLabelVisible="False"/>
      <r:RibbonControlSizeDefinition ImageSize="Large" IsLabelVisible="True"/>
    </r:RibbonGroupSizeDefinition>

    <!-- All small buttons. -->
    <r:RibbonGroupSizeDefinition>
      <r:RibbonControlSizeDefinition ImageSize="Small" IsLabelVisible="True"/>
      <r:RibbonControlSizeDefinition ImageSize="Small" IsLabelVisible="False"/>
      <r:RibbonControlSizeDefinition ImageSize="Small" IsLabelVisible="False"/>
      <r:RibbonControlSizeDefinition ImageSize="Small" IsLabelVisible="True"/>
    </r:RibbonGroupSizeDefinition>

    <!-- All small, no-text buttons. -->
    <r:RibbonGroupSizeDefinition>
      <r:RibbonControlSizeDefinition ImageSize="Small" IsLabelVisible="False"/>
      <r:RibbonControlSizeDefinition ImageSize="Small" IsLabelVisible="False"/>
      <r:RibbonControlSizeDefinition ImageSize="Small" IsLabelVisible="False"/>
      <r:RibbonControlSizeDefinition ImageSize="Small" IsLabelVisible="False"/>
    </r:RibbonGroupSizeDefinition>

    <!-- Collapse the entire group to a single drop-down button. -->
    <r:RibbonGroupSizeDefinition IsCollapsed="True" />
  </r:RibbonGroupSizeDefinitionBaseCollection>
</r:Ribbon.Resources>
```

现在可将这些尺寸调整规则应用于功能区中的组，如下所示：

```
<r:RibbonGroup Header="Files" SmallImageSource="images/save_Small.png"
  GroupSizeDefinitions="{StaticResource RibbonLayout}">
    ...
</r:RibbonGroup>
```

注意：

不仅可以调整功能区的大小，还可以最小化功能区(将其缩小，从而只显示选项卡)。用户可双击任意选项卡标题或右击功能区，然后选择 Minimize the Ribbon 来最小化功能区(也可将其还原)。

25.3.7　快速访问工具栏

在功能区中将考虑的最后一个要素是快速访问工具栏(或称为 QAT)。它是一个包含常用按钮的窄条，根据用户的选择，QAT 可能位于功能区其他要素的上面或下面。

功能区最初不包含快速访问工具栏。如果想要添加 QAT，那么需要通过设置 Ribbon.QuickAccessToolBar 属性来创建。QAT 使用 RibbonQuickAccessToolbar 对象，该对象包含一系列 RibbonButton 对象。当为这些对象定义 RibbonCommand 时，只需要提供工具提示文本和小图像，因为文本标签和大图像从不显示。

下面是图 25-8 显示的极简单 QAT 的定义：

```
<r:Ribbon.QuickAccessToolBar>
  <r:RibbonQuickAccessToolBar>
    <r:RibbonButton Label="Undo" SmallImageSource="images\undo.png" />
    <r:RibbonButton Label="Redo" SmallImageSource="images\redo.png" />
    <r:RibbonButton Label="Save" SmallImageSource="images\save_small.png" />
  </r:RibbonQuickAccessToolBar>
</r:Ribbon.QuickAccessToolBar>
```

QAT 的真正目标是为用户提供自定义区域。应该在 QAT 中放置较少的项，但允许用户将功能区中最喜欢使用的命令放在 QAT 中。可使用两项技巧自动完成这项任务。最重要的是，如果使用命令，那么按钮只能被复制到 QAT 中(换句话说，已经设置了它的 Command 属性，并且使用该属性而非 Click 事件在应用程序中触发适当的操作)。如此一来，用户可通过右击功能区按钮，然后选择 Add to Quick Access Toolbar，将任意命令复制到 QAT 中(如图 25-14 所示)。同样，用户可右击，然后选择 Remove from Quick Access Toolbar 来从 QAT 中删除按钮。通过将 CanAddToQuickAccessToolbarDirectly 属性设置为 false，可为特定按钮关闭此功能。

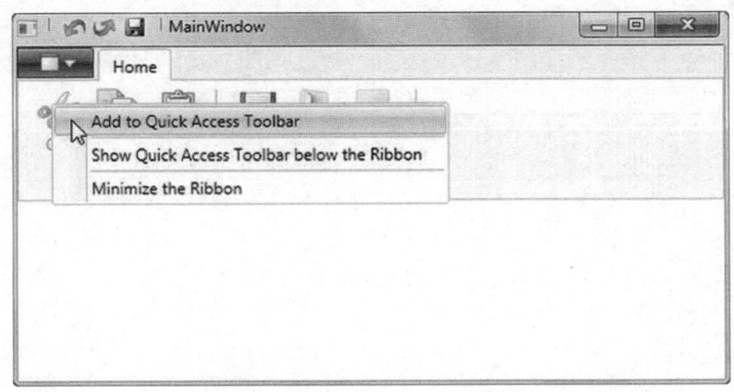

图 25-14　为快速访问工具栏添加命令

提示：

还可从应用程序菜单添加项，前提是将它们链接到命令而非 Click 事件处理程序。在这种情况下，您将遇到一个小问题：ImageSource 属性设置的标准菜单图像对于 QAT 而言太大了。功能区自动将其缩小，但这会降低图片质量。为避免这个问题，可添加 QuickAccessToolBar-ImageSource 属性来为每个菜单命令指定一幅符合 QAT 要求的图片。

如果功能区充满了项，或将窗口大小调整得非常窄，那么会将 QAT 中的一些项移到溢出菜单中。要查看这些项，用户必须单击 QAT 右侧的下拉箭头，这会打开一个下拉列表，其中显示了溢出的所有附加命令。

QAT 最大的限制在于不能保存当前状态。换句话说，除非您自行构建了相应功能，否则应用程序将无法记住用户已经添加的命令，并会在下次启动应用程序时还原。

提示：

本章未涵盖其他一些功能区特性，如功能区库、使用自定义布局面板来自定义大小以及上下文选项卡。相关信息请参阅 Microsoft 的功能区文档，网址是 http://tinyurl.com/33yx2cl。

25.4　小结

本章介绍了增强 Windows 专业应用程序的 4 个控件。前 3 个控件——Menu、ToolBar 和 StatusBar——继承自 ItemsControl 类，第 20 章介绍了该类。但不是显示数据，反而它们包含菜单命令组、工具栏按钮以及状态项。这是展示 WPF 库如何遵循基本概念(如 ItemsControl)，并且使用它们标准化控件家族整个分支的又一个例子。

本章介绍的第 4 个(也是最后一个)控件是功能区，该控件是工具栏的替代物，是在 Office 2007 中作为标志性特征引入的，现已变成了 Windows 7 的标准要素。尽管功能区尚未融入.NET 运行时，但可以作为免费的库获取该控件，这一点对于 WPF 开发人员来说是重要的收获。

第 26 章

声音和视频

在本章您将学习 WPF 的另外两个功能：音频和视频。相对于以前版本的.NET，WPF 对音频的支持有了重大进步，但还有很长的路要走。WPF 提供了播放多种声音格式的能力，包括 MP3 文件以及 Windows 媒体播放器支持的其他任意格式。然而，WPF 的声音功能仍与 DirectSound 相距很远(DirectSound 是 DirectX 中的高级音频 API，DirectSound 可应用动态效果，在仿真的三维场景中放置声音)。WPF 也缺少检索音幅数据的方式；通过检索音幅数据，可以获取声音的高低，该功能对于创建某些类型的合成效果以及声音驱动的动画是非常有用的。

WPF 对视频的支持给人留下的印象更加深刻。尽管播放视频的能力(例如，播放 MPEG 文件和 WMV 文件)不是 WPF 中最令人震撼的功能，但将它集成进 WPF 模型其他部分的方式是引人注目的。例如，可使用视频同时填充几千个元素，并且可以结合使用效果、动画、透明甚至 3D 对象。

本章将介绍如何将音频和视频内容集成进应用程序，甚至还将快速浏览 WPF 对语音合成和语音识别的支持。但在介绍更新颖的示例之前，首先将分析播放普通 WAV 音频所需的基本代码。

26.1 播放 WAV 音频

在.NET 中播放音频文件的最简单方式是使用不很起眼的 SoundPlayer 类，该类位于同样不很起眼的 System.Media 名称空间中。SoundPlayer 类的功能非常有限：只能播放 WAV 音频文件，不支持同时播放多个声音，并且没有提供控制音频播放任何方面的能力(例如，音量和平衡等细节)。

如果能够忍受 SoundPlayer 类极大的局限性，那么这仍是为应用程序添加音频功能的最简单、最轻量级的方法。SoundPlayerAction 类又对 SoundPlayer 类进行了封装，使用该类可通过声明的触发器播放声音(而不是在事件处理程序中编写几行 C#代码)。接下来的几节在介绍 WPF 中功能更强大的 MediaPlayer 类和 MediaElement 类之前将简要描述这两个类。

26.1.1 SoundPlayer 类

为使用 SoundPlayer 类播放声音，需要执行以下几个步骤：

(1) 创建 SoundPlayer 实例。

(2) 通过设置 SoundLocation 或 Stream 属性来指定声音内容。如果有指向 WAV 文件的文件路径，就使用 SoundLocation 属性。如果有基于流的包含 WAV 音频内容的对象，就使用 Stream 属性。

注意：

如果将音频内容存储在二进制资源中并嵌入到应用程序中，将需要作为流访问音频(见第 7 章)并使用 SoundPlayer.Stream 属性，这是因为 SoundPlayer 类不支持 WPF 的 pack URI 语法。

(3) 一旦设置 Stream 或 SoundLocation 属性，就可以通过调用 Load( )或 LoadAsync( )方法，通知 SoundPlayer 实例实际加载音频数据。Load( )方法最简单——暂停代码执行，直到所有音频数据都被加载到内存为止。LoadAsync( )方法不加通告地在另一个线程中进行工作，并当完成工作时引发 LoadCompleted 事件。

注意：

从技术角度看，不需要使用 Load( )或 LoadAsync( )方法。当调用 Play( )或 PlaySync( )方法时，如有必要，SoundPlayer 类将加载音频数据。但明确地加载音频数据是个好主意——当需要多次播放音频时不但可以降低开销，还便于分别处理与文件问题相关的异常和与音频播放相关的异常。

(4) 现在，当音频播放时可调用 PlaySync( )方法以暂停代码，也可使用 Play( )方法在另一个线程中播放音频，确保应用程序的界面保持响应。唯一的另一个选择是使用 PlayLooping( )方法，该方法永无休止地异步播放音频(对于那些讨厌声道的人而言，这是很完美的)。想要在任何时间停止播放，只需要调用 Stop( )方法即可。

下面的代码片段显示了异步加载和播放声音的最简单方法：

```
SoundPlayer player = new SoundPlayer();
player.SoundLocation = "test.wav";
try
{
    player.Load();
    player.Play();
}
catch (System.IO.FileNotFoundException err)
{
    // An error will occur here if the file can't be found.
}
catch (FormatException err)
{
    // A FormatException will occur here if the file doesn't
    // contain valid WAV audio.
}
```

到目前为止，代码假定音频文件和编译过的应用程序位于同一目录中。然而，不需要从文件加载 SoundPlayer 音频。如果已经创建了一些在应用程序中的几个位置播放的小音频，那么更合理的做法是将声音文件嵌入到编译过的程序集中，作为二进制资源(不要和声明式资源相混淆，声明式资源是在 XAML 标记中定义的资源)。在第 11 章中讨论过这种技术，声音文件和图像文件的工作方式相同。例如，如果使用资源名称 Ding 添加 ding.wav 音频文件(在 Solution Explorer 中浏览到 Properties | Resources 节点，并使用设计器支持)，可使用下面的代码来播放：

```
SoundPlayer player = new SoundPlayer();
```

```
player.Stream = Properties.Resources.Ding;
player.Play();
```

注意：

SoundPlayer 类不能很好地处理较大的音频数据，因为它需要一次性地将整个文件加载到内存中。您可能会考虑可通过以更小的块提交大的音频文件来解决这个问题，但 SoundPlayer 类不支持这种技术。没有比较简单的方法可以同步 SoundPlayer 对象，从而逐块播放多个音频片断，因为它没有提供任何排队功能。每次调用 PlaySync( )或 Play( )方法时，会停止播放当前音频。可采用一些变通方法，但使用本章后面讨论的 MediaElement 类会更好一些。

26.1.2　SoundPlayerAction 类

SoundPlayerAction 类使得使用 SoundPlayer 类更加便捷。SoundPlayerAction 类继承自 TriggerAction 类(见第 11 章)，可使用该类响应任何事件。

下面的按钮使用 SoundPlayerAction 对象将 Click 事件连接到声音。触发器被封装到一个样式中，如果将该样式从按钮中提取出来并放到 Resources 集合中，就可以将该样式应用到多个按钮：

```
<Button>
  <Button.Content>Play Sound</Button.Content>
  <Button.Style>
    <Style>
      <Style.Triggers>
        <EventTrigger RoutedEvent="Button.Click">
          <EventTrigger.Actions>
            <SoundPlayerAction Source="test.wav"></SoundPlayerAction>
          </EventTrigger.Actions>
        </EventTrigger>
      </Style.Triggers>
    </Style>
  </Button.Style>
</Button>
```

当使用 SoundPlayerAction 时，总是异步地播放声音。

26.1.3　系统声音

Windows 操作系统能将音频文件映射到特定的系统事件，当然这只是一个华而不实的功能。除了 SoundPlayer 类之外，WPF 还提供了 System.Media.SystemSounds 类，通过该类可以访问其中最常见的声音，并且可以在自己的应用程序中使用它们。如果希望使用简单的声音信号指示某个长时间运行的操作已经结束，或使用报警声音提示警告情况，这种技术是最有用的。

但 SystemSounds 类构建在 MessageBeep 这个 Win32 API 函数的基础上，因此只能访问以下通用的系统声音：

- Asterisk
- Beep
- Exclamation

- Hand
- Question

SystemSounds 类为这些声音中的每个声音都提供了一个属性，该属性返回一个 SystemSound 对象，可使用该对象通过 Play( )方法播放声音。例如，为使用代码播放蜂鸣声，只需要执行下面这行代码：

```
SystemSounds.Beep.Play();
```

为给每个声音配置使用的 WAV 文件，首先打开控制面板，然后双击 Sound 图标。

26.2 MediaPlayer 类

使用 SoundPlayer、SoundPlayerAction 以及 SystemSounds 类都很容易，但功能相对不是很强大。在当今世界，除了最简单的声音外，使用压缩的 MP3 音频更加普遍，而不是使用原始的 WAV 格式。但如果希望播放 MP3 音频或 MPEG 视频，就需要使用两个不同的类：MediaPlayer 和 MediaElement。这两个类都依赖于 Windows 媒体播放器提供的技术的关键部分。

MediaPlayer 类(位于特定于 WPF 的 System.Windows.Media 名称空间)是 WPF 中与 SoundPlayer 类等效的类。尽管明显不是轻量级的类，但它以类似方式工作——创建 MediaPlayer 对象，调用 Open( )方法加载音频文件，并调用 Play( )方法开始异步播放声音(没有提供同步播放选项)。下面是一个最简单的示例：

```
private MediaPlayer player = new MediaPlayer();

private void cmdPlayWithMediaPlayer_Click(object sender, RoutedEventArgs e)
{
    player.Open(new Uri("test.mp3", UriKind.Relative));
    player.Play();
}
```

在这个示例中有一些重要的细节需要注意：

- 在事件处理程序的外部创建 MediaPlayer 对象，从而使用该对象在整个窗口的生命期中都处于存活状态。这是因为当 MediaPlayer 对象被从内存中释放时会调用 MediaPlayer.Close( )方法。如果在事件处理程序的内部创建 MediaPlayer 对象，那么该对象几乎会被立即从内存中释放并且稍后可能会被垃圾回收器回收，这时会调用 Close( )方法并且会停止播放。

提示：

应当创建 Window.Unloaded 事件处理程序来调用 Close( )方法，当关闭窗口时，停止所有当前正在播放的音频。

- 通过 URI 提供文件位置。不过，URI 不能使用在第 7 章中学过的应用程序包语法，所以不可能嵌入音频文件并使用 MediaPlayer 类播放。这一限制是因为 MediaPlayer 类的底层功能不是 WPF 的内置功能——相反，它们是由不同的、非托管的 Windows 媒体播放器组件提供的。

- 没有异常处理代码。令人不快的是，Open( )和 Play( )方法不会抛出异常(异步加载和播放过程有部分责任)。相反，如果希望确定是否正在播放音频，您需要负责处理 MediaOpened 和 MediaFailed 事件。

虽然 MediaPlayer 类很简单，但比 SoundPlayer 类更强大。它提供了少数几个很有用的方法、属性和事件。表 26-1 列出了所有内容。

表 26-1　MediaPlayer 类的主要成员

成　员	说　明
Balance	使用-1~1 之间的数值设置左声道和右声道之间的平衡，-1 表示只使用左声道，1 表示只使用右声道
Volume	使用 0~1 之间的数值设置音量，0 表示没有声音，1 表示最大音量。默认值是 0.5
SpeedRatio	为播放音频(或视频)设置速度倍数，从而使用比正常速度更快或更慢的速度进行播放。默认值 1 表示正常速度，而 2 表示正常速度的 2 倍，10 表示正常速度的 10 倍，0.5 表示正常速度的一半，等等。可以使用任意正的双精度数值
HasAudio HasVideo	指示当前加载的媒体文件是否包含音频或视频。为了显示视频，需要使用将在 26.3 节中介绍的 MediaElement 类
NaturalDuration NaturalVideoHeight NaturalVideoWidth	指定使用正常播放速度进行播放时的持续时间和视频窗口的尺寸(正如将在稍后看到的，可以缩放或扭曲视频以适应不同的窗口尺寸)
Position	指定在媒体文件中当前位置的 TimeSpan 对象。可通过设置这个属性跳到特定的时间位置
DownloadProgress BufferingProgress	指示文件已经下载(当 Source 是指向 Web 或远程计算机的 URL 时非常有用)或缓冲(假设正在使用的媒体文件使用的是流格式编码，以便在全部下载之前就可以开始播放)的百分比。百分数使用 0~1 之间的数值表示
Clock	获取或设置与这个播放器相关联的 MediaClock 对象。只有当正在将音频同步到时间线时(使用非常类似于第 15 章中介绍的将动画同步到时间线的方式)，才使用 MediaClock 对象。如果正在使用 MediaPlayer 类提供的方法执行手动播放，这个属性就为 null
Open( )	加载新的媒体文件
Play( )	开始播放。如果文件已经开始播放，该方法不起作用
Pause( )	暂停播放，但不会改变播放位置。如果再次调用 Play( )方法，会从当前位置开始播放。如果没有正在播放音频，该方法不起作用
Stop( )	停止播放并将播放位置重新设置到文件的开头。如果再次调用 Play( )方法，将会从文件的开头开始播放。如果音频播放已经被停止，该方法不起作用

使用这些成员，可构建基本的但是具有完整功能的媒体播放器。然而，WPF 开发人员通常使用另一个非常类似的元素——MediaElement 类，26.3 节将介绍该元素。

26.3　MediaElement 类

MediaElement 类是 WPF 元素，它封装了 MediaPlayer 类的全部功能。与所有元素相同，MediaElement 元素可被直接放置到用户界面中。如果正在使用 MediaElement 元素播放音频，这不是很重要；但如果正在使用 MediaElement 元素播放视频，那么可在显示视频窗口的位置放置该元素。

播放声音只需要简单的 MediaElement 标签。例如，如果为用户界面添加下面的标记：

```
<MediaElement Source="test.mp3"></MediaElement>
```

只要加载了 test.mp3 文件(在窗口加载前后加载)，就会播放该文件。

26.3.1　使用代码播放音频

通常希望能更精确地控制播放。例如，可能希望在特定时间触发播放、永无休止地重复播放等。实现该目标的一种方法是在恰当的时间调用 MediaElement 类的方法。

MediaElement 元素的初始行为由 LoadedBehavior 属性决定，该属性是 MediaElemet 类添加的几个属性之一，在 MeidaPlayer 类中没有该属性。LoadedBehavior 属性可使用任意 MediaState 枚举值。该属性的默认值是 Play，不过也可使用 Manual，对于这种情况，音频文件被加载，并由代码负责在正确的时间开始播放。另一个选择是使用 Pause，这会中断播放，但不允许使用回放方法开始播放(相反，需要使用触发器和故事板开始播放，如 26.3.3 节所述)。

注意：

MediaElement 类还提供了 UnloadedBehavior 属性，该属性决定了当元素被卸载之后应当执行的操作。对于这种情况，Close 是唯一有意义的选择，因为它关闭文件并且释放所有系统资源。

所以为了通过代码播放音频，首先必须修改 LoadedBehavior 属性，如下所示：

```
<MediaElement Source="test.mp3" LoadedBehavior="Manual" Name="media"></MediaElement>
```

还必须选择名称，以便在代码中与媒体元素进行交互。通常，交互包括简单的 Play( )、Pause( )以及 Stop( )方法。还可以设置 Position 属性来移动音频播放的位置。下面是一个简单的事件处理程序，它寻找开始位置并开始播放：

```
private void cmdPlay_Click(object sender, RoutedEventArgs e)
{
    media.Position = TimeSpan.Zero;
    media.Play();
}
```

如果当正在播放时运行上面的代码，第一行代码会将播放位置重新设置到开始位置，然后继续从开始位置进行播放。第二行不起作用，因为媒体文件已经在播放。如果试图为没有将 LoadedBehavior 属性设置为 Manual 的 MediaElement 元素使用上面的代码，将收到异常。

注意：

在典型的媒体播放器中，可通过多种方式触发基本命令，如播放、暂停以及停止。显然，对于这种情况，使用 WPF 命令模型是非常合理的。实际上，System.Windows.Input.MediaCommands 类已经提供了一些方便的基础结构。然而，MediaElement 元素没有任何支持 MediaCommands 类的默认命令绑定。换句话说，由您负责编写事件处理逻辑，实现每个命令并调用恰当的 MediaElement 方法。这可以为您节省工作，因为多个用户界面元素可关联到同一个命令，从而减少了代码重复。在第 9 章中有更多关于命令的内容。

26.3.2　处理错误

如果没有发现文件或者加载文件失败，MediaElement 元素不会抛出异常，而由您负责处理 MediaFailed 事件。幸运的是，这个任务很容易完成。只需要修改 MediaElement 标签即可：

```
<MediaElement ... MediaFailed="media_MediaFailed"></MediaElement>
```

另外，在事件处理程序中，使用 ExceptionRoutedEventArgs.ErrorException 属性获取描述问题的异常对象：

```
private void media_MediaFailed(object sender, ExceptionRoutedEventArgs e)
{
   lblErrorText.Content = e.ErrorException.Message;
}
```

26.3.3　使用触发器播放音频

到目前为止，还没有看到从使用 MediaPlayer 类转换到使用 MediaElement 类的任何优点(除了支持视频外，在本章的后面会讨论该内容)。然而，使用 MediaElement 类，还能够以声明的方式，使用 XAML 标记而不是使用代码控制音频。可使用触发器和故事板完成该工作，在第 15 章中分析动画时第一次介绍了这种情况。在此唯一的新要素是 MediaTimeline 类，该类控制播放音频或视频文件的时间，并且和 MediaElement 元素协调其播放。MediaTimeline 类继承自 Timeline 类，并且增加了 Source 属性(确定希望播放的音频文件)。

下面的标记演示了一个简单示例。当使用鼠标单击按钮时，该例使用 BeginStoryboard 动作开始播放声音(显然，同样可很好地响应其他鼠标事件和键盘事件)。

```
<Grid>
  <Grid.RowDefinitions>
    <RowDefinition Size="Auto"></RowDefinition>
    <RowDefinition Size="Auto"></RowDefinition>
  </Grid.RowDefinitions>
  <MediaElement x:Name="media"></MediaElement>

  <Button>
    <Button.Content>Click me to hear a sound.</Button.Content>
    <Button.Triggers>
      <EventTrigger RoutedEvent="Button.Click">
        <EventTrigger.Actions>
        <BeginStoryboard>
          <Storyboard>
            <MediaTimeline Source="soundA.wav"
            Storyboard.TargetName="media"></MediaTimeline>
          </Storyboard>
        </BeginStoryboard>
        </EventTrigger.Actions>
      </EventTrigger>
    </Button.Triggers>
  </Button>
</Grid>
```

因为这个示例播放的是音频，所以 MediaElement 元素的位置并不重要。在这个示例中，MediaElement 元素被放在了一个 Grid 控件中，并在一个 Button 控件之后(顺序并不重要，因为 MediaElement 元素在运行时没有任何可视化外观)。当单击按钮时，创建包含 MediaTimeline 对象的 Storyboard 对象。注意，没有使用 MediaElement.Source 属性指定源，而是通过 MediaTimeline.Source 属性指定源。

注意：

当使用 MediaElement 元素作为 MediaTimeline 对象的目标时，就不必再关心将 LoadedBehavior 和 UnloadedBehavior 属性设置为什么值。一旦使用 MediaTimeline 对象，就会由 WPF 动画时钟驱动音频或视频(从技术角度看，是由 MediaClock 类的实例驱动播放，该实例是通过 MediaElement.Clock 属性提供的)。

可使用故事板控制 MediaElement 元素的播放——换句话说，不仅可以播放，还可以酌情暂停、重新开始以及停止播放。例如，分析图 26-1 中显示的媒体播放器，该播放器非常简单，有 4 个按钮。

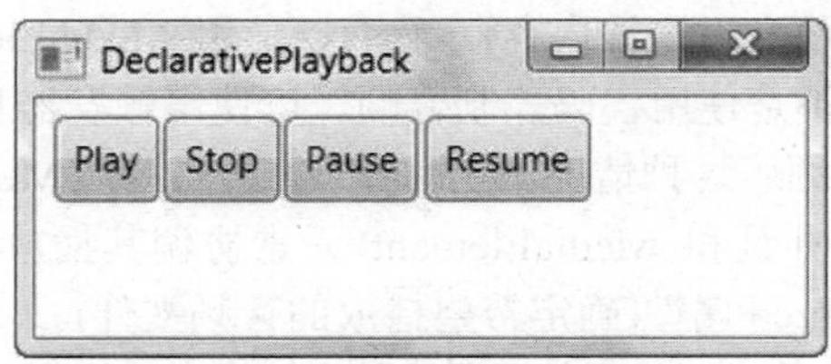

图 26-1 控制播放的窗口

这个窗口使用了一个 MediaElement 元素、一个 MediaTimeline 对象以及一个 Storyboard 对象。Storyboard 对象和 MediaTimeline 对象是在 Window.Resources 集合中声明的：

```
<Window.Resources>
  <Storyboard x:Key="MediaStoryboardResource">
    <MediaTimeline Storyboard.TargetName="media" Source="test.mp3"></MediaTimeline>
    </Storyboard>
</Window.Resources>
```

唯一的挑战是必须在集合中定义所有用于管理故事板的触发器，然后可使用 EventTrigger.SourceName 属性将它们关联到恰当的控件。

在这个示例中，所有触发器都在包含按钮的 StackPanel 面板的内部声明。下面是触发器和使用触发器管理音频的按钮：

```
<StackPanel Orientation="Horizontal">
  <StackPanel.Triggers>
    <EventTrigger RoutedEvent="ButtonBase.Click" SourceName="cmdPlay">
      <EventTrigger.Actions>
        <BeginStoryboard Name="MediaStoryboard"
          Storyboard="{StaticResource MediaStoryboardResource}"/>
        </EventTrigger.Actions>
    </EventTrigger>
    <EventTrigger RoutedEvent="ButtonBase.Click" SourceName="cmdStop">
      <EventTrigger.Actions>
```

```
          <StopStoryboard BeginStoryboardName="MediaStoryboard"/>
        </EventTrigger.Actions>
      </EventTrigger>
      <EventTrigger RoutedEvent="ButtonBase.Click" SourceName="cmdPause">
        <EventTrigger.Actions>
          <PauseStoryboard BeginStoryboardName="MediaStoryboard"/>
        </EventTrigger.Actions>
    </EventTrigger>
    <EventTrigger RoutedEvent="ButtonBase.Click" SourceName="cmdResume">
      <EventTrigger.Actions>
        <ResumeStoryboard BeginStoryboardName="MediaStoryboard"/>
      </EventTrigger.Actions>
        </EventTrigger>
      </StackPanel.Triggers>

      <MediaElement Name="media"></MediaElement>
      <Button Name="cmdPlay">Play</Button>
      <Button Name="cmdStop">Stop</Button>
      <Button Name="cmdPause">Pause</Button>
      <Button Name="cmdResume">Resume</Button>
  </StackPanel>
```

注意，尽管 MediaElement 和 MediaPlayer 类的实现允许在暂停播放之后，通过调用 Play( )方法恢复播放，但 Storyboard 对象不按同样的方式工作。相反，需要单独的 ResumeStoryboard 动作。如果这不是所希望的行为，可考虑为播放按钮添加一些代码，而不是使用声明式方法。

注意：

本章的下载代码提供了一个声明式媒体播放器窗口和一个更灵活的代码驱动的媒体播放器窗口。

26.3.4　播放多个声音

尽管前面的示例显示了如何控制播放单个媒体文件，但也完全可以扩展到播放多个音频文件。下面的示例包含两个按钮，每个按钮播放自己的声音。当单击按钮时，创建新的 Storyboard 对象，并使用新的 MediaTimeline 对象通过同一个 MediaElement 元素播放不同的音频文件。

```
<Grid>
  <Grid.RowDefinitions>
    <RowDefinition Size="Auto"></RowDefinition>
    <RowDefinition Size="Auto"></RowDefinition>
  </Grid.RowDefinitions>
  <MediaElement x:Name="media"></MediaElement>

  <Button>
    <Button.Content>Click me to hear a sound.</Button.Content>
    <Button.Triggers>
      <EventTrigger RoutedEvent="Button.Click">
        <EventTrigger.Actions>
```

```
        <BeginStoryboard>
          <Storyboard>
            <MediaTimeline Source="soundA.wav"
              Storyboard.TargetName="media"></MediaTimeline>
          </Storyboard>
        </BeginStoryboard>
        </EventTrigger.Actions>
      </EventTrigger>
    </Button.Triggers>
  </Button>
    <Button Grid.Row="1">
      <Button.Content >Click me to hear a different sound.</Button.Content>
        <Button.Triggers>
          <EventTrigger RoutedEvent="Button.Click">
            <EventTrigger.Actions>
              <BeginStoryboard>
                <Storyboard>
                  <MediaTimeline Source="soundB.wav"
                    Storyboard.TargetName="media"></MediaTimeline>
                </Storyboard>
              </BeginStoryboard>
            </EventTrigger.Actions>
          </EventTrigger>
        </Button.Triggers>
      </Button>
  </Grid>
```

在这个示例中，如果快速地连续单击这两个按钮，就会发现第二个声音中断了第一个声音的播放。这是由于为两个时间线使用相同的 MediaElement 元素而导致的。更圆滑(但占用资源也更多)的方法是为每个按钮使用单独的 MediaElement 元素，并将 MediaTimeline 对象指向相应的 MediaElement 元素(对于这种情况，可直接在 MediaElement 标签中指定 Source 属性，因为它是不变的)。现在，如果快速地连续单击两个按钮，就会同时播放两个声音。

可为 MediaPlayer 类应用相同的方法——如果希望播放多个音频文件，就需要使用多个 MediaPlayer 对象。如果决定通过代码使用 MediaPlayer 对象或 MediaElement 元素，还可以使用更加智能的优化方案，精确地同时播放两个声音，但只能同时播放两个声音。基本技术是定义两个 MediaPlayer 对象，并且每次播放新声音时在它们之间进行翻转(可通过 Boolean 变量跟踪上一次使用的是哪个对象)。为使这种技术更加轻松，可在恰当元素的 Tag 属性中保存音频文件的名称，从而所有事件处理代码需要做的工作是，查找要使用的正确 MediaPlayer 对象，设置其 Source 属性，并调用它的 Play( )方法。

26.3.5　改变音量、平衡、速度以及位置

MediaElement 类为控制音量、平衡、速度以及在媒体文件中的当前位置提供了与 MediaPlayer 类相同的属性(表 26-1 中详细描述了这些属性)。图 26-2 显示了一个简单窗口，该窗口扩展了图 26-1 中的声音播放器示例，提供了调整这些细节的附加控制。

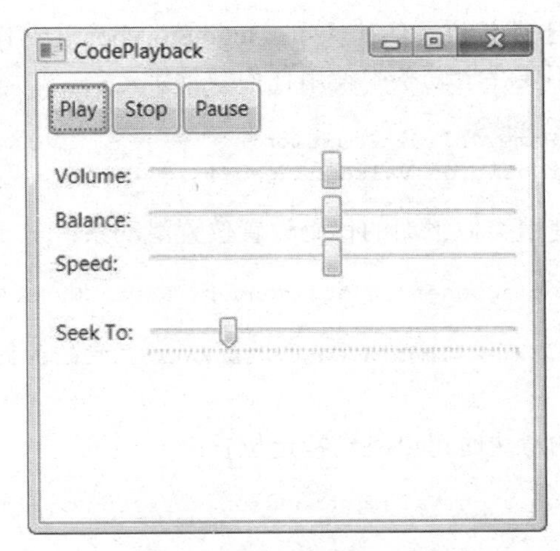

图 26-2 控制更多的播放细节

Volume 和 Balance 滑动条是最容易关联的两个控件。因为 Volume 和 Balance 是依赖项属性，所以可使用双向绑定表达式将滑动条连接到 MediaElement 元素。下面是所需的标记：

```
<Slider Grid.Row="1" Minimum="0" Maximum="1"
 Value="{Binding ElementName=media, Path=Volume, Mode=TwoWay}"></Slider>
<Slider Grid.Row="2" Minimum="-1" Maximum="1"
 Value="{Binding ElementName=media, Path=Balance, Mode=TwoWay}"></Slider>
```

尽管使用双向数据绑定表达式会导致更大开销，但它们可以确保当使用其他方式改变 MediaElement 属性时，滑动条控件能够保持同步。

SpeedRatio 属性能用相同的方式进行连接：

```
<Slider Grid.Row="3" Minimum="0" Maximum="2"
 Value="{Binding ElementName=media, Path=SpeedRatio}"></Slider>
```

但在此有一些技巧。首先，SpeedRatio 属性不能用于时钟驱动的音频(即使用 MediaTimeline 对象的音频)。为使用 SpeedRatio 属性，需要将 SpecdRatio 的 LoadedBehavior 属性设置为 Manual，并通过播放方法手动控制音频的播放。

提示：

如果使用 MediaTimeline 对象，可通过 SetStoryboardSpeedRatio 动作得到与设置 MediaElement.SpeedRatio 属性相同的效果。在第 15 章中您已经学习了这些细节。

其次，SpeedRatio 不是依赖项属性，当它发生改变时，WPF 不会接收到更改通知。这意味着如果包含了修改 SpeedRatio 属性的代码，滑动条不会相应进行更新(一种变通的方法是在代码中修改滑动条，而非直接修改 MediaElement 元素)。

注意：

改变音频的播放速度会扭曲声音，并会导致声音失真，如回声效果。

最后的细节是当前位置，它由 Position 属性提供。同样，在设置 Position 属性前，MediaElement 元素需要处于 Manual 模式，这意味着不能使用 MediaTimeline 对象(如果使用 MediaTimeline 对

象，可考虑使用具有(相对于期望位置的)偏移的 BeginStoryboard 动作，如第 15 章所述)。

为让这一技术可行，不要在滑动条中使用任何数据绑定：

```
<Slider Minimum="0" Name="sliderPosition"
 ValueChanged="sliderPosition_ValueChanged"></Slider>
```

当打开媒体文件时，使用类似下面的代码设置位置滑动条：

```
private void media_MediaOpened(object sender, RoutedEventArgs e)
{
    sliderPosition.Maximum = media.NaturalDuration.TimeSpan.TotalSeconds;
}
```

然后当移动滑动条上的滑块时可以跳到特定位置：

```
private void sliderPosition_ValueChanged(object sender, RoutedEventArgs e)
{
    // Pausing the player before moving it reduces audio "glitches"
    // when the value changes several times in quick succession.
    media.Pause();
    media.Position = TimeSpan.FromSeconds(sliderPosition.Value);
    media.Play();
}
```

在此存在的缺点是：当媒体向前播放时不能更新滑动条。如果希望实现该功能，需要使用一种合适的变通方法(例如，当播放时使用 DispatcherTimer 对象触发周期性的检查，并更新滑动条)。如果使用 MediaTimeline 对象，也是如此。由于多种原因，不能直接绑定到 MediaElement.Clock 信息；而是需要处理 Storyboard.CurrentTimeInvalidated 事件，就像第 15 章中的 AnimationPlayer 示例所演示的那样。

26.3.6　将动画同步到音频

在某些情况下，您可能希望将其他动画同步到媒体文件(音频或视频)中的特定位置。例如，如果有一个很长的、展示一个人描述一系列步骤的音频文件，可能希望在每个暂停之后淡入不同的图像。

根据您的需要，设计方案可能非常复杂，并且通过将音频分割成单独的文件可能会得到性能更好并且更加简单的设计。这样，可以加载新的音频并且同时通过响应 MediaEnded 事件执行相应的动作。在其他一些情况下，需要在持续播放的、不能分割的媒体文件播放过程中同步一些内容。

可将其他动作和播放过程相配合的一种技术是关键帧动画(第 16 章中介绍了关键帧动画)。然后可将关键帧动画和 MediaTimeline 对象封装到故事板中。使用这种方法可为动画提供特定的时间偏移，然后可匹配到音频文件中的精确时间。实际上，甚至可使用能够批注音频的第三方程序，并导出重要时间的列表。然后可使用这一信息为每个关键帧设置时间。

当使用关键帧动画时，将 Storyboard.SlipBehavior 属性设置为 Slip 是很重要的。这指定如果媒体文件被延迟，关键帧动画不应当在 MediaTimeline 前面运行。这是很重要的，因为 MediaTimeline 会由于缓冲(如果是从服务器通过流加载数据)而被延迟，或更普通的情况是由于加载时间而被延迟。

下面的标记演示了一个具有两个同步动画的音频文件的基本示例。当到达音频文件的特定部分时，第一个动画改变标签中的文本。第二个动画在播放音频的过程中，通过改变小圆的

Opacity 属性使小圆跳动。

```
<Window.Resources>
  <Storyboard x:Key="Board" SlipBehavior="Slip">
    <MediaTimeline Source="sq3gm1.mid"
    Storyboard.TargetName="media"/>

    <StringAnimationUsingKeyFrames
      Storyboard.TargetName="lblAnimated"
      Storyboard.TargetProperty="(Label.Content)" FillBehavior="HoldEnd">
        <DiscreteStringKeyFrame Value="First note..." KeyTime="0:0:3.4" />
        <DiscreteStringKeyFrame Value="Introducing the main theme..."
          KeyTime="0:0:5.8" />
        <DiscreteStringKeyFrame Value="Irritating bass begins..."
          KeyTime="0:0:28.7" />
        <DiscreteStringKeyFrame Value="Modulation!" KeyTime="0:0:53.2" />
        <DiscreteStringKeyFrame Value="Back to the original theme."
          KeyTime="0:1:8" />
    </StringAnimationUsingKeyFrames>

    <DoubleAnimationUsingKeyFrames
      Storyboard.TargetName="ellipse"
      Storyboard.TargetProperty="Opacity" BeginTime="0:0:29.36"
      RepeatBehavior="30x">
    <LinearDoubleKeyFrame Value="1" KeyTime="0:0:0" />
    <LinearDoubleKeyFrame Value="0" KeyTime="0:0:0.64" />
  </DoubleAnimationUsingKeyFrames>
</Storyboard>
</Window.Resources>

<Window.Triggers>
  <EventTrigger RoutedEvent="MediaElement.Loaded">
    <EventTrigger.Actions>
      <BeginStoryboard Name="mediaStoryboard" Storyboard="{StaticResource Board}">
      </BeginStoryboard>
    </EventTrigger.Actions>
    </EventTrigger>
</Window.Triggers>
```

为增强这个示例的趣味性，还提供了一个滑动条，可通过该滑动条改变位置。即使使用滑动条改变了位置，也仍可以发现三个动画通过 MediaTimeline 对象自动调整到合适的位置(滑动条使用 Storyboard.CurrentTimeInvalidated 事件保持同步，并当用户拖动了滑动条上的滑块之后，通过处理 ValueChanged 事件查找新位置。在第 15 章中的 AnimationPlayer 示例中已经介绍了这两种技术)。

图 26-3 显示了运行中的程序。

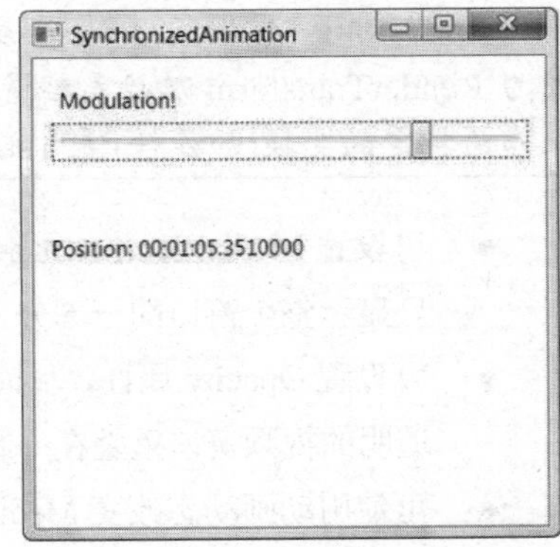

图 26-3　同步的动画

26.3.7 播放视频

当使用视频文件而不是音频文件时，上面学习过的使用 MediaElement 类的所有内容同样适用。正如您所期望的，MediaElement 类支持 Windows 媒体播放器支持的所有视频格式。尽管对视频格式的支持依赖于安装的解码器，但不用考虑对 WMV、MPEG 以及 AVI 文件的基本支持。

使用视频文件的重要区别是，在 MediaElement 类中与可视化和布局相关的属性突然变得很重要了。最重要的是，Stretch 和 StretchDirection 属性决定了如何缩放视频窗口以使其适应容器(并且和已经学习过的 Shape 类的所有派生类的 Stretch 和 StretchDirection 属性的工作方式相同)。当设置 Stretch 值时，可使用 None 值保持原来的尺寸；可使用 Uniform 值进行拉伸以适应其容器，但不改变纵横比；可使用 Fill 值进行拉伸以在两个方向上适应其容器(即使这意味着拉伸图片)；可使用 UniformToFill 值改变图片尺寸以适应容器的最大尺寸而保持其纵横比(如果容器的纵横比和视频的纵横比不相同，这肯定会裁剪掉部分视频窗口)。

提示：

根据本来的视频范围改变 MediaElement 元素的尺寸会更好。例如，如果创建一个使用 Stretch 属性值为 Uniform(默认值)的 MediaElement 元素，并将它放到 Grid 控件中 Hight 属性值为 Auto 的行中，就会调整该行的尺寸以足够包含标准尺寸的视频，这样就不需要进行缩放。

26.3.8 视频效果

因为 MediaElement 元素的工作方式和其他任何 WPF 元素的工作方式类似，所以可使用几种令人称奇的方式控制 MediaElement 元素。下面是一些例子：

- 可使用 MediaElement 元素作为内容控件(如按钮)的内容。
- 可同时使用多个 MediaElement 元素为数千个内容控件设置内容——尽管 CPU 可能不能很好地承受这种压力。
- 还可通过 LayoutTransform 或 RenderTransform 属性结合使用视频和变换，从而可以移动、拉伸、扭曲或旋转视频窗口。

提示：

通常，对于 MediaElement 元素使用 RenderTransform 属性比使用 LayoutTransform 属性更好，因为 RenderTransform 属性是轻量级的，而且可以使用方便的 RenderTransformOrigin 属性值，从而为特定的变换(如旋转)使用相对坐标。

- 可设置 MediaElement 元素的 Clipping 属性，将视频窗口剪裁为特定的形状或路径，并且只显示整个窗口的一部分。
- 可设置 Opacity 属性，从而使其他内容能够透过视频窗口显示。实际上，甚至可将多个半透明的视频窗口重叠在一起(当然这会严重地影响性能)。
- 可使用动画动态改变 MediaElement 元素或它的其中一个转换的属性。

- 可使用 VisualBrush 画刷，将视频窗口中的当前内容复制到用户界面中的其他地方，从而可以创建类似反射的特殊效果。
- 可在三维对象的表面放置视频窗口，并且可在播放视频时使用动画移动视频窗口(如第 27 章所述)。

例如，下面的标记创建了在图 26-4 中显示的反射效果。该效果是通过创建具有两行的 Grid 控件实现的。顶部的行包含了播放视频文件的 MediaElement 元素。底部的行包含了使用 VisualBrush 画刷绘制的 Rectangle 形状。技巧是 VisualBrush 画刷使用绑定表达式，从上面的视频窗口获取其内容。然后通过使用 RelativeTransform 属性翻转视频内容，再使用 OpacityMask 渐变向下逐步淡出。

```
<Grid Margin="15" HorizontalAlignment="Center">
  <Grid.RowDefinitions>
    <RowDefinition Height="Auto"></RowDefinition>
    <RowDefinition></RowDefinition>
  </Grid.RowDefinitions>
  <Grid.ColumnDefinitions>
    <ColumnDefinition Width="Auto"></ColumnDefinition>
  </Grid.ColumnDefinitions>

  <Border BorderBrush="DarkGray" BorderThickness="1" CornerRadius="2">
    <MediaElement x:Name="video" Source="test.mpg" LoadedBehavior="Manual"
    Stretch="Fill"></MediaElement>
  </Border>

  <Border Grid.Row="1" BorderBrush="DarkGray" BorderThickness="1" CornerRadius="2">
  <Rectangle VerticalAlignment="Stretch" Stretch="Uniform">
  <Rectangle.Fill>
    <VisualBrush Visual="{Binding ElementName=video}">
      <VisualBrush.RelativeTransform>
        <ScaleTransform ScaleY="-1" CenterY="0.5"></ScaleTransform>
      </VisualBrush.RelativeTransform>
    </VisualBrush>
  </Rectangle.Fill>

  <Rectangle.OpacityMask>
    <LinearGradientBrush StartPoint="0,0" EndPoint="0,1">
      <GradientStop Color="Black" Offset="0"></GradientStop>
      <GradientStop Color="Transparent" Offset="0.6"></GradientStop>
    </LinearGradientBrush>
  </Rectangle.OpacityMask>
  </Rectangle>
 </Border>
</Grid>
```

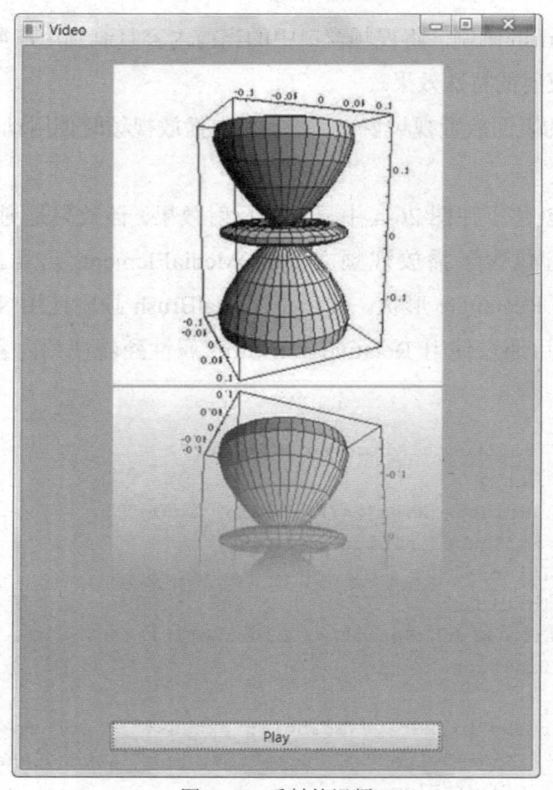

图 26-4　反射的视频

这个示例运行得非常好。渲染反射效果的开销与渲染两个视频窗口的开销差不多，因为每一帧都必须被复制到下面的矩形中。此外，为创建反射效果，还需要翻转和淡化每一帧图像(WPF 使用临时渲染表面执行这些变换)。但在现代计算机中，额外的开销造成的影响并不明显。

如果使用其他视频效果，情况就不同了。实际上，在 WPF 中，视频是为数不多的会非常容易地使 CPU 任务过重的领域之一，从而使创建的界面的执行很差。普通计算机不能处理多个同时播放的视频窗口(显然，这取决于视频文件的尺寸——更高的分辨率和更高的帧率意味着更多的数据，为进行处理需要消耗更多时间)。

VideoDrawing 类

WPF 提供了 VideoDrawing 类，该类继承自您在第 13 章中学过的 Drawing 类。可使用 VideoDrawing 类创建 DrawingBrush 画刷，然后可以使用该画刷填充元素的表面，创建与在上一个示例中使用 VisualBrush 画刷创建的相同的效果。

然而有一点不同，VideoDrawing 方法的效率可能更高。因为 VideoDrawing 方法使用的是 MediaPlayer 类，而 VisualBrush 方法需要使用 MediaElement 类。MediaPlayer 类不需要管理布局、焦点或其他任何元素细节，所以它相对于 MediaElement 类是更轻量级的。在某些情况下，使用 VideoDrawing 和 DrawingBursh 类，而不使用 MediaElement 和 VisualBrush 类可以避免使用临时的渲染表面，从而可以提高性能(尽管在作者的测试中，没有注意到这两种方法之间有明显的区别)。

使用 VideoDrawing 类需要做稍微多一些的工作，因为 MediaPlayer 对象需要从使用代码开始(通过调用它的 Play( )方法)。通常，将使用代码创建所有三个对象—— MediaPlayer、VideoDrawing 和 DrawingBrush。下面是一个基本示例，该例在当前窗口的背景中绘制视频：

```
// Create the MediaPlayer.
MediaPlayer player = new MediaPlayer();
player.Open(new Uri("test.mpg", UriKind.Relative));

// Create the VideoDrawing.
VideoDrawing videoDrawing = new VideoDrawing();
videoDrawing.Rect = new Rect(150, 0, 100, 100);
videoDrawing.Player = player;

// Assign the DrawingBrush.
DrawingBrush brush = new DrawingBrush(videoDrawing);
this.Background = brush;

// Start playback.
player.Play();
```

本章的下载示例提供了另一个演示视频效果的例子：旋转正在播放的视频窗口的动画。该例需要提取视频的每一帧并用稍微不同的角度重新绘制，在现代显卡上，这个示例运行得比较好，但在低级显卡上会导致明显的闪烁。如果不能确定显卡的性能，应在性能较差的计算机上分析用户界面计划以查看能否承担负载，并且应用程序应当提供可以忽略复杂、特殊效果的方法，或者提供在低级显卡上能较为合理地禁用这些复杂效果的方法。

26.4 语音

对音频和视频的支持是 WPF 平台的核心支柱。然而，WPF 还提供了用于封装两个不常用的多媒体功能的库：语音合成和语音识别。

这两个功能都是通过 System.Speech.dll 程序集中的类提供支持。默认情况下，Visual Studio 没有为新的 WPF 项目添加对这个程序集的引用，由您负责为项目添加该引用。

注意：

语音是 WPF 的外围部分。尽管从技术角度看，语音支持是 WPF 的一部分，并且它和.NET Framework 3.0 中的 WPF 一起发布，但语音名称空间是以 System.Speech 开头，而不是以 System.Windows 开头。

26.4.1 语音合成

语音合成是根据提供的文本生成语音音频的功能。语音合成没有被构建进 WPF——不过，它是 Windows 可访问的功能。系统实用工具，如 Narrator(Windows 提供的一个轻量级的屏幕阅读器)，使用语音合成帮助盲人用户导航基本的对话框。更常见的情形是，语音合成能用于创建音频辅导和语音指令，尽管事先录制好的音频质量更好。

注意：

当需要为动态文本创建音频时——换句话说，当在编译时不知道在运行时讲话的内容时，语音合成是很有意义的。但如果音频是固定的，事先录制好的音频则更易用，也更高效，并且声音效果也更好。唯一的另一个可能考虑使用语音合成的原因是，如果需要叙述非常多的文本，事先录制全部内容是不切实际的。

所有现代版本的 Windows 都内置了语音合成功能，它们使用更自然的被命名为 Anna 的女性声音。当然，您可以下载并安装其他声音。

播放合成语在表面上看起来很简单。需要做的全部工作就是创建位于 System.Speech.Synthesis 名称空间中的 SpeechSynthesizer 类的一个实例，并使用一个文本字符串调用其 Speak( )方法。下面是一个示例：

```
SpeechSynthesizer synthesizer = new SpeechSynthesizer();
synthesizer.Speak("Hello, world");
```

当使用这种方法时——向 SpeechSynthesizer 对象传递纯文本——会放弃一些控制。有些单词可能发音有误、不能相应地强调或者不能以正确的语速讲话。为更好地控制朗诵文本，需要使用 PromptBuilder 类构造语音定义。下面的代码演示了如何使用 PromptBuilder 类修改上面的示例，结果是完全相同的：

```
PromptBuilder prompt = new PromptBuilder();
prompt.AppendText("Hello, world");

SpeechSynthesizer synthesizer = new SpeechSynthesizer();
synthesizer.Speak(prompt);
```

上面的代码没有提供任何优点。但 PromptBuilder 类具有大量的其他方法，可使用这些方法自定义朗读文本的方式。例如，可使用重载版本的 AppendText( )方法强调指定的一个单词或几个单词，该版本的 AppendText( )方法使用了 PromptEmphasis 枚举值。尽管强调单词的精确效果取决于使用的语音，但下面的代码重读“How are you？”句子中的单词“are”：

```
PromptBuilder prompt = new PromptBuilder();
prompt.AppendText("How ");
prompt.AppendText("are ", PromptEmphasis.Strong);
prompt.AppendText("you");
```

AppendText( )方法还有其他两个重载版本——一个使用 PromptRate 值，可增加或降低语速；另一个使用 PromptVolume 值，可调高或调低音量。

如果希望同时改变这些细节中的多个细节，那么需要使用 PromptStyle 对象。PromptStyle 类封装了 PromptEmphasis、PromptRate 以及 PromptVolume 值。可为这三个细节提供值或只使用其中的一个或两个。

为使用 PromptStyle 对象，需要调用 PromptBuilder.BeginStyle( )方法。然后将创建的 PromptStyle 对象应用到所有朗读的文本，直到调用 EndStyle( )方法为止。下面是修改后的示例，在语音中重读单词“are”，使用了强调并改变了语速：

```
PromptBuilder prompt = new PromptBuilder();
prompt.AppendText("How ");
PromptStyle style = new PromptStyle();
```

```
style.Rate = PromptRate.ExtraSlow;
style.Emphasis = PromptEmphasis.Strong;
prompt.StartStyle(style);
prompt.AppendText("are ");
prompt.EndStyle();
prompt.AppendText("you");
```

提示：

如果在代码中调用 BeginStyle( )方法，之后就必须调用 EndStyle( )方法。如果不这么做，就会收到运行时错误。

PromptEmphasis、PromptRate 以及 PromptVolume 枚举为修改语音提供的方法不够精细。它们无法对语音进行精细控制，也不能为朗读的文本使用更加细微的特定语音模式。然而，PromptBuilder 类提供了 AppendTextWithHint( )方法，该方法可处理电话号码、日期、时间以及需要拼写的单词。可使用 SayAs 枚举提供选择。下面是一个示例：

```
prompt.AppendText("The word laser is spelled ");
prompt.AppendTextWithHint("laser", SayAs.SpellOut);
```

上述代码发出的声音是“The word laser is spelt l-a-s-e-r”。

除了 AppendText( )和 AppendTextWithHint( )方法外，PromptBuilder 类还提供了一个方法的小集合，用于将普通的音频添加到流中(AppendAudio( )方法)、创建特定持续时间的暂停(AppendBreak( )方法)、开关声音(StartVoice( )和 EndVoice( )方法)以及根据指定的语音朗读文本(AppendTextWithPronounciation( )方法)。

实际上，PromptBuilder 类是 SSML(Synthesis Markup Language，合成标记语言)标准的封装器，在 www.w3.org/TR/speech-synthesis 网址上对 SSML 进行了描述。所以，PromptBuilder 类也具有该标准的局限性。当调用 PromptBuilder 类的方法时，在后台会生成相应的 SSML 标记。当工作结束后，可通过调用 PromptBuilder.ToXml( )方法，查看代码最终生成的 SSML 表示形式，并且可以调用 PromptBuilder.AppendSsml( )方法获取已经存在的 SSML 标记，并将其读入到提示中。

26.4.2　语音识别

语音识别是将用户朗读的音频转换为文本的功能。与语音合成一样，语音识别是 Windows 操作系统内置的功能。

注意：

如果目前没有运行语音识别，当实例化 SpeechRecognizer 类时，会显示语音识别工具栏。如果试图实例化 SpeechRecognizer 类并且没有为您的语音配置语音识别，Windows 会自动启动一个向导，引导您执行这一过程。

语音识别也是 Windows 访问功能。例如，它允许残疾用户通过语音与常用控件进行交互。语音识别还可用于非手动操作的计算机，在特定的环境下这是很有用的。

使用语音识别的最简单方法是创建 SpeechRecognizer 类的一个实例，该类位于 System.Speech.Recognition 名称空间。然后可为 SpeechRecognized 事件关联事件处理程序，无论何时，当朗读的单词被成功地转换为文本时都会引发该事件：

```
SpeechRecognizer recognizer = new SpeechRecognizer();
recognizer.SpeechRecognized += recognizer_SpeechReconized;
```

然后可在事件处理程序中，通过 SpeechRecognizedEventArgs.Result 属性检索文本：

```
private void recognizer_SpeechReconized(object sender, SpeechRecognizedEventArgs e)
{
    MessageBox.Show("You said:" + e.Result.Text);
}
```

SpeechRecognizer 类封装了一个 COM 对象。为避免不恰当的误操作，应将它声明为窗口类的成员变量(这样，只要窗口存在，该对象就会保持为活动状态)，并且当窗口关闭时调用它的 Dispose( )方法(以删除语音识别钩子)。

注意：

当检测到音频时，SpeechRecognizer 类实际上会引发一系列事件。首先，当听到声音时会引发 SpeechDetected 事件。然后当尝试识别单词时，一次或多次地引发 SpeechHypothesized 事件。最后，如果能够成功地处理文本，SpeechRecognizer 类将引发 SpeechRecognized 事件；如果不能够成功地处理文本，引发 SpeechRecognitionRejected 事件。SpeechRecognitionRejected 事件提供的信息是关于 SpeechRecognizer 相信已经发生了语音输入，但它的信息级别还不足以接受该输入。

通常不推荐使用这种语音识别方式。因为 WPF 具有它自己的用户界面自动化特性，能够和语音识别引擎无缝地工作。当配置该特性时，它允许用户在文本控件中输入文本，并且通过说出它们的自动化名称触发按钮控件。然而，可使用 SpeechRecognition 类为更加特殊的命令添加支持，以支持特定的情况。可通过指定基于 SRGS(Speech Recognition Grammar Specification，语音识别语法规范)的语法完成该工作。

SRGS 语法指定了对于应用程序而言哪些命令是合法的。例如，可能指定命令只能使用少数几个单词(如 on 或 off)中的一个，并且这些单词只能在指定的组合中使用(如 blue on、red on、blue off 等)。

可使用两种方式构造 SRGS 语法。可从 SRGS 文档中加载，该文档使用基于 XML 的语法指定了语法规则。为此，需要使用 System.Speech.Recognition.SrgsGrammar 名称空间中的 SrgsDocument 类：

```
SrgsDocument doc = new SrgsDocument("app_grammar.xml");
Grammar grammar = new Grammar(doc);
recognizer.LoadGrammar(grammar);
```

此外，可使用 GrammarBuilder 类以声明方式构建语法。GrammarBuilder 类扮演的角色与上一节中介绍的 PromptBuilder 类扮演的角色类似——允许一点点地添加语法规则，从而创建完整的语法。例如，下面以声明方式构建的语法接受两个单词的输入，第一个单词有 5 种可能，第二个单词只有两种可能：

```
GrammarBuilder grammar = new GrammarBuilder();
grammar.Append(new Choices("red", "blue", "green", "black", "white"));
grammar.Append(new Choices("on", "off"));
recognizer.LoadGrammar(new Grammar(grammar));
```

这个标记允许输入诸如 red on 和 green off 的命令。其他输入(例如 yellow on 或 on red)则不能被识别。

Choices 对象表示 SRGS 的一条规则，允许用户说出位于某个范围内的单词。当构建语法时，这是最常用的要素。还有几个重载版本的 GrammarBuilder.Append()方法可接受不同的输入。可以传递普通的字符串，这时语法会要求用户准确地说出每个单词。可传递字符串，并在字符串之后紧跟 SubsetMatchingMode 枚举值，要求用户说出单词或词语的一部分。最后，可传递字符串，并在之后紧跟最小和最大重复次数。这样，语法可忽略反复出现的同一个单词，并且还可使单词是可选的(通过将最小重复次数设置为 0)。

使用所有这些功能的语法会变得非常复杂。关于 SRGS 标准及其语法规则的更多信息，请访问网站 http://www.w3.org/TR/speech-grammar。

26.5　小结

本章研究了如何将音频和视频集成进 WPF 应用程序，学习了两种控制播放媒体文件的不同方法——使用 MediaPlayer 或 MediaTimeline 类的方法以编程的方式进行控制，或者使用故事板以声明的方式进行控制。

与以前一样，最好的方法取决于具体需求。基于代码的方法具有更强的控制能力和更大的灵活性，但需要管理代码细节并且增加了额外的复杂性。作为通用规则，如果需要精确控制音频的播放，基于代码的方法是最好的。但如果需要结合使用媒体播放和动画，使用声明式的方法则更容易一些。

第 27 章

■■■

3D 绘 图

WPF 引入了一个扩展的 3D 模型，允许您使用简单标记构建复杂的 3D 场景。辅助类提供了命中测试、基于鼠标的旋转以及其他基本构件。并且几乎所有的计算机都可以显示 3D 内容，这一点要归功于当缺少显卡支持时 WPF 退而使用软件渲染的能力。

WPF 3D 编程库中最显著的部分是它们被设计成您已经学过的清晰且统一的 WPF 模型扩展。例如，可使用在绘制 2D 形状时使用的画刷类绘制 3D 表面。可使用类似的变换模型旋转、扭曲以及移动 3D 对象，并且可以使用类似的几何图形模型定义它们的轮廓。更富有戏剧色彩的是，可为 3D 对象使用相同的样式、数据绑定和动画特性，就像为 2D 内容应用这些特性一样。这种对 WPF 高级特性的支持，使得 3D 图形能够适用于所有的内容，从简单游戏中的精彩效果到商业应用程序中的图表和数据可视化(WPF 3D 模型还不能胜任的一种情况是高性能的实时游戏。如果准备构建游戏，最好使用底层的 DirectX)。

尽管 WPF 的 3D 绘图模型非常清晰并且统一，但创建富 3D 界面仍较困难。为了手工编写 3D 动画代码(或者只是为了理解底层的概念)，除数学知识外还需要掌握更多的内容。除了简单的 3D 场景，通过手工编写 XAML 来构建任何其他 3D 内容的工作量是巨大的，并且容易出错——比手工创建 2D 的 XAML 向量图像涉及的内容要多很多。所以，您可能更愿意使用第三方工具创建 3D 对象，并将它们导出为 XAML，然后将它们添加到 WPF 应用程序中。

要介绍所有这些内容——3D 编程数学知识、3D 设计工具以及 WPF 中的 3D 库，需要一整本书。本章将介绍足以理解 WPF 3D 模型的基本内容，包括 3D 绘图、创建基本的 3D 形状、使用 3D 建模工具设计更高级的 3D 场景，以及使用由 WPF 团队和其他第三方开发人员发布的非常宝贵的代码。

27.1　3D 绘图基础

WPF 中的 3D 绘图涉及以下 4 个要点：

- 视口，用来驻留 3D 内容
- 3D 对象
- 照亮部分或整个 3D 场景的光源
- 摄像机，提供在 3D 场景中进行观察的视点

当然，更复杂的 3D 场景将包含多个对象并且可能包含多个光源(如果 3D 对象本身发光的话，也可创建不需要光源的 3D 对象)。然而，这些基本要素提供了一个良好开端。

相对于 2D 图形，实际上是上面的第 2 点和第 3 点造成了不同。刚接触 3D 编程的编程人员，

有时会认为3D库仅是创建具有3D外观的对象的一种简单方式，例如发光的立方体或旋转的球。但如果这就是所需的全部内容，使用已经学习过的2D绘图类创建3D图画可能会更好。毕竟，完全可以使用在第12章和第13章中学习过的形状、变换以及几何图形，构造显示为3D外观的形状——实际上，通常这比使用3D库更加容易。

那么使用WPF 3D支持的优点是什么呢？第一个优点是可创建一些效果，而如果使用模拟的3D模型创建这些效果，就需要非常复杂的计算。一个好的例子是光照效果，如反射，当使用多个光源和具有不同反射属性的不同材质时，反射会变得非常复杂。使用3D绘图模型的另一个优点是和作为一组3D对象绘制的内容进行交互，这极大地扩展了通过代码能够完成的工作。例如，一旦构建期望的3D场景，旋转对象或者绕着对象旋转摄像机就变得很容易了。而如果使用2D编程完成相同的工作，就需要大量的代码(和数学知识)。

现在我们已经知道了所需的内容，可以开始构建具有所有这些内容的示例了。这是在接下来的几节将要完成的任务。

27.1.1　视口

如果希望使用3D内容，需要有容器来包含3D内容。这个容器是Viewport3D类，该类位于System.Windows.Controls名称空间。Viewport3D类继承自FrameworkElement类，所以它可以放到能够放置正常元素的任何地方。例如，可以使用它作为窗口或页面的内容，也可以将它放到更复杂的布局中。

Viewport3D类只应用于复杂的3D编程。它只增加了两个属性——Camera和Children，Camera属性定义了3D场景的观察者，Children属性包含了希望放在场景中的所有3D对象。有趣的是，照亮3D场景的光源本身也是视口中的一个对象。

注意：

在Viewport3D类的继承属性中，有一个属性特别重要：ClipToBounds。如果将该属性设置为true(默认值)，超出视口边界的内容将被剪裁掉。如果设置为false，内容会显示在相邻元素的上面。这种行为和Canvas控件的ClipToBounds属性的行为相同。然而，当使用Viewport3D类时有如下重要的区别：性能。如果将Viewport3D.ClipToBounds属性设置为false，当渲染复杂的、频繁更新的3D场景时，可显著提高性能。

27.1.2　3D对象

视口能够驻留所有继承自Visual3D类(该类位于System.Windows.Media.Media3D名称空间，在该名称空间中包含了绝大多数的3D类)的3D对象。然而，创建3D可视化对象需要做的工作可能比您预料的要多。在1.0版本中，WPF库没有提供3D形状图元的集合。如果希望创建立方体、圆柱或环形曲面等，需要自己动手。

WPF团队做出的最佳设计决策之一是，使用和2D绘图类相同的方式构造3D绘图类。这意味着很快就能理解大量核心3D类的目的(即使不知道如何使用它们)。表27-1描述了它们之间的关系。

表 27-1　2D 类和 3D 类的比较

2D 类	3D 类	注　释
Visual	Visual3D	Visual3D 类是所有 3D 对象(在 Viewport3D 容器中渲染的对象)的基类。与 Visual 类类似，可以使用 Visual3D 类派生出轻量级的 3D 形状或者创建更加复杂的、提供了丰富的事件集和框架服务的 3D 控件。然而，不会得到很多的帮助。您可能更愿意使用 Visual3D 的某个派生类，如 ModelVisual3D 或 ModelUI Element3D
Geometry	Geometry3D	Geometry 类是一种定义 2D 图形的抽象方式。通常，几何图形用于定义由弧线、直线以及折线构成的复杂图形。Geometry3D 类是 3D 中的类似角色——表示 3D 表面。然而，虽然有几个 2D 几何图形，但 WPF 只提供了一个继承自 Geometry3D 类的具体类：MeshGeometry3D。MeshGeometry3D 类在 3D 绘图中非常重要，因为将使用该类定义所有 3D 对象
GeometryDrawing	GeometryModel3D	有几种方法可以使用 2D Geometry 对象。可将它们封装到 GeometryDrawing 对象中，并用于绘制元素的表面或 Visual 对象的内容。GeometryModel3D 类用于相同的目的——使用 Geometry3D 对象填充 Visual3D 对象
Transform	Transform3D	您已经知道，2D 变换对于以各种方式控制元素和形状是非常有用的，包括移动、扭曲和旋转。当执行动画时，变换也是必不可少的。继承自 Transform3D 的类对 3D 对象执行相同的操作。实际上，可以惊奇地发现有许多相似的变换类，如 RotateTransform3D、ScaleTransform3D、TranslateTransform3D、Transform3DGroup 以及 MatrixTransform3D。当然，由附加维提供的选项是值得考虑的，并且 3D 变换能够以非常不同的方式封装和扭曲可视化对象

首先，您可能会发现弄清楚这些类之间的关系有些困难。本质上，Viewport3D 包含 Visual3D 对象。为了给 Visual3D 对象添加一些内容，需要定义 Geometry3D 对象来描述形状，并将其封装到 GeometryModel3D 对象中。然后可以使用 GeometryModel3D 对象作为 Visual3D 的内容。图 27-1 显示了它们之间的这种关系。

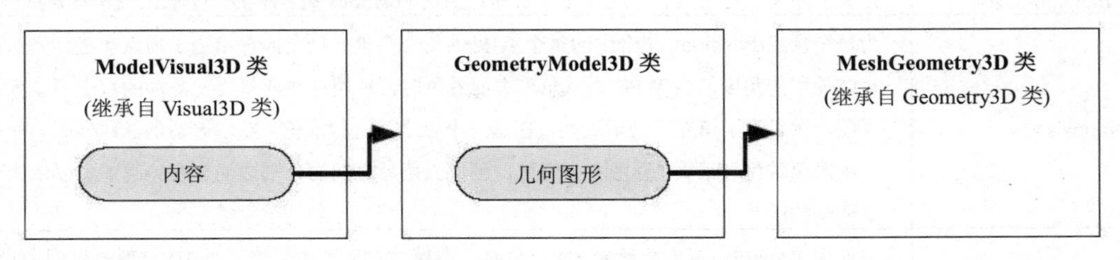

图 27-1　如何定义 3D 对象

这个具有两个步骤的过程——定义希望使用的抽象形状，然后使用可视化对象将形状融合在一起——对于 2D 绘图是一种可选的方法。然而，对于 3D 绘图却是必需的，因为在库中没有预先构建好的 3D 类(WPF 团队成员以及其他成员已经在线发布了一些示例代码，以弥补这一问题，但仍处于演化阶段)。

这个具有两个步骤的过程之所以很重要，还因为 3D 模型比 2D 模型更复杂一些。例如，当创建 Geometry3D 对象时，不仅需要指定形状的顶点，还需要指定构成它们的材质。不同的材质有不同的属性，用于反射和吸收灯光。

1. 几何图形

为构建 3D 对象，首先需要构建几何图形。在前面已经学习过，只有一个类用于该目的：MeshGeometry3D 类。

很自然，MeshGeometry3D 对象表示网格。如果您以前曾经处理过 3D 绘图(或阅读过一些有关现代显卡底层技术的内容)，可能已经知道计算机更喜欢通过三角形构建 3D 图画。因为三角形是定义表面最简单、最基本的方法。三角形之所以简单，是因为定义每个三角形只需要三个点(位于拐角的顶点)。弧面和曲面明显更加复杂。三角形是最基本的元素，因为边缘是直线的其他形状(如正方形、矩形以及更复杂的多边形)可被分割成三角形集合。这可能更好也可能更坏，现代图形硬件和图形程序就构建在这个核心抽象的基础上。

显然，希望使用的大多数 3D 对象看起来不像简单的平面三角形。而是需要组合三角形——有时只需要几个，但通常需要数百个或数千个三角形，它们彼此以不同的角度对齐。网格就是三角形的这种组合。通过足够多的三角形，最终可创建出任何内容，包括复杂的表面(当然，这个过程中会涉及性能，并且 3D 表面常将某些类型的位图或 2D 内容映射到网格中的三角形上，以通过更小的开销构造复杂表面的感觉。WPF 支持这种技术)。

理解如何定义网格是 3D 编程的第一个关键点。如果查看 MeshGeometry3D 类，就会发现它增加了 4 个属性，表 27-2 列出了这些属性。

表 27-2　MeshGeometry3D 类的属性

名　称	说　明
Positions	包含定义网格的所有点的集合。每个点是三角形中的一个顶点。例如，如果网格有 10 个完全独立的三角形，在集合中将有 30 个点。更常见的情形是，一些三角形共享它们的边，这意味着一个点会成为几个三角形的顶点。例如，立方体需要 12 个三角形(每个侧面两个三角形)，但只需要 8 个不同的点。可以选择多次定义同一个共享的点，从而可以更好地控制如何分别使用 Normals 属性进行着色的三角形，这可能会使问题更加复杂
TriangleIndices	定义三角形。这个集合中的每个条目通过引用 Positions 集合中的三个点来表示三角形
Normals	为每个顶点(Positions 集合中的每个点)提供一个向量。这个向量指定了顶点在进行光照计算时使用的角度。当 WPF 为三角形表面着色时，使用法线向量为三角形的每个顶点度量光照。然后为了填充三角形表面，在这三个点之间进行插值。获取合适的法线向量，使得三维对象着色有很大的区别——例如，可使三角形之间的分割边混合在一起或者显示为一条清晰的线
TextureCoordinates	当使用 VisualBrush 对象绘制 3D 对象时，该属性定义了如何将一幅 2D 纹理映射到 3D 对象。TextureCoordinates 集合为 Positions 集合中的每个 3D 点提供了一个 2D 点

稍后将分析如何使用法线和纹理映射进行着色，但首先将学习如何构建基本的网格。

下面的示例显示了一个最简单的网格，它只包含一个三角形。使用的单位并不重要，因为可移动摄像机使其更近或更远，并且可使用变换改变单个 3D 对象的尺寸或位置。重要的是坐标系统，图 27-2 显示了该坐标系统。正如您可能看到的，X 轴和 Y 轴与 2D 绘图中的 X 轴和 Y 轴的方向相同。Z 轴是新加的。当 Z 轴的值减小时，点向远处移动。当 Z 轴的值增加时，点向近处移动。

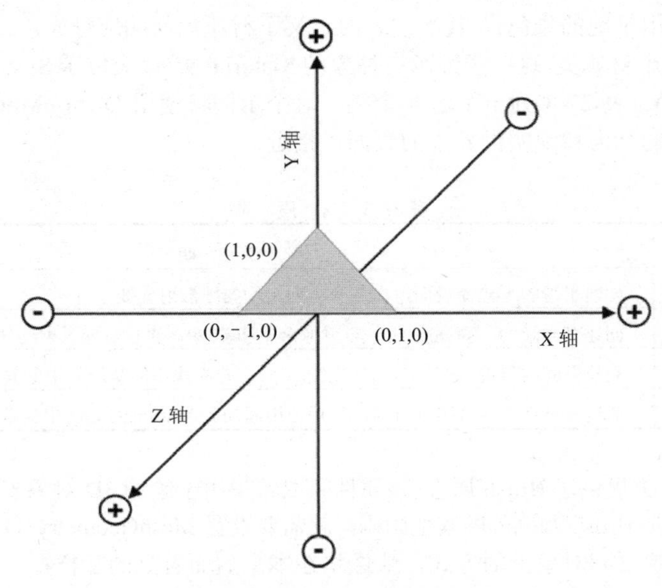

图 27-2　3D 空间中的三角形

下面的 MeshGeometry 元素可用于定义 3D 可视化对象中的形状。这个示例中的 MeshGeometry3D 对象没有使用 Normals 属性以及 TextureCoordinates 属性，因为这个形状很简单，并将使用 SolidColorBrush 画刷进行绘制：

```
<MeshGeometry3D Positions="-1,0,0 0,1,0 1,0,0" TriangleIndices="0,2,1" />
```

在此，显然只有三个点，这三个点按顺序放置在 Positions 属性中。在 Positions 属性中放置这三个点的顺序并不重要，因为 TriangleIndices 属性清晰地定义了三角形。本质上，TriangleIndices 属性表明有一个三角形，该三角形由点#0、#2 和#1 构成。换句话说，TriangleIndices 属性告诉 WPF 通过绘制从点(- 1, 0, 0)到点(1, 0, 0)，再到点(0, 1, 0)之间的直线来绘制三角形。

3D 编程有几个细微的、很容易违反的规则。当定义形状时，面对的首要问题是必须以绕 Z 轴逆时针的顺序列出点。这个示例遵循了该规则。然而，如果将 TriangleIndices 属性改为 0、1、2，就很容易地违反了该规则。在这种情况下，仍定义了相同的三角形，但这个三角形是向后的——换句话说，如果迎着 Z 轴观察这个三角形(如图 27-2 所示)，实际上看到的是三角形的背面。

注意：

3D 形状的背面和前面之间的区别并不简单。一些情况下，可使用不同的画刷绘制两个面。为了避免为看不到的部分使用任何资源，也可以选择完全不绘制背面。如果无意间按顺时针的顺序定义了点，而且没有为形状的背面定义材质，这时形状就会从 3D 场景中消失。

---

2. 几何图形模型和表面

一旦正确配置期望的 MeshGeometry3D 对象，就需要将之封装进 GeometryModel3D 对象中。

GeometryModel3D 类只有三个属性：Geometry、Material 以及 BackMaterial。Geometry 属性使用 MeshGeometry3D 对象定义 3D 对象的形状。此外，可使用 Material 和 BackMaterial 属性定义如何构成形状的表面。

表面是很重要的，这有两个原因。首先，表面定义了对象的颜色(尽管可使用更复杂的画刷绘制纹理而不是使用单纯的颜色)。其次，表面定义了材质如何响应灯光。

WPF 提供了 4 个材质类，这些类继承自抽象的 Material 类(该类位于 System.Windows.Media.Media3D 名称空间)。表 27-3 列出了这 4 个类。这个示例将使用 DiffuseMaterial 类，这是最常用的选择，因为它的行为和现实世界中的表面最接近。

表 27-3　材　质　类

名　称	说　明
DiffuseMaterial	创建平滑的无光泽表面，在各个方向上均匀地散射光线
SpecularMaterial	创建有光泽的、高亮度的外观(就像金属和玻璃)。直接反向反射光线，像一面镜子
EmissiveMaterial	创建发光的外观，产生自己的光线(尽管这些光线不能从场景中的其他对象反射回来)
MaterialGroup	通过该属性可组合多种材质，然后使用添加到 MaterialGroup 中的顺序层叠材质

DiffuseMaterial 类提供了 Brush 属性，该属性获取希望用于绘制 3D 对象表面的 Brush 对象(如果使用除了 SolidColorBrush 画刷外的其他画刷，就需要设置 MeshGeometry3D.Texture Coordinates 属性，定义将画刷映射到对象上的方式，就像将在本章后面看到的那样)。

下面演示了如何配置三角形，将其绘制为黄色的蒙版表面：

```
<GeometryModel3D>
  <GeometryModel3D.Geometry>
    <MeshGeometry3D Positions="-1,0,0 0,1,0 1,0,0" TriangleIndices="0,2,1" />
  </GeometryModel3D.Geometry>

  <GeometryModel3D.Material>
    <DiffuseMaterial Brush="Yellow" />
  </GeometryModel3D.Material>
</GeometryModel3D>
```

这个示例没有设置 BackMaterial 属性，所以如果从后面观察，三角形将会消失。

剩余的所有工作是使用 GeometryModel3D 对象设置 ModelVisual3D 对象的 Content 属性，然后在视口中放置 ModelVisual3D 对象。但为了看到该对象，还需要另外两个细节：光源和摄像机。

3. 光源

为创建逼真的已经着色的 3D 对象，WPF 需要使用光照模型。基本概念是为 3D 场景添加一个或多个光源，然后根据选择的灯光类型、灯光位置、灯光方向以及强度照亮对象。

在深入研究 WPF 光照前，知道 WPF 光照模型和真实世界中的光照行为是不同的，这一点很重要。尽管构造 WPF 光照系统是为了模拟真实世界，但计算真实的灯光反射是处理器密集型任务。WPF 进行了许多简化以保证光照模型是可行的，即使是在具有多个光源的不断变换的 3D 场景中也同样如此。这些简化包括以下几个方面：

- 分别为每个对象计算灯光效果。从一个对象反射的灯光不会影响另一个对象。类似地，不管放在何处，一个对象不会在另一个对象上投射阴影。
- 为每个三角形的每个顶点进行灯光计算，然后在三角形的表面进行插值(换句话说，WPF 决定了每个拐角的灯光强度，然后为了填充三角形混合这些灯光强度)。由于这种设计，只有很少几个三角形的对象可能无法被正确地进行照明。为得到更好的光照效果，需要将形状分成数百个或数千个三角形。

根据试图得到的效果，可能需要组合多个光源、使用不同的材质甚至添加额外的形状来解决问题。实际上，获得希望的精确结果是 3D 场景设计艺术的一部分。

注意：
即使没有提供光源，对象也依然可见。但如果没有光源，所看到只是纯黑色的轮廓。

WPF 提供了 4 个灯光类，这 4 个类都继承自抽象的 Light 类。表 27-4 列出了这 4 个灯光类。这个示例将使用 DirectionalLight 光源，这是最常用的光源类型。

表 27-4　灯　光　类

名　称	说　明
DirectionalLight	使用沿着指定方向传播的平行光线填充场景
AmbientLight	使用散射的光线填充场景
PointLight	从空间中的一点，向各个方向辐射的光线
SpotLight	从一个点开始，以锥形向外辐射的光线

下面的代码说明了如何定义白色的 DirectionalLight 光源：

```
<DirectionalLight Color="White" Direction="-1,-1,-1" />
```

在这个示例中，向量决定了光线的路径，从原点(0, 0, 0)发出并且经过点(－1, －1, －1)。这意味着每条光线都是从右上前方到左下后方的直线。在这个示例中这是合理的，因为三角形是面向这个光源的(如图 27-2 所示)。

当计算灯光方向时，重要的是向量角度，向量长度并不重要。这意味着灯光方向(－2, －2, －2)和标准化的向量(－1, －1, －1)是相同的，因为它们描述的角度是相同的。

在这个示例中，灯光的方向不是完全和三角形的表面对齐。如果希望灯光的方向和三角的表面对齐，就需要使用方向(0, 0, －1)使光源发出的光线向 Z 轴反方向照射。这种区别是故意安排的。因为以一定角度照射三角形时，会着色三角形的表面，从而创建更美观的效果。

图 27-3 近似地显示了方向为(－1, －1, －1)的灯光照射到三角形上的情况。请记住，定向光充满了整个 3D 空间。

注意：
定向光在一定程度上类似于太阳光。因为来自遥远光源(如太阳)的光线几乎是平行的。

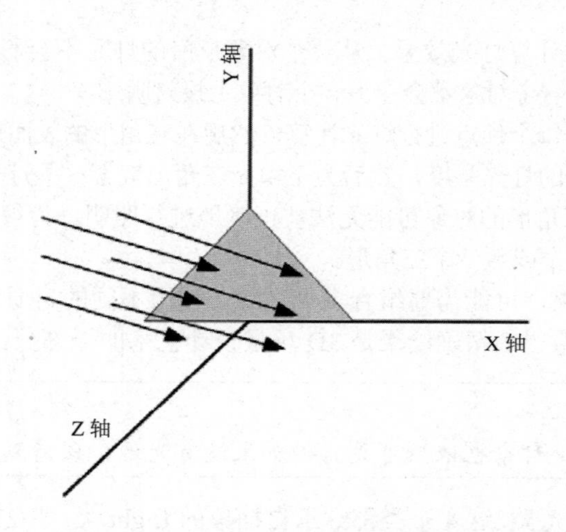

图 27-3　方向为(－1, －1, －1)的定向光的路径

所有灯光对象都间接地继承自 GeometryModel3D 类。这意味着可以像处理 3D 对象一样处理光源，将它们放到 ModelVisual3D 对象中，并将它们添加到视口中。下面的视口同时包含了在前面看到的三角形和光源：

```
<Viewport3D>
  <Viewport3D.Camera>...</Viewport3D.Camera>

  <ModelVisual3D>
    <ModelVisual3D.Content>
      <DirectionalLight Color="White" Direction="-1,-1,-1" />
    </ModelVisual3D.Content>
  </ModelVisual3D>

  <ModelVisual3D>
    <ModelVisual3D.Content>
      <GeometryModel3D>
        <GeometryModel3D.Geometry>
          <MeshGeometry3D Positions="-1,0,0 0,1,0 1,0,0" TriangleIndices="0,2,1" />
        </GeometryModel3D.Geometry>
        <GeometryModel3D.Material>
          <DiffuseMaterial Brush="Yellow" />
        </GeometryModel3D.Material>
      </GeometryModel3D>
    </ModelVisual3D.Content>
  </ModelVisual3D>

</Viewport3D>
```

这个示例还没有介绍如下细节——视口没有包含定义观察者在场景中位置的摄像机。这是 27.1.3 节的任务。

深入分析 3D 光照

除 DirectionalLight 类外，AmbientLight 类是另一个通用的光照类。虽然只使用 AmbientLight 灯光会使 3D 形状看起来是平的，但可以结合使用 AmbientLight 灯光和其他光源，为黑暗的区域添加一些明亮的感觉。技巧是使用小于完整强度的 AmbientLight 灯光。不是使用白色的 AmbientLight 灯光，而使用三分之一白色(将 Color 属性设置为#555555)或更少。还可以设置 DiffuseMaterial.AmbientColor 属性以控制 AmibentLight 光线对特定网格中材质的影响程度。使用白色(默认值)得到最强烈的效果，而使用黑色创建不反射任何环境光的效果。

对于简单的 3D 场景，DirectionalLight 和 AmbientLight 光源是最有用的灯光类型。只有当网格包含大量三角形时——通常是数百个，PointLight 和 SpotLight 光源才能够得到所希望的效果。这是由于 WPF 的表面着色方式造成的。

正如在前面已经学习过的，WPF 通过只为三角形的顶点计算光照强度来节省时间。如果形状使用的三角形较少，这种近似计算就会出现问题。一些点会位于 SpotLight 或 PointLight 光源的范围之内，而其他点则位于这一范围以外。结果是一些三角形被照亮，而其他三角形仍然完全保持黑色。这样，在对象上得到的不是柔和的被照亮的圆，而是一组被照亮的三角形，从而使得被照亮区域的边缘变得粗糙。

在此存在的问题是，虽然 PointLight 和 SpotLight 光源被用于创建柔和的、圆形的光照效果，但需要使用大量的三角形来创建圆形的形状(为创建完美的圆，需要为位于圆周上的每个像素提供三角形)。如果有具有数百个或数千个三角形的 3D 网格，那么由被照明部分的三角形形成的图案可能更接近于圆，从而可能会得到所希望的光照效果。

27.1.3 摄像机

在渲染 3D 场景前，需要在正确的位置放置摄像机，并使其朝向正确的方向。可通过使用 Camera 对象设置 Viewport3D.Camera 属性来完成该工作。

本质上，摄像机确定了如何将 3D 场景投影到 Viewport 对象的 2D 表面上。WPF 提供了三个摄像机类：常用的 PerspectiveCamera、更特殊的 OrthographicCamera 和 MatrixCamera。使用 PerspectiveCamera 摄像机渲染场景，会使远处的对象看起来更小。这是在三维场景中大多数人所期望的行为。OrthographicCamera 摄像机平行投影 3D 对象，使 3D 对象保持相同的尺寸，而不管将形状放置在什么位置。这看起来有点古怪，但对于某些可视化工具这是很有用的。例如工艺绘图应用程序通常使用此类视图(图 27-4 显示了 PerspectiveCamera 摄像机和 Orthographic-Camera 摄像机之间的区别)。最后，可以通过 MatrixCamera 摄像机指定用于将 3D 场景变换到 2D 视图的矩阵。它是一个高级工具，可用于实现更特殊的效果，移植其他架构(如 Direct3D)的代码需要使用这种类型的摄像机。

正交投影　　　　透视投影

图 27-4　不同类型摄像机中的透视效果

选择正确的摄像机比较容易，但放置和配置摄像机有点复杂。第一步是通过设置 Position 属性指定在 3D 空间中放置摄像机的位置。第二步是使用 LookDirection 属性设置一个 3D 向量，指示摄像机的方向。在典型的 3D 场景中，使用 Position 属性将摄像机放在离某个拐角的不远处，然后使用 LookDirection 属性倾斜摄像机使其俯视视图。

注意：

摄像机的位置决定了在视口中显示的场景范围。摄像机越近，场景放得越大。此外，拉伸了视口以适应容器，视口内部的内容也相应地被缩放。例如，如果想创建充满窗口的视口，可通过改变窗口的尺寸来扩展或收缩场景。

需要协调设置 Position 和 LookDirection 属性。如果使用 Position 属性移动了摄像机，但没有使用 LookDirection 属性在正确的方向上转回摄像机以进行补偿，就看不到在 3D 场景中创建的内容。为了确保正确地设置摄像机的方向，应选择一个希望从摄像机进行观察的点。然后可使用下面的公式计算观察方向：

```
CameraLookDirection = CenterPointOfInterest - CameraPosition
```

在三角形示例中，使用位置(－2, 2, 2)将摄像机放到左上角。假定希望聚焦在原点(0, 0, 0)，该点位于三角形底边的中点，应当使用下面这个观察方向：

```
CameraLookDirection = (0, 0, 0) - (-2, 2, 2)
                    = (2, -2, -2)
```

这个方向相当于法线向量(1, －1, －1)，因为它们描述的方向是相同的。与 DirectionalLight 类的 Direction 属性一样，重要的是向量的方向，而其长度并不重要。

一旦设置 Position 和 LookDirection 属性，可能还希望设置 UpDirection 属性。UpDirection 属性决定了摄像机的倾斜角度。通常将 UpDirection 属性设置为(0, 1, 0)，这意味着向量垂直向上，如图 27-5 所示。

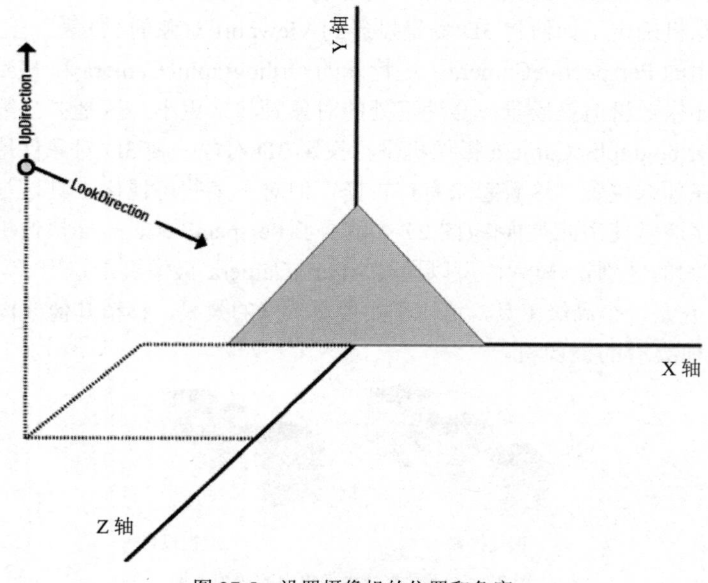

图 27-5　设置摄像机的位置和角度

如果稍微偏移一下——比如说(0.25, 1, 0)——摄像机就会转向 X 轴，如图 27-6 所示。所以，3D 对象看起来就会转向相反的方向，就像当俯视场景时转动头部一样。

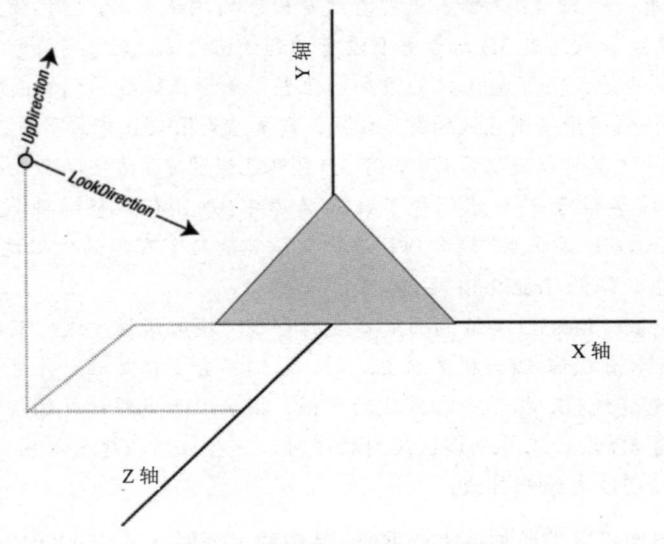

图 27-6　将摄像机转到另一个角度

考虑到这些细节，可为在 27.1.2 中描述的只有一个三角形的简单场景定义如下 PerspectiveCamera 摄像机：

```
<Viewport3D>
  <Viewport3D.Camera>
    <PerspectiveCamera Position="-2,2,2" LookDirection="2,-2,-2"
     UpDirection="0,1,0" />
  </Viewport3D.Camera>
  ...
</Viewport3D>
```

图 27-7 显示了最终场景。

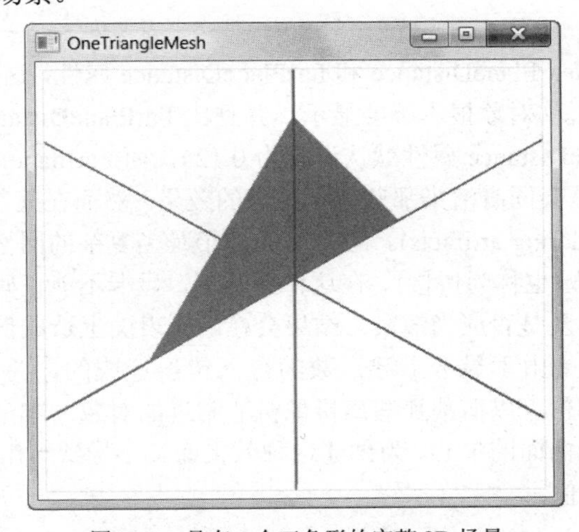

图 27-7　具有一个三角形的完整 3D 场景

轴　　线

在图 27-7 中还有一个细节：轴线。这些直线是出色的测试工具，它们使得查看坐标轴被放在何处变得更加容易。如果渲染 3D 场景并且没有看到任何内容，轴线可帮助分析潜在的问题。这些问题可能包括错误地设置了摄像机的方向和位置，或形状被翻转到背面(从而是不可见的)。但是 WPF 没有提供任何用于绘制直线的类。相反，需要渲染很长且非常窄的三角形。

幸运的是，有一个工具可以提供帮助。WPF 3D 团队已经创建了方便的 ScreenSpaceLines3D 类，解决了这个问题，该类位于一个可免费下载的类库中(并且有完整的源代码)，该类库位于 http://3dtools.codeplex.com 网址上。这个项目还提供了其他几个有用的代码元素，包括将在 27.3 节“交互和动画”中介绍的 Trackball 类。

可使用 ScreenSpaceLines3D 类绘制固定宽度的直线。换句话说，这些直线具有选择的固定宽度，而不管在何处放置摄像机(当摄像机更近时，它们不会变得更粗，并且当摄像机更远时不会变得更细)。对于创建线框、指示内容区域的方框、指示用于光照计算的法线等，这些直线是非常有用的。当构建 3D 设计工具或调试应用程序时，这些应用程序最有用。图 27-5 中的示例使用 ScreenSpaceLines3D 类绘制轴线。

还有其他几个摄像机属性通常也比较重要。其中的一个属性是 FieldOfView，该属性控制同时能够看到多少场景。FieldOfView 属性类似于摄像机上的缩放透镜——当降低 FieldOfView 属性的值时，将会看到更小部分的场景(然后该部分被放大以适应 Viewport3D 对象)。当增加 FieldOfView 属性的值时，会看到更大部分的场景。然而，改变观察范围和在场景中移动摄像机使其走近或远离对象是不同的，记住这一点很重要。更小的视域(field of view)压缩近处和远处对象之间的距离，而更大的视域会放大近处和远处对象之间的投影距离(如果以前使用过摄像机透镜，可能已注意过这种效果)。

注意：

FieldOfView 属性只能应用于 PerspectiveCamera 类。OrthographicCamera 提供了类似的 Width 属性，该属性决定了能够看到的区域，但不能改变透视效果，因为没有为 Orthographic Camera 摄像机应用透视效果。

摄像机类还提供了 NearPlaneDistance 和 FarPlaneDistance 属性，这两个属性用于设置盲区。比 NearPlaneDistance 更近的对象根本不会显示，并且比 FarPlaneDistance 更远的对象同样是不可见的。通常，NearPlaneDistance 属性默认设置为 0.125，而 FarPlaneDistance 属性默认设置为 Double.PositiveInfinity，这会同时渲染那些微不足道的效果。然而在某些情况下，需要改变这些值以防出现渲染伪影(rendering artifacts)。最常见的例子是当复杂的网格离摄像机非常近时，这可能会导致 z-fighting 问题(也称为拼接)。在这种情况下，显卡不能正确地确定对于摄像机而言哪个三角形是最近的，以及是否应当渲染。结果会在网格表面上造成伪影问题。

z-fighting 问题通常是由于显卡上浮点数的舍入错误造成的。为避免这一问题，可增加 NearPlaneDistance 属性的值，以剪裁那些离摄像机非常近的对象。本章后面将列举一个示例，移动摄像机使其飞过环形曲面的中心。为创建这种效果而又不导致 z-fighting 问题，就需要增加 NearPlaneDistance 属性的值。

注意：

渲染伪影几乎总是由于对象距离摄像机太近，并且 NearPlaneDistance 属性的值太大造成的。当对象非常远，并且 FarPlaneDistance 属性值不适当时也会出现类似的问题，但这种情况很少见。

27.2　深入研究 3D 绘图

为渲染简单三角形，分析摄像机、灯光、材质以及网格图形也需要做很多工作。至此，您已经看到了 WPF 对 3D 支持的基本框架。本节将学习如何使用这个基本框架构建更复杂的形状。

掌握了底层的三角形后，下一步是通过组合一系列三角形创建实心的、有侧面的形状。在下面的示例中，将为图 27-8 中显示的立方体创建标记。

构建立方体面临的第一个挑战是决定如何将它分割为 MeshGeometry 对象能够识别的三角形。每个三角形就像平面化的 2D 形状。

立方体由 6 个正方形侧面组成。每个正方形侧面需要两个三角形。然后每个正方形侧面就可以按一定角度在相邻的侧边进行连接。图 27-9 显示了如何将立方体分割成三角形。

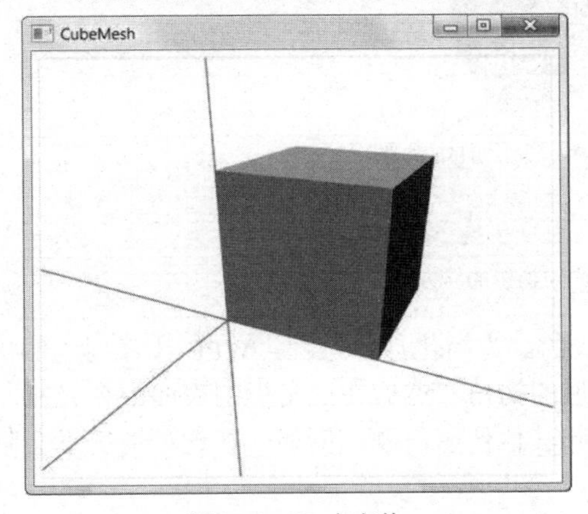

图 27-8　3D 立方体

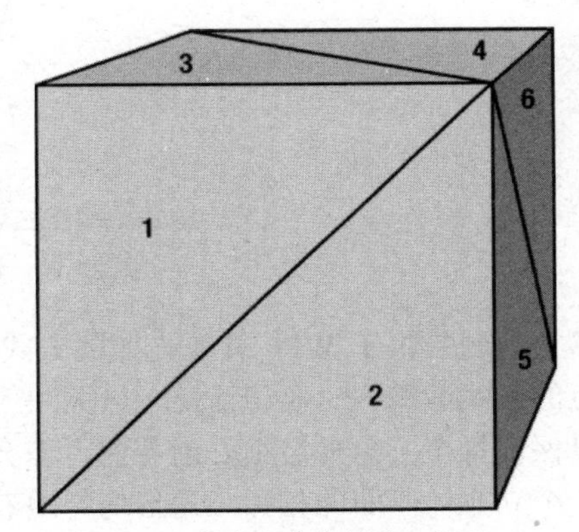

图 27-9　将立方体分割成三角形

为降低开销并提高性能，在 3D 程序中通常避免渲染看不到的形状。例如，如果知道永远不会看到图 27-8 中显示的立方体的下侧，就不需要为该侧定义两个三角形。然而，在本例中定义了每一侧，从而可以自由地旋转立方体。

下面是创建立方体的 MeshGeometry3D 对象：

```
<MeshGeometry3D Positions="0,0,0   10,0,0     0,10,0     10,10,0
                          0,0,10  10,0,10    0,10,10    10,10,10"
               TriangleIndices="0,2,1    1,2,3      0,4,2     2,4,6
                                0,1,4    1,5,4      1,7,5     1,3,7
                                4,5,6    7,6,5      2,6,3     3,6,7" />
```

首先，Positions 集合定义了立方体的拐角。首先是背面(对于背面，z=0)的 4 个点，然后是前面(对于前面，z=10)的 4 个点。TriangleIndices 属性将这些点映射到三角形。例如，集合中的第一项是“0, 2, 1”。这创建了一个三角形，从第一个点(0, 0, 0)到第二个点(0, 0, 10)，再到第三个点(0, 10, 0)。这个三角形位于立方体的后侧面(索引“1, 2, 3”填充另一个后侧面三角形)。

请记住，当定义三角形时，必须以逆时针顺序定义它们，从而使它们的前面面向前。然而，这个立方体明显违背了这一规则。前侧面正方形上的三角形是以逆时针顺序定义的(例如，查看索引“4, 5, 6”和“7, 6, 5”)，而那些在背面上的三角形是以顺时针顺序定义的，包括索引“0, 2, 1”和“1, 2, 3”。这是因为立方体后侧面上的三角形必须面向后面。为更好地理解该问题，设想绕 Y 轴旋转立方体，从而使后侧面面向前方。现在，面向后方的三角形将面向前方，从而使它们完全可见，这正是我们所希望的行为。

27.2.1　着色和法线

刚才演示的立方体存在一个问题。它不能创建图 27-8 中显示的含有侧面的立方体。相反，它给出的是图 27-10 中显示的立方体，在三角形汇合处具有明显的接缝。

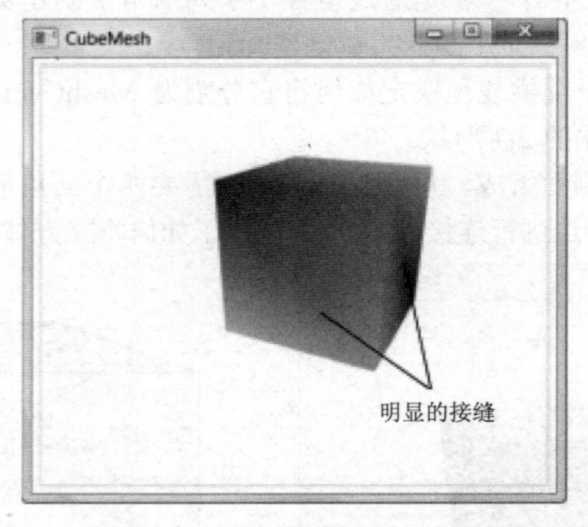

图 27-10　具有光照伪影的立方体

这个问题是由于 WPF 计算光照的方式造成的。为简化计算过程，WPF 计算到达形状中每个顶点的光线数量——换句话说，只关注三角形的拐角。然后在三角形的表面混合光照。虽然这可以保证每个三角形被很好地着色，但会引起其他伪影问题。例如，在这种情况下会阻止共享同一个立方体侧面的相邻三角形均匀地着色。

为理解为什么会产生这个问题，需要知道有关法线的更多内容。每个法线定义了顶点如何面向光源。大多数情况下，我们希望法线垂直于三角形平面。

图 27-11 以立方体的前侧面为例对此进行了说明。前面有两个三角形，共有 4 个顶点。这 4 个顶点中的每一个都应当有一条以正确的角度向外指向正方形表面的法线。换句话说，每条法线的方向应当是(0, 0, 1)。

提示：

还可通过另一种方法考虑法线。当法线向量和光线方向平行，但方向相反时，表面将被完全照亮，这意味着方向为(0, 0, －1)的定向光将会完全照亮立方体的前表面，这正是我们所期望的效果。

其他正方形侧面上的三角形也需要各自的法线。不管是哪种情况，法线都应当和表面垂直。图 27-12 给出了在立方体的前面、顶面和右侧面上的法线。

图 27-12 中显示的立方体和图 27-8 中显示的是同一个立方体。当 WPF 为这个立方体着色时，它每次检查一个三角形。例如，分析前表面。每个点精确地以相同的方式面向定向光。所

以，每个顶点具有完全相同的光照。因此当 WPF 混合这 4 个拐角的光照时，会创建平的、颜色一致的没有阴影的表面。

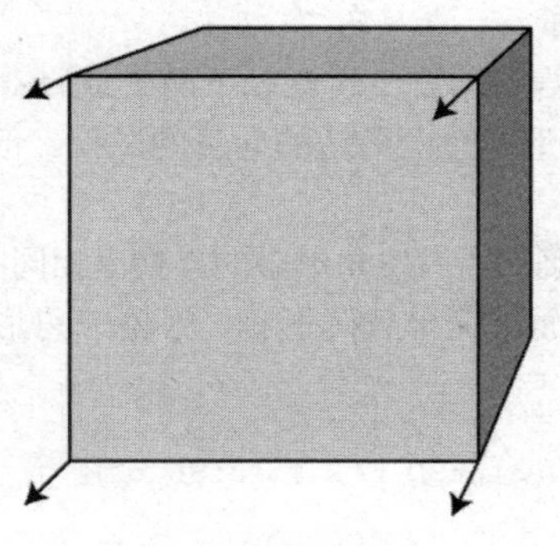

图 27-11　立方体前侧的法线

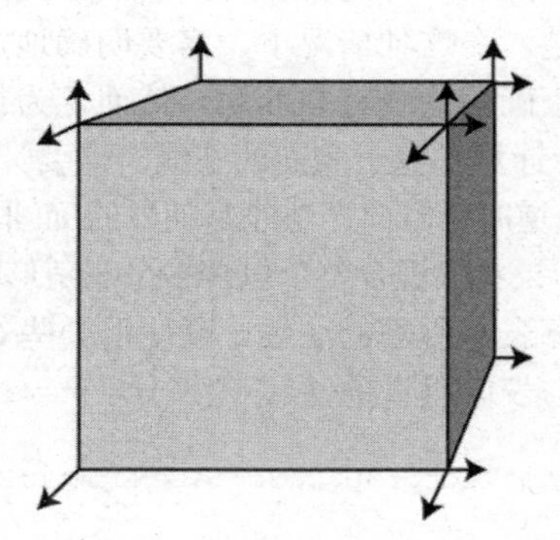

图 27-12　立方体上可见面的法线

那么为什么刚才创建的立方体会展示这种光照行为呢？这是由于在 Positions 集合中共享的顶点导致的。尽管为着色的三角形应用了法线，但却只为三角形的顶点定义了法线。对于 Positions 集合中的每个顶点，只为它定义了一条法线。这意味着如果在两个不同的三角形之间共享点，最终还会共享法线。

这就是在图 27-10 中发生的情况。在同一侧面上的不同点，被不同地进行照明，因为它们没有相同的法线。然后 WPF 从这些点混合光照，填充每个三角形表面。这是合理的默认行为，但因为为每个三角形执行混合，所以不同三角形不能被精确地对齐，并且当两个单独的三角形相遇时会看到颜色缝隙。

解决这个问题的一种简单(也是繁琐的)方法是，通过多次声明每个顶点(每使用一次就声明一次)，确保在三角形之间没有共享的顶点。下面是完成这一工作的变长了的标记：

```
<MeshGeometry3D Positions="0,0,0  10,0,0     0,10,0   10,10,0
                           0,0,0  0,0,10     0,10,0   0,10,10
                           0,0,0  10,0,0     0,0,10   10,0,10
                           10,0,0 10,10,10  10,0,10  10,10,0
                           0,0,10 10,0,10   0,10,10  10,10,10
                           0,10,0 0,10,10   10,10,0  10,10,10"
                TriangleIndices="0,2,1       1,2,3
                                 4,5,6       6,5,7
                                 8,9,10      9,11,10
                                 12,13,14    12,15,13
                                 16,17,18    19,18,17
                                 20,21,22    22,21,23" />
```

在这个示例中，通过这一步骤，就不必再手动编码法线。WPF 会正确地自动生成法线，使每条法线和三角形表面相垂直，如图 27-11 所示。得到的结果是在图 27-8 中显示的具有相同表面的立方体。

注意：

尽管这个标记更长，但开销基本上没有变化。因为 WPF 总将 3D 场景渲染为一系列不同的三角形，而不考虑是否在 Positions 集合中共享了顶点。

并不总是希望法线相匹配，认识到这一点是很重要的。在立方体示例中，我们想要得到平坦的外观。然而，可能希望得到不同的光照效果。例如，可能希望混合立方体以避免前面显示的缝隙问题。在这种情况下，需要明确地定义法线向量。

选择正确的法线有些麻烦。然而，为得到希望的结果，需要注意以下两个原则：

- 为计算垂直于表面的法线，需要计算构成三角形任意两条边的向量的叉积。但要保证点是逆时针方向，法线是朝外的(而非朝里的)。
- 如果希望混合整个包含多个三角形的表面，要确保所有三角形中的点共享相同的法线。

为计算表面所需的法线，可使用一些 C#代码。下面的简单代码例程，根据三角形的三个顶点，计算与表面垂直的法线：

```
private Vector3D CalculateNormal(Point3D p0, Point3D p1, Point3D p2)
{
    Vector3D v0 = new Vector3D(p1.X - p0.X, p1.Y - p0.Y, p1.Z - p0.Z);
    Vector3D v1 = new Vector3D(p2.X - p1.X, p2.Y - p1.Y, p2.Z - p1.Z);
    return Vector3D.CrossProduct(v0, v1);
}
```

接下来，需要通过填充向量来手动设置 Normals 属性。请记住，必须为每个位置添加一条法线。

下面的示例通过共享法线，使矩形同一侧相邻三角形之间的混合变得平滑连贯。立方体表面上的相邻三角形共享两个相同的点。所以，只需要调整两个不共享的点。只要它们相匹配，就会为整个表面使用相同的着色效果：

```
<MeshGeometry3D Positions="0,0,0 10,0,0 0,10,0 10,10,0
                           0,0,10 10,0,10 0,10,10 10,10,10"
                TriangleIndices="0,2,1 1,2,3 0,4,2 2,4,6
                                 0,1,4 1,5,4 1,7,5 1,3,7
                                 4,5,6 7,6,5 2,6,3 3,6,7"
                Normals="0,1,0 0,1,0 1,0,0 1,0,0
                         0,1,0 0,1,0 1,0,0 1,0,0" />
```

上面的标记创建了如图 27-13 所示的更平滑立方体。现在立方体的大部分共享相同的法线。这会导致混合立方体边缘的非常平滑的混合效果，从而使得辨别侧面更加困难。

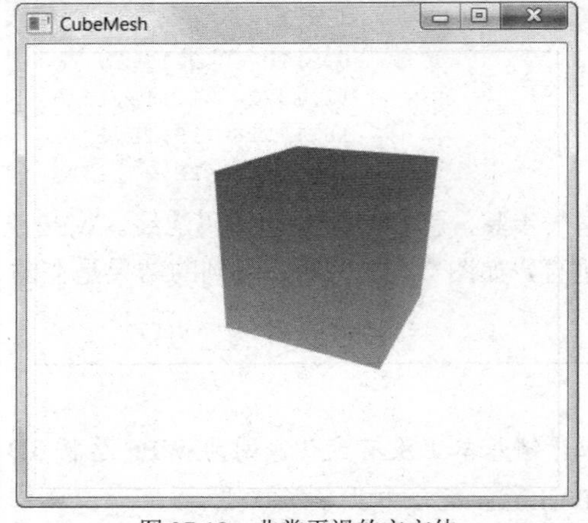

图 27-13　非常平滑的立方体

这种效果可能正确，也可能不正确——完全取决于希望得到的效果。例如，独立的侧面可创建更能体现几何形状的外观，而混合的侧面看起来更加融合。一种常用的技巧是为大的具有多个面的多边形应用混合，从而使其看起来像球、圆柱或其他曲面形状。因为混合隐藏了形状的边缘，所以效果非常好。

27.2.2 更复杂的形状

真实的 3D 场景通常需要使用数百个或数千个三角形。例如，构建简单球的方法是将球分割成条带，再将每个条带分割成一系列的方格，如图 27-14 的左图所示。在此，每个方格需要两个三角形。

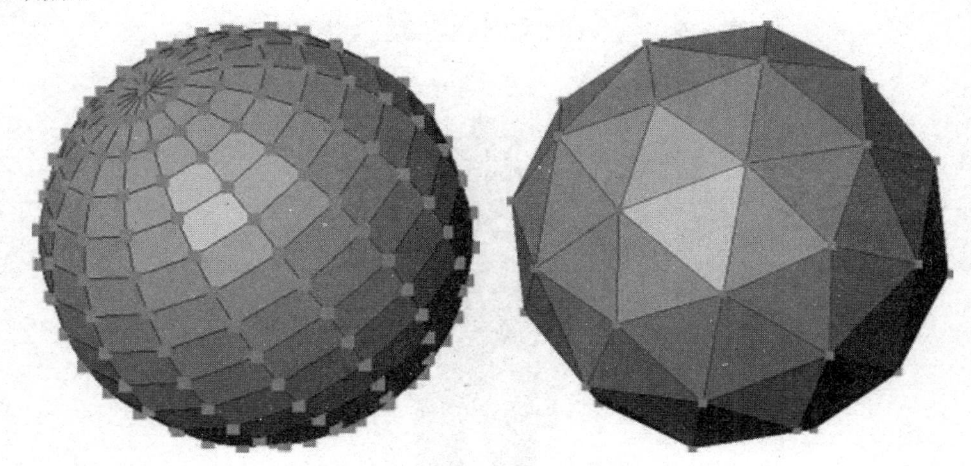

图 27-14 构造基本球形的两种方法

为构造这种不同寻常的网格，需要使用代码或专门的 3D 建模程序。只使用代码的方法需要涉及很多数学知识。设计方法需要高级的 3D 设计应用程序。

幸运的是，有大量用于构建 3D 场景的工具可用于 WPF 应用程序。下面是这方面的几个工具：

- Blender 是一款用于 3D 建模的开源工具包。可从 http://www.blender.org 网址上获得该工具，在 http://xamlexporter.codeplex.com 网址上有一个用于实验的 XAML 导出脚本。这两者共同提供了一个完善的并且完全免费的为 WPF 应用程序构建 3D 内容的平台。
- 用于各种专业 3D 建模程序的导出插件开始出现，如 Autodesk Maya 和 Newtek 的 LightWave。为得到这些插件的列表，可访问 http://tinyurl.com/bumqt2y。

所有 3D 建模程序都提供了基本图元，例如球，这些基本图元由更小的三角形构成。可使用这些图元构建场景。3D 建模程序还可添加和定位光源，并应用纹理。某些工具(如 Electric Rain ZAM 3D)还可以定义希望在三维场景中的对象上执行的动画。

27.2.3 Model3DGroup 集合

当使用复杂的 3D 场景时，通常需要安排多个对象。正如您已经知道的，一个 ViewPort3D 对象能包含多个 Visual3D 对象，每个 Visual3D 对象使用不同的网格。然而，这不是构建 3D 场景的最好方法。通过创建尽可能少的网格，并将尽可能多的内容组合进每个网格，可极大地提高性能。

显然，还要考虑到灵活性问题。如果场景被分成多个独立的对象，就可以进行命中测试、变换以及动态显示每一部分。然而，不需要创建不同的 Visual3D 对象来获取这种灵活性，而可以使用 Model3DGroup 类在单个 Visual3D 对象中放置几个网格。

Model3DGroup 类继承自 Model3D 类(GeometryModel3D 和 Light 类也继承自 Model3D 类)。然而，该类被设计用于封装整个网格的组合。每个网格保留场景中的不同部分，并且可以单独控制。

例如，分析图 27-15 中显示的 3D 角色。这个角色是用 ZAM 3D 创建的，并且导出为 XAML。角色身体的各个部分——头、躯干、腰和胳膊等——都是独立的网格，这些网格被组合到单个 Model3DGroup 对象中。

图 27-15 一个 3D 角色

下面是部分标记，这些标记绘制来自资源字典的适当网络：

```
<ModelVisual3D>
  <ModelVisual3D.Content>
    <Model3DGroup x:Name="Scene" Transform="{DynamicResource SceneTR20}">
      <AmbientLight ... />
      <DirectionalLight ... />
      <DirectionalLight ... />
      <Model3DGroup x:Name="CharacterOR22">
        <Model3DGroup x:Name="PelvisOR24">
          <Model3DGroup x:Name="BeltOR26">
            <GeometryModel3D x:Name="BeltOR26GR27"
            Geometry="{DynamicResource BeltOR26GR27}"
            Material="{DynamicResource ER_Vector___Flat_Orange___DarkMR10}"
```

```
            BackMaterial="{DynamicResource ER_Vector___Flat_Orange___DarkMR10}" />
        </Model3DGroup>
        <Model3DGroup x:Name="TorsoOR29">
          <Model3DGroup x:Name="TubesOR31">
            <GeometryModel3D x:Name="TubesOR31GR32"
            Geometry="{DynamicResource TubesOR31GR32}"
            Material="{DynamicResource ER___Default_MaterialMR1}"
            BackMaterial="{DynamicResource ER___Default_MaterialMR1}"/>
        </Model3DGroup>
        ...

  </ModelVisual3D.Content>
</ModelVisual3D>
```

整个场景是在一个 ModelVisual3D 对象中定义的，该对象包含一个 Model3DGroup 对象。这个 Model3DGroup 对象包含了其他嵌套的 Model3DGroup 对象。例如，顶级的 Model3DGroup 对象包含了光源和角色，而用于角色的 Model3DGroup 对象又包含了其他包含躯干的 Model3DGroup 对象，以及包含各种细节的 Model3DGroup 对象(如胳膊)，而那个 Model3DGroup 对象又包含了手掌，手掌又包含了手指，等等。最终，GeometryModel3D 对象实际定义了对象和它们的材质。正是由于这种仔细分段的、嵌套的设计(在诸如 ZAM 3D 的设计工具中，隐式地使用了这种设计来创建这些对象)，才使得可以单独为身体的各部分应用动画，使角色行走、做手势，等等(稍后的 27.3 节“交互和动画”中将进一步分析包含动画的 3D 内容)。

注意：

请记住，通过使用最少量的网格以及最少量的 ModelVisual3D 对象，可最大限度地降低开销。Model3DGroup 对象可减少使用 ModelVisual3D 对象的数量(没理由使用多个 ModelVisual3D 对象)，同时保留了分别控制场景不同部分的灵活性。

27.2.4　使用材质

到目前为止，只使用了 WPF 为构造 3D 对象提供的一种材质——DiffuseMaterial 材质，这是到目前为止最有用的材质类型——能在各个方向上散射光线，就像真实世界中的对象。

当创建 DiffuseMaterial 材质时，需要提供 Brush 对象。到目前为止，已经看到的示例使用的是固定颜色的画刷。然而，看到的颜色是由画刷颜色和光照共同决定的。如果有直射的、最强的光线，将看到准确的画刷颜色。但如果光线以一定角度照射到表面(就像在前面的三角形以及立方体示例中那样)，将看到更暗淡的带阴影的颜色。

注意：

有趣的是，WPF 允许使 3D 对象部分透明。最简单的方法是设置材质使用的画刷的 Opacity 属性，使其值小于 1。

SpecularMaterial 和 EmissiveMaterial 材质类型的工作有点不同。这两种类型的材质都附加地混合到其下显示的内容。所以，最通常的方法是将这两种材质与 DiffuseMaterial 材质结合使用。

下面分析 SpecularMaterial 材质。它比 DiffuseMaterial 材质更尖锐地反射光线。可使用

SpecularPower 属性控制反射光线的尖锐程度。使用低一点的数值，灯光反射更柔和，而与光线照射到表面上的角度无关。使用更高一点的数值，反射的光线会更强烈。所以，低的 SpecularPower 属性值会产生褪色的、富有光泽的效果，而高的 SpecularPower 属性值会产生尖锐的强光。

如果在黑色表面上只放置 SpecularMaterial 材质，将会创建类似玻璃的效果。然而，SpecularMaterial 材质更常用于为 DiffuseMaterial 材质添加强光效果。例如，在 DiffuseMaterial 材质上使用白色的 SpecularMaterial 材质来创建类似塑料的表面，而更暗的 SpecularMaterial 和 DiffuseMaterial 材质可产生更具金属质感的效果。图 27-16 显示了两个版本的环形曲面(3D 圆环)。左边的版本使用普通的 DiffuseMaterial 材质，右边的版本在表面添加了 SpecularMaterial 材质。在该曲面的几个地方显示了强光，因为场景中包含两个指向不同方向的定向光。

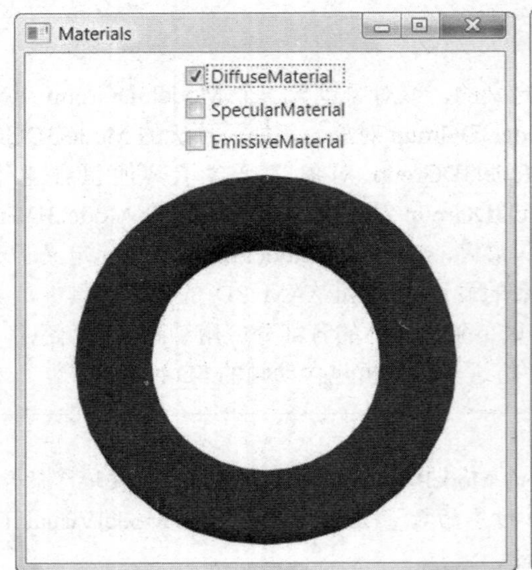

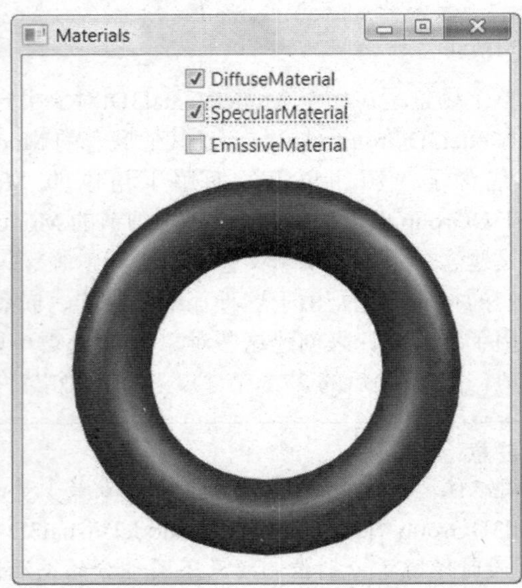

图 27-16　添加 SpecularMaterial 材质

为组合两个表面，需要将它们封装到 MaterialGroup 对象中。下面的标记创建了图 27-16 中显示的强光：

```
<GeometryModel3D>
  <GeometryModel3D.Material>
    <MaterialGroup>
      <DiffuseMaterial>
        <DiffuseMaterial.Brush>
          <SolidColorBrush Color="DarkBlue" />
        </DiffuseMaterial.Brush>
      </DiffuseMaterial>
      <SpecularMaterial SpecularPower="24">
        <SpecularMaterial.Brush>
          <SolidColorBrush Color="LightBlue" />
      </SpecularMaterial.Brush>
    </SpecularMaterial>
  </GeometryModel3D.Material>

  <GeometryModel3D.Geometry>...</GeometryModel3D.Geometry>
```

```
<GeometryModel3D>
```

注意：

如果在白色表面上放置SpecularMaterial或EmissiveMaterial材质，根本就看不到任何内容。因为SpecularMaterial和EmissiveMaterial材质会附加地呈现它们的颜色，并且白色已经混合了最大的红、绿和蓝基值。要查看SpecularMaterial或EmissiveMaterial材质的完整效果，需要将它们放在黑色表面上(或在黑色DiffuseMaterial材质上使用它们)。

EmissiveMaterial材质更奇怪。它会发光，这意味着在黑色表面上显示的绿色EmissiveMaterial材质，会显示为平的绿色轮廓，而不管场景是否包含其他光源。

同样，可通过在DiffuseMaterial材质上层叠EmissiveMaterial材质来得到更有趣的效果。因为EmissiveMaterial材质的附加性质，颜色被进行了混合。例如，如果在蓝色的DiffuseMaterial材质上放置红色的EmissiveMaterial材质，形状会变成紫色。EmissiveMaterial材质在形状的整个表面会呈现相同数量的红色，而DiffuseMaterial材质会根据场景中的光源进行着色。

提示：

从EmissiveMaterial材质“辐射”出的光线不会到达其他对象。为创建照亮其他附近对象的发光对象，您可能希望在EmissiveMaterial材质的附近放置光源(如点光源)。

27.2.5 纹理映射

到目前为止，一直都在使用SolidColorBrush画刷绘制对象。然而，WPF支持使用任何画刷绘制DiffuseMaterial对象。这意味着可使用渐变颜色(LinearGradientBrush和RadialGradientBrush)、向量或位图图像(ImageBrush)以及来自2D元素(VisualBrush)的内容进行绘制。

在此存在一个问题。当使用除SolidColorBrush画刷之外的其他画刷时，需要提供附加的信息来告诉WPF如何将画刷的2D内容映射到准备绘制的3D表面。可使用MeshGeometry3D.TextureCoordinates集合提供这一信息。根据选择，可平铺画刷内容，只提取其中的一部分，拉伸、封装画刷内容，以及调整画刷内容，使其适应曲面或有角的表面。

那么TextureCoordinates集合的工作原理是什么呢？基本思想是网格中的每个坐标在TextureCoordinates集合中都需要有相应的点。网格中的坐标是3D空间中的点，而TextureCoordinates集合中的点是2D点，因为画刷的内容总是2D的。接下来将介绍如何使用纹理映射在3D形状上显示图形和视频内容。

1. 映射ImageBrush画刷

理解TextureCoordinates工作原理的最简单方法是使用ImageBrush画刷，通过该画刷可绘制一幅位图。下面的示例使用了一个晨雾笼罩树丛的场景：

```
<GeometryModel3D.Material>
  <DiffuseMaterial>
    <DiffuseMaterial.Brush>
      <ImageBrush ImageSource="Tree.jpg"></ImageBrush>
    </DiffuseMaterial.Brush>
  </DiffuseMaterial>
</GeometryModel3D.Material>
```

在这个示例中，ImageBrush 画刷被应用于前面创建的立方体表面。根据设置的 TextureCoordinates 属性值，可拉伸图像、将图像封装到整个立方体上，或在每个面上放置单独的副本(就像在本例中所做的那样)。图 27-17 显示了最终结果。

图 27-17　具有纹理的立方体

注意：

这个示例添加了另一个细节。在窗口底部使用 Slider 控件来让用户旋转立方体，从而可以从所有不同的角度进行观察。可通过变换实现旋转，在 27.3 节中将会学习这部分内容。

TextureCoordinates 集合最初为空，并且图像不能显示在 3D 表面上。在这个立方体示例开始之初，可能希望集中映射某个侧面。在当前示例中，立方体的左边面向摄像机。下面是这个立方体的网格。构成左边(面向前方)的两个三角形使用了粗体：

```
<MeshGeometry3D
  Positions="0,0,0    10,0,0    0,10,0   10,10,0
             0,0,0    0,0,10    0,10,0   0,10,10
             0,0,0    10,0,0    0,0,10   10,0,10
             10,0,0   10,10,10  10,0,10  10,10,0
             0,0,10   10,0,10   0,10,10  10,10,10
             0,10,0   0,10,10   10,10,0  10,10,10"
  TriangleIndices="
             0,2,1     1,2,3
             4,5,6     6,5,7
             8,9,10    9,11,10
             12,13,14  12,15,13
             16,17,18  19,18,17
             20,21,22  22,21,23" />
```

大多数网格点根本没有被映射。实际上，只有 4 个点进行了映射，这 4 个点定义了立方体朝向摄像机的立方体面：

```
(0,0,0) (0,0,10) (0,10,0) (0,10,10)
```

因为这实际上是一个平面，所以映射相对容易。可通过删除 4 个点中值为 0 的维度，为这个面选择一套 TextureCoordinates(在这个示例中，因为可见的面实际上在立方体的左边，所以是 X 坐标)。

下面是满足这一需求的 TextureCoordinates 集合：

```
(0,0) (0,10) (10,0) (10,10)
```

TextureCoordinates 集合使用相对坐标。为简单起见，可能希望使用 1 指示最大值。在这个示例中，该变换很容易：

```
(0,0) (0,1) (1,0) (1,1)
```

这个 TextureCoordinates 集合实际上告诉 WPF 让表示画刷内容的矩形的左下角使用点(0, 0)，并将该点映射到 3D 空间中的相应点(0, 0, 0)。类似地，右下角使用(0, 1)，并且映射到(0, 0, 10)；使左上角(1, 0)映射到(0, 10, 0)；使右上角(1, 1)映射到(0, 10, 10)。

下面的立方体网格就使用了这一纹理映射。Positions 集合中的其他所有坐标都被映射到(0, 0)，使纹理不会应用于这些区域：

```
<MeshGeometry3D
  Positions="0,0,0   10,0,0    0,10,0   10,10,0
             0,0,0   0,0,10    0,10,0   0,10,10
             0,0,0   10,0,0    0,0,10   10,0,10
             10,0,0  10,10,10  10,0,10  10,10,0
             0,0,10  10,0,10   0,10,10  10,10,10
             0,10,0  0,10,10   10,10,0  10,10,10"
TriangleIndices="..."
TextureCoordinates="
             0,0   0,0   0,0   0,0
             0,0   0,1   1,0   1,1
             0,0   0,0   0,0   0,0
             0,0   0,0   0,0   0,0
             0,0   0,0   0,0   0,0
             0,0   0,0   0,0   0,0" />
```

上面的标记将纹理映射到立方体的单个面上。尽管图像被成功地映射到表面上，但图像却上下颠倒了。为了得到正放的图像，需要按以下顺序重新排列坐标：

```
1,1  0,1  1,0  0,0
```

可扩展这一过程，将图像映射到立方体的每个面上。下面的 TextureCoordinates 集合可以完成这项任务，并创建图 27-17 中显示的多面立方体：

```
TextureCoordinates="0,0 0,1 1,0 1,1
                          1,1   0,1 1,0   0,0
                          0,0   1,0 0,1   1,1
                          0,0   1,0 0,1   1,1
                          1,1   0,1 1,0   0,0
                          1,1   0,1  1,0 0,0"
```

显然可通过修改这些点来创建更多效果。例如，可围绕更复杂的对象(如球)拉伸纹理。因为此类对象所需的网格通常包含数百个点，所以不会手动填充 TextureCoordinates 集合，而将依靠 3D 建模程序(或在运行时使用数学代码完成该工作)。如果希望为网格的不同部分应用不同的画刷，那么需要将 3D 对象分割成多个网格，每个网格具有使用不同画刷的不同材质。然后为了尽可能降低开销，可将这些网格组合到 Model3DGroup 对象中。

2. 视频和 VisualBrush 画刷

普通图像并非可以映射到 3D 表面上的唯一内容。也可以映射变化的内容，例如具有动画值的渐变画刷。WPF 中一种常用的技术是将视频映射到 3D 表面。当播放视频时，内容实时显示在 3D 表面上。

实现这种在某种程度上被滥用的效果特别容易。实际上，可在不同方向，使用和上一个示例中映射图像的相同 TextureCoordinates 集合，将视频画刷映射到立方体表面上。需要做的全部工作就是使用功能更强大的 VisualBrush 画刷代替 ImageBrush 画刷，并为可视化对象使用一个 MediaElement 元素。在事件触发器的帮助下，甚至不需要编写任何代码就能开始循环播放的视频。

下面的标记创建了一个 VisualBrush 画刷，执行循环播放的同时旋状立方体，显示不同的轴(27.3 节将学习有关使用动画和旋转来实现这种效果的更多内容)。

```
<GeometryModel3D.Material>
  <DiffuseMaterial>
    <DiffuseMaterial.Brush>
      <VisualBrush>
        <VisualBrush.Visual>
          <MediaElement>
            <MediaElement.Triggers>
              <EventTrigger RoutedEvent="MediaElement.Loaded">
                <EventTrigger.Actions>
                  <BeginStoryboard>
                    <Storyboard >
                      <MediaTimeline Source="test.mpg" />
                      <DoubleAnimation Storyboard.TargetName="rotate"
                        Storyboard.TargetProperty="Angle"
                        To="360" Duration="0:0:5" RepeatBehavior="Forever" />
                    </Storyboard>
                  </BeginStoryboard>
                </EventTrigger.Actions>
              </EventTrigger>
            </MediaElement.Triggers>
          </MediaElement>
        </VisualBrush.Visual>
      </VisualBrush>
    </DiffuseMaterial.Brush>
  </DiffuseMaterial>
</GeometryModel3D.Material>
```

图 27-18 显示了该例的快照。

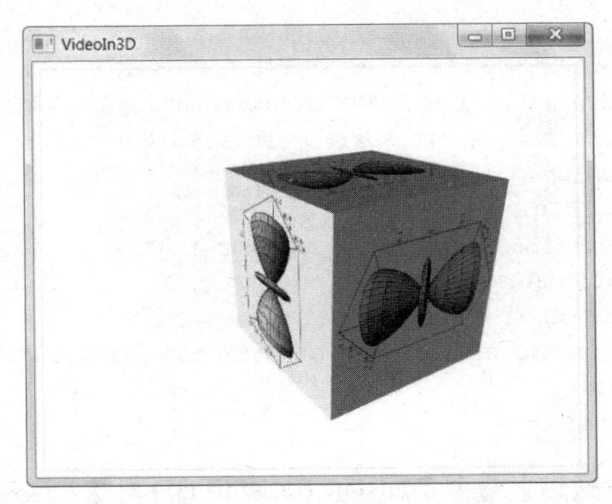

图 27-18 在几个 3D 表面上显示视频

27.3 交互和动画

为实现 3D 场景的全部功能，需要实现 3D 场景的动态化。换句话说，需要有几种修改部分场景的方式，要么是自动的，要么通过响应用户的操作。毕竟，如果不需要动态的 3D 场景，最好在所喜欢的图像程序中创建 3D 图像，然后将它们导出为普通的 XAML 向量图画(某些 3D 建模工具，如 ZAM 3D，就完全提供了这种选择)。

接下来的几节将学习如何使用变换控制 3D 对象，以及如何添加动画和移动摄像机。还将考虑一个独立发布的工具：允许以交互方式旋转 3D 场景的 Trackball 类。最后将学习如何在 3D 场景中进行命中测试，以及如何在 3D 表面放置可交互的 2D 元素，如按钮和文本框。

27.3.1 变换

与 2D 内容一样，改变 3D 场景某一方面最强大并且最灵活的方法是使用变换。对于 3D 场景尤其如此，因为在 3D 场景中使用的类相对低级。例如，如果希望缩放球，需要构造合适的几何图形并使用 ScaleTransform3D 动态显示该图形。如果有 3D 球图元可供使用，这可能不是必需的，因为可通过更高级的属性(如 Radius 属性)使球具有动画效果。

显然，可使用变换创建动态效果。然而，在使用变换之前，需要决定希望如何应用变换。有以下几种可能的方法：

- 修改应用于 Model3D 对象的变换。这种方法可改变单个 3D 对象的某一方面。还可以为 Model3DGroup 对象使用这种技术，因为 Model3DGroup 类继承自 Model3D 类。
- 修改应用于 ModelVisual3D 对象的变换。这种方法可改变整个场景。
- 修改应用于灯光的变换。这种方法可改变场景中的光照(例如，创建日出效果)。
- 修改应用于摄像机的变换。这种方法可在场景中移动摄像机。

变换在 3D 绘图中非常有用，无论在何时需要进行变换，习惯于使用 Transform3DGroup 对象总是个好主意。这样，在以后可添加其他变换而不必改变动画代码。ZAM 3D 建模程序总为每个 Model3DGroup 对象添加包含 4 个变换封装器的集合，从而可以通过各种方式控制这个模型组表示的对象：

```
<Model3DGroup.Transform>
  <Transform3DGroup>
    <TranslateTransform3D OffsetX="0" OffsetY="0" OffsetZ="0"/>
    <ScaleTransform3D ScaleX="1" ScaleY="1" ScaleZ="1"/>
    <RotateTransform3D>
      <RotateTransform3D.Rotation>
        <AxisAngleRotation3D Angle="0" Axis="0 1 0"/>
      </RotateTransform3D.Rotation>
    </RotateTransform3D>
    <TranslateTransform3D OffsetX="0" OffsetY="0" OffsetZ="0"/>
  </Transform3DGroup>
</Model3DGroup.Transform>
```

注意，上面的这套变换包含两个 TranslateTransform3D 对象。这是因为在旋转之前平移对象和在旋转之后平移对象的结果是不同的，并且您可能希望使用这两种效果。

另一种方便的技术是在 XAML 中使用 x:Name 特性命名变换对象。尽管变换对象没有名称属性，但通过这种方法，可创建私有成员变量，并且可使用这些变量更容易地访问变换对象，而不必深入到对象的层次结构中。这种技术特别重要，因为复杂的 3D 场景通常包含具有许多层的 Model3DGroup 对象，这一点如前所述。从顶级的 ModelVisual3D 对象遍历元素树是非常笨拙的，并且容易出错。

27.3.2　旋转

为尝试可以使用变换的方式，分析下面的标记。该标记应用一个 RotateTransform3D 对象，通过该对象可以绕着指定的轴旋转 3D 对象。在这个示例中，旋转轴被设置为与坐标系统的 Y 轴准确对齐：

```
<ModelVisual3D.Transform>
  <RotateTransform3D>
    <RotateTransform3D.Rotation>
      <AxisAngleRotation3D x:Name="rotate" Axis="0 1 0" />
    </RotateTransform3D.Rotation>
  </RotateTransform3D>
</ModelVisual3D.Transform>
```

使用这个被命名的旋转，可创建如下使用数据绑定的 Slider 控件，使用户能够绕着指定的轴旋转立方体：

```
<Slider Grid.Row="1" Minimum="0" Maximum="360" Orientation="Horizontal"
  Value="{Binding ElementName=rotate, Path=Angle}" ></Slider>
```

如前所述，可在动画中使用这种旋转。下面是一个同时绕两个不同的轴旋转环形曲面(3D 圆环)的动画。当单击按钮时开始这个动画：

```
<Button>
  <Button.Content>Rotate Torus</Button.Content>
   <Button.Triggers>
    <EventTrigger RoutedEvent="Button.Click">
      <BeginStoryboard>
```

```
        <Storyboard RepeatBehavior="Forever">
          <DoubleAnimation Storyboard.TargetName="ring"
          Storyboard.TargetProperty="rotate1" To="360" Duration="0:0:2.5"/>
          <DoubleAnimation Storyboard.TargetName="ring"
           Storyboard.TargetProperty="rotate2" To="360" Duration="0:0:2.5"/>
        </Storyboard>
      </BeginStoryboard>
    </EventTrigger>
  </Button.Triggers>
</Button>
```

图 27-19 显示了环形曲面处于不同旋转状态的 4 个快照。

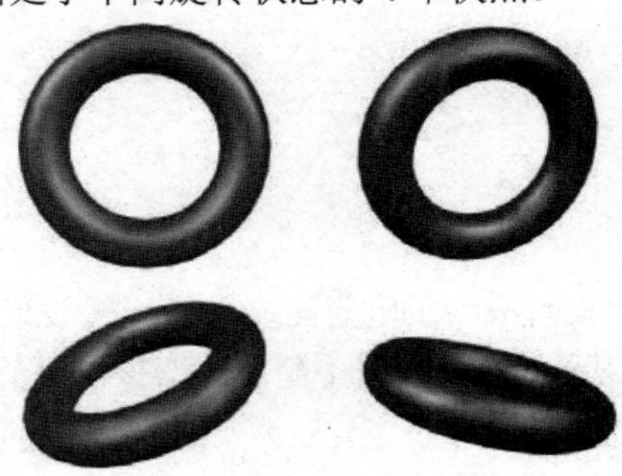

图 27-19　旋转中的 3D 形状

27.3.3　飞过

在 3D 场景中，一种常见效果是绕对象移动摄像机。在 WPF 中，这个任务从概念上讲很容易实现，只需要使用 TranslateTransform 对象移动摄像机即可。然而，还需要考虑如下两个问题：

- 通常希望沿着一条路线移动摄像机，而非沿着从开始点到结束点的直线移动摄像机。可以采用两种方法解决这一问题——可使用基于路径的动画以跟随通过图形定义的路线，也可使用定义了几个更小分段的关键帧动画。
- 当摄像机移动时，还需要调整摄像机的观察方向。所以还需要不断改变 LookDirection 属性以保持聚焦到对象。

下面的标记显示了一个飞过环形曲面的中心、绕其外侧边缘旋转，并最终飘回到开始点的动画。为观察这个运行中的动画，请查看本章的下载示例：

```
<StackPanel Orientation="Horizontal">
  <Button>
    <Button.Content>Begin Fly-Through</Button.Content>
    <Button.Triggers>
      <EventTrigger RoutedEvent="Button.Click">
        <BeginStoryboard>
          <Storyboard>
            <Point3DAnimationUsingKeyFrames
              Storyboard.TargetName="camera"
              Storyboard.TargetProperty="Position">
                <LinearPoint3DKeyFrame Value="0,0.2,-1" KeyTime="0:0:10"/>
                <LinearPoint3DKeyFrame Value="-0.5,0.2,-1" KeyTime="0:0:15"/>
                <LinearPoint3DKeyFrame Value="-0.5,0.5,0" KeyTime="0:0:20"/>
```

```
              <LinearPoint3DKeyFrame Value="0,0,2" KeyTime="0:0:23"/>
              </Point3DAnimationUsingKeyFrames>

            <Vector3DAnimationUsingKeyFrames
             Storyboard.TargetName="camera"
             Storyboard.TargetProperty="LookDirection">
              <LinearVector3DKeyFrame Value="-1,-1,-3" KeyTime="0:0:4"/>
              <LinearVector3DKeyFrame Value="-1,-1,3" KeyTime="0:0:10"/>
              <LinearVector3DKeyFrame Value="1,0,3" KeyTime="0:0:14"/>
              <LinearVector3DKeyFrame Value="0,0,-1" KeyTime="0:0:22"/>
             </Vector3DAnimationUsingKeyFrames>
            </Storyboard>
          </BeginStoryboard>
        </EventTrigger>
      </Button.Triggers>
    </Button>
  </StackPanel>
```

为得到更有趣的效果，可开始两个动画(前面显示的旋转效果和在此显示的飞过效果)，这会使摄像机在圆环旋转时穿过其边缘。还需要不断地改变摄像机的UpDirection属性，使摄像机移动时摆动摄像机：

```
<Vector3DAnimation
  Storyboard.TargetName="camera" Storyboard.TargetProperty="UpDirection"
  From="0,0,-1" To="0,0.1,-1" Duration="0:0:0.5" AutoReverse="True"
  RepeatBehavior="Forever" />
```

3D应用程序的性能

渲染3D场景比渲染2D场景需要完成更多工作。当为3D场景应用动画时，WPF试图以每秒60次的频率刷新改变的部分。根据场景的复杂程度，这很容易耗光显卡内存的资源，从而会导致帧率下降并且使动画出现跳动。

可使用几种基本技术改善3D应用程序的性能。下面是一些用于改变视口的策略，它们降低3D渲染的开销：

- 如果不需要剪裁超出视口范围的内容，将Viewport3D.ClipToBounds属性设置为false。
- 如果不需要在3D场景中提供命中测试，将Viewport3D.IsHitTestVisible属性设置为false。
- 如果不在乎更差的质量——3D形状上的粗糙边缘——将用于Viewport3D的RenderOptions.EdgeMode附加属性设置为Aliased。
- 如果Viewport3D比所需要的更大，改变尺寸使其更小。

确保3D场景的量级尽可能轻也是很重要的。下面是针对创建最高效的网格和模型的几个重要提示：

- 只要有可能，就创建单个复杂网格而不是几个更小的网格。
- 如果需要为相同的网格使用不同材质，只定义MeshGeometry对象一次(作为资源)，然后重用MeshGeometry对象以创建多个GeometryModel3D对象。
- 只要有可能，就在单个Model3DGroup对象中封装一组GeometryModel3D对象，并将这组对象放到单个ModelVisual3D对象中。不要为每个GeometryModel3D对象创建单独的 Model Visaul3D 对象。

- 不要定义背面材质(使用 GeometryModel3D.BackMaterial 属性)，除非确实要查看对象的背面。同样，当定义网格时，可考虑忽略不可见的三角形(如立方体的底面)。
- 尽可能使用纯色画刷、渐变画刷以及图像画刷，而尽可能不用 DrawingBrush 和 VisualBrush，后两个画刷都需要更多开销。当使用 DrawingBrush 和 VisualBrush 绘制静态内容时，可缓存画刷内容以提高性能。为此，将用于画刷的 RenderOptions.CachingHint 附加属性设置为 Cache。

如果牢记这些指导原则，就一定能得到最佳的 3D 绘图性能，并且对于 3D 动画可以保证得到最高的帧率。

27.3.4　跟踪球

在 3D 场景中最常用到的一种行为是使用鼠标旋转对象。对于这种行为，一种最常见的实现是虚拟跟踪球(virtual trackball)，在许多 3D 图形和 3D 设计程序中都使用了虚拟跟踪球。尽管 WPF 没有提供虚拟跟踪球的本地实现，但 WPF 3D 团队已经发布了用于执行这一功能的免费的示例类。这个虚拟跟踪球是一段可靠且极其流行的代码块，在由 WPF 团队提供的大多数 3D 演示程序中都可以发现这一代码块。

虚拟跟踪球的基本原理是用户在 3D 对象上的某个地方单击鼠标，并绕着假想的中心轴拖动鼠标。旋转量取决于鼠标拖动的距离。例如，如果在 Viewport3D 对象右侧边缘的中间单击鼠标，并向左拖动鼠标，3D 场景将绕着假想的垂直线旋转显示。如果鼠标一直拖动到左侧边缘，3D 场景将翻转 180° 从而露出背面，如图 27-20 所示。

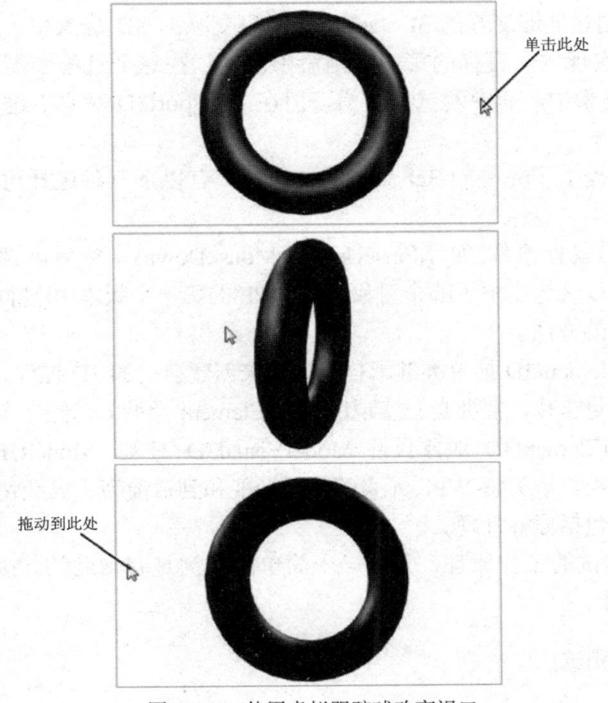

图 27-20　使用虚拟跟踪球改变视口

尽管虚拟跟踪球似乎在旋转 3D 场景，但它实际上是通过移动摄像机工作的。摄像机到 3D 场景中心点的距离始终不变——本质上，摄像机沿着包含整个场景的大球的轮廓移动。可以通过前面描述的 3D 工具项目，从 http://3dtools.codeplex.com 网址上下载虚拟跟踪球代码。

注意：

因为虚拟跟踪球移动的是摄像机，所以不能结合使用自己的移动摄像机的动画。但可将它和具有动画的 3D 场景(例如，前面描述的包含旋转环形曲面的 3D 场景)结合使用。

使用虚拟跟踪球非常容易，需要做的全部工作就是将 Viewport3D 对象封装到 TrackballDecorator 类中。因为 TrackballDecorator 类位于 3D 工具项目中，所以首先需要为名称空间添加 XML 别名：

```
<Window xmlns:tools="clr-namespace:_3DTools;assembly=3DTools" ... >
```

然后，可以很方便地为标记添加 TrackballDecorator 对象：

```
<tools:TrackballDecorator>
  <Viewport3D>
   ...
  </Viewport3D>
</tools:TrackballDecorator>
```

一旦采取这一步骤，就会自动得到虚拟跟踪球的功能——现在可单击并拖动鼠标了。

27.3.5 命中测试

您迟早都会希望创建能够交互的 3D 场景——在可交互的 3D 场景中，用户可以单击 3D 形状以执行不同操作。实现这一目标的第一步是命中测试，在这个过程中需要拦截鼠标单击并确定单击区域。在 2D 场景中，命中测试很容易，但在 Viewport3D 对象中进行命中测试就不再这么简单了。

幸运的是，WPF 提供了完善的 3D 命中测试支持。有以下三种选择可用于在 3D 场景中执行命中测试：

- 可处理视口的鼠标事件(如 MouseUp 或 MouseDown)。然后可调用 VisualTreeHelper.HitTest( )方法以确定击中了哪个对象。在 WPF 的第一个版本中(随同.NET 3.0 一起发布)，这是唯一可行的方法。
- 可通过从 UIElement3D 抽象类继承自定义类来创建自己的 3D 控件。这种方法虽然可行，但需要完成大量工作，需要自己实现所有 UIElement 类型的功能。
- 可用 ModelUIElement3D 对象代替 ModelVisual3D 对象。ModelUIElement3D 类继承自 UIElement3D 类。该类将 WPF 元素的交互功能和到目前为止已经使用过的通用 3D 模型融合到一起，包括鼠标处理。

为理解 3D 命中测试的工作原理，分析一个简单的示例是有帮助的。接下来将为熟悉的 3D 圆环添加命中测试功能。

1. 视口中的命中测试

为使用第一种方法进行命中测试，需要为 Viewport3D 对象的鼠标事件(如 MouseDown)关联事件处理程序：

```
<Viewport3D MouseDown="viewport_MouseDown">
```

MouseDown 事件处理程序使用最简单的命中测试代码。获取鼠标的当前位置并返回在该点截获的最上面的 ModelVisual3D 对象的引用(如果存在的话)：

```
private void viewport_MouseDown(object sender, MouseButtonEventArgs e)
{
    Viewport3D viewport = (Viewport3D)sender;
    Point location = e.GetPosition(viewport);
    HitTestResult hitResult = VisualTreeHelper.HitTest(viewport, location);

    if (hitResult != null && hitResult.VisualHit == ringVisual)
    {
        // The click hit the ring.
    }
}
```

尽管在这个简单示例中，这种方法是可行的，但通常不能完全满足需要。前面已学习过，在同一个 ModelVisual3D 对象中结合多个对象几乎总是更好的。在许多情况下，整个场景中的所有对象被放在同一个 ModelVisual3D 对象中，所以上面的命中测试不能提供足够的信息。

幸运的是，如果单击操作截取到了网格，可将 HitTestResult 对象转换为更有用的 RayMeshGeometry3DHitTestResult 对象。可使用 RayMeshGeometry3DHitTestResult 对象找到被命中的 ModelVisual3D 对象：

```
RayMeshGeometry3DHitTestResult meshHitResult =
  hitResult as RayMeshGeometry3DHitTestResult;
if (meshHitResult != null && meshHitResult.ModelHit == ringModel)
{
    // Hit the ring.
}
```

为了得到更精确的命中测试，甚至可使用 MeshHit 属性确定是哪个特定的网格被命中了。在下面的示例中，代码确定是否是表示 3D 圆环的网格被命中。如果 3D 圆环已被命中，使用代码创建并开始旋转 3D 圆环的新动画。实现该效果的技巧如下：设置旋转轴，使旋转轴经过 3D 圆环的中心，并与假想的连接 3D 圆环中心和鼠标单击位置的直线相垂直。这会使 3D 圆环看起来被“命中”了，并通过转动稍微离开前景位置，然后以相反的方向转到原始位置，从而实现从单击点反弹回来的效果。

下面是实现这种效果的代码：

```
private void viewport_MouseDown(object sender, MouseButtonEventArgs e)
{
    Viewport3D viewport = (Viewport3D)sender;
    Point location = e.GetPosition(viewport);
    HitTestResult hitResult = VisualTreeHelper.HitTest(viewport, location);
    RayMeshGeometry3DHitTestResult meshHitResult =
      hitResult as RayMeshGeometry3DHitTestResult;
    if (meshHitResult != null && meshHitResult.MeshHit == ringMesh)
    {
        // Set the axis of rotation.
```

```
            axisRotation.Axis = new Vector3D(
              -meshHitResult.PointHit.Y, meshHitResult.PointHit.X, 0);

            // Start the animation.
            DoubleAnimation animation = new DoubleAnimation();
            animation.To = 40;
            animation.DecelerationRatio = 1;
            animation.Duration = TimeSpan.FromSeconds(0.15);
            animation.AutoReverse = true;
            axisRotation.BeginAnimation(AxisAngleRotation3D.AngleProperty, animation);
        }
    }
```

这种命中测试方法是可行的，但如果场景中具有大量 3D 对象，并且需要直接与这些对象进行交互(例如，有十几个按钮)，那么使用这种命中测试方法需要执行许多多余的工作。在这种情况下，最好使用 ModelUIElement3D 类，接下来将介绍该类。

2. ModelUIElement3D 类

ModelUIElement3D 是一种 Visual3D 类型。与所有 Visual3D 对象类似，可将其放到 Viewport3D 容器中。

图 27-21 显示了 Visual3D 类的所有派生类的继承层次。继承自 Visual3D 类的三个重要类是 ModelVisual3D(前面已使用过该类)、UIElement3D(该类定义与 WPF 元素等价的 3D 对象)以及 Viewport2DVisual3D(可通过该类在 3D 场景中放置 2D 内容，如稍后的 27.3.6 节“3D 表面上的 2D 元素”所述)。

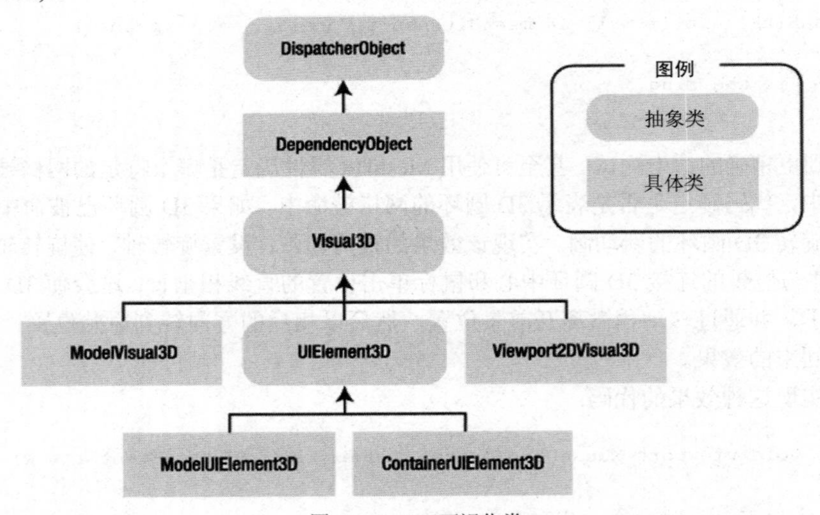

图 27-21　3D 可视化类

UIElement3D 类通过添加对鼠标、键盘和手写笔事件的支持，以及焦点跟踪支持，扮演着与 2D 世界中 UIElement 类类似的角色。但 UIElement3D 类不支持任何类型的布局系统。

尽管可通过继承自 UIElement3D 类来创建自定义的 3D 元素，但使用已实现了的 UIElement3D 类的派生类更容易：ModelUIElement3D 和 ContainerUIElement3D。

使用 ModelUIElement3D 类和使用已经比较熟悉的 ModelViusal3D 类之间的区别不是很大。

ModelUIElement3D 类支持变换(通过 Transform 属性)，并允许使用 GeometryModel3D 对象定义形状(通过设置 Model 属性，而不是像 ModelVisual3D 类那样使用 Content 属性)。

3. 使用 ModelUIElement3D 类进行命中测试

现在，3D 圆环包含了一个 ModelVisual3D 对象，该对象又包含一个 Model3DGroup 对象。该组对象包含了 3D 圆环几何图形和照亮它的光源。为修改 3D 圆环示例以使用 ModelUIElement3D 类，只需要用 ModelUIElement3D 对象替代表示 3D 圆环的 ModelVisual3D 对象即可：

```
<Viewport3D x:Name="viewport">
  <Viewport3D.Camera>...</Viewport3D.Camera>

  <ModelUIElement3D>
    <ModelUIElement3D.Model>
      <Model3DGroup>...<Model3DGroup>
    </ModelUIElement3D.Model>
  </ModelUIElement3D>

</Viewport3D>
```

现在可直接使用 ModelUIElement3D 对象执行命中测试：

```
<ModelUIElement3D MouseDown="ringVisual_MouseDown">
```

这个示例和上一个示例之间的区别在于，现在只有当 3D 圆环被单击时(而不是每次在视口中单击某个点时)才会引发 MouseDown 事件。然而，还需要修改事件处理代码，以便在这个示例中得到所希望的结果。

MouseDown 事件为事件处理程序提供了一个标准的 MouseButtonEventArgs 对象。这个对象提供了标准的鼠标事件细节，例如事件发生的准确时间、鼠标按键的状态等。该对象还提供了 GetPosition( )方法，可使用该方法确定相对于所有实现了 IInputElement 接口的元素(如 Viewport3D 或 MouseUIElement3D)的单击坐标。在许多情况下，这些 2D 坐标正是我们所需要的(例如，如果正在 3D 表面上使用 2D 内容，如 27.3.6 节所述，这时就需要这些坐标了。在这种情况下，无论何时移动元素、改变元素的尺寸或创建元素，都可在 2D 空间中确定它们的位置，然后根据已经存在的纹理坐标设置，映射到 3D 表面)。

然而，在当前的示例中获取 3D 圆环网格上的 3D 坐标是很重要的，从而可以创建合适的动画。这意味着仍需使用 VisualTreeHelper.HitTest( )方法，如下所示：

```
private void ringVisual_MouseDown(object sender, MouseButtonEventArgs e)
{
    // Get the 2-D coordinates relative to the viewport.
    Point location = e.GetPosition(viewport);

    // Get the 3-D coordinates relative to the mesh.
    RayMeshGeometry3DHitTestResult meshHitResult =
      (RayMeshGeometry3DHitTestResult)VisualTreeHelper.HitTest(
        viewport, location);

    // Create the animation.
    axisRotation.Axis = new Vector3D(
```

```
        -meshHitResult.PointHit.Y, meshHitResult.PointHit.X, 0);
    DoubleAnimation animation = new DoubleAnimation();
    animation.To = 40;
    animation.DecelerationRatio = 1;
    animation.Duration = TimeSpan.FromSeconds(0.15);
    animation.AutoReverse = true;
    axisRotation.BeginAnimation(AxisAngleRotation3D.AngleProperty, animation);
}
```

使用这种真实的3D行为，可创建真正的3D“控件”。例如，当单击时能够变形的按钮。

如果只希望响应在 3D 对象上的单击，并不需要执行涉及网格的计算，就根本不必使用VisualTreeHelper类。实际上，触发MouseDown事件这一事实本身就告知您3D圆环被单击了。

提示：

在大多数情况下，ModelUIElement3D类提供的命中测试方法，比使用视口鼠标事件的命中测试方法更简单。如果只希望探测某个特定的形状何时被单击了(例如，有一个表示按钮并触发动作的3D形状)，使用ModelUIElement3D类是很完美的。另一方面，如果希望使用单击的坐标执行更复杂的计算或检查单击位置处的所有形状(而不仅是最上面的形状)，就需要更高级的命中测试代码，并且可能希望响应视口的鼠标事件。

---

4. ContainerUIElement3D 类

ContainerUIElement3D类用于表示类似控件的对象。如果希望在3D场景中放置多个Model-UIElement3D对象，并允许用户和它们独立地进行交互，就需要创建ModelUIElement3D对象，并在ContainerUIElement3D对象中封装它们，然后可将ContainerUIElement3D对象添加到视口中。

ContainerUIElement3D类还有一个优点——支持所有继承自Visual3D的对象组合，这意味着它能包含普通的ModelVisual3D对象、可交互的ModelUIElement3D对象以及Viewport2D-Visual3D对象。Viewport2DVisual3D对象表示被放入3D空间的2D元素，27.3.6节将讨论有关这一技巧的更多内容。

27.3.6　3D 表面上的 2D 元素

本章前面已经介绍过，可使用纹理映射在3D表面上放置2D画刷的内容，也可以使用这种技术在3D场景中放置图像或视频。使用VisualBrush画刷，甚至可获取WPF普通元素(如按钮)的可视化外观，并将其放到3D场景中。

然而，VisualBrush画刷有其内在的局限性。正如我们已经知道的，VisualBrush画刷可以复制元素的可视化外观，但它不能实际复制元素。如果使用VisualBrush画刷在3D场景中放置按钮的可视化外观，最终得到的会是按钮的3D图片。换句话说，用户不能单击它。

针对这一问题的解决方案是使用Viewport2DVisual3D类。该类封装另一个元素并使用纹理映射将其映射到3D表面。可与其他Visual3D对象(如ModelVisual3D对象和ModelUIElement3D对象)一起，直接将Viewport2DVisual3D对象放置到Viewport3D对象中。然而，Viewport2D-Visual3D对象中的元素仍保持其交互性，并且仍具有所有已经使用过的WPF特性，包括布局、样式、模板、鼠标事件和拖放等。

图 27-22 显示了一个示例。其中的 StackPanel 面板包含了一个 TextBlock 元素、一个 Button 控件以及一个 TextBox 控件，StackPanel 面板被放置到 3D 立方体的一个面上。从该例中可以看出，用户正在向 TextBox 控件中输入文本，并且可以看到显示插入点的 I 光标。

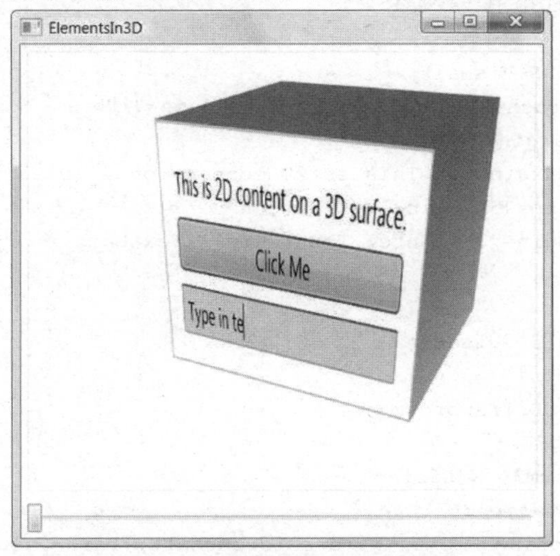

图 27-22　在 3D 场景中能够交互的 WPF 元素

可在 Viewport3D 对象中放置所有常规的 ModelVisual3D 对象。在图 27-22 显示的这个示例中，有一个用于立方体的 ModelVisual3D 对象。为在场景中放置 2D 元素，需要改用 Viewport2DVisual3D 对象。Viewport2DVisual3D 类提供了表 27-5 中列出的属性。

表 27-5　Viewport2DVisual3D 类的属性

名　称	说　明
Geometry	定义 3D 表面的网格
Visual	将要放到 3D 表面上的 2D 元素。虽然只能使用一个元素，但使用容器面板同时封装多个元素也是完全合法的。图 27-22 中显示的示例使用了一个 Border 元素，该元素包含一个 StackPanel 面板，而 StackPanel 面板又包含了三个子元素
Material	将用于渲染 2D 内容的材质。通常使用 DiffuseMaterial 材质。必须在 DiffuseMaterial 材质上将 Viewport2DVisual3D.IsVisualHostMaterial 附加属性设置为 true，使材质能用于显示元素内容
Transform	确定如何修改(旋转、缩放、扭曲等)网格的 Transform3D 或 Transform3DGroup 对象

在 3D 表面上使用 2D 元素的技术比较简单，只需要使用已经熟悉的纹理映射(正如 27.2.5 节“纹理映射”中所述)。下面是用于创建图 27-22 中 WPF 元素的标记：

```
<Viewport2DVisual3D>
  <Viewport2DVisual3D.Geometry>
    <MeshGeometry3D
      Positions="0,0,0 0,0,10 0,10,0 0,10,10"
      TriangleIndices="0,1,2 2,1,3"
      TextureCoordinates="0,1 1,1 0,0 1,0"
    />
  </Viewport2DVisual3D.Geometry>
```

```
  <Viewport2DVisual3D.Material>
    <DiffuseMaterial Viewport2DVisual3D.IsVisualHostMaterial="True" />
  </Viewport2DVisual3D.Material>

  <Viewport2DVisual3D.Visual>
    <Border BorderBrush="Yellow" BorderThickness="1">
      <StackPanel Margin="10">
        <TextBlock Margin="3">This is 2D content on a 3D surface.</TextBlock>
        <Button Margin="3">Click Me</Button>
        <TextBox Margin="3">[Enter Text Here]</TextBox>
      </StackPanel>
    </Border>
  </Viewport2DVisual3D.Visual>

  <Viewport2DVisual3D.Transform>
    <RotateTransform3D>
      <RotateTransform3D.Rotation>
        <AxisAngleRotation3D
          Angle="{Binding ElementName=sliderRotate, Path=Value}"
          Axis="0 1 0" />
      </RotateTransform3D.Rotation>
    </RotateTransform3D>
  </Viewport2DVisual3D.Transform>
</Viewport2DVisual3D>
```

在该例中，Viewport2DVisaul3D.Geometry 属性提供了一个网格，该网格复制了立方体的一个面。网格的 TextureCoordinates 属性确定了如何将 2D 内容(封装 StackPanel 面板的 Border 元素)映射到 3D 表面上(立方体面)。使用 Viewport2DVisaul3D 对象进行纹理映射的工作方式和前面使用 ImageBrush 和 VisualBrush 画刷进行纹理映射的工作方式相同。

注意：

当定义 TextureCoordinates 集合时，务必使元素面向摄像机。WPF 不会为 Viewport2D-Visual3D 对象的背面渲染任何内容，所以如果翻转 Viewport2DVisual3D 对象，并面向其背面，元素就会消失(如果这不是所希望的结果，可使用另一个 Viewport2DVisual3D 对象为背面创建内容)。

该例还使用了 RotateTransform3D 对象，从而允许用户使用 Viewport3D 对象下面的滑动条转动立方体。表示立方体的 ModelVisaul3D 对象包含了相同的 RotateTransform3D 对象，所以立方体和 2D 元素内容同时移动。

目前，这个示例还没有为 Viewport2DVisual3D 内容使用任何事件处理。不过，添加事件处理程序非常简单：

```
<Button Margin="3" Click="cmd_Click">Click Me</Button>
```

WPF 能以非常智能的方式处理鼠标事件。使用纹理映射将可视化对象的 3D 坐标(鼠标单击位置)变换为普通的、没有纹理映射的 2D 坐标。从元素的角度观察，3D 领域中的鼠标事件和 2D 领域中的鼠标事件完全相同。这是解决方案能融为一体的原因之一。

27.4　小结

WPF 的 3D 特征给人印象最深刻的是它们很易用。尽管可以通过复杂的代码，使用深奥的数学知识创建和修改3D网格，但也可以从设计工具中导出3D模型并使用简单的变换控制它们。不需要专门知识就可以使用高级类提供一些关键特性，例如虚拟跟踪球以及 2D 元素的交互性。

本章为 WPF 3D 支持的核心基础提供指导，并且介绍了一些自从 WPF 1.0 发布之后就出现的必备工具。然而，3D 编程是一个非常复杂的主题，需要深入研究 3D 理论。如果希望温习 3D 开发背后的数学基础知识，可能希望阅读由 Fletcher Dunn 撰写的 *3D Math Primer for Graphics and Game Development* 一书(Wordware 出版，2002 年)。

继续研究 3D 领域的最简单方法是上网浏览，并查找由 WPF 团队以及其他独立开发人员提供的资源和示例代码。下面是一个很有用的链接列表，包括在本章前面已经提供的一些链接：

- http://3dtools.codeplex.com 为开发人员使用 WPF 进行 3D 开发提供了一个重要的工具库，包括在本章中讨论过的虚拟跟踪球和 ScreenSpaceLines3D 类。
- http://tinyurl.com/bumqt2y 提供了一个 WPF 工具列表，包括在本地使用 XAML 的 3D 设计程序，以及能够转换其他 3D 格式(包括 Maya、LightWave、Blender 以及 Autodesk 3ds Max)的导出脚本。
- http://tinyurl.com/np2951 包括封装三个常用 3D 图元所需的网格的类，这些通用 3D 图元包括圆锥、球以及圆柱。
- http://tinyurl.com/97kwul2 提供了一个 SandBox3D 项目，通过该项目可加载简单的 3D 网格，并通过变换操作这些网格。

第Ⅶ部分

文档和打印

第 28 章

文　档

使用到目前为止学过的 WPF 技巧，可构建包含各种元素的窗口和页面。显示固定文本很容易——只需要添加 TextBlock 和 Label 元素即可。

然而，如果需要显示大量文本(如报刊新闻或在线帮助的详细介绍)，Label 和 TextBlock 并非好的解决方案。如果希望文本以尽可能美观的方式适应可改变大小的窗口，文本量很大时就会存在尤为突出的问题。例如，如果将大量文本导入到 TextBlock 元素中，并拉伸 TextBlock 元素使其适应宽窗口，最终会得到阅读起来更不方便的更长的行。同样，如果使用普通的 TextBlock 和 Image 元素组合文本和图像，当改变窗口大小时，将发现它们不再正确地对齐。

为解决这些问题，WPF 提供了一套用于处理文档的高级特性。通过这些特性能以更便于阅读的方式显示大量内容，而不管容器窗口的尺寸是多大。例如，WPF 能用连字符连接单词(如果只有狭窄的空间)，或在多列中放置文本(如果有更宽的空间可供使用)。

在本章，您将学习如何使用流文档(flow document)显示内容，还将学习如何让用户使用 RichTextBox 控件编辑流文档内容。一旦掌握流文档，就能快速浏览 XPS，这是 Microsoft 公司用于创建准备打印的文档的新技术。最后将分析 WPF 的批注(annotation)特性，这个特性允许用户为文档添加注释和其他标记，并可以永久地保存它们。

28.1　理解文档

WPF 将文档分成如下两大类：

- **固定文档**是指已经排好版、准备打印的文档。所有内容的位置是固定的(例如，多行文本中文本的换行和连字符不能改变)。尽管可选择在计算机显示器上阅读固定文档，但固定文档是用于打印输出的。从概念上讲，它们相当于 Adobe 公司的 PDF 文件。WPF 提供了一类固定文档，它们使用 Microsoft 公司的 XPS(XML Paper Specification，XML 页面规范)标准。
- **流文档**是为在计算机上查看而设计的文档。与固定文档一样，流文档支持丰富的布局。然而，WPF 能够根据希望查看的方式优化流文档，能够根据各种细节(如显示窗口的尺寸、显示分辨率等)动态地布局内容。从概念上讲，使用流文档的原因和使用 HTML 文档的原因在许多方面是相同的，但它们具有更高级的文本布局特性。

尽管从构建应用程序的角度看，流文档显然更重要，但固定文档对于需要以原封不动的格式进行打印的文档是很重要的(如表格和出版物)。

WPF 通过使用不同容器为这两种类型的文档提供了支持。DocumentViewer 容器允许在 WPF

窗口中显示固定文档。FlowDocumentReader、FlowDocumentPageViewer 以及 FlowDocument-ScrollViewer 容器提供了查看流文档的不同方式。所有这些容器都是只读的。然而，WPF 提供了 API，用于以编程方式创建固定文档，并且可以通过 RichTextBox 控件允许用户编辑流内容。

本章将主要研究流文档以及在 WPF 应用程序中使用它们的方式。最后将简要介绍固定文档，它更简单一些。

28.2　流文档

在流文档中，内容会调整自身以适应容器。对于在屏幕上进行阅读，流内容非常理想。实际上，它避开了 HTML 的许多陷阱。

普通 HTML 内容使用流式布局填充浏览器窗口(这与 WPF 使用 WrapPanel 面板组织元素的方式相同)。尽管这种方法非常灵活，但只有当窗口尺寸变化不大时，才能得到较好的结果。如果在高分辨率显示器(甚至更糟的情况是，宽屏显示器)上最大化窗口，最终会得到极难阅读的长行。图 28-1 通过来自 Wikipedia 的 Web 页面的一部分显示了这个问题。

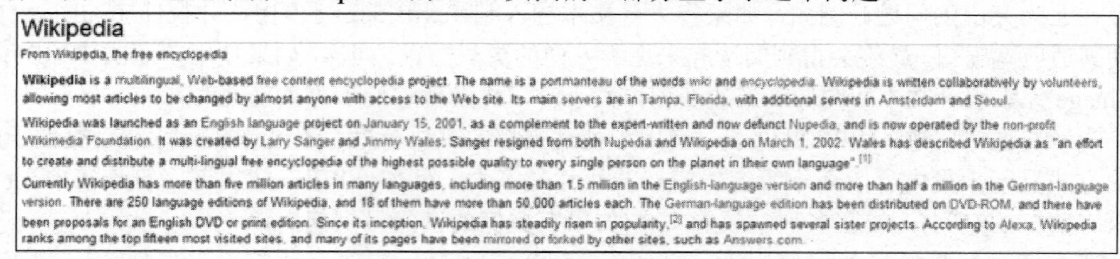

Wikipedia

From Wikipedia, the free encyclopedia

Wikipedia is a multilingual, Web-based free content encyclopedia project. The name is a portmanteau of the words wiki and encyclopedia. Wikipedia is written collaboratively by volunteers, allowing most articles to be changed by almost anyone with access to the Web site. Its main servers are in Tampa, Florida, with additional servers in Amsterdam and Seoul.

Wikipedia was launched as an English language project on January 15, 2001, as a complement to the expert-written and now defunct Nupedia, and is now operated by the non-profit Wikimedia Foundation. It was created by Larry Sanger and Jimmy Wales; Sanger resigned from both Nupedia and Wikipedia on March 1, 2002. Wales has described Wikipedia as "an effort to create and distribute a multi-lingual free encyclopedia of the highest possible quality to every single person on the planet in their own language".[1]

Currently Wikipedia has more than five million articles in many languages, including more than 1.5 million in the English-language version and more than half a million in the German-language version. There are 250 language editions of Wikipedia, and 18 of them have more than 50,000 articles each. The German-language edition has been distributed on DVD-ROM, and there have been proposals for an English DVD or print edition. Since its inception, Wikipedia has steadily risen in popularity,[2] and has spawned several sister projects. According to Alexa, Wikipedia ranks among the top fifteen most visited sites, and many of its pages have been mirrored or forked by other sites, such as Answers.com.

图 28-1　流内容中的长行

许多 Web 站点通过使用某种固定布局强制内容在窄列中显示，以避免这一问题(在 WPF 中，可通过在 Grid 容器的一列中放置内容，并设置 ColumnDefinition.MaxWidth 属性来创建此类设计)。这种方法能防止出现不便阅读的问题，但在较大的窗口中会浪费一些屏幕空间。图 28-2 通过来自纽约时报 Web 站点的页面中的一部分，显示了这个问题。

Looking for a Gambit to Win at Google's Game

Next Article in Technology (14 of 16) »

By SAUL HANSELL

Published: December 9, 2006

E-MAIL

PRINT

SINGLE PAGE

REPRINTS

SAVE

There is a lot about the way Microsoft has run its Internet business that Steve Berkowitz wants to change. But he is finding that redirecting such a behemoth is slow going.

Enlarge This Image

"I'm used to being in companies where I am in a rowboat and I stick an oar in the water to change direction," said Mr. Berkowitz, who ran the Ask Jeeves search engine until Microsoft hired him away in April to run its online services unit. "Now I'm in a cruise ship and I have to call down, 'Hello, engine room!' " he adds with an echo in his voice. "Sometimes the connections to the engine room aren't there."

图 28-2　流内容中空间的浪费

WPF 中的流文档内容，通过包含更合理的分页、多列显示、高级连字符和文本流算法，以及用户能够调整的查看选择，并对目前的这些方法进行了改进。最终当用户阅读大量内容时，WPF 为用户提供了更好的体验。

28.2.1　流内容元素

使用流内容元素的组合构建 WPF 流文档。流内容元素与到目前为止介绍的其他元素具有十分重要的区别。它们不是继承自熟悉的 UIElement 和 FrameworkElement 类，而继承自 ContentElement 和 FrameworkContentElement 类，形成了完全不同的类的分支。

内容元素类比您在整本书中看到的非内容元素类更加简单。然而，内容元素支持类似的基本事件集合，包括用于键盘和鼠标处理、拖放操作、显示工具提示以及初始化的事件。内容元素与非内容元素之间的重要区别是内容元素不处理它们自身的呈现，而需要能够呈现所包含的全部内容元素的容器。这一延迟呈现使容器能提供各种优化。例如，容器能够选择最佳方式在段文本中进行换行，尽管段落是单个元素。

注意：

虽然内容元素能接收焦点，但它们通常不接收焦点(因为 Focusable 属性被默认设置为 false)。可通过将单个元素的 Focusable 属性设置为 true，通过使用改变整组元素的元素类型样式，或者通过继承将 Focusable 属性设置为 true 的自定义元素，使内容元素能够接收焦点。Hyperlink 是一个将 Focusable 属性设置为 true 的内容元素例子。

图 28-3 显示了内容元素的继承层次。

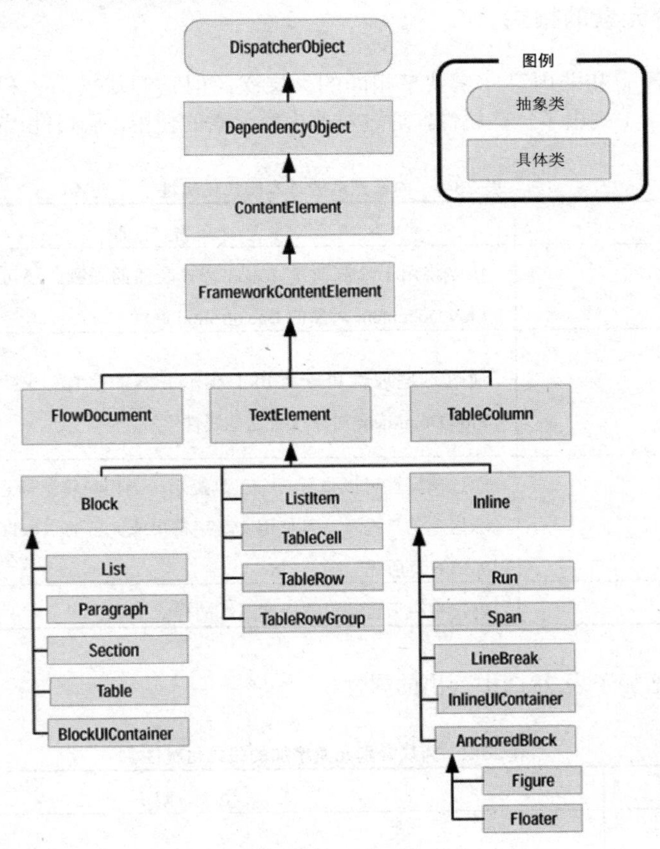

图 28-3　内容元素

在流内容元素中有如下两个重要分支：

- Block 元素。这些元素能用于分组其他内容元素。例如，Paragraph 元素是块级别元素，能够包含以各种不同的方式格式化的文本。在段落中被单独格式化的每部分文本都是不同的元素。
- Inline 元素。这些元素是被嵌入到块级别元素(或另一个内联级别元素)的内联级别元素。例如，Run 元素封装了一些文本，之后 Run 元素又被嵌入到 Paragraph 元素中。

内容模型允许多层嵌套。例如，可在 Underline 元素中放置 Bold 元素以创建同时具有粗体和下划线格式的文本。类似地，可创建将多个 Paragraph 元素封装在一起的 Section 元素，每个 Paragraph 元素包含各种具有实际文本内容的内联级别元素。所有这些元素都在 System.Windows.Documents 名称空间中定义。

提示：

如果熟悉 HTML，该模型看起来就不会陌生。WPF 遵循了许多相同的约定(如区分块级别元素和内联级别元素)。如果您是一位 HTML 程序员，可考虑使用 http://tinyurl.com/mg9f6y 网址上提供的非常强大的支持从 HTML 到 XAML 进行转换的转换器。借助这个转换器，可使用 HTML 页面作为流文档的开始点，这个转换器是用 C#代码实现的。

28.2.2　设置内容元素的格式

尽管内容元素没有和非内容元素共享相同的类层次，但它们却提供了和普通元素相同的许多格式化属性。表 28-1 列出了一些属性，通过对非内容元素的使用，您可能已经了解了这些属性。

表 28-1　内容元素的基本格式化属性

名　称	说　明
Foreground Background	接受将用于绘制前景文本和背景表面的画刷。还可设置包含所有标记的 FlowDocument 对象的 Background 属性
FontFamily、FontSize FontStretch、FontStyle FontWeight	通过这些属性可配置用于显示文本的字体。还可为包含所有标记的 FlowDocument 对象设置这些属性
ToolTip	通过该属性可以设置一个工具提示，当用户将鼠标悬停在该元素上时会显示这个工具提示。可使用文本字符串或完整的 ToolTip 对象设置该属性，如第 6 章所述
Style	确定将用于自动设置元素属性的样式

块级别元素还增加了表 28-2 中列出的属性。

表 28-2　为块级别元素增加的格式化属性

名　称	说　明
BorderBrush BorderThickness	可以通过这两个属性创建在元素边缘周围显示的边框

(续表)

名 称	说 明
Margin	在当前元素及其容器(或其他相邻元素)之间设置外边距。如果没有设置外边距，流容器会在块级别元素和容器边缘之间添加大约 18 个单位的默认空间。如果不需要这一空间，可明确地设置更小的外边距。然而，为了减少两段之间的空间，需要同时缩小第一个段落的底部外边距和第二个段落的顶部外边距。如果希望所有段落都从缩减后的外边距开始，可以考虑使用用于所有段落的元素类型样式规则
Padding	在元素边缘和内部所有嵌套的元素之间设置内边距。默认内边距是 0
TextAlignment	为嵌套的文本内容设置水平对齐方式(可以是 Left、Right、Center 或 Justify)。通常，内容是两端对齐的
LineHeight	为嵌套的文本内容设置行间距。行高被指定为设备无关像素数。如果未提供这个值，文本使用由所用字体的特点决定的单倍行距
LineStackingStrategy	如果包含混合的字体尺寸，该属性决定如何为行分配空间。默认选择是 MaxHeight，使行的高度和所包含的最大文本的高度相同。另一个选择是 BlockLineHeight，为所有行使用在 LineHeight 属性中配置的高度，这意味着文本将根据段落的字体分配空间。如果该字体比段落中的最大文本更小的话，某些行中的文本可能相互重叠。如果与段落中的最大文本相等或更大，将会得到固定空间，在某些行之间会出现额外的空白

除了这两个表中描述的属性外，还有一些细节可用于修改特定元素。其中某些细节用于分页和多列显示，在 28.3.2 节“创建页面和列”中将介绍这些细节。其他感兴趣的少数几个属性如下：

- TextDecorations 属性：Paragraph 元素和所有继承自 Inline 的元素都提供了该属性。该属性使用删除线、上划线或(更普通的)下划线等值。也可以组合这些值在一块文本上绘制多条线，但很少这么做。
- Typography 属性：顶级的 FlowDocument 元素提供了该属性，TextBlock 元素以及所有继承自 TextElement 类型的元素也具有该属性。该属性提供了一个 Typography 对象，可使用该对象修改各种有关文本呈现方式的细节(这些细节中的大多数只应用于 OpenType 字体)。

28.2.3 创建简单的流文档

现在查看一下内容元素模型，准备将一些内容元素汇编到简单的流文档中。

使用 FlowDocument 类创建流文档。Visual Studio 允许作为单独的文件创建新的流文档，也可以通过使用支持流文档的容器在已有的窗口中定义流文档。现在将 FlowDocument ScrollViewer 用作容器，开始构建简单的流文档。下面是标记开头的内容：

```
<Window x:Class="Documents.FlowContent"
    xmlns="http://schemas.microsoft.com/winfx/2006/xaml/presentation"
    xmlns:x="http://schemas.microsoft.com/winfx/2006/xaml"
```

```
    Title="FlowContent" Height="381" Width="525" >

  <FlowDocumentScrollViewer>
    <FlowDocument>
      ...
    </FlowDocument>
  </FlowDocumentScrollViewer>

</Window>
```

提示：

目前，还没有用于创建流文档的所见即所得界面。一些开发人员正在创建相应的工具，使用流文档标记将由 Word 2007 XML 编写的文件(即所谓的 WordML 文件)转换为 XAML 文件。然而，这些工具尚未投入使用。在此期间，可使用 RichTextBox 控件创建基本的文本编辑器(如 28.4 节“编辑流文档”所述)，并用来创建流文档内容。

您可能会认为可在 FlowDocument 元素中开始输入文本，但是不能。相反，顶级流文档必须使用块级别元素。下面是一个具有 Paragraph 元素的流文档示例：

```
<FlowDocumentScrollViewer>
  <FlowDocument>
    <Paragraph>Hello, world of documents.</Paragraph>
  </FlowDocument>
</FlowDocumentScrollViewer>
```

可使用的顶级元素的数量不受限制。所以具有两个段落的流文档也是可以接受的：

```
<FlowDocumentScrollViewer>
  <FlowDocument>
    <Paragraph>Hello, world of documents.</Paragraph>
    <Paragraph>This is a second paragraph.</Paragraph>
  </FlowDocument>
</FlowDocumentScrollViewer>
```

图 28-4 显示了这个简单示例的结果。

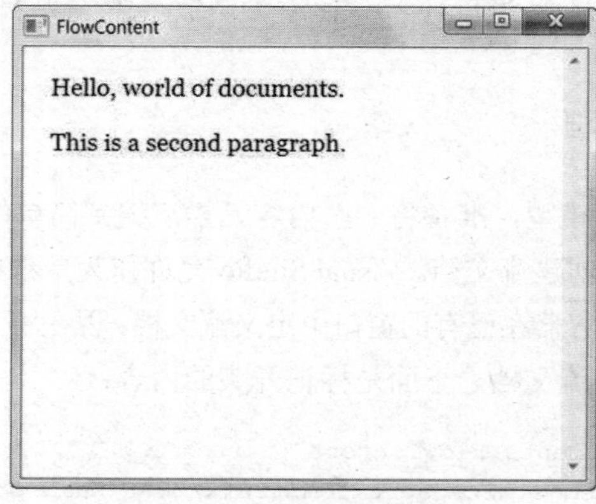

图 28-4　最简单的流文档

滚动条是自动添加的。字体(Segoe UI)是从 Windows 系统设置中选择的，而不是从包含窗口中选择的。

注意：

通常，FlowDocumentScrollViewer 容器允许选择文本(就像在 Web 浏览器中一样)。这样一来，用户可将文档的一部分复制到 Windows 剪贴板中，并将它们粘贴到其他应用程序中。如果不希望这种行为，可将 FlowDocumentScrollViewer.IsSelectionEnabled 属性设置为 false。

28.2.4 块元素

创建基本的流文档是很容易的，但要得到所期望的结果，就需要掌握许多不同的元素。其中包括将在本节介绍的 5 个块级别元素。

1. Paragraph 和 Run 元素

前面已经看见过 Paragraph 元素，它表示文本段落。从技术角度看，段落不包含文本——而是包含内联级别元素的集合，存储在 Paragraph.Inlines 集合中。

这个事实造成了两个结果。首先，这意味着段落可包含大量的内容而不仅仅是文本。其次，这意味着为让段落包含文本，段落需要包含内联级别的 Run 元素。Run 元素包含实际文本，如下所示：

```
<Paragraph>
  <Run>Hello, world of documents.</Run>
</Paragraph>
```

在上面的示例中不需要这个较长的语法。因为 Paragraph 类足够智能，当直接在它的内部放置文本时，它会隐式地创建 Run 元素。

然而在某些情况下，为理解段落背后工作的真实情况，这是很重要的。例如，假设希望通过代码从段落中检索文本，并使用下面的标记：

```
<Paragraph Name="paragraph">Hello, world of documents.</Paragraph>
```

您很快会发现 Paragraph 类没有包含 Text 属性。实际上，无法从段落中获取文本。为了检索文本(或改变文本)，需要获取嵌套的 Run 对象，如下所示：

```
((Run)paragraph.Inlines.FirstInline).Text = "Hello again.";
```

可通过使用 Span 元素封装希望修改的文本来提高上述代码的可读性。然后可为 Span 元素指定名称并直接访问。有关 Span 元素的内容将在 28.2.5 节“内联元素”中介绍。

Paragraph 类包含 TextIndent 属性，可使用该属性设置第一行的缩进量(默认值为 0)。使用设备无关单位为该属性提供值。

Paragraph 类还提供了另外几个决定如何在列和页面之间分割行的属性。稍后将在 28.3.2 节“创建页面和列”中分析这些细节。

注意：

与 HTML 不同，WPF 没有用于标题的块级别元素。相反，可以简单地使用具有不同字体尺寸的段落作为标题。

---

2. List 元素

List 元素表示项目符号或数字列表。可通过设置 MarkerStyle 属性进行选择。表 28-3 列出了各种选项。还可以用 MarkerOffset 属性设置每个列表项之间的距离以及它们的记号。

表 28-3　TextMarkerStyle 枚举值

名　　称	显　示　为
Disc	实心圆点，这是默认值
Box	实心方框
Circle	空心圆点
Square	空心方框
Decimal	递增的数字(1，2，3)。通常从 1 开始，但可以通过调整 StartingIndex 属性，从一个更高的数字开始计数。尽管名称是 Decimal，但 Decimal 的 MarkerStyle 不显示小数值，而只显示整数
LowerLatin	自动递增的小写字母(a，b，c)
UpperLatin	自动递增的大写字母(A，B，C)
LowerRoman	自动递增的小写罗马数字(i，ii，iii，iv)
UpperRoman	自动递增的大写罗马数字(I，II，III，IV)
None	不显示任何内容

在 List 元素中嵌套的 ListItem 元素表示列表中的单个项。然而，每个 ListItem 元素本身必须包含一个合适的块级别元素(如 Paragraph 元素)。下面的示例创建了两个列表，一个使用项目符号，另一个使用数字：

```
<Paragraph>Top programming languages:</Paragraph>
<List>
  <ListItem>
    <Paragraph>C#</Paragraph>
  </ListItem>
  <ListItem>
    <Paragraph>C++</Paragraph>
  </ListItem>
  <ListItem>
    <Paragraph>Perl</Paragraph>
  </ListItem>
  <ListItem>
    <Paragraph>Logo</Paragraph>
  </ListItem>
</List>

<Paragraph Margin="0,30,0,0">To-do list:</Paragraph>
<List MarkerStyle="Decimal">
  <ListItem>
    <Paragraph>Program a WPF application</Paragraph>
  </ListItem>
  <ListItem>
    <Paragraph>Bake bread</Paragraph>
```

```
  </ListItem>
</List>
```

图 28-5 显示了上面标记的结果。

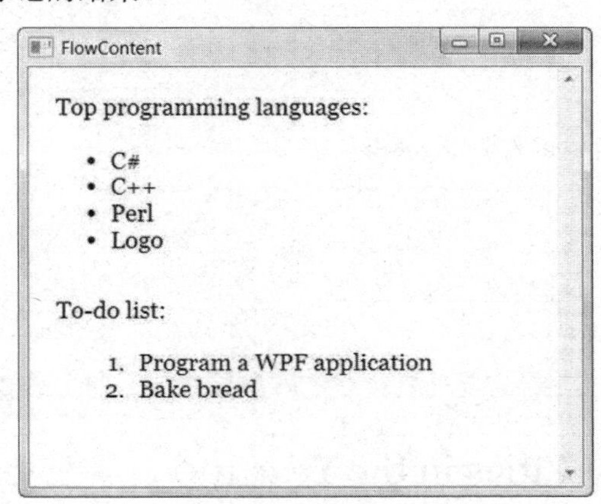

图 28-5　两个列表

3. Table 元素

Table 元素是为显示表格信息而设计的，它模仿了 HTML 语言的<table>元素。

为创建表格，必须执行以下步骤：

(1) 在 Table 元素中放置 TableRowGroup 元素。TableRowGroup 元素包含一组行，而且每个表格都包含一个或多个 TableRowGroup 元素。TableRowGroup 元素本身不做任何工作。然而，如果使用多个组并为它们应用不同格式，可很容易地改变表格的整个外观，而不需要为每行重复设置格式化属性。

(2) 在 TableRowGroup 元素中为每一行添加 TableRow 元素。

(3) 在每个 TableRow 元素中添加 TableCell 元素，表示行中的每一列。

(4) 在每个 TableCell 元素中放置块级别元素(通常是 Paragraph 元素)，这是将为单元格添加内容的地方。

下面的代码显示了图 28-6 中所示的简单表格的前两行：

```
<Paragraph FontSize="20pt">Largest Cities in the Year 100</Paragraph>
<Table>
  <TableRowGroup Paragraph.TextAlignment="Center">
    <TableRow FontWeight="Bold" >
    <TableCell>
      <Paragraph>Rank</Paragraph>
    </TableCell>
    <TableCell>
      <Paragraph>Name</Paragraph>
    </TableCell>
    <TableCell>
      <Paragraph>Population</Paragraph>
    </TableCell>
  </TableRow>
  <TableRow>
```

```
      <TableCell>
        <Paragraph>1</Paragraph>
      </TableCell>
      <TableCell>
        <Paragraph>Rome</Paragraph>
      </TableCell>
      <TableCell>
        <Paragraph>450,000</Paragraph>
      </TableCell>
    </TableRow>
    ...
  </TableRowGroup>
</Table>
```

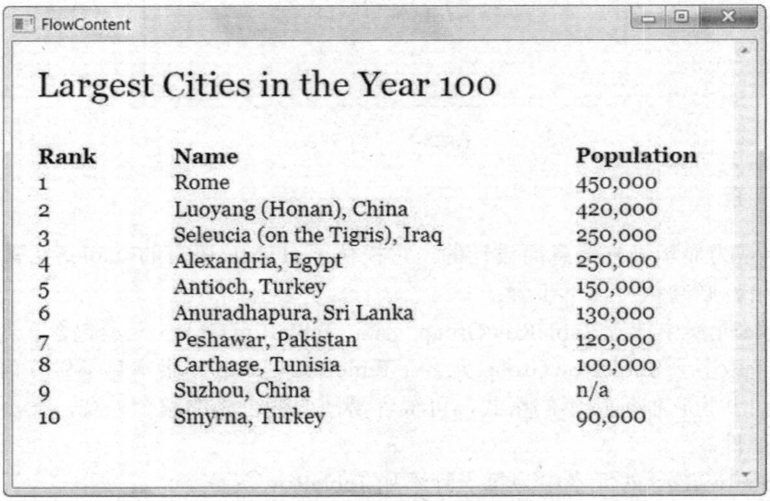

FlowContent

Largest Cities in the Year 100

Rank	Name	Population
1	Rome	450,000
2	Luoyang (Honan), China	420,000
3	Seleucia (on the Tigris), Iraq	250,000
4	Alexandria, Egypt	250,000
5	Antioch, Turkey	150,000
6	Anuradhapura, Sri Lanka	130,000
7	Peshawar, Pakistan	120,000
8	Carthage, Tunisia	100,000
9	Suzhou, China	n/a
10	Smyrna, Turkey	90,000

图 28-6　基本表格

注意：

与 Grid 面板不同，Table 元素中的单元格根据位置进行填充。必须为表格中的每个单元格提供 TableCell 元素，并必须按正确的显示顺序添加行和值。

如果没有为列提供明确的宽度，WPF 将为所有列平均分配空间。可通过为 Table.Rows 属性提供一组 TableColumn 对象，并为每个 TableColumn 对象设置宽度来覆盖此默认行为。下面的标记使得上一个示例中表格的中间一列是第一列和最后一列的三倍宽：

```
<Table.Columns>
  <TableColumn Width="*"></TableColumn>
  <TableColumn Width="3*"></TableColumn>
  <TableColumn Width="*"></TableColumn>
</Table.Columns>
```

还可为表格使用其他几个技巧。可设置单元格的 ColumnSpan 和 RowSpan 属性，从而拉伸单元格以覆盖多列或多行。还可以用表格的 CellSpacing 属性设置用于在单元格之间填充空间的单位数量，以及为不同单元格提供单独的格式(如不同文本和背景色)。然而，不要期望会发现对表格边框有更好的支持。可使用 TableCell 元素的 BorderThickness 和 BorderBrush 属性，但这会强制在具有不同边框的每个单元格周围绘制不同的边框。当在一组相邻的单元格上使用它们时，这些边框看起来不是很恰当。尽管 Table 元素也提供了 BorderThickness 和 BorderBrush 属性，但它们只能用来在整个表格的周围绘制边框。如果希望实现更复杂的效果(例如，在列之间添加线)，那么您的运气欠佳。

另一个限制是必须为列设置明确的尺寸或按比例设置尺寸(使用上面用过的星号语法)。然而，不能结合使用这两种方法。例如，无法创建具有固定宽度的两列以及按比例分配尺寸的列以使用剩余的空间(而在 Grid 面板中可以这样做)。

注意：

一些内容元素和其他非内容元素十分相似。然而，流内容元素只适用于流文档中。例如，不能试图交换 Grid 面板和 Table 元素。Grid 面板是针对尽可能高效地在窗口中布局控件而设计的；而 Table 元素进行了优化，用于在文档中以尽可能便于阅读的方式表示文本。

---

4. Section 元素

Section 元素本身没有任何内置的格式化设置，而是用于在某个方便的包中封装其他块级别元素。通过在 Section 元素中分组元素，可为文档的整个部分应用常用格式。例如，如果希望为几个连续段落使用相同的背景色和字体，可将这些段落放置在节中，然后设置 Section.Background 属性，如下所示：

```
<Section FontFamily="Palatino" Background="LightYellow">
  <Paragraph>Lorem ipsum dolor sit amet... </Paragraph>
  <Paragraph>Ut enim ad minim veniam...</Paragraph>
  <Paragraph>Duis aute irure dolor in reprehenderit...</Paragraph>
</Section>
```

因为字体设置被包含的段落所继承，所以这种设置能够工作。背景值虽然不能被继承，但因为每个段落的背景默认是透明的，所以会透过段落显示节的背景。

甚至更好的是，可通过 Section.Style 属性使用样式来设置节的格式：

```
<Section Style="IntroText">
```

Section 元素和 HTML 中的<div>元素相似。

提示：

许多流文档广泛使用样式根据类型来分类内容格式。例如，对于图书评论站点，可为评论标题、评论文本、强调的提取引用以及署名分别创建样式。然后这些样式可定义任何适当的格式。

---

5. BlockUIContainer 元素

可以通过 BlockUIContainer 元素在文档中能够放置块级别元素(如 Paragraph 元素)的地方，放置非内容元素(继承自 UIElement 的类)。例如，可使用 BlockUIContainer 元素添加按钮、复选框，甚至可为文档添加整个布局容器，如 StackPanel 和 Grid。唯一的规则是只能为 BlockUIContainer 元素添加一个子元素。

您可能好奇为什么希望在文档内部放置控件。毕竟，为界面中与用户交互的部分使用布局容器，并为很长的、只读的内容块使用流式布局，不是最佳的经验法则吗？然而，在实际应用程序中，有许多类型的文档需要提供某些类型的用户交互行为(这些交互行为超出了 Hyperlink 内容元素提供的功能)。例如，如果使用流式布局系统创建在线帮助页面，可能希望包含触发操作的按钮。

下面的示例在一个段落的后面放置了一个按钮：

```
<Paragraph>
  You can configure the foof feature using the Foof Options dialog box.
</Paragraph>
<BlockUIContainer>
  <Button HorizontalAlignment="Left" Padding="5">Open Foof Options</Button>
</BlockUIContainer>
```

可使用常规方式为 Button.Click 事件关联事件处理程序。

提示：

如果需要创建具有用户交互功能的文档，混合流内容元素和普通的非内容元素是合理的。例如，如果创建调查应用程序，让用户填写各种调查，那么合理的做法是利用流文档模型提供的高级文本布局，这样既不必牺牲用户输入数值的能力，又可以使用常规控件进行选择。

28.2.5　内联元素

WPF 提供了更多内联级别元素，它们能被放到块级别元素或其他内联级别元素中。大多数内联级别元素都很简单。表 28-4 列出了各种选项。

表 28-4　内联级别的内容元素

名　称	说　明
Run	包含普通文本。尽管可为 Run 元素应用格式，但通常首选 Span 元素。经常会隐式地创建 Run 元素(例如，当向段落中添加文本时)
Span	包装任意数量的其他内联级别元素。通常使用 Span 元素明确地格式化一部分文本。为此，使用 Span 元素封装 Run 元素，并设置 Span 元素的属性(为了更快捷，可在 Span 元素中只放置文本，并且会自动创建嵌套的 Run 元素)。使用 Span 元素的另一个原因是，它能够使查找和控制特定部分的文本更加容易。Span 元素与 HTML 中的<span>元素相似
Bold、Italic 和 Underline	应用粗体、斜体以及下划线格式。这些元素继承自 Span 元素。尽管可使用这些标记，但通常更合理的做法是在 Span 元素中封装希望进行格式化的文本，然后设置 Span.Style 属性，使其指向应用所期望格式的样式。通过这种方法，在以后可以很灵活地修改这些格式特征，而不必改变文档中的标记
Hyperlink	表示流文档中可单击的链接。在基于窗口的应用程序中，可通过响应 Click 事件来执行动作(例如，显示某个不同的文档)。在基于页面的应用程序中，可使用 NavigateUri 属性让用户直接浏览到另一个页面(如第 24 章所述)
LineBreak	在块级别元素中添加换行符。在使用换行符之前，应当首先分析一下通过增加 Margin 或 Padding 属性值在元素之间添加空间是否更清晰
InlineUIContainer	可以通过该元素在能够放置内联级别元素的地方放置非内容元素(继承自 UIElement 的元素)。InlineUIContainer 与 BlockUIElement 十分相似，但它是内联级别元素而不是块级别元素
Floater 和 Figure	通过这两个元素可嵌入一块用于强调重要信息的浮动内容、显示一幅图片或显示关联的内容(如广告、链接或代码列表等)

1. 保留空白字符

通常会压缩 XML 中的空白字符。因为 XAML 是一种基于 XML 的语言，所以它遵循相同的规则。

因此，如果在内容中包含了一系列空格字符串，它们会被转换为单个空格。这意味着下面的标记：

```
<Paragraph>hello      there</Paragraph>
```

和下面的标记是等价的：

```
<Paragraph>hello there</Paragraph>
```

内容和标签之间的空格也会被压缩。因此下面这行标记：

```
<Paragraph>     Hello there</Paragraph>
```

会变成：

```
<Paragraph>Hello there</Paragraph>
```

在大多数情况下，这一行为是合理的。允许根据情况使用换行符和 Tab 键缩进文档标记，使标记更加便于阅读，但不会改变解释内容的方式。

处理 Tab 键和换行符的方式与处理空格的方式相同。当在内容中使用 Tab 键和换行符时，它们被压缩为单个空格，在内容边缘使用 Tab 键和换行符时则会忽略它们。然而，这个规则有一个例外。如果在内联级别元素之前有一个空格，WPF 会保留该空格(如果有几个空格，WPF 会将这些空格压缩为一个空格)。这意味着可以像下面这样编写标记：

```
<Paragraph>A common greeting is <Bold>hello</Bold>.</Paragraph>
```

现在，内容“A common greeting is”与嵌套的 Bold 元素之间的空格会被保留，这正是所希望的。然而，如果像下面这样重写该标记，就会丢失该空格：

```
<Paragraph>A common greeting is<Bold> hello</Bold>.</Paragraph>
```

在这种情况下，将在用户界面中看到文本“A common greeting is hello”。

在某些情况下，可能希望在本来会忽略空格的位置添加空格或包含一系列空格。对于这种情况，需要使用具有 preserve 值的 xmls:space 特性，这是 XML 约定，该约定通知 XML 解析器在嵌套的内容中保留所有空格字符：

```
<Paragraph xml:space="preserve">This     text     is     spaced    out</Paragraph>
```

这看起来是完美的解决方案，但却存在几个令人头疼的问题。现在，XML 解析器会注意空白字符，不能再为了便于阅读而使用换行符和 Tab 键缩进内容。在长段落中，这会使标记更难理解，所以您需要认真加以权衡(当然，如果使用另一个工具为流文档生成标记，这不是问题。对于这种情况，实际上不必关心串行化的 XAML 的表示方式)。

因为能在任何元素中使用 xml:space 特性，所以可更有选择性地关注空白字符。例如，下面的标记只保留嵌套的 Run 元素中的空白字符：

```
<Paragraph>
  <Run xml:space="preserve">This    text    </Run> is spaced out.
</Paragraph>
```

2. Floater 元素

通过 Floater 元素可在主文档之外设置一些内容。本质上，这些内容被放在“方框”中，这个“方框”浮动在文档中的某个位置上(通常，显示在某个侧边之外)。图 28-7 显示的示例具有单独一行文本。

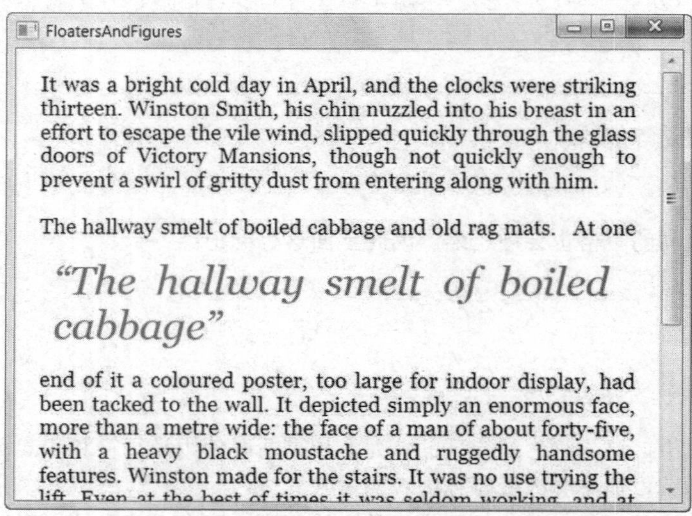

图 28-7　浮动的提取引用

为创建这个浮标，只需要将 Floater 元素插入到另一个块级别元素(如段落)的某个位置。Floater 元素本身可包含一个或多个块级别元素。下面的标记用于创建图 28-7 所示的示例(省略号指示被省略了的文本)。

```
<Paragraph>
  It was a bright cold day in April, and the clocks were striking thirteen ...
</Paragraph>
<Paragraph>The hallway smelt of boiled cabbage and old rag mats.
  <Run xml:space="preserve"> </Run>
  <Floater Style="{StaticResource PullQuote}">
    <Paragraph>"The hallway smelt of boiled cabbage"</Paragraph>
  </Floater>
  At one end of it a coloured poster, too large for indoor display ...
</Paragraph>
```

下面是这个 Floater 元素使用的样式：

```
<Style x:Key="PullQuote">
  <Setter Property="Paragraph.FontSize" Value="30"></Setter>
  <Setter Property="Paragraph.FontStyle" Value="Italic"></Setter>
  <Setter Property="Paragraph.Foreground" Value="Green"></Setter>
  <Setter Property="Paragraph.Padding" Value="5"></Setter>
  <Setter Property="Paragraph.Margin" Value="5,10,15,10"></Setter>
</Style>
```

通常，流文档会加宽 Floater 元素，使它所有的内容能够适应一行；如果不可能的话，使用文档窗口中一列的整个宽度(在当前示例中，只有一列，所以 Floater 元素占满了文档窗口的整个宽度)。

如果这不是所希望的效果，可使用 Width 属性以设备无关单位指定宽度。还可使用 HorizontalAlignment 属性选择是否在放置 Floater 元素的行中，将 Floater 元素居中显示、放在左侧边缘或放在右侧边缘。下面的标记演示了如何创建图 28-8 中显示的左对齐的 Floater 元素：

图 28-8 左对齐的 Floater 元素

```
<Floater Style="{StaticResource PullQuote}" Width="205" HorizontalAlignment="Left">
  <Paragraph>"The hallway smelt of boiled cabbage"</Paragraph>
</Floater>
```

Floater 元素将使用指定的宽度，除非拉伸超出了文档窗口的边界(对于这种情况，浮标使用窗口的整个宽度)。

在默认情况下，用于 Floater 元素的浮动方框是不可见的。然而，可通过 Background 属性设置阴影背景，或通过 BorderBrush 和 BorderThickness 属性设置边框，使浮动内容和文档的其余部分明确分离。还可以使用 Margin 属性在浮动方框和文档之间添加空间，以及使用 Padding 属性在方框边缘和其内容之间添加空间。

注意：

通常，只有块级别元素提供了 Background、BorderBrush、BorderThickness、Margin 以及 Padding 属性。然而，尽管 Floater 和 Figure 类是内联级别元素，但它们也定义了这些属性。

还可以使用浮标显示一幅图片。但奇怪的是，没有流元素支持这个任务。相反，需要通过结合 BlockUIContainer 或 InlineUIContainer 来使用 Image 元素。

然而，这种方法存在一个问题。当插入封装了一幅图像的浮标时，流文档假定图片应当和整个文本列的宽度相同。然后会拉伸内部的 Image 元素以使用整个宽度，如果显示一幅位图并需要在很大程度上进行放大或缩小，这可能会导致问题。可通过改变 Image.Stretch 属性来禁用改变图像尺寸的特性，但这时浮标仍使用列的整个宽度——只在图片的侧边保留了额外的空白空间。

当在流文档中嵌入一幅位图时，唯一合理的解决方法是为浮标的方框设置固定尺寸。然后可使用 Image.Stretch 属性选择图像如何在这个方框中改变自身的尺寸。下面是一个示例：

```
<Paragraph>
  It was a bright cold day in April,
  <Floater Width="100" Padding="5,0,5,0" HorizontalAlignment="Right">
    <BlockUIContainer>
      <Image Source="BigBrother.jpg"></Image>
    </BlockUIContainer>
  </Floater>
  and the clocks ...
</Paragraph>
```

图 28-9 显示了这一结果。注意，图像实际上被拉伸占用了两个段落，但这不会造成问题。流文档会在所有浮标周围对文本进行换行。

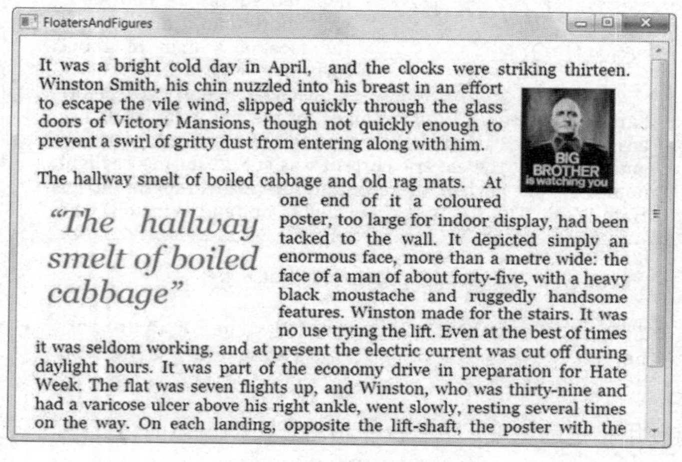

图 28-9 具有图像的浮标

注意：

当使用缩放特性时，使用固定尺寸的浮标还会得到最合理的结果。当改变缩放百分比时，浮标的尺寸同样会改变。浮标内部的图像随后会根据需要拉伸自己(根据 Image.Stretch 属性)以在浮标的方框中填充或居中显示。

---

3. Figure 元素

Figure 元素与 Floater 元素类似，但它能够更多地控制位置。通常会使用浮标，并给予 WPF 一些更多的控制能力以安排内容。但如果有复杂的富文档，可能更愿意使用图形，以确保当改变窗口尺寸时浮动方框不会太凸起，或将方框放置到某个特定位置。

那么 Figure 类到底提供了哪些 Floater 类所不具备的功能呢？表 28-5 描述了必须使用的属性。然而，在此有一个警告：前面用过的用于显示流文档的 FlowDocumentScrollViewer 容器不支持这些属性中的许多属性(包括 HorizontalAnchor、VerticalOffset 以及 HorizontalOffset)。相反，它们需要使用更多高级容器中的一个，在 28.5 节“只读流文档容器”中，将学习高级容器的相关内容。现在，如果希望使用放置图形的相关属性，可使用 FlowDocumentReader 标签代替 FlowDocument-ScrollViewer 标签。

表 28-5 Figure 类的属性

名 称	说 明
Width	设置图形宽度。可改变图形尺寸，就像改变浮标的尺寸一样，使用设备无关像素设置尺寸。然而，还具有附加的相对于整个窗口或当前列，按比例改变图形尺寸的能力。例如，在 XAML 中，为了创建使用窗口 25%宽度的方框，可以提供文本“0.25 content”，或者使用“2 column”创建占用两列宽度的方框
Height	设置图形高度。还可使用设备无关单位设置图形的准确高度(相比之下，浮标将高度设置为适应特定宽度的所有内容需要的高度)。如果使用 Width 和 Height 属性创建的浮动方框太小，不能适应包含的所有内容，将剪裁掉一些内容
HorizontalAnchor	替代 Floater 类中的 HorizontalAlignment 属性。然而，除了三个等价的选项(ContentLeft、ContentRight 以及 ContentCenter)之外，还提供了用于相对于当前页面定向图形的选项(如 PageCenter)，或相对于当前列定向图形的选项(如 ColumnCenter)
VerticalAnchor	可以通过该属性在垂直方向上，根据当前文本行、当前列或当前页面对齐图像
HorizontalOffset VerticalOffset	设置图形的对齐方式。可以通过这两个属性从锚定的位置移动图形元素。例如，负的 VerticalOffset 属性值将会以指定的单位数向上移动图形框。如果使用这种技术将图形移到包容窗口的边缘之外，文本就会进入不能控制的空间中(如果希望在图形的一侧增加空间，但不希望文本进入不能控制的区域，可调整 Figure.Padding 属性)
WrapDirection	确定是否允许在图形的一侧或两侧换行文本(允许空格)

28.2.6 通过代码与元素进行交互

到目前为止，您已经看到了如何创建流文档所需标记的示例。现在您应当不会惊奇也可以通过代码创建流文档(毕竟，这正是当读取流文档标记时 XAML 解析器所做的工作)。

通过代码创建流文档非常繁琐，因为需要创建大量完全不同的元素。与所有 XAML 元素一样，必须创建每个元素，然后设置其属性，因为没有构造函数能帮助完成这些工作。还需要创建 Run 元素来封装每块文本，因为它不能自动生成。

下面的代码片段创建了一个具有单个段落和一些粗体文本的文档。然后在名为 docViewer 的 FlowDocumentScrollViewer 容器中显示这个文档：

```
// Create the first part of the sentence.
Run runFirst = new Run();
runFirst.Text = "Hello world of ";

// Create bolded text.
Bold bold = new Bold();
Run runBold = new Run();
runBold.Text = "dynamically generated";
bold.Inlines.Add(runBold);

// Create last part of sentence.
Run runLast = new Run();
runLast.Text = " documents";

// Add three parts of sentence to a paragraph, in order.
```

```
Paragraph paragraph = new Paragraph();
paragraph.Inlines.Add(runFirst);
paragraph.Inlines.Add(bold);
paragraph.Inlines.Add(runLast);

// Create a document and add this paragraph.
FlowDocument document = new FlowDocument();
document.Blocks.Add(paragraph);

// Show the document.
docViewer.Document = document;
```

得到的结果是语句“Hello world of **dynamically generated** documents。”

在大多数情况下，并不以编程方式创建流文档。然而，可能希望创建应用程序，用于遍历流文档的各个部分，并动态修改它们。可使用与其他 WPF 元素进行交互的相同方式完成这一工作：通过响应元素事件，并为希望改变的元素关联名称。然而，因为流文档使用自由流动的结构创建了嵌套很深的内容，所以可能需要深入多个层次来查找实际希望修改的元素(请记住，这一内容始终存储在 Run 元素中，即使没有明确地声明 Run 元素也同样如此)。

下面的这些属性可为导航流文档的结构提供帮助：

- 为在流文档中获取块级别元素，使用 FlowDocument.Blocks 集合。使用 FlowDocument.Blocks.FirstBlock 或 FlowDocument.Blocks.LastBlock 属性跳到第一个或最后一个块级别元素。
- 为从一个块级别元素移到下一个(或上一个)块级别元素，使用 Block.NextBlock 属性(或 Block.Previous 属性)。也可以用 Block.SiblingBlocks 集合浏览同一层次的所有块级别元素。
- 许多块级别元素可能包含其他元素。例如，List 元素提供了一个 ListItem 集合，Section 元素提供了一个 Blocks 集合，而 Paragraph 元素提供了一个 Inlines 集合。

如果需要修改流文档内部的文本，最简便的方法是使用 Span 元素明确地隔离希望改变的内容，而不包含其他内容。例如，下面的流文档突出显示在文本块中选中的名词、动词以及副词，从而可使用代码修改它们。选择类型使用另一个信息——保存在 Span.Tag 属性中的字符串——进行标识。

提示：

请记住，所有元素中都保留了 Tag 属性供使用。它能够存储任何在以后希望使用的值或对象。

```
<FlowDocument Name="document">
  <Paragraph FontSize="20" FontWeight="Bold">
    Release Notes
  </Paragraph>
  <Paragraph>
    These are the release <Span Tag="Plural Noun">notes</Span>
    for <Span Tag="Proper Noun">Linux</Span> version 1.2.13.
  </Paragraph>
  <Paragraph>
    Read them <Span Tag="Adverb">carefully</Span>, as they
    tell you what this is all about, how to <Span Tag="Verb">boot</Span>
    the <Span Tag="Noun">kernel</Span>, and what to do if
```

```
    something goes wrong.
  </Paragraph>
</FlowDocument>
```

通过这种设计可创建图 28-10 中显示的简单的 Mad Libs 游戏。在这个游戏中，在显示源文档之前，用户可以为所有 Span 元素的标签提供值。然后用这些值替换原始值，得到妙趣横生的效果。

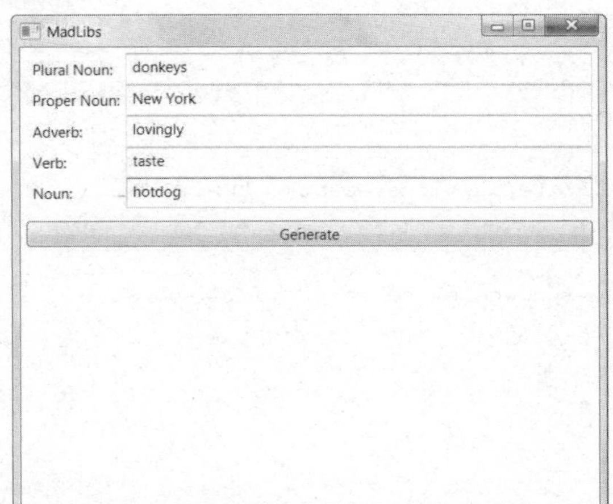

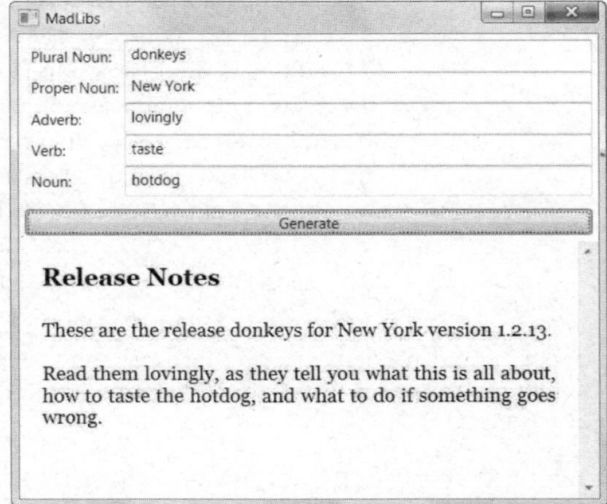

图 28-10　动态修改流文档

为使这个示例尽可能通用，代码不能具有任何与使用的文档相关的特定信息。而应当以通用的方式编写代码，从而能从任意文档中所有顶级的段落中提取名为 Span 的元素。为此，只需要遍历 Blocks 集合以查找段落，然后遍历每个段落的 Inlines 集合以查找 Span 元素。每找到一个 Span 对象，就创建用户能用于提供新值的文本框，并且(和描述性的标签一起)将文本框添加到文档上面的网格中。而且为使替换过程更加容易，每个文本框(通过 TextBox.Tag 属性)存储了一个引用，指向包含相应 Span 元素中文本的 Run 元素：

```
private void WindowLoaded(Object sender, RoutedEventArgs e)
{
    // Clear grid of text entry controls.
    gridWords.Children.Clear();

    // Look at paragraphs.
    foreach (Block block in document.Blocks)
    {
        Paragraph paragraph = block as Paragraph;

        // Look for spans.
        foreach (Inline inline in paragraph.Inlines)
        {
            Span span = inline as Span;
            if (span != null)
            {
                // Create a slot in the row for this term.
                RowDefinition row = new RowDefinition();
```

```
                gridWords.RowDefinitions.Add(row);

                // Add the descriptive label for this term.
                Label lbl = new Label();
                lbl.Content = inline.Tag.ToString() + ":";
                Grid.SetColumn(lbl, 0);
                Grid.SetRow(lbl, gridWords.RowDefinitions.Count - 1);
                gridWords.Children.Add(lbl);

                // Add the text box where the user can supply a value for this term.
                TextBox txt = new TextBox();
                Grid.SetColumn(txt, 1);
                Grid.SetRow(txt, gridWords.RowDefinitions.Count - 1);
                gridWords.Children.Add(txt);

                // Link the text box to the run where the text should appear.
                txt.Tag = span.Inlines.FirstInline;
            }
        }
    }
}
```

当用户单击 Generate 按钮时，代码遍历上一步中动态添加的所有文本框。然后将文本从文本框复制到流文档中与其关联的 Run 元素：

```
private void cmdGenerate_Click(Object sender, RoutedEventArgs e)
{
    foreach (UIElement child in gridWords.Children)
    {
        if (Grid.GetColumn(child) == 1)
        {
            TextBox txt = (TextBox)child;
            if (txt.Text != "") ((Run)txt.Tag).Text = txt.Text;
        }
    }
    docViewer.Visibility = Visibility.Visible;
}
```

也可执行相反方向的工作——换句话说，再次遍历文档，每当找到一个 Span 元素时，就插入相匹配的文本。然而，这种方法更容易导致问题，因为当修改其内容时，不能遍历段落中内联级别元素的集合。

28.2.7　文本对齐

您可能已经注意到，默认情况下对流文档中的文本内容进行了对齐，从而每行都从左边的外边距拉伸到右边的外边距。可使用 TextAlignment 属性改变这一行为，但 WPF 中的绝大多数流文档都是对齐的。

为提高对齐文本的可读性，可使用名为“最佳段落布局”的 WPF 特性，确保尽可能均匀地分配空白空间。这可以避免原来的行对齐算法所造成的在单词中分散大量空白空间和奇怪空间的问题(就像 Web 浏览器提供的算法那样)。

注意：

基本的行对齐算法每次只调整一行。WPF 的最佳段落对齐特性使用全局的适应算法，该算法会检查后续几行。然后选择能在整个段落中平衡单词空间的位置进行换行，从而为所有行付出最小的代价。

通常禁用 WPF 的最佳段落布局特性。也许，这是因为使用全局适应算法需要额外的开销。然而可以发现，大多数情况下，启用最佳段落布局特性不会影响应用程序的响应能力(在改变窗口大小时应用程序的“感知能力”)。

为启用最佳段落布局，将 FlowDocument.IsOptimalParagraphEnabled 属性设置为 true。图 28-11 比较了区别，顶部的流文档使用常规段落，而下面的流文档则使用了全局适应算法。

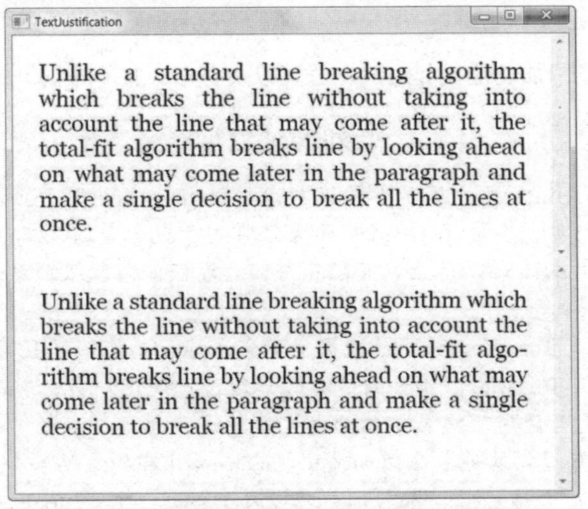

图 28-11　对比普通调整(顶部)和优化段落(底部)

为进一步改善文本对齐，特别是在比较窄的窗口中，可将 FlowDocument.IsHyphenationEnabled 属性设置为 true。通过这种方法，WPF 会在需要的地方分割较长的单词，从而在单词之间保持较小的空间。连字符和最佳段落布局特性很好地配合工作，并当使用多列进行显示时显得分外重要。WPF 使用断字字典(hyphenating dictionary)确保连字符位于合适的位置(在两个音节之间断开单词，如“algo-rithm”而不是“algori-thm”)。

28.3　只读流文档容器

WPF 提供了如下 3 个用于显示流文档的只读容器：

- FlowDocumentScrollViewer：该容器显示整个文档。如果文档尺寸超出了 FlowDocumentScrollViewer 容器的大小，该容器使用滚动条移动文档。FlowDocumentScrollViewer 容器不支持分页和多列显示(但支持打印和缩放，所有容器都支持)。在此之前的所有示例都使用 FlowDocumentScrollViewer 容器来显示文档。

- FlowDocumentPageViewer：该容器将流文档分成多页。每页和可用空间一样大，用户可从一页步进入下一页。FlowDocumentPageViewer 容器比 FlowDocumentScrollViewer 容器的开销大(原因是为将内容分配到页面中，需要执行额外计算)。
- FlowDocumentReader：该容器组合了 FlowDocumentScrollViewer 容器和 FlowDocumentPageViewer 容器的功能。允许用户以滚动或分页的方式阅读内容，另外还提供了查找功能。FlowDocumentReader 容器是所有流文档容器中开销最大的容器。

为从一个容器切换到另一个容器，只需要修改包含标签。例如，下面的流文档位于 FlowDocumentPageViewer 中：

```
<FlowDocumentPageViewer>
  <FlowDocument>
    <Paragraph>Hello, world of documents.</Paragraph>
  </FlowDocument>
</FlowDocumentPageViewer>
```

这些容器都提供了附加功能，如缩放、分页以及打印。接下来的几节将学习这些功能。

TextBlock 控件

可使用熟悉的 TextBlock 元素显示少量流内容，TextBlock 是用于显示文本的元素，在前面的章节中经常使用该元素。尽管 TextBlock 元素经常用于包含普通文本(这时 TextBlock 元素会创建 Run 元素以封装文本)，但实际上，可在其内部放置任何内联级别元素的组合。它们都将被添加到 TextBlock.Inlines 集合中。

TextBlock 元素通过 TextWrapping 属性提供了文本换行功能，并且通过 TextTrimming 属性可以控制当文本不适应 TextBlock 元素的边界时如何进行处理。当出现这种情况时，额外的文本被削掉，但可选择是否使用省略号来指示发生了削减。

TextBlock 元素没有提供其他更高级的流文档容器所具有的滚动和分页功能。因此，最好使用 TextBlock 元素显示少量流内容，如控件标签以及超链接。TextBlock 元素根本不适合显示块级别元素。

28.3.1　缩放

所有这三个文档容器都支持缩放：用于缩小和放大显示内容的能力。容器的 Zoom 属性(如 FlowDocumentScrollViewer.Zoom)将内容的尺寸设置为百分比值。通常，Zoom 值最初被设置为 100，FontSize 值和窗口中的其他任何元素相对应。如果将 Zoom 属性增加到 200，文本尺寸就变成原来的两倍。同样，如果将它减少到 50，文本的尺寸就会减半(尽管可使用它们之间的任何值)。

显然，可手动设置缩放百分比。也可使用 IncreaseZoom( )和 DecreaseZoom( )方法以编程方式改变缩放百分比，这两个方法使用由 ZoomIncrement 属性指定的数量来改变 Zoom 值。还可使用命令(见第 9 章)将这些功能关联到其他控件。但不需要这么麻烦。最简单的方法是让用户设置喜欢的缩放百分比。FlowDocumentScrollViewer 容器提供了一个具有缩放滑动条的工具栏，用于设置缩放百分比。为使该工具栏可见，将 IsToolbarVisible 属性设置为 true，如下所示：

```
<FlowDocumentScrollViewer MinZoom="50" MaxZoom="1000"
 Zoom="100" ZoomIncrement="5" IsToolbarVisible="True">
```

图 28-12 显示了在底部具有缩放滑动条的流文档。

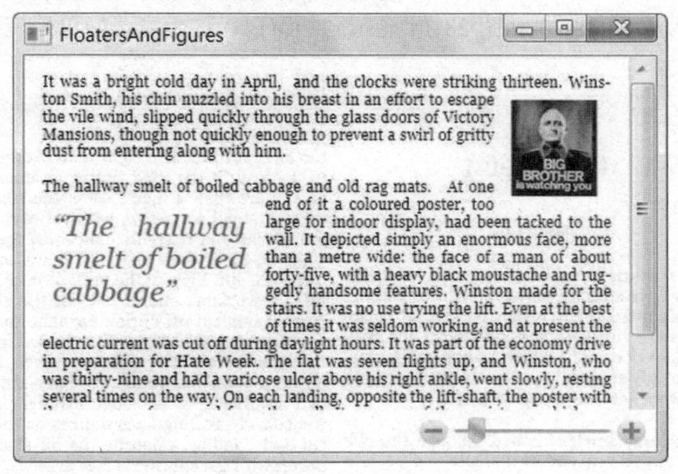

图 28-12　缩小文档

如果使用 FlowDocumentPageViewer 或 FlowDocumentReader 容器，那么总会显示缩放滑动条(但仍可配置缩放步长，以及所允许的最小和最大缩放值)。

提示：

缩放会影响所有以设备无关单位设置的内容尺寸(不仅影响字体尺寸)。例如，如果流文档使用具有明确宽度的浮标或图形方框，这些宽度也会按比例地改变。

28.3.2　创建页面和列

FlowDocumentPageViewer 容器可将长文档分割成单独的页面，使阅读很长的内容变得更加容易(如果使用滚动功能，读者必须不时地停止阅读，向下滚动内容，然后查找停止阅读的位置。而当读者通过一系列的页面浏览时，它们能够确切了解从哪里开始阅读——从每页的顶部)。

页数取决于窗口大小。例如，如果允许 FlowDocumentPageViewer 容器使用窗口的整个尺寸，那么当改变窗口尺寸时，会注意到页数发生了变化，如图 28-13 所示。

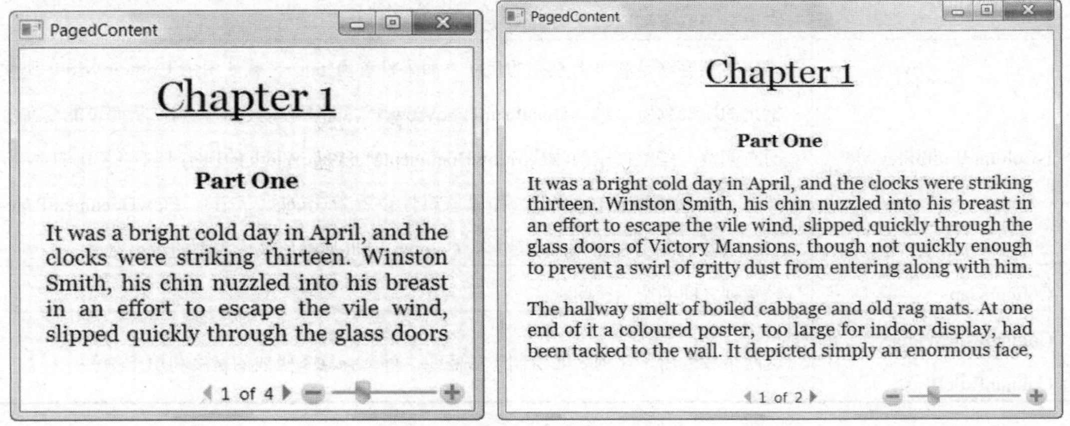

图 28-13　动态编页的内容

如果使窗口足够宽，FlowDocumentPageViewer 容器还可将文本分成多列，使文本更容易阅读(如图 28-14 所示)。图 28-13 和图 28-14 显示同一窗口。这个窗口简单地调整自身，从而充分利用可用的空间。

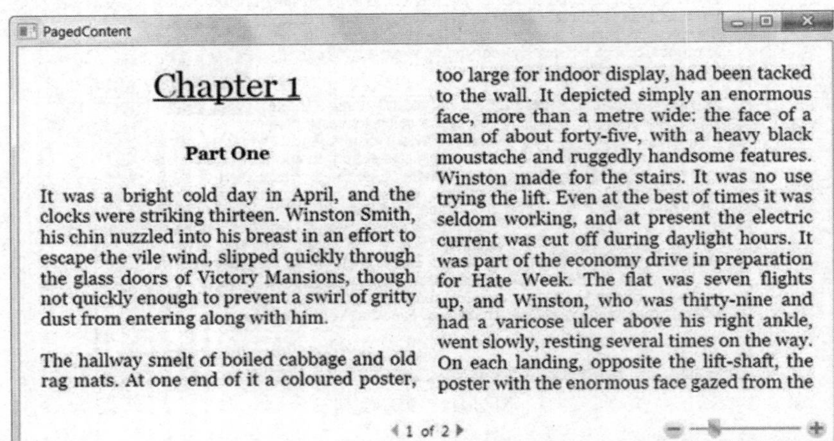

图 28-14　自动分列

注意：

请记住，Floater 元素倾向于使它们自身和一列同样宽。可通过设置明确宽度使它们变小，但不能更宽。另一方面，Figure 元素可以很容易地跨越多列。

尽管标准设置能很好地进行分页和分列，但可使用多种方式修改它们从而得到希望的准确结果。有两个重要的可扩展点可供使用：包含内容的 FlowDocument 类提供的控制列的属性(表 28-6 列出了这些属性)和文档中单个 Paragraph 元素提供的控制列的属性(表 28-7 列出了这些属性)。

表 28-6　FlowDocument 类中用于控制列的属性

名　称	说　明
ColumnWidth	为文本列指定希望的尺寸。这个数值将作为最小值，并且 FlowDocumentPageViewer 容器会调整宽度以确保为页面使用所有空间
IsColumnWidthFlexible	确定文档容器是否可调整列的尺寸。如果设置为 false，就使用由 ColumnWidth 属性指定的明确列宽。FlowDocumentPageViewer 容器不会创建部分列，从而可能会在页面右侧留一些空白空间(如果 FlowDocumentMaxPageWidth 的值小于文档窗口的宽度，那么会在两侧留空白空间)。如果该属性设置为 true(默认值)，FlowDocumentPage-Viewer 会均匀分配空间来创建列，ColumnWidh 属性值被作为列的最小宽度
ColumnGap	设置列之间的空白空间
ColumnRuleWidth 与 ColumnRuleBrush	这两个属性用于在列之间绘制一条竖线，可选择这条竖线的宽度和填充颜色

表 28-7　Paragraph 类中用于控制列的属性

名　称	说　明
KeepTogether	确定是否可将段落分割到不同的页中。如果该属性为 true，段落就不能被分割到不同的页中。通常，这个段落会被安排到下一页中(对于需要在块中阅读的少量文本，这一设置是合理的)
KeepWithNext	确定两个段落是否能被分割到不同的页中。如果设置为 true，就不能将这个段落和后面的段落分隔到不同的页中(对于标题，这一设置是合理的)
MinOrphanLines	控制如何在断页处分隔段落。当在断页处分割段落时，该属性值是需要在第一页中显示的最少行数。如果没有足够空间显示最少行数，将把整个段落放到下一页中
MinWindowLines	控制如何在断页处分隔段落。当在断页处分割段落时，该属性值是需要在第二页中显示的最小行数。FlowDocumentPageViewer 容器将文本行从第一页移动到第二页以满足这项标准

注意：

显然，Paragraph 元素中控制分隔列的属性存在不能满足需要的情况。例如，如果段落太大以至于在一页中放不下，不管是否将 KeepTogether 属性设置为 true，段落都必须被断开。

FlowDocumentPageViewer 不是唯一支持分页的容器。FlowDocumentReader 容器允许用户在滚动模式(这种模式的工作方式和 FlowDocumentScrollViewer 容器的工作方式相同)和双页模式之间进行选择。可选择一次查看一页(就像 FlowDocumentPageViewer 容器那样)，或并排两页。为在查看模式之间进行切换，只需要单击 FlowDocumentReader 容器工具栏右下角的某个图标。

28.3.3　从文件加载文档

您到目前为止看到的所有示例都是在容器内部声明 FlowDocument 对象。但不难想象，一旦构造出完善的文档查看程序，就可能希望重用以显示不同的文档内容(例如，可在帮助窗口中显示不同的主题)。为此，需要使用 System.Windows.MarkUp 名称空间中的 XamlReader 类，将内容动态加载到容器中。

幸运的是，这个任务非常容易完成。下面是所需的代码(没有提供专门的用于捕获文件访问问题的错误处理代码)：

```
using (FileStream fs = File.Open(documentFile, FileMode.Open))
{
    FlowDocument document = XamlReader.Load(fs) as FlowDocument;

    if (document == null)
    {
        MessageBox.Show("Problem loading document.");
    }
    else
    {
        flowContainer.Document = document;
    }
}
```

获取FlowDocument对象的当前内容与使用XamlWriter类将其保存到XAML文件中同样容易。该功能不是很有用(毕竟，到目前为止介绍的所有容器都不允许用户进行修改)。然而，如果需要通过代码根据用户的操作改变文档(例如，如果希望保存前面介绍的完整Mad Libs游戏的文本)，或希望以编程方式构造FlowDocument对象并将其直接保存到硬盘中，这个技术就有价值了。

下面的代码将FlowDocument对象串行化到XAML文件中：

```
using (FileStream fs = File.Open(documentFile, FileMode.Create))
{
    XamlWriter.Save(flowContainer.Document, fs);
}
```

28.3.4　打印

很容易就能打印流文档。只需要为容器调用Print( )方法即可(所有流文档容器都支持打印)。Print( )方法显示Windows Print对话框，在该对话框中用户可选择打印机以及其他打印偏好(例如份数)，此后可以选择取消操作，或选择继续并将打印工作发送到打印机。

与流文档容器中的其他许多功能一样，打印也是通过命令工作的。因此，如果希望将该功能关联到某个控件，不需要编写代码调用Print( )方法。可以简单地使用恰当的命令，如下所示：

```
<Button Command="ApplicationCommands.Print" CommandTarget="docViewer">Print</Button>
```

除打印外，流文档容器还支持用于查找、缩放以及页面导航的命令。

命令也可以具有键绑定。例如，Print命令有默认的映射到Ctrl+P组合键的键绑定。因此，即使未提供按钮并且也未通过代码调用Print( )方法，用户也能通过Ctrl+P组合键触发Print命令，并显示Print对话框。如果不希望这一行为，那么需要从命令中删除键绑定。

注意：

可自定义流文档的打印输出。第29章将介绍如何自定义流文档的打印输出，并将讨论如何打印其他类型的内容。

28.4　编辑流文档

您到目前为止看到的所有流文档容器都是只读的。对于显示文档内容，它们是很理想的工具，但它们不允许用户进行修改。幸运的是，另一个WPF元素解决了这个问题：RichTextBox控件。

十几年来，编程工具包提供了不同形式的富文本控件。然而，WPF提供的RichTextBox控件和以前的类似控件有很大的区别。它不再与过时的RTF标准绑定在一起，在Word处理程序中可以看到RTF标准。相反，现在的RichTextBox控件将其内容存储为FlowDocument对象。

这个变化带来的结果是很明显的。尽管仍可将RTF内容加载到RichTextBox控件中，但在内部RichTextBox控件使用更简单的流内容模型，在本章已经学习过该模型。这使得通过代码控制文档内容更加容易。

RichTextBox控件还提供了丰富的编程模型，支持大量的扩展功能，可将它们嵌入到自己的逻辑中，从而可将RichTextBox控件用作自定义文本编辑器的一部分。RichTextBox控件的一个缺点体现在速度方面。与大多数之前的富文本控件一样，WPF 的 RichTextBox 控件的速度有些缓慢。如果需要包含数量庞大的数据、使用复杂的逻辑处理按键或添加效果，例如自动格式化(例如，Visual Studio 中的语法突出显示以及 Word 中的拼写检查下划线)，RichTextBox 控件未必能够提供所需的性能。

注意：

RichTextBox 控件不支持只读流文档容器支持的全部功能。对于缩放、分页、多列显示以及查找等功能，RichTextBox 控件都不支持。

28.4.1 加载文件

为尝试 RichTextBox 控件，可在 RichTextBox 元素中声明前面介绍过的流文档，如下所示：

```
<RichTextBox>
  <FlowDocument>
    <Paragraph>Hello, world of editable documents.</Paragraph>
  </FlowDocument>
</RichTextBox>
```

更特殊的是，可选择从文件中检索文档，然后将其插入 RichTextBox 控件中。为此，可使用在只读容器中显示前加载和保存 FlowDocument 内容相同的方法——使用静态的 XamlReader.Load( )方法。然而，您可能还希望得到使用其他格式(.rtf 文件格式)加载和保存文件的附加功能。为此，需要使用 System.Windows.Documents.TextRange 类，该类封装了文本块。TextRange 类是非常有用的容器，它能将文本从一种格式转换为另一种格式，并应用格式(如 28.4.2 节所述)。

下面的简单代码片段在 TextRange 对象中将.rtf 文档转换成一块文本，然后将转换后的文本插入 RichTextBox 控件中：

```
OpenFileDialog openFile = new OpenFileDialog();
openFile.Filter = "RichText Files (*.rtf)|*.rtf|All Files (*.*)|*.*";

if (openFile.ShowDialog() == true)
{
    TextRange documentTextRange = new TextRange(
      richTextBox.Document.ContentStart, richTextBox.Document.ContentEnd);

    using (FileStream fs = File.Open(openFile.FileName, FileMode.Open))
    {
        documentTextRange.Load(fs, DataFormats.Rtf);
    }
}
```

注意，在执行任何操作前，需要创建用于封装希望改变的文档部分的 TextRange 对象。尽管现在还没有文档内容，但仍需指定选择内容的开始点和结束点。为选择整个文档，可使用 FlowDocument.ContentStart 和 FlowDocument.ContenEnd 属性，这两个属性提供了 TextRange 对象需要的 TextPointer 对象。

一旦创建 TextRange 对象，就可以使用 Load( )方法将数据填充到 TextRange 对象中。但需要提供一个字符串，用于指定试图转换的数据格式类型。可使用下列格式之一：

- 用于 XAML 流内容的 DataFormats.Xaml 格式
- 用于富文本的 DataFormats.Rtf 格式(上面的示例使用的就是这种格式)
- 用于具有嵌入图像的 XAML 流内容的 DataFormats.XamlPackage 格式
- 用于纯文本的 DataFormats.Text 格式

注意：

DataFormats.XamlPackage 格式和 DataFormats.Xaml 格式在本质上是相同的。唯一的区别在于 DataFormats.XamlPackage 为所有嵌入图像存储了二进制数据(而如果使用普通的 DataFormats.Xaml 串行化，就忽略嵌入的图像)。XAML 包格式不是真正的标准——只是 WPF 提供的一个功能，以使串行化文档内容变得更容易，并且支持您可能希望实现的其他功能，如剪切和粘贴或拖放功能。

尽管 DataFormats 类还提供了其他许多字段，但不支持其余格式。例如，不能试图使用 DataFormats.Html 格式将 HTML 文档转换成流内容。XAML 包格式和 RTF 格式都需要非托管代码权限，这意味着不能在信任受限的情况下(如基于浏览器的应用程序)使用它们。

只有指定了正确的文件格式，TextRange.Load( )方法才能奏效。然而，您很有可能希望创建同时支持 XAML 文件格式(为了得到最好的保真度)和 RTF 文件格式(为与其他处理程序兼容，如 Word 处理程序)的文本编辑器。对于这种情况，标准方法是让用户指定文件格式，或根据文件扩展名假定文件格式，如下所示：

```
using (FileStream fs = File.Open(openFile.FileName, FileMode.Open))
{
    if (Path.GetExtension(openFile.FileName).ToLower() == ".rtf")
    {
        documentTextRange.Load(fs, DataFormats.Rtf);
    }
    else
    {
        documentTextRange.Load(fs, DataFormats.Xaml);
    }
}
```

如果找不到文件、不能访问文件或者不能使用指定的格式加载文件，上面的代码会抛出异常。由于这些原因，应在异常处理程序中封装上面的代码。

请记住，不管如何加载文档内容，为能够在 RichTextBox 控件中进行显示，文档都被转换成 FlowDocument 对象。为分析到底发生了什么操作，可编写简单的程序从 FlowDoucment 对象中获取内容，并使用 XamlWriter 或 TextRange 对象将之转换为字符串文本。下面的代码在另一个文本框中显示当前流文档的标记：

```
// Copy the document content to a MemoryStream.
using (MemoryStream stream = new MemoryStream())
{
    TextRange range = new TextRange(richTextBox.Document.ContentStart,
      richTextBox.Document.ContentEnd);
    range.Save(stream, DataFormats.Xaml);
```

```
    stream.Position = 0;

    // Read the content from the stream and display it in a text box.
    using (StreamReader r = new StreamReader(stream))
    {
        txtFlowDocumentMarkup.Text = r.ReadToEnd();
    }
}
```

这个技巧可作为非常有用的调试工具，当编辑文档后，用于分析文档的标记到底发生了什么变化。

28.4.2　保存文件

还可以用 TextRange 对象保存文档。这需要提供两个 TextPointer 对象——一个用于指定内容的开始点，另一个用于指定结束点。然后可调用 TextRange.Save( )方法并使用 DataFormats 类中的字段指定所需的导出格式(文本、XAML、XAML 包或 RTF)。同样，XAML 包和 RTF 格式需要非托管代码权限。

除非文件具有.rtf 扩展名，否则下面的代码块使用 XAML 格式保存文档(此外，更明确的方法是让用户在使用 XAML 格式的保存功能和使用 RTF 格式的导出功能之间加以选择)。

```
SaveFileDialog saveFile = new SaveFileDialog();
saveFile.Filter =
  "XAML Files (*.xaml)|*.xaml|RichText Files (*.rtf)|*.rtf|All Files (*.*)|*.*";

if (saveFile.ShowDialog() == true)
{
    // Create a TextRange around the entire document.
    TextRange documentTextRange = new TextRange(
      richTextBox.Document.ContentStart, richTextBox.Document.ContentEnd);
    // If this file exists, it's overwritten.
    using (FileStream fs = File.Create(saveFile.FileName))
    {
        if (Path.GetExtension(saveFile.FileName).ToLower() == ".rtf")
        {
            documentTextRange.Save(fs, DataFormats.Rtf);
        }
        else
        {
            documentTextRange.Save(fs, DataFormats.Xaml);
        }
    }
}
```

当使用 XAML 格式保存文档时，可能假定将文档保存为普通的以 FlowDocument 元素作为顶级元素的 XAML 文件。这一假定是周密的，但并不很正确。相反，顶级元素必须是 Section 元素。

在本章前面已介绍过，Section 是用于封装其他块级别元素的通用容器。这是合理的——毕竟，TextRange 对象表示一块所选内容。然而，确保不要试图使用 TextRange.Load( )方法加载其他 XAML 文件，包括那些以 FlowDocument、Page 或 Window 元素作为顶级元素的 XAML 文件，因为这些文件不能被成功地解析(同样，文档文件不能链接到代码隐藏文件，也不能关联任何事件处理程序)。如果有以 FlowDocument 元素作为顶级元素的 XAML 文件，可使用 XamlReader.Load( )方法创建相应的 FlowDocument 对象，正如在其他 FlowDocument 容器中所做的那样。

28.4.3 设置所选文本的格式

通过构建简单的富文本编辑器，您能学习许多与 RichTextBox 控件相关的内容，图 28-15 显示了一个示例。在这个示例中，可通过工具栏按钮快速地应用粗体、斜体以及下划线格式。这个示例最有趣的部分在于下面的普通 TextBox 控件，这个控件显示了当前在 RichTextBox 控件中显示的 FlowDocument 对象的 XAML 标记。从而可研究当进行编辑时，RichTextBox 控件如何修改 FlowDocument 对象。

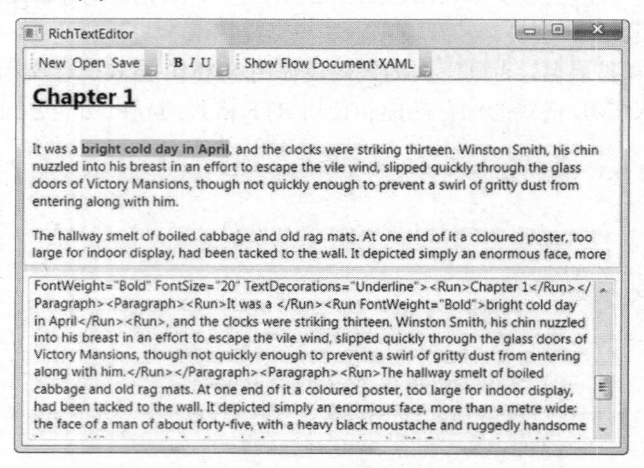

图 28-15 编辑文本

注意：

从技术角度看，不需要编写代码逻辑为选择的文本应用粗体、斜体以及下划线格式。因为 RichTextBox 控件支持来自 EditingCommands 类的 ToggleBold、ToggleItalic 以及 ToggleUnderline 命令。可直接将按钮连接到这些命令。然而，为学习有关 RichTextBox 控件工作原理的更多内容，仍值得分析这个示例。如果需要使用其他方式处理文本，从这个示例中学到的知识是必不可少的(本章的下载代码同时演示了基于代码的方法和基于命令的方法)。

所有这些按钮都以相似的方式工作。它们使用 RichTextBox.Selection 属性，该属性提供了用于封装当前所选文本的 TextSelection 对象(TextSelection 类继承自在 28.4.2 节中介绍的 TextRange 类，该类稍微高级一些)。

对 TextSelection 对象进行修改非常容易，但并不直观。最简单的方法是用 ApplyPropertyValue( )方法改变选择文本对象的依赖项属性。例如，可使用下面的代码为选择内容中的所有文本元素应用粗体格式：

```
richTextBox.Selection.ApplyPropertyValue(
  TextElement.FontWeightProperty, FontWeights.Bold);
```

在此所做的许多工作是看不到的。例如，如果试图为更大段落中的一小块文本应用上面的操作，将发现这部分代码自动创建了内联级别的 Run 元素以封装选择的文本，然后只为这个 Run 元素应用粗体格式。这样一来，可使用相同的代码行格式化单个单词、整个段落以及包含多个段落的不规则的选择文本(对于这种情况，最终将为每个受影响的段落创建单独的 Run 元素)。

当然，上面的代码并不是完整解决方案。如果希望切换粗体格式，还需要使用 TextSelection.GetPropertyValue( )方法检查是否已经应用过粗体格式：

```
Object obj = richTextBox.Selection.GetPropertyValue(
  TextElement.FontWeightProperty);
```

这个方法稍复杂一些。如果选择的内容包含的文本明确具有粗体格式或普通格式，就会返回 FontWeights.Bold 或 FontWeights.Normal 属性。然而，如果选择的文本中一部分是粗体文本而另一部分是普通文本，就会返回 DependencyProperty.UnsetValue。

希望如何处理具有混合格式的文本由您决定。可能希望不执行任何操作，也可能希望总是应用格式或根据第一个字符的格式决定如何操作(这是 EditingCommands.ToggleBold 命令使用的方式)。为此，需要创建新的只包含选择文本开始点的 TextRange 对象。下面的代码实现了后面这种方法，并在不明确的情况下检查第一个字母：

```
Object obj = richTextBox.Selection.GetPropertyValue(
  TextElement.FontWeightProperty);

if (obj == DependencyProperty.UnsetValue)
{
    TextRange range = new TextRange(richTextBox.Selection.Start,
      richTextBox.Selection.Start);

    obj = range.GetPropertyValue(TextElement.FontWeightProperty);
}

FontWeight fontWeight = (FontWeight)obj;

if (fontWeight == FontWeights.Bold)
    fontWeight = FontWeights.Normal;
else
    fontWeight = FontWeights.Bold;

richTextBox.Selection.ApplyPropertyValue(
  TextElement.FontWeightProperty, fontWeight);
```

在某些情况下，用户可在根本没有选择任何文本的情况下触发粗体命令。下面的代码例程首先检查这个条件，然后检查为包含相应文本的整个段落应用的格式。将这个段落的字体从粗体变为正常或从正常变为粗体：

```
if (richTextBox.Selection.Text == "")
{
      FontWeight fontWeight = richTextBox.Selection.Start.Paragraph.FontWeight;
      if (fontWeight == FontWeights.Bold)
        fontWeight = FontWeights.Normal;
      else
        fontWeight = FontWeights.Bold;

      richTextBox.Selection.Start.Paragraph.FontWeight = fontWeight;
}
```

提示：

为在选择文本中得到简单的、没有格式化的文本，可使用 TextRange.Text 属性。

有许多更好的方法可用于操作 RichTextBox 控件中的文本。例如，TextRange 类和 RichTextBox 类都提供了大量属性，用于获取字符偏移、行数，以及在一部分文档包含的流元素中进行导航。为获取更多信息，可查询 MSDN 帮助文档。

28.4.4　获取单个单词

RichTextBox 控件缺少的一个功能是在文档中隔离特定的单词。尽管很容易就能查找给定位置的流文档元素(正如在本章前面所看到的)，但获取最近单词的唯一方法是逐字符地进行移动，并检查空格。这种类型的编码非常枯燥，并且很难编写出准确无误的代码。

WPF 编辑团队的 Prajakta Joshi 曾在 http://tinyurl.com/ylbla4v 网址上给出了一个较完整的解决方案，用于检查单词断开的情形。使用这一代码可快速创建许多有趣的效果，例如下面的代码例程，当用户右击时抓取单词，然后在单独的文本框中显示单词。其他选项包括显示具有字典定义的弹出框，通过链接启动 e-mail 程序或 Web 浏览器等：

```
private void richTextBox_MouseDown(object sender, MouseEventArgs e)
{
      if (e.RightButton == MouseButtonState.Pressed)
      {
          // Get the nearest TextPointer to the mouse position.
          TextPointer location = richTextBox.GetPositionFromPoint(
            Mouse.GetPosition(richTextBox), true);

          // Get the nearest word using this TextPointer.
          TextRange word = WordBreaker.GetWordRange(location);

          // Display the word.
          txtSelectedWord.Text = word.Text;
      }
}
```

注意：

上面的代码实际上没有连接到MouseDown事件，因为RichTextBox控件拦截并挂起了MouseUp和MouseDown事件。相反，这个事件处理程序被关联到PreviewMouseDown事件，这个事件在触发MouseDown事件前一刻发生。

在RichTextBox控件中放置UIElement对象

本章前面已经讨论过，可使用BlockUIContainer和InlineUIContainer类在流文档中放置非内容元素(继承自UIElement的类)。但如果使用这种技术向RichTextBox控件添加交互控件(如文本框、按钮、复选框和超链接等)，添加的交互控件将被自动禁用并显示为灰色。

可不使用这一行为，并强制RichTextBox控件启用嵌入的控件，这与只读的流文档容器非常类似。为此，只需要将RichTextBox.IsDocumentEnabled属性设置为true。

尽管这很容易，但在将IsDocumentEnabled属性设置为true之前一定要三思。在RichTextBox控件中包含元素内容会造成各种奇怪的可用性问题。例如，控件能被删除或撤销删除(使用Ctrl+Z组合键或Undo命令)，但撤销删除它们时会丢失它们的事件处理程序。甚至，文本能被插入到相邻容器之间，但如果试图剪切或粘贴一块包含UIElement对象的内容，它们将被丢弃。由于这些原因，可能不值得在RichTextBox控件中使用嵌套的控件。

28.5 固定文档

流文档可使用适合在屏幕上阅读的方式动态地布局大量复杂的文本内容。固定文档——使用XPS标准(XML页面规范)的文档——没这么灵活。它们用于准备打印的文档，能在任何输出设备上分发和打印，而且相对于源文档完全保真。为此，它们使用精确的固定布局，支持字体嵌入，并且不能被任意地重新布局。

XPS不仅是WPF的一部分，而且还是紧密集成到Windows操作系统的标准。Windows提供了能够在任何应用程序中创建XPS文档的打印驱动程序，并提供了允许显示XPS文档的查看器。这两个工具的工作方式与Adobe Acrobat类似，允许用户创建、查看以及批注准备打印的电子文档。此外，Microsoft Office还允许将文档保存为XPS或PDF文件。

注意：

在后台，XPS文件实际上是包含压缩文件库的ZIP文件，包括字体、图像以及用于每一页的文本内容(使用与XAML类似的XML标记)。为浏览XPS文件中的这些内部内容，可将扩展名改为.zip并打开它。还可以参考http://tinyurl.com/yg7jqjb来简单了解XPS文件格式。

显示XPS文档和显示流文档同样容易。唯一的区别在于查看器。不是使用流文档容器(FlowDocumentReader、FlowDocumentScrollViewer或FlowDocumentPageViewer)，而是使用名称更简单的DocumentViewer容器。它不仅提供了用于查找和缩放的控件(见图28-16)，还提供了一组与流文档容器类似的属性、方法以及命令。

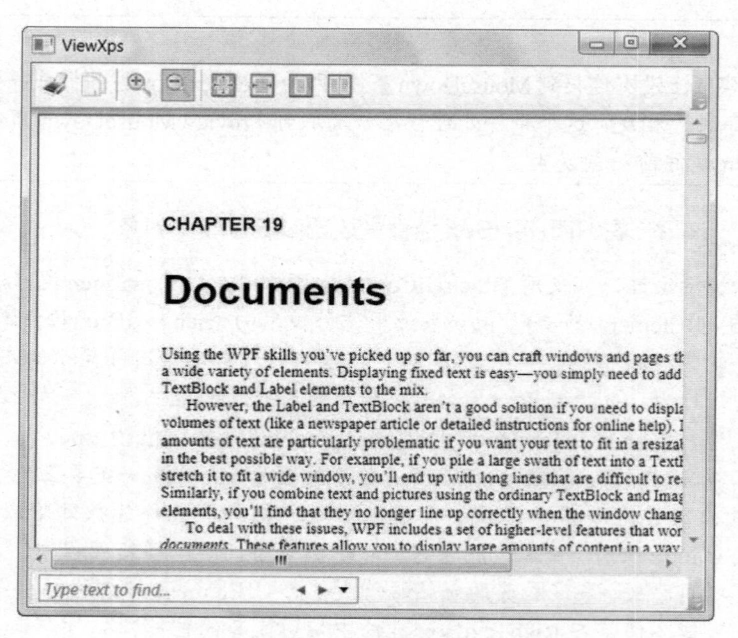

图 28-16　固定文档

可使用下面的代码将 XPS 文件加载到内存中，并在 DocumentViewer 容器中显示 XPS 文件：

```
XpsDocument doc = new XpsDocument("filename.xps", FileAccess.Read);
docViewer.Document = doc.GetFixedDocumentSequence();
doc.Close();
```

XpsDocument 类不是非常引人注目。它提供了上面使用的 GetFixedDocumentSequence( )方法，该方法返回包含文档内容的文档根元素的引用。另外还提供了用于在新文档中创建文档序列的 AddFixedDocument( )方法，以及两个用于管理数字签名的方法(SignDigitally( )和 RemoveSignature( ))。

XPS 文档和打印概念是紧密相关的。单个 XPS 文档的页面尺寸是固定的，并布局文本以适应可用空间。与流文档一样，可使用 ApplicationCommands.Print 命令获取对打印固定文档的直接支持。第 29 章将讨论如何获取更精确的打印控制，还将看到如何使用 XPS 模型创建简单的打印预览功能。

28.6　批注

WPF 提供了批注功能，可使用该功能为流文档和固定文档添加注释和提示。这些批注可用于建议修订、强调错误或标志重要的信息。

许多产品提供了大量批注类型。例如，Adobe Acrobat 允许在文档中绘制修订标记和形状。WPF 还没这么灵活，但允许使用两种类型的批注：

- **突出显示**：可选择一些文本，并为这些文本使用选择的颜色背景(从技术角度看，WPF 突出显示为文本应用半透明的颜色，但该效果使其看起来好像是改变了背景)。
- **便签**：可选择一些文本，并关联包含附加文本信息或墨迹内容(ink content)的浮动框。

图 28-17 显示了一个示例，本节将讨论如何构建该例。该例显示了一个流文档，该流文档

具有突出显示的文本区域和两个便签注释，其中一个便签包含墨迹内容，另一个便签包含文本内容。

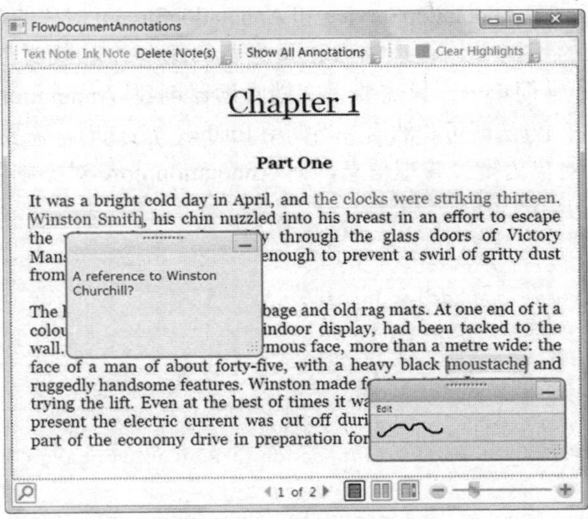

图 28-17　批注流文档

所有 4 个 WPF 文档容器——FlowDocumentReader、FlowDocumentScrollViewer、Flow Document-PageViewer 以及 DocumentViewer——都支持批注。但为了使用批注，需要采取两个步骤。首先，需要使用一些初始化代码手动启用批注服务。其次，需要添加控件(如工具栏按钮)，让用户能够添加希望支持的批注类型。

28.6.1　批注类

WPF 批注系统依赖于 System.Windows.Annotations 和 System.Windows.Annotations.Storage 名称空间中的类。下面是几个重要的类：

- AnnotationService 类。该类管理批注功能。为使用批注，需要创建该类的实例。
- AnnotationStore 类。该类管理批注的存储。它定义了几个用于创建和删除单个批注的方法，还提供了用于响应创建批注和修改批注的事件。AnnotationStore 是抽象类，并且当前该类只有一个派生类：XamlStreamStore 类。XamlStreamStore 类将批注串行化为基于 XML 的格式，并允许在任何流中存储批注 XML。
- AnnotationHelper 类。该类提供了为数不多的用于处理批注的静态方法。这些方法在存储的批注和文档容器之间建立连接。AnnotationHelper 类的大多数方法针对当前在文档容器中选择的文本执行操作(可以对选择的文本进行突出显示、添加批注或删除已存在的批注)。还可以使用 AnnotationHelper 类查找特定批注被放到文档中的什么位置。

接下来的几节将使用这三个类。

提示：

AnnotationStore 和 AnnotationHelpter 类都提供了用于创建和删除批注的方法。但 AnnotationStore 类中的方法对当前在文档容器中选择的文本进行操作。所以，对于通过代码(而不是通过用户交互)操作批注，AnnotationStore 类中的方法是最好的，而 AnnotationHelper 类中的方法最适于实现由用户启动的批注更改(例如，当用户选择一些文本并单击按钮时添加批注)。

28.6.2　启用批注服务

在使用批注前，需要在 AnnotationService 和 AnnotationStream 对象的帮助下启用批注服务。

在图 28-17 所示的示例中，合理的做法是当窗口第一次加载时创建 AnnotationService 对象。创建批注服务非常简单——只需要为文档阅读器创建 AnnotationService 对象，并调用 AnnotationService.Enable( )方法即可。然而，当调用 Enable( )方法时，需要传递 AnnotationStore 对象。AnnotationService 对象为批注管理信息，而 AnnotationStore 对象则管理这些批注的存储。

下面的代码创建并启用批注：

```
// A stream for storing annotation.
private MemoryStream annotationStream;

// The service that manages annotations.
private AnnotationService service;

protected void window_Loaded(object sender, RoutedEventArgs e)
{
    // Create the AnnotationService for your document container.
    service = new AnnotationService(docReader);

    // Create the annotation storage.
    annotationStream = new MemoryStream();
    AnnotationStore store = new XmlStreamStore(annotationStream);

    // Enable annotations.
    service.Enable(store);
}
```

注意，在这个示例中，将批注存储在 MemoryStream 对象中。所以，一旦 MemoryStream 对象被作为垃圾进行回收，所有的批注都将丢失。如果希望存储批注，从而可将它们重新应用到原始文档，有两种选择。可创建 FileStream 对象而不是 MemoryStream 对象，这会确保当用户应用批注时会将批注数据写入。也可在文档关闭后将 MemoryStream 对象中的数据复制到其他地方(如文档或数据库记录)。

提示：

如果不确定是否已为文档容器启用了批注服务，可使用 AnnotationService.GetService( )静态方法，并传入指向文档容器的引用。如果尚未启用批注服务，该方法会返回空引用。

在某些情况下，可能还需要关闭批注流并关闭 AnnotationService 服务。在下面的示例中，当用户关闭窗口时执行这些任务：

```
protected void window_Unloaded(object sender, RoutedEventArgs e)
{
   if (service != null && service.IsEnabled)
   {
      // Flush annotations to stream.
      service.Store.Flush();
```

```
        // Disable annotations.
        service.Disable();
        annotationStream.Close();
    }
}
```

上面是在文档中启用批注服务所需做的全部工作。如果在调用 AnnotationService.Enable( ) 方法时，已经在流对象中定义了批注，将立即显示这些批注。然而仍需添加控件，使用户能添加或删除批注。这是将在 28.6.3 节中介绍的主题。

提示：

每个文档容器都可以有一个 AnnotationService 类的实例。每个文档都应当有各自的 AnnotationStore 类的实例。当打开新文档时，应禁用 AnnotationService 服务，保存并关闭当前批注流，创建新的 AnnotationStore，然后重新启用 AnnotationService 服务。

28.6.3　创建批注

操作批注有两种方式。可使用 AnnotationHelper 类的方法创建批注(CreateTextStickyNoteForSelection( )和 CreateInkStickyNoteForSelection( ))、删除批注(DeleteTextStickyNotesForSelection( )和 DeleteInkStickyNotesForSelection( ))，以及应用突出显示(CreateHighlightsForSelection( )和 ClearHighlightsForSelection( ))。方法名中的 ForSelection 部分表明这些方法为当前选择的文本应用批注。

尽管 AnnotationHelper 类的方法可工作得很好，但使用由 AnnotationService 类提供的相应命令更容易。可将这些命令直接连接到用户界面中的按钮上。该例将采取这种方法。

为了能在 XAML 中使用 AnnotationService 类，需将 System.Windows.Annotation 名称空间映射到 XML 名称空间，因为它不是 WPF 核心名称空间。可添加如下映射：

```
<Window x:Class="XpsAnnotations.FlowDocumentAnnotations"
  xmlns:annot=
  "clr-namespace:System.Windows.Annotations;assembly=PresentationFramework" ... >
```

现在可以像下面这样创建按钮了，该按钮用于为文档当前选中的部分创建文本便签批注：

```
<Button Command="annot:AnnotationService.CreateTextStickyNoteCommand">
  Text Note
</Button>
```

现在当用户单击这个按钮时，会显示绿色的便签窗口。用户可在这个便签窗口中输入文本(如果使用 CreateInkStickyNoteCommand 命令创建了墨迹笔划便签，那么用户可在便签窗口中绘图)。

注意：

这个按钮元素没有设置 CommandTarget 属性，因为该按钮被放到工具栏中。如第 9 章中所述，ToolBar 类非常智能，它能自动将 CommandTarget 属性设置为具有焦点的元素。当然，如果为工具栏外的按钮使用相同的命令，就需要设置 CommandTarget 属性，使其指向文档查看器。

便签不必始终保持可见。如果单击便签窗口右上角的最小化按钮，便签窗口将消失。您能

看到的所有内容是文档中设置了注释的突出显示区域。如果将鼠标停留在这片突出显示区域上，就会显示注释图标(如图 28-18 所示)——单击这个图标会恢复便签窗口。AnnotationService 对象保存每个便签窗口的位置，所以如果将便签窗口拖动到文档中的某个指定位置，将关闭该便签窗口，然后重新打开它。这时，该便签窗口会在上一个位置重新显示。

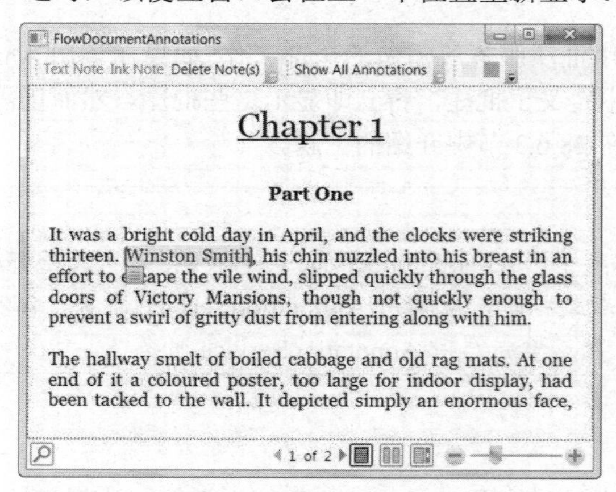

图 28-18　“隐藏的”批注

在上面的示例中，创建的批注未包含任何作者信息。如果准备让多个用户批注同一文档，几乎总是希望保存一些识别信息。只需要向命令传递用于标识作者的字符串，如下所示：

```
<Button Command="annot:AnnotationService.CreateTextStickyNoteCommand"
 CommandParameter="{StaticResource AuthorName}">
  Text Note
</Button>
```

上面的标记假定作者的姓名被设置为资源：

```
<sys:String x:Key="AuthorName">[Anonymous]</sys:String>
```

通过这种方法可在第一次加载窗口时，在初始化批注服务的同时设置作者的姓名。可使用用户提供的姓名，从而可能希望在特定用户的.config 文件中将用户名保存为应用程序设置。此外，还可使用下面的代码在 System.Security.Principal.WindowsIdentity 类的帮助下，获取当前用户的 Windows 用户账户名称：

```
WindowsIdentity identity = WindowsIdentity.GetCurrent();
this.Resources["AuthorName"] = identity.Name;
```

为创建图 28-17 中显示的窗口，还需要创建使用 CreateInkStickyNoteCommand 命令(用于创建接受手绘墨迹内容的便签窗口)的按钮，以及使用 DeleteStickyNotesCommand 命令的按钮(用于删除上面创建的便签)：

```
<Button Command="annot:AnnotationService.CreateInkStickyNoteCommand"
  CommandParameter="{StaticResource AuthorName}">
    Ink Note
  </Button>
  <Button Command="annot:AnnotationService.DeleteStickyNotesCommand">
    Delete Note(s)
</Button>
```

DeleteStickyNotesCommand 命令删除当前选择文本中的所有便签。即使未提供这个命令，用户也仍可以使用便签窗口中的 Edit 菜单来删除批注(除非为便签窗口提供了不同的没有包含该功能的控件模板)。

最后一个细节是创建允许用户应用突出显示效果的按钮。为添加突出显示效果，需要使用 CreateHighlightCommand 命令，并传递希望使用的 Brush 对象作为 CommandParameter 参数。然而，务必使用具有半透明颜色的画刷。否则，突出显示的内容会被完全遮住，如图 28-19 所示。

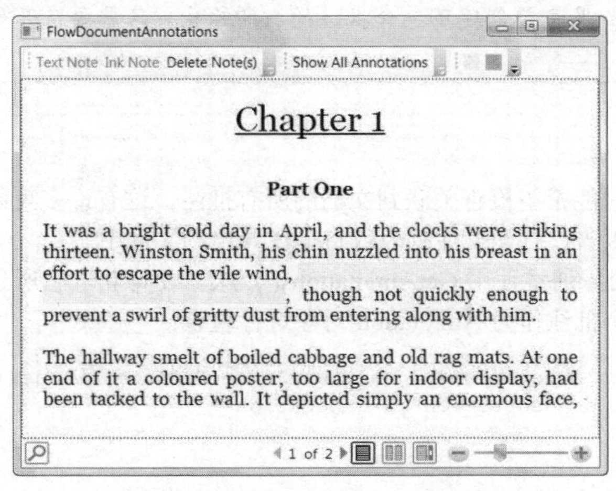

图 28-19 使用不透明的颜色突出显示内容

例如，如果希望为突出显示的文本使用固定颜色#FF32CD32(浅绿色)，需要降低 alpha 值，alpha 值存储为前两个字符的十六进制数字形式(alpha 值的范围是 0~255，0 表示完全透明，而 255 表示完全不透明)。例如，颜色**#54**FF32CD32 是浅绿色的半透明版本，其 alpha 值为 84(也就是十六制表示的 54)。

下面的标记定义了两个用于创建突出显示批注的按钮，一个用于应用黄色的突出显示，另一个用于应用绿色的突出显示。按钮本身不包含任何文本，而只显示 15×15 大小的具有适当颜色的正方形。CommandParameter 参数定义了一个 SolidColorBrush 画刷对象，该对象使用与按钮背景相同的颜色，但降低了透明度，使文本仍然可见：

```
<Button Background="Yellow" Width="15" Height="15" Margin="2,0"
 Command="annot:AnnotationService.CreateHighlightCommand">
   <Button.CommandParameter>
     <SolidColorBrush Color="#54FFFF00"></SolidColorBrush>
   </Button.CommandParameter>
 </Button>

 <Button Background="LimeGreen" Width="15" Height="15" Margin="2,0"
   Command="annot:AnnotationService.CreateHighlightCommand">
     <Button.CommandParameter>
       <SolidColorBrush Color="#5432CD32"></SolidColorBrush>
     </Button.CommandParameter>
 </Button>
```

可添加最后一个按钮，删除选择区域中突出显示的批注：

```
<Button Command="annot:AnnotationService.ClearHighlightsCommand">
  Clear Highlights
</Button>
```

注意：

当使用 ApplicationCommands.Print 命令打印包含批注的文档时，会以批注显示时的样式打印批注。换句话说，最小化了的批注会显示为最小化，可见的批注会显示在内容的上面(从而可能遮住部分文档)等。如果希望创建不包含批注的打印输出，只需要在开始打印输出之前禁用批注服务。

28.6.4　检查批注

在某些情况下，可能希望检查关联到文档的所有批注。这有许多可能的原因——可能希望显示关于批注的摘要报告、打印批注列表或将批注导出到文件中等。

AnnotationStore 对象通过使用 GetAnnotations( )方法，使得获取它所包含的所有批注变得较为容易。然后可将每个批注作为 Annotation 对象进行检查：

```
IList<Annotation> annotations = service.Store.GetAnnotations();
foreach (Annotation annotation in annotations)
{
   ...
}
```

从理论上讲，可使用以 ContentLocator 对象作为参数的 GetAnnotations( )方法的重载版本，查找文档特定部分中的批注。但实际上，这非常麻烦，因为正确地使用 ContentLocator 对象比较困难，并且需要精确地匹配批注的开始位置。

一旦检索到 Annotation 对象，就会发现该对象提供了表 28-8 中列出的属性。

表 28-8　Annotation 类的属性

名　称	说　明
Id	唯一确定批注的的全局标识符(GUID)。如果知道批注的 GUID，就可以使用 Annotation-Store.GetAnnotation( )方法检索相应的 Annotation 对象(当然，不可能知道已有批注的 GUID，除非已经通过调用 GetAnnotations( )方法在以前检索过 GUID，或者当创建或修改批注时已经响应了 AnnotationStore 事件)
AnnotationType	确定批注类型的 XML 元素名称，使用“名称空间：本地名称”格式
Anchors	0 个、1 个或更多个 AnnotationResource 对象的集合，确定被批注过的文本
Cargos	0 个、1 个或更多个 AnnotationResource 对象的集合，其中包含批注的用户数据，包括文本注释的文本或墨迹注释的墨迹笔划
Authors	0 个、1 个或更多个字符串的集合，确定创建批注的作者
CreationTime	创建批注的日期和时间
LastModificationTime	最后一次更新批注的日期和时间

Annotation 对象实际上只是为批注保存 XML 数据的简单封装器。这种设计的一个后果是很难从 Anchors 和 Cargos 属性中提取信息。例如，如果希望获取批注的实际文本，就需要查看 Cargos 选择中的第二项。该项中包含了文本，但使用 Base64 编码格式的字符串保存文本(如果

批注中包含 XML 元素内容原本不接受的字符，这样做可以避免一些问题)。如果希望实际查看这个文本，就需要编写如下枯燥代码：

```
// Check for text information.
if (annotation.Cargos.Count > 1)
{
    // Decode the note text.
    string base64Text = annotation.Cargos[1].Contents[0].InnerText;
    byte[] decoded = Convert.FromBase64String(base64Text);

    // Write the decoded text to a stream.
    MemoryStream m = new MemoryStream(decoded);

    // Using the StreamReader, convert the text bytes into a more
    // useful string.
    StreamReader r = new StreamReader(m);
    string annotationXaml = r.ReadToEnd();
    r.Close();

    // Show the annotation content.
    MessageBox.Show(annotationXaml);
}
```

上面的代码获取批注文本，文本被封装进 XAML<Section>元素中。<Section>开始标签包含指定各种排版细节的特性。<Section>元素内部是更多的<Paragraph>和<Run>元素。

注意：

与文本批注类似，墨迹批注也有包含多个项的 Cargos 集合。然而，对于墨迹批注，Cargos 集合包含的是墨迹数据而不是可以解码的文本。如果为墨迹批注使用上面的代码，将显示空的消息框。因此，如果文档中同时包含文本批注和墨迹批注，在使用上面的代码之前，应当检查 Annotation.AnnotationType 属性，确保正在处理的是文本批注。

如果只希望获取文本，而不获取其他 XML 相关内容，可使用 XamlReader 进行反串行化(要避免使用 StreamReader)。使用下面的代码，可将 XML 反串行化为 Section 对象：

```
if (annotation.Cargos.Count > 1)
{
    // Decode the note text.
    string base64Text = annotation.Cargos[1].Contents[0].InnerText;
    byte[] decoded = Convert.FromBase64String(base64Text);

    // Write the decoded text to a stream.
    MemoryStream m = new MemoryStream(decoded);

    // Deserialize the XML into a Section object.
    Section section = XamlReader.Load(m) as Section;
    m.Close();

    // Get the text inside the Section.
```

```
    TextRange range = new TextRange(section.ContentStart, section.ContentEnd);

    // Show the annotation content.
    MessageBox.Show(range.Text);
}
```

如表 28-8 所示，文本不是可从批注中恢复的唯一细节。可很容易地获取有关批注作者、创建时间以及最后一次修改时间等信息。

还可检索与在文档中的什么位置锚定批注相关的信息。然而，对于该任务而言，Anchors 集合起不到帮助作用，因为该属性提供的是用于封装附加 XML 数据的 AnnotationResource 对象的低级集合。相反，需要使用 AnnotationHelper 类的 GetAnchorInfo( )方法。该方法使用批注作为参数，并返回实现了 IAnchorInfo 接口的对象。

```
IAnchorInfo anchorInfo=AnnotationHelper.GetAnchorInfo(service,annotation);
```

IAnchorInfo 接口组合了 AnnotationResource 对象(Anchor 属性)、批注(Annotation 属性)以及代表批注在文档树中位置的对象(ResolvedAnchor 属性)，这是最有用的细节。尽管 ResolvedAnchor 属性是 object 类型，但文本批注和突出显示批注总是返回 TextAnchor 对象。TextAnchor 对象描述了锚定文本的开始点(BoundingStart)和结束点(BoundingEnd)。

下面的代码演示了如何使用IAnchorInfo接口为批注确定突出显示的文本：

```
IAnchorInfo anchorInfo = AnnotationHelper.GetAnchorInfo(service, annotation);
TextAnchor resolvedAnchor = anchorInfo.ResolvedAnchor as TextAnchor;
if (resolvedAnchor != null)
{
    TextPointer startPointer = (TextPointer)resolvedAnchor.BoundingStart;
    TextPointer endPointer = (TextPointer)resolvedAnchor.BoundingEnd;

    TextRange range = new TextRange(startPointer, endPointer);
    MessageBox.Show(range.Text);
}
```

也可以使用 TextAnchor 对象作为起点，获取文档树中的其他内容，如下所示：

```
// Scroll the document so the paragraph with the annotated text is displayed.
TextPointer textPointer = (TextPointer)resolvedAnchor.BoundingStart;
textPointer.Paragraph.BringIntoView();
```

本章中有个示例使用这种技术创建批注列表。当在列表中选择批注时，会自动显示文档中被批注的部分。

对于这两种情况，可使用 AnnotationHelper.GetAnchorInfo( )方法根据批注对象获取批注文本，与 AnnotationStore.GetAnnotations( )方法非常类似，该方法可根据文档内容获取批注。

尽管检索已经存在的批注比较容易，但当操作这些批注时，WPF 的批注功能并不强大。用户很容易就能打开一个便签、将它拖动到新的位置以及执行修改文本等操作，但通过代码执行这些任务并不容易。实际上，Annotation 对象的所有属性都是只读的。没有现成的方法可用于修改批注，所以为了编辑批注，需要删除并重新创建批注。可使用 AnnotationStore 类或 AnnotationHelper 类的方法完成这一工作(如果批注关联到当前选择的文本的话)。然而，采用这两种方法时，都需要完成很多令人讨厌的工作。如果使用 AnnotationStore 类，需要手动创建

Annotation 对象。如果使用 AnnotationHelper 类，那么在创建批注之前，需要明确地进行文本选择以提供正确的文本。这两种方法都很繁琐并且容易出错。

28.6.5 响应批注更改

现在您已经学习了如何使用 AnnotationStore 对象检索文档中的批注(使用 GetAnnotations( )方法)，以及如何操作批注(使用 DeleteAnnotation( )和 AddAnnotation( )方法)。AnnotationStore 类还提供了另一个功能——当改变批注时引发事件进行通知。

AnnotationStore 类提供了 4 个事件——AnchorChanged(当移动批注时引发该事件)、AuthorChanged(当改变批注的作者信息时引发该事件)、CargoChanged(当修改批注的数据、包含的文本时引发该事件)以及 StoreContentChanged(当以任意方式创建、删除或修改批注时引发该事件)。

本章的下载示例中提供了一个批注跟踪示例。为 StoreContentChanged 事件提供了事件处理程序，用于响应批注更改。该例检索所有批注信息(使用 GetAnnotations( )方法)，然后在列表中显示批注文本。

注意：

批注事件在更改发生后引发，这意味着无法插入扩展批注动作的自定义逻辑。例如，不能为批注添加即时信息，也不能酌情取消用户试图编辑或删除批注的操作。

28.6.6 在固定文档中保存批注

前面的示例在流文档中使用批注。对于这种情况，不能保存批注以备将来使用，它们必须单独保存——例如，保存在不同的 XML 文件中。

当使用固定文档时，可使用相同的方法，但有一个附加选项——可直接将批注存储到 XPS 文档文件中。实际上，甚至可在同一个文档中存储多个不同的批注集合。这只需要使用 System.IO.Packaging 名称空间提供的打包支持即可。

如前所述，每个 XPS 文档实际上是包含几个文件的 ZIP 存档。当在 XPS 文档中存储批注时，实际上是在 ZIP 存档中创建另一个文件。

首先是选择确定批注的 URI。下面的示例使用名称 AnnotationStream 确定批注：

```
Uri annotationUri = PackUriHelper.CreatePartUri(
  new Uri("AnnotationStream", UriKind.Relative));
```

现在需要使用 PackageStore.GetPackage( )静态方法为 XPS 文档获取 Package 对象：

```
Package package = PackageStore.GetPackage(doc.Uri);
```

然后可创建将用于在 XPS 文档中存储批注的包部件。然而，需要检查批注的包部件是否已经存在(以防止以前已经加载过文档并且已经添加了批注的情况)。如果不存在，现在可以创建：

```
PackagePart annotationPart = null;
if (package.PartExists(annotationUri))
{
    annotationPart = package.GetPart(annotationUri);
}
else
```

```
{
    annotationPart = package.CreatePart(annotationUri, "Annotations/Stream");
}
```

最后是创建 AnnotationStore 对象，封装批注的包部件，然后以常规方式启用 AnnotationService 服务：

```
AnnotationStore store = new XmlStreamStore(annotationPart.GetStream());
service = new AnnotationService(docViewer);
service.Enable(store);
```

为使这种技术奏效，必须使用 FileMode.ReadWrite 模式而不是使用 FileMode.Read 模式打开 XPS 文件，从而能将批注写入到 XPS 文件中。出于同样的原因，当批注服务工作时，需要保持 XPS 文档处于打开状态。当关闭窗口(或选择打开新的文档)时可关闭 XPS 文档。

28.6.7　自定义便签的外观

当创建文本便签或墨迹便签时，显示的便签窗口是 StickyNoteControl 类的实例，该类位于 System.Windows.Controls 名称空间。与所有 WPF 控件一样，可使用样式设置器或应用新的控件模板，定制 StickyNoteControl 控件的可视化外观。

例如，使用 Style.TargetType 属性可以很容易地创建能应用于所有 StickyNoteControl 实例的样式。下面的示例为每个 StickyNoteControl 对象设置了新的背景色：

```
<Style TargetType="{x:Type StickyNoteControl}">
  <Setter Property="Background" Value="LightGoldenrodYellow"/>
</Style>
```

为得到 StickyNoteControl 控件的更加动态化的版本，可编写响应 StickyNoteControl.IsActive 属性的样式触发器，当便签具有焦点时该属性为 true。

为更好地加以控制，可为 StickyNoteControl 控件使用完全不同的控件模板。唯一的技巧是，根据是用于保存墨迹便签还是用于保存文本便签，StickyNoteControl 模板是不同的。如果允许用户创建两种类型的便签，就需要用于在两个模板之间进行选择的触发器。墨迹便签必须包含 InkCanvas 控件，而文本便签必须包含 RichTextBox 控件。对于这两种情况，这个元素应当被命名为 PART_ContentControl。

下面的样式同时为墨迹便签和文本便签应用最简单的控件模板。该样式设置便签窗口的大小，并根据便签内容选择恰当的模板：

```
<Style x:Key="MinimumStyle" TargetType="{x:Type StickyNoteControl}">
  <Setter Property="OverridesDefaultStyle" Value="true" />
  <Setter Property="Width" Value="100" />
  <Setter Property="Height" Value ="100" />
  <Style.Triggers>
    <Trigger Property="StickyNoteControl.StickyNoteType"
      Value="{x:Static StickyNoteType.Ink}">
    <Setter Property="Template">
      <Setter.Value>
        <ControlTemplate>
          <InkCanvas Name="PART_ContentControl" Background="LightYellow" />
```

```
        </ControlTemplate>
      </Setter.Value>
    </Setter>
  </Trigger>
  <Trigger Property="StickyNoteControl.StickyNoteType"
    Value="{x:Static StickyNoteType.Text}">
      <Setter Property="Template">
        <Setter.Value>
          <ControlTemplate>
              <RichTextBox Name="PART_ContentControl" Background="LightYellow"/>
          </ControlTemplate>
        </Setter.Value>
      </Setter>
    </Trigger>
  </Style.Triggers>
</Style >
```

28.7　小结

大多数开发人员已经知道 WPF 为绘图、布局和动画提供了新的专用模型，但经常忽视 WPF 的富文档功能。

本章介绍如何创建流文档、如何使用各种方式在流文档中布局文本以及如何在不同的容器中控制文本显示，还讨论了如何使用 FlowDocument 对象模型动态改变文档中的某些部分，并分析了 RichTextBox 控件，该控件为高级的文本编辑功能奠定了坚实基础。

本章最后简要浏览了固定文档和 XpsDocument 类。XPS 模型为 WPF 的打印功能提供了支持，这是第 29 章的主题。

第 29 章

打　印

WFP 完全重新规划了打印模型，将所有编码围绕如下单一要素进行组织：System.Windows.Controls 名称空间中的 PrintDialog 类。使用 PrintDialog 类，可显示 Print 对话框，用户可在该对话框中选择打印机和改变其设置，并且可将元素、文档以及低级的可视化元素直接发送到打印机。本章将介绍如何使用 PrintDialog 类创建正确缩放的且正确分页的打印输出。

29.1 基本打印

尽管 WPF 提供了许多与打印相关的类(大多数位于 System.Printing 名称空间中)，但有一个起点会使得学习打印的过程变得十分轻松，即 PrintDialog 类。

PrintDialog 类封装了熟悉的 Print 对话框，用户可使用该对话框选择打印机以及其他一些标准打印选项，如打印份数(如图 29-1 所示)。然而，PrintDialog 类并不仅仅是个美观的窗口—— 还内置了触发打印输出的能力。

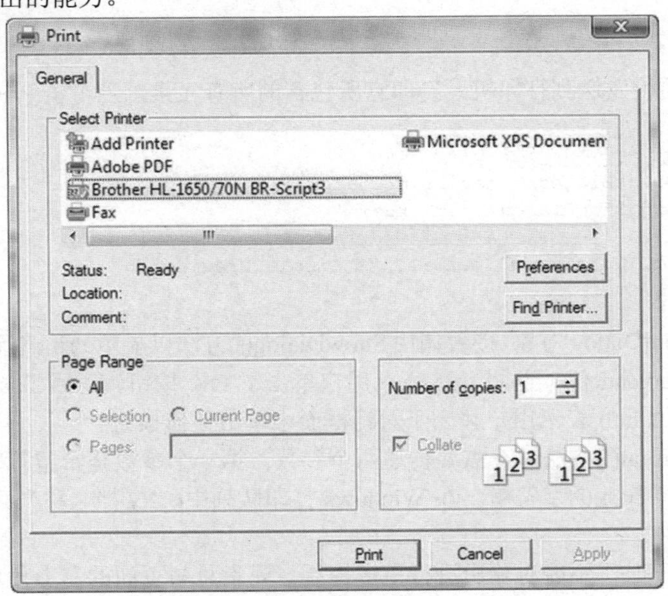

图 29-1　显示 Print 对话框

为使用 PrintDialog 类提交打印作业，需要使用以下两个方法中的一个：

- PrintVisual( )方法用于打印所有继承自 System.Windows.Media.Visual 的类，包括手工绘制的任意图形以及在窗口中放置的任意元素。
- PrintDocument( )方法用于打印所有 DocumentPaginator 对象，包括用于将 FlowDocument (或 XpsDocument)文档分隔到多页中的 DocumentPaginator 对象，以及为了处理自己的数据而创建的任意自定义 DocumentPaginator 对象。

接下来的几节将分析用于创建打印输出的各种策略。

29.1.1　打印元素

最简单的打印方法是利用已经用过的用于屏幕渲染的模型。使用 PrintDialog.PrintVisual( )方法，可将窗口中的所有元素及其子元素直接发送到打印机。

为查看实际工作中的示例，分析图 29-2 中显示的窗口。该窗口包含一个布局所有元素的 Grid 控件。最顶部的行中是一个 Canvas 面板，Canvas 面板中是一幅包含 TextBlock 元素和 Path 对象(该对象将自身渲染成中间有椭圆形空洞的矩形)的图画。

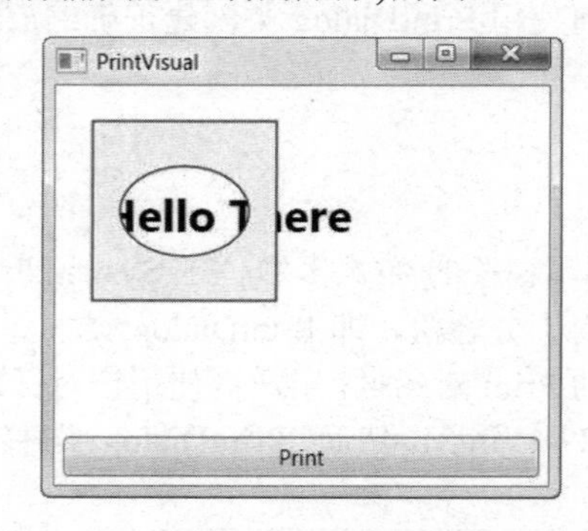

图 29-2　简单的图画

为将 Canvas 面板发送到打印机，打印它所包含的所有元素，当单击 Print 按钮时可使用以下代码片段：

```
PrintDialog printDialog = new PrintDialog();
if (printDialog.ShowDialog() == true)
{
   printDialog.PrintVisual(canvas, "A Simple Drawing");
}
```

首先是创建 PrintDialog 对象。接着调用 ShowDialog( )方法以显示 Print 对话框。ShowDialog( )方法返回可空的 Boolean 值。返回 true 表示用户单击了 OK 按钮，返回 false 表示用户单击了 Cancel 按钮，而返回 null 表示用户关闭了对话框而未单击任何按钮。

当调用 PrintVisual( )方法时，需要传递两个参数。第一个参数是希望打印的元素，第二个参数是用于标识打印作业的字符串。在 Windows 打印队列中(“文档名称”列的后面)可看到该字符串。

用这种方法打印时，不能对输出进行更多控制。元素总与页面的左上角对齐。如果元素不含非零的 Margin 属性值，打印内容的边缘可能会位于页面的非打印区域，这意味着不会在打印输出中显示。

缺少页边距控制只是使用这种方法进行打印所面临的局限性的开始。如果打印内容非常长，这种方法还不能对内容进行分页，所以如果准备打印的内容在单独的一页中放不下，底部的一些内容会被遗漏。最后，无法对打印输出中的内容进行缩放。相反，WPF 使用相同的基于 1/96 英寸单位的设备无关渲染系统。例如，如果有宽为 96 个单位的矩形，在显示器上显示的矩形是 1 英寸宽(假定使用标准的 96 dpi Windows 系统设置)，并且在打印页面上也是 1 英寸宽。通常，打印输出中的这个结果比所期望的要小很多。

注意：

显然，在打印页面中 WPF 会填充更多细节，因为几乎没有哪个打印机的分辨率会低到 96 dpi (对于打印机，600 dpi 和 1200 dpi 是更常见的分辨率)。然而，WPF 将打印输出内容的尺寸设置为在显示器上显示时使用的相同尺寸。

图 29-3 显示了图 29-2 所示窗口中 Canvas 面板的整页打印输出效果。

图 29-3　打印的元素

Print 对话框存在的问题

PrintDialog 类封装了低级的名为 Win32PrintDialog 的内部.NET 类，该类又封装了由 Win32 API 提供的 Print 对话框。但这些额外的层次使开发人员丧失了一些灵活性。

一个潜在问题是 PrintDialog 类使用模态窗口进行工作。隐藏在不能访问的 Win32PrintDialog 代码中的逻辑是，始终将 Print 对话框作为应用程序主窗口的模态对话框。如果从主窗口中显示模态窗口，然后从这个模态窗口中调用 PrintDialog.ShowDialog( )方法，就会导致奇怪的问题发生。尽管可能期望 Print 对话框是第二个窗口的模态对话框，但它实际上是主窗口的模态对话框，这意味着用户可返回到第二个窗口并与 Print 对话框进行交互(甚至单击 Print 按钮来显示多个 Print 对话框实例)！对于这个问题，有些笨拙的解决方法是在调用 PrintDialog.Show Dialog( )方法之前手动将当前窗口改为应用程序的主窗口，并在调用 PrintDialog.ShowDialog( )方法之后立即恢复为原来的主窗口。

对于 PrintDialog 类的这种工作方式还有另一个限制。因为主应用程序线程拥有正在打印的内容，所以不可能在后台线程中执行打印操作。如果有非常耗时的打印逻辑，这会成为问题。有两种可能的解决方法。如果在后台线程中构造希望打印的可视化对象(而不是将它们从已经存在的窗口中发送到打印机)，就可以在后台线程执行打印操作。然而，更简单的方法是使用 PrintDialog 对话框让用户指定打印设置，然后使用 XpsDocumentWriter 类实际打印内容，而不是使用 PrintDialog 类的打印方法。XpsDocumentWriter 类提供了将内容异步发送到打印机的功能，稍后的 29.4 节“通过 XPS 进行打印”中将介绍这方面的内容。

29.1.2 变换打印输出

第 12 章曾提到过，可将 Transform 对象关联到任意元素的 RenderTransform 或 LayoutTransform 属性，从而改变渲染它们的方式。Transform 对象可解决不能灵活地打印输出的问题，因为可使用它们重新改变元素的尺寸(ScaleTransform)、在页面中移动元素的位置(TranslateTransform)或者同时应用这两种变换(TransformGroup)。不过，可视化元素一次只能使用一种方式放置它们自身。这意味着无法在窗口中以某种方式缩放元素，并在打印输出中以另一种方式进行缩放—— 相反，应用的任何 Transform 对象会同时改变元素的打印输出和屏幕显示。

如果不怕麻烦，可以采用多种方式处理这个问题。基本思想是在创建打印输出之前应用变换对象，然后移除变换对象。为防止改变大小之后的元素显示在窗口中，可暂时隐藏元素。

您可能希望通过改变元素的 Visibility 属性来隐藏元素，但这会同时从窗口和打印输出中隐藏元素，显然这并非我们所希望的。一种可能的解决方法是改变父元素的 Visibility 属性(对于该例是 Grid 布局控件)。这种方法是可行的，因为 PrintVisual( )方法只考虑指定的元素及其子元素，而不考虑父元素的细节。

下面的代码将所有这些内容放到一起，并打印图 29-2 中显示的 Canvas 面板，但在两个方向上将 Canvas 面板放大了 5 倍：

```
PrintDialog printDialog = new PrintDialog();
if (printDialog.ShowDialog() == true)
{
    // Hide the Grid.
    grid.Visibility = Visibility.Hidden;

    // Magnify the output by a factor of 5.
    canvas.LayoutTransform = new ScaleTransform(5, 5);

    // Print the element.
    printDialog.PrintVisual(canvas, "A Scaled Drawing");

    // Remove the transform and make the element visible again.
    canvas.LayoutTransform = null;
    grid.Visibility = Visibility.Visible;
}
```

该例丢失了一个细节。尽管 Canvas 面板及其内容被拉伸了，但 Canvas 面板仍使用来自包含它的 Grid 面板的布局信息。换句话说，Canvas 面板仍认为它具有的可用空间等于放置它的单元格的范围。在该例中，这一疏忽不会引起问题，因为 Canvas 面板没有将它自身限制在可用空间中(和其他容器不同)。然而，如果希望打印文本并希望该文本能够换行以适应打印页面的边界，或者 Canvas 面板具有背景色(在这个示例中，将占据更小尺寸的 Grid 单元格而不是整个 Canvas 面板背后的整个区域)，就会遇到麻烦。

解决该问题的方法很简单。在设置 LayoutTransform 后(但在打印 Canvas 面板之前)，需要使用 Measure( )和 Arrange( )方法手动触发布局过程，所有元素都从 UIElement 类继承了这两个方法。技巧是当调用这些方法时，传入页面的尺寸，使 Canvas 面板拉伸自身以适应页面(而且，这也是为什么设置 LayoutTransform 属性而不设置 RenderTransform 属性的原因，因为希望布局使用扩展之后的新尺寸)。可从 PrintableAreaWidth 和 PrintableAreaHeight 属性获取页面尺寸。

注意：

根据属性名称，认为 PrintableAreaWidth 和 PrintableAreaHeight 属性反映了页面的可打印区域是合理的——换句话说，是指在页面上打印机能够实际打印的部分(通常因为滚筒在页面上开始的位置不同，大多数打印机不能真正达到页面边缘)。但实际上，PrintableAreaWidth 和 PrintableAreaHeight 属性只是以设备无关单位返回页面的整个宽度和高度。对于一张 8.5 × 11 英寸的打印纸，返回的是 816 和 1056(将这些数字除以 96 dpi，会得到整页纸以英寸计的尺寸值)。

下面的示例演示了如何使用 PrintableAreaWidth 和 PrintableAreaHeight 属性。为得到更好的效果，在页面所有边缘都保留了 10 个单位(大约 0.1 英寸)作为边界。

```
PrintDialog printDialog = new PrintDialog();
if (printDialog.ShowDialog() == true)
{
    // Hide the Grid.
    grid.Visibility = Visibility.Hidden;

    // Magnify the output by a factor of 5.
    canvas.LayoutTransform = new ScaleTransform(5, 5);

    // Define a margin.
    int pageMargin = 5;

    // Get the size of the page.
    Size pageSize = new Size(printDialog.PrintableAreaWidth - pageMargin * 2,
      printDialog.PrintableAreaHeight - 20);

    // Trigger the sizing of the element.
    canvas.Measure(pageSize);
    canvas.Arrange(new Rect(pageMargin, pageMargin,
      pageSize.Width, pageSize.Height));

    // Print the element.
    printDialog.PrintVisual(canvas, "A Scaled Drawing");

    // Remove the transform and make the element visible again.
```

```
    canvas.LayoutTransform = null;
    grid.Visibility = Visibility.Visible;
}
```

最终打印了所有元素，并将根据需要对这些元素进行缩放(查看图 29-4 中的整页输出)。虽然这种方法效果不错，但也可以发现将其结合在一起有些凌乱。

图 29-4　缩放的打印元素

29.1.3　打印不显示的元素

因为希望在应用程序中显示数据的方式和希望在打印输出中显示的方式经常不同，所以某些情况下通过代码创建可视化元素(而非使用已在窗口中存在的元素)是合理的。例如，下面的代码在内存中创建 TextBlock 对象，用文本填充该对象，并将 TextBlock 对象设置成能够换行，改变其尺寸以适应打印页面，然后打印该对象：

```
PrintDialog printDialog = new PrintDialog();
if (printDialog.ShowDialog() == true)
{
    // Create the text.
    Run run = new Run("This is a test of the printing functionality " +
      "in the Windows Presentation Foundation.");

    // Wrap it in a TextBlock.
    TextBlock visual = new TextBlock();
    TextBlock.Inlines.Add(run);

    // Use margin to get a page border.
    visual.Margin = new Thickness(15);

    // Allow wrapping to fit the page width.
```

```
    visual.TextWrapping = TextWrapping.Wrap;

    // Scale the TextBlock up in both dimensions by a factor of 5.
    // (In this case, increasing the font would have the same effect,
    // because the TextBlock is the only element.)
    visual.LayoutTransform = new ScaleTransform(5, 5);

    // Size the element.
    Size pageSize = new Size(printDialog.PrintableAreaWidth,
      printDialog.PrintableAreaHeight);
    visual.Measure(pageSize);
    visual.Arrange(new Rect(0, 0, pageSize.Width, pageSize.Height));

    // Print the element.
    printDialog.PrintVisual(visual, "A Scaled Drawing");
}
```

图 29-5 显示了由上面的代码创建的打印页面。

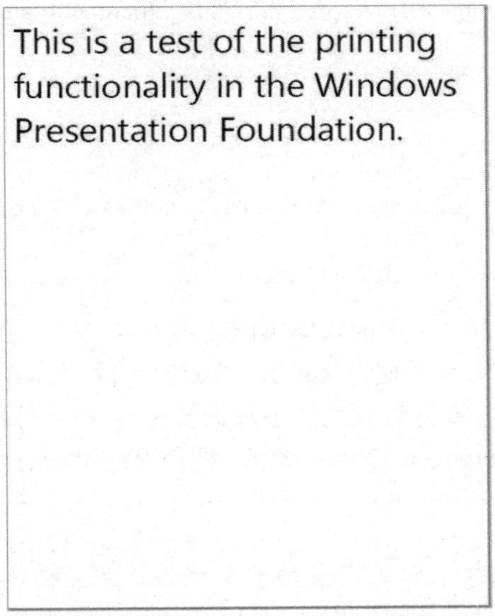

This is a test of the printing functionality in the Windows Presentation Foundation.

图 29-5　换行文本(使用 TextBlock 元素)

通过这种方法可获取所需窗口之外的内容，并且独立地自定义打印外观。但如果具有需要跨越多页的内容，这种方法就不起作用(对于这种情况，需要使用在接下来几节中介绍的打印技术)。

29.1.4　打印文档

PrintVisual( )可能是最常见的打印方法，但 PrintDialog 类还提供了另一种打印选项。可使用 PrintDocument( )方法打印流文档中的内容。这种方法的优点是流文档能处理大量的复杂内容，并能将内容分隔到多页中(就像在屏幕上显示的那样)。

您可能认为 PrintDialog.PrintDocument( )方法需要以 FlowDocument 对象作为参数，但它实

际上使用 DocumentPaginator 对象作为参数。DocumentPaginator 是特殊类，该类的作用是获取内容，将内容分隔到多页中，并当需要时提供每一页。每页由一个 DocumentPage 对象表示，它实际上只是封装器，封装 Visual 对象并添加了一些辅助内容。可以看到，在 DocumentPage 类中只增加了三个属性。Size 属性是页面的尺寸、ContentBox 属性是在添加外边距之后放置内容区域的方框的尺寸，而 BleedBox 属性是用于显示打印产品相关信息、注册商标以及公司商标的区域，该区域位于纸张上并在页面边界之外。

这意味着 PrintDocument( )方法的工作方式与 PrintVisual( )方法的工作方式基本相同。区别在于打印的是几个可视化对象——每个页面一个。

注意：

尽管在不使用 DocumentPaginator 对象和重复调用 PrintVisual( )方法的情况下，也可以将内容分隔到单独的页面中，但这并不是一种好方法。如果使用这种方法，打印每个页面的作业将变成独立的打印作业。

那么如何为 FlowDocument 获取 DocumentPaginator 对象呢？技巧是将 FlowDocument 对象转换成 IDocumentPaginatorSource 接口类型，然后使用 DocumentPaginator 属性。下面是一个示例：

```
PrintDialog printDialog = new PrintDialog();
if (printDialog.ShowDialog() == true)
{
    printDialog.PrintDocument(
      ((IDocumentPaginatorSource)docReader.Document).DocumentPaginator,
      "A Flow Document");
}
```

根据当前驻留文档的容器，上面的代码可能会得到也可能不会得到所期望的结果。如果文档位于内存中(但不在窗口中)，或存储在 RichTextBox 控件或 FlowDocumentScrollViewer 容器中，上面的代码就工作得很好。最终得到双列的多页面打印输出(在标准的 8.5×11 英寸的纵向纸张上)。如果使用 ApplicationCommands.Print 命令，将会得到相同的结果。

注意：

如第 9 章所述，一些控件包含了内置的命令连接。流文档容器(例如，在此使用的 FlowDocumentScrollViewer 容器)就是一例。它处理 ApplicationCommands.Print 命令，执行基本的打印输出。这段硬连接的打印代码与上面显示的代码类似，但使用 XpsDocumentWriter 类进行打印，稍后的 29.4 节“通过 XPS 进行打印”将介绍 XpsDocumentWriter 类。

然而，如果文档保存在 FlowDocumentPageViewer 或 FlowDocumentReader 容器中，结果就不是很理想。对于这种情况，文档使用和容器中当前视图相同的方式进行分页。所以如果为了使内容适应当前窗口而将内容分成 24 页，那么在打印输出中也会分成 24 页，每页只有一小部分包含数据。同样，解决方法有点儿复杂，但能够奏效(使用的解决方法在本质上与 ApplicationCommands.Print 命令采用的解决方法相同)。技巧是强制流文档自己为打印机进行分页。可通过将 FlowDocument.PageHeight 和 FlowDocument.PageWidth 属性设置为页面的边界而不是容器的边界来达到这一目的(在诸如 FlowDocumentScrollViewer 的容器中，没有设置这些属性，因为没有进行分页。这也是为什么打印功能能够很好地工作的原因——当创建打印输出时

会自动进行分页)。

```
FlowDocument doc = docReader.Document;

doc.PageHeight = printDialog.PrintableAreaHeight;
doc.PageWidth = printDialog.PrintableAreaWidth;
printDialog.PrintDocument(
  ((IDocumentPaginatorSource)doc).DocumentPaginator,
   "A Flow Document");
```

您可能还希望设置 ColumnWidth 以及 ColumnGap 等属性，从而得到所期望的列数。否则，将得到在当前窗口中使用的结果。

使用这种方法的唯一问题是一旦改变这些属性，它们就会应用到显示文档的容器。最终得到文档的压缩版本，该版本可能太小以至于不能在当前窗口中阅读它们。正确的解决方法是保存所有这些属性值，改变它们，然后重新应用原来的值。

下面是打印具有两列并具有较大页边距(通过 FlowDocument.PagePadding 属性添加页边距)的打印输出的完整代码：

```
PrintDialog printDialog = new PrintDialog();
if (printDialog.ShowDialog() == true)
{
    FlowDocument doc = docReader.Document;

    // Save all the existing settings.
    double pageHeight = doc.PageHeight;
    double pageWidth = doc.PageWidth;
    Thickness pagePadding = doc.PagePadding;
    double columnGap = doc.ColumnGap;
    double columnWidth = doc.ColumnWidth;

    // Make the FlowDocument page match the printed page.
    doc.PageHeight = printDialog.PrintableAreaHeight;
    doc.PageWidth = printDialog.PrintableAreaWidth;
    doc.PagePadding = new Thickness(50);

    // Use two columns.
    doc.ColumnGap = 25;
    doc.ColumnWidth = (doc.PageWidth - doc.ColumnGap
      - doc.PagePadding.Left - doc.PagePadding.Right) / 2;

    printDialog.PrintDocument(
      ((IDocumentPaginatorSource)doc).DocumentPaginator, "A Flow Document");

    // Reapply the old settings.
    doc.PageHeight = pageHeight;
    doc.PageWidth = pageWidth;
    doc.PagePadding = pagePadding;
    doc.ColumnGap = columnGap;
    doc.ColumnWidth = columnWidth;
}
```

这种方法存在一些限制。尽管可修改用于调整页边距和列数的属性，但控制能力十分有限。当然，可通过代码修改流文档(例如，暂时增大 FontSize)，但不能修剪打印输出的一些细节，如页数。在 29.1.5 节中您将学习一种突破这些限制的方法。

打 印 批 注

WPF 提供了两个继承自 DocumentPaginator 的类。FlowDocumentPaginator 对象用于对流文档进行分页——可通过 FlowDocument.DocumentPaginagtor 属性获得该对象。同样，Fixed-DocumentPaginator 对象用于对 XPS 文档进行分页，并通过 XpsDocument 类自动使用该对象。然而，这两个类都被标记为内部类，而且不能在代码中访问它们。但可以通过使用 Document-Paginator 基类的成员与这些分页元素进行交互。

WPF 只提供了一个用于分页的公有具体类，即 AnnotationDocumentPaginator 类，该类用于打印具有关联批注的文档(在第 28 章中讨论过批注)。AnnotationDocumentPaginator 类是公有的，所以如果需要的话，可创建该类的实例，为批注过的文档触发打印输出。

为使用 AnnotationDocumentPaginator 类，必须在新的 AnnotationDocumentPaginator 对象中封装已有的 DocumentPaginator 类。为此，简单地创建 AnnotationDocumentPaginator 对象并传递两个引用。第一个引用是用于文档的原始分页器，第二个引用是包含所有批注的批注存储。下面是一个示例：

```
// Get the ordinary paginator.
DocumentPaginator oldPaginator =
  ((IDocumentPaginatorSource)doc).DocumentPaginator;

// Get the (currently running) annotation service for a
// specific document container.
AnnotationService service = AnnotationService.GetService(docViewer);

// Create the new paginator.
AnnotationDocumentPaginator newPaginator = new AnnotationDocumentPaginator(
  oldPaginator, service.Store);
```

现在，可通过调用 PrintDialog.PrintDocument( )方法并传递 AnnotationDocumentPaginator 对象，打印添加了批注的文档(处于当前的最小或最大状态)。

29.1.5　在文档打印输出中控制页面

通过创建自己的 DocumentPaginator 对象可进一步控制如何打印流文档。根据名称您可能已经猜到，为进行打印(或者为在基于页面的流文档查看器中进行显示)，DocumentPaginator 对象将文档内容分隔到不同的页中。DocumentPaginator 对象负责根据给定的页面大小返回总页数，并使用 DocumentPage 对象为每页提供布局好的内容。

自定义的 DocumentPaginator 对象未必很复杂——实际上，它可以简单地封装由 FlowDocument 对象提供的 DocumentPaginator 对象，并让该对象完成将文本分隔到单独页面中的复杂工作。然而，可使用自己的 DocumentPaginator 对象进行一些较小的调整，例如添加页眉和页脚。基本技巧是拦截 PrintDialog 对页面的每个请求，然后在传输页面之前调整页面。

这种解决方案的第一个要素是构建继承自DocmentPaginator类的HeaderedFlow- Document-Paginator类。因为DocumentPaginator是抽象类，所以HeaderedFlowDocument类需要实现一些方法。然而，HeaderedFlowDocument类可将大部分工作传递给由FlowDocument对象提供的标准DocumentPaginator对象。

下面是HeaderedFlowDocumentPaginator类的基本框架：

```
public class HeaderedFlowDocumentPaginator : DocumentPaginator
{
    // The real paginator (which does all the pagination work).
    private DocumentPaginator flowDocumentPaginator;

    // Store the FlowDocument paginator from the given document.
    public HeaderedFlowDocumentPaginator(FlowDocument document)
    {
        flowDocumentPaginator =
          ((IDocumentPaginatorSource)document).DocumentPaginator;
    }
    public override bool IsPageCountValid
    {
        get { return flowDocumentPaginator.IsPageCountValid; }
    }

    public override int PageCount
    {
        get { return flowDocumentPaginator.PageCount; }
    }

    public override Size PageSize
    {
        get { return flowDocumentPaginator.PageSize; }
        set { flowDocumentPaginator.PageSize = value; }
    }

    public override IDocumentPaginatorSource Source
    {
        get { return flowDocumentPaginator.Source; }
    }

    public override DocumentPage GetPage(int pageNumber)
    { ... }
}
```

因为HeaderedFlowDocumentPaginator类将它的工作交给私有变量DocumentPaginator，所以上面的代码不需要指定PageSize、PageCount以及IsPageCountValid属性的工作方式。PageSize属性由DocumentPaginator对象的使用者(使用DocumentPaginator对象的代码)进行设置。该属性告诉DocumentPaginator对象在每个打印页面中(或屏幕上)有多少空间可供使用。PageCount和IsPageCountValid属性则提供给DocumentPaginator对象的使用者以指示分页结果。无论何时改变了PageSize属性，DocumentPaginator对象都会重新计算每页的大小(稍后将看到从头开始创建的更完整的DocumentPaginator对象，并提供了这些属性的实现细节)。

GetPage( )方法是执行操作的地方。该方法中的代码调用真正的DocumentPaginagor对象的GetPage( )方法，然后对页面进行操作。基本策略是从页面中提取Visual对象，并将它放到一个新的ContainerVisual对象中。然后可为这个ContainerVisual对象添加所期望的文本。最后，可创建一个新的用于封装ContainerVisual对象的DocumentPage对象，并使用为其新插入的标题。

注意：

该代码使用可视化层进行编程(见第14章)。这是因为需要一种方法来创建代表打印输出的可视化对象。不需要使用包括事件处理、依赖项属性以及其他内容的元素。自定义打印例程(如29.2节所述)几乎总使用可视化层编程以及ContainerVisual、DrawingVisual和DrawingContext类。

下面是完整代码：

```
public override DocumentPage GetPage(int pageNumber)
{
    // Get the requested page.
    DocumentPage page = flowDocumentPaginator.GetPage(pageNumber);

    // Wrap the page in a Visual object. You can then apply transformations
    // and add other elements.
    ContainerVisual newVisual = new ContainerVisual();
    newVisual.Children.Add(page.Visual);

    // Create a header.
    DrawingVisual header = new DrawingVisual();
    using (DrawingContext dc = header.RenderOpen())
    {
        Typeface typeface = new Typeface("Times New Roman");
        FormattedText text = new FormattedText("Page " +
          (pageNumber + 1).ToString(), CultureInfo.CurrentCulture,
          FlowDirection.LeftToRight, typeface, 14, Brushes.Black);

        // Leave a quarter inch of space between the page edge and this text.
        dc.DrawText(text, new Point(96*0.25, 96*0.25));
    }

    // Add the title to the visual.
    newVisual.Children.Add(header);

    // Wrap the visual in a new page.
    DocumentPage newPage = new DocumentPage(newVisual);
    return newPage;
}
```

上面的实现假定不会因为添加题头而改变页面尺寸。相反，假定在页边距中有足够的空间放置题头。如果页边距很小，题头将被打印到文档内容的上面。在一些程序中，如Microsoft Word，使用的是相同的题头工作方式。题头不被视为主文档的一部分，并且与主文档内容分别进行单独定位。

在此有一个小麻烦。当在窗口中显示页面时，不能为ContainerVisual对象添加页面的Visual对象。变通方法是暂时将其从容器中删除，执行打印，然后将其添加回容器。

```
FlowDocument document = docReader.Document;
docReader.Document = null;

HeaderedFlowDocumentPaginator paginator =
  new HeaderedFlowDocumentPaginator(document);
printDialog.PrintDocument(paginator, "A Headered Flow Document");

docReader.Document = document;
```

HeaderedFlowDocumentPaginator对象用于打印，但没有关联到FlowDocument对象，所以不会改变文档在屏幕上的显示方式。

29.2 自定义打印

到现在为止，您可能已经认识到WPF打印的基本事实。可使用前面介绍过的快速但粗略的技术从窗口向打印机发送内容，甚至进行一定的修改。但如果希望使应用程序拥有一流的打印功能，就需要自己进行设计。

29.2.1 使用可视化层中的类进行打印

构造自定义打印输出的最佳方式是使用可视化层中的类。其中如下两个类特别有用：

- ContainerVisual类是精简的可视化元素，能包含具有一个或多个其他Visual对象的集合(在它的Children集合中)。
- DrawingVisual类继承自ContainerVisual类，并添加了RenderOpen( )方法和Drawing属性。RenderOpen( )方法创建DrawingContext对象，可使用该对象在可视化对象中绘图(如文本、形状等)。通过Drawing属性可以检索最后的结果(作为DrawingGroup对象)。

一旦理解如何使用这些类，创建自定义打印的过程就很简单了。

(1) 创建自己的DrawingVisual对象(在少数情况下，当希望在同一页面中组合多个单独绘制的DrawingVisual对象时，也可以创建ContainerVisual对象)。

(2) 调用DrawingVisual.RenderOpen( )方法来获取DrawingContext对象。

(3) 使用DrawingContext对象的方法创建输出。

(4) 关闭DrawingContext对象(如果在using块中封装了DrawingContext对象，这一步可自动完成)。

(5) 使用PrintDialog.PrintVisual( )方法向打印机发送可视化对象。

使用这种方法比之前用过的打印元素的技术更灵活，而且开销更低。

显然，使用这种方法的关键是需要了解DrawingContext类为创建输出提供了哪些方法。表29-1描述了可供使用的方法。Push*Xxx*( )这一类方法特别有趣，因为它们应用的设置将被用于后续的绘图操作。可使用Pop( )方法恢复最近使用的Push*Xxx*( )方法。如果调用了多个Push*Xxx*( )方法，可使用一系列Pop( )方法调用逐一关闭它们。

表 29-1　DrawingContext 类的方法

名　称	说　明
DrawLine( ) DrawRectangle( ) DrawRoundedRectangle( ) DrawEllipse( )	使用指定的填充和轮廓在指定位置绘制特定形状。通过这些方法绘制的形状和在第12 章中看到的形状一样
DrawGeometry( ) DrawDrawing( )	绘制更复杂的 Geometry 对象和 Drawing 对象。在第 13 章中已介绍过这些内容
DrawText( )	在指定的位置绘制文本。通过为方法传递 FormattedText 对象，可指定文本、字体、填充以及其他细节。如果设置 FormattedText.MaxTextWidth 属性，那么使用 DrawText( )方法可以绘制换行的文本
DrawImage( )	在指定区域(通过 Rect 对象加以定义)绘制一幅位图图像
Pop( )	翻转最近调用的 Push*Xxx*( )方法。使用 Push*Xxx*( )方法可暂时应用一种或多种效果，并使用 Pop( )方法恢复它们
PushClip( )	将绘图限制在指定的剪裁区域内。不绘制在这个区域之外的内容
PushEffect( )	为后续的绘图操作应用 BitmapEffect 效果
PushOpacity( )	应用新的不透明设置，使后续的绘图操作半透明
PushTransform( )	设置将应用于后续绘图操作的 Transform 对象。可使用变换来缩放、移动、旋转或扭曲内容

除了用于为所有内容计算最合适的位置所需的良好数学知识之外，这是创建相当美观的打印输出所需的全部要素。下面的代码使用这种方法将一块格式化文本放置到页面中心，并在页面周围添加了边框：

```
PrintDialog printDialog = new PrintDialog();
if (printDialog.ShowDialog() == true)
{
    // Create a visual for the page.
    DrawingVisual visual = new DrawingVisual();

    // Get the drawing context.
    using (DrawingContext dc = visual.RenderOpen())
    {
        // Define the text you want to print.
        FormattedText text = new FormattedText(txtContent.Text,
          CultureInfo.CurrentCulture, FlowDirection.LeftToRight,
          new Typeface("Calibri"), 20, Brushes.Black);
```

```
        // You must pick a maximum width to use text wrapping.
        text.MaxTextWidth = printDialog.PrintableAreaWidth / 2;

        // Get the size required for the text.
        Size textSize = new Size(text.Width, text.Height);

        // Find the top-left corner where you want to place the text.
        double margin = 96*0.25;
        Point point = new Point(
          (printDialog.PrintableAreaWidth - textSize.Width) / 2 - margin,
          (printDialog.PrintableAreaHeight - textSize.Height) / 2 - margin);

        // Draw the content.
        dc.DrawText(text, point);

        // Add a border (a rectangle with no background).
        dc.DrawRectangle(null, new Pen(Brushes.Black, 1),
          new Rect(margin, margin, printDialog.PrintableAreaWidth - margin * 2,
          printDialog.PrintableAreaHeight - margin * 2));
        }

    // Print the visual.
    printDialog.PrintVisual(visual, "A Custom-Printed Page");
}
```

提示：

为改进上面的代码，可能希望将绘图逻辑封装到单独的类中(可能是封装打印内容的文档类)。然后可调用该类的方法以获取可视化对象，并将可视化对象传送给窗口代码中事件处理程序中的PrintVisual( )方法。

图29-6显示了输出结果。

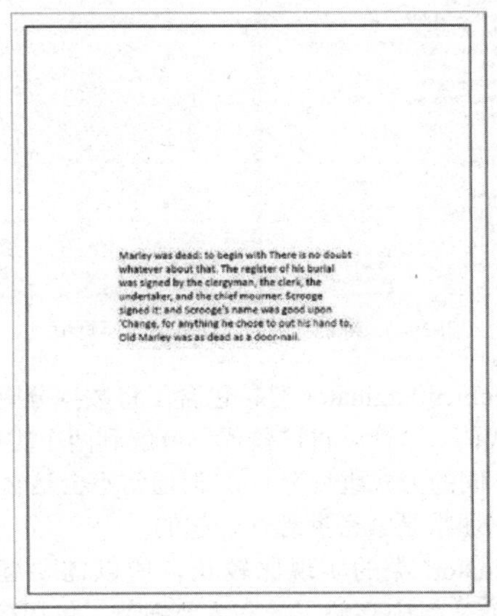
Marley was dead: to begin with There is no doubt
whatever about that. The register of his burial
was signed by the clergyman, the clerk, the
undertaker, and the chief mourner. Scrooge
signed it: and Scrooge's name was good upon
'Change, for anything he chose to put his hand to.
Old Marley was as dead as a door-nail.

图29-6 自定义打印输出

29.2.2 自定义多页打印

可视化对象不能跨越多页。如果希望实现多页打印输出，就需要使用打印流文档时使用的相同的类：DocumentPaginator 类。区别在于需要自己从头开始创建 DocumentPaginator 类，并且这时不能再通过在内部提供私有的 DocumentPaginator 对象来完成所有复杂的工作。

实现 DocumentPaginator 类的基本设计十分容易。需要添加方法来将内容分割到各页中，并且需要在内部存储与这些页相关的信息。然后，可以简单地响应 GetPage( )方法来提供 PrintDialog 所需的页面。作为 DrawingVisual 对象生成每个页面，但 DrawingVisual 对象由 DocumentPage 类进行封装。

关键在于将内容分隔到多个页面中。WPF 没有为这个任务提供支持——由您自己决定如何分隔内容。某些内容较易分隔(例如，您将在下面的示例中看到的长表格)，而某些类型的内容比较难分隔。例如，如果希望打印很长的、基于文本的文档，就需要逐个单词地移动所有文本，为行添加单词并为页面添加行。还需要测量每块单独的文本，以查看将这块文本放到一行中是否合适。使用普通的左对齐分隔文本内容——如果希望使用为流文档提供的最佳对齐功能，最好使用 PrintDialog.PrintDocument( )方法。如前所述，使用当前这种方法需要编写大量的代码并且需要使用非常专业的算法。

下面的示例演示了一种典型的并不十分困难的分页工作。在表格结构中打印 DataTable 对象中的内容，将每条记录放到单独的一行中。根据选定的字体计算一页能够容纳多少行，根据一页能够容纳的行数将记录行分隔到多个页面中。图 29-7 显示了最终结果。

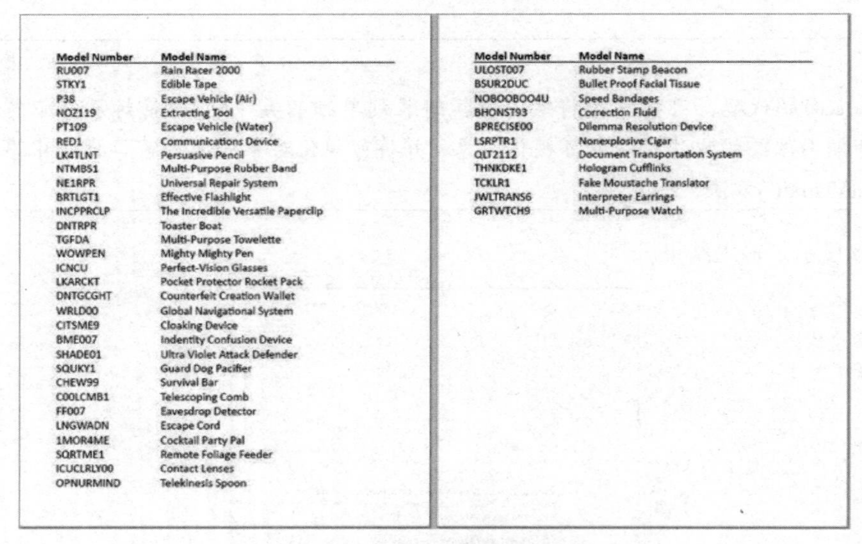

Model Number	Model Name
RU007	Rain Racer 2000
STKY1	Edible Tape
P38	Escape Vehicle (Air)
NOZ119	Extracting Tool
PT109	Escape Vehicle (Water)
RED1	Communications Device
LK4TLNT	Persuasive Pencil
NTMBS1	Multi-Purpose Rubber Band
NE1RPR	Universal Repair System
BRTLGT1	Effective Flashlight
INCPPRCLP	The Incredible Versatile Paperclip
DNTRPR	Toaster Boat
TGFDA	Multi-Purpose Towelette
WOWPEN	Mighty Mighty Pen
ICNCU	Perfect-Vision Glasses
LKARCKT	Pocket Protector Rocket Pack
DNTGCGHT	Counterfeit Creation Wallet
WRLD00	Global Navigational System
CITSME9	Cloaking Device
BME007	Indentity Confusion Device
SHADE01	Ultra Violet Attack Defender
SQUKY1	Guard Dog Pacifier
CHEW99	Survival Bar
C00LCMB1	Telescoping Comb
FF007	Eavesdrop Detector
LNGWADN	Escape Cord
1MOR4ME	Cocktail Party Pal
SQRTME1	Remote Foliage Feeder
ICUCLRLY00	Contact Lenses
OPNURMIND	Telekinesis Spoon

Model Number	Model Name
ULOST007	Rubber Stamp Beacon
BSUR2DUC	Bullet Proof Facial Tissue
NOBOOBOO4U	Speed Bandages
BHONST93	Correction Fluid
BPRECISE00	Dilemma Resolution Device
LSRPTR1	Nonexplosive Cigar
QLT2112	Document Transportation System
THNKDKE1	Hologram Cufflinks
TCKLR1	Fake Moustache Translator
JWLTRANS6	Interpreter Earrings
GRTWTCH9	Multi-Purpose Watch

图 29-7　将表格中的数据分隔到两页中

在该例中，自定义的 DocumentPaginator 对象包含了将数据分隔到页面中的代码，并包含了将每页打印为 Visual 对象的代码。尽管可将这些代码分解到两个类中(例如，如果希望以相同的方式打印相同的数据，但以不同的方式进行分页)，但通常不会这么做，因为计算页面尺寸所需的代码和实际打印页面的代码通常是紧密捆绑在一起的。

自定义的 DocumentPaginator 类的实现比较长，所以需要逐块对其进行分析。首先，StoreDataSetPaginator 类在私有变量中存储了一些重要细节，包括准备打印的 DataTable 对象和选择的字体、字体尺寸、页面尺寸以及外边距等：

```
public class StoreDataSetPaginator : DocumentPaginator
{
    private DataTable dt;

    private Typeface typeface;
    private double fontSize;
    private double margin;

    private Size pageSize;
    public override Size PageSize
    {
        get { return pageSize; }
        set
        {
            pageSize = value;
            PaginateData();
        }
    }

    public StoreDataSetPaginator(DataTable dt, Typeface typeface,
      double fontSize, double margin, Size pageSize)
    {
        this.dt = dt;
        this.typeface = typeface;
        this.fontSize = fontSize;
        this.margin = margin;
        this.pageSize = pageSize;
        PaginateData();
    }
    ...
```

注意，这些细节是在构造函数中提供的，而且无法改变。唯一例外是 PageSize 属性，该属性是来自 DocumentPaginator 类的必需的抽象属性。如果希望在创建了分页器之后能够通过代码改变这些细节，可创建封装其他细节的属性。当任意细节发生变化时，只需要调用 PaginateData( )方法。

PaginateData( )方法并非必需的成员。添加该方法只是为了便于计算需要多少页。一旦在构造函数中提供了 DataTable 对象，StoreDataSetPaginator 对象就对数据进行分页。

当运行 PaginateData( )方法时，测量每行文本所需的空间量，并和页面尺寸进行比较，以查看在每页中能包含多少行。然后将结果保存在名为 rowsPerPage 的字段中。

```
...
private int rowsPerPage;
private int pageCount;

private void PaginateData()
{
    // Create a test string for the purposes of measurement.
    FormattedText text = GetFormattedText("A");
```

```
        // Count the lines that fit on a page.
        rowsPerPage = (int)((pageSize.Height-margin*2) / text.Height);

        // Leave a row for the headings
        rowsPerPage -= 1;

        pageCount = (int)Math.Ceiling((double)dt.Rows.Count / rowsPerPage);
    }
    ...
```

上面的代码假定大写字母 A 对于计算行高是足够的。但对于所有字体，这不一定总是正确的。对于这种情况，需要为 GetFormattedText( )方法传递包含所有字符、数字以及标点的完整列表的字符串。

注意：

为计算每页能包含的行数，需要使用 FormattedText.Height 属性，而不是使用 FormattedText.LineHeight 属性(该属性默认为 0)。当绘制一块包含多行的文本时，为您提供 LineHeight 属性来覆盖默认行间距。然而，如果没有设置该属性，FormattedText 类将使用它自己计算出来的数值，在进行计算时需要使用 Height 属性。

在某些情况下，可能需要做更多工作，并为每个页面保存自定义对象(例如，包含每行文本的字符串数组)。然而，在 StoreDataSetPaginator 示例中不需要这样做，因为所有行都是相同的，而且没有任何文本需要换行。

PaginateData( )方法使用私有的 GetFormattedText( )辅助方法。当打印文本时，将发现需要构造非常多的 FormattedText 对象。这些 FromattedText 对象总是共享相同的结构和从左向右的文本流向。在许多情况下，它们还使用相同的字体。GetFormattedText( )方法封装了这些细节，从而简化了其他代码。StoreDataSetPaginator 类使用 GetFormattedText( )方法的两个重载版本，其中一个重载版本将需要使用的不同字体作为参数：

```
...
private FormattedText GetFormattedText(string text)
{
    return GetFormattedText(text, typeface);
}
private FormattedText GetFormattedText(string text, Typeface typeface)
{
    return new FormattedText(
        text, CultureInfo.CurrentCulture, FlowDirection.LeftToRight,
        typeface, fontSize, Brushes.Black);
}
...
```

现在已经得到了页数，可以实现 DocumentPaginator 类所需要的其他属性了：

```
...
// Always returns true, because the page count is updated immediately,
// and synchronously, when the page size changes.
// It's never left in an indeterminate state.
```

```
public override bool IsPageCountValid
{
   get { return true; }
}

public override int PageCount
{
   get { return pageCount; }
}

public override IDocumentPaginatorSource Source
{
   get { return null; }
}
...
```

没有工厂类能创建这个自定义的 DocumentPaginator 对象，所以 Source 属性返回 null。

最后一个实现细节也是最长的。GetPage( )方法为请求的页面返回一个 DocumentPage 对象，该对象中包含所有数据。

第一步是计算两列开始的位置。该例相对于大写字母 A 的宽度改变列的尺寸，当您不愿意执行更详细的计算时，这是一种便捷方式。

```
...
public override DocumentPage GetPage(int pageNumber)
{
   // Create a test string for the purposes of measurement.
   FormattedText text = GetFormattedText("A");

   double col1_X = margin;
   double col2_X = col1_X + text.Width * 15;
   ...
```

下一步是计算标识本页记录范围的偏移量：

```
...
// Calculate the range of rows that fits on this page.
int minRow = pageNumber * rowsPerPage;
int maxRow = minRow + rowsPerPage;
...
```

现在可以开始进行打印操作了。有三个元素需要打印：列标题、分隔线和记录行。具有下划线的标题使用 DrawingContext 类的 DrawText( )和 DrawLine( )方法绘制。对于记录行，代码从第一行循环到最后一行，在两列中绘制从相应的 DataRow 对象获取的文本，然后增加 Y 坐标的位置，每次增加的量为文本行的高度。

```
...
// Create the visual for the page.
DrawingVisual visual = new DrawingVisual();

// Set the position to the top-left corner of the printable area.
```

```
        Point point = new Point(margin, margin);

        using (DrawingContext dc = visual.RenderOpen())
        {
            // Draw the column headers.
            Typeface columnHeaderTypeface = new Typeface(
              typeface.FontFamily, FontStyles.Normal, FontWeights.Bold,
              FontStretches.Normal);
            point.X = col1_X;
            text = GetFormattedText("Model Number", columnHeaderTypeface);
            dc.DrawText(text, point);
            text = GetFormattedText("Model Name", columnHeaderTypeface);
            point.X = col2_X;
            dc.DrawText(text, point);

            // Draw the line underneath.
            dc.DrawLine(new Pen(Brushes.Black, 2),
                new Point(margin, margin + text.Height),
                new Point(pageSize.Width - margin, margin + text.Height));

            point.Y += text.Height;

            // Draw the column values.
            for (int i = minRow; i < maxRow; i++)
            {
                // Check for the end of the last (half-filled) page.
                if (i > (dt.Rows.Count - 1)) break;

                point.X = col1_X;
                text = GetFormattedText(dt.Rows[i]["ModelNumber"].ToString());
                dc.DrawText(text, point);

                // Add second column.
                text = GetFormattedText(dt.Rows[i]["ModelName"].ToString());
                point.X = col2_X;
                dc.DrawText(text, point);
                point.Y += text.Height;
            }
        }
        return new DocumentPage(visual, pageSize, new Rect(pageSize),
            new Rect(pageSize));
    }
```

现在完成了 StoreDataSetPaginator 类，可随意使用该类打印包含产品列表的 DataTable 对象的内容，如下所示：

```
    PrintDialog printDialog = new PrintDialog();
    if (printDialog.ShowDialog() == true)
    {
        StoreDataSetPaginator paginator = new StoreDataSetPaginator(ds.Tables[0],
            new Typeface("Calibri"), 24, 96*0.75,
```

```
        new Size(printDialog.PrintableAreaWidth, printDialog.PrintableAreaHeight));

    printDialog.PrintDocument(paginator, "Custom-Printed Pages");
}
```

StoreDataSetPaginator 类本身具有一定的灵活性——例如，能使用不同字体、页边距以及纸张大小——但不能处理具有不同模式的数据。显然，WPF 库可以提供相应的类来接受数据、行和列的定义、页眉和页脚等，然后打印已正确分页的表格。虽然目前 WPF 还没有提供任何类似的功能，但是我们期望第三方厂家能提供弥补这些缺陷的组件。

29.3 打印设置和管理

到目前为止，是将所有注意力都集中于 PrintDialog 类的两个方法：PrintVisual( )和 PrintDocument( )。这是得到良好打印输出所需的全部内容，但如果希望管理打印机的设置和工作，还有许多工作要做。再一次，PrintDialog 类成为学习的起点。

29.3.1 保存打印设置

在前面的示例中，您已看到了如何使用 PrintDialog 类选择打印机及其设置。然而，如果使用这些示例进行多次打印输出，就会发现瑕疵。每次返回到 Print 对话框时，会恢复到默认打印设置。所以需要再次选择打印机并重新调整所有设置。

实际上不需要这么麻烦。可保存这些信息并重新使用保存的信息。较好的方法是将 PrintDialog 对象保存为窗口的成员变量。这样一来，不需要在每次进行新的打印操作之前创建 PrintDialog 对象——只要保持使用已有的对象就行。这种方法之所以可行，是因为 PrintDialog 类通过两个属性封装了打印机选择和打印机设置：PrintQueue 和 PrintTicket。

PrintQueue 属性引用 System.Printing.PrintQueue 对象，该对象表示所选打印机的打印队列。正如后面将要介绍的，PrintQueue 对象还封装了许多用于管理打印机及其作业的功能。

PrintTicket 属性引用 System.Printing.PrintTicket 对象，该对象为打印作业定义设置。它包含各种细节，如打印分辨率和双工。如果愿意，可通过代码随意修改 PrintTicket 对象的设置。PrintTicket 类甚至还提供了 GetXmlStream( )方法和 SaveTo( )方法，这两个方法都可将 PrintTicket 对象的设置串行化到流中，并提供了可根据流重新创建 PrintTicket 对象的构造函数。如果希望在应用程序会话之间保持特定的打印设置，这是一种有趣选择(例如，可使用该功能创建“打印配置”特性)。

只要 PrintQueue 和 PrintTicket 这两个属性保持不变，每次显示 Print 对话框时，选择的打印机及其属性就保持不变。因此，即使需要多次创建 Print 对话框，也可以简单地设置这些属性以保留用户的选择。

29.3.2 打印页面范围

至此，PrintDialog 类中还有一个特性尚未考虑。可使用 Page Range 分组框中的 Pages 文本框，让用户从大量的打印输出中选择一部分。用户可使用 Pages 文本框，通过输入开始页和结束页(如 4～6)指定一组页面，或选择特定页(如 4)。该文本框不允许使用多个页面范围(如 1～3, 5)。

在默认情况下禁用 Pages 文本框。为启用该功能，只需要在调用 ShowDialog( )方法之前，将 PrintDialog.UserPageRangeEnabled 属性设置为 true。Selection 和 Current Page 选项仍保持为禁用状态，因为 PrintDialog 类不支持它们。还可通过设置 MaxPage 和 MinPage 属性来限定用户选择页面的范围。

在显示 Print 对话框后，可通过检查 PageRangeSelection 属性来确定用户是否输入了页面范围。如果该属性的值为 UserPages，就表示存在页面范围。PrinterDialog 类的 PageRange 属性提供了确定开始页的属性(PageRange.PageFrom)和确定结束页的属性(PageRange.PageTo)。由您编写的打印代码使用这些数值，并且只打印所请求的页面。

29.3.3　管理打印队列

通常，客户端应用程序和打印队列之间有少量交互。在调度完打印作业后，可能希望显示其状态或提供选项以暂停、重新启动或取消打印作业(很少提供这种选项)。WPF 中与打印相关的类提供的功能超出了这些内容，使用这些类可构建管理本地或远程打印队列的工具。

System.Printing 名称空间中的类为管理打印队列提供了支持。可使用几个关键类完成大部分工作，表 29-2 简要介绍了这些类。

表 29-2　用于打印管理的重要类

名　称	说　明
PrintServer LocalPrintServer	表示提供打印机或其他打印设备的计算机(“其他打印设备”可能包括网络打印机或作为打印服务器的专用网络硬件)。通过 PrintServer 类，可得到计算机中 PrintQueue 对象的集合。也可使用 LocalPrintServer 类，该类继承自 PrintServer 类，并且总表示当前计算机。该类增加了 DefaultPrintQueue 属性，可使用该属性获取或设置默认打印机，该类还增加了 GetDefaultPrintQueue( )静态方法，从而可以通过该方法获取默认打印机，而不需要创建 LocalPrintServer 实例
PrintQueue	表示打印服务器上配置过的打印机。通过 PrintQueue 类可以获取与这个打印机的状态相关的信息，并且可以管理打印队列。还可以为这个打印机获取 PrintQueueJobInfo 对象的集合
PrintSystemJobInfo	表示已经为打印队列提交的作业。可获取与该作业的状态相关的信息，并且可以修改该作业的状态或者删除该作业

使用这些基本要素，可创建如下程序：不需要经任何用户干预即可启动打印输出。

```
PrintDialog dialog = new PrintDialog();

// Pick the default printer.
dialog.PrintQueue = LocalPrintServer.GetDefaultPrintQueue();

// Print something.
dialog.PrintDocument(someContent, "Automatic Printout");
```

还可为 PrintDialog 对话框创建并应用 PrintTicket 对象，以配置其他与打印相关的设置。更有趣的是，可进一步挖掘 PrintServer、PrintQueue 以及 PrintSystemJobInfo 类，进而分析发生的操作。

图 29-8 显示了一个简单程序，该程序可供浏览当前打印机上的打印队列，并查看每个打印队列正在执行的作业。这个程序还允许用户执行一些基本的打印机管理任务，如挂起打印机(或

挂起打印作业)、重新开始打印机(或打印作业)，以及取消打印队列中的一个作业或全部作业。通过分析这个应用程序的工作原理，可学习 WPF 打印管理模型的基础知识。

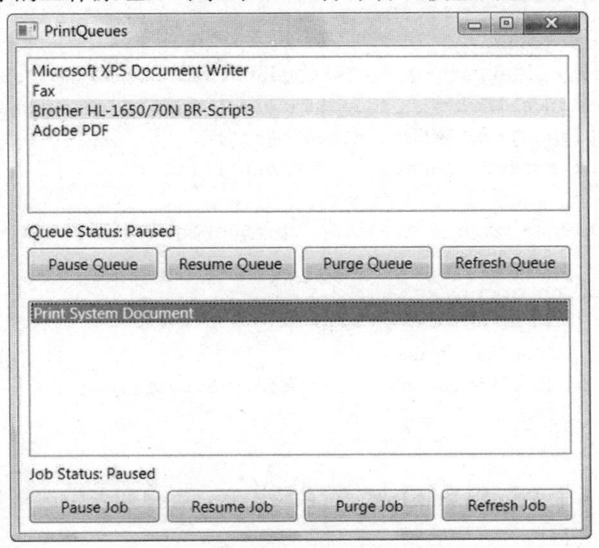

图 29-8　浏览打印机队列和打印作业

该例使用一个 PrintServer 对象，该对象作为窗口类的字段进行创建：

```
private PrintServer printServer = new PrintServer();
```

当创建 PrintServer 对象时，如果没有为构造函数传递任何参数，创建的 PrintServer 对象表示当前计算机。此外，可传递指向网络上打印服务器的 UNC 路径，如下所示：

```
private PrintServer printServer = new PrintServer(@"\\Warehouse\PrintServer)";
```

使用 PrintServer 对象，可通过代码获取打印队列的列表，其中的打印队列表示在当前计算机上配置的打印机。这一步很简单——所需要做的全部工作就是当第一次加载窗口时调用 PrintServer.GetPrintQueues( )方法：

```
private void Window_Loaded(object sender, EventArgs e)
{
    lstQueues.DisplayMemberPath = "FullName";
    lstQueues.SelectedValuePath = "FullName";
    lstQueues.ItemsSource = printServer.GetPrintQueues();
}
```

在上面的代码片段中，使用的唯一信息是 PrintQueue.FullName 属性。然而，PrintQueue 类包含许多可以检查的属性。可获取默认的打印设置(使用 DefaultPriority 和 DefaultPrintTicket 等属性)，可获取状态和一般信息(使用 QueueStatus 和 NumberOfJobs 等属性)，并且可使用 Boolean 类型的 Is*Xxx* 和 Has*Xxx* 这两类属性明确特定的问题(如 IsManualFeedRequired、IsWarmingUp、IsPaperJammed、IsOutOfPaper、HasPaperProblem 以及 NeedUserIntervention)。

当在列表中选择打印机时，当前示例会显示选中打印机的状态，然后提取打印队列中的所有作业。PrintQueue.GetPrintJobInfoCollection( )方法用于执行该任务。

```
private void lstQueues_SelectionChanged(object sender, SelectionChangedEventArgs e)
```

```
{
    try
    {
        PrintQueue queue =
          printServer.GetPrintQueue(lstQueues.SelectedValue.ToString());
        lblQueueStatus.Text = "Queue Status: " + queue.QueueStatus.ToString();
        lstJobs.DisplayMemberPath = "JobName";
        lstJobs.SelectedValuePath = "JobIdentifier";

        lstJobs.ItemsSource = queue.GetPrintJobInfoCollection();
    }
    catch (Exception err)
    {
        MessageBox.Show(err.Message,
          "Error on " + lstQueues.SelectedValue.ToString());
    }
}
```

每个打印作业由一个PrintSystemJobInfo对象表示。当在列表中选择打印作业时，下面的代码会显示打印作业的状态：

```
private void lstJobs_SelectionChanged(object sender, SelectionChangedEventArgs e)
{
    if (lstJobs.SelectedValue == null)
    {
        lblJobStatus.Text = "";
    }
    else
    {
        PrintQueue queue =
          printServer.GetPrintQueue(lstQueues.SelectedValue.ToString());
          PrintSystemJobInfo job = queue.GetJob((int)lstJobs.SelectedValue);

          lblJobStatus.Text = "Job Status: " + job.JobStatus.ToString();
    }
}
```

在此，唯一尚未实现的细节是，当单击窗口中的按钮时操作打印队列或打印作业的事件处理程序。此代码非常简单。需要做的全部工作就是获取恰当的打印队列或打印作业的引用，然后调用相应的方法。例如，下面的代码演示了如何暂停打印队列：

```
PrintQueue queue = printServer.GetPrintQueue(lstQueues.SelectedValue.ToString());
queue.Pause();
```

而下面的代码演示了如何暂停打印作业：

```
PrintQueue queue = printServer.GetPrintQueue(lstQueues.SelectedValue.ToString());
PrintSystemJobInfo job = queue.GetJob((int)lstJobs.SelectedValue);
job.Pause();
```

注意：
可暂停(或恢复)整个打印机或单个打印作业。可使用 Control Panel 中的 Printers 图标执行这两个任务。右击 Printers 图标暂停打印或恢复打印，或双击 Printers 图标查看打印作业，可控制单个打印作业。

显然，当执行此类任务时，需要添加错误处理代码，因为未必能够成功。例如，Windows 安全功能会阻止您试图取消其他人的打印作业，或在断开网络连接之后，如果试图使用网络打印机进行打印，就会发生错误。

WPF 提供了许多与打印相关的功能。如果对使用特殊功能感兴趣(可能因为正在构建某种工具或创建长时间运行的后台任务)，请查看 MSDN 帮助的 System.Printing 名称空间中的类。

29.4　通过 XPS 进行打印

前面在第 28 章中已经讨论过，WPF 支持两种互补的文档类型。流文档处理可适应您指定的任意页面尺寸的灵活内容。XPS 文档存储准备打印的基于固定页面尺寸的内容。XPS 文档被冻结在合适的位置，并精确地保持其原始形式。

正如您所期望的，打印 XpsDocument 对象很容易。与 FlowDocument 对象一样，XpsDocument 类提供 DocumentPaginator 对象。然而，XpsDocument 文档的 DocumentPaginator 对象需要完成的工作很少，因为文档内容已在固定的、不能改变的页面中安排好了。

可使用下面的代码将 XPS 文件加载到内存中，并在 DocumentViewer 容器中进行显示，然后发送到打印机：

```
// Display the document.
XpsDocument doc = new XpsDocument("filename.xps", FileAccess.ReadWrite);
docViewer.Document = doc.GetFixedDocumentSequence();
doc.Close();

// Print the document.
if (printDialog.ShowDialog() == true)
{
    printDialog.PrintDocument(docViewer.Document.DocumentPaginator,
      "A Fixed Document");
}
```

显然，在打印固定文档之前不需要在 DocumentViewer 容器中显示该文档。上面的代码提供了这一步骤，因为这是最通常的选择。在许多情况下，为预览需要加载 XpsDocument 文档，并当用户单击了按钮时打印该文档。

与 FlowDocument 对象的查看器一样，DocumentViewer 容器还处理 ApplicationCommands. Print 命令，这意味着可从 DocumentViewer 容器向打印机发送 XPS 文档，而不需要使用任何代码。

29.4.1　为打印预览创建 XPS 文档

WPF 还提供了通过代码创建 XPS 文档所需的全部支持。创建 XPS 文档在概念上与打印一些内容很类似——一旦构建 XPS 文档，就意味着选择固定的页面尺寸并冻结了布局。那么，为什么要采取这一额外步骤呢？有两个很好的理由可解释这一点：

- **打印预览**。可在 DocumentViewer 容器中显示生成的 XPS 文档并用作打印预览。然后用户可以决定是否继续进行打印输出。
- **异步打印**。XpsDocumentWriter 类同时提供了用于同步打印的 Write( )方法，以及用于异步向打印机发送内容的 WriteAsync( )方法。对于时间较长的复杂打印操作，异步选择更佳。异步打印可创建能够更好地进行响应的应用程序。

创建 XPS 文档的基本技术是使用 XpsDocument.CreateXpsDocumentWriter( )静态方法创建 XpsDocumentWriter 对象。下面是一个示例：

```
XpsDocument xpsDocument = new XpsDocument("filename.xps", FileAccess.ReadWrite);
XpsDocumentWriter writer = XpsDocument.CreateXpsDocumentWriter(xpsDocument);
```

XpsDocumentWriter 是精简的类——该类的功能主要是围绕向 XPS 文档写入内容的 Write( )和 WriteAsync( )方法。这两个方法都具有多个重载版本，可写入不同类型的内容，包括其他 XPS 文档、从 XPS 文档中提取的页面、可视化对象(可写入任何元素)以及 DocumentPaginator 对象。最后两个选择最有趣，因为它们复制了打印操作中的选项。例如，如果创建 DocumentPaginator 对象来启用自定义打印(如本章前面所述)，还可以用来写入 XPS 文档。

下面的示例打开已存在的流文档，然后使用 XpsDocumentWriter.Write( )方法将其写入临时 XPS 文档中。然后在 DocumentViewer 容器中显示新建的 XPS 文档，作为打印预览。

```
using (FileStream fs = File.Open("FlowDocument1.xaml", FileMode.Open))
{
    FlowDocument flowDocument = (FlowDocument)XamlReader.Load(fs);
    writer.Write(((IDocumentPaginatorSource)flowDocument).DocumentPaginator);

    // Display the new XPS document in a viewer.
    docViewer.Document = xpsDocument.GetFixedDocumentSequence();
    xpsDocument.Close();
}
```

可使用多种方式获取 WPF 应用程序中的可视化对象或分页器。因为 XpsDocumentWriter 支持这些类，所以可将任何 WPF 内容写入 XPS 文档中。

29.4.2　写入内存的 XPS 文档

XpsDocument 类假定您希望将 XPS 内容写入文件中。对于像上面显示的这类情况这有点笨拙，在这种情况下，XPS 文档是临时的操作基石，用于创建预览。如果希望将 XPS 内容串行化到其他存储位置，比如数据库记录中的字段，就会遇到类似问题。

可绕过这一限制，并直接将 XPS 内容写入 MemoryStream 对象中。然而，需要完成更多工作，因为首先需要为 XPS 内容创建包。下面是完成该技巧的代码：

```
// Get ready to store the content in memory.
MemoryStream ms = new MemoryStream();

// Create a package usign the static Package.Open() method.
Package package = Package.Open(ms, FileMode.Create, FileAccess.ReadWrite);
```

```
// Every package needs a URI. Use the pack:// syntax.
// The actual file name is unimportant.
Uri documentUri = new Uri("pack://InMemoryDocument.xps");

// Add the package.
PackageStore.AddPackage(documentUri, package);

// Create the XPS document based on this package. At the same time, choose
// the level of compression you want for the in-memory content.
XpsDocument xpsDocument = new XpsDocument(package, CompressionOption.Fast,
  DocumentUri.AbsoluteUri);
```

使用完 XPS 文档之后，可关闭流以释放内存。

注意：

如果可能有更大的 XPS 文档(例如，如果正在根据数据库中的内容生成 XPS 文档，但不了解将有多少条记录)，不要使用内存方法。应改用 Path.GetTempFileName( )这类方法，为基于文件的 XPS 文档获取合适的临时路径。

29.4.3 通过 XPS 直接打印到打印机

在本章您已经学习过，WPF 中的打印支持构建在 XPS 打印路径之上。如果使用 PrintDialog 类，可能看不到这一底层实际情况的任何痕迹。但如果使用 XpsDocumentWriter 类，肯定会看到这些底层细节。

到目前为止，所有打印都是通过 PrintDialog 类汇集的。这不是必需的——实际上，PrintDialog 类将真正的工作委托给了 XpsDocumentWriter 类。技巧是创建封装了 PrintQueue 对象(而不是 FileStream 对象)的 XpsDocumentWriter 对象。写入打印输出的实际代码是相同的，只需要使用 Write( )和 WriteAsync( )方法。

下面的代码片段显示了 Print 对话框，获取选择的打印机，并使用该打印机创建用于提交打印作业的 XpsDocumentWriter 对象：

```
string filePath = Path.Combine(appPath, "FlowDocument1.xaml");
if (printDialog.ShowDialog() == true)
{
    PrintQueue queue = printDialog.PrintQueue;
    XpsDocumentWriter writer = PrintQueue.CreateXpsDocumentWriter(queue);

    using (FileStream fs = File.Open(filePath, FileMode.Open))
    {
        FlowDocument flowDocument = (FlowDocument)XamlReader.Load(fs);
        writer.Write(((IDocumentPaginatorSource)flowDocument).DocumentPaginator);
    }
}
```

有趣的是，该例仍使用 PrintDialog 类。然而，该类只用于显示标准的 Print 对话框，并允许用户选择打印机。实际打印作业是通过 XpsDocumentWriter 对象执行的。

29.4.4　异步打印

XpsDocumentWriter类简化了异步打印。实际上，可简单地通过将Write( )方法调用替换为WriteAsync( )方法调用，把上面的示例转换为使用异步打印。

注意：

在Windows中，所有打印作业都异步进行。但如果使用Write( )方法，那么提交打印作业的过程就是同步的；如果使用WriteAsync( )方法，那么提交打印作业的过程就是异步的。在许多情况下，提交打印作业的时间并不明显，并且不需要这一特性。另一个需要考虑的问题是，是否希望异步构建(并分页)希望打印的内容，这通常是打印过程中非常耗时的阶段，并且如果希望实现这一功能，就需要编写在后台线程中运行打印逻辑的代码。可使用在第31章中介绍的技术(如BackgroundWorker对象)简化这个过程。

WriteAsync( )方法的签名和Write( )方法的签名是相匹配的——换句话说，WriteAsync( )方法接受分页器、可视化对象或几个其他类型的对象。此外，WriteAsync( )方法提供有重载版本，能将可选的状态信息作为第二个参数。状态信息可以是任何希望用于确定打印作业的对象。当引发WritingCompleted事件时，这个对象是通过WritingCompletedEventArgs对象提供的。从而可立即触发多个打印作业，使用相同的事件处理程序为每个打印作业处理WritingCompleted事件，并确定每次引发事件时提交的是哪个打印作业。

当执行异步打印作业时，可通过调用CancelAsync( )方法取消打印。XpsDocumentWriter类还提供了少数几个事件，当提交打印作业时，可以通过这些事件进行响应，包括WritingProgressChanged、WritingCompleted以及WritingCancelled。请记住，当打印作业被写入到打印队列中时，引发WritingCompleted事件，但这并不意味着打印机已经完成了打印。

29.5　小结

在本章您学习了WPF的打印模型。本章首先分析了最简单的起点：全能的PrintDialog类，通过该类可以配置打印设置，并使应用程序向打印机发送文档或可视化对象。在分析了各种扩展PrintDialog类的方法，以及使用该类打印屏幕上的内容和动态生成的内容之后，介绍了低级的XPS打印模型。您随后学习了XpsDocumentWriter类的相关内容，该类支持PrintDialog，并可单独使用。XpsDocumentWriter类提供了一种创建打印预览的简单方法(因为WPF没有提供任何打印预览控件)，并且可以通过该类异步地提交打印作业。

第Ⅷ部分

其他主题

第 30 章

与 Windows 窗体进行交互

在理想情况下，一旦开发人员熟练掌握一门新技术，如 WPF，他们就应当不再使用以前的技术框架。所有内容应当使用最新的、功能最强大的工具包进行重写，并且任何人都不需要担心旧程序。当然，理想和现实往往是不同的，有两个原因使得大多数 WPF 开发人员在某些地方需要与 Windows 窗体平台进行交互：为了利用已有的代码以及为了弥补 WPF 缺少的功能。

本章将介绍用于集成 Windows 窗体和 WPF 内容的不同策略，将分析如何在同一个应用程序中使用两种类型的窗口，还将研究更精彩的在同一个窗口中混合来自两个平台内容的技巧。但在深入分析 WPF 和 Windows 窗体之间的互操作功能之前，有必要首先后退一步，分析应当(或不应当)使用 WPF 互操作功能的原因。

新增功能：

WPF 4.5 早期的 beta 版本引入了一种机制来解决“空域”问题(无法重叠 WPF 创建的内容和 Windows 窗体创建的内容)。但最终版本放弃了该功能，而保留了 WPF 的互操作支持特性。

30.1 访问互操作性

没有工具能将 Windows 窗体接口转换为类似的 WPF 接口(即使有这样的工具，这种工具也只能是这一漫长且复杂的迁移过程的起点而已)。当然，不需要将 Windows 窗体应用程序转换到 WPF 环境中——在大多数情况下，最好保持旧应用程序的原样，并为新项目使用 WPF。然而，问题并不总是这么简单。您可能希望为已有的 Windows 窗体应用程序添加 WPF 功能(如赏心悦目的 3D 动画)。或可能希望在发布更新的版本时，通过逐块迁移，最终将现有的 Windows 窗体应用程序迁移到 WPF 中。对于这两种情况，WPF 互操作功能支持可为逐步转换提供帮助，并且不会扰乱以前已经完成的工作。

在结合 WPF 元素和 Windows 窗体控件之前，评估一下总目标是很重要的。在许多情况下，开发人员需要在两种选择之间做出决定：是逐渐增强 Windows 窗体应用程序(并且逐渐将其移动到 WPF 中)，还是用重新编写的 WPF 应用程序代替原来的 Windows 窗体应用程序。显然，第一种方法更快，也更容易进行测试、调试和发布。然而，在复杂程度适中且需要 WPF 主要功能的应用程序中，到了一定程度，首先编写 WPF 代码，然后将遗留代码导入其中可能更简单一些。

注意：

和以前一样，当从一个用户界面平台迁移到另一个用户界面平台时，应当只需要迁移用户界面。其他细节(如数据访问代码、验证规则、文件访问等)，应当已被抽象出来并放到单独的类(甚至可能是单独的程序集)中，可以将这些类插入到 WPF 前端，就像插入到 Windows 窗体应用程序中同样容易。当然，这种级别的组件化有时无法完成，而且有时其他细节(如数据绑定以及验证策略)可能导致以特定方式构建类，并在无意中限制了它们的可重用性。

30.2 混合窗口和窗体

集成 WPF 和 Windows 窗体内容的最简明方法是在独立窗口中放置各自的内容。这样，应用程序由一些封装的很好的窗口类构成，每个类只处理一种技术。所有交互细节都在关联代码(创建和显示窗口的逻辑)中处理。

30.2.1 为 WPF 应用程序添加窗体

混合窗口和窗体的最简单方法是，为普通 WPF 应用程序添加一个或多个(来自 Windows 窗体工具包)窗体。Visual Studio 简化了这一操作——只需要在 Solution Explorer 中右击项目名，并选择 Add|New Item。然后在左边选择 Windows 窗体类别，并选择 Windows 窗体模板。最后，为添加的窗体指定文件名，并单击 Add 按钮。第一次添加窗体时，Visual Studio 会为所有需要的 Windows 窗体程序集添加引用，包括 System.Windows.Forms.dll 和 System.Drawing.dll。

在 WPF 项目中设计窗体的方式和在 Windows 窗体项目中设计窗体的方式相同。当打开窗体时，Visual Studio 会加载普通的 Windows 窗体设计器，并用 Windows 窗体控件填充工具箱。当为 WPF 窗口打开 XAML 文件时，反而会得到熟悉的 WPF 设计界面。

提示：

为更好地分离 WPF 和 Windows 窗体内容，可选择在单独的类库程序集中放置“外来的”内容。例如，Windows 窗体应用程序可使用在单独程序集中定义的 WPF 窗口。如果准备在 Windows 窗体和 WPF 应用程序中重用这些窗口中的某些窗口，这种方法尤其合理。

30.2.2 为 Windows 窗体应用程序添加 WPF 窗口

相反的技巧更麻烦一些。Visual Studio 不允许直接在 Windows 窗体应用程序中创建新的 WPF 窗口(换句话说，当右击项目并选择 Add|New Item 时，看不到可用的模板)。然而，可添加来自其他 WPF 项目的用于定义 WPF 窗口的已有.cs 和.xaml 文件。为此，在 Solution Explorer 中右击项目，选择 Add|Existing Item，并查找这两个文件。还需要为 WPF 核心程序集(PresentationCore.dll、PresentationFramework.dll 和 WindowsBase.dll)添加引用。

提示：

添加所需的 WPF 引用时有一种快捷方法。可添加 WPF 用户控件(WPF 支持这种情况)，这会使 Visual Studio 自动添加这些引用。然后可从项目中删除用户控件。为添加 WPF 用户控件，右击项目，选择 Add|New Item，选择 WPF 类别，然后选择 User Control (WPF)模板。

一旦为 Windows 窗体应用程序添加了 WPF 窗口，就可以正确地处理它了。当打开 WPF 窗口时，可使用 WPF 设计器对其进行修改。当编译项目时，会编译 XAML 标记，并自动生成将会被合并到代码隐藏类的代码，就像是在完备的 WPF 应用程序中一样。

创建同时使用窗体和窗口的项目并不十分困难。然而，当在运行中显示这些窗体和窗口时，需要考虑额外的一些问题。如果需要模态地显示窗口或窗体(就像以模态方式显示对话框那样)，这个任务很简单，并且本质上不必修改代码。但如果希望非模态地显示窗口，就需要使用额外的代码确保正确的键盘支持，接下来的几节将介绍相关内容。

30.2.3　显示模态窗口和窗体

从 WPF 应用程序中显示模态窗体很简单。使用的代码与在 Windows 窗体项目中使用的代码完全相同。例如，如果有名为 Form1 的窗体类，可使用下面的代码以模态的方式显示这个窗口：

```
Form1 frm = new Form1();
if (frm.ShowDialog() == System.Windows.Forms.DialogResult.OK)
{
   MessageBox.Show("You clicked OK in a Windows Forms form.");
}
```

您可能已注意到了，Form.ShowDialog( )方法的工作方式和 WPF 的 Windows.ShowDialog( )方法的工作方式稍有不同。Form.ShowDialog( )方法返回 DialogResult 枚举值，而 Windows.ShowDialog( )方法返回 true、false 或 null。

相反的技巧——从 Windows 窗体应用程序中显示 WPF 窗口——同样很容易。同样，可简单地与 Windows 类的公有接口进行交互，其余问题由 WPF 负责解决：

```
Window1 win = new Window1();
if (win.ShowDialog() == true)
{
   MessageBox.Show("You clicked OK in a WPF window.");
}
```

30.2.4　显示非模态窗口和窗体

如果希望非模态地显示窗口或窗体，就不是非常简单。面临的挑战是键盘输入由根应用程序接收，并且需要传递给合适的窗口。为让这种方法在 WPF 和 Windows 窗体内容之间能够工作，需要通过一种方法沿着正确的窗口或窗体转发这些消息。

如果希望从 Windows 窗体应用程序内部非模态地显示 WPF 窗口，就必须使用静态的 ElementHost.EnableModelessKeyboardInterop( )方法。还需要引入 WindowsFormsIntegration.dll 程序集，该程序集在 System.Windows.Forms.Integration 名称空间中定义了 ElementHost 类(稍后将介绍与 ElementHost 类相关的更多内容)。

应在创建窗口之后，但在显示窗口之前调用 EnableModelessKeyboardInterop( )方法。当调用该方法时，传递指向新 WPF 窗口的引用，如下所示：

```
Window1 win = new Window1();
ElementHost.EnableModelessKeyboardInterop(win);
win.Show();
```

当调用 EnableModelessKeyboardInterop( )方法时，ElementHost 类为 Windows 窗体应用程序添加了消息过滤器。当 WPF 窗口处于活动状态并向窗口发送键盘消息时，这个消息过滤器就会拦截键盘消息。如果不使用这个细节，WPF 控件就不会接收到任何键盘输入。

如果需要在 WPF 应用程序中显示非模态的 Windows 窗体，就需使用类似的 WindowsFormsHost.EnableWindowsFormsInterop( )方法。但不需要传递计划显示的窗体的引用。只需要在显示任何窗体之前调用这个方法(一种好的选择是在应用程序启动时调用这个方法)。

```
WindowsFormsHost.EnableWindowsFormsInterop();
```

现在可非模态地显示窗体了，而且不会有任何问题：

```
Form1 frm = new Form1();
frm.Show();
```

即使不调用 EnableWindowsFormsInterop( )方法，也仍会显示窗体，但不能识别所有键盘输入。例如，不能使用 Tab 键将焦点从一个控件转移到下一个控件。

可将这个过程扩展到多个层次。例如，可创建用于(模态或非模态地)显示窗体的 WPF 窗口，然后这个 WPF 窗口又可显示另一个 WPF 窗口。尽管通常不需要这么做，但这种方法比将在后面学习的基于元素的互操作功能更强大。基于元素的互操作支持允许在同一窗口中集成不同类型的元素，但不允许嵌套多层(例如，创建包含 Windows 窗体控件的 WPF 窗口，而又在 Windows 窗体控件中驻留 WPF 控件)。

30.2.5　启用 Windows 窗体控件的可视化风格

当在 WPF 应用程序中显示窗体时，窗体会为按钮和其他通用控件使用旧样式(Windows XP 以前的样式)风格。这是因为，为了支持更新的风格，必须明确调用 Application.EnableVisualStyle( )方法。通常，Visual Studio 会为每个新建的 Windows 窗体应用程序的 Main( )方法添加这行代码。然而，当创建 WPF 应用程序时，没有包含这一细节。

为解决这个问题，只需要在显示所有 Windows 窗体内容之前调用 EnableVisualStyle( )方法。当应用程序第一次启动时，是调用该方法的好时机，如下所示：

```
public partial class App : System.Windows.Application
{
    protected override void OnStartup(StartupEventArgs e)
    {
        // Raises the Startup event.
        base.OnStartup(e);

        System.Windows.Forms.Application.EnableVisualStyles();
    }
}
```

注意，EnableVisualStyle( )方法是在 System.Windows.Forms.Application 类中定义的，而不是在 System.Windows.Application 类中定义的，该类构成了 WPF 应用程序的核心。

30.3　创建具有混合内容的窗口

在某些情况下，清晰地逐个分隔窗口是不合适的。例如，可能希望在已有窗体上，在 Windows

窗体内容旁放置 WPF 控件。尽管这种模型在概念上更混乱，但 WPF 非常完美地解决了这个问题。

实际上，在 WPF 应用程序中包含 Windows 窗体内容(或在 Windows 窗体应用程序中包含 WPF 内容)，比向 Windows 窗体应用程序添加 ActiveX 内容更简单。对于后一种情况，Visual Studio 必须生成一个封装器类，该封装器位于 ActiveX 控件和 Windows 窗体代码之间，管理从托管代码向非托管代码之间的转换。这个封装器是特定于组件的，这意味着使用的每个 ActiveX 控件都需要单独的封装器。并且因为使用的是 COM 模型，所以封装器提供的接口可能和底层组件的实际接口不能准确匹配。

当集成 Windows 窗体和 WPF 内容时，不需要使用封装器类。相反，根据具体情况，使用少数容器中的某一个。这些容器可用于任何类，所以没有代码生成的步骤。虽然 Windows 窗体和 WPF 是差别很大的技术，但它们都坚定地构建在托管代码的基础上，所以使用这种更简单的模型是可能的。

这种设计最重要的优点是，在代码中可直接和 Windows 窗体控件以及 WPF 元素进行交互。只有当在窗口中渲染内容时互操作层才起作用。这一部分自动发生，不需要开发人员干预而且还不必担心非模态窗口中的键盘处理问题，因为使用的互操作类(ElementHost 和 WindowsFormHost)会自动处理这个问题。

30.3.1　WPF 和 Windows 窗体“空域”

为在同一个窗口中集成 WPF 和 Windows 窗体内容，需要能隔离出窗口的一部分，用于“外来的”内容。例如，将 3D 图形放到 Windows 窗体应用程序中是完全合理的，因为可在窗口的不同区域放置 3D 图形(甚至使 3D 图形占满整个窗口)。然而，在 Windows 窗体应用程序中使用 WPF 元素为所有按钮制作新的外观，这是不容易实现的，也是不值得的，因为需要为每个按钮创建单独的 WPF 区域。

除考虑复杂程度外，还有一些问题是不可能通过 WPF 互操作功能解决的。例如，不能通过重叠来组合 WPF 和 Windows 窗体内容。这意味着不能使用 WPF 动画发送元素，使其飞过由 Windows 窗体渲染的区域。同样，不能通过在 WPF 区域中重叠部分透明的 Windows 窗体内容来将它们混合在一起。这两种情况都违反了空域规则(airspace rule)，该规则指示 WPF 和 Windows 窗体必须总是使用它们自己的不同窗口区域，即它们专门管理的区域。图 30-1 显示了哪些情况是允许的，以及哪些情况是不允许的。

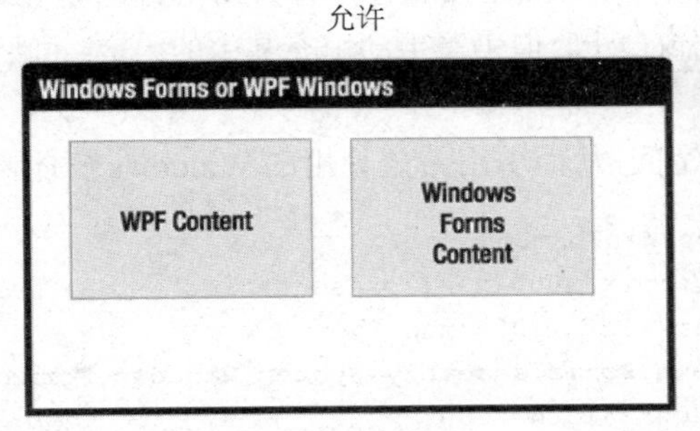

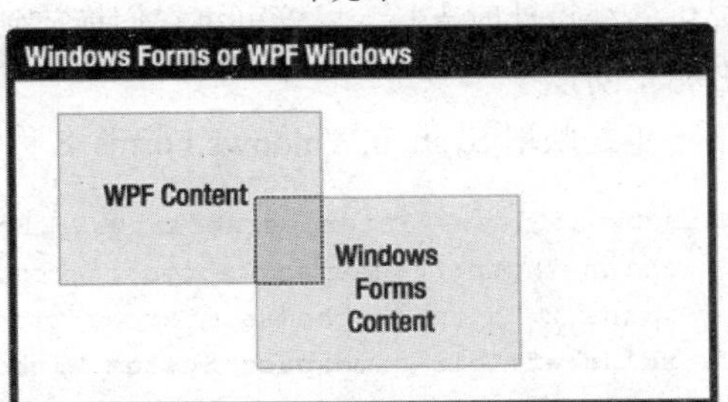

图 30-1　空域规则

从技术角度看，空域规则是由于在包含 WPF 内容和 Windows 窗体内容的窗口中，两个区域具有不同的窗口句柄或 hwnd 这一事实造成的。每个句柄单独地加以管理、渲染和刷新。

窗口句柄通过 Windows 操作系统进行管理。在经典的 Windows 应用程序中，每个控件都是独立窗口，这意味着每个控件真正拥有不同部分的屏幕区域。显然，这种类型的“窗口”和浮动在屏幕上的顶级窗口是不同的——只是独立区域(矩形或其他形状)。在 WPF 中，窗口模型是完全不同的——只有单独的顶级窗口句柄，并且 WPF 引擎组织整个窗口，使窗口能够更好地进行渲染(如动态反锯齿效果)，并且具有更大的灵活性(例如，在边界之外渲染内容的可视化对象)。

注意：

有一些 WPF 元素使用单独的窗口句柄。这些元素包括菜单、工具提示以及组合框的下拉部分，所有这些元素都需要具有能够扩展出窗口边界的能力。

空域规则的实现非常简单。如果在 WPF 内容之上放置 Windows 窗体内容，将发现 Windows 窗体内容总在上面，而不管是在标记中的什么地方声明的，也不管使用的是什么布局容器。这是因为 WPF 内容是单独窗口，并且包含 Windows 窗体内容的容器被实现为独立的窗口，该窗口总是显示在 WPF 窗口中某一部分的上面。

如果在 Windows 窗体之上放置 WPF 内容，结果就有点不同了。Windows 窗体中的每个控件都是单独窗口，所以它们拥有自己的句柄。因此，WPF 内容可以根据 z 索引，相对于同一窗口中其他 Windows 窗体控件层叠在任何位置(z 索引是由向父控件的 Controls 集合中添加控件的顺序决定的，所以后添加的控件会显示在那些先添加的控件的上面)。然而，WPF 内容仍有自己完全独立的区域，这意味着不能使用透明或其他任何技术部分改写 Windows 窗体内容(或与其他元素组合到一起)。相反，WPF 内容存在于独立区域中。

30.3.2 在 WPF 中驻留 Windows 窗体控件

为在 WPF 窗口中显示 Windows 窗体控件，需要使用 System.Windows.Forms.Integration 名称空间中的 WindowsFormsHost 类。WindowsFormsHost 类是 WPF 元素(继承自 FrameworkElement 类)，该类可以正好包含 Windows 窗体控件，其中的 Windows 窗体控件是通过其 Child 属性提供的。

通过代码创建和使用 WindowsFormsHost 元素非常容易。然而在大多数情况下，在 XAML 标记中以声明方式创建它们是最容易的。唯一的缺点是 Visual Studio 没有为 WindowsFormsHost 控件提供多少设计时支持。尽管可将它们拖放到窗口上，但仍需手动填充其中的内容(并映射需要的名称空间)。

第一步是映射 System.Windows.Forms 名称空间，从而引用希望使用的 Windows 窗体控件：

```
<Window x:Class="InteroperabilityWPF.HostWinFormControl"
    xmlns="http://schemas.microsoft.com/winfx/2006/xaml/presentation"
    xmlns:x="http://schemas.microsoft.com/winfx/2006/xaml"
    xmlns:wf="clr-namespace:System.Windows.Forms;assembly=System.Windows.Forms"
    Title="HostWinFormControl" Height="300" Width="300" >
```

现在可使用和创建其他所有 WPF 元素相同的方式创建 WindowsFormsHost 控件以及位于其内部的控件了。下面的示例使用了来自 Windows 窗体的 MaskedTextBox 控件：

```
<Grid>
  <WindowsFormsHost>
    <wf:MaskedTextBox x:Name="maskedTextBox"></wf:MaskedTextBox>
  </WindowsFormsHost>
</Grid>
```

注意：

WindowsFormsHost 控件可包含任何 Windows 窗体控件(即所有继承自 System.Windows.Forms.Control 类的控件)。但不能包含不是控件的 Windows 窗体组件，如 HelperProvider 或 NotifyIcon。

图 30-2 在 WPF 窗口中显示了一个 MaskedText Box 控件。

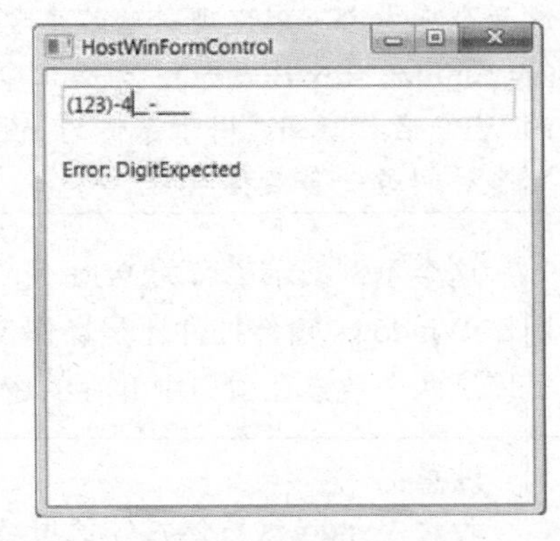

图 30-2　用于电话号码的掩码文本框

可直接在标记中设置 MaskedTextBox 控件的大部分属性，这是因为 Windows 窗体使用相同的 TypeConverter 基础结构(在第 2 章中讨论过)，将字符串转换为特定类型的属性值。但这并不总是很方便——例如，手工输入表示变量类型的字符串有些笨拙——但这种方式通常允许配置 Windows 窗体控件而不需要使用代码。例如，下面的 MaskedTextBox 控件具有掩码，要求用户输入含 7 位数的电话号码，并且可根据需要输入区号：

```
<wf:MaskedTextBox x:Name="maskedTextBox"
Mask="(999)-000-0000"> </wf:MaskedTextBox>
```

还可以用普通的 XAML 标记扩展来填充 null 值、使用静态属性、创建类型对象或使用在窗口的 Resources 集合中定义的对象。下面的示例使用类型扩展来设置 MaskedTextBox.ValidatingType 属性。这个设置指示当读取 Text 属性或焦点发生变化时，MaskedTextBox 控件应当将提供的输入内容(电话号码字符串)改成 Int32 值：

```
<wf:MaskedTextBox x:Name="maskedTextBox" Mask="(999)-000-0000"
 ValidatingType="{x:Type sys:Int32}"></wf:MaskedTextBox>
```

不能使用的标记扩展是数据绑定表达式，因为数据绑定需要依赖项属性(而 Windows 窗体控件是由常规的.NET 属性构造的)。如果希望将 Windows 窗体控件的属性绑定到 WPF 元素，有一种简单的变通方法——只需要设置 WPF 元素的依赖项属性，并根据需要调整 BindingDirection(详见第 8 章)。

最后，可使用熟悉的 XAML 语法为 Windows 窗体控件连接(hook)事件，注意到这一点是很重要的。下面的示例为 MaskInputRejected 事件关联事件处理程序，当因为不适合掩码而丢弃某个击键时引发该事件：

```
<wf:MaskedTextBox x:Name="maskedTextBox" Mask="(999)-000-0000"
 MaskInputRejected="maskedTextBox_MaskInputRejected"></wf:MaskedTextBox>
```

显然，这些事件不是路由事件，所以不能在元素层次的更高层次中定义它们。

当引发事件时，事件处理程序通过在另一个元素中显示一条错误消息来进行响应。在这个示例中，是在位于窗口其他地方的 WPF 标签中显示错误消息：

```
private void maskedTextBox_MaskInputRejected(object sender,
  System.Windows.Forms.MaskInputRejectedEventArgs e)
{
    lblErrorText.Content = "Error: " + e.RejectionHint.ToString();
}
```

提示：

不要在已经使用了 WPF 名称空间(如 System.Windows.Controls)的代码文件中导入 Windows 窗体名称空间(如 System.Windows.Forms)。Windows 窗体类和 WPF 类共享许多相同的名称。在这两个库中都可以发现一些基本要素(如 Brush、Pen、Font、Color、Size 以及 Point)和通用控件(如 Button、TextBox 等)。为防止命名冲突，最好在窗口中只导入一套名称空间(用于 WPF 窗口的 WPF 名称空间、用于窗体的 Windows 窗体名称空间)，并使用完全限定的名称或名称空间的别名访问另一套名称空间。

这个示例演示了有关 WPF 和 Windows 窗体互操作功能的最佳特征：不影响代码。不管是操作 Windows 窗体控件还是操作 WPF 元素，都使用熟悉的那个对象的类接口。互操作层简化了使这两个要素在窗口中并存的逻辑。不需要任何额外的代码。

注意：

为让 Windows 窗体控件使用与随同 Windows XP 引入的更时髦的控件风格，当应用程序启动时必须调用 EnableVisualStyles( )方法，前面的 30.2.5 节“启用 Windows 窗体控件的可视化风格”介绍过该内容。

Windows 窗体内容通过 Windows 窗体进行渲染，而不是通过 WPF 进行渲染。所以，WindowsFormsHost 容器中与显示相关的属性(如 Transform、Clip 以及 Opacity)不影响内部的内容。这意味着即使设置了旋转变换、设置了窄的剪裁区域以及使内容 50%透明，也不会看到任何变化。类似地，Windows 窗体还使用不同的坐标系统，该坐标系统使用物理像素设置控件的尺寸。所以，如果增加计算机的系统 DPI 设置，将发现 WPF 内容重新改变了尺寸以显示更多细节，但 Windows 窗体内容没有变化。

30.3.3 使用 WPF 和 Windows 窗体用户控件

WindowsFormsHost 元素的最重要限制是只能包含一个 Windows 窗体控件。为予以补偿，可使用 Windows 窗体容器控件。但 Windows 窗体容器控件不支持 XAML 内容模型，所以需要以编程的方式填充容器控件的内容。

更好的方法是创建 Windows 窗体用户控件。可在引用的单独程序集中定义用户控件，也可直接将其添加到 WPF 项目中(使用熟悉的 Add|New Item 命令)。这种方法提供了两个最佳功能——为构建用户控件提供了全部的设计时支持，并且提供了一种很容易的方法来将用户控件集成到 WPF 窗口中。

实际上，使用用户控件可提供额外的抽象层，这与使用单独的窗口类似。因为包含用户控件的 WPF 窗口不能访问用户控件中的单个控件。相反，将与添加到用户控件的更高层次的属性进行交互，然后这些属性修改内部的控件。这样会得到更好的封装性，并且更简单，因为这样可在 WPF 窗口和自定义的 Windows 窗体内容之间限制交互范围。这种方法还使得将来迁移到只使用 WPF 元素的解决方案更加容易，可以简单地创建具有相同属性的 WPF 用户控件，并替换原来的 WindowsFormsHost 控件(同样，可通过将用户控件移到单独的类库程序集中，进一步改进设计和应用程序的灵活性)。

注意：

从技术角度看，WPF 窗口能通过访问用户控件的 Controls 集合来访问用户控件中的控件集合。然而，为使用这种后门技巧，需要编写容易出错的查找代码，使用字符串名称搜索特定的控件。这总是一个坏主意。

只要正在创建用户控件，使其行为尽可能和 WPF 内容相似总是一个好主意，从而使将其集成到 WPF 窗口布局中更容易。例如，可能希望考虑使用 FlowLayoutPanel 和 TableLayoutPanel 容器控件，使用户控件内部的内容能够适应其范围。为此，只需要添加合适的控件并将 Dock 属性设置为 DockStyle.Fill，然后在其内部放置希望使用的控件即可。有关使用 Windows 窗体布局控件(这些控件和 WPF 布局面板隐约有些不同)的更多信息，请参考作者的另一本著作 *Pro .NET 2.0 Windows Forms and Custom Controls in C#*。

ActiveX 互 操 作

WPF 没有为 ActiveX 互操作提供直接支持。然而，Windows 窗体提供 RCW(Runtime Callable Wrapper)形式的扩展支持，能够动态生成允许托管的 Windows 窗体应用程序驻留 ActiveX 组件的交互类。虽然从.NET 到 COM 的过程会使一些控件出现问题，但对于大多数情况，这种方法效果不错，并且如果创建组件的开发人员还提供了主互操作程序集(primary interop assembly)，这个程序集是手工创建的且经过精细调整的 RCW(以确保避开互操作问题)，那么这种方法就能够无缝地工作。

那么，如果需要设计使用 ActiveX 控件的 WPF 应用程序，这种方法有什么帮助呢？对于这种情况，需要叠加两个层次的互操作层。首先，需要在 Windows 窗体用户控件或窗体中放置 ActiveX 控件。然后将用户控件放置到 WPF 窗口中，或从 WPF 应用程序中显示窗体。

30.3.4　在 Windows 窗体中驻留 WPF 控件

反过来，在使用 Windows 窗体构建的窗体中驻留 WPF 内容同样也很容易。对于这种情况，不需要使用 WindowsFormsHost 类，而是使用 System.Windows.Forms.Integration.ElementHost 类，该类是 WindowsFormsIntegration.dll 程序集的一部分。

ElementHost 类能够封装任何 WPF 元素。然而，ElementHost 类是真正的 Windows 窗体控件，这意味着可将它和其他 Windows 窗体内容一起放置到窗体中。在某些方面，ElementHost 类比 WindowsFormsHost 类更简单，因为 Windows 窗体中的每个控件都显示为单独的窗口句柄。因此，使用 WPF(而不是使用 User32/GDI+)渲染这些窗口中的某个窗口并不是非常困难。

Visual Studio 为 ElementHost 控件提供了一些设计时支持，但只有当在 WPF 用户控件中放置 WPF 内容时才能得到设计时支持。下面是具体的操作步骤：

(1) 在 Solution Explorer 中右击项目名称，并选择 Add|New Item。选择 User Control (WPF) 模板，为自定义组件类提供名称，并单击 Add 按钮。

注意：

这个示例假定直接在 Windows 窗体项目中放置 WPF 用户控件。如果用户控件很复杂，就必须选用更加结构化的方法，并将 WPF 用户控件放置到单独的类库程序集中。

(2) 为新建的 WPF 用户控件添加需要的 WPF 控件。Visual Studio 为这一步提供了通常级别的设计时支持，所以可以从工具箱拖动 WPF 控件，并且可以使用 Properties 窗口配置这些控件，等等。

(3) 当完成这些操作后，重新生成项目(选择 Build|Build Solution)。WPF 用户控件只有在经过编译之后，才能在窗体中使用。

(4) 打开希望添加 WPF 用户控件的 Windows 窗体(或通过在 Solution Explorer 中右击项目，然后选择 Add|Windows Form 来创建新的窗体)。

(5) 为在窗体中放置 WPF 用户控件，需要借助于 ElementHost 控件。ElementHost 控件位于工具箱的 WPF Interoperability 选项卡中。将它拖放到窗体中，并相应地改变其尺寸。

提示：

为更好地进行分离，将 ElementHost 控件添加到特定容器中而不是直接添加到窗体中是个好主意。这样可以使得从窗口的其他内容中分离出 WPF 内容更容易。典型的情况是使用 Panel、FlowLayoutPanel 或 TableLayoutPanel。

(6) 要为 ElementHost 控件选择内容，可使用智能标签。如果智能标签不可见，可通过选择 ElementHost 控件，并单击右上角的箭头来显示。在智能标签中将看到名为 Select Hosted Content 的下拉列表。使用该列表，可选择希望使用的 WPF 用户控件，如图 30-3 所示。

(7) 尽管 WPF 用户控件将显示在窗体中，但不能在其中编辑内容。为快速跳到相应的 XAML 文件，可单击 ElementHost 智能标签中的 Edit Hosted Content 链接。

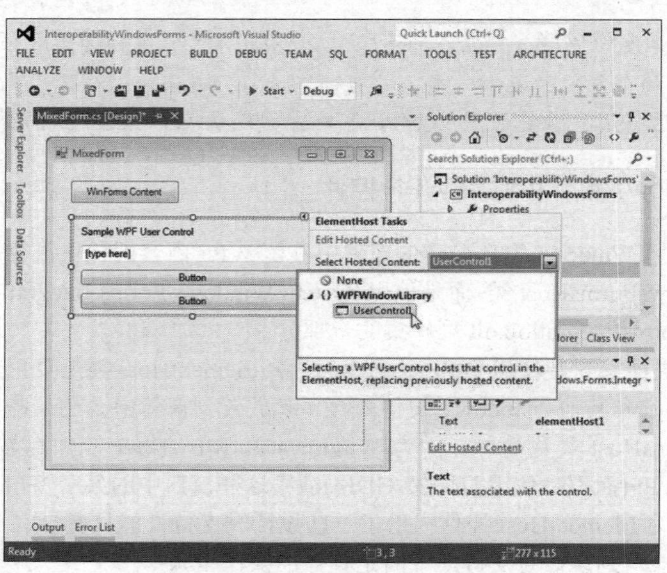

图 30-3　为 ElementHost 控件选择 WPF 内容

从技术角度看，ElementHost 控件可包含任意类型的 WPF 元素。然而，ElementHost 智能标签期望用户选择项目中(或引用的程序集中)的用户控件。如果希望使用不同类型的控件，就需要通过编写代码将控件添加到 ElementHost 控件中。

30.3.5　访问键、助记码和焦点

WPF 和 Windows 窗体之间的互操作之所以能够工作，是因为两种类型的内容可以严格地分离。每个区域处理自己的渲染和刷新，并独立地与鼠标进行交互。然而，隔离并不总是合适的。例如，对于键盘处理这会造成潜在的问题，有时需要全局访问整个窗体。下面是一些例子：

- 当使用 Tab 键从一个区域的最后一个控件移走焦点时，期望将焦点移到下一个区域的第一个控件。
- 当使用快捷键触发控件(如按钮)时，期望按钮进行响应，而不管按钮位于窗口中的哪个区域。
- 当使用标签的助记码时，期望焦点移到链接的控件上。
- 类似地，如果使用预览事件挂起击键，那么不管当前是哪个控件具有焦点，都不希望引发任何区域中相应的击键事件。

上面所有这些期望的行为都可以实现，而不需要进行任何自定义操作。例如，分析图 30-4 中显示的 WPF 窗口。该窗口包含了两个 WPF 按钮(在顶部和底部)以及一个 Windows 窗体按钮(在中间)。

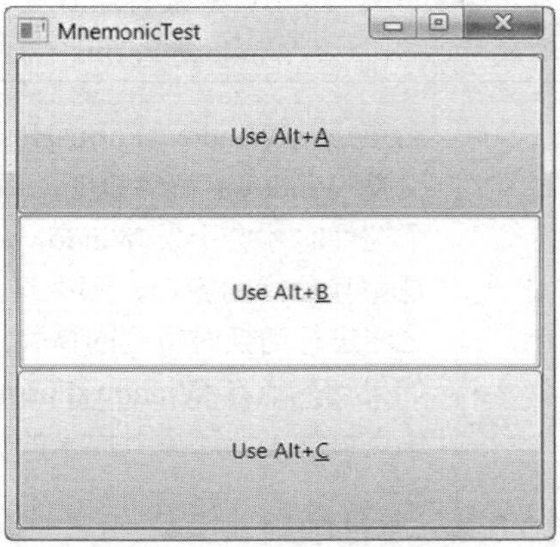

图 30-4　具有快捷键的三个按钮

下面是标记：

```
<Grid.RowDefinitions>
  <RowDefinition></RowDefinition>
  <RowDefinition></RowDefinition>
  <RowDefinition></RowDefinition>
</Grid.RowDefinitions>
<Button Click="cmdClicked">Use Alt+_A</Button>
<WindowsFormsHost Grid.Row="1">
  <wf:Button Text="Use Alt+&amp;B" Click="cmdClicked"></wf:Button>
</WindowsFormsHost>
<Button Grid.Row="2" Click="cmdClicked">Use Alt+_C</Button>
</Grid>
```

注意：

在 WPF 中确定加速键的语法(使用一条下划线)和在 Windows 窗体中指定加速键的语法稍微有些区别。Windows 窗体使用&符号确定加速键，这时必须使用“&”进行转义，因为在 XML 中&是特殊字符。

当这个窗口首次显示时，所有按钮中的文本都是正常的。当用户按住 Alt 键时，所有三个快捷字符都具有下划线。然后用户可通过按下 A、B 或 C 键(同时按住 Alt 键)触发这三个按钮中的任意一个。

对于助记符，这种方法同样可行，助记符使标签能将焦点转移到相邻的控件上(通常是文本框)。还可使用 Tab 键在窗口中的三个按钮之间转移焦点，就像这三个按钮都是 WPF 定义的控

件一样，自上向下转移焦点。当在 Windows 窗体中驻留 Windows 窗体内容和 WPF 内容的组合时，上面的示例也能够工作。

键盘支持并不总是那么完美，而且可能遇到一些与键盘相关的问题。下面列出了一些需要注意的问题：

- 尽管 WPF 支持击键转发系统，以确保所有元素和控件都能够获得处理键盘输入的机会，但 WPF 的键盘处理模型和 Windows 窗体仍是不同的。所以，当焦点位于 Windows 窗体内容的内部时，不会从 WindowsFormsHost 控件接收到键盘事件。同样，如果用户从一个控件移到 WindowsFormsHost 控件内的另一个控件时，不能从 WindowsFormsHost 控件接收到 GotFocus 和 LostFocus 事件。

注意：

顺便提一下，WPF 鼠标事件也会出现类似问题。例如，当在 WindowsFormsHost 控件内移动鼠标时不会为 WindowsFormsHost 控件引发 MouseMove 事件。

- 当焦点从 WindowsFormsHost 内部的控件移到 WindowsFormsHost 外部的元素上时，不会引发 Windows 窗体验证。而只有当焦点在 WindowsFormsHost 内部从一个控件移到另一个控件时才会引发 Windows 窗体验证(如果记得 WPF 内容和 Windows 窗体内容在本质上是相互独立的窗口，那么这是非常合理的，因为上面的行为正是当您在不同的应用程序之间进行切换时得到的体验)。
- 如果当焦点在 WindowsFormsHost 控件内部的某个位置时最小化窗口，那么当还原窗口时焦点可能不会还原到原来的位置。

30.3.6 属性映射

在 WPF 和 Windows 窗体之间的互操作中，最笨拙的一个细节是它们使用的属性类似但又不同。例如，WPF 控件有 Background 属性，可通过该属性提供用于绘制背景的画刷。Windows 窗体控件使用更简单的 BackColor 属性，该属性使用颜色(基于 ARGB 值)填充背景。显然，这两个属性之间没有关联，尽管它们经常用于设置控件外观的相同方面。

在大多数情况下，这不成问题。可根据使用的对象，强制开发人员简单地在两套 API 之间进行切换。然而，WPF 通过称为属性转换器的特性提供了一些额外支持。

属性转换器不允许编写 WPF 风格的标记，而且只能用于 Windows 窗体控件。实际上，属性转换器非常简单。它们简单地将 WindowsFormsHost(或 ElementHost)控件的几个基本属性从一个系统转换到另一个系统，从而可将这些属性应用于子控件。

例如，如果设置 WindowsFormsHost.IsEnabled 属性，就会相应地修改内部控件的 Enabled 属性。这个特性不是必需的(可通过直接修改子元素的 Enabled 属性，而不是容器的 IsEnabled 属性，得到相同的效果)，但这一特性可以使代码更加清晰。

为使这一特性奏效，WindowsFormsHost 类和 ElementHost 类都提供了 PropertyMap 集合，该集合负责将属性名和标识执行转换方法的委托关联起来。通过使用某个方法，属性映射系统能够处理关联转换，例如从 BackColor 属性到 Background 属性，以及反过来从 Background 属性到 BackColor 属性。在默认情况下，每个 PropertyMap 集合由默认的关联设置填充(可随意创建自己的关联设置或替换已有的关联设置，但这种低级方法意义不大)。

表 30-2 列出了由 WindowsFormHost 和 ElementHost 类提供的标准属性映射转换。

表 30-2　属 性 映 射

WPF 属 性	Windows 窗体属性	注　释
Foreground	ForeColor	将任意 ColorBrush 画刷转换成相应的 Color 对象。对于 GradientBrush 画刷，使用具有最低偏移值的 GradientStop 的颜色。对于所有其他类型的画刷，不改变 ForeColor 属性值，并使用默认值
Background	BackColor 或 BackgroundImage	将任意 SolidColorBrush 画刷转换成相应的 Color 对象。不支持透明。如果使用了更特殊的画刷，WindowsFormsHost 类会创建一幅位图，并将该位图指定给 BackgroundImage 属性
Cursor	Cursor	
FlowDirection	RightToLeft	
FontFamily、FontSize、FontStretch、FontStyle、FontWeight	Font	
IsEnabled	Enabled	
Padding	Padding	
Visibility	Visible	将 Visibility 枚举值转换为 Boolean 值。如果 Visibility 的值为 Hidden，Visible 属性会被设置为 true，从而内容尺寸可以被用于布局计算，但是 WindowsFormsHost 控件不绘制内容。如果 Visibility 的值为 Collapsed，那么 Visible 属性不变化(保留其当前设置或默认设置)，而且 WindowsFormsHost 控件不绘制内容

注意：

属性映射动态地进行工作。例如，如果 WindowsFormsHost.FontFamily 属性发生了变化，就会构造新的字体对象，并将其应用到子控件的 Font 属性。

Win32 互 操 作

WPF 肯定不会限制向 Windows 窗体应用程序提供互操作功能——如果希望使用 Win32 API 或在 C++ MFC 应用程序中放置 WPF 内容，也是可以的。

可使用 System.Windows.Interop.HwndHost 类在 WPF 中驻留 Win32，该类和 WindowsFormsHost 类的工作方式类似。HwndSource 具有与 WindowsFormsHost 相同的限制(如空域规则、焦点问题等)。实际上，WindowsFormsHost 继承自 HwndHost。

HwndHost 是进入传统的 C++和 MFC 应用程序世界的大门，但也可用于集成托管的 DirectX 内容。目前，WPF 没有提供任何 DirectX 互操作功能，在 WPF 窗口中不能使用 DirectX 库渲染内容。然而，可使用 DirectX 构建单独窗口，然后使用 HwndHost 类在 WPF 窗口中驻留使用 DirectX 构建的窗口。尽管 DirectX 超出了本书的讨论范围(并且 DirectX 编程比 WPF 编程更复杂)，但可从 http://msdn.microsoft.com/directx 了解更多信息。

HwndSource 类是 HwndHost 的补充。HwndHost 类允许在 WPF 窗口中放置任何 hwnd，而

HwndSource 类可将任何 WPF 可视化对象或元素封装到 hwnd 中，从而可将其插入到基于 Win32 的应用程序中，如 MFC 应用程序。唯一的限制是应用程序需要一种访问 WPF 库的方法，WPF 库是托管的.NET 代码。这不是一项简单任务。如果正在使用 C++应用程序，最简单的方法是使用针对 C++的托管扩展。然后可创建 WPF 内容，并创建 HwndSource 对象来封装 WPF 内容，将 HwndHost.RootVisual 属性设置为顶级元素，然后将 HwndSource 放置到窗口中。

30.4 小结

本章首先分析了允许 WPF 应用程序显示 Windows 窗体内容(以及在 Windows 窗体应用程序中显示 WPF 内容)的互操作支持；然后分析了 WindowsFormsHost 元素，通过该元素可在 WPF 窗口中嵌入 Windows 窗体控件；并且分析了 ElementHost 元素，通过该元素可在窗体中嵌入 WPF 元素。这两个类(Windows FormsHost 和 ElementHost)都提供了简单高效的方式来管理从 Windows 窗体向 WPF 的过渡。

第 31 章

多 线 程

正如在前面的 30 章中所分析的，WPF 几乎革新了 Windows 编程约定(convention)的全部内容。它为所有内容都引入了新方法，从定义窗口中的内容乃至渲染 3D 图形。WPF 甚至还引入了一些与用户界面不明显相关的新概念，如依赖项属性和路由事件。

当然，有许多代码编写任务超出了用户界面编程的范围，并且在 WPF 领域中没有发生改变。例如，当连接数据库、操作文件以及执行诊断时，WPF 应用程序使用和其他.NET 应用程序相同的类。此外，还有一些特性处于传统的.NET 编程和 WPF 编程之间。这些特性不严格限定用于 WPF 应用程序范围，但它们是专门针对 WPF 的。一个例子是插件模型(add-in model)，通过插件模型，WPF 应用程序可动态加载和使用单独编译过的具有一些有用功能的组件(见第 32 章)。本章将介绍多线程，通过多线程特性可使 WPF 应用程序执行后台工作，同时保持用户界面能够进行响应。

注意：

多线程和插件模型都是高级主题，完整地介绍这两个主题需要一整本书。所以，本书不可能涵盖这两个特征的全部内容。不过，本书将介绍在 WPF 中使用它们所需要的基本内容，为您做进一步深入研究打下坚实基础。

31.1　了解多线程模型

多线程是指同时执行多块代码。多线程的目标通常是用于创建能够更好地进行响应的用户界面——当执行其他工作时不会冻结的用户界面——尽管当执行需要消耗大量 CPU 时间的算法时，或者长时间执行其他工作时(例如，当等待 Web 服务响应以便执行一些计算时)，也可以使用多线程更好地利用双核 CPU 的功能。

在 WPF 设计早期，创作人员曾考虑过一个新的线程模型。该模型称为线程租赁(thread rental)，允许在所有线程中访问用户界面对象。为降低加锁的代价，相关的对象可以处于同一个锁之下(称为上下文)。但这一设计为单线程应用程序(需要了解上下文)带来了额外复杂性，并使得和老程序(如 Win32 API)之间的交互更困难。最终，这个计划被放弃了。

结果是 WPF 支持单线程单元(Single-Thread Apartment)模型，该模型与在 Windows 窗体应用程序中使用的模型非常类似。它具有以下几条核心规则：

- WPF 元素具有线程关联性(thread affinity)。创建 WPF 元素的线程拥有所创建的元素，其他线程不能直接与这些 WPF 元素进行交互(元素是在窗口中显示的 WPF 对象)。

- 具有线程关联性的 WPF 对象都在类层次的某个位置继承自 DispatcherObject 类。DispatcherObject 类提供了少量成员，用于核实为了使用特定的对象，代码是否在正确的线程上执行，并且(如果没有在正确的线程上执行)是否能切换位置。
- 实际上，线程运行整个应用程序并拥有所有 WPF 对象。尽管可使用单独的线程显示单独的窗口，但这种设计很少使用。

接下来的几节将分析 DispatcherObject 类，并将学习在 WPF 应用程序中执行异步操作的最简单方法。

31.1.1 Dispatcher 类

调度程序(dispatcher)管理在 WPF 应用程序中发生的操作。调度程序拥有应用程序线程，并管理工作项队列。当应用程序运行时，调度程序接受新的工作请求，并且一次执行一个任务。

从技术角度看，当在新线程中第一次实例化 DispatcherObject 类的派生类时，会创建调度程序。如果创建相互独立的线程，并用它们显示相互独立的窗口，最终将创建多个调度程序。然而，大多数应用程序都保持简单方式，并坚持使用一个用户界面线程和一个调度程序。然后，他们使用多线程管理数据操作和其他后台任务。

注意：

调度程序是 System.Windows.Threading.Dispatcher 类的实例。所有与调度程序相关的对象都位于 System.Windows.Threading 名称空间，这是 WPF 新添加的一个名称空间(自.NET 1.0 以来的核心线程类位于 System.Threading 名称空间)。

可使用静态的 Dispatcher.CurrentDispatcher 属性检索当前线程的调度程序。使用这个 Dispatcher 对象，可关联事件处理程序以响应未处理的异常，或当关闭调度程序时进行响应。也可以获取调度程序控制的 System.Threading.Thread 的引用，关闭调度程序或将代码封送(marshal)到正确的线程(31.1.2 节将介绍该技术)。

31.1.2 DispatcherObject 类

在大多数情况下，不会直接与调度程序交互。但会花费大量时间使用 DispatcherObject 类的实例，因为每个 WPF 可视化对象都继承自这个类。DispatcherObject 实例是链接到调度程序的简单对象——换句话说，是绑定到调度程序线程的对象。

DispatcherObject 类只提供了在表 31-1 中列出的三个成员。

表 31-1 DispatcherObject 类的成员

名 称	说 明
Dispatcher	返回管理该对象的调度程序
CheckAccess( )	如果代码在正确的线程上使用对象，就返回 true，否则返回 false
VerifyAccess( )	如果代码在正确的线程上使用对象，就什么也不做，否则抛出 InvalidOperationException 异常

WPF 对象为保护自身会频繁调用 VerifyAccess( )方法。但这并不是说 WPF 对象会调用 VerifyAccess( )方法来响应每个操作(因为这样严重影响性能)，但会足够频繁地调用该方法，从而不可能在错误的线程中长时间使用一个对象。

例如，下面的代码通过创建新的 System.Threading.Thread 对象来响应按钮单击。然后使用创建的线程加载少量代码来改变当前窗口中的一个文本框：

```
private void cmdBreakRules_Click(object sender, RoutedEventArgs e)
{
    Thread thread = new Thread(UpdateTextWrong);
    thread.Start();
}

private void UpdateTextWrong()
{
    // Simulate some work taking place with a five-second delay.
    Thread.Sleep(TimeSpan.FromSeconds(5));

    txt.Text = "Here is some new text.";
}
```

上面的代码注定会失败。UpdateTextWrong( )方法将在新线程上执行，并且不允许这个新线程访问 WPF 对象。在本例中，TextBox 对象通过调用 VerifyAccess( )方法捕获这一非法操作，并抛出 InvalidOperationException 异常。

为改正上面的代码，需要获取拥有 TextBox 对象的调度程序的引用(这个调度程序也拥有应用程序中的窗口和所有其他WPF对象)。一旦访问这个调度程序，就可以调用Dispatcher.Invoke( )方法将一些代码封送到调度程序线程。本质上，BeginInvoke( )方法会将代码安排为调度程序的任务。然后调度程序会执行这些代码。

下面是改正后的代码：

```
private void cmdFollowRules_Click(object sender, RoutedEventArgs e)
{
    Thread thread = new Thread(UpdateTextRight);
    thread.Start();
}

private void UpdateTextRight()
{
    // Simulate some work taking place with a five-second delay.
    Thread.Sleep(TimeSpan.FromSeconds(5));
    // Get the dispatcher from the current window, and use it to invoke
    // the update code.
    this.Dispatcher.BeginInvoke(DispatcherPriority.Normal,
      (ThreadStart) delegate() {
                        txt.Text = "Here is some new text.";
                      }
      );
}
```

Dispatcher.BeginInvoke( )方法具有两个参数。第一个参数指示任务的优先级。在大多数情况下，会使用 DispatcherPriority.Normal，但如果任务不需要被立即完成，也可以使用更低的优先级，并且直到调度程序没有其他工作时才会执行该任务。例如，如果需要在用户界面中的某个地方，显示与某个长时间运行的操作相关的状态信息，这可能是合理的。可使用 DispatcherPriority.ApplicationIdle

等待应用程序在完成所有其他工作时执行指定的任务，或者使用更低的DispatcherPriority.SystemIdle进行等待，直到整个系统都处于休息状态，并且CPU处于空闲状态。

也可以使用比正常优先级更高的优先级，使调度程序立即关注指定的任务。但推荐为输入消息(如按键)使用更高的优先级。这些任务需要几乎在瞬间进行处理，否则会感觉应用程序的运行是缓慢的。另一方面，为后台操作增加几毫秒的额外时间不会被注意到，所以对于这种情况，使用DispatcherPriority.Normal优先级更加合理。

BeginInvoke( )方法的第二个参数是指向一个方法的委托，该方法具有希望执行的代码。这个方法可以在代码中的其他地方定义，也可以使用匿名方法在内部定义代码(就像在这个示例中所做的那样)。对于简单操作，使用内联方法效果较好，例如本例只需要使用一行代码更新用户界面。然而，如果需要使用更复杂的处理过程更新用户界面，最好将这些代码分解到单独的方法中。

注意：

BeginInvoke( )方法还有返回值，上面的示例没有使用这个返回值。BeginInvoke( )方法返回一个DispatcherOperation对象，通过该对象可跟踪封送操作的状态，并确定代码何时已实际执行完毕。然而，很少使用DispatcherOperation对象，因为传递到BeginInvoke( )方法的代码应当只需要很短的时间就可以执行完毕。

请记住，如果正在执行耗时的后台工作，就需要在单独的线程中执行这个操作，然后将操作结果封送到调度程序线程(在此更新用户界面或修改共享对象)。在传递给BeginInvoke( )的方法中执行耗时的代码是不合理的。例如，下面稍微重新安排的代码虽然能够工作，但并不合理：

```
private void UpdateTextRight()
{
    // Get the dispatcher from the current window.
    this.Dispatcher.BeginInvoke(DispatcherPriority.Normal,
      (ThreadStart) delegate() {
                    // Simulate some work taking place.
                    Thread.Sleep(TimeSpan.FromSeconds(5));

                    txt.Text = "Here is some new text.";
                   }
    );
}
```

这里的问题是所有工作都在调度程序线程上进行。这意味着上面的代码将以非多线程应用程序采用的方法连接到调度程序。

注意：

调度程序还提供了Invoke( )方法。与BeginInvoke( )方法类似，Invoke( )方法将指定的代码封送到调度程序线程。但与BeginInvoke( )方法不同，Invoke( )方法会拖延线程直到调用程序执行您指定的代码。如果需要暂停异步操作直到用户提供一些反馈信息，可使用Invoke( )方法。例如，可调用Invoke( )方法运行某个代码片段以显示具有OK/Cancel按钮的对话框。如果用户单击了按钮，而且封送的代码已经完成，Invoke( )方法将返回，并且可针对用户的响应执行操作。

31.2 BackgroundWorker 类

可使用许多方法执行异步操作。前面已介绍了一种简单方法——手动创建新的 System.Threading.Thread 对象，提供异步代码，并使用 Thread.Start( )方法启动代码。这种方法很有用，因为 Thread 对象没有隐瞒任何内容。如果愿意，您可以创建几十个线程，设置它们的优先级，控制它们的状态(如暂停、恢复以及中止它们)，等等。然而，这种方法也存在一些危险。如果访问共享数据，就需要使用锁定机制来避免潜在错误。如果频繁创建线程或者大量创建线程，就会产生额外的、不必要的开销。

编写良好的多线程代码的技术——以及将要使用的.NET 类——不是特定于 WPF 的。如果曾在 Windows 窗体应用程序中编写过多线程代码，就可以在 WPF 领域中使用相同的技术。本章剩余部分将分析最简单且最安全的方法：System.ComponentModel.BackgroundWorker 组件。

BackgroundWorker 组件是.NET 2.0 版本提供的，用于简化 Windows 窗体应用程序中与线程相关的问题。然而，在 WPF 中同样使用 BackgroundWorker 组件。BackgroundWorker 组件为在单独线程中运行耗时的任务提供了一种非常简单的方法。它在后台使用调度程序，并使用基于事件的模型对封送问题进行抽象。

正如将要介绍的，BackgroundWorker 组件还支持另外两个功能：进度(progess)事件和取消消息。对于这两种情况都隐藏了线程细节，以方便代码的编写。

注意：

如果从开始到结束只有一个异步任务在后台运行，那么使用 BackgroundWorker 组件是非常完美的(具有可选的进度报告和取消支持)。如果还需要考虑其他事情——例如，在整个应用程序生命周期中运行的异步任务，或当执行其工作时与应用程序进行通信的异步任务，就需要使用.NET 的线程支持来设计自定义解决方案。

31.2.1 简单的异步操作

为测试 BackgroundWorker 组件，分析一个示例应用程序是有帮助的。对于任何测试而言，基本要素是个耗时的过程。下面的示例使用一种普通算法，在给定范围内查找素数，该算法称为“Eratosthenes 之筛”算法，该算法是由 Eratosthenes 在大约公元前 240 年发明的。对于该算法，首先需要得到在某个数字范围内的所有整数的列表。然后剔除所有小于或等于最大数平方根的素数的倍数。剩下的数字就是素数。

在这个示例中，我们并不研究证明“Eratosthenes 之筛”算法的理论问题，也不显示执行该算法的繁琐代码(同样，也不关心该算法的优化问题，以及它与其他技术的比较)。但会介绍如何异步执行“Eratosthenes 之筛”算法。

可从本章的下载示例中得到完整的代码，采用了下面的形式：

```
public class Worker
{
    public static int[] FindPrimes(int fromNumber, int toNumber)
    {
        // Find the primes between fromNumber and toNumber,
        // and return them as an array of integers.
```

```
        }
    }
```

FindPrimes( )方法使用两个参数指定数字范围。然后代码返回在指定的范围内所有素数的整数数组。

图 31-1 显示了这里构建的示例。该窗口允许用户选择查找的数字范围。当用户单击 Find Primes 按钮时开始查找，但这个查找过程是在后台进行的。当查找结束后，素数列表显示在列表框中。

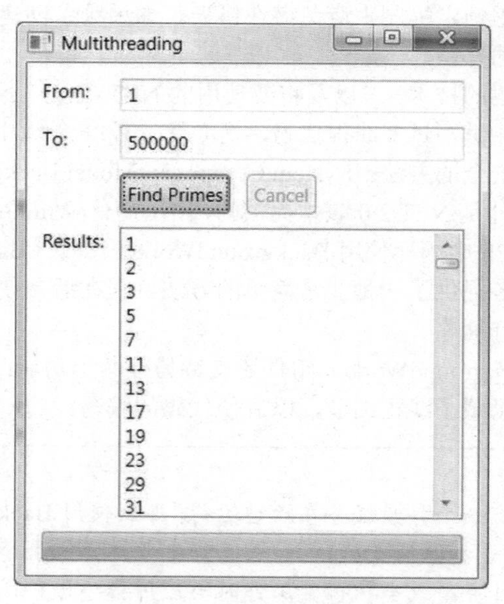

图 31-1　完成的素数查找

31.2.2　创建 BackgroundWorker 对象

为使用 BackgroundWorker，首先需要创建该类的一个实例。下面是创建该实例的两种选择：

- 可在代码中创建 BackgroundWorker 对象，并用代码关联所有事件处理程序。
- 可在 XAML 中声明 BackgroundWorker 对象。这种方法的优点是可使用特性关联事件处理程序。因为 BackgroundWorder 组件不是可见的 WPF 元素，所以不能在任意位置放置。需要作为窗口的资源声明 BackgroundWorker 对象。

这两种方法是等效的。本章的下载示例使用的是第二种方法。第一步是通过名称空间导入，使得在 XAML 文档中能够访问 System.ComponentModel 名称空间。为此，需要将名称空间映射到 XML 前缀：

```
<Window x:Class="Multithreading.BackgroundWorkerTest"
    xmlns="http://schemas.microsoft.com/winfx/2006/xaml/presentation"
    xmlns:x="http://schemas.microsoft.com/winfx/2006/xaml"
    xmlns:cm="clr-namespace:System.ComponentModel;assembly=System"
    ... >
```

现在，可在 Windows.Resources 集合中创建 BackgroundWorker 类的实例。当创建该实例时需要提供键名，从而可在以后检索该对象。在该例中，键名是 backgroundWorker：

```
<Window.Resources>
   <cm:BackgroundWorker x:Key="backgroundWorker"></cm:BackgroundWorker>
</Window.Resources>
```

在标记的Windows.Resources部分声明BackgroundWorker对象的优点是，可使用特性设置其属性并关联事件处理程序。例如，下面是该例最后使用的BackgroundWorker标签，该标签支持进度通知和取消操作，并为DoWork事件、ProgressChanged事件以及RunWorkerCompleted事件关联了事件处理程序：

```
<cm:BackgroundWorker x:Key="backgroundWorker"
 WorkerReportsProgress="True" WorkerSupportsCancellation="True"
 DoWork="backgroundWorker_DoWork"
 ProgressChanged="backgroundWorker_ProgressChanged"
 RunWorkerCompleted="backgroundWorker_RunWorkerCompleted">
</cm:BackgroundWorker>
```

为在代码中访问该资源，需要将它从Resources集合中提取出来。在该例中，窗口在其构造函数中执行该步骤，使所有事件处理代码都能更容易地访问该资源：

```
public partial class BackgroundWorkerTest : Window
{
   private BackgroundWorker backgroundWorker;

   public BackgroundWorkerTest()
   {
      InitializeComponent();
      backgroundWorker =
         ((BackgroundWorker)this.FindResource("backgroundWorker"));
   }
   ...
}
```

31.2.3 运行BackgroundWorker对象

在素数查找示例中，使用BackgroundWorker组件的第一步是创建一个自定义类，通过这个自定义类向BackgroundWorker对象传递输入参数。当调用BackgroundWorker.RunWorkerAsync( )方法时，可提供任何对象，相应的对象将被传递到DoWork事件。但只能提供一个对象，所以需要将结束数字和开始数字封装到一个类中，如下所示：

```
public class FindPrimesInput
{
   public int From
   { get; set; }

   public int To
   { get; set; }

   public FindPrimesInput(int from, int to)
   {
      From = from;
```

```
        To = to;
    }
}
```

为运行 BackgroundWorker 对象，需要调用 BackgroundWorker.RunWorkerAsync( )方法，并传入 FindPrimesInput 对象。当用户单击 Find Primes 按钮时，下面的代码将完成这一工作：

```
private void cmdFind_Click(object sender, RoutedEventArgs e)
{
    // Disable this button and clear previous results.
    cmdFind.IsEnabled = false;
    cmdCancel.IsEnabled = true;
    lstPrimes.Items.Clear();

    // Get the search range.
    int from, to;
    if (!Int32.TryParse(txtFrom.Text, out from))
    {
        MessageBox.Show("Invalid From value.");
        return;
    }
    if (!Int32.TryParse(txtTo.Text, out to))
    {
        MessageBox.Show("Invalid To value.");
        return;
        }

        // Start the search for primes on another thread.
        FindPrimesInput input = new FindPrimesInput(from, to);
        backgroundWorker.RunWorkerAsync(input);
    }
```

当 BackgroundWorker 对象开始执行后，从 CLR 线程池提取一个自由线程，然后从这个线程引发 DoWork 事件。您可以处理 DoWork 事件并开始执行耗时的任务，但切勿访问共享数据(如窗口类中的字段)或用户界面对象。一旦完成工作，BackgroundWorker 对象就会引发 RunWorker-Completed 事件以通知应用程序。这个事件在调度程序线程引发，在该线程上您可以访问共享数据和用户界面，而不会导致任何问题。

一旦 BackgroundWorker 对象请求到线程，就引发 DoWork 事件。可通过处理这个事件来调用 Worker.FindPrimes( )方法。DoWork 事件提供一个 DoWorkEventArgs 对象，该对象是检索和返回信息的要素。可通过 DoWorkEventArgs.Argument 属性检索输入对象，并通过设置 DoWork-EventArgs.Result 属性返回结果。

```
private void backgroundWorker_DoWork(object sender, DoWorkEventArgs e)
{
    // Get the input values.
    FindPrimesInput input = (FindPrimesInput)e.Argument;

    // Start the search for primes and wait.
    // This is the time-consuming part, but it won't freeze the
```

```
    // user interface because it takes place on another thread.
    int[] primes = Worker.FindPrimes(input.From, input.To);

    // Return the result.
    e.Result = primes;
}
```

一旦 Worker.FindPrimes( )方法执行完毕，BackgroundWorker 对象就在调度程序线程引发 RunWorkerCompletedEventArgs 事件。这时，可通过 RunWorkerCompletedEventArgs.Result 属性检索结果。然后可更新界面并访问窗口级别的变量，而不必担心任何问题。

```
private void backgroundWorker_RunWorkerCompleted(object sender,
  RunWorkerCompletedEventArgs e)
{
    if (e.Error != null)
    {
        // An error was thrown by the DoWork event handler.
        MessageBox.Show(e.Error.Message, "An Error Occurred");
    }
    else
    {
        int[] primes = (int[])e.Result;
        foreach (int prime in primes)
        {
            lstPrimes.Items.Add(prime);
        }
    }

    cmdFind.IsEnabled = true;
    cmdCancel.IsEnabled = false;
    progressBar.Value = 0;
}
```

注意，您不需要任何加锁代码，也不需要使用 Dispatcher.BeginInvoke( )方法。BackgroundWorker 对象自动解决了这些问题。

在后台，BackgroundWorker 对象使用在.NET 2.0 版中引入的几个多线程类，包括 AsyncOperationManager 类、AsyncOperation 类以及 SynchronizationContext 类。本质上，BackgroundWorker 对象使用 AsyncOperationManager 类管理后台任务。AsyncOperationManager 类具有一些内置的智能行为—— 能获取当前线程的同步上下文。在 Windows 窗体应用程序中，AsyncOperationManager 类获取 WindowsFormsSynchronizationContext 对象，而 WPF 应用程序则获取 DispatcherSynchronizationContext 对象。从概念上讲，这些类执行相同的工作，但它们内部的工作方式是不同的。

31.2.4 跟踪进度

BackgroundWorker 类还为跟踪进度提供了内置支持。在长时间运行的任务中，如果需要持续向客户端发送已经完成的工作量的信息，这一支持是很有用的。

要为进度添加支持，首先需要将 BackgroundWorker.WorkerReportsProgress 属性设置为 true。

实际上，提供和显示执行进度信息是两个步骤。首先，DoWork 事件处理代码需要调用 BackgroundWorker.ReportProgress( )方法，并提供已经完成的百分比(从 0%到 100%)。可根据个人喜好或多或少地执行该工作。每次调用 ReportProgress( )方法时，BackgroundWorker 对象都会引发 ProgressChanged 事件。可响应该事件，读取新的进度百分比并更新用户界面。因为 ProgressChanged 事件是从用户界面线程引发的，所以不需要使用 Dispatcher.BeginInvoke( )方法。

FindPrimes( )方法每完成 1%的工作就报告一次，使用的代码如下所示：

```
int iteration = list.Length / 100;
for (int i = 0; i < list.Length; i++)
{
    ...

    // Report progress only if there is a change of 1%.
    // Also, don't bother performing the calculation if there
    // isn't a BackgroundWorker or if it doesn't support
    // progress notifications.
    if ((i % iteration == 0) &&
       (backgroundWorker != null) && backgroundWorker.WorkerReportsProgress)
    {
       backgroundWorker.ReportProgress(i / iteration);
    }
}
```

其次，在设置了 BackgroundWorker.WorkerReportsProgress 属性后，就可以通过处理 ProgressChanged 事件响应这些进度通知。在这个示例中，相应地更新了进度条：

```
private void backgroundWorker_ProgressChanged(object sender,
  ProgressChangedEventArgs e)
{
   progressBar.Value = e.ProgressPercentage;
}
```

图 31-2 显示了执行任务时的进度条。

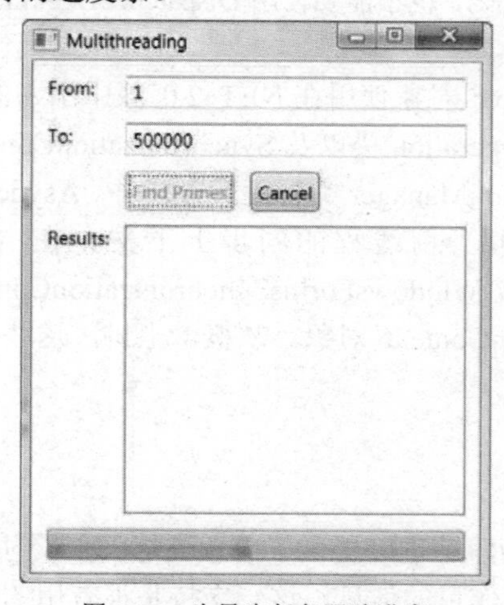

图 31-2 为异步任务跟踪进度

31.2.5　支持取消

使用 BackgroundWorker 对象为长时间执行的任务添加取消支持同样也很容易。第一步是将 BackgroundWorker.WorkerSupportsCancellation 属性设置为 true。

为请求取消，代码需要调用 BackgroundWorker.CancelAsync( )方法。在该例中，当单击 Cancel 按钮时请求取消：

```
private void cmdCancel_Click(object sender, RoutedEventArgs e)
{
    backgroundWorker.CancelAsync();
}
```

当调用 CancelAsync( )方法时不会自动发生任何操作。相反，执行任务的代码需要显式地检查取消请求，执行所有清除操作，然后返回。下面的 FindPrimes( )方法中的代码在即将报告进度之前检查取消请求：

```
for (int i = 0; i < list.Length; i++)
{
    ...
    if ((i % iteration) && (backgroundWorker != null))
    {
        if (backgroundWorker.CancellationPending)
        {
            // Return without doing any more work.
            return;
        }

        if (backgroundWorker.WorkerReportsProgress)
        {
            backgroundWorker.ReportProgress(i / iteration);
        }
    }
}
```

DoWork 事件处理程序中的代码还需要显式地将 DoWorkEventArgs.Cancel 属性设置为 true，以完成取消操作。然后用户可以从方法中返回，而不必试图构建素数字符串。

```
private void backgroundWorker_DoWork(object sender, DoWorkEventArgs e)
{
    FindPrimesInput input = (FindPrimesInput)e.Argument;
    int[] primes = Worker.FindPrimes(input.From, input.To,
      backgroundWorker);

    if (backgroundWorker.CancellationPending)
    {
        e.Cancel = true;
        return;
    }

    // Return the result.
```

```
        e.Result = primes;
    }
```

甚至当取消操作时，也仍会引发 RunWorkerCompleted 事件。这时，可检查任务是否已经被取消，并进行相应的处理。

```
    private void backgroundWorker_RunWorkerCompleted(object sender,
      RunWorkerCompletedEventArgs e)
    {
        if (e.Cancelled)
        {
            MessageBox.Show("Search cancelled.");
        }
        else if (e.Error != null)
        {
            // An error was thrown by the DoWork event handler.
            MessageBox.Show(e.Error.Message, "An Error Occurred");
        }
        else
        {
            int[] primes = (int[])e.Result;
            foreach (int prime in primes)
            {
                lstPrimes.Items.Add(prime);
            }
        }
        cmdFind.IsEnabled = true;
        cmdCancel.IsEnabled = false;
        progressBar.Value = 0;
    }
```

现在可使用 BackgroundWorker 组件开始查找素数了，并可以提前停止查找。

31.3 小结

为设计安全和稳定的多线程应用程序，您需要理解 WPF 的线程规则。本章分析了这些规则，并讨论了如何从其他线程安全地更新控件；还介绍了如何通过 BackgroundWorker 对象，构建进度通知、提供取消支持以及使实现多线程更加容易。

第 32 章

插 件 模 型

插件(add-in，也称为 plug-in)是应用程序能够动态发现、加载和使用的单独编译过的组件。通常，应将应用程序设计成能使用插件，从而可在将来进行增强，而不必进行任何修改、重新编译以及重新测试。插件还为针对特殊的市场或客户单独定制应用程序实例提供了灵活性。但使用插件模型最常见的原因是，允许第三方开发人员扩展应用程序的功能。例如，Adobe Photoshop 中的插件提供了大量图片处理效果。Firefox 中的插件提供了增强的 Web 冲浪特性以及全新功能。对于这两种情况，插件都是由第三方开发人员创建的。

自从.NET 1.0 发布后，开发人员就具备了创建自己的插件系统所需要的全部技术。两个基本要素是接口(接口用于定义协定，应用程序通过协定和插件进行交互，并且插件也通过协定与应用程序进行交互)和反射(通过反射，应用程序可动态地从单独的程序集中发现和加载插件类型)。然而，从头构建插件系统需要做许多工作。需要设计一种方法来定位插件，并需要确保正确地管理插件(换句话说，它们在限定的安全上下文中执行，并当必要时能够卸载)。

幸运的是，.NET 提供了预先构建好的插件模型，该模型使用接口和反射，就像您可能自己编写的插件模型一样。然而，该插件模型为许多繁琐任务(如发现和驻留)提供了低级处理。本章将介绍如何在 WPF 应用程序中使用插件模型。

32.1 在 MAF 和 MEF 两者间进行选择

在开始构建使用插件的可扩展的应用程序之前，需要处理如下意想不到的令人头痛的问题：.NET 不是仅有一个插件框架，而是有两个插件框架。

.NET 3.5 引入了称为托管插件框架(Managed Add-in Framework，MAF)的插件模型。但使问题变得更有趣(并且更让人困惑)的是，.NET 4 引入了称为托管可扩展性框架(Managed Extensibility Framework，MEF)的新模型。在不久以前还必须构建自己的插件系统的开发人员，现在突然有了两种完全独立的具有相同背景的技术。那么这两种模型之间到底有什么区别呢？

MAF 是这两个框架中较可靠的框架。该框架允许从应用程序中分离出插件，从而它们只依赖于您定义的接口。如果希望处理不同的版本，MAF 提供了很受欢迎的灵活性——例如，如果需要修改接口，但为了向后兼容，需要继续支持旧插件。MAF 还允许应用程序将插件加载到独立的应用程序域中，从而插件的崩溃是无害的，不会影响主应用程序。所有这些特性意味着，如果一个开发团队开发应用程序，另一个(或几个)团队开发插件，MAF 可以工作得很好。MAF 还特别适于支持第三方插件。

但为了得到 MAF 功能需要付出代价。MAF 是复杂框架，并且即使是对于简单应用程序，设置插件管道也很繁琐。这正是 MEF 的出发点。MEF 是轻量级选择，目的是使得实现可扩展性就像是将相关的程序集复制到同一个文件夹中那样容易。但 MEF 相对于 MAF 有不同的基本原则。MAF 是严格的、接口驱动的插件模型，而 MEF 是自由使用系统，允许根据部件集合构建应用程序。每个部件导出功能，任何部件都可以导入其他任何部件的功能。该系统为开发人员提供了更大灵活性，并且对于设计可组合的应用程序(composable applications，由单个开发团队开发，但需要以不同方式组装的模块化程序，为单独的发布提供不同的功能实现)工作得特别好。MEF 的显著危险是太松散，对于设计不良的应用程序，相互关联的部件很快变得很混乱。

如果认为 MAF 是您所需要的插件系统，请继续阅读——这正是将在本章讨论的技术。如果希望查看 MEF，请在位于 http://tinyurl.com/37s2jdx 网址的 Microsoft MEF 社区站点上学习更多内容。如果真正感兴趣的不是插件，而是可组合的应用程序，那么您可能会希望查看 Microsoft 的复合应用程序库(Composite Application Library，CAL)，该库原来的代码名称是 Prism。MEF 是用于构建各种模块化.NET 应用程序的通用解决方案，而 CAL 却只针对 WPF 应用程序。该库提供面向 UI 的功能，例如使不同模块通过事件进行通信以及在不同的显示区域显示内容的能力。CAL 还支持创建针对 WPF 平台或针对基于浏览器的 SilverLight 平台进行编译的“hybrid”应用程序。可从 http://tinyurl.com/5ljve8 网址上找到文档和下载示例。

注意：
从现在开始，当提到“插件模型”时，是指 MAF 插件模型。

32.2　了解插件管道

插件模型的主要优点是不需要为许多任务(如发现)编写底层代码，主要缺点是插件模型非常复杂。.NET 设计人员非常注重使插件模型足够灵活，以处理各种版本和宿主情况。最终结果是，为在应用程序中实现插件模型，至少必须创建 7 个单独组件，那么即使不需要使用插件模型的最高级功能也同样如此。

插件模型的核心是插件管道(pipeline)，它是一系列组件，这些组件允许宿主应用程序与插件进行交互(如图 32-1 所示)。在管道的一端是宿主应用程序，另一端是插件，中间是控制交互的 5 个组件。

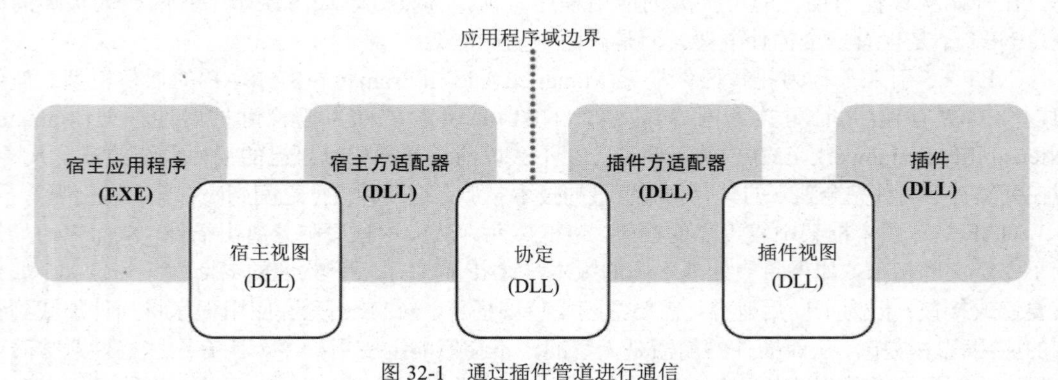

图 32-1　通过插件管道进行通信

乍一看，这个模型看起来有点过分。更简单的情况是在应用程序和插件之间只放置单独的一层(协定)。然而，额外层(视图和适配器)使插件模型在特定情况下更灵活(如 32.2.1 节的“更高级的适配器”中所述)。

32.2.1 管道的工作原理

协定(contract)是插件管道的基石，提供了一个或多个接口，这些接口定义了宿主应用程序如何与插件进行交互，以及插件如何与宿主应用程序进行交互。协定程序集还可包含自定义的计划，用于在宿主应用程序和插件之间传递数据的可串行化类型。

插件管道的设计充分考虑了可扩展性和灵活性。正是因为如此，宿主应用程序和插件不能直接使用协定。相反，它们使用各自版本的协定，称为视图。宿主应用程序使用宿主视图，而插件使用插件视图。通常，视图包含与协定中的接口紧密匹配的抽象类。

尽管它们通常很类似，但协定和视图完全相互独立。适配器负责将这两部分链接在一起。适配器通过提供同时继承自视图类并实现了协定接口的类，执行这一链接。图32-2显示了这一设计。

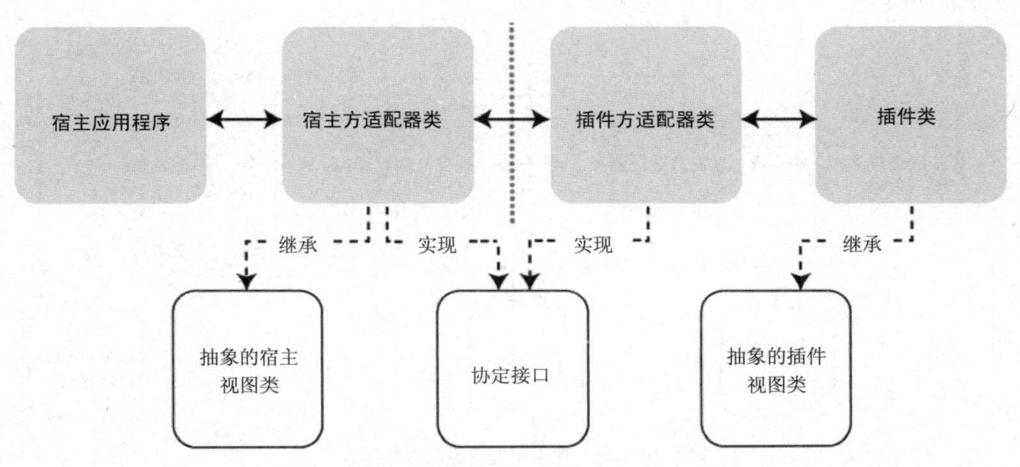

图32-2 管道中的类之间的关系

本质上，适配器桥接了视图和协定接口。它们将视图上的调用映射到协定接口的调用，还将协定接口上的调用映射到视图中的相应方法。虽然这种设计有些复杂，但添加了最重要的提供灵活性的额外层。

为理解适配器的工作原理，分析当应用程序使用插件时会发生什么情况。首先，宿主应用程序调用宿主视图中的方法。但请记住，宿主视图是抽象类。在背后，应用程序实际上通过宿主视图调用宿主方适配器中的方法(这可能是因为宿主方适配器类继承自宿主视图类)。然后，宿主方适配器调用协定接口中的相应方法，该方法是由插件方适配器实现的。最后，插件方适配器调用插件视图中的方法。这个方法是由插件实现的，负责执行实际工作。

更高级的适配器

如果没有任何特殊的版本或宿主需求，适配器比较简单。它们只是沿着管道传递工作。然而，对于更复杂的情况，适配器也是重要的可扩展点。一个例子是版本问题。显然，只要在协定中继续使用相同的接口，就可独立地更新应用程序或其插件，而不需要改变它们的交互方式。然而在某些情况下，为了提供新功能，可能需要改变接口。这会导致一些问题，原因是为了向后兼容老插件，必须支持老接口。经过几次改版后，就会得到一些类似但不同的接口，并且应用程序需要识别并支持所有接口。

使用插件模型，可用不同的方法实现向后兼容。不是提供多个接口，而是在协定中只提供一个接口，并使用适配器创建不同的视图。例如，版本 1 的插件可用于版本 2 的应用程序(该应用程序提供了版本 2 的协定)，只要有适配器能够跨越它们之间的间隙即可。同样，如果开发了使用版本 2 协定的插件，就可通过使用不同的插件方适配器，在原来版本 1 的应用程序(以及版本 1 的协定)中使用该插件。

如果需要特殊宿主，可使用类似的技巧。例如，可使用适配器在不同的相互独立的层次加载插件，甚至可在应用程序之间共享它们。宿主应用程序和插件不需要知道这些细节，因为适配器处理了所有细节。

即使不需要创建定制的适配器以实现特定版本和宿主策略，也仍需要提供这些组件。然而，所有插件都能使用相同的视图和适配器组件。换句话说，一旦为插件设置完整管道，就可以添加更多插件而不必做很多工作，如图 32-3 所示。

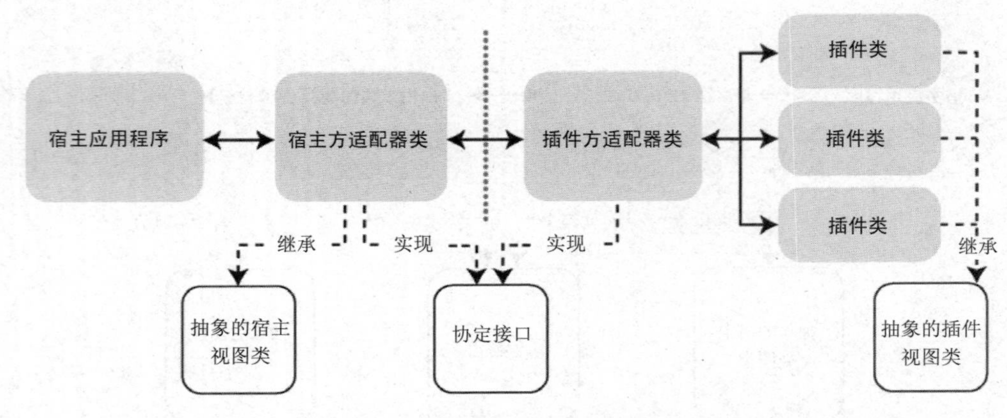

图 32-3　使用相同管道的多个插件

后面几节将学习如何为 WPF 应用程序实现插件管道。

32.2.2　插件文件夹结构

为使用插件管道，必须遵循严格的目录结构。这个目录结构和应用程序相分离。换句话说，应用程序位于一个位置，而所有插件和管道组件位于另一个位置是完全可以的。然而，插件组件必须被安排到使用特定名称的子目录中。例如，如果插件系统使用的根目录为 c:\MyApp，就需要以下子目录：

```
c:\MyApp\AddInSideAdapters
c:\MyApp\AddInViews
c:\MyApp\Contracts
c:\MyApp\HostSideAdapters
c:\MyApp\AddIns
```

最后，AddIns 目录(在上面目录列表的最后)必须为应用程序使用的每个插件提供单独的子目录，如 c:\MyApp\AddIns\MyFirstAddIn、c:\MyApp\AddIns\MySecondAddIn 等。

在这个示例中，假定可执行的应用程序被部署到 c:\MyApp 子目录中。换句话说，同一个文件夹既作为应用程序文件夹又作为插件的根目录。这是常见的部署选择，但并非必须如此。

注意：

如果已经仔细查看过管道图形，您可能已经注意到为每个组件都提供了子目录，只有宿主方视图例外。这是因为宿主方视图直接由宿主应用程序使用，所以它们和可执行的应用程序一同部署(在这个示例中，意味着它们位于 c:\MyApp 目录中)。不能以相同方式部署插件视图，因为几个插件可能使用相同的插件视图。幸亏有了专门的 AddInViews 文件夹，我们只需要部署并更新每个视图程序集的副本即可。

32.2.3 为使用插件模型准备解决方案

插件文件夹结构是必需的。如果遗漏前面列出的某个子文件夹，当查找插件时将遇到运行时异常。

目前，Visual Studio 没有为创建使用插件的应用程序提供模板。所以，开发人员需要自行创建这些文件夹，并设置 Visual Studio 项目使用这些文件夹。

下面是最简单的方法：

(1) 创建包含即将创建的所有项目的顶级目录。例如，可将这个目录命名为 c:\AddInTest。

(2) 在该目录中为宿主应用程序新建 WPF 项目。如何命名项目没有关系，但必须将它放置到在第(1)步创建的顶级目录(如 c:\AddInTest\HostApplication)中。

(3) 为每个管道组件添加新的类库项目，并将它们放到同一个解决方案中。至少，需要为插件创建项目(如 c:\AddInTest\MyAddIn)、为插件视图创建项目(c:\AddIn-Test\ MyAddInView)、为插件方适配器创建项目(c:\AddInTest\MyAddInAdapter)、为宿主视图创建项目(c:\AddInTest\HostView)、为宿主方适配器创建项目(c:\AddInTest\HostAdapter)。图 32-4 显示了来自本章下载代码的一个下载示例，接下来的几节将分析该例。该例包含了一个应用程序(名为 HostApplication)和两个插件(名为 FadeImageAddIn 和 NegativeImageAddIn)。

注意：

从技术角度看，当创建管道组件时使用什么项目名称和目录名称没有关系。当生成应用程序时(假设正确配置了项目设置，如以下两步中描述的那样)，会创建在前面学过的必需的文件夹结构。然而，为了简化配置过程，强烈建议在第(1)步创建的顶级目录中创建所有项目目录。

(4) 现在需要在顶级目录中创建生成目录(build directory)。当进行编译时，这是放置应用程序和所有管道组件的地方。通常将该目录命名为 Output(如 c:\AddInTest\Output)。

(5) 当设计各种管道组件时，需要修改每个组件项目的生成路径，使组件能放到正确的子目录中。例如，插件方适配器应当被编译到类似 c:\AddInTest\Output\AddInSideAdapters 的目录中。为修改生成路径，在 Solution Explorer 中双击 Properties 节点。然后单击 Build 选项卡。在选项卡底部的 Output 部分会发现名为 Output Path 的文本框。需要使用相对路径直接进入目录树的上一层次，然后使用 Output 目录。例如，插件方适配器的输出路径应为“..\Output\AddIn-SideAdapters”。在接下来的几节中当生成每个组件时，将学习使用哪个生成路径。图 32-5 根据图 32-4 中显示的解决方案，显示了最终结果的预览。

当在 Visual Studio 中开发插件模型时还需要考虑一个问题：引用。某些管道组件需要引用其他管道组件。然而，并不希望一同复制包含引用的程序集和被引用的程序集，而是依赖于插件模型的目录系统。

为防止复制引用的程序集，需要在 Solution Explorer 中选择程序集(显示在 References 节点下)。然后，在 Properties 窗口中将 Copy Local 设置为 false。在接下来的几节中，当生成每个组件时，将学习应添加哪些引用。

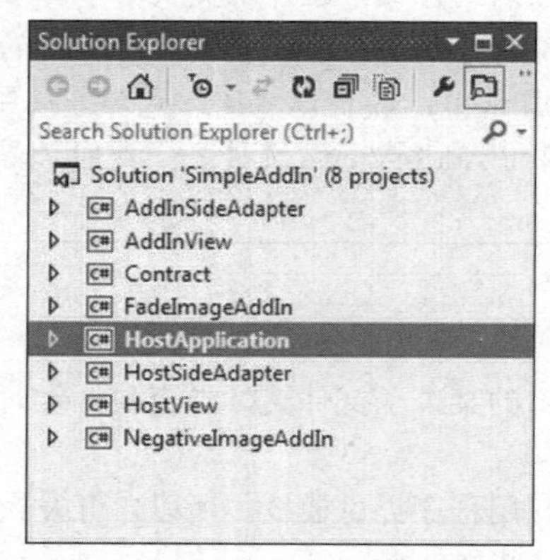

图 32-4　使用插件管道的解决方案

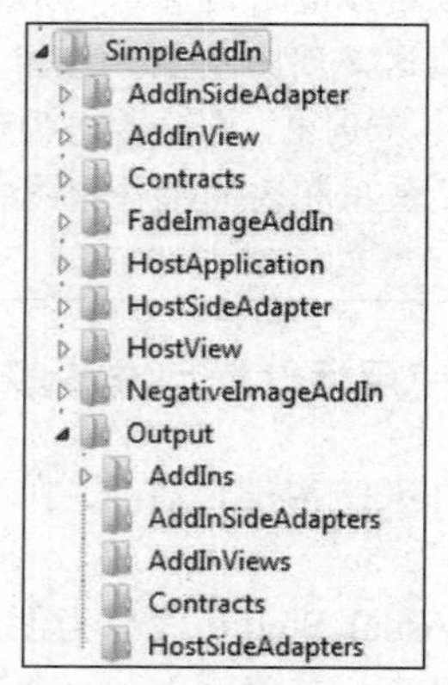

图 32-5　使用插件管道的解决方案的文件夹结构

提示：

为正确配置插件项目，需要完成一定的工作。作为学习的起点，可使用在本章讨论的插件示例，也可从本章的下载代码中找到该例。

32.3　创建使用插件模型的应用程序

接下来的几节将创建一个使用插件模型的应用程序，该应用程序通过插件模型支持不同的图片处理方式(如图 32-6 所示)。当应用程序启动时，会列出当前提供的所有插件。然后用户可从插件列表中选择一个插件，并使用选择的插件修改当前显示的图片。

图 32-6　用插件处理图片的应用程序

32.3.1 协定

为应用程序定义插件管道的开始点是创建协定程序集。协定程序集定义了如下两项内容：

- 定义宿主将如何与插件进行交互，以及插件如何与宿主进行交互的接口。
- 用于在宿主和插件之间交换信息的自定义类型。这些类型必须是可串行化的。

图32-6显示的示例使用的协定非常简单。插件提供名为ProcessImageBytes( )的方法，该方法接受包含图像数据的字节数组，然后修改该数组，并返回修改后的字节数组。下面是定义该方法的协定：

```
[AddInContract]
public interface IImageProcessorContract : IContract
{
   byte[] ProcessImageBytes(byte[] pixels);
}
```

当创建协定时，必须继承自IContract接口，并且必须使用AddInContract特性修饰协定类。IContract接口和AddInContract特性都位于System.AddIn.Contract名称空间中。为在协定程序集中能够访问它们，必须添加对System.AddIn.Contract.dll程序集的引用。

因为图像处理示例未使用自定义类型传递数据(而使用普通的字节数组)，所以在协定程序集中没有定义类型。可在宿主应用程序和插件之间传递字节数组，因为字节和数组都是可串行化的。

唯一需要的额外步骤是配置生成目录。必须将协定程序集放到插件根目录的Contracts子目录中，这意味着在当前示例中，需要将协定程序集的输出路径设置为“..\Output\Contracts”。

注意：

在这个示例中，为避免因为额外的细节而增加代码的复杂程度，设计的接口应尽可能简单。在更真实的图像处理程序中，可能提供一个返回一系列可配置参数的方法，这些参数影响插件如何处理图像。每个插件应有其自己的参数。例如，使图片变暗的过滤器应提供饱和度设置，扭曲图片的过滤器应当有角度设置等。然后当调用ProcessImageBytes( )方法时，宿主应用程序应当提供这些参数。

32.3.2 插件视图

插件视图提供了镜像协定程序集的抽象类，并被用于插件一方。创建这个类很容易，如下所示：

```
[AddInBase]
public abstract class ImageProcessorAddInView
{
   public abstract byte[] ProcessImageBytes(byte[] pixels);
}
```

注意，必须使用AddInBase特性修饰插件视图类。该特性位于Sysem.AddIn.Pipeline名称空间中。为访问该特性，插件视图程序集需要包含对System.AddIn.dll程序集的引用。

必须将插件视图程序集放到插件根目录的AddInViews子目录中，这意味着在当前示例中，需要将插件视图程序集的输出路径设置为“..\Output\AddInViews”。

32.3.3 插件

插件视图是未提供任何功能的抽象类。为创建可供使用的插件，需要使用继承自抽象的视图类的具体类。然后这个类就可以添加执行实际工作的代码(在这个示例中，是处理图像的代码)。

下面的插件为创建类似图像底片的效果翻转颜色值。完整代码如下：

```
[AddIn("Negative Image Processor", Version = "1.0.0.0",
  Publisher = "Imaginomics",
  Description = "Inverts colors to look like a photo negative")]
public class NegativeImageProcessor : AddInView.ImageProcessorAddInView
{
    public override byte[] ProcessImageBytes(byte[] pixels)
    {
        for (int i = 0; i < pixels.Length - 2; i++)
        {
            // Assuming 24-bit, color, each pixel has three bytes of data.
            pixels[i] = (byte)(255 - pixels[i]);
            pixels[i + 1] = (byte)(255 - pixels[i + 1]);
            pixels[i + 2] = (byte)(255 - pixels[i + 2]);
        }
        return pixels;
    }
}
```

注意：

在这个示例中，字节数组通过参数传入ProcessImageBytes( )方法，并直接修改该数组，然后将字节数组作为返回值传递回调用代码。然而，当从不同应用程序域中调用ProcessImageBytes( )方法时，这种行为不像看起来那么简单。插件基础架构实际上复制了原始数组，并将副本传递到插件的应用程序域。一旦修改字节数组并从方法返回，插件基础架构就将之复制回宿主应用程序域。如果ProcessImageBytes( )方法没有按这种方式返回修改之后的字节数组，宿主应用程序就永远看不到修改后的图片数据。

为创建插件，只需要创建抽象的视图类的派生类，并使用AddIn特性修饰该类即可。此外，还可以使用AddIn特性的属性提供插件的名称、版本、发布者以及说明信息，就像在这个示例中所做的那样。在发现插件期间，宿主可获取这些信息。

插件程序集需要两个引用：对System.AddIn.dll程序集的引用和对插件视图项目的引用。然而，必须将插件视图引用的Copy Local属性设置为false(如前面的32.2.3节“为使用插件模型准备解决方案”所述)。这是因为插件视图不能和插件部署在一起，而应放到指定的AddInViews子目录中。

插件必须被放到它自己的子目录中，这个子目录位于插件根目录的AddIns子目录下。在当前示例中，需要将输出路径设置为“..\Output\AddIns\NegativeImageAddIn”。

32.3.4 插件适配器

当前示例具备了所需要的所有插件功能，但在插件和协定之间仍然存在着距离。尽管插件视图是根据协定构建的，但却没有实现用于在应用程序和插件之间进行通信的协定接口。

缺少的要素是插件适配器。插件适配器实现了协定接口。当调用协定接口中的方法时，插件适配器会调用插件视图中的相应方法。下面的代码用于创建最简单的插件适配器：

```
[AddInAdapter]
public class ImageProcessorViewToContractAdapter :
  ContractBase, Contract.IImageProcessorContract
{
    private AddInView.ImageProcessorAddInView view;

    public ImageProcessorViewToContractAdapter(
      AddInView.ImageProcessorAddInView view)
    {
        this.view = view;
    }

    public byte[] ProcessImageBytes(byte[] pixels)
    {
        return view.ProcessImageBytes(pixels);
    }
}
```

所有插件适配器都必须继承自 ContractBase 类(位于 System.AddIn.Pipeline 名称空间)。ContractBase 类继承自 MarshalByRefObject 类，这样就能够跨越应用程序域边界调用适配器。所有插件方适配器还必须使用 AddInAdapter 特性(该特性位于 System.AddIn.Pipeline 名称空间)进行修饰。此外，插件适配器必须提供接收恰当视图类的实例作为参数的构造函数。当插件基础架构创建插件适配器时，会自动使用这个构造函数并传入插件本身(请记住，插件继承自构造函数期望的抽象的插件视图类)。代码只需要保存这个视图以备以后使用。

插件适配器需要三个引用：System.AddIn.dll 程序集引用、System.AddIn.Contract.dll 程序集引用以及协定项目引用。必须将协定项目引用的 Copy Local 属性设置为 false(如前面的 32.2.3 节“为使用插件模型准备解决方案”所述)。

必须将插件适配器程序集放到插件根目录的 AddInSideAdapters 子目录中，这意味着在当前示例中，需要将输出路径设置为“..\Output\ AddInSideAdapters”。

32.3.5 宿主视图

下一步是构建插件管道的宿主方。宿主与宿主视图进行交互。与插件视图一样，宿主视图是紧密镜像协定接口的抽象类。唯一的区别是不需要任何特性。

```
public abstract class ImageProcessorHostView
{
    public abstract byte[] ProcessImageBytes(byte[] pixels);
}
```

宿主视图程序集必须和宿主应用程序一起部署。可手动调整输出路径(例如，在当前示例中宿主视图程序集被放置到“..\Output”文件夹中)。或者，当为宿主应用程序添加宿主视图引用时，将 Copy Local 属性保留设置为 true。这样，宿主视图将自动复制到和宿主应用程序相同的文件夹中。

32.3.6　宿主适配器

宿主方适配器继承自宿主视图。它接收一个实现了协定的对象，然后当调用宿主方适配器的方法时使用该对象。这和前面插件方适配器使用的转发过程是相同的，但方向相反。在这个示例中，当宿主应用程序调用宿主视图的 ProcessImageBytes( )方法时，它实际上调用宿主方适配器的 ProcessImageBytes( )方法。宿主方适配器调用协定接口的 ProcessImageBytes( )方法(然后这一调用向前穿过应用程序边界，并转换成调用插件方适配器的相应方法)。

下面是宿主方适配器的完整代码：

```
[HostAdapter]
public class ImageProcessorContractToViewHostAdapter :
  HostView.ImageProcessorHostView
{
      private Contract.IImageProcessorContract contract;
      private ContractHandle contractHandle;

      public ImageProcessorContractToViewHostAdapter(
        Contract.IImageProcessorContract contract)
      {
          this.contract = contract;
          contractHandle = new ContractHandle(contract);
      }

      public override byte[] ProcessImageBytes(byte[] pixels)
      {
          return contract.ProcessImageBytes(pixels);
      }
}
```

您可能注意到，宿主方适配器实际上使用了两个成员字段。它保存了当前协定对象的引用，以及 System.AddIns.Pipeline.ContractHandle 对象的引用。ContractHandle 对象管理插件的生命周期。如果宿主方适配器没有创建 ContractHandle 对象(并为之保留引用)，在构造函数代码执行完毕之后会立即释放插件。当宿主应用程序试图使用插件时，会收到 AppDomainUnloaded-Exception 异常。

宿主方适配器项目需要 System.AddIn.dll 程序集引用和 System.AddIn.Contract.dll 程序集引用，另外还需要引用协定程序集和宿主视图程序集(这两个程序集引用的 Copy Local 属性都被设置为 false)。输出路径是插件根目录中的 HostSideAdapters 子目录(在该例中是“..\Output\HostSideAdapters”)。

32.3.7　宿主

现在已经构建好了插件模型的基础架构，最后一步是创建使用插件模型的应用程序。尽管任何类型的.NET 可执行程序都可以作为宿主，但当前示例将 WPF 应用程序用作宿主。

宿主只需要指向宿主视图项目的引用。宿主视图是插件管道的入口点。实际上，现在已经实现了插件管道的主要内容，宿主不必担心如何管理插件管道。只需要查找可用的插件，激活希望使用的插件，然后调用由宿主视图提供的方法即可。

第一步——查找可用的插件——称为“发现”。发现通过 System.AddIn.Hosting.AddInStore 类的静态方法进行工作。为加载插件，只需要提供插件的根路径，并调用 AddInStore.Update( ) 方法，如下所示：

```
// In this example, the path where the application is running
// is also the add-in root.
string path = Environment.CurrentDirectory;
AddInStore.Update(path);
```

调用 Update( )方法后，插件系统会创建两个具有缓存信息的文件。一个文件被命名为 PipelineSegments.store，该文件将被放到插件根目录中。这个文件提供了与不同视图和适配器相关的信息。另一个文件名为 AddIns.Store，该文件将被放到 AddIns 子目录中，该文件提供了与所有可用插件相关的信息。如果增加了新的视图、适配器或插件，可通过再次调用 AddInStore.Update( )方法更新这些文件(如果没有新的插件或管道组件，这个方法会很快返回)。如果由于某种原因导致已存在的插件文件出现了问题，可调用 AddInStore.Rebuild( )方法，该方法总是从头创建插件文件。

创建这些缓存文件后，就可以查找特定插件了。可使用 FindAddIn( )方法查找指定的插件，也可使用 FindAddIns( )方法查找所有与指定的宿主视图相匹配的插件。FindAddIns( )方法返回记号的集合，其中的每个记号是 System.AddIn.Hosting.AddInToken 类的一个实例。

```
IList<AddInToken> tokens = AddInStore.FindAddIns(
typeof(HostView.ImageProcessorHostView), path);
lstAddIns.ItemsSource = tokens;
```

可通过一些重要属性(Name、Description、Publisher 以及 Version)获取与插件相关的信息。在图像处理应用程序中(如图 32-6 所示)，记号列表被绑定到 ListBox 控件，并使用下面的数据模板显示与每个插件相关的基本信息：

```
<ListBox Name="lstAddIns" Margin="3">
  <ListBox.ItemTemplate>
    <DataTemplate>
      <StackPanel Margin="3,3,0,8" HorizontalAlignment="Stretch">
        <TextBlock Text="{Binding Path=Name}" FontWeight="Bold" />
        <TextBlock Text="{Binding Path=Publisher}" />
        <TextBlock Text="{Binding Path=Description}"
          FontSize="10" FontStyle="Italic" />
      </StackPanel>
    </DataTemplate>
  </ListBox.ItemTemplate>
</ListBox>
```

可通过调用 AddInToken.Activate<T>方法创建插件的实例。在当前应用程序中，当用户单击 Go 按钮时激活插件。然后信息从当前图像(该图像显示在窗口中)中提取出来，并传递到宿主视图的 ProcessImageBytes( )方法。下面是完成该工作的代码：

```
private void cmdProcessImage_Click(object sender, RoutedEventArgs e)
```

```
{
    // Copy the image information from the image to a byte array.
    BitmapSource source = (BitmapSource)img.Source;
    int stride = source.PixelWidth * source.Format.BitsPerPixel/8;
      stride = stride + (stride % 4) * 4;
    int arraySize = stride * source.PixelHeight *
      source.Format.BitsPerPixel / 8;
    byte[] originalPixels = new byte[arraySize];
    source.CopyPixels(originalPixels, stride, 0);

    // Get the selected add-in token.
    AddInToken token = (AddInToken)lstAddIns.SelectedItem;

    // Get the host view.
    HostView.ImageProcessorHostView addin =
      token.Activate<HostView.ImageProcessorHostView>(
        AddInSecurityLevel.Internet);

    // Use the add-in.
    byte[] changedPixels = addin.ProcessImageBytes(originalPixels);

    // Create a new BitmapSource with the changed image data, and display it.
    BitmapSource newSource = BitmapSource.Create(source.PixelWidth,
      source.PixelHeight, source.DpiX, source.DpiY, source.Format,
      source.Palette, changedPixels, stride);
    img.Source = newSource;
}
```

当调用 AddInToken.Activate<T>方法时，在后台需要执行较多的步骤：

(1) 为插件创建新的应用程序域。可将插件加载到宿主应用程序的应用程序域，或加载到完全独立的进程。然而，默认操作是将插件放到当前进程的不同应用程序域中，这通常可在稳定性和性能之间取得最佳平衡。还可为新应用程序域选择权限级别(在这个示例中，它们被限制在 Internet 权限集中，这是非常严格的应用于从 Web 执行的代码的权限集)。

(2) 插件程序集被加载到新的应用程序域。然后通过反射使用插件的无参构造函数来实例化插件。正如您已在前面看到的，插件继承自插件视图程序集中的某个抽象类。所以，加载插件的同时也会将插件视图程序集加载到新应用程序域中。

(3) 在新的应用程序域中实例化插件适配器。插件作为构造函数的参数被传递到插件适配器(插件被作为插件视图类型)。

(4) (通过远程代理)使得在宿主的应用程序域中可以获得插件适配器。然而，插件适配器被作为它实现的协定类型。

(5) 在宿主应用程序域中实例化宿主适配器。插件适配器通过宿主适配器的构造函数被传递到宿主适配器。

(6) 将宿主适配器返回到宿主应用程序(作为宿主视图类型)。现在应用程序可以调用宿主视图的方法，通过插件管道与插件进行交互。

Activate<T>方法还有其他重载版本，可通过这些重载版本提供自定义的权限集(以更好地调整安全性)、指定的应用程序域(如果希望在相同的应用程序域中运行几个插件，这是很有用的)

以及外部进程(从而可将插件驻留到完全隔离的可执行应用程序中，以得到更大的隔离性)。Visual Studio 的帮助中演示了所有这些例子。

此代码完成了该例。现在宿主应用程序能够发现插件、激活它们并通过宿主视图与它们进行交互。

插件的生命周期

不必手动管理插件的生命周期。插件系统会自动释放插件，并关闭应用程序域。在前面的示例中，当指向宿主视图的变量超出了它的作用域后，插件会被释放。如果希望使同一插件存活更长时间，可将插件指定给窗口类中的某个成员变量。

在某些情况下，可能希望对插件的生命周期进行更多控制。插件模型使用 AddInController 类(位于 System.AddIn.Hosting 名称空间)为宿主应用程序提供了自动关闭插件的能力，该类跟踪所有当前活动的插件。AddInController 类提供了名为 GetAddInController( )的静态方法，该方法接受宿主视图并为插件返回 AddInController 对象。然后可使用 AddInController.Shutdown( )方法结束插件，如下所示：

```
AddInController controller = AddInController.GetAddInController(addin);
 controller.Shutdown();
```

这时，适配器将被释放，插件将被释放，并且如果插件的应用程序域中没有包含任何其他插件，插件应用程序域将被关闭。

32.3.8 更多插件

可使用相同的插件视图创建任意数量的不同插件。该例中有两个插件，它们以两种不同的方式处理图片。第二个插件使用粗略算法通过删除随机选择的像素的部分颜色来使图片变暗：

```
  [AddIn("Fade Image Processor", Version = "1.0.0.0", Publisher = "SupraImage",
  Description = "Darkens the picture")]
public class FadeImageProcessor : AddInView.ImageProcessorAddInView
{
    public override byte[] ProcessImageBytes(byte[] pixels)
    {
        Random rand = new Random();
        int offset = rand.Next(0, 10);
        for (int i = 0; i < pixels.Length - 1 - offset; i++)
        {
            if ((i + offset) % 5 == 0)
            {
                pixels[i] = 0;
            }
        }
        return pixels;
    }
}
```

在当前示例中，这个插件被生成到“..\Output\AddIns\FadeImageAddIn”输出路径中。不需要创建额外视图或适配器。一旦部署这个插件(并且接着调用了 AddInStore 类的 Rebuild( )方法或 Update( )方法)，宿主应用程序就会发现这两个插件。

32.4　与宿主进行交互

在当前示例中，宿主完全控制着插件。然而，它们之间的关系通常是相反的。通常的情况是插件驱动应用程序的部分功能。对于可视化插件(32.5 节的主题)，如自定义工具栏，这种情况特别普遍。通常，这个允许插件调用宿主的过程称为自动化(automation)。

从概念角度分析，自动化非常直观。插件只需要指向宿主应用程序中对象的引用，然后引用就可以通过单独的接口进行操作。然而，插件系统对版本控制灵活性的加强使得这一技术的实现更复杂。单纯一个宿主接口是不够的，因为它将宿主和插件紧紧地绑定到一起。相反，需要实现具有视图和适配器的管道。

为弄清楚这一挑战，下面分析图像处理应用程序的一个简单修改版本，如图 32-7 所示。该版本在窗口底部增加了一个进度条，当插件处理图像数据时会更新该进度条。

图 32-7　报告进度的插件

提示：

本节的剩余部分将分析为了支持宿主自动化需要对图像处理器进行的修改。为查看如何将这些部分装配到一起以及查看完整代码，可下载本章的示例代码。

为让这个应用程序能够工作，当插件进行工作时需要向宿主传递进度信息。实现这个解决方案的第一步是创建定义插件与宿主如何进行交互的接口。这个接口应当被放到协定程序集中(或放到 Contracts 文件夹中某个单独的程序集中)。

下面的接口描述了如何使插件能够报告进度，方法是调用宿主应用程序中名为 ReportProgress( )的方法：

```
public interface IHostObjectContract : IContract
{
    void ReportProgress(int progressPercent);
}
```

与插件接口一样，宿主接口必须继承自 IContract 接口。与插件接口的不同之处在于，宿主接口没有使用 AddInContract 特性，因为它不是由插件实现的。

下一步是创建插件视图和宿主视图。与设计插件时相同，只需要创建与所用接口紧密相符的抽象类即可。为使用上面显示的 IHostObjectContract 接口，只需要为插件视图项目和宿主视图项目添加下面的类定义：

```
public abstract class HostObject
{
    public abstract void ReportProgress(int progressPercent);
}
```

注意，两个项目中的类定义都没有使用 AddInBase 特性。

ReportProgress( )方法的实际实现位于宿主应用程序中，它需要一个继承自 HostObject(在宿主视图程序集中)的类。下面是稍经简化的使用百分比更新 ProgressBar 控件的示例：

```
public class AutomationHost : HostView.HostObject
{
    private ProgressBar progressBar;

    public Host(ProgressBar progressBar)
    {
        this.progressBar = progressBar;
    }

    public override void ReportProgress(int progressPercent)
    {
        progressBar.Value = progressPercent;
    }
}
```

现在，已经具有一种使插件能向宿主应用程序发送进度信息的机制。但存在一个问题——插件无法获取 HostObject 对象的引用。当宿主应用程序使用插件时不会出现这个问题，因为可以使用发现功能查找插件。而对于插件没有类似的服务来定位它们的宿主。

解决方法是宿主应用程序向插件传递 HostObject 引用。通常，在第一次激活插件时执行该步骤。根据约定，宿主应用程序用于传递这个引用的方法通常被命名为 Initialize( )。

下面是为图像处理器插件更新后的协定：

```
[AddInContract]
public interface IImageProcessorContract : IContract
{
    byte[] ProcessImageBytes(byte[] pixels);
    void Initialize(IHostObjectContract hostObj);
}
```

当调用 Initialize( )方法时，插件会简单地存储引用以备后用。然后在任何适当时机都可以调用 ReportProgress( )方法，如下所示：

```
[AddIn]
public class NegativeImageProcessor : AddInView.ImageProcessorAddInView
{
```

```
        private AddInView.HostObject host;
        public override void Initialize(AddInView.HostObject hostObj)
        {
            host = hostObj;
        }

        public override byte[] ProcessImageBytes(byte[] pixels)
        {
            int iteration = pixels.Length / 100;

            for (int i = 0; i < pixels.Length - 2; i++)
            {
                pixels[i] = (byte)(255 - pixels[i]);
                pixels[i + 1] = (byte)(255 - pixels[i + 1]);
                pixels[i + 2] = (byte)(255 - pixels[i + 2]);

                if (i % iteration == 0)
                    host.ReportProgress(i / iteration);
            }
            return pixels;
        }
    }
```

到目前为止，代码还没有遇到真正挑战。然而，最后一部分——适配器——更复杂一些。现在已为插件协定添加了Initialize( )方法，还需要为宿主视图和插件视图添加该方法。然而，方法的签名不能与协定接口相匹配。因为接口中的Initialize( )方法期望将IHostObjectContract对象作为参数。而视图没有以任何方式链接到协定，它们根本不知道IHostObjectContract。相反，它们使用前面描述的HostObject抽象类：

```
public abstract class ImageProcessorHostView
{
    public abstract byte[] ProcessImageBytes(byte[] pixels);

    public abstract void Initialize(HostObject host);
}
```

适配器是最复杂的部分。它们需要跨越抽象的HostObject视图类和IHostObjectContract接口之间的鸿沟。下面以分析宿主方的ImageProcessorContractToViewHostAdapter适配器为例。它继承自ImageProcessorHostView抽象类，所以它实现了接受HostObject实例的Initialize( )方法版本。这个Initialize( )方法需要将这个视图转换为协定，然后调用IHostObjectContract.Initialize( )方法。

技巧是创建执行该变换的适配器(与使用插件视图和插件接口进行变换的适配器非常类似)。下面的代码显示了新的用于执行该工作的HostObjectViewToContractHostAdapter类和用于从视图类跳到协定接口的Initialize( )方法：

```
public class HostObjectViewToContractHostAdapter : ContractBase,
  Contract.IHostObjectContract
{
    private HostView.HostObject view;
```

```
    public HostObjectViewToContractHostAdapter(HostView.HostObject view)
    {
        this.view = view;
    }

    public void ReportProgress(int progressPercent)
    {
       view.ReportProgress(progressPercent);
    }
}

[HostAdapter]
public class ImageProcessorContractToViewHostAdapter :
  HostView.ImageProcessorHostView
{
     private Contract.IImageProcessorContract contract;
     private ContractHandle contractHandle;

     ...

     public override void Initialize(HostView.HostObject host)
     {
         HostObjectViewToContractHostAdapter hostAdapter =
           new HostObjectViewToContractHostAdapter(host);
         contract.Initialize(hostAdapter);
     }
}
```

在插件适配器中发生了类似变换，但方向相反。在此，ImageProcessorViewToContract Adapter类实现了IImageProcessorContract接口。该类需要使用IHostObjectContract对象(该类通过Initialize( )方法接收该对象)，然后将约定转换为视图。接下来，通过调用视图中的Initialize( )方法传递调用。

下面是实现代码：

```
[AddInAdapter]
public class ImageProcessorViewToContractAdapter : ContractBase,
  Contract.IImageProcessorContract
{
   private AddInView.ImageProcessorAddInView view;
   ...

   public void Initialize(Contract.IHostObjectContract hostObj)
   {
      view.Initialize(new HostObjectContractToViewAddInAdapter(hostObj));
   }
}

public class HostObjectContractToViewAddInAdapter : AddInView.HostObject
{
   private Contract.IHostObjectContract contract;
```

```
    private ContractHandle handle;

    public HostObjectContractToViewAddInAdapter(
      Contract.IHostObjectContract contract)
    {
        this.contract = contract;
        this.handle = new ContractHandle(contract);
    }

    public override void ReportProgress(int progressPercent)
    {
        contract.ReportProgress(progressPercent);
    }
}
```

现在，当宿主调用插件中的 Initialize( )方法时，在调用插件中的方法之前，会经过宿主适配器(ImageProcessorContractToViewHostAdapter)和插件适配器(ImageProcessorViewToContractAdapter)。当插件调用 ReportProgress( )方法时，会经历相似的过程，但方向相反。首先经过插件适配器(HostObjectContractToViewAddINAdapter)，然后经过宿主适配器(HostObjectViewToContract-HostAdapter)。

该过程完成了该例的一种实现。问题是宿主应用程序是在主用户界面线程上调用 ProcessImageBytes( )方法。所以，用户界面被有效地锁住了。虽然处理了 ReportProgress( )调用并更新了进度条，但只有操作完成后才刷新窗口。

更好的方法是通过手动创建 Thread 对象或通过使用 BackgroundWorker 组件，在后台线程中调用耗时的 ProcessImageBytes( )方法。然后，当需要更新用户界面时(当调用 Report Progress( )方法以及最后的图像返回时)，必须使用 Dispatcher.BeginInvoke( )方法将调用封送到用户界面线程。所有这些技术在本章前面都已经演示过。为查看在这个示例中工作的线程代码，可参阅本章的下载代码。

32.5　可视化插件

考虑到 WPF 是一种显示技术，您可能开始好奇是否有一种方法可使用插件生成用户界面。这不是一个小的挑战。问题在于 WPF 中的用户界面元素是不是可串行化的。所以，不能在宿主应用程序和插件之间传递它们。

幸运的是，插件系统的设计人员创建了一种完善的变通方法，让 WPF 应用程序显示在另一个应用程序域中驻留的用户界面内容。换句话说，宿主应用程序能显示实际上运行于插件应用程序域中的控件。如果与这些控件进行交互(单击这些控件、在这些控件中输入内容等)，会在插件的应用程序域中引发事件。如果需要从插件向应用程序传递信息，或从应用程序向插件传递信息，就需要使用协定接口，正如在前面的几节中所分析过的那样。

图 32-8 在修改版的图像处理应用程序中，显示了工作中的这种技术。当选择插件时，宿主应用程序要求插件提供具有合适内容的控件，然后在窗口底部显示该控件。

图 32-8　可视化插件

在该例中，选择了底片图像插件。该插件提供了一个用户控件，该用户控件封装了一个 Image 控件(用于预览效果)和一个 Slider 控件。当调整滑动条时，改变效果的饱和度并更新预览(更新过程很缓慢，因为图像处理代码没有进行优化。可使用更好的算法，为得到最佳性能，甚至可包含不安全的代码块)。

虽然创建可视化插件比较复杂，但是使用该插件却十分容易。关键是来自 System.AddIn.Contract 名称空间的 INativeHandleContract 接口。通过该接口可在插件和宿主应用程序之间传递窗口句柄。

下面是修改后的来自协定程序集的 IImageProcessorContract 接口。修改后的接口用 GetVisual( )方法取代了 ProcessImageBytes( )方法，GetVisual( )方法接受相同的图像数据，但返回一部分用户界面：

```
[AddInContract]
public interface IImageProcessorContract : IContract
{
    INativeHandleContract GetVisual(Stream imageStream);
}
```

在视图类中不能使用 INativeHandleContract 接口，因为在 WPF 应用程序中不能直接使用该接口，而需要使用希望显示的类型——FrameworkElement。下面是宿主视图：

```
public abstract class ImageProcessorHostView
{
   public abstract FrameworkElement GetVisual(Stream imageStream);
}
```

下面是几乎相同的插件视图：

```
[AddInBase]
public abstract class ImageProcessorAddInView
{
    public abstract FrameworkElement GetVisual(Stream imageStream);
}
```

这个示例面临的挑战和上一节中的自动化非常类似。同样，传递到协定的类型和在视图中使用的类型不同。并且同样需要使用适配器执行从协定到视图的转换，以及从视图到协定的转换。然而这一次，该工作是通过特殊的名为 FrameworkElementAdapters 的类完成的。

FrameworkElementAdapters 类位于 System.AddIn.Pipeline 名称空间，但它实际上是 WPF 的一部分，而且是 System.Windows.Presentation.dll 程序集的一部分。FrameworkElementAdapters 类提供了两个执行转换工作的静态方法：ContractToViewAdapter( )和 ViewToContractAdapter( )。

下面的代码演示了 FrameworkElementAdapters.ContractToViewAdapter( )方法如何填平宿主适配器中的鸿沟：

```
[HostAdapter]
public class ImageProcessorContractToViewHostAdapter :
    HostView.ImageProcessorHostView
{
    private Contract.IImageProcessorContract contract;
    private ContractHandle contractHandle;
    ...

    public override FrameworkElement GetVisual(Stream imageStream)
    {
        return FrameworkElementAdapters.ContractToViewAdapter(
          contract.GetVisual(imageStream));
    }
}
```

下面的代码演示了 FrameworkElementAdapters.ViewToContractAdapter( )方法如何跨越插件适配器中的鸿沟：

```
[AddInAdapter]
public class ImageProcessorViewToContractAdapter : ContractBase,
  Contract.IImageProcessorContract
{
    private AddInView.ImageProcessorAddInView view;
    ...

    public INativeHandleContract GetVisual(Stream imageStream)
    {
        return FrameworkElementAdapters.ViewToContractAdapter(
          view.GetVisual(imageStream));
    }
}
```

现在，最后的细节是实现插件中的 GetVisual( )方法。在底片图像处理器中创建了新的名为 ImagePreview 的用户控件。图像数据被传递到 ImagePreview 控件，该控件设置预览图像并处理滑动条单击(用户控件代码与本例关系不大，但可在本章的下载示例中看到完整细节)。

```
[AddIn]
public class NegativeImageProcessor : AddInView.ImageProcessorAddInView
{
    public override FrameworkElement GetVisual(System.IO.Stream imageStream)
    {
        return new ImagePreview(imageStream);
    }
}
```

现在您已经看到了如何从插件返回用户界面，但并未限制可创建的内容类型。基本架构——INativeHandleContract 接口和 FrameworkElementAdapter 类——保持不变。

32.6 小结

本章深入分析了拥有多层的分层插件模型，学习了插件管道的工作原理，为什么采用这种工作方式，以及如何创建支持宿主自动化和提供可视化内容的基本插件。

关于插件模型还有许多内容需要学习。如果准备使插件成为专业应用程序的关键部分，您可能希望深入分析专门的版本和宿主情况，部署、处理未处理的插件异常的最佳实践，以及如何实现宿主和插件之间以及单独的插件之间更复杂的交互。为获取详情，可访问两个较旧的已不再更新的 Microsoft 博客，这两个博客仍提供有关插件模型的技术信息。网址为 http://blogs.msdn.com/clraddins(由创建该插件系统的 Microsoft 开发人员发布)和 http://blogs.msdn.com/zifengh(由 Jason He 发布，他撰写了有关使用插件模型改造 Paint.NET 的亲身体验的博客文章)。

第 33 章

ClickOnce 部署

您迟早会希望能在全球范围内发布您的 WPF 应用程序。尽管可使用许多方法从开发计算机向终端用户桌面传输应用程序，但大多数 WPF 应用程序使用以下部署策略之一：

- **在浏览器中运行**。如果创建了一个基于页面的 WPF 应用程序，就可在浏览器中运行该程序。不需要安装任何内容。然而，用户在使用应用程序时只有有限的权限集(例如，不能随意访问文件、不能使用 Windows 注册表、不能弹出新窗口等)。在第 24 章中您已学习过这种方法。
- **通过浏览器部署**。WPF 应用程序和 ClickOnce 安装功能紧密集成在一起，ClickOnce 安装功能允许用户从浏览器页面启动安装程序。最大的优点是，可配置通过 ClickOnce 安装的应用程序以自动检查更新。缺点在于，只提供了很少的定制安装功能，并且无法执行系统配置任务(如修改 Windows 注册表、创建数据库等)。
- **通过传统的安装程序部署**。WPF 仍支持这种方法。如果选择使用这种方法，就由您决定是创建功能完备的 Microsoft Installer(MSI)安装程序，还是创建更精简(但是有更多限制)的 ClickOnce 安装。一旦生成安装程序，就可以选择通过将安装程序放到 CD 中、放到电子邮件附件中或在网络上共享等方式分发安装程序。

本章将分析第二种方法：使用 ClickOnce 部署模型部署应用程序。

33.1 理解应用程序部署

尽管从技术角度看，可通过复制包含应用程序的文件夹，将.NET 应用程序从一台计算机移到另一台计算机上，但专业应用程序通常需要更多功能。例如，可能需要为 Start 菜单添加多个快捷方式、添加注册表设置以及安装其他资源(例如，自定义的事件日志或数据库)。为获得这些功能，需要创建定制的安装程序。

创建安装程序有多种选择。可使用类似 Flexera Software 的 InstallShield 的零售产品，也可使用 Visual Studio 中的 Setup Project 模板创建 Windows Installer 安装程序。通常，安装程序提供了熟悉的安装向导，具有大量用于传送文件和执行各种配置操作的功能。

另一种选择是使用紧密集成到 WPF 中的 ClickOnce 部署系统。虽然 ClickOnce 有许多局限(这些局限中的大部分都是有意为之)，但它具有两个重要优点：

- 支持从浏览器页面进行安装(该页面可驻留到内部网中或被放到 Web 上)。
- 支持自动下载和安装更新。

这两个特性可能不足以诱使开发人员放弃成熟完备的安装程序的功能。但如果需要简单的、轻量级的通过 Web 进行工作的部署，而且需要支持自动更新，那么 ClickOnce 是非常完美的。

ClickOnce 与部分信任

普通的 WPF 应用程序需要完全信任权限，因为为了创建 WPF 窗口应用程序，需要非托管代码权限。这意味着使用 ClickOnce 安装独立 WPF 应用程序，会遇到与从 Web 安装任何类型的应用程序同样的安全障碍——Web 浏览器会显示安全警告。如果用户继续安装，安装的应用程序将具有当前用户的所有权限。

WPF 提供了一种结合部分信任应用程序和 ClickOnce 安装体验的方法。技巧是使用第 24 章描述的 XBAP 模型。在这种情况下，应用程序运行于浏览器中，既不需要创建任何窗口，也不需要非托管的代码权限。更好的是，因为应用程序是通过 URL 访问的(然后被缓存到本地)，用户总是运行最新版本。在背后，XBAP 自动下载使用的 ClickOnce 技术和本章将要介绍的技术相同。

本章不涵盖 XABP 的相关内容。有关 XABP 的更多信息以及部分信任编程，请参阅第 24 章。

ClickOnce 是针对简单直观的应用程序设计的，特别适用于部署业务类应用程序以及公司内部的软件。通常，这些应用程序使用位于中间层服务器计算机中的数据和服务执行工作。所以，它们不需要访问本地计算机的权限。这些应用程序还可能会被部署到包含数千台工作站的企业环境中。在这些环境中，部署和更新应用程序的代价较大，特别是有可能需要专门安排管理员进行处理。所以，提供精简的安装过程比具有全部功能并且复杂的安装过程更加重要。

对于通过 Web 部署的客户应用程序，ClickOnce 可能也是合理的，如果这些应用程序被频繁地更新，并且没有很多的安装需求，情况尤其如此。然而，ClickOnce 的局限性(如缺乏定制安装向导的灵活性)使它不是非常适用于部署具有详细安装需求，或需要通过一系列专门的配置步骤指导用户进行安装的复杂客户应用程序。对于这类情况，需要创建定制的安装程序。

注意：

如果使用 ClickOnce 安装 WPF 应用程序，那么计算机必须已经安装.NET Framework 运行时。首次加载 ClickOnce 安装时，会运行引导程序来检查这一需求。如果没有安装.NET Framework 运行时，引导程序会显示解释问题的消息框，并提示用户从 Microsoft 的 Web 站点安装.NET。

33.1.1 ClickOnce 安装模型

尽管 ClickOnce 支持好几种部署类型，但模型设计的总思路是使 Web 部署更可行、更容易。下面是其工作过程：使用 Visual Studio 向 Web 服务器发布 ClickOnce 应用程序。然后，用户浏览到自动生成的 Web 页面(publish.htm 页面)，该页面提供了一个链接，用于安装应用程序。当用户单击这个链接时，下载应用程序并安装它，之后将它添加到 Start 菜单中。图 33-1 显示了这个过程。

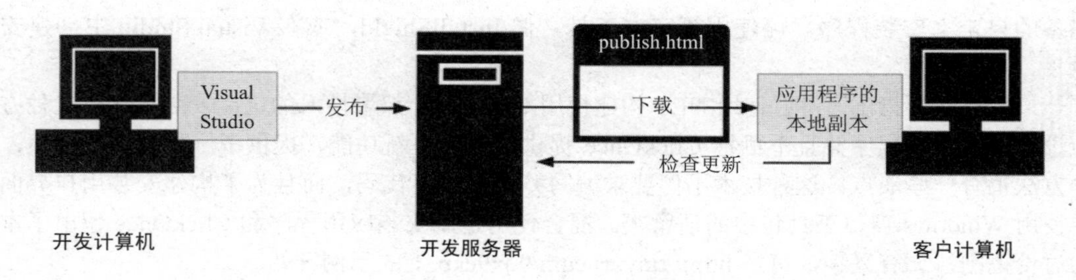

图 33-1　安装 ClickOnce 应用程序

尽管对于 Web 部署，ClickOnce 部署模型非常理想，但相同的基本模型使得 ClickOnce 也可用于其他部署，包括以下一些情况：

- 从网络文件共享部署应用程序。
- 从 CD 或 DVD 部署应用程序。
- 将应用程序部署到 Web 服务器或网络文件共享,然后通过电子邮件为安装程序发送链接。

当通过网络共享、CD 或 DVD 部署时，不会创建 Web 页面。对于这些情况，用户必须通过直接运行 setup.exe 程序来安装应用程序。

ClickOnce 部署最有趣的一个方面在于支持更新的方式上。实际上，开发人员可控制多个更新设置。例如，可适当配置应用程序以便自动检查更新，或每隔一段时间定期检查更新。当用户启动应用程序时，实际上会运行一个小程序来检查是否有更新的版本和产品，从而进行下载。

甚至可配置应用程序使用类似 Web 的仅限在线安装模式。对于这种情况，应用程序必须从 ClickOnce Web 页面加载。为优化性能，应用程序仍被缓存到本地，但用户不能运行应用程序，除非它们能连接到发布应用程序的站点。这样可以确保用户总是运行最新版本的应用程序。

33.1.2　ClickOnce 部署的局限性

ClickOnce 部署没有提供更多配置。其行为的许多方面都是完全固定的，或保证不变的用户体验，或鼓励企业友好的安全策略。

ClickOnce 部署的局限性体现在以下几个方面：

- 只能为单个用户安装 ClickOnce 应用程序，不能为工作站上的所有用户安装应用程序。
- ClickOnce 应用程序总是安装到由系统管理的特定于用户的文件夹。不能改变或影响安装应用程序的文件夹。
- 如果 ClickOnce 应用程序被安装到了 Start 菜单，只会得到两个快捷方式：一个快捷方式启动应用程序，另一个在浏览器中启动 Web 帮助页面。不能改变 Start 菜单中的快捷方式，不能为 Startup 组、Favorites 菜单添加 ClickOnce 应用程序，等等。
- 不能改变安装向导的用户界面。这意味着不能添加新的对话框、改变已经存在的文字，等等。
- 不能改变 ClickOnce 应用程序生成的安装页面。然而在生成了安装页面后，可手动编辑 HTML。
- ClickOnce 安装不能在全局程序集缓存(GAC)中安装共享组件。
- ClickOnce 安装不能执行定制的操作(例如，创建数据库或配置注册表设置)。

可通过变通方法解决这些问题中的某些问题。例如，当第一次在一台新计算机上启动应用程序时，可配置应用程序添加注册表设置。然而，如果具有很复杂的安装要求，最好创建功能完备的自定义安装程序。可使用第三方工具，像 InstallShield，或在 Visual Studio 中创建安装项目。

最后有必要指出，可以使用.NET 构建使用 ClickOnce 部署技术的定制安装程序。这种方法为设计高级安装程序并且不牺牲 ClickOnce 提供的自动更新功能，提供了一种选择。然而，这种方法也有一些缺点。这种技术不但要求编写并调试许多代码，而且为了构建安装用户界面需要使用 Windows 窗体工具包中的遗留类。混合使用定制安装应用程序和 ClickOnce 超出了本书的讨论范围，如有兴趣，可从 http://tinyurl.com/9qx9ckp 上的示例开始。

33.2 简单的 ClickOnce 发布

在开始使用 ClickOnce 进行发布之前，需要设置一些与项目相关的基本信息。首先在 Solution Explorer 中双击 Properties 节点，然后单击 Publish 选项卡，您将看到图 33-2 中显示的设置界面。

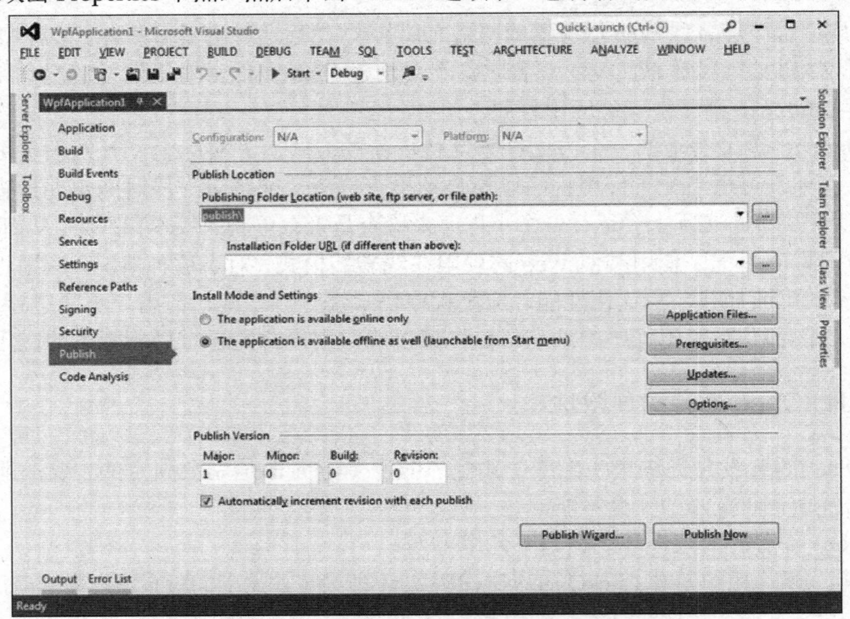

图 33-2　ClickOnce 项目设置

本章后面将围绕这个窗口中的设置进行讨论。但首先需要提供一些基本的发布细节。

33.2.1 设置发布者和产品

在能够安装应用程序之前，需要有基本标识，包括发行者名称以及将被用于安装提示和 Start 菜单快捷方式的产品名称。

为提供该信息，单击 Options 按钮以显示 Publish Options 对话框。该对话框显示了许多附加设置，这些设置被分成了几组。如果选择 Description(在左边的列表中)，将看到允许提供三个重要信息的文本框：发行者名称、套件名称以及产品名称(见图 33-3)。

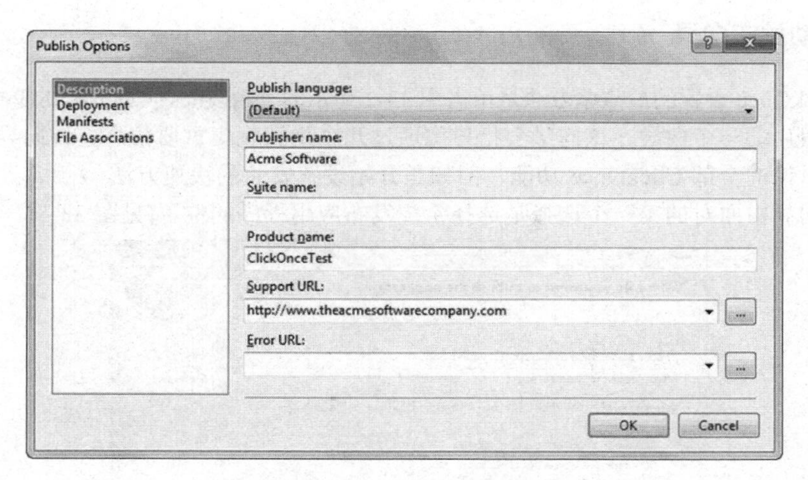

图 33-3 提供一些与项目相关的基本信息

这些细节很重要，因为它们将用于创建 Start 菜单层次。如果提供了可选站点名称，ClickOnce 会以[发行者名称] | [套件名称] | [产品名称]的形式为应用程序创建快捷方式。如果未提供站点名称，ClickOnce 以[发行者名称] | [产品名称]的形式创建快捷方式。在图 33-3 显示的示例中，将生成 Acme Software | ClickOnceTest 快捷方式(见图 33-4)。

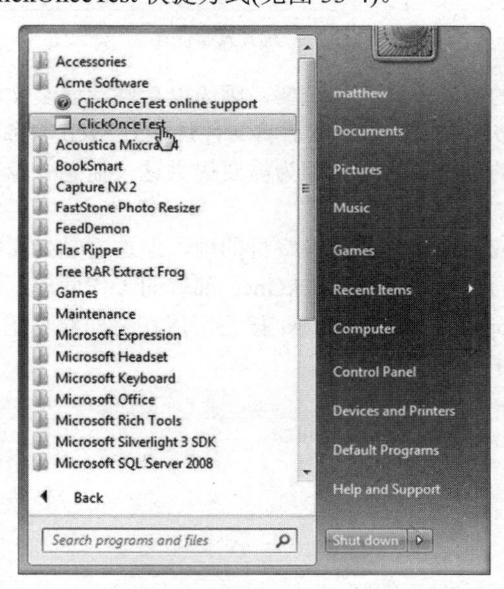

图 33-4 ClickOnce 快捷方式(基于图 33-3 中的信息)

如果提供了 Support URL，ClickOnce 将创建附加的名为“[产品名称]在线支持”的快捷方式。当用户单击这个快捷方式时，会启动默认的浏览器并将该 URL 发送到指定的页面。

Error URL 指定了网站链接，当试图安装应用程序时，如果发生错误，就会在对话框中显示该链接。

本章末尾还将介绍与其他几组设置相关的内容。现在，一旦填写发行者名称、产品名称以及选择提供的其他任何细节，就单击 OK 按钮。

33.2.2　启动发布向导

配置 ClickOnce 设置的最简单方法是单击图 33-2 显示的 Properties 页面底部的 Publish Wizard 按钮。该按钮启动一个向导，该向导会指导您通过几个步骤收集重要信息。该向导虽然没有提供将在本章讨论的全部 ClickOnce 功能，但却是开始设置安装的快速方法。

在发布向导中面对的第一个选择是选择希望发布应用程序的位置(见图 33-5)。

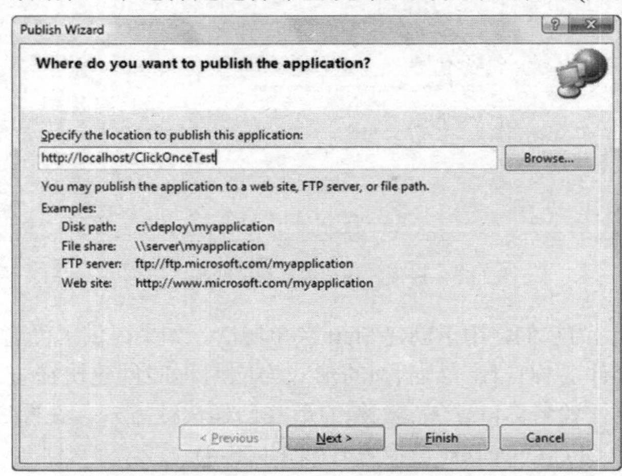

图 33-5　选择发布位置

第一次发布应用程序的位置不是特别重要，因为以后驻留安装文件时不一定必须使用相同的位置。换句话说，可发布到本地目录，然后将文件传输到 Web 服务器。唯一的警告是当运行发布向导时需要知道文件的最终目的地，因为需要提供这一信息。没有该信息，自动更新功能就不能工作。

当然，可选择直接将应用程序发布到最终目的地，但这不是必需的。实际上，生成本地安装通常是更容易的选择。为更好地认识 ClickOnce 部署的工作原理，首先选择本地文件路径位置(如 c:\Temp\ClickOnceApp)。然后单击 Next 按钮。现在将面对真正的问题——用户将在什么位置继续安装这个应用程序(见图 33-6)。

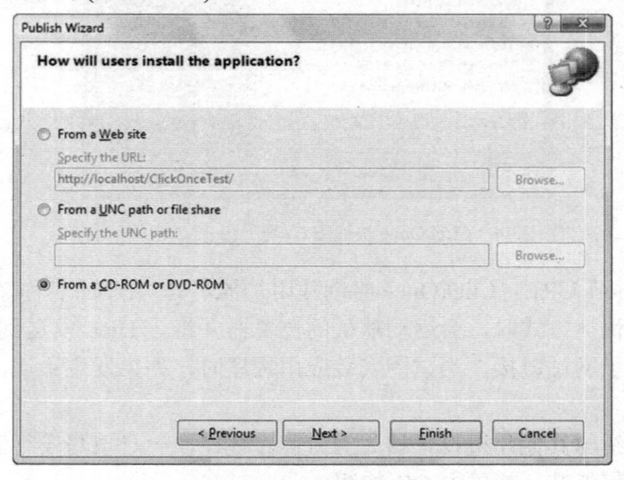

图 33-6　选择安装类型

这一点比较重要，因为会影响更新策略。做出的选择将保存到与应用程序一同部署的清单文件中。

注意：

有一种情况在图 33-6 所示的对话框中是看不到的。如果为发布位置输入指向 Web 服务器的虚拟目录(由 http://开头的 URL)，向导会假定这是最终安装位置。

在图 33-6 中，实质上有三种选择。可为网络文件共享、Web 服务器、CD 或 DVD 媒体创建安装。接下来将解释每种方法。

1. 发布到网络文件共享

对于这种情况，网络中的所有用户将通过浏览到特定的 UNC 路径，并且运行该位置的 setup.exe 文件来访问安装。UNC 路径是*ComputerName**ShareName* 形式的网络路径。不能使用网络驱动器，因为网络驱动器依赖于系统设置(所以不同的用户可能有不同的驱动器映射)。为提供自动更新功能，ClickOnce 基础架构需要确切知道能够从何处找到安装文件，因为该位置也是部署更新的地方。

2. 发布到 Web 服务器

可为本地企业网或 Internet 上的 Web 服务器创建安装。Visual Studio 将生成名为 publish.htm 的 HTML 文件，该文件简化了安装过程。用户在浏览器中请求这个页面，然后单击链接下载并安装应用程序。

有几种方法可为 Web 服务器传输文件。如果希望采用具有两个步骤的方法(在本地发布文件，然后将它们传输到正确位置)，只需要使用合适的机制(如 FTP)把文件从本地目录复制到 Web 服务器。应确保保持正确的目录结构。

如果希望直接将文件发布到 Web 服务器，而不进行任何高级测试，那么有两种选择。如果使用 IIS，并且正在运行的当前账户具有在 Web 服务器上创建新虚拟目录(或向已有虚拟目录上传文件)的权限，可将文件直接发布到 Web 服务器。在向导的第一步中只提供虚拟目录。例如，可使用 http://*ComputeName*/*VirtualDirectoryName* 发布位置(对于企业内部网)或 http://*DomainName*/*VirtualDirectoryName* 发布位置(对于 Internet 上的服务器)。

也可使用 FTP 直接发布到 Web 服务器。对于 Internet(而不是企业内部网)来说，常需要使用这种方法。在这种情况下，Visual Studio 将连接到 Web 服务器，并通过 FTP 传输 ClickOnce 文件。当进行连接时会提示输入用户和密码信息。

注意：

FTP 用于传输文件——而不用于实际安装过程。相反，基本思想是在一些 Web 服务器上可以看到上传的文件，并且用户从 Web 服务器上的 publish.htm 文件安装应用程序。所以，当在向导的第一步中使用 FTP 路径时(见图 33-5)，在第二步中(见图 33-6)仍需提供相应的 Web URL。这很重要，因为 ClickOnce 发布需要返回到这个位置以执行自动更新检查。

发布到本地 Web 服务器

如果正将应用程序发布到本地计算机的虚拟目录，务必用控制面板上的“Programs and Features”安装 Internet 信息服务(IIS)，通过此选项可打开或关闭 Windows 功能。当选择安装 IIS 时，确保包含了.NET Extensibility 选项和 IIS 6 Management Compatibility 选项(该选项允许 Visual Studio 和 IIS 进行交互)。

此外，为了能够发布到虚拟目录，需要以管理员身份运行 Visual Studio。最简捷的方法是右击 Start 菜单中的 Microsoft Visual Studio 快捷方式并选择 Run as Administrator。也可配置计算机，从而总以管理员身份运行 Visual Studio，这需要谨慎地在方便性和安全性之间进行权衡。为此，右击 Visual Studio 快捷方式，选择 Properties，然后进入 Compatibility 选项卡，在该选项卡中可看到名为 Run This Program as an Administrator 的选项。

3. 发布到 CD 或 DVD

如果选择发布到诸如 CD 或 DVD 的安装媒体，还需要决定是否计划支持自动更新功能。一些组织只使用基于 CD 的部署，而另一些组织则使用 CD 增补已经存在的基于 Web 或网络的部署。在向导的第三步中选择应用哪个选项(见图 33-7)。

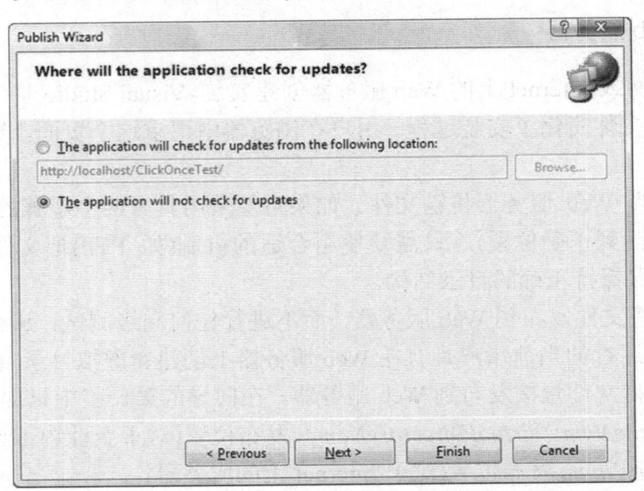

图 33-7　支持自动更新

在此，有三种选择：

- 可提供应用程序将用于检查更新的 URL 或 UNC 路径。这一选择假定计划将应用程序发布到该位置。
- 可忽略这一信息并且根本不使用自动更新功能。
- 可忽略该信息，但告诉 ClickOnce 应用程序使用安装位置作为更新位置。例如，如果使用该策略，并且某个用户从\\CompanyServer-B\MyClickOnceApp 安装应用程序，每次运行应用程序时将自动检查这个位置(并且只检查这个位置)以获取更新信息。这种松散方法更加灵活，但可能导致问题(最可能发生的问题是，如果用户从错误路径安装了应用程序，就找不到更新后的版本)。不能通过发布向导选择这种行为。如果希望使用这一选择，需要设置“排除部署提供程序 URL”设置，正如在本章的 33.3.4 节“发布选项”所述。

注意：

发布向导没有为检查更新的频率提供支持。在默认情况下，ClickOnce 应用程序当启动它们自身时检查更新。如果发现新的版本，在启动应用程序之前，.NET 会提示用户安装新版本。稍后的 33.3.2 节“更新”将介绍如何改变这些设置。

4. 选择在线与离线

如果为 Web 服务器或网络共享创建了部署，将得到一个额外选项，如图 33-8 所示。

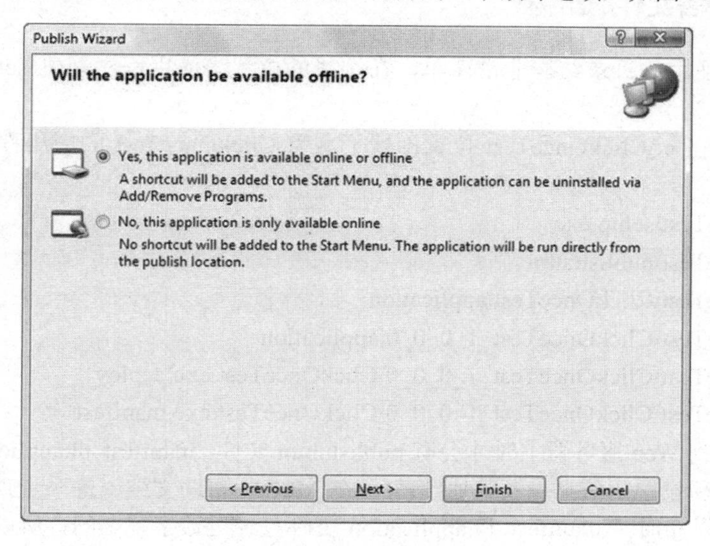

图 33-8　支持离线使用

默认选择是创建在线/离线应用程序，不管用户是否能够连接到发布位置，都可以运行应用程序。对于这种情况，会在 Start 菜单中为应用程序添加快捷方式。

如果选择创建只能在线运行的应用程序，为运行应用程序，用户需要返回到发布位置(为使这种情况更清晰，Web 页面 publish.htm 将显示标题为 Run 而不是 Install 的按钮)。这样可以保证在生成新版本后，不会使用旧版应用程序。部署模型的这一部分和 Web 应用程序类似。

如果创建了只能在线运行的应用程序，那么当首次启动应用程序时，仍可将应用程序下载到本地缓存位置。所以，即使启动时间更长(因为在开始时需要进行下载)，应用程序也仍能和其他安装之后的 Windows 应用程序运行得一样快。然而，当用户不能连接到网络或 Internet 时，不能启动应用程序。对于移动用户(例如，不能总是获得 Internet 连接的笔记本电脑用户)，这是不合适的。

如果选择创建支持离线运行的应用程序，安装程序会在 Start 菜单中添加快捷方式。用户可通过这个快捷方式启动应用程序，而不管计算机是在线还是离线。如果计算机在线，应用程序将从发布应用程序的位置检查新版本。如果存在更新，应用程序会提示用户安装更新后的版本。在后面将学习如何配置这一策略。

注意：

如果选择通过 CD 发布安装，就没有创建只能在线运行应用程序这个选项。

这是发布向导中的最后一个选择。单击 Next 按钮查看最后的总结，单击 Finish 按钮生成部署文件，并将部署文件复制到在第一步中选择的位置。

提示：

使用发布向导，可通过单击 Publish Now 按钮或从菜单中选择 Build | Publish[应用程序名称]来快速重新发布应用程序。

33.2.3 理解部署文件的结构

ClickOnce 使用的目录结构非常简单，在选择的位置为应用程序创建 setup.exe 文件和子目录。

例如，如果在 c:\ClickOnceTest 位置部署了名为 ClickOnceTest 的应用程序，将得到以下文件：

c:\ClickOnceTest\setup.exe

c:\ClickOnceTest\publish.htm

c:\ClickOnceTest\ClickOnceTest.application

c:\ClickOnceTest\ClickOnceTest_1_0_0_0.application

c:\ClickOnceTest\ClickOnceTest_1_0_0_0\ClickOnceTest.exe.deploy

c:\ClickOnceTest\ClickOnceTest_1_0_0_0\ClickOnceTest.exe.manifest

只有当部署到 Web 服务器上时才会有 publish.htm 文件。.manifest 和.application 文件存储有关所需文件、更新设置的信息以及其他细节(可在 MSDN 帮助文档中进一步查看这些文件及其 XML 文件)。在发布时，.mainfest 和.application 文件是经过数字签名的，所以不能手动修改这些文件。如果手动修改了这些文件，ClickOnce 将注意到差异，并拒绝安装应用程序。

当发布新版应用程序时，ClickOnce 会为每个新版本添加新的子目录。例如，如果将应用程序的发布版本改为 1.0.0.1，就会得到类似下面的目录：

c:\ClickOnceTest\ClickOnceTest_1_0_0_1\ClickOnceTest.exe.deploy

c:\ClickOnceTest\ClickOnceTest_1_0_0_1\ClickOnceTest.exe.manifest

当运行 setup.exe 程序时，会处理安装过程所需要的所有先决条件(如.NET Framework)，然后安装应用程序的最新版本。

33.2.4 安装 ClickOnce 应用程序

为了查看使用 Web 部署的 ClickOnce 安装过程，执行以下步骤：

(1) 确保安装了可选的 IIS Web 服务器组件(参见本书 926 页的“发布到本地 Web 服务器”部分)。

(2) 使用 Visual Studio 创建基本的 Windows 应用程序，并编译该应用程序。

(3) 启动发布向导(通过单击 Publish Wizard 按钮或选择 Build | Publish 菜单项)，并为发布位置选择 http://localhost/ClickOnceTest。URL 中的 localhost 部分指向当前计算机。只要安装了 IIS，并使用足够的权限运行，Visual Studio 就能够创建这个虚拟目录。

(4) 选择创建在线和离线应用程序，然后单击 Finish 按钮结束向导。文件会被部署到 IIS Web 服务器根目录(默认情况下，是 c:\Inetpub\wwwroot 目录)下的 ClickOnceTest 文件夹中。

(5) 直接运行 setup.exe 程序或加载 publish.htm 页面(如图 33-9 所示)，并单击 Install 按钮。

您将接收到一条安全消息，询问是否希望信任应用程序(与在 Web 浏览器中下载 ActiveX 控件时类似)。

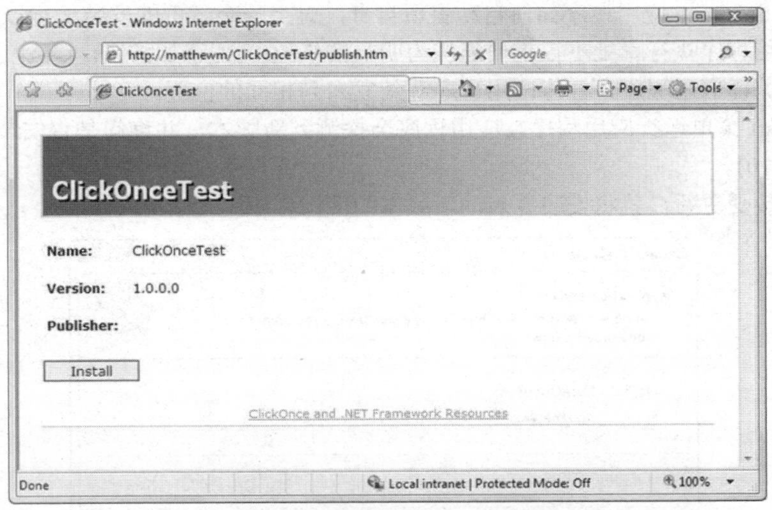

图 33-9　publish.htm 安装页面

从不同浏览器启动 ClickOnce 安装

很容易就能从 Internet Explorer 安装 ClickOnce 应用程序。只需要访问 publish.htm 页面，并单击 Install 选项，就可以立即启动安装过程。

还可从不同浏览器安装 ClickOnce 应用程序，但这至少需要增加一个步骤。例如，如果单击 Google Chrome 或 Mozilla Firefox 中的 Install 按钮，实际上会开始下载安装程序。下载完毕后，可选择启动文件来启动安装过程(不过，浏览器会给出另一个警告，说明可执行文件会损害您的计算机)。

如果希望其他浏览器像 Internet Explorer 那样熟练处理 ClickOnce 应用程序，可安装插件。Chrome 在 http://tinyurl.com/492nyw9 上提供了这样一个插件，Firefox 在 http://tinyurl.com/7cxq4vw 上提供了这样一个插件。正如 ClickOnce 名称一样，使用这些插件，可单击以启动 ClickOnce 安装。

(6) 如果选择继续，将下载应用程序，并要求确定希望安装应用程序。

(7) 一旦安装应用程序，就可以通过 Start 菜单中的快捷方式运行应用程序，或使用 Add/Remove Programs 对话框卸载应用程序。

ClickOnce 应用程序的快捷方式不是您已经习惯使用的标准快捷方式，而是应用程序引用——包含有关应用程序名称和部署文件位置信息的文本文件。应用程序的实际程序文件存储在难以发现并且无法控制的路径下。该路径使用下面的模式：

```
c:\Documents and Settings\[UserName]\Local Settings\Apps\2.0\[...]\[...]\[...]
```

该路径的最后三个选项是不透明的，是自动生成的字符串，如 C6VLXKCE.828。显然，不能期望能够直接访问这个目录。

33.2.5　更新 ClickOnce 应用程序

为查看 ClickOnce 应用程序如何自动更新自身，对上一个示例的安装执行以下操作：

(1) 对应用程序执行一处不很重要但较为明显的修改(例如添加按钮)。

(2) 重新编译应用程序，并将应用程序重新发布到相同的位置。

(3) 从 Start 菜单运行应用程序。应用程序会探测到新版本，并询问是否安装新版本的应用程序(见图 33-10)。

(4) 一旦接受更新，就将安装并启动新版本的应用程序。

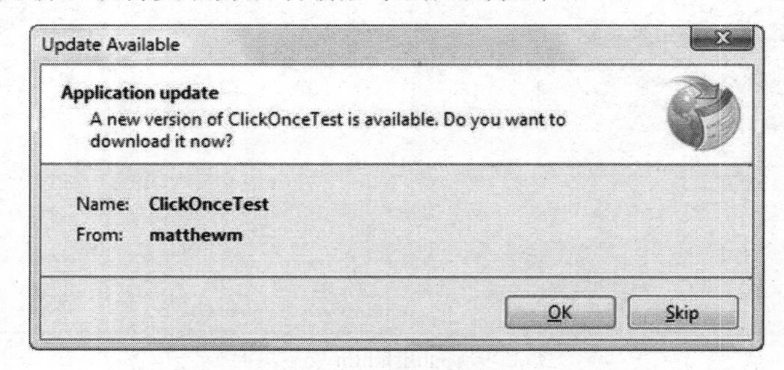

图 33-10　探测到 ClickOnce 应用程序的新版本

接下来将讨论如何自定义其他一些 ClickOnce 选项。

注意：

ClickOnce 引擎(dfsvc.exe)处理更新和下载。

33.3　ClickOnce 附加选项

发布向导是创建 ClickOnce 部署的快捷方法，但通过发布向导不能调整所有可能的选项。为调整所有选项，需要进一步分析在前面显示的应用程序属性窗口中的 Publish 选项卡。

该选项卡中的许多设置和您在前面看到的向导中的设置细节是相同的。例如，前两个文本框用于设置发布位置(放置 ClickOnce 文件的位置，与向导中的第一步设置相同)和安装位置(用户运行安装的位置，与向导中的第二步设置相同)。Install Mode 选项用于选择应用程序是被安装到本地计算机还是只能在线运行，如前所述。然而，有一些设置尚未介绍过，这正是在后面几节中将要讨论的内容。

33.3.1　发布版本

Publish Version 部分设置应用程序的版本，该信息保存在 ClickOnce 清单文件中。发布版本和程序集版本不同，可在 Application 选项卡中设置程序集版本，尽管可使两者相匹配。

关键区别是发布版本是用于确定是否有可用的新版本的标准。如果用户启动.5.0.0 版本的应用程序，但有 1.5.0.1 版本的应用程序，那么 ClickOnce 基础结构会显示如图 33-10 所示的对话框。

默认选中复选框 Automatically Increment Revision with Each Publish，在这种情况下，每次发布后，发布版本的最后一部分(修订号)会递增 1，从而 1.0.0.0 变成了 1.0.0.1，然后是 1.0.0.2，

等等。如果希望使用 Visual Studio 向多个位置发布应用程序的相同版本，应禁用该选项。但需要记住，只有在发现了更高版本号后，自动更新功能才会生效。部署文件的时间戳不起作用，也是不可靠的。

分别跟踪程序集版本和发布版本号看起来可能非常不妥，但有时这是合理的。例如，当测试应用程序时，可能希望保持程序集版本号不变，并允许测试人员获取最新版本。对于这种情况，可使用相同的程序集版本号，但保持自动增加发布版本号。当准备发布正式的更新时，可设置程序集版本与发布版本相匹配。同样，发布的应用程序可包含多个具有不同版本号的程序集。对于这种情况，使用程序集版本号是不现实的——相反，ClickOnce 基础结构需要考虑单一版本号，以确定是否已经授权了更新。

33.3.2　更新

单击 Update 按钮将显示 Application Updates 对话框(如图 33-11 所示)，在此可选择更新策略。

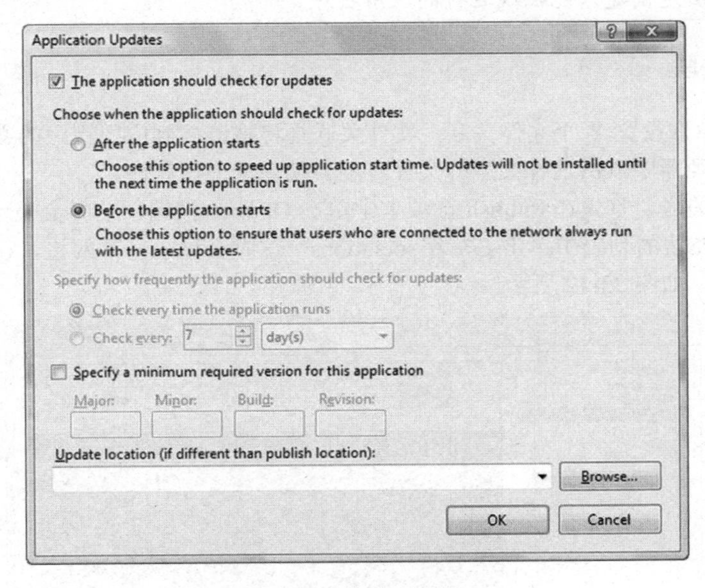

图 33-11　设置更新选项

注意：

如果创建的是只能在线运行的应用程序，Update 按钮不可用。只能在线运行的应用程序总是从 Web 站点或网络共享的发布位置运行。

首先选择应用程序是否执行更新检查。如果选中该选项，就可以选择何时执行更新检查。有以下两个选择：

- **应用程序启动前**。如果使用这种模型，每次当用户运行应用程序时，ClickOnce 基础架构就会检查(在 Web 站点或网络共享上)应用程序更新。如果探测到更新，就安装更新，然后启动应用程序。如果希望确保只要发布了更新版本用户就能够获得，这是较好的选择。

- **应用程序启动后**。如果使用这种模型，ClickOnce 基础架构会在应用程序启动后检查更新。如果探测到更新过的版本，就会在用户下次启动应用程序时安装该版本。对于大多数应用程序这是推荐的选择，因为这种选择缩短了加载时间。

如果选择在应用程序启动后执行检查，更新检查就在后台进行。可选择每次运行应用程序时执行检查(默认选择)，或选择频率更低的时间间隔。例如，可限制每隔多少小时、多少天、多少周检查一次。

还可指定最低需求的版本。可使用该选项执行强制性的更新。例如，如果将发布版本设置为 1.5.0.1，并将最小版本设置为 1.5.0.0，然后发布应用程序，所有使用低于 1.5.0.0 版本的用户，在运行应用程序之前都必须进行更新(默认没有选择最低版本需求，而且所有更新都是可选的)。

注意：

即使指定了最低版本并且要求应用程序在启动前检查更新，用户也能运行老版本的应用程序。如果用户离线，就会出现这种情况，对于这种情况更新检查会失败，但不会出错。避开这种限制的唯一方法是创建只能在线运行的应用程序。

33.3.3 文件关联

ClickOnce 允许设置 8 个文件关联。文件关联是将被链接到应用程序的文件类型，从而在 Windows 资源管理器中双击这种类型的文件时能自动启动应用程序。

为创建文件关联，首先在 Publish 选项卡中单击 Options 按钮，这时会显示 Publish Options 对话框。然后在左边的列表中单击 File Associations。这时会显示一个网格，在该网格中可以输入文件关联信息，如图 33-12 所示。

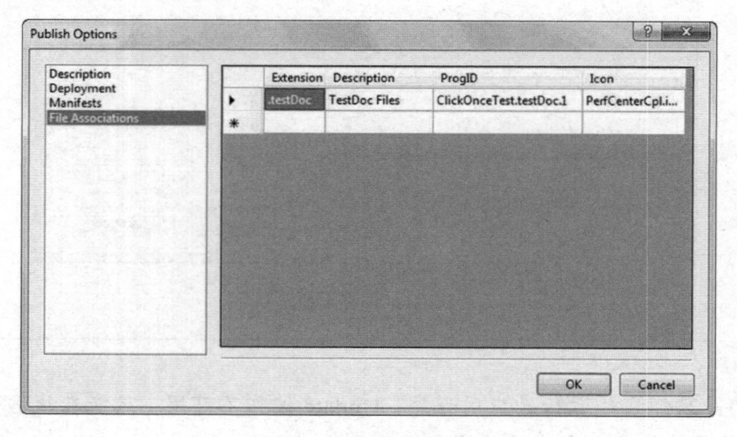

图 33-12 创建文件关联

每个文件关联需要 4 部分信息：文件扩展名、文本描述、ProgID 以及图标文件。ProgID 是唯一标识文件类型的文本编码。根据约定，它应当基于应用程序名称和版本，如 MyApplication.testDoc.1.0(只要是唯一的，使用什么格式没有关系。图标指向项目中的文件)。为在 ClickOnce 安装中包含图标文件，必须在 Solution Explorer 中选择图标文件并将 Build Action 设置为 Content。

注意：

对于文件关联，不需要指定的细节是程序的名称或路径。这是因为 ClickOnce 已经具有这一信息。

当为 ClickOnce 使用文件关联时还有一个潜在问题。可能与您的期望相反，当用户双击注册的文件时，不会作为命令行参数将文件传递到应用程序，而是必须从当前 AppDomain 检索文件，如下所示：

```
String commandLineFile =
AppDomain.CurrentDomain.SetupInformation.ActivationArguments.ActivationD
ata[0];
```

另一个令人烦恼的问题是文件位置是以 URI 格式传递的，如///c:\MyApp\MyFile.testDoc。这意味着需要使用类似下面的代码获取真正的文件路径，并且清除转义的空格(它们被转换为 URI 中的%20 字符)：

```
Uri fileUri = new Uri(commandLineFile);
string filePath = Uri.UnescapeDataString(fileUri.AbsolutePath);
```

现在可以像通常那样，检查文件是否存在并尝试打开文件。

33.3.4 发布选项

正如您已经看到的，可单击 Options 按钮查看包含更多选项的 Publish Options 对话框。使用左边的列表选择希望修改的设置组。

前面已经分析了 Description 和 File Associations 组中的设置。表 33-1 描述了 Deployment 组中的设置，表 33-2 描述了 Manifests 组中的设置。

表 33-1 ClickOnce 部署设置

设 置	说 明
部署网页	设置 Web 部署中安装页面的名称(默认是 publish.htm)
每次发布后自动生成部署网页	如果设置该选项(默认是选择的)，就在每次发布期间重新创建网页
发布后打开部署网页	如果设置该选项(默认是选择的)，在成功发布后，Visual Studio 会在 Web 浏览器中启动安装页面，从而可以进行测试
使用“.deploy”文件扩展名	如果设置该选项(默认是选择的)，安装网页总是具有.deploy 文件扩展名。不应当改变该细节，因为.deploy 文件扩展名已被注册到 IIS Web 服务器并且被锁定，以防恶意用户通过它进行探听
对于 CD 安装，插入 CD 时自动启动安装程序	如果设置该选项，Visual Studio 会生成 autorun.inf 文件，告诉 CD 或 DVD 播放器当将 CD 插入驱动器时立即启动安装程序
验证上传到 Web 服务器的文件	如果设置该选项，在发布了文件之后，发布过程会下载每个文件以验证能否下载文件。如果某个文件不能被下载，会收到用于解释问题的通知

表 33-2　ClickOnce 清单设置

设　置	说　明
阻止通过 URL 激活应用程序	如果设置该选项，那么在安装了应用程序之后，用户将只能从 Start 菜单启动应用程序，而不能从 Web 浏览器应用程序
允许向应用程序传递 URL 参数	如果设置该选项，那么允许应用程序从启动它的浏览器接收 URL 信息，如查询字符串参数。可以通过 System.Deployment.Application 名称空间中的 ApplicationDeployment 类接收 URI。只需要使用 ApplicationDeployment.CurrentDeployment.ActivationUri 属性
为信任信息使用应用程序清单	如果设置该选项，发布应用程序后可重新为应用程序清单签名。通常会选择该选项，从而可以使用具有公司名称的证书。然后该信息将显示在当安装应用程序时用户看到的信任消息中
排除部署提供程序 URL	如果设置该选项，应用程序将自动检查安装位置来获取更新信息。如果不知道确切的部署位置，但仍然希望使用 ClickOnce 自动更新功能，可使用该选项
创建桌面快捷方式	如果设置该选项，除创建 Start 菜单图标外，安装程序还会创建桌面图标

33.4　小结

本章简要介绍了 ClickOnce 部署模型，该模型是在.NET 2.0 中引入的，对于部署独立 WPF 应用程序是一种很好的选择。与 XBAP 应用程序一样，ClickOnce 具有一定的局限——例如，不能控制某些客户配置详情。但现在大部分计算机已经安装了支持 ClickOnce 的 Web 浏览器，ClickOnce 已变成部署具有适当安装要求的应用程序的真正实用的方法。